木结构设计手册

（第四版）

《木结构设计手册》编写委员会　编著

中国建筑工业出版社

图书在版编目（CIP）数据

木结构设计手册 /《木结构设计手册》编写委员会编著. — 4 版. — 北京：中国建筑工业出版社，2021. 3
ISBN 978-7-112-25701-0

Ⅰ. ①木… Ⅱ. ①木… Ⅲ. ①木结构—结构设计—手册 Ⅳ. ①TU366. 204-62

中国版本图书馆 CIP 数据核字(2020)第 244056 号

本手册根据最新颁布的国家标准《木结构设计标准》GB 50005—2017 编写而成。除保留了中国建筑工业出版社 2005 年 11 月出版的《木结构设计手册》（第三版）的特点外，结合近年木结构建筑的发展现状，内容上增加了部分国外木结构的先进技术和木结构设计应用的成熟经验，以供大家参考使用。本手册内容包括：概述，木材，基本设计规定，木结构构件的计算，木结构连接设计，木结构抗侧力设计，木结构防火设计，木结构防护设计，方木原木结构，胶合木结构，轻型木结构，井干式木结构、木框架剪力墙结构、旋切板胶合木结构，正交胶合木结构，多高层木结构，大跨木结构，木结构建筑的节能，木结构的检查、维护与加固，计算图表及附录。各章节还包括计算、设计实例。

本手册可供建筑结构设计、施工、科研人员以及大专院校师生参考和使用。

* * *

责任编辑：刘婷婷　刘瑞霞　咸大庆
责任校对：焦　乐

木结构设计手册
（第四版）
《木结构设计手册》编写委员会　编著

*

中国建筑工业出版社出版、发行（北京海淀三里河路 9 号）
各地新华书店、建筑书店经销
北京红光制版公司制版
北京圣夫亚美印刷有限公司印刷

*

开本：787 毫米×1092 毫米　1/16　印张：54　字数：1346 千字
2021 年 1 月第四版　2021 年 1 月第七次印刷
定价：**150. 00** 元
ISBN 978-7-112-25701-0
(36475)

《木结构设计手册》（第四版）
编 写 委 员 会

主　　编　龙卫国

副 主 编　杨学兵

委　　员　祝恩淳　何敏娟　倪　春　任海青　周淑容　欧加加
邱培芳　刘　杰　冯　雅　许　方　叶博祯　陈小峰
高　颖　牛　爽　孙永良　赵　川　张绍明　张海燕
律宗宝　李明浩　钟　永　李俊明　张东彪　陈竞雄
白伟东　周建通　朱亚鼎

主编单位　中国建筑西南设计研究院有限公司
China Southwest Architectural Design and Research Institute Corp., Ltd.

参编单位　哈尔滨工业大学
Harbin Institute of Technology

同济大学
Tongji University

重庆大学
Chongqing University

上海交通大学
Shanghai Jiao Tong University

北京林业大学
Beijing Forestry University

中国林业科学研究院木材工业研究所
Research Institute of Wood Industry，Chinese Academy of Forestry

应急管理部天津消防研究所
Tianjin Fire Research Institute of MEM

美国针叶材协会
American Softwoods

APA—美国工程木材协会
APA—The Engineered Wood Association

加拿大木业
Canada Wood

新西兰木材加工和制造商协会
Wood Processors and Manufacturers Association of New Zealand

欧洲木业协会
European Wood

日本木材出口协会
Japan Wood Products Export Association

赫英木结构制造（天津）有限公司
Haring Swiss Wood Structures（Tianjin）Co.，Ltd.

大兴安岭神州北极木业有限公司
DIVINE ARCTIC WOOD

东莞市英仨建材科技有限公司
Dongguan Yingsa Building Material Technologies Co.，Ltd.

北京禾缘圣东木结构技术有限公司
Beijing Heyuan Sundon Wooden Structure Tech Co.，Ltd.

第四版前言

《木结构设计手册》（第四版）是根据我国最新颁布的国家标准《木结构设计标准》GB 50005—2017 编制的。在内容上，基本保留了中国建筑工业出版社 2005 年 11 月出版的《木结构设计手册》（第三版）的特点。根据新标准修订的具体内容，增加了结构用木材的分级方法、结构用木材力学性能标准值和设计值的确定方法；完善了木结构构件计算和节点连接设计；增加了木结构抗侧力设计、防火设计和耐久性设计的相关内容；增加了井干式木结构、木框架剪力墙结构、旋切板胶合木结构和正交胶合木结构等相关内容。针对我国木结构建筑的发展趋势，对多高层木结构建筑和大跨木结构建筑设计的基本要求作了介绍，并对《木结构设计手册》（第三版）部分计算图表的内容作了删减。

本书结合木结构具体特点，主要列有概述、木材、设计基本规定、木结构构件的计算、连接设计、结构抗侧力设计、防火设计、防护设计等章节，以及各类木结构建筑的设计要求、构造措施和设计实例等相关内容，列入了木结构建筑正常使用和维护体系等相关内容。

国家标准《木结构设计标准》GB 50005 近几次修订颁布实施以来，对我国木结构的健康发展起着十分重要的作用，也极大地推动了我国木材行业、木结构建筑行业的快速发展。随着我国经济发展，以及社会各界对绿色环保理念的重视，木结构建筑越来越多地被广泛采用，木结构建筑市场越来越大，木结构建筑的新材料、新技术和新工艺的应用越来越多。因此，本手册除介绍常用的木结构建筑技术以外，对于近年来采用较多的植筋连接技术，国际上最近应用较新的旋切板胶合木结构的设计和构造措施，以及国际上发展较快的多高层木结构建筑的设计与分析方法等也作了重点介绍。

本书由中国建筑西南设计研究院有限公司主编。参加编写的单位有哈尔滨工业大学、同济大学、重庆大学、上海交通大学、北京林业大学、中国林业科学研究院木材工业研究所、应急管理部天津消防研究所、美国针叶材协会、美国 APA 工程木协会、加拿大木业协会、新西兰木材加工和制造商协会、欧洲木业协会、日本木材出口协会、赫英木结构制造（天津）有限公司、大兴安岭神州北极木业有限公司、东莞市英仨建材科技有限公司、北京禾缘圣东木结构技术有限公司。

本书编写分工如下：

主编：龙卫国

副主编：杨学兵

各章主要编写人：第 1 章——龙卫国、刘杰、杨学兵；第 2 章——任海青、钟永；第 3 章——杨学兵、欧加加；第 4 章——祝恩淳、牛爽；第 5 章——周淑容；第 6 章——何敏娟、欧加加、孙永良；第 7 章——邱培芳；第 8 章——许方、高颖；第 9 章——龙卫国、杨学兵、欧加加、赵川；第 10 章——叶博祯、欧加加、陈小锋；第 11 章——倪春、张海燕、朱亚鼎；第 12 章——欧加加、杨学兵；第 13 章——杨学兵、赵川、欧加加；第

14章——杨学兵、何敏娟、张绍明；第15章——杨学兵、祝恩淳、欧加加、张绍明；第16章——何敏娟、孙永良；第17章——何敏娟、孙永良；第18章——冯雅；第19章——祝恩淳、牛爽；第20章——杨学兵。

全书由杨学兵审阅。

由于编著者水平有限，时间仓促，书中不妥之处难免，恳请广大读者批评和指正。

《木结构设计手册》（第四版）编写委员会

二〇二〇年十月

第三版前言

《木结构设计手册》（第三版）是根据我国新颁布的《木结构设计规范》GB 50005—2003编制的。在内容上，保留了中国建筑工业出版社1993年5月出版的《木结构设计手册》（第二版）的特点，根据新规范增加了轻型木结构及其相关内容，对木结构施工质量要求的内容作了删减。

本书主要列有木结构用材及其材性、木结构设计计算原则、构造措施、设计实例和计算图表等，结合木结构具体特点，列入了木结构防火、防护、正常使用和维护体系等内容。

我国是一个少林缺材、人均森林资源较少的国家。1998年，我国实施天然林保护工程后，国家为了保护国内森林资源，维护木材供需平衡，采取了一系列鼓励木材进口的措施。随着一系列的政策出台，我国进口木材总量呈阶梯式上升，轻型木结构也逐渐在我国得到应用，因此手册除介绍普通木结构外，对于轻型木结构的设计计算、构造措施及相关产品也作了重点介绍。

为了吸收国外木结构的先进技术和木结构设计应用的成熟经验，手册中还列入了国外胶合木结构的具体构造、相关产品介绍以及木骨架组合墙体和轻型木桁架在混凝土结构中的应用等，以供大家参考使用。

本书由中国建筑西南设计研究院主编。参加编写的单位有四川省建筑科学研究院、重庆大学、公安部四川消防研究所、四川大学、美国林业纸业协会、加拿大木业协会、新西兰林业理事会、欧洲木业协会等。

本书编写分工如下：

主编：龙卫国；副主编：杨学兵。

各章编写人：第一章——龙卫国；第二、三章——王永维；第四章——黄绍胤；第五章——黄绍胤、张新培、倪春；第六章——龙卫国；第七章——杨学兵、许方、邱峰；第八章——倪春、许方、邱峰、杨学兵、张新培；第九章——杨学兵、王永维、龙卫国、冯雅、张绍明；第十章——王渭云、许方、倪春；第十一章——周淑容、许方；第十二章——周淑容；第十三章——龙卫国、倪春、王明钰、王炎、杨学兵。

全书由蒋寿时、古天纯审阅。

由于编著者水平有限，时间仓促，书中不妥之处难免，恳请广大读者批评和指正。

第二版前言

《木结构设计手册》是根据我国新颁布的《木结构设计规范》GBJ 5—88编制的。主要章节内容以中国建筑工业出版社1981年6月出版的《木结构设计手册》为基础，并根据新规范增加了有关胶合木结构设计和设计对施工的质量要求等内容。

本书内容包括木结构和胶合木结构的设计计算原则、构造措施、设计实例和计算图表等，并考虑木结构的特点和使用经验，适当列入了木结构的防腐、防虫、防火，检查维护与加固，地震区和台风地区木结构的设计要点，以及新利用树种的利用等内容。

我国森林资源缺乏，建筑木结构主要用于工业与民用建筑的木屋盖中。因此，本手册内容以常用屋盖木结构为主，采用屋盖作为典型实例来阐明木结构的特点、设计计算和构造等问题。对于其他类型的木结构虽未列出，但亦可参考使用。

本书由中国建筑西南设计院主编，参加编制的单位有四川省建筑科学研究院和重庆建筑工程学院等。

本书各章的编写人是：第一章——诸有谦、倪仕珠；第二章——梁坦；第三、四章——黄绍胤；第五章——杨培根、任本琼、古天纯；第六章——樊承谋、古天纯、陈凤岩、吴佩方；第七、八章——古天纯；第九章——李湘、汤宜庄、施振华；第十章——方复、夏朗风；第十一、十二章——黄美灿、陈克华；附录——倪仕珠、诸有谦、吴佩方、古天纯。全书由古天纯负责主编，并由中国建筑西南设计院蒋寿时、许政谐和西南交通大学黄棠审阅。

由于编著者的水平有限，书中难免有缺点和不妥之处，恳请广大读者提出批评和指正。

第一版前言

为了适应社会主义建设的需要，配合《木结构设计规范》GBJ 5—73 的实施，提高设计质量，加快设计速度，我们编写了这本手册，供从事木结构设计工作的土建人员，特别是地、县、社、厂、矿的广大基建、设计人员参考。

这本手册的内容包括：设计计算原则、构造措施、设计计算实例和计算图表等部分。此外，考虑到木结构的特点和我国实际应用的情况，适当列入了有关木材的简易识别方法，防腐、防虫、防火，检查维护与加固，地震区和台风地区木结构的设计要点，以及新树种的利用等内容。至于一些新型木结构，因考虑本书属于配合规范的基本构件手册，故未予列入。

我国森林资源缺乏，目前，木结构主要用于工业与民用建筑的木屋盖中。基于这一现实，本手册内容以常用屋盖木结构为主，采用屋盖作为典型实例来阐明木结构的特点、设计计算和构造等有关问题。对于其他类型的木结构虽未一一罗列，但亦可参考使用。

木材是天然生长的材料，不可避免地具有木节、斜纹和裂缝等缺陷，在使用过程中还可能发生变形、开裂、翘曲，有时还会腐朽和虫蛀。为保证木结构的质量和延长使用年限，木结构设计必须遵循规范的有关规定。手册中在规范规定的基础上补充介绍了各地实践中有关质量问题的经验和教训，并提出了若干构造大样，供参考。

对于规范中的某些规定、公式、数据以及条文的具体理解，编者尽可能地根据自己的学习体会，结合各章节的编写，顺便附带介绍，用小号字排出，期望能对规范的进一步熟悉、掌握和运用起一点促进作用。

对于计算用图表，则专列一章，作为一种计算工具，在一般工业与民用建筑的木结构设计中均可查用，从而避免烦琐计算和提高设计效率。

编写过程中，对手册所列数据力求准确。凡本手册中的数据和公式与其他有关书籍有差别的，都经过校核。

设计木结构时经常需要查阅其他有关现行规范，为方便起见，将其中常用部分尽量摘编，汇集在手册内。

本手册由国家建筑工程总局西南建筑设计院主持，会同哈尔滨建筑工程学院、重庆建筑工程学院、湖南省建筑设计院、福建省国防工业设计院、中国林业科学研究院木材所和四川省林业科学研究所等单位共同参加编写。邀请了清华大学、福州大学、北京市建筑设计院、内蒙古呼盟设计院和黑龙江省逊克县设计室等单位参加讨论。各章、节编写的具体分工为：第一章和附录一～四——诸有谦；第二、四、九章和第一章第五、七节——黄绍胤；第三、五章和表 10-4～6、8、9——杨培根、任本琼；第六章——樊承谋；第七章——李湘、汤宜庄；第八章——方复；第十章和例 9-2——李祖义、陈英才；第六章第八节——陈凤岩；第六章第九节，第七章第四、五、九，例 9-5，表 10-3-1～4、8～12、29～32，表 10-15，附录五——吴佩方；例 9-6，表 10-7、10、13——黄美灿；例 9-1、3、

4、7，表 10-3-13～28——樊承谋、王用信；第十章数值电算——徐成尧、张光全。书中插图由黄美灿绘制。全书由黄绍胤主编，并由西南建筑设计院胡德祥和许政谐审阅。

在编写过程中，曾得到许多单位和个人的支持和帮助，提供经验和资料，提出不少宝贵意见，仅此致谢。

《木结构设计手册》编写组

一九七九年十一月

目　录

第1章　概　　述

木材具有密度小、强度高、弹性好、色调丰富、纹理美观和加工较容易等优点，是一种丰富的可循环再生资源。树木在生长过程中具有的制氧固碳功能，使木材成为低碳环保的绿色建筑材料，符合当今人类社会发展的基本需求。因此，在世界各地得到广泛使用。在力学性能方面，木材能有效地抗压、抗弯和抗拉，特别是抗压和抗弯具有很好的塑性，所以在建筑结构中的应用历经几千年而不衰。

木结构对于承受瞬间冲击荷载和周期性荷载具有良好的韧性，受地震作用时，木结构仍可保持结构的稳定和完整，不易倒塌。由于木材细胞组织可容留空气，因此木结构建筑具有良好的保温隔热性能。木结构建筑形式多样，布局灵活，根据需要，建筑内部的空间易作分隔与改变。因此，木结构建筑具有抗震性能好、安全节能、有益于人体健康、容易建造、加工制作能耗低、便于维修、可重复利用等显著优点和具有典型的绿色生态化特点。

木节、变色及腐朽、虫蛀、斜纹和裂缝等天然缺陷对木材的力学性能有较大影响。木材本身可燃烧，若长期在高温作用下木材会变质而使强度降低，不过，在高温下木材表面形成的碳化层能够起保护作用，大截面木材或木制品的耐火性能却可以达到较高等级。木材同时受到含水率的影响，当含水率在纤维饱和点以下时，含水率越高则强度越低。因此在设计和施工中应采取有效措施克服木材的缺点，充分考虑上述因素的影响。

我国历代建造的木结构建筑由于地域自然条件不同，受到所属历史阶段以及民族文化、宗教的影响，其建造技术和建筑风格都有较大差别。我国传统木结构建筑历经几千年的发展，遗存下来的建筑类型非常丰富，结构及构造做法也各具特色。随着木结构建筑技术的发展，现代木结构建筑的应用已打破了传统梁柱的结构体系，使木材的各种力学性能的优势得到充分发挥，木结构的应用范围不断扩大。而且，随着现代加工技术和安装技术的发展，木结构建筑工业化生产的程度越来越高，木结构建筑的应用范围也越来越广。

1.1　总　　述

至迟于周朝（约公元前1046年～公元前256年），我国就出现了土木混合结构的大型建筑群落。人工制作的木结构金属连接件——金釭以及陶土砖、瓦就已产生，并在重要建筑上得到应用。而在周朝晚期，随着夯土与木结构建筑技术的成熟，土木混合结构的高台建筑成为当时宫室建筑营造的时尚。这一时期产生的、记载先秦时期古代工艺和科技传统的代表作《考工记》中，除了记载“匠人营国”的制度外，还着重记述了夏后氏“世室”、殷人“四阿重屋”和周人“明堂”等土木混合结构的建筑设计。

秦帝国（公元前221年～公元前206年）是中国第一个中央集权制度的王朝开端。伴随着秦朝统一大业的完成，秦始皇开始了大规模土木建设活动，在此期间成就了一大批宏伟壮丽的工程，如著名的秦代宫室——咸阳宫。秦咸阳宫一号、二号宫殿考古遗址均显示为规模巨大的夯土高台宫室建筑，其中位于二号宫殿遗址土台西半部中央的方形殿堂遗址，揭示为东西长 19.80m、南北长 19.50m 的中间无柱殿堂。可以推断的是，该建筑采用了有别于普通简支梁的某种组合梁架来建造才形成了如此巨大的空间。

汉朝（公元前 206 年～公元 220 年）是继秦朝之后的第二个中央集权的帝国，其版图较秦朝大为扩展，并成功开拓了通往西域的通道，大大地促进了东西方文化交流，成为当时世界上最强盛的帝国之一。汉代建筑仍以土木结构技术为主，并在此期间得以成熟与发展，广泛应用于宫室、宗庙、官署、寺观、宅第、城壕、陵寝等建筑类型。同时，楼阁式建筑在汉代得以盛行，打破了周朝以来的高台建筑依土台而建的传统营造方式，标志着木结构营造技术朝着高层化的方向发展。

隋（公元 581 年～618 年）、唐（公元 618 年～907 年）两朝国力空前强盛，经济、文化的繁荣促进了当时建筑技术的迅速发展并取得了巨大成就。如隋炀帝营建东都洛阳、兴建乾阳殿，唐太宗、唐高宗营建大明宫，武则天新建洛阳宫室、明堂等，这些城市、宫殿中的重要建筑都是当时木结构建筑技术的巅峰之作。隋唐时期是我国木结构建筑技术发展历程中的鼎盛时期，木结构建筑的营造技术载入了《唐六典》，并传播到国外。山西五台山南禅寺大殿（图 1.1.1）、佛光寺东大殿（图 1.1.2）是唐朝中、晚时期木结构建筑技术的遗存，由此可见一斑。

宋朝（公元 960 年～1279 年）是中国历史上经济、文化、科技高度繁荣的时代，建筑技术、艺术与装饰在继承隋唐五代时期的成就基础上得到进一步的发展。北宋元符三年（公元 1100 年）编撰完成，并于崇宁二年（公元 1103 年）首次刊行的《营造法式》一书，是我国历史上由官方颁布的建筑工程做法和工料定额的专书，是我国古代保存最早且最完整的官式建筑技术资料，也是我国最早的一部木结构工程规范。《营造法式》明晰和规范了模数制的使用，总结了大量的木结构建造技术经验，促进了我国木结构建造技术朝着预制化和装配式的方向发展。

辽（公元 907 年～1125 年）、金（公元 1115 年～1234 年）时期，首都和地方都建造了大量金碧辉煌的宫殿、佛寺和富丽堂皇的园林建筑，其中辽兴宗萧皇后于清宁二年（公元 1056 年）倡建，僧人田和尚奉敕建造，金明昌四年增修完成的释迦塔（图 1.1.3），亦即俗称的应县木塔至今都是世界上最高的传统木结构建筑。元朝（公元 1206 年～1368 年）建造了大都城，亦即明清北京城的前身。明代（公元 1368 年～1644 年）始建、清代（公元 1616 年～1911 年）续建维修的紫禁城，亦即故宫的九千多间大、中型木结构建筑绝大部分一直完好地保存至今。

清雍正十二年（公元 1734 年）朝廷颁布了工部《工程做法》。《工程做法》的主要内容包括各种房屋建筑工程做法条例与应用料例工限（工料定额）两部分，这部书在当时是作为宫廷（宫殿“内工”）和地方“外工”一切房屋营造工程定式“条例”而颁布的，目的在于统一房屋营造标准，加强工程管理制度，同时也是主管部门审查工程做法、验收核销工料经费的文书依据。其应用范围主要是针对官工营建坛庙、宫殿、仓库、城垣、寺庙、王府及一切房屋油画裱糊等营造工程。《工程做法》比较系统和全面地规范了营造技术标准，使木结构建造技术进一步规范化。

我国地域辽阔，在建筑风格上也表现出南北的区别，逐渐形成北方雄伟和南方秀丽的特色，这种风格的差异尤其表现在各地的民居建筑中。我国古代木结构建筑遗存逾千年的在北方有山西省五台山南禅寺大殿（图 1.1.1，公元 782 年）、佛光寺东大殿（图 1.1.2，公元 857 年），平遥镇国寺万佛殿（公元 963 年）、天津蓟县独乐寺观音阁（公元 984 年）等；在南方的则有福建省福州华林寺大殿（公元 964 年）、广东省肇庆梅庵大殿（公元 996 年）、浙江省宁波保国寺大宝殿（公元 1013 年）等；近千年的有山西太原晋祠圣母殿（公元 1023 年～1032 年）、应县木塔（图 1.1.3，公元 1056 年）等。另外，还有北京故宫古建筑群（图 1.1.4）、曲阜孔庙、孔府和孔陵内一大批古代木结构建筑，这些古代木结构建筑是中华民族历史文化遗产的重要组成部分，在国际上久享盛名，具有极高的历史、艺术和科学价值，被誉为“东方建筑之瑰宝”。

图 1.1.1 山西五台山南禅寺大殿
（公元 782 年重建，中国现存最早的木结构建筑）

图 1.1.2 山西五台山佛光寺东大殿
（公元 857 年重建，唐代木结构殿堂的典范）

图 1.1.3 山西应县木塔
（全名为佛宫寺释伽塔，建于 1056 年，现存最高最古老的木塔）

图 1.1.4 北京故宫
（又称紫禁城，始建于公元 1406 年，世界上现存规模最大最完整的古代木结构建筑群）

我国古代木结构建筑大致可归纳如下典型特征：

（1）以木材作为主要建筑材料，取材方便，创造出了独特的斗栱结构形式，并由此形成我国独特的、成熟的建筑技术体系和建筑艺术风格。

（2）结构适用性强，能满足不同的功能空间需求。由柱、梁、檩、枋等构件形成木制框架来承受屋面、楼面的荷载以及风荷载、地震作用，并经梁柱构架传递到基础；墙并不承重，只起围护、分隔和稳定柱子的作用，这种结构体系使民间产生了“墙倒屋不塌”的谚语。

（3）有较强的抗震性能。木构架的组成采用了我国独特的榫卯连接方式，木框架本身具有的柔性再加上榫卯节点有一定程度的局部变形的活动性，使得整个木构架在消减地震作用上具备很大的潜能，我国许多唐代以来的古代木结构建筑（如独乐寺观音阁、应县木塔等）都经历了历史上多次大地震的考验，至今还完好地保存着。

（4）施工速度快。木材加工远比石料快，唐宋以来使用了建筑模数制的方法，尤其是北宋颁布的《营造法式》中将单体建筑的各部分构件标准化、定型化，制成后再组合拼装；并遵照礼制规定。这种模数制、定型化的建筑设计与制作方法加快了施工速度、提高了建造质量和生产效率，并节省了工程项目的总体成本。

（5）便于修缮和搬迁。由于连接木构架的节点基本都由榫卯构造而成，其构架都有可拆卸性。工匠们可以比较方便地替换某一个或某一些受损构件，甚而是将整座建筑拆卸搬迁至异地重建。我国历史上有不少宫殿、寺庙拆迁异地重建的例子，如山西永济市元代建造的永乐宫，于 20 世纪 50 年代因修建水利工程而被迁移重建。

（6）在木结构建筑的木材表面运用色彩装饰手段，施加油漆等防腐措施，从而形成了中国特有的建筑油饰、彩画，增加了建筑物的美感和艺术感染力。

1.2 木结构绿色建筑与装配式木结构

2015 年 12 月 20 日，中共中央、国务院自改革开放 37 年以来，再次召开中央城市工作会议，并于 2016 年 2 月 6 日，发布《中共中央 国务院关于进一步加强城市规划建设管理工作的若干意见》(以下简称《意见》)。《意见》提出“适用、经济、绿色、美观”的建筑方针，突出建筑使用功能以及节能、节水、节地、节材和环保的建筑设计要求；大力推广发展装配式建筑，在具备条件的地方，倡导发展现代木结构建筑等；提高建筑节能标准，推广绿色建筑和建材，发展被动式房屋等绿色节能建筑。

木材作为传统建筑材料中的天然可再生材料，具有高强重比、低导热率、易加工、方便运输、可循环利用以及良好的触觉、视觉特性，是名副其实的绿色建材。以木材作为主要结构材料构建的木结构建筑，具备绿色建筑的先天优势。同时，木结构也是历史上形成最早的装配式结构体系，最迟在公元 9 世纪左右，中国古代木结构建筑就已经形成相当高水平的标准化设计一建造体系，并在公元 12 世纪，由官方颁布了类似于今天的建设法规——《营造法式》，书中明确提出“材”“分”的模数制度以及一系列制度化规定，是传统标准化思想的具体体现。

1.2.1 木结构与绿色建筑

绿色建筑（Green Building）指在全寿命期内，最大限度地节约资源（节能、节地、节水、节材），保护环境和减少污染，为人们提供健康、舒适和高效的使用空间，与自然和谐共生的建筑物。绿色建筑遵循因地制宜的原则，结合建筑所在地域的气候、环境、资源、经济及文化等特点，是对其在全寿命期内的安全耐久、服务便捷、健康舒适、环境宜居、资源节约等方面的要求。

木材作为木结构建筑的重要基础材料，相比混凝土、钢材，在节能低碳、取材便捷、可循环利用方面具有突出优势，完全符合绿色建材的可更新、可循环、可再用、减少能源消耗与污染的准则。现代木结构建筑中，除使用天然木材加工的锯材外，尚广泛应用了将木材经工业化加工制作而成的层板胶合木（Glued Laminated Timber，简称 Glulam；也称胶合木)、正交胶合木（Cross Laminated Timber，简称 CLT)、旋切板胶合木（Laminated Veneer Lumber，简称 LVL）等工程木材，工程木材较天然木材拥有更优、更稳定的性能，在当代复杂多样的建筑实践中，为木结构的应用提供了可靠条件，也为营造更加绿色的木结构建筑提供了技术支撑。

现代木结构建筑在传统营造技术的基础上，结合最新的绿色生态理念，在其规划、设计、建造、运行维护等环节应用绿色新技术，更加有条件打造近零能耗建筑（Nearly Zero Energy Building）甚至零能耗建筑（Zero Energy Building）以及营造健康舒适的人居环境。

1.2.2 木结构与装配式建筑

装配式建筑（Prefabricated Building）是由预制部品部件在工地装配而成的建筑。装配式建筑遵循建筑全寿命期的可持续性原则，并满足标准化设计、工厂化制作、装配化施工、一体化装修、信息化管理和智能化应用的要求。

木结构特别是现代木结构，是以应用新型木质材料、工程木制品，新型连接材料与连接技术，现代的加工、制造、施工方式等方面为其主要特点，按其主要结构材料类型大致分为方木原木结构、轻型木结构、胶合木结构、正交胶合木结构，以及木结构与其他结构（如钢结构、混凝土结构等）的混合结构等。

伴随着世界范围内工业化、信息化进程的不断深入推进，现代建筑行业迎来快速发展，现代木结构建筑的装配化程度也不断提高，建筑预制的主体从构件、组件为主转变为板式单元、空间模块单元为主，建造方式以现场加工、制作为主转变为工厂化加工、制作为主。尤其在木结构建筑技术体系相对成熟的欧洲国家，其研究与实践方向更加注重集成化与一体化以及提高建筑环境质量等方面。

近年来，国内外都先后建成了不少具有代表性的装配式木结构建筑，特别是北美、欧洲等地区的国家在高层木结构建筑上取得突破性进展，为新时代中国木结构建筑的发展提供了有益借鉴。

1.2.3 装配式木结构建筑发展方向

装配式木结构建筑源于北美轻型木结构建筑体系。而这一体系下的预制木屋构件可追溯到17世纪，当初来到美洲的英国移民，为了在抵达新大陆后能尽快地以最少的劳力建成住屋，便采用了一种便于船舱装载的轻质预制木框架板墙建屋。18世纪，木屋又在北美殖民地预制由船运至西印度。19世纪，加州的淘金热又使大量预制木屋从美国东部运来。19世纪30年代创建于芝加哥，并一直沿用至今的美国民间著名的 Balloon 木构架就是在这个基础上形成的（图 1.2.1)。这一木结构体系之所以取名 Balloon，就是言其重量较轻。Balloon 木构架是用整个房屋高度的密肋式壁骨架，外覆木板而成，这一结构体系充分利用了美国丰富的木材资源和当时的机械化水平，克服技工劳动力不足的困难。1936年，最初的现代轻型木结构 Plywood Model House 建设完成，该住宅引入“模数”的概念，并基于模数预制了承重墙体，再由墙体组合成整体住宅，实现了从框架结构向预制墙体结构的跨越。1950年前后，由轻型木结构制作而成的移动木屋（Mobile House）在美国快速发展，尤其是在军队得到大量使用，整体卫浴、系统厨房等单元实现了一体化设计。在亚洲，日本最早实现了木结构工业化预制生产。早在1941年，日本住宅营团便开始了预制木质板件结构住宅的开发和建设；1946年日本学者在“工厂住宅生产协会”的支持下开发出“PREMOS”工厂预制板件（图 1.2.2）。现在，日本梁柱结构、轻型木结构、预制板件结构这三种最主要的木结构房屋建造形式均可实现百分之百的工厂机械化预制生产加工（图 1.2.3）。

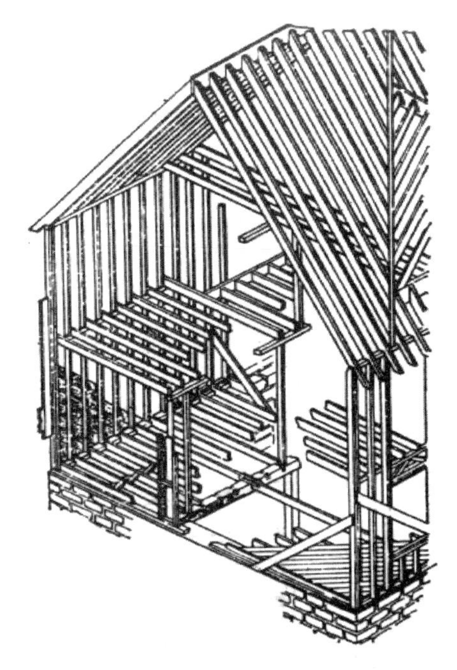

图 1.2.1 Balloon 木构架体系

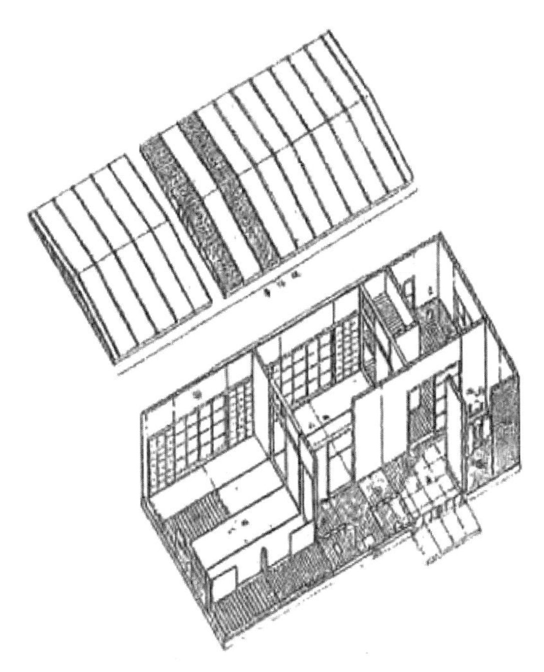

图 1.2.2 “PREMOS”工厂预制板件房屋

图 1.2.3 机械化工厂预制木结构构件

工厂预制加工构件具有节省人工、加工受环境影响小、施工效率高等特点。经过多年发展，部分工厂预制木结构构件精度控制在 0.5mm 以内，施工质量更高、进度更为可控。成熟的木结构工业化生产技术使完善的专业化分工成为可能。在日本，最大的房屋构件预制企业每年可提供 2 万～3 万栋房屋所需的预制构件。

在以胶合木（Glulam）运用为主的欧洲现代木结构建筑市场，也逐渐由传统的施工现场建造向工厂预制生产现场安装的建造方式转变。欧洲装配式木结构建筑根据组件的预制装配化程度，通常可分为梁柱组件结构、板式组件结构、空间组件结构以及以上三种组合的结构。近十余年来，正交胶合木（CLT）的出现，使得多高层木结构装配式建筑体系率先在欧洲兴起，并不断向世界各国推广。2019 年竣工的挪威 18 层的 Mjstrnet 大厦，是采用胶合木和正交胶合木构件建造的纯木结构建筑，建筑高达 85.4m，为当前世界上最高的木结构建筑。

总之，从全球木结构建筑发展趋势来看，装配式木结构建筑未来主要向标准化、集成化以及规模化的方向发展。具体来说有以下几个方面：

首先，是设计的标准化、模块化。从住宅建筑或办公建筑的建筑设计、结构体系、部品部件体系、机械化施工体系、设备管网体系和装饰装修等各个环节进行工业化、一体化集成，实现木结构建筑的大规模生产、建造和应用。

其次是生产方式的集成化。木结构建筑产业化体系包括构配件的工厂预制和现场安装。构配件的工厂预制需要专门的装配设备和较大的生产场所。工厂生产线依靠大规模、高自动化的机器来生产，辅之以相应的技术人员、管理人员和操作技术工人。现场施工则对施工流程、物流配送等进行严格管控。(图 1.2.4)

(a) 构件工厂预制化加工

(b) 现场标准化施工

图 1.2.4 日本木结构产业化生产及施工❶

最后是应用的规模化。作为一种精度高、效率好、节省资源和能耗低的建设模式，规模化推广和应用能更加显示其优势。各级政府应该积极倡导在政府投资的保障性住房、灾后重建、中小型公共建筑等民生工程中率先推广预制装配式现代木结构技术，增加在大中城市周边的卫星城、富裕地区的中小城镇及农村、风景旅游地区和高抗震要求的地区的应用，并逐步引导市场延伸至主流的工程建设市场。

1.3 《木结构设计标准》发展历程

1952 年我国颁发了第一本工程建设规范《建筑物设计暂行标准》，其中含有木结构部分的相关规定，是中国第一本与木结构建筑设计有关的国家标准，但不是专门为木结构制订的标准。

1.3.1 木结构设计规范 1955 版

1955 年，我国颁发了《木结构设计暂行规范》(规结—3—55)，这是新中国第一本木结构设计规范，为正确地使用木材、安全地设计木结构建筑物，提供了基本条件。该规范主要是根据苏联的木结构标准（НИТУ—2—47）进行编制的，除了木材树种采用国产树种以外，无论是设计理论和基本方法都是沿用苏联体系。这对我国以后的木结构设计规范

❶ 图片来源于日本三泽房屋株式会社技术手册。

都产生了十分深远的影响，包括我国现行的木结构相关标准中的许多技术内容都还在采用这些方法和理论。

1.3.2 木结构设计规范 1973 版

1964 年～1965 年，因我国“三线”建设的需要，木结构在大、中型建筑中的应用有所回升。当时，由于工程技术人员不熟悉当地木材性能，在木结构建筑工程中出现一些质量问题。为适应经济建设和编制规范的需要，在此期间我国相关部门集中了许多科研工作者进行了一次较大规模的科研工作，从基本计算理论到扩大树种利用等许多方面，都取得了丰硕的研究成果。在这些成果的基础上，完成了对“规结－3－55”规范的修编工作。1968 年已形成了初稿，但当时我国正处于“文化大革命”时期，由于种种原因，规范的修订工作一直未能顺利完成。直到 1973 年才完成了规范修订工作，颁布了国家标准《木结构设计规范》GBJ 5—73，并同时在西南建筑设计院（现为中国建筑西南设计研究院有限公司）成立了《木结构设计规范》国家标准管理组。国家标准 GBJ 5—73 增加的主要技术内容有：

（1）为合理利用材料，将板、方材的选材标准分别进行规定；

（2）在含水率规定中，结合当时工程建设的实际情况，补充完善了使用含水率大于 25%的木材的技术措施，允许工程建设中少量使用湿材作为结构构件；

（3）根据试验结果，修改了受压构件纵向弯曲系数计算公式和齿连接计算公式；

（4）为加强木结构空间刚度、整体性和抗震能力，增加了支撑和锚固的技术内容。

到这时，一套符合我国具体情况的木结构设计体系已基本形成。当时，由于我国木材行业的工业化水平不高，木结构的应用还仅限于在施工现场进行加工制作的方木或原木结构，因此，规范的主要技术内容还是针对方木或原木结构作出的规定。

1.3.3 木结构设计规范 1988 版

1982 年 10 月，根据原国家建委“（81）建发设字 546 号”通知要求，《木结构设计规范》国家标准管理组会同相关专家对《木结构设计规范》GBJ 5—73 进行了修订，并于 1987 年 9 月完成这次修订工作，1988 年 10 月颁布了《木结构设计规范》GBJ 5—88。这次修订结合“建筑结构安全度及荷载组合”课题和《建筑结构设计统一标准》GBJ 68—84 的内容，以及木结构领域的概率计算基本理论和计算参数、安全度校准等一系列课题，进行了大规模分析研究，所有研究成果均纳入《木结构设计规范》GBJ 5—88。修订的主要内容有：

（1）采用以概率理论为基础的极限状态设计方法，全面校准了可靠度指标 β 值，对木结构设计准则及材料强度分级进行了修订；

（2）通过研究，修改了木结构构件偏心受压的计算公式；修改了轴心受压构件稳定系数公式，将稳定系数改用两条曲线进行表达；

（3）齿连接强度修正系数的修订；

（4）首次增加了胶合木结构的相关内容；

（5）修订了木材防腐和防火的相关内容；

（6）增加了木结构设计对工程施工质量的要求。

当时，我国木结构工程建设的实际应用状况是以工业厂房的屋面体系为主要目的。根据这种情况，在规范修订时，主要技术内容是针对木结构屋面体系作出相应的规定。此外，根据当时国家木材资源不足的状况，为了不受天然原木尺寸限制的束缚，胶合木结构逐渐在工程中得到采用。修订组在遵循“节约木材、小材大用、劣材优用”的原则下，增加了胶合木结构的相关规定，为当时合理使用木材、优化使用木材、发展现代木结构提供了重要方向。

1.3.4　木结构设计规范2003版

1997年，我国对1988版的工程建设国家标准开展了全面的修订工作，大多数的标准在当年相继开展了新一轮的修订。当时，考虑到木结构在工程中的应用较少，再加上我国木材资源十分紧缺，相关各方都一致认为《木结构设计规范》GBJ 5—88没有必要进行修订，可继续执行，因此，国家并未下达本规范修订计划。1998年，我国为争取加入世贸组织（WTO），与相关国家开展了一系列的技术谈判，与美国进行谈判时，双方成立了一些专业对口的工作组，其中包括木结构工作组。在中美谈判过程中，关于进口木材在中国的应用和现代木结构技术进入中国建筑市场等方面成为研究讨论的焦点。最后双方通过多次的研究和技术考察，认为需要考虑对《木结构设计规范》GBJ 5—88进行必要的修订，以便进口木材、进口木材产品和现代木结构技术能够在中国建筑市场中顺利应用。

1999年，为了适应我国经济发展，以及我国加入WTO后市场经济发展的需要，加快我国木结构建筑和木材工业的发展，根据原建设部“建标［1999］37号文”的要求，由中国建筑西南设计研究院、四川省建筑科学研究院会同国内高校、科研等单位共同对国家标准《木结构设计规范》GBJ 5—88进行了修订。至此，该规范当时的修订工作已晚于其他结构规范两年多的时间。

从1998年开始，为保护森林资源，我国政府实施了天然森林保护工程，大幅度调减国内木材砍伐总量。为了维持木材供需平衡，国家采取了一系列鼓励木材进口的措施，大量进口木材、规格材和工程木产品在工程建设中得到广泛使用。特别是轻型木结构建筑（图1.3.1）也相继在我国得到大量应用，因此，为了能够采用进口木材、消化吸收国外木结构的先进技术和成熟经验，是这次规范修订的首要目的和主要工作内容。

(*a*) 施工中的轻型木结构

(*b*) 我国较早引进的轻型木结构建筑

图1.3.1　轻型木结构建筑

这次修编工作从1999年底正式开展，在国内外各参编单位及编制组成员共同努力、相互配合下，共历时三年多才得以完成。原建设部于2003年10月26日发布第189号公告，《木结构设计规范》GB 50005—2003自2004年1月1日起实施，原《木结构设计规范》GBJ 5—88同时废止。

该规范实施不久，根据原建设部“建标［2004］67号文”的要求，2004年7月，规范编制组与欧洲木业协会共同对国家标准《木结构设计规范》GB 50005—2003开展了局部修订工作，并于2005年9月完成规范局部修订报批稿，原建设部于2005年11月颁布了《木结构设计规范》GB 50005—2003（2005年版）的局部修订版。

当时我国木结构技术的研究尚落后于其他先进国家和地区，要使我国木结构建筑技术基本达到国际先进水平，为此，这次修订的内容中引进的现代木结构技术内容较多，新的研究课题较多、较为复杂。通过国际合作，借鉴和吸收了国际上近几十年来在现代木结构技术领域的最新研究成果，减少了我国木结构技术在发展过程中所走的弯路，提高了我国木结构相关标准的技术水平，进一步加快了我国木结构技术标准与国际标准接轨的步伐，填补了我国木结构相关技术的空白，使我国木结构建筑技术达到了国际先进技术的同等水平。这次修订的主要内容有：

（1）按当时最新版国家标准《建筑结构可靠性设计统一标准》GB 50068和《建筑结构荷载规范》GB 50009对木结构可靠度指标进行了校准；

（2）首次建立了我国规格材目测分级、机械分级系统，并与国际上几大洲合作研究完成了进口木材强度设计指标直接转换方法。对由北美、大洋洲、欧洲进口的规格材设计指标进行了转换；

（3）增加了对工程中使用进口木材的若干规定、进口规格材强度取值规定和进口木材现场识别要点及主要材性；

（4）对木结构构件计算的部分规定作了局部修订和补充；

（5）木结构连接设计中增加了齿板连接设计的要求；

（6）对胶合木结构的规定作了局部修订和补充；

（7）增加了对轻型木结构的设计规定，并单设为一章；

（8）针对木结构建筑特点，增加了木结构防火要求，并单设为一章；

（9）补充和完善了木结构的防护（防腐、防虫）技术内容。

这本标准的颁布实施，对我国在工程建设中推广应用木结构建筑起了十分重要的作用。十几年来，我国木结构建筑技术的发展较快，主要表现在：木结构相关企业发展由少到多，由小到大；木结构建筑工程的建设由经济发达的沿海地区到全国遍地开花；木结构建筑的形式由单一到多种多样；木结构的加工制作技术由落后快速发展到技术先进、设备一流，已达到世界先进水平。

1.3.5 木结构设计标准2017版

2003版标准实施以来，我国的木结构建筑不断发展，木结构相关技术的研究和引进也在不断发展，标准中的许多内容渐渐不适用于实际工程的应用，不能满足建筑工程的设计需要，因此，需要对标准开展相应的修订工作。

根据住房和城乡建设部《关于印发〈2009年工程建设标准规范制订、修订计划〉的通知》（建标［2009］88号）的要求，2009年11月，由中国建筑西南设计研究院有限公司、四川省建筑科学研究院会同国内外有关单位开展了国家标准《木结构设计规范》GB 50005—2003的修订工作。在修订过程中，经广泛的调查研究，认真总结并吸收了国内外有关木结构技术和设计、应用的成熟经验，参考国际标准和国外先进标准，结合国内研究成果，经多次讨论和反复修改，完成标准的修订工作。

本次修订过程中，为了贯彻执行《国务院关于印发深化标准化工作改革方案的通知》（国发［2015］13号）文，按照工程建设标准体制改革的要求，住房和城乡建设部于2017年11月20日发布第1745号公告，批准《木结构设计标准》为国家标准，编号为GB 50005—2017，自2018年8月1日起实施。正式将原国家标准《木结构设计规范》更名为《木结构设计标准》，原《木结构设计规范》GB 50005—2003同时废止。

这次修订的主要内容有：

（1）根据2003版规范实施的具体情况，完善了木材材质分级及强度等级的规定，全面审定国产木材和进口木材的树种强度等级及设计指标；

（2）根据我国木结构建筑的结构用木材绝大多数依靠进口的实际情况，增加了进口木材树种的利用范围，并对进口木材及木材产品的强度设计值进行了可靠度分析研究，以及重新确定了进口木材及木材产品的强度设计值；

（3）随着我国20世纪70、80年代种植的人工林的大量成材，可逐渐用作建筑结构材料，增加了利用国产木材的相关规定，以及增加了国产人工林树种的规格材及其强度指标；

（4）补充了方木原木结构和组合木结构的相关设计规定，增加了井干式木结构建筑、木框架剪力墙结构建筑的基本设计规定和一般构造要求；

（5）增加对结构复合材和工程木产品的设计规定；特别增加了正交胶合木结构（CLT）的设计规定和相关构造要求，为采用正交胶合木结构提供了基本的技术支持；

（6）为了满足结构用木材快速发展，全面研究分析、完善了木结构构件计算和连接设计的规定；

（7）协调完善胶合木结构、轻型木结构的设计规定；

（8）补充完善抗震设计规定和构造要求；

（9）协调、完善防火设计、耐久性设计的规定和构造要求。

本次修订工作中，通过对进口木材及木材产品的强度设计值进行可靠度分析研究，从而初步建立和完善了我国结构用木材由强度标准值转换为强度设计值的基本方法，为今后扩大结构用木材的应用范围以及新材料的应用提供了技术支撑。另外，本次修订工作中需要解决的技术问题和新增加的技术内容较多，修订任务较重，对于国际上木结构先进技术的应用需要开展适合我国实际情况的研究和总结吸收，以满足木结构建筑市场的需求，因此，这次修订中新增加的一些技术内容可能不是十分完善和全面，但是增加的目的是为了在我国尽量推广和应用这些新技术、新方法、新结构，加快我国木结构技术的发展。

1.4 《木结构设计标准》与国际合作

1.4.1 2003版规范的国际合作

1999年，对国家标准《木结构设计规范》GBJ 5—88进行修订时，建设部指出这次规范修订的目的是积极总结和吸收国内外设计和应用木结构的成熟经验，特别是现代木结构的先进技术，满足和适应我国经济和社会发展的需要。为了较好地完成规范修订任务，在《木结构设计规范》编制组成立之初，经建设部有关部门的同意，在编制工作中特别邀请美国林业与纸业协会作为规范编制组正式成员。在当时，开创了我国规范编制工作中国际合作的新方式，是建设部标准规范编制工作改革的首例。

随着规范修订工作的开展，在国际上引起广泛的关注。为了广泛吸收国外现代木结构的先进技术和成熟经验，在国外相关木业协会和政府的积极要求下，编制组先后接纳了加拿大建筑设计标准委员会和新西兰林业委员会的技术代表作为规范编制组正式成员。2004年对《木结构设计规范》GB 50005—2003 进行局部修订时，根据欧洲木业协会的强烈要求，又接纳了欧洲木业协会作为规范编制组正式成员。

在整个规范修编过程中，编制组多次接受对方邀请组织专家到美国、加拿大、北欧、新西兰等国家和地区进行学术交流和技术考察，也多次邀请国外专家来我国进行学术交流活动。国外技术专家参加了每一次规范编制工作会议，中外专家对各自关注的许多专业问题进行了深入探讨，在一些技术问题上进行了十分认真的分析研究。在标准编制过程中，开展的国际合作的研究工作主要有：

(1) 建立了我国规格材目测分级、机械分级系统；

(2) 研究完成了木材强度设计指标直接转换方法；

(3) 通过合作研究，纳入了轻型木结构体系的设计和构造规定；

(4) 建立了我国木结构建筑防火设计体系。

结合以上研究课题的成果而编制的 2003 版规范中，许多内容是国内标准以前完全没有的，填补了国内木结构相关技术的空白，并达到国外相关木结构先进技术的同等水平。自 2004 年 1 月 1 日国家标准《木结构设计规范》GB 50005—2003 正式实施以来，对我国木结构的健康发展起着十分重要的作用，也极大地推动了我国木材工业的快速发展。

1.4.2 2017 版标准的国际合作

2009 年，开展了国家标准《木结构设计规范》GB 50005—2003 的修订工作。在修订过程中，除了继续与美国 APA 工程木协会、加拿大木业协会和欧洲木业协会开展技术合作外，又与日本木材出口协会、新西兰木材加工和制造商协会开展技术合作。

在标准编制过程中，开展的国际合作的研究工作主要有：

(1) 对进口木材及木材产品的强度设计值进行可靠度分析研究，并确定其强度设计值；

(2) 增加进口木材树种的利用范围，主要补充了日本出口的木材树种及强度设计值；

(3) 引进了在日本使用十分普遍的木框架剪力墙结构体系和设计方法，以及构造要求；

(4) 引进了国际上采用的新技术、新材料、新方法，即正交胶合木结构（CLT）的设计规定和相关构造要求，为采用正交胶合木结构提供了基本的技术支持；

(5) 在耐久性设计的规定和构造要求中，采纳了国际先进技术和方法。

本次修订工作中，对于国际上木结构先进技术的应用开展了许多结合我国实际情况的研究，取得了部分研究成果，并纳入标准中，使国家标准《木结构设计标准》GB 50005—2017 在继承我国木结构传统理论体系的基础上，进一步与国际先进标准接轨。

1.5 木结构建筑的结构类型

木结构建筑能广泛应用于住宅建筑、办公建筑、文教建筑、博览建筑、体育建筑等民用和公共建筑，以及温湿度正常的工业厂房和仓库。此外，木结构还能够用于塔架、桅杆、栈桥、桥梁、景观及一些辅助性或临时性的建筑中。国家标准《木结构设计标准》GB 50005—2017 中规定，木结构建筑按结构构件采用的主要材料类型分为三大类结构体系：方木原木结构、轻型木结构和胶合木结构。国家标准《多高层木结构建筑技术标准》GB/T 51226—2017 中，又将木结构建筑的结构体系划分为纯木结构和木混合结构两大结构体系，其中木混合结构体系又分上下混合木结构体系和混凝土核心筒木结构体系（即水平组合的木结构体系）。在进行结构类型划分时，主要根据适合在多层和高层木结构建筑中采用的结构类型来进行分类。国家标准《多高层木结构建筑技术标准》GB/T 51226—2017 中木结构建筑的结构体系及结构类型的分类见表 1.5.1。

GB/T 51226—2017 中木结构建筑的结构体系及结构类型的分类　　表 1.5.1

结构体系	纯木结构	木混合结构	
		上下混合木结构	混凝土核心筒木结构
结构类型	轻型木结构 木框架支撑结构 木框架剪力墙结构 正交胶合木结构	上部轻型木结构 上部木框架支撑结构 上部木框架剪力墙结构 上部正交胶合木剪力墙结构	纯框架结构 木框架支撑结构 正交胶合木剪力墙结构

1.5.1　方木原木结构

方木原木结构是指承重构件主要采用方木或原木制作的单层或多层建筑结构。这一结构体系是在《木结构设计标准》GB 50005—2017 中首次提出来的，在 2003 版规范中“方木原木结构”被称为“普通木结构”。在标准修订时，为了将中国传统建筑中广泛使用并沿袭至今的原木柱梁结构体系、井干式结构体系等传统木结构做法，以及我国 20 世纪 50、60 年代以来受苏联木结构建筑影响而产生的木结构建筑体系悉数纳入新修订的《木结构设计标准》中，将木结构统一按承重构件主要采用的结构用木材的种类进行分类。方木原木结构——这一名称在本手册编制过程中，通过研究后认为并不能十分准确地表达其含义，有专家建议称为“传统木结构”或许更加清晰。为了遵循国家标准《木结构设计标准》GB 50005—2017 的木结构分类原则，本手册仍然沿袭采用此名称，以免引起用词的混乱。

方木原木结构包括穿斗式木结构、抬梁式木结构、井干式木结构、木框架剪力墙结构和梁柱体系木结构等结构形式。当前，我国新建成的方木原木结构建筑多采用井干式木结构、木框架剪力墙结构和梁柱体系木结构。穿斗式木结构和抬梁式木结构主要应用在一些传统民居、风景园林中的亭台楼阁和部分寺庙建筑中。

1. 井干式木结构

井干式木结构是采用截面经过适当加工后的方木、原木、胶合原木作为基本构件，将构件在水平方向上层层叠加，并在构件相交的端部采用层层交叉咬合连接，以此组成的井字形木墙体作为主要承重体系的木结构，也称原木结构或 Log House（图 1.5.1）。井干式木结构设计时应采取措施减小因木材的变形导致结构沉降变形的影响。原木墙体中，层与层之间通常采用木销钉连接，并在墙体的两端用通长的螺栓拉紧，对于较长的墙体还应采用扶壁柱加强墙体的稳定性。

2. 木框架剪力墙结构

木框架剪力墙结构是方木原木结构的主要结构形式之一，在现代木结构建筑中得到广

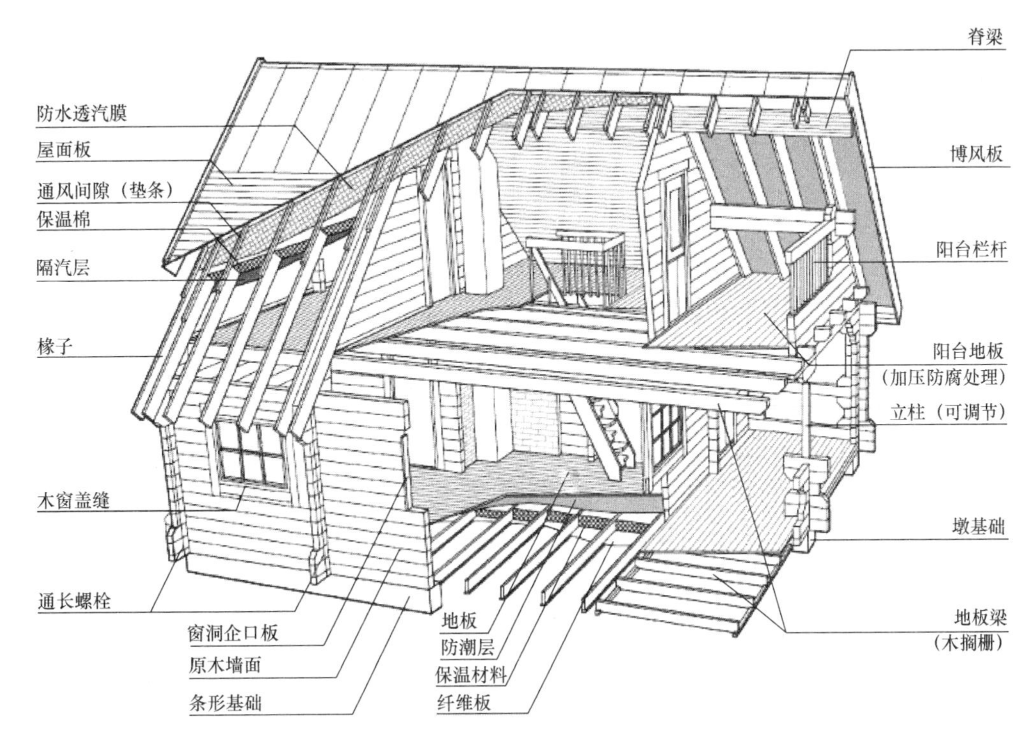

图 1.5.1 井干式结构示意

泛应用。它是在中国的传统木结构技术基础上发展形成的现代木结构建筑技术。随着木结构的发展，传统的梁柱式木结构在多地震、多台风地区已经发展演化为在柱上铺设木基结构板材而构成剪力墙，在楼面梁或屋架上铺设木基结构板材而构成水平构件的木框架剪力墙结构形式。即木框架剪力墙结构是以木框架承受竖向荷载，以剪力墙、楼盖、屋盖构件抵抗地震作用、风荷载等侧向荷载的结构形式（图 1.5.2）。

由图 1.5.2 可知，木框架剪力墙结构主要由地梁、梁、横架梁与柱构成木框架，并在间柱、木框架上铺设木基结构板以构成承受水平作用的木结构体系。应该注意，该结构与国家标准《多高层木结构建筑技术标准》GB/T 51226—2017 中所指的木框架剪力墙结构有一定区别，应用于多高层木结构建筑的木框架剪力墙结构，其剪力墙主要采用轻型木结构剪力墙或正交胶合木剪力墙。而且，两本标准所指的木框架剪力墙结构的梁柱截面尺寸也有所不同。

3. 梁柱体系木结构

梁柱体系木结构是指以木梁、木柱承受竖向荷载的框架结构体系。传统梁柱体系木结构是按照传统建造技术要求，采用榫卯连接方式对梁柱等构件进行木木连接的木结构建筑体系。其建造方法通过传统的技术规则、世代相传和不断积累的建造经验来实现。传统梁柱式木结构建筑主要包括穿斗式木结构（图 1.5.3*a*）、抬梁式木结构（图 1.5.3*b*）和穿斗-抬梁混合式木结构。对于新建的传统梁柱式木结构建筑，以及采用榫卯连接的木结构建筑，我国现行的工程建设标准中均未对其作出比较具体的设计规定，通常可参照当地传统的营造方式和方法进行建造。对于现代梁柱体系木结构，为了满足抗侧刚度的要求，通常采用带斜撑的铰接框架、带木基结构板剪力墙的铰接框架或梁柱节点为半刚性连接的框架。

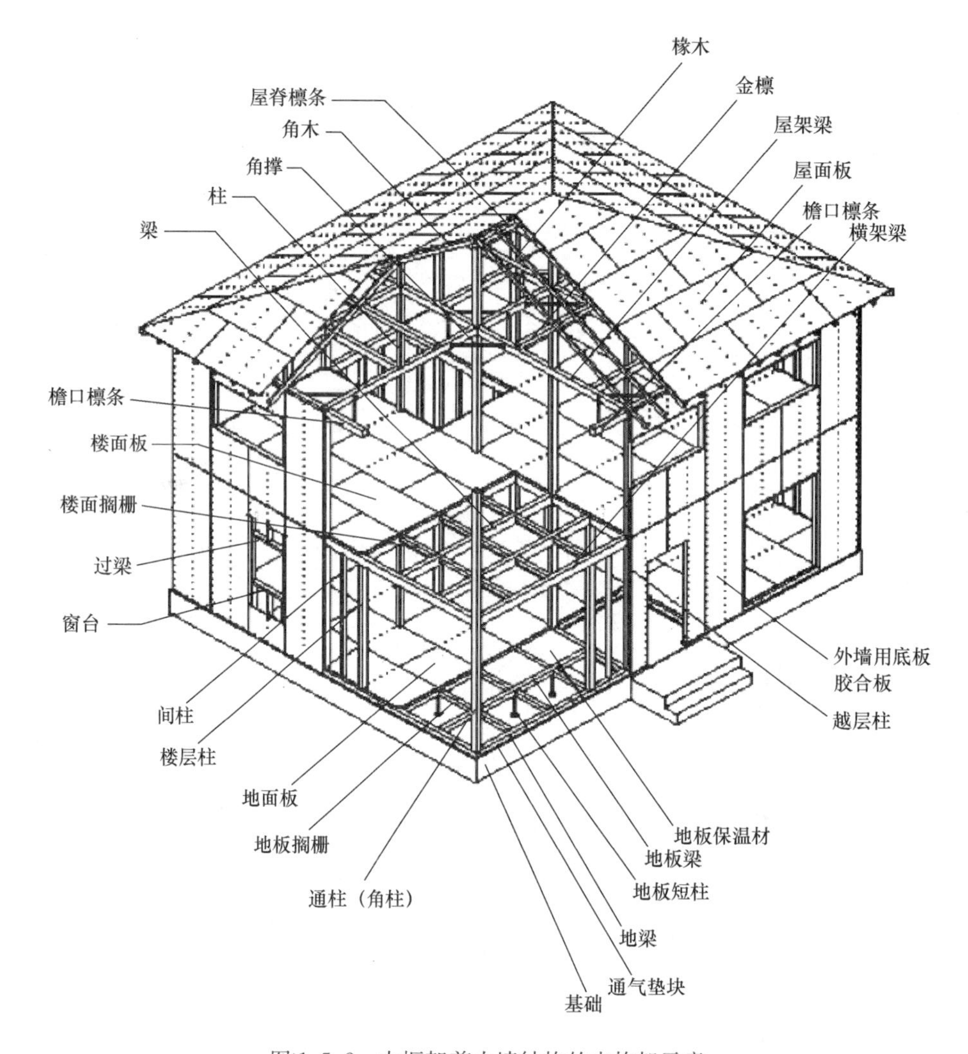

图 1.5.2 木框架剪力墙结构的木构架示意

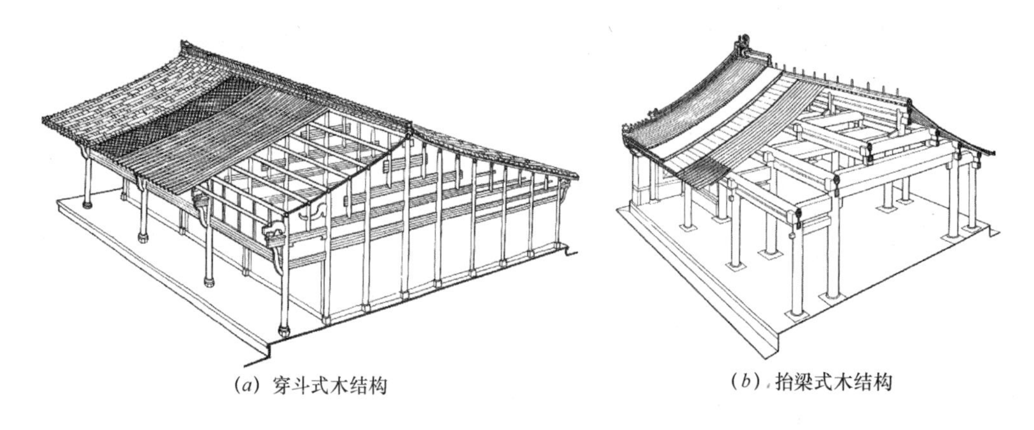

(*a*) 穿斗式木结构　　(*b*) 抬梁式木结构

图 1.5.3 中国传统抬梁式结构与穿斗式构造示意图❶

❶ 图片来源：刘敦桢《中国古代建筑史》

1.5.2 轻型木结构

轻型木结构系指主要采用规格材及木基结构板材或石膏板制作的木构架墙体、木楼盖和木屋盖系统构成的单层或多层建筑结构（图 1.5.4），采用的材料包括规格材、木基结构板材、工字形搁栅或木搁栅、结构复合材和金属连接件等。轻型木结构构件之间的连接主要采用钉连接，部分构件之间也采用金属齿板连接和专用金属连接件连接，具有施工简便、材料成本低、抗震性能好的优点。轻型木结构也可称为“平台式骨架结构”，因为施工时，每层楼面为一个平台，上一层结构的施工作业可在该平台上完成，适用于预制装配式的轻型木结构一般建议采用平台式轻型木结构，就是在拼装完底层墙体后，再拼装上层楼盖，并以此楼盖作为二层的施工作业面，继续拼装二层墙体。

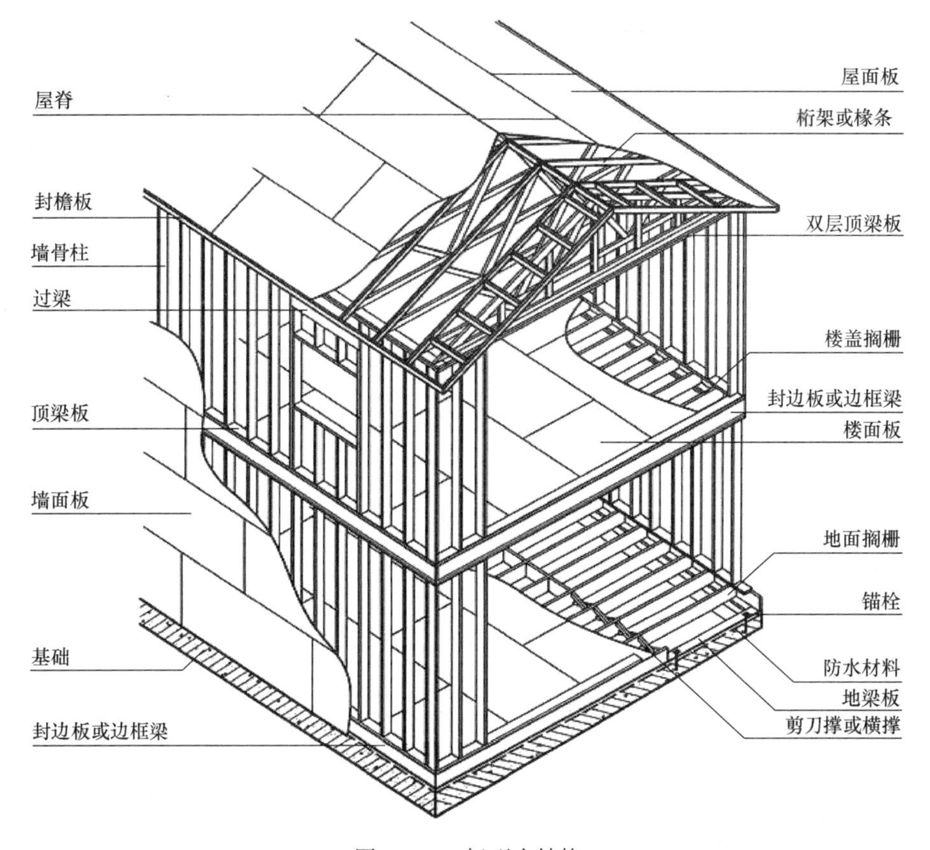

图 1.5.4 轻型木结构

轻型木结构建筑可根据施工现场的运输条件，将木结构的墙体、楼面和屋面承重体系（如楼面梁、屋面桁架）等构件在工厂制作成基本单元，然后在现场安装的方式建造。轻型木结构建筑在工厂可将基本单元制作成预制板式组件或预制空间组件，也可将整栋建筑进行整体制作或分段预制，再运输到现场，与基础连接或分段安装建造。规模较大的轻型木结构建筑能够在工厂预制成较大的基本单元，运输到现场采用吊装拼接而成。在工厂制作的基本单元，也可将保温材料、通风设备、水电设备和基本装饰装修一并安装到预制单元内，装配化程度很高。轻型木结构建筑可以根据具体的预制化程度的要求，实现更高的预制率和装配率。

1.5.3 胶合木结构

胶合木结构是指承重构件主要由层板胶合木（Glued Laminated Timber，简称Glulam）等工程木材制作而形成的结构体系的统称。层板胶合木结构主要应用于单层、多层的木结构建筑，以及大跨度的空间木结构建筑。随着木结构建筑技术和木材加工技术的不断发展，新型的木质结构复合材也不断涌现，并应用于木结构建筑中。现阶段，胶合木结构中已采用了各种结构复合材，包括：旋切板胶合木（LVL）、层叠木片胶合木（LSL）和平行木片胶合木（PSL）。

采用胶合木结构建筑能够合理使用木材，并更好地满足建筑设计中各种不同类型的功能要求。胶合木构件制作可采用工业化生产，制作过程中便于保证构件的产品质量，大量减少建筑工程现场的工作量，是适合工业化生产的装配式木结构建筑。常见的胶合木结构按结构主要承重构件的类型可分为：胶合木梁柱式结构、胶合木空间桁架结构、胶合木拱形结构、胶合木门架结构和胶合木空间结构等。

胶合木结构是应用较广的结构形式，具有以下特点：①不受天然木材尺寸限制，能够制作成满足建筑和结构要求的各种形状和尺寸的构件，因而在建筑外观造型上基本不受限制；②能有效避免和减弱天然木材无法控制的缺陷影响，提高木材强度设计值，并能合理级配、量材使用；③构件自重轻，具有较高的强重比，能以较小截面满足强度要求，同时，可大幅度减小结构体系的自重，提高抗震性能，且有利于运输、装卸和现场安装；④构件尺寸和形状稳定，无干裂、扭曲之虞，能减少裂缝和变形对使用功能的影响；⑤具有良好的调温、调湿性，且在相对稳定的环境中，耐腐性能高；⑥经防火设计和防火处理的胶合木构件具有可靠的耐火性能；⑦构件通过工业化生产，能提高生产效率，控制构件加工精度，更好地保证产品质量；⑧能以小材制作出大构件，充分利用木材资源；⑨能发挥固定碳的作用，并可循环利用，是绿色环保材料。

1.5.4 正交胶合木结构

正交层板胶合木（Cross Laminated Timber，简称CLT）是指层板相互叠层垂直正交组坯后胶合而成的工程木产品，也称正交胶合木。正交胶合木因其由相互交错的层板胶合而成，在两个方向均有很好的力学性能，可制作成为墙体和楼盖、屋盖等结构构件。在国家标准《木结构设计标准》GB 50005—2017中，根据木结构分类方法，将正交胶合木结构划分为胶合木结构体系。正交胶合木结构主要应用于墙体、楼面板和屋面板等采用板式承重构件的单层或多层木结构建筑。

目前，正交胶合木结构在欧洲、澳洲和北美地区被广泛地应用于多层或高层的商业建筑、办公建筑和居住建筑。全球已有10余家规模较大的CLT制造供应商，世界各地对CLT的需求量和供应量都在不断上升。预计到2020年底，全球CLT的年产量将达到180万m^3左右（图1.5.5）。

正交胶合木（CLT）最早出现在欧洲的奥地利、德国等地。20世纪90年代，奥地利和德国的技术人员开展了新型材料CLT的研发，通过研究发现CLT材料的结构性能稳定，单个构件的幅面较宽，作为板式构件的安装施工效率较高。采用CLT制作的墙体与采用木基结构板制作的墙体相比，具有完全不同的结构性能和防火性能，CLT墙体构件具有较好的耐火极限和较高的承载能力。CLT制作的墙体与钢筋混凝土剪力墙的力学性能相似，因此，一经研发应用，在欧洲木结构市场就获得了很高的关注和广泛的认可，发展速度非常迅速。

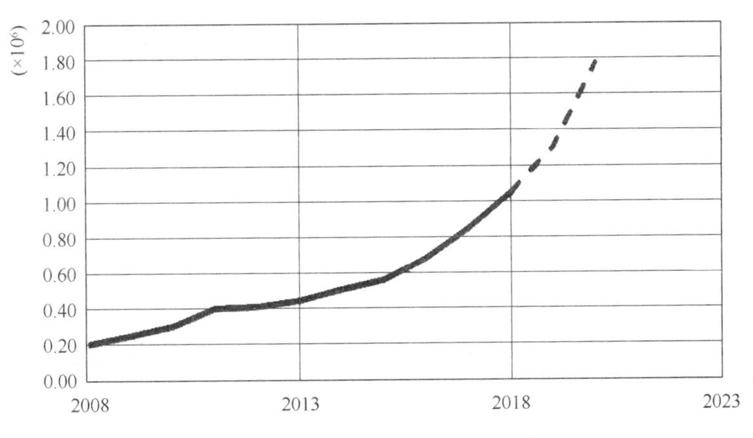

图 1.5.5 欧洲 CLT 年产量（m^3）

当前，CLT 技术在欧洲的研究和应用已经十分成熟，许多国家已将 CLT 广泛应用于住宅建筑，例如，瑞典的 Limnologen 多层住宅项目采用了大量的 CLT 材料（图 1.5.6）。CLT 除了用于住宅建筑，也能用于公共建筑，例如停车场（图 1.5.7）、马术场（图 1.5.8）等。

图 1.5.6 瑞典 Limnologen 多层 CLT 住宅项目

图 1.5.7 CLT 结构的停车场

图 1.5.8 Sätra 室内马术场（墙和屋面用 CLT 建造）

21世纪初，欧洲正交胶合木（CLT）的发展引起了北美木结构市场的极大兴趣。北美地区从欧洲引入了CLT技术，加拿大与美国联合对CLT生产和应用开展了相应的研究，经过十多年的发展，CLT在北美的应用也日渐增多，广泛应用于木结构建筑中。例如，加拿大UBC校园内的18层Brock Common学生公寓以及美国的T3办公楼等项目，采用了大量的正交胶合木（CLT）材料。

目前，欧洲和北美地区都各自发布了CLT产品标准，以便规范和监督CLT的生产加工。欧洲标准EN 16351《Timber structures-Cross laminated timber-Requirements》（《木结构-正交胶合木-要求》）和北美标准ANSI/APA PRG 320《Standard for Performance-Rated Cross-Laminated Timber》（《性能分级正交胶合木标准》）分别对制作CLT产品的尺寸、等级、生产要求和质量控制等作出了相关规定。根据各自开展的研究成果，奥地利、德国、瑞典等国的研究机构和部分生产制造企业均发布了CLT的相关技术指南。加拿大和美国也分别发布了CLT技术手册和设计方法。正在修订的欧洲《木结构设计规范》EN 1995也将纳入CLT的相关技术规定。

随着正交胶合木（CLT）在国外木结构建筑中应用越来越广，我国近几年也开展了相应的应用研究，目前处于应用研究的初始阶段。为了推广应用CLT材料，我国相关科研院校对CLT材料和CLT结构体系进行了一些研究，最新发布的国家标准《木结构设计标准》GB 50005—2017对CLT构件用于楼面板和屋面板的设计作出了相关规定。国家标准《多高层木结构建筑技术标准》GB/T 51226—2017中，对CLT构件用于墙体的设计作出了相关规定。但是，目前我国缺乏与CLT相关的工程建设产品标准，对CLT产品的性能要求和设计指标没有统一明确的规定，另外，生产制造商的加工能力和质量技术水平还需要不断提高，因此，实际工程应用时，需要采取对CLT构件进行实验验证方式或借鉴国外相关技术资料进行设计。

1.5.5　木混合结构

木混合结构主要是指木结构构件与钢结构构件、钢筋混凝土结构构件混合承重，并以木结构为主要结构形式的结构体系。包括下部为钢筋混凝土结构或钢结构、上部为纯木结构的上下混合木结构以及混凝土核心筒木结构（即水平组合的木结构体系）。多高层木结构建筑通常采用木混合结构体系。对下部建筑需要较大空间或对防火要求较高时，如商场、餐厅厨房、车库等，可采用上下混合形式的木结构建筑。对于多高层木结构建筑，由于结构所受的荷载增大，可采用其他材料的结构构件承受水平荷载的作用。例如，混凝土核心筒木结构中，钢筋混凝土的筒体为主要抗侧力构件，周边建筑可采用木框架结构、木框架支撑结构或正交胶合木剪力墙结构建造。目前，北美地区已建成使用的最高的木混合结构是位于加拿大英属哥伦比亚大学（UBC）校园内的18层学生公寓（图1.5.9）。

当然，在多高层木结构建筑中，当采用钢筋混凝土核心筒木结构时，通常在建筑物的底部均会设置采用钢筋混凝土结构的地下室或采用钢筋混凝土结构的一、二层框架剪力墙结构，这种情况下，结构分类通常按建筑的主要结构形式分为混凝土核心筒木结构。

1.5.6　国外常用的木结构分类

在北美地区、欧洲地区和新西兰，习惯将木结构建筑按防火设计的要求来进行分类。一般分为三种：对于采用规格材建造的轻型木结构建筑称为轻木结构，即Light Timber；对于采用常用截面尺寸的层板胶合木构件建造的胶合木结构建筑称为重木结构，即Heavy

图 1.5.9 木混合结构（加拿大 UBC 校园 18 层学生公寓）

Timber；对于采用巨型截面尺寸的胶合木构件和采用正交胶合木构件的木结构建筑则称为巨木结构，即 Mass Timber。

1.6 我国木结构建筑的应用与发展趋势

20 世纪 50～70 年代，由于国家基本建设的需要，木材作为取材容易的地方性建筑材料受到大量应用，因此，木结构建筑在我国很多地区占有相当大的比重。当时，木结构建筑不仅用于民用和公共建筑，还大量应用于工业建筑的厂房，并且基本上采用的是方木原木结构，用于建筑屋面的主要为木屋架或木桁架系统。20 世纪 80 年代初至 90 年代末，随着其他建筑材料的出现，以及对森林过度采伐造成的木材资源短缺等原因，木结构建筑的设计和施工技术发展十分缓慢，木材在建筑结构领域中的应用呈下降的趋势。在此期间，我国木结构技术领域的研究处于停滞不前的状况，相关标准的技术内容和制订都落后于世界先进水平，大量的木结构相关企业纷纷关闭或转产，许多木结构科研单位和科研人员纷纷改变了研究方向。

从 1998 年开始，为保护森林资源，我国政府实施天然森林保护工程，大幅度调减木材砍伐总量，为了维持木材供需平衡，国家采取了一系列鼓励木材进口的措施，大量进口木材在工程建设中得到广泛使用。这时现代木结构也相继在我国得到应用。

目前，我国木结构建筑应用十分广泛，主要用于三层及三层以下的建筑。按木结构建筑的使用功能区分，比较普遍应用的有以下几个方面：

（1）传统民居（图 1.6.1）：中国西部和南方山区生活的汉族和少数民族大量的居住建筑仍然采用传统的木结构建筑形式。这类木结构的民居通常采用当地的木材资源，由当地经验丰富的工匠建造。工匠的建造技术和实践经验也是通过世代相传的师傅教徒弟的方式继承。

（2）住宅建筑（图 1.6.2）：包括独立住宅（别墅）、联体别墅、私人住宅。这类木结构建筑通常采用方木原木结构和轻型木结构建造，应用范围遍及全国各地。不仅有住宅小区，还有许多私人和小团体建造的住宅建筑。

（3）综合建筑（图 1.6.3、图 1.6.4）：包括会议中心、多功能场馆、博览建筑、游乐园项目。我国这类木结构建筑占有较大的比例，通常采用的结构形式为木结构建筑，应用范围遍及全国各地，且建筑规模大小不一，结构类型各不相同。

（4）旅游休闲建筑（图1.6.5、图1.6.6、图1.6.7）：包括度假别墅、旅游酒店、养老院、福利院、俱乐部会所、休闲会所以及旅游地产。这类建筑是常常采用木结构建筑的类型之一。

图1.6.1　广西三江的侗族民居

图1.6.2　轻型木结构住宅

图1.6.3　江苏省园博会多功能馆

图1.6.4　苏州园博会多功能厅

(a)

(b) (c)

图 1.6.5 重庆长滩原麓社区中心

图 1.6.6 青岛万科小珠山游客中心

图 1.6.7 广东河源市巴伐利亚庄园

（5）文体建筑：包括教学楼、培训中心、体育馆、体育训练馆。目前，这类建筑采用木结构建造的只有很少一部分，如：四川都江堰向峨小学（图 1.6.8）、绵阳特殊教育学校、国家游泳队训练馆等。但是，这类建筑也是我国木结构建筑最有发展前景的市场所在。

（6）寺庙建筑（图 1.6.9）：包括寺庙大殿、门楼、塔楼。随着人们继承和发扬传统文化的认识不断提高，以及对宗教文化的尊重，木结构建筑在这一类建筑中已得到适当的应用。虽然现代木结构在寺庙建筑中的应用与传统木结构建筑有较大的不同，但对于现代新建的寺庙建筑的发展仍具有积极的意义。

图 1.6.8　四川都江堰向峨小学

图 1.6.9　广西柳州开元寺大雄宝殿

我国木结构建筑应用的现状表明：①现代木结构建筑已在我国各地被广泛采用，而且，木结构建筑通过抗震救灾、新农村建设等方式已进入我国农村住宅的建设中。木结构既可建造高级别墅，也可建造普通的住宅，能够满足不类型、不同层次的建筑使用需求。②现代木结构建筑应用范围十分广泛，能够充分满足各种建筑对不同使用功能的需求，能够完美展现建筑师各种不同的建筑风格。③基于我国木结构建筑当前的实际情况，无论木结构建筑是以何种方式建造，它在建筑市场的占有率仍相对较小，未来的发展空间巨大。

当前，我国木结构建筑还处于发展初期，对于未来发展的趋势，有以下几方面值得关注：

1. 木结构建筑将在绿色建筑、节能环保建筑的发展过程中发挥十分重要的作用

木材本身具有绿色、可持续发展和节能环保的优良特性，因此，随着我国相关政策的落实，木结构将在我国绿色建筑、节能建筑中占有相当重要的地位，是我国未来木结构建筑发展的主要方向之一。

2. 木结构建筑将在文教、医疗建筑中得到大量应用

随着人们对文化教育的重视，以及政府对教育事业和医疗事业投入的增加，木结构建筑将在我国文教、医疗和康养建筑中占有相当重要的地位。木结构建筑最适合建造幼儿园、小学和养老院，也是我国未来木结构建筑发展的主要方向之一。

3. 木结构建筑将在体现个性化的休闲娱乐建筑中得到大量的应用

随着社会经济发展，要求建筑展示自身特点的愿望越来越高，木结构建筑能较好地体现个性化的设计、展示不同风采的优点将受到人们的普遍认同。木结构建筑将在一些休闲会所、俱乐部、小型办公楼建筑占有十分重要的地位，也是我国未来木结构建筑发展的主要方向之一。

4. 木结构建筑将在旅游度假建筑中得到大量的应用

随着社会经济发展，人们对生活质量要求越来越高，对休闲度假的需求越来越强，木结构建筑能较好地融入自然风景中，对环境影响十分微小。因此，木结构将在旅游度假建筑中占有十分重要的地位，也是我国未来木结构建筑发展的主要方向之一。

5. 木结构建筑将在体现传统文化、宗教文化的建筑中得到一定的应用

随着人们继承和发扬传统文化的认识不断提高，以及对宗教文化的尊重，木结构将在体现这些文化的建筑中得到适当的应用，这方面建筑是我国未来木结构建筑发展趋势中不可缺少的一个方面。

6. 木结构建筑将在大跨度、大空间的建筑中得到适当的应用

随着社会经济发展，大跨度、大空间建筑的需求将会越来越多，木结构在这类建筑中的优势将得到人们清晰的认同。特别是在需要大跨度、大空间的体育建筑中利用木结构是未来我国木结构建筑发展趋势中最需要大量关注的一个方向。

7. 木结构建筑将在多层和高层建筑中得到应用

随着社会经济发展的需要，以及多高层木结构建筑技术标准的制订和实施，木结构建筑在我国多层、高层的建筑市场中，必将发挥应有的作用。在多层和高层建筑中采用木结构建筑是世界木结构建筑最新的开发领域，也是近年发展最快的方向。目前，欧洲地区已建造完成了24层的木结构组合建筑，北美地区建造完成18层的木结构组合建筑。世界上最高的纯木结构是位于挪威的Mjstrnet大楼，高度为85.4m，共有18层，是一栋包括公寓、酒店、游泳池、办公室和餐厅的多功能用途的木结构建筑（图1.6.10）。多高层木结构建筑也将是我国木结构建筑发展中最需要重点

图1.6.10 挪威的Mjstrnet大楼（高度85.4m，共18层）

关注的一个方面，特别是多层木结构建筑的发展完全符合我国工程建设的实际情况。

1.7 木结构设计中需进一步开展的研究工作

近年来，我国完成了国家标准《木结构设计标准》GB 50005—2017 和《木骨架组合墙体技术标准》GB/T 50361—2018 的修订，以及国家标准《装配式木结构建筑技术标准》GB/T 51233—2016 和《多高层木结构建筑技术标准》GB/T 51226—2017 的制订，同时，开展了工程建设强制性国家标准《木结构通用规范》的研究编制工作。这些制订、修订的国家标准将进一步推动我国木结构建筑行业的高速发展，进一步扩大我国木结构建筑在建设工程中应用的范围。

虽然，我国木结构标准体系一直在不断完善，但是在木结构相关标准的发展过程中存在不少问题和挑战，解决这些问题对我国木结构标准体系的发展意义重大。特别是在木结构设计中需要对以下几个方面进一步开展研究工作：

1. 完善国内工业化生产的结构用木材强度等级确定方法和分等标准

目前，我国木结构设计理论和方法中，在结构用木材强度的分等分级时，对方木原木采用的方法是直接以树种确定强度等级，以构件外观缺陷和质量划分材质等级，并规定了不同材质等级的构件在木结构中的使用性质。方木原木木材以树种确定强度等级的方法，对于每一个树种就只有一个强度设计指标，这种强度分级方法与木结构技术先进国家和地区普遍采用标准化的目测分级或机械分级方法来确定木材强度等级相比，有较大的缺点，不能合理应用木材资源，不适应现代木结构技术的发展趋势。

2. 完善结构用木材强度设计指标的可靠度分析方法

在国家标准《木结构设计标准》GB 50005—2017 的修订过程中，对进口木材及木材产品的强度设计值进行了可靠度分析研究，并确定其在本标准中的强度设计指标，为进一步开展木材强度指标可靠度分析提供了理论基础。目前，我国在木材强度设计指标的可靠度分析中，所涉及的相关统计参数缺乏国内的数据支持。在研究采用国外的相关统计参数时，由于各国标准体系的不同，统计参数的共同性存在一定的差异，采用时也有较大困难。今后，需要开展相关研究工作，进一步完善木材强度指标可靠度分析方法，并推广应用到国产锯材、方木原木和工程木产品的强度设计指标的确定。

3. 研究完善装配式木结构建筑标准化设计方法

我国装配式木结构建筑技术正在不断发展，为了满足装配式建筑应符合标准化设计、工厂化制作、装配化施工、一体化装修、信息化管理和智能化应用的基本要求，应进一步开展装配式木结构建筑标准化设计方法的研究。对装配式预制木构件、预制木组件的结构单元设计方法和整体连接设计方法开展研究，不断完善装配式木结构建筑标准化设计理论。

第2章　木　　材

木材是一种天然材料。第八次全国森林资源清查（2009～2013年）统计结果表明，我国森林面积2.08亿公顷，森林覆盖率21.63%；活立木总蓄积量164.33亿立方米，其中森林蓄积量151.37亿立方米，占活立木总蓄积量的92%。天然林面积1.22亿公顷，蓄积122.96亿立方米；人工林面积0.69亿公顷，蓄积24.83亿立方米。森林面积和森林蓄积分别位居世界第5位和第6位，人工林面积仍居世界首位。我国森林资源呈现出数量持续增加、质量稳步提升、效能不断增强的良好态势。但是，我国仍然是一个缺林少绿、生态脆弱的国家，森林覆盖率远低于全球31%的平均水平，人均森林面积仅为世界人均水平的1/4，人均森林蓄积只有世界人均水平的1/7，森林资源总量相对不足、质量不高、分布不均的状况仍未得到根本改变，林业发展还面临着巨大的压力和挑战。此外，我国森林资源状况还存在着森林质量不高、资源分布极不平衡、森林结构不合理、用材林可采资源严重不足等问题。

速生人工林从培育到成熟利用只需10～50年的时间，平均每公顷能年产20立方米木材，相当于每天可产15kg纤维素或30kg木材。只要合理地应用人工林科学技术，科学经营，合理采伐，就完全可以使木材成为取之不尽、用之不竭的材料。而其他资源只会随着人类的需求而越采越少。预计到2070年全球将出现金属资源枯竭，2100年将会出现石油、天然气等石化资源枯竭。

木材本身又是一种环保材料，也是当今世界主要工业材料中唯一可再生的材料，符合当今人类社会可持续发展的战略构想，符合21世纪人类社会对材料的环境协调性愈来愈关注和重视的发展趋势，符合社会材料结构优化的基本原则。

木材还是一种传统材料，具有广泛的用途和适用性，据报道，现有的木材产品已达10万种。木材的利用方式也比其他材料更加广泛。

然而，我国木材缺口仍然呈逐年增长趋势，国家林业和草原局发布的数据表明，到2020年，中国木材缺口将达到2亿立方米。近年来，国家每年动用了大量外汇进口木材和各种林产品。

随着全球对生态环境的重视以及森林认证制度的推行，长期依赖进口来弥补国内木材需求缺口，将受到来自国际市场供应和国家外汇平衡的双重制约。因此，仅依靠进口木材来满足国内需求，并非长远之计。大力培育速生树种和扩大树种的利用，同时研究和引进先进的木材加工技术，充分利用现有资源，是我国木材工业发展的当务之急。

2.1　结构用木材的主要树种

建筑承重结构用木材的要求，一般来说最好是：树干长直、纹理平顺、材质均匀、木节少、扭纹少、能耐腐朽和虫蛀、易干燥、少开裂和变形、具有较好的力学性能，并便于加工。但能完全符合这些条件的树种是有限的，在设计中，应按就地取材的原则，结合实际经验，在确保工程质量的前提下，以积极、慎重的态度，逐步扩大树种的利用。

结构用木材可分两类：针叶材和阔叶材。结构中的承重构件多采用针叶材。阔叶材主要用作板销、键块和受拉接头中的夹板等重要配件。

2.1.1 常用树种

1. 常用的国内树种

表 2.1.1 为我国各地区可供选用的树种。各地往往对同一树种有不同的称呼，在本手册附录 1 中，将这些树种的标准名称、《木结构设计标准》GB 50005 用名、别名、拉丁名及产地已列出，供选材时参考。

我国各地区常用树种 表 2.1.1

地 区	树 种
黑龙江、吉林、辽宁、内蒙古	红松、松木、落叶松、杨木、云杉、冷杉、水曲柳、桦木、槲栎、榆木
河北、山东、河南、山西	落叶松、云杉、冷杉、松木、华山松、槐树、刺槐、柳木、杨木、臭椿、桦木、榆木、水曲柳、槲栎
陕西、甘肃、宁夏、青海、新疆	华山松、松木、落叶松、铁杉、云杉、冷杉、榆木、杨木、桦木、臭椿
广东、广西	杉木、松木、陆均松、鸡毛松、罗汉松、铁杉、白椆、红椆、红锥、黄锥、白锥、檫木、山枣、紫树、红桉、白桉、拟赤杨、木麻黄、乌墨、油楠
湖南、湖北、安徽、江西、福建、江苏、浙江	杉木、松木、油杉、柳杉、红椆、白椆、红锥、白锥、栗木、杨木、檫木、枫香、荷木、拟赤杨
四川、云南、贵州、西藏	杉木、云杉、冷杉、红杉、铁杉、松木、柏木、红锥、黄锥、白锥、红桉、白桉、桤木、木莲、荷木、榆木、檫木、拟赤杨
台湾	杉木、松木、台湾杉、扁柏、铁杉

2. 常用的进口树种

表 2.1.2 为我国可供选用的进口树种。为了方便识别，本手册附录 2 中将主要进口材的标准名称、拉丁名称及主要特征列出，供选材参考。

常用的进口树种 表 2.1.2

地 区	树 种
北美地区	花旗松-落叶松（北美黄杉、粗皮落叶松等）、铁-冷杉（加州红冷杉、巨冷杉、大冷杉、太平洋银冷杉、西部铁杉、白冷杉等）、铁-冷杉（加拿大）（太平洋冷杉、东部铁杉等）、南方松（火炬松、长叶松、短叶松、湿地松等）、云杉-松-冷杉（落基山冷杉、香脂冷杉、黑云杉、北美山地云杉、北美短叶松、扭叶松、红果云杉、白云杉等）
欧洲地区	欧洲赤松、欧洲落叶松、欧洲云杉
新西兰	新西兰辐射松
日本	日本扁柏、日本落叶松、日本柳杉、日本库页冷杉、日本鱼鳞云杉
俄罗斯	西伯利亚落叶松、兴安落叶松、俄罗斯红松、水曲柳、栎木、大叶椴、小叶椴
东南亚地区	门格里斯木、卡普木、沉水稍、克隆木、黄梅兰蒂、梅灌瓦木、深红梅兰蒂、浅红梅兰蒂、白梅兰蒂
其他国家	智利和澳大利亚辐射松、绿心木、紫心木、孪叶豆、塔特布木、达荷玛木、萨佩莱木、苦油树、毛罗藤黄、红劳罗木、巴西红厚壳木、巴西火炬松、乌拉圭火炬松

2.1.2 结构用材的主要特征

1. 国内常用结构木材

国内常用结构木材的主要特性见表 2.1.3。

国内常用建筑木材的主要特性 表 2.1.3

树种	主要特性
落叶松	干燥较慢，易开裂，早晚材的硬度及收缩均有大的差异，在干燥过程中容易轮裂，耐腐性强
铁杉	干燥较易，干缩在小至中等之间，耐腐性中等
云杉	干燥易，干后不易变形，干缩较大，不耐腐
马尾松、云南松、赤松、樟子松、油松等	干燥时可能翘裂，不耐腐，最易受白蚁危害，边材蓝变色最常见
红松、华山松、广东松、海南五针松、新疆红松等	干燥易，不易开裂或变形，干缩小，耐腐性中等，边材蓝变色最常见
栎木及椆木	干燥困难，易开裂，干缩甚大，强度高，甚重甚硬，耐腐性强
青冈	干燥难，较易开裂，可能劈裂，干缩甚大，耐腐性强
水曲柳	干燥难，易翘裂，耐腐性较强
桦木	干燥较易，不翘裂，但不耐腐

2. 新利用的树种木材

我国 20 世纪 60～80 年代，新利用的树种木材的主要特性见表 2.1.4。

新利用的树种木材的主要特性 表 2.1.4

树种	主要特性
槐木	干燥困难，耐腐性强，易受虫蛀
乌墨（密脉蒲桃）	干燥较慢，耐腐性强
木麻黄	木材硬而重，干燥易，易受虫蛀，不耐腐
桉木（巨尾桉、尾巨桉）	干燥困难，易翘裂
檫木	干燥较易，干燥后不易变色，耐腐性较强
榆木	干燥困难，易翘裂，收缩颇大，耐腐性中等，易受虫蛀
臭椿	干燥易，不耐腐，易呈蓝变色，木材轻、软
桤木	干燥颇易，不耐腐
杨木	干燥易，不耐腐，易受虫蛀
拟赤杨	木材轻、质软、收缩小，强度低，易干燥，不耐腐

3. 进口木材

进口木材的主要特性见表 2.1.5。

常用的进口树种的主要特性 表 2.1.5

树种	主要特性
花旗松	强度较高，但变化幅度较大，使用时除应注意区分其产地外，尚应限制其生长轮的平均宽度不应过大，耐腐性中，干燥性较好，干后不易开裂翘曲，易加工，握钉力良好，胶粘性能好

续表

树种	主要特性
南亚松	强度中，干缩中，干燥较难，且易裂，边材易蓝变，加工较难，胶粘性能差
北美落叶松	强度中，耐腐中，易加工
西部铁杉	强度中，不耐腐，且防腐处理难，干缩略大，干燥较慢，易加工、钉钉，胶粘性能良好
太平洋银冷杉	强度中，不耐腐，干缩略大，易干燥、加工、钉钉，胶粘性能良好
东部云杉	强度低，不耐腐，且防腐处理难，干缩较小，干燥快且少裂，易加工、钉钉，胶粘性能良好
东部铁杉	强度低于西部铁杉，不耐腐，干燥稍难，加工性能同西部铁杉
白冷杉	强度低于太平洋银冷杉，不耐腐，干缩小，易加工
西加云杉	强度低，不耐腐，干缩较小，易干燥、加工、钉钉，胶粘性能良好
北美黄松	强度较低，不耐腐，防腐处理略难，干缩略小，易干燥、加工、钉钉，胶粘性能良好
巨冷杉	强度较白冷杉略低，其余性质略同
南方松	强度较高，耐腐性中等，防腐处理不易，干燥慢，干缩略大，加工较难，握钉力及胶粘性能好
西部落叶松	强度高，耐腐性中，但干缩较大，易劈裂和轮裂
新西兰辐射松	密度中等，容易窑干，窑干后弹性模量和强度提高，易紧固，握钉力好，易加工、指接和胶合，易于防腐处理，耐久性良好
欧洲赤松	强度高，中等耐腐性，边材易处理，易干燥，胶粘性能良好
欧洲落叶松	强度高，耐腐性强，但防腐处理难，干缩较大，干燥较慢，在干燥过程中易轮裂，加工难，钉钉易劈
欧洲云杉	强度中，吸水慢，耐腐性较差，防腐处理难，易干燥、加工、钉钉，胶粘性能好
日本柳杉	密度中，材质较一致，心材的保存性能中等，易于切削加工，干燥性能、胶粘性能、耐磨性能均为良好，油漆性能、握钉力一般
日本扁柏	强度中，稍轻软，木理通直均匀，材质一致。心材的耐久、耐湿、耐水性能优良，便于长期保存，易于加工，干燥性能、胶粘性能、油漆性能、耐磨性能均为良好，握钉力一般
日本落叶松	强度中，属重硬材质，心材保存性能中等，具有较高的耐久性和耐湿性，干燥性能良好，加工性能、胶粘性能、耐磨性能均为中等，油漆性能一般，握钉力较大
海岸松	与欧洲赤松略同
俄罗斯红松	强度较欧洲赤松低，不耐腐。干缩小，干燥快，且干后性质好，易加工，切面光滑，易钉钉，胶粘性能好
西伯利亚松	与俄罗斯红松同
小干松	强度低，不耐腐，防腐处理难，常受小蠹虫和天牛的危害，干缩略大，干燥快且性质良好，易加工、钉钉，胶粘性能良好
门格里斯木	强度高，耐腐，干缩小，干燥性质良好，加工难，钉钉易劈裂
卡普木	强度高，耐腐，但防腐处理难，干缩大，干燥缓慢，易劈裂，加工难，但钉钉不难，胶粘性能好
沉水梢	强度高，耐腐，但防腐处理难，干缩较大，干燥较慢，易裂，加工较难，但加工后可得光滑的表面

续表

树种	主要特性
克隆木	强度高但次于沉水稍，心材略耐腐，而边材不耐腐，防腐处理较易，干缩大且不匀，干燥较慢，易翘裂，加工难，易钉钉，胶粘性能良好
绿心木	强度高，耐腐，干燥难，端面易劈裂，但翘曲小，加工难，钉钉易劈，胶粘性能好
紫心木	强度高，耐腐，心材极难浸注，干燥快，加工难，钉钉易劈裂
孪叶豆	强度高，耐腐，干燥快，易加工
塔特布木	强度高，耐腐，加工难
达荷玛木	强度中，耐腐，干燥缓慢，变形大，易加工、钉钉，胶粘性能良好
萨佩莱木	强度中，耐腐中，易干燥、加工、钉钉，胶粘性能良好
苦油树	强度中，耐腐中，干缩中，易加工，钉钉易裂，胶粘性能良好
毛罗藤黄	强度中，耐腐，易气干、加工
黄梅兰蒂	强度中，耐腐中，易干燥、加工，钉钉，胶粘性能良好
梅萨瓦木	强度中，心材略耐腐，防腐处理难，干燥慢，加工难，胶粘性能良好
红劳罗木	强度中，耐腐，但防腐处理难，易干燥，加工，胶粘性能良好
深红梅兰蒂	强度中，耐腐，但心材防腐处理难，干燥快，易加工、钉钉，胶粘性能良好
浅红梅兰蒂	强度略低于深红梅兰蒂，其余性质同黄梅兰蒂
白梅兰蒂	强度中至高、不耐腐，防腐处理难，干缩中至略大，干燥快，加工易至难
巴西红厚壳木	强度低，耐腐，干缩较大，干燥慢，易翘曲，易加工，但加工时易起毛或撕裂，钉钉难，胶粘性能良好
小叶椴	强度低，不耐腐，但易防腐处理，易干燥，且干后性质好，易加工，加工后切面光滑
大叶椴	材质与小叶椴类似

注：木材的干燥难易系指板材而言，耐腐性质指心材部分在室外条件下而言，边材一般均不耐腐。在正常的温湿度条件下，用作室内不接触地面的构件，耐腐性并非是最重要的考虑条件。

2.2 木材的构造

木材构造按照观察尺度不同可分宏观构造、显微构造和超微构造。宏观构造是指用肉眼或借助10倍放大镜所能观察到的木材构造特征；显微构造是指利用显微镜观察到的木材构造；超微构造是指借助电子显微镜观察到的木材构造。

木材的宏观特征是识别木材的重要依据。对于亲缘关系相近的树种而言，这些构造特征具有相对稳定性。木材的宏观特征分为主要宏观特征和辅助宏观特征。主要宏观特征是木材的结构特征，它们比较稳定，包括边材和心材、生长轮、早材和晚材、管孔、轴向薄壁组织、木射线、胞间道等。组成针叶材的主要细胞和组织是管胞、木射线等，其中管胞占木材体积90%以上，是构成针叶材的最主要分子。组成阔叶材的主要细胞和组织是木纤维、导管、木射线及轴向薄壁组织等，其中木纤维一般占木材体积50%以上，是组成阔叶材的主要分子。辅助宏观特征又称次要特征，它们通常变化较大，只能在木材宏观识别中作为参考，如：髓斑、色斑、乳汁迹等。以下所述主要针对木材的宏观构造而言，本手册将不细述木材的微观构造。

2.2.1 木材的三个切面

木材的构造从不同的角度观察表现出不同的特征，木材的横切面、径切面和弦切面可以充分反映出木材的结构特征，见图 2.2.1。

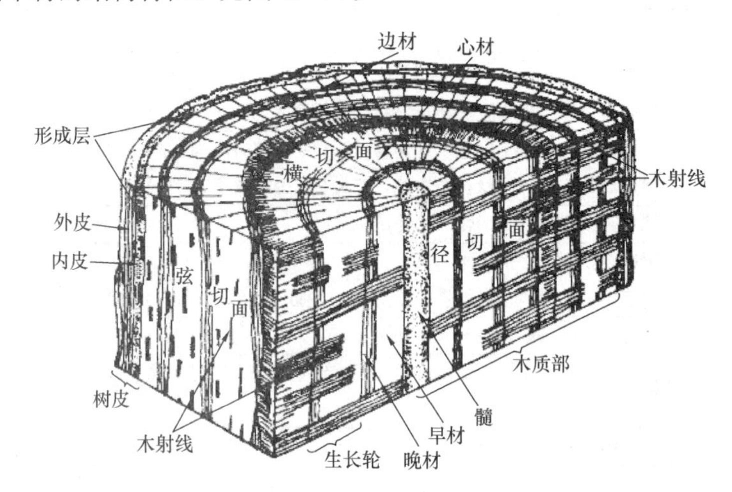

图 2.2.1 木材的正交三向切面图

横切面是与树干长轴或木材纹理垂直的切面。在这个切面上，可以观察到木材的生长轮、心材和边材、早材和晚材、木射线、轴向薄壁组织、管孔、胞间道等，是观察和识别木材的重要切面。

径切面是指顺着树干长轴方向，通过髓心与木射线平行或与生长轮相垂直的纵切面。这个切面可以观察到相互平行的生长轮或生长轮线、边材和心材的颜色、导管或管胞线样纹理方向的排列、木射线等。

弦切面是顺着树干长轴方向，与木射线垂直或与生长轮平行的纵切面。在弦切面生长轮呈抛物线状，可以测量木射线的宽度和高度。径切面与弦切面统称为纵切面。

2.2.2 边材和心材

边材是木质部中靠近树皮（通常颜色较浅）的外环部分。在生成后最初的数年内，边材细胞是有生机的，除了起机械支持作用外，同时还参与水分疏导、矿物质和营养物的运输和储藏等作用。属于边材的木质部宏观结构差异不大，具有木质部全部的生理功能，不但沿树干方向，并能在径向与树皮有联系。

心材是指髓心与边材之间（通常颜色较深）的木质部。心材细胞已失去生机，树木随着径向生长的不断增加和木材生理的老化，心材逐渐加宽，并且颜色逐渐加深。心材是由边材转变而成的，密度一般较小，材质较软，但天然耐腐性较高。

有的树种心材和边材区别显著，如马尾松、云南松、落叶松、麻栎、刺槐、榆木等，称为心材树种。有的树种木材外部和内部材色一致，但内部的水分较少，称为熟材树种或隐心材树种，如冷杉、云杉等。有的树种外部和内部既没有颜色上的差异，也没有含水量的差别，称为边材树种，如桦木、杨树等。

2.2.3 生长轮、年轮、早材和晚材

生长轮或年轮是指形成层在一个生长周期中所产生的次生木质部，在横切面上所呈现的一个围绕髓心的完整轮状结构。温带和寒带树木在一年内，形成层分生的次生木质部，形成后向内只生长一层，将其生长轮称为年轮。在热带地区，气候变化很小，树木生长仅与雨季和旱季的交替有关，一年内可能形成几个生长轮。

早材指一个年轮中，靠近髓心部分的木材。在年轮显明的树种中，早材的材色较浅，一般材质较松软，细胞腔较大，细胞壁较薄，密度和强度都较低。晚材指一个年轮中，靠近树皮部分的木材。材色较深，一般材质较坚硬，结构较紧密，细胞腔较小，胞壁较厚，密度和强度都较高。

由于早晚材的结构和颜色不同，在它们的交界处形成明显或不明显的分界线。晚材与翌年早材之间的分界线称为轮界限，其明显与否，称为生长轮的明显度。

生长轮在许多针叶材和阔叶树环孔材中甚为明显，如松木、杉木、落叶松、栎木、水曲柳、槐木、榆木等。但在阔叶树散孔材、辐射孔材及部分针叶材中则不明显或较不明显，如杨木、桤木、桦木、青冈、拟赤杨、桉树等。

在年轮显明或较显明的树种中，在一个年轮内从早材过渡到晚材，有渐变和急变的区别。渐变指一个年轮中，早材和晚材界限不明显，从早材过渡到晚材颜色逐渐变化，如冷杉、云杉的木材都是如此。急变指一个年轮中，早材和晚材界限明显，从早材过渡到晚材颜色突然变化，如云南松、马尾松、铁杉、落叶松等的木材都是这样。

2.2.4 木射线

在木材的横切面上可以看见许多颜色较浅，由髓心向树皮呈辐射状排列的组织，称为木射线。经过髓心的射线称为髓射线，在木质部中的射线称为木射线，在韧皮部里的射线称为韧皮射线。木射线主要由薄壁细胞组成，或断或续地横穿年轮，是木材中唯一横向排列的组织，在树木生长过程中起横向输导和贮存养料的作用。

针叶材的木射线很细小，在肉眼及放大镜下一般看不清楚，对木材识别没有意义。木射线在不同树种的阔叶材之间有明显的区别，是识别阔叶材的重要特征之一。木射线在木材的三个切面上表现出不同的形状。在横切面呈辐射状条纹，显示其宽度和长度；在径切面呈横行的窄带状或宽带状，显示其长度和高度；在弦切面上呈顺木纹方向的短线状或木梭形，显示其宽度和高度（图 2.2.1）。

木射线按宽度可分为窄木射线和宽木射线 2 类（有的分为 3 类或 5 类）。窄木射线单凭肉眼看不清或完全看不见；宽木射线肉眼就能明显看出。木射线的宽度范围为 0.05～0.4mm。

由于木射线是横向排列的，所以会影响木材力学强度和物理性质。例如，宽木射线会降低木材沿径面破坏时的顺纹抗劈、顺纹抗拉及顺纹抗剪强度，但对径向横压及弦面剪力等强度则会提高。在木材干燥时，容易沿木射线开裂。木射线有利于防腐剂的横向渗透。宽木射线在木材的径面上常表现为美丽的花纹。

2.2.5 导管

导管是中空状轴向输导组织。导管的细胞腔大，在肉眼或放大镜下，横切面呈孔状，称为管孔，是阔叶材（除水青树外）独有的特征，故阔叶材又称有孔材。针叶材没有导管，在横切面上看不出管孔，称无孔材。管孔的有无是区别阔叶材和针叶材的重要依据。管孔的组合、分布、排列、大小、数目和内含物是识别阔叶材的重要依据。

管孔的组合是指相邻管孔的连接形式，常见的管孔组合有 4 种形式：单管孔、径列复管孔、管孔链、管孔团。根据管孔在横切面上一个生长轮的分布和大小情况，管孔分布可分为 4 种类型：环孔材、散孔材、半环孔材（或半散孔材）、辐射孔材（图 2.2.2）。

环孔材是指在一个年轮内，早材管孔比晚材管孔大很多，早材管孔沿年轮呈环状排

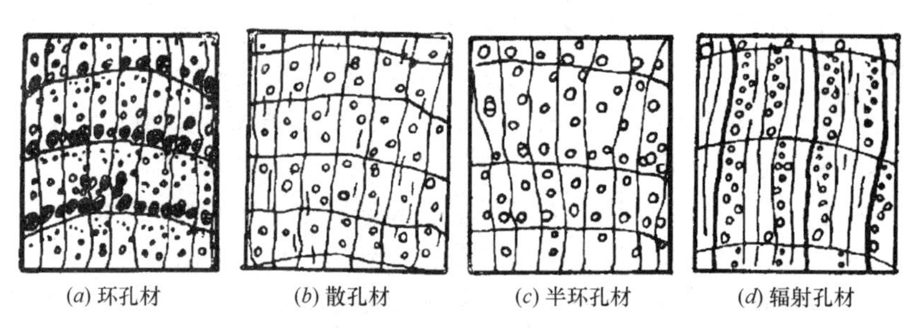

图 2.2.2　阔叶材管孔分布形态

列，有一列、二列或多列的，如槐木、水曲柳、榆木等。散孔材指一个年轮内，早、晚材管孔的大小没有显著的差别，均匀地、星散地分布于全年轮内，如桦木、杨木等。半环孔材（或半散孔材）指在一个年轮内，管孔的排列介于环孔材与散孔材之间，即早材管孔较大，略呈环状排列，早材到晚材的管孔逐渐变小，其间界限不明显，如枫杨、香樟、红椿等。辐射孔材的早、晚材管孔差异不大，几个一列呈辐射状横穿年轮，与木射线平行或斜列，如青冈、拟赤杨等。

管孔内含物是指管孔内的侵填体、树胶或其他无定形沉积物（矿物质或有机沉淀物）。侵填体是某些阔叶树材心材导管中含有的一种泡沫状的填充物。在纵切面上，侵填体常呈现亮晶晶的光泽。侵填体多的木材，渗透性下降，但天然耐久性提高。树胶不像侵填体那样有光泽，呈不定形的褐色或红褐色的胶块，如香椿、豆科等。矿物质或有机沉积物，为某些树种所特有，如在柚木、桃花心木、胭脂木的导管中常有白垩质的沉积物，在柚木中有磷酸钙沉积物。木材加工时，这些物质容易磨损刀具，但是提高了木材的天然耐久性。

2.2.6　轴向薄壁组织

轴向薄壁组织是指由形成层纺锤状原始细胞分裂所形成的薄壁细胞群，即由沿树轴方向排列的薄壁细胞所构成的组织。薄壁组织是边材贮存养分的生活细胞，随着边材向心材的转化，生活功能逐渐衰退，最终死亡。薄壁组织在木材横切面颜色要比其他组织浅，水润湿之后会更加明显，其明显程度及分布类型是木材鉴别的重要依据。阔叶材有些树种中轴向薄壁组织很发达，如泡桐、麻栎、栓皮栎、高山栎等，针叶材一般不发达或根本没有。

轴向薄壁组织根据其与导管连生的关系可分为离管型和傍管型两类（图 2.2.3）。离管薄壁组织：指轴向薄壁组织的分布不依附于导管而呈星散状、网状或带状等，如桦木、桤木、麻栎等。傍管薄壁组织：指轴向薄壁组织环绕于导管周围，呈浅色环状、翼状或聚翼状，如榆树、泡桐、刺槐等。

轴向薄壁组织在树木中起贮藏养分的作用。大量的轴向薄壁组织的存在，使木材容易

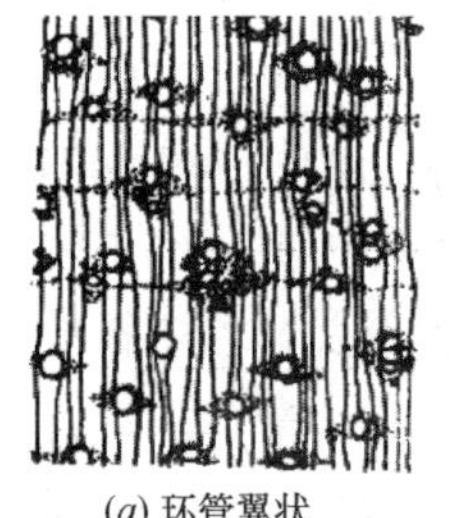
(a) 环管翼状

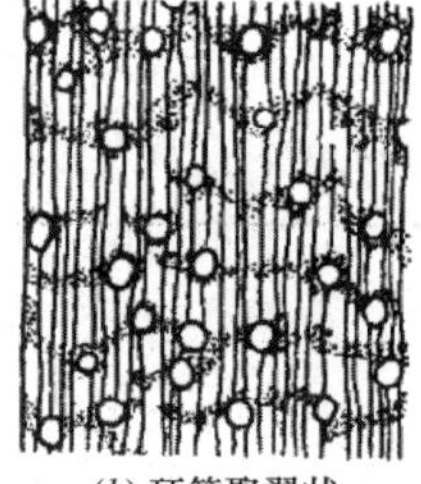
(b) 环管聚翼状

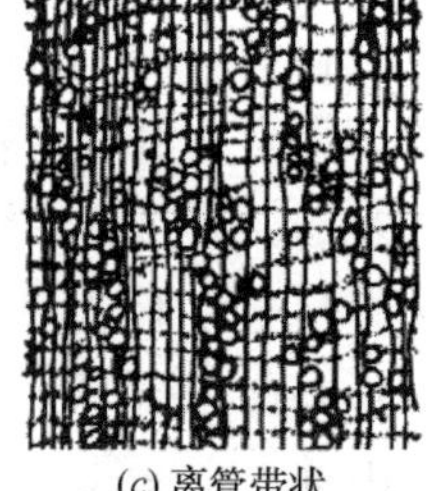
(c) 离管带状

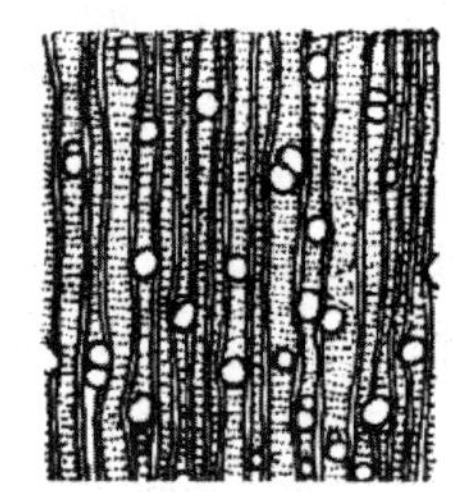
(d) 离管网状

图 2.2.3　阔叶材轴向薄壁组织分布形态

开裂，并降低其力学强度。

2.2.7 胞间道

胞间道是由分泌细胞围绕而成的长形细胞间隙。储藏树脂的胞间道叫树脂道，存在于部分针叶材中。储藏树胶的胞间道叫树胶道，存在于部分阔叶材中。胞间道有轴向和径向（在木射线内）之分，有的树种只有一种，有的树种则有两种。

具有正常树脂道的针叶材主要有松属、云杉属、落叶松属、黄杉属、银杉属和油杉属。除油杉属仅具有轴向树脂道以外，其他 5 属都具有轴向与径向两种树脂道。一般松属的树脂道体积较大，数量多；落叶松属的树脂道虽然大但稀少；云杉属与黄杉属的树脂道小而少；油杉属无横向树脂道，而且轴向树脂道极稀少。

创伤树脂道指生活的树木因受气候、损伤或生物侵袭等刺激而形成的非正常树脂道，如冷杉、铁杉、雪松等。轴向创伤树脂道体形较大，在木材横切面上呈弦向排列，常分布于早材带内。

树胶道也分为轴向树胶道和径向树胶道。油楠、青皮、柳桉等阔叶材具有正常的轴向树胶道，漆树科的野漆、黄连木、南酸枣，五加科的鸭脚木，橄榄科的嘉榄等阔叶材具有正常的径向树胶道，个别树种（如龙脑香科的黄柳桉）同时具有正常的轴向和径向树胶道。创伤树胶道的形成与创伤树脂道相似。阔叶材通常只有轴向创伤树胶道，在木材横切面上呈长弦线状排列，肉眼下可见，如枫香、木棉等。

2.2.8 髓斑与色斑

髓斑是树木生长过程中形成层受到昆虫损害后形成的愈合组织。髓斑在木材横切面上沿年轮呈半圆形或弯月形的斑点，在纵切面上呈线状，其颜色较周围木材深。髓斑常发生在桦木、桤木、椴木等某些阔叶材及杉木等针叶材中，在木材识别上有参考意义。大量髓斑的存在会使木材的力学强度降低。

色斑是某些树种的立木受伤以后，在木质部出现的各种颜色的斑块。如交让木受伤后形成紫红色斑块，泡桐受伤后形成蓝色斑块。

2.2.9 髓心

髓心一般位于树干中心，但由于树木在生长过程中常受到多种环境因子的影响，有时会形成偏心构造，使木材组织不均匀。偏宽年轮与偏窄年轮的木材物理力学性质差异较大。有些树种如泡桐、臭椿等髓心很大，有时达数十毫米，形成空心。髓心的组织松软，强度低、易开裂，使木材质量下降。因此，对于某些有严格要求的特殊用材不许带有髓心，但对于一般用途的木材，在非重要部位可带髓心。

2.3 木材的物理性质

2.3.1 木材的含水率

1. 含水率及其测定

木材干与湿主要取决于其水分含量的多少，通常用含水率来表示。木材中水分的质量和木材自身质量之百分比称为木材的含水率（moisture content，简称 MC）。木材含水率分为绝对含水率和相对含水率两种。以全干木材的质量为基准计算含水率称为绝对含水率（absolute moisture content），以湿木材的质量为基准计算的含水率称为相对含水率（relative moisture content)，计算公式如下：

$$w=\frac{m-m_0}{m_0}\times 100\% \quad (2.3.1)$$

$$w'=\frac{m-m_0}{m}\times 100\% \quad (2.3.2)$$

式中：w——绝对含水率（%）；

w'——相对含水率（%）；

m——含水试材质量（g）；

m_0——试材的绝干质量（g）。

绝对含水率公式中，绝干质量是固定不变的，其结果确定、准确，可以用于比较。因此，在生产和科学研究中，木材含水率通常以绝对含水率来表示。

木材含水率通常用烘干法测定，即将需要测定的木材试样，先行称量，得 m，然而放入烘箱内，以 103℃±2℃的温度烘 8h 后，任意抽取 2～3 个试样进行第一次试称，以后每隔 2h 将上述试样称量一次；最后两次质量之差不超过 0.002g 时，便认为已达全干，此时木材的质量即为木材烘干后的质量 m_0 。将所得 m 和 m_0 代入上述公式即可计算出木材的含水率。采用此法测得的含水率比较准确，但费时间，并需一定的设备，适用于要求较精确的情况。

还有采用根据含水率与导电性的关系制成的水分测定仪快速测定含水率的方法。这种仪器有多种，一般适用于木材纤维饱和点以下的含水率测定，并以测定薄板为主。其优点是简便迅速，便于携带，测定时不破坏木材；适于在工地或贮木场大批测定木材含水率时使用。

2. 纤维饱和点

纤维饱和点（fiber saturation point，简称 FSP）是指木材的细胞壁中充满水分，而细胞腔中无自由水的临界状态。此时的木材含水率，称为纤维饱和点含水率。木材处于纤维饱和点时的含水率因树种、气温和湿度而异，一般在空气温度为 20℃及空气湿度为 100%时，纤维饱和点含水率在 23%～33%之间，平均约为 30%。

纤维饱和点是木材性质变化的转折点。在纤维饱和点以上时，含水率的变化不会引起木材尺寸的变化，木材的力学性质和电学性质也基本不会随着含水率的变化而变化；相反，在纤维饱和点下时，含水率的变化不仅会引起木材的膨胀或收缩，而且力学和电学性质也会发生显著变化。一般情况下，在纤维饱和点以下时木材的大部分力学强度随着含水率的下降而增大，木材的导电率则随着含水率的下降而迅速下降。

3. 平衡含水率

木材长期放置于一定温度和相对湿度的空气中，其从空气中吸收水分和向空气中蒸发水分的速度相等，达到动态平衡、相对稳定，此时的含水率称为木材的平衡含水率（equilibrium moisture content，简称 EMC）。当空气中的水蒸气压力大于木材表面水蒸气压力时，木材从空气中吸收水分，这种现象称为吸湿（adsorption）；反之，若空气的水蒸气压力小于木材表面的水蒸气压力时，木材中水分向空气中蒸发的现象称为解吸（desorption）。木材因吸湿和解吸而生产膨胀和收缩。

木材的平衡含水率主要随空气的温度和相对湿度的改变而变化。因此，随地区和季节的不同，木材的平衡含水率有所不同。我国北方地区木材平衡含水率明显小于南方，东部沿海大于西部内陆高原。我国部分地区的木材的平衡含水率见本手册附录3。

实际使用时，用材所要求的含水率与木制品用途有很大关系。不同类型的用材，对含水率的要求不一，通常要求达到或低于平衡含水率。同一用途木材含水率既要考虑地区间木材平衡含水率的差异，又要考虑室内外的差异。加工前，干燥后的木材原材料应小于或等于木制品用途要求的含水率（低1%～2%），室内木制品含水率应较室外低1%～2%，这样可以避免木制品因干缩出现的开裂和变形。

2.3.2 木材的干缩湿胀

湿材因干燥而减缩其尺寸与体积的现象称之为干缩；干材因吸收水分而增加其尺寸与体积的现象称之为湿胀。干缩湿胀现象主要在木材含水率小于纤维饱和点的情况下发生，当木材含水率在纤维饱和点以上，其尺寸、体积是不会发生变化的。

木材的干缩性质常用干缩率来表示。木材的干缩率分为气干干缩率和全干干缩率两种。气干干缩率是木材从生材或湿材在无外力状态下自由干缩到气干状态，其尺寸和体积的变化百分比；全干干缩率是木材从湿材状态干缩到全干状态下，其尺寸和体积的变化百分比。二者又都分为体积干缩率、线干缩率。体积干缩率影响木材的密度。木材的纵向干缩率很小，一般为0.1%左右，弦向干缩率为6%～12%，径向干缩率为3%～6%，径向与弦向干缩率之比一般为1∶2。径向与弦向干缩率的差异是造成木材开裂和变形的重要原因之一。

木材干缩率的测定，一般采用木材的含水率从湿材到规定的气干状态，或从湿材到全干状态 这样两种情况进行实测后，按下列公式计算：

1. 线干缩率的计算

$$\beta_{w} = \frac{l_{max} - l_{w}}{l_{max}} \times 100\% \tag{2.3.3}$$

$$\beta_{max} = \frac{l_{max} - l_{0}}{l_{max}} \times 100\% \tag{2.3.4}$$

式中：β_{w} ——木材弦向或径向的气干干缩率（%）；

β_{max} ——木材弦向或径向的全干干缩率（%）；

l_{max} ——试样含水率高于纤维饱和点（湿材）时的径向或弦向尺寸（mm）；

l_{w} ——试样气干时径向或弦向的尺寸（mm）；

l_{0} ——试样全干时径向或弦向的尺寸（mm）。

2. 体积干缩率的计算

$$\beta_{Vw} = \frac{V_{max} - V_{w}}{V_{max}} \times 100\% \tag{2.3.5}$$

$$\beta_{Vmax} = \frac{V_{max} - V_{0}}{V_{max}} \times 100\% \tag{2.3.6}$$

式中：β_{Vw} ——试样体积的气干干缩率（%）；

β_{Vmax} ——试样体积的全干干缩率（%）；

V_{max} ——试样湿材时的体积（mm^3）；

V_{w} ——试样气干时的体积（mm^3）；

V_{0} ——试样全干时的体积（mm^3）。

木材的湿胀与干缩过程相反，湿胀率的计算则与干缩率相仿，木材湿胀率也分为线湿胀率和体积湿胀率，测定和计算可参照现行国家标准《木材湿胀性测定方法》GB/T 1934.2进行。

2.3.3 木材的密度与相对密度

木材的密度是指木材单位体积的质量，通常分为气干密度、绝干密度和基本密度三种。分别按下列公式计算：

1. 气干密度ρ_w的计算

$$\rho_w = \frac{m_w}{V_w} \tag{2.3.7}$$

式中：ρ_w——木材的气干密度（g/mm^3）；

m_w——木材气干状态的质量（g）；

V_w——木材气干状态下的体积（mm^3）。

2. 绝干密度ρ_0的计算

$$\rho_0 = \frac{m_0}{V_0} \tag{2.3.8}$$

式中：ρ_w——木材的绝干密度（g/mm^3）；

m_0——木材的绝干质量（g）；

V_0——木材气绝干体积（mm^3）。

3. 基本密度ρ_Y的计算

$$\rho_Y = \frac{m_0}{V_{max}} \tag{2.3.9}$$

式中：ρ_Y——木材的基本密度（g/mm^3）；

m_0——木材的绝干质量（g）；

V_{max}——木材的湿材体积（mm^3）。

基本密度为实验室中判断材性的依据，其数值比较固定、准确。气干密度则为生产上计算木材气干时质量的依据。密度随木材的种类而有不同，是衡量木材力学强度的重要指标之一。一般来说，密度大力学强度亦大，密度小力学强度亦小。

木材的相对密度是指木材的绝干重量与一定含水率状态下木材的体积之比与4℃时水的重量密度的比值。如木材在绝干状态及生材状态的相对密度在数值上分别等同于上述绝干密度和基本密度。

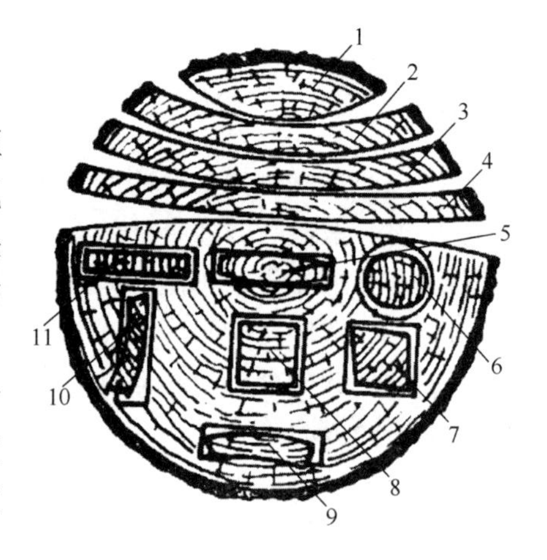

图2.3.1 木材变形

1—弓形收缩后呈橄榄核形；2、3、4—瓦形反翘；5—两头缩小呈纺锤形；6—圆形收缩后呈椭圆形；7—方形收缩后呈菱形；8—正方形收缩后呈矩形；9—长方形收缩后呈瓦形；10—长方形收缩后呈不规则状态；11—长方形收缩后呈矩形

2.3.4 木材的变形与开裂

木材含水率变化时，会引起木材的不均匀收缩，致使木材产生变形。由于木材在径向和在弦向的干缩有差异，以及木材截面各边与年轮所成的角度不同，从而发生不同形状的变化，如图2.3.1所示。锯成的板材总是背着髓心向上翘曲的。

木材发生开裂的主要原因是，由于木材沿径向和沿弦向干缩的差异以及木材表层和里层水分 蒸发速度的不均匀，使木材在干燥过程中因变形不协调而产生横木纹方向的撕拉应力超过了木材细胞间的结合力所致。

根据云南松和落叶松的使用经验，方木和原木裂缝的位置与髓心的位置有密切关系，一般具有下列规律性：

(1) 凡具有髓心的方木和板材，一般开裂严重，无髓心的开裂较轻微。

(2) 在具有髓心的方木和原木中，裂缝的开口位置一般发生在距离髓心最近的材面上。

(3) 原木的裂缝一般总是朝向髓心，当木材构造均匀时，裂缝多而细；构造不均匀时，则裂缝少而粗。

(4) 原木或具有髓心的方木中存在扭转纹时，裂缝会沿扭转纹而发展成为斜裂。方木和原木的裂缝位置大致如图 2.3.2 所示。

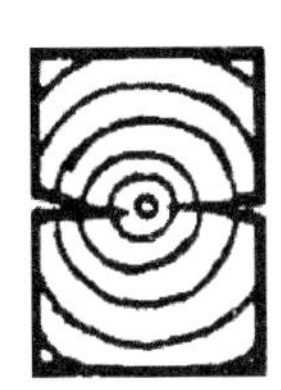
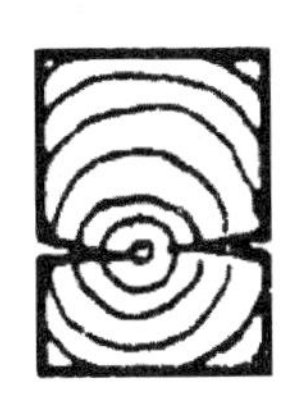
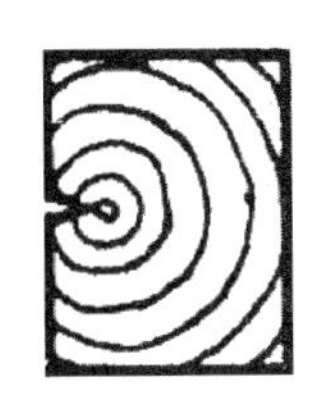

图 2.3.2 方木和原木的裂缝位置

2.4 木材的力学性质

木材由于其特殊的结构，在力学性质方面呈现出较为显著的各向异性，顺纹强度最高，横纹最低。木材的强度还与树种、取材部位等有关。本节所述的木材力学性质是指无缺陷的小试样（无疵清材试件）在规定的含水率（12%）和规定的加载速度下的力学性质。木材力学性质研究的试验应按现行国家标准《木材物理力学试验方法总则》GB/T 1928 的有关规定进行。

2.4.1 木材顺纹抗压、抗拉、抗剪和静力弯曲强度

按照现行国家标准《木材物理力学试验方法总则》GB/T 1928 进行试验的、标准小试件破坏时的应力，在本节中称为木材的强度。

主要树种的木材顺纹抗压、抗拉、抗剪和静力弯曲强度等力学性能在本手册附录 4 中列出。

木材受拉、受剪后在极小的相对变形下突然发生破坏的性质称为具有脆性破坏性质；相反，木材受压、受弯破坏前具有较大的、不可恢复的塑性变形性质。

木材顺纹抗压强度比抗拉低。木材抗弯强度则介于二者之间，并一般符合下列关系：

$$\frac{f_{\mathrm{m}}^{\mathrm{s}}}{f_{\mathrm{c}}^{\mathrm{s}}}=\frac{3\dfrac{f_{\mathrm{t}}^{\mathrm{s}}}{f_{\mathrm{c}}^{\mathrm{s}}}-1}{\dfrac{f_{\mathrm{t}}^{\mathrm{s}}}{f_{\mathrm{c}}^{\mathrm{s}}}+1} \tag{2.4.1}$$

式中：f_t^s、f_c^s、f_m^s——依次为清材标准小试件的顺纹抗拉强度、顺纹抗压强度及抗弯强度。

2.4.2　木材受拉、受压、受剪及弯曲弹性模量

木材的弹性模量与树种、木材密度和含水率等因素有关。

木材的弯曲弹性模量已列在本手册附录4中。

木材顺纹受压和顺纹受拉弹性模量基本相等，部分树种的试验数值列于表2.4.1。

木材横纹弹性模量分为径向E_R和切向E_T（图2.4.1），它们与木材顺纹弹性模量E_L的比值随木材的树种不同而不同。当缺乏试验数据时，可近似取为：$\frac{E_T}{E_L}\approx 0.05$，$\frac{E_R}{E_L}\approx 0.10$。

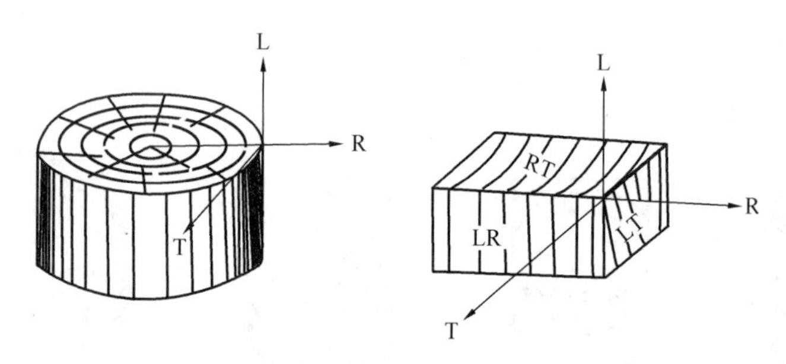

图2.4.1　木材正交三向轴和三向切面

L—纵向；R—径向；T—弦向；RT—横切面；LR—径切面；LT—弦切面

各树种木材的顺纹弹性模量E_L可由表2.4.1查得，当缺乏试验数据时，可近似地按附录4中该树种木材的静力弯曲弹性模量的数值提高10%作为E_L。

木材顺纹受拉和受压弹性模量　　**表2.4.1**

树种	产地	弹性模量 E_L（$\times 10^3$MPa）	
		顺纹受拉	顺纹受压
臭冷杉	东北长白山	10.7	11.4
落叶松	东北小兴安岭	16.9	—
鱼鳞云杉	东北长白山	14.7	14.2
红皮云杉	东北长白山	12.2	11.0
红松	东北	10.2	9.5
马尾松	广西	10.6	—
樟子松	东北	12.3	—
杉木	广西	10.7	—
木荷	福建	12.8	12.3
拟赤杨	福建	9.4	9.4

木材受剪弹性模量G（也称剪变模量），随产生剪切变形的方向不同而不同（图2.4.1）；G_{LT}表示变形产生在纵向和切向所组成的平面上的剪切模量；G_{LR}表示变形产生在纵向和径向所组成的面上的剪变模量；G_{RT}表示变形产生在径向和切向所组成的面上的剪变模量。

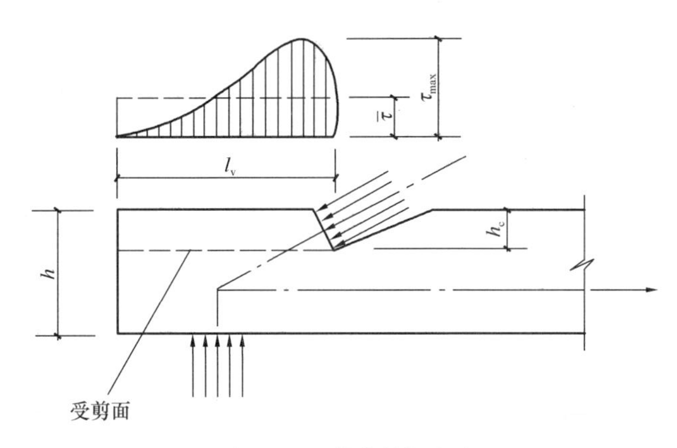

图 2.4.2 单齿剪切应力

木材的剪切模量随树种、密度的不同而有差异。部分树种的试验数据列于表 2.4.2。

当缺乏试验数据时，木材的剪变模量与顺纹弹性模量 E_L 的相对比值，可近似地取为：

$$\frac{G_{LT}}{E_L} \approx 0.06 \text{；} \frac{G_{LR}}{E_L} \approx 0.075 \text{；} \frac{G_{RT}}{E_L} \approx 0.018$$

部分树种木材的剪切模量 表 2.4.2

树种	剪切模量（$\times 10^3$ MPa）	
	G_{LT}	G_{LR}
红皮云杉	0.6307	1.2172
红松	0.2866	0.7543
马尾松	0.9739	1.1705
杉木	0.2967	
山杨	0.1827	
白桦	0.9976	
柞木	1.2152	
水曲柳	0.8439	

注：本表摘自中国林业科学研究院研究报告“木材剪变模量的初步研究”，1964 年。

2.4.3 木材顺纹受剪性质

木材顺纹受剪具有下列性质：

（1）木材受剪破坏是突然发生的，具有脆性破坏的性质。在剪切破坏前，应力与应变之间的关系一般符合正交三向异性材料的弹性变形规律。

（2）根据单齿（$h_c/h=1/3$）剪切的计算应力分析和试验表明，沿剪切面上剪切应力的分布是不均匀的（图 2.4.2）。剪切面上的平均剪切应力值 $\bar{\tau}$ 与最大剪切应力值 τ_{max} 之间的关系见表 2.4.3。

平均剪应力与最大剪应力的关系　　表 2.4.3

l_v/h_c	5	6	7
$\bar{\tau}/\tau_{max}$	0.608	0.520	0.445

（3）剪切面上剪切应力 τ_{xy} 的分布状态，随构件的几何尺寸（l_v、h_c、h）及木材的弹性模量而不同。根据鱼鳞云杉、$h_c/h=1/3$、$h_c=60$mm，对不同 l_v 的单齿剪切计算结果表示如图 2.4.3。

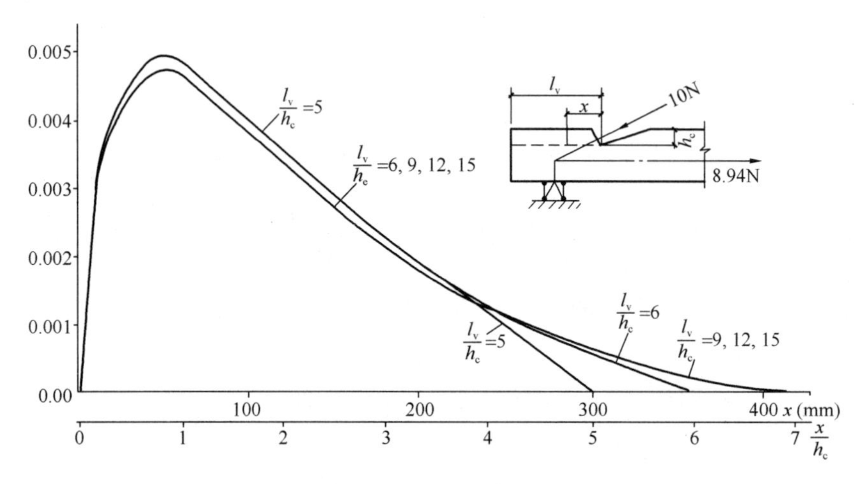

图 2.4.3　剪切应力 τ_{xy} 沿剪面的分布状态

由图 2.4.3 可见，τ_{max} 大约发生在距下弦净截面（图中纵向轴线）的 $\frac{5}{6}h_c$ 处；当剪面长度 l_v 增大时，τ_{max} 降低甚微，但 τ_{xy} 的分布状态随之而不同，直到 l_v 增加到 $9h_c$ 以上时，τ_{xy} 的分布状态几乎不再改变。虽然试件的剪面长度 l_v 实际上大于 $9h_c$，但 τ_{xy} 仅分布在 $9h_c$ 的长度以内，故 $9h_c$ 这一剪面长度称为应力分布的最大长度或有效剪切长度。

（4）刻齿深度 h_c 与构件截面高度 h 的比值愈大，则木材平均剪切应力 $\bar{\tau}$ 与最大剪切应力 τ_{max} 的比值愈低。因此，减小刻齿深度可以提高木材的平均剪切强度（表 2.4.4）。

刻齿深度对木材平均剪切强度的影响　　表 2.4.4

h_c/h	1/3	1/4	1/6	1/8
$\bar{\tau}/\tau_{max}$	0.275	0.313	0.340	0.350
相对值	1.00	1.14	1.24	1.20

注：表中“相对值”系以 $h_c=h/3$、$l_v/h_c=12$ 时的平均剪切强度作为 100%。

（5）受剪面上的着力点处有横向压紧力时（图 2.4.4*b*），平均剪切强度较高；无横向压紧力时（图 2.4.4*a*），由于产生横纹撕裂现象引起平均剪切强度降低。

2.4.4　木材横纹承压性质

木材横纹承压的特点是受力时变形较大，无明显的破坏特征，直到木材被压至很密实之后，荷载还可继续增加而无法确定其最终的破坏值。因此，一般取比例极限值作为木材横纹承压的强度指标（见附录 4 表中横纹承压强度一栏）。

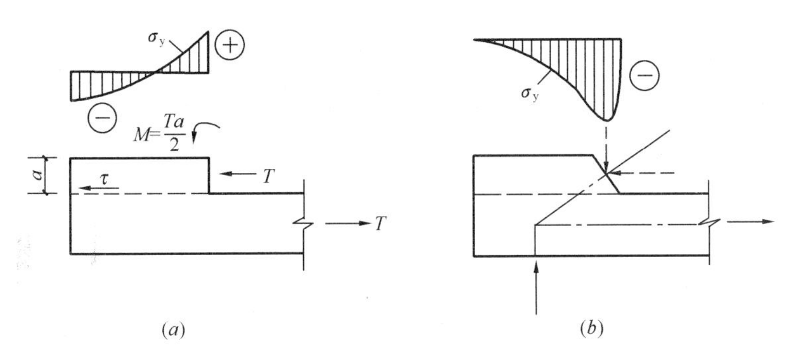

图 2.4.4 剪切面上横木纹方向的应力 σ_y

木材横纹承压（图 2.4.5）分为全表面承压和局部表面承压。其强度大小决定于承压面的长度 l_a和非抵承面的自由长度 l_c的比值：当 $l_c/l_a=0$ 时，即为全表面承压，此时强度最低；当 $l_c/l_a=1$ 且 l_a等于或小于试件高度 h 时，则为局部承压，此时强度最高；若比值 l_c/l_a再增加，强度几乎保持不变。此外，当承压面位于试件的一端且承压长度 l_a为试件长度 l 的 1/3 时，木材横纹承压比例极限介于局部表面承压和全表面承压之间，一般可取二者的平均值。

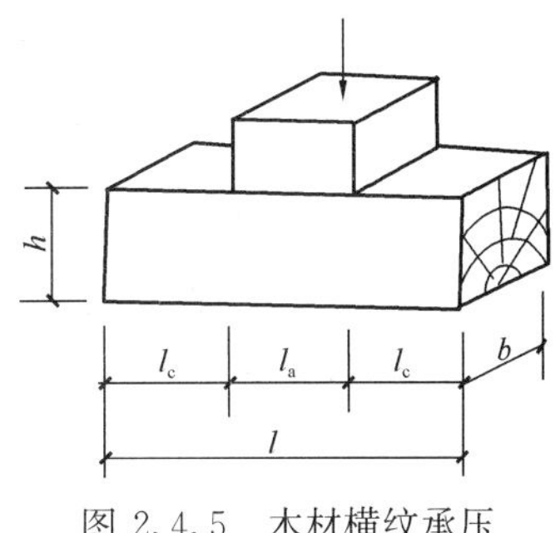

图 2.4.5 木材横纹承压

2.5 木材缺陷

根据我国国家标准《针叶树木材缺陷 分类》GB 155.1—1984 和《阔叶树木材缺陷分类》GB 4823.1—1984，凡呈现在木材上能够降低其质量、影响其使用的各种缺点，均为木材缺陷。木材中存在的天然缺陷，是由于树木生长的生理过程、遗传因子的作用或在生长期中受外界环境的影响所形成。主要包括：斜纹、节子、应力木、立木裂纹、树干的干形缺陷等，以及在使用过程中出现的虫害、裂纹、腐朽及木材加工等缺陷。这些缺陷会降低木材的利用价值，甚至使木材完全不能使用。本节介绍几种对材质影响较大，又普遍出现的缺陷。重点介绍各种主要天然缺陷在木材中表现出的外形和特征，以及对木材性质或利用的影响，并简要介绍某些缺陷在我国木材生产和使用过程中的检验和计算方法。

2.5.1 节子

节子是评定木材材质等级的主要因素，其类别是多种多样的。按节子断面形状可分为圆形节、条状节和掌状节三种；按节子的质地及与周围木材结合程度又可分为活节、死节和漏节三种。

圆形节（图 2.5.1*a*）是垂直枝条锯切的断面，见于原木表面或板材的弦切面。条状节（图 2.5.1*b*）是平行于枝条锯切的断面，见于板材的径切面。掌状节（图 2.5.1*c*）是针叶材的轮生节，在径切面常呈对称形状。

活节（图 2.5.1*d*）材质坚硬，和周围木材全部紧密相连。死节（图 2.5.1*e*）是树木枯枝形成的，与周围的木材部分脱离或全部脱离。漏节是节子本身已经腐朽，连同周围木

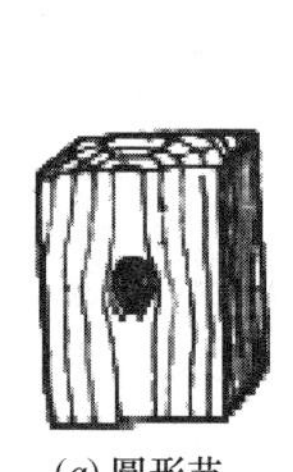

(a) 圆形节

(b) 条状节

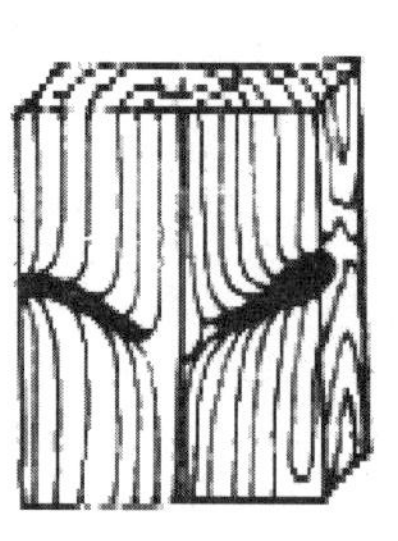

(c) 掌状节

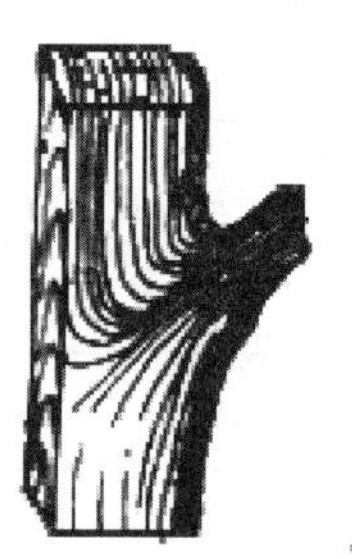

(d) 活节

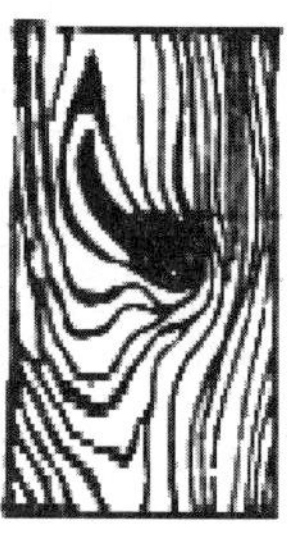

(e) 死节

图 2.5.1　节子的种类

材也已腐朽，常呈筛孔状、粉末状或呈空洞，其腐朽已深入树干内部，和树干的内部腐朽相连，因此常成为树干内部腐朽的外部特征。

节子不仅破坏木材的均匀性及完整性，而且在很多情况下会降低木材的力学强度。

节子对顺纹抗拉的不良影响最大，对顺纹抗压的不良影响较小。

节子对静力弯曲强度的影响，在很大程度上取决于节子在构件截面高度上的位置。节子位于受拉区边缘时，影响很大；位于受压区内时，影响较小。

节子在原木构件的影响比在成材构件中为小。

总之，节子影响木材强度的程度大小主要随节子的质地、分布位置、尺寸大小、密集程度和木材用途而定。就节子质地来说，活节影响最小，死节其次，漏节最大。

2.5.2　变色及腐朽

变色是由木材的变色菌侵入木材后引起的，由于菌丝的颜色及所分泌的色素不同，有青变（青皮、蓝变色）及红斑等，如云南松、马尾松很容易引起青变，而杨树、桦木、铁杉则常有红斑。

变色菌主要在边材的薄壁细胞中，依靠内含物生活，而不破坏木材的细胞壁，因此被侵染的木材，其物理力学性能几乎没有什么改变。一般除有特殊要求者外，均不对变色加以限制。

另外一种是化学变色，即新采伐的木材与空气接触后，起氧化作用而形成的，如栎木等含单宁较多的木材，采伐后放置于空气中，即变为栗褐色。

腐朽菌在木材中由菌丝分泌酵素，破坏细胞壁，引起木材腐朽。按腐朽后材色的变化及形状的不同分为白色腐朽（筛状腐朽）和褐色腐朽（粉状腐朽）两类。白色腐朽是白腐菌侵入木材，腐蚀木质素，剩下纤维素，使木材呈现白色斑点，成为蜂窝状或筛孔状，又称蚂蚁蛸，这时材质变得很松软，像海绵一样，用手一捏，很容易剥落。褐色腐朽是褐腐菌腐蚀纤维素而剩下木质素，呈现红褐色，木材表面有纵横交错的裂隙，用手搓捻，即成粉末，又称红糖包。

初期腐朽对材质的影响较小，腐朽程度继续加深，则对材质的影响也逐渐加大，到腐朽后期，不但对材色和木材的外形有所改变，而且对木材的强度、硬度等都会大大降低。

2.5.3　裂纹

树木在生长过程中，由于风引起树干的振动、形成层的损伤、生长应力、剧烈的霜害等自然原因在树干内部产生的应力，使得木材纤维之间发生分离，成为裂纹。树木在伐倒后和存放过程中因水分散失或者存放不当，可造成裂纹扩展。

按开裂部位和开裂方向不同，裂纹可分为径裂、轮裂和干裂三种。

径裂（图 2.5.2*a*）：在木材断面内部，沿半径方向开裂的裂纹，是立木裂纹，由于立木受风的摇动或在生长时产生内应力而形成的，当木材不适当地干燥时，径裂尺寸会逐渐扩大。

轮裂（图 2.5.2*b*）：在木材断面沿年轮方向开裂的裂纹。成整圈的称为环裂，不成整圈的称为弧裂。轮裂在原木表面看不见，在成材断面上呈月牙形，在成材表面则呈纵向沟槽。轮裂常发生在窄年轮骤然转为宽年轮的部位，有些树种如白皮榆，在立木时就会发生轮裂，在伐倒后如保存不当，轮裂会逐渐扩大，严重地影响木材的利用价值。

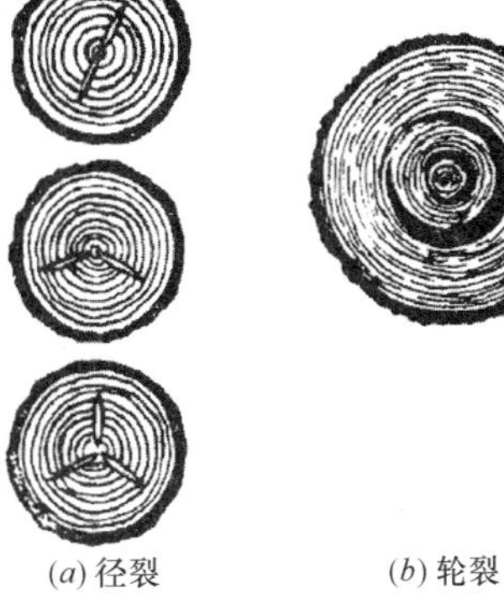

图 2.5.2 木材的径裂和轮裂

干裂：由于木材干燥不均而引起的裂纹，在原木和板材上均有，一般统称为纵裂。

裂纹对木材力学性质的影响取决于裂纹相对的尺寸、裂纹与作用力方向的关系以及裂纹与危险断面的关系等。裂纹破坏了木材的完整性，从而降低木材的强度。

2.5.4 斜纹

当木材的纤维排列与其纵轴的方向明显不一致时，木材上即出现斜纹（或斜纹理）。供结构使用的木材，任何类型的斜纹都会引起强度的降低，斜纹是木材中普遍存在的一种现象，无论树干、原木或锯材的板、方材，都可能出现这种或那种类型的斜纹。

1. 扭转纹

具有斜纹的树干或原木，其纤维或管胞的排列不与树轴相平行，而是沿螺旋的方向围绕树轴生长，因此树干或原木上的表面纹理呈扭曲状，这种斜纹称扭转纹或螺旋纹。有一些树种的树干或原木具扭转纹时，如果其外部的树皮还保存未损坏，就很难从树干或原木的表面发现其扭转纹，必须剥去树皮后才能看到。没有树皮的原木，当表面干燥而产生裂纹时，裂纹是沿纤维排列的方向发展，因而从木材表面非常明显地判别木材是否具扭转纹，如电柱、木桩等。我国针叶树材中具扭转纹的，以落叶松属较为普遍；云南松不仅多扭转纹，且扭转程度也较严重。扭转纹的产生，通常认为来源于树木的遗传性，至于在一株树内纹理扭转的程度和分布，则取决于环境因子的影响。

扭转纹在树干上发展的方向，有的向左，有的则向右扭转。有些树种的扭转纹是按一定的方向旋转；另有一些树种则是有规律地改变其扭转的方向，这样就使木材产生了交错纹。在我国南方的阔叶树种中交错纹极为常见，如枫香、蓝果木桉属等。从木材的外表很难识别有无交错纹，但如用斧沿木材的径面劈开，就能清楚地从劈开面看出交错纹。

扭转纹的程度，即使是同一树干中，在树干表面与近髓部也有明显的差别。距树轴越远的部分，扭转纹的程度往往越严重，也就是树干内部较外部的扭转程度要轻。

2. 天然斜纹

指锯解有扭转纹的原木所生产的板、方材，其弦锯面出现斜纹。如果用扭转纹程度大的原木锯制成板、方材时，大量的纤维将被切断，必然使板、方材的强度降低，不利于木材合理有效的利用。因此具扭转纹大的原木，应尽可能以原木形式直接使用，尽量不加锯解。此外，从弯曲的原木锯解板、方材，同样也会产生天然斜纹。

3. 人为斜纹

直纹原木沿平行于树轴方向锯解时，所锯出的板、方材材面与生长轮不平行而产生斜纹。此外，直纹的弦切板锯解成小方条或板条，如锯解方向与纤维方向呈一定角度，也会产生斜纹，这种斜纹称人为斜纹，或对角纹。

4. 局部斜纹

局部斜纹通常称为涡纹，是指节子或夹皮附近所形成的年轮弯曲，纹理呈旋涡状。局部斜纹的程度常难以测定。

2.6　木材时变效应

木材是一种同时具有弹性和黏性两种不同特性的生物质材料，在长期荷载作用下的变形将逐渐增加。若荷载较小，经过一段时间后，变形不再增加。当荷载超过极限值时，变形随荷载作用时间的增加而增加，直至木材破坏。木材这种变形的性质如同流体的性质，在变形运动过程中受黏性和时间的影响。

木材是一种黏弹性材料，因此荷载持续时间对其变形和强度有很大影响，这也是长期以来人们所大量关注和研究的一个问题。大约从200年前开始研究，至今仍在进行相关研究。木材随着荷载持续时间的增加，强度会降低，变形会增大，对于持续时间不论多长也不会引起破坏的应力称为木材的持久强度。换言之，只要应力超过持久强度，随着时间的推移，最终破坏总是要发生的。美国学者曾断言持久荷载达到木材短期强度的60%时，就可能破坏，并认为只要荷载作用应力不超过比例极限，破坏就不致发生。20世纪40年代，美国林产品研究所发表了著名的双曲线型Madison曲线，如图2.6.1中的虚线所示。清材试件随荷载持续时间的木材破坏强度与短期强度的比值（百分比）SL可由下式决定：

$$SL = 18.3 + 108.4t^{-0.0464} \tag{2.6.1}$$

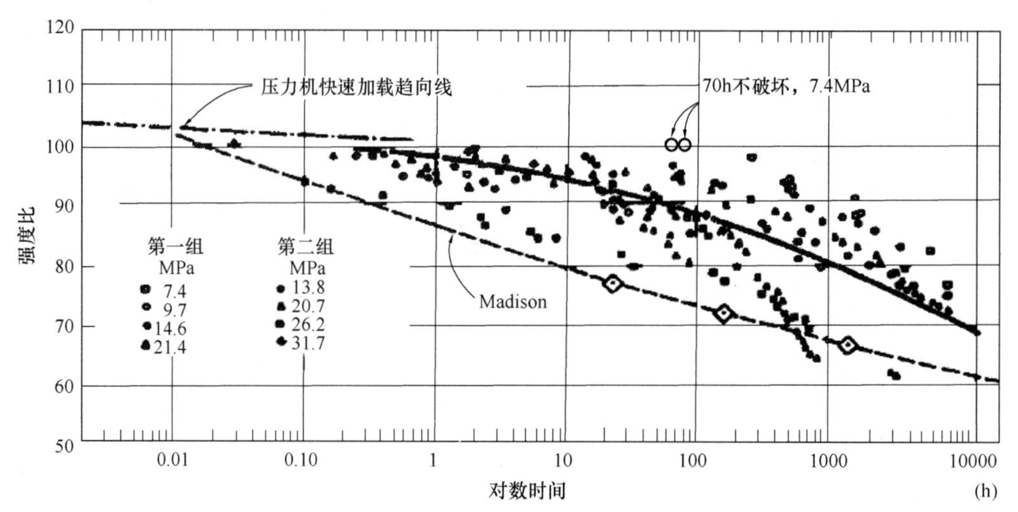

图2.6.1　Madison曲线及花旗松应力水平与达到木材破坏的时间关系

式中 持续时间 t 以秒（s）计。

由此推得 10 年后的强度为短期强度的 62%，其后 Wood 在试验基础提出用对数曲线来表达上述关系，由此推得 10 年期强度为短期的 59%。1972 年 Pearson 继 Wood 的研究，提出用下式来表示荷载持续时间的影响：

$$SL = 91.5 - 7\lg t \qquad (2.6.2)$$

式中 t 以小时（h）计。由此推得 10 年的强度为短期强度的 58%。

1970 年 Madsen 开展了荷载持续时间对结构木材强度影响的研究，1976 年 Madsen 和 Barrett 发表了图 2.6.1 所示的花旗松结构木材的最终研究结果。认为 1 年以内结构木材的荷载持续时间效应并不比 Madison 曲线高，一年后有趋势比其高。进一步研究认为持续 10 年时，结构木材大致在 0.4～0.6 倍的短期强度范围内。

我国木结构设计规范自从 88 版开始，在考虑荷载持续时间的影响系数时，不论何种受力形式均取 0.72，这是因为有荷载持续时间影响，荷载主要是恒荷载和部分可变荷载。但设计规范还规定，当结构作用全部为恒载时，尚需乘以 0.8 的折减系数，这时总的荷载持续时间影响系数为 0.576。

在荷载的持续时间内，木材的变形会逐渐增大，这种现象称为蠕变。若木材中的应力小于木材的持久强度，则随持续时间的增加，变形增长速率会放缓并将趋于收敛（图 2.6.2a）；若应力超过了持久强度水平，则开始时变形增长较快，后随着时间近似地呈线性增长，后期变形又迅速增长，最终导致木材破坏（图 2.6.2b）。

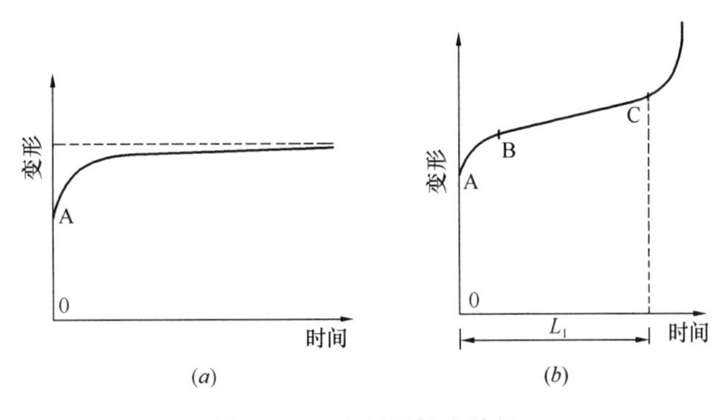

图 2.6.2 木材的蠕变特性

2.7 影响木材材性的因素

木材作为木结构建筑构件，其力学性质与木材的构造密切相关，同时，与木材水分、木材缺陷、木材密度和大气温湿度变化的影响也密切相关。

2.7.1 含水率对木材强度的影响

木材含水率在纤维饱和点以下时，含水率愈高则强度愈低。

木材顺纹抗拉、抗压、抗弯及横纹承压，可按下列公式将试件含水率为 W%时的强度 f_w 换算成含水率为 12%时的强度 f_{12}；

$$f_{12} = f_w[1 + \alpha(W - 12)] \qquad (2.7.1)$$

式中：f_w——试验测得的试件含水率为 W%时的强度；

W——试验时试件的含水率（%），一般为9%～15%；

α——含水率换算系数，按表2.7.1采用。

木材的弹性模量、顺纹抗剪等都具有类似性质，亦按公式（2.7.1）进行换算。

含水率换算系数 α **表2.7.1**

受力性质	公式（2.7.1）中替代 f_{12} 的符号	公式（2.7.1）中替代 f_w 的符号	α 值	适用树种
顺纹抗压强度	f_{c12}	f_{cw}	0.050	一切树种
弯曲强度	f_{m12}	f_{mw}	0.040	一切树种
弯曲弹性模量	E_{12}	E_w	0.015	一切树种
顺纹抗剪强度	f_{v12}	f_{vw}	0.030	一切树种
顺纹抗拉强度	f_{t12}	f_{tw}	0.015	阔叶树
横纹全表面承压比例极限值	$f_{c,90.12}$	$f_{c,90,w}$	0.045	一切树种
横纹局部表面承压比例极限值	$f_{c,90.12}$	$f_{c,90,w}$	0.045	一切树种
横纹承压弹性模量	$E_{c,90.12}$	$E_{90,w}$	0.055	一切树种

2.7.2 温度对木材强度的影响

（1）温度愈高，则木材的强度愈低。强度降低的程度与木材的含水率、温度值及温度延续作用的时间等因素有关。

（2）当温度不延续作用时，木材受热的温度不致改变其化学成分的条件（例如通常的气候条件），当温度降低时木材还能恢复其原来的强度。

（3）气干材受温度为66℃延续作用一年或一年以上时，其强度降低到一定程度后即不会再降低，但当温度降低到正常温度时，其强度也不会再恢复。

（4）当温度达到100℃以上时，木材才会开始分解为组成它的化学元素（碳、氢和氮）。当温度在40～60℃长期作用时，也会产生缓慢的碳化，促使木材的化学成分逐渐改变。

（5）含水率较大的木材在高温作用下其强度的降低也较大，特别在高温作用初期的2～4个昼夜时间内，强度的降低十分显著。

（6）当温度长期作用时，木构件的所有部分将会获得与环境相同的温度。但是在通常气温条件下（例如在房屋中），木材周围的空气温度随季节不同而变动颇大。因此，木构件的温度不一定能达到周围空气的最高温度。

木材的温度和含水率对木材（松木）顺纹抗压强度的影响列于表2.7.2。

木材的温度和含水率对木材（松木）顺纹抗压强度的影响

（以 W=15%，t=15℃时的木材顺纹抗压强度为100%） **表2.7.2**

温度 t（℃）	含水率 W（%）							
	0	9	15	26	30	60	70	134
+100	135	51	35		23	16		
+80	146	65	51		30	26		
+60	161	79	68		37	35		

续表

温度 t (℃)	含水率 W (%)							
	0	9	15	26	30	60	70	134
+40	167	89	79		44	42		
+25	181	103	96		51	51		
+15	186	116	100	63			60	56
−2	198	134	110	89			80	76
−16	200	159	135	93			114	136
−26	203	166	138	93			93	149
−42	202	173	149	101			150	149
−79	192	156	138	110			141	148

2.7.3 长期荷载对木材强度的影响

木材具有一个显著的特点，就是在荷载的长期作用下木材强度会降低（表 2.7.3）。所施加的荷载愈大，则木材能经受的时期愈短。为使结构荷载作用的时间无论多长木材都不致破坏，木结构设计以木材的长期强度为依据（图 2.7.1）。

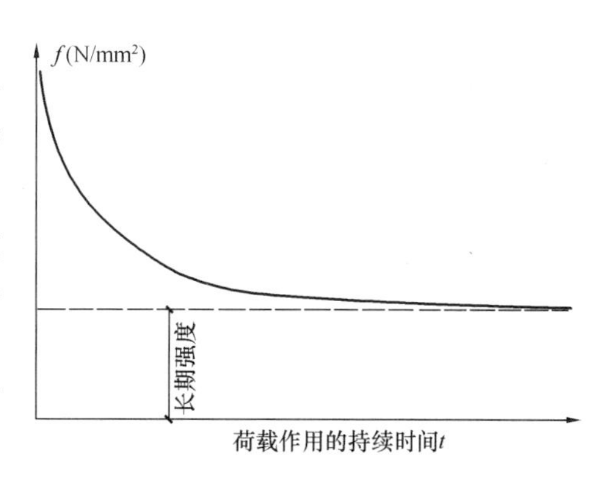

图 2.7.1 木材强度与荷载持续时间的关系

木材的长期强度与瞬时强度的比值随木材的树种和受力性质而不同，一般为：

顺纹受压 0.5～0.59；顺纹受拉 0.5；

静力弯曲 0.5～0.64；顺纹受剪 0.5～0.55。

木材（松木）强度与荷载作用时间的关系　　**表 2.7.3**

受力性质	瞬时强度（%）	当荷载作用时间为下列天数（昼夜）时木材强度（%）				
		1	10	100	1000	10000
顺纹受压	100	78.5	72.5	66.2	60.2	54.2
静力弯曲	100	78.6	72.6	66.8	60.9	55.0
顺纹受剪	100	73.2	66.0	58.5	51.2	43.8

注：瞬时强度值为按标准试验方法的加荷速度测定的强度。

2.7.4 密度与木材强度的关系

木材强度与其密度之间存在着密切的关系，特别是同一树种的木材更为显著，其密度较大者强度必较高。表 2.7.4 中列出部分树种木材的密度与其顺纹抗压强度之间的关系。

对于其他树种，当缺乏试验资料时可近似按下式估计：

$$f_{15} = 854\rho_{15} \tag{2.7.2}$$

式中：f_{15}、ρ_{15}——当含水率为 15%时，木材的顺纹抗压强度和密度。

木材密度与顺纹抗压强度的关系❶　　表 2.7.4

树种	产地	关系式	树种	产地	关系式
落叶松	东北	$f_{15}=1191.75\rho_{15}-209$	杉木	湖南	$f_{15}=1455\rho_{15}-151$
黄花落叶松	东北	$f_{15}=1192.96\rho_{15}-188$	杉木	福建	$f_{15}=1119.34\rho_{15}-43$
红松	东北	$f_{15}=1067\rho_{15}-151$	杉木❷	江西	$f_{15}=100.63\rho_{15}-0.03$
马尾松	福建	$f_{15}=403.05\rho_{15}+149.61$	I-214 杨❷	江西	$f_{15}=98.05\rho_{15}-4.91$
白桦	东北	$f_{15}=832\rho_{15}-63$			

注：f_{15}、ρ_{15}——当含水率为 15%时，木材的顺纹抗压强度和密度。

2.7.5　木材缺陷对木材强度的影响

木材中由于立地条件、生理及生物危害等原因，使木材的正常构造发生变异，以致影响木材性质，降低木材利用价值的部分，称为木材的缺陷。木材缺陷破坏了木材的正常构造，必然影响木材的力学性质，其影响程度视缺陷的种类、质地和分布等而不同。

1. 木节

节子周围的木材形成斜纹理，使木材纹理走向收到干扰，同时，节子破坏了木材密度的相对均质性，易引起裂纹。节子对木材力学性质的影响决定于节子的种类、尺寸、分布及强度的性质。

木节对顺纹抗拉和顺纹抗压强度的影响，取决于节子的质地及木材因节子而形成的斜纹理。当斜纹理的坡度大于 1/15 时，开始影响顺纹抗压强度，木节对顺纹抗拉强度的影响大于对顺纹抗压强度的影响。

木节对抗弯强度的影响表现为：当节子位于试样受拉一侧时，其影响程度大于位于受压一侧的影响，尤其当节子位于受力点下受拉一侧的边缘时，其影响程度最大。当节子位于中性层时，可以增加顺纹抗剪强度。木节对抗弯强度的影响程度，除随木节的分布变异外，还随木节尺寸而变化。

木节对横纹抗压强度的影响不明显，当节子位于受力点下方，节子走向与施力方向一致时，强度不仅不降低反而有增高的现象。木节对抗剪强度的影响，研究不多，当弦面受剪时，节子起到增强抗剪强度的作用。

2. 斜纹理

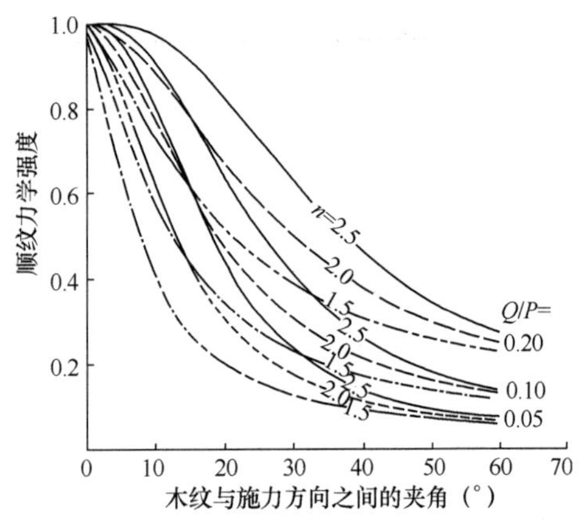

图 2.7.2　斜纹理对木材力学性质的影响
Q/P—一定角度下力学强度与顺纹方向的比值；
n—经验终止常数

斜纹理对木材力学强度的影响程度，取决于斜纹理与施力方向之间的夹角（图 2.7.2）的大小以及力学性质的种类。斜纹理对顺纹抗拉强度的影响最大，抗弯强度次之，顺纹抗

❶　本表摘自中国林业科学研究院研究报告“湖南、贵州所产杉木的物理力学性质”，1957 年；“东北白桦、枫桦‘水心材’物理力学性质的研究”，1954 年；“东北兴安落叶松和长白落叶松木物理力学性质的研究”，1957 年；“红松木材物理力学性质的研究”，1958 年。

❷ 根据中国林业科学研究院研究报告“人工林杉木和杨树木材物理力学性质的株内变异研究”，2006 年。

压强度更次之，如正常木材，通常横纹抗拉强度为顺纹抗拉强度的1/40～1/30，最大者可为1/13，最小者可为1/50，当纹理倾斜角度达到1/25时，顺纹抗拉强度便明显降低。正常木材，通常横纹抗压强度为顺纹抗压强度的1/10～1/5，这种关系比横纹抗拉强度与顺纹抗拉强度之间的关系小得多，因此，斜纹理对顺纹抗压强度的影响比顺纹抗拉强度的影响也小得多。

3. 裂纹

木材的裂纹，不仅发生于木材的贮存、加工和使用过程，而且有的树木在立木时期已发生裂纹。裂纹分为径裂和轮裂，径裂多在贮存期间由于木材干燥而产生，当干燥时原来立木中存在的裂纹还会继续发展。裂纹不仅降低木材的利用价值，还影响木材的力学性质，其影响程度的大小视裂纹的尺寸、方向和部位而不同。相关研究表明，裂纹对抗弯和握钉力的影响很大。就抗弯强度来说，轮裂的影响大于径裂。

4. 变色、腐朽和虫眼

木材的变色对木材的均匀性、完整性和力学性质无影响，只是使木材颜色发生变化，有损于木材外观。腐朽严重地影响木材的物理、力学性质，使木材质量减小，强度和硬度降低。通常在褐腐后期，木材的强度基本丧失，一般情况下完全丧失强度的腐朽材，其使用价值也随之丧失。木材中的虫眼破坏了木质材料的连续型，其所产生的空洞降低了木材的强度，对木材利用产生很大的破坏。木制家具和木结构构件中常见有粉虫眼，这种虫眼在木材的表面只见微小的虫孔，但内部损害严重，一触即破，危害极大。

2.8 木材与木材产品

木材是由树干加工而成的林产品，具有密度小、强度高、弹性好、色调丰富、纹理美观、加工能耗低、保温性能好、抗震能力高等优点。从建筑结构的受力角度看，木材具有良好的抗压、抗弯和抗拉性能，特别是抗压和抗弯具有很好的塑性。

木材在工程中的应用在20世纪50年代后有了长足的进步：加工方法从锯切发展到旋切或削片；树种从优质针叶树种发展到利用率不高的速生阔叶树种（如杨木和桉木）；从简单的实木发展到多种多样的复合木材产品。

制作木结构构件的主要材料可以分为两大类：天然木材（Wood）；工程木（Engineered Wood）。

2.8.1 结构用木材的树种和天然木材产品

1. 结构用木材的树种

木材的树种可分为针叶材和阔叶材两大类。一般而言，优质的针叶树种木材（如红松、杉木、云杉和冷杉等树种）具有树干挺直、纹理平直、材质均匀、材质软易加工、干燥不易产生开裂或扭曲等变形、具有一定的天然耐腐能力等优点，是理想的结构用木材树种。相比之下，落叶松、马尾松、云南松、青冈、椆木、锥栗、桦木和水曲柳等针叶材或阔叶材的材质较差，其特点是强度较高、质地坚硬、不易加工、握钉力差、易劈裂、干燥易产生开裂或扭曲等变形。在使用结构用木材时，不仅要考虑木材的强度，还应注意不同树种木材的各自特点，依此采取相应的防范措施。

早期的结构用木材多为优质的天然林针叶树，随着优质针叶树种资源的短缺，需扩大树种的利用，逐步利用具有某些缺点的树种，如某些针叶树种（如南方的云南松，北方的东北落叶松等）以及某些阔叶树种（如桦木、水曲柳、椴木等）。现列入国家标准《木结构设计标准》GB 50005—2017 的国产结构用针叶树种主要有东北落叶松（包括兴安落叶松、黄花落叶松）、铁杉（包括铁杉、云南铁杉、丽江铁杉）、鱼鳞云杉、西南云杉（包括麦吊云杉、油麦吊云杉、巴秦云杉、产于四川西部的紫果云杉和云杉）、马尾松、云南松、丽江云杉、樟子松、西北云杉、杉木及冷杉等；阔叶树种主要有桦木、水曲柳和椆木等；另外还有多种进口树种或树种组合，如北美的花旗松-落叶松、北美的南方松、加拿大铁杉、加拿大的云杉-松-冷杉（SPF）、粗皮落叶松、欧洲赤松、欧洲落叶松、欧洲云杉、北美落叶松、北美短叶松、日本落叶松、日本柳杉和新西兰辐射松等。随着我国大面积种植的速生树种开始成熟和采伐，如何利用这些速生树种作为结构用材，是当前亟需研究的问题。

2. 天然木材产品

天然木材可以分为原木（Log），方木或板材（也称作锯材，Sawn Lumber），规格材（Dimension Lumber）。规格材也是锯材的一种，但其加工工艺及《木结构设计标准》中对其强度的确定方法不同，与方木或板材应予以区分。

（1）原木

原木是指树干经砍去枝丫，去除树皮后的木段。树干在生长过程中直径从根部至梢部逐渐变小，为平缓的圆锥体，具有天然的斜率。原木选材时，对其尖梢度有要求，一般规定其斜率不超过 0.9%，否则将影响其使用。原木的径级以小头直径计算，一般的小头直径为 80～200mm（人工林木材的直径一般较小），长度不小于 4m。

（2）方木或板材

小头直径大于 200mm 的原木可以经锯切加工成方木或板材。截面宽度超过厚度 3 倍（$b>3h$）以上的锯材称为板材，不足 3 倍（$h\leqslant b\leqslant 3h$）的称为方木。板材的厚度一般为 15～80mm，方木边长一般为 60～240mm。针叶树木材的长度可达 8m，阔叶树木材的长度最大为 6m 左右。方木和板材可按照一般商品材规格供货，用户使用时可以进一步剖解，也可向木材供应商订购所需截面尺寸的木材，或购买原木自行加工。

目前，我国国家标准《木结构设计标准》GB 50005—2017 将常用的针叶材树种的原木和方木（板材），划分为 4 个强度等级（见本手册表 3.3.1），将阔叶材树种的原木和方木（板材），划分为 5 个强度等级（见本手册表 3.3.2）。各等级标识 TC、TB 中的数字代表抗弯强度（f_m）设计值，每一等级的强度设计值和弹性模量应按国家标准《木结构设计标准》GB 50005 的规定取值。

（3）规格材

规格材（Dimension Lumber）常用于轻型木结构建筑，是指按照一定的规格和尺寸加工成的木材。作为轻型木结构建筑的主要受力构件，规格材性能的好坏直接影响建筑的结构安全与否，因此规格材必须经过划分等级后才能应用于木结构建筑。规格材的表面已做加工，并在加工完成后再进行强度和材质等级的分级。使用时不应对截面尺寸再进行锯解加工，需要时仅做长度方向的切断或接长，否则将严重影响其等级和设计强度的取值。

我国的规格材截面宽度为 40mm、65mm 和 90mm 三种。宽度为 40mm 的规格材的高度有 8 种，分别为40mm、65mm、90mm、115mm、140mm、185mm、235mm 和 285mm，宽

度为65mm和90mm的规格材的高度分别比40mm宽度的减少一种和两种尺寸（表2.8.1）。速生树种制作的规格材截面尺寸与之不同，其厚度为45mm（表2.8.2）。

结构规格材截面尺寸 表2.8.1

截面尺寸 宽（mm）×高（mm）	40×40	40×65	40×90	40×115	40×140	40×185	40×235	40×285
截面尺寸 宽（mm）×高（mm）	—	65×65	65×90	65×115	65×140	65×185	65×235	65×285
截面尺寸 宽（mm）×高（mm）	—	—	90×90	90×115	90×140	90×185	90×235	90×285

注：1. 表中截面尺寸均为含水率不大于19%、由工厂加工的干燥木材尺寸；
2. 当进口规格材截面尺寸与表中尺寸相差不超2mm时，应与其相应规格材等同使用；但在计算时，应按进口规格材实际截面进行计算。

速生树种结构规格材截面尺寸表 表2.8.2

截面尺寸 宽（mm）×高（mm）	45×75	45×90	45×140	45×190	45×240	45×290

注：表中截面尺寸均为含水率不大于19%、由工厂加工的干燥木材尺寸。

2.8.2 工程木

天然木材的截面尺寸因受到树干直径的限制，不可能很大；树干是直线形，不能进行整体弯曲，影响木结构构件的形式和承载能力；天然木材又有许多自然缺陷，严重影响木材的强度。长期以来人们一直在寻找解决上述问题的方法，工程木的出现以及在木结构中的应用，为解决上述问题提供了一条有效的途径和手段。

工程木（Engineered Wood Products）是一种重组木材，通过工业化生产，将天然木材锯切成一定厚度的木板、木条或木片，按一定的性能要求重新粘结或组合在一起而形成的木制品。工程木包括木基结构板（Wood-based Structural Panels）、结构复合木材（Structural Composites Lumber）、层板胶合木（Glued-laminated Timber，Glulam）、正交胶合木（Cross Laminated Timber ，CLT，又称交叉层积材）和工字形木搁栅（I-Beam）等系列（图2.8.1）。

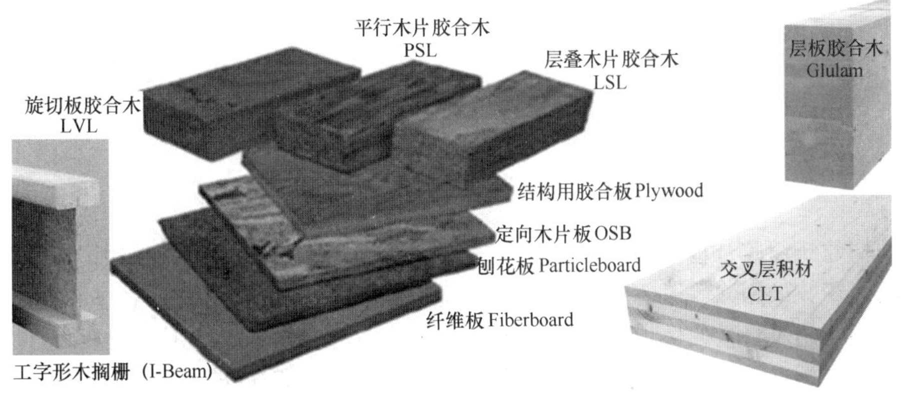

图2.8.1 常见的工程木制品

例如，层板胶合木是将厚度不大于45mm的胶合木层板沿顺纹方向叠层胶合而成的木制品。而木基结构板是将天然木材旋削成更薄或更小的木片（板），然后再按一定的性能要求和尺寸规定，采用结构胶粘剂粘结起来，形成厚薄不同的大张板材的木制品。

1. 木基结构板

木基结构板是用于承重结构的木质材料复合板材。目前国内常用的包括结构用胶合板（Structural Plywood ）和定向木片板（又称定向刨花板，Oriented Strand Board，OSB）两种，可用于木结构的墙面板、楼面板和屋面板等。

（1）结构用胶合板

结构用胶合板（Plywood for Timber Structures）由数层旋切或刨切的单板按一定规则（交错）铺放（图2.8.2），在高温和压力下，用防水耐用的胶粘剂胶合而成（其生产流程如图2.8.3所示），是几十年来最普遍使用的建筑材料之一。

图2.8.2　胶合板构造

结构用胶合板单板的厚度一般不小于1.5mm，且不大于5.5mm。胶合板的中心层两侧对称位置上的单板其木纹和厚度应一致，且应由物理性能相似的树种木材组成，相邻单板的木纹相互垂直，表层板的木纹方向应与成品板的长度方向平行。

结构用胶合板的常见用途为：轻型木结构中的楼盖、墙体及屋盖覆面板，外墙挂板、混凝土模板等。在木结构中使用时其总厚度一般为9～30mm，尺寸规格为1220mm×2440mm、2440mm×2770mm、2440mm×3050mm。

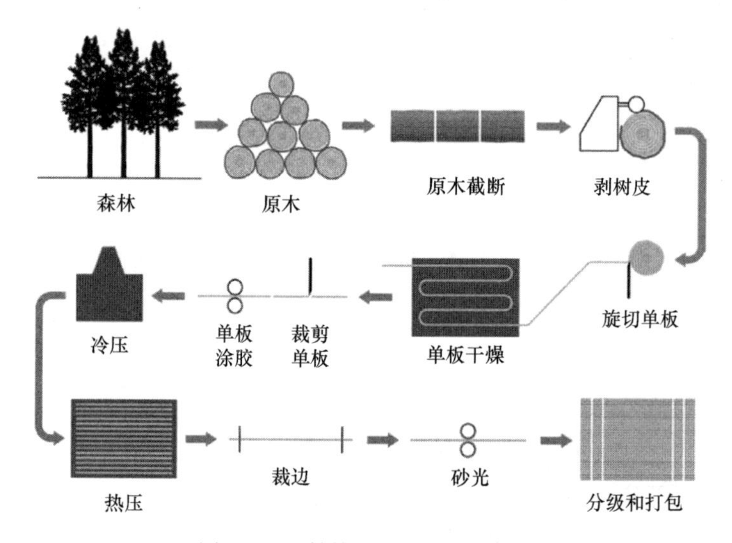

图2.8.3　结构用胶合板生产流程

木结构建筑用胶合板，其力学性能应达到相关标准的要求，且结构用胶合板表面应具有明显的标识，如用途等级、生产厂名、生产厂编号、产品认证机构的名字或标识等。典型的进口结构用胶合板的标识如图2.8.4所示。

根据国家标准《木结构覆板用胶合板》GB/T 22349—2008的相关规定，国产木结构覆板用胶合板的性能应符合表2.8.3～表2.8.5的要求。

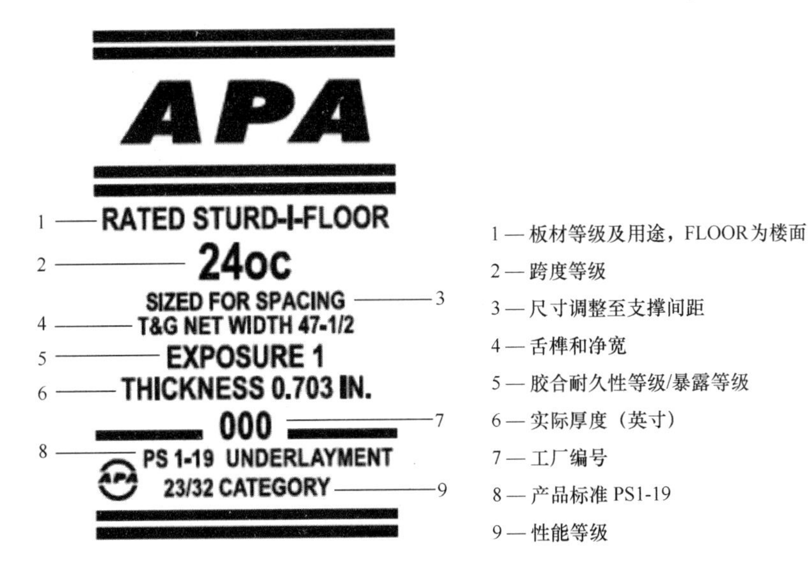

图 2.8.4 进口结构用胶合板标识示意

静曲强度和弹性模量指标要求 **表 2.8.3**

检验项目		单位	基本厚度						
			≥5～6	>6～7.5	>7.5～9	>9～12	>12～15	>15～21	>21
静曲强度	顺纹	MPa	38.0	36.0	32.0	28.0	24.0	22.0	24.0
	横纹	MPa	8.0	14.0	12.0	16.0	20.0	20.0	18.0
弹性模量	顺纹	MPa	8500	8000	700	6500	5500	5000	5500
	横纹	MPa	500	1000	2000	2500	3500	4000	3500

集中荷载和冲击荷载指标要求 **表 2.8.4**

用途	标准跨距（最大允许跨距）(mm)	试验条件	冲击荷载（N·m）	最小极限荷载(kN)		890N 集中荷载下的最大挠度(mm)
				集中荷载	冲击后集中荷载	
楼面板	400(410)	干态及湿态重新干燥	102	1.78	1.78	4.8
	500(500)	干态及湿态重新干燥	102	1.78	1.78	5.6
	600(610)	干态及湿态重新干燥	102	1.78	1.78	6.4
屋面板	400(410)	干态及湿态	102	1.78	1.33	11.1
	500(500)	干态及湿态	102	1.78	1.33	11.9
	600(610)	干态及湿态	102	1.78	1.33	12.7

注：指标为单个试验指标。

均布荷载指标要求图 **表 2.8.5**

用途	标准跨距（最大允许跨距）（mm）	试验条件	性能指标	
			最小极限荷载（kPa）	最大挠度（mm）
楼面板	400（410）	干态及湿态重新干燥	15.8	1.1
	500（500）	干态及湿态重新干燥	15.8	1.3
	600（610）	干态及湿态重新干燥	15.8	1.7

续表

用途	标准跨距（最大允许跨距）(mm)	试验条件	性能指标	
			最小极限荷载（kPa）	最大挠度（mm）
屋面板	400（410）	干态	7.2	1.7
	500（500）	干态	7.2	2.0
	600（610）	干态	7.2	2.5
屋面板	400（410）	干态	3.6	—
	600（610）	干态	3.6	—

注：指标为单个试验指标。

（2）定向木片板

定向木片板（Oriented Strand Board，OSB）也被称为定向刨花板，其主要以小径级的原木为原料，以经刨片加工得到的长条薄刨花作为基本的木质单元，在施加胶粘剂和其他添加剂后，通过定向铺装和热压得到的一种人造板材（图 2.8.5）。OSB 的生产流程为：原木蒸煮→剥皮→削片→干燥→施胶→铺装成型→热压→裁板和定级（如图 2.8.6 所示）。

图 2.8.5　定向木片板（OSB）

OSB 由三层相互垂直的木片构成，表层的大部分木片平行于板材的长轴，芯层的木片可与长轴垂直或完全随机铺设，木片常见的厚度为 0.8mm，宽度为 13mm，长度为 100mm。生产 OSB 可以将小径级材、枝桠材、等外材等低质木制原料加工成强度高、刚性大的结构用板材，充分利用和节约木材资源。

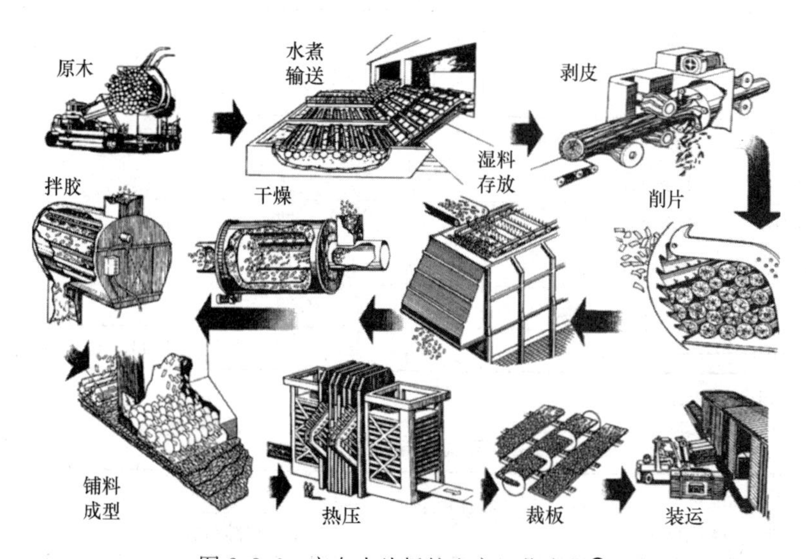

图 2.8.6　定向木片板的生产工艺流程❶

❶ 取自 Courtesy of Structural Board Association，Canada

定向木片板（OSB）具有良好的力学性能和较高的尺寸稳定性，目前在国内外广泛应用于木结构建筑，主要用于替代胶合板和结构用实木。OSB 主要用于地面材料、墙壁板、间隔板、隔板、屋顶板、工字梁的腹板等。在北美，OSB 逐渐取代了结构用胶合板，北美每年建造的房屋中有 75%用 OSB 作为地面、墙体及屋顶维护材料。

用于建造木结构建筑的 OSB 板材，其力学性能应达到相关标准的要求，且 OSB 板材表面应具有明显的标识，如用途等级、生产厂名、生产厂编号、产品认证机构的名字或标识等。典型的进口 OSB 板材的标识如图 2.8.7 所示。

根据国家现行标准《轻型木结构建筑覆面板用定向刨花板》LY/T 2389—2014 的规定，国产定向木片板（OSB）板材的用途和标识应符合表 2.8.6～表 2.8.8的规定。

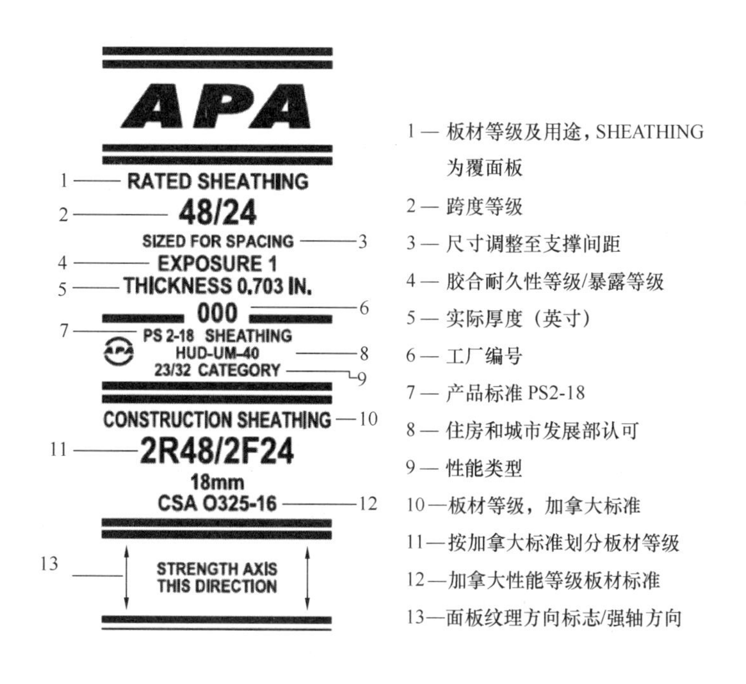

图 2.8.7 进口 OSB 标识示例

轻型木结构建筑覆面板用 OSB 用途标识 **表 2.8.6**

用途标识	用途
1F	单层楼面板（底层楼面板和垫层的组合体）
2F	底层楼面板，需和板材类型的垫层一起使用
1R	屋面板，边部无支撑
2R	屋面板边部有支撑
W	墙面板

注：板的长边有企口相互连接、板夹连接或用木块支撑等方式作边部支撑。

轻型木结构建筑覆面板用OSB跨距标识 表2.8.7

跨距标识	标准跨距（mm）	测试距离（mm）
4	400	406.4
5	500	508.0
6	600	609.6
8	800	812.8
10	1000	1016
12	1200	1219.2

注：1 表中跨距标识为标准跨距（mm）除以100。
2 测试距离是指对覆面板用OSB进行质量检验时所采用的相邻支撑构件的中心距离。测试距离是根据最终用途和轻型木结构中常用的支撑构件间距而定的。当支撑构件间距大于610mm，支撑构件本身应根据预计的荷载进行设计。

轻型木结构建筑覆面板用OSB跨距等级标识 表2.8.8

产品用途	跨距					
	4	5	6	8	10	12
	推荐相邻支撑构件的最大中线距（mm）					
	500	500	600	800	1000	1200
1F	1F4	1F5	1F6	1F8	—	1F12
2F	2F4	2F5	2F6	2F8	—	2F12
1R	1R4	1R5	1R6	1R8	1R10	1R12
2R	2R4	2R5	2R6	2R8	2R10	2R12
W	W4	W5	W6	—	—	—

注：1 板材标记由产品用途和相应的跨度等级组成；
2 适合多个用途使用的产品可使用多个相应的跨距等级标识，如1R6/2F4。

2. 结构复合木材

结构复合木材主要包括：旋切板胶合木（Laminated Veneer Lumber，LVL）、平行木片胶合木（Parallel Strand Lumber，PSL）、层叠木片胶合木（Laminated Strand Lumber，LSL）和定向木片胶合木（Oriented Strand Lumber，OSL）等木制产品，由于种类较多统称为结构复合木材（Structural Composite Lumber）。结构复合木材是将旋切单板或削片用耐水性结构胶粘剂粘结热压而成。由于结构复合木材采用旋切单板和削片取代了锯切加工，不产生锯末和刨花，使出材率提高了20%以上，并且，可以采用人工林或速生林树种，扩大了结构用木材的树种范围。

（1）旋切板胶合木

旋切板胶合木（Laminated Veneer Lumber，LVL）也被称作单板层积材（图2.8.8），是将厚度为2.5～4.5mm的旋切单板，多层平行施胶平铺，热压而成，其生产工艺流程如图2.8.9所示。生产LVL时，先将旋切的单板切割成一定宽度和长度的单板，并将其干燥至规定的含水率，切去单板条上的缺陷并进行分等，将高质量的板条铺放在外表层，各层单板的木纹方向都与构件长度方向平行，这种特点赋予LVL构件沿长度方向具有高强度性能。

图 2.8.8 旋切板胶合木 LVL

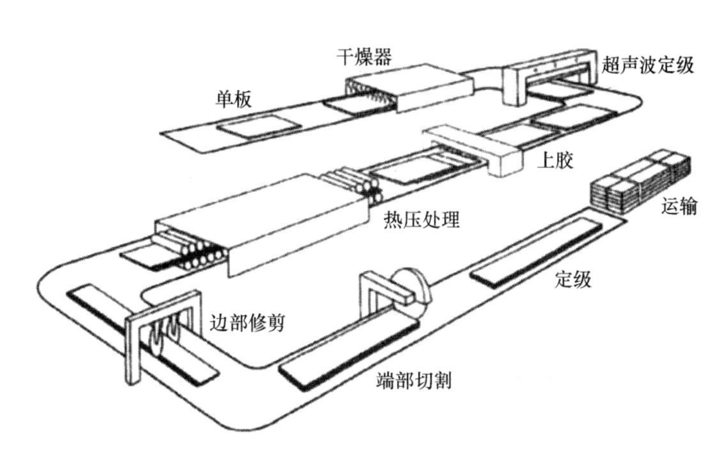

图 2.8.9 LVL 的生产工艺流程❶

与天然木材产品相比，旋切板胶合木（LVL）对木材进行了重组，可以消除或分散木材的缺陷，能够获得具有较高可靠性和较小的变异性。同时，LVL 构件具有更好的耐久性和更高的可靠度，不容易收缩或变形。制作构件可以根据设计要求制作较大的跨度，支承更大的荷载。在使用过程中，LVL 可以替代高等级的锯材，用于木材能够使用的任何位置。当前，我国采用的旋切板胶合木（LVL）主要依靠进口。进口的北美 LVL 其标识如图 2.8.10 所示。

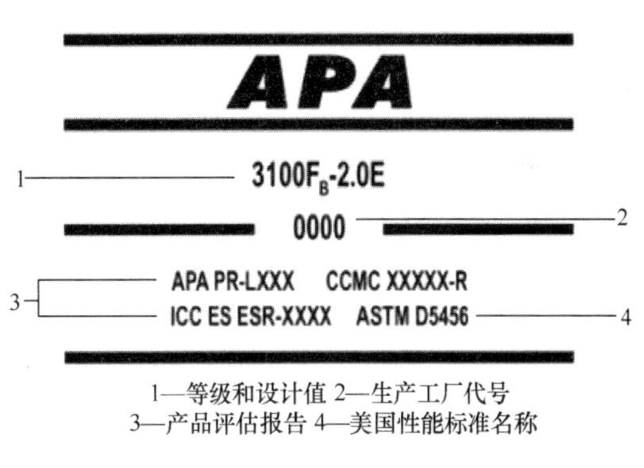

1—等级和设计值 2—生产工厂代号
3—产品评估报告 4—美国性能标准名称

图 2.8.10 进口 LVL 等级标识

通常旋切板胶合木（LVL）的常见宽度为 19～89mm，高度由 240～475mm 不等。LVL 构件宽度和长度可以根据用途和设计最终要求确定尺寸。生产制作 LVL 对选择的木材种类没有特别要求，一般能制造胶合板的树种都能用来生产旋切板胶合木。LVL 一般用于制作建筑中的梁、桁架弦杆、屋脊梁、预制工字形搁栅的翼缘以及脚手架的铺板，也用作建筑中的柱以及剪力墙中的墙骨柱。

由于生产中对 LVL 中的每一层旋切板的等级和质量有严格的控制，因此，LVL 的材性变化较小，具有良好的力学性能和尺寸准确性，以及强度高、截面尺寸稳定、材质均匀等优点。

（2）平行木片胶合木

平行木片胶合木（Parallel Strand Lumber，PSL）也被称作单板条层积材，20 世纪 70 年代由加拿大的 MacMillan Bloedel 公司发明，其目的是利用森林废弃物生产结构用木材，取代大截面的锯材（图 2.8.11）。

PSL 的木片厚度通常小于 6mm，长度约为厚度的 150 倍。生产时，将单板干燥到规

❶ 取自 Trust JoistTM A Weyehaeuser Business Media Kit

定的含水率后，劈成宽度约为厚度5～6倍的木片条，剔除质量差或长度不足的木片，均匀施胶后进行组坯，并使木片长度方向与成品长度方向一致，相邻木片条的接头彼此错开，形成松软的毛坯后连续地送入滚压机，在密封状态下使用微波加热，使胶粘剂固化从而制成长度约为20m的成品材，其生产工艺流程如图2.8.12所示。

图2.8.11 平行木片胶合木PSL

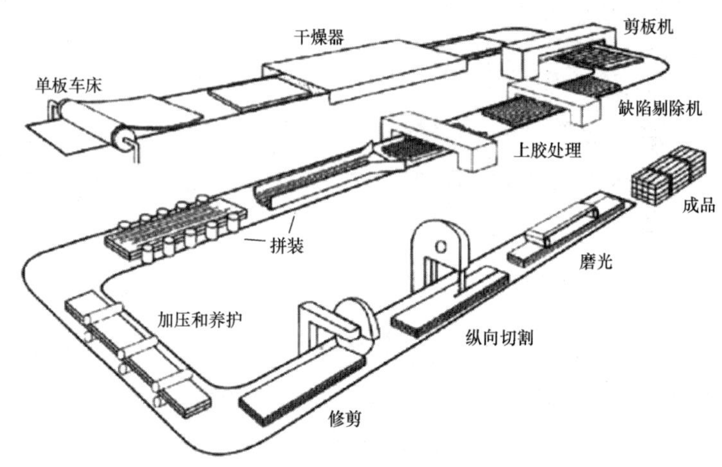

图2.8.12 PSL的生产工艺流程❶

平行木片胶合木（PSL）的质量均匀，尺寸稳定，产品纹理一致，不容易出现钝棱、翘曲、扭曲和开裂等现象，不产生边角废料，其强度和耐久性优于天然木材。由于PSL在生产加工过程中剔除了节子等天然缺陷，且木片条有足够的长度，它的力学性能优于同树种制造的LVL。为保证PSL产品具有足够强度和稳定的性能，不随使用环境的气候变化而发生收缩、挠曲、横弯或劈裂等缺陷，通常规定PSL产品在制作时含水率为8%～12%。

在木结构建筑中，平行木片胶合木（PSL）经常用于横梁，或在梁、柱体系中用于中等或大截面的立柱构件，在轻型木结构中经常用于各种过梁。

（3）层叠木片胶合木

层叠木片胶合木（Laminated Strand Lumber，LSL）发明于20世纪90年代，通常采用利用率不高的速生阔叶材树种进行生产制作，从而代替某些大截面的锯材（图2.8.13）。LSL的生产流程与生产刨花板的过程相似，主要包括：原木蒸煮→剥皮→削片→筛选→干燥→筛选→拌胶合石蜡→铺放成型→热压→砂光→锯切，其生产流程如图2.8.14所示。

层叠木片胶合木（LSL）的组成在外观上和定向木片板（OSB）板材很像，但是，组成LSL的木片长度更长，约为300mm长，为定向木片板中木片长度的3～4倍，且木片的长度方向和LSL的纵轴方向平行。LSL中木片的定向要求较高，为获得较高的密实度，生产LSL需要较大的压力。为保证LSL产品的力学性能，防止出现收缩、翘曲、横弯、

❶ 取自 Trust JoistTM A Weyehaeuser Business Media Kit

纵向弯曲或劈裂等缺陷，在生产过程中通常将LSL的含水率控制在6%～8%。

LSL具有优异的耐候性和尺寸稳定性，能够最大限度地减少扭曲和收缩的出现，同时，LSL可以提供预测的强度，这一优点在木结构的设计和使用中尤其重要。LSL可以替代实木锯材应用于轻型木结构建筑中，如用作车库大门的横梁、门窗的过梁、墙体中的墙骨柱等。

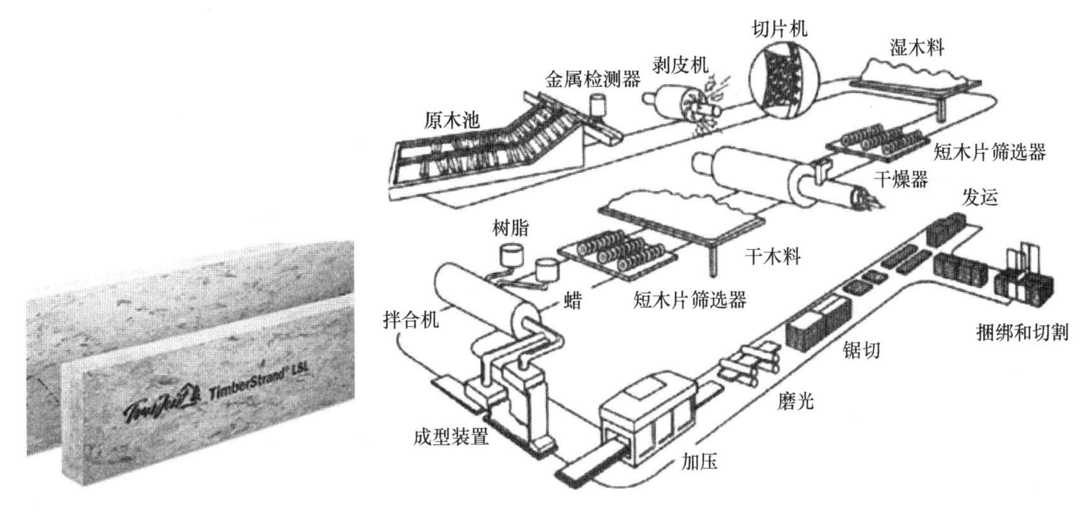

2.8.13 层叠木片胶合木LSL

图2.8.14 LSL的生产工艺流程❶

一般LSL的强度和刚度稍低于LVL和PSL，LSL的尺寸稳定性不及LVL和PSL，当含水率变化时，LSL的厚度胀缩比LVL和PSL的胀缩稍大一点。

（4）定向木片胶合木

定向木片胶合木（Oriented Strand Lumber，OSL）也被称作定向刨花层积材，是采用定向木片板的生产工艺逐层加厚制成的胶合木（图2.8.15）。基于OSB的制造技术将面层和芯层分别按比例加厚，即可制造成厚度为31～75mm的定向木片胶合木。定向木片胶合木（OSL）制作过程与层叠木片胶合木（LSL）相似，两者的主要不同在于所使用的木片长度不同。用于制备定向木片胶合木（OSL）的木片的长厚比约为75。这种结构复合木材可制成高厚比较大的构件，专门用于构成楼盖周边的边框板或短跨度的大门横梁，边框板要求在传递垂直荷载时不致发生压折或侧向失稳。

定向木片胶合木（OSL）的生产工艺几乎和OSB是一样的，因此可以使用OSB的生产设备来生产OSL，从而减少生产线的投入成本，这是OSL具备吸引力的优点之一。但是，采用OSB生产设备生产的OSL尺寸较小，尤其是长度较小，同时由于OSL的厚度较大，在生产过程中必须考虑热压过程中板材内部的压力的增大。OSL和OSB的差异是，OSB一般是平放使用，要求OSB表层的密度大而芯层的密度小；OSL一般是侧立使用，要求OSL的表层和芯层的密度一致。总的来说，由于OSL的木片长度小，其力学性能低于LVL、PSL等结构复合木材。

❶ 取自 Trust JoistTM A Weyehaeuser Business Media Kit

图 2.8.15　定向木片胶合木 OSL

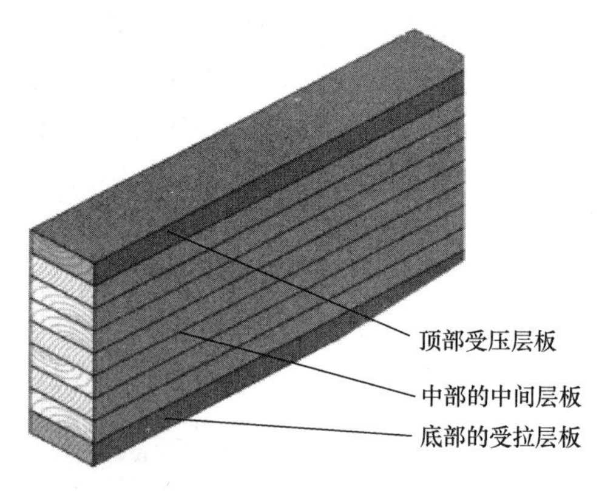

图 2.8.16　层板胶合木示意

3. 层板胶合木

层板胶合木（Glued-laminated Timber，Glulam）也被称作结构用集成材（图 2.8.16），是用厚度为 20～45mm 的板材，沿顺纹方向层叠组坯后，用耐久性高的胶粘剂将其胶合而成的工程木产品。

制作胶合木构件所用的层板，经过干燥和分等分级，根据不同受力要求和用途，将不同等级的层板在截面方向进行组合。强度等级高的层板被放在使用中产生应力较大的部位，例如，在受弯构件中放在构件的顶部和底部，以增强其受弯承载力。同样，将弹性模量较高的层板放在远离截面中和轴的位置，以增加构件的抗变形能力。根据构件在受拉或受压区组坯的层板的材质等级以及层数，构件的承载力可以得到不同程度的提高。胶合木的生产过程有以下基本步骤（图 2.8.17）：

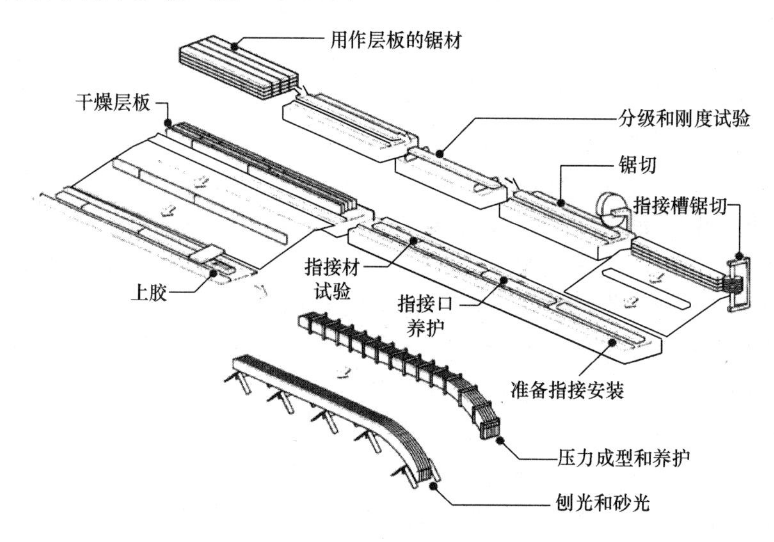

图 2.8.17　层板胶合木的生产工艺流程

（1）将窑干处理后的锯材进行强度分级；

（2）根据构件设计的尺寸，对符合分级要求的锯材进行指接加工接长，并进行指接接口的养护；锯材指接接长后形成单板；

（3）将单板材的宽面刨光，并立即涂胶；

（4）涂胶后的单板按构件的形状叠合在一起，并通过加压成型以及养护，形成胶合木构件的毛截面和外形；

（5）当胶层达到规定的固化强度后，对初步成形的构件进行锯除棱角、刨光和砂光等处理，使构件表面达到设计要求的光洁度；

（6）根据需要，对构件进行最后的加工，如钻孔或安装连接件等。

层板胶合木的截面高度通常为152～830mm，长度可以达到30m。层板胶合木能够加工制作成任何需求的形状和尺寸，如直线形、各种复杂曲线构件，可以根据最终用途的需要，选择不同的外观特点。层板胶合木已被广泛应用于木结构建筑中，从住宅建筑中的简支梁和过梁，到跨度超过150m的体育馆穹顶等大型木结构工程，以及高度超过85m的高层木结构建筑，均能够采用层板胶合木作为结构受力构件。

根据国家标准《胶合木结构技术规范》GB/T 50708—2012的规定，用于制作层板胶合木的层板分为三类，普通胶合木层板（Lamina）、目测分级层板（Visual Grade Lamina）和机械弹性模量分级层板（Machine Graded Lamina）。根据不同等级的层板在胶合木截面上、中、下位置的配置方式，可以将层板胶合木划分为以下三类：普通层板胶合木、目测与机械分级同等组坯层板胶合木、目测与机械分级异等对称和非对称组坯胶合木。不同种类和不同组坯的胶合木具有不同的强度设计指标，结构工程师在设计时应根据建筑结构的不同用途和受力状况，选用合理的强度等级进行设计。

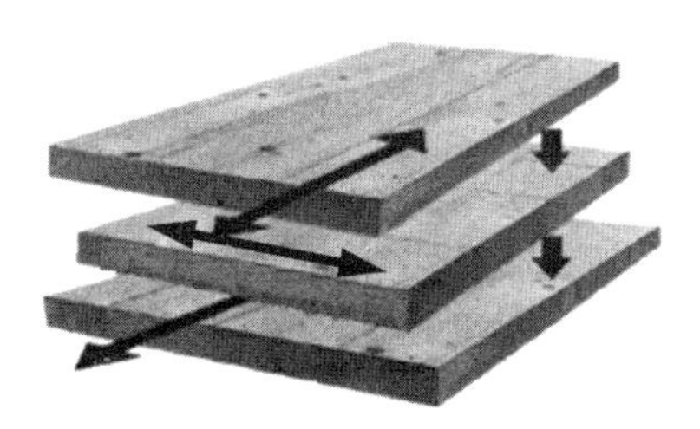

图2.8.18 正交胶合木CLT结构示意图

4. 正交层板胶合木（交叉层积材）

正交层板胶合木（Cross Laminated Timber，CLT）也被称作正交胶合木、交叉层积材，是以厚度为15～45mm的层板相互叠层正交组坯后，采用结构用胶粘剂胶合而成的工程木制品。正交胶合木的层板可以采用实木锯材，也可采用结构用复合木材（图2.8.18）。CLT的生产包括选材、表面加工、锯割、施胶、组坯等工序（图2.8.19）。

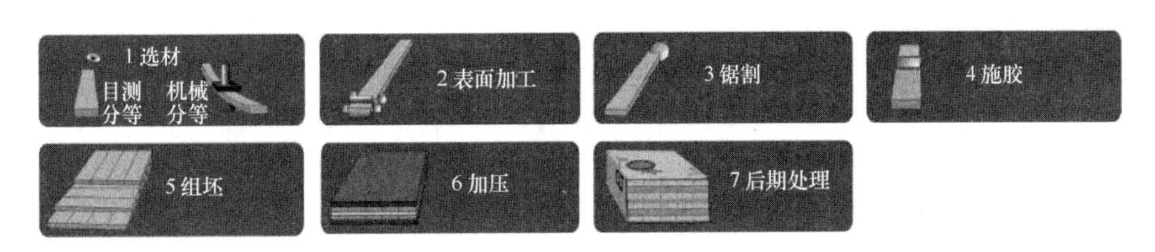

图2.8.19 CLT制备工艺流程图

正交胶合木（CLT）是一种新型的工程木产品，20世纪90年代，CLT开始作为建筑材料使用，主要用于制作屋盖、楼板和墙体等木结构构件。近十年来，CLT在国外发展迅速，不仅突破了木结构建筑层数的限制，其应用范围也越来越广。2016年，在加拿大UBC大学建成了当时全世界最高的木结构建筑。大楼总共18层，楼面和屋面主要由CLT建造，为混凝土核心筒木结构中的正交胶合木剪力墙结构体系。2019年，在挪威布鲁姆蒙德建成的Mjstrnet大厦，是目前世界上最高的纯木结构建筑，大楼为18层，建筑高度85.4m，结构体系采用了纯木结构的木框架支撑结构，梁、柱构件采用大截面胶合木，墙板、楼板和电梯井大量采用了正交胶合木（CLT），部分楼面板也采用了旋切板胶合木（LVL）预制楼面系统。

CLT 作为一种新型预制工程木产品，可代替钢筋混凝土在建筑中作为承重构件，是一种能够实现节能、减排、安全、便利和可循环的绿色建材。CLT 具有以下优点：①实现了木结构从中低层向高层的发展，突破了木结构建筑现有层高限制；②符合发展装配式建筑的要求；③实现了低等级木材的增值利用。

5. 工字形木搁栅

工字形木搁栅（I-Beam）也被称作木工字梁，采用规格材或结构用复合材作翼缘，木基结构板材作腹板，并采用结构胶粘剂粘结而成的工字形截面的受弯构件。20 世纪 70 年代，工字形木搁栅就已成功应用于住宅和商业建筑的工程中，通常用来取代截面较大的实木搁栅。工字形木搁栅由上下翼缘和中间腹板组成（图 2.8.20）。工字形木搁栅为预制构件产品，翼缘通常采用机械应力分级木材、旋切板胶合木（LVL）或层叠木片胶木（LSL）等木质材料，腹板采用定向刨花板（OSB）或结构用胶合板，采用防水结构胶粘剂将翼板和腹板粘合在一起制备而成。

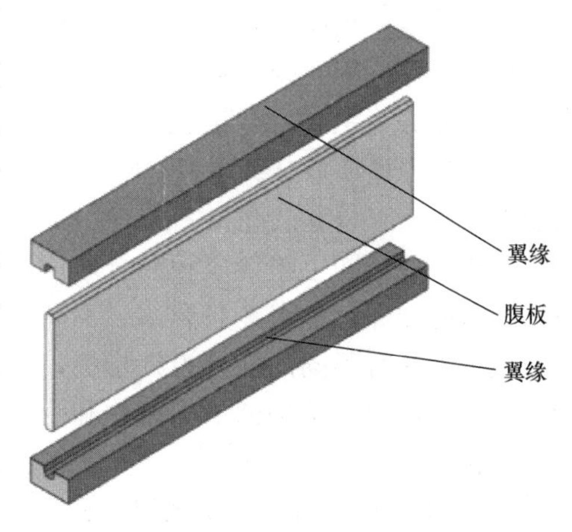

图 2.8.20　工字形木搁栅构造

工字形木搁栅由于截面形状合理，具有较高的强度-自重比，较好的截面尺寸稳定性及较小的力学性能变异性，而成为工厂预制生产的木构件制品。木结构住宅用的工字形木搁栅主要有四种截面高度：241mm、301mm、355mm 和 406mm。大多数生产商提供的是长尺寸的工字形木搁栅，长度可达 18m，根据设计需要锯切成实际使用尺寸再运往工地，方便应用和安装，并减少浪费。

工字形木搁栅属于各个制造商生产的专有产品，每个制造商生产的工字形木搁栅都有各自独特的强度和刚度。一般制造商的产品说明书中包含其产品的容许荷载表和安装指南。楼盖搁栅的腹板也可开孔以安装电线或管道系统，工字形木搁栅腹板上的开孔位置应严格按照制造商的建议进行，翼缘上严禁开孔。

根据国家标准《建筑结构用木工字梁》GB/T 28985—2012 的规定，不同材料制备的不同等级的工字形木搁栅的力学性能应符合表 2.8.9 的要求。

工字形木搁栅基本力学性能要求　　**表 2.8.9**

项目	抗压承载力 F_c（kN/m）	蠕变恢复率 δ（%）
指标要求	≥85	≥90

2.9　结构用木材的分级方法和材质标准

木材作为一种自然资源，其材质和材性受树种、生长环境、微观及宏观构造等差异影响而产生不同的变异。不同树种，同一树种的不同植株间，以及同一棵树的不同部位木材均存在物理力学性能差异。除树木自身的差异外，原木加工过程也会对木材的力学性能产生影响。例如，由于木材本身存在的斜纹或节子旁的涡纹，导致该部分木材的纤维在锯截的过程中被切断，致使锯材物理力学性能出现差异。木材在干燥过程中产生的变形也会对锯材的性质产生影响。

为了使木材的性能能够满足具体的使用要求，保证其在木结构中作为承重构件的安全可靠，须对结构用锯材的强度进行分级。分级规则定义的标准值必须与木材强度和刚度具有较高的相关性。由于木材的变形、尺寸、干裂、力学性能等受木材的含水率影响，分级限值及弯曲弹性模量必须标定含水率，规定标定含水率为20%。分级规则通常以性质最差的锯材的截面尺寸为依据。后期改锯或刨光，将导致分级后的木材截面尺寸减小，级别发生变化，所以分级后的锯材尺寸变化应该控制在允许的范围内。

分级后的锯材应按照相关标准的规定作标志，内容包括级别、木材树种或树种组合、生产厂家及分级所依据的标志。

2.9.1 目测分级

目测分级是通过观察例如节子、腐朽、开裂等木材表面缺陷，并参照相关标准规定将木材分为若干等级。锯材目测分级起源于19世纪早期的美国和加拿大，分别被称作“缅因检测”和“魁北克分选”。2014年，我国国家标准《轻型木结构用规格材目测分级规则》GB/T 29897—2013颁布实施，标志着我国目测分等技术的显著提高，从此可以将目测分级用于工业生产。

目测分级主要包括以下特征：

（1）影响木材强度的限值：木节、斜纹、密度或生长速率及裂缝；

（2）几何特征的限值：缺损、弯曲变形（纵弯、侧弯、扭曲）；

（3）生物特征的限值：腐朽、虫蛀；

（4）其他特征：应压木、硬伤。

目测分级是根据木材表面肉眼可见的上述缺陷的严重程度将其分为若干等级。国家标准《木结构设计标准》GB 50005—2017将原木与方木（含板材）的材质等级由高到低划分为I_a、II_a、III_a共三个等级，使用时应根据构件的用途进行选用，如表2.9.1所示。国家标准《轻型木结构用规格材目测分级规则》GB/T 29897—2013中将规格材划分为I_c、II_c、…、VII_c七个等级，质量由高到低排列，并规定了每一级别的目测缺陷的限值。《木结构设计标准》GB 50005—2017将目测分级规格材的材质等级分为三类，同样分为七个等级，在使用时应根据构件的用途进行选用，如表2.9.2所示。而木材的强度由这些木材的树种确定，分级后不同等级的木材不再作强度取值调整，但对各等级木材可用的范围作了严格规定。

各级原木方木（板材）应用范围　　表2.9.1

项次	用途	材质等级
1	受拉或拉弯构件	I_a
2	受弯或受压构件	II_a
3	受压构件及次要受弯构件（如吊顶小龙骨）	III_a

目测分级规格材的材质等级　　表 2.9.2

类别	主要用途	材质等级	截面最大尺寸（mm）
A	结构用搁栅、结构用平放厚板和轻型木框架构件	I_{c}	285
		II_{c}	
		III_{c}	
		IV_{c}	
B	仅用于墙骨柱	IV_{c1}	
C	仅用于轻型木框架构件	II_{c1}	90
		III_{c1}	

国外的木材目测分级方法与我国相似，如北美规格材对应于我国规格材七个木材等级由高到低分别为 Select Structural（SS）、No. 1、No. 2、No. 3、Stud、Construction 和 Standard。不同树种或树种组合的分级规则相同，但其强度取值不同（具体强度可参见本手册第 2.10 节），一般要求在木材分级的基础上根据不同树种或树种组合的规格材，通过大量的足尺试验，规定这些等级各自的受弯、顺纹受拉、受压和顺纹受剪的强度取值。从这层意义上说，目测分级属于目测应力分级。

目测分级无设备要求、操作方便，但其对分等检测员的经验要求较高，分级结果容易受到人为因素的影响，而且观察不到木材内部的缺陷，需要结合其他无损测试手段。为了保证锯材的品质，必须对锯材的四个表面都检验。由于必须保证分级的可靠度，分级单位通常会提出更多保证安全的条件，进而降低目测分级的速度。

目测分级的优缺点如下：

（1）简单易懂，不要求具有很高的专门技术；

（2）不需要昂贵的设备；

（3）劳动强度高但效率低；

（4）分级客观性不足；

（5）如果应用得当，不失为有效的分级方法。

2.9.2　机械分级

机械分级的实质是按某种无损方法测定结构材的某一物理指标，按该指标的大小来确定木材的等级，或最终能以木材的标准强度确定其等级。机械分级也被称作机械应力分级，是采用机械应力测定设备对木材进行非破坏性试验，按测定的木材弯曲强度或弹性模量确定木材的材质等级。用指定的分级机测定木材的某一性能，通常是弹性模量，然后给这一性能设置若干界限值，按这些界限值给木材强度分级。机械分级后的木材有三种不同的产品——机械评估木材（Machine Evaluated Lumber，MEL）、机械应力分级木材（Machine Stress-grade Rated Lumber，MSR），以及 E-RATED 结构层积材（E-LAM）。

规格材的机械分级始于 20 世纪 60 年代，是在目测分等方法的基础上建立起来的更便捷、更有效的一种分级方法。在 20 世纪 70 年代逐步建立了足尺试样强度和刚度的关系，因此可以在无损测试规格材的刚度后推测木材强度，根据相关标准设定的强度和刚度标准值将规格材进行分级。为保证机械分级规格材的质量，分级包括四个步骤：初始等级区分，初始型式检验，阶段监控，连续监控。分级的相关检测设备和机构必须经过认可（如北美的 ALS 和 CLSAB)。在规格材分级过程中，要抽样测试锯材的弯曲强度（MOR)、弯曲弹性模量（MOE)、抗拉强度（UTS)、密度等是否满足规定等级的要求。

机械分级的做法一般有两种："末端控制"和"设备控制"。"末端控制"是以所要生产的机械分级规格材的标准强度为目标；"设备控制"是根据预先设定的设备参数生产机械分级规格材。在新西兰、北美、欧洲等国家和地区，机械分级的规格材大量用于建筑工程中。

我国对机械分级的研究起步较晚，经过研究人员的不断努力，我国研究出可用于木材连续分级的设备。该设备（FD—1146 型锯材应力分级设备）由国家林业和草原局北京林业机械研究所研发，可完成对规格材进行连续、快速的非破坏性测试，可根据测出的弯曲弹性模量划分规格材的强度等级。该设备分级测试具有精度好、效率高、控制系统稳定可靠、具备振动监测功能、分级测试范围广等诸多优点。

目前，机械分级主要用于规格材、胶合木层板或正交胶合木层板的分级。分级所依据木材的物理力学性能指标尚未统一，但该指标应能与结构木材的某种强度（如木材的抗弯强度或弹性模量）有可信的相关关系，并在定级过程中不断地对其进行监督检测。

1. 常用机械分级方法

由于测定木材弯曲强度和弹性模量机械不同，机械分级方法又可以细分为不同的机械分级方法。目前，国内外规格材机械分级采用的检测方法大致有弯曲法、振动法、波速法、γ 射线法等。

(1) 弯曲法

弯曲法是将规格材的一段长度作为梁，在跨中位置施加一个恒定荷载，并测量跨中挠度或迫使其产生一定的挠度，测量其作用力，并计算所得到弹性模量，依此分级规格材。其计算公式如下：

$$MOE_{\mathrm{p}}=\frac{PL^{3}}{bh^{3}\Delta} \tag{2.9.1}$$

式中：P——荷载；

L——跨度；

b——试件宽度；

h——试件高度；

Δ——跨度中点挠曲变形。

规格材的长度大于 L，故同一根规格材上可以测得若干个 MOE，该方法以 MOE 的最低值评定某一规格材的材质等级（图 2.9.1)。

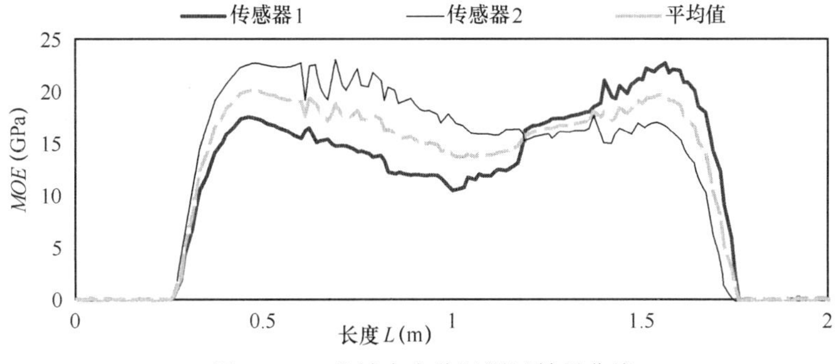

图 2.9.1 机械应力分级测试结果曲线

（2）振动法

振动法检测分为横向振动法和纵向振动法，其区别主要在于锯材振动方向不同。木材在长度方向受迫振动时为纵向振动法，在垂直与长度方向的振动则为横向振动。振动法利用了木材的振动频率和弹性模量间的相关性，通过检测木材被迫振动时的振动频率、振型、阻尼参数，从而测得木制品的“弹性模量”。

在进行横向振动法测试时（图 2.9.2），将规格材视为梁，使其发生受迫振动，采用共振原理或自由衰减振动方法测试其第一振型的自振频率 f，当规格材单位长度的质量 m 已知时，根据下式计算其弹性模量：

$$MOE_{\mathrm{vib}} = \frac{48L^4 mf}{\pi^2 bh^3} \tag{2.9.2}$$

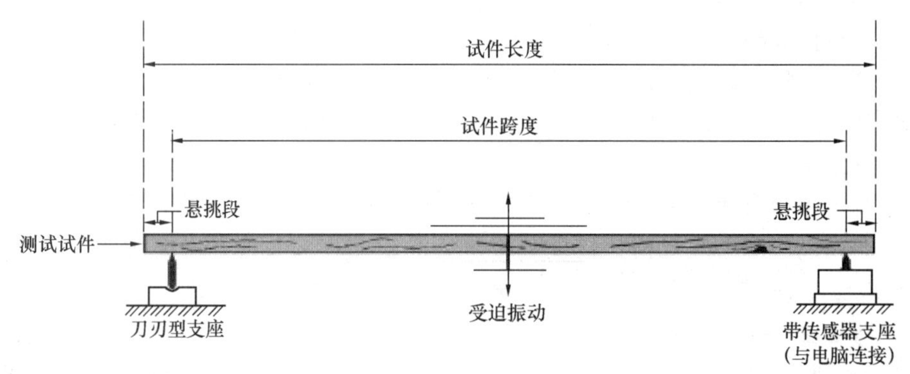

图 2.9.2　横向振动法测试原理图

（3）波速法

波速法也称作应力波法（图 2.9.3），在已知密度 ρ 的条件下，通过测量冲击波在规格材中的传播速度 V，根据下式计算弹性模量：

$$MOE_{\mathrm{sonic}} = \rho V^2 \tag{2.9.3}$$

由以上三种方法和弹性模量计算公式计算得到的 MOE_{p} 、MOE_{vib} 、MOE_{sonic} 均称为弹性模量，但由于不同方法的测试原理不同，即使同一根规格材，其值也不一定相同。因此，每种检测法的分级需有各自的分级标准。需要有足尺试验结果来证实这些弹性模量指标与木材强度间的关系。

（4）γ 射线法

采用 γ 射线法时，材料的密度可以用 γ 射线法测定。采用 γ 射线装置，既能穿透截面还可以沿木材长度确定密度的分布。木节的密度一般高于周围材料的密度。因此，能检测其尺寸、位置甚至木节的性质等，其检测结果的准确度与传感器的数量密切相关。

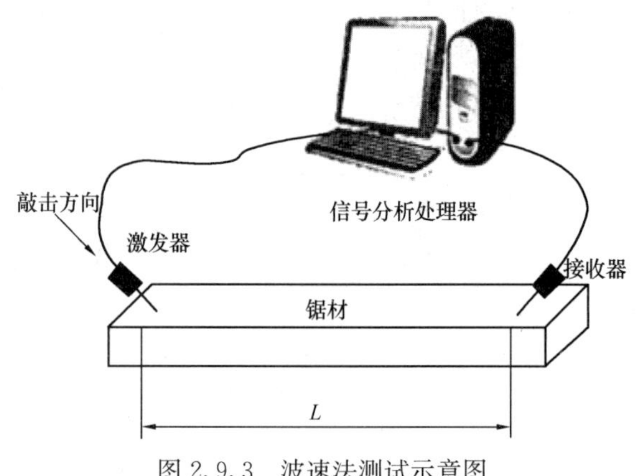

图 2.9.3　波速法测试示意图

所有生产机械分级规格材生产商的生产设备都必须经过认证审核。在欧洲，通过认证的分级设备在 PrEN14081-4 标准中列出。在北美，只有经过美国木材标准委员会（American Lumber Standard Committee）或加拿大木材标准认证委员会（Canadian Lumber Standard Accreditation Board）认可的机械设备可以进行机械分级规格材的生产。在新西兰，生产和验证机械分级的木材所采用的标准是：AS/NZS 1748、AS/NZS 4490、NZS 3622 等。

生产过程中，产品必须进行足尺测试，以保证生产厂家的资格认定。生产不同等级的规格材之前，机械设备都必须设定。资格认定测试完成后，厂家按照统计控制要求来进行分级过程的运转。如果整个生产过程不能按统计控制进行的话，生产厂家会被要求重新对机械设备进行设定。

生产厂家同时还被要求拥有经过认证的独立试验机。生产厂家应至少准备一台试验机能够进行足尺构件的抗弯试验，有些等级的生产还要求生产厂家准备能进行抗拉试验的试验机。经认证的分级机构对这些设备，以及包括如何进行设备使用和维护等内容的操作手册进行检查。

连续进行的质量控制试验是用来提供数据统计资料，以确保在通过初始资格试验以后，生产过程没有发生变化。例如：产品标准指出，每 4h 应从每一等级的产品中，随机采集 5 根试件进行试验。一般采用累计总和（CUSUM）统计的方法来判断生产的产品中是否存在抗弯强度或弹性模量（平均值和 5%分位值）有降低的情况。生产商应保留所有在生产过程中进行的产品足尺测试数据。

满足这些要求的生产过程被称作“在统计控制下”，或“掌控”中，否则生产过程会处于“失控”状态。当生产过程处于“失控”状态，需要进行确认试验或修补过程。这些过程和步骤均在工厂的操作手册和相关的产品标准中有规定。此时，生产继续进行，直到质量控制试验表明生产过程处于“掌控”状态，分级机构应定期对生产记录和生产过程进行监督检测。

通过“掌控”生产过程生产的机械分级规格材都有质量认证标识。认证标识至少应包含下列内容：经认证的分级机构的标志，生产厂家代码，等级名称，树种或树种组合名称，以及木材的干燥状态。

2. 试验方法

规格材各种受力性质的标准强度，来源于规格材足尺试验。

在欧洲，依照 EN 384 标准，标准强度值低于 5%分项系数值，在 300s±120s 的时间间隔内由试验决定，在相对对湿度 65%、温度 20℃、大约相当于 12%的含水率的条件下，所采用的试样保持均衡的水汽含量。试验方法在 408 标准上公布。在材料来源、尺寸和分级生产质量方面，试样应具有代表性。根据 EN 384 标准，试件最弱的截面放置于受测试位置。

在新西兰，木材试件的结构性能是以整个长度上 MOE_P值最小的点得出的数值。根据 AS/NZS 4063 确定结构性能时，是以试件随机抽样点来确定的，这也反映了工程建造实际情况。技术人员一般不会考虑每个构件内缺陷的尺寸、位置或方向。以试件整个长度上的随机抽样点来评价木材（随机试验），而不是以整个长度上明显最弱的点进行测试，将产生更高的设计弹性模量值。

北美规格材的弹性模量、抗弯强度、极限顺纹抗拉和顺纹抗压强度均通过试验数据得到，试验过程按照《锯材以及木基结构材力学强度试验方法标准》ASTM D4761 的有关要求进行。

3. 机械分级标准强度值和强度设计值

在北美，对于标准强度值，每一等级需随机采样 53 根，根据试验得到的 75%置信度下的 5%分位值必须超过等级的规定的要求，通过采用非参数统计方法（北美标准中采用的主要统计方法），即要求每 53 根试件中，仅允许有不超过 1 根试件的试验值低于标准强度值。

在欧洲，5%分位值亦由非参数方法决定。从经验判断，与利用传统的使用正态分布（5%分位值＝平均值－1.645 倍标准差）相比，非参数方法不会导致任何系统性偏差。

2003 年，对《木结构设计规范》GB 50005—2003 进行局部修订时，综合其他国家和地区的情况，以及为了方便我国的工业生产和设计人员设计，《木结构设计规范》GB 50005—2003（2005 年版）规定了我国针叶树种的规格材机械分级强度分为 8 级，即 M10、M14、M18、M22、M26、M30、M35、M40。每一等级规定以 5%分位值确定主要性能的标准强度，并以抗弯强度标准值作为各种力学指标的代表值，即作为等级代表并与检验挂钩。等级标识中的数字即为该等级木材应有的抗弯强度标准值。通过规范编制组研究分析，确定了机械分级规格材强度设计值，见表 2.9.3。

《木结构设计规范》GB 50005—2003（2005 年版）规定的机械分级强度设计值

表 2.9.3

强度（N/mm²）	强度等级							
	M10	M14	M18	M22	M26	M30	M35	M40
抗弯 f_m	8.2	12	15	18	21	25	29	33
顺纹抗拉 f_t	5.0	7.0	9.0	11	13	15	17	20
顺纹抗压 f_c	14	15	16	18	19	21	22	24
顺纹抗剪 f_v	1.1	1.3	1.6	1.9	2.2	2.4	2.8	3.1
横纹承压 $f_{c,90}$	4.8	5.0	5.1	5.3	5.4	5.6	5.8	6.0
弹性模量 E	8000	8800	9600	10000	11000	12000	13000	14000

注：当规格材搁栅数量大于 3 根，且与楼面板、屋面板或其他构件有可靠连接时，设计搁栅的受弯承载力时，可将表中的抗弯强度设计值 f_m乘以 1.15 的共同作用系数。

在编制国家标准《木结构设计标准》GB 50005—2017 时，综合考虑到我国机械分级木材的实际情况，由于国内没有生产机械分级木材，以及对机械分级木材相关研究较少，因此，国家标准《木结构设计标准》GB 50005—2017 取消了机械分级规格材强度设计值的规定，仅规定了我国针叶树种的规格材机械应力强度等级分为 8 级，并规定了各等级具体的抗弯弹性模量指标，见表 2.9.4。

《木结构设计标准》GB 50005—2017 规定的机械应力分级规格材的强度等级　　表 2.9.4

强度等级	M10	M14	M18	M22	M26	M30	M35	M40
弹性模量 E（N/mm²）	8000	8800	9600	10000	11000	12000	13000	14000

2.9.3 结构用木材的材质标准

1. 方木、原木和板材的材质标准

《木结构设计标准》GB 50005—2017 中，针对木材物理力学性质具有显著的各向异性的特点，顺纹强度高，横纹强度低，以及缺陷对各类木构件强度的影响，根据历年来的试验研究成果，制订了按承重结构的受力性能将材质分为三级的材质标准（见本手册表 2.9.1）。方木、原木和板材采用目测分级，由于木材缺陷对方木、板材和原木构件力学性质的影响是不同的，因此，承重结构用材的材质标准按方木（表 2.9.5）、原木（表 2.9.6）、板材（表 2.9.7）分别制订。不应采用商品材的等级标准替代《木结构设计标准》规定的材质等级。

承重结构方木材质标准 **表 2.9.5**

项次	缺陷名称		材质等级		
			$Ⅰ_a$	$Ⅱ_a$	$Ⅲ_a$
1	腐朽		不允许	不允许	不允许
2	木节 在构件任一面任何 150mm 长度上所有木节尺寸的总和，不得大于所在面宽的		1/3 连接部位为 1/4	2/5	1/2
3	斜纹 任何 1m 材长上平均倾斜高度，不得大于		50mm	80mm	120mm
4	髓心		应避开受剪面	不限	不限
5	裂缝	在连接部位的受剪面上	不允许	不允许	不允许
		在连接部位的受剪面附近，其裂缝深度（当有对面裂缝时，裂缝深度用两者之和）不应大于材宽的	1/4	1/3	不限
6	虫蛀		允许有表面虫沟，不得有虫眼		

注：1 对于死节（包括松软节和腐朽节），除按木节测量外，必要时尚应按缺孔验算；若死节有腐朽迹象，则应经局部防腐处理后使用；

2 木节尺寸按垂直于构件长度方向测量，木节表现为条状时，在条状的一面不计（图 2.9.4），直径小于 10mm 的活节不计。

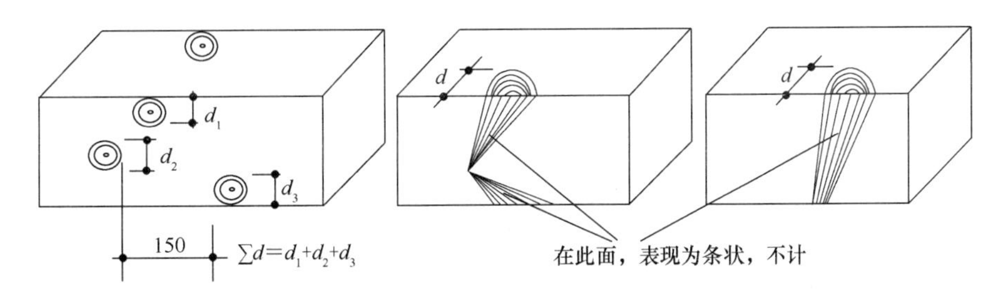

图 2.9.4 木节测量方法示意

现场目测分级原木材质标准 表 2.9.6

项次	缺陷名称		材质等级		
			Ⅰa	Ⅱa	Ⅲa
1	腐朽		不允许	不允许	不允许
2	木节	在构件任一面任何 150mm 长度上沿周长所有木节尺寸的总和，不应大于所测部位原木周长的	1/4	1/3	不限
		每个木节的最大尺寸，不应大于所测部位原木周长的	1/10 在连接部位为 1/12	1/6	1/6
3	扭纹 小头 1m 材长上倾斜高度不应大于		80mm	120mm	150mm
4	髓心		应避开 受剪面	不限	不限
5	虫蛀		允许有表面虫沟，不应有虫眼		

注：1. 对于死节（包括松软节和腐朽节），除按木节测量外，必要时尚应按缺孔验算；若死节有腐朽迹象，则应经局部防腐处理后使用；

2. 木节尺寸按垂直于构件长度方向测量，直径小于 10mm 的活节不量；

3. 对于原木的裂缝，可通过调整其方位（使裂缝尽量垂直于构件的受剪面）予以使用。

现场目测分级板材材质标准 表 2.9.7

项次	缺陷名称	材质等级		
		Ⅰa	Ⅱa	Ⅲa
1	腐朽	不允许	不允许	不允许
2	木节 在构件任一面任何 150mm 长度上所有木节尺寸的总和，不应大于所在面宽的	1/4 在连接部位为 1/5	1/3	2/5
3	斜纹 任何 1m 材长上平均倾斜高度，不应大于	50mm	80mm	120mm
4	髓心	不允许	不允许	不允许
5	裂缝 在连接部位的受剪面及其附近	不允许	不允许	不允许
6	虫蛀	允许有表面虫沟，不应有虫眼		

注：对于死节（包括松软节和腐朽节），除按一般木节测量外，必要时尚应按缺孔验算。若死节有腐朽迹象，则应经局部防腐处理后使用。

2. 工厂目测分级的方木构件的材质标准

在工厂目测分级并加工的方木用于梁柱构件时，应根据构件的主要用途选用相应的材质等级，材质等级见表 2.9.8。当采用工厂加工的方木用于梁柱构件时，材质标准分别见表 2.9.9 和表 2.9.10。

工厂加工方木构件的材质等级 **表 2.9.8**

项次	构件用途	材质等级		
1	用于梁的构件	$Ⅰ_e$	$Ⅱ_e$	$Ⅲ_e$
2	用于柱的构件	$Ⅰ_f$	$Ⅱ_f$	$Ⅲ_f$

用于梁的工厂目测分级方木材质标准（宽度≥114mm，高度≥宽度＋50mm）表 2.9.9

项次	特征和缺陷	材质等级		
		$Ⅰ_e$	$Ⅱ_e$	$Ⅲ_e$
1	干裂	在构件端部的单个表面或相对表面，裂缝总长不大于 $b/4$		不限
2	生长速度	每 25mm 长度内不少于 4 道年轮		不限
3	劈裂	长度不大于 $h/2$	长度不大于 h 且不大于 $L/6$	长度不超过 $2h$ 且不大于 $L/6$
4	轮裂	限于端部，长度不超过 $b/6$		（1）单个面有表面轮裂时，裂缝长度和深度不大于 $L/2$ 和 $b/2$；（2）单个面允许等效裂缝（注 2）；（3）两个表面有贯通轮裂时，裂缝长度不大于 1220mm
5	树皮囊	（1）长度为 305mm 时，允许宽度不大于 1.6mm；（2）长度为 205mm 时，允许宽度不大于 3.2mm；（3）长度为 100mm 时，允许宽度不大于 9.6mm	不限	不限
6	腐朽—白腐	不允许		不大于 1/3 体积
7	腐朽—蜂窝腐	不允许		每 610mm 长度内不大于 $h/6$
8	腐朽—不健全材	不允许		表面斑点，不大于 $h/6$
9	钝棱	钝棱全长内不大于该表面宽度的 1/8；或 1/4 长度内不大于该表面宽度的 1/4	钝棱全长内不大于该表面宽度的 1/4，或 1/4 长度内不大于该表面宽度的 1/3	钝棱全长内不大于该表面宽度的 1/3，或 1/4 长度内不大于该表面宽度的 1/2
10	针孔虫眼	每 $900cm^2$ 允许 30 个直径小于 1.6mm 的针孔虫眼		不限
11	大虫眼	每 610mm 长度内限一个直径小于 6.4mm 的大虫眼	每 305mm 长度内限一个直径小于 6.4mm 的大虫眼	不限
12	斜纹	不大于 1∶14	不大于 1∶10	不大于 1∶6

续表

项次	特征和缺陷		材质等级					
			Ⅰe		Ⅱe		Ⅲe	
13	节子		健全节，坚实节		健全节，坚实节		健全节，不坚实或有孔洞节	
		材面高度（mm）	位于窄面或宽面边缘的节子尺寸（mm）	位于宽面中心线附近的节子尺寸（mm）	位于窄面或宽面边缘的节子尺寸（mm）	位于宽面中心线附近的节子尺寸（mm）	位于窄面或宽面边缘的节子尺寸（mm）	位于宽面中心线附近的节子尺寸（mm）
		205	48	51	67	76	114	114
		255	51	67	73	95	143	143
		305	54	79	83	114	175	175
		355	60	86	89	127	191	191
		405	64	92	95	133	206	206
		450	70	92	98	143	219	219
		510	73	98	105	149	232	232
		560	76	102	111	159	241	241
		610	79	108	114	165	254	254

注：1 表中，h—构件截面高度（宽面），b—构件截面宽度（窄面），L—构件长度；

2 等效裂缝指当表面轮裂的裂缝长度小于 $L/2$ 时，相应的裂缝深度可根据表面轮裂的等效裂缝面积增加。同样，当裂缝深度小于 $b/2$ 时，相应的裂缝长度可根据表面轮裂的等效裂缝面积增加；

3 白腐—木材中白腐菌引起的白色或棕色的小壁孔或斑点，蜂窝腐—与白腐相似但囊孔更大。

用于柱的工厂目测分级方木材质标准（宽度≥114mm，高度≤宽度+50mm） 表 2.9.10

项次	特征和缺陷	材质等级		
		Ⅰf	Ⅱf	Ⅲf
1	干裂	在构件端部的单个表面或相对表面，裂缝总长不大于 $b/4$		不限
2	生长速度	每 25mm 长度内不少于 4 道年轮		不限
3	劈裂	长度不大于 $h/2$	长度不大于 h 且不大于 $L/6$	劈裂
4	轮裂	限于端部，长度不超过 $b/6$		（1）单个面有表面轮裂时，裂缝长度和深度不大于 $L/2$ 和 $b/2$； （2）单个面允许等效裂缝（注 2）； （3）两个表面有贯通轮裂时，裂缝长度不大于 1220mm
5	树皮囊	（1）长度为 305mm 时，允许宽度不大于 1.6mm； （2）长度为 205mm 时，允许宽度不大于 3.2mm； （3）长度为 100mm 时，允许宽度不大于 9.6mm	不限	不限
6	腐朽—白腐	白腐菌引起的白色或棕色的小壁孔或斑点，不允许		不大于 1/3 体积
7	腐朽—蜂窝腐	与白腐相似但囊孔更大，不允许		每 610mm 长度内不大于 $h/6$
8	腐朽—不健全材	不允许		表面斑点，不大于 $h/6$

续表

项次	特征和缺陷		材质等级			
			I_{f}	II_{f}	III_{f}	
9	钝棱		钝棱全长内不大于该表面宽度的 1/8；或 1/4 长度内不大于该表面宽度的 1/4	钝棱全长内不大于该表面宽度的 1/4，或 1/4 长度内不大于该表面宽度的 1/3	钝棱全长内不大于该表面宽度的 1/3，或 1/4 长度内不大于该表面宽度的 1/2	
10	针孔虫眼		每 $900cm^2$ 允许 30 个直径小于 1.6mm 的针孔虫眼		不限	
11	大虫眼		每 610mm 长度内限一个直径小于 6.4mm 的大虫眼	每 305mm 长度内限一个直径小于 6.4mm 的大虫眼	不限	
12	斜纹		不大于 1∶12	不大于 1∶10	不大于 1∶6	
13	节子	材面高度（mm）	健全节，坚实节	健全节，坚实节	健全节，不坚实或有孔洞节	不健全节
			位于任何位置的节子尺寸（mm）			
		125	25	38	64	均为健全节相应尺寸的1/2
		150	32	48	76	
		205	41	64	95	
		255	51	79	127	
		305	60	95	152	
		355	64	102	165	
		405	70	108	178	
		455	76	114	191	

注：1　表中，h—构件截面高度（宽面），b—构件截面宽度（窄面），L—构件长度；

2　等效裂缝指当表面轮裂的裂缝长度小于 $L/2$ 时，相应的裂缝深度可根据表面轮裂的等效裂缝面积增加。同样，当裂缝深度小于 $b/2$ 时，相应的裂缝长度可根据表面轮裂的等效裂缝面积增加；

3　白腐—木材中白腐菌引起的白色或棕色的小壁孔或斑点；蜂窝腐—与白腐相似但囊孔更大。

3. 普通胶合木层板材质等级和材质标准

普通胶合木构件的木材材质等级分为三级（见表 2.9.11)。根据多年使用经验和胶合木构件可使用胶粘组合的特点，设计时，不仅应根据木构件的主要用途，还应根据其部位选用相应的材质等级。关于普通胶合木构件的材质标准的可靠性，曾按随机取样的原则，做了 30 根构件破坏试验，其结果表明，按现行材质标准选材所制成的胶合构件，能够满足承重结构可靠度的要求。同时较为符合我国木材的材质状况，可以提高低等级木材材质在承重结构中的利用率。普通胶合木层板每一级的选材标准见表 2.9.12。

近几年，随着我国胶合木结构的不断发展，主要是采用目测分级层板和机械分级层板来制作胶合木。因此采用普通胶合木层板制作的构件越来越少，但是，考虑到我国胶合木生产的现状，国家标准《木结构设计标准》GB 50005—2017 仍然保留了相关规定。

普通胶合木结构构件的木材材质等级　　表 2.9.11

项次	主 要 用 途	材质等级	木材等级配置图
1	受拉或拉弯构件	I_{b}	I_{b}

续表

项次	主要用途	材质等级	木材等级配置图
2	受压构件（不包括桁架上弦和拱）	III_b	
3	桁架上弦或拱，高度不大于500mm的胶合梁 （1）构件上、下边缘各0.1h区域，且不少于两层板 （2）其余部分	II_b III_b	
4	高度大于500mm的胶合梁 （1）梁的受拉边缘0.1h区域，且不少于两层板 （2）距受拉边缘0.1h～0.2h区域 （3）受压边缘0.1h区域，且不少于两层板 （4）其余部分	I_b II_b II_b III_b	
5	侧立腹板工字梁 （1）受拉翼缘板 （2）受压翼缘板 （3）腹板	I_b II_b III_b	

普通胶合木层板材质等级标准　　表2.9.12

项次	缺陷名称		材质等级		
			I_b	II_b	III_b
1	腐朽		不允许	不允许	不允许
2	木节	在构件任一面任何200mm长度上所有木节尺寸的总和，不应大于所在面宽的	1/3	2/5	1/2
		在木板指接及其两端各100mm范围内	不允许	不允许	不允许
3	斜纹 任何1m材长上平均倾斜高度，不应大于		50mm	80mm	150mm
4	髓心		不允许	不允许	不允许
5	裂缝	在木板窄面上的裂缝，其深度（有对面裂缝用两者之和）不应大于板宽的	1/4	1/3	1/2
		在木板宽面上的裂缝，其深度（有对面裂缝用两者之和）不应大于板厚的	不限	不限	对侧立腹板工字梁的腹板：1/3，对其他板材不限
6	虫蛀		允许有表面虫沟，不应有虫眼		
7	涡纹 在木板指接及其两端各100mm范围内		不允许	不允许	不允许

注：1　同表2.9.5注；
　　2　按本表选材配料时，尚应注意避免在制成的胶合构件的连接受剪面上有裂缝；
　　3　对于有过大缺陷的木材，可截去缺陷部分，经重新接长后按所定级别使用。

4．规格材材质等级和材质标准

规格材的分级有目测分级和机械分级两类。我国目测分级规格材分为3类共7等（见本手册表2.9.2），并规定了每等的材质标准。与传统方法一样采用目测法分等，与之相关的设计值，应通过对不同树种、不同等级规格材的足尺试验确定。目测分级规格材的每一等级的材质标准见表2.9.13。

轻型木结构用规格材材质标准 **表 2.9.13**

项次	缺陷名称	材质等级						
		$Ⅰ_c$	$Ⅱ_c$	$Ⅲ_c$	$Ⅳ_c$	$Ⅳ_{c1}$	$Ⅱ_{c1}$	$Ⅲ_{c1}$
		最大截面高度 $h_m \leqslant 285mm$					最大截面高度 $h_m \leqslant 90mm$	
1	振裂和干裂	允许裂缝不贯通，长度不大于610mm		贯通时，长度不大于610mm；不贯通时，长度不大于910mm或$L/4$	贯通时，长度不大于$L/3$；不贯通时，全长；三面环裂时，长度不大于$L/6$	不贯通时，全长；贯通和三面环裂时，长度不大于$L/3$	允许裂缝不贯通，长度不大于610mm	裂缝贯通时，长度不大于610mm；裂缝不贯通时，长度不大于910mm或$L/4$
2	漏刨	不大于10%的构件有轻度跳刨		轻度跳刨，其中不大于5%的构件有中度漏刨或有长度不超过610 mm的重度漏刨	轻度跳刨，其中不大于10%的构件全长有重度漏刨	中度漏刨，其中不大于10%的构件宽面有重度漏刨	不大于10%的构件有轻度跳刨	轻度跳刨，其中不大于5%的构件有中度漏刨或有长度不超过610 mm的重度漏刨
3	劈裂	长度不大于b		长度不大于$1.5b$	长度不大于$L/6$	长度不大于$2b$	长度不大于b	长度不大于$1.5b$
4	斜纹	斜率不大于1∶12	斜率不大于1∶10	斜率不大于1∶8	斜率不大于1∶4	斜率不大于1∶4	斜率不大于1∶6	斜率不大于1∶4
5	钝棱	不大于$h/4$和$b/4$，全长；若每边钝棱不大于$h/2$或$b/3$，则长度不大于$L/4$		不大于$h/3$和$b/3$，全长；若每边钝棱不大于$2h/3$或$b/2$，则长度不大于$L/4$	不超过$h/2$和$b/2$，全长；若每边钝棱不超过$7h/8$或$3b/4$，则长度不大于$L/4$	不大于$h/3$和$b/2$，全长；若每边钝棱不大于$h/2$或$3b/4$，则长度不大于$L/4$	不超过$h/4$和$b/4$，全长；若每边钝棱不超过$h/2$或$b/3$，则长度不大于$L/4$	不超过$h/3$和$b/3$，全长；若每边钝棱不超过$2h/3$或$b/2$，则长度不大于$L/4$
6	针孔虫眼	以最差材面为准，按节孔的要求，每25mm的节孔允许等效为48个直径小于1.6mm的针孔虫眼						
7	大虫眼	以最差材面为准，按节孔的要求，每25mm的节孔允许等效为12个直径小于6.4mm的大虫眼						

续表

项次	缺陷名称	材质等级						
		Ⅰ$_c$	Ⅱ$_c$	Ⅲ$_c$	Ⅳ$_c$	Ⅳ$_{c1}$	Ⅱ$_{c1}$	Ⅲ$_{c1}$
		最大截面高度 $h_m \leqslant 285$mm					最大截面高度 $h_m \leqslant 90$mm	
8	腐朽—材心	不允许		当 $b>40$mm，不允许；否则不大于 $h/3$ 和 $b/3$	不大于1/3截面，并不损坏钉入边	不大于1/3截面，并不损坏钉入边	不允许	不大于 $h/3$ 或 $b/3$
9	腐朽—白腐	不允许		不大于构件表面1/3	不限制	无限制	不允许	不大于构件表面1/3
10	腐朽—蜂窝腐	不允许		仅允许 b 为40mm构件，且不大于 $h/6$；坚实	不大于 b，坚实	不大于 b，坚实	不允许	仅允许 b 为40mm构件，且不大于 $h/6$；坚实
11	腐朽—局部片状腐	不允许		不大于 $h/6$； 当窄面有时，允许长度为节孔尺寸的2倍	不大于1/3截面	不大于1/3截面	不允许	不大于 $h/6$； 当窄面有时，允许长度为节孔尺寸的2倍
12	腐朽—不健全材	不允许		最大尺寸 $h/12$ 和51mm长，或等效的多个小尺寸	不大于1/3截面，长度不大于 $L/6$ 长度，并不损坏钉入边	不大于1/3截面，长度不大于 $L/6$ 长度，并不损坏钉入边	不允许	最大尺寸 $b/12$ 和长为51mm或等效的多个小尺寸
13	扭曲，横弯和顺弯	1/2中度		轻度	中度	1/2中度	1/2中度	轻度

续表

项次	缺陷名称		材质等级																		
			Ⅰ$_c$			Ⅱ$_c$			Ⅲ$_c$			Ⅳ$_c$			Ⅳ$_{c1}$			Ⅱ$_{c1}$		Ⅲ$_{c1}$	
			最大截面高度 $h_m \leqslant 285mm$															最大截面高度 $h_m \leqslant 90mm$			
14	节子和节孔	截面高度（mm）	每 1220mm 长度内，允许的节孔尺寸（mm）			每 910mm 长度内，允许的节孔尺寸（mm）			每 610mm 长度内，允许的节孔尺寸（mm）			每 305mm 长度内，允许的节孔尺寸（mm）			每 305mm 长度内，允许的节孔尺寸（mm）			每 910mm 长度内，允许的节孔尺寸（mm）		每 610mm 长度内，允许的节孔尺寸（mm）	
			健全节，均匀分布的死节		死节和节孔	健全节，均匀分布的死节		死节和节孔	任何节子		节孔	任何节子		节孔	任何节子		节孔	健全节，均匀分布的死节	死节和节孔	任何节子	节孔
			材边	材心		材边	材心		材边	材心		材边	材心		材边	材心					
		40	10	10	10	13	13	13	16	16	16	19	19	19	19	19	19	19	16	25	19
		65	13	13	13	19	19	19	22	22	22	32	32	32	32	32	32	32	19	38	25
		90	19	22	19	25	38	25	32	51	32	44	64	44	44	64	38	38	25	52	32
		115	25	38	22	32	48	29	41	60	35	57	76	48	57	76	44	—	—	—	—
		140	29	48	25	38	57	32	48	73	38	70	95	51	70	95	51	—	—	—	—
		185	38	57	32	51	70	38	64	89	51	89	114	64	89	114	64	—	—	—	—
		235	48	67	32	64	93	38	83	108	64	114	140	76	114	140	76	—	—	—	—
		285	57	76	32	76	95	38	95	121	76	140	165	89	140	165	89	—	—	—	—

注：1 表中，h—构件截面高度（宽面），b—构件截面宽度（窄面），L—构件长度，h_m—构件截面最大高度。

2 漏刨包括：轻度跳刨—深度不大于 1.6mm，长度不大于 1220 mm 的一组漏刨，漏刨间表面有刨光；中度漏刨—在部分或全部表面有深度不超过 1.6mm 的漏刨或全部糙面；重度漏刨—为宽面上深度不大于 3.2mm 的漏刨。

3 当钝棱长度不超过 304mm 且钝棱表面满足对漏刨的规定时，不在构件端部的钝棱容许占据构件的部分或全部宽面；当钝棱的长度不超过最大节孔直径的 2 倍且钝棱的表面满足对节孔的规定时，不在构件端部的钝棱容许占据构件的部分或全部窄面。该缺陷在每根构件中允许出现 1 次，含有该缺陷的构件总数不应超过 5%。

4 材心腐—沿髓心发展的局部腐朽，白腐—木材中白腐菌引起的白色或棕色的小壁孔或斑点，蜂窝腐—与白腐相似但囊孔更大，局部片状腐—槽状或壁孔状的腐朽区域。

5 节孔可以全部或部分贯通构件。除非特别说明，节孔的测量方法同节子。

2.10　结构用木材力学性能标准值的确定方法

对于结构用木材，通常采用某一力学性能的标准值（强度标准值或弹性模量标准值）用以直接标识其材料等级。建立结构用木材力学性能标准值的确定方法、合理确定力学性能标准值是其在建筑结构中安全应用的关键之一，也是后期确定其力学性能设计值的基础。结构用木材力学性能的标准值应结合置信度水平、抽样样本的试样数来共同确定，且主要采用的计算方法有两种：非参数法和参数法。

对于强度标准值，在国内历次修订《木结构设计规范》GB 50005 中均规定为强度的5%分位值，但未对置信度水平进行要求［例如：当假设其服从正态分布（Normal）时（$f_k = m - 1.645\sigma$），强度标准值取值系数 K_1 统一规定为 1.645，与抽样样本的试样数无关，这种取值即认为抽样样本获得的统计参数值为真实的平均值和标准差］。但实际中，由于抽样样本的试样数始终有限，存在抽样误差，导致无法获得真实的平均值和标准差。抽样样本包含的试样数越大，基于预估统计参数值则越有可能接近真实值；反之，则预估统计参数值可能会偏离真实值。即对于同一真实强度，当采用包含不同抽样试样数的样本预估其值时，其计算结果的准确性也不同，如果仍统一取某一强度标准值系数计算其强度标准值则存在不合理性。因此，在《木结构设计标准》GB 50005—2017 中，明确提出以75%置信度水平下的 5%分位值作为结构用木材的强度标准值，并直接采纳了美国标准ASTM D2915 中基于正态分布（Normal）参数法下的强度标准值的取值系数。但是，在引用过程中，未对强度标准值取值系数的值进行推导及校核，目前也未建立我国自有的确定方法和计算公式。

对于弹性模量标准值，国内外规范中往往均只是定义为弹性模量的平均值，而未对置信度水平进行规定。但在确定弹性模量标准值时，其与确定强度标准值相同，也需要考虑存在的抽样误差，即需要规定其对应的置信度水平。

本节将介绍国内目前通过研究所采纳的结构用木材力学性能标准值的确定方法，包括强度标准值和弹性模量标准值。

2.10.1　强度标准值的确定方法

1. 非参数法

（1）强度标准值取样顺序数 S

非参数法是指将强度测试数据点按从小到大的顺序排列后，确定选取第几个顺序数 S 所对应的强度来作为强度标准值。强度标准值取样顺序数 S 由抽样样本的试样数 n 和置信度水平 r 决定，见表 2.10.1。强度变异系数 COV 与置信度 r、概率分布类型均无关（图 2.10.1）。

强度标准值取样顺序数 S　　　　**表 2.10.1**

r=0.50		r=0.65		r=0.75		r=0.85		r=0.90		r=0.95		r=0.99	
n	S	n	S	n	S	n	S	n	S	n	S	n	S
16	1	24	1	28	1	41	1	44	1	59	1	91	1
34	2	46	2	53	2	69	2	77	2	94	2	132	2

续表

r=0.50		r=0.65		r=0.75		r=0.85		r=0.90		r=0.95		r=0.99	
n	S	n	S	n	S	n	S	n	S	n	S	n	S
53	3	67	3	78	3	96	3	107	3	125	3	166	3
73	4	90	4	102	4	121	4	130	4	153	4	195	4
94	5	112	5	125	5	145	5	158	5	182	5	227	5
113	6	133	6	147	6	171	6	184	6	207	6	257	6
133	7	154	7	170	7	194	7	207	7	236	7	288	7
152	8	176	8	193	8	218	8	234	8	261	8	314	8
174	9	197	9	215	9	241	9	257	9	286	9	348	9
192	10	218	10	236	10	264	10	282	10	311	10	373	10
214	11	239	11	258	11	289	11	306	11	336	11	—	—
233	12	260	12	279	12	309	12	328	12	362	12	—	—
253	13	280	13	301	13	333	13	352	13	387	13	—	—
273	14	303	14	3258	14	356	14	378	14	—	—	—	—
295	15	324	15	3491	15	379	15	—	—	—	—	—	—

（2）计算公式

当 n 较小时，r 随 S 的增加先快速减小，至 $r<0.05$ 时开始逐渐趋于平缓。但随着 n 的增加，当 $r>0.95$ 时，r 随 S 的增加缓慢减小；当减小至 $0.95\leqslant r\leqslant 0.5$ 时，置信度 r 随着取样顺序数 S 的增加快速减小；至 $r<0.05$ 时，减小速度趋于平缓（图 2.10.2）。结合 r 与 S、n 间的关系，建立强度标准值取值系数 S 的计算公式，见式（2.10.1）。基于非参数法计算得到的 S 应为一整数，由式（2.10.1）计算得到的 S 值为非整数时，应向下取整。

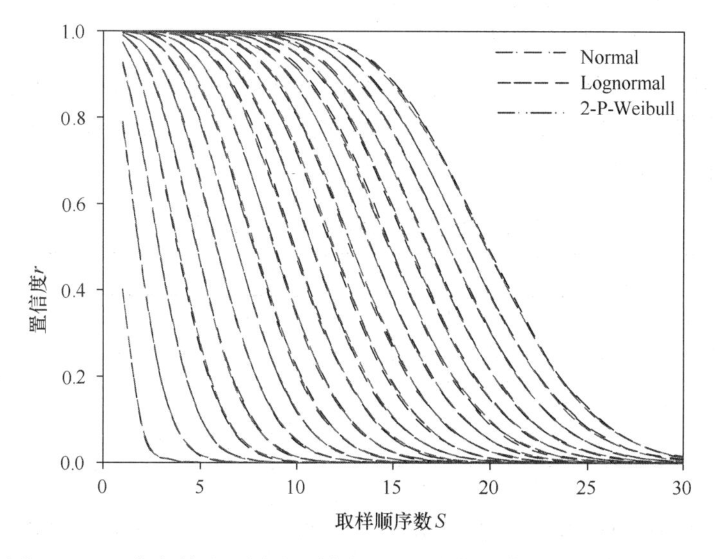

图 2.10.1 非参数法不同随机样本下的强度标准值取样顺序数的比较

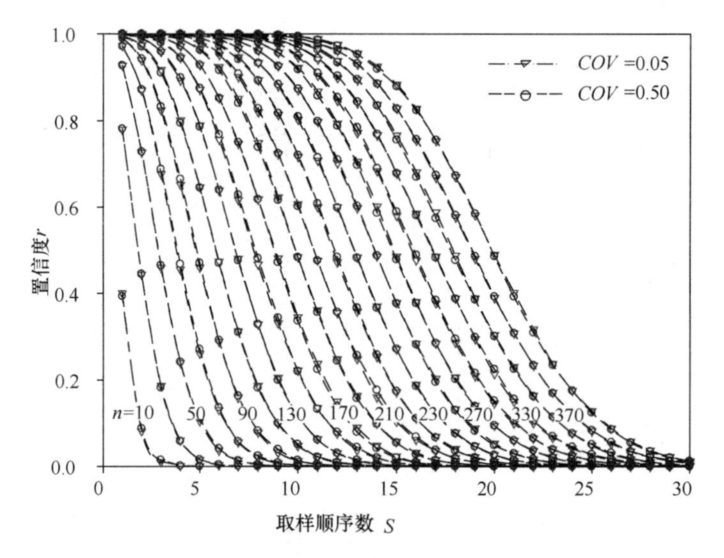

图 2.10.2 非参数法下 r 与 S、n 间的关系

$$S=\frac{0.7544-1.2170r}{1.0-0.7974r}+\frac{(0.0529-0.0466r)n}{1.0-0.8015r} \tag{2.10.1}$$

2. 参数法

(1) 强度标准值取值系数 K_1

参数法是指基于抽样样本的强度统计平均值和标准差来确定强度标准值 f_k，样本抽样概率分布通常采用正态分布（Normal）、对数正态分布（Lognormal）和韦伯分布（2-P-Weibull）。参数法计算公式如下：

$$f_k=\mu_1-K_1\sigma_1 \tag{2.10.2}$$

式中：μ_1——抽样样本的强度统计平均值；

σ_1——抽样样本的强度统计标准差；

K_1——强度标准值取值系数，由抽样样本试样数 n 和置信度水平 r 决定。不同概率分布按表 2.10.2～表 2.10.10 取值。对于表中未表明的数值，可采用线性插值法确定。

强度标准值取值系数 K_1（正态分布） **表 2.10.2**

r	n=5	n=10	n=20	n=40	n=60	n=80	n=100	n=140	n=200	n=300	n=400
0.50	1.783	1.697	1.674	1.657	1.653	1.651	1.650	1.649	1.648	1.646	1.646
0.55	1.890	1.766	1.719	1.689	1.678	1.673	1.670	1.665	1.661	1.657	1.656
0.60	2.007	1.838	1.767	1.721	1.705	1.696	1.690	1.682	1.675	1.669	1.665
0.65	2.142	1.915	1.816	1.755	1.732	1.719	1.711	1.700	1.690	1.681	1.676
0.70	2.290	2.002	1.871	1.792	1.761	1.744	1.734	1.718	1.706	1.693	1.687
0.75	**2.466**	**2.100**	**1.932**	**1.833**	**1.795**	**1.773**	**1.758**	**1.739**	**1.723**	**1.707**	**1.699**
0.80	2.687	2.220	2.003	1.880	1.831	1.804	1.787	1.762	1.742	1.723	1.712
0.85	2.979	2.367	2.092	1.937	1.877	1.842	1.820	1.789	1.765	1.741	1.728

续表

r	n=5	n=10	n=20	n=40	n=60	n=80	n=100	n=140	n=200	n=300	n=400
0.90	3.407	2.570	2.209	2.010	1.935	1.890	1.863	1.825	1.794	1.764	1.748
0.95	4.229	2.914	2.395	2.125	2.023	1.963	1.930	1.877	1.839	1.800	1.778
0.99	6.584	3.735	2.800	2.365	2.204	2.111	2.055	1.980	1.924	1.868	1.835

强度标准值取值系数 K_l（对数正态分布，COV=0.05）　　表 2.10.3

r	n=5	n=10	n=20	n=40	n=60	n=80	n=100	n=140	n=200	n=300	n=400
0.5	1.727	1.654	1.626	1.614	1.609	1.607	1.605	1.604	1.604	1.602	1.602
0.55	1.827	1.717	1.668	1.642	1.633	1.627	1.624	1.620	1.616	1.613	1.611
0.6	1.941	1.785	1.713	1.672	1.658	1.648	1.643	1.636	1.629	1.623	1.621
0.65	2.062	1.859	1.761	1.704	1.684	1.670	1.663	1.652	1.643	1.635	1.630
0.7	2.202	1.940	1.811	1.738	1.712	1.694	1.684	1.670	1.658	1.647	1.641
0.75	**2.367**	**2.031**	**1.870**	**1.776**	**1.743**	**1.720**	**1.707**	**1.689**	**1.674**	**1.660**	**1.652**
0.8	2.572	2.141	1.934	1.820	1.778	1.749	1.734	1.711	1.692	1.675	1.664
0.85	2.850	2.279	2.018	1.872	1.819	1.785	1.765	1.737	1.713	1.692	1.680
0.9	3.250	2.469	2.125	1.941	1.872	1.830	1.805	1.769	1.740	1.714	1.698
0.95	4.013	2.793	2.296	2.051	1.955	1.901	1.865	1.819	1.782	1.746	1.727
0.99	6.241	3.553	2.688	2.274	2.118	2.036	1.983	1.917	1.862	1.807	1.780

强度标准值取值系数 K_l（对数正态分布，COV=0.20）　　表 2.10.4

r	n=5	n=10	n=20	n=40	n=60	n=80	n=100	n=140	n=200	n=300	n=400
0.50	1.570	1.512	1.489	1.473	1.470	1.468	1.466	1.464	1.463	1.462	1.461
0.55	1.656	1.566	1.524	1.498	1.490	1.486	1.482	1.478	1.474	1.471	1.469
0.60	1.750	1.624	1.562	1.524	1.512	1.504	1.498	1.491	1.486	1.480	1.477
0.65	1.856	1.686	1.602	1.552	1.534	1.523	1.515	1.505	1.498	1.490	1.485
0.70	1.976	1.754	1.646	1.581	1.558	1.543	1.533	1.520	1.510	1.500	1.494
0.75	**2.118**	**1.832**	**1.694**	**1.613**	**1.583**	**1.565**	**1.552**	**1.537**	**1.524**	**1.511**	**1.504**
0.80	2.295	1.926	1.752	1.650	1.612	1.591	1.574	1.556	1.539	1.524	1.515
0.85	2.527	2.040	1.822	1.695	1.647	1.621	1.601	1.578	1.557	1.539	1.527
0.90	2.862	2.199	1.915	1.754	1.692	1.660	1.635	1.607	1.580	1.558	1.544
0.95	3.512	2.467	2.063	1.847	1.763	1.719	1.687	1.649	1.616	1.586	1.567
0.99	5.425	3.111	2.375	2.034	1.900	1.840	1.785	1.733	1.682	1.639	1.613

强度标准值取值系数 K_l（对数正态分布，COV=0.35）　　表 2.10.5

r	n=5	n=10	n=20	n=40	n=60	n=80	n=100	n=140	n=200	n=300	n=400
0.50	1.447	1.389	1.357	1.339	1.331	1.329	1.326	1.323	1.321	1.320	1.319
0.55	1.519	1.437	1.389	1.362	1.350	1.345	1.341	1.336	1.331	1.328	1.326
0.60	1.599	1.487	1.423	1.385	1.370	1.362	1.355	1.348	1.342	1.336	1.333

续表

r	n=5	n=10	n=20	n=40	n=60	n=80	n=100	n=140	n=200	n=300	n=400
0.65	1.688	1.542	1.459	1.409	1.390	1.379	1.370	1.361	1.352	1.345	1.341
0.70	1.790	1.601	1.498	1.436	1.412	1.398	1.387	1.375	1.364	1.355	1.349
0.75	**1.909**	**1.671**	**1.540**	**1.465**	**1.435**	**1.418**	**1.405**	**1.391**	**1.377**	**1.366**	**1.358**
0.80	2.060	1.751	1.590	1.499	1.461	1.441	1.425	1.408	1.391	1.377	1.368
0.85	2.259	1.854	1.652	1.538	1.493	1.469	1.449	1.428	1.408	1.391	1.380
0.90	2.561	1.991	1.734	1.590	1.534	1.503	1.480	1.454	1.429	1.408	1.394
0.95	3.125	2.232	1.866	1.670	1.598	1.557	1.527	1.493	1.462	1.434	1.417
0.99	4.725	2.781	2.142	1.836	1.725	1.659	1.615	1.569	1.521	1.482	1.458

强度标准值取值系数 K_1（对数正态分布，COV=0.50）　　表 2.10.6

r	n=5	n=10	n=20	n=40	n=60	n=80	n=100	n=140	n=200	n=300	n=400
0.50	1.345	1.280	1.242	1.217	1.206	1.201	1.197	1.192	1.188	1.185	1.184
0.55	1.410	1.323	1.272	1.238	1.224	1.217	1.211	1.204	1.199	1.194	1.191
0.60	1.481	1.369	1.303	1.260	1.243	1.232	1.226	1.217	1.209	1.202	1.198
0.65	1.559	1.418	1.336	1.284	1.261	1.249	1.241	1.229	1.220	1.211	1.207
0.70	1.650	1.473	1.371	1.308	1.282	1.266	1.256	1.243	1.232	1.221	1.215
0.75	**1.759**	**1.534**	**1.412**	**1.336**	**1.304**	**1.286**	**1.274**	**1.257**	**1.244**	**1.231**	**1.224**
0.80	1.895	1.605	1.457	1.367	1.329	1.308	1.294	1.274	1.258	1.242	1.233
0.85	2.071	1.696	1.513	1.404	1.359	1.334	1.316	1.294	1.274	1.255	1.245
0.90	2.329	1.822	1.587	1.452	1.396	1.368	1.346	1.318	1.295	1.272	1.260
0.95	2.825	2.028	1.706	1.527	1.456	1.417	1.389	1.356	1.325	1.297	1.281
0.99	4.303	2.512	1.957	1.672	1.570	1.512	1.472	1.425	1.384	1.342	1.322

强度标准值取值系数 K_1（韦伯分布，COV=0.05）　　表 2.10.7

r	n=5	n=10	n=20	n=40	n=60	n=80	n=100	n=140	n=200	n=300	n=400
0.50	2.160	2.003	1.928	1.892	1.879	1.872	1.867	1.865	1.860	1.859	1.857
0.55	2.326	2.106	1.997	1.940	1.919	1.905	1.897	1.890	1.881	1.876	1.872
0.60	2.499	2.215	2.068	1.991	1.959	1.940	1.927	1.917	1.902	1.894	1.888
0.65	2.694	2.333	2.148	2.044	2.002	1.977	1.960	1.944	1.926	1.913	1.903
0.70	2.917	2.463	2.233	2.102	2.048	2.016	1.994	1.974	1.950	1.933	1.920
0.75	**3.186**	**2.612**	**2.326**	**2.164**	**2.099**	**2.058**	**2.032**	**2.005**	**1.976**	**1.954**	**1.939**
0.80	3.514	2.789	2.439	2.235	2.157	2.108	2.076	2.040	2.005	1.979	1.960
0.85	3.953	3.009	2.572	2.323	2.228	2.165	2.128	2.083	2.040	2.007	1.984
0.90	4.584	3.311	2.753	2.439	2.316	2.240	2.193	2.136	2.085	2.043	2.016
0.95	5.790	3.820	3.042	2.621	2.455	2.354	2.293	2.220	2.153	2.098	2.061
0.99	9.120	5.006	3.649	2.985	2.727	2.582	2.488	2.383	2.283	2.200	2.148

强度标准值取值系数 K_l（韦伯分布，COV=0.20） 表 2.10.8

r	n=5	n=10	n=20	n=40	n=60	n=80	n=100	n=140	n=200	n=300	n=400
0.50	1.927	1.831	1.795	1.778	1.776	1.773	1.771	1.768	1.768	1.767	1.766
0.55	2.054	1.909	1.848	1.815	1.805	1.798	1.794	1.788	1.783	1.780	1.778
0.60	2.192	1.993	1.905	1.853	1.834	1.824	1.818	1.808	1.800	1.794	1.789
0.65	2.348	2.085	1.964	1.892	1.866	1.852	1.843	1.828	1.817	1.808	1.801
0.70	2.528	2.186	2.028	1.935	1.901	1.882	1.869	1.850	1.835	1.822	1.814
0.75	**2.736**	**2.303**	**2.101**	**1.984**	**1.940**	**1.914**	**1.898**	**1.874**	**1.855**	**1.838**	**1.828**
0.80	2.997	2.438	2.186	2.040	1.984	1.951	1.930	1.902	1.878	1.856	1.843
0.85	3.337	2.611	2.290	2.106	2.036	1.995	1.970	1.934	1.905	1.878	1.862
0.90	3.823	2.856	2.430	2.195	2.104	2.051	2.020	1.975	1.939	1.905	1.886
0.95	4.746	3.263	2.648	2.333	2.211	2.138	2.096	2.038	1.991	1.945	1.921
0.99	7.460	4.223	3.123	2.614	2.421	2.305	2.247	2.161	2.090	2.025	1.987

强度标准值取值系数 K_l（韦伯分布，COV=0.35） 表 2.10.9

r	n=5	n=10	n=20	n=40	n=60	n=80	n=100	n=140	n=200	n=300	n=400
0.50	1.704	1.654	1.636	1.627	1.627	1.624	1.624	1.623	1.623	1.622	1.622
0.55	1.804	1.716	1.677	1.655	1.650	1.644	1.642	1.638	1.635	1.633	1.631
0.60	1.913	1.782	1.720	1.685	1.674	1.665	1.660	1.654	1.648	1.643	1.640
0.65	2.035	1.854	1.766	1.717	1.699	1.686	1.679	1.669	1.661	1.654	1.649
0.70	2.173	1.933	1.817	1.751	1.726	1.710	1.700	1.686	1.676	1.665	1.659
0.75	**2.338**	**2.026**	**1.875**	**1.789**	**1.755**	**1.735**	**1.722**	**1.705**	**1.691**	**1.678**	**1.670**
0.80	2.547	2.133	1.941	1.832	1.789	1.763	1.747	1.726	1.708	1.692	1.682
0.85	2.817	2.267	2.020	1.882	1.828	1.798	1.778	1.751	1.729	1.708	1.696
0.90	3.220	2.454	2.125	1.950	1.881	1.841	1.816	1.783	1.756	1.729	1.714
0.95	3.979	2.776	2.297	2.057	1.962	1.908	1.875	1.832	1.796	1.760	1.742
0.99	6.169	3.529	2.673	2.271	2.124	2.044	1.993	1.925	1.872	1.822	1.793

强度标准值取值系数 K_l（韦伯分布，COV=0.50） 表 2.10.10

r	n=5	n=10	n=20	n=40	n=60	n=80	n=100	n=140	n=200	n=300	n=400
0.50	1.525	1.486	1.467	1.460	1.456	1.456	1.454	1.454	1.452	1.452	1.452
0.55	1.602	1.535	1.501	1.483	1.475	1.472	1.469	1.466	1.462	1.460	1.459
0.60	1.687	1.587	1.535	1.506	1.494	1.488	1.483	1.479	1.473	1.468	1.466
0.65	1.781	1.644	1.573	1.531	1.514	1.506	1.499	1.491	1.483	1.477	1.474
0.70	1.891	1.705	1.614	1.559	1.536	1.525	1.516	1.505	1.495	1.487	1.482
0.75	**2.020**	**1.778**	**1.658**	**1.589**	**1.560**	**1.546**	**1.534**	**1.520**	**1.508**	**1.497**	**1.490**
0.80	2.182	1.864	1.712	1.623	1.588	1.570	1.554	1.538	1.523	1.508	1.501
0.85	2.401	1.968	1.776	1.664	1.620	1.598	1.579	1.558	1.539	1.522	1.512
0.90	2.726	2.119	1.864	1.718	1.663	1.634	1.611	1.584	1.561	1.539	1.527
0.95	3.341	2.371	2.004	1.803	1.730	1.689	1.661	1.625	1.593	1.565	1.549
0.99	5.194	2.981	2.315	1.981	1.866	1.802	1.756	1.702	1.656	1.613	1.591

（2）概率分布类型对 K_1 的影响

概率分布类型对强度标准值取值系数 K_1 具有显著的影响（图 2.10.3）。当强度变异系数 COV<0.35 时，不同概率分布下的 K_1 大小顺序为：韦伯分布（2-P-Weibull）>正态分布（Normal）>对数正态分布（Lognormal），即强度标准值的大小顺序为：Lognormal >Normal>2-P-Weibull；当变异系数 COV≥0.35 时，不同概率分布模型下的 K_1 大小顺序为：Normal>2-P-Weibull>Lognormal，即强度标准值的大小顺序为：Lognormal >2-P-Weibull>Normal。这主要是由于 Normal 为对称分布，其 K_1 与 COV 无关；而 Lognormal、2-P-Weibull 则为非对称分布，其 K_1 随 COV 的增加而减小。

在实际计算过程中，我国传统的做法往往假设结构用木材的强度服从对数正态分布（Lognormal），其 K_1 的取值随强度变异系数的增大而减小（图 2.10.3）。为此为了简便计算，可以将测得的强度数据点先对数化后求得其统计平均值 μ 和标准差 σ，且假设对数化后的强度值服从正态分布，参照正态分布下的 K_1 取值（见表 2.10.2），计算其强度标准值为：

$$f_k = e^{\mu - K_1 \sigma}$$

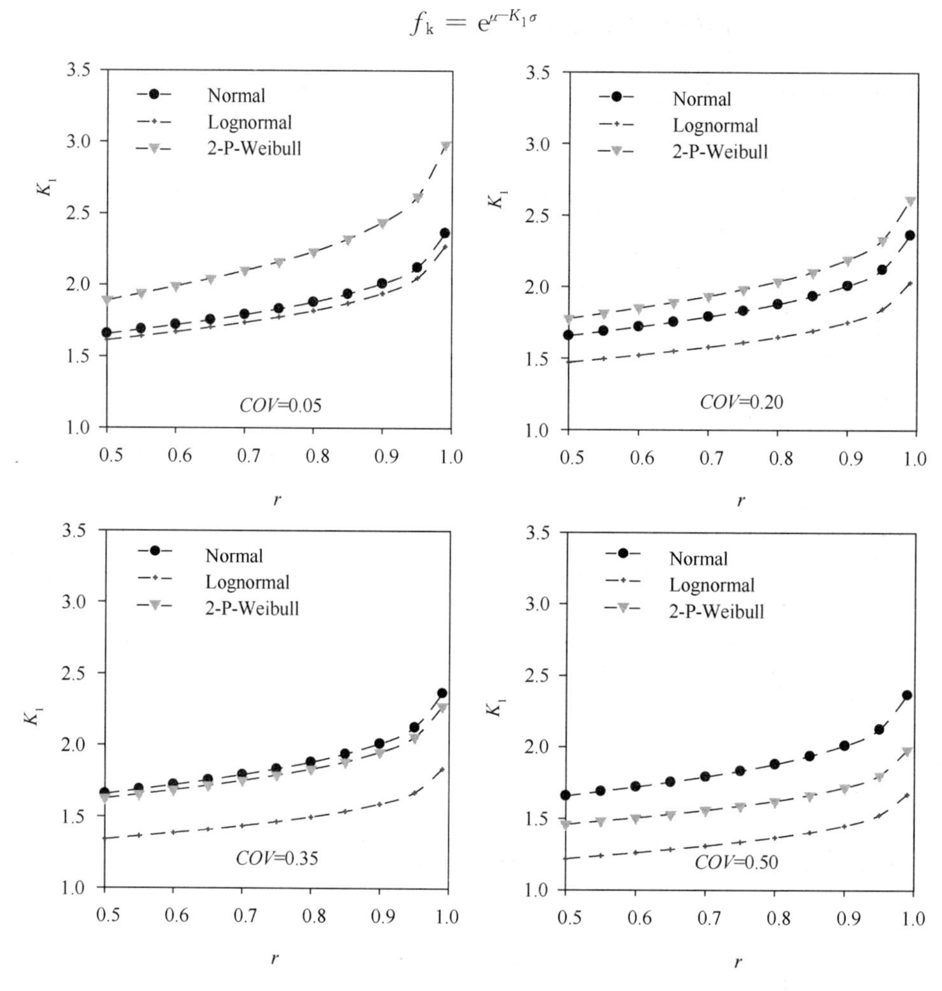

图 2.10.3　不同概率分布模型下的强度标准值取值系数 K_1

（3）计算公式

以正态分布为例，推导强度标准值取值系数 K_1 的计算公式。对于不同 n，K 随 r 的增加均呈非线性递增，尤其当 n 值较小时，这种规律更为明显。可以将其增长规律分为两个阶段：当 $r \leqslant 0.8$ 时，其增加速度较为缓慢；当 $r > 0.8$ 时，其增加速度开始加快（图 2.10.4）。结合 K 与 r、n 的变化规律，将置信度分为两段分别进行拟合，建立强度标准值取值系数 K_1 的计算公式如下：

$$K_1 = \begin{cases} a_1 + a_2 r + a_3 r^2 & 0.5 \leqslant r \leqslant 0.8 \\ (b_1 + b_2 r)/(1 + b_3 r) & 0.8 < r \leqslant 1.0 \end{cases} \quad (2.10.3)$$

式中：a_1、a_2、a_3 和 b_1、b_2、b_3 为拟合参数值，由表 2.10.11 计算确定。

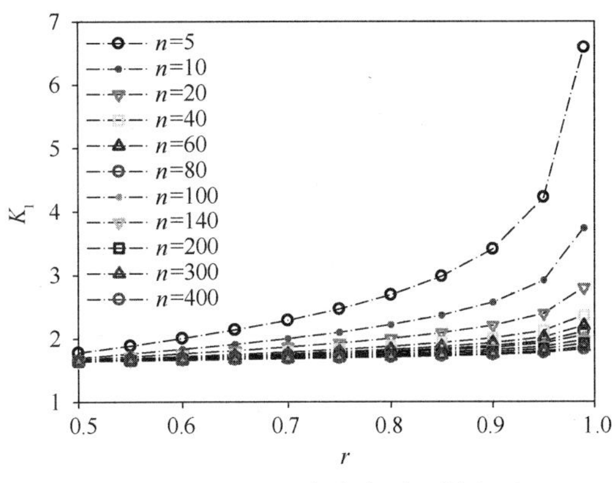

图 2.10.4　正态分布随机样本下 K_1 与 r、n 之间的关系

K_1 中拟合参数值 a_1、a_2、a_3 和 b_1、b_2、b_3 的计算公式（正态分布）　表 2.10.11

置信度区间	计算公式
$r=0.5\sim0.8$	$a_1=1.5797-1.8333/n+19.8964/n^2$
	$a_2=0.0574-3.2691/n-49.0738/n^2$
	$a_3=0.1504+15.6644/n+23.8877/n^2$
$r=0.8\sim1.0$	$b_1=1.6802+2.0886/n$
	$b_2=-1.5398-1.5900/n$
	$b_3=-0.9283-0.2269/n$

3. 结果验证

对于结构用木材强度标准值的确定方法，最常用的方法见国外标准 ASTM D2915-10，其给出了正态分布（Normal）下 3 种置信度水平下 $r=0.75$、0.95、0.99 时强度标准值取值系数 K_1 和取样顺序数 S 的查询表，以及 K_1 的计算公式：

$$K_1 = \frac{Z_p g + \sqrt{Z_p^2 g^2 - [g^2 - Z_r^2/(2n-2)](Z_p^2 - Z_r^2/n)}}{g^2 - Z_r^2/(2n-2)} \quad (2.10.4)$$

$$g = (4n-5)/(4n-4) \quad (2.10.5)$$

$$Z = T - \frac{b_0 + b_1 T + b_2 T^2}{1 + b_3 T + b_4 T^2 + b_5 T^3} \quad (2.10.6)$$

$$T = \sqrt{\ln(1/Q^2)} \quad (2.10.7)$$

式中：Z_p、Z_r 分别为分位值和置信度的相关参数，采用式（2.10.6）、式（2.10.7）计算；对于 Z_p，Q 取对应分位值 p；对于 Z_r，Q 取对应置信度 r；$b_0 \sim b_5$ 为回归拟合得到的参数。

将强度标准值取值系数 K_1 和取样顺序数 S 的计算结果与 ASTM D2915 中给出的结果作比较（图 2.10.5），两者计算结果高度吻合，验证了国内计算方法及公式推导的准确性。

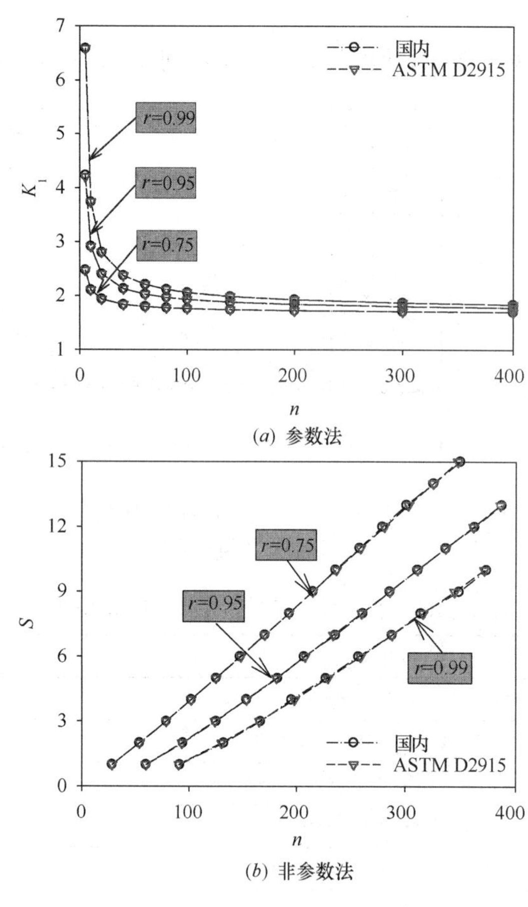

图 2.10.5 强度标准值计算结果的比较

通过引入置信度水平确定结构用木材的强度标准值时，应综合考虑置信度水平以及研究基础数据的积累。以表 2.10.2 为例，n=5 时，当 r 由 0.5 提高至 0.99，其 K_1 值从 1.783 提高至 6.584，会造成预估强度标准值严重偏低，不利于结构用木材的推广和应用；但当 n=400 时，r 由 0.5 提高至 0.99，其 K 值从 1.646 提高至 1.835，变化很小。以表 2.10.1 为例，对于取样顺序数 S，S=3 时，当 r 由 0.5 提高至 0.99，其要求最小试样数 n 从 53 升至 166。相对于欧美等现代木结构发达国家，我国现代木结构起步较晚，积累的结构用木材的基础数据还比较有限，在置信度水平设置时不应照搬国外方法，可考虑差异设置。另外，ASTM D2915 关于 K_1 的计算公式过于复杂［式（2.10.4）～式（2.10.7)］，且关于其推导过程和原理也未见相关报道，不宜直接套用。因此，本节给出了置信度水平为 0.5～0.99 时强度标准值取值系数 K_1 和取样顺序数 S 的查询表，并给出了 K_1 和 S 的计算公式，比国外标准 ASTM D2915 中的算式更加简便。

2.10.2 弹性模量标准值的确定方法

1. 弹性模量标准值取值系数 K_2

结构用木材的弹性模量往往假定为服从正态分布。本节仅介绍正态分布参数法下弹性模量标准值的计算方法，即基于抽样样本的弹性模量统计平均值和标准差来确定弹性模量标准值 E_k，计算公式如下：

$$E_k = \mu_2 - K_2\sigma_2 \tag{2.10.8}$$

式中：μ_2——抽样样本的弹性模量统计平均值；

σ_2——抽样样本的弹性模量统计标准差；

K_2——弹性模量标准值取值系数，由抽样样本的试样数 n 和置信度水平 r 决定，见表 2.10.12。对于不在表中的，可以采用线性插值法进行确定。

弹模模量标准值取值系数 K_2（正态分布） **表 2.10.12**

r	n=5	n=10	n=15	n=20	n=30	n=40	n=50	n=60	n=80	n=100
0.5	0.003	0.001	0.001	0.000	0.000	0.000	0.000	0.000	0.000	0.000
0.55	0.062	0.040	0.036	0.029	0.024	0.020	0.017	0.016	0.014	0.013

续表

r	n=5	n=10	n=15	n=20	n=30	n=40	n=50	n=60	n=80	n=100
0.6	0.121	0.082	0.069	0.058	0.047	0.040	0.036	0.032	0.029	0.026
0.65	0.186	0.125	0.103	0.088	0.072	0.062	0.055	0.049	0.044	0.039
0.7	0.254	0.171	0.141	0.119	0.097	0.084	0.075	0.068	0.059	0.053
0.75	0.334	0.221	0.181	0.153	0.125	0.108	0.096	0.087	0.076	0.068
0.8	0.424	0.278	0.225	0.191	0.156	0.134	0.120	0.109	0.095	0.085
0.85	0.535	0.347	0.278	0.236	0.192	0.166	0.148	0.135	0.117	0.105
0.9	0.689	0.438	0.347	0.295	0.238	0.206	0.185	0.167	0.145	0.130
0.95	**0.953**	**0.579**	**0.455**	**0.384**	**0.309**	**0.265**	**0.237**	**0.215**	**0.186**	**0.167**
0.99	1.640	0.885	0.676	0.562	0.446	0.379	0.336	0.304	0.265	0.237

2. 计算公式

由于 K_2 与正态分布（Normal）随机样本下获得的强度标准值取值系数 K_1 的规律相似（图 2.10.6），因此，参照推导正态分布随机样本下的强度标准值取值系数 K_1 计算公式，也将弹性模量标准值取值系数 K_2 的增长规律分为两个阶段，且 K_2 的计算公式也可统一采用式（2.10.2），但式中的拟合参数值 a_1、a_2、a_3 和 b_1、b_2、b_3 见表 2.10.13。

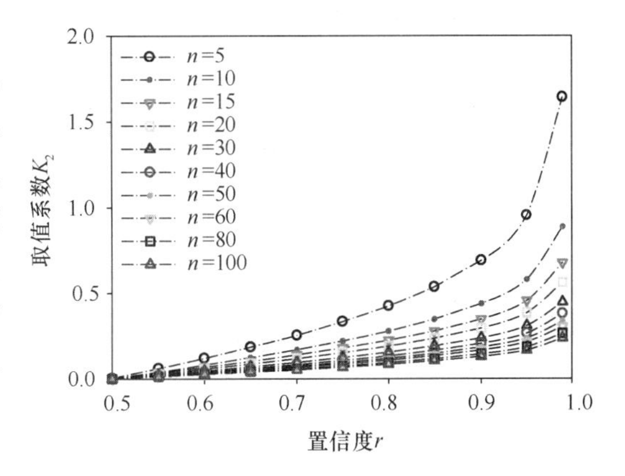

图 2.10.6 正态分布随机样本下 K_2 与 r、n 间的关系

3. K_1 与 K_2 的比较

在同一概率分布、试样数 n、置信度水平 r 下，基于参数法获得的强度标准值取值系数 K_1 远大于弹性模量标准值取值系数 K_2（图 2.10.7）。因此，本节提出以 95% 置信度水平下的平均值作为结构用木材的弹性模量标准值，即取表 2.10.12 中置信度水平 $r=0.95$ 时对应的 K_2 值代入式（2.10.8）来计算弹性模量标准值。

K_2 中拟合参数值 a_1、a_2、a_3 和 b_1、b_2、b_3 的计算公式（正态分布）　表 2.10.13

置信度区间	拟合计算公式
$r=0.5\sim0.8$	$a_1=-0.0325-4.5878/n+39.1245/n^2-99.4148/n^3$
	$a_2=-0.0056+7.6179/n-89.6603/n^2+225.8476/n^3$
	$a_3=0.1400+3.2823/n+21.8462/n^2-51.0773/n^3$
$r=0.8\sim1.0$	$b_1=0.0242+1.1194/n-1.2980/n^2$
	$b_2=-0.0072-0.5571/n+0.0129/n^2$
	$b_3=-0.9187-0.2741/n+0.3163/n^2$

2.10.3 结构用材的强度标准值和弹性模量标准值

在木结构建筑工程的设计过程中，需要利用结构用材的强度标准值和弹性模量标准值

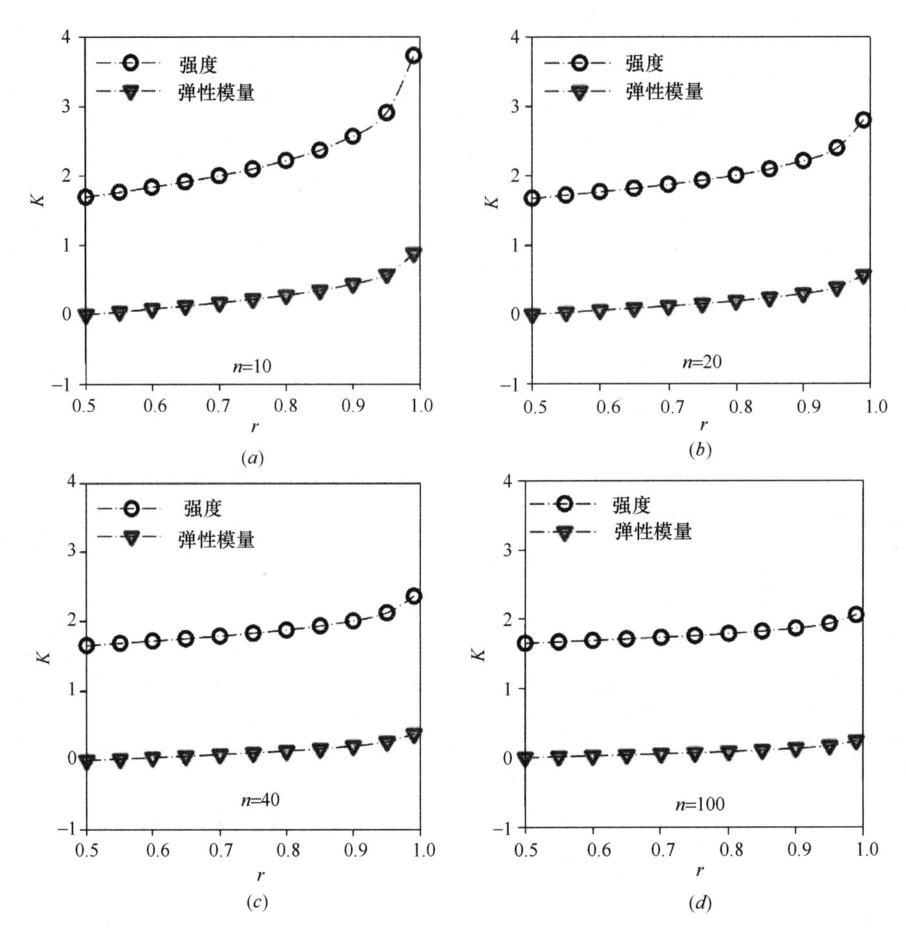

图 2.10.7　正态分布随机样本下 K_1 与 K_2 的比较（COV=0.20）

进行相关的构件验算。国家标准《木结构设计标准》GB 50005—2017 规定了承重结构用材的强度标准值和弹性模量标准值，具体指标如下：

（1）已经确定的国产树种目测分级规格材的强度标准值和弹性模量标准值见表 2.10.14。

国产树种目测分级规格材强度标准值和弹性模量标准值　　表 2.10.14

树种名称	材质等级	截面最大尺寸（mm）	强度标准值（N/mm²）			弹性模量标准值 E_k（N/mm²）
			抗弯 f_{mk}	顺纹抗压 f_{ck}	顺纹抗拉 f_{tk}	
杉木	Ⅰc	285	15.2	15.6	11.6	6100
	Ⅱc		13.5	14.9	10.3	5700
	Ⅲc		13.5	14.8	9.4	5700
兴安落叶松	Ⅰc	285	17.6	22.5	10.5	8600
	Ⅱc		11.2	18.9	7.6	7400
	Ⅲc		11.2	16.9	4.9	7400
	Ⅳc		9.6	14.0	3.5	7000

（2）对称异等组合胶合木强度标准值和弹性模量标准值见表 2.10.15，非对称异等组合胶合木强度标准值和弹性模量标准值见表 2.10.16，同等组合胶合木的强度标准值和弹性模量标准值见表 2.10.17。

对称异等组合胶合木的强度标准值和弹性模量标准值　　表 2.10.15

强度等级	强度标准值（N/mm^2）			弹性模量标准值
	抗弯 f_{mk}	顺纹抗压 f_{ck}	顺纹抗拉 f_{tk}	E_k（N/mm^2）
$TC_{YD}40$	40	31	27	11700
$TC_{YD}36$	36	28	24	10400
$TC_{YD}32$	32	25	21	9200
$TC_{YD}28$	28	22	18	7900
$TC_{YD}24$	24	19	16	6700

非对称异等组合胶合木的强度标准值和弹性模量标准值　　表 2.10.16

强度等级	强度标准值（N/mm^2）				弹性模量标准值 E_k（N/mm^2）
	抗弯 f_{mk}		顺纹抗压 f_{ck}	顺纹抗拉 f_{tk}	
	正弯曲	负弯曲			
$TC_{YF}38$	38	28	30	25	10900
TC_{YF} 34	34	25	26	22	9600
TC_{YF} 31	31	23	24	20	8800
TC_{YF} 27	27	20	21	18	7500
TC_{YF} 23	23	17	17	15	5400

同等组合胶合木的强度标准值和弹性模量标准值　　表 2.10.17

强度等级	强度标准值（N/mm^2）			弹性模量标准值 E_k（N/mm^2）
	抗弯 f_{mk}	顺纹抗压 f_{ck}	顺纹抗拉 f_{tk}	
TC_T40	40	33	29	10400
TC_T 36	36	30	26	9200
TC_T 32	32	27	23	7900
TC_T 28	28	24	20	6700
TC_T 24	24	21	17	5400

（3）进口北美地区目测分级方木强度标准值和弹性模量标准值见表 2.10.18。

进口北美地区目测分级方木强度标准值和弹性模量标准值　　表 2.10.18

树种名称	用途	材质等级	强度标准值（N/mm^2）			弹性模量标准值 E_k（N/mm^2）
			抗弯 f_{mk}	顺纹抗压 f_{ck}	顺纹抗拉 f_{tk}	
花旗松-落叶松类（美国）	梁	$Ⅰ_e$	23.2	14.4	13.8	6500
		$Ⅱ_e$	19.6	12.1	9.8	6500
		$Ⅲ_e$	12.7	7.9	6.2	5300
	柱	$Ⅰ_f$	21.7	15.1	14.5	6500
		$Ⅱ_f$	17.4	13.1	12.0	6500
		$Ⅲ_f$	10.9	9.2	6.9	5300

续表

树种名称	用途	材质等级	强度标准值（N/mm²）			弹性模量标准值 E_k（N/mm²）
			抗弯 f_{mk}	顺纹抗压 f_{ck}	顺纹抗拉 f_{tk}	
花旗松-落叶松类（加拿大）	梁	$Ⅰ_e$	23.2	14.4	13.8	6500
		$Ⅱ_e$	18.8	12.1	9.8	6500
		$Ⅲ_e$	12.7	7.9	6.2	5300
	柱	$Ⅰ_f$	21.7	15.1	14.5	6500
		$Ⅱ_f$	17.4	13.1	12.0	6500
		$Ⅲ_f$	10.5	9.2	6.9	5300
铁-冷杉类（美国）	梁	$Ⅰ_e$	18.8	12.1	10.9	5300
		$Ⅱ_e$	15.2	9.8	7.6	5300
		$Ⅲ_e$	9.8	6.6	5.1	4500
	柱	$Ⅰ_f$	17.4	12.8	11.6	5300
		$Ⅱ_f$	14.1	11.1	9.4	5300
		$Ⅲ_f$	8.3	7.5	5.4	4500
铁-冷杉类（加拿大）	梁	$Ⅰ_e$	18.1	11.8	10.5	5300
		$Ⅱ_e$	14.5	9.8	7.2	5300
		$Ⅲ_e$	8.3	6.2	4.7	4500
	柱	$Ⅰ_f$	16.7	12.5	11.2	5300
		$Ⅱ_f$	13.4	11	9.1	5300
		$Ⅲ_f$	8.0	7.5	5.4	4500
南方松	梁	$Ⅰ_e$	21.7	12.5	14.5	6100
		$Ⅱ_e$	19.6	10.8	13.0	6100
		$Ⅲ_e$	12.3	6.9	8.0	4900
	柱	$Ⅰ_f$	21.7	12.5	14.5	6100
		$Ⅱ_f$	19.6	10.8	13.0	6100
		$Ⅲ_f$	12.3	6.9	8.0	4900
云杉-松-冷杉类	梁	$Ⅰ_e$	15.9	10.2	9.4	5300
		$Ⅱ_e$	13.0	8.2	6.5	5300
		$Ⅲ_e$	8.7	5.6	3.4	4100
	柱	$Ⅰ_f$	15.2	11.5	10.1	5300
		$Ⅱ_f$	12.3	9.2	8.0	5300
		$Ⅲ_f$	7.2	6.6	4.7	4100
其他北美针叶材树种	梁	$Ⅰ_e$	15.2	9.8	9.1	4500
		$Ⅱ_e$	13.0	8.2	6.5	4500
		$Ⅲ_e$	8.3	5.6	3.4	3700
	柱	$Ⅰ_f$	14.5	11	9.8	4500
		$Ⅱ_f$	11.6	9.2	7.6	4500
		$Ⅲ_f$	6.9	6.2	4.7	3700

（4）进口北美地区目测分级规格材强度标准值和弹性模量标准值见表2.10.19。

北美地区进口目测分级规格材强度标准值和弹性模量标准值 表 2.10.19

树种名称	材质等级	截面最大尺寸(mm)	强度标准值(N/mm²)			弹性模量标准值 E_k (N/mm²)
			抗弯 f_{mk}	顺纹抗压 f_{ck}	顺纹抗拉 f_{tk}	
花旗松-落叶松类(美国)	Ⅰ$_c$	285	29.9	23.2	17.3	7600
	Ⅱ$_c$		20.0	19.9	11.4	7000
	Ⅲ$_c$		17.2	17.8	9.4	6400
	Ⅳ$_c$、Ⅳ$_{c1}$		10.0	10.3	5.4	5700
	Ⅱ$_{c1}$	90	18.3	22.2	9.9	6000
	Ⅲ$_{c1}$		10.2	18.3	5.6	5500
花旗松-落叶松类(加拿大)	Ⅰ$_c$	285	24.4	24.6	13.3	7600
	Ⅱ$_c$		16.6	21.1	8.9	7000
	Ⅲ$_c$		14.6	18.8	7.7	6500
	Ⅳ$_c$、Ⅳ$_{c1}$		8.4	10.8	4.5	5800
	Ⅱ$_{c1}$	90	15.5	23.5	8.2	6100
	Ⅲ$_{c1}$		8.6	19.3	4.6	5600
铁-冷杉类(美国)	Ⅰ$_c$	285	26.4	20.7	15.7	6400
	Ⅱ$_c$		17.8	18.1	10.4	5900
	Ⅲ$_c$		15.4	16.8	8.9	5500
	Ⅳ$_c$、Ⅳ$_{c1}$		8.9	9.7	5.1	4900
	Ⅱ$_{c1}$	90	16.4	20.6	9.4	5100
	Ⅲ$_{c1}$		9.1	17.3	5.3	4700
铁-冷杉类(加拿大)	Ⅰ$_c$	285	24.5	22.7	12.5	7000
	Ⅱ$_c$		17.9	20.2	9.0	6800
	Ⅲ$_c$		17.6	19.2	8.6	6500
	Ⅳ$_c$、Ⅳ$_{c1}$		10.2	11.1	5.0	5800
	Ⅱ$_{c1}$	90	18.7	23.3	9.1	6100
	Ⅲ$_{c1}$		10.4	19.8	5.1	5600
南方松	Ⅰ$_c$	285	26.8	22.8	20.3	7200
	Ⅱ$_c$		17.5	19.4	12.2	6500
	Ⅲ$_c$		14.4	17.0	8.5	5700
	Ⅳ$_c$、Ⅳ$_{c1}$		8.3	9.8	4.9	5100
	Ⅱ$_{c1}$	90	15.2	21.4	9.0	5400
	Ⅲ$_{c1}$		8.5	17.5	5.0	4900
云杉-松-冷杉类	Ⅰ$_c$	285	22.1	18.8	11.2	6200
	Ⅱ$_c$		16.1	16.7	8.0	5900
	Ⅲ$_c$		15.9	15.7	7.5	5600
	Ⅳ$_c$、Ⅳ$_{c1}$		9.2	9.1	3.4	5000
	Ⅱ$_{c1}$	90	16.8	19.1	7.9	5300
	Ⅲ$_{c1}$		9.4	16.2	4.4	4800

续表

树种名称	材质等级	截面最大尺寸（mm）	强度标准值（N/mm²）			弹性模量标准值 E_k（N/mm²）
			抗弯 f_{mk}	顺纹抗压 f_{ck}	顺纹抗拉 f_{tk}	
其他北美针叶材树种	Ⅰc	285	16.5	20.9	7.4	4800
	Ⅱc		11.8	17.4	5.3	4500
	Ⅲc		11.2	14.7	5.0	4200
	Ⅳc、Ⅳc1		6.5	8.5	2.9	3800
	Ⅱc1	90	11.9	18.8	5.3	4000
	Ⅲc1		6.6	15.1	3.0	3600

（5）进口北美地区机械分级规格材的强度标准值和弹性模量标准值见表2.10.20。

进口北美地区机械分级规格材强度标准值和弹性模量标准值　　表2.10.20

强度等级	强度标准值（N/mm²）			弹性模量标准值 E_k（N/mm²）
	抗弯 f_{mk}	顺纹抗压 f_{ck}	顺纹抗拉 f_{tk}	
2850Fb-2.3E	41.3	28.2	33.3	13000
2700Fb-2.2E	39.1	27.5	31.1	12400
2550Fb-2.1E	36.9	26.5	29.7	11900
2400Fb-2.0E	34.8	25.9	27.9	11300
2250Fb-1.9E	32.6	25.2	25.3	10700
2100Fb-1.8E	30.4	24.6	22.8	10200
1950Fb-1.7E	28.2	23.6	19.9	9600
1800Fb-1.6E	26.1	22.9	17.0	9000
1650Fb-1.5E	23.9	22.3	14.8	8500
1500Fb-1.4E	21.7	21.6	13.0	7900
1450Fb-1.3E	21.0	21.3	11.6	7300
1350Fb-1.3E	19.6	21.0	10.9	7300
1200Fb-1.2E	17.4	18.3	8.7	6800
900Fb-1.0E	13.0	13.8	5.1	5600

（6）进口欧洲地区结构材强度标准值和弹性模量标准值见表2.10.21。当采用进口欧洲地区结构材，且构件受弯截面的高度尺寸和受拉截面的宽边尺寸小于150mm时，结构材的抗弯强度和抗拉强度应乘以本手册公式（3.3.1）的尺寸调整系数 k_h。

进口欧洲地区结构材强度标准值和弹性模量标准值　　表2.10.21

强度等级	强度标准值（N/mm²）			弹性模量标准值 E_k（N/mm²）
	抗弯 f_{mk}	顺纹抗压 f_{ck}	顺纹抗拉 f_{tk}	
C40	38.6	22.4	24.0	9400

续表

强度等级	强度标准值（N/mm²）			弹性模量标准值 E_k（N/mm²）
	抗弯 f_{mk}	顺纹抗压 f_{ck}	顺纹抗拉 f_{tk}	
C35	33.8	21.5	21.0	8700
C30	28.9	19.8	18.0	8000
C27	26.0	18.9	16.0	7700
C24	23.2	17.2	14.0	7400
C22	21.2	16.3	13.0	6700
C20	19.3	15.5	12.0	6400
C18	17.4	16.4	11.0	6000
C16	15.4	14.6	10.0	5400
C14	13.5	13.8	8.0	4700

（7）进口新西兰结构材的强度标准值和弹性模量标准值见表 2.10.22。

进口新西兰结构材强度标准值和弹性模量标准值　　表 2.10.22

强度等级	强度标准值（N/mm²）			弹性模量标准值 E_k（N/mm²）
	抗弯 f_{mk}	顺纹抗压 f_{ck}	顺纹抗拉 f_{tk}	
SG15	41.0	35.0	23.0	10200
SG12	28.0	25.0	14.0	8000
SG10	20.0	20.0	8.0	6700
SG8	14.0	18.0	6.0	5400
SG6	10.0	15.0	4.0	4000

（8）防火设计时，方木原木的强度标准值和弹性模量应按照表 2.10.23 取值。

防火设计时方木原木的强度标准值和弹性模量　　表 2.10.23

强度等级	组别	抗弯 f_{mk}（N/mm²）	顺纹抗压 f_{ck}（N/mm²）	顺纹抗拉 f_{tk}（N/mm²）	弹性模量 E（N/mm²）
TC17	A	38	32	27	10000
	B		30	26	
TC15	A	33	26	24	10000
	B		24	24	
TC13	A	29	24	23	10000
	B		20	22	9000
TC11	A	24	20	20	9000
	B		20	19	
TB20	—	44	36	32	12000

续表

强度等级	组别	抗弯 f_{mk}（N/mm²）	顺纹抗压 f_{ck}（N/mm²）	顺纹抗拉 f_{tk}（N/mm²）	弹性模量 E（N/mm²）
TB17	—	38	32	30	11000
TB15	—	33	28	27	10000
TB13	—	29	24	24	8000
TB11	—	24	20	22	7000

注：本表仅用于方木原木构件的防火验算。

（9）根据国家标准《建筑结构用木工字梁》GB/T 28985—2012 的规定，不同材料制备的不同等级的工字形木搁栅的力学性能标准值应符合表 2.10.24 的规定。

工字形木搁栅主要力学性能标准值指标　　　　表 2.10.24

翼缘材料	工字形木搁栅高度（mm）	性能等级	抗弯刚度（$\times10^6$kN·mm²）	受弯承载力矩（kN·mm）	受剪承载力（kN）	中部支反力（kN）	端部支反力（kN）
LVL	240	Ⅰ	535	10 825	11.80	21.50	10.70
		Ⅱ	460	9 190	11.80	20.10	9.95
	300	Ⅰ	1 735	24 975	20.30	35.40	14.75
		Ⅱ	1 205	18 785	15.00	24.65	12.25
		Ⅲ	925	13 995	15.00	21.50	10.70
		Ⅳ	805	11 875	15.00	20.10	9.95
	350	Ⅰ	2 530	29 790	22.45	35.40	14.75
		Ⅱ	1 760	22 400	18.05	24.65	12.25
		Ⅲ	1 380	16 690	18.05	21.50	10.70
LVL	400	Ⅰ	3 420	34 135	24.60	35.40	14.75
		Ⅱ	2 415	25 660	20.80	24.65	12.25
		Ⅲ	1 905	19 125	20.80	21.50	10.70
规格材	240	Ⅰ	665	10 770	11.80	22.80	11.40
		Ⅱ	555	7 790	11.80	22.80	11.40
		Ⅲ	415	7 175	11.80	17.95	8.75
	300	Ⅰ	1 570	19 765	15.00	29.10	13.50
		Ⅱ	1 135	13 955	15.00	26.35	12.65
		Ⅲ	945	10 095	15.00	26.35	12.65
		Ⅳ	725	9295	15.00	17.95	8.75
	350	Ⅰ	2 300	23 810	18.05	31.85	13.50
		Ⅱ	1 675	16 790	18.05	26.35	12.65
		Ⅲ	1 385	12 160	18.05	26.35	12.65
	400	Ⅰ	3 135	27 600	20.80	31.85	13.50
		Ⅱ	2 295	19 470	20.80	26.35	12.65
		Ⅲ	1 885	14 100	20.80	26.35	12.65

注：1. 表中的数值均为样本需达到的标准值；
2. 中部支反力，是指屋加劲肋、中部支撑长度为 90mm 时的中部支反力；
3. 端部支反力，是指屋加劲肋、端部支撑长度为 45mm 时的端部支反力。

第3章　基本设计规定

3.1　木结构设计的基本原则

木结构设计采用以概率理论为基础的极限状态设计法，以可靠度指标度量结构构件可靠度，采用分项系数的设计表达式。

木结构设计时其设计使用年限应按表3.1.1的规定采用。

设计使用年限　　**表3.1.1**

类别	设计使用年限（年）	示　　例
1	5	临时性建筑结构
2	25	易于替换的结构构件
3	50	普通房屋和构筑物
4	100	标志性建筑和特别重要的建筑结构

木结构设计时，还应考虑结构安全等级，应根据建筑结构破坏可能产生的后果的严重程度，即危及人的生命、造成经济损失、对社会或环境产生影响等的严重程度，采用不同的安全等级。建筑结构划分为三个安全等级。设计时根据具体情况，按表3.1.2选用相应的安全等级。

建筑结构的安全等级　　**表3.1.2**

安全等级	破坏后果	示　　例
一级	很严重：对人的生命、经济、社会或环境影响很大	重要的建筑物
二级	严重：对人的生命、经济、社会或环境影响较大	一般的建筑物
三级	不严重：对人的生命、经济、社会或环境影响较小	次要的建筑物

注：对有特殊要求的建筑物，其安全等级应根据具体情况另行确定。

建筑物中各类结构构件的安全等级，宜与整个结构的安全等级相同，对其中部分结构构件的安全等级，可根据其重要程度进行适当调整，但不得低于三级。例如结构的安全等级为二级，则梁、板、柱以及墙体等主要受力构件的安全等级也为二级，对于部分构架墙骨柱、隔墙等次要构件的安全等级可以根据需要适度降低，但也不应低于三级。

进行木结构设计时，应考虑两种极限状态：承载能力极限状态和正常使用极限状态。

对于承载能力极限状态，结构构件应按荷载效应的基本组合，采用下列极限状态设计表达式：

$$\gamma_0 S_d \leqslant R_d \tag{3.1.1}$$

式中：γ_0——结构重要性系数；

S_d——承载能力极限状态下作用组合的效应设计值，按现行国家标准《建筑结构荷载规范》GB 50009 进行计算；

R_d——结构或结构构件的抗力设计值。

结构重要性系数 γ_0 可根据结构的使用年限或安全等级按下列规定采用：

（1）安全等级为一级或设计使用年限为 100 年及以上的结构构件，不应小于 1.1；安全等级为一级且设计使用年限超过 100 年的结构构件，不应小于 1.2；

（2）安全等级为二级或设计使用年限为 50 年的结构构件，不应小于 1.0；

（3）安全等级为三级或设计使用年限为 5 年的结构构件，不应小于 0.9，设计使用年限为 25 年的结构构件，不应小于 0.95。

结构构件的截面按下式进行抗震验算：

$$S \leqslant R/\gamma_{RE} \tag{3.1.2}$$

式中：γ_{RE}——承载力抗震调整系数；

S——地震作用效应与其他作用效应的基本组合。按现行国家标准《建筑抗震设计规范》GB 50011 进行计算；

R——结构构件的承载力设计值。

木结构建筑进行构件抗震验算时，承载力抗震调整系数 γ_{RE} 应符合表 3.1.3 的规定。当仅计算竖向地震作用时，各类构件的承载力抗震调整系数 γ_{RE} 均应取为 1.0。非结构构件抗震验算时，连接件的承载力抗震调整系数 γ_{RE} 可取 1.0。

承载力抗震调整系数　　**表 3.1.3**

构件名称	系数 γ_{RE}
柱、梁	0.80
各类构件（偏拉、受剪）	0.85
木基结构板剪力墙	0.85
连接件	0.90

对于正常使用极限状态，结构构件应按荷载效应的标准组合，采用下列极限状态设计表达式：

$$S_d \leqslant C \tag{3.1.3}$$

式中：S_d——正常使用极限状态的作用组合的效应设计值；

C——根据结构构件正常使用要求，对变形、裂缝等规定的相应限值。

木材具有的一个显著特点就是在荷载的长期作用下强度会降低，因此，荷载持续作用时间对木材强度的影响较大，在确定木材强度时必须考虑荷载持续时间影响系数。另外，木结构设计时还应考虑长期荷载作用下木材的蠕变性特征，尤其是正常使用极限状态验算。

木结构抗侧力设计计算时，应满足以下规定：

（1）风荷载和多遇地震作用时，木结构建筑的水平层间位移不宜超过结构层高的 1/250。

（2）木结构建筑的楼层水平作用力宜按抗侧力构件的从属面积或从属面积上重力荷载代表值的比例进行分配。此时水平作用力的分配可不考虑扭转影响，但是对较长的墙体宜乘以 1.05～1.10 的放大系数。

(3) 风荷载作用下，轻型木结构的边缘墙体所分配到的水平剪力宜乘以1.2的调整系数。

对于楼、屋面结构上设置的围护墙、隔墙、幕墙、装饰贴面和附属机电设备系统等非结构构件及其与结构主体的连接，应进行抗震设计。抗震设防烈度为8度和9度地区的木结构建筑，可采用隔震、消能设计。

木结构中的钢构件设计，应遵守现行国家标准《钢结构设计标准》GB 50017的规定。

3.2 木材设计指标的确定方法

我国木结构建筑的结构设计是采用基于可靠度的极限状态设计法，因此，要求对木构件的可靠度水平进行分析，并且，应按国家现行标准《工程结构可靠性设计统一标准》GB 50153和《建筑结构可靠性设计统一标准》GB 50068的规定确定木材的强度设计指标，即对于设计指标应使结构或构件的可靠度水平达到目标可靠度β_0，例如对于结构安全等级为二级的受弯、受压木构件，其可靠度应不低于3.2；对于受拉木构件，则其可靠度应不低于3.7。我国木结构科技工作者于20世纪80年代对方木与原木构件进行了可靠度分析，确定了其强度设计指标并沿用至今。

《木结构设计规范》GB 50005—2003（2005年版）在保留方木与原木的同时，纳入了北美规格材、北美方木、欧洲锯材以及目测分等和机械弹性模量分等层板胶合木等结构用木材。对于新纳入规范的进口结构用木材的设计值确定，是采用将国外规范中规定的强度设计值通过相同安全度的“软转换”方式得到的。对于由美国进口的结构用木材强度设计值的“软转换”方式，就是假定在某种特定的荷载组合下（恒载与雪荷载组合），按照美国木结构设计规范NDSWC-2005（National Design Specifications for Wood Construction）和我国国家标准《木结构设计规范》GB 50005—2003（2005年版）设计计算所获得的构件具有相同的安全性，从而直接将美国规范NDSWC—2005规定的木材的强度设计指标换算成《木结构设计规范》GB 50005—2003（2005年版）的设计指标。但是“软转换”方式是未采用可靠度分析方法来确定木材的强度设计指标，也未对其可靠度水平做过校准分析。这样一来，对应我国极限状态设计法的基本原则要求，存在一些不相符合的缺陷。

在对国家标准《木结构设计规范》GB 50005—2003（2005年版）进行修订时，编制组认为：对于原有的方木原木的设计指标，因曾对其进行过可靠度校准分析，满足我国的可靠度水平要求，并经过多年的实践证明了现有对方木原木设计指标的相关规定是可靠的，所以本次继续沿用原规定，不进行改变。而对于《木结构设计规范》GB 50005—2003（2005年版）中，除方木原木以外的木材及木制品的设计指标有必要按可靠度的方法重新确定，并由此建立统一的确定木材设计指标的方法，为今后扩大利用新的结构用木材时提供理论依据和标准的设计值确定方法。

本节将重点介绍本次《木结构设计标准》GB 50005—2017编制中，确定木材设计指标时采用的可靠度分析方法，供木结构科技工作者参考。

3.2.1 木结构构件抗力的统计分析及基本统计参数

1. 影响木结构构件抗力的因素的统计分析

影响木结构构件抗力的诸因素按下式表示：

$$R = K_{\mathrm{P}} A f_{\mathrm{Q}} \tag{3.2.1}$$

式中：R ——构件抗力；

K_{P}——方程精确性影响系数；

A——构件的几何特征；

f_{Q}——构件材料强度。

考虑到木结构构件材料强度与试件材料强度有明显不同的特点，同时为便于研究几何特征的变异，令

$$f_{\mathrm{Q}} = K_{\mathrm{Q}} f \tag{3.2.2}$$

$$A = K_{\mathrm{A}} A_{\mathrm{K}} \tag{3.2.3}$$

则式（3.2.1）变为：

$$R = K_{\mathrm{P}} K_{\mathrm{A}} A_{\mathrm{K}} K_{\mathrm{Q}} f \tag{3.2.4}$$

式中：K_{A} ——实际几何特征与几何特征标准值的比值；

A_{K} ——几何特征标准值；

K_{Q} ——由试件材料强度转化为构件材料强度的折减系数；

f——试件材料强度。

式（3.2.4）中，A_{K}为常量，K_{P}、K_{A}、K_{Q}、f 为相互独立的随机变量，则

$$m_{\mathrm{R}} = \overline{K}_{\mathrm{p}}\, \overline{K}_{\mathrm{A}}\, \overline{K}_{\mathrm{Q}} m_{\mathrm{f}} A_{\mathrm{k}} \tag{3.2.5}$$

$$V_{\mathrm{R}}^2 = V_{\mathrm{KP}}^2 + V_{\mathrm{KA}}^2 + V_{\mathrm{KQ}}^2 + V_{\mathrm{f}}^2 \tag{3.2.6}$$

式中：　m_{R}、V_{R}——构件抗力 R 的平均值及变异系数；

$\overline{K}_{\mathrm{P}}$ 、V_{KP}——方程精确性影响因素的平均值及变异系数；

$\overline{K}_{\mathrm{A}}$ 、V_{KA}——比值 K_{A}的平均值及变异系数；

$\overline{K}_{\mathrm{Q}}$ 、V_{KQ}——折减系数 K_{Q}的平均值及变异系数；

m_{f}、V_{f}——试件材料强度的平均值及变异系数。

下面对各随机变量分别予以论述。

(1) $\overline{K}_{\mathrm{Q}}$、$V_{\mathrm{KQ}}$

清材小试件强度与构件材料强度不同是由下列因素造成的：清材小试件无缺陷、尺寸小、试验时荷载为瞬时作用等，而构件则有缺陷（天然缺陷和干燥缺陷，如木节、裂缝等，且缺陷大小和位置都是随机的）、尺寸大（具体尺寸大小亦是随机的）并承受长期荷载（除恒载外，还有相对恒载比值不同变化的活载）等。因此，在确定构件材料强度相对于试件强度的折减时，应考虑上述几个主要因素，即

$$K_{\mathrm{Q}} = K_{\mathrm{Q1}} K_{\mathrm{Q2}} K_{\mathrm{Q3}} K_{\mathrm{Q4}} \tag{3.2.7}$$

这四个随机变量均假定相互独立，则

$$\overline{K}_{\mathrm{Q}} = \overline{K}_{\mathrm{Q1}}\, \overline{K}_{\mathrm{Q2}}\, \overline{K}_{\mathrm{Q3}}\, \overline{K}_{\mathrm{Q4}} \tag{3.2.8}$$

$$V_{\mathrm{KQ}}^2 = V_{\mathrm{KQ1}}^2 + V_{\mathrm{KQ2}}^2 + V_{\mathrm{KQ3}}^2 + V_{\mathrm{KQ4}}^2 \tag{3.2.9}$$

式中：K_{Q1} ——考虑天然缺陷影响的系数，其均值为 $\overline{K}_{\mathrm{Q1}}$ ，变异系数为 V_{KQ1}；

K_{Q2} ——考虑干燥缺陷影响的系数，其均值为 $\overline{K}_{\mathrm{Q2}}$ ，变异系数为 V_{KQ2}；

K_{Q3} ——考虑长期荷载对构件强度影响的系数，其均值为 $\overline{K}_{\mathrm{Q3}}$ ，变异系数为 V_{KQ3}；

K_{Q4} ——考虑尺寸影响的系数，其均值为 $\overline{K}_{\mathrm{Q4}}$ ，变异系数为 V_{KQ4}。

变量 $V_{KQ1} \sim V_{KQ4}$ 的统计参数，基于我国原木和方木材料的受力形式，见表 3.2.1。

我国原木和方木木构件抗力的统计参数 **表 3.2.1**

树种受力形式		顺纹受压	顺纹受拉	受弯	顺纹受剪
天然缺陷	$\overline{K}_{Q1}$	0.80	0.66	0.75	—
	V_{KQ1}	0.14	0.19	0.16	—
干燥缺陷	$\overline{K}_{Q2}$	—	0.90	0.85	0.82
	V_{KQ2}	—	0.04	0.04	0.10
长期荷载	$\overline{K}_{Q3}$	0.72	0.72	0.72	0.72
	V_{KQ3}	0.12	0.12	0.12	0.12
尺寸影响	$\overline{K}_{Q4}$	—	0.75	0.89	0.90
	V_{KQ4}	—	0.07	0.06	0.06
几何特征	$\overline{K}_A$	0.96	0.96	0.94	0.96
	V_{KA}	0.06	0.06	0.08	0.06
方程精确性	$\overline{K}_P$	1.00	1.00	1.00	0.97
	V_{KP}	0.05	0.05	0.05	0.08

(2) $\overline{K}_A$、V_{KA}

实际的几何特征与设计的几何特征（几何特征的标准值）总是存在一定的偏差。尽管在大多数情况下，几何特征的变异与荷载或材料强度的变异相比要小得多，但是在设计中，这种偏差仍应予以必要的重视。

对受弯构件，由 2000 多个测点的实测结果得 $\overline{K}_A=0.94$，$V_{KA}=0.08$。其他构件的 K_A 和 V_{KA} 详见表 3.2.1。

(3) $\overline{K}_P$ 、V_{KP}

K_P反映设计模型确定抗力所有假设的不定性。$\overline{K}_P$ 及 V_{KP} 可通过规范公式计算值与更进一步精确理论公式比较或规范公式计算值与实验值相比较予以估计。K_P的统计参数亦列入表 3.2.1。

如将式（3.2.7）代入式（3.2.4）则可见，构件抗力函数是由许多独立的随机变量相乘组成。根据概率论中心极限定理可推断抗力函数近似服从对数正态分布。因此，假定木构件抗力 R 服从对数正态分布参加极限状态函数的分析。

2. 荷载统计参数

根据《建筑结构荷载规范》GB 50009—2012，我国荷载的统计参数见表 3.2.2。

荷载的统计参数 **表 3.2.2**

荷载种类	平均值/标准值	变异系数
恒荷载	1.06	0.07
办公楼楼面活荷载	0.524	0.288
住宅楼面活荷载	0.644	0.233
风荷载（30 年重现期）	1.000	0.190
雪荷载（50 年重现期）	1.040	0.220

3.2.2　我国原木、方木设计指标可靠度校准

1. 我国原木、方木材料强度统计参数分析

我国原木方木试件强度 f 是采用清材小试件，并按国家规定的标准试验方法试验确定。试验结果表明，试件强度的平均值 m_f 和变异系数 V_f 随树种品质优劣不同而不同，为此有必要分别对不同树种进行研究。广大林业科技工作者长期以来进行了大量的科学研究，汇总了可作为建筑结构用材的多达 180 个采集地的统计数据，供建筑部门使用。表 3.2.3 列出了部分常用木材清材的小试件强度的统计参数。

部分常用木材清材小试件强度统计参数　　表 3.2.3

序号	树种名称	产地	顺纹受拉		顺纹受压		受弯		顺纹受剪	
			m_f (N/mm²)	V_f (%)	m_f (N/mm²)	V_f (%)	m_f (N/mm²)	V_f (%)	m_f (N/mm²)	V_f (%)
1	长白落叶松	吉林	122.6	26.0	52.2	14.6	99.3	14.3	7.1	18.2
2	鱼鳞云杉	黑龙江	100.9	22.0	42.4	13.0	75.1	14.8	6.2	15.1
3	红　松	黑龙江	98.1	15.8	32.8	12.5	65.3	11.4	6.3	13.0
4	西南云杉	四　川	108.0	24.0	39.2	12.5	80.4	17.7	7.2	25.1
5	云南松	云　南	127.3	20.0	66.8	13.0	80.0	15.0	9.2	20.0
6	马尾松	湖　南	104.9	28.1	46.5	17.5	91.0	15.4	6.7	22.0
7	杉　木	福　建	86.1	21.2	35.6	17.3	65.2	19.2	6.1	20.1
8	冷　杉	四　川	92.0	28.4	38.0	15.8	78.1	17.3	5.8	31.4

然而，我国幅员广阔，部分树种产地分散，例如：杉木遍布我国南方各省，且各省杉木强度的统计参数并不相同，如表 3.2.4 所示。

杉木清材小试件强度统计参数　　表 3.2.4

树种名称	产地	顺纹受拉		顺纹受压		受弯		顺纹受剪	
		m_f (N/mm²)	V_f (%)	m_f (N/mm²)	V_f (%)	m_f (N/mm²)	V_f (%)	m_f (N/mm²)	V_f (%)
杉木	湖南	77.2	18.8	38.8	13.2	63.6	17.2	4.2	23.1
	贵州	79.1	25.8	361	18.5	62.6	22.9	3.5	31.3
	四川	93.5	27.0	39.1	15.8	68.4	19.3	5.9	21.7
	安徽	79.1	21.2	38.1	15.2	73.7	14.5	6.2	23.4
	广西	72.4	21.2	36.8	15.5	72.5	19.9	5.1	17.6
	浙江	81.6	14.1	42.8	11.1	86.3	16.5	7.1	17.7
	福建	86.1	21.2	35.6	17.3	65.2	19.2	6.1	20.1

对同一树种有多个采集地的多组统计参数时，按下式确定其代表值：

$$m_f = \sum_{i=1}^{n} p_i m_{fi} \tag{3.2.10}$$

$$V_f = \sum_{i=1}^{n} p_i V_{fi} \tag{3.2.11}$$

式中：m_f——该树种某一采集地的试件平均强度；

V_f——该树种某一采集地的试件强度的变异系数；

p_i——该树种某采集地的储量权，即该采集地这一树种的储量占该树种全国总储量的比例。

2. 我国原木、方木结构荷载组合级荷载效应比值

较长期以来，我国木结构主要用于屋盖系统。显然，校准的荷载及其组合，主要应来源于屋盖系统的荷载及其组合。

作用于屋盖系统的荷载主要分为两类：永久荷载——防水材料的重量、构件自重及其他材料的重量等；可变荷载——屋面均布活荷、雪荷载、风荷载及施工集中荷载等。我国绝大多数的工业与民用建筑的木屋盖，其屋面坡度不大于30°，风荷载对坡屋面产生的是吸力，计算屋盖系统承重构件，一般可不考虑风荷载（个别天窗架的计算除外），因此，荷载组合主要考虑雪荷载或屋面均布活荷载二者中较大者与永久荷载组合，由于雪荷载的概率分布及统计参数已有较深的研究，故校准时选择永久荷载与雪荷载组合为主进行研究。同时，为了与其他材料结构比较（钢筋混凝土结构、钢结构、薄钢结构及砖石结构等主要选择了办公楼楼面荷载的组合），适当考虑永久荷载与办公楼楼面荷载组合情况。所以，规范校准时采用G+L和G+S两种组合进行。

对全国30多种屋盖的调查表明：木结构屋盖的可变荷载比值ρ值为0.14～0.6，主要集中在0.2、0.3、0.5左右变化；办公楼楼面的可变荷载比值ρ值为1.5左右。故校准时确定取S_{SK}/S_{GK}为0.2、0.3、0.5，S_{LK}/S_{GK}为1.5。

采用一阶二次矩的方法按上述统计参数进行可靠度校准计算。

校准结果见表3.2.5、表3.2.6。

G+L组合下的β值 **表3.2.5**

受力状况	顺纹受拉	顺纹受压	受弯	受剪
β	4.72	4.29	4.26	4.36

G+S组合下的β值 **表3.2.6**

受力状况	顺纹受拉	顺纹受压	受弯	受剪
β	3.93	3.40	3.37	3.47

校准结果表明，木结构的各种受力性质的可靠度指标均满足国家标准《建筑结构可靠性设计统一标准》GB 50068的要求。

3.2.3 基于可靠度确定木材强度指标的统一方法

基于可靠度的极限状态设计法中，木材的强度设计值f_d应由下式表示：

$$f_d = \frac{f_k K_{DOL}}{\gamma_R} \tag{3.2.12}$$

式中：f_k——木材的强度标准值（亦称特征值，具有95%的保证率）；

K_{DOL}——荷载持续作用效应系数，规定取值为0.72；

γ_R——木构件的抗力分项系数，其大小由构件的失效概率或可靠性确定。

构件的可靠度不仅与抗力和作用效应的大小有关，还与抗力与作用效应的变异性有关，而构件抗力的变异性主要取决于材料强度的异性。在规定的可靠度条件下，抗力分项

系数（或材料分项系数）将随材料强度变异性的增大而增大。

设计使用年限（50年）内结构构件承载力极限状态下的可靠度指标 β_0 由建筑结构安全等级与构件的破坏性质决定，且不应低于表 3.2.7 的规定。

结构构件承载力极限状态下的可靠度指标 β_0　　　表 3.2.7

破坏类型	安全等级		
	一级	二级	三级
延性破坏	3.7	3.2	2.7
脆性破坏	4.2	3.7	3.2

基于可靠度确定木材强度指标的统一方法：首先建立适用于各类木材制作的木构件可靠度分析的功能函数，对各种荷载条件下的受弯、受拉和受压木构件进行可靠度分析，以获得满足可靠度要求的抗力分项系数与木材强度变异系数间的关系曲线（γ_R-V_R 曲线），然后根据木材的标准值和变异系数，确定木材的强度设计指标。

1. 木构件极限状态方程与功能函数

根据结构可靠性总原则的规定和我国可靠度分析的一般做法，结合结构木材的强度特性，对于安全等级为二级的结构，木构件的功能函数可表示为：

$$G = K_A K_P K_{Q3} f - \frac{f_k K_{DOL}(g + q\rho)K_B}{\gamma_R(\gamma_G + \psi_c \gamma_Q \rho)} \tag{3.2.13}$$

式中：K_A——木构件截面尺寸不定性系数，随机变量；

K_P——抗力计算模式不定性系数，随机变量；

K_{Q3}——荷载持续作用效应对木材强度的影响系数，随机变量；

K_{DOL}——荷载持续作用效应系数，常量，等于随机变量 K_{Q3} 的均值；

f——木材的短期强度，随机变量，我国可靠度分析中一般假定其符合对数正态分布；

K_B——作用效应计算模式不定性系数，随机变量；

f_k——木材的强度标准值，定值；

g——恒荷载与其标准值之比，$g=G/G_k$，随机变量；

q——可变荷载与其标准值之比，$q=Q/Q_k$，随机变量；

ρ——可变荷载与恒荷载的标准值产生的作用效应比，常变量，当可变荷载与恒荷载的荷载效应系数相同时，$\rho=Q_k/G_k$；

γ_R——木构件的抗力分项系数，定值；

γ_G——恒荷载分项系数，定值；

γ_Q——可变荷载分项系数，定值；

ψ_c——荷载效应组合系数，定值。

式（3.2.13）中，γ_G、γ_Q、ψ_c 按现行国家标准《建筑结构荷载规范》GB 50009 的规定取值。其余各随机变量采用统计参数的平均值及变异系数表示，分别列于表 3.2.2 和表 3.2.8。表 3.2.8 列出的抗力统计参数是基于对原木方木参数统计表 3.2.1 进行研究后确定的，其中，剔除了清材小试件试验方法有关的各参数，以反映结构木材足尺试验方法的特点，并根据现代结构用木材的特点对截面尺寸不定性的统计参数作了适当的调整。

对于强度符合对数正态分布的木材，其强度平均值 f_m、强度标准值 f_k 和强度变异系数 V_R 间的关系如下：

$$\frac{f_m}{f_k}=\sqrt{1+V_R^2}e^{1.645\sqrt{\ln(1+V_R^2)}} \tag{3.2.14}$$

木构件抗力统计参数　　　　表 3.2.8

受力形式		受弯	顺纹受压	顺纹受拉
荷载持续作用效应系数	$\overline{K}_{Q3}$	0.72	0.72	0.72
	V_{Q3}	0.12	0.12	0.12
截面尺寸不定性系数	$\overline{K}_A$	1.00	1.00	1.00
	V_A	0.05	0.03	0.03
抗力计算模式不定性系数	$\overline{K}_P$	1.00	1.00	1.00
	V_P	0.05	0.05	0.05
作用效应计算模式不定性系数	$\overline{K}_B$	1.00	1.00	1.00
	V_B	0.05	0.05	0.05

构件的失效概率，即功能函数 $G<0$ 的概率，与可靠度指标 β 相对应。将式（3.2.14）代入式（3.2.13），经可靠度分析，获得各类结构用木材在不同荷载效应组合及荷载比值 ρ 条件下，对应于规定的可靠度指标的抗力分项系数与变异系数的关系曲线，即 γ_R-V_R 曲线。

2. 可靠度分析参数取值范围

（1）荷载组合

考虑的荷载组合包括恒荷载、恒荷载与住宅楼面活荷载组合、恒荷载与办公楼面活荷载组合、恒荷载与雪荷载组合以及恒荷载与风荷载组合五种荷载工况。

（2）活荷载与恒荷载的比值 ρ

原木与方木构件的可靠度分析中，所采用的可变荷载与恒荷载的比值 ρ 主要依据对早期木屋盖的调查确定。当时的木屋盖主要采用黏土瓦屋面和密度较大的保温材料，自重很大，因此 ρ 的取值较低，最大仅为 1.5。由于当前我国黏土瓦已基本不用，苯板等保温材料的密度很小，故在本次可靠度分析中增大了可变荷载与恒荷载的比值 ρ 的范围，分别取 $\rho=0$、0.25、0.5、1.0、2.0、3.0、4.0，其中 $\rho=0$ 代表恒荷载单独作用的情况。

（3）强度变异系数 V_R

早期木结构所用木材的品种单一，只有方木与原木，其受拉、受压、受弯和受剪构件强度的变异系数约为 0.22～0.32。现代木材种类增多，其强度变异系数的范围应予扩大，故在本次可靠度分析中按其服从对数正态分布，变异系数取 0.05～0.50。

（4）目标可靠度 β_0

针对不同安全等级，目标可靠度指标按表 3.2.7 分别取为 β_0=2.7、3.2、3.7、4.2。

3. γ_R-V_R 曲线分析

采用改进的 JC 法进行可靠度分析，得到了受拉、受压和受弯构件在不同目标可靠度指标、不同荷载组合和不同荷载比值情况下的 γ_R-V_R 曲线。以安全等级为二级的木结构为例，图 3.2.1～图 3.2.3 分别给出了受弯构件、受拉构件和受压构件的 γ_R-V_R 曲线，各图中的“基准线”是用以确定木材强度设计指标的 γ_R-V_R 曲线，“基准线调整”是基准线除以调整系数 0.83 所得到的曲线。

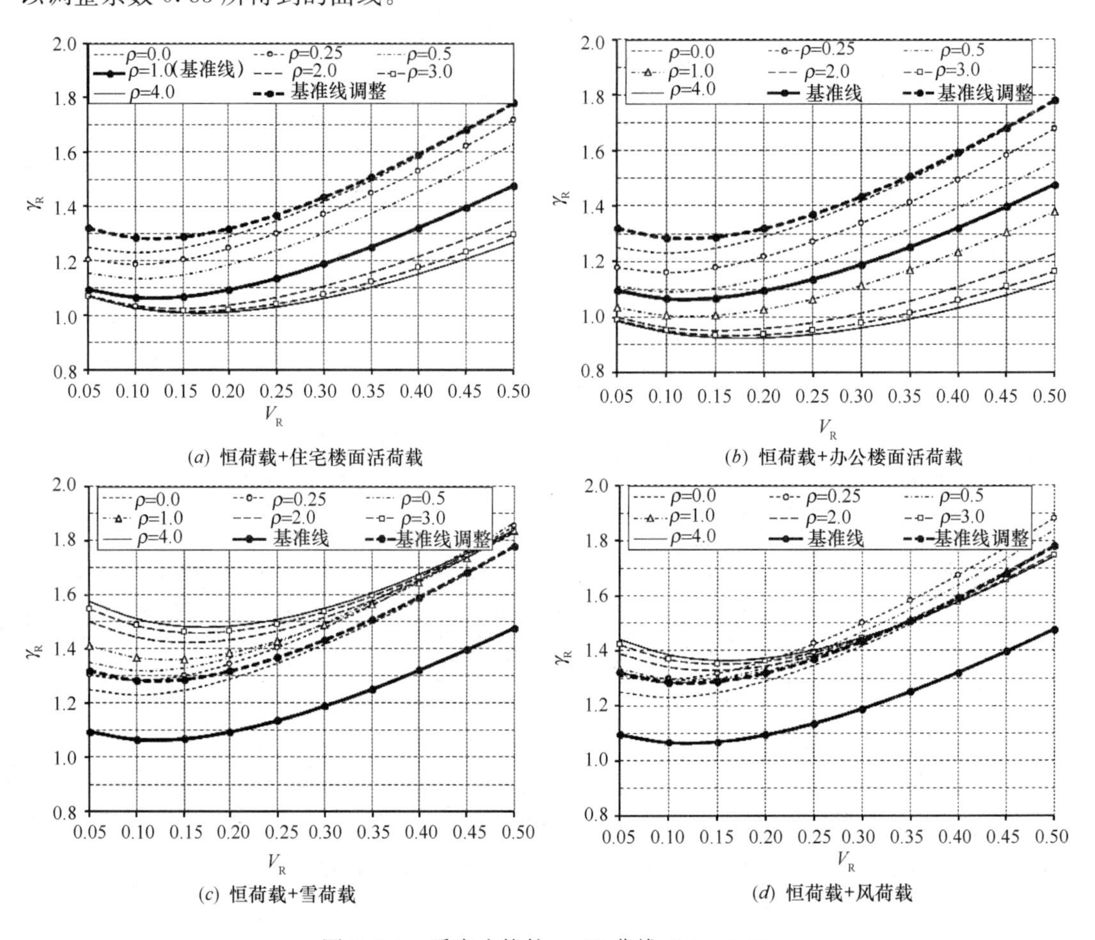

(a) 恒荷载+住宅楼面活荷载　(b) 恒荷载+办公楼面活荷载

(c) 恒荷载+雪荷载　(d) 恒荷载+风荷载

图 3.2.1　受弯木构件 γ_R-V_R 曲线（$\beta_0=3.2$）

以受弯构件为例（图 3.2.1），满足 $\beta_0=3.2$ 时，抗力分项系数不仅与木材的强度变异系数有关，还与荷载组合及活荷载与恒荷载的比值 ρ 有关，在较大的范围内变动，其最小值不足 1.0，最大值可达 1.9。当变异系数较小（$V_R<0.15$）时，各组曲线中的抗力分项系数均随变异系数的增大而略有减小；当变异系数较大时，抗力分项系数随变异系数的增大而增大。这一现象与标准 ASTM D5457 中的可靠度校准系数与强度变异系数的关系吻合。恒荷载与住宅楼面活荷载组合及恒荷载与办公楼面活荷载组合下，抗力分项系数随荷载比值 ρ 的增大而减小，恒荷载单独作用时抗力分项系数最大。这是由于恒荷载的平均值与标准值之比（参见表 3.2.2）大于这两类活荷载的平均值与标准值之比。恒荷载与雪荷载组合及恒荷载与风荷载组合的情况，抗力分项系数随荷载比值的变化趋势与前两种荷载组合相反，且这种现象在强度变异系数较小时更为明显。这是因为恒荷载的平均值与标准值之比与这两类活荷载的平均值与标准值之比大小相近，但后两者的变异系数远大于前者。上述现象正反映了基于概率的设计方法的特点，即构件的可靠度或安全性既与随机变量的平均值大小有关，又与其变异性有关。

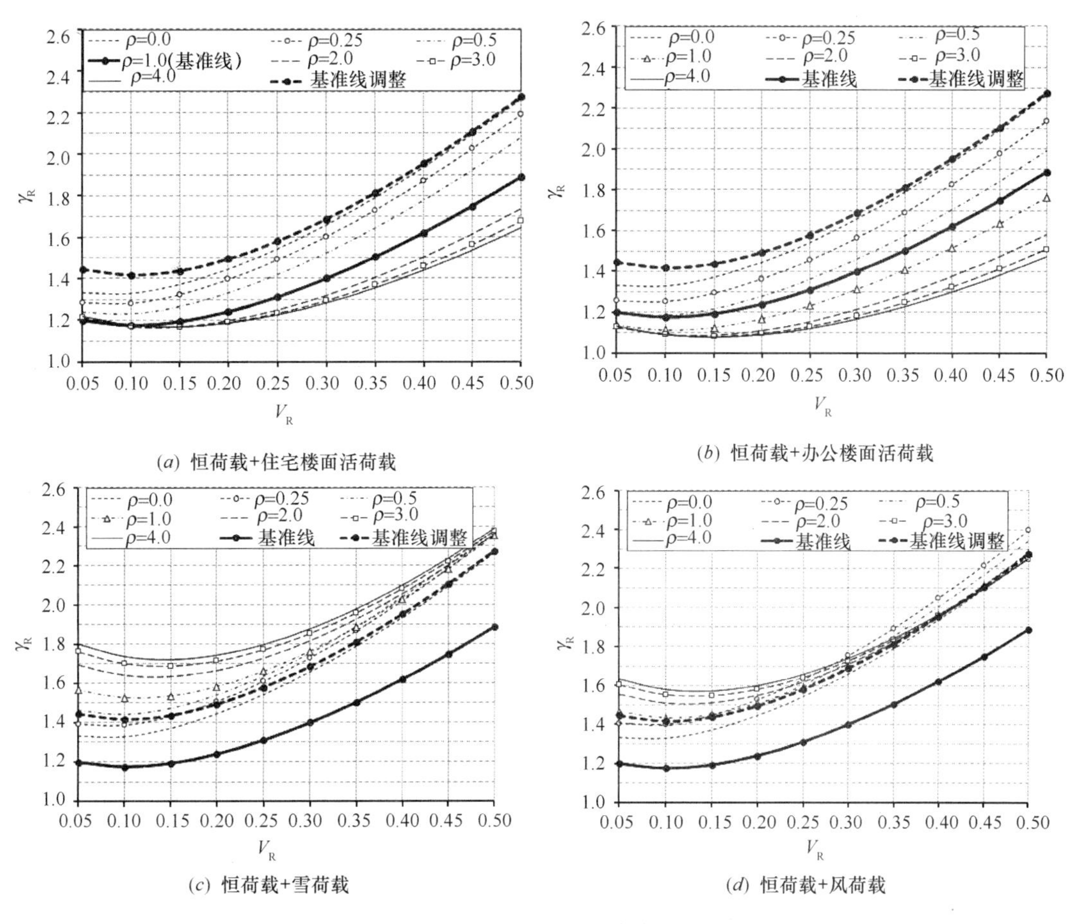

图 3.2.2 受拉木构件 γ_R-V_R曲线（$\beta_0=3.7$）

4. 基准 γ_R-V_R曲线及强度设计值调整方法

(1) 基准曲线的确定

根据木材的强度变异系数，由所获得的 γ_R-V_R曲线确定构件的抗力分项系数，再根据式（3.2.12）即可确定强度设计指标。所确定的强度设计值的可靠度在各种荷载组合及荷载比值条件下，应符合可靠度 β 值不小于目标可靠度 β_0 值。如前所述，在规定的目标可靠度 β_0 条件下，抗力分项系数除了与强度的变异系数有关，还与荷载组合的种类及其比值 ρ 有关。因此，采用平均或加权平均的 γ_R-V_R曲线作为基准曲线的方法，已无法满足可靠度的要求，因为在部分荷载组合、荷载比值 ρ 情况下，构件的实际可靠度低于目标可靠度 β_0。结合可靠度分析的结果，为使构件的可靠度不低于规定的可靠度指标要求，对图 3.2.1～图 3.2.3 中各工况，可按恒荷载与雪荷载组合、$\rho=4.0$ 时的 γ_R-V_R曲线作为基准线确定抗力分项系数。但这种方法过于保守，在其他荷载组合和荷载比值的情况下，尤其是在强度变异系数较小、荷载作用的变异性起主导作用时，经济性差。而且，当雪荷载 $\rho=4.0$时，只发生于我国的极少数地区，因此不宜直接采用这种方法。

为克服上述方法的缺点，经过反复分析研究，最终建议取恒荷载与住宅楼面活荷载组合、$\rho=1.0$ 时的 γ_R-V_R曲线为确定抗力分项系数的基准曲线（图 3.2.4）。

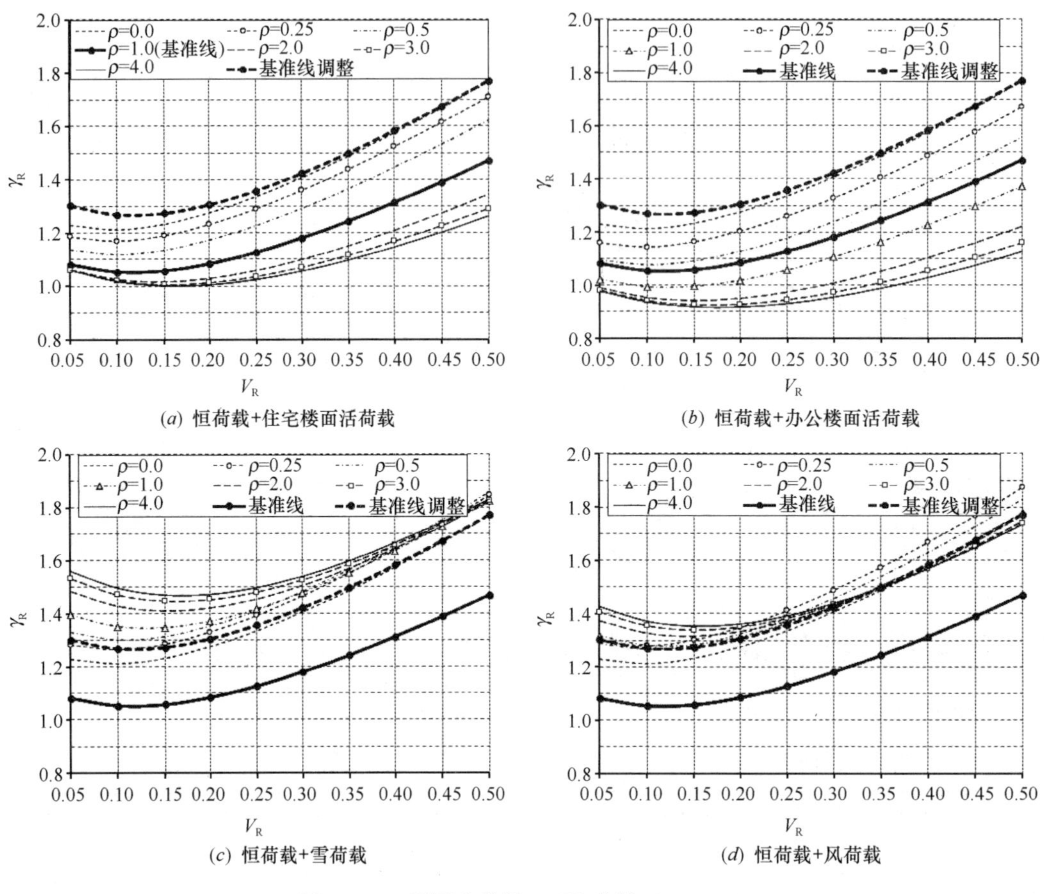

(a) 恒荷载+住宅楼面活荷载　(b) 恒荷载+办公楼面活荷载

(c) 恒荷载+雪荷载　(d) 恒荷载+风荷载

图 3.2.3　受压木构件 γ_R-V_R 曲线（$\beta_0=3.2$）

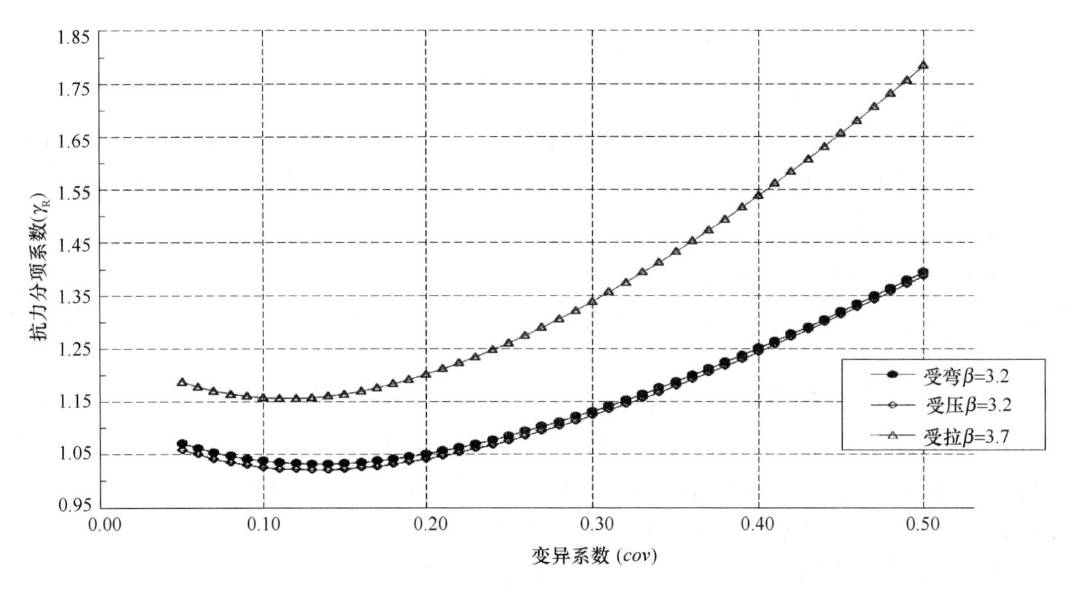

图 3.2.4　基准 γ_R-V_R 曲线图

由图 3.2.1～图 3.2.3 可见，取该基准线后，对于恒荷载与风荷载或雪荷载组合工况，各种荷载比值 ρ 下，构件的可靠度都不满足要求；对于恒荷载与住宅楼面活荷载及恒荷载与办公楼面活荷载组合工况，$\rho<1.0$ 时可靠度也不满足要求。为使不同参数木构件的可靠度均符合要求，需对按基准线确定的强度设计值进行一定的调整。

(2) 调整系数的确定

以受弯构件（图 3.2.1）为例解释强度调整系数的确定方法，受拉、受压构件（图 3.2.2、图 3.2.3）各工况曲线间的相对关系与受弯构件相同。由图 3.2.1 (*b*) 可见，由基准线所决定的抗力分项系数与由办公楼面活荷载 $\rho=0$ 时所决定的抗力分项系数的平均比值约为 1.06，基准线偏于安全。由基准线所决定的抗力分项系数与由雪荷载所决定的抗力分项系数的平均比值约为 0.80，基准线偏于不安全，约偏低 20%（图 3.2.1*c*）。由基准线所决定的抗力分项系数与由风荷载所决定的抗力分项系数的平均比值约为 0.83，基准线也偏于不安全，约偏低 17%（图 3.2.1*d*）。因此，$\rho=1.0$ 时，对于恒荷载与雪荷载组合的情况，需要将按基准线所确定的强度设计值乘以折减系数 0.80，对于恒荷载与风荷载组合的情况，需要将按基准线所确定的强度设计值乘以折减系数 0.83。对于恒荷载与住宅楼面活荷载及恒荷载与办公楼面活荷载组合的情况，$\rho>1.0$ 时由基准线所确定的抗力分项系数或强度设计指标是符合可靠度要求的，不需调整。但 $\rho<1.0$ 时由基准线所确定的抗力分项系数或强度设计指标，不符合可靠度要求，因此依据 $\rho=0$ 时抗力分项系数进行调整。由基准线所确定的抗力分项系数与 $\rho=0$ 即恒荷载单独作用时所确定的抗力分项系数的平均比值约为 0.83，强度设计指标应根据活荷载与恒荷载的比值 ρ 在 0.83～1.0 之间调整。

根据上述分析，采用由基准线确定强度设计指标后采取以下调整措施：

1）对于恒荷载与风荷载及恒荷载与雪荷载组合的情况，将按基准线确定的强度设计值乘以 0.83 的调整系数。

2）对于 $\rho<1.0$ 的恒荷载与住宅楼面活荷载及恒荷载与办公楼面活荷载组合的情况，即恒荷载产生的内力大于活荷载产生的内力时，将按基准线确定的强度设计值乘以调整系数 K_D，其表达式为：

$$K_D=0.83+0.17\rho\leqslant 1.0 \tag{3.2.15}$$

《木结构设计标准》GB 50005—2017 规定：在恒荷载单独作用下，强度设计指标应乘以折减系数 0.8。恒荷载与风荷载及恒荷载与雪荷载组合情况下调整系数均取 0.83，对于 $\rho<1.0$ 的恒荷载与住宅楼面活荷载及恒荷载与办公楼面活荷载组合的情况，调整系数也是基于 0.83 取值。在不同的荷载组合情况下，当 ρ 值趋近于 0 时，强度调整系数都将为 0.8×0.83。因此，调整系数取 0.83 综合反映了各种荷载情况。由于风荷载为短期荷载作用，强度设计值可以适当提高 10%，所以最终风荷载起控制作用时强度设计值调整系数为 $0.83\times1.10=0.91$。

5. 国外对荷载持续时间的分析方法

木构件在荷载作用下不会马上破坏，但随着荷载作用时间的推移，可能在该荷载作用下会发生变形或破坏。这一现象对木构件的安全性和可靠度有着直接的影响。目前，各国对荷载持续时间的分析采用了不同的分析方法。

北美地区采用 Madsen 曲线（图 3.2.5）分析方法。“Madsen，1996 曲线”为规格材强度在短期和恒定荷载作用下的关系曲线，其中，实线为短期荷载作用下的强度分布曲线，虚线为恒定荷载作用下的强度分布曲线。图 3.2.5 中的强度分布曲线可以分为三段：左端的第一段曲线，由于构件的强度低于施加的恒定荷载，构件在加载过程中发生破坏，构件在这一段没有强度折减；中间水平虚线段的第二段曲线，构件在加载过程中没有发生破坏，但在持续恒定荷载作用下累计了足够的损伤后发生破坏；右端的第三段曲线，构件在恒定荷载作用下没有发生破坏。将这些构件在短期荷载作用下加载至破坏时，最薄弱的构件因为损伤累计，其强度与相应的短期荷载作用下的强度相比有所降低；较强的构件在短期荷载作用下其强度和相应的短期荷载作用下的强度基本相同，这说明这些构件在恒定荷载作用下没有损伤累计。

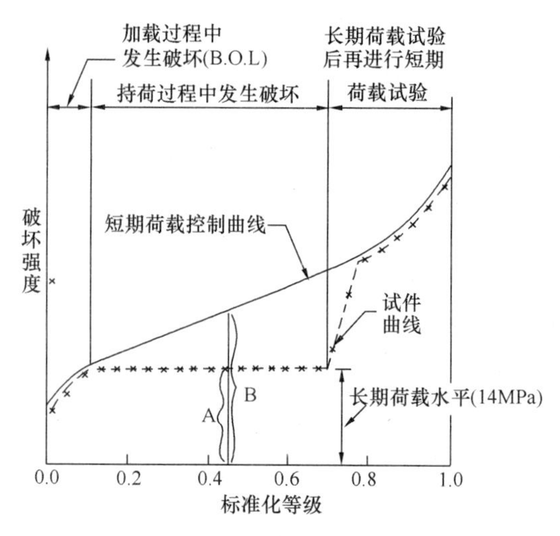

图 3.2.5 规格材强度在短期和恒定荷载作用下的关系曲线示意图（Madsen，1996）

北美地区确定木材力学设计指标计算时，采用与我国类似的可靠度分析方法确定：改进 JC 法确定木材的短期强度指标，然后通过 K_{DOL} 即长期荷载作用的影响对其短期强度进行调整，从而确定长期荷载作用下的设计指标。K_{DOL} 则采用损伤累计模型进行可靠度分析确定。采用的损伤累计模型：加拿大采用有限制阈值的损伤累计模型，美国采用没有阈值的损伤累计模型。

6. 木材力学性能的确定

（1）进口木材力学性能的确定

进口木材的强度标准值和强度变异系数的具体数据，均由木材出口国或地区提交给国家标准编制组，并同时提交相关的背景资料。提交的数据均为木材出口国或地区根据各自的实验数据，编制组考虑到不同实验方法和实验条件等对强度标准值和变异系数的影响，经过适当微调后确定。

（2）国产木材力学性能的确定

在《木结构设计标准》GB 50005—2017 修订中，首次增加了国产规格材的设计指标。其力学性能的确定是根据中国林业科学研究院木材工业研究所提供的国产树种规格材足尺试验的测试数据，按可靠度分析结果确定国产杉木、兴安岭落叶松规格材的强度设计指标。

3.3 设计指标和设计允许限值

3.3.1 方木、原木、普通层板胶合木和胶合原木的设计指标

方木、原木、普通层板胶合木和胶合原木的设计指标应按下列规定采用：

（1）方木、原木、普通层板胶合木和胶合原木树种的强度等级应按表 3.3.1 和

表3.3.2采用；

针叶树种木材适用的强度等级 表3.3.1

强度等级	组别	适 用 树 种
TC17	A	柏木 长叶松 湿地松 粗皮落叶松
	B	东北落叶松 欧洲赤松 欧洲落叶松
TC15	A	铁杉 油杉 太平洋海岸黄柏 花旗松-落叶松 西部铁杉 南方松
	B	鱼鳞云杉 西南云杉 南亚松
TC13	A	油松 西伯利亚落叶松 云南松 马尾松 扭叶松 北美落叶松 海岸松 日本扁柏 日本落叶松
	B	红皮云杉 丽江云杉 樟子松 红松 西加云杉 欧洲云杉 北美山地云杉 北美短叶松
TC11	A	西北云杉 西伯利亚云杉 西黄松 云杉-松-冷杉 铁-冷杉 加拿大铁杉 杉木
	B	冷杉 速生杉木 速生马尾松 新西兰辐射松 日本柳杉

阔叶树种木材适用的强度等级 表3.3.2

强度等级	适 用 树 种
TB20	青冈 椆木 甘巴豆 冰片香 重黄娑罗双 重坡垒 龙脑香 绿心樟 紫心木 孪叶苏木 双龙瓣豆
TB17	栎木 腺瘤豆 筒状非洲楝 蟹木楝 深红默罗藤黄木
TB15	锥栗 桦木 黄娑罗双 异翅香 水曲柳 红尼克樟
TB13	深红娑罗双 浅红娑罗双 白娑罗双 海棠木
TB11	大叶椴 心形椴

(2) 木材的强度设计值及弹性模量，应按表3.3.3采用。

木材的强度设计值和弹性模量 表3.3.3

强度等级	组别	抗弯强度设计值 f_m (N/mm²)	顺纹抗压及承压强度设计值 f_c (N/mm²)	顺纹抗拉强度设计值 f_t (N/mm²)	顺纹抗剪强度设计值 f_v (N/mm²)	横纹承压强度设计值 $f_{c,90}$ (N/mm²)			弹性模量 E (N/mm²)
						全表面	局部表面和齿面	拉力螺栓垫板下	
TC17	A	17	16	10	1.7	2.3	3.5	4.6	10000
	B		15	9.5	1.6				
TC15	A	15	13	9.0	1.6	2.1	3.1	4.2	10000
	B		12	9.0	1.5				
TC13	A	13	12	8.5	1.5	1.9	2.9	3.8	10000
	B		10	8.0	1.4				9000
TC11	A	11	10	7.5	1.4	1.8	2.7	3.6	9000
	B		10	7.0	1.2				

续表

强度等级	组别	抗弯强度设计值 f_m (N/mm²)	顺纹抗压及承压强度设计值 f_c (N/mm²)	顺纹抗拉强度设计值 f_t (N/mm²)	顺纹抗剪强度设计值 f_v (N/mm²)	横纹承压强度设计值 $f_{c,90}$ (N/mm²)			弹性模量 E (N/mm²)
						全表面	局部表面和齿面	拉力螺栓垫板下	
TB20	—	20	18	12	2.8	4.2	6.3	8.4	12000
TB17	—	17	16	11	2.4	3.8	5.7	7.6	11000
TB15	—	15	14	10	2.0	3.1	4.7	6.2	10000
TB13	—	13	12	9.0	1.4	2.4	3.6	4.8	8000
TB11	—	11	10	8.0	1.3	2.1	3.2	4.1	7000

对尚未列入表3.3.1、表3.3.2的树种，应提供该树种的物理力学指标及主要材性，由木结构设计标准管理机构按规定的程序确定其等级。

设计时遇有下列情况时，表3.3.3中的设计指标尚应按下列规定进行调整：

（1）当采用原木时，若验算部位未经切削，其顺纹抗压、抗弯强度设计值和弹性模量可提高15%；

（2）当构件矩形截面的短边尺寸不小于150mm时，其强度设计值可提高10%；

（3）当采用含水率大于25%的湿材时，各种木材的横纹承压强度设计值和弹性模量以及落叶松木材的抗弯强度设计值宜降低10%。

3.3.2 国产树种目测分级规格材的设计指标

已经确定的国产树种目测分级规格材的强度设计值和弹性模量应按表3.3.4的规定取值，并应乘以表3.3.5规定的目测分级规格材尺寸调整系数。

国产树种目测分级规格材强度设计值和弹性模量　　表3.3.4

树种名称	材质等级	截面最大尺寸 (mm)	强度设计值 (N/mm²)					弹性模量 E (N/mm²)
			抗弯 f_m	顺纹抗压 f_c	顺纹抗拉 f_t	顺纹抗剪 f_v	横纹承压 $f_{c,90}$	
杉木	$Ⅰ_c$	285	9.5	11.0	6.5	1.2	4.0	10000
	$Ⅱ_c$		8.0	10.5	6.0	1.2	4.0	9500
	$Ⅲ_c$		8.0	10.0	5.0	1.2	4.0	9500
兴安落叶松	$Ⅰ_c$	285	11.0	15.5	5.1	1.6	5.3	13000
	$Ⅱ_c$		6.0	13.3	3.9	1.6	5.3	12000
	$Ⅲ_c$		6.0	11.4	2.1	1.6	5.3	12000
	$Ⅳ_c$		5.0	9.0	2.0	1.6	5.3	11000

目测分级规格材尺寸调整系数　表 3.3.5

等　级	截面高度（mm）	抗弯强度		顺纹抗压强度	顺纹抗拉强度	其他强度
		截面宽度（mm）				
		40 和 65	90			
I_{c}、II_{c}、III_{c}、IV_{c}、IV_{c1}	≤90	1.5	1.5	1.15	1.5	1.0
	115	1.4	1.4	1.1	1.4	1.0
	140	1.3	1.3	1.1	1.3	1.0
	185	1.2	1.2	1.05	1.2	1.0
	235	1.1	1.2	1.0	1.1	1.0
	285	1.0	1.1	1.0	1.0	1.0
II_{c1}、III_{c1}	≤90	1.0	1.0	1.0	1.0	1.0

3.3.3　胶合木的设计指标

制作胶合木采用的木材树种级别、适用树种及树种组合应符合表 3.3.6 的规定。

胶合木适用树种分级　表 3.3.6

树种级别	适用树种及树种组合名称
SZ1	南方松、花旗松-落叶松、欧洲落叶松及其他符合本强度等级的树种
SZ2	欧洲云杉、东北落叶松及其他符合本强度等级的树种
SZ3	阿拉斯加黄扁柏、铁-冷杉、西部铁杉、欧洲赤松、樟子松及其他符合本强度等级的树种
SZ4	鱼鳞云杉、云杉-松-冷杉及其他符合本强度等级的树种

注：表中花旗松-落叶松、铁-冷杉产地为北美地区；南方松产地为美国。

采用目测分级和机械弹性模量分级层板制作的胶合木的强度设计指标值应按下列规定采用：

（1）胶合木分为异等组合与同等组合两类。异等组合分为对称组合与非对称组合；

（2）胶合木强度设计值及弹性模量应按表 3.3.7、表 3.3.8 和表 3.3.9 的规定取值；

对称异等组合胶合木的强度设计值和弹性模量　表 3.3.7

强度等级	抗弯强度设计值 f_m（N/mm^2）	顺纹抗压强度设计值 f_c（N/mm^2）	顺纹抗拉强度设计值 f_t（N/mm^2）	弹性模量 E（N/mm^2）
$TC_{YD}40$	27.9	21.8	16.7	14000
$TC_{YD}36$	25.1	19.7	14.8	12500
$TC_{YD}32$	22.3	17.6	13.0	11000
$TC_{YD}28$	19.5	15.5	11.1	9500
$TC_{YD}24$	16.7	13.3	9.9	8000

注：当荷载的作用方向与层板窄边垂直时，抗弯强度设计值 f_m 应乘以 0.7 的系数，弹性模量 E 应乘以 0.9 的系数。

非对称异等组合胶合木的强度设计值和弹性模量　　　　**表 3.3.8**

强度等级	抗弯强度设计值 f_m（N/mm²）		顺纹抗压强度设计值 f_c（N/mm²）	顺纹抗拉强度设计值 f_t（N/mm²）	弹性模量 E（N/mm²）
	正弯曲	负弯曲			
$TC_{YF}38$	26.5	19.5	21.1	15.5	13000
$TC_{YF}34$	23.7	17.4	18.3	13.6	11500
$TC_{YF}31$	21.6	16.0	16.9	12.4	10500
$TC_{YF}27$	18.8	13.9	14.8	11.1	9000
$TC_{YF}23$	16.0	11.8	12.0	9.3	6500

注：当荷载的作用方向与层板窄边垂直时，抗弯强度设计值 f_m应采用正向弯曲强度设计值，并乘以 0.7 的系数，弹性模量 E 应乘以 0.9 的系数。

同等组合胶合木的强度设计值和弹性模量　　　　**表 3.3.9**

强度等级	抗弯强度设计值 f_m（N/mm²）	顺纹抗压强度设计值 f_c（N/mm²）	顺纹抗拉强度设计值 f_t（N/mm²）	弹性模量 E（N/mm²）
TC_T40	27.9	23.2	17.9	12500
TC_T36	25.1	21.1	16.1	11000
TC_T32	22.3	19.0	14.2	9500
TC_T28	19.5	16.9	12.4	8000
TC_T24	16.7	14.8	10.5	6500

（3）胶合木构件顺纹抗剪强度设计值应按表 3.3.10 的规定取值；

胶合木构件顺纹抗剪强度设计值　　　　**表 3.3.10**

树种级别	顺纹抗剪强度设计值 f_v（N/mm²）
SZ1	2.2
SZ2、SZ3	2.0
SZ4	1.8

（4）胶合木构件横纹承压强度设计值应按表 3.3.11 的规定取值。

胶合木构件横纹承压强度设计值　　　　**表 3.3.11**

树种级别	局部横纹承压强度设计值 $f_{c.90}$（N/mm²）		全表面横纹承压强度设计值 $f_{c.90}$（N/mm²）
	构件中间承压	构件端部承压	
SZ1	7.5	6.0	3.0
SZ2、SZ3	6.2	5.0	2.5
SZ4	5.0	4.0	2.0
承压位置示意图	构件中间承压	构件端部承压 a h 1. 当 $h \geq 100$mm 时，$a \leq 100$mm 2. 当 $h < 100$mm 时，$a \leq h$	构件全表面承压

目前我国木结构建筑市场的木材主要依靠进口，为使进口木结构产品能用于我国木结构建筑，通过统一对进口木材的设计指标按我国的可靠度转换方法进行转换，使其满足我国的可靠度设计要求。以下为国外进口木产品的设计指标，供设计时使用。

3.3.4 进口北美地区目测分级方木的设计指标

（1）进口北美地区目测分级方木的强度设计值和弹性模量应按表 3.3.12 的规定取值；

进口北美地区目测分级方木强度设计值和弹性模量　　表 3.3.12

树种名称	用途	材质等级	强度设计值（N/mm²）					弹性模量 E（N/mm²）
			抗弯 f_m	顺纹抗压 f_c	顺纹抗拉 f_t	顺纹抗剪 f_v	横纹承压 $f_{c,90}$	
花旗松-落叶松类（美国）	梁	I_e	16.2	10.1	7.9	1.7	6.5	11000
		II_e	13.7	8.5	5.6	1.7	6.5	11000
		III_e	8.9	5.5	3.5	1.7	6.5	9000
	柱	I_f	15.2	10.5	8.3	1.7	6.5	11000
		II_f	12.1	9.2	6.8	1.7	6.5	11000
		III_f	7.6	6.4	3.9	1.7	6.5	9000
花旗松-落叶松类（加拿大）	梁	I_e	16.2	10.1	7.9	1.7	6.5	11000
		II_e	13.2	8.5	5.6	1.7	6.5	11000
		III_e	8.9	5.5	3.5	1.7	6.5	9000
	柱	I_f	15.2	10.5	8.3	1.7	6.5	11000
		II_f	12.1	9.2	6.8	1.7	6.5	11000
		III_f	7.3	6.4	3.9	1.7	6.5	9000
铁-冷杉类（美国）	梁	I_e	13.2	8.5	6.2	1.4	4.2	9000
		II_e	10.6	6.9	3.4	1.4	4.2	9000
		III_e	6.8	4.6	2.9	1.4	4.2	7600
	柱	I_f	12.1	8.9	6.6	1.4	4.2	9000
		II_f	9.9	7.8	5.4	1.4	4.2	9000
		III_f	5.8	5.3	3.1	1.4	4.2	7600
铁-冷杉类（加拿大）	梁	I_e	12.7	8.2	6.0	1.4	4.2	9000
		II_e	10.1	6.9	4.1	1.4	4.2	9000
		III_e	5.8	3.4	2.7	1.4	4.2	7600
	柱	I_f	11.6	8.7	6.4	1.4	4.2	9000
		II_f	9.4	7.8	5.2	1.4	4.2	9000
		III_f	5.6	5.3	3.1	1.4	4.2	7600
南方松	梁	I_e	15.2	8.7	8.3	1.3	4.4	10300
		II_e	13.7	7.6	7.4	1.3	4.4	10300
		III_e	8.6	4.8	4.6	1.3	4.4	8300
	柱	I_f	15.2	8.7	8.3	1.3	4.4	10300
		II_f	13.7	7.6	7.4	1.3	4.4	10300
		III_f	8.6	4.8	4.6	1.3	4.4	8300
云杉-松-冷杉类	梁	I_e	11.1	7.1	5.4	1.7	3.9	9000
		II_e	9.1	5.7	3.7	1.7	3.9	9000
		III_e	6.1	3.9	2.5	1.7	3.9	6900
	柱	I_f	10.6	7.3	5.8	1.7	3.9	9000
		II_f	8.6	6.4	4.6	1.7	3.9	9000
		III_f	5.1	4.6	2.7	1.7	3.9	6900

续表

树种名称	用途	材质等级	强度设计值（N/mm²）					弹性模量 E（N/mm²）
			抗弯 f_m	顺纹抗压 f_c	顺纹抗拉 f_t	顺纹抗剪 f_v	横纹承压 $f_{c,90}$	
其他北美针叶材树种	梁	Ⅰe	10.6	6.9	5.2	1.3	3.6	7600
		Ⅱe	9.1	5.7	3.7	1.3	3.6	7600
		Ⅲe	5.8	3.9	2.5	1.3	3.6	6200
	柱	Ⅰf	10.6	7.3	5.6	1.3	3.6	7600
		Ⅱf	8.1	6.4	3.4	1.3	3.6	7600
		Ⅲf	4.8	3.4	2.7	1.3	3.6	6200

（2）木材的强度指标是基于较小截面尺寸和垂直于窄面确定的，所以进口北美地区目测分级方木用于梁时，其强度设计值和弹性模量的尺寸调整系数 k 应按表 3.3.13 的规定采用；

尺寸调整系数 k　　**表 3.3.13**

荷载作用方向	调整条件		抗弯强度设计值（f_m）的尺寸调整系数 k	其他强度设计值的尺寸调整系数 k	弹性模量（E）的尺寸调整系数 k
垂直于宽面	材质等级	Ⅰe	0.86	1.00	1.00
		Ⅱe	0.74	1.00	0.90
		Ⅲe	1.00	1.00	1.00
垂直于窄面	窄面尺寸	≤305	1.00	1.00	1.00
		>305	$k=\left(\frac{305}{h}\right)^{\frac{1}{9}}$	1.00	1.00

注：表中 h 为方木宽面尺寸。

（3）进口北美地区目测分级方木的材质等级与《木结构设计标准》GB 50005—2017 的目测分级方木材质等级的对应关系可按表 3.3.14 的规定采用。

北美地区工厂目测分级方木材质等级与《木结构设计标准》GB 50005—2017 对应关系
表 3.3.14

《木结构设计标准》GB 50005—2017 材质等级		北美地区材质等级
梁	Ⅰe	Select Structural
	Ⅱe	No. 1
	Ⅲe	No. 2
柱	Ⅰf	Select Structural
	Ⅱf	No. 1
	Ⅲf	No. 2

3.3.5　进口北美地区规格材的设计指标

（1）进口北美地区目测分级规格材的强度设计值和弹性模量应按表 3.3.15 的规定取值，并应乘以表 3.3.5 规定的尺寸调整系数。

进口北美地区目测分级规格材强度设计值和弹性模量 **表 3.3.15**

树种名称	材质等级	截面最大尺寸 (mm)	强度设计值 (N/mm²)					弹性模量 E (N/mm²)
			抗弯 f_m	顺纹抗压 f_c	顺纹抗拉 f_t	顺纹抗剪 f_v	横纹承压 $f_{c,90}$	
花旗松-落叶松类（美国）	Ⅰ$_c$	285	18.1	16.1	8.7	1.8	7.2	13000
	Ⅱ$_c$		12.1	13.8	5.7	1.8	7.2	12000
	Ⅲ$_c$		9.4	12.3	4.1	1.8	7.2	11000
	Ⅳ$_c$、Ⅳ$_{c1}$		5.4	7.1	2.4	1.8	7.2	9700
	Ⅱ$_{c1}$	90	10.0	15.4	3.4	1.8	7.2	10000
	Ⅲ$_{c1}$		5.6	12.7	2.4	1.8	7.2	9300
花旗松-落叶松类（加拿大）	Ⅰ$_c$	285	14.8	17.0	6.7	1.8	7.2	13000
	Ⅱ$_c$		10.0	14.6	4.5	1.8	7.2	12000
	Ⅲ$_c$		8.0	13	3.3	1.8	7.2	11000
	Ⅳ$_c$、Ⅳ$_{c1}$		4.6	7.5	1.9	1.8	7.2	10000
	Ⅱ$_{c1}$	90	8.4	16	3.6	1.8	7.2	10000
	Ⅲ$_{c1}$		4.7	13	2.0	1.8	7.2	9400
铁-冷杉类（美国）	Ⅰ$_c$	285	15.9	13.4	7.9	1.5	4.7	11000
	Ⅱ$_c$		10.7	12.6	5.2	1.5	4.7	10000
	Ⅲ$_c$		8.4	12	3.9	1.5	4.7	9300
	Ⅳ$_c$、Ⅳ$_{c1}$		4.9	6.7	2.2	1.5	4.7	8300
	Ⅱ$_{c1}$	90	8.9	13.4	4.1	1.5	4.7	9000
	Ⅲ$_{c1}$		5.0	12.0	2.3	1.5	4.7	8000
铁-冷杉类（加拿大）	Ⅰ$_c$	285	14.8	15.7	6.3	1.5	4.7	12000
	Ⅱ$_c$		10.8	14.0	4.5	1.5	4.7	11000
	Ⅲ$_c$		9.6	13	3.7	1.5	4.7	11000
	Ⅳ$_c$、Ⅳ$_{c1}$		5.6	7.7	2.2	1.5	4.7	10000
	Ⅱ$_{c1}$	90	10.2	16.1	4.0	1.5	4.7	10000
	Ⅲ$_{c1}$		5.7	13.7	2.2	1.5	4.7	9400
南方松	Ⅰ$_c$	285	16.2	15.7	10.2	1.8	6.5	12000
	Ⅱ$_c$		10.6	13.3	6.2	1.8	6.5	11000
	Ⅲ$_c$		7.8	11.8	2.1	1.8	6.5	9700
	Ⅳ$_c$、Ⅳ$_{c1}$		4.5	6.8	3.9	1.8	6.5	8700
	Ⅱ$_{c1}$	90	8.3	14.8	3.9	1.8	6.5	9200
	Ⅲ$_{c1}$		4.7	12.1	2.2	1.8	6.5	8300
云杉-松-冷杉类	Ⅰ$_c$	285	13.3	13.0	5.7	1.4	4.9	10500
	Ⅱ$_c$		9.8	11.5	4.0	1.4	4.9	10000
	Ⅲ$_c$		8.7	10.9	3.2	1.4	4.9	9500
	Ⅳ$_c$、Ⅳ$_{c1}$		5.0	6.3	1.9	1.4	4.9	8500
	Ⅱ$_{c1}$	90	9.2	13.2	3.3	1.4	4.9	9000
	Ⅲ$_{c1}$		5.1	11.2	1.9	1.4	4.9	8100
其他北美针叶材树种	Ⅰ$_c$	285	10.0	14.5	3.7	1.4	3.9	8100
	Ⅱ$_c$		7.2	12.1	2.7	1.4	3.9	7600
	Ⅲ$_c$		6.1	10.1	2.2	1.4	3.9	7000
	Ⅳ$_c$、Ⅳ$_{c1}$		3.5	5.9	1.3	1.4	3.9	6400
	Ⅱ$_{c1}$	90	6.5	13.0	2.3	1.4	3.9	6700
	Ⅲ$_{c1}$		3.6	10.4	1.3	1.4	3.9	6100

注：当荷载作用方向垂直于规格材宽面时，表中抗弯强度应乘以表 3.3.22 规定的平放调整系数。

（2）我国目测分级规格材材质等级与进口北美地区目测分级规格材材质等级对应关系按表 3.3.16 的规定采用。

北美地区目测分级规格材材质等级与我国标准的对应关系　　表 3.3.16

我国标准规格材等级		北美规格材等级			截面最大尺寸（mm）
分类	等级	Structural Light Framing & Structural Joists and Planks	Studs	Light Framing	
A	Ⅰ$_{c}$	Select Structural			285
	Ⅱ$_{c}$	No. 1			
	Ⅲ$_{c}$	No. 2			
	Ⅳ$_{c}$	No. 3			
B	Ⅳ$_{c1}$		Stud		
C	Ⅱ$_{c1}$			Construction	90
	Ⅲ$_{c1}$			Standard	

（3）进口北美地区机械分级规格材的强度设计值和弹性模量应按表 3.3.17 的规定取值。

北美地区进口机械分级规格材强度设计值和弹性模量　　表 3.3.17

强度等级	强度设计值（N/mm^2）					弹性模量 E（N/mm^2）
	抗弯 f_m	顺纹抗压 f_c	顺纹抗拉 f_t	顺纹抗剪 f_v	横纹承压 $f_{c,90}$	
2850Fb-2.3E	28.3	19.7	20.0	—	—	15900
2700Fb-2.2E	26.8	19.2	18.7	—	—	15200
2550Fb-2.1E	25.3	18.5	17.8	—	—	14500
2400Fb-2.0E	23.8	18.1	16.7	—	—	13800
2250Fb-1.9E	22.3	17.6	15.2	—	—	13100
2100Fb-1.8E	20.8	17.2	13.7	—	—	12400
1950Fb-1.7E	19.4	16.5	11.9	—	—	11700
1800Fb-1.6E	17.9	16.0	10.2	—	—	11000
1650Fb-1.5E	16.4	15.6	8.9	—	—	10300
1500Fb-1.4E	14.5	15.3	7.4	—	—	9700
1450Fb-1.3E	14.0	15.0	6.6	—	—	9000
1350Fb-1.3E	13.0	14.8	6.2	—	—	9000
1200Fb-1.2E	11.6	12.9	5.0	—	—	8300
900Fb-1.0E	8.7	9.7	2.9	—	—	6900

注：1　表中机械分级规格材的横纹承压强度设计值 $f_{c,90}$ 和顺纹抗剪强度设计值 f_v，应根据采用的树种或树种组合，按表 3.3.15 中相同树种或树种组合的横纹承压和顺纹抗剪强度设计值确定。

2　当荷载作用方向垂直于规格材宽面时，表中抗弯强度应乘以表 3.3.22 规定的平放调整系数。

3.3.6 进口欧洲地区结构材的设计指标

进口欧洲地区结构材的强度设计值和弹性模量应按表 3.3.18 的规定取值。

进口欧洲地区结构材的强度设计值和弹性模量 **表 3.3.18**

强度等级	强度设计值（N/mm²）					弹性模量 E（N/mm²）
	抗弯 f_m	顺纹抗压 f_c	顺纹抗拉 f_t	顺纹抗剪 f_v	横纹承压 $f_{c,90}$	
C40	26.5	15.5	12.9	1.9	5.5	14000
C35	23.2	14.9	11.3	1.9	5.3	13000
C30	19.8	13.7	9.7	1.9	5.2	12000
C27	17.9	13.1	8.6	1.9	5.0	11500
C24	15.9	12.5	7.5	1.9	4.8	11000
C22	14.6	11.9	7.0	1.8	4.6	10000
C20	13.2	11.3	6.4	1.7	4.4	9500
C18	11.9	10.7	5.9	1.6	4.2	9000
C16	10.6	10.1	5.4	1.5	4.2	8000
C14	9.3	9.5	3.4	1.4	3.8	7000

工程设计时，当采用进口欧洲地区结构材，且构件受弯截面的高度尺寸和受拉截面的宽边尺寸小于 150mm 时，结构材的抗弯强度和抗拉强度应乘以尺寸调整系数 k_h。尺寸调整系数 k_h 应按式（3.3.1）和式（3.3.2）确定。

$$k_h = \left(\frac{150}{h}\right)^{0.2} \tag{3.3.1}$$

$$1 \leqslant k_h \leqslant 1.3 \tag{3.3.2}$$

3.3.7 进口新西兰结构材的设计指标

进口新西兰结构材的强度设计值和弹性模量应按表 3.3.19 的规定取值。

进口新西兰结构材强度设计值和弹性模量 **表 3.3.19**

强度等级	强度设计值（N/mm²）					弹性模量 E（N/mm²）
	抗弯 f_m	顺纹抗压 f_c	顺纹抗拉 f_t	顺纹抗剪 f_v	横纹承压 $f_{c,90}$	
SG15	23.6	23.3	9.3	1.8	6.0	15200
SG12	16.1	16.7	5.6	1.8	6.0	12000
SG10	11.5	13.3	3.2	1.8	6.0	10000
SG8	8.1	12.0	2.4	1.8	6.0	8000
SG6	5.8	10.0	1.6	1.8	6.0	6000

注：当荷载作用方向垂直于规格材宽面时，表中抗弯强度应乘以表 3.3.22 规定的平放调整系数。

3.3.8 木材斜纹承压计算

木材斜纹承压的强度设计值 $f_{c\alpha}$ 可按下列公式确定：

当 $\alpha < 10°$ 时

$$f_{c\alpha}=f_c \tag{3.3.3}$$

当 $10°<\alpha<90°$ 时

$$f_{c\alpha}=\left[\frac{f_c}{1+\left(\frac{f_c}{f_{c,90}}-1\right)\frac{\alpha-10°}{80°}\sin\alpha}\right] \tag{3.3.4}$$

式中：$f_{c\alpha}$——木材斜纹承压强度设计值（N/mm^2）；

f_c——木材顺纹抗压强度设计值（N/mm^2）；

$f_{c,90}$——木材横纹承压强度设计值（N/mm^2）；

α——作用力方向与木纹方向的夹角（°）。

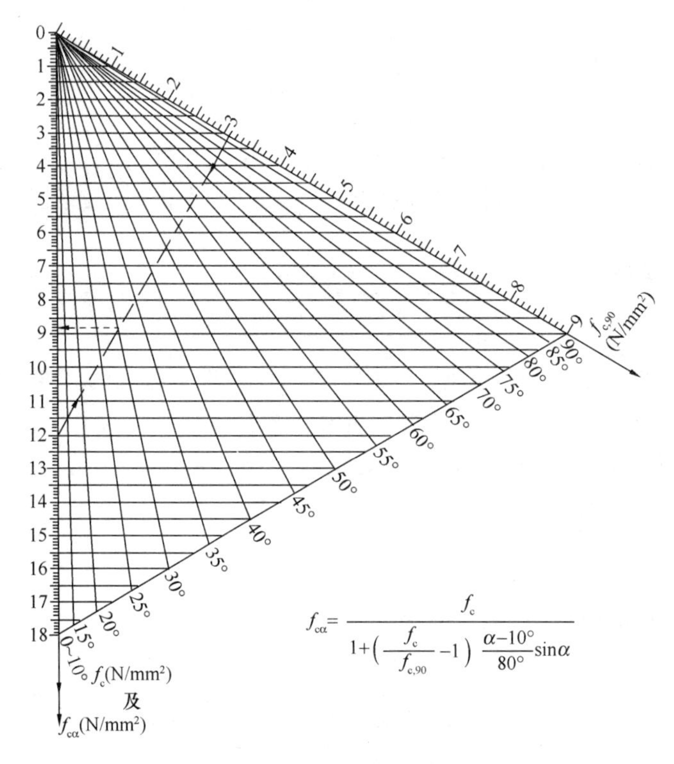

图 3.3.1　木材斜纹承压强度设计值

木材斜纹承压强度设计值 $f_{c\alpha}$ 亦可根据 f_c、$f_{c,90}$ 和 α 数值从图 3.3.1 中查得。

【例题 3.3.1】 鱼鳞云杉木材的 $f_c=12N/mm^2$，若取 $f_{c,90}=3.1N/mm^2$，则当 $\alpha=30°$ 时，可从图 3.3.1 中查得 $f_{c,30°}=8.83N/mm^2$（见图中虚线所示）。

对于承重结构用材的横纹抗拉强度设计值，可取其顺纹抗剪强度设计值的 1/3。

3.3.9　设计指标调整系数

对于承重结构用木材强度设计值和弹性模量等设计指标，应根据使用环境、使用年限以及受力状态等按以下规定进行调整。

（1）在不同的使用条件下，强度设计值和弹性模量尚应乘以表 3.3.20 规定的调整系数；

（2）对于不同的设计使用年限，强度设计值和弹性模量尚应乘以表 3.3.21 规定的调整系数；

不同使用条件下木材强度设计值和弹性模量的调整系数 表 3.3.20

使用条件	调整系数	
	强度设计值	弹性模量
露天环境	0.9	0.85
长期生产性高温环境，木材表面温度达 40～50℃	0.8	0.8
按恒荷载验算时	0.8	0.8
用于木构筑物时	0.9	1.0
施工和维修时的短暂情况	1.2	1.0

注：1 当仅有恒荷载或恒荷载产生的内力超过全部荷载所产生的内力的 80%时，应单独以恒荷载进行验算；
2 当若干条件同时出现时，表列各系数应连乘。

不同设计使用年限时木材强度设计值和弹性模量的调整系数 表 3.3.21

设计使用年限	调整系数	
	强度设计值	弹性模量
5 年	1.10	1.10
25 年	1.05	1.05
50 年	1.00	1.00
100 年及以上	0.90	0.90

（3）对于目测分级规格材，强度设计值和弹性模量应乘以本手册表 3.3.5 规定的尺寸调整系数；

（4）当荷载作用方向与规格材宽度方向垂直时，规格材的抗弯强度设计值 f_m 应乘以表 3.3.22 规定的平放调整系数；

平放调整系数 表 3.3.22

截面高度 h（mm）	截面宽度 b（mm）					
	40 和 65	90	115	140	185	≥235
$h \leqslant 65$	1.00	1.10	1.10	1.15	1.15	1.20
$65 \leqslant h \leqslant 90$	—	1.00	1.05	1.05	1.05	1.10

注：当截面宽度与表中尺寸不同时，可按插值法确定平放调整系数。

（5）当规格材作为搁栅，且数量大于 3 根，并与楼面板、屋面板或其他构件有可靠连接时，其抗弯强度设计值 f_m 应乘以 1.15 的共同作用系数；

（6）当锯材或规格材采用刻痕加压防腐处理时，其弹性模量应乘以不大于 0.9 的折减系数，其他强度设计值应乘以不大于 0.8 的折减系数。

3.3.10 不同荷载组合下设计指标调整系数

对于规格材、胶合木和进口结构材的强度设计值和弹性模量，根据本手册第 3.2 节的分析，还应按不同荷载组合控制工况进行以下调整：

（1）当楼屋面可变荷载标准值与永久荷载标准值的比率（Q_k/G_k）$\rho<1.0$ 时，强度设计值应乘以调整系数 k_d。调整系数 k_d应按下式进行计算，且 k_d不应大于 1.0：

$$k_d = 0.83 + 0.17\rho \tag{3.3.5}$$

（2）当有雪荷载、风荷载作用时，应乘以表 3.3.23 规定的调整系数。

雪荷载、风荷载作用下强度设计值和弹性模量的调整系数　　表 3.3.23

使用条件	调整系数	
	强度设计值	弹性模量
当雪荷载作用时	0.83	1.0
当风荷载作用时	0.91	1.0

根据国家标准《建筑结构荷载规范》GB 50009—2012 的规定，屋面活荷载可不与雪荷载同时组合，因此，木结构屋面设计时，可通过对比屋面活荷载与雪荷载大小判断是否需要对雪荷载进行调整。

屋面活荷载（或其他活荷载）与雪荷载的作用效应比值可按下列方法判断：

（1）楼屋面可变荷载标准值与永久荷载标准值的荷载比率 $\rho<1.0$ 时，

当

$$\frac{1.2G_k+1.4Q_k}{0.83+0.17\rho}\geqslant\frac{1.2G_k+1.4Q_{sk}}{0.83}$$

则雪荷载不起控制作用。否则，应按雪荷载作用情况进行计算。其中，Q_k 为活荷载标准值；Q_{sk} 为雪荷载标准值；G_k 为恒荷载标准值。

（2）楼屋面可变荷载标准值与永久荷载标准值的荷载比率 $\rho\geqslant1.0$ 时，

当

$$1.2G_k+1.4Q_k\geqslant\frac{1.2G_k+1.4Q_{sk}}{0.83}$$

则雪荷载不起控制作用。否则，按雪荷载作用情况进行计算。其中，Q_k 为活荷载标准值；Q_{sk} 为雪荷载标准值；G_k 为恒荷载标准值。

一般情况下，不上人屋面的雪荷载标准值 $Q_{sk}\leqslant0.34\mathrm{kN/m^2}$ 时，雪荷载不起控制作用；上人屋面的雪荷载标准值 $Q_{sk}\leqslant1.4\mathrm{kN/m^2}$ 时，雪荷载不起控制作用。

3.3.11　工厂生产的结构复合木材强度指标确定

对于国家标准《木结构设计标准》GB 50005—2017 中尚未列入，并由工厂生产的结构复合木材（旋切板胶合木 LVL、平行木片胶合木 PSL、层叠木片胶合木 LSL、定向木片胶合木 OSL）、工字形搁栅的强度标准值和设计指标，可按以下原则确定：

（1）结构复合木材的生产厂家应建立生产该产品的质量保证体系，应获得第三方质量鉴定机构的认证通过，并接受其对生产过程的监控。

（2）结构复合木材的每一种产品应按国家现行的试验方法标准的规定进行测试，并确定其抗弯强度、弹性模量、顺纹抗拉强度、顺纹抗压强度、横纹抗压强度和抗剪强度等参数的标准值 f_k 和设计值 f。

（3）当对结构复合木材进行强度参数的测试时，试件应具有足够的代表性，各种影响构件承载能力的因素均应单独进行试验。

（4）对于生产结构复合木材的每个工厂，可根据各自的生产能力和产品需求，确定某一因素或某些因素的测试，试件数量不应少于 10 个。应根据测试结果计算该批次结构材产品有条件限定的强度标准值，并在一定时间范围进行累计评估。

（5）每个因素的强度标准值应按下式确定：

$$f_k=m-kS\tag{3.3.6}$$

式中：f_k——强度标准值；

m——试件强度的平均值；

S——试件强度的标准差；

k——特征系数，应根据75%置信水平、5%分位值和试件数量 n，按表3.3.24的规定取值。

特征系数 k 值 表3.3.24

n	10	11	12	13	14	15	16	17	18	19	20	21	22
k	2.104	2.074	2.048	2.026	2.008	1.991	1.977	1.964	1.952	1.942	1.932	1.924	1.916
n	23	24	25	26	27	28	29	30	31	32	33	34	35
k	1.908	1.901	1.895	1.889	1.883	1.878	1.873	1.869	1.864	1.860	1.856	1.853	1.849
n	36	37	38	39	40	41	42	43	44	45	46	47	48
k	1.846	1.842	1.839	1.836	1.834	1.831	1.828	1.826	1.824	1.822	1.819	1.819	1.815
n	49	50	55	60	65	70	80	90	100	120	140	160	180
k	1.813	1.811	1.802	1.795	1.788	1.783	1.773	1.765	1.758	1.747	1.739	1.733	1.727
n	200	250	300	350	400	450	500	600	700	800	900	≥1000	
k	1.723	1.714	1.708	1.703	1.699	1.696	1.693	1.689	1.686	1.683	1.681	1.645	

(6) 结构复合木材强度设计值应根据其强度的标准值和变异系数，按木结构专门的可靠度分析方法进行确定；弹性模量应取试件的弹性模量平均值。

(7) 当使用规范尚未列入的进口木材时，也可由出口国提供该木材的物理力学指标及主要材性，按木结构专门的可靠度分析方法确定其强度设计指标和弹性模量。

3.3.12 钢材设计指标及其使用规定

承重木结构中采用的钢材，宜符合现行国家标准《钢结构设计标准》GB 50017的规定。其中最小构件的尺寸宜按表3.3.25的要求执行。

木结构中承重钢构件最小尺寸的规定 表3.3.25

钢构件名称	钢板		屋架中的圆钢拉杆	钢木檩条的圆钢拉杆及檩间拉条	支撑中的圆钢拉杆
	节点连接	其他			
厚度或直径（mm）	5	4	12	8	16

3.3.13 挠度及长细比限值规定

受弯构件的计算挠度，应满足表3.3.26的挠度限值。

受弯构件挠度限值 表3.3.26

项次	构件类别		挠度限值 $[w]$
1	檩条	$l \leqslant 3.3$m	$l/200$
		$l > 3.3$m	$l/250$
2	椽条		$l/150$

续表

项次	构 件 类 别			挠度限值 [w]
3	吊顶中的受弯构件			l/250
4	楼盖梁和搁栅			l/250
5	墙骨柱	墙面为刚性贴面		l/360
		墙面为柔性贴面		l/250
6	屋盖大梁	工业建筑		l/120
		民用建筑	无粉刷吊顶	l/180
			有粉刷吊顶	l/240

注：l—受弯构件的计算跨度。

受压构件的长细比限值应按表 3.3.27 的规定采用。

受压构件长细比限值 **表 3.3.27**

项次	构 件 类 别	长细比限值 [λ]
1	结构的主要构件，包括桁架的弦杆、支座处的竖杆或斜杆，以及承重柱等	≤120
2	一般构件	≤150
3	支撑	≤200

注：构件的长细比 λ 应按 $\lambda=l_0/i$ 计算，其中，l_0 为受压构件的计算长度（mm）；i 为构件截面的回转半径（mm）。

验算桁架受压构件的稳定时，其计算长度 l_0 应按下列规定采用：

（1）平面内：取节点中心间距；

（2）平面外：屋架上弦取锚固檩条间的距离，腹杆取节点中心的距离；杆系拱、框架及类似结构中的受压下弦，取侧向支撑点间的距离。

标注原木直径时，应以小头为准。原木构件沿其长度的直径变化率，可按每米 9mm 或当地经验数值采用。验算挠度和稳定时，可取构件的中央截面；验算抗弯强度时，可取弯矩最大处截面。

3.4 结构用胶要求及检验

《木结构设计标准》GB 50005—2017 规定，承重结构使用的胶，应保证其胶合强度不低于木材顺纹抗剪和横纹抗拉强度。胶连接的耐水性和耐久性，应与结构的用途和使用年限相适应。

对于在使用中可能受潮的结构以及重要的建筑物，应采用耐水胶；对于在室内正常温度、湿度环境中使用的一般胶合结构，可采用中等耐水性胶。

承重结构用胶，除应具有出厂合格证明外，尚应在使用前按下述规定检验其胶粘能力，检验合格者方能使用。

3.4.1 方法概要

胶的胶粘能力，可根据木材胶缝顺纹抗剪强度试验结果进行判定。对于承重结构用胶，其胶缝抗剪强度不应低于表 3.4.1 规定的数值。

对承重结构用胶胶粘能力的最低要求 表 3.4.1

试件状态	胶缝顺纹抗剪强度值（N/mm^2）	
	红松等软木松	栎木或水曲柳
干态	5.9	7.8
湿态	3.9	5.4

3.4.2 材料要求

（1）胶合用木材应用软木松（如红松等）或栎木、水曲柳制作。若需采用其他树种木材，应有经鉴定通过的技术报告；

（2）胶液的工作活性，在 20±2℃室温下测定时，不应少于 2h；

（3）胶合时木材的含水率，不应大于 15%。

3.4.3 试件制备

1. 试条规格

试条由两块 25mm×60mm×320mm 的木板组成（图 3.4.1）。木纹应与木板长度方向平行，年轮与胶合面成 40°～90°角。不得采用有树脂溢出的木材。

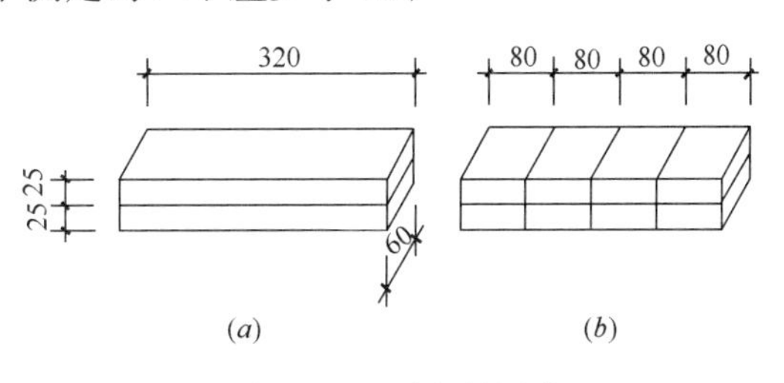

图 3.4.1 试条的尺寸

试条胶合前应经刨光，胶合面应密合，边角应完整。胶合面应在刨光后 2h 内涂胶。涂胶前，应清除胶合面的木屑和污垢。涂胶后应放置 15min 再叠合加压，压力可取 0.4N/mm²～0.6N/mm²。在胶合过程中，室温宜为 20℃～25℃。

试条在加压状态下放置 24h，卸压后再养护 24h，方可加工试件。

2. 试件加工

将试条截成 4 块（图 3.4.1），按图 3.4.2 所示的形式和尺寸制成 4 个剪切试件。

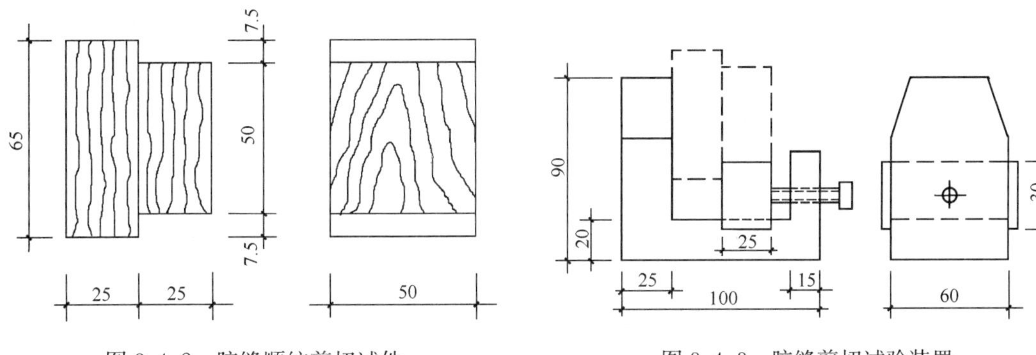

图 3.4.2 胶缝顺纹剪切试件

图 3.4.3 胶缝剪切试验装置

试件刨光后应采用钢尺检查，两端必须与侧面垂直，端面必须平整。试件受剪面尺寸的允许偏差为±0.5mm。

3.4.4 试验装置与设备

试件应置于专门的剪切装置（图 3.4.3）中，在小吨位（一般为 40kN）的木材试验机上进行试验。试验机测力盘的读数精度，应达到估计破坏荷载的 1%或以下。

3.4.5　试验条件

（1）干态试验应在胶合后的3d～5d内进行；

（2）湿态试验应在浸水24h后立即进行。

3.4.6　试验要求

试验时，应先用游标卡尺测量剪切面尺寸，准确至0.1mm。试件放在夹具上应保证胶合面与加荷方向一致，加荷应均匀，加荷速度应控制试件3min～5min内破坏。

试件破坏后，记录荷载最大值；测量试件受剪面上沿木材剪坏的面积，精确至3%。

3.4.7　试验结果的整理与计算

剪切强度极限值按下式计算，精确至0.1N/mm²：

$$f_{vu}=\frac{Q_U}{A_V} \tag{3.4.1}$$

式中：f_{vu}——剪切强度极限值（N/mm²）；

Q_U——荷载最大值（N）；

A_V——剪切面积（mm²）。

试验记录应包括：强度极限及破坏特征，并应算出沿木材破坏面积与胶合面总面积之比，以百分率计。

3.4.8　取样方法及判定规则

（1）对一批胶的检验，应至少用两个试条制成8个试件进行，每一试条各取2个试件做干态试验，2个做湿态试验。若试验结果符合表3.4.1的要求，即认为该试件合格。若有1个试件不合格，须以加倍数量的试件重新试验，若仍有1个试件不合格，则该批胶被判为不能用于承重结构；

（2）若试件强度低于表3.4.1所列数值，但沿木材部分剪坏的面积不少于试件剪面的75%，则仍可认为该试件合格；

（3）对常用的耐水胶，可仅做干态试验。

3.5　木材含水率的基本要求

结构构件若采用较干的木材制作，在相当程度上减小了因木材干缩造成的松弛变形和裂缝的危害，对保证工程质量作用很大。同时，木材的强度随木材含水率的增高而降低。因此，原则上应要求木材经过干燥才能使用。国家标准《木结构设计标准》GB 50005—2017中，对木构件制作时采用的木材的含水率作出下列规定：

（1）板材、规格材和工厂加工的方木的含水率不应大于19%；

（2）方木、原木受拉构件的连接板的含水率不应大于18%；

（3）作为连接件时的木材含水率不应大于15%；

（4）胶合木层板和正交胶合木层板的含水率应为8%～15%，且同一构件各层木板间的含水率差别不应大于5%；

（5）井干式木结构构件采用原木制作时含水率不应大于25%，采用方木制作时的含水率不应大于20%，采用胶合原木木材制作时含水率不应大于18%。

方木、原木受拉构件的连接板是指利用方木原木制作的木制夹板。连接件是指在构件节点中起主要作用的木制连接件，例如，在不采用金属齿板连接的轻型木桁架中，采用定向刨花板（OSB）作为构件节点连接的连接板。

原木和方木的含水率沿截面内外分布很不均匀。原西南建筑科学研究所对30余根云南松木材的实测表明，在料棚气干的条件下，当木材表层20mm深处的含水率降到16.2%～19.6%时，其截面平均含水率为24.7%～27.3%。基于现场对含水率的检验只需一个大致的估计，引用了这一关系作为检验的依据。但是，上述试验是以120mm×160mm中等规格的方木进行测定的。若木材截面很大，按上述关系估计其平均含水率就会偏低很多，这是因为大截面的木材内部水分很难蒸发。例如，中国林业科学研究院曾经测得：当大截面原木的表层含水率已降至12%以下，其内部含水率仍高达40%以上。但这个问题并不影响使用这条补充规定，因为对大截面木材来说，内部干燥总归很慢，关键是只要表层干到一定程度，便能收到控制含水率的效果。当采用原木或截面较大的方木构件时，考虑到结构用材的截面尺寸较大，只有气干法较为切实可行，故只能要求尽量提前备料，使木材在合理堆放和不受曝晒的条件下逐渐风干。根据调查，这一工序即使时间很短，也能收到一定的效果。

当前结构用材的干燥过程完全采用工业化手段，能使各种不同木材满足标准规定的含水率要求。标准规定的含水率是最基本的要求。

根据各地历年来使用当地湿材总结的经验教训，以及有关科研成果，《木结构设计标准》GB 50005—2017中作了湿材只能用于原木和方木构件的规定（其接头的连接板不允许用湿材），即现场制作的方木或原木构件的木材含水率不应大于25%。当受条件限制，使用含水率大于25%的木材制作原木或方木结构时，应符合下列规定：

（1）计算和构造应符合《木结构设计标准》有关湿材的规定；

（2）桁架受拉腹杆宜采用可进行长短调整的圆钢；

（3）桁架下弦宜选用型钢或圆钢；当采用木下弦时，宜采用原木或破心下料（图3.5.1）的方木；

（4）不应使用湿材制作板材结构及受拉构件的连接板；

（5）在房屋或构筑物建成后，应加强结构的检查和维护，结构的检查和维护可按国家标准《木结构设计标准》GB 50005—2017附录C的规定进行。

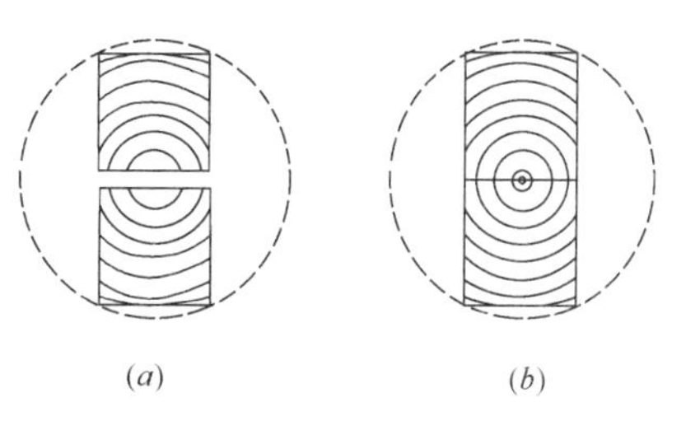

图3.5.1　破心下料的方木

湿材是指含水率大于25%的木材，湿材对结构的危害主要是：在结构的关键部位可能引起危险性的裂缝；促使木材腐朽易遭虫蛀；使节点松动，结构变形增大等。针对这些问题，在使用过程中应采取下列措施：

（1）为防止裂缝的危害，首先推荐采用钢木结构，并在选材上加严了斜纹的限值，以减少斜裂缝的危害；要求受剪面避开髓心，以免裂缝与受剪面重合；在制材上，要求尽可能采用“破心下料”的方法，以保证方木的重要受力部位不受干缩裂缝的危害；在构造上，对齿连接的受剪面长度和螺栓连接的端距均予以适当加大，以减小木材开裂的影响等。

（2）为减小构件变形和节点松动，将木材的弹性模量和横纹承压的计算指标予以适当降低，以减小湿材干缩变形的影响，并要求桁架受拉腹杆采用圆钢，以便于调整。此外，针对湿材在使用过程中容易出现的问题，在检查和维护方面作了具体的规定。

（3）为防腐防虫，给出防潮、通风构造示意图。

对“破心下料”的制作方法作如下说明：

因为含髓心的方木，其截面上的年层大部分完整，内外含水率梯度又很大，以致干缩时，弦向变形受到径向约束，边材的变形受到心材约束，从而使内应力过大，造成木材严重开裂。为了解除这种约束，可沿髓心剖开原木，然后再锯成方材，就能使木材干缩时变形较为自由，显著减小开裂程度。原西南建筑科学研究院进行的近百根木材的试验和三个试点工程，完全证明了其防裂效果。但“破心下料”也有其局限性，即要求原木的径级至少在320mm以上，才能锯出屋架料规格的方木，同时制材要在髓心位置下锯，对制材速度稍有影响。因此，国家标准建议仅用于受裂缝危害最大的桁架受拉下弦，尽量减小采用“破心下料”构件的数量。

第4章　木结构构件的计算

4.1　计　算　公　式

木结构构件在各种受力情况下，按表4.1.1所列的公式进行计算。

木构件的计算公式　　　　表4.1.1

序号	构件类别	计 算 公 式
1	轴心受拉	$\frac{N}{A_n} \leqslant f_t$
2	轴心受压	按强度 $\frac{N}{A_n} \leqslant f_c$　　按稳定 $\frac{N}{\varphi A_0} \leqslant f_c$
3	受弯	按弯曲强度 $\frac{M}{W_n} \leqslant f_m$　　按剪切强度 $\frac{VS}{Ib} \leqslant f_v$ 按侧向稳定 $\frac{M}{\varphi_l W} \leqslant f_m$　　挠度验算 $w \leqslant [w]$ 局部承压 $\frac{N_c}{bl_b K_B K_{Zcp}} \leqslant f_{c,90}$
4	双向受弯	按强度 $\frac{M_x}{f_{mx} W_{nx}} + \frac{M_y}{f_{my} W_{ny}} \leqslant 1$ 按挠度 $w = \sqrt{w_x^2 + w_y^2} \leqslant [w]$
5	受拉及受弯	$\frac{N}{f_t A_n} + \frac{M}{f_m W_n} \leqslant 1$
6	受压及受弯 （强度问题）	$\frac{N}{f_c A_n} + \frac{M}{f_m W_n} \leqslant 1$
7	受压及受弯 （稳定问题）	弯矩作用平面内 $\frac{N}{\varphi \varphi_m A_0} \leqslant f_c$ $\varphi_m = (1-k)^2(1-k_0)$ $k = \frac{Ne_0 + M_0}{Wf_m\left(1+\sqrt{\frac{N}{Af_c}}\right)}$ $k_0 = \frac{Ne_0}{Wf_m\left(1+\sqrt{\frac{N}{Af_c}}\right)}$ 出平面 $\frac{N}{\varphi_y f_c A_0} + \left(\frac{M}{\varphi_l f_m W}\right)^2 \leqslant 1$

注：1　表中所列公式符号的意义及取值详见本章以下各节；

2　木结构主要构件不允许削弱过多，当有对称削弱时，其净截面面积应不小于毛截面面积的50%；当有不对称削弱时，其净截面面积应不小于毛截面面积的60%；

3　受弯构件当需验算侧向稳定时，应按本手册第4.3节进行计算。

4.2　轴心受拉和轴心受压构件

4.2.1　轴心受拉构件

轴心受拉构件的承载力应按下式验算：

$$\frac{N}{A_n} \leqslant f_t \tag{4.2.1}$$

式中：N——轴心受拉构件拉力设计值（N）；

f_t——结构木材的顺纹抗拉强度设计值（N/mm^2）；

A_n——受拉构件的净截面面积（mm^2），计算 A_n时应将分布在150mm长度上的缺孔投影在同一截面上扣除，如图4.2.1所示。

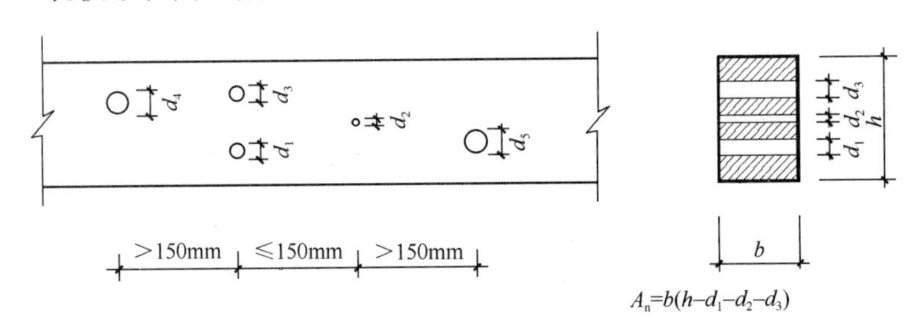

图4.2.1　受拉构件净截面面积

4.2.2　轴心受压构件

轴心受压构件的承载力应按下列规定计算：

（1）轴心受压构件的承载力应分别按强度和稳定性验算。

按强度验算

$$\frac{N}{A_n} \leqslant f_c \tag{4.2.2}$$

按稳定验算

$$\frac{N}{\varphi A_0} \leqslant f_c \tag{4.2.3}$$

式中：N——轴心压力的设计值（N）；

f_c——木材的顺纹抗压强度设计值（N/mm^2）；

φ——轴心受压构件的稳定系数；

A_n——受压构件的净截面面积（mm^2）；

A_0——验算稳定时截面的计算面积（mm^2），按下列规定采用：

1）无缺口时，取 $A_0=A$，A 为受压构件的全截面面积（mm^2）；

2）缺口不在边缘时（图4.2.2*a*），取 $A_0=0.9A$；

3）缺口在边缘且为对称时（图4.2.2*b*），取 $A_0=A_n$；

4）缺口在边缘但不对称时（图4.2.2*c*），取 $A_0=A_n$，且应按偏心受压构件计算；

5）验算稳定时，螺栓孔可不作缺口考虑；

6）对于原木应取平均直径计算面积。

（2）轴心受压构件的稳定系数 φ 应按下列各式计算：

$$\lambda_c = c_c \sqrt{\frac{\beta E_k}{f_{ck}}} \tag{4.2.4}$$

$$\lambda = l_0 / i \tag{4.2.5}$$

$$l_0 = k_l \cdot l \tag{4.2.6}$$

当 $\lambda > \lambda_c$ 时，

$$\varphi = \frac{a_c \pi^2 \beta E_k}{\lambda^2 f_{ck}} \tag{4.2.7}$$

当 $\lambda \leqslant \lambda_c$ 时，

$$\varphi = \frac{1}{1 + \frac{\lambda^2 f_{ck}}{b_c \pi^2 \beta E_k}} \tag{4.2.8}$$

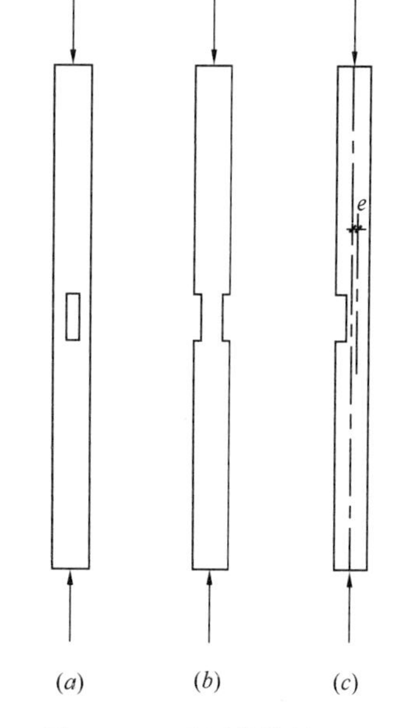

图 4.2.2 受压构件缺口示意图

式中：φ——轴心受压构件的稳定系数；

λ——受压构件的长细比；

i——构件截面的回转半径（mm），$i = \sqrt{I/A}$；

l_0——受压构件的计算长度（mm）；

l——构件实际长度；

k_l——长度计算系数，应按表 4.2.1 的规定取值；

a_c、b_c、c_c——轴心受压构件的材料相关系数，应按表 4.2.2 的规定取值；

β——材料剪切变形相关系数，应按表 4.2.2 的规定取值；

E_k——结构木材或木产品的弹性模量标准值（N/mm^2）；

f_{ck}——结构木材或木产品的抗压强度标准值（N/mm^2）。

计算长度系数 **表 4.2.1**

失稳模式						
k_l	0.65	0.8	1.2	1.0	2.1	2.4

材料相关系数的取值 **表 4.2.2**

构件材料		a_c	b_c	c_c	β	E_k/f_{ck}
方木与原木	TC15、TC17、TB20	0.92	1.96	4.13	1.00	330
	TC11、TC13、TB11 TB13、TB15、TB17	0.95	1.43	5.28		300
规格材、进口方木和进口结构材		0.88	2.44	3.68	1.03	按强度标准值确定
胶合木		0.91	3.69	3.45	1.05	

（3）受压构件的长细比应不超过表 3.3.27 规定的长细比限值。

$$\lambda \leqslant [\lambda] \tag{4.2.9}$$

4.3 受 弯 构 件

受弯构件有单向受弯和双向受弯两类。受弯构件的计算包括弯曲强度验算、剪切强度验算和挠度验算。

4.3.1 单向受弯构件

(1) 弯矩作用平面内受弯承载能力按下式验算：

$$\frac{M}{W_n} \leqslant f_m \tag{4.3.1}$$

式中：M——弯矩设计值（N·mm）；

W_n——构件的净截面抗弯截面模量（mm^3）；

f_m——结构木材与木产品的抗弯强度设计值（N/mm^2）。

受弯构件的受弯承载力一般可按弯矩最大处的截面进行验算，但在构件截面有较大削弱，且被削弱截面不在最大弯矩处时，尚应按被削弱截面处的弯矩对该截面进行验算。

(2) 受弯构件的侧向稳定按下式验算：

$$\frac{M}{\varphi_l W} \leqslant f_m \tag{4.3.2}$$

式中：f_m——木材抗弯强度设计值（N/mm^2）；

M——受弯构件的弯矩设计值（N·mm）；

W——受弯构件的全截面抗弯截面模量（mm^3）；

φ_l——受弯构件的侧向稳定系数。

受弯构件的侧向稳定系数 φ_l 应按下列各式计算：

$$\lambda_m = c_m \sqrt{\frac{\beta E_k}{f_{mk}}} \tag{4.3.3}$$

$$\lambda_B = \sqrt{\frac{l_e h}{b^2}} \tag{4.3.4}$$

当 $\lambda_B > \lambda_m$ 时

$$\varphi_l = \frac{a_m \beta E_k}{\lambda_B^2 f_{mk}} \tag{4.3.5}$$

当 $\lambda_B \leqslant \lambda_m$ 时

$$\varphi_l = \frac{1}{1 + \dfrac{\lambda_B^2 f_{mk}}{b_m \beta E_k}} \tag{4.3.6}$$

式中：E_k——构件材料的弹性模量标准值（N/mm^2）；

f_{mk}——受弯构件材料的抗弯强度标准值（N/mm^2）；

λ_B——受弯构件的长细比，不应大于50；

b——受弯构件的截面宽度（mm）；

h——受弯构件的截面高度（mm）；

a_m、b_m、c_m——受弯构件的材料相关系数，应按表4.3.1的规定取值；

l_e——受弯构件计算长度，应按表4.3.2的规定采用；

β——材料剪切变形相关系数，应按表4.3.1的规定取值。

材料相关系数的取值 **表 4.3.1**

构件材料		a_m	b_m	c_m	β	E_k/f_{mk}
方木与原木	TC15、TC17、TB20	0.7	4.9	0.9	1.00	220
	TC11、TC13、TB11 TB13、TB15、TB17					220
规格材、进口方木和进口结构材		0.7	4.9	0.9	1.03	按强度标准值确定
胶合木		0.7	4.9	0.9	1.05	

受弯构件的计算长度 **表 4.3.2**

梁的类型和荷载情况	荷载作用在梁的部位		
	顶部	中部	底部
简支梁，两端相等弯矩	$l_e=1.00l_u$		
简支梁，均匀分布荷载	$l_e=0.95l_u$	$l_e=0.90l_u$	$l_e=0.85l_u$
简支梁，跨中一个集中荷载	$l_e=0.80l_u$	$l_e=0.75l_u$	$l_e=0.70l_u$
悬臂梁，均匀分布荷载	$l_e=1.20l_u$		
悬臂梁，在悬臂端一个集中荷载	$l_e=1.70l_u$		
悬臂梁，在悬臂端作用弯矩	$l_e=2.00l_u$		

注：l_u为受弯构件两个支撑点之间的实际距离。当支座处有侧向支撑而沿构件长度方向无附加支撑时，l_u为支座之间的距离；当受弯构件在构件中间点以及支座处有侧向支撑时，l_u为中间支撑与端支座之间的距离。

上述受弯构件的侧向稳定验算公式是依据两端支座处设置有防止侧向位移和侧倾的侧向支承的条件而建立。因此，受弯构件的侧向稳定验算时应注意以下几点：

1）在梁的支座处应设置用来防止侧向位移和侧倾的侧向支承；当梁的跨度内未设置侧向支承时，实际长度应取两支座之间的距离或悬臂梁的长度；当梁的跨度内设有类似檩条能阻止侧向位移和侧倾的侧向支承时，实际长度应取两个侧向支承点之间的距离。

2）当受弯构件的两个支座处设有防止其侧向位移和侧倾的侧向支承，且有可靠锚固，梁截面的最大高度对其截面宽度之比不超过下列数值时，侧向稳定系数可取$\varphi_l=1.0$：

$h/b=4$，未设中间的侧向支承；

$h/b=5$，在受弯构件长度内设有类似檩条的侧向支承；

$h/b=6.5$，梁的受压边缘直接固定在密铺板上或间距不大于 610mm 的搁栅上；

$h/b=7.5$，梁的受压边缘直接固定在密铺板上或间距不大于 610mm 的搁栅上，并且受弯构件之间安装有横隔板，其间隔不超过受弯构件截面高度的 8 倍；

$h/b=9$，受弯构件的上下边缘在长度方向上都被固定。

（3）无切口的受弯构件受剪承载能力应按下式验算：

$$\frac{VS}{Ib}\leqslant f_v \tag{4.3.7}$$

式中：V——受弯构件剪力设计值（N）；

I——构件横截面的惯性矩（mm^4）；

b——构件的剪切面宽度（mm）；

S——剪切面以上的截面面积对中和轴的静矩（mm^3）；

f_v——木材顺纹抗剪强度设计值（N/mm^2）。

当荷载作用在梁的顶面时，计算无切口的受弯构件的剪力设计值 V，可不考虑在距离支座等于梁截面高度的范围内的所有荷载的作用。

（4）有切口的受弯构件受剪承载能力的验算：

受弯构件应注意减小切口引起的应力集中，宜采用逐渐变化的锥形切口，而不宜采用直角形切口。

简支梁支座处受拉边的切口深度，锯材不应超过梁截面高度的1/4；叠层木板胶合材不应超过梁截面高度的1/10。

有可能出现负弯矩的支座处及其附近区域不应设置切口。

矩形截面受弯构件支座处受拉侧有切口时，实际的受剪承载能力应按下式验算：

$$\frac{3V}{2bh_n}\left(\frac{h}{h_n}\right)^2 \leqslant f_v \tag{4.3.8}$$

式中：f_v——木材顺纹抗剪强度设计值（N/mm^2）；

b——构件的截面宽度（mm）；

h——构件的截面高度（mm）；

h_n——受弯构件在切口处净截面高度（mm）；

V——考虑全跨度内所有荷载作用的剪力设计值（N）。

（5）受弯构件局部承压的承载能力应按下式进行验算：

$$\frac{N_c}{bl_b K_B K_{Zcp}} \leqslant f_{c,90} \tag{4.3.9}$$

式中：N_c——局部压力设计值（N）；

b——局部承压面宽度（mm）；

l_b——局部承压面长度（mm）；

$f_{c,90}$——构件材料的横纹承压强度设计值（N/mm^2），当承压面长度 $l_b \leqslant 150mm$，且承压面外缘距构件端部不小于75mm时，$f_{c,90}$ 取局部表面横纹承压强度设计值，否则应取全表面横纹承压强度设计值；

K_B——局部受压长度调整系数，应按表4.3.3的规定取值，当局部受压区域内有较高弯曲应力时，$K_B=1$；

K_{Zcp}——局部受压尺寸调整系数，应按表4.3.4的规定取值。

局部受压长度调整系数 K_B　　　　**表4.3.3**

顺纹测量承压长度（mm）	调整系数 K_B	顺纹测量承压长度（mm）	调整系数 K_B
≤12.5	1.75	75.0	1.13
25.0	1.38	100.0	1.10
38.0	1.25	≥150.0	1.00
50.0	1.19		

注：1　当承压长度为中间值时，可采用插入法求出 K_B 值；

2　局部受压的区域离构件端部不应小于75mm。

局部受压尺寸调整系数 K_{Zcp} 表 4.3.4

构件截面宽度与构件截面高度的比值	K_{Zcp}
≤1.0	1.00
≥2.0	1.15

注：比值在 1.0～2.0 之间时，可采用插入法求出 K_{Zcp} 值。

（6）受弯构件的挠度应按下式验算：

$$w \leqslant [w] \tag{4.3.10}$$

式中：w——构件按荷载效应的标准组合计算的挠度（mm）；

$[w]$——受弯构件的挠度限值（mm），按表 3.3.26 采用。

4.3.2 双向受弯构件

（1）受弯承载能力按下式计算：

$$\frac{M_x}{W_{nx}f_{mx}} + \frac{M_y}{W_{ny}f_{my}} \leqslant 1 \tag{4.3.11}$$

（2）挠度按下式验算：

$$w = \sqrt{w_x^2 + w_y^2} \leqslant [w] \tag{4.3.12}$$

式中：M_x、M_y——相对于构件截面 x 轴、y 轴（图 4.3.1）产生的弯矩设计值（N·mm）；

f_{mx}、f_{my}——构件正向弯曲或侧向弯曲的抗弯强度设计值（N/mm²）；

W_{nx}、W_{ny}——构件截面沿 x 轴、y 轴的净截面抵抗矩（mm³）；

w_x、w_y——荷载效应的标准组合计算的对构件截面 x 轴、y 轴方向的挠度（mm）；

w_x、w_y——沿构件截面 x 轴和 y 轴方向的挠度（mm），按荷载效应的标准组合计算；

$[w]$——受弯构件的挠度限值（mm），按表 3.3.26采用。

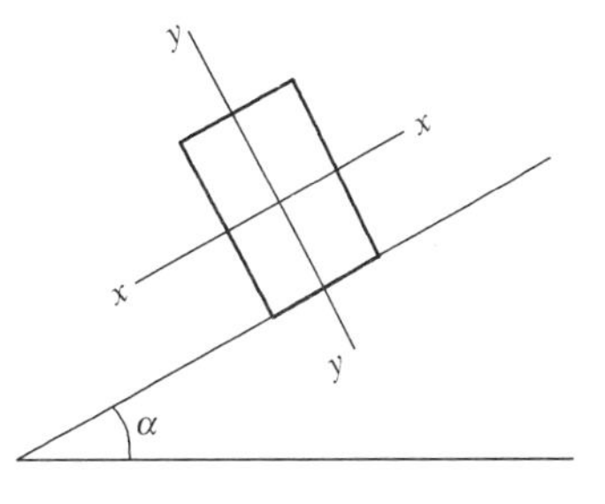

图 4.3.1 双向受弯构件截面

4.4 拉弯和压弯构件

4.4.1 拉弯构件

拉弯构件的承载力应按下式验算：

$$\frac{N}{A_n f_t} + \frac{M}{W_n f_m} \leqslant 1 \tag{4.4.1}$$

式中：N、M——轴向拉力设计值（N）、弯矩设计值（N·mm）；

A_n、W_n——构件净截面面积（mm²）、净截面抗弯截面模量（mm³）；

f_t、f_m——结构木材顺纹抗拉强度设计值（N/mm²）、抗弯强度设计值（N/mm²）。

4.4.2 压弯构件（强度问题）

压弯构件的承载力应按下式验算：

$$\frac{N}{A_n f_c}+\frac{M}{W_n f_m}\leqslant 1 \tag{4.4.2}$$

$$M = Ne_0 + M_0 \tag{4.4.3}$$

式中：N——构件承受的轴向压力设计值（N）；

M_0——横向荷载作用下跨中最大初始弯矩设计值（N・mm）；

e_0——构件的初始偏心距（mm）。

式中其他符号意义同式（4.4.1）。

4.4.3　压弯构件（稳定问题）

一般简称的压弯构件是指构件除承受轴向压力外，还要承受由横向荷载产生的弯矩或偏心压力产生的弯矩。按照外力的作用方式，可区分为三种情况，如图4.4.1所示：(*a*)表示压弯构件；(*b*)表示偏心受压构件；(*c*)表示既受偏心弯矩作用，又受横向荷载作用的构件。

压弯构件及偏心受压构件，当考虑稳定问题的影响时，应分别按弯矩作用平面和垂直于弯矩作用平面验算两个方向的稳定性。

(1) 弯矩作用平面内的稳定性验算：

$$N\leqslant \varphi\varphi_m A_0 f_c \tag{4.4.4}$$

$$\varphi_m=(1-k)^2(1-k_0) \tag{4.4.5}$$

$$k=\frac{Ne_0+M_0}{Wf_m\left(1+\sqrt{\dfrac{N}{Af_c}}\right)} \tag{4.4.6}$$

$$k_0=\frac{Ne_0}{Wf_m\left(1+\sqrt{\dfrac{N}{Af_c}}\right)} \tag{4.4.7}$$

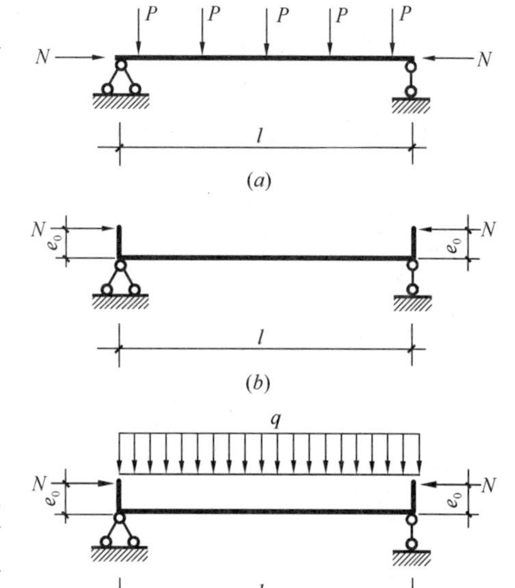

图4.4.1　压弯构件受力示意图

式中：φ——轴心受压构件的稳定系数，按弯矩作用平面内轴受压构件的长细比λ确定；

A_0——验算轴心受压构件稳定时，构件截面的计算面积（mm^2）；

φ_m——考虑轴向力和初始弯矩共同作用的折减系数；

f_c——结构木材顺纹抗压强度设计值（N/mm^2）；

f_m——结构木材的抗弯强度设计值（N/mm^2）；

N——构件的轴向压力设计值（N）；

M_0——横向荷载作用下跨中最大初始弯矩设计值（N・mm）；

e_0——构件的初始偏心距（mm）；

N_{e0}——轴向偏心荷载作用下最大初始弯矩设计值（N・mm）。

上述公式是普遍公式，适用于在轴向力作用下既受横向荷载产生的弯矩，又受轴向偏心力产生的弯矩的构件（图4.4.1*c*）。该公式考虑了构件受力的二阶效应，是按照切线模量理论简化模型分析和试验验证而提出的[1]。

1）当 $e_0=0$ 时，$k_0=0$，构件为压弯构件（图 4.4.1a）。

压弯构件的 φ_m 值可直接按下式计算：

$$\varphi_m=(1-k)^2=\left(1-\frac{\sigma_m/f_m}{1+\sqrt{\sigma_c/f_c}}\right)^2 \tag{4.4.8}$$

式中：$\sigma_m=\dfrac{M_0}{W}$；$\sigma_c=\dfrac{N}{A}$。

压弯构件考虑轴心力和横向弯矩共同作用的折减系数 φ_m　　表 4.4.1

σ_c/f_c	$\frac{\sigma_m}{f_m}=\frac{M_0}{Wf_m}$																
	0.10	0.15	0.20	0.25	0.30	0.35	0.40	0.45	0.50	0.55	0.60	0.65	0.70	0.75	0.80	0.85	0.90
0.10	0.854	0.785	0.719	0.656	0.596	0.539	0.485	0.433	0.385	0.339	0.296	0.256	0.219	0.185	0.154	0.125	0.100
0.15	0.861	0.795	0.732	0.672	0.614	0.559	0.506	0.456	0.409	0.364	0.322	0.282	0.245	0.211	0.179	0.150	
0.20	0.867	0.803	0.743	0.684	0.628	0.575	0.524	0.475	0.428	0.384	0.343	0.303	0.267	0.232	0.200		
0.25	0.871	0.810	0.751	0.694	0.640	0.588	0.538	0.490	0.444	0.401	0.360	0.321	0.284	0.250			
0.30	0.875	0.816	0.758	0.703	0.650	0.599	0.550	0.503	0.458	0.416	0.375	0.336	0.300				
0.35	0.878	0.820	0.764	0.711	0.659	0.609	0.561	0.514	0.470	0.428	0.338	0.350					
0.40	0.881	0.825	0.770	0.717	0.666	0.617	0.570	0.525	0.481	0.440	0.400						
0.45	0.884	0.829	0.775	0.723	0.673	0.625	0.579	0.534	0.491	0.450							
0.50	0.886	0.832	0.779	0.729	0.679	0.632	0.586	0.542	0.500								
0.55	0.888	0.835	0.784	0.734	0.685	0.638	0.593	0.550									
0.60	0.890	0.838	0.787	0.738	0.690	0.644	0.600										
0.65	0.892	0.841	0.791	0.742	0.695	0.650											
0.70	0.894	0.843	0.794	0.746	0.700												
0.75	0.896	0.846	0.797	0.750													
0.80	0.897	0.848	0.800														
0.85	0.899	0.850															
0.90	0.900																

注：表中的 φ_m 值按下式算得：$\varphi_m=\left(1-\dfrac{\sigma_m/f_m}{1+\sqrt{\sigma_c/f_c}}\right)^2$

压弯构件的 φ_m 值亦可按 σ_c/f_c 值和 σ_m/f_m 值由表 4.4.1 查得。

2）当 $M_0=0$ 时，$k_0=k$，构件为偏心受压构件（图 4.4.1b）。

偏心受压构件的 φ_m 值可直接按下式计算：

$$\varphi_m=(1-k)^3=\left(1-\frac{\sigma_m/f_m}{1+\sqrt{\sigma_c/f_c}}\right)^3 \tag{4.4.9}$$

式中：$\sigma_m=\dfrac{Ne_0}{W}$；$\sigma_c=\dfrac{N}{A}$。

偏心受压构件的 φ_m 值亦可按 σ_c/f_c 值和 σ_m/f_m 值由表 4.4.2 查得。

---

[1] 参见“木结构设计规范中压弯构件计算公式简述”，《建筑结构学报》第 20 卷第 3 期，1999

偏心受压构件考虑轴心力和偏心弯矩共同作用的折减系数 φ_m　　表 4.4.2

σ_c/f_c	$\frac{\sigma_m}{f_m}=\frac{Ne_0}{Wf_m}$															
	0.10	0.15	0.20	0.25	0.30	0.35	0.40	0.45	0.50	0.55	0.60	0.65	0.70	0.75	0.80	0.85
0.01	0.751	0.644	0.548	0.461	0.385	0.317	0.258	0.206	0.162	0.125	0.094	0.068	0.048	0.032	0.020	0.012
0.03	0.765	0.663	0.571	0.487	0.412	0.345	0.286	0.234	0.189	0.150	0.117	0.089	0.066	0.047	0.032	
0.05	0.774	0.675	0.585	0.504	0.430	0.364	0.305	0.253	0.207	0.167	0.132	0.103	0.078	0.058		
0.10	0.789	0.696	0.610	0.532	0.460	0.396	0.337	0.285	0.239	0.197	0.161	0.130	0.103			
0.15	0.799	0.709	0.627	0.551	0.482	0.418	0.368	0.309	0.262	0.220	0.183	0.150				
0.20	0.807	0.720	0.640	0.566	0.498	0.436	0.379	0.327	0.280	0.238	0.201					
0.25	0.813	0.723	0.651	0.579	0.512	0.451	0.394	0.343	0.296	0.254						
0.30	0.818	0.737	0.660	0.590	0.524	0.464	0.409	0.357	0.310							
0.35	0.823	0.743	0.668	0.599	0.535	0.475	0.420	0.369								
0.40	0.827	0.749	0.676	0.607	0.544	0.485	0.430									
0.45	0.831	0.754	0.682	0.615	0.552	0.494										
0.50	0.834	0.759	0.688	0.622	0.560	0.502										
0.55	0.837	0.763	0.694	0.628	0.567											
0.60	0.840	0.767	0.699	0.634												
0.65	0.843	0.771	0.703													
0.70	0.845	0.774	0.709													
0.75	0.848	0.778														
0.80	0.850															
0.85	0.852															

注：表中的 φ_m 值按下式算得：$\varphi_m=\left(1-\frac{\sigma_m/f_m}{1+\sqrt{\sigma_c/f_c}}\right)^3$。

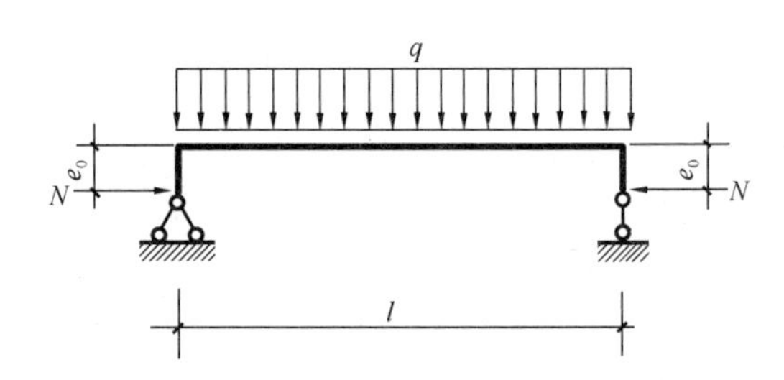

图 4.4.2　压弯构件异向弯矩受力示意图

当偏心压力与横向力产生的弯矩方向相反时（图 4.4.2），可按一般力学分析原则，取其相互抵消后的有效弯矩进行计算。当有效弯矩为偏心弯矩时，按偏心受压构件计算（$k_0=1$）；当有效弯矩为横向弯矩时，按压弯构件计算（$k_0=k$）。

（2）垂直于弯矩作用平面的稳定性验算：

$$\frac{N}{\varphi_y f_c A_0}+\left(\frac{M}{\varphi_l f_m W}\right)^2\leqslant 1 \tag{4.4.10}$$

$$M=Ne_0+M_0 \tag{4.4.11}$$

式中：φ_y——轴心受压构件的稳定系数，按垂直于弯矩作用平面对截面的 y-y 轴受压构件长细比 λ_y 来确定；

φ_l——受弯构件的侧向稳定系数；

A_0——轴心受压构件稳定验算时，构件截面的计算面积（mm^2）；

W——受弯构件的抗弯截面模量（mm^3）；

e_0——偏心受压构件荷载的初始偏心距（mm）；

N——构件承受的轴向压力设计值（N）；

M_0——横向荷载作用下跨中最大初始弯矩设计值（N·mm）。

4.5 压弯构件计算例题

【例题 4.5.1】一冷杉方木压弯构件（图 4.5.1），其轴向压力设计值 $N=45.4\times10^3$N，均布荷载产生的弯矩设计值 $M_{0x}=2.5\times10^6$N·mm，构件截面为 120mm×150mm，构件长度 $L=2310$mm，两端铰支，弯矩作用绕 x-x 轴方向，试验算此构件的承载力。

【解】查表 3.4.1 和表 3.4.3，冷杉顺纹抗压强度和抗弯强度设计值分别为：

$$f_c=10\ \text{N/mm}^2,\ f_m=11\ \text{N/mm}^2$$

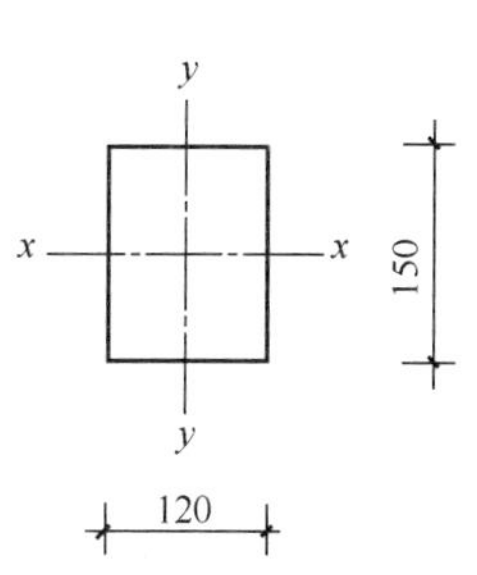

图 4.5.1 构件截面

（1）弯矩作用平面内的稳定性验算

构件截面计算面积：

$$A_0=120\times150=18\times10^3\text{mm}^2$$

构件的抗弯截面模量：

$$W=\frac{1}{6}\times120\times150^2=450\times10^3\text{mm}^3$$

构件的长细比：

$$\lambda_p=c_c\sqrt{E_k/f_{ck}}=5.28\times\sqrt{300}=91$$

$$\lambda_x=\frac{l_0}{i_x}=\frac{2310}{0.289\times150}=53.3<91$$

轴心受压构件的稳定系数：

$$\varphi=\left(1+\frac{\lambda^2 f_{ck}}{b_c\pi^2E_k}\right)^{-1}=\left(1+\frac{53.3^2}{1.43\times3.14^2\times300}\right)^{-1}=0.598$$

$$\sigma_c=\frac{N}{A}=\frac{45.4\times10^3}{18\times10^3}=2.522\text{N/mm}^2$$

$$\sigma_m=\frac{M_0}{W}=\frac{2.5\times10^6}{450\times10^3}=5.556\text{N/mm}^2$$

$$\varphi_m=\left[1-\frac{\sigma_m}{f_m(1+\sqrt{\sigma_c/f_c})}\right]^2=\left[1-\frac{5.556}{11\times(1+\sqrt{2.522/10})}\right]^2=0.4406$$

亦可根据 $\frac{\sigma_c}{f_c}=\frac{2.522}{10}=0.2522$，近似取 0.25；$\frac{\sigma_m}{f_m}=\frac{5.556}{11}=0.5051$，近似取 0.5，由表 4.4.1 直接查得 $\varphi_m=0.444$。

$$\frac{N}{\varphi\varphi_m A_0}=\frac{45.4\times10^3}{0.598\times0.4406\times18\times10^3}=9.573\text{N/mm}^2<f_c=10\text{N/mm}^2$$

（2）垂直于弯矩作用平面方向构件的稳定性验算

垂直于弯矩作用平面方向构件的长细比：

$$\lambda_y=\frac{l_0}{i_y}=\frac{2310}{0.289\times120}=66.6<91$$

轴心受压构件的稳定系数：

$$\varphi = \left(1+\frac{\lambda^2 f_{ck}}{b_c \pi^2 E_k}\right)^{-1} = \left(1+\frac{66.6^2}{1.43\times 3.14^2\times 300}\right)^{-1} = 0.4878$$

受弯构件的侧向稳定系数：

$$\lambda_{Bp} = c_m\sqrt{\frac{E_k}{f_{mk}}} = 0.9\times\sqrt{220} = 13.35$$

$$\lambda_B = \sqrt{\frac{l_e h}{b^2}} = \sqrt{\frac{0.9\times 2310\times 150}{120^2}} = 4.65 < 13.35$$

$$\varphi_l = \frac{1}{1+\frac{\lambda_B^2 f_{mk}}{b_m E_k}} = \frac{1}{1+\frac{4.65^2}{4.90\times 220}} = 0.980$$

$$\frac{N}{\varphi_y f_c A_0} + \left(\frac{M}{\varphi_l f_m W}\right)^2 = \frac{\sigma_c}{\varphi_y f_c} + \left(\frac{\sigma_m}{\varphi_l f_m}\right)^2 = \frac{0.2552}{0.4878} + \left(\frac{0.5051}{0.980}\right)^2$$

$$= 0.523 + 0.266 = 0.789 < 1$$

【例题 4.5.2】一冷杉方木偏心受压构件（图 4.5.2），其轴向压力设计值 $N=45.4\times 10^3$N，构件截面为 120 mm×150mm，构件长度 $L=2310$mm，两端铰支，试求偏心受压构件允许的最大初始偏心距。

【解】查表 3.4.1 和表 3.4.3，冷杉顺纹抗压强度和抗弯强度设计值分别为：

$$f_c = 10\text{N/mm}^2，f_m = 11\text{N/mm}^2$$

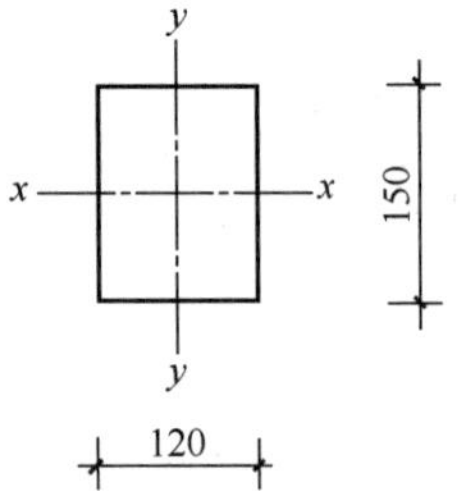

y
x　x　150
y
120

图 4.5.2　构件截面

（1）弯矩作用平面内的稳定性验算

同【例题 4.5.1】：

$$A_0 = A = 18\times 10^3\text{mm}^2$$

$$W_n = W = 450\times 10^3\text{mm}^3$$

$$\lambda_x = 53.3$$

$$\varphi = 0.598$$

由偏心受压构件稳定验算公式：

$$N \leqslant \varphi\varphi_m A_0 f_c$$

$$\varphi_m = \left[1-\frac{Ne_0}{Wf_m\left(1+\sqrt{\frac{N}{Af_c}}\right)}\right]^3$$

即

$$\frac{N}{\varphi A_0 f_c} = \varphi_m = \left[1-\frac{Ne_0}{Wf_m\left(1+\sqrt{\frac{N}{Af_c}}\right)}\right]^3$$

$$\sqrt[3]{\frac{N}{\varphi A_0 f_c}} = 1-\frac{Ne_0}{Wf_m(1+\sqrt{N/Af_c})}$$

则

$$e_0 = \frac{Wf_m}{N}(1-\sqrt[3]{N/\varphi A_0 f_c})(1+\sqrt{N/Af_c})$$

$$= \frac{450\times 10^3\times 11}{45.4\times 10^3}\left(1-\sqrt[3]{\frac{45.4\times 10^3}{0.598\times 18\times 10^3\times 10}}\right)\left(1+\sqrt{\frac{45.4\times 10^3}{18\times 10^3\times 10}}\right)$$

$$= 40.96\text{mm}$$

验算：

$$\frac{\sigma_c}{f_c}=\frac{N}{Af_c}=\frac{45.4\times10^3}{18\times10^3\times10}=0.2522$$

$$\frac{\sigma_m}{f_m}=\frac{Ne_0}{Wf_m}=\frac{45.4\times10^3\times40.96}{450\times10^3\times11}=0.3757$$

$$\varphi_m=\left[1-\frac{\sigma_m}{f_m(1+\sqrt{\sigma_c/f_c})}\right]^3=\left[1-\frac{0.3757}{1+\sqrt{0.2522}}\right]^3=0.422$$

亦可根据 $\frac{\sigma_c}{f_c}=0.25$，$\frac{\sigma_m}{f_m}=\frac{0.35+0.40}{2}=0.375$

由表 4.4.2 查得 $\varphi_m=\frac{0.451+0.394}{2}=0.4225$

$$N=\varphi\varphi_m A_0 f_c=0.598\times0.422\times18\times10^3\times10$$
$$=45.42\times10^3\text{N}\approx45.40\times10^3\text{N}$$

提示：本例题同前一例题比较，完全相同的构件承受相同的压力设计值 $N=45.40\times10^3$N，然而能够承受的弯矩设计值则大不相同：

压弯构件 $M_0=2.5\times10^6\text{N}\cdot\text{mm}$

偏心受压构件 $Ne_0=45.42\times10^3\times40.96=1.86\times10^6\text{N}\cdot\text{mm}$

(2) 垂直于弯矩作用平面方向构件的稳定性验算

同【例题 4.5.1】： $\varphi_y=0.4878$

受弯构件的侧向稳定系数：

$$\varphi_l=\frac{1}{1+\frac{\lambda_B^2 f_{mk}}{b_m E_k}}=\frac{1}{1+\frac{4.65^2}{4.90\times220}}=0.980$$

$$\frac{N}{\varphi_y f_c A_0}+\left(\frac{M}{\varphi_l f_m W}\right)^2=\frac{\sigma_c}{\varphi_y f_c}+\left(\frac{\sigma_m}{\varphi_l f_m}\right)^2=\frac{0.2552}{0.4878}+\left(\frac{0.5051}{0.980}\right)^2$$
$$=0.523+0.147=0.670<1$$

【例题 4.5.3】一冷杉方木构件（图 4.5.3），其轴向压力设计值 $N=45.4\times10^3$N、偏心距 $e_{0y}=20$mm，在截面高度方向，跨中还承受一个横向集中荷载 P，构件截面为 120mm×150mm，构件长度 $L=2310$mm，两端铰支，弯矩作用平面在 150mm 的方向上，试求最大的横向集中荷载 P 所产生的弯矩设计值。

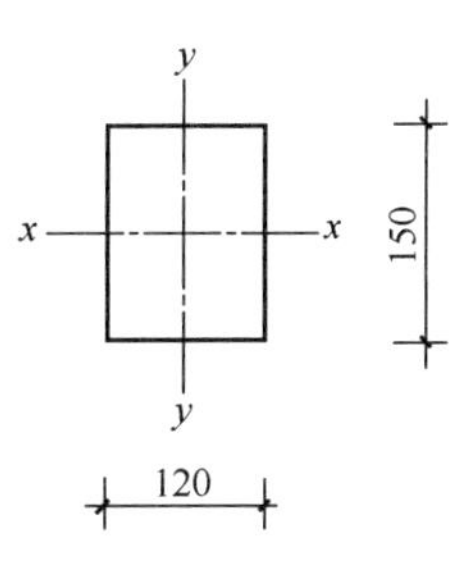

图 4.5.3 构件截面

【解】查表 3.4.1 和表 3.4.3，冷杉顺纹抗压强度和抗弯强度设计值分别为：$f_c=10\text{N/mm}^2$，$f_m=11\text{N/mm}^2$

$$A_0=A=18\times10^3\text{mm}^2$$

$$W_n=W=450\times10^3\text{mm}^2$$

$$\lambda_x=53.3$$

$$\varphi_x=0.598$$

$$\frac{\sigma_c}{f_c}=\frac{N}{Af_c}=\frac{45.4\times10^3}{18\times10^3\times10}=0.2522$$

$$\frac{\sigma_m}{f_m}=\frac{Ne_0}{Wf_m}=\frac{45.4\times10^3\times20}{450\times10^3\times11}=0.1834$$

将 $k_0=\dfrac{Ne_0}{Wf_m\left(1+\sqrt{\dfrac{N}{Af_c}}\right)}$、$k=\dfrac{Ne_0+M_0}{Wf_m\left(1+\sqrt{\dfrac{N}{Af_c}}\right)}$ 及 $\varphi_m=(1-k)^2(1-k_0)$，代入压弯构件及偏心受压构件稳定验算公式：

$$N\leqslant\varphi\varphi_m A_0 f_c$$

即 $$\frac{N}{\varphi A_0 f_c}=\varphi_m=\left[1-\frac{Ne_0+M_0}{Wf_m(1+\sqrt{N/Af_c})}\right]^2\times\left[1-\frac{Ne_0}{Wf_m(1+\sqrt{N/Af_c})}\right]$$

则 $$\frac{M_0}{Wf_m}=\left[1-\sqrt{\frac{N/\varphi_x A_0 f_c}{1-\dfrac{Ne_0}{Wf_m(1+\sqrt{N/Af_c})}}}\right]\times\left[1+\sqrt{\frac{N}{Af_c}}\right]-\frac{Ne_0}{Wf_m}$$

$$=\left[1-\sqrt{\frac{0.2522/0.598}{1-\dfrac{0.1834}{1+\sqrt{0.2522}}}}\right]\times[1+\sqrt{0.2522}]-0.1834$$

$$=0.2776$$

故构件还能够承受横向集中荷载 P 产生的弯矩设计值为：

$$M_0=0.2776\times450\times10^3\times11=1.374\times10^6\text{N}\cdot\text{mm}$$

提示：构件所受偏心力 N 产生的弯矩设计值为：

$$Ne_0=45.4\times10^3\times20=0.908\times10^6\text{N}\cdot\text{mm}$$

构件所受全部弯矩设计值为：

$$M=Ne_0+M_0=0.908\times10^6+1.374\times10^6=2.282\times10^6\text{N}\cdot\text{mm}$$

此值介于前面【例题 4.5.1】中压弯构件 $M_0=2.5\times10^6\text{N}\cdot\text{mm}$ 与【例题 4.5.2】中偏心受压构件 $Ne_0=45.42\times10^3\times40.96=1.86\times10^6\text{N}\cdot\text{mm}$ 之间。

验算：

$$k=\frac{Ne_0+M_0}{Wf_m(1+\sqrt{N/Af_c})}=\frac{0.908\times10^6+1.374\times10^6}{450\times10^3\times11(1+\sqrt{45.4\times10^3/18\times10^3\times11})}=0.3069$$

$$k_0=\frac{Ne_0}{Ne_0+M_0}\times k=\frac{0.908\times10^6}{0.908\times10^6+1.374\times10^6}\times0.3069=0.1221$$

$$\varphi_m=(1-k)^2(1-k_0)=(1-0.3069)^2(1-0.1221)=0.4218$$

$$N=\varphi\varphi_m A_0 f_c=0.598\times0.4218\times18\times10^3\times10=45.403\times10^3\text{N}\approx45.4\times10^3$$

第 5 章　木结构连接设计

5.1　连接的类型和基本要求

木材是天然生长的材料，其截面尺寸和长度都是有限的，为了承受更大的荷载或达到更大的跨度，需要采用各种不同的连接方式把单根木材连接起来组成更复杂的结构形式，以达到承重的目的。

5.1.1　连接的类型

连接的分类方式很多，主要有以下两种分类方法：

1. 按不同功能分类

（1）节点连接：木构件之间或木构件与金属构件之间通过连接组成平面结构或空间结构。

（2）构件的纵向接长（简称接长）：为了增加构件的长度，可用指接或螺栓加夹板等将构件沿纵向接长。

（3）横截面的拼接（简称拼接）：为了增大构件的横截面尺寸，可在截面宽度和高度方向进行拼接。

2. 按连接方式分类

（1）榫卯连接：不用其他连接件及结构胶，利用木材之间的挤压和嵌合传递荷载，是我国传统木结构建筑的主要连接方式。

（2）齿连接：通过杆件与杆件直接抵承传递压力，在连接处木材的工作是承压和受剪，是我国方木原木结构中木桁架节点的主要连接方式。

（3）销连接：将钢制或木制的杆状物作为连接件，将木构件与木构件或将钢构件与木构件连接在一起，通过连接件的抗弯、抗剪和构件的孔壁承压来传递拉力或压力。常用的销连接件有螺栓、自攻螺栓、销、钉、方头螺钉和铆钉等。

（4）键连接：键是木制的块状或钢制的环状、盘状等连接件，将其嵌入被连接构件之间，以阻止被连接构件间的相对滑移，在连接处木材承压和受剪。可用于构件的接长、拼接与节点连接。目前，木键已较少采用，更多的是采用钢键，国外常用的钢键有裂环、剪板和齿板连接等。

（5）胶连接：应用结构胶（如酚醛树脂胶、脲醛树脂胶等），将板材粘结成整体构件共同受力。

（6）植筋连接：将螺栓杆或带肋钢筋插入木构件上的预钻孔中，并注入胶粘剂，以传递构件间的拉力和剪力的连接方式。

5.1.2　连接的基本要求

木结构中的连接是木结构的薄弱环节，直接影响结构的可靠性和耐久性。为了保证结构的强度和刚度，连接的设计应符合下列基本要求：

1. 传力明确、安全可靠

为了保证安全可靠，连接应有明确的传力路径，其计算模型应与实际工作状态相符。同时应避免复杂连接和不同类型的连接方式共同传力，例如：在木屋架支座节点齿连接中，不能考虑齿连接与保险螺栓共同传力。即使采用同一种类的连接，也不应采用刚度悬殊的连接件，否则难以明确各个连接件所受的力。同一个连接中，当有多个连接件共同工作时，它们的合力作用线应与构件的合力作用线重合，避免被连接构件的偏心受力。

木材的横纹抗拉和抗剪强度较低，设计时尽量避免使木材横纹受拉和受剪。

2. 应具有必要的紧密性和韧性

木结构的连接中，通常用几个连接件共同承受荷载，但在制作时，各个连接件在连接中的紧密程度难以达到理想一致。因此，紧密的部分可能先受力而超过它的承载力，不紧密的部分可能受力很小或最后受力，这对于以木材受剪为主的脆性破坏的连接而言，可能使连接件逐个破坏，导致结构失效。另外，木结构的连接紧密性较差，将使结构受力后变形较大。为了减小变形，也应使连接尽量紧密。但木材的横向收缩变形较大，连接的设计不应妨碍这种收缩变形，否则木材容易产生横向开裂，造成连接的破坏。

连接的韧性具有重要作用，韧性好，连接在破坏之前会产生较明显的变形，便于及时发现并采取补救措施，防止更大事故的发生。同一个连接往往有多个连接件，韧性好的连接可通过内力重分布使各个连接件受力更趋均匀，达到共同工作，避免“各个击破”现象的发生。因此，具有“韧性”是连接中各连接件能共同工作的基本条件之一。否则应采取必要的措施防止脆性破坏的发生。

3. 连接必须构造简单，便于施工

如果连接的构造简单，必然便于施工，易于检查安装质量，也容易达到紧密性的要求。与此同时，连接还应尽量减少对构件截面的削弱，以达到省工省料和保证构件强度的目的。

5.1.3 连接设计中的注意事项

连接设计时，除了满足连接的基本要求外，还要注意以下事项：

(1) 力求避免由于木材含水率变化产生的干缩裂缝引起连接的剪坏和劈开，特别在受拉和受剪连接中要避免受剪面与木材髓心重合（图 5.1.1、图 5.1.2）。在设计方木屋架支座节点时，宜在施工图中注明“受剪面应避开髓心”。

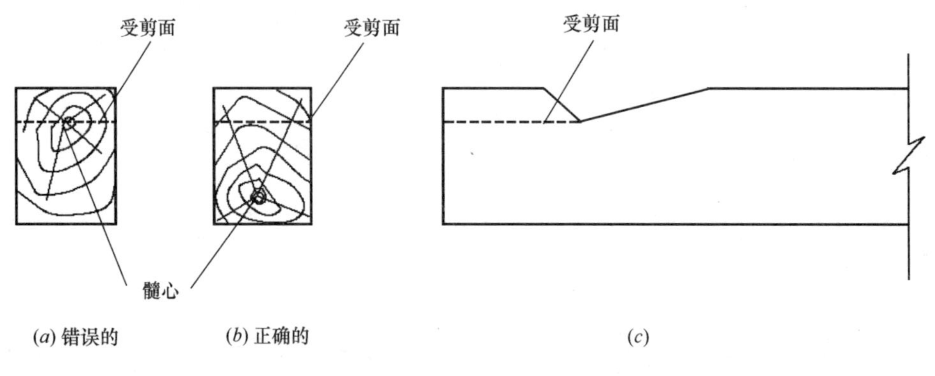

图 5.1.1 齿连接中木材的髓心位置

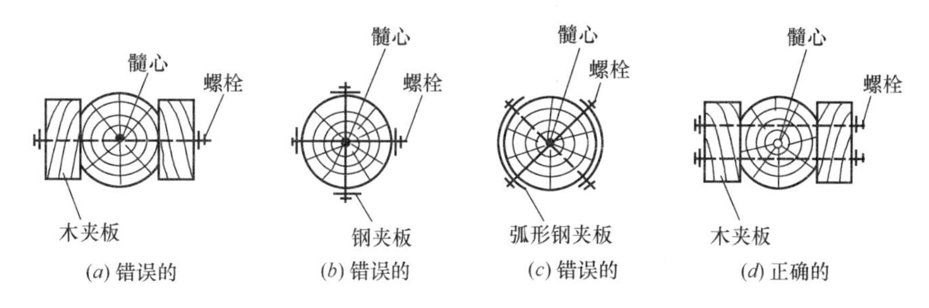

图 5.1.2 拉力接头中的螺栓位置

(2) 在受拉接头中宜采用螺栓连接，不宜采用凹凸板连接（图 5.1.3）。实践表明，这种侧齿受剪的连接由于每齿受力不均，易逐个产生脆性剪坏。

(3) 同一连接中，在设计验算时不得考虑两种或两种以上刚度不同连接的共同作用。例如，在木屋架支座节点齿连接中，不得考虑受剪面与保险螺栓的共同工作；在拉力接头中不得采用如图 5.1.4 所示钢夹板螺栓连接的凹凸齿形式（受剪面与螺栓不能共同工作）；当采用螺栓连接时，不应考虑螺栓和钉的共同工作，并且，不应采用不同直径的螺栓。

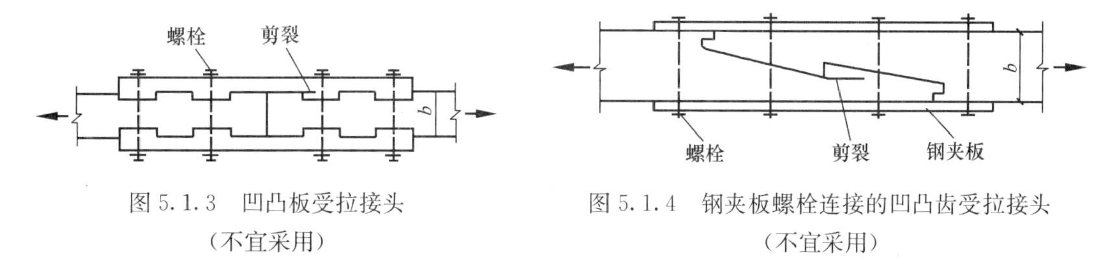

图 5.1.3 凹凸板受拉接头（不宜采用）

图 5.1.4 钢夹板螺栓连接的凹凸齿受拉接头（不宜采用）

(4) 连接必须传力简捷明确，在同一连接中不得同时采用直接传力与间接传力两种传力方式（图 5.1.5、图 5.1.6、图 5.1.7）。

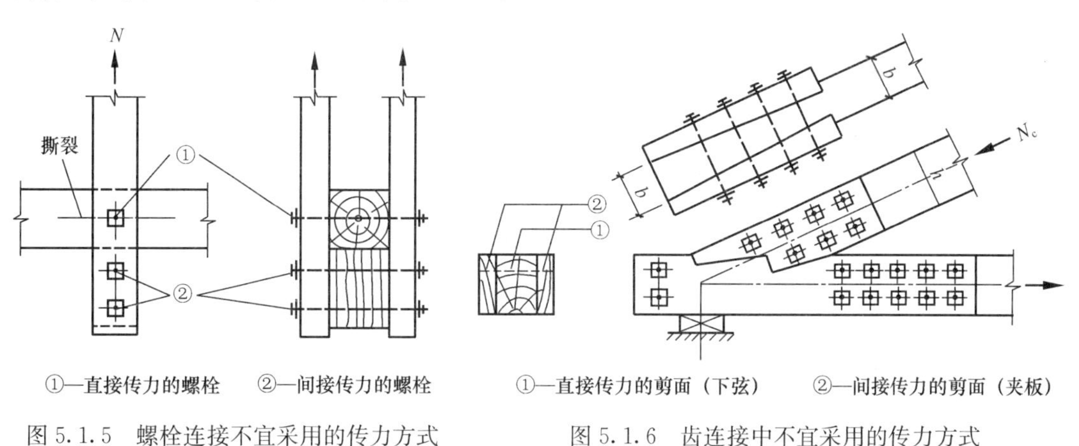

图 5.1.5 螺栓连接不宜采用的传力方式

图 5.1.6 齿连接中不宜采用的传力方式

对图 5.1.5～图 5.1.7 中的错误做法说明如下：

图 5.1.5，原设计意图是利用直径相同的 3 个螺栓共同承受力 N。实际上螺栓①在较小的变形下木材即发生横纹撕裂，而螺栓②则需要通过填块与下弦的挤压变形和螺栓②本

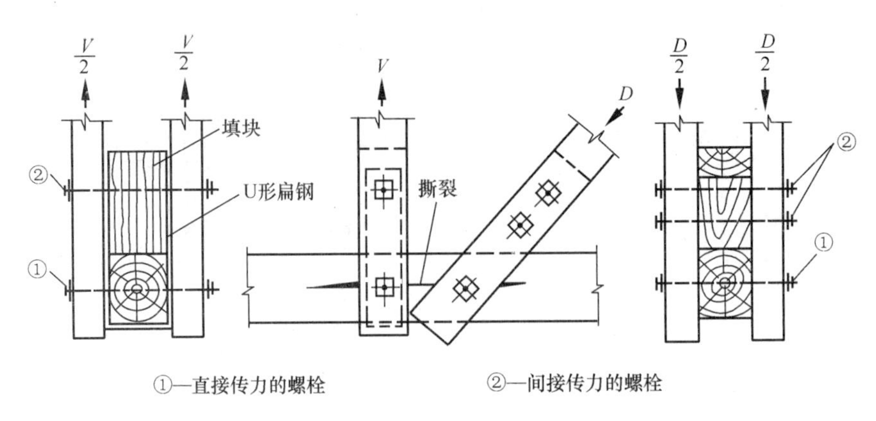

图 5.1.7　不宜采用的节点设计

身发生较大变形的情况下方能受力破坏。因此，二者不可考虑共同受力。当不得不采用这种方式时，可仅考虑两个螺栓②受力，其直径宜稍大些，而螺栓①仅为构造需要的联系作用，其直径宜很小。

图 5.1.6，原设计目的是由于下弦受剪面①不够，想用木夹板加大受剪面面积，上弦内力 N_c 的一部分通过齿连接下弦受剪面①直接传递给下弦，另一部分通过上弦的螺栓、夹板、夹板的受剪面②、下弦夹板的螺栓再传递给下弦。前者是直接传力的途径，传力大，变形小；后者是间接传力的途径，只有在变形较大时才能传力。故二者难以共同工作，设计时不宜采用。在房屋加固工程中不得不采用此种方式时，可仅考虑由木夹板传递全部上弦内力 N_c（设想下弦端部受剪面已破坏）。

图 5.1.7，竖杆与下弦的连接，原设计意图是利用螺栓①及②与 U 形扁钢连接，然后通过下弦下表面与扁钢的挤压把力传递到下弦，然而误将螺栓①直接穿过下弦，斜杆与下弦连接的方式与图 5.1.5 类似。实际上，竖杆及斜杆中的螺栓①将使下弦先产生横纹撕裂。

5.2　齿　连　接

齿连接是将受压构件的端部做成齿榫，在另一构件上锯成齿槽，使齿榫直接抵承在齿槽的承压面上传递压力的一种连接方式。

齿连接的优点是构造简单，传力明确，可用简单工具加工制作，且由于连接的构造外露，易于检查施工质量和观察其工作情况，是我国方木原木结构中木桁架节点连接最常用的连接形式。其缺点是刻槽对构件的截面削弱较大，使得木材用量增加。从受力角度而言，齿连接除了齿槽承压外，还存在受剪面，而木材受剪破坏属于脆性破坏，因此，齿连接的塑性较差，设计时需增设保险螺栓防止脆性破坏的发生。另外，齿连接的制作质量对连接的受力影响较大，手工制作时，需要技术熟练的木工制作。

齿连接有单齿连接（图 5.2.1）和双齿连接（图 5.2.2）两种形式，单齿连接制作更简单，应用较广泛。但若构件中的压力较大，采用单齿连接所需构件截面过大时，则宜采用双齿连接。

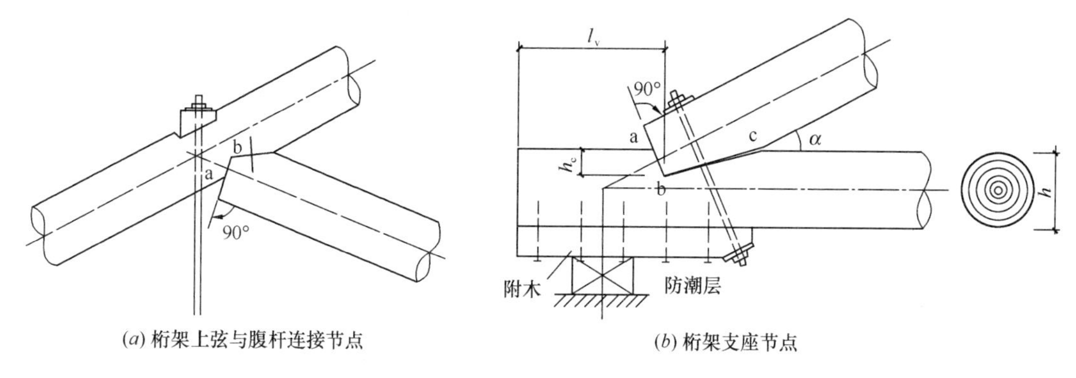

(a) 桁架上弦与腹杆连接节点 (b) 桁架支座节点

图 5.2.1 单齿连接

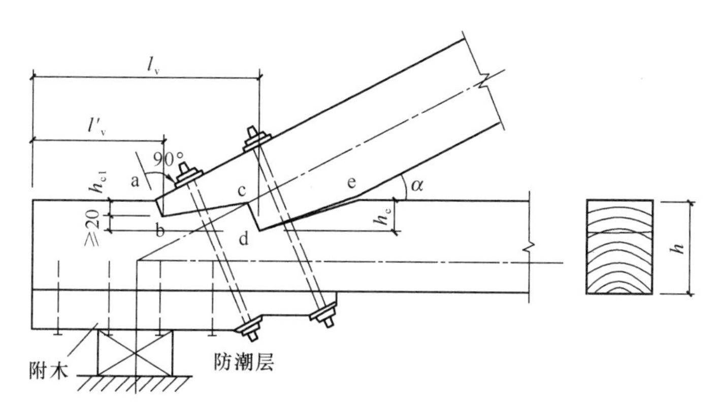

图 5.2.2 双齿连接

5.2.1 齿连接的构造

正确的设计和制造，是提高齿连接质量的重要条件。齿连接的基本构造如图 5.2.1 和图 5.2.2 所示。齿连接的构造应符合下列规定：

(1) 承压面应与所连接的压杆轴线垂直，使压力明确地作用在该承压面上，并保证受剪面上存在着横向紧力（压杆轴向压力的竖直分力），以利于木材的抗剪工作。

(2) 压杆轴线应通过承压面的形心。

(3) 木桁架支座节点处的上弦轴线和支座反力的作用线，当下弦为方木或板材时，宜与下弦净截面的中心线交汇于一点；当下弦为原木时，可与下弦毛截面的中心线交汇于一点。此时，下弦刻齿处的截面可按轴心受拉计算。

(4) 为了避免对构件截面削弱过大，防止受剪面落在木材的髓心位置而影响抗剪强度，需限制齿槽的深度：木桁架支座节点的齿深不应大于 $h/3$，中间节点处不应大于 $h/4$。其中，h 为沿齿深方向的构件截面尺寸：对于方木或板材，h 为截面的高度；对于原木，h 为削平后的截面高度。

为了保证承压面的可靠性，齿槽深度也不能太浅，通常规定方木齿深不应小于 20mm，原木齿深不应小于 30mm。

(5) 图 5.2.2 所示的双齿连接通常用于桁架的支座节点，为使两个抵承面同时受力，对其制作精度要求较高。通常要求第一齿的顶点 a 位于上、下弦杆边缘的交点上，第二齿的齿尖 c 位于上弦杆轴线与下弦杆上边缘的交点上。为了防止木材斜纹影响使第二剪切面沿 bd 面破坏，第二齿的齿深 h_c 应比第一齿的齿深 h_{c1} 至少大 20mm。

（6）为防止偶然因素使剪切面破坏，单齿连接和双齿连接第一齿的受剪面长度均不应小于该齿齿槽深度的 4.5 倍。由于剪切面的受剪承载力对该类节点的安全性起主要决定作用，《木结构设计标准》GB 50005—2017 规定一般不能采用湿材制作。当受条件限制只能采用湿材制作时，还要考虑木材发生端裂的可能性，此时，木桁架支座节点齿连接的受剪面长度应比计算值加大 50mm。

（7）木桁架支座节点必须设置保险螺栓、附木（其厚度不小于 $h/3$，h 意义同第（4）条）和经过防腐药剂处理的垫木。

5.2.2　齿连接的计算

单齿连接和双齿连接应验算木材的承压、抗剪和抗拉强度。

1. 木材承压验算

$$\frac{N}{A_c} \leqslant f_{c\alpha} \tag{5.2.1}$$

式中：N ——轴心压力设计值（N）；

f_{ca} ——木材斜纹承压强度设计值（N/mm²）；

A_c ——齿的承压面积（mm²），应按下列规定计算：

（1）对于双齿连接，A_c 取两个齿的承压面面积之和；

（2）对于原木，其单齿连接的承压面积 A_c 应按下列计算方法确定：

1）当 $\dfrac{h_c}{\cos\varphi} \leqslant d_1$ 时（图 5.2.3），$A_c = 0.35(b_c + b_{c1}) \cdot t$　　(5.2.2)

2）当 $\dfrac{h_c}{\cos\varphi} > d_1$ 时（图 5.2.4），A_c 应按下列公式计算：

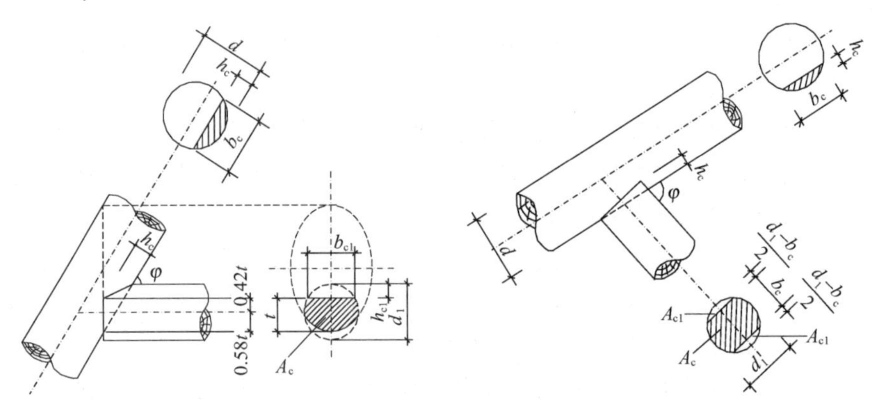

图 5.2.3　当 $\dfrac{h_c}{\cos\varphi} \leqslant d_1$ 时的承压面积　　图 5.2.4　当 $\dfrac{h_c}{\cos\varphi} > d_1$ 时的承压面积

若 $d_1 \leqslant b_c$
$$A_c = \frac{\pi d_1^2}{4} \tag{5.2.3}$$

若 $d_1 > b_c$
$$A_c = \frac{\pi d_1^2}{4} - 2A_{c1} \tag{5.2.4}$$

式中：h_c——弦杆齿深；

φ——腹杆与弦杆之间的夹角；

d_1——受压腹杆在承压面处的直径；

b_c——直径为 d 的弦杆，当切削深度为 h_c 时的弦长；

b_{c1}——直径为 d_1 的腹杆，当切削深度为 h_{c1} 时的弦长；

$2A_{c1}$——直径为 d_1 的腹杆，当两边切削深度为 $\frac{d_1-b_c}{2}$ 时的弓形面积。

2. 木材受剪验算

$$\frac{V}{l_v b_v} \leqslant \psi_v f_v \tag{5.2.5}$$

式中：V——受剪面的剪力设计值（N），对于木桁架的支座节点，其值等于下弦的拉力；

l_v——受剪面计算长度。对于单齿连接，l_v 不得大于该齿齿深 h_c 的 8 倍；对于双齿连接，仅考虑第二齿受剪面的工作，l_v 不得大于第二齿齿深 h_c 的 10 倍；

b_v——受剪面宽度；

f_v——木材顺纹抗剪强度设计值（N/mm^2）；

ψ_v——考虑沿受剪面长度剪应力分布不均匀的强度降低系数，其值按表 5.2.1 采用。

强度降低系数 ψ_v 值 **表 5.2.1**

l_v/h_c		4.5	5	6	7	8	10
ψ_v	单齿连接	0.95	0.89	0.77	0.70	0.64	—
	双齿连接	—	—	1.0	0.93	0.85	0.71

3. 木材受拉验算

$$\frac{N_t}{A_n} \leqslant f_t \tag{5.2.6}$$

式中：N_t——受拉杆件的拉力设计值（N）；

A_n——刻齿处的净截面面积（mm^2），计算中应扣除由于安设保险螺栓、附木等造成的削弱；

f_t——木材抗拉强度设计值（N/mm^2）。

5.2.3 齿连接中的保险螺栓

桁架支座节点采用齿连接时，必须设置保险螺栓。保险螺栓的作用在于防止因受剪面由于某些偶然因素突然破坏而引起整个桁架的破坏，以利于及时抢修，避免酿成更大的事故。保险螺栓应与上弦轴线垂直，一般位于非承压齿面的中央。保险螺栓只在木材受剪面破坏以后才起作用，设计齿连接时，不应考虑保险螺栓与齿共同工作。

保险螺栓受力情况较为复杂，包括螺栓受拉、受弯以及上弦端头在受剪面上的摩擦作用等。简单起见，《木结构设计标准》GB 50005—2017 规定保险螺栓所承受的轴向拉力按下式确定：

$$N_b = N \cdot \tan(60° - \alpha) \tag{5.2.7}$$

式中：N_b——保险螺栓所承受的拉力设计值（N）；

N——上弦的轴向压力设计值（N）；

α——桁架上弦与下弦的夹角（°）。

保险螺栓宜选用Q235钢材制作，进行截面验算时，考虑保险螺栓受力的短暂性，其抗拉强度设计值应乘以1.25的调整系数。保险螺栓的受拉承载力可按下式计算：

$$\frac{N_{\mathrm{b}}}{A_{\mathrm{b}}} \leqslant 1.25 f \tag{5.2.8}$$

式中：A_{b}——保险螺栓的净面积（mm^2），双齿连接时为两根保险螺栓的净面积之和；

f——保险螺栓所用钢材的抗拉强度设计值（$\mathrm{N/mm}^2$）。双齿连接宜选用两个直径相同的保险螺栓（图5.2.2）共同承受拉力N_{b}，但在进行抗拉强度验算时不考虑两个螺栓受力不均的调整系数。

5.2.4　不宜采用的齿连接形式

设计齿连接时，要求做到构造简单，传力明确，能应用简单的工具制作，辅助连接物少，而且连接外露，便于检查，还要适当注意减少对构件的削弱和防止因木材的干缩或湿胀变形引起受剪面劈裂、撕裂的可能性，以及保证受剪面上有一定的横向压紧力。

下述几种齿连接是不宜采用的构造形式：

（1）分角榫齿连接（图5.2.5*a*），由于制作不易准确和木材干缩变形的影响，实际上难以保证Ⅰ-Ⅱ和Ⅱ-Ⅲ两个承压面同时受力。

（2）压杆轴线不对准承压面中心的齿连接（图5.2.5*b*），上弦承压面的中心未与轴向力重合，将会对上弦杆产生增大跨中弯矩的不利影响。

（3）伪榫齿连接（图5.2.5*c*），剪切面上毫无压紧力，对受剪面工作不利；当角度较小时，甚至可能在桁架使用过程中发生横纹劈开现象。

（4）带帽舌的齿连接（图5.2.5*d*），由于制作不易准确，上弦帽舌顶住下弦表面，妨碍承压面的正常工作，甚至引起木材劈裂。

（5）留鼻梁的齿连接（图5.2.5*e*），制作工艺较为复杂，不能用锯一次贯穿锯成，当制作不够紧密时，可能发生仅鼻梁一侧受力现象。

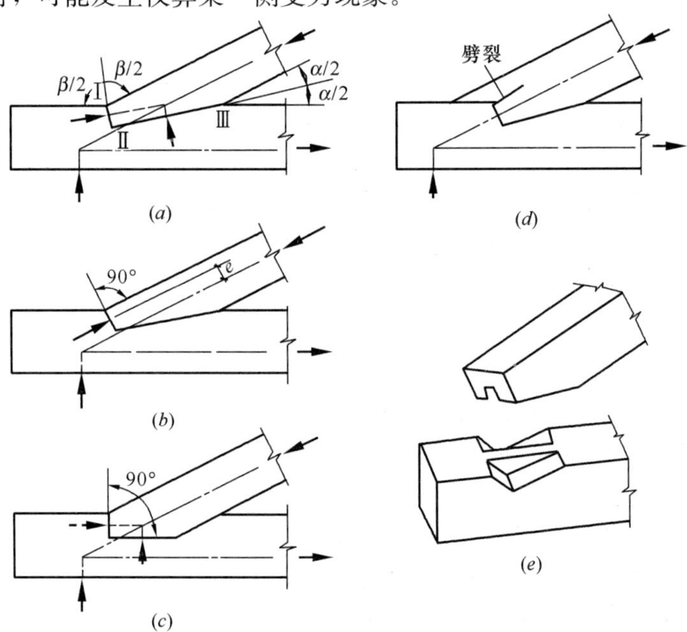

图5.2.5　齿连接中不宜采用的构造形式

5.2.5 设计实例

【例题 5.2.1】在豪式三角形方木屋架支座处，上弦轴向压力 $N_c=61.3\text{kN}$，上弦截面为 120mm×150mm，下弦轴向拉力 $N_t=54.9\text{kN}$，下弦截面为 120mm×180mm。上、下弦之间的夹角 $\alpha=26°34'$。木材采用西南云杉，其含水率 $W<25\%$。试用齿连接设计此屋架节点。

【解】采用单齿连接，其构造如图 5.2.6 所示。

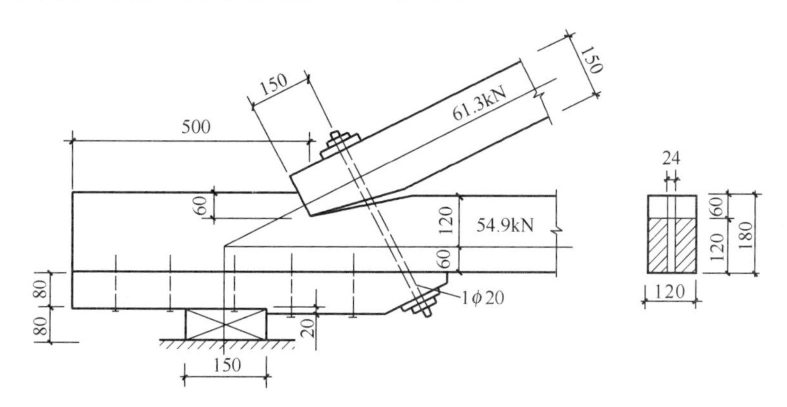

图 5.2.6 单齿连接

西南云杉的强度等级为 TC15B，其强度指标如下：

顺纹抗压强度 $f_c=12.0\text{N/mm}^2$

顺纹抗拉强度 $f_t=9.0\text{N/mm}^2$

顺纹抗剪强度 $f_v=1.5\text{N/mm}^2$

齿面和局部表面横纹承压强度 $f_{c,90}=3.1\text{N/mm}^2$

（1）木材承压验算

上、下弦之间的夹角：$\alpha=26°34'=26.57°$

根据构造规定：$2\text{cm}<h_c\leqslant\dfrac{h}{3}=6\text{cm}$，取 $h_c=6\text{cm}$

$$f_{c\alpha}=\frac{f_c}{1+\left(\dfrac{f_c}{f_{c,90}}-1\right)\dfrac{\alpha-10°}{80°}\sin\alpha}=\frac{12}{1+\left(\dfrac{12}{3.1}-1\right)\dfrac{26.57°-10°}{80°}\sin26.57°}=9.48\text{N/mm}^2$$

$$A_c=\frac{bh_c}{\cos\alpha}=\frac{12\times6}{\cos26.57°}=80.5\text{cm}^2$$

$$\frac{N_c}{A_c}=\frac{61.3\times10^3}{80.5\times10^2}=7.615\text{N/mm}^2\leqslant f_{c\alpha}$$

（2）木材受剪面验算

$$V=N_c\cos\alpha=61.3\cos26.57°=54.9\text{kN}$$

受剪面长度构造要求：$4.5h_c=27\text{cm}\leqslant l_v\leqslant8h_c=48\text{cm}$

实际取受剪面长度 500mm，计算时取 $l_v=48\text{cm}$

$$\frac{V}{l_vb_v}=\frac{54.9\times10^3}{48\times12\times10^2}=0.953\text{N/mm}^2\leqslant\psi_vf_v=0.64\times1.5=0.96\text{N/mm}^2$$

(3) 保险螺栓计算

$$N_b = N \cdot \tan(60° - \alpha) = 61.3 \times \tan(60° - 26.57°) = 40.46\text{kN}$$

保险螺栓采用Q235钢制作，抗拉强度 $f=205\text{N/mm}^2$

保险螺栓所需净面积

$$A_n = \frac{N_b}{1.25f} = \frac{40.46 \times 10^3}{1.25 \times 205} = 1.58\text{cm}^2$$

选用M20的螺栓，其净截面面积：$A_n = 2.18\text{cm}^2 > 1.58\text{cm}^2$

(4) 下弦净截面验算

支座处力的作用线以下弦净截面对中，下弦净截面按轴心受拉构件验算，保险螺栓孔径取22mm：

$$\frac{N_t}{A_n} = \frac{54.9 \times 10^3}{(12-2.2)(18-6) \times 10^2} = 4.67\text{N/mm}^2 < f_t = 9.0\text{N/mm}^2$$

(5) 支座垫木计算

$$R = N_c \sin\alpha = 61.3\sin 26.57° = 27.42\text{kN}$$

$$A_c = 12 \times 15 = 180\text{cm}^2$$

$$\frac{R}{A_c} = \frac{27.42 \times 10^3}{180 \times 10^2} = 1.5\text{N/mm}^2 < f_{c,90} = 3.1\text{N/mm}^2$$

选择垫木尺寸：宽度150mm，厚度140mm，长度360mm；

附木尺寸：宽度120mm，厚度100mm，长度由绘图确定为900mm。

5.3 销 连 接

螺栓、自攻螺栓、钢销、钉、木螺钉、木销等细而长的杆状连接件统称为销类连接件。它们的特点是承受的荷载与连接件本身长度方向垂直，故称抗“剪”连接，而不是抗拉连接。然而它又与易于发生木材剪切脆性破坏的块状键连接的抗剪作用不同，销抗“剪”是基于销发生弯曲和销槽木材受压，都具有良好的韧性，较其他连接更安全可靠，因此在工程中得到了广泛应用。其中，螺栓连接、自攻螺栓连接和钉连接具有连接紧密、韧性好、制作简单、安全可靠等优点，是现代木结构应用最广泛的销连接形式。

5.3.1 销连接的形式和构造

1. 常见的销连接形式

常见的销连接形式有下列几种：

(1) 对称连接：包括对称双剪（图5.3.1*a*、*b*、*c*）、对称多剪（图5.3.1*d*）；

(2) 单剪连接：包括单剪（图5.3.2*a*、*b*、*c*）、对称单剪（图5.3.2*d*）；

(3) 不对称连接：包括不对称双剪（图5.3.3*a*）、不对称多剪（图5.3.3*b*）；

2. 销连接的构造要求

对于采用单剪或对称双剪的销轴类紧固件的连接，当计算受剪面承载力设计值时，应符合下列构造要求：

(1) 构件连接面应紧密接触；

(2) 荷载作用方向与销轴类紧固件轴线方向垂直；

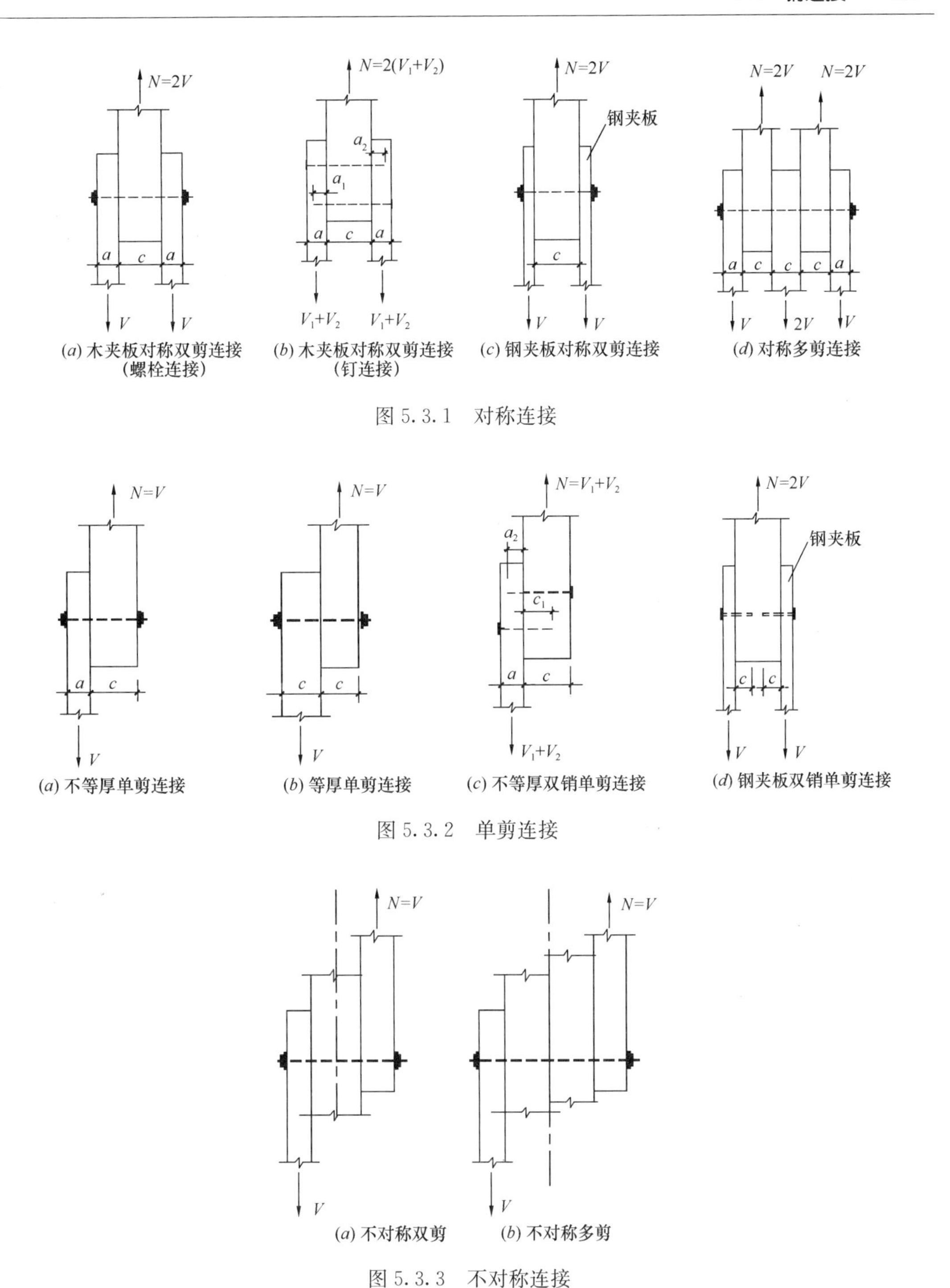

(a) 木夹板对称双剪连接（螺栓连接）　(b) 木夹板对称双剪连接（钉连接）　(c) 钢夹板对称双剪连接　(d) 对称多剪连接

图 5.3.1 对称连接

(a) 不等厚单剪连接　(b) 等厚单剪连接　(c) 不等厚双销单剪连接　(d) 钢夹板双销单剪连接

图 5.3.2 单剪连接

(a) 不对称双剪　(b) 不对称多剪

图 5.3.3 不对称连接

（3）为了保证不发生剪切或劈裂等脆性破坏，紧固件在构件上的边距、端距以及间距应符合下列规定：

1）销轴类紧固件的端距、边距、间距和行距的最小尺寸应符合表 5.3.1 的规定。当采用螺栓、自攻螺栓、销或六角头木螺钉作为紧固件时，其直径 d 不应小于 6mm。

销轴类紧固件的端距、边距、间距和行距的最小值　　表 5.3.1

距离名称	顺纹荷载作用时		横纹荷载作用时	
最小端距 e_1	受力端	$7d$	$4d$	
	非受力端	$4d$		
最小边距 e_2	当 $l/d \leqslant 6$	$1.5d$	受力边	$4d$
	当 $l/d > 6$	取 $1.5d$ 与 $r/2$ 两者较大值	非受力边	$1.5d$
最小间距 s	$4d$		$4d$	
最小行距 r	$2d$		当 $l/d \leqslant 2$	$2.5d$
			当 $2 < l/d < 6$	$(5l+10d)/8$
			当 $l/d \geqslant 6$	$5d$
几何位置示意图				

注：1　受力端为销槽受力指向端部，非受力端为销槽受力背离端部；受力边为销槽受力指向边部，非受力边为销槽受力背离边部。

2　表中，l 为紧固件长度，d 为紧固件的直径；l/d 值应取下列两者中的较小值：

1）紧固件在主构件中的贯入深度 l_m 与直径 d 的比值 l_m/d；

2）紧固件在侧面构件中的总贯入深度 l_s 与直径 d 的比值 l_s/d。

3　当钉连接不预钻孔时，其端距、边距、间距和行距应为表中数值的2倍。

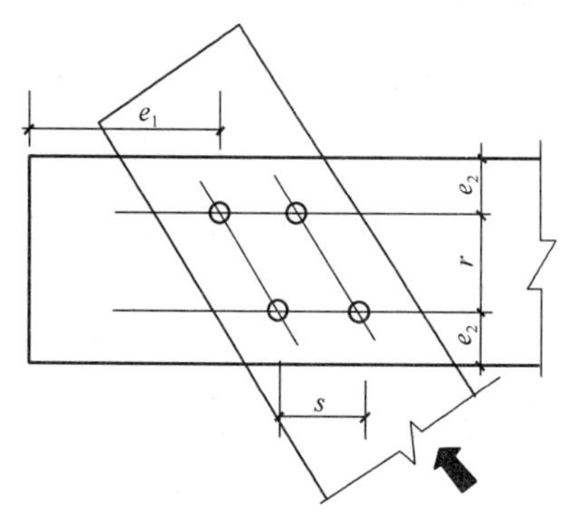

图 5.3.4　紧固件交错布置几何位置示意图

2）交错布置的销轴类紧固件（图 5.3.4），其端距、边距、间距和行距的布置应符合下列规定：

① 对于顺纹荷载作用下交错布置的紧固件，当相邻行上的紧固件在顺纹方向的间距不大于 $4d$ 时，则可将相邻行的紧固件确认为位于同一截面上。

② 对于横纹荷载作用下交错布置的紧固件，当相邻行上的紧固件在横纹方向的间距不小于 $4d$ 时，则紧固件在顺纹方向的间距不受限制；当相邻行上的紧固件在横纹方向的间距小于 $4d$ 时，则紧固件在顺纹方向的间距应符合表 5.3.1 的规定。

3）当六角头木螺钉承受轴向上拔荷载时，端距 e_1、边距 e_2、间距 s 以及行距 r 应满足表 5.3.2 的规定。

六角头木螺钉承受轴向上拔荷载时的端距、边距、间距和行距的最小值　　表 5.3.2

距离名称	最小值
端距 e_1	$4d$
边距 e_2	$1.5d$
行距 r 和间距 s	$4d$

注：d 为六角头木螺钉的直径。

4）六角头木螺钉在单剪连接中的主构件上或双剪连接中的侧构件上的最小贯入深度不应包括端尖部分的长度，最小贯入深度不应小于六角头木螺钉直径的 4 倍。

在设计时亦应尽量避免采用销直径过大和木材厚度过小的销连接，这种销连接可能发生剪裂和劈裂等脆性破坏。

5.3.2 销连接的屈服模式

销连接的普遍屈服模式（即失效模式）是建立承载能力计算理论的基础，最早出现在欧洲，被国际公认。目前，国际上广泛采用的是 Johansen 销连接承载力计算方法，即欧洲屈服模式。图 5.3.5 所示为不同厚度和强度的木构件典型的单剪连接和双剪连接的屈服模式，包括销槽承压屈服和销屈服，每种屈服模式各包含三种不同形式。

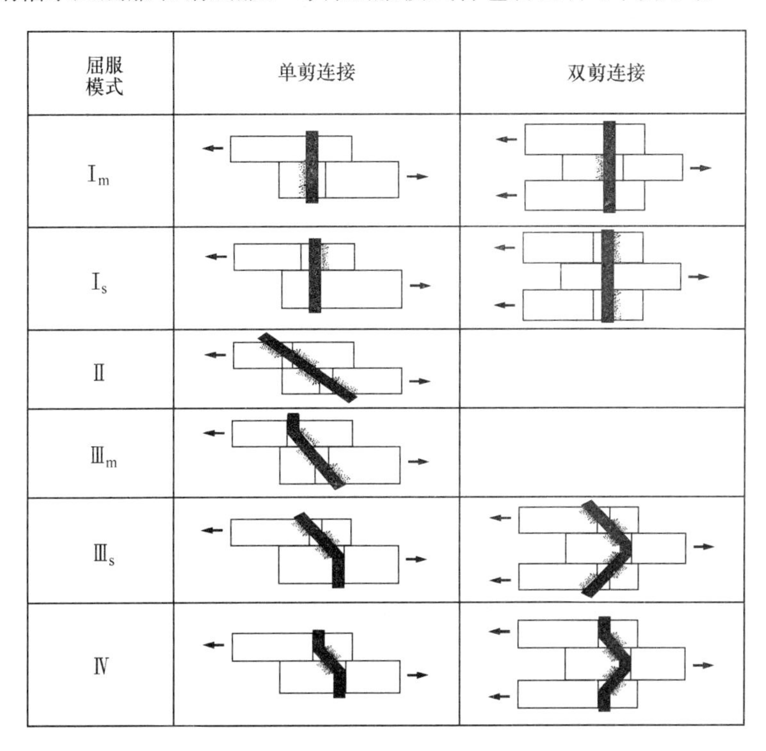

图 5.3.5 销连接的屈服模式

1. 销槽承压屈服的三种模式

将单剪连接中的较厚构件（厚度 c）或双剪连接中的中部构件（厚度 c）定义为主构件；单剪连接中的较薄构件（厚度 a）或双剪连接中的边部构件（厚度 a）定义为侧构件。根据销槽承压的破坏位置不同，销槽承压的破坏模式分为以下三种：

（1）屈服模式 $\mathrm{I_m}$：主构件的销槽承压破坏

对销槽承压屈服而言，如果单剪连接或双剪连接的主构件的销槽承压强度较低，而侧构件的承压强度较高，且侧构件对销有足够的钳制力，不使其转动，则单剪连接或双剪连接的主构件将沿销槽全长 c 均达到销槽承压强度而失效。

（2）屈服模式 $\mathrm{I_s}$：侧构件的销槽承压破坏

如果主构件和侧构件的销槽承压强度相同或侧构件的承压强度较低，主构件对销有足够的钳制力，不使其转动，则单剪连接或双剪连接的侧构件将沿销槽全长 a 均达到销槽承压强度而失效。

(3) 屈服模式Ⅱ：销槽局部挤压破坏

如果单剪连接主构件的厚度 c 不足或侧构件的销槽承压强度较低，两者对销均无足够的钳制力，销刚体转动，导致主构件和侧构件均有部分长度的销槽达到承压强度而失效。

2. 销屈服的三种模式

销连接中，由于沿销槽长度上存在明显的不均匀承压变形，使得销受弯屈服并形成塑性铰而破坏。销屈服的模式有以下三种：

(1) 屈服模式$Ⅲ_m$：单剪连接时侧构件中出现单个塑性铰破坏

如果单剪连接的侧构件的销槽承压强度远高于主构件并有足够的钳制销转动的能力，则销在侧构件中出现塑性铰而破坏。

(2) 屈服模式$Ⅲ_s$：单剪连接或双剪连接主构件中出现单个塑性铰破坏。

如果单剪连接或双剪连接的主构件和侧构件的销槽承压强度相同，则销将在主构件中出现塑性铰而破坏。

(3) 屈服模式Ⅳ：单剪连接或双剪连接主、侧构件中出现两个塑性铰破坏

如果单剪连接或双剪连接的主构件和侧构件的销槽承压强度均较高，或销的直径 d 较小，则销将在两构件中均出现塑性铰而失效。

综上所述，单剪连接包括以上六种屈服模式。对于双剪连接，由于对称受力，则仅有$Ⅰ_m$、$Ⅰ_s$和$Ⅲ_s$、Ⅳ四种屈服模式。

3. 屈服分析

按照上述屈服模式，利用销槽木材承压和销受弯工作，可以计算出销连接的承载能力。这些屈服模式的理论分析，由于采用的假定不同，分析方法亦有多种：

(1) 弹性理论分析法：假定销槽木材为弹性工作，把销身视为弹性基础上的梁，通过微分方程求解得出销身的弯曲位置和最大弯矩。此法甚繁。

(2) 塑性理论分析法：假定销槽木材和销受弯完全处于塑性阶段工作，沿销轴的挤压应力全部呈均匀分布，完全不考虑销槽木材的变形条件。此法甚为简单，但假设理论不完全与实际相符。

(3) 弹塑性理论分析法：假定销槽木材的应力-应变曲线为弹塑性，沿销轴的挤压应力分布在构件边缘部分已进入塑性阶段，而在其他部分仍处于弹性阶段，并考虑销连接中主材和侧材的销槽承压变形的协调条件，这与试验结果颇为接近，但由于要考虑主材和侧材的变形协调问题，理论分析计算工作量很大。

欧洲屈服模式以销槽承压和销受弯应力-应变关系为刚塑性模型的基础，并以连接产生 $0.05d$（d 为销直径）的塑性变形为承载力极限状态的标志。我国《木结构设计规范》GB 50005—2003 中螺栓连接的计算采用的是理想弹塑性材料本构模型，仅考虑侧材销槽木材的变形条件，从构件中取出“塑性铰”的部分销轴作为“脱离体”进行力学分析，从而大大简化了弹塑性理论分析方法，所得结果与严格的弹塑性分析方法几乎完全一致。但我国传统的销连接主要适用于螺栓连接和钉连接，其计算和构造规定主要应用于顺纹受拉构件的接头，为了方便应用，对被连接构件厚度等变化因素作了一些构造规定，从而简化计算。然而，在螺栓连接的广泛应用中，有时不能符合这些构造规定，例如在节点连接中有时不便采用常用螺栓连接的计算方法，并且传统的计算方法是以木材的顺纹抗压强度来

计算螺栓连接的承载力。而对于现代木产品，由于缺陷的影响，同一树种不同强度等级木材的顺纹抗压强度大不相同，但木材缺陷对销槽承压强度的影响并不显著，相同树种不同强度等级的木材的销槽承压强度也并无很大差别，若仍按木材的顺纹抗压强度计算，结果将与实际情况不符。

通过将欧洲屈服模式的计算方法和我国传统的弹塑性理论简化分析法进行对比分析可知，二者在图 5.3.5 中的屈服模式 $\mathrm{I_m}$、$\mathrm{I_s}$ 和Ⅳ对应的极限承载力是相同的。对屈服模式Ⅱ、$\mathrm{III_m}$和$\mathrm{III_s}$，基于刚塑性本构模型所计算的极限承载力略高于理想弹塑性材料本构模型，但差距基本在 10%以内。因此，为了使销连接的计算适用于不同木材厚度和不同角度的受力情况，以及不同树种的连接，并可以适用于对称的、不对称的、单剪、双剪、多剪等连接形式，国家标准《木结构设计标准》GB 50005—2017 采用了基于欧洲屈服模式的销连接承载力计算方法。

5.3.3 销连接的计算

销连接主要用于抗剪，但部分销连接，如六角头木螺钉等，也可以承受一定的拉拔荷载。因此，对于销连接，除了进行受剪承载力计算外，根据受力情况，还需要进行抗拔计算或抗剪兼抗拔的计算。

1. 销连接的受剪承载力计算

销连接的受剪承载力应按下式进行验算：

$$N \leqslant n_b n_v Z_d \tag{5.3.1}$$

式中：N——由销连接传递的侧向荷载设计值（N）；

n_b——连接中销的数量；

n_v——销连接中销的受剪面数，单剪连接取 $n_v=1$，双剪连接取 $n_v=2$；

Z_d——连接中每个销在每个剪面的承载力设计值（N）。

在满足本手册 5.3.1 节的构造规定的情况下，按下列规定计算每个受剪面的承载力设计值 Z_d：

（1）对于单剪或对称双剪连接的销轴类紧固件，每个受剪面的承载力设计值 Z_d 应按下式进行计算：

$$Z_d = C_m C_n C_t k_g Z \tag{5.3.2}$$

式中：C_m——含水率调整系数，应按表 5.3.3 的规定采用；

C_n——设计使用年限调整系数，应按本手册表 3.3.21 选用；

C_t——温度环境调整系数，应按表 5.3.3 的规定采用；

k_g——群栓组合系数，应按本手册附录 6 的规定选用；

Z——承载力下限参考设计值。

使用条件调整系数 **表 5.3.3**

序号	调整系数	采用条件	取值
1	含水率调整系数 C_m	使用中木构件含水率大于 15%时	0.8
		使用中木构件含水率小于 15%时	1.0
2	温度调整系数 C_t	长期生产性高温环境，木材表面温度达 40～50℃时	0.8
		其他温度环境时	1.0

1）销连接的受剪面承载力下限参考设计值 Z 的计算

对于单剪连接或对称双剪连接（图5.3.6），单个销的每个受剪面的承载力参考设计值 Z 应按下式进行计算：

$$Z = k_{\min} t_s d f_{es} \tag{5.3.3}$$

式中：$k_{\min}$——单剪连接时较薄构件或双剪连接时边部构件的销槽承压最小有效长度系数；

t_s——较薄构件或边部构件的厚度（mm），见图5.3.6；

d——销轴类紧固件的直径（mm）；

f_{es}——较薄构件或边部构件的销槽承压强度标准值（N/mm^2）。

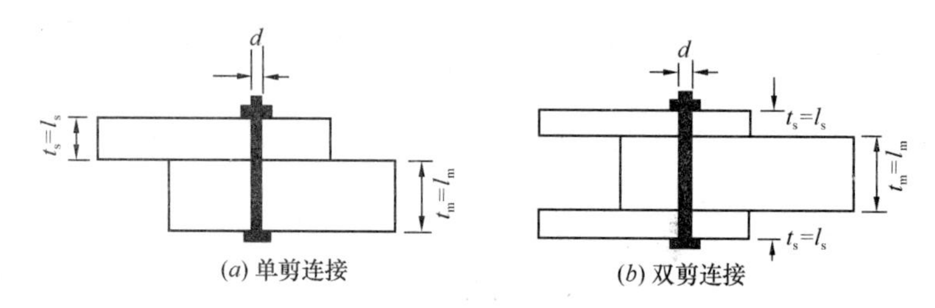

图5.3.6　销轴类紧固件的连接方式

2）销槽承压最小有效长度系数 $k_{\min}$ 的计算

销槽承压最小有效长度系数 $k_{\min}$ 应按下列4种破坏模式进行计算，并取4种破坏模式计算结果的最小值，即

$$k_{\min} = \min[k_{\mathrm{I}}, k_{\mathrm{II}}, k_{\mathrm{III}}, k_{\mathrm{IV}}] \tag{5.3.4}$$

① 按屈服模式Ⅰ计算销槽承压有效长度系数 k_{I}：

单剪连接

$$k_{\mathrm{I}} = \frac{R_e R_t}{\gamma_{\mathrm{I}}} \tag{5.3.5}$$

双剪连接

$$k_{\mathrm{I}} = \frac{R_e R_t}{2\gamma_{\mathrm{I}}} \tag{5.3.6}$$

式中：$R_e = f_{em}/f_{es}$，$R_t = t_m/t_s$。对于单剪连接，应满足 $R_e R_t \leqslant 1.0$：当 $R_e R_t < 1.0$ 时，对应于屈服模式 I_m；当 $R_e R_t = 1.0$ 时，对应于屈服模式 I_s。对于双剪连接，应满足 $R_e R_t \leqslant 2.0$：当 $R_e R_t < 2.0$ 时，对应于屈服模式 I_m；当 $R_e R_t = 2.0$ 时，对应于屈服模式 I_s；

f_{em}——较厚构件或中部构件的销槽承压强度标准值（N/mm^2）；销槽承压强度标准值 f_{es} 的取值应按本条第3）款第⑥项的规定进行确定；

t_m——较厚构件或中部构件的厚度（mm），见图5.3.6；

γ_{I}——屈服模式Ⅰ的抗力分项系数，应按表5.3.4的规定取值。

② 按屈服模式Ⅱ计算销槽承压有效长度系数 k_{II}：

屈服模式Ⅱ为销槽的局部挤压破坏，只发生在单剪连接中，k_{II} 应按下列公式计算：

$$k_{\mathrm{II}} = \frac{k_{s\mathrm{II}}}{\gamma_{\mathrm{II}}} \tag{5.3.7}$$

$$k_{s\mathrm{II}} = \frac{\sqrt{R_e + 2R_e^2(1 + R_t + R_t^2) + R_t^2 R_e^3} - R_e(1 + R_t)}{1 + R_e} \tag{5.3.8}$$

式中：γ_{II}——屈服模式Ⅱ的抗力分项系数，应按表 5.3.4 的规定取值。

③ 按屈服模式Ⅲ计算销槽承压有效长度系数 k_{III}：

$$k_{\mathrm{III}} = \frac{k_{s\mathrm{III}}}{\gamma_{\mathrm{III}}} \tag{5.3.9}$$

式中：γ_{III} ——屈服模式Ⅲ的抗力分项系数，应按表 5.3.4 的规定取值。

当单剪连接发生屈服模式为III_m的破坏形式时：

$$k_{s\mathrm{III}} = \frac{R_t R_e}{1 + 2R_e}\left[\sqrt{2(1 + R_e) + \frac{1.647(1 + 2R_e)k_{ep} f_{yk} d^2}{3R_e R_t^2 f_{es} t_s^2}} - 1\right] \tag{5.3.10}$$

当单剪连接和双剪连接发生屈服模式III_s的破坏形式时：

$$k_{s\mathrm{III}} = \frac{R_e}{2 + R_e}\left[\sqrt{\frac{2(1 + R_e)}{R_e} + \frac{1.647(2 + R_e)k_{ep} f_{yk} d^2}{3R_e f_{es} t_s^2}} - 1\right] \tag{5.3.11}$$

式中：f_{yk}——销轴类紧固件屈服强度标准值（$\mathrm{N/mm^2}$）；

k_{ep}——弹塑性强化系数，反映钢材材质特性对连接承载力的影响。当采用 Q235 钢等具有明显屈服性能的钢材时，取 $k_{ep}=1.0$；当采用其他钢材时，应按具体的弹塑性强化性能确定，其强化性能无法确定时，仍应取 $k_{ep}=1.0$。

④ 按屈服模式Ⅳ计算销槽承压有效长度系数 k_{IV}：

单剪连接和双剪连接都可能发生屈服模式Ⅳ的破坏形式，k_{IV} 按下列公式计算：

$$k_{\mathrm{IV}} = \frac{k_{s\mathrm{IV}}}{\gamma_{\mathrm{IV}}} \tag{5.3.12}$$

$$k_{s\mathrm{IV}} = \frac{d}{t_s}\sqrt{\frac{1.647 R_e k_{ep} f_{yk}}{3(1 + R_e) f_{es}}} \tag{5.3.13}$$

式中：γ_{IV}——屈服模式Ⅳ的抗力分项系数，应按表 5.3.4 的规定取值。

构件连接时受剪面承载力的抗力分项系数 γ 取值　　表 5.3.4

连接件类型	各屈服模式的抗力分项系数			
	γ_{I}	γ_{II}	γ_{III}	γ_{IV}
螺栓、销或六角头木螺钉	4.38	3.63	2.22	1.88
圆钉	3.42	2.83	1.97	1.62

3）销槽承压强度标准值 f_{es}的取值

在销连接中，由于木材销槽承压强度与木材一般的抗压强度不同，短期（瞬间）荷载作用与长期荷载作用不同，中部构件与边部构件以及销受弯屈服时的木材销槽承压强度也不同。为简化计算，已将这些复杂因素考虑在上述各种屈服模式的计算公式中，并保证销连接具有足够的可靠度。在确定销连接受剪承载力时，销轴类紧固件的销槽承压强度与连接构件的材料类别，如木材、钢材和混凝土等密切相关，而木材的销槽承压强度与销的直径、荷载与木纹之间的夹角、木材的全干相对密度等密切相关。不同材料的销槽承压强度标准值可按下述规定采用：

① 当 $6\text{mm} \leqslant d \leqslant 25\text{mm}$ 时，木材销槽顺纹承压强度 $f_{e,0}$（N/mm^2）应按下式确定：

$$f_{es} = f_{e,0} = 77G \tag{5.3.14}$$

式中：G——构件木材的全干相对密度。常用树种木材的全干相对密度按表 5.3.5 的规定确定。

② 当 $6\text{mm} \leqslant d \leqslant 25\text{mm}$ 时，木材销槽横纹承压强度 $f_{e,90}$（N/mm^2）应按下式确定：

$$f_{es} = f_{e,90} = \frac{212G^{1.45}}{\sqrt{d}} \tag{5.3.15}$$

式中：d——销轴类紧固件直径（mm）。

③ 当作用在构件上的荷载与木纹呈夹角 α 时，木材销槽承压强度 $f_{e,\alpha}$（N/mm^2）应按下式确定：

$$f_{es} = f_{e,\alpha} = \frac{f_{e,0} f_{e,90}}{f_{e,0} \sin^2\alpha + f_{e,90} \cos^2\alpha} \tag{5.3.16}$$

式中：α——荷载与木纹方向的夹角。

④ 当 $d < 6\text{mm}$ 时，木材销槽承压强度 f_e（N/mm^2）应按下式确定：

$$f_e = 115G^{1.84} \tag{5.3.17}$$

⑤ 当销轴类紧固件插入主构件端部并且与主构件木纹方向平行时，主构件上的木材销槽承压强度取 $f_{e,90}$。

⑥ 紧固件在钢材上的销槽承压强度应按现行国家标准《钢结构设计标准》GB 50017 规定的螺栓连接的构件销槽承压强度设计值的 1.1 倍计算。

⑦ 紧固件在混凝土构件上的销槽承压强度按混凝土立方体抗压强度标准值的 1.57 倍计算。

常用树种木材的全干相对密度 **表 5.3.5**

树种及树种组合木材	全干相对密度 G	机械分级（MSR）树种木材及强度等级	全干相对密度 G
阿拉斯加黄扁柏	0.46	花旗松-落叶松	
海岸西加云杉	0.39		
花旗松-落叶松	0.50	$E \leqslant 13100\text{MPa}$	0.50
花旗松-落叶松（加拿大）	0.49	$E = 13800\text{MPa}$	0.51
花旗松-落叶松（美国）	0.46	$E = 14500\text{MPa}$	0.52
东部铁杉、东部云杉	0.41	$E = 15200\text{MPa}$	0.53
东部白松	0.36	$E = 15860\text{MPa}$	0.54
铁-冷杉	0.43	$E = 16500\text{MPa}$	0.55
铁冷杉（加拿大）	0.46	南方松	
北部树种	0.35		

续表

树种及树种组合木材	全干相对密度 G	机械分级（MSR）树种木材及强度等级	全干相对密度 G
北美黄松、西加云杉	0.43	E=11720MPa	0.55
南方松	0.55	E=12400MPa	0.57
云杉-松-冷杉	0.42	云杉-松-冷杉	
西部铁杉	0.47		
欧洲云杉	0.46	E=11720MPa	0.42
欧洲赤松	0.52	E=12400MPa	0.46
欧洲冷杉	0.43	西部针叶材树种	
欧洲黑松、欧洲落叶松	0.58		
欧洲花旗松	0.50	E=6900MPa	0.36
东北落叶松	0.55	铁-冷杉	
樟子松、红松、华山松	0.42		
新疆落叶松、云南松	0.44	$E \leqslant$10300MPa	0.43
鱼鳞云杉、西南云杉	0.44	E=11000MPa	0.44
丽江云杉、红皮云杉	0.41	E=11720MPa	0.45
西北云杉	0.37	E=12400MPa	0.46
马尾松	0.44	E=13100MPa	0.47
冷杉	0.36	E=13800MPa	0.48
南亚松	0.45	E=14500MPa	0.49
铁杉	0.47	E=15200MPa	0.50
油杉	0.48	E=15860MPa	0.51
油松	0.43	E=16500MPa	0.52
杉木	0.34		
速生松	0.30		
日本落叶松	0.52		
日本扁柏	0.51		
日本柳杉	0.41		
木基结构板	0.50		
进口欧洲地区结构材			
强度等级	全干相对密度 G	强度等级	全干相对密度 G
C40	0.45	C22	0.38
C35	0.44	C20	0.37
C30	0.44	C18	0.36
C27	0.40	C16	0.35
C24	0.40	C14	0.33

续表

进口新西兰结构材			
强度等级	全干相对密度 G	强度等级	全干相对密度 G
SG15	0.53	SG12	0.50
SG10	0.46	SG8	0.41
SG6	0.36		

4）当销轴类紧固件的贯入深度小于10倍销轴直径时，销槽承压面的长度不应包括销轴尖端部分的长度。

（2）互相不对称的三个构件连接时，受剪面承载力设计值 Z_d 应按两个侧构件中销槽承压长度最小的侧构件作为计算标准，按对称连接计算得到的最小受剪面承载力设计值作为连接的受剪面承载力设计值。

（3）当四个或四个以上构件连接时，每一受剪面按单剪连接计算。连接的承载力设计值 Z_d 取最小的受剪面承载力设计值乘以受剪面个数和销的个数。

（4）当单剪连接中的荷载与紧固件轴线呈除了90°以外的一定角度时，垂直于紧固件轴线方向作用的荷载分量不应超过紧固件受剪面承载力设计值。平行于紧固件轴线方向的荷载分量，应采取可靠的措施，以满足局部承压要求。

2. 六角头木螺钉的抗拔承载力计算

六角头木螺钉主要用于受剪，但也可以承受一定的拉拔荷载。当木螺钉承受轴向拉力作用时，每个销的抗拔承载力设计值应按下式计算：

$$W_d = C_m C_t k_g C_{eg} W \tag{5.3.18}$$

式中：C_m——含水率调整系数，应按表5.3.3的规定采用；

C_t——温度环境调整系数，应按表5.3.3的规定采用；

k_g——组合系数，应按本手册附录6的规定确定；

C_{eg}——端部木纹调整系数，应按表5.3.6的规定采用；

W——抗拔承载力参考设计值（N/mm）。

端面调整系数 **表5.3.6**

采用条件	C_{eg}的取值
当六角头木螺钉的轴线与插入构件的木纹方向垂直时	1.00
当六角头木螺钉的轴线与插入构件的木纹方向平行时	0.75

当六角头木螺钉的轴线与木纹垂直时，六角头木螺钉的抗拔承载力参考设计值应按下式确定：

$$W = 43.2G^{3/2}d^{3/4} \tag{5.3.19}$$

式中：W——抗拔承载力参考设计值（N/mm）；

G——木构件材料的全干相对密度，按表5.3.5的规定取值；

d——木螺钉直径（mm）。

3. 六角头木螺钉的受剪兼抗拔承载力计算

当六角头木螺钉承受侧向荷载和外拔荷载共同作用时（图5.3.7），其承载力设计值应按下式确定：

$$Z_{d,\alpha}=\frac{W_d h_d Z_d}{(W_d h_d)\cos^2\alpha+Z_d\sin^2\alpha} \qquad (5.3.20)$$

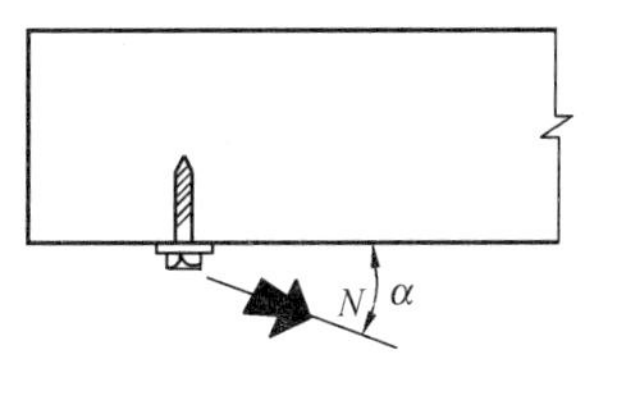

图 5.3.7 六角头木螺钉受侧向和外拔荷载作用

式中：α——木构件表面与荷载作用方向的夹角；

h_d——六角头木螺钉有螺纹部分打入木构件的有效长度（mm）；

W_d——六角头木螺钉的抗拔承载力设计值（N/mm），按式（5.3.18）计算；

Z_d——六角头木螺钉的剪面受剪承载力设计值（kN），按式（5.3.2）计算。

5.3.4 螺栓连接在设计与施工中的注意事项

对于螺栓连接，合理的设计和正确的施工是保证结构节点能够正常受力和减少变形的关键。

在螺栓连接设计中，除应满足连接承载力要求外，为保证连接具有足够的延性，还应遵循螺栓直径较小而数量较多的原则。螺栓直径通常为 12～25mm。螺栓直径的选择应符合现行国家标准《木结构设计标准》GB 50005 中有关的排列规定。这些规定是保证木材不致劈裂的重要条件。螺栓的个数不宜过少，特别是受拉下弦接头，其每端螺栓的个数以不少于 6～8 个为宜。这样适当增加螺栓数目而相应减小螺栓直径的做法，可使得连接的韧性和承载能力都有显著的改善，从而减少了木材因剪裂和劈开而破坏的危害。当然过多的螺栓会使得接头过长，费工费料，所以并不是越多越好。

当连接中有多个螺栓共同工作时，为避免螺栓位置与构件木材的髓心重合或木材干裂对螺栓连接强度的影响，螺栓连接不宜采用单行排列，而应采用多行齐列或错行排列（图 5.3.8）。当采用两纵行排列时，螺栓直径不要超过截面高度的 1/9.5。

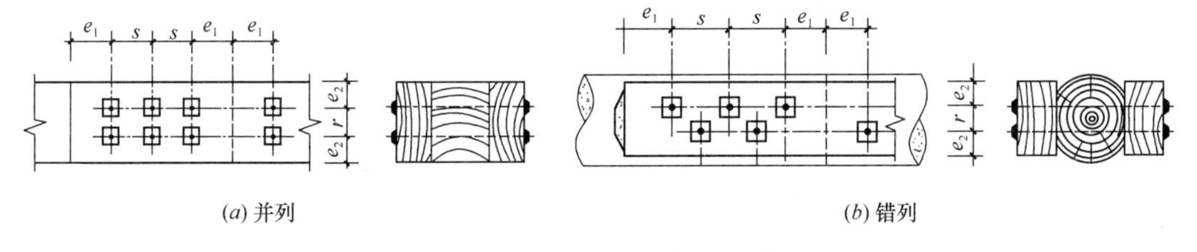

图 5.3.8 螺栓连接的排列形式

螺栓连接受拉接头中的木夹板应采用纹理平直、没有木节和髓心的气干材制作，任何情况下均不应使用湿材制作，树种一般可与所连接的木构件相同。当采用钢夹板连接时，应合理设计钢夹板尺寸，防止钢夹板对木构件的径向或弦向变形形成约束而导致木材横纹开裂，设计时宜使多行排列的螺栓的最外两行螺栓间的距离不大于 125mm，否则，应将钢夹板分为上下两块。

螺栓孔质量的优劣直接关系到螺栓连接的受力和变形，施工时应注意以下几点：

（1）螺栓孔的位置应事先经过放样。钻孔时，夹板与构件一次钻通。当采用钢夹板螺栓连接或钢填板螺栓连接时，要求钢板和木材的钻孔必须吻合。为了达到这一目的，可用钢钻头一次钻通，或者事先用木制样板去代替钢板，待一次钻通后，再按木样板的钻孔位置来确定钢板的钻孔位置。

（2）螺栓杆端应加工成“截头圆锥”形，以便于打入并不致使螺栓孔附近的木材劈裂。

（3）钻头直径应经检查符合要求后方可使用。钻孔后，孔内木粉、木屑均应清理干净。

5.3.5　设计实例

【例题 5.3.1】图 5.3.9 所示的方木轴心受拉接头，承受轴心拉力设计值 36kN，采用木夹板螺栓连接。木构件和木夹板均采用气干冷杉，方木构件截面为 120mm×150mm，木夹板截面为 60mm×150mm。螺栓材料为 Q235 钢，直径为 12mm，连接每一端各采用 6 根螺栓按两纵行齐列。试验算该连接的承载力是否满足要求？

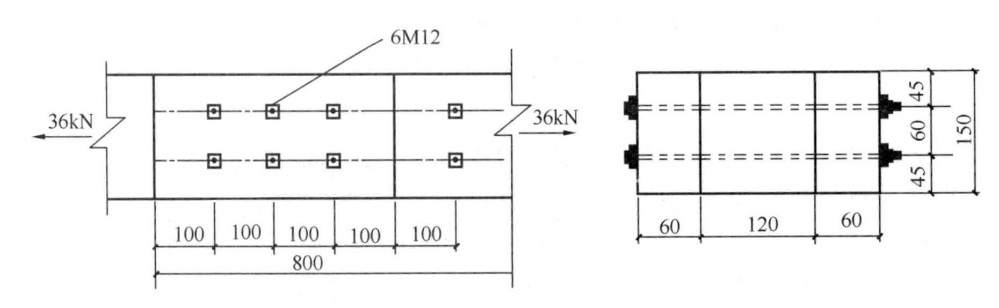

图 5.3.9　方木拉杆螺栓连接接头

【解】（1）构造要求

端距 $e_1=100\text{mm}>7d=84\text{mm}$，行距 $r=60\text{mm}>2d=24\text{mm}$

边距 $l/d=20>6$，$e_2=45\text{mm}>\max\{1.5d，r/2\}=\max\{18，30\}=30\text{mm}$

间距 $s=100\text{mm}>4d=48\text{mm}$，满足构造要求。

（2）单个销每个受剪面的承载力参考设计值 Z 的计算

$$Z=k_{\min}t_s d f_{es}$$

$$d=12\text{mm}，t_s=60\text{mm}$$

冷杉：全干相对密度 $G=0.36$，$f_{es}=f_{e,0}=77G=27.72\text{N/mm}^2$

该连接为对称双剪连接，可能发生的屈服模式有 I_m、I_s 和 III_s、IV 四种。

① 屈服模式 I

$$f_{em}=f_{es}=27.72\text{N/mm}^2$$

$$R_e=f_{em}/f_{es}=1.0，R_t=t_m/t_s=120/60=2，R_eR_t=2.0$$

$$k_{\text{I}}=\frac{R_eR_t}{2\gamma_{\text{I}}}=\frac{2}{2\times4.38}=0.2283$$

② 屈服模式 III_s

螺栓材料为 Q235 钢，$f_{yk}=235\text{N/mm}^2$，取 $k_{ep}=1.0$

$$k_{s\text{III}}=\frac{R_e}{2+R_e}\left[\sqrt{\frac{2(1+R_e)}{R_e}+\frac{1.647(2+R_e)k_{ep}f_{yk}d^2}{3R_ef_{es}t_s^2}}-1\right]$$

$$=\frac{1}{2+1}\left[\sqrt{\frac{2(1+1)}{1}+\frac{1.647(2+1)\times1\times235\times12^2}{3\times1\times27.72\times60^2}}-1\right]=0.378$$

$$k_{\text{III}}=\frac{k_{s\text{III}}}{\gamma_{\text{III}}}=\frac{0.378}{2.22}=0.17$$

③ 屈服模式Ⅳ

$$k_{s\text{Ⅳ}} = \frac{d}{t_s}\sqrt{\frac{1.647R_e k_{ep} f_{yk}}{3(1+R_e)f_{es}}} = \frac{12}{60}\sqrt{\frac{1.647\times1.0\times1.0\times235}{3\times(1+1.0)\times27.72}} = 0.305$$

$$k_{\text{Ⅳ}} = \frac{k_{s\text{Ⅳ}}}{\gamma_{\text{Ⅳ}}} = \frac{0.305}{1.88} = 0.1623$$

$$k_{min} = \min\{k_{\text{Ⅰ}}, k_{\text{Ⅲ}}, k_{\text{Ⅳ}}\} = k_{\text{Ⅳ}} = 0.1623$$

单个销每个受剪面的承载力参考设计值 Z 为：

$$Z = k_{min} t_s d f_{es} = 0.1623\times60\times12\times27.72 = 3.239\text{kN}$$

（3）考虑各种因素影响

使用过程中含水率小于 15%，$C_m=1.0$

考虑设计使用年限为 50 年，$C_n=1.0$

温度调整系数：$C_t=1.0$

群栓组合系数：$k_g=0.825$

单个螺栓每个受剪面的承载力设计值 Z_d：

$$Z_d = C_m C_n C_t k_g Z = 1.0\times1.0\times1.0\times0.825\times3.239 = 2.672\text{kN}$$

（4）连接总承载力

$$n_b n_v Z_d = 6\times2\times2.672 = 32.066\text{kN} < N = 36\text{kN}$$

故，该连接不满足承载力要求。

5.4 齿 板 连 接

齿板通常由 1～2mm 厚的镀锌薄钢板经单向冲齿而成（图 5.4.1），连接时采用专门的设备将两块齿板对称压入被连接木构件的两侧。齿板连接主要用于轻型木结构中规格材制作的轻型木桁架的节点连接，以及杆件的接长与增厚。由于齿板很薄，受压时极易失稳，且齿板连接的承载力不大，因此，齿板不得用于受压杆件的压力传递。

齿板上齿的形状和分布、齿板的承载能力等因生产商不同而不同。当设计和施工正确、合理时，采用齿板连接而成的轻型木桁架跨度可达 30 余米。图 5.4.2 所示为齿板连接的轻型木桁架。

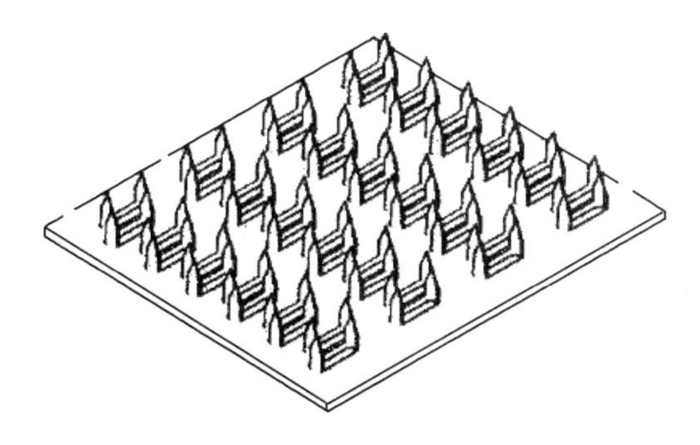

图 5.4.1 典型齿板

图 5.4.2 齿板连接轻型木桁架

齿板可采用 Q235 碳素结构钢或 Q345 低合金高强度结构钢制作，其质量应分别符合现行国家标准《碳素结构钢》GB/T 700 和《低合金高强度结构钢》GB/T 1591 的规定。

由于其厚度较薄，生锈将降低其承载力与耐久性。为防止生锈，齿板应由镀锌钢板制成且镀锌层重量不应低于275g/m²，且镀锌应在齿板制造前进行。考虑到此镀锌要求在腐蚀、潮湿等环境仍然是不够的，且我国在齿板的结构应用方面经验不足，故国家标准《木结构设计标准》GB 50005—2017规定，不宜将齿板连接用于腐蚀、潮湿环境或易于产生冷凝水的部位。另外，阻燃剂的使用也将影响齿板的防腐性能，因此，不宜将齿板连接用于经阻燃剂处理过的规格材中。

5.4.1　齿板连接的构造及施工制作

1. 齿板连接的构造规定

（1）齿板应成对对称设置于构件连接节点的两侧；

（2）采用齿板连接的构件厚度应不小于齿嵌入构件深度的2倍；

（3）在与桁架弦杆平行及垂直方向，齿板与弦杆的最小连接尺寸以及在腹杆轴线方向齿板与腹杆的最小连接尺寸应符合表5.4.1的规定；

（4）弦杆对接所用齿板宽度不应小于弦杆相应宽度的65%。

2. 齿板连接的施工制作要求

（1）板齿应与构件表面垂直；

（2）板齿嵌入构件深度应不小于板齿承载力试验时板齿嵌入试件的深度；

（3）齿板连接处构件无缺棱、木节、木节孔等缺陷；

（4）拼装完成后齿板无变形。

齿板与桁架弦杆、腹杆最小连接尺寸（mm）　　　**表5.4.1**

规格材截面尺寸（mm×mm）	桁架跨度 L（m）		
	$L\leqslant12$	$12<L\leqslant18$	$18<L\leqslant24$
40×65	40	45	—
40×90	40	45	50
40×115	40	45	50
40×140	40	50	60
40×185	50	60	65
40×235	65	70	75
40×285	75	75	85

5.4.2　齿板连接的计算

在荷载作用下，齿板连接存在三种基本破坏模式：

（1）板齿屈服并从木材中拔出；

（2）齿板净截面受拉破坏；

（3）齿板剪切破坏。

在木桁架节点中，齿板连接常处于剪-拉复合受力状态，而桁架弦杆的对接节点，还可能同时承受拉力和弯矩的联合作用，故设计齿板连接时，应按承载能力极限状态荷载效应的基本组合对齿板连接的板齿承载力、受拉承载力、受剪承载力、剪-拉复合承载力进行验算，必要时还应进行受弯承载力验算。

板齿滑移过大将导致木桁架产生影响其正常使用的变形，故应按正常使用极限状态标准组合对齿板连接的板齿抗滑移承载力进行验算。

1. 齿板连接的板齿承载力验算

$$N \leqslant N_r \tag{5.4.1}$$

$$N_r = n_r K_h A \tag{5.4.2}$$

式中：N——齿板连接承受的荷载设计值（N），按承载能力极限状态荷载效应基本组合计算；

N_r——板齿承载力设计值（N）；

n_r——板齿强度设计值（N/mm^2）；

A——齿板表面净面积（mm^2），即齿板覆盖的构件面积减去相应端距 a 及边距 e 内的面积（图 5.4.3）。端距 a 应平行于木纹量测，并取 12mm 或 1/2 齿长的较大者；边距 e 应垂直于木纹量测，并取 6mm 及 1/4 齿长的较大者；

K_h——桁架端节点弯矩影响系数：

$$K_h = 0.85 - 0.05(12\tan\alpha - 2.0) \tag{5.4.3}$$

$$0.65 \leqslant K_h \leqslant 0.85$$

α——桁架端节点处上、下弦间夹角（°）。

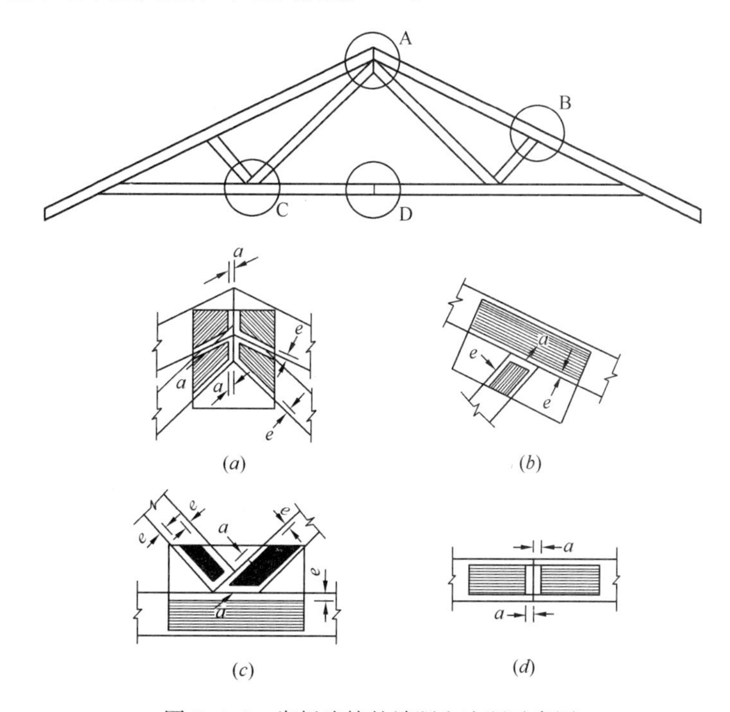

图 5.4.3 齿板连接的端距和边距示意图

2. 齿板连接的受拉承载力验算

$$N \leqslant T_r \tag{5.4.4}$$

$$T_r = k t_r b_t \tag{5.4.5}$$

式中：T_r——齿板连接受拉承载力设计值（N）；

t_r——齿板连接抗拉强度设计值（N/mm）；

b_t——垂直于拉力方向的齿板截面计算宽度（mm）；

k——受拉弦杆对接时齿板抗拉强度调整系数。

受拉弦杆对接时，齿板截面计算宽度 b_t 和抗拉强度调整系数 k 应按下列规定取值：

（1）当齿板宽度小于或等于弦杆截面高度 h 时，b_t 可取齿板宽度，$k=1.0$。

（2）当齿板宽度大于弦杆截面高度 h 时，$b_t=h+x$。x 的取值应符合下列规定：

① 对接处无填块时，x 应取齿板凸出弦杆部分的宽度，但不应大于 13mm；

② 对接处有填块时，x 应取齿板凸出弦杆部分的宽度，但不应大于 89mm。

（3）当齿板宽度大于弦杆截面高度 h 时，k 应按下列规定取值：

① 对接处齿板凸出弦杆部分无填块时，$k=1.0$；

② 对接处齿板凸出弦杆部分有填块且齿板凸出部分的宽度≤25mm 时，$k=1.0$；

③ 对接处齿板凸出弦杆部分有填块且齿板凸出部分的宽度>25mm 时：$k=k_1+\beta k_2$。其中，$\beta=x/h$；k_1、k_2 为计算系数，应按表 5.4.2 的规定取值。

计算系数 k_1、k_2 **表 5.4.2**

弦杆截面高度 h（mm）	k_1	k_2
65	0.96	−0.228
90～185	0.962	−0.288
285	0.97	−0.079

注：当 h 值为表中数值之间时，可采用线性插值法求出 k_1、k_2 值。

（4）对接处采用的填块截面宽度应与弦杆相同。在桁架节点处进行弦杆对接时，该节点处的腹杆可视为填块。

3. 齿板连接的受剪承载力验算

$$V \leqslant V_r \tag{5.4.6}$$

$$V_r = v_r b_v \tag{5.4.7}$$

式中：V——剪力设计值（N），按承载能力极限状态荷载效应基本组合计算；

V_r——齿板受剪承载力设计值（N）；

v_r——齿板抗剪强度设计值（N/mm）；

b_v——平行于剪力方向的齿板受剪截面宽度（mm）。

4. 齿板连接的剪-拉复合承载力验算

如图 5.4.4 所示，齿板连接处于剪-拉复合受力状态，其承载力验算应按下列公式进行：

$$T \leqslant c_r \tag{5.4.8}$$

$$c_r = c_{r1} l_1 + c_{r2} l_2 \tag{5.4.9}$$

$$c_{r1} = v_{r1} + \frac{\theta}{90}(t_{r1} - v_{r1}) \tag{5.4.10}$$

$$c_{r2} = t_{r2} + \frac{\theta}{90}(v_{r2} - t_{r2}) \tag{5.4.11}$$

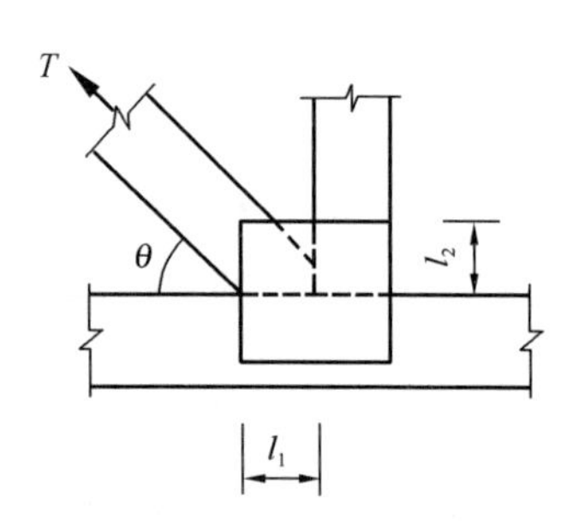

图 5.4.4 齿板连接剪-拉复合受力

式中：T——腹杆承受的拉力设计值（N）；

c_r——齿板连接剪-拉复合承载力设计值（N）；

c_{r1}、c_{r2}——分别为沿 l_1、l_2 方向齿板连接剪-拉复合强度设计值（N/mm）；

l_1、l_2——所考虑的杆件沿 l_1、l_2 方向被齿板覆盖的长度（mm）；

v_{r1}、v_{r2}——齿板沿 l_1、l_2 方向的抗剪强度设计值（N/mm）；

t_{r1}、t_{r2}——齿板沿 l_1、l_2 方向的抗拉强度设计值（N/mm）；

θ——杆件轴线间夹角（°）。

5. 齿板连接抗滑移承载力验算

$$N \leqslant N_s \tag{5.4.12}$$

$$N_s = n_s A \tag{5.4.13}$$

式中：N——按正常使用极限状态荷载标准组合确定的荷载标准值（N）；

N_s——板齿连接抗滑移承载力设计值（N）；

n_s——板齿连接抗滑移强度设计值（N/mm²）；

A——齿板表面净面积（mm²）。

6. 齿板连接的受弯和受拉承载力验算

桁架弦杆对接连接处，当需考虑齿板连接的受弯承载力时，齿板连接处于拉弯受力情况，应对齿板连接进行受弯承载力和受拉承载力验算。

受弯承载力应按下列公式计算：

$$M_f \leqslant M_r \tag{5.4.14}$$

$$M_r = 0.27t_r(0.5w_b + y)^2 + 0.18bf_c(0.5h - y)^2 - T_f y \tag{5.4.15}$$

$$y = \frac{0.25bhf_c + 1.85T_f - 0.5w_b t_r}{t_r + 0.5bf_c} \tag{5.4.16}$$

$$w_b = kb_t \tag{5.4.17}$$

受拉承载力应按下式计算：

$$T_f \leqslant t_r \cdot w_b \tag{5.4.18}$$

式中：M_f——对接连接节点处的弯矩设计值（N · mm）；

M_r——齿板连接的受弯承载力设计值（N · mm）；

t_r——齿板连接抗拉强度设计值（N/mm）；

w_b——齿板截面计算的有效宽度（mm）；

b_t——齿板截面的计算宽度（mm）；

k——齿板抗拉强度调整系数；

y——桁架弦杆中心线与木/钢组合中心轴线的距离（mm），可为正数或负数。当 y 在齿板之外时，式（5.4.15）失效，不能采用；

b、h——分别为桁架弦杆截面宽度（mm）和高度（mm）；

f_c——规格材顺纹抗压强度设计值（N/mm²）；

T_f——对接节点处的拉力设计值（N），对接节点处受压时取 0。

7. 板齿的验算

受压弦杆对接时，齿板本身不传递压力，但连接受压对接节点的齿板刚度会影响节点处压力的分配。因此，在设计用于连接受压杆件的齿板时，通常假定齿板的承载力为压力的 65%，并按此进行板齿的验算。具体规定为：

(1) 对接各杆件的齿板板齿承载力设计值不应小于该杆轴向压力设计值的 65%。

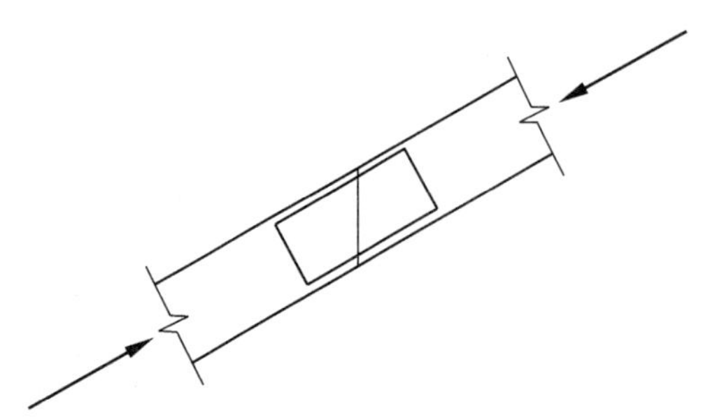

图 5.4.5　桁架弦杆对接时竖切受压节点示意图

（2）对于竖切受压节点（图 5.4.5），对接各杆的齿板板齿承载力设计值应不小于垂直于受压弦杆对接面的荷载分量设计值的65%与平行于受压弦杆对接面的荷载分量设计值之矢量和。

5.4.3　齿板连接的强度设计值

影响齿板连接承载力的强度指标包括齿板连接的板齿强度设计值 n_r、抗拉强度设计值 t_r、抗剪强度设计值 v_r、板齿抗滑移强度设计值 n_s。这四个强度指标是计算齿板连接承载力和变形的基础数据，这些数据应按国家标准《木结构试验方法标准》GB/T 50329—2012 规定的方法进行试验。

1. 齿板连接板齿强度设计值 n_r、n'_r 的确定

板齿强度设计值表示的是连接中板齿屈服并从木材中拔出而齿板不被拉断时单位面积上的板齿受拉承载力。假设荷载 F 作用方向与木纹之间的夹角为 α，荷载 F 作用方向与齿板主轴之间的夹角为 β，对于图 5.4.6 所示齿板连接的 α 和 β 角，板齿强度设计值按下列规定确定：

（1）若荷载作用方向平行于齿板主轴（即 $\beta=0°$），板齿强度设计值按下式计算：

$$n_r = \frac{n_{r,u1} n_{r,u2}}{n_{r,u1}\sin^2\alpha + n_{r,u2}\cos^2\alpha} \tag{5.4.19}$$

（2）若荷载作用方向垂直于齿板主轴（即 $\beta=90°$），板齿强度设计值按下式计算：

$$n'_r = \frac{n'_{r,u1} n'_{r,u2}}{n'_{r,u1}\sin^2\alpha + n'_{r,u2}\cos^2\alpha} \tag{5.4.20}$$

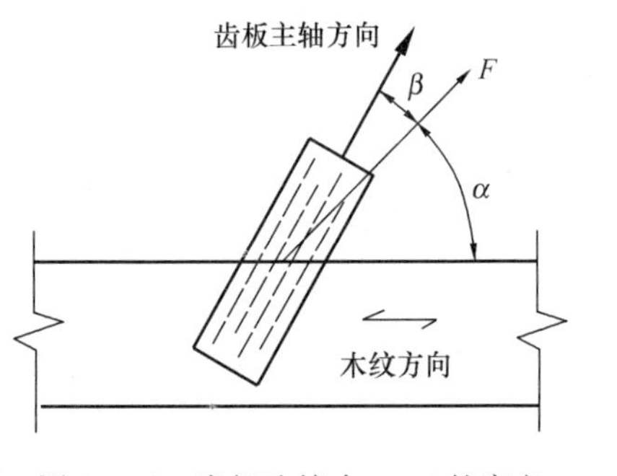

图 5.4.6　齿板连接中 α、β 的定义

式中，$n_{r,u1}$、$n_{r,u2}$、$n'_{r,u1}$、$n'_{r,u2}$ 分别为按国家标准《木结构试验方法标准》GB/T 50329—2012 确定的10个与夹角 α、β 相关（取值见表 5.4.3）的板齿极限强度试验值中的 3 个最小值的平均值除以极限强度调整系数 k 得出。k 应按表 5.4.4 的规定取值。

板齿极限强度试验值对应的夹角 α、β　　**表 5.4.3**

荷载作用方向	板齿极限强度/板齿抗滑移极限强度			
	$n_{r,u1}/n_{s,u1}$	$n'_{r,u1}/n'_{s,u1}$	$n_{r,u2}/n_{s,u2}$	$n'_{r,u2}/n'_{s,u2}$
与木纹的夹角 α（°）	0	0	90	90
与齿板主轴的夹角 β（°）	0	90	0	90

极限强度调整系数 k　　**表 5.4.4**

木材种类	未经阻燃处理木材		已阻燃处理木材	
含水率 w	$w\leqslant15\%$	$15\%<w\leqslant19\%$	$w\leqslant15\%$	$15\%<w\leqslant19\%$
调整系数 k	2.89	3.61	3.23	4.54

（3）若荷载作用方向与齿板主轴的夹角 β 不等于 0°或 90°时，板齿承载力设计值在 n_r 与 n'_r 之间用线性插值法确定。

2. 齿板连接抗拉强度设计值 t_r 的确定

齿板抗拉强度设计值表示的是齿板连接处齿板横截面单位宽度上的受拉承载力，齿板连接抗拉强度设计值的确定应按国家标准《木结构试验方法标准》GB/T 50329—2012 确定的 3 个齿板抗拉极限强度校正试验值中 2 个最小值的平均值除以 1.75 得出。

3. 齿板连接抗剪强度设计值 v_r 的确定

齿板连接抗剪强度设计值表示的是齿板连接发生剪切破坏时在单位剪切面上的受剪承载力。齿板连接抗剪强度设计值的确定应按国家标准《木结构试验方法标准》GB/T 50329—2012 确定的 3 个齿板连接抗剪极限强度试验值中 2 个最小值的平均值除以 1.75 得出。若齿板主轴与木纹之间的夹角 θ 与试验方法的规定不同时，齿板抗剪强度设计值应按线性插值法确定。

4. 齿板连接板齿抗滑移强度设计值 n_s 的确定

齿板连接在受拉过程中，板齿屈服并从木材中拔出有一个过程，在该过程中，齿板与木构件之间的相对滑移量不断增加，为保证结构的正常使用，该滑移量不能太大，国家标准《木结构设计标准》GB 50005—2017 参考加拿大齿板协会设计规程，规定该滑移量为 0.8mm，对应的齿板连接的抗力即为板齿的抗滑移强度设计值。对于图 5.4.6 所示的齿板连接，板齿抗滑移强度设计值按下列规定确定：

（1）若荷载作用方向平行于齿板主轴（即 $\beta=0°$），板齿抗滑移强度设计值按下式计算：

$$n_s=\frac{n_{s,u1}n_{s,u2}}{n_{s,u1}\sin^2\alpha+n_{s,u2}\cos^2\alpha} \tag{5.4.21}$$

（2）若荷载作用方向垂直于齿板主轴（即 $\beta=90°$），板齿抗滑移强度设计值按下式计算：

$$n'_s=\frac{n'_{s,u1}n'_{sr,u2}}{n'_{s,u1}\ \sin^2\alpha+n'_{s,u2}\ \cos^2\alpha} \tag{5.4.22}$$

式中，$n_{s,u1}$、$n_{s,u2}$、$n'_{s,u1}$、$n'_{s,u2}$ 分别为按国家标准《木结构试验方法标准》GB/T 50329—2012 确定的 10 个与夹角 α、β（表 5.4.3）相关的板齿抗滑移极限强度试验值中的 3 个最小值的平均值除以极限强度调整系数 k_s 确定。

（3）极限强度调整系数 k_s 的取值：

若规格材含水率小于或等于 15%，$k_s=1.40$；

若规格材含水率大于 15%且小于 19%，$k_s=1.75$。

（4）若荷载作用方向与齿板主轴的夹角 β 不等于 0°或 90°时，板齿抗滑移强度设计值应在 n_s 与 n'_s 间用线性插值法确定。

5.4.4 设计实例

【例题 5.4.1】图 5.4.7 所示为轻型木桁架腹杆和下弦杆连接节点设计。齿板主轴平行于下弦杆，选择 178mm×228mm SK-20 的齿板。

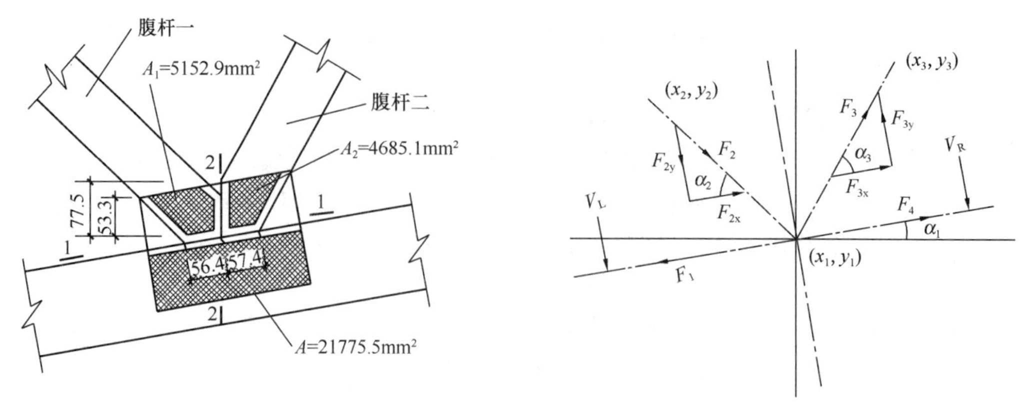

图 5.4.7　腹杆和下弦杆齿板连接详图

以下是具体已知条件：

节点几何位置：

节点合力中心位置	x_1=394.97	y_1=69.80
腹杆一方向坐标	x_2=321.56	y_2=137.95
腹杆二方向坐标	x_3=468.38	y_3=199.11
下弦坡度	2∶12	

节点受力状况：

腹杆一	F_2=−0.97kN	
腹杆二	F_3=6.214kN	
左下弦杆	F_1=21.399kN	V_L=−1.657kN
右下弦杆	F_4=17.49kN	V_R=−2.403kN

SK-20 齿板性能参数❶：

（1）板齿强度设计值（MPa）

$n_{r,u1}=1.92$　　$n_{r,u2}=1.35$　　$n'_{r,u1}=1.97$　　$n'_{r,u12}=1.35$

（2）板齿极限抗滑移强度设计值（MPa）

$n_{r,s1}=2.03$　　$n_{r,s2}=1.04$　　$n'_{r,s1}=1.97$　　$n'_{r,s2}=1.23$

（3）齿板极限抗拉强度设计值（N/mm）

$t_{r,0}=180.11$　　$t_{r,90}=136.23$

（4）齿板极限抗剪强度设计值见表 5.4.5。

齿板极限抗剪强度设计值（N/mm）　　表 5.4.5

0°	30°	60°	90°	120°	150°
$v_0=85.39$	$v_{30C}=84.11$ $v_{30T}=115.93$	$v_{60C}=91.70$ $v_{60T}=146.10$	$v_{90}=105.51$	$v_{120C}=74.97$ $v_{120T}=89.78$	$v_{150C}=88.23$ $v_{150T}=114.93$

注：符号 C 代表剪压破坏，T 代表剪拉破坏。

❶ 有关 SK-20 齿板性能参数来自加拿大（Canadian Construction Material Center）对齿板 SK-20 的评估报告。表中的数值已参考国家标准《木结构设计标准》GB 50005—2017 对规格材的强度设计值转换方法进行了转换。

【解】

1. 下弦杆齿板节点

(1) 板齿承载力验算

下弦杆与水平轴的夹角 $\alpha_1 = \tan^{-1}\left(\frac{2}{12}\right) = 9.462°$

腹杆一与下弦杆的夹角 $\alpha_2 = \tan^{-1}\left(\frac{y_2 - y_1}{x_1 - x_2}\right) + \alpha_1 = 52.335°$

腹杆二与下弦杆的夹角 $\alpha_3 = \tan^{-1}\left(\frac{y_3 - y_1}{x_3 - x_1}\right) - \alpha_1 = 50.995°$

作用在下弦杆齿板上的合力 F

$$F_{2x} = -F_2\cos\alpha_2 = 0.593\text{kN} \qquad F_{2y} = F_2\sin\alpha_2 = -0.768\text{kN}$$

$$F_{3x} = F_3\cos\alpha_3 = 3.914\text{kN} \qquad F_{3y} = F_3\sin\alpha_3 = 4.826\text{kN}$$

$$F = \sqrt{(F_x)^2 + (F_y)^2} = \sqrt{(F_{2x} + F_{3x})^2 + (F_{2y} + F_{3y})^2} = 6.063\text{kN}$$

合力与下弦杆的夹角 $\alpha_F = \left|\tan^{-1}(F_y/F_x)\right| = 42.004°$

板齿强度设计值 n_r

荷载与下弦杆木纹间夹角 $\alpha = \alpha_F = 42.004°$

荷载与齿板主轴间夹角 $\beta = \alpha_F = 42.004°$

$$n_r = \frac{n_{r,u1}n_{r,u2}}{n_{r,u1}\sin^2\alpha + n_{r,u2}\cos^2\alpha} + \frac{\beta}{90}\left(\frac{n'_{r,u1}n'_{r,u2}}{n'_{r,u1}\sin^2\alpha + n'_{r,u2}\cos^2\alpha} - \frac{n_{r,u1}n_{r,u2}}{n_{r,u1}\sin^2\alpha + n_{r,u2}\cos^2\alpha}\right)$$
$$= 1.42\text{N/mm}^2$$

板齿承载力设计值 N_r

$$N_r = n_r k_h A = 1.42 \times 1.0 \times 21775.5 = 30.92\text{kN} > F = 6.063\text{kN}$$

(2) 板齿抗滑移承载力验算

板齿抗滑移强度设计值 n_s

$$n_s = \frac{n_{s,u1}n_{s,u2}}{n_{s,u1}\sin^2\alpha + n_{s,u2}\cos^2\alpha}$$
$$+ \frac{\beta}{90}\left(\frac{n'_{s,u1}n'_{s,u2}}{n'_{s,u1}\sin^2\alpha + n'_{s,u2}\cos^2\alpha} - \frac{n_{s,u1}n_{s,u2}}{n_{s,u1}\sin^2\alpha + n_{s,u2}\cos^2\alpha}\right)$$
$$= 1.21\text{N/mm}^2$$

板齿抗滑移承载力设计值 N_s

$$N_s = n_s A = 1.21 \times 21775.5 = 26.35\text{kN} > F = 6.063\text{kN}$$

(3) 齿板剪-拉承载力验算

节点沿 1-1 方向被齿板覆盖的长度 $L_1 = 228\text{mm}$

沿 L_1 齿板抗剪强度设计值 $v_{r1} = v_0 = 85.39\text{N/mm}$

沿 L_1 齿板抗拉强度设计值 $t_{r1} = t_{90} = 136.23\text{N/mm}$

荷载与 L_1 夹角 $\theta_1 = \alpha_F = 42.004°$

沿 L_1 齿板剪-拉复合强度设计值 $C_{r1} = v_{r1} + \frac{\theta_1}{90}(t_{r1} - v_{r1}) = 109.12\text{N/mm}^2$

齿板剪-拉复合承载力设计值 C_r

$$C_r = C_r L_1 = 109.12 \times 228 = 24878\text{N} = 24.88\text{kN} > F = 6.063\text{kN}$$

2. 腹杆一齿板节点

（1）板齿承载力验算

作用在腹杆一上的设计合力[1] $F=\sqrt{F_{2x}^2+(0.65F_{2y})^2}=0.775\text{kN}$

荷载与腹杆一木纹间夹角 $\alpha=0°$

荷载与齿板主轴间夹角 $\beta=\alpha_2=52.335°$

板齿强度设计值 n_r

$$n_r=\frac{n_{r,u1}n_{r,u2}}{n_{r,u1}\sin^2\alpha+n_{r,u2}\cos^2\alpha}+\frac{\beta}{90}\left(\frac{n'_{r,u1}n'_{r,u2}}{n'_{r,u1}\sin^2\alpha+n'_{r,u2}\cos^2\alpha}-\frac{n_{r,u1}n_{r,u2}}{n_{r,u1}\sin^2\alpha+n_{r,u2}\cos^2\alpha}\right)=1.949\text{N/mm}^2$$

板齿承载力设计值 N_r

$$N_r=n_rk_hA=1.949\times1.0\times5152.9=10.04\text{kN}>F=0.775\text{kN}$$

（2）板齿抗滑移承载力验算

板齿抗滑移强度设计值 n_s

$$n_s=\frac{n_{s,u1}n_{s,u2}}{n_{s,u1}\sin^2\alpha+n_{s,u2}\cos^2\alpha}+\frac{\beta}{90}\left(\frac{n'_{s,u1}n'_{s,u2}}{n'_{s,u1}\sin^2\alpha+n'_{s,u2}\cos^2\alpha}-\frac{n_{s,u1}n_{s,u2}}{n_{s,u1}\sin^2\alpha+n_{s,u2}\cos^2\alpha}\right)=1.995\text{N/mm}^2$$

板齿抗滑移承载力设计值 N_s

$$N_s=n_sA=1.995\times5152.9=10.28\text{kN}>F=0.775\text{kN}$$

（3）齿板剪-拉承载力验算

腹杆一沿 1-1 方向被齿板覆盖的长度 $L_1=114\text{mm}$

沿 L_1 齿板抗剪强度设计值 $v_{r1}=v_0=85.39\text{N/mm}$

沿 L_1 齿板抗拉强度设计值 $t_{r1}=t_{90}=136.23\text{N/mm}$

荷载与 L_1 夹角 $\theta_1=\beta=52.335°$

沿 L_1 齿板剪-拉复合强度设计值 $C_{r1}=v_{r1}+\frac{\theta_1}{90}(t_{r1}-v_{r1})=114.95\text{ N/mm}^2$

腹杆一沿 2-2 方向被齿板覆盖的长度 $L_2=77.5\text{mm}$

齿板主轴与 L_2 所夹锐角 $\beta=90-\tan^{-1}\left(\frac{2}{12}\right)=80.538°$

沿 L_2 齿板抗剪强度设计值

$$v_{r2}=v_{60C}+(\beta-60)\left(\frac{v_{90}-v_{60C}}{90-60}\right)=91.7+20.538\times\frac{105.51-91.7}{30}=101.154\text{N/mm}$$

沿 L_2 齿板抗拉强度设计值

$$t_{r2}=t_0+[(90-\beta)-0]\left(\frac{t_{90}-t_0}{90-0}\right)=180.11+9.462\times\frac{136.23-180.11}{90}=175.5\text{N/mm}$$

荷载与 L_2 夹角 $\theta_2=90+\alpha_1-\alpha_2=47.127°$

沿 L_2 齿板剪-拉复合强度设计值 $C_{r2}=v_{r2}+\frac{\theta_2}{90}(t_{r2}-v_{r2})=140.08\text{N/mm}$

[1] 桁架齿板不能用来传递压力。在齿板设计时，板齿承载力设计值应不小于该杆轴向压力的65%。

齿板剪-拉复合承载力设计值

$C_r = C_{r1}L_1 + C_{r2}L_2 = 114.95 \times 114 + 140.08 \times 77.5 = 23.96\text{kN} > -F_2 = 0.97\text{kN}$

3. 腹杆二齿板节点

(1) 板齿承载力验算

作用在腹杆二上的设计合力 $F = F_3 = 6.214\text{kN}$

荷载与腹杆二木纹间夹角 $\alpha = 0°$

荷载与齿板主轴间夹角 $\beta = \alpha_3 = 50.955°$

板齿强度设计值 n_r

$$\begin{aligned} n_r &= \frac{n_{r,u1} n_{r,u2}}{n_{r,u1}\sin^2\alpha + n_{r,u2}\cos^2\alpha} \\ &\quad + \frac{\beta}{90}\left(\frac{n'_{r,u1} n'_{r,u2}}{n'_{r,u1}\sin^2\alpha + n'_{r,u2}\cos^2\alpha} - \frac{n_{r,u1} n_{r,u2}}{n_{r,u1}\sin^2\alpha + n_{r,u2}\cos^2\alpha}\right) \\ &= 1.948\text{N/mm}^2 \end{aligned}$$

板齿承载力设计值 N_r

$$N_r = n_r k_h A = 1.948 \times 1.0 \times 4685.1 = 9.126\text{kN} > F = 6.214\text{kN}$$

(2) 板齿抗滑移承载力验算

板齿抗滑移强度设计值 n_s

$$\begin{aligned} n_s &= \frac{n_{s,u1} n_{s,u2}}{n_{s,u1}\sin^2\alpha + n_{s,u2}\cos^2\alpha} \\ &\quad + \frac{\beta}{90}\left(\frac{n'_{s,u1} n'_{s,u2}}{n'_{s,u1}\sin^2\alpha + n'_{s,u2}\cos^2\alpha} - \frac{n_{s,u1} n_{s,u2}}{n_{s,u1}\sin^2\alpha + n_{s,u2}\cos^2\alpha}\right) \\ &= 1.996\text{N/mm}^2 \end{aligned}$$

板齿抗滑移承载力设计值 N_s

$$N_s = n_s A = 1.996 \times 4685.1 = 9.35\text{kN} > F = 6.214\text{kN}$$

(3) 齿板剪-拉承载力验算

腹杆二沿 1-1 方向被齿板覆盖的长度 $L_1 = 114\text{mm}$

沿 L_1 齿板抗剪强度设计值 $v_{r1} = v_0 = 85.39\text{N/mm}$

沿 L_1 齿板抗拉强度设计值 $t_{r1} = t_{90} = 136.23\text{N/mm}$

荷载与 L_1 夹角 $\theta_1 = \beta = 50.955°$

沿 L_1 齿板剪-拉复合强度设计值 $C_{r1} = v_{r1} + \frac{\theta_1}{90}(t_{r1} - v_{r1}) = 114.17\text{N/mm}$

腹杆一沿 2-2 方向被齿板覆盖的长度 $L_2 = 77.5\text{mm}$

齿板主轴与 L_2 所夹锐角 $\beta = 90 - \tan^{-1}\left(\frac{2}{12}\right) = 80.538°$

沿 L_2 齿板抗剪强度设计值

$$v_{r2} = v_{60C} + (\beta - 60)\left(\frac{v_{90} - v_{60C}}{90 - 60}\right) = 91.7 + 20.538 \times \frac{105.51 - 91.7}{30} = 101.154\text{N/mm}$$

沿 L_2 齿板抗拉强度设计值

$$t_{r2} = t_0 + [(90 - \beta) - 0]\left(\frac{t_{90} - t_0}{90 - 0}\right) = 180.11 + 9.462 \times \frac{136.23 - 180.11}{90} = 175.5\text{N/mm}$$

荷载与 L_2 夹角　　$\theta_2=90°-\alpha_1-\alpha_2=29.58°$

沿 L_2 齿板剪-拉复合设计承载力　　$C_{r2}=v_{r2}+\frac{\theta_2}{90}(t_{r2}-v_{r2})=125.59\text{N/mm}$

齿板剪-拉复合承载力设计值 C_r

$$C_r=C_{r1}L_1+C_{r2}L_2=114.17\times114+125.59\times77.5=22.75\text{kN}>F_3=6.214\text{kN}$$

【例题 5.4.2】轻型木桁架弦杆端点设计（图 5.4.8）。

已知条件：

节点几何位置

上弦坡度：4∶12

下弦坡度：0∶12

节点受力状况

上弦杆：$F_1=11.845\text{kN}$

下弦杆：$F_2=11.298\text{kN}$

SK-20 齿板性能参数同【例题 5.4.1】。

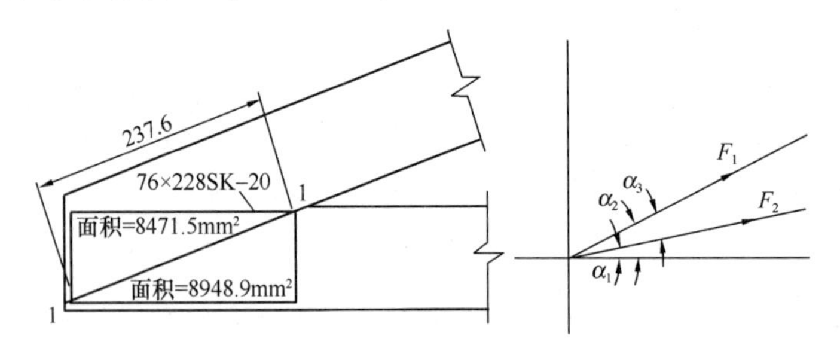

图 5.4.8　弦杆端点齿板连接详图

【解】

1. 上弦杆齿板节点

（1）板齿承载力验算

下弦杆与水平方向的夹角　　$\alpha_1=0°$

上弦杆与水平方向的夹角　　$\alpha_2=\tan^{-1}\left(\frac{4}{12}\right)=18.435°$

上下弦杆之间的夹角　　$\alpha_3=\alpha_2-\alpha_1=18.435°$

作用在上弦杆齿板上的合力 F　　$F=F_1=11.845\text{kN}$

合力与上弦杆的夹角　　$\alpha_F=0°$

计算板齿承载力 n_r

荷载与上弦杆木纹之间的夹角　　$\alpha=0°$

荷载与齿板主轴之间的夹角　　$\beta=\alpha_3=18.435°$

桁架支座节点弯矩系数　　$k_h=0.85-0.05\times(12\times\tan\alpha_3-2.0)=0.75$

板齿强度设计值 n_r

$$n_r=\frac{n_{r,u1}n_{r,u2}}{n_{r,u1}\sin^2\alpha+n_{r,u2}\cos^2\alpha}+\frac{\beta}{90}\left(\frac{n'_{r,u1}n'_{r,u2}}{n'_{r,u1}\sin^2\alpha+n'_{r,u2}\cos^2\alpha}-\frac{n_{r,u1}n_{r,u2}}{n_{r,u1}\sin^2\alpha+n_{r,u2}\cos^2\alpha}\right)$$
$$=1.93\text{N/mm}^2$$

板齿承载力设计值 N_r

$$N_r = n_r k_h A = 1.93 \times 0.75 \times 8471.5 = 12.268\text{kN} > F = F_1 = 11.845\text{kN}$$

(2) 板齿抗滑移承载力验算

板齿抗滑移强度设计值 n_s

$$n_s = \frac{n_{s,u1} n_{s,u2}}{n_{s,u1}\sin^2\alpha + n_{s,u2}\cos^2\alpha} + \frac{\beta}{90}\left(\frac{n'_{s,u1} n'_{s,u2}}{n'_{s,u1}\sin^2\alpha + n'_{s,u2}\cos^2\alpha} - \frac{n_{s,u1} n_{s,u2}}{n_{s,u1}\sin^2\alpha + n_{s,u2}\cos^2\alpha}\right)$$
$$= 2.02\text{N/mm}^2$$

板齿抗滑移承载力设计值 N_s

$$N_s = n_s A = 2.02 \times 8471.5 = 17.11\text{kN} > F = F_1 = 11.845\text{kN}$$

(3) 齿板剪-拉承载力验算

节点沿 1-1 方向被齿板覆盖的长度 $L_1 = 237.6\text{mm}$

齿板主轴与 L_1 所夹锐角 $\beta = \alpha_1 = 18.435°$

荷载与 L_1 夹角: $\theta_1 = 0°$

沿 L_1 齿板抗剪强度设计值 $v_{r1} = v_0 + \beta\left(\frac{v_{30T} - v_0}{30 - 0}\right) = 104.16\text{N/mm}$

沿 L_1 齿板剪-拉复合强度设计值 $C_{r1} = v_{r1} = 104.16\text{N/mm}$

齿板剪-拉复合承载力设计值 C_r

$$C_r = C_{r1} L_1 = 104.16 \times 237.6 = 24.75\text{kN} > F_1 = 11.845\text{kN}$$

2. 下弦杆的齿板节点

(1) 板齿承载力验算

下弦杆与水平方向的夹角 $\alpha_1 = 0°$

上下弦杆之间的夹角 $\alpha_3 = \alpha_2 - \alpha_1 = 18.435°$

作用在下弦杆齿板上的合力 F $F = F_2 = 11.298\text{kN}$

合力与下弦杆的夹角 $\alpha_F = 0°$

板齿强度设计值 n_r

荷载与下弦杆木纹之间的夹角 $\alpha = 0°$

荷载与齿板主轴之间的夹角 $\beta = \alpha_1 = 0°$

桁架支座节点弯矩系数 $k_h = 0.85 - 0.05 \times (12 \times \tan\alpha_3 - 2.0) = 0.75$

$$n_r = \frac{n_{r,u1} n_{r,u2}}{n_{r,u1}\sin^2\alpha + n_{r,u2}\cos^2\alpha} + \frac{\beta}{90}\left(\frac{n'_{r,u1} n'_{r,u2}}{n'_{r,u1}\sin^2\alpha + n'_{r,u2}\cos^2\alpha} - \frac{n_{r,u1} n_{r,u2}}{n_{r,u1}\sin^2\alpha + n_{r,u2}\cos^2\alpha}\right)$$
$$= 1.92\text{N/mm}^2$$

板齿承载力设计值 N_r

$$N_r = n_r k_h A = 1.92 \times 0.75 \times 8948.9 = 12.886\text{kN} > F = F_2 = 11.298\text{kN}$$

(2) 板齿抗滑移承载力验算

板齿抗滑移强度设计值 n_s

$$n_s = \frac{n_{s,u1} n_{s,u2}}{n_{s,u1}\sin^2\alpha + n_{s,u2}\cos^2\alpha} + \frac{\beta}{90}\left(\frac{n'_{s,u1} n'_{s,u2}}{n'_{s,u1}\sin^2\alpha + n'_{s,u2}\cos^2\alpha} - \frac{n_{s,u1} n_{s,u2}}{n_{s,u1}\sin^2\alpha + n_{s,u2}\cos^2\alpha}\right)$$
$$= 2.03\text{N/mm}^2$$

板齿抗滑移承载力设计值 N_s

$$N_s = n_s A = 2.03 \times 8948.9 = 18.166\text{kN} > F = F_2 = 11.298\text{kN}$$

（3）齿板剪-拉承载力验算

因上弦杆齿板剪-拉承载力验算已通过，故不需重复计算。

5.5　裂环与剪板连接

裂环（split ring）和剪板（shear plate）连接是典型的键连接形式。裂环和剪板分别采用钢制的环状物和块状物作为连接件，将其嵌入木构件的接触面间，通过阻止构件间的相对滑移来传递构件间的拉力或压力。由于裂环和剪板的直径相对较大，厚度相对较薄，因此采用该类连接能在不过大损失木构件截面面积的情况下增大与木材的承压面面积，能充分利用木材的承载能力，同时减小连接处木材截面的削弱，从而提高连接的承载力，因此，裂环和剪板连接主要用于各类层板胶合木结构的连接中。

5.5.1　裂环与剪板连接的形式和构造

1. 裂环与剪板连接的形式

裂环和剪板由专业的加工厂生产，在欧洲和北美应用较多。比较而言，欧洲的裂环和剪板的规格相对较多，而北美的裂环和剪板各有两种规格：裂环有直径为 64mm(2-1/2″) 和 102mm(4″) 两种，剪板有直径为 67mm(2-5/8″) 和 102mm（4″）两种，使用时需用配套的螺栓（或六角头木螺钉）连接。

裂环是带裂口的圆环状的钢环连接件，通常由热轧碳素钢制作，环的高度为 20～25mm，呈腰鼓形，主要用于木构件之间的连接（图 5.5.1）。连接时将裂环的上下各一半高度嵌入预先开好环形槽的被连接木构件中，再用螺栓（或六角头木螺钉）将两边构件系紧连接成一体。裂环上的裂口使裂环略能自由收缩，以减少木构件可能发生的干缩湿胀的影响。

剪板是采用钢板冷压制成或采用可锻铸铁（玛钢）铸造而成的圆盘状的连接件，故又称为剪盘，可用于木构件之间或木构件与钢构件之间的连接（图 5.5.2）。直径为 67mm (2-5/8″) 和 102mm(4″) 剪板的圆盘边高度分别为 10.7mm 和 15.7mm，剪板中央的螺栓孔径分别为 19.1mm 和 22.2mm，孔周围的剪板板厚增大以增加与螺栓螺杆的承压面。连接时，将剪板放入被连接木构件的环形槽中，再用螺栓（或六角头木螺钉）将两边的构件连接成一体。图 5.5.2 所示为剪板连接的基本形式，当木构件之间连接（木-木连接）时，需要两块剪板（图 5.5.2*a*）；当木构件与钢构件连接（木-钢连接）时，木构件上只需要一块剪板，另一侧则利用紧固件与钢板的孔壁承压工作（图 5.5.2*b*）。

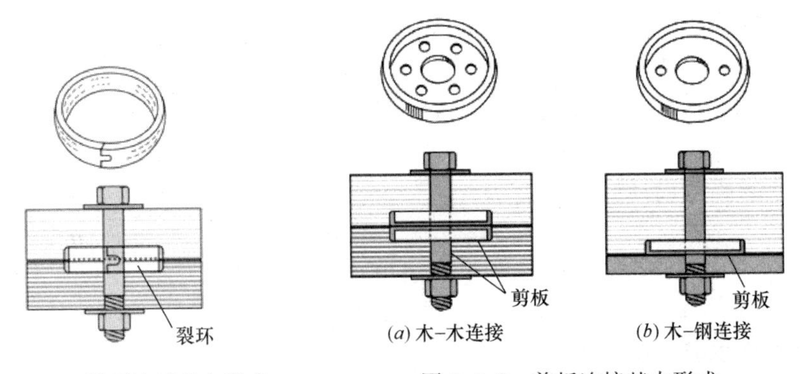

图 5.5.1　裂环连接基本形式　　图 5.5.2　剪板连接基本形式

常见的裂环连接和剪板连接有单剪连接和双剪连接两种，分别如图 5.5.3 和图 5.5.4 所示。

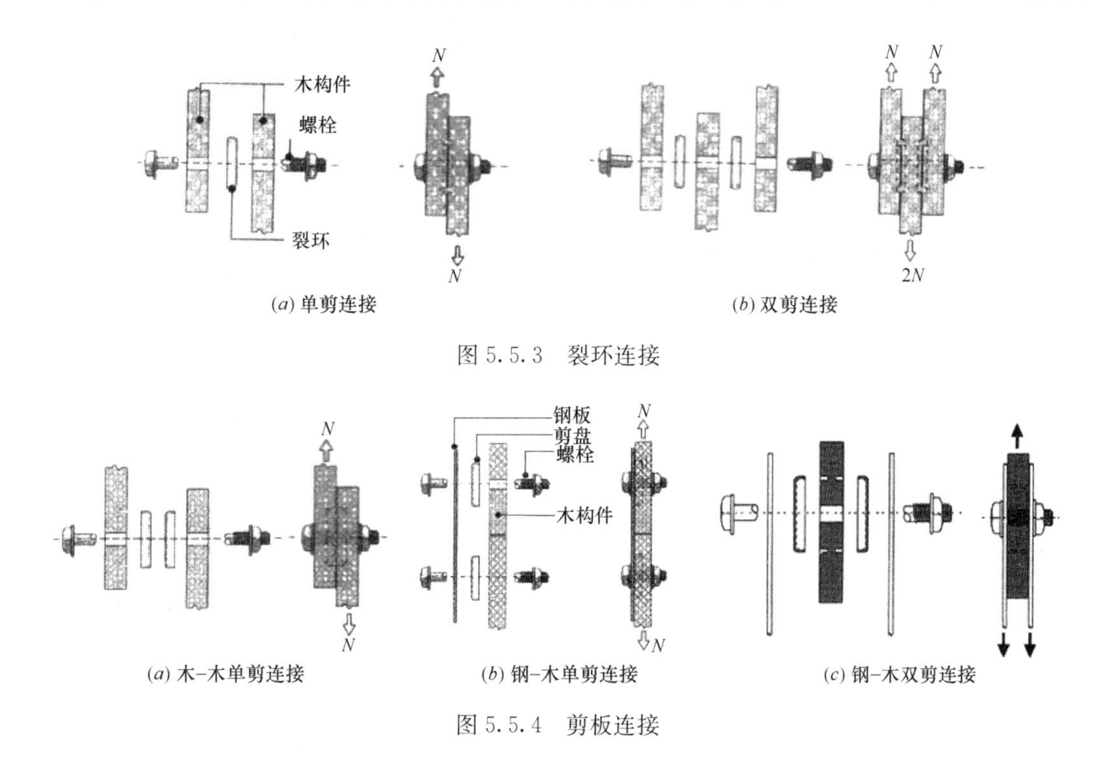

(a) 单剪连接　(b) 双剪连接

图 5.5.3　裂环连接

(a) 木-木单剪连接　(b) 钢-木单剪连接　(c) 钢-木双剪连接

图 5.5.4　剪板连接

2. 裂环与剪板连接的安装

用于安装裂环与剪板的木构件上的环形槽和中心螺孔应精确制作，中心螺孔与环形槽需同心，通常应该在专门的加工厂用专用钻具（一般为电动）开挖而成，以保证环形槽的制作精度，同时保证连接的紧密性。开槽工具和槽的形式如图 5.5.5 所示。安装时，应保证木材达到平衡含水率，否则需定期对螺栓进行复拧，直到达到木材的平衡含水率。

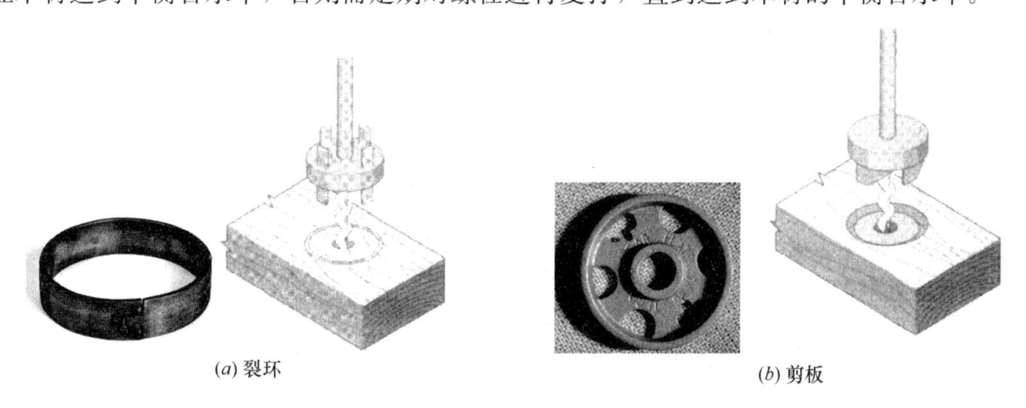

(a) 裂环　(b) 剪板

图 5.5.5　裂环及剪板连接加工钻具

3. 剪板连接的构造

我国《胶合木结构技术规范》GB/T 50708—2012 参考美国 ASTM D5933《木结构用直径为 2-5/8 英寸和 4 英寸剪板标准》给出了剪板的性能和尺寸要求，以及剪板连接的设计要求，因此，本节根据《胶合木结构技术规范》GB/T 50708—2012 的规定，重点介绍剪板连接的构造要求。

与销连接类似，为了保证不发生剪切或劈裂等脆性破坏，剪板在构件上安装时，边距、端距和间距应符合下列规定：

（1）剪板连接的边距 B 和 C（图 5.5.6a）应符合表 5.5.1 的规定。

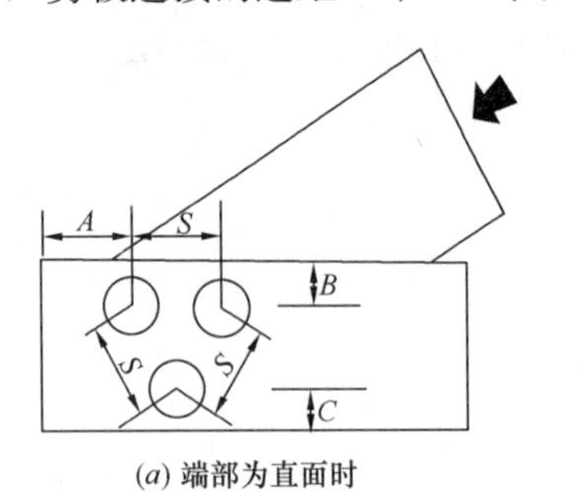

(a) 端部为直面时

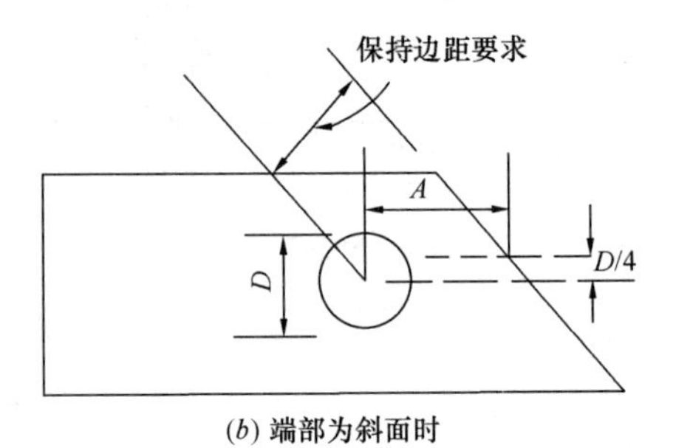

(b) 端部为斜面时

图 5.5.6　剪板的几何位置示意图

A—端距；B—不受荷边距；C—受荷边距；D—剪板直径；S—剪板间距

剪板的最小边距（mm）　　**表 5.5.1**

剪板类型	荷载与构件纵轴线的夹角 θ			
	$\theta=0°$	$45°\leqslant\theta\leqslant90°$		
		不受荷边 C	受荷边 B	
			承载力折减 83%时	承载力不折减时（100%）
67mm	45	45	45	70
102mm	70	70	70	95

注：1　当荷载作用为横纹方向时，构件受荷边为与荷载相邻的边缘，不受荷边与受荷边相对应；

2　θ 为 0°～45°之间的边距可采用线性插值法确定；

3　受剪承载力折减值为 83%～100%时，可按线性插值法确定最小边距。

（2）剪板连接的端距 A（图 5.5.6a）应符合表 5.5.2 的规定。

剪板的最小端距（mm）　　**表 5.5.2**

剪板类型	荷载与构件纵轴线的夹角 θ			
	受压构件 $\theta=0°$		受拉构件 $\theta=0°\sim90°$ 受压构件 $\theta=90°$	
	承载力折减 63%时	承载力不折减时（100%）	承载力折减 63%时	承载力不折减时（100%）
67mm	65	100	70	140
102mm	85	140	60	180

注：1　θ 为 0°～90°之间的端距可采用线性插值法确定；

2　受剪承载力折减值为 63%～100%时，可按线性插值法确定最小端距。

（3）剪板连接的间距 S（图 5.5.6a）应符合以下规定：

1）当两个剪板中心连线与顺纹方向的夹角 $\alpha=0°$ 或 $\alpha=90°$ 时，剪板的最小间距应符合表 5.5.3 的规定。

剪板的最小间距（mm） **表 5.5.3**

剪板类型	荷载与构件纵轴线的夹角 θ					
	$\theta=0^\circ$			$\theta=60^\circ\sim90^\circ$		
	$\alpha=0^\circ$		$\alpha=90^\circ$	$\alpha=90^\circ$	$\alpha=90^\circ$	
	承载力折减 50%时	承载力不折减时（100%）			承载力折减 50%时	承载力不折减时（100%）
67mm	90	170	90	90	90	110
102mm	130	230	130	130	130	150

注：1 θ 为 0°～60°之间的间距可采用线性插值法确定；

2 承载力折减值为 50%～100%时，可按线性插值法确定最小间距。

2）当两个剪板中心连线与顺纹方向的夹角 $0^\circ<\alpha<90^\circ$ 时，剪板的最小间距应按下列规定确定：

① 当剪板受剪承载力达到下述第 5.5.2 节中表 5.5.7 中规定的受剪承载力的 100%，剪板之间的连线与顺纹方向的夹角为 α 时（图 5.5.7），剪板在顺纹方向的间距 S_0 与横纹方向的间距 S_{90}，应分别按下列公式确定：

$$S_0=\sqrt{\frac{x^2y^2}{x^2\tan^2\alpha+y^2}} \quad (5.5.1)$$

$$S_{90}=S_0\tan\alpha \quad (5.5.2)$$

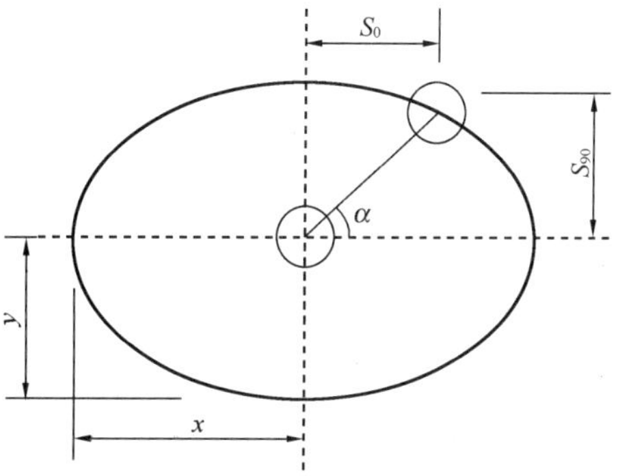

式中：x 与 y 值应根据表 5.5.4 确定。

图 5.5.7 剪板连线与顺纹方向的夹角与间距之间的关系

剪板之间连线与顺纹方向夹角 α 为 0°和 90°时的 x 与 y 值（mm） **表 5.5.4**

剪板类型	剪板间连线与顺纹方向的夹角	荷载与构件纵轴线的夹角 θ	
		$0^\circ\leqslant\theta<60^\circ$	$60^\circ\leqslant\theta<90^\circ$
67mm	$x(\alpha=0^\circ)$	$170-1.33\theta$	90
	$y(\alpha=90^\circ)$	$90+0.33\theta$	110
102mm	$x(\alpha=0^\circ)$	$230-1.67\theta$	130
	$y(\alpha=90^\circ)$	$130+0.33\theta$	150

② 当剪板受剪承载力达到表 5.5.7 中规定的受剪承载力的 50%时，对于 67mm 剪板，取 $x=y=90$mm；对于 102mm 剪板，取 $x=y=130$mm，并分别按式（5.5.1）和式（5.5.2）确定剪板在顺纹方向的间距 S_0 与横纹方向的间距 S_{90}。

③ 当剪板受剪承载力为表 5.5.7 中规定的受剪承载力的 50%～90%时，剪板所需的最小间距 S_0 和 S_{90}，应按受剪承载力达到 50%和 100%时计算所需的最小间距，由线性插值法确定。

（4）构件垂直端面或斜切面上的剪板应根据下列规定对构件侧面上剪板的边距、端距以及间距等进行布置：

① 在垂直端面以及斜面（$45^\circ\leqslant\alpha<90^\circ$）上沿任意方向的荷载作用下，剪板布置应符

合以上第(1)～(3)条中横纹荷载作用下剪板的布置要求；

② 在斜面（0°＜α＜45°）上平行于对称轴的荷载作用下，剪板布置应符合以上第(1)～(3) 条中顺纹荷载作用下剪板的布置要求；

③ 在斜面（0°＜α＜45°）上垂直于对称轴的荷载作用下，剪板布置应符合以上第(1)～(3) 条中横纹荷载作用下的布置要求；

④在斜面（0°＜α＜45°）上与对称轴呈任意夹角（φ）的荷载作用下，剪板布置应符合以上第（1）～（3）条中 θ 为 0°～90°荷载作用下的布置要求。

（5）当剪板采用六角头木螺钉作为紧固件时，六角头木螺钉在主构件中贯入深度不得小于表 5.5.5 的规定。

六角头木螺钉在构件中最小贯入深度　　　表 5.5.5

剪板规格（mm）	侧构件	六角头木螺钉在主构件中贯入深度（d 为公称直径）		
		树种全干相对密度分组		
		J_1 组	J_2 组	J_3 组
102	木材或钢材	$8d$	$10d$	$11d$
67	木材	$5d$	$7d$	$8d$
	钢材	$3.5d$	$4d$	$4.5d$

注：1　贯入深度不包括钉端尖部分；

2　树种全干相对密度分组 J_1、J_2、J_3 见表 5.5.6。

5.5.2　剪板连接的承载力计算

裂环连接主要靠裂环抗剪、木材承压和抗剪来传力，螺栓（或六角头木螺钉）主要起系紧作用，在连接失效阶段螺杆中可能出现弯曲而产生一定的拉力，其承载能力与裂环直径和强度、螺栓（或六角头木螺钉）直径和强度、木材的承压和抗剪强度等有关。与裂环连接类似，剪板连接主要靠螺栓（或木螺钉）抗剪、剪板孔壁木材承压和抗剪来传力，螺栓（或六角头木螺钉）除主要起系紧作用外，同时还要受剪。剪板连接的承载能力与螺栓（或六角头木螺钉）直径和强度、木材承压强度和抗剪强度等有关。本节根据《胶合木结构技术规范》GB/T 50708—2012 的规定，重点介绍剪板连接承载力计算方法。

（1）剪板连接顺纹受剪承载力设计值 P 和横纹受剪承载力设计值 Q：

由于 GB/T 50708—2012 给出的剪板规格来自美国 NDS 规范，只有固定的两种规格，并且其中心螺栓或方头螺钉的规格是配套的，因此连接的承载力计算中不需要考虑螺栓或螺钉强度对剪板连接承载力的影响。另外，剪板规格较少，每种规格的剪板对应的木材承压面积也是固定的，因此，剪板连接的承载力主要取决于被连接木材的承压强度，一般认为木材销槽的承压强度可由木材的全干相对密度确定。根据木材的全干相对密度，可按表 5.5.6 将树种分为 J_1、J_2、J_3 三组。

剪板连接中树种的全干相对密度分组　　　表 5.5.6

全干相对密度分组	全干相对密度 G
J_1	$0.49 \leqslant G < 0.60$
J_2	$0.42 \leqslant G < 0.49$
J_3	$G < 0.42$

根据树种密度分组，可以获得单个剪板连接的受剪承载力设计值，如表 5.5.7 所示，其中，P 表示剪板连接顺纹受剪承载力设计值，Q 表示剪板连接横纹受剪承载力设计值。

单个剪板连接件（剪板加螺栓）的受剪承载力设计值　　表 5.5.7

剪板直径（mm）	螺栓直径（mm）	同根螺栓上构件接触剪板面数量	构件的净厚度（mm）	荷载沿顺纹方向作用 受剪承载力设计值 P（kN）			荷载沿横纹方向作用 受剪承载力设计值 Q（kN）		
				J_1 组	J_2 组	J_3 组	J_1 组	J_2 组	J_3 组
67	19	1	≥38	18.5	15.4	13.9	12.9	10.7	9.2
		2	≥38	14.4	12.0	10.4	10.0	8.4	7.2
			51	18.9	15.7	13.6	13.2	10.9	9.5
			≥64	19.8	16.5	14.3	13.8	11.4	10.0
102	19 或 22	1	≥38	26.0	21.7	18.7	18.1	15.0	12.9
			≥44	30.2	25.2	21.7	21.0	17.5	15.2
		2	≥44	20.1	16.7	14.5	14.0	11.6	9.8
			51	22.4	18.7	16.1	15.6	13.0	11.3
			64	25.5	21.3	18.4	17.6	14.8	12.8
			76	28.6	23.9	20.6	19.9	16.6	14.3
			≥88	29.9	24.9	21.5	20.8	17.4	14.9

注：表中设计值应乘以本手册表 5.5.8 的调整系数。

当侧构件采用钢板时，102mm 的剪板连接件的顺纹荷载作用下的受剪承载力设计值 P 应根据树种全干相对密度，乘以表 5.5.8 中规定的调整系数 k_s。

剪板连接件的顺纹承载力调整系数　　表 5.5.8

树种全干相对密度分组	J_1 组	J_2 组	J_3 组
k_s	1.11	1.05	1.00

（2）当荷载作用方向与顺纹方向夹角为 θ 时，剪板受剪承载力设计值 N_θ 应按下式计算：

$$N_\theta = \frac{PQ}{P\sin^2\theta + Q\cos^2\theta} \tag{5.5.3}$$

式中：θ——荷载与木纹方向（构件纵轴方向）的夹角；

P——调整后的剪板顺纹受剪承载力设计值，按表 5.5.7 的规定取值；

Q——调整后的剪板横纹受剪承载力设计值，按表 5.5.7 的规定取值。

（3）当剪板安装在构件端部时，通常有两种端面：位于构件端部垂直面的直角端（$\alpha=90°$）或对称于构件轴线的斜切面上的斜角端（$0°<\alpha<90°$），其剪板受剪承载力设计值应按下列规定确定：

1）对于直角端面（$\alpha=90°$），荷载沿任意方向作用时（图 5.5.8），受剪承载力设计值应按下式计算：

$$Q_{90} = 0.60Q \tag{5.5.4}$$

式中：Q_{90}——剪板在端部垂直面上沿任意方向的受剪承载力设计值；

Q——剪板在构件侧面上横纹受剪承载力设计值；

α——剪板安装平面与构件轴线的夹角。

2）对于斜角端（$0°<\alpha<90°$），根据斜面内荷载与斜面对称轴之间的夹角 φ 不同，分以下三种情况确定剪板受剪承载力设计值：

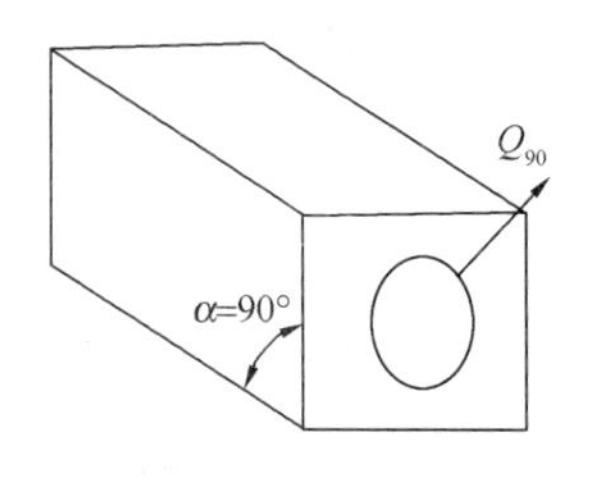

图 5.5.8　直角端面
（图中圆形为剪板示意）

① 荷载作用方向与斜面主轴平行（$\varphi=0°$）时（图 5.5.9a）：

$$P_{\alpha}=\frac{PQ_{90}}{P\sin^{2}\alpha+Q_{90}\cos^{2}\alpha} \tag{5.5.5}$$

式中：P_{α}——斜面上与斜面轴线方向平行（$\varphi=0°$）的受剪承载力设计值；

P——剪板在构件侧面上顺纹受剪承载力设计值。

② 荷载作用方向与斜面主轴垂直（$\varphi=90°$）时（图 5.5.9b）：

$$Q_{\alpha}=\frac{QQ_{90}}{Q\sin^{2}\alpha+Q_{90}\cos^{2}\alpha} \tag{5.5.6}$$

式中：Q_{α}——斜面上与切割斜面轴线方向垂直（$\varphi=90°$）的受剪承载力设计值。

③ 荷载作用方向与斜面主轴的夹角为 φ（$0°<\varphi<90°$）时（图 5.5.9c）：

$$N_{\alpha}=\frac{P_{\alpha}Q_{\alpha}}{P_{\alpha}\sin^{2}\varphi+Q_{\alpha}\cos^{2}\varphi} \tag{5.5.7}$$

式中：N_{α}——斜面上与切割斜面轴线方向呈斜角（$0°<\varphi<90°$）的受剪承载力设计值；

φ——斜面内荷载与斜面对称轴之间的夹角。

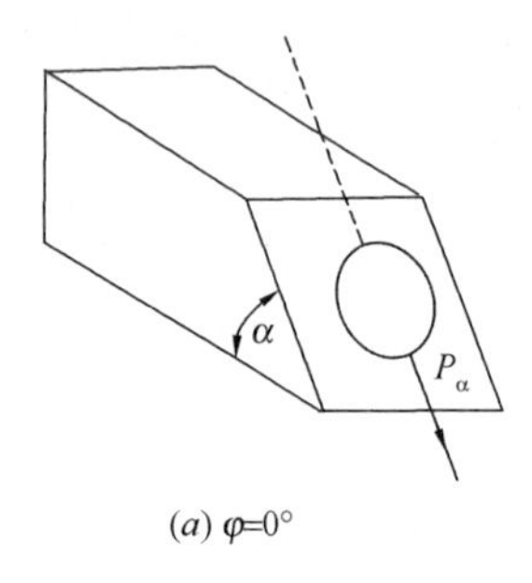

(a) φ=0°

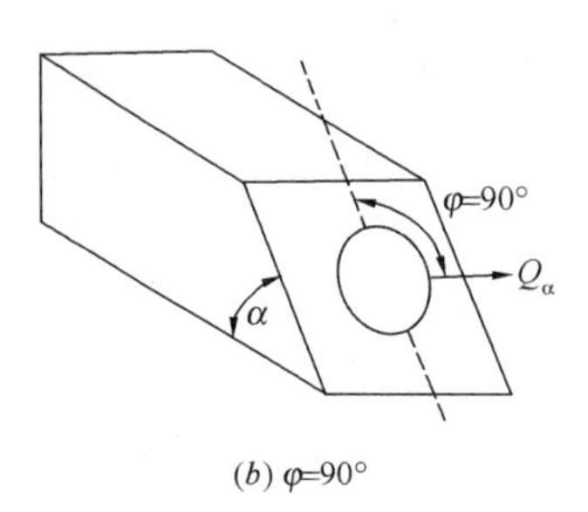

(b) φ=90°

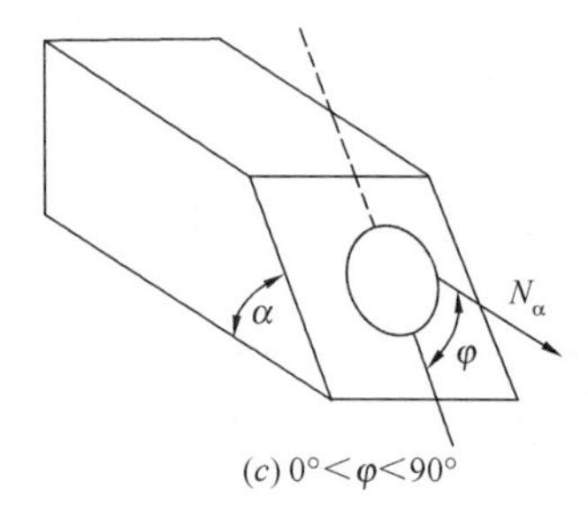

(c) 0°<φ<90°

图 5.5.9　斜角端面

5.6　植　筋　连　接

植筋连接（Glued-in Rods）是将带肋钢筋或钢螺杆插入木材上的预钻孔中，并注入胶结剂，以传递构件间的拉力或剪力等的连接方式（图 5.6.1）。植筋连接具有优越的强度和刚度性能，能有效地传递荷载，是一种自重较轻的连接形式，且钢筋被完全包裹在木材中，使得植筋连接具有良好的抗火性能和优美的外观。因此，植筋连接被广泛用于既有建筑的维修加固和新建建筑中。植筋连接通常用于梁柱节点处（图 5.6.2）以

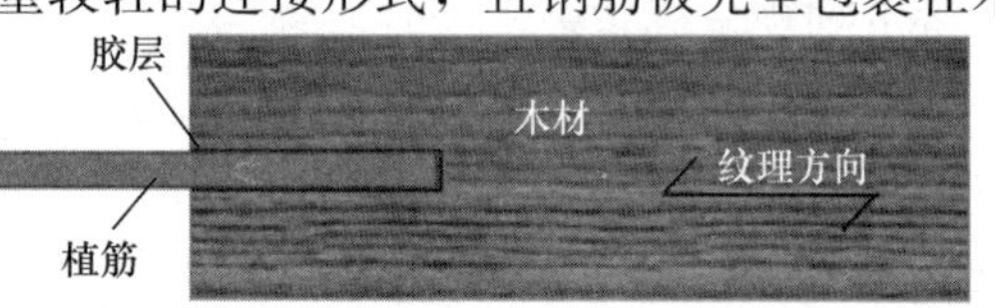

图 5.6.1　植筋连接示意图

及柱与基础的连接部位（图 5.6.3）。在锥形梁、曲线梁、端部切口梁和开洞口梁等构件木材的横纹受拉高应力区以及剪应力区，使用植筋连接还可以有效阻止裂缝开裂。

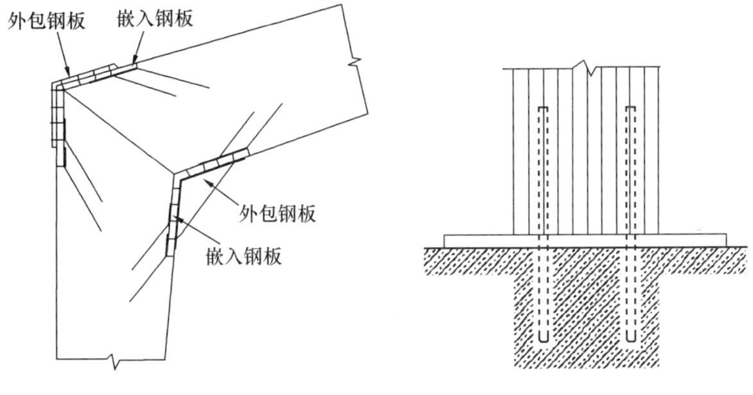

图 5.6.2 梁柱植筋连接　　图 5.6.3 基础植筋连接

5.6.1 植筋连接的材料和破坏形式

1. 植筋连接的材料

植筋连接的材料包括木材、筋材以及胶粘剂。木材可使用锯材、层板胶合木（Glulam）和旋切板胶合木（LVL）等。筋材主要有钢材和纤维增强复合材料（FRP），目前，最常使用的筋材是钢螺杆和带肋钢筋（又称螺纹钢筋），可采用 Q235 钢或 Q355 钢制作。钢螺杆的螺纹能增大胶粘面积，并提供机械联锁作用，从而提高连接的承载力，也便于与结构其他部位的钢构件连接。带肋钢筋也能增大胶粘面积，但带肋钢筋的钢筋肋部产生的锥楔作用会导致木材发生劈裂破坏。FRP 筋具有抗腐蚀性好、重量轻和易处理等优点，但容易产生脆性破坏，而且价格比较昂贵。

植筋连接使用的胶粘剂主要有苯酚-间苯二酚-甲醛胶粘剂（PRF）、聚氨酯胶粘剂（PUR）和环氧树脂胶粘剂（EPX）。欧洲研究项目 GIROD 对比了以上三种胶粘剂形成的植筋连接的承载力，发现使用 PRF 的植筋连接的承载力最小，使用 EPX 的植筋连接的承载力最大。PRF 由于在凝固时容易产生气泡，因此粘结能力有所降低，而 EPX 能够提供更强的粘结强度，能充分发挥节点材料的强度，且凝固变形小，抗锈蚀能力强。

2. 植筋连接的破坏形式

植筋连接是由三种不同材料形成的整体连接，材料的性能决定了连接破坏的不同模式。在拉拔荷载作用下，植筋连接的破坏模式主要有筋材屈服、木材受拉破坏、木材端部剪切破坏以及胶和木材之间的胶结面剪切破坏，如图 5.6.4 所示。

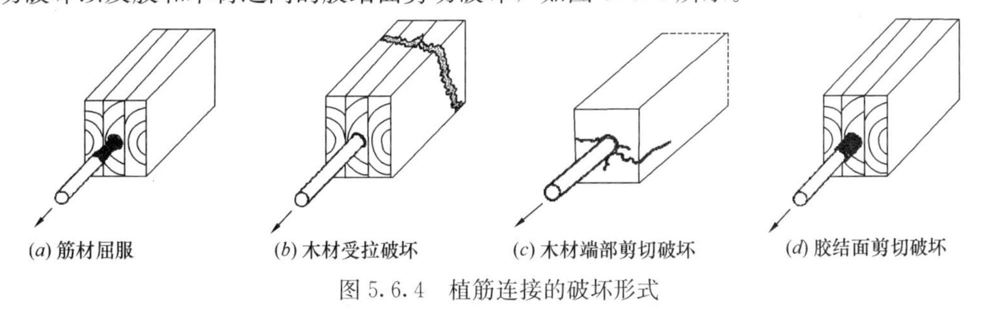

(*a*) 筋材屈服　(*b*) 木材受拉破坏　(*c*) 木材端部剪切破坏　(*d*) 胶结面剪切破坏

图 5.6.4 植筋连接的破坏形式

筋材屈服和木材受拉破坏可以通过相应材料强度计算来防止，木材端部剪切破坏也可以通过限制木构件的最小边距来预防，但是，对于连接的界面破坏，由于植筋连接使用了多种材料（木材、胶粘剂和植筋），使得连接的界面承载力受锚固长度、胶层厚度、植筋直径以及木材密度等多种参数影响导致受力复杂。目前尚没有统一的承载力计算方法来防止胶结面的破坏。

5.6.2　植筋连接的构造及施工

为了增强钢筋和胶的机械咬合力，植入木材中的钢筋宜采用钢螺杆或带肋钢筋，钢筋直径一般为 8～24mm。为方便灌注胶粘剂，木材上的孔径宜比植筋直径大 4～6mm，至少大 2mm。为了防止植筋连接的劈裂破坏，植筋的边距和间距应满足最小值要求，但由于目前尚无关于植筋连接的统一设计标准，工程实践中常用的边距和间距有以下几种：

（1）对于图 5.6.5 中轴向受力的植筋连接，表 5.6.1 列出了目前常用计算理论规定的边距和间距要求；

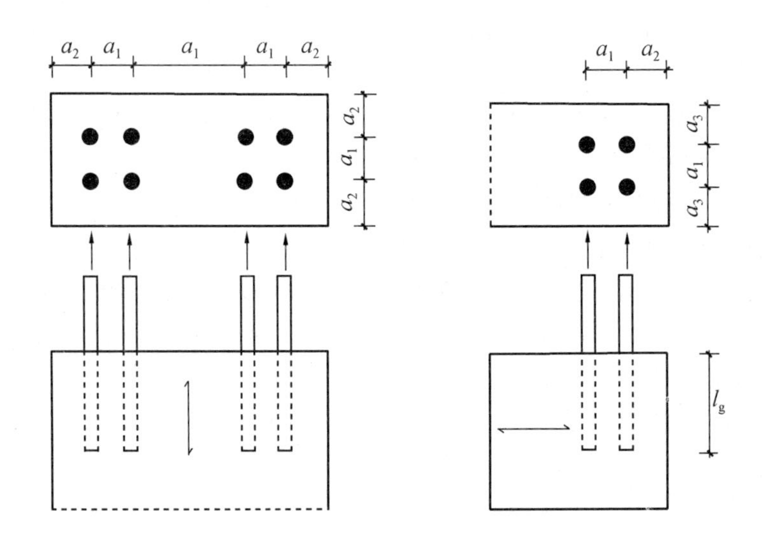

图 5.6.5　植筋连接轴向受力时的间距

（2）对于图 5.6.6 中侧向受力的植筋连接，表 5.6.2 列出了目前部分计算理论规定的边距和间距要求。

植筋连接轴向受力时最小边距和间距限值　　表 5.6.1

间距	Riberholt 公式	欧洲规范草案 prEN 1995-2：2003	新西兰设计指南	德国规范 DIN 1052：2004-08
间距 a_1	$2d$	$4d$	$2d$	$5d$
边距 a_2	$1.5d$	$2.5d$	$1.5d$（无剪力） $2.5d$	$2.5d$

注：d 为植筋直径。

植筋连接侧向受力时最小边距和间距限值 表 5.6.2

间距	Riberholt 公式	德国规范 DIN 1052：2004—08
间距 a_1	$2d$	$5d$
边距 a_2	$2d$	$2.5d$
边距 a_3	$4d$	$4d$

注：d 为植筋直径。

灌注胶粘剂的方法通常有两种：一种是先注胶后插筋，另一种是先插筋，后在旁边的小孔中向插筋孔中注胶。注胶时应保证植筋居中，胶层均匀，并保证植筋的植入深度。德国规范 DIN1052：2004-08 规定植筋的最小锚固长度为 $0.5d^2$ 和 $10d$（d 为植筋直径）的较大值。为了保证植筋质量，植筋的施工应在具有质量控制的工厂里由专业的工人完成。

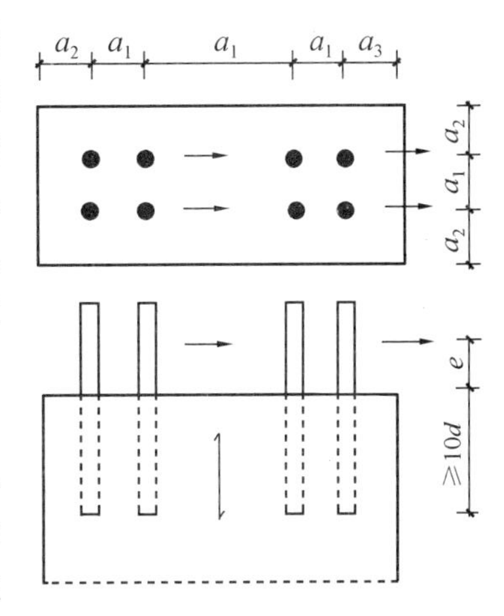

图 5.6.6 植筋侧向受力时的间距

5.6.3 植筋连接的承载力

木结构植筋连接技术源于瑞典、丹麦等北欧国家，至今已有 40 余年的发展历史，关于植筋连接的承载力和设计方法，欧洲、澳大利亚、北美和日本等国家和地区的学者先后开展了大量研究并取得了一系列成果。但由于植筋连接是由木材、胶粘剂、筋材三种不同刚度和强度性能的材料组成，连接机理很复杂，现有的研究结果仍存在很多分歧，还没有形成统一的设计准则，使用时需做必要的足尺试验，以确保连接的安全性。

植筋连接的试验证实，植筋的受压和受拉承载力基本相同，植筋连接的拔出破坏为脆性破坏，工程中应避免这种破坏模式，当植筋深度足够时可避免拔出破坏，一般植筋深度超过 d^2 即可认为拔出力不低于钢筋的屈服力。大部分学者认为植筋深度为 $15d$ 时植筋不会拔出。由于植筋胶缝粘结应力沿植筋深度方向的分布是不均匀的，当植筋深度不够时，植筋的抗拔承载力计算较困难，一般应通过试验确定。目前，植筋连接抗拔承载力的计算公式主要是基于试验结果得到的经验或半经验公式。下面介绍几种常用的单根植筋连接的轴向抗拔承载力计算方法。

1. Riberholt 公式

1988 年 Riberholt 对挪威云杉胶合木植筋连接进行了研究，基于试验最早提出了顺纹和横纹植筋的轴向抗拔承载力标准值经验公式：

$$R_{ax,k} = f_{ws}\rho_k d_{min}\sqrt{l_g} \qquad 当\ l_g \geqslant 200mm \tag{5.6.1}$$

$$R_{ax,k} = f_{wl}\rho_k d_{min} l_g \qquad 当\ l_g < 200mm \tag{5.6.2}$$

式中：f_{ws}——植筋较深时的强度参数，对于脆性胶，如酚醛间苯二酚和环氧树脂胶粘剂取 520N/mm^2；对于非脆性胶，如双组分的聚氨酯胶取 650N/mm^2；

f_{wl}——植筋较浅时的强度参数，对于酚醛间苯二酚和环氧树脂胶粘剂取 37N/mm^2；对于双组分的聚氨酯胶取 46N/mm^2；

ρ_k——木材气干密度标准值（g/cm^3）；

d_{min}——植筋直径和植筋孔径的较小值（mm）；

l_g——植筋的有效深度（mm）。

2. 欧洲规范草案公式

2003年欧洲规范草案EN 1995-2：2003在其桥梁设计的附录C给出了植筋连接拉拔承载力特征值计算公式（5.6.3），但因没能达成一致意见，经会议讨论和投票删除了该公式：

$$R_{ax,k} = \pi d_{equ} l_a f_v (\tan\omega/\omega) \tag{5.6.3}$$

$$\omega = \frac{0.016 l_a}{\sqrt{d_{equ}}}$$

式中：d_{equ}——植筋孔径与1.25倍植筋直径的较小值（mm）；

l_a——植筋深度（mm）；

ρ_k——木材密度（g/cm^3）；

f_v——取为$5.5N/mm^2$。

3. 新西兰设计指南（NZW 14085SC. New Zealand timber design guide，2007）公式

新西兰设计指南给出的植筋连接轴心受拉或轴心受压时，承载力特征值计算公式为：

$$R_{ax,k} = 6.73 k_b k_e k_m (l/d)^{0.86} (d/20)^{1.62} (d_h/d)^{0.5} (a/d)^{0.5} \tag{5.6.4}$$

式中：k_b——筋材影响系数，钢螺杆：$k_b=1.0$；带肋钢筋：$k_b=0.8$；

k_m——含水率影响系数，木材含水率小于15%，$k_m=1.0$；木材含水率为15%～22%，$k_m=0.8$；

k_e——环氧树脂胶粘剂影响系数，$k_e=0.86$～1.17；

l——锚固长度（mm），取值$5d \leqslant l \leqslant 20d$；

d——植筋直径（mm），取值$12mm \leqslant d \leqslant 24mm$；

d_h——植筋孔直径（mm）取值$1.15d \leqslant d_h \leqslant 1.4d$；

e——螺杆中心至木构边缘的距离（mm），$e \geqslant 1.5d$。

4. 德国规范DIN 1052：2004-08的公式

德国木结构设计规范给出的顺纹和横纹植筋连接承载力设计值计算公式为：

$$R_{ax} = \pi d l_a f_{k1} \tag{5.6.5}$$

式中：d——植筋直径（mm）；

l_a——锚固长度（mm）；

f_{k1}——胶缝强度设计值，其取值为：

$$\begin{cases} f_{k1} = 4.0 & l_a \leqslant 250mm \\ f_{k1} = 5.25 - 0.005l & 250mm < l_a \leqslant 500mm \\ f_{k1} = 3.5 - 0.0015 l_a & 500mm < l_a \leqslant 1000mm \end{cases}$$

当多根植筋共同工作时，总的抗拔承载力将低于单根之和，新西兰设计指南考虑了群体效应折减系数k_g，当植筋数量为5或6时，$k_g=0.8$；植筋数量为3或4时，$k_g=0.9$；植筋数量为1或2时，$k_g=1.0$。

对于平行于木纹的植筋，在侧向荷载（剪力）作用下（见图5.6.6），每根钢筋的侧向承载力标准值Riberholt建议取为：

$$V_{\mathrm{k}}=\left[\sqrt{e^{2}+\frac{2M_{\mathrm{yk}}}{df_{\mathrm{h}}}}-e\right]df_{\mathrm{h}} \tag{5.6.6}$$

式中：e——侧向力距木构件表面的距离；

M_{yk}——钢筋的屈服弯矩标准值；

f_{h}——强度参数，可取为 $f_{\mathrm{h}}=(0.0023+0.75d^{1.5})\rho_{\mathrm{k}}$，$\rho_{\mathrm{k}}$ 为气干密度标准值。

5.7 承拉螺栓、贴角焊缝的计算和构造规定

本节中有关钢材、螺栓和焊缝的强度设计值及其降低系数按应按现行国家标准《钢结构设计标准》GB 50017 的规定采用。

（1）木结构中圆钢拉杆和拉力螺栓及其垫板应按下列公式计算：

1）圆钢拉杆和拉力螺栓的截面计算

$$N_{\mathrm{t}}\leqslant f_{\mathrm{t}}^{\mathrm{b}}A_{\mathrm{e}} \tag{5.7.1}$$

2）垫板面积（mm²）

$$A\geqslant N_{\mathrm{t}}/f_{\mathrm{c},90} \tag{5.7.2}$$

3）方形垫板厚度（mm）

$$t\geqslant\sqrt{N_{\mathrm{t}}/2f} \tag{5.7.3}$$

式中：N_{t}——轴向拉力设计值（N）；

A_{e}——圆钢拉杆或螺栓的有效截面面积（mm²）；

$f_{\mathrm{t}}^{\mathrm{b}}$——普通螺栓的抗拉强度设计值（N/mm²）；

f——钢材的抗弯强度设计值（N/mm²）；

$f_{\mathrm{c},90}$——木材横纹承压强度设计值（N/mm²）。当垫板下木材为斜纹承压时，式（5.7.2）中的 $f_{\mathrm{c},90}$ 应改用 $f_{\mathrm{c}\alpha}$ 值。

系紧螺栓钢垫板的尺寸可按构造要求确定，但其厚度不宜小于 0.3d，其边长不宜小于 3.5d，d 为系紧螺栓的直径。

（2）在通过焊缝形心的拉力、压力或剪力作用下，当力平行于焊缝长度方向时，直角角焊缝（图 5.7.1）的强度，应按下式计算：

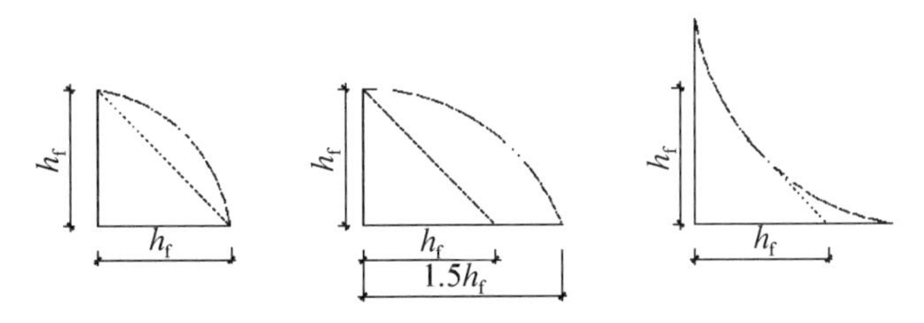

图 5.7.1 直角角焊缝截面图

$$\tau_{\mathrm{f}}=N/0.7h_{\mathrm{f}}l_{\mathrm{w}}\leqslant f_{\mathrm{f}}^{\mathrm{w}} \tag{5.7.4}$$

式中：N——作用于连接处的轴向力设计值；

h_{f}——直角角焊缝的焊脚尺寸；

τ_f——沿焊缝长度方向的剪应力；

l_w——直角角焊缝的计算长度，取其实际长度减去 $2h_f$；

f_f^w——直角角焊缝的强度设计值。

（3）直角角焊缝的尺寸应符合下列要求：

1）直角角焊缝的计算长度不得小于 $8h_f$ 和 40mm；

2）角焊缝最小焊脚尺寸宜按表 5.7.1 取值，承受动荷载时角焊缝焊脚尺寸不宜小于 5mm；

角焊缝最小焊脚尺寸（mm）　　**表 5.7.1**

母材厚度	角焊缝最小焊脚尺寸 h_f
$t<6$	3
$6<t<12$	5
$12<t<20$	6
$t>20$	8

注：采用不预热的非低氢焊接方法焊接时，t 取较厚件厚度；采用预热的非低氢焊接方法或低氢焊接方法焊接时，t 取较薄件厚度。

3）搭接焊缝板件（厚度为 t）边缘的角焊缝最大焊脚尺寸，当 $t\leqslant 6$mm 时，$h_f\leqslant t$；当 $t>6$mm 时，$h_f\leqslant t-(1\sim 2)$mm；

4）采用角焊缝焊接连接，不宜将厚板焊接在较薄板上。

（4）圆钢和钢板（或型钢）、圆钢与圆钢之间的贴角焊缝，其抗剪强度应按下式计算：

$$\frac{N}{l_w h_e}\leqslant f_f^w \tag{5.7.5}$$

式中：N——作用在连接处的轴心力；

l_w——焊缝计算长度的总和；

h_e——焊缝的有效厚度，应按下列规定计算：

1）对圆钢与钢板（或型钢）的连接（图 5.7.2），$h_e=0.7h_f$；

2）对圆钢与圆钢的连接（图 5.7.3），h_e 应按下式计算：

$$h_e=0.1(d_1+2d_2)-a \tag{5.7.6}$$

d_1——大圆钢直径；

d_2——小圆钢直径；

a——焊缝表面至两个圆钢公切线的距离，此值应在施工图中注明。

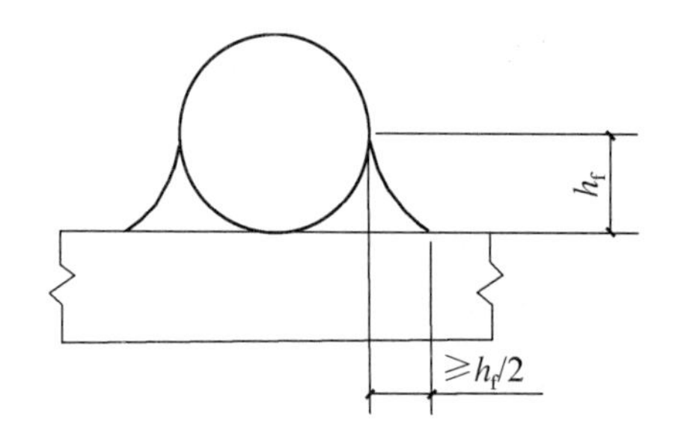

图 5.7.2　圆钢与钢板之间的焊缝

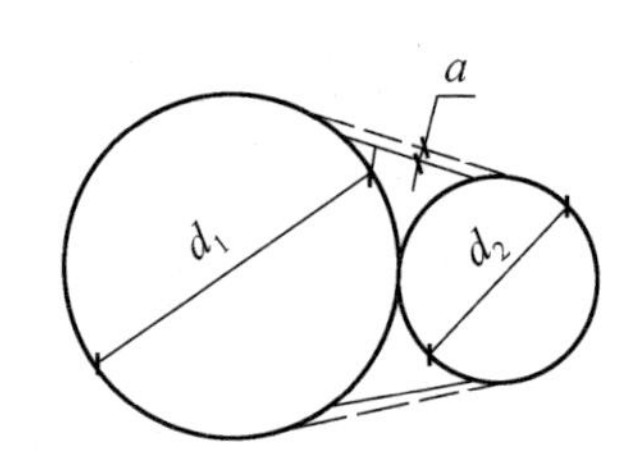

图 5.7.3　圆钢与圆钢之间的焊缝

(5) 圆钢与圆钢、圆钢与钢板（或型钢）之间的焊缝有效厚度，不应小于0.2倍圆钢直径（当焊接的两圆钢直径不同时，取平均直径）或3mm，并不大于1.2倍钢板厚度，计算长度不应小于20mm。

本章参考文献

[1] 木结构设计标准(GB 50005—2017)[S]. 北京：中国建筑工业出版社，2017.

[2] 胶合木结构技术规范(GB/T 50708—2012)[S]. 北京：中国建筑工业出版社，2012.

[3] 潘景龙，祝恩淳 . 木结构设计原理[M]. 北京：中国建筑工业出版社，2009.

[4] Riberholt H. Glued Bolts in Glulam，Proposal for CIB code international council for building research studies and documentation working commission W18 [C]. Timber Structures Meeting Twenty-one，1988.

[5] pr EN 1995-2. Eurocode 5-Design of timber structures，Part 2：Bridges. Final Project Team draft (Stage 34)[S]. European Committee for Standardization，Brussels，Belgium，2003.

[6] NZW 14085 SC. New Zealand timber design guide. Wellington，New Zealand：Timber Industry Federation Inc. ；2007.

[7] DIN 1052：2004-08. Design of timber structures General rules and rules for buildings. Berlin，Germany：DIN Deutsches Institut für Normung. 2008.

[8] René Steiger，Erik Serrano，Mislav Stepinac，et al. Strengthening of timber structures with glued-in rods[J]. Construction and Building Materials，2015，97：90-105.

[9] Gabriela Tlustochowicz，Erik Serrano，Rene′ Steiger. State-of-the-art review on timber connections with glued-in steel rods[J]. Materials and Structures，2011(44)：997-1020.

[10] 钢结构设计标准 (GB 50017—2017)[S]. 北京：中国建筑工业出版社，2017.

第 6 章　木结构抗侧力设计

结构在设计工作年限内受到的荷载与作用是多种多样的，荷载主要有：结构自重、楼屋面活荷载、积灰荷载、吊车荷载、风荷载、雪荷载、土压力、爆破力、撞击力等；作用包括：地震作用、温度作用、不均匀沉降等。

荷载（作用）的方向有竖向与水平两种，因此需对结构进行合理设计，确保能抵御竖向与水平两个方向的所有荷载（作用）。水平荷载（作用）主要考虑的是水平风荷载和水平地震作用，有时爆破力、撞击力也是沿水平向作用到结构工程上，因此结构设计时要布置合理的抗水平荷载（作用）的体系，保证结构抗侧向力能力。本章将介绍木结构的抗侧力设计，具体包括侧向荷载与作用及设计方法、抗侧力结构体系、抗侧力计算与构造要求、木结构抗侧新技术、计算实例五部分。

6.1　侧向荷载与作用及设计方法

木结构建筑所承受的侧向荷载与作用主要为地震作用和风荷载，本节将介绍木结构在地震作用和风荷载下的受力特点及设计方法。

6.1.1　侧向荷载与作用

1. 地震作用

地震引起的作用在建筑结构上的动荷载（惯性力）称为结构的地震作用。地震作用与荷载的区别在于荷载是对结构的直接作用，地震作用是由于地面运动引起结构的动态作用，属于间接作用。荷载大小与结构自身特性无关，而地震作用的大小不仅取决于烈度、震中距等情况，还与结构自身的动力特性（如自振周期、阻尼等）有关。木结构建筑具有较好的抗震性能。结构的地震作用与结构质量有关，木结构质量轻，产生的地震作用当然也小；且由于木结构质量轻，地震致使房屋倒塌时对人产生的伤害也比其他建筑材料小。木结构的整体结构体系一般具有较好的塑性、韧性，因此在国内外历次强震中木结构都表现出较好的抗震性能。

木结构建筑的抗震设防类别应根据现行国家标准《建筑抗震设防分类标准》GB 50223的规定确定，地震影响系数应根据烈度、场地类别、设计地震分组和结构自振周期以及阻尼比按现行国家标准《建筑抗震设计标准》GB 50011 的相关规定确定。木结构建筑的地震作用计算阻尼比可取 0.05。国家标准《多高层木结构建筑技术标准》GB/T 51226—2017 规定，多高层木结构建筑抗震设计时，对于纯木结构，在多遇地震验算时结构的阻尼比可取 0.03，在罕遇地震验算时结构的阻尼比可取 0.05。对于混合木结构可根据位能等效原则计算结构阻尼比。

2. 风荷载

风荷载是工程结构的主要水平荷载之一，它不仅对结构产生水平风压作用，还会引起多种类型的振动效应。

风荷载的传力路径为：风荷载作用到外墙和屋面上，通过外墙和屋面传递到内部木结构抗侧力体系，再传递到基础。木结构自重轻，构件之间多采用金属连接件连接。在飓风和龙卷风下，受到极大的水平力和上拔力，往往导致连接处的损坏；而强劲的水平力（可能是较大的吸力）又往往导致外墙与内墙相交处的连接松动和脱落，从而使墙体失去平面外支撑而引起局部倒塌或整体倒塌。屋顶受到上旋气流的影响而受到负压，即上拔力的作用，可导致屋顶被掀起、吹毁等破坏。

风荷载根据现行国家标准《建筑结构荷载规范》GB 50009 计算，一般应将侧墙和屋顶的风荷载分开计算。影响结构风荷载因素较多，但影响风荷载大小的关键因素是基本风压、风压高度、结构体型以及结构的动力特性。风荷载可按下式计算：

$$w_k = \beta_z \mu_s \mu_z w_0 \tag{6.1.1}$$

式中：w_k——风荷载标准值（kN/m^2）；

μ_s——风荷载体型系数；

μ_z——风压高度变化系数；

β_z——高度 z 处的风振系数；

w_0——基本风压（kN/m^2）。

（1）基本风压 w_0

基本风压 w_0 是指在空旷平坦的地面上，离地面 10m 高，经统计所得的 50 年一遇的 10 分钟平均最大风速。

（2）顺风向风振系数 β_z

风成分中脉动风完全属于随机动力性质，对于柔性结构将引起很大的风振。风振系数是反映风速中高频脉动部分对建筑结构不利影响的风压动力系数。

对于横风向风振作用效应和扭转风振作用效应明显的结构，宜考虑横风向风振和扭转风振的影响。

（3）风压高度变化系数 μ_z

结构物体型不同，其表面风压的实际大小和分布也不同。工程中将迎风面垂直风向的最大投影面上点平均风荷载与来流风压的比值定义为风荷载体型系数 μ_z，对各种建筑体型的表面风压进行修正。

（4）风荷载体型系数 μ_s

一般情况下，自由气流不能理想地停滞在建筑物表面，而是以不同途径从建筑物表面绕过。风作用在建筑物表面的不同部位将引起不同的风压值，该值与来流风压之比称为风荷载体型系数 μ_s，它表示建筑物表面在稳定风压作用下的静态压力分布规律，主要与建筑物的体型和尺寸有关。

6.1.2 设计方法

木结构常用的抗侧力设计方法有结构计算法和基于经验的构造设计法，国外也有采用基于性能的设计方法。其中，结构计算法包含底部剪力法、振型分解反应谱法和时程分析法。按照我国相关标准的规定，一般木结构均应采用结构计算法进行抗侧力设计；而对于轻型木结构，当满足特定的规定时，其抗侧力可按照构造要求进行设计，即基于经验的构造设计法。采用结构计算法进行抗侧力设计时，结构除满足抗侧力计算要求外，也应满足一定的构造要求，以保证结构侧向力的可靠传递。

1. 底部剪力法

底部剪力法是根据地震反应谱理论，以工程结构底部的总地震剪力与等效单质点的水平地震作用相等，来确定结构总地震作用的方法，是一种用静力学方法近似解决动力学问题的简易方法。其基本思想是在静力计算的基础上，将地震作用简化为一个惯性力系附加在结构上。

《建筑抗震设计规范》GB 50011—2010 规定：高度不超过 40m、以剪切变形为主且质量和刚度沿高度分布比较均匀的结构，以及近似单质点体系的结构，可采用底部剪力法简化方法。

在底部剪力法设计过程中，结构的自振周期常利用与高度相关的经验公式估算。但结构的自振周期与质量的分布和抗侧刚度紧密相关，经验公式的估算结果在某些特定情况下可能导致计算结果偏于不安全。因此，《木结构设计标准》GB 50011—2017 规定：当轻型木结构建筑进行抗震验算时，水平地震作用可采用底部剪力法计算，相应于结构基本自振周期的水平地震影响系数 α_1 可取水平地震影响系数最大值；对于以剪切变形为主，且质量和刚度沿高度分布比较均匀的胶合木结构或方木原木结构的抗震验算，其结构基本自振周期特性应按空间结构模型计算。

2. 振型分解反应谱法

振型分解反应谱法是根据振型分解和振型的正交性原理，将 n 个自由度弹性体系分解为 n 个等效单自由度弹性体系，利用设计反应谱得到每个振型下等效单自由度弹性体系的效应（弯矩、剪力、轴力和变形等），再按一定的规则将每个振型的作用效应组合成总的地震效应进行构件抗震验算。

《木结构设计标准》GB 50011—2017 规定：对于扭转不规则或楼层抗侧力突变的轻型木结构，以及质量和刚度沿高度分布不均匀的胶合木结构或方木原木结构的抗震验算，应采用振型分解反应谱法。除此之外，对于质量和刚度不对称、不均匀的多高层木结构建筑，《多高层木结构建筑技术标准》GB/T 51226—2017 规定其在抗震设计时应采用考虑扭转耦联振动影响的振型分解反应谱法。

3. 时程分析法

时程分析法是将结构作为弹性或弹塑性振动系统，建立振动系统的运动微分方程，直接输入地面加速度时程，对运动微分方程直接积分，从而获得振动体系各质点的加速度、速度、位移和结构内力的时程曲线。

《多高层木结构建筑技术标准》GB/T 51226—2017 规定：对于抗震设防烈度为 7 度、8 度和 9 度的多高层木结构建筑，符合下列情况时，建议采用弹性时程分析法进行多遇地震下的补充计算：

（1）甲类多高层木结构建筑；

（2）多高层木混合结构建筑；

（3）符合表 6.1.1 中规定的乙、丙类多高层纯木结构建筑；

（4）质量沿竖向分布特别不均匀的多高层纯木结构建筑。

采用时程分析法的乙、丙类多高层纯木结构建筑 表 6.1.1

设防烈度、场地类别	建筑高度范围
7 度和 8 度Ⅰ、Ⅱ类场地	≥24m
8 度Ⅲ、Ⅳ类场地	≥18m
9 度	≥12m

罕遇地震下，木结构常发生刚度和强度退化，采用底部剪力法或振型分解反应谱法可能会导致计算结果误差较大，此时宜采用时程分析法计算结构各部分的受力和变形。

4. 基于经验的构造设计法

轻型木结构的基于经验的构造设计法是指，当结构满足按照构造设计法进行设计的要求时，可不验算其抗侧力，而是利用结构本身具有的抗侧力构造体系来抵抗侧向荷载。内在的抗侧力来自结构密置的墙骨柱、墙体顶梁板、墙体底梁板、楼面板、屋面椽条以及各种面板、隔墙共同作用。

5. 基于性能的设计方法

1995 年，美国加州结构工程师协会（SEAOC）提出基于性能的抗震设计方法的概念，即：性能设计应该是选择一定的设计准则、恰当的结构形式、合理的规划和结构比例，保证建筑物的结构和非结构构件的细部构造设计，控制建造质量和长期维护水平，使得建筑物在遭受一定水平地震作用下，结构的损伤或破坏不超过某特定的极限状态。结构的破坏程度可以由其反应参数来表示，常用的破坏指标有应力、力、位移、能量等。将性能设计思想应用到实际设计中的方法主要有两种：基于力的抗震设计方法和基于位移的抗震设计方法。

基于力的设计方法首先进行基于地震作用的强度设计，再进行变形验算。与传统设计方法主要的不同之处在于，结构性能水平要有多水准明确的量化，需考虑在多级水平地震作用下对结构的性能进行验算。

基于位移的设计方法是指在一定水准的地震作用下，以结构的位移响应为目标设计结构和构件，使结构达到该水准地震作用下的性能要求。结构构件在地震作用下的破坏程度与结构的位移响应和构件的变形能力有关，用位移控制结构在罕遇地震下的行为更为合理，基于位移的抗震设计主要包括按延性系数设计、能力谱法以及直接基于位移法三种。

6.2 抗侧力结构体系

木结构抗侧力体系根据轻型木结构、正交胶合木剪力墙结构和胶合木梁-柱结构等不同结构形式有所不同，本节将分别介绍这几种结构形式的抗侧力体系的基本概念和水平荷载传力路径。

6.2.1 轻型木结构体系

轻型木结构体系是由构件断面较小的规格材均匀密布连接组成的一种结构形式，它由主要结构构件（结构骨架）和次要结构构件（墙面板、楼面板和屋面板）等共同作用以承受各种荷载，最后将荷载传递到基础上，具有经济、安全、结构布置灵活的特点，是北美住宅建筑大量采用的一种结构体系形式。通过合理设计，该结构的部分结构体系（如楼面均匀密布的梁采用轻型木桁架）能够承受和传递跨距较大的荷载，也可以用于建造其他大型的工业和民用建筑。图6.2.1(a)所示为典型的轻木剪力墙木骨架，图6.2.1(b)为施工中的轻木剪力墙。

轻型木结构体系主要受到风荷载、地震作用等水平荷载（或称横向荷载）的作用。如结构受到风荷载时，其传力路径如图6.2.2所示，由图可见，风荷载作用到迎风面的墙体上，通过该墙体传递到水平的楼（屋）盖上，楼（屋）盖再传递到与其可靠连接的两侧墙体上，两侧墙体传递到基础。因此对于轻型木结构这种结构形式，要求楼（屋）盖及两侧墙体有足够的抗侧力性能，基础锚栓有足够的抗拔能力。

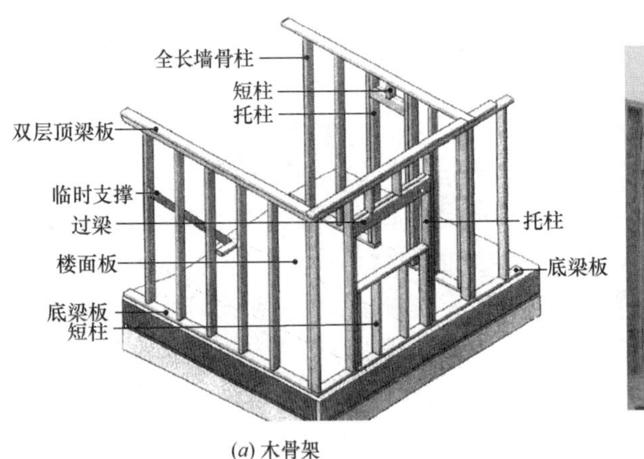

(a) 木骨架

(b) 施工中的轻木剪力墙体

图6.2.1　轻木剪力墙

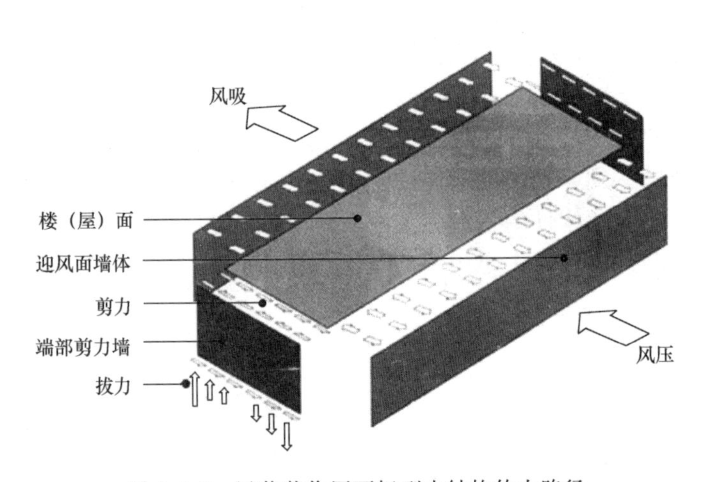

图6.2.2　风荷载作用下轻型木结构传力路径

木框架剪力墙结构体系是在传统的梁柱结构体系基础上，纳入轻型木结构的抗侧力的基本概念，结合了轻型木结构体系与梁柱结构体系的抗侧力基本方法，因此，木框架剪力墙结构体系抗侧力的基本原理与轻型木结构体系基本相同。

6.2.2　正交胶合木剪力墙结构体系

正交胶合木结构体系一般以CLT墙板、CLT楼面屋面板为主要受力构件。在正交胶合木剪力墙结构体系中，CLT墙板与基础及楼板间一般通过抗拔件、角钢连接件连接，墙板与墙板间通过自攻钉等紧固件沿竖向拼接。此外，也可将正交胶合木剪力墙结构直接锚固于若干层混凝土结构之上形成上下组合的木结构体系，或将其与钢筋混凝土结构、钢结构等混合承重，形成混合木结构体系。

正交胶合木剪力墙结构体系主要受到风荷载、地震作用等水平荷载的作用。风荷载下，正交胶合木剪力墙结构体系的传力路径为：水平风荷载经迎风面的外墙面传递至楼层的楼板，再传递至与楼板相连的CLT剪力墙，最后传至结构的基础（图6.2.3）。风荷载和地震作用下剪力墙的剪力分配原则如下：若按柔性楼板假定，单面剪力墙所受的剪力按该面墙体的从属迎风面积进行分配；若按刚性楼板假定，单面剪力墙所受的剪力按其侧移刚度进行分配。CLT板件的平面内刚度较大，因此这种结构形式就是要保证CLT的楼屋盖或剪力墙具有足够刚度来传递水平荷载。

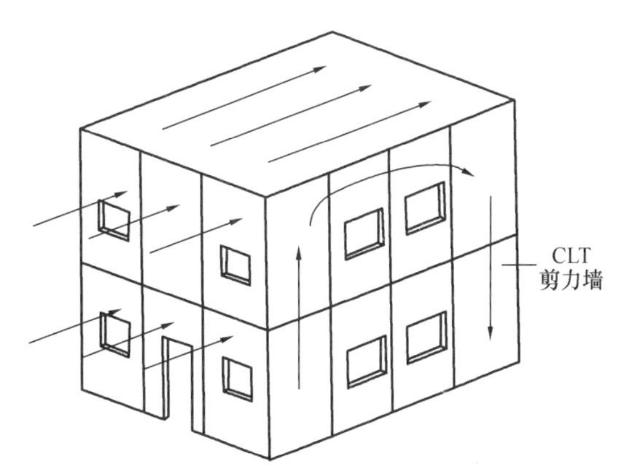

图6.2.3 风荷载下正交胶合木剪力墙结构体系传力路径

6.2.3 胶合木梁-柱结构体系

胶合木梁-柱结构体系以间距较大的胶合木梁、柱为主要受力体系，如图6.2.4所示。

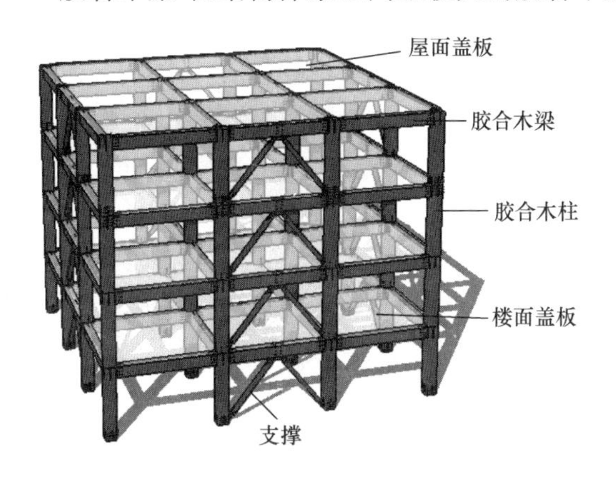

图6.2.4 胶合梁-柱结构示意图

胶合木梁-柱结构体系是现代木结构的一种重要结构形式，但由于木材横纹抗拉强度较低，胶合木梁柱节点在侧向力作用下易出现螺栓孔周横向受拉裂缝及劈裂缝，因此这类节点的抗弯刚度较小、耗能能力不足，导致木框架结构的抗侧能力有限。纯胶合木梁-柱结构一般无法满足多高层木结构在地震作用或风荷载下的抗侧需求，工程中常在胶合木梁柱之间加入支撑或剪力墙等抗侧力构件，形成木框架-剪力墙结构或木框架-支撑结构，以保证结构体系的抗侧能力。木框架-支撑结构中的支撑是整个结构抗侧力的关键构件，其与木梁柱的连接节点的可靠性直接关系到支撑在整个结构中所起到的作用，其连接节点的设计也至关重要，图6.2.5所示为某木框架-支撑结构中支撑与梁的连接节点，此连接采用大量直径较小的销连接以避免节点的脆性破坏。

木框架-支撑结构体系常用的支撑类型如图6.2.6所示，包括交叉支撑、单斜支撑、人字撑，这些支撑类型具有较大的侧向刚度；需要时也可采用隅撑的形式，隅撑对建筑空间的影响较小，且结构有一定的延性和变形能力，但隅撑结构的侧向刚度低于前述三种支撑形式的结构。

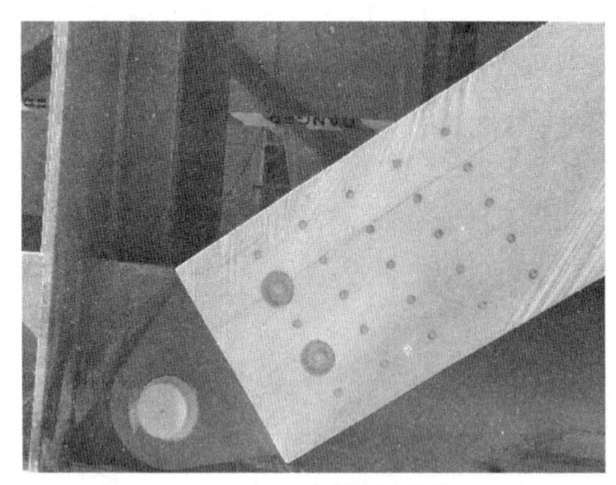
(a) 支撑下端连接

(b) 支撑上端连接

图 6.2.5　某木框架-支撑结构中支撑与梁的连接节点

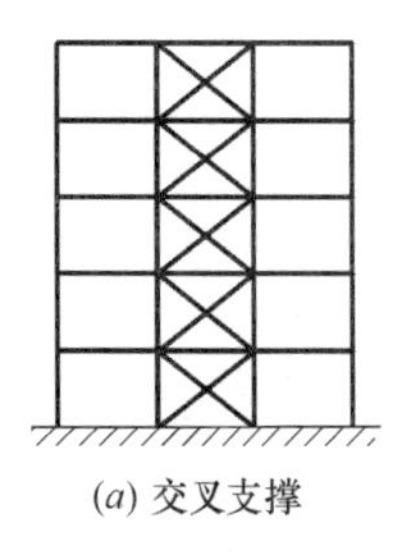
(a) 交叉支撑

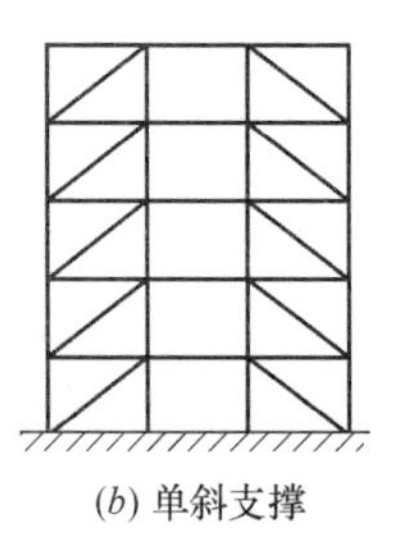
(b) 单斜支撑

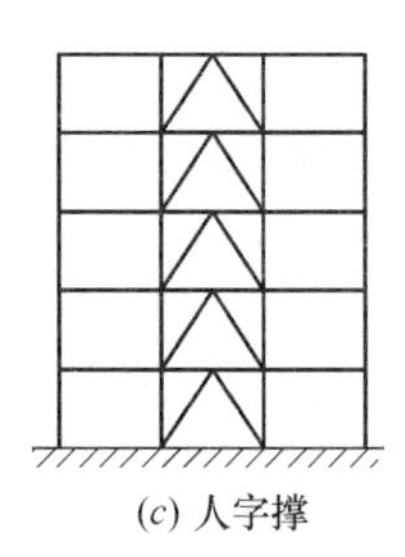
(c) 人字撑

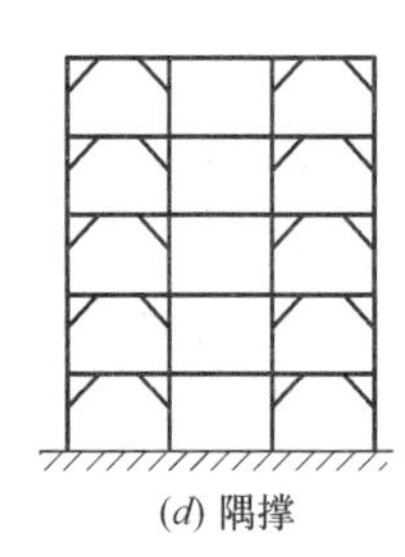
(d) 隅撑

图 6.2.6　常用支撑类型

木框架-剪力墙结构体系如图 6.2.7 所示，剪力墙可内填于框架构件中（图 6.2.7a），也可设于核心筒处（图 6.2.7b）。常用的剪力墙有木基结构板剪力墙或正交胶合木剪力墙。

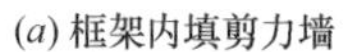
(a) 框架内填剪力墙

(b) 核心筒位置的剪力墙

图 6.2.7　木框架-剪力墙结构体系

胶合木梁-柱结构体系主要受到的水平荷载（或称横向荷载）包括风荷载和地震作用。水平荷载作用在结构上，最后通过连接传递到基础。胶合木梁-柱结构体系应具有足够的抗侧力能力，基础锚栓应具有足够的抗拔能力。

6.3 抗侧力计算与构造要求

如第6.2节所述，木结构的抗侧力体系主要包括轻型木结构体系、胶合木梁-柱结构体系和正交胶合木剪力墙结构体系，本节将分别介绍几种抗侧力体系的计算与构造要求。

6.3.1 轻型木结构体系

1. 抗侧力设计方法

轻型木结构的抗侧力设计方法主要有工程计算设计方法和基于经验的构造设计法。工程计算设计方法要求结构构件、连接等按照相关的荷载规范、抗震规范计算所受到的内力，然后通过计算确定构件截面和连接；基于经验的构造设计法是指当结构满足按照构造设计法进行设计的要求时，它的抗侧力就可不必计算，而是利用结构本身具有的抗侧力构造体系来抵抗侧向荷载，内在的抗侧力来自于结构密置的墙骨柱、墙体顶梁板、墙体底梁板、楼面梁、屋面椽条以及各种面板、隔墙的共同作用。

下面将介绍轻型木剪力墙和楼（屋）盖抗侧力计算方法。

（1）轻型木剪力墙抗侧力计算

1）墙体覆面板的计算

剪力墙抗侧力计算时，将墙肢假定为悬臂的工字形梁，其中墙体的覆面板相当于工字形梁腹板，抵抗剪力；墙端的墙骨柱相当于工字形梁的翼缘，抵抗弯矩。剪力墙设计包括墙体覆面板抗剪、端墙骨柱抗拉或抗压以及剪力墙与下部结构连接件的设计。剪力墙设计时，剪力墙墙肢的高宽比不应大于3.5。

单面采用竖向铺板或水平铺板（图6.3.1）的轻型木结构剪力墙受剪承载力设计值应按下式计算：

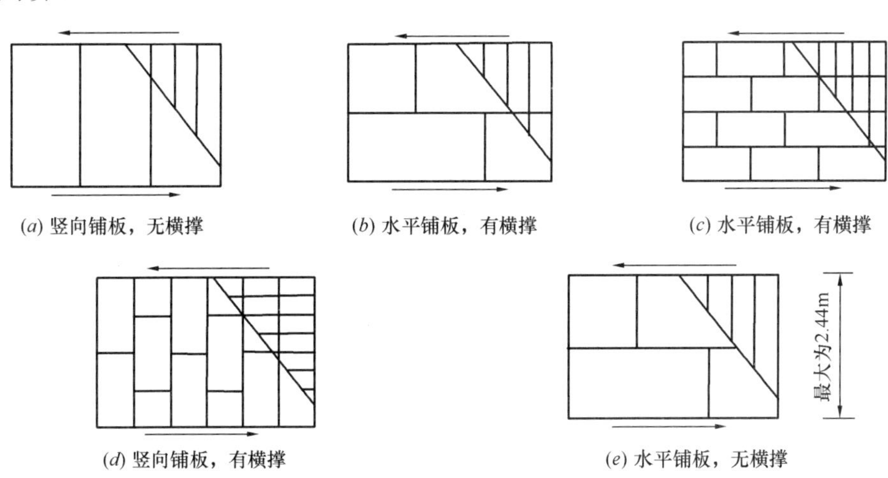

图6.3.1 剪力墙铺板示意

$$V_d = \Sigma f_{vd} \cdot k_1 \cdot k_2 \cdot k_3 \cdot l \tag{6.3.1}$$

式中：f_{vd}——单面采用木基结构板材作面板的剪力墙的抗剪强度设计值（kN/m），见表6.3.1；

l——平行于荷载方向的剪力墙墙肢长度（m）；

k_1——木基结构板材含水率调整系数，见表 6.3.2；

k_2——骨架构件材料树种的调整系数，见表 6.3.3；

k_3——强度调整系数，仅用于无横撑水平铺板的剪力墙，见表 6.3.4。

轻型木结构剪力墙抗剪强度设计值 f_{vd} 和抗剪刚度 K_w **表 6.3.1**

面板最小名义厚度（mm）	钉入骨架构件最小深度（mm）	钉直径（mm）	面板边缘钉的间距（mm）											
			150			100			75			50		
			f_{vd}（kN/m）	K_w（kN/mm）		f_{vd}（kN/m）	K_w（kN/mm）		f_{vd}（kN/m）	K_w（kN/mm）		f_{vd}（kN/m）	K_w（kN/mm）	
				OSB	PLY		OSB	PLY		OSB	PLY		OSB	PLY
9.5	31	2.84	3.5	1.9	1.5	5.4	2.6	1.9	7.0	3.5	2.3	9.1	5.6	3.0
9.5	38	3.25	3.9	3.0	2.1	5.7	4.4	2.6	7.3	5.4	3.0	9.5	7.9	3.5
11.0	38	3.25	4.3	2.6	1.9	6.2	3.9	2.5	8.0	4.9	3.0	10.5	7.4	3.7
12.5	38	3.25	4.7	2.3	1.8	6.8	3.3	2.3	8.7	4.4	2.6	11.4	6.8	3.5
12.5	41	3.66	5.5	3.9	2.5	8.2	5.3	3.0	10.7	6.5	3.3	13.7	9.1	4.0
15.5	41	3.66	6.0	3.3	2.3	9.1	4.6	2.8	11.9	5.8	3.2	15.6	8.4	3.9

注：1 表中 OSB 为定向木片板，PLY 为结构胶合板；

2 表中抗剪强度和刚度为钉连接的木基结构板材的面板，在干燥使用条件下，标准荷载持续时间的值；当考虑风荷载和地震作用时，表中抗剪强度和刚度应乘以调整系数 1.25；

3 当钉的间距小于 50mm 时，位于面板拼缝处的骨架构件的宽度不应小于 64mm，钉应错开布置；可采用两根 40mm 宽的构件组合在一起传递剪力；

4 当直径为 3.66mm 的钉的间距小于 75mm 或钉入骨架构件的深度小于 41mm 时，位于面板拼缝处的骨架构件的宽度不应小于 64mm，钉应错开布置；可采用两根 40mm 宽的构件组合在一起传递剪力；

5 当剪力墙面板采用射钉或非标准钉连接时，表中受剪承载力应乘以折算系数 $(d_1/d_2)^2$；其中，d_1 为非标准钉的直径，d_2 为表中标准钉的直径。

木基结构板材含水率调整系数 k_1 **表 6.3.2**

木基结构板材的含水率 ω	$\omega<16\%$	$16\%\leqslant\omega\leqslant19\%$
含水率调整系数 k_1	1.0	0.8

骨架构件材料树种的调整系数 k_2 **表 6.3.3**

序号	树种名称	调整系数 k_2
1	兴安落叶松、花旗松-落叶松类、南方松、欧洲赤松、欧洲落叶松、欧洲云杉	1.0
2	铁-冷杉类、欧洲道格拉斯松	0.9
3	杉木、云杉-松-冷杉类、新西兰辐射松	0.8
4	其他北美树种	0.7

无横撑水平铺设面板的剪力墙强度调整系数 k_3 **表 6.3.4**

边支座上钉的间距（mm）	中间支座上钉的间距（mm）	墙骨柱间距（mm）			
		300	400	500	600
150	150	1.0	0.8	0.6	0.5
150	300	0.8	0.6	0.5	0.4

注：墙骨柱柱间无横撑剪力墙的抗剪强度可将有横撑剪力墙的抗剪强度乘以抗剪调整系数。有横撑剪力墙的面板边支座钉的间距为 150mm，中间支座钉的间距为 300mm。

对于双面铺板的剪力墙，无论两侧是否采用相同材料的木基结构板材，剪力墙的受剪承载力设计值应取墙体两面受剪承载力设计值之和。

2）剪力墙边界杆件的计算

剪力墙两侧边界杆件所受的轴向力应按下式计算：

$$N=\frac{M}{B_0} \tag{6.3.2}$$

式中：N——剪力墙边界杆件的拉力或压力设计值（kN）；

M——侧向荷载在剪力墙平面内产生的弯矩（kN·m）；

B_0——剪力墙两侧边界构件间的中心距（m）。

剪力墙边界杆件在长度上宜连续。当中间断开时，应采取能够抵抗所承担轴向力的加强连接措施。剪力墙面板不应作为边界杆件的连接板。

3）剪力墙的连接

剪力墙底梁板承受的剪力必须传递至下部结构。当剪力墙直接搁置在基础上时，剪力通过锚固螺栓来传递。在多层轻型木结构中，当剪力墙搁置在下层木楼盖上时，上层剪力墙底梁板应与下层木楼盖中的边搁栅钉连接，边搁栅必须和下层剪力墙可靠连接，以传递上层剪力墙的以及本层楼盖的剪力。

（2）楼（屋）盖抗侧力计算

具有抗侧能力的楼、屋盖（或横膈）的工作原理也与工字形梁类似，其面板可作为工字形梁的腹板抵抗剪力，前后侧边界杆件可作为工字形梁的翼缘抵抗弯矩。横膈的设计包括：覆面板抗侧向剪力、横膈边界杆件和传递楼盖或屋盖侧向力的连接件。

1）覆面板抗侧力计算

轻型木结构的楼（屋）盖受剪承载力设计值应按下式计算：

$$V_d=\Sigma f_{vd}\cdot k_1\cdot k_2\cdot B_e \tag{6.3.3}$$

式中：f_{vd}——采用木基结构板材的楼（屋）盖抗剪强度设计值（kN/m），见表 6.3.5 和表 6.3.6；

k_1——木基结构板材含水率调整系数，见表 6.3.2；

k_2——骨架构件材料树种的调整系数，见表 6.3.3；

B_e——楼盖（屋）盖平行于荷载方向的有效宽度（m）。

楼（屋）盖构造类型 **表 6.3.5**

类型	1 型	2 型	3 型	4 型
示意图	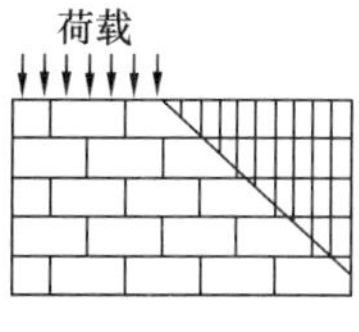 荷载	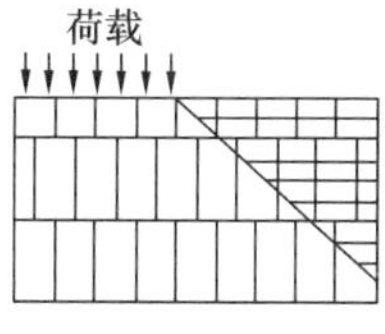 荷载	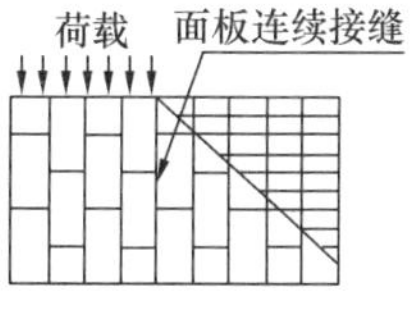 荷载 面板连续接缝	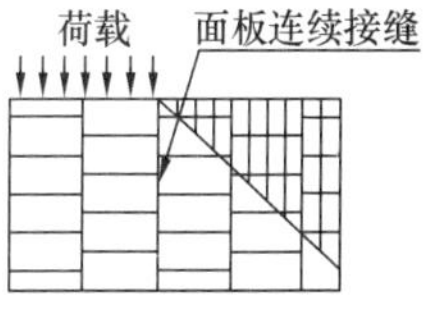 荷载 面板连续接缝
构造形式	横向骨架，纵向横撑	纵向骨架，横向横撑	纵向骨架，横向横撑	横向骨架，纵向横撑

采用木基结构板材的楼（屋）盖抗剪强度设计值 f_{vd}（kN/m） 表 6.3.6

面板最小名义厚度（mm）	钉入骨架构件的最小深度（mm）	钉直径（mm）	骨架构件最小宽度（mm）	有填块				无填块	
				平行于荷载的面板边缘连续的情况下（3型和4型），面板边缘钉的间距（mm）				面板边缘钉的最大间距为150mm	
				150	100	65	50	荷载与面板连续边垂直的情况下（1型）	所有其他情况下（2型、3型、4型）
				在其他情况下（1型和2型），面板边缘钉的间距（mm）					
				150	150	100	75		
9.5	31	2.84	38	3.3	4.5	6.7	7.5	3.0	2.2
			64	3.7	5.0	7.5	8.5	3.3	2.5
9.5	38	3.25	38	4.3	5.7	8.6	9.7	3.9	2.9
			64	4.8	6.4	9.7	10.9	4.3	3.2
11.0	38	3.25	38	4.5	6.0	9.0	10.3	4.1	3.0
			64	5.1	6.8	10.2	11.5	4.5	3.4
12.5	38	3.25	38	4.8	6.4	9.5	10.7	4.3	3.2
			64	5.4	7.2	10.7	12.1	4.7	3.5
12.5	41	3.66	38	5.2	6.9	10.3	11.7	4.5	3.4
			64	5.8	7.7	11.6	13.1	5.2	3.9
15.5	41	3.66	38	5.7	7.6	11.4	13.0	5.1	3.9
			64	6.4	8.5	12.9	14.7	5.7	4.3
18.5	41	3.66	64	—	11.5	16.7	—	—	—
			89	—	13.4	19.2	—	—	—

注：1 表中抗剪强度和刚度为钉连接的木基结构板材的面板，在干燥使用条件下，标准荷载持续时间的值；当考虑风荷载和地震作用时，表中抗剪强度和刚度应乘以调整系数 1.25；

2 当钉的间距小于 50mm 时，位于面板拼缝处的骨架构件的宽度不应小于 64mm，钉应错开布置；可采用两根 40mm 宽的构件组合在一起传递剪力；

3 当直径为 3.66mm 的钉的间距小于 75mm 或钉入骨架构件的深度小于 41mm 时，位于面板拼缝处的骨架构件的宽度不应小 64mm，钉应错开布置；可采用两根 40mm 宽的构件组合在一起传递剪力；

4 当剪力墙面板采用射钉或非标准钉连接时，表中抗剪承载力应乘以折算系数 $(d_1/d_2)^2$；其中，d_1 为非标准钉的直径，d_2 为表中标准钉的直径；

5 当钉的直径为 3.66mm，面板最小名义厚度为 18.5mm 时，应布置两排钉。

2）横膈边界杆件承载力

垂直于荷载方向的楼（屋）盖边界杆件及其连接件的轴向力 N 应按下式计算：

$$N = \frac{M_1}{B_0} \pm \frac{M_2}{a} \tag{6.3.4}$$

均布荷载作用时，简支楼（屋）盖弯矩设计值 M_1 和 M_2 应分别按下列公式计算：

$$M_1 = \frac{qL^2}{8} \tag{6.3.5}$$

$$M_2 = \frac{q_e l^2}{12} \tag{6.3.6}$$

式中：M_1——楼（屋）盖平面内的弯矩设计值（kN·m）；

B_0——垂直于荷载方向的楼（屋）盖边界杆件中心距（m）；

M_2——楼（屋）盖上开孔长度内的弯矩设计值（kN·m）；

a——垂直于荷载方向的开孔边缘到楼（屋）盖边界杆件的距离，$a \geqslant 0.6$m；

q——作用于楼（屋）盖的侧向均布荷载设计值（kN/m）；

q_e——作用于楼（屋）盖单侧的侧向荷载设计值（kN/m），一般取侧向均布荷载 q 的一半；

L——垂直于荷载方向的楼（屋）盖长度（m）；

l——垂直于荷载方向的开孔尺寸（m），l 不应大于 $B/2$，且不应大于 3.5m。

在楼（屋）盖长度范围内的边界杆件宜连续。当中间断开时，应采取能够抵抗所承担轴向力的加固连接措施。楼（屋）盖的覆面板不应作为边界杆件的连接板。

（3）传递楼（屋）盖侧向力的连接件设计

水平风荷载作用在迎风面墙体上，迎风面墙体上通过连接将荷载传递到楼（屋）盖；水平楼（屋）盖再通过连接将荷载传递到两端剪力墙上。因此迎风面墙体和水平楼（屋）盖、水平楼（屋）盖与两端剪力墙之间都需要进行可靠的连接件设计。

2. 构造要求

轻型木结构体系主要包括轻型木结构墙体、轻型木结构楼盖及轻型木结构屋盖等部件，其构造要求详见本手册第 11 章。

木框架剪力墙结构体系的抗侧力基本原理和设计方法与轻型木结构体系基本相同。具体内容参见本手册第 13 章。

6.3.2 正交胶合木剪力墙结构体系

1. 抗侧力设计方法

CLT 剪力墙结构体系所受水平荷载主要包括风荷载及地震作用。风荷载下楼层水平剪力的分配原则为：若按柔性楼板假定，单面剪力墙所受的剪力按该面墙体的从属迎风面积进行分配；若按刚性楼板假定，单面剪力墙所受的剪力按其侧移刚度进行分配。当采用 CLT 楼盖进行设计时，可假定楼板在其自身平面内为无限刚性，同时应采取相应的措施保证楼板平面内的整体刚度。当楼板可能产生较明显的面内变形时，计算时应考虑楼板的面内变形影响，或对采用楼板面内无限刚性假定计算方法的计算结果进行适当调整。

可采用等效静力设计法（Equivalent Static Force Procedure，简称 ESFP）计算 CLT 剪力墙结构的水平地震作用，具体流程为：①估算 CLT 剪力墙结构的基本自振周期 T_a [式（6.3.7）]，并基于基本自振周期，计算水平地震影响系数 α；②计算结构在水平地震作用下所受的弹性基底剪力 V_E [式（6.3.8）]；③将弹性基底剪力 V_E 除以地震作用折减系数 R_d 和结构超强系数 R_0，得到设计基底剪力 V_D [式（6.3.9）]；④将设计基底剪力 V_D 分配至每层楼及每面 CLT 剪力墙，算得单面 CLT 墙体在水平地震作用下的抗侧承载力需求值 V_i [式（6.3.10）、式（6.3.11）、式（6.3.12）]，并完成单面 CLT 墙体的设计。其详细过程及具体计算公式如下：

（1）估算结构基本自振周期

在进行 CLT 剪力墙结构抗震设计时，其阻尼比可取 0.05。CLT 剪力墙结构的基本自振周期 T_a 可按下式估算：

$$T_a = C_t(h_n)^x \tag{6.3.7}$$

式中：h_n——基础顶面到建筑物最高点的高度（m）；

C_t——经验估算参数，对木结构，C_t 取 0.0488；

x——经验估算参数，取 0.75。

（2）计算结构设计基底剪力

结构所受弹性基底剪力可按下式计算：

$$V_E = \alpha I_E W \tag{6.3.8}$$

式中：V_E——结构所受弹性基底剪力；

W——结构等效重力荷载代表值；

I_E——结构重要性系数，一般取 1；

α——地震影响系数，由估算的结构自振周期结合设计地震反应谱计算得到。

考虑结构的延性和超强特性，对结构所受弹性基底剪力进行折减，折减后得到结构的设计基底剪力为：

$$V_D = \frac{V_E}{R_d \cdot R_0} \tag{6.3.9}$$

式中：V_D——结构所受设计基底剪力；

R_d——地震作用折减系数，对于平台法施工的 CLT 剪力墙结构，当 CLT 剪力墙满足一定的高宽比要求及其他连接节点的要求时，可取小于等于 2.0，具体可参照本章参考文献［4］确定；

R_0——结构超强系数，对于平台法施工的 CLT 剪力墙结构，当 CLT 剪力墙满足一定的高宽比要求及其他连接节点的要求时，可取 1.5，具体可参照本章参考文献［4］确定。

（3）各楼层所受总剪力

根据结构体系中集中于每层楼层的等效重力荷载及其距离地面的垂直高度，计算出作用于每层楼层的水平地震作用标准值 F_i 及水平地震作用下的各层所受剪力 V。

$$F_i = \frac{G_i H_i}{\sum_{j=1}^{n} G_j H_j} V_D \ (i=1,\ 2,\ \cdots,\ n) \tag{6.3.10}$$

式中：F_i——质点 i 的水平地震作用标准值；

G_i、G_j——分别为集中于质点 i、j 的重力荷载代表值；

H_i、H_j——分别为质点 i、j 的计算高度。

（4）单面墙体所受水平剪力及墙体设计

可根据楼板种类按刚性楼板或柔性楼板假定，将水平地震作用下楼层所受的总剪力 V 分配至单面 CLT 剪力墙，获取单面墙体所受的水平剪力。

1）结构按柔性楼板设计时，某楼层单片墙体的剪力应按墙体上重力荷载代表值的比例进行分配，单片墙的剪力可按下式计算：

$$V_i = \frac{A_i}{A} V \tag{6.3.11}$$

式中：A_i——第 i 片剪力墙的从属面积（mm^2）；

A——计算受力方向的剪力墙总从属面积（mm^2）；

V——对应方向的楼层剪力（N）；

V_i——每片剪力墙分配的剪力（N）。

2）结构按刚性楼板设计时，某楼层单片墙体的剪力应按墙体的侧移刚度进行分配。对于厚度相同的墙体，单片墙的剪力可按下式计算：

$$V_i = \frac{L_i}{L}V \tag{6.3.12}$$

式中：L_i——第 i 条剪力墙的长度（mm）；

L——计算受力方向的剪力墙总长度（mm）。

得到单面墙体所受的水平剪力后，可通过试验、模拟或简化公式等方法完成单面 CLT 剪力墙的设计。

上述计算主要参考了加拿大相关规范的设计方法，尽管还需要进一步的试验研究和数值模拟，但上述计算方法可为 CLT 剪力墙结构的抗震简化设计提供参考。

2. 构造要求

由于正交胶合木板材的制作过程可全程数控，具有较高的预制化特点，且双向力学性能较好，平面内强度和平面外强度均较高，因此节点的选择和设计对正交胶合木剪力墙结构的性能影响较为显著。

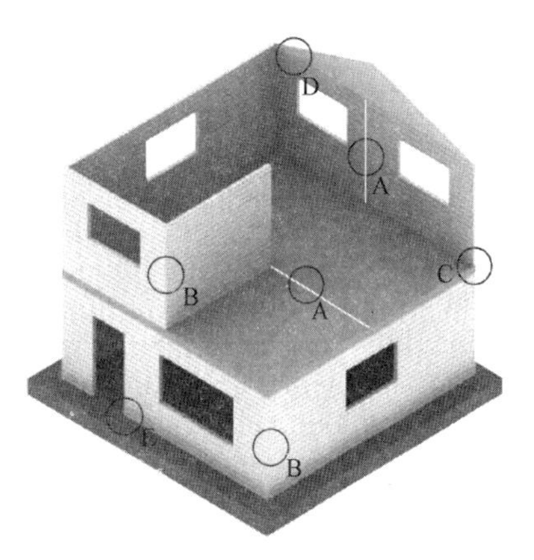

图 6.3.2 CLT 剪力墙结构的典型节点位置

图 6.3.2 所示为在多层 CLT 剪力墙结构中典型节点的所在位置。其中 A 为楼板与楼板或墙板与墙板之间的平接，B 为墙板与墙板之间的垂直连接，C 为墙板与楼板之间的连接，D 为墙板与屋面的连接，E 为墙体与基础之间的连接。本手册第 15 章对正交胶合木结构的节点相关内容作了介绍，故本节不作具体介绍。

6.3.3 胶合木梁-柱结构体系

1. 抗侧力设计方法

对于体型简单、结构布置规则的胶合木梁-柱结构体系、木框架-支撑结构体系或木框架-剪力墙结构体系，在竖向荷载、风荷载以及多遇地震作用下，结构的内力和变形可采用弹性分析方法，采用的分析模型应能准确反映结构构件和连接节点的实际受力状态。由于弹性分析时，各构件在节点处的相对转动较小，通常可假定梁柱节点、柱脚节点、支撑节点均为铰接，梁、柱、支撑杆件（或剪力墙）保持弹性。当楼板内整体刚度可以保证时，假设楼板为刚性，此时抗侧力构件分配的剪力可以按等效刚度的比例进行分配；当楼板具有较明显的面内变形时，应假设楼板为柔性，此时抗侧力构件分配的剪力应按从属面积产生的侧向荷载进行分配。

按照弹性分析方法计算出梁、柱、支撑（或剪力墙）的内力后，再根据《木结构设计标准》GB 50005—2017 和《胶合木结构技术规范》GB/T 50708—2012 的有关规定进行胶合木梁柱、支撑以及节点的设计，木剪力墙的抗侧力设计可参考本节 6.3.1 和 6.3.2。

木框架剪力墙结构的抗侧力设计与轻型木结构的抗侧力设计方法基本相似，具体的设计方法可参考本手册第13章。

罕遇地震工况下，应对结构进行弹塑性分析，一般杆件仍可以采用弹性假定，但梁柱节点应采用能反映节点实际变形的 M-θ 曲线，普通钢插板螺栓节点的 M-θ 曲线如图6.3.3所示。

对结构进行弹塑性分析时，可通过试验或者有限元分析等方法确定节点的 M-θ 曲线，利用有限元分析软件对结构进行静力非线性分析、动力非线性时程分析，根据结构的最大层间位移角、顶点位移、构件内力等参数对结构的性能进行评估。

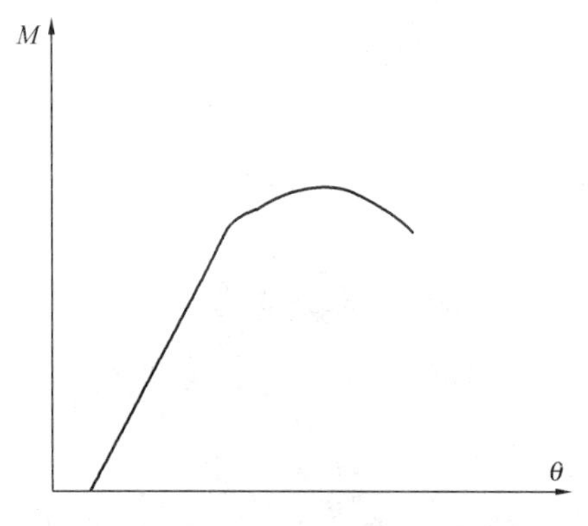

图6.3.3　普通钢插板螺栓节点 M-θ 曲线

2. 构造要求

胶合木框架-支撑结构的中心支撑体系宜采用十字交叉斜杆、单斜杆、人字形斜杆或V形斜杆体系。中心支撑斜杆的轴线应交汇于框架梁柱的轴线所在平面内，不得采用K形斜杆体系和受拉单斜杆体系。且中心支撑斜杆宜采用双轴对称截面，长细比应符合相关规范规定。V形和人字形支撑框架设计应符合下列规定：

（1）应保证与支撑相交的横梁在柱间保持连续；

（2）在确定支撑跨的横梁截面时，不应考虑支撑在跨中的支承作用；

（3）除承受竖向荷载之外，横梁应承受跨中节点处两根支撑斜杆分别受拉、受压所引起的不平衡竖向分力的作用；

（4）若竖向不平衡力导致横梁的截面过大，可采用跨层的X形支撑或"拉链柱"。

6.4　木结构抗侧新技术

近年来，为进一步提高木结构的抗侧力性能，出现了许多新型的结构形式与技术，包括自复位木框架结构、摇摆木剪力墙结构以及可更换耗能连接件等。

6.4.1　自复位木框架

自复位概念源于1999年PRESSS（Precast Seismic Structural System）项目中对于无粘结预应力混凝土框架的研究。研究发现，通过对结构施加预应力，可使结构拥有良好的自复位能力，进而可以有效地控制结构的破坏。2000年以来，新西兰坎特伯雷大学（University of Canterbury）的Palermo等人将自复位理念引入木结构中，首先提出了自复位木框架的概念，并通过一系列节点（包括梁柱节点和柱脚节点）及整体试验研究了该结构形式的抗震性能与受力机理。

1. 梁柱节点

自复位梁柱节点是指通过贯通的无粘结预应力筋将木梁和木柱相连，并在梁柱节点内部或外部嵌入不同形式的耗能连接件的节点形式。2005～2006年，Palermo等首先进行了一系列LVL（Laminated Veneer Lumber）自复位梁柱节点的缩尺试验。研究发现该类节点有高度的延性和自复位能力，节点残余变形很小。图6.4.1(a)所示为其试验中的典型节点构造，Palermo等发现在荷载作用下，自复位梁柱节点会逐渐打开，梁柱接触面受压区高度的非线性变化导致了节点荷载位移骨架曲线的双线性，与此同时无粘结预应力筋被拉伸，为打开的节点提供闭合的自复位能力，另一方面内置耗能钢筋受拉发生塑形变形耗能，2 种机制相结合最终形成该类节点典型的“旗帜型”滞回曲线，如图 6.4.1(*b*) 所示。

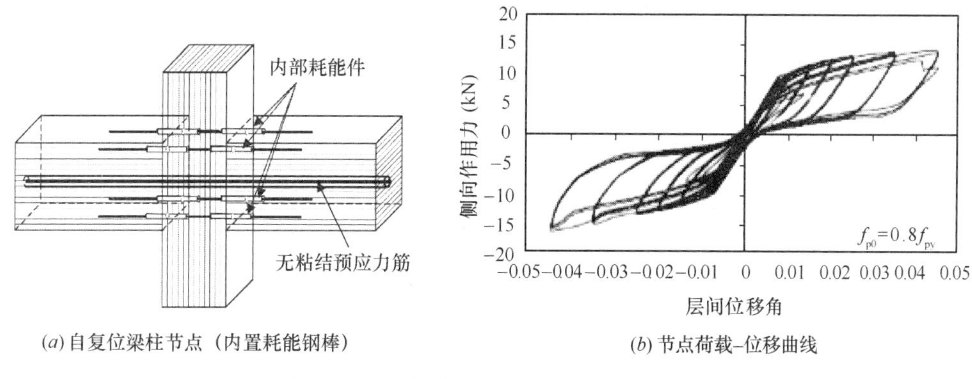

(*a*) 自复位梁柱节点（内置耗能钢棒）　　(*b*) 节点荷载–位移曲线

图 6.4.1　自复位梁柱节点拟静力试验研究

2008 年，Tobias 在该类节点的梁柱界面引入钢板以改善由于木材横纹承压能力不足导致的节点往复荷载作用下的性能退化。2015 年，Iqbal 又进一步在节点区打入自攻螺钉进行横纹增强，并进行了全尺寸的节点拟静力试验。二者试验结果均表明梁柱界面的横纹增强对提升自复位梁柱节点刚度和承载力十分有效，图 6.4.2(*a*)、(*b*) 所示为 Tobias 采用钢板加强的自复位梁柱节点构造及其对应往复荷载下节点的荷载-位移曲线，图 6.4.2

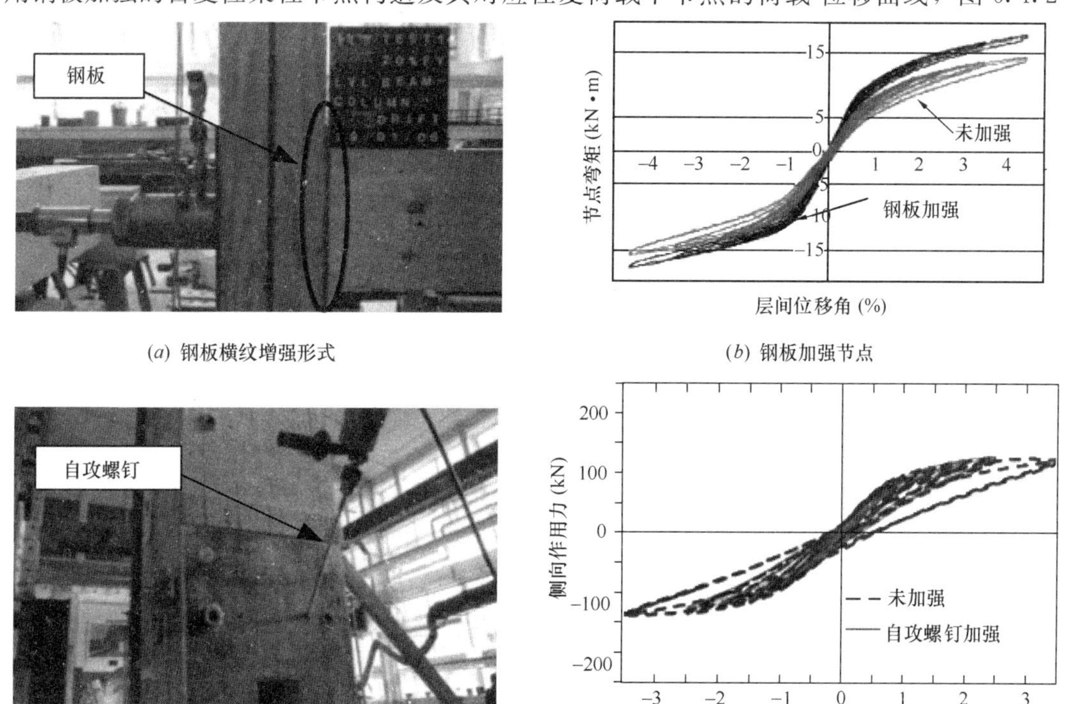

(*a*) 钢板横纹增强形式　　(*b*) 钢板加强节点

(*c*) 自攻螺钉横纹增强形式　　(*d*) 自攻螺钉加强节点

图 6.4.2　自复位梁柱节点横纹增强形式

(*c*)、(*d*) 所示为 Iqbal 采用自攻螺钉进行节点加强的情况及其拟静力试验所得结果。2014 年，Tobias 又进行了 Glulam (Glued Laminated Lumber) 自复位梁柱节点的足尺拟静力试验，其将钢板加强和自攻螺钉加强两种横纹加强方式相结合，并设计了一种特制的弯剪屈服型角钢作为耗能件（图 6.4.3*a*），不仅提升了自复位节点的受弯承载力，还将系统等效黏滞阻尼比增大至 16%，进而有效减小了地震作用。之后 Armstrong 考虑了已有的 2 种横纹增强方式和 3 种耗能件形式，设计了 6 类自复位梁柱节点并进行了拟静力节点试验，通过比较节点性能、可施工性和设计方法的完善程度等多个方面，指出采用钢板横纹加强形式和即插即用型耗能件 (Plug and Play) 的自复位梁柱节点具有更好的性能。图 6.4.3(*b*)、(*c*)、(*d*) 为其设计的 3 种耗能件形式，包括即插即用型耗能件 (Plug and Play)、中段颈缩钢板耗能件 (Necked Plate Dissipaters, NPDS) 和采用顺纹 LVL (Laminated Veneer Lumber) 板做防屈曲套筒的钢棒耗能件 (Timber Plus)。

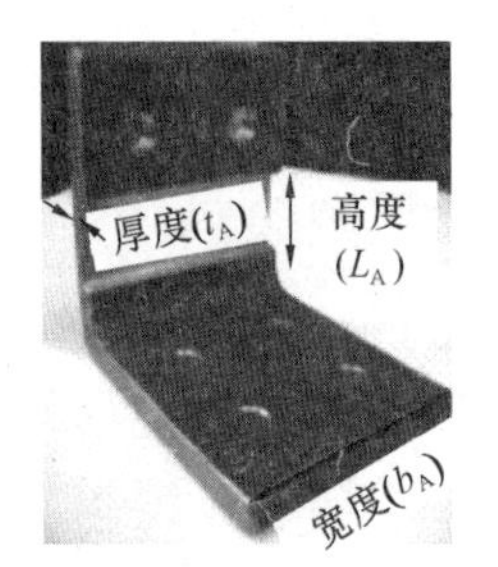

(*a*) 弯剪屈服型耗能角钢

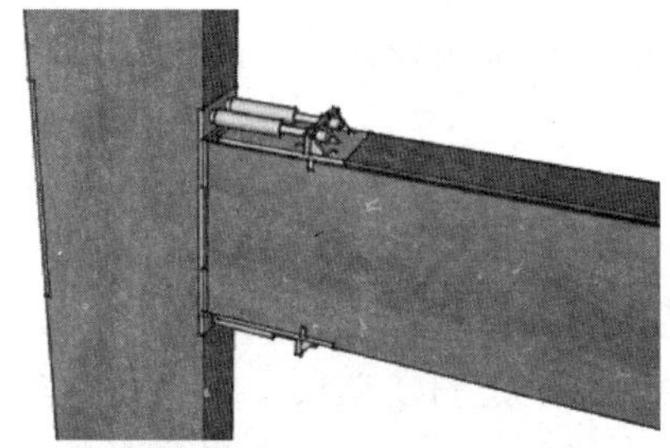

(*b*) 即插即用型耗能件 (Plug and Play)

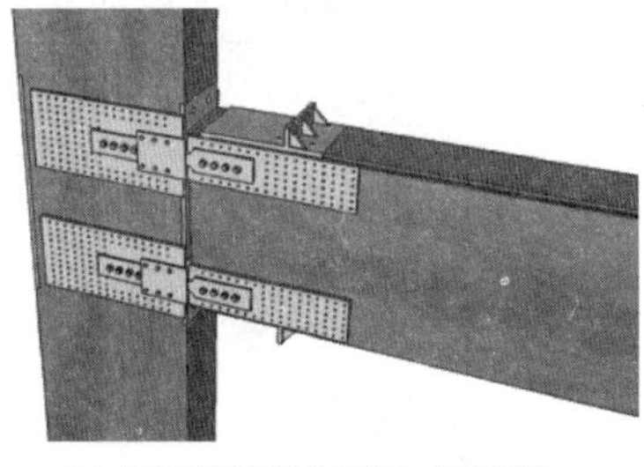

(*c*) 中段颈缩钢板耗能件 (NPDS)

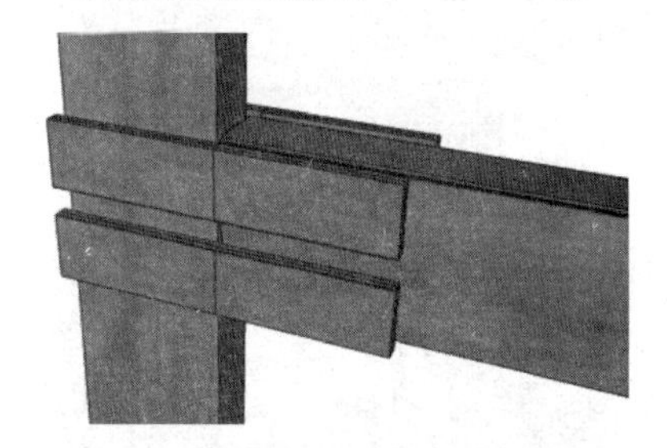

(*d*) 采用顺纹LVL板做防屈曲套筒的钢棒耗能件 (Timber Plus)

图 6.4.3　自复位梁柱节点耗能件形式

2. 柱脚节点

自复位柱脚节点原理与自复位梁柱节点类似，放松柱与基础接触面的约束，通过柱内贯通的无粘结预应力筋实现柱脚连接处的自复位性能，同时柱脚外部设有易于安装的耗能件，在柱脚节点打开时，耗能件可介入耗能以提高节点的抗震性。Palermo 等对无耗能件、纯自复位的柱脚节点进行了拟静力试验，并与纯自复位的梁柱节点进行对比，结果表明自复位柱脚节点相较于梁柱节点有更明显的曲线拐点 (knee point)，相同预应力水平下的自复位能力更好，残余位移更小。但自复位柱脚节点在实际施工中存在不便。图 6.4.4 为自复位梁柱节点和柱脚节点的荷载-位移曲线对比，由于不存在横纹承压的劣势，自复位柱脚节点的受压区非线性变化更加突然，“knee point” 更为明显，也因为没有横纹承压的缺陷需要考虑，自复位柱脚节点不需要考虑不同的横纹增强形式。

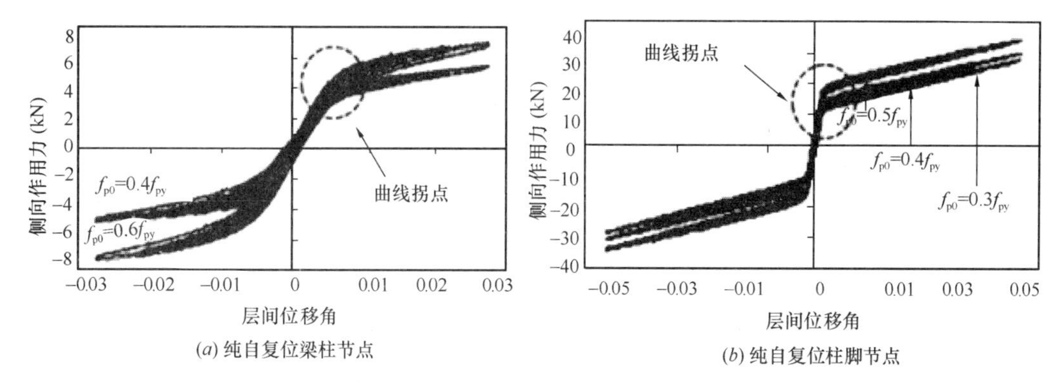

(*a*) 纯自复位梁柱节点　　(*b*) 纯自复位柱脚节点

图 6.4.4　自复位梁柱节点与自复位柱脚节点的荷载-位移曲线

此后，Iqbal 在自复位柱脚节点外部设置耗能钢棒（图 6.4.5*a*）并进行了拟静力试验。结果表明，在低周往复荷载下，带耗能件的自复位柱脚节点依旧具有典型的“旗帜型”滞回曲线（图 6.4.5*b*），从中可见，自复位柱脚节点在提供充分耗能的同时残余位移很小，抗震性能良好。与此同时，相比于梁柱节点的内置耗能钢棒，外置耗能钢棒易于安装与震后更换。

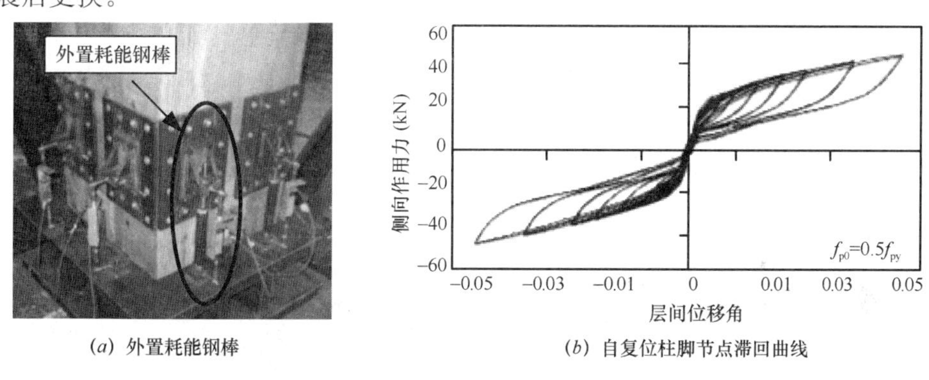

(*a*) 外置耗能钢棒　　(*b*) 自复位柱脚节点滞回曲线

图 6.4.5　自复位柱脚节点（外置耗能钢棒）

Iqbal 还对自复位柱脚节点在双向地震作用下的性能进行了研究，其沿柱北南（N-S）方向张拉两根平行的预应力筋，由于预应力筋在平面外提供的恢复力矩较小，试件在东西（E-W）方向上有较小的残余位移，N-S 方向则没有残余位移。图 6.4.6 为自复位柱脚节

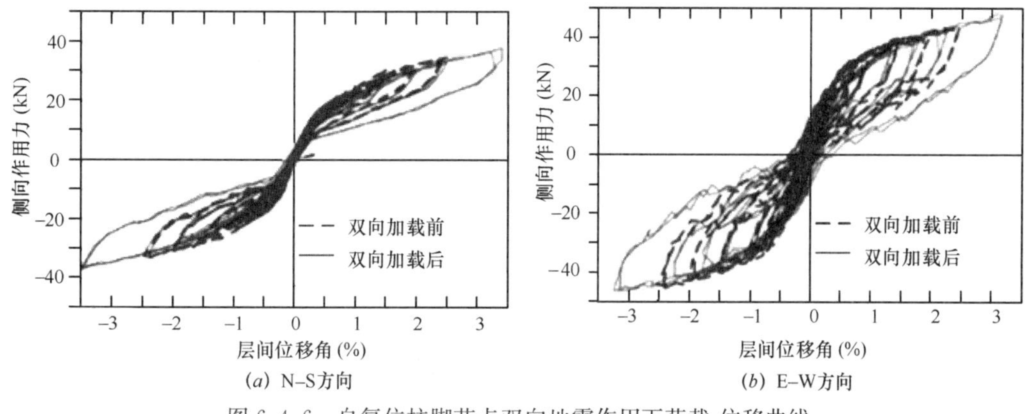

(*a*) N-S方向　　(*b*) E-W方向

图 6.4.6　自复位柱脚节点双向地震作用下荷载-位移曲线

点在双向作用前后荷载-位移曲线对比。

3. 整体试验

在自复位木框架的整体试验方面，2011年Pino进行了1/4缩尺的3层及5层纯自复位LVL（Laminated Veneer Lumber）木框架的整体拟静力试验和振动台试验，图6.4.7（*a*）所示为其5层自复位木框架的试验情况；同年Newcombe又进行了2/3缩尺的2层自复位LVL木框架的拟静力试验（图6.4.7*c*），并在梁柱节点区采用了钢板和自攻螺钉进行横纹增强；2014年Tobias进行了2/3缩尺的3层Glulam（Glued Laminated Lumber）自复位木框架（图6.4.7*b*）的振动台试验。三者试验均证实了自复位木框架结构的可行性，试验结束后结构整体残余位移很小，除框架中柱存在一些横纹凹陷之外，其余构件损伤微弱。

(*a*) 1/4缩尺5层自复位LVL木框架

(*b*) 2/3缩尺3层自复位Glulam木框架

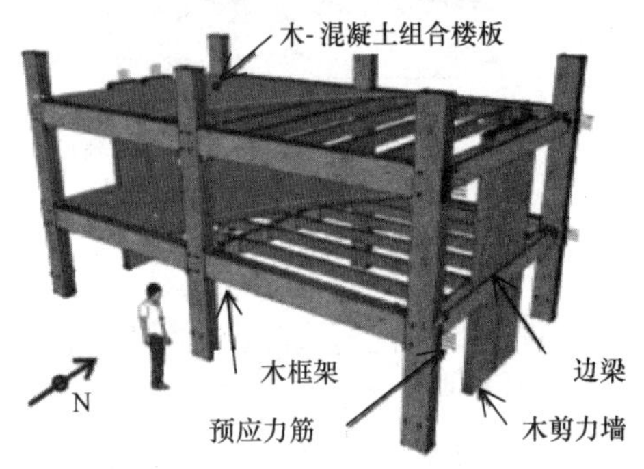

(*c*) 2/3缩尺2层自复位LVL木框架

图6.4.7　自复位木框架整体试验

6.4.2　摇摆木剪力墙

摇摆结构是指通过放松上部结构与基础交界面处的约束，使该界面仅有受压能力而无受拉能力，地震发生时，在水平倾覆力矩作用下，上部结构在交界面处发生一定抬升，结构发生摇摆（rocking）。Loo等设计了一个2.44m×2.44m的LVL摇摆木剪力墙，如图6.4.8所示，其采用滑动摩擦耗能连接件将木剪力墙与基础相连，通过调整摩擦耗能件中蝶形弹簧的预紧力来控制摩擦耗能件的滑动激发力。研究发现，当地震作用引起的水平倾覆力矩大于墙体的抗倾覆力矩时，耗能件中的摩擦力达到激发力，墙体抬升，发生摇摆，结构体系的弹塑性行为集中在摩擦耗能连接件中，木剪力墙未受到损坏。Sarti等提出了

CWC（Column-Wall-Column）摇摆柱-剪力墙混合系统（图 6.4.9a），通过在木剪力墙中张拉竖向无粘结预应力筋为体系提供发生摇摆后的复位能力，同时采用 U 形钢板作为耗能连接件将剪力墙与柱连接起来。对试件进行拟静力水平加载试验，得到结构滞回曲线如图 6.4.9(b) 所示。试验结果显示摇摆木剪力墙的延性和自复位性能良好，而剪力-位移曲线在加载过程中的轻微刚度退化则可能是由于节点钉连接的松动所致。

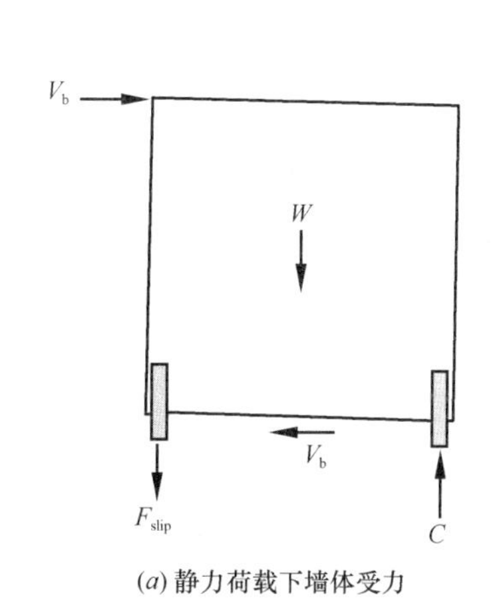

(a) 静力荷载下墙体受力

(b) 摩擦耗能连接件

图 6.4.8 自由摇摆木剪力墙结构

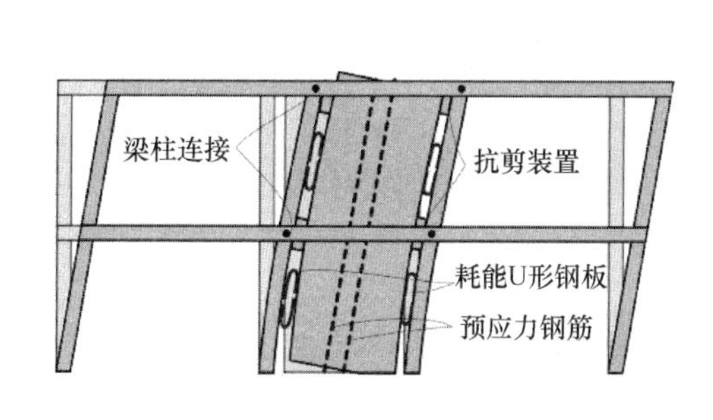

(a) CWC摇摆木剪力墙系统

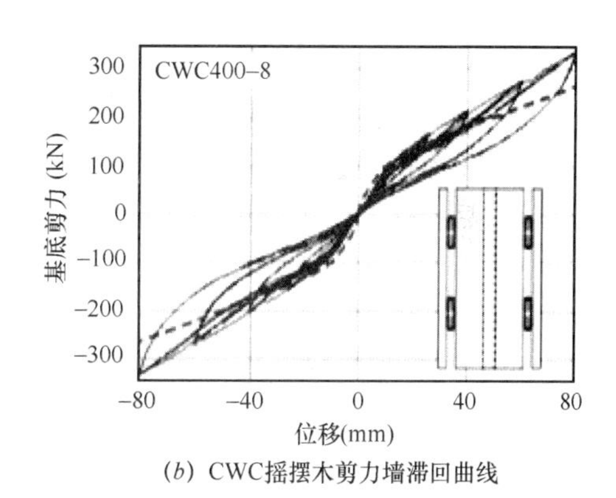

(b) CWC摇摆木剪力墙滞回曲线

图 6.4.9 CWC 摇摆木剪力墙

此外 Hashemi 等还将自复位理念与钢木混合结构相结合，设计了一种自复位钢木混合摇摆剪力墙结构。如图 6.4.10 所示，该结构由预应力钢框架、正交胶合木墙（CLTwalls）和摩擦耗能连接件组成。钢框架用以承担竖向荷载，CLT 墙通过摩擦耗能连接件与钢框架连接，摩擦耗能连接件分为墙-基础连接件（Slip friction hold-down，SFD）和墙-柱连接件（Slip friction joint，SFJ），与 CLT 木墙共同组

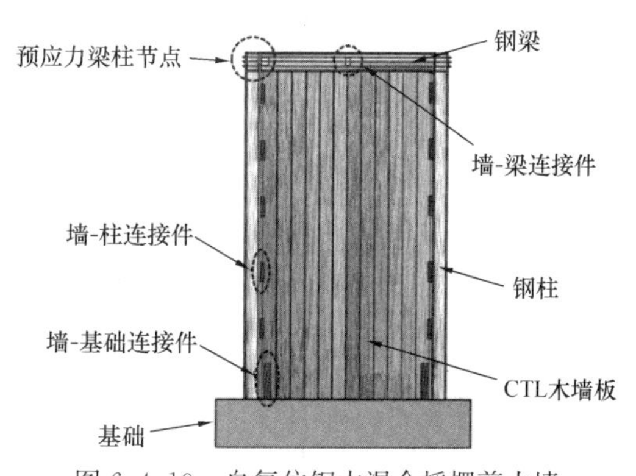

图 6.4.10 自复位钢木混合摇摆剪力墙

成主要的抗侧力构件。经试验证实，此种新型侧向连接具有良好的耗能性能，在预应力筋的配合下结构呈现出很好的抗震性能和自复位能力。

Brown 等进一步设计了一种带翼缘墙的“C”形正交胶合木（CLT）摇摆剪力墙。如图 6.4.11 所示，该剪力墙高 8.2m，翼缘墙长 1.5m，腹板墙长 4m，墙体为 175mm 厚 CLT 板。墙体共 4 层，为 2/3 缩尺模型。翼缘墙和腹板墙中均安装无粘结预应力筋。为使翼缘墙和腹板能够有效共同作用抵抗水平荷载，墙板连接处采用了密布高强度自攻螺钉。为了提高连接的刚度和强度，并保证具有一定的延性，自攻螺钉还采用了混合的安装角度（垂直安装和倾斜安装），如图 6.4.12 所示。同时，墙底部增加“U”形钢板耗能件以提高体系的整体耗能能力，如图 6.4.13 所示。

图 6.4.11 自复位“C”形摇摆剪力墙

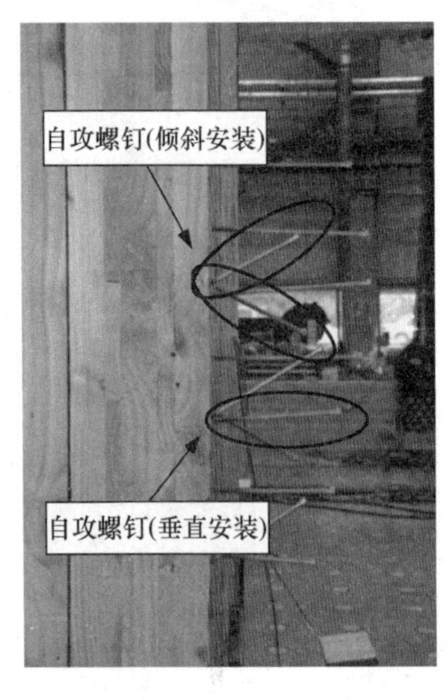

图 6.4.12 长自攻螺钉的混合角度安装

图 6.4.13 底部“U”形钢板耗能件

如图 6.4.14 所示，该“C”形摇摆剪力墙在 2.3%的墙体侧移时的最大承载力达到了

877kN，墙底部最大弯矩接近 7200kN·m。试验结果证实了带翼缘墙的摇摆剪力墙体系可大幅度提高剪力墙的抗侧刚度和强度，同时具有非常小的残余变形。

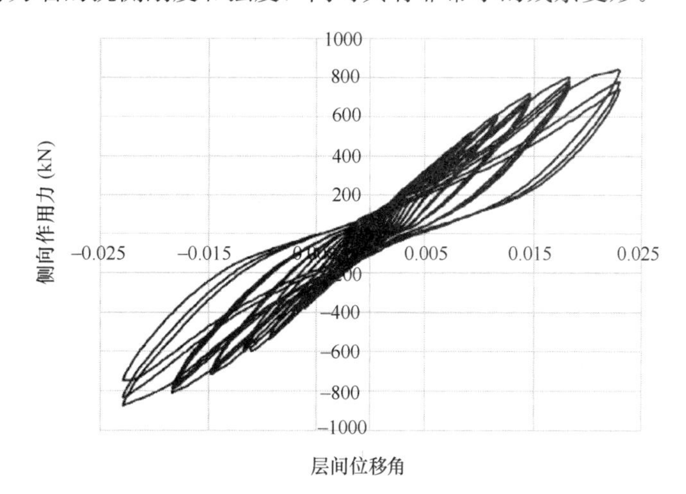

图 6.4.14 自复位“C”形摇摆剪力墙滞回曲线

6.4.3 可更换耗能连接件

Palermo 等设计了一种内嵌于木梁柱节点内部的中段削弱耗能钢棒，作为自复位木框架结构的耗能件。如图 6.4.15(*a*) 和 (*b*) 所示，该种耗能连接件虽然可为结构提供耗能，但由于往复荷载作用下，耗能钢棒与梁柱构件存在粘结的部分失效，将导致节点刚度的不断退化，且该类耗能件也不易于震后的更换。之后 Palermo 将中段削弱耗能钢棒外置于自复位梁柱节点侧面，并在其外部添加了防屈曲钢套筒，形成削弱型耗能钢棒 BRF (Buckling-Restrained Fused-Type)，实现了耗能件的震后可更换性，如图 6.4.15(*c*) 和 (*d*) 所示。

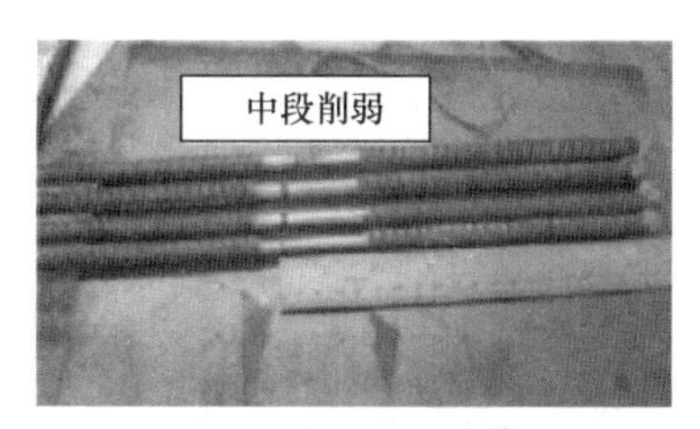

(*a*) 内置耗能钢棒

(*b*) 内置耗能件节点

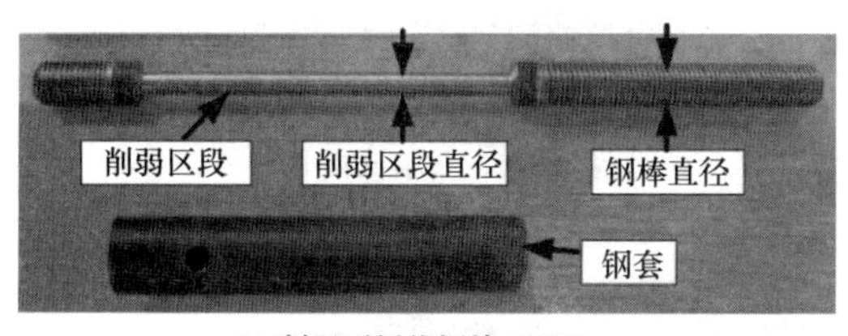

(*c*) 削弱型耗能钢棒 (BRF)

(*d*) 外置可更换耗能件节点

图 6.4.15 梁柱节点可更换耗能件

图 6.4.16 为内置与外置耗能钢棒梁柱节点的荷载-位移曲线对比，由图可见，外置可更换耗能件有效避免了钢棒与梁柱粘结失效导致的刚度退化问题。Sarti 和 Iqbal 等将该类

可更换耗能连接件用于摇摆木剪力墙中，通过试验也证明了该类耗能件的有效性。Tobias 等设计了两种局部削弱的耗能角钢（图 6.4.17），将其置于自复位梁柱节点的木梁上下表面进行往复加载试验，试验发现该类耗能件可增大结构阻尼比，耗能充分，震后更换方便，但保证角钢与木构件之间的刚性连接是使角钢有效耗能的关键。Armstrong 等设计了 3 种外置可更换耗能连接件，包括即插即用型耗能件（Plug and Play）、中段颈缩钢板耗能件（Necked Plate Dissipaters，NPDS）和采用顺纹 LVL（Laminated Veneer Lumber）板做防屈曲套筒的钢棒耗能件（Timber Plus）。其中，即插即用型耗能件采用 Palermo 等设计的削弱型耗能钢棒（图 6.4.18*a*），结合放置在梁上下表面的预制钢构件，可实现耗能件的方便安装与快速更换；中段颈缩钢板耗能件通过用自攻螺钉预先安装在梁柱侧面的钢板，将带中段颈缩的耗能钢板连于梁柱界面处，再通过附加外侧钢板提供侧向约束，防止耗能钢板的中段屈曲（图 6.4.18*b*）；第三种 Timber Plus 耗能件(图 6.4.18*c*)，将 2 块中间

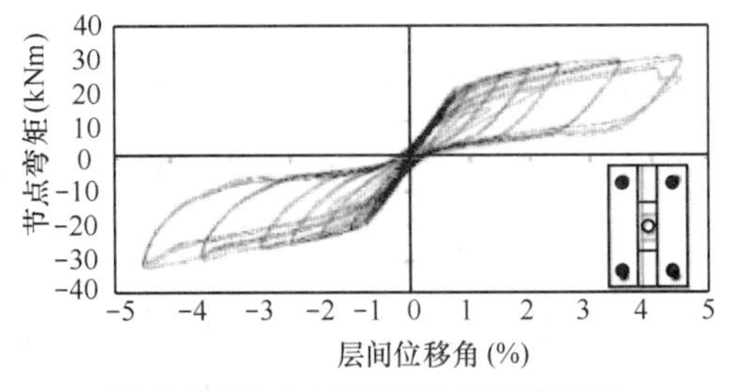

(*a*) 节点弯矩-转角滞回曲线（内置耗能件）

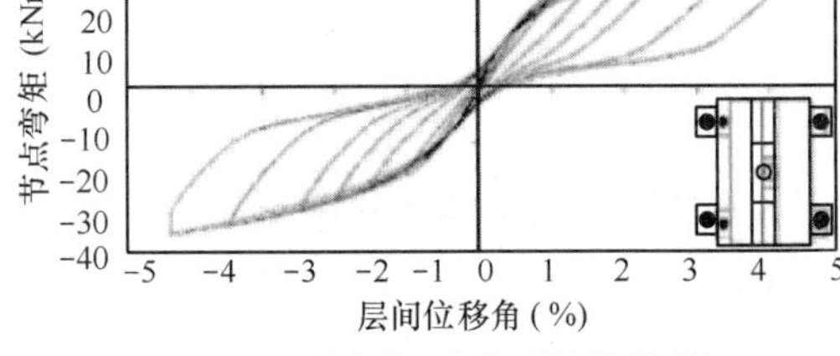

(*b*) 节点弯矩-转角滞回曲线（外置耗能件）

图 6.4.16　外置可更换耗能件有效性

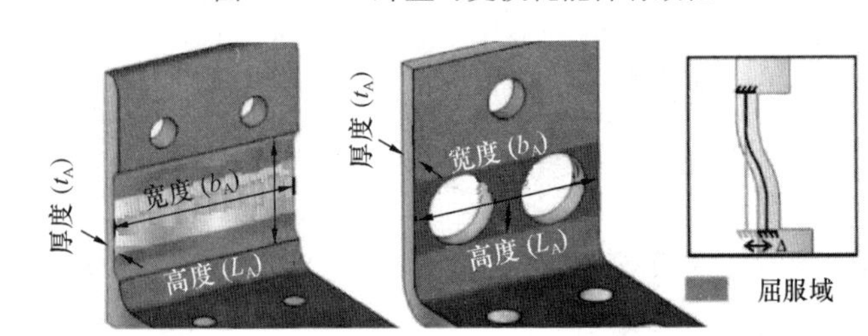

图 6.4.17　局部削弱型耗能角钢

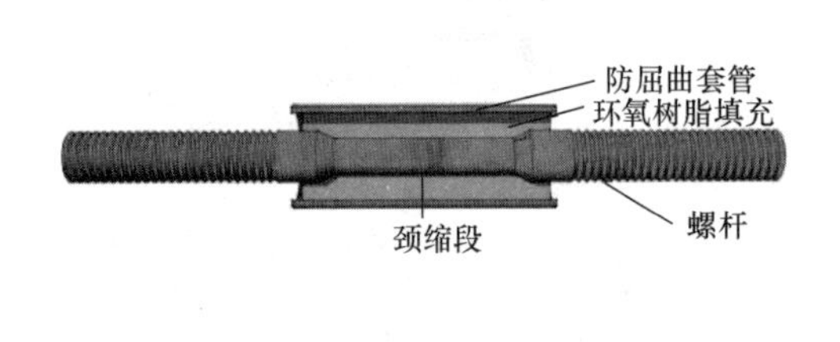

(*a*) 即插即用型耗能件 (Plug and Play)

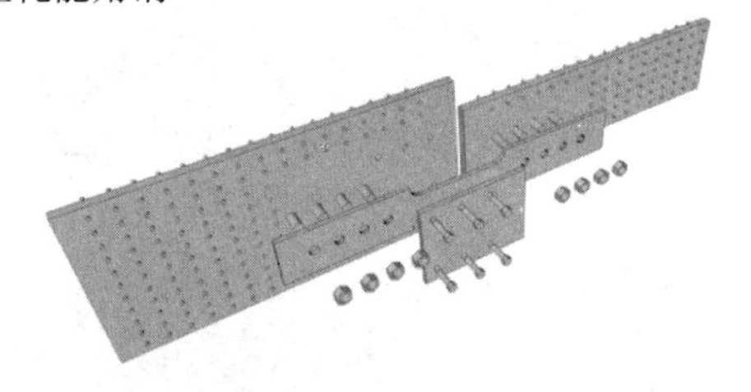

(*b*) 中段颈缩钢板耗能件(NPDS)

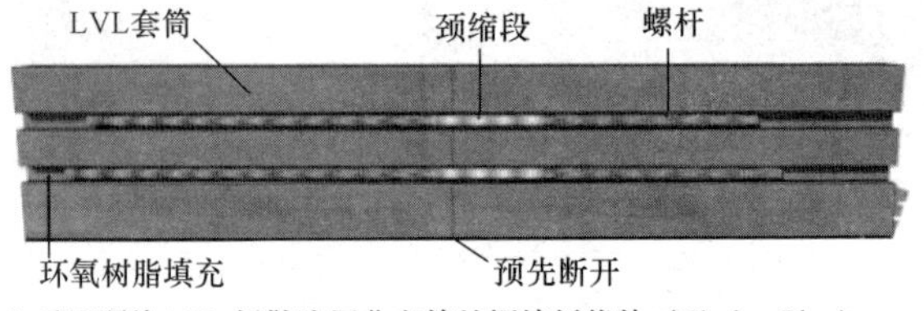

(*c*) 采用顺纹 LVL 板做防屈曲套筒的钢棒耗能件（Timber Plus）

图 6.4.18　3 种新型外置可更换耗能连接件

开孔的顺纹 LVL 板分别置于梁柱侧面作为防屈曲套筒，将耗能钢棒置于其中用环氧树脂固定。除上述通过构件变形进行耗能的可更换连接件外，Hashemi 等还设计了两类摩擦型可更换耗能连接件，如图 6.4.19 所示，包括用于连接墙与基础的摩擦型耗能连接件 SFH（Slip Friction Hold-down）和用于墙与梁连接的摩擦型耗能连接件 SFJ（Slip Friction Joint）。

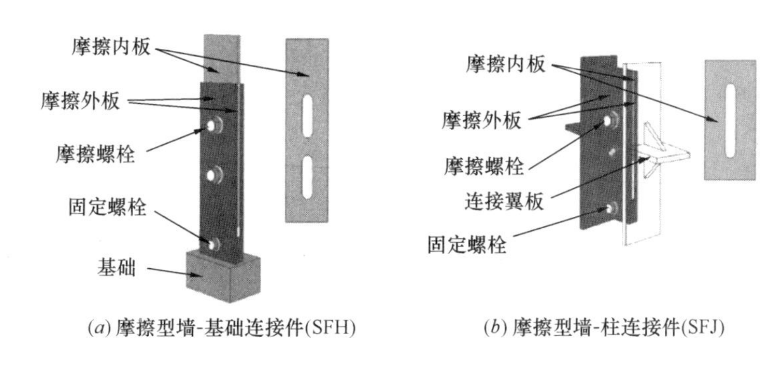

(*a*) 摩擦型墙-基础连接件(SFH)　　(*b*) 摩擦型墙-柱连接件(SFJ)

图 6.4.19 摩擦型耗能连接件

6.5 计 算 实 例

本节以四川省都江堰市某轻型木结构学生宿舍楼为例，说明木结构抗侧力设计要点。

6.5.1 建筑设计

该学生宿舍为内廊式建筑，总面积 1210m^2，共 3 层，39 间标准 4 人间，可容纳 156 名寄宿学生，外立面如图 6.5.1 所示。每间宿舍面宽 3.3m、进深 4.8m，考虑日间上课和夜间住宿的使用特点，卫生间（配有洗涤、淋浴功能）布置在外侧，确保优良的通风采光条件。图 6.5.2、图 6.5.3 为宿舍楼一层～三层建筑平面图，图 6.5.4 为宿舍楼屋面建筑平面图。

图 6.5.1 宿舍楼外立面

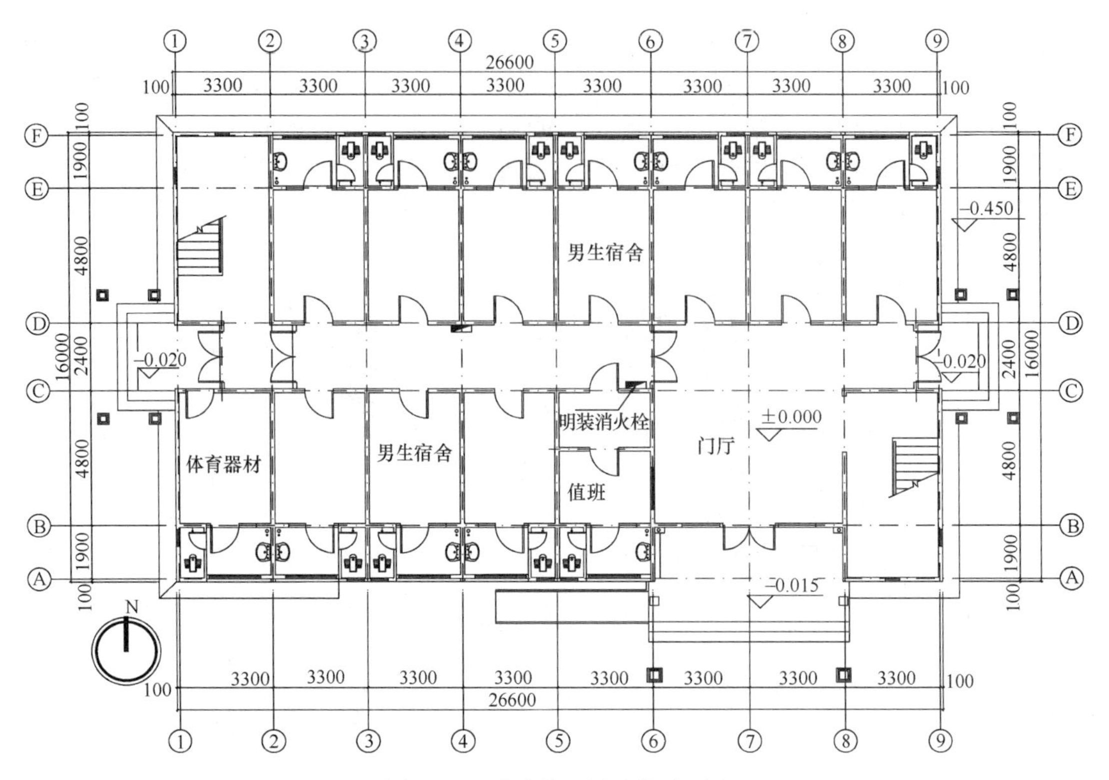

图 6.5.2 宿舍楼一层建筑平面图

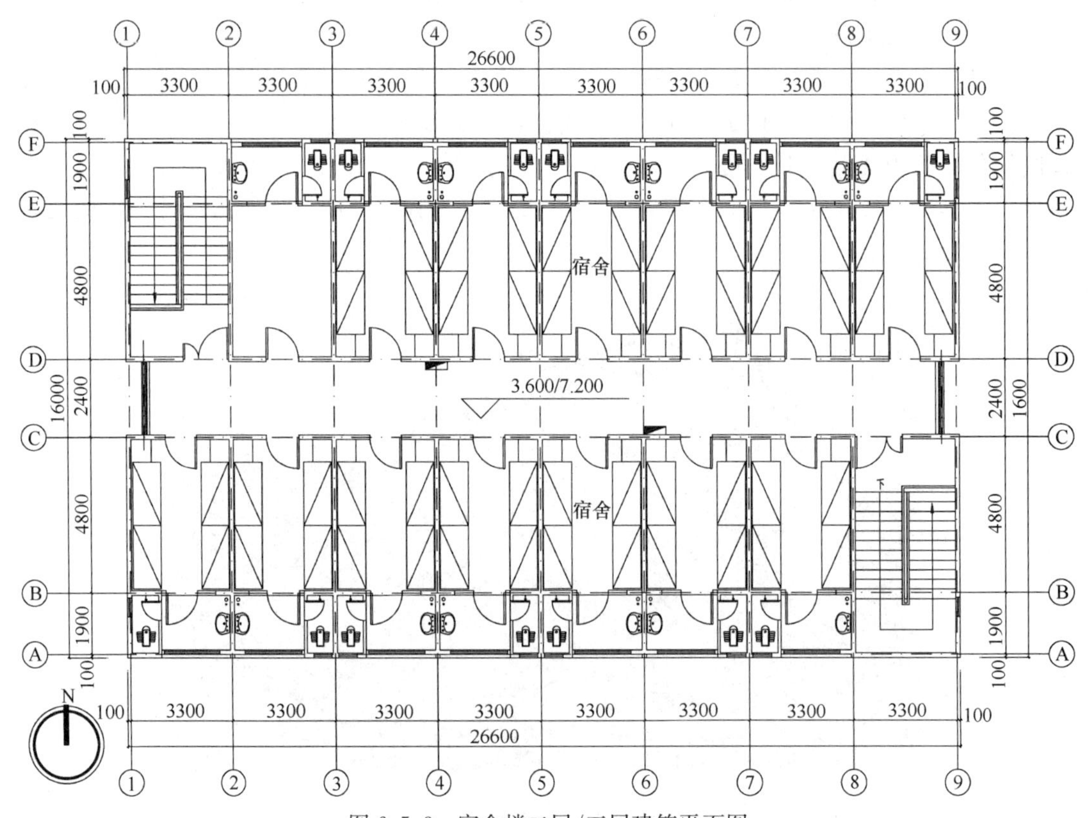

图 6.5.3 宿舍楼二层/三层建筑平面图

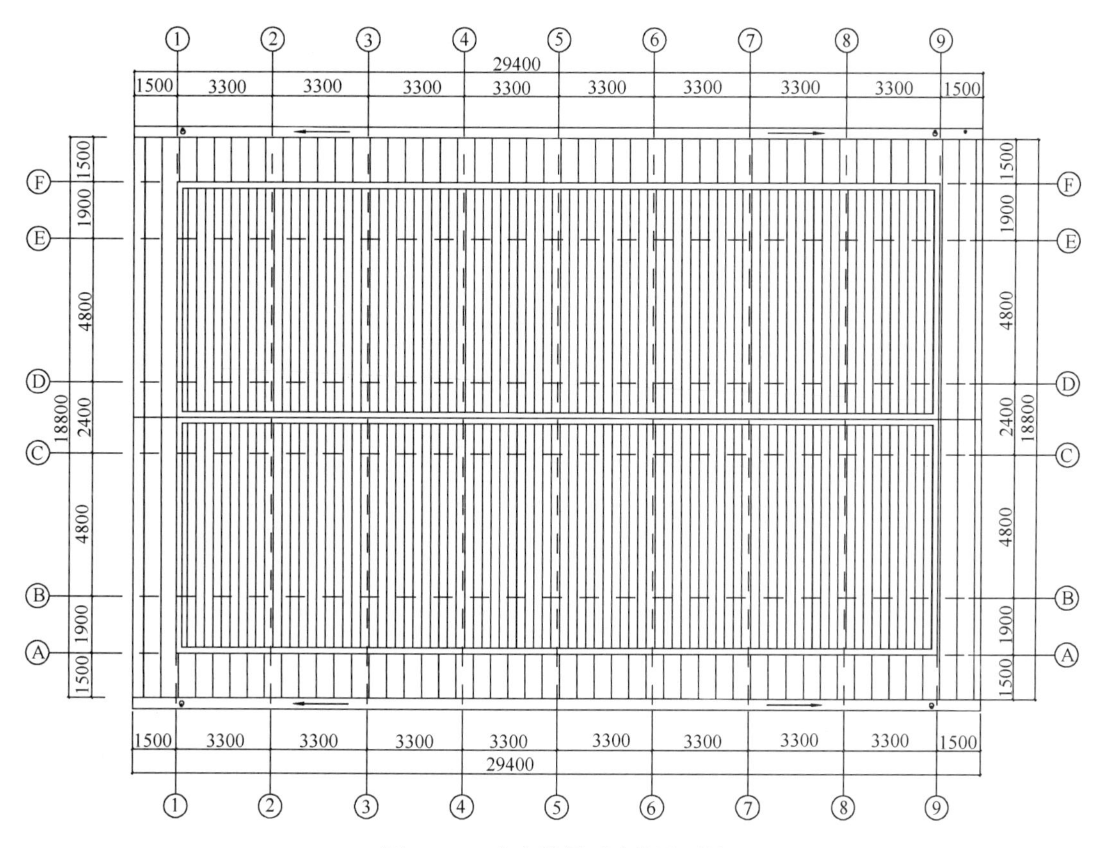

图 6.5.4 宿舍楼屋面建筑平面图

宿舍楼建筑造型简洁流畅、高低错落、形体明确且富有节奏感。建筑皆采用坡屋顶，屋顶变化丰富、形式多样、出挑深远。结合遮阳处理，木质百叶与竖向构件的布置极富韵律，表现出建筑独特和雅致的气质，也提升了建筑的亲和力。外墙材料主要采用木质挂板和涂料，局部采用条状仿石材面砖贴面。图 6.6.5、图 6.6.6 为宿舍楼的主立面图及侧立面图。

图 6.5.5 宿舍楼主立面图

图 6.5.6　宿舍楼侧立面图

6.5.2　结构概况

宿舍楼为三层轻型木结构建筑，层高 3.6m，建筑物长度 26.4m，宽度 15.8m，总建筑面积为 1210m^2。屋面采用三角形轻型木桁架，纵向承重；二层、三层楼面主要横墙承重，走廊搁栅沿走廊宽度方向布置。竖向荷载由屋面、楼面传至墙体，再传至基础；侧向荷载（包括风荷载和地震作用）由水平楼（屋）盖体系、剪力墙承受，最后传递到基础。

6.5.3　荷载情况

1. 活荷载

各类不同功能房间的楼面、屋面活荷载见表 6.5.1。

活荷载情况（kN/m^2）　　**表 6.5.1**

教室、教室、办公室、会议室、保健室	门厅、走廊、楼梯、餐厅	厨房	体育器材室	屋面（不上人）	屋面（上人）
2.0	2.5	4.0	5.0	0.5	2.0

2. 风荷载

四川省都江堰市 50 年基本风压 0.3kN/m^2；场区地面粗糙度类别为 B 类。

3. 地震作用

该场地位于都江堰市向峨乡，根据当时国家标准《中国地震动参数区划图》GB 18306—2001 第 1 号修改单的要求，场地设防烈度为 8 度，地面加速度 0.20g，特征周期 0.40s，乙类建筑。

4. 荷载组合

结构设计时，需考虑同一时间出现的各种荷载的情况，以下为本项目所考虑的主要荷载组合情况（其中，组合（1）～组合（4）为承载能力极限状态计算时的基本组合，组合（5）～组合（8）为正常使用极限状态计算时的标准组合）：

（1）1.3 恒＋1.5 活

（2）1.3 恒＋1.5 活＋1.5×0.6 风

（3）1.3 恒＋1.5×0.7 活＋1.5 风

(4) 1.3 恒+1.3×0.5 活+1.3 地震

(5) 1.0 恒+1.0 活

(6) 1.0 恒+1.0 活+0.6 风

(7) 1.0 恒+0.7 活+1.0 风

(8) 1.0 恒+0.5 活+1.0 地震

6.5.4 结构材料

规格材：有木材认证机构的质量认证记号，承重墙的墙骨柱木材采用$Ⅲ_c$及以上级，楼板搁栅、窗过梁及屋面搁栅木材达到$Ⅲ_c$及以上。表 6.5.2 为项目中所使用的木结构用材的名称及其含义。

木结构用材 表 6.5.2

材料名称	含义	含水率（%）
SPF	进口云杉、松、冷杉结构材统称，强度等级$Ⅲ_c$级	≤18
ACQ	SPF 经防腐处理后的木材，强度等级$Ⅲ_c$级	≤18
Glulam	胶合高强工程木	≤15
PSL	胶合高强工程木	≤15
OSB	木基结构板材	≤16

螺栓：4.6 级普通螺栓；锚栓：材料为 Q235B。

钉子：直径 3.3mm 及 3.7mm 的钢钉，采用不同规格长度满足不同打入深度要求。

6.5.5 结构布置

1. 剪力墙布置

宿舍楼中，所有外墙、分户（宿舍）墙及中间走廊两侧墙体均设置为轻木剪力墙。C 轴位于 6～8 轴处的上下剪力墙不连续，故在该处设置一截面为 180mm×457mm 的 LVL 木梁作为转换梁。图 6.5.7、图 6.5.8 为宿舍楼剪力墙平面布置图。

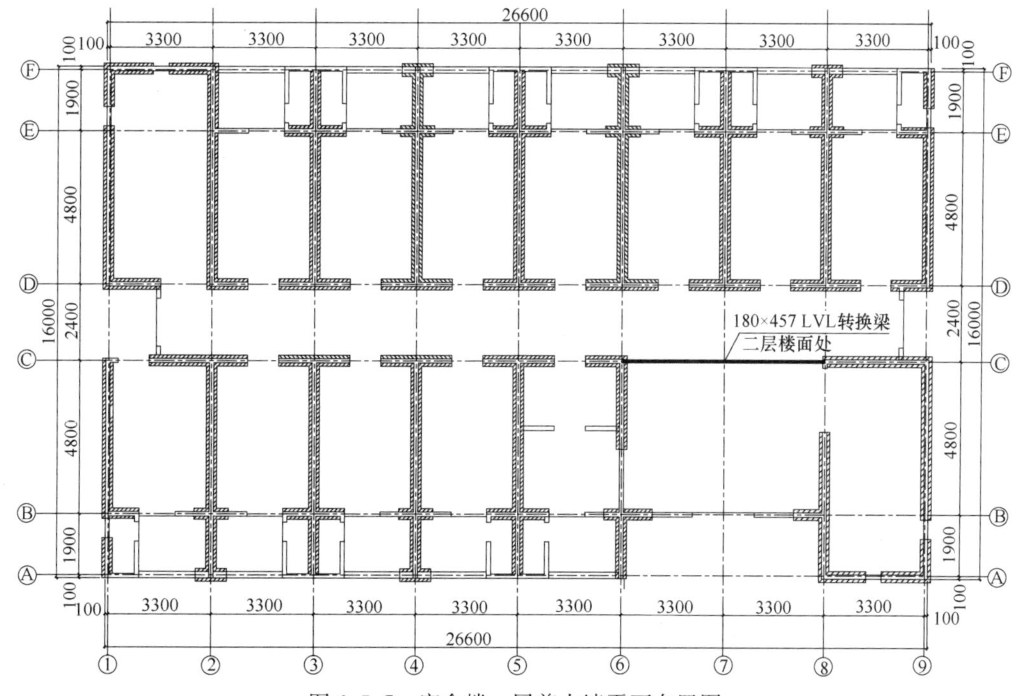

图 6.5.7 宿舍楼一层剪力墙平面布置图

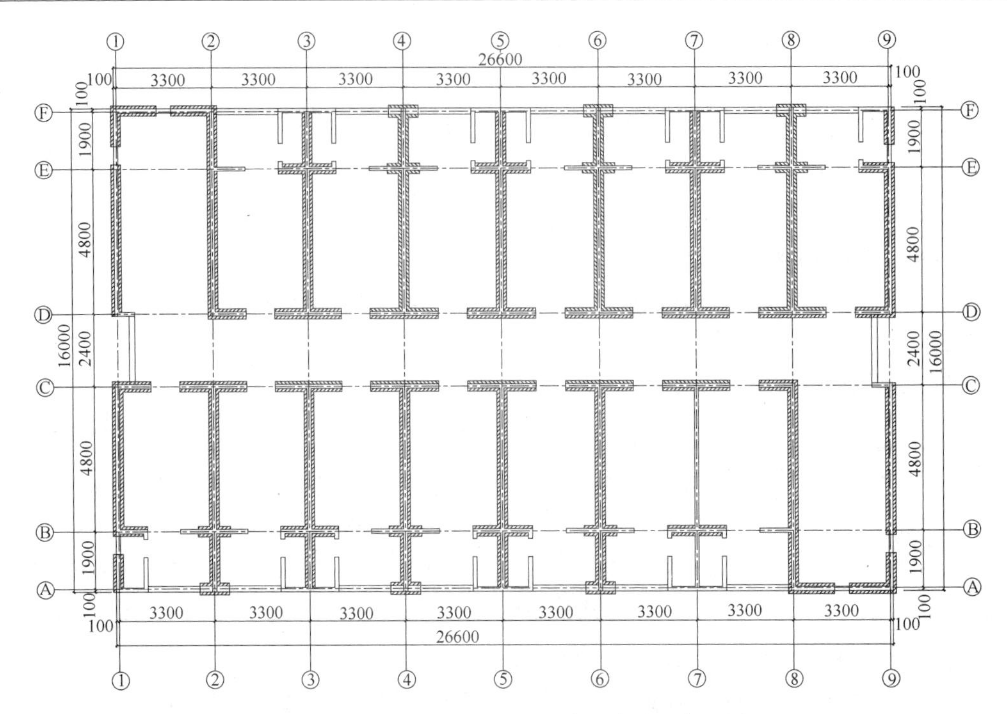

图 6.5.8　宿舍楼二层/三层剪力墙平面布置图

2. 楼盖布置

因宿舍楼中大部分房间跨度不大，约为3～4.5m，根据计算可采用搁栅屋盖。对于有些跨度较大的楼盖，采用桁架式搁栅的做法。图 6.5.9 为宿舍楼二层/三层楼面搁栅布置图，图 6.5.10 为桁架式搁栅大样图。

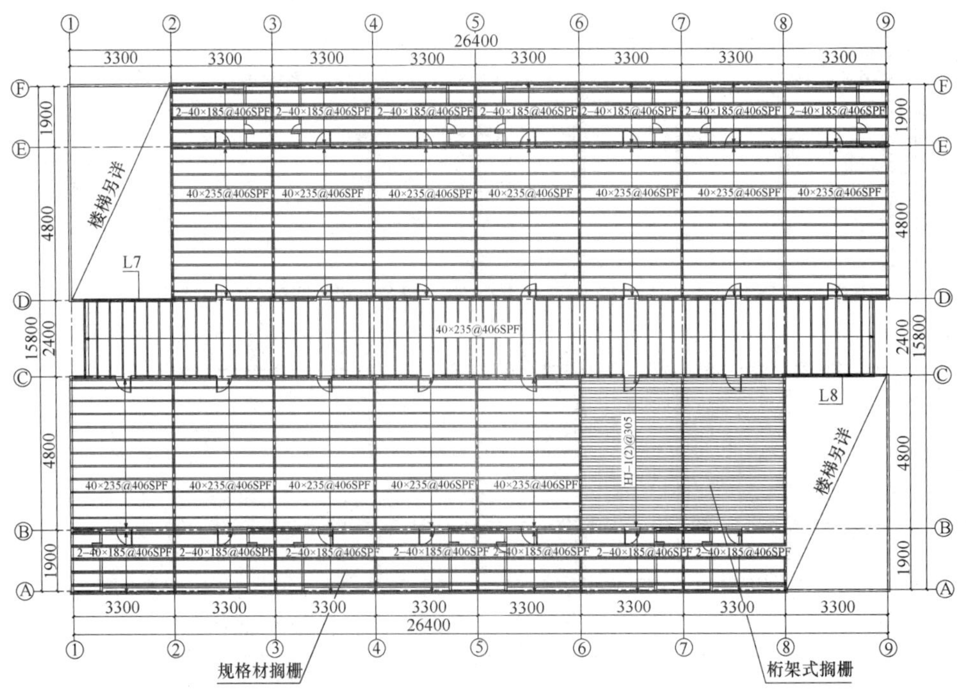

图 6.5.9　宿舍楼二层/三层楼面搁栅布置图

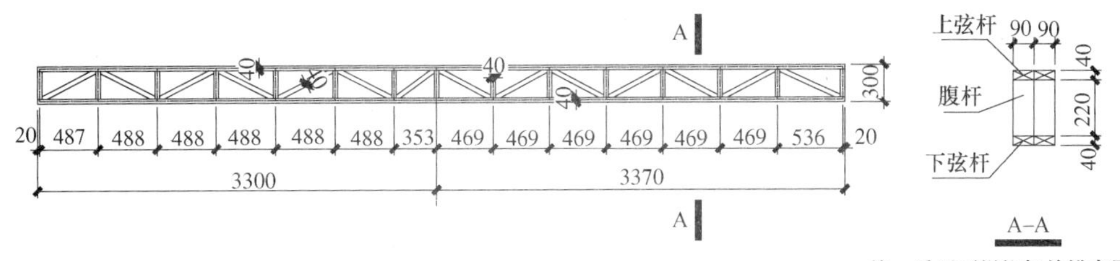

图 6.5.10 宿舍楼桁架式搁栅大样图

3. 屋盖布置

宿舍楼采用典型的轻型木屋架屋盖体系，屋架两端支座为两道纵向外墙，屋架间距为406mm。图 6.5.11 为主屋架大样图，图 6.5.12 为屋架平面布置图。

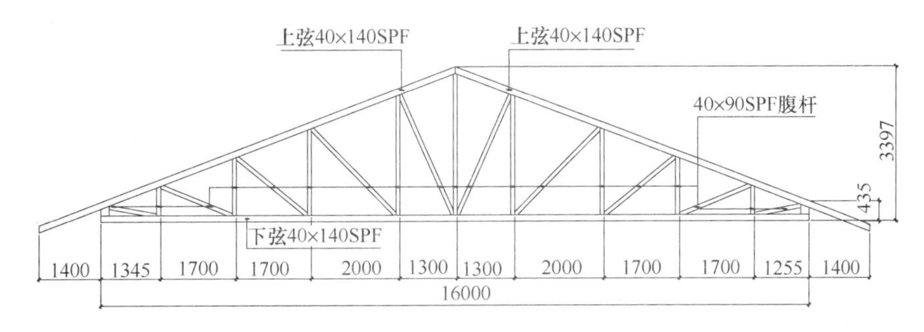

图 6.5.11 宿舍楼主屋架大样图

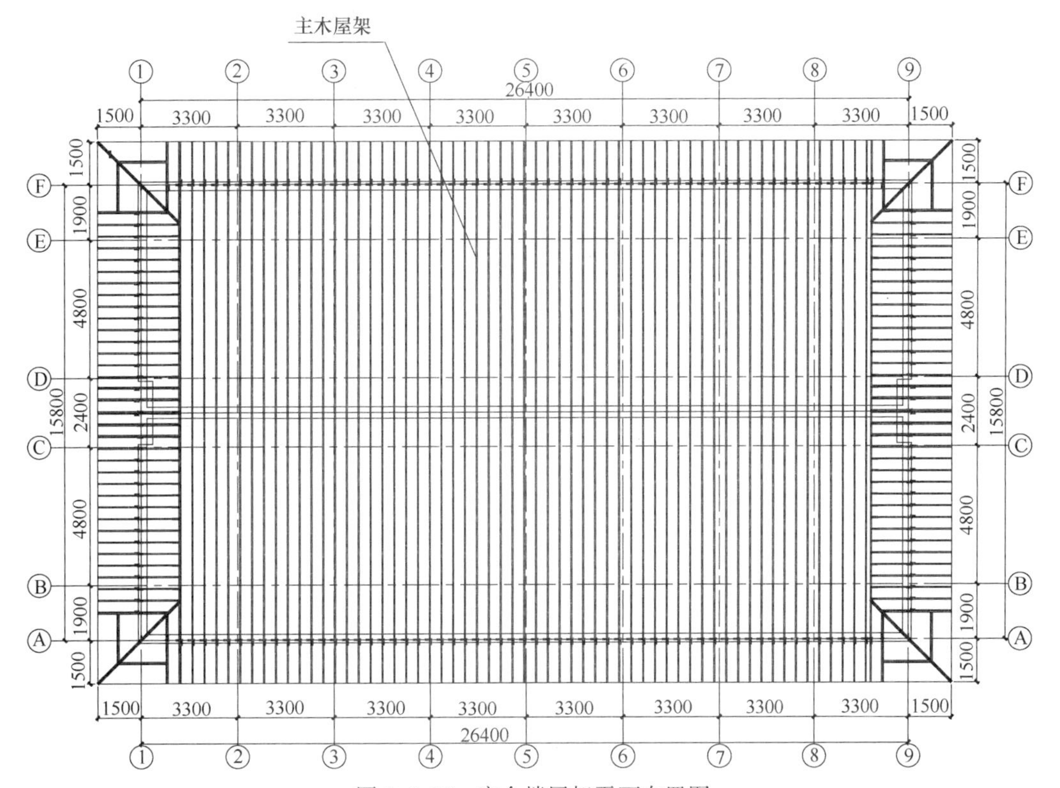

图 6.5.12 宿舍楼屋架平面布置图

6.5.6　结构抗侧力设计

宿舍楼为3层轻型木结构体系，采用典型的轻型木结构剪力墙作为结构的抗侧力体系，并采用轻型木结构格栅及轻型木桁架体系作为楼面及屋面结构。由于轻木结构自身轻质的特点，其在地震作用下承受的地震剪力较小，在很大程度上减小了总体的地震作用，设计实践也表明在8度设防条件下完全能够满足结构受力的各项要求。

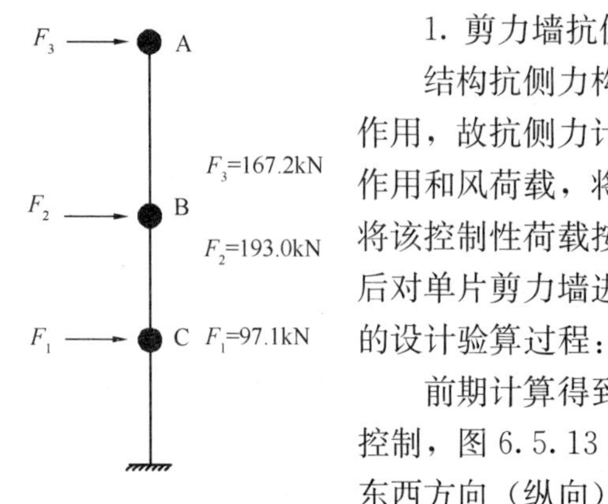

图6.5.13　宿舍楼承受地震作用值

1. 剪力墙抗侧力

结构抗侧力构件主要承受的侧向荷载及作用为风荷载及地震作用，故抗侧力计算时，首先按照相关规范计算每层承受的地震作用和风荷载，将此两种荷载相互比较后得出控制性荷载，之后将该控制性荷载按每片剪力墙的从属面积分配到各片剪力墙，之后对单片剪力墙进行设计。以下为本工程中宿舍楼一层某剪力墙的设计验算过程：

前期计算得到，宿舍楼所承受水平荷载两方向均由地震作用控制，图6.5.13为计算得到的宿舍楼结构所承受的地震作用值。东西方向（纵向）主要考虑由4道剪力墙承受地震作用，南北方向（横向）由9道剪力墙共同承担。

宿舍楼一层横向共布置9道剪力墙。一层所受的总剪力的设计值为：

$$1.3\times(167.2+193.0+97.1)=594.5\text{kN}$$

假设所产生的侧向力均匀分布，则 $w_\text{f}=\dfrac{594.5}{26.4}=22.5\text{kN/m}$。

由于木结构楼盖为柔性楼盖，剪力墙所承担的地震作用按照从属面积进行分配，则4轴线剪力墙所受的剪力为：

$$V_0=\frac{1}{2}\times22.5\times3.3+\frac{1}{2}\times22.5\times3.3=74.3\text{kN}$$

此段一层剪力墙由四段内墙组成，长度分别为1.76m、4.66m、1.76m、4.66m，假设剪力墙的刚度与长度成正比，则每一片剪力墙所承受的剪力为：

$$V_1=V_3=V_0\times\frac{l_1}{l_1+l_2+l_3+l_4}=74.3\times\frac{1.76}{1.76+4.66+1.76+4.66}=10.2\text{kN}$$

$$V_2=V_4=V_0\times\frac{l_2}{l_1+l_2+l_3+l_4}=74.3\times\frac{4.66}{1.76+4.66+1.76+4.66}=27.0\text{kN}$$

（1）剪力墙抗剪验算

单面铺设面板有墙骨柱横撑的剪力墙，其受剪承载力设计值为：

$$V=\Sigma f_\text{d}l$$

$$f_\text{d}=f_\text{vd}\cdot k_1\cdot k_2\cdot k_3$$

式中：f_vd——采用木基结构板材作面板的剪力墙的抗剪强度设计值（kN/m）；

l——平行于荷载方向的剪力墙墙肢长度（m），分别为1.76m、4.66m；

k_1——木基结构板材含水率调整系数，取 $k_1=1.0$；

k_2——骨架构件材料树种的调整系数，云杉-松-冷杉类取 $k_2=0.8$；

k_3——强度调整系数，$k_3=1.0$。

本工程剪力墙采用的是 9.5mm 的定向刨花板，普通钢钉的直径为 3.1mm，面板边缘钉的间距为 150mm。根据规范要求，当墙骨柱间距不大于 400mm 时，对于厚度为 9mm 的面板，当面板直接铺设在骨架构件上时，可以采用板厚为 11mm 的数据，通过查表可得 $f_{vd}=4.3\text{kN/m}$。

对于双面铺板的剪力墙，无论两侧是否采用相同材料的木基结构板材，剪力墙的受剪承载力设计值等于墙体两面受剪承载力设计值之和。此处两面采用相同的木基结构板材，故按以上计算得到的单片剪力墙的承载力应乘以 2。

$V'_1=2\times f_{vd}\times k_1\times k_2\times k_3\times l_1=2\times 4.3\times 1.0\times 0.8\times 1.0\times 1.76=12.1\text{kN}$

$V'_2=2\times f_{vd}\times k_1\times k_2\times k_3\times l_2=2\times 4.3\times 1.0\times 0.8\times 1.0\times 4.66=32.1\text{kN}$

根据《木结构设计标准》GB 50005—2017 的要求，当进行抗震验算时，取承载力调整系数 $\gamma_{RE}=0.8$，则：

$$V_1=10.2\text{kN}<\frac{V'_1}{\gamma_{RE}}=\frac{12.1}{0.8}=15.1\text{kN}$$

$$V_2=27.0\text{kN}<\frac{V'_2}{\gamma_{RE}}=\frac{32.1}{0.8}=40.1\text{kN}$$

故剪力墙满足设计要求。

(2) 剪力墙边界构件验算

剪力墙的边界杆件为剪力墙边界墙骨柱，即两根 40mm×140mm 的Ⅲ$_c$云杉-松-冷杉规格材。走廊一侧剪力墙的边界构件承受的设计轴向力为：

$$N_f=\frac{27.2\times 12.595+31.4\times 7.2+15.8\times 3.6}{6.42\times 2}=48.7\text{kN}$$

式中 27.2kN、31.4kN 及 15.8kN 为各楼层顶面处该片剪力墙承受的地震作用值。

Ⅲ$_c$云杉-松-冷杉规格材的顺纹抗拉强度设计值 $f_t=4.8\text{N/mm}^2$，尺寸调整系数为 1.3；顺纹抗压强度设计值 $f_c=12\text{N/mm}^2$，尺寸调整系数为 1.1。

1) 边界构件受拉验算

杆件的受拉承载力： $N_t=2\times 40\times 140\times 4.8\times 10^{-3}\times 1.3=66.4\text{kN}$

则： $N_f=48.7\text{kN}<\frac{N_t}{\gamma_{RE}}=\frac{66.4}{0.8}=83.0\text{kN}$

2) 边界构件受压验算

① 强度验算

杆件的受压承载力： $N_c=2\times 40\times 140\times 12\times 10^{-3}\times 1.1=140.4\text{kN}$

则： $N_f=48.7\text{kN}<\frac{N_c}{\gamma_{RE}}=\frac{140.4}{0.8}=175.6\text{kN}$

② 稳定验算

由于墙骨柱侧向有覆面板支撑，平面内不存在失稳问题，仅验算边界墙骨柱平面外稳定。边界构件的计算长度为横撑之间的距离，为 1.22m。

构件全截面的惯性矩： $I=\frac{1}{12}\times 140\times 80^3=5121386.7\ \text{mm}^4$

构件的全截面面积： $A=140\times 80=11200\text{mm}^2$

构件截面的回转半径： $i=\sqrt{\frac{I}{A}}=\sqrt{\frac{5121386.7}{11200}}=22.0\text{mm}$

构件的长细比：　$\lambda=\frac{l_0}{i}=\frac{1220}{22.0}=55.5$

目测等级为Ⅰc～Ⅴc的规格材，当$\lambda\leqslant 75$时，采用公式$\varphi=\frac{1}{1+(\lambda/80)^2}$计算稳定系数，则：

$$\varphi=\frac{1}{1+(\lambda/80)^2}=\frac{1}{1+(55.5/80)^2}=0.674$$

构件的计算面积：　$A_0=A=40\times 140\times 2=11200\text{mm}^2$

$$\frac{N}{\varphi A_0}=\frac{48.7\times 10^3}{0.674\times 11200}=6.8\text{N/mm}^2<kf_c=1.1\times 12=13.2\text{N/mm}^2$$

故平面外稳定满足要求。

③ 局部承压验算

通过查表可得，Ⅲc云杉-松-冷杉规格材的横纹承压强度设计值$f_{c,90}=4.9\text{N/mm}^2$，尺寸调整系数为1.0。

按照下式进行验算：　$\frac{N}{A_c}\leqslant f_{c,90}$

式中：A_c——承压面积。

此处：$A_c=A=11200\text{mm}^2$

则：　$\frac{N}{A_c}=\frac{48.7\times 10^3}{11200}=4.3\text{N/mm}^2\leqslant\frac{f_{c,90}}{0.8}=6.1\text{N/mm}^2$

故局部承压满足要求。

2. 楼盖抗侧力

楼盖抗侧力设计时假定水平地震作用力沿楼盖宽度方向均匀分布，由此可求得垂直荷载方向某长度楼盖所承担的由水平地震作用力引起的剪力。若在平行于地震作用方向有多个楼盖，则假定楼盖的刚度与长度成正比，可求得平行地震作用方向每个楼盖所受的剪力。经过以上的荷载分配计算过程，可以得到楼盖在两个主方向上所受到的剪力。

以下为本工程中宿舍楼三层楼盖的设计验算过程。

(1) 横向楼盖验算

楼盖由40mm×235mm间距@406mm格栅及15mm厚OSB板和两块15mm石膏板组成，面板边缘钉间距为150mm。假设地震作用所产生的侧向力均匀分布，则$w_f=\frac{1.3\times 193.0}{26.4}=9.5\text{kN/m}$。取1、2轴之间的楼盖进行验算，1、2轴之间的楼盖由两部分构成，第一部分平行于荷载方向的有效宽度为1.9m，第二部分平行于荷载方向的有效宽度为4.8m。

1) 楼盖侧向受剪承载力验算

1、2轴间的楼盖所承受的剪力大小为：

$$V_0=\frac{1}{2}\times 9.5\times 3.3=15.7\text{kN}$$

假设楼盖的刚度与长度成正比，则每一部分楼盖所承受的剪力为：

$$V_1=V_0\times\frac{B_1}{B_1+B_2}=15.7\times\frac{1.9}{1.9+4.8}=4.4\text{kN}$$

$$V_2 = V_0 \times \frac{B_1}{B_1 + B_2} = 15.7 \times \frac{4.8}{1.9 + 4.8} = 11.2\text{kN}$$

由《木结构设计标准》GB 50005—2017 相关条文可知，楼盖的设计受剪承载力为：

$$V = f_d \cdot B = f_{vd} \cdot k_1 \cdot k_2 \cdot B$$

式中：f_{vd}——采用木基结构板材作面板的楼盖的抗剪强度设计值（kN/m）；

B——平行于荷载方向的楼盖有效宽度（m），分别为 1.9m、4.8m；

k_1——木基结构板材含水率调整系数，取 $k_1 = 1.0$；

k_2——骨架构件材料树种的调整系数，云杉-松-冷杉类 $k_2 = 0.8$。

本工程楼盖采用 15mm 定向刨花板，普通钢钉的直径为 3.7mm，面板边缘钉的间距为 150mm，顶入骨架构件中最小打入深度为 40mm，采用有填块的形式，为 2 型，通过查表可得 $f_{vd} = 7.6\text{kN/m}$。

$$V'_1 = f_{vd} \times k_1 \times k_2 \times B = 7.6 \times 1.0 \times 0.8 \times 1.9 = 11.6\text{kN}$$

$$V'_2 = f_{vd} \times k_1 \times k_2 \times B = 7.6 \times 1.0 \times 0.8 \times 4.8 = 29.2\text{kN}$$

根据《木结构设计标准》GB 50005—2017 的要求，当进行抗震验算时，取承载力调整系数 $\gamma_{RE} = 0.8$，则：

$$V_1 = 4.4\text{kN} < \frac{V'_1}{\gamma_{RE}} = \frac{11.6}{0.8} = 14.4\text{kN}$$

$$V_2 = 11.2\text{kN} < \frac{V'_2}{\gamma_{RE}} = \frac{29.2}{0.8} = 36.5\text{kN}$$

故抗剪满足设计要求。

2）楼盖边界杆件承载力验算

楼盖的边界构件由二层外墙的顶梁板组成，顶梁板为双层 40mm×140mm 的 $Ⅲ_c$ 云杉-松-冷杉规格材。边界构件承受的轴向力设计值为：

$$N_f = \frac{9.5 \times 3.3^2}{8 \times 6.7} = 1.9\text{kN}$$

由于杆件的受拉承载力低于受压承载力，故边界构件的轴向力由受拉承载力控制：

$$N_t = 2 \times 40 \times 140 \times 4.8 \times 10^{-3} \times 1.3 = 66.4\text{kN}$$

则：
$$\frac{N_t}{0.8} = \frac{66.4}{0.8} = 83.0\text{kN} > N_f = 1.9\text{kN}$$

（2）纵向楼盖验算

本工程楼盖由 40mm×235mm 间距@406mm 格栅及 15mm 厚 OSB 板和两块 15mm 石膏板组成，面板边缘钉间距为 150mm。假设地震作用所产生的侧向力均匀分布，则 $w_f = \frac{1.3 \times 193.0}{15.8} = 15.9\text{kN/m}$。取 B、C 轴之间的楼盖进行验算，B、C 轴之间的楼盖由 7 部分构成，每一部分平行于荷载方向的有效宽度均为 3.3m。

1）楼盖侧向受剪承载力验算

B、C 轴间的楼盖所承受的剪力大小为：

$$V_0 = \frac{1}{2} \times 15.9 \times 4.8 = 38.1\text{kN}$$

设楼盖的刚度与长度成正比，则每一部分楼盖所承受的剪力为：

$$V_1 \sim V_7 = V_0 \times \frac{B_1}{B_1 \times 7} = 38.1 \times \frac{3.3}{3.3 \times 7} = 5.4\text{kN}$$

由《木结构设计标准》GB 50005—2017 相关条文可知，楼盖的设计受剪承载力为：

$$V = f_d \cdot B = f_{vd} \cdot k_1 \cdot k_2 \cdot B$$

式中：f_{vd}——采用木基结构板材作面板的楼盖的抗剪强度设计值（kN/m）；

B——平行于荷载方向的楼盖有效宽度（m），为 3.3m；

k_1——木基结构板材含水率调整系数，取 $k_1 = 1.0$；

k_2——骨架构件材料树种的调整系数，云杉-松-冷杉类 $k_2 = 0.8$。

本工程楼盖采用 15mm 定向刨花板，普通钢钉的直径为 3.7mm，面板边缘钉的间距为 150mm，顶入骨架构件中最小打入深度为 40mm，采用有填块的形式，为 4 型，通过查表可得 $f_{vd} = 5.7\text{kN/m}$。

$$V'_6 = V'_7 = f_{vd} \times k_1 \times k_2 \times B = 5.7 \times 1.0 \times 0.8 \times 3.3 = 15.1\text{kN}$$

根据《木结构设计标准》GB 50005—2017 的要求，当进行抗震验算时，取承载力调整系数 $\gamma_{RE} = 0.8$，则：

$$V_1 = 5.4\text{kN} < \frac{V'_1}{\gamma_{RE}} = \frac{15.1}{0.8} = 18.8\text{kN}$$

故抗剪满足设计要求。

2）楼盖边界杆件承载力验算

楼盖的边界构件由二层外墙的顶梁板组成，顶梁板为双层 40mm×140mm 的Ⅲ$_c$云杉-松-冷杉规格材。边界构件承受的轴向力设计值为：

$$N_f = \frac{15.9 \times 4.8^2}{8 \times 23.1} = 2.0\text{kN}$$

由于杆件的受拉承载力低于受压承载力，故边界构件的轴向力由受拉承载力控制：

$$N_t = 2 \times 40 \times 140 \times 4.8 \times 10^{-3} \times 1.3 = 66.4\text{kN}$$

则：

$$\frac{N_t}{0.8} = \frac{66.40}{0.8} = 83.0\text{kN} > N_f = 2.0\text{kN}$$

本 章 参 考 文 献

[1] 熊海贝，欧阳禄，吴颖. 国外高层木结构研究综述[J]. 同济大学学报自然科学版，2016，44(9)：1297-1306.

[2] 木结构设计标准(GB 5005—2017)[S]. 北京：中国建筑工业出版社，2017.

[3] National Research Council of Canada (NRCC). National Building Code of Canada[S]. 2010.

[4] Canadian Standards Association(CSA). CSA O86-2014 Engineering Design In Wood[S]. 2014.

[5] Pei S.，Popovski M.，van de Lindt，J. W. Analytical study on seismic force modification factors for cross-laminated timber buildings[J]. Canadian Journal of Civil Engineering，2013，40(9)：887-896.

[6] Erol K.，Brad D，et al. CLT Handbook：cross-laminated timber(U. S. Edition)[M]. FPInnovations，2013.

[7] 李征，周睿蕊，何敏娟，等. 震后可恢复功能木结构研究进展[J]. 建筑结构学报，2018，39(9)：10-21.

[8] Palermo A，Pampanin S，Buchanan A，et al. Seismic design of multi-storey buildings using laminated

veneer lumber (LVL)[J]. 2005.

[9] Sarti F, Palermo A, Pampanin S. Development and testing of an alternative dissipative posttensioned rocking timber wall with boundary columns[J]. Journal of Structural Engineering, 2015, 142 (4): E4015011.

[10] Palermo A, Pampanin S, Fragiacomo M, et al. Innovative seismic solutions for multi-storey LVL timber buildings[J]. 2006.

[11] Smith T J. Feasibility of Multi Storey Post-Tensioned Timber Buildings: Detailing, Cost and Construction[D]. 2008.

[12] Iqbal A, Pampanin S, Buchanan A H. Seismic performance of full-scale post-tensioned timber beam-column connections[J]. Journal of earthquake engineering, 2016, 20(3): 383-405.

[13] Armstrong T W N. Design of Connections for Post Tensioned Rocking Timber Frames[D]. 2015.

[14] Iqbal A, Pampanin S, Buchanan A. Seismic behaviour of prestressed timber columns under bi-directional loading[J]. 2008.

[15] Pino D M. Dynamic response of post-tensioned timber frame buildings[D]. University of Canterbury, 2011.

[16] Newcombe M P. Seismic design of post-tensioned timber frame and wall buildings[D]. 2011.

[17] Smith T. Post-tensioned Timber Frames with Supplemental Damping Devices[D]. 2014.

[18] 周颖，吕西林. 摇摆结构及自复位结构研究综述[J]. 建筑结构学报，2011，32(9)：1-10.

[19] Loo W Y, Quenneville P, Chouw N. A numerical study of the seismic behaviour of timber shear walls with slip-friction connectors[J]. Engineering Structures, 2012, 34: 233-243.

[20] Hashemi A, Masoudnia R, Quenneville P. Seismic performance of hybrid self-centring steel-timber rocking core walls with slip friction connections[J]. Journal of Constructional Steel Research, 2016, 126: 201-213.

[21] Sarti F, Palermo A, Pampanin S, et al. Determination of the seismic performance factors for post - tensioned rocking timber wall systems[J]. Earthquake Engineering & Structural Dynamics, 2017, 46(2): 181-200.

第7章　木结构防火设计

7.1　防火设计依据及耐火等级确定

木结构建筑的防火设计，应以国家有关标准的规定为依据。首先，根据现行国家标准《建筑设计防火规范》GB 50016和《多高层木结构建筑技术标准》GB/T 51226的有关规定，确定木结构建筑的适用范围、主要构件的燃烧性能和耐火极限、高度和层数、防火分区面积、防火间距、安全疏散和特殊部位的防火设计，然后根据国家标准《木结构设计标准》GB 50005及其他相关国家标准的有关规定，确定木结构建筑的防火构造及相关防火验算。

建筑物的耐火等级是衡量建筑物耐火程度的分级标准。建筑物的耐火等级由建筑物的墙体、楼板、梁、柱、屋顶承重构件等主要构件的燃烧性能和耐火极限决定。《建筑设计防火规范》GB 50016—2014将工业与民用建筑的耐火等级划分为一级、二级、三级、四级共4个等级，是最基本的建筑设计防火技术措施之一。对不同类型和使用性质的建筑物提出不同的耐火等级要求，既有利于消防安全，又有利于节约基本建设投资。《建筑设计防火规范》GB 50016—2014将现代木结构建筑单独划分为一个类别，其耐火等级不属于上述任一个等级，木结构建筑的总体耐火性能介于三级和四级之间。因此，在对木结构建筑进行消防设计和审核时，不能硬套国家标准《建筑设计防火规范》GB 50016—2014中第3章对工业建筑和第5章对民用建筑耐火等级划分的级别。

7.2　防火设计要求

7.2.1　主要构件燃烧性能和耐火极限

明确主要构件的燃烧性能和耐火极限，是木结构建筑防火设计的重要内容，也是保证木结构建筑安全的重要手段。建筑构件的耐火极限是构件在标准耐火试验条件下，从受到火焰的作用时起，到失去稳定性、完整性或隔热性时止的这段时间，用小时（h）表示。建筑物的主要构件包括建筑的各种墙体、梁、柱、楼板、疏散楼梯和屋顶承重构件等。建筑物防火设计时，通过其主要构件的合理设置，可有效阻止或延缓火灾或烟气在建筑物内部的蔓延。

1. 建筑构件的燃烧性能

建筑构件的燃烧性能是指，在规定条件下，组成构件的构造材料对火的反应和耐火性能，一般分为不燃性、难燃性和可燃性。

（1）不燃性

用不燃烧性材料做成的构件统称为不燃性构件。不燃烧性材料是指在空气中受到火烧或高温作用时不起火、不微燃、不碳化的材料，如：建筑中采用的金属材料，天然或人工的无机矿物材料。对于木结构构件，不管对木材如何处理，都不可能达到不燃性等级。

（2）难燃性

凡用难燃烧性材料做成的构件或用燃烧性材料做成而用不燃烧性材料做保护层的构件统称为难燃性构件。难燃烧性材料是指在空气中受到火烧或高温作用时难起火、难微燃、难碳化，当火源移走后燃烧或微燃立即停止的材料，如：沥青混凝土，经阻燃处理后的木材，用有机物填充的混凝土和水泥等。木结构构件，经过阻燃处理或者通过石膏板保护，可达到难燃性等级。

（3）可燃性

凡用燃烧性材料做成的构件统称为可燃性构件。燃烧性材料是指在空气中受到火烧或高温作用时立即起火或微燃，且火源移走后仍继续燃烧或微燃的材料，如：木材、竹材等。

（4）木材的燃烧性能

木材为可燃材料。木材从受热到燃烧的一般过程是：在外部热源的持续作用下，先蒸发水分，随后发生热解、气化反应析出可燃性气体，当热分解产生的可燃性气体与空气混合并达到着火温度时，木材开始燃烧，并放出热量。燃烧产生的热量，一方面加速木材的分解，另一方面提供维持燃烧所需的能量。

木材受热温度在100℃以下时，只蒸发水分，不发生分解；继续加热，温度在100～200℃时，开始分解，但其速度很慢。分解出的主要是水蒸气和CO_2。因此，在200℃以下，是木材的吸热过程，一般不会发生燃烧，仅有少数木材品种的最低着火点在157℃左右。

在没有空气的条件下，木材加热超过200℃时，即开始分解。最初比较缓慢，随着温度的提高，分解加速。当温度达到260～330℃时，分解到达最高峰。木材急剧分解时，放出可燃气体，如CO、甲烷（CH_4）、甲醇（CH_3OH）以及高燃点的焦油成分等。当温度达到350℃以上时，热分解结束，木炭开始燃烧，是木材的放热过程。

在木材受热分解而急速放出可燃气体时，氧气在木材表面炭化层的扩散受到阻碍，因而气相燃烧通常是在离木材表面一定距离处进行。由于木炭层传热性能较差，故当木材表面形成炭化层后，对木炭层下面的木材与其外面的气相燃烧起到了一定的隔离作用，这不仅延缓了内层的木材达到热解温度，也降低了热分解速度，导致分解出的可燃气体透过炭化层参加外表面与空气混合的燃烧速度减慢，当然，木材深层的炭化速度亦随之减慢。这就是常见的大截面木构件虽然没有经过防火处理但仍然有比较长的耐火极限的原因。

木材燃烧是一个复杂的过程，包括分解可燃气体以及这些气体从燃烧表面向周围环境的扩散。同时，由燃烧气体以及氧化、炭化产生的热量向木材内部传递，反过来又为木材的热解提供能量。热分解产物与其环境温度、木材种类及其密度相关，而热传递过程又受木材的种类、含水率、木材尺寸等参数的影响。影响这些过程的热特性参数是不断变化的，且这些变量之间相互独立。综合来看，影响木材燃烧特性的诸多因素可大体分为木材的种类和燃烧环境两个方面，木材的燃烧特性主要受木材种类的影响；木材的火灾蔓延特性主要受外部热辐射、湿度、空气流通情况、燃烧时的方向等燃烧环境的影响。

2. 建筑构件的耐火极限

国家标准《木结构设计标准》GB 50005—2017规定，木结构建筑的适用范围应符合现行国家标准《建筑设计防火规范》GB 50016 的有关规定。国家标准《建筑设计防火规范》GB 50016—2014 中规定，木结构建筑适用于 3 层及以下民用建筑和丁、戊类厂房。国家标准《多高层木结构建筑技术标准》GB/T 51226—2017 规定，4 层和 5 层的木结构建筑适用于木结构住宅和办公建筑。国家标准《木结构设计标准》GB 50005—2017 和《多高层木结构建筑技术标准》GB/T 51226—2017 对木结构建筑构件的燃烧性能和耐火极限的规定见表 7.2.1。

木结构建筑构件的燃烧性能和耐火极限（h）　　表 7.2.1

构件名称	燃烧性能和耐火极限	
	《木结构设计标准》GB 50005—2017	《多高层木结构建筑技术标准》GB/T 51226—2017
防火墙	不燃性　3.00	不燃性　3.00
承重墙、住宅建筑单元之间的墙和分户墙、楼梯间的墙	难燃性　1.00	难燃性　2.00
电梯井的墙	不燃性　1.00	不燃性　1.50
非承重外墙、疏散走道两侧的隔墙	难燃性　0.75	难燃性　1.00
房间隔墙	难燃性　0.50	难燃性　0.50
承重柱	可燃性　1.00	难燃性　2.00
梁	可燃性　1.00	难燃性　2.00
楼板	难燃性　0.75	难燃性　1.00
屋顶承重构件	可燃性　0.50	难燃性　0.50
疏散楼梯	难燃性　0.50	难燃性　1.00
吊顶	难燃性　0.15	难燃性　0.25

3. 木结构防火体系

目前，国内外木结构建筑防火体系按防火设计的要求，主要分为轻型木结构体系（Light Wood Frame Construction System）和重木结构体系（Heavy Timber Construction System）。轻型木结构体系通常指轻型木结构建筑通过各种构造措施形成安全可靠的防火体系；重木结构体系通常指梁柱结构木建筑通过防火设计和验算，使梁柱等木构件满足耐火极限的要求而形成的防火体系。体系不同，木结构构件要满足规定的燃烧性能和耐火极限所采取的方式方法也不同。

（1）轻型木结构体系

轻型木结构体系应用比较广泛。一些小型的住宅建筑、办公建筑、商业建筑和中、低危险等级的工业建筑，都可采用此种结构形式。

轻型木结构体系利用主要结构构件与次要结构构件的组合框架承受房屋各种平面和空间的荷载作用。图 7.2.1(*a*) 所示为典型的轻型木结构建筑体系。墙体木龙骨通常采用 38mm×89mm 或 38mm×140mm 等规格的锯材，楼盖木搁栅通常采用 38mm×235mm 等规格的锯材或工字梁。图 7.2.1(*b*) 为典型的墙体和楼盖的构造示意图。龙骨和搁栅的具体尺寸和间隔距离，取决于荷载大小以及所采用的墙体和楼面覆面材料的类型和厚度，其排列间距一般为 300～600mm，常用的覆面板材有胶合板、定向刨花板和石膏板等。

单纯的轻型木骨架墙体，在应用上所受的限制较少。除可用于纯木结构建筑中外，还可以用于钢筋混凝土框架或者钢结构框架建筑中。

对于规范要求达到一定耐火极限的轻型木结构构件，其防火措施主要是用岩棉（玻璃棉）、普通石膏板、耐火石膏板等材料对构件进行填充和包覆，以阻断火焰或高温直接作用于木构件。实践中，采用何种保温隔热材料或者何种石膏板，则由构件所需达到的耐火极限决定。试验证明，通过合理选择材料和组装方法，采取防火保护措施后的轻型木楼板和墙体构件的耐火时间可较容易地达到 0.75～2.00h。

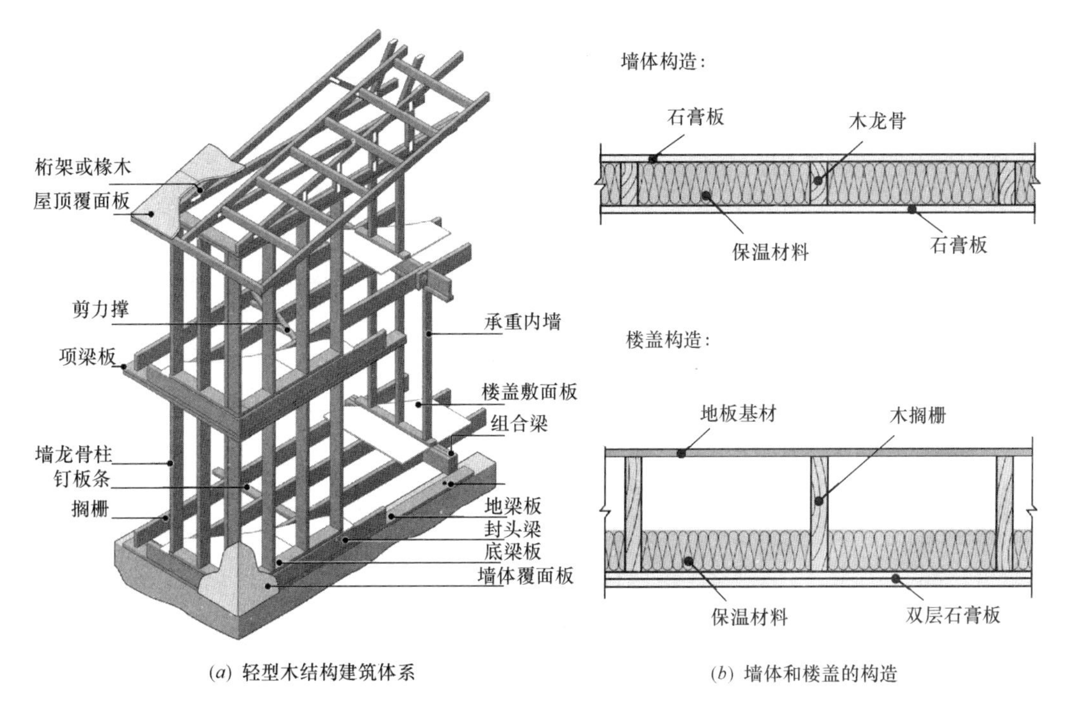

(*a*) 轻型木结构建筑体系　　(*b*) 墙体和楼盖的构造

图 7.2.1 轻型木结构体系

(2) 重木结构体系

木材虽然是可燃材料，但是本身具有一定的防火能力。燃烧过程中，木材在其表面形成一定厚度的炭化层，该炭化层能够阻止火焰继续烧入木材内部。如果梁柱等木构件的截面尺寸满足防火计算要求，受火后的构件内部未燃烧部分仍能保持该构件所应具备承载力的 85%～90%。重木结构体系主要是通过梁、柱、墙板和楼板构件的截面尺寸大小和可靠的构造措施来满足防火要求。

木材燃烧过程中，表面炭化层的炭化速率大小直接决定了木构件的防火能力。国内外大量的试验研究表明，标准耐火试验条件下木材的炭化速率基本不变。国家标准《木结构设计标准》GB 50005—2017 规定，采用针叶材制作的木构件的名义线性炭化速率为 38mm/h，即 0.635mm/min。北美、欧洲和新西兰等在其规范中明确规定了不同木材的炭化速率。对于实木和胶合木，北美一般采用的名义线性炭化速率为 0.635mm/min；欧洲规范《木结构设计—第 1-2：总则—结构防火设计》（Eurocode5：Design of timber structures—Part1-2：General-structural fire design）中规定，根据木材的软硬来分别确定炭化速率，软木一般采用的名义线性炭化速率为 0.65mm/min，硬木为 0.5mm/min；

新西兰的《木结构标准》（Timber Structures Standard）规定的软木名义线性炭化速率为0.65mm/min。当然，为了达到良好的耐火性能，重木结构体系的构件还应具有其他特性，比如木构件应为实心锯木，表面应光滑平整，尽量减小受火面积。

当木构件用于梁、柱、屋架或楼板等主要受力构件时，要达到标准对不同构件规定的耐火要求，其用材类型、构造方式以及连接方式也应满足相应要求。

除了通过增加木构件截面尺寸的方式达到规定的耐火极限外，还可通过在梁柱构件外包覆普通石膏板或耐火石膏板等不燃材料的方式提高其耐火极限。如果相关规定对梁柱结构的燃烧性能有明确要求，则可通过在梁柱结构构件外包覆石膏板、涂刷达到难燃性等级的防火涂料或阻燃涂料等方式来实现。

除以上两种体系外，在北美、欧洲和日本等地区和国家，木结构与钢筋混凝土结构或与钢结构等结构组合建造的建筑形式也比较普遍。木结构组合建筑允许建筑设计师充分利用木材、混凝土、砖石、钢等材料各自的优良特性，提高建筑的性能，节约成本，从而达到任一单一材料和建筑工艺无法达到的效果。

木结构组合建筑的主要形式为竖向组合建造，即采取上部为木结构、下部为钢筋混凝土或其他结构的组合方式（图7.2.2）。这种组合方式采用不燃楼板将下部结构与上部可燃的木结构进行分隔，特别适合于下部为商业用途而上部为住宅或办公的建筑。木结构组合建筑也可以采用水平组合的建造方式，即木结构和其他结构横向组合建造。

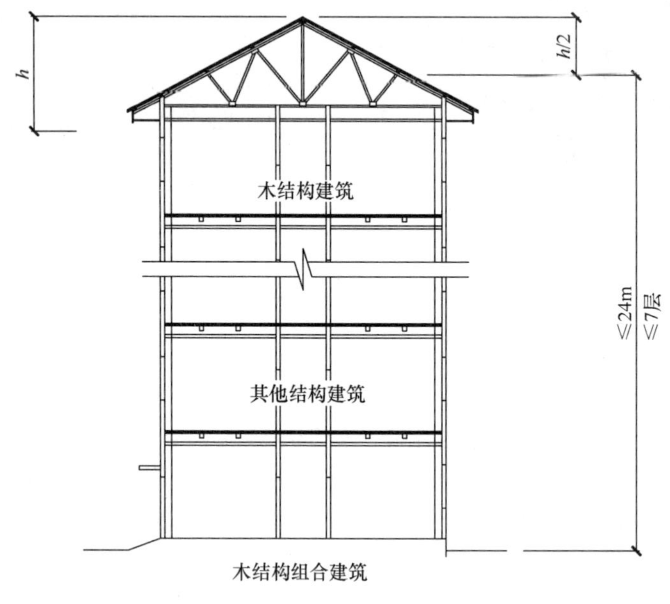

图7.2.2　木结构组合建筑

4. 木构件燃烧性能和耐火极限的研究

为确保木结构建筑主要构件燃烧性能和耐火极限相关规定的科学、合理、可行，应急管理部天津消防研究所与有关机构合作，进行了系列验证试验，确定了相应构件的标准构造方法。试验构件包括承重墙、非承重墙、楼板、吊顶以及梁和柱。木结构主要构件耐火试验结果见表7.2.2。

木结构主要构件耐火试验结果汇总 **表 7.2.2**

构件名称	构造方法	尺寸（mm）	荷载条件（kN/m）	耐火极限设计值（h）	失效时间（min）	失效方式
非承重外墙	防火石膏板 12mm+ 木龙骨 89mm（玻璃棉）+ 防火石膏板 12mm	3270×3270×113	无	0.50	59	隔热失效
非承重外墙	防火石膏板 15mm+ 木龙骨 140mm（岩棉）+ 防火石膏板 15mm	3270×3270×170	无	1.00	98	隔热失效
非承重内墙	双层防火石膏板 2×15mm+ 双木龙骨 2×89mm（岩棉）+ 双层防火石膏板 2×15mm	3600×3300×243	无	2.00	183	隔热失效
承重外墙	防火石膏板 15mm+ 木龙骨 140mm（岩棉）+ 定向刨花板 OSB 15mm	3600×3300×170	22.5	1.00	64	结构失效
承重外墙	防火石膏板 12mm+ 木龙骨 89mm（玻璃棉）+ 定向刨花板 OSB 12mm	3600×3300×113	12.5	0.50	34	完整性失效
承重内墙	防火石膏板 12mm+ 木龙骨 89mm（玻璃棉）+ 防火石膏板 12mm	3600×3300×113	11	0.50	47	隔热失效
承重内墙	防火石膏板 15mm+ 弹性钢槽 13mm+ 木龙骨 89mm（岩棉）+ 防火石膏板 15mm	3600×3300×132	前 60min 内为 2.5kN/m；60min 之后，每 1min 增加 0.5kN/m	1.00	72	隔热失效
楼板	防火石膏板 12mm+ 弹性钢槽 13mm+ 木搁栅 235mm（玻璃棉）+ 定向刨花板 OSB 15mm	3065×4500×275	4	0.50	36	结构失效
楼板	防火石膏板 2×12mm+ 弹性钢槽 13mm+ 木龙骨 235mm（岩棉）+ 定向刨花板 18mm	3065×4500×290	2.5	1.00	72	完整性失效
吊顶	防火石膏板 12mm+ 木衬条 30×50mm+ 木龙骨 235mm	3500×4500×277	无	0.50	43	隔热失效
梁	胶合木三面受火	200×400×5100	19	1.00	83	试验停止时构件未失效
柱	胶合木四面受火	200×280×3810	80	1.00	90	试验停止时构件未失效

图7.2.3是截面为200mm×400mm的胶合梁耐火试验图片，图7.2.4是截面为200mm×280mm胶合木柱耐火试验图片。

(a) 试验进行到80min时炉内情况

(b) 剩余部分截面

图7.2.3　胶合木梁试验

(a) 试件安装完毕

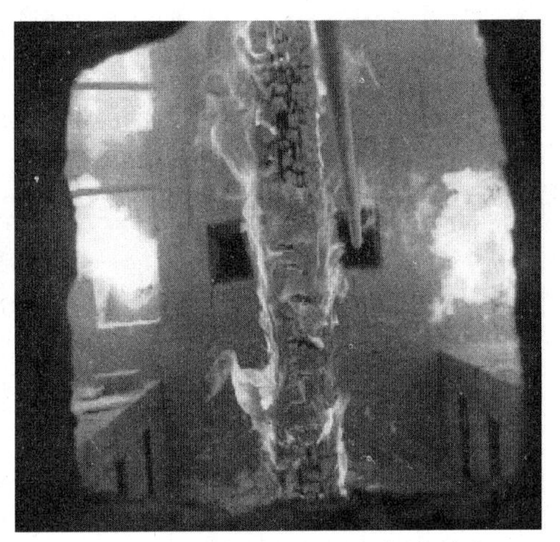

(b) 试验进行到84min时炉内情况

图7.2.4　胶合木柱试验

从本系列试验结果可以看到，在标准耐火试验条件下，木结构墙体、楼板、吊顶以及胶合木梁、柱具有良好的耐火性能。同时，本系列试验所获取的数据，为确定木结构建筑主要构件燃烧性能和耐火极限提供了重要的科学依据和技术支持。

根据上述的试验数据，《建筑设计防火规范》GB 50016—2014在其附录中明确了相关构件的标准构造方法，设计人员在设计木结构建筑主要构件的燃烧性能和耐火极限时，可直接参考GB 50016—2014中的标准构造方法，见表7.2.3。如果木结构建筑主要构件的构造满足了表7.2.3相应构件的构造要求，则其燃烧性能和耐火极限即视为达到了该构件需要满足的耐火极限要求。

各类木结构构件的燃烧性能和耐火极限 **表 7.2.3**

<table>
<tr><th colspan="3">构件名称</th><th>截面图和结构厚度或截面最小尺寸（mm）</th><th>耐火极限（h）</th><th>燃烧性能</th></tr>
<tr><td rowspan="4">承重墙</td><td rowspan="2">木骨架两侧为石膏板的承重内墙</td><td>1. 15mm 耐火石膏板
2. 墙骨柱最小截面 38mm×89mm
3. 填充岩棉或玻璃棉
4. 15mm 耐火石膏板
5. 墙骨柱间距为 400mm 或 600mm</td><td>最小厚度 120 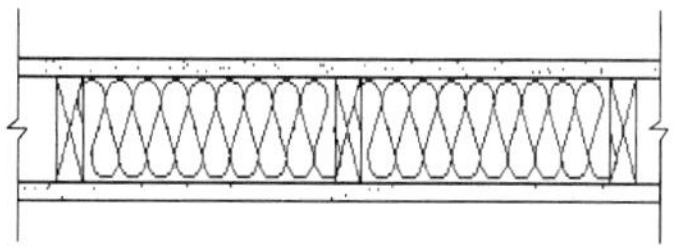</td><td>1.00</td><td>难燃性</td></tr>
<tr><td>1. 15mm 耐火石膏板
2. 墙骨柱最小截面 38mm×140mm
3. 填充岩棉或玻璃棉
4. 15mm 耐火石膏板
5. 墙骨柱间距为 400mm 或 600mm</td><td>最小厚度 170 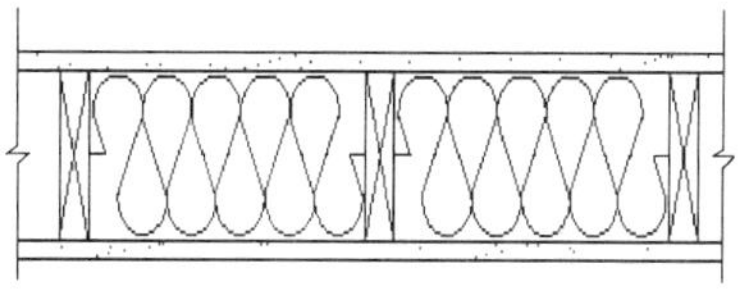</td><td>1.00</td><td>难燃性</td></tr>
<tr><td rowspan="2">木骨架曝火面为耐火石膏板，另一面为木基结构板的承重外墙</td><td>1. 15mm 耐火石膏板
2. 墙骨柱最小截面 38mm×89mm
3. 填充岩棉或玻璃棉
4. 15mm 木基结构板
5. 墙骨柱间距为 400mm 或 600mm</td><td>最小厚度 120 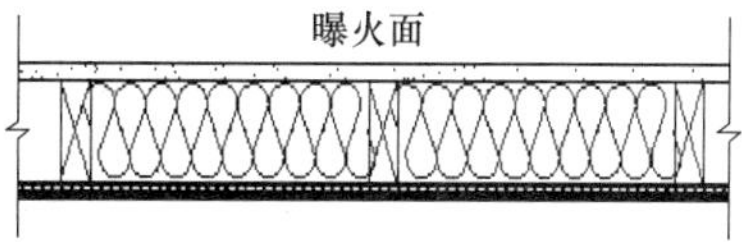
曝火面</td><td>1.00</td><td>难燃性</td></tr>
<tr><td>1. 15mm 耐火石膏板
2. 墙骨柱最小截面 38mm×140mm
3. 填充岩棉或玻璃棉
4. 15mm 木基结构板
5. 墙骨柱间距为 400mm 或 600mm</td><td>最小厚度 170 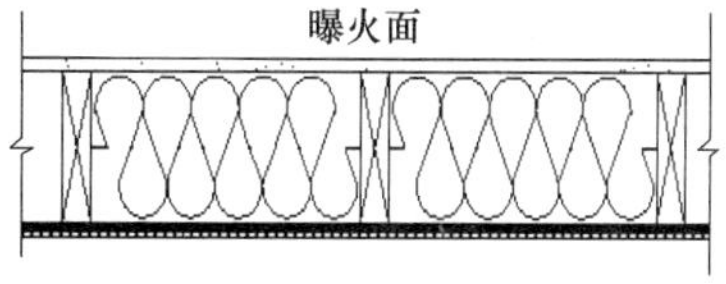
曝火面</td><td>1.00</td><td>难燃性</td></tr>
<tr><td rowspan="2">非承重墙</td><td rowspan="2">木骨架两侧为石膏板的非承重内墙</td><td>1. 双层 15mm 耐火石膏板
2. 双墙骨柱，墙骨柱最小截面 38mm×89mm
3. 填充岩棉或玻璃棉
4. 双层 15mm 耐火石膏板
5. 墙骨柱间距为 400mm 或 600mm</td><td>最小厚度 245 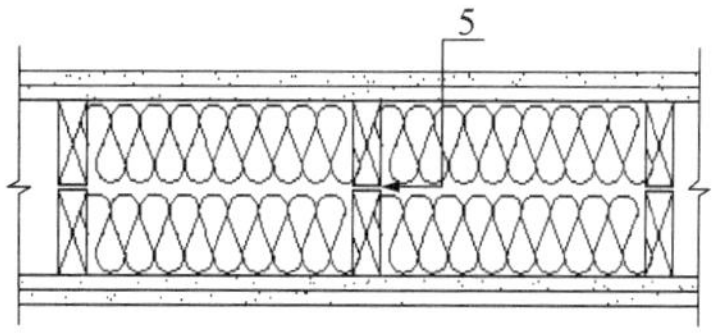
5</td><td>2.00</td><td>难燃性</td></tr>
<tr><td>1. 双层 15mm 厚耐火石膏板
2. 双排墙骨柱交错放置在 38mm×140mm 的底梁板上，墙骨柱截面 38mm×89mm
3. 填充岩棉或玻璃棉
4. 双层 15mm 厚耐火石膏板
5. 墙骨柱间距为 400mm 或 600mm</td><td>最小厚度 200 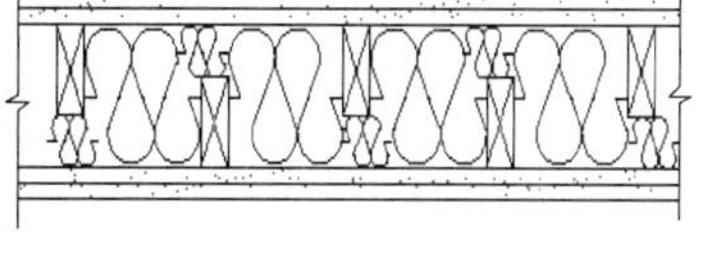</td><td>2.00</td><td>难燃性</td></tr>
</table>

续表

构件名称			截面图和结构厚度或截面最小尺寸（mm）	耐火极限（h）	燃烧性能
非承重墙	木龙骨两侧为石膏板的非承重内墙	1. 双层12mm耐火石膏板 2. 墙骨柱最小截面38mm×89mm 3. 填充岩棉或玻璃棉 4. 双层12mm耐火石膏板 5. 墙骨柱间距为400mm或600mm	最小厚度138 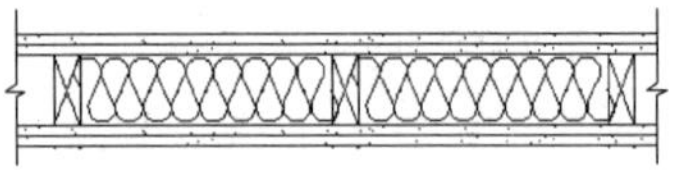	1.00	难燃性
		1. 12mm厚耐火石膏板 2. 墙骨柱最小截面38mm×89mm 3. 填充岩棉或玻璃棉 4. 12mm厚耐火石膏板 5. 墙骨柱间距为400mm或600mm	最小厚度114 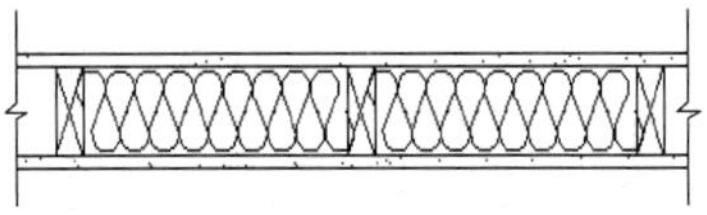	0.75	难燃性
		1. 15mm厚普通石膏板 2. 墙骨柱最小截面38mm×89mm 3. 填充岩棉或玻璃棉 4. 15mm厚普通石膏板 5. 墙骨柱间距为400mm或600mm	最小厚度120 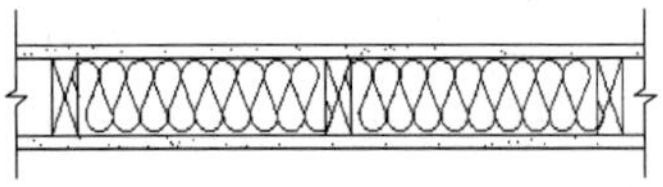	0.50	难燃性
	木骨架曝火面为耐火石膏板，另一面为木基结构板的非承重外墙	1. 12mm厚耐火石膏板 2. 墙骨柱最小截面38mm×89mm 3. 填充岩棉或玻璃棉 4. 12mm厚木基结构板 5. 墙骨柱间距为400mm或600mm	最小厚度114 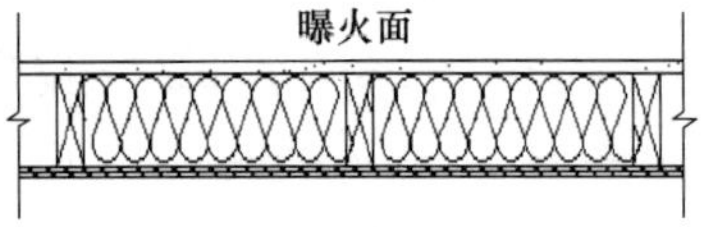 曝火面	0.75	难燃性
		1. 12mm耐火石膏板 2. 墙骨柱最小截面38mm×140mm 3. 填充岩棉或玻璃棉 4. 12mm木基结构板 5. 墙骨柱间距为400mm或600mm	最小厚度164 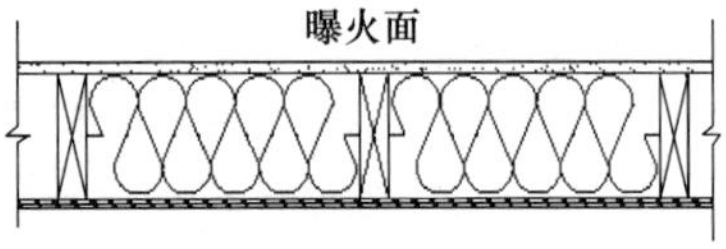 曝火面	0.75	难燃性
	木骨架两侧为石膏板的非承重外墙	1. 15mm耐火石膏板 2. 墙骨柱最小截面38mm×89mm 3. 填充岩棉或玻璃棉 4. 15mm耐火石膏板 5. 墙骨柱间距为400mm或600mm	最小厚度120 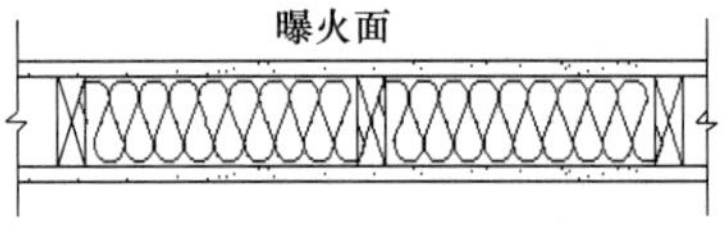 曝火面	1.25	难燃性
		1. 15mm耐火石膏板 2. 墙骨柱最小截面38mm×140mm 3. 填充岩棉或玻璃棉 4. 15mm耐火石膏板 5. 墙骨柱间距为400mm或600mm	最小厚度170 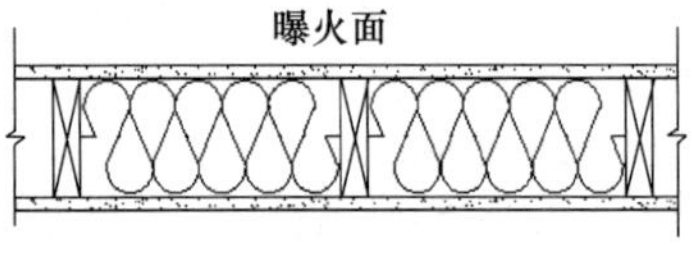 曝火面	1.25	难燃性

续表

构件名称		截面图和结构厚度或截面最小尺寸（mm）	耐火极限（h）	燃烧性能
柱	支承屋盖和楼板的四面曝火的胶合木柱： 截面尺寸为 200mm×280mm	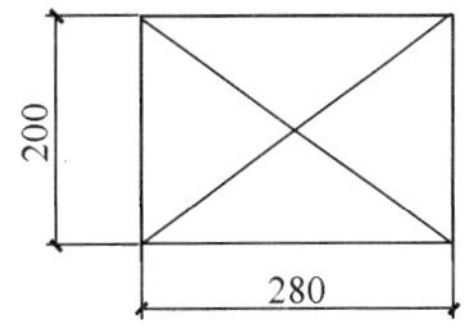 200 280	1.00	可燃性
	支承屋盖和楼板的四面曝火的胶合木柱： 截面尺寸为 272mm×352mm（截面尺寸在 200mm×280mm 的基础上每个曝火面厚度各增加 36mm）	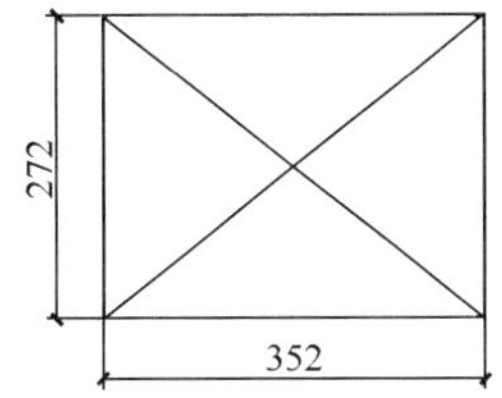 272 352	1.00	难燃性
梁	支承屋盖和楼板的三面曝火的胶合木梁： 截面尺寸：200mm×400mm	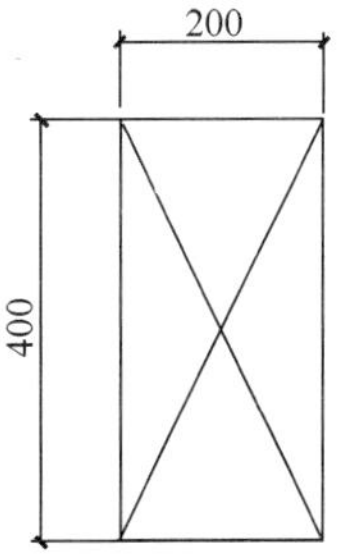 200 400	1.00	可燃性
	支承屋盖和楼板的三面曝火的胶合木梁： 截面尺寸：272mm×436mm（截面尺寸在 200mm×400mm 的基础上每个曝火面厚度各增加 36mm）	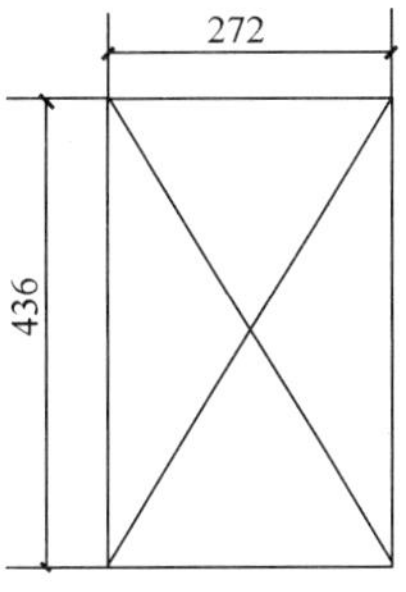 272 436	1.00	难燃性
楼板	1. 楼面板为 18mm 木基结构板 2. 采用间距 400mm 或 600mm 的实木搁栅或工字木搁栅，搁栅截面尺寸 38mm×235mm 3. 填充岩棉或玻璃棉 4. 吊顶为双层 12mm 耐火石膏板	最小厚度 277 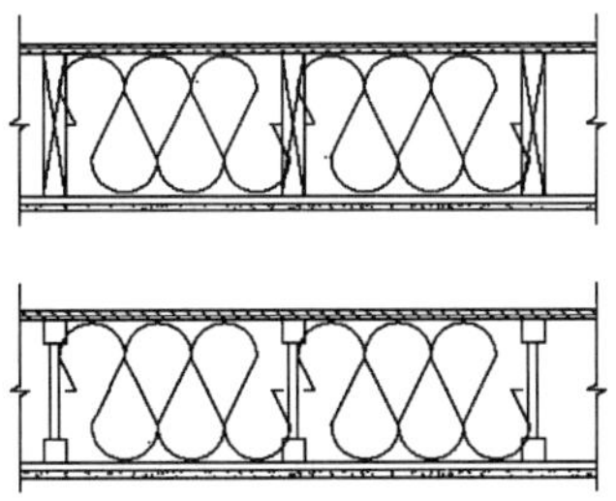	1.00	难燃性

续表

构件名称		截面图和结构厚度或截面最小尺寸（mm）	耐火极限（h）	燃烧性能
楼板	1. 楼面板为18mm厚木基结构板 2. 采用间距400mm或600mm的实木搁栅或工字木搁栅，搁栅截面尺寸38mm×235mm 3. 填充岩棉或玻璃棉 4. 吊顶为15mm耐火石膏板		0.75h	难燃性
屋顶承重构件	1. 屋顶椽条或轻型木桁架，间距为400mm或600mm 2. 填充保温材料 3. 顶棚为12mm耐火石膏板	椽檩屋顶截面 轻型木桁架屋顶截面	0.50	难燃性
吊顶	1. 实木楼盖结构40mm×235mm 2. 木板条30mm×50mm（间距为400mm） 3. 顶棚为12mm耐火石膏板	独立吊顶，厚度42。总厚度277 1 2　3 406　406	0.25	难燃性

7.2.2　建筑高度、层数和面积

1. 建筑高度的计算

在计算建筑高度时，应符合下列规定：

（1）建筑屋面为坡屋面时，建筑高度应为建筑室外设计地面至其檐口与屋脊的平均高度；

（2）建筑屋面为平屋面（包括有女儿墙的平屋面）时，建筑高度应为建筑室外设计地面至其屋面面层的高度；

（3）同一座建筑有多种形式的屋面时，建筑高度应按上述方法分别计算后，取其中最大值；

（4）对于台阶式地坪，当位于不同高程地坪上的同一建筑之间有防火墙分隔，各自有符合规范规定的安全出口，且可沿建筑的两个长边设置贯通式或尽头式消防车道时，可分别计算各自的建筑高度。否则，应按其中建筑高度最大者确定该建筑的建筑高度；

（5）局部突出屋顶的瞭望塔、冷却塔、水箱间、微波天线间或设施、电梯机房、排风和排烟机房以及楼梯出口小间等辅助用房占屋面面积不大于1/4者，可不计入建筑高度；

(6) 对于住宅建筑，设置在底部且室内高度不大于 2.2m 的自行车库、储藏室、敞开空间，室内外高差或建筑的地下或半地下室的顶板面高出室外设计地面的高度不大于 1.5m 的部分，可不计入建筑高度。

2. 建筑层数的计算

建筑层数应按建筑的自然层数计算，下列空间可不计入建筑层数：

(1) 室内顶板面高出室外设计地面的高度不大于 1.5m 的地下或半地下室；

(2) 设置在建筑底部且室内高度不大于 2.2m 的自行车库、储藏室、敞开空间；

(3) 建筑屋顶上突出的局部设备用房、出屋面的楼梯间等。

3. 防火分区

建筑物内某空间发生火灾后，火势将因热烟气的对流、辐射作用，从楼板、墙体的烧损处和门窗洞口等开口向其他空间蔓延，如果没有灭火系统和人员灭火干预，最终将发展为整座建筑的火灾。因此，在一定时间内把火势控制在着火区域内是非常重要的。这一目标可通过划分防火分区来实现。防火分区是采用具有一定耐火性能的分隔构件进行划分，能在一定时间内防止火灾向同一建筑物的其他部分蔓延的局部区域（空间单元）。防火分区面积大小的确定应考虑建筑物的使用性质、重要性、火灾危险性、建筑物高度、消防扑救能力以及火灾蔓延的速度等因素。

《建筑设计防火规范》GB 50016—2014 规定，纯木结构民用建筑不应大于 3 层，工业建筑和大面积公共建筑为单层；木结构组合建筑可以更高，但其中轻型木结构部分仍不应大于 3 层。《多高层木结构建筑技术标准》GB/T 51226—2017 规定，木结构建筑不应超过 5 层。3 层及以下和 5 层木结构建筑层数、最大允许长度和防火分区面积不应超过表 7.2.4 的规定。

设置自动喷水灭火系统的木结构建筑，每层楼的最大允许长度、面积可按表 7.2.4 的规定增加 1.0 倍；局部设置时，增加面积可按该局部面积的 1.0 倍计算。此处的局部设置，指建筑内某一局部位置与其他部位之间采取了防火分隔措施，且该局部位置又需增加防火分区面积，此时，可在该局部位置设置自动灭火系统，同时将该局部位置的面积增加一倍。但该局部区域，包括所增加的面积，均要同时设置自动灭火系统。

木结构建筑的层数、长度和面积 **表 7.2.4**

<table>
<tr><th rowspan="2">层 数</th><th colspan="2">防火墙间的允许建筑长度（m）</th><th colspan="2">防火墙间的每层最大允许建筑面积（m^2）</th></tr>
<tr><th>GB 50016—2014</th><th>GB/T 51226—2017</th><th>GB 50016—2014</th><th>GB/T 51226—2017</th></tr>
<tr><td>1层</td><td>100</td><td rowspan="5">60</td><td>1800</td><td>≤1800</td></tr>
<tr><td>2层</td><td>80</td><td>900</td><td>≤900</td></tr>
<tr><td>3层</td><td>60</td><td>600</td><td>≤600</td></tr>
<tr><td>4层</td><td>—</td><td>—</td><td>≤450</td></tr>
<tr><td>5层</td><td>—</td><td>—</td><td>≤360</td></tr>
</table>

对于“防火墙间的每层最大允许建筑面积”，指的是位于防火墙之间区域的楼层总建筑面积。例如，某建筑如果只建一层，则该防火分区的建筑面积可达 1800m^2；如果建筑需要建造 3 层，则防火墙之间区域的每个楼层建筑面积不能大于 600m^2，三个楼层的建筑面积之和不能大于 1800m^2。当然，如果整座建筑安装了自动喷水灭火系统，则防火墙间

每层最大允许建筑面积可以扩大一倍。在此情况下，此三层位于同一防火分区内，层与层之间楼板的燃烧性能和耐火极限达到标准的规定即可，如图 7.2.5 所示。

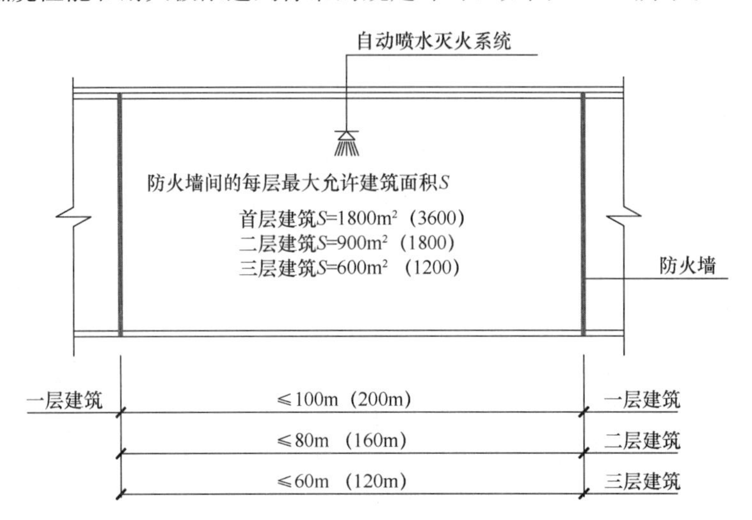

图 7.2.5　木结构建筑防火墙间长度和最大允许建筑面积

在设计时，应注意表 7.2.4 中的“每层”二字。例如，某座木结构建筑最高为 2 层，每层建筑面积在安装喷淋系统后为 $1700m^2$。根据标准的规定，这样设计满足表 7.2.4 中 2 层建筑“防火墙间每层最大允许建筑面积”不应大于 $1800m^2$（即 $2\times900m^2$）的要求。但是，如果为了达到开敞的效果，在该栋木结构建筑内设置一个贯穿两层的中庭时，应认为不能满足表 7.2.4 的要求。在此情况下，计算“防火墙间每层最大允许建筑面积”时，应将两层面积进行叠加，并且，应满足 2 层建筑中每层最大允许建筑面积的规定，即该栋建筑贯穿后，两层面积之和不能大于 $900m^2$，而非是“每层”不能大于 $900m^2$。

对于 5 层木结构建筑，其防火墙间的建筑总面积与 3 层木结构建筑的建筑总面积相同，皆为 $1800m^2$，只是每层最大允许建筑面积平均分为了 5 等份。如果木结构建筑设中庭等内部有贯穿楼层的开敞空间时，应注意面积的叠加计算。

7.2.3　防火间距

防火间距是指防止着火建筑在一定时间内引燃相邻建筑，以及便于消防扑救的间隔距离。防火间距应按相邻建筑外墙的最近距离计算，当外墙有突出的可燃构件时，应从突出部分的外缘算起。当相邻建筑外墙有一面为防火墙，或者建筑物之间设置防火墙且墙体截断不燃性屋面或高出难燃性、可燃性屋面不低于 0.5m 时，木结构建筑之间及其与其他民用建筑之间的防火间距不限。

试验证明，发生火灾的建筑物对相邻建筑的影响与该建筑物外墙的耐火极限和外墙上的门、窗或洞口的开口比例有直接关系。因此，当两座木结构建筑之间及其与相邻其他结构民用建筑之间的外墙均无任何门窗洞口时，其防火间距不应小于 4.0m。

国家标准《建筑设计防火规范》GB 50016—2014 和《多高层木结构建筑技术标准》GB/T 51226—2017 规定，木结构建筑之间及其与其他耐火等级的民用建筑之间的防火间距不应小于表 7.2.5 的规定。

同时，国家标准《建筑设计防火规范》GB 50016—2014 还规定，两座木结构建筑之间及其与其他耐火等级的民用建筑之间，外墙的门窗洞口面积之和不超过该外墙面积的10%时，其防火间距可按表 7.2.5 的规定减小 25%。

木结构建筑之间及其与其他耐火等级的民用建筑之间的防火间距（m） 表 7.2.5

建筑耐火等级或类别		高层民用建筑	裙房和其他民用建筑			
		一、二级	一、二级	三级	木结构建筑	四级
木结构建筑	GB 50016—2014	—	8.0	9.0	10.0	11.0
	GB/T 51226—2017	14	9.0	10.0	12.0	12.0

7.2.4 安全疏散

人员安全疏散是一个涉及建筑物结构、火灾发展过程和人员行为等基本因素的复杂问题。建筑物的几何尺寸及建筑布局限定了火灾发展与人员活动的空间；依据可燃物类型及放置的不同，火灾的发展具有很多特殊性；火灾环境下人员具有不同的行为特点。疏散路线设计的合理性将大大有利于人员的安全疏散。

人员安全疏散是指在火灾烟气未达到危害人员生命的状态之前，将建筑物内的所有人员安全地疏散到安全区域的行动。人员能否安全疏散主要取决于两个特征时间，一是火灾发展到对人构成危险所需的时间，或称为可用安全疏散时间；另一个是人员疏散到达安全区域所需要的时间，或称为所需安全疏散时间。保证人员安全疏散的关键是楼内所有人员疏散完毕所需的时间必须小于火灾发展到危险状态的时间。

为充分发挥疏散通道疏散人员的作用，应对建筑物内的疏散距离、通道宽度和安全出口作出合理的规定。

国家标准《建筑设计防火规范》GB 50016—2014 规定，民用木结构建筑房间直通疏散走道的疏散门至最近安全出口的距离不应大于表 7.2.6 规定的距离。

房间直通疏散走道的疏散门至最近安全出口的距离（m） 表 7.2.6

名称	位于两个安全出口之间的疏散门	位于袋形走道两侧或尽端的疏散门
托儿所、幼儿园	15	10
歌舞、娱乐、放映、游艺场所	15	6
医院、疗养院、老年人建筑、学校	25	12
其他民用建筑	30	15

房间任一点到该房间直通疏散走道的疏散门的距离，不应大于表 7.2.6 中规定的袋形走道两侧或尽端的疏散门至最近安全出口的距离。

建筑内疏散走道、安全出口、疏散楼梯和房间疏散门每 100 人的疏散净宽度不应小于表 7.2.7 的规定。

疏散走道、安全出口、疏散楼梯和房间疏散门每 100 人的疏散净宽度（m） 表 7.2.7

层数	每 100 人的疏散净宽度
地上 1、2 层	0.75
地上 3 层	1.00

建筑安全疏散设计一个重要的原则是设置2个安全出口，且人员能够有不同的疏散方向。当建筑面积和建筑内的人员荷载较小时，可设置1个安全出口或疏散楼梯。《建筑设计防火规范》GB 50016—2014规定，木结构建筑每层建筑面积小于200m^{2}且第二层和第三层的人数之和不超过25人时，可设置1个疏散楼梯。

7.3　胶合木构件防火验算

木构件的耐火极限，可以通过标准火灾试验进行实际检测，也可以通过计算确定。胶合木结构应用的范围很广，采用胶合木结构的项目也较多，如果每个项目都通过耐火试验确定其胶合木构件的耐火极限，极易造成人力、物力和财力的浪费。因此，一般通过胶合木构件耐火极限的验算来确保木结构的防火安全。

7.3.1　防火验算方法

国家标准《木结构设计标准》GB 50005—2017和《胶合木结构技术规范》GB/T 50708—2012对木构件的防火验算规定是基本相同的，明确规定防火验算的方法仅适用于耐火极限不超过2.00h的构件防火设计，同时强调，在进行木构件的防火设计和验算时，恒载和活载均应采用标准值。防火设计应采用下列设计表达式：

$$S_k \leqslant R_f \tag{7.3.1}$$

式中：S_k——火灾发生后验算受损木构件的荷载偶然组合的效应设计值，永久荷载和可变荷载均应采用标准值；

R_f——按耐火极限燃烧后残余木构件的承载力设计值。

对燃烧后的残余木构件的承载力设计值计算时，构件材料的强度和弹性模量应采用平均值。材料强度平均值应为材料强度标准值乘以表7.3.1规定的调整系数。

防火设计强度调整系数　　**表7.3.1**

构件材料种类	抗弯强度	抗拉强度	抗压强度
目测分级木材	2.36	2.36	1.49
机械分级木材	1.49	1.49	1.20
胶合木	1.36	1.36	1.36

木构件燃烧t小时后，有效炭化层厚度应按下式计算：

$$d_{ef} = 1.2\beta_n t^{0.813} \tag{7.3.2}$$

式中：d_{ef}——有效炭化层厚度（mm）；

β_n——木材燃烧1.00h的名义线性炭化速率（mm/h），采用针叶材制作的木构件的名义线性炭化速率为38mm/h；

t——耐火极限（h）。

木构件燃烧t小时，有效炭化速率β_e与名义线性炭化速率β_n的相互关系如下：

$$\beta_e = \frac{1.2\beta_n}{t^{0.187}} \tag{7.3.3}$$

式中：β_e——根据耐火极限t的要求确定的有效炭化速率（mm/h）。

根据名义线性炭化速率计算的有效炭化速率和有效炭化层厚度见表7.3.2。

有效炭化速率和炭化层厚度 表 7.3.2

构件的耐火极限 t (h)	有效炭化速率 β_e (mm/h)	有效炭化层厚度 d_{ef} (mm)
0.50	52.0	26
1.00	45.7	46
1.50	42.4	64
2.00	40.1	80

式（7.3.3）中的名义线性炭化速率 β_n 是一维状态下炭化速率，取 38mm/h，与欧洲规范 5 中规定的一维炭化速率数值 0.65mm/min 相同。有效炭化速率 β_e 为二维状态下，考虑了构件角部燃烧情况以及炭化速率的非线性。

当验算燃烧后的构件承载能力时，应按照本手册第 4 章的各项验算要求进行验算，并应符合下列规定：

（1）验算构件燃烧后的承载能力时，应采用构件燃烧后的剩余截面尺寸；

（2）当确定构件强度值需要考虑尺寸调整系数或体积调整系数时，应按构件燃烧前的截面尺寸计算相应调整系数。

三面受火和四面受火的木构件燃烧后剩余截面（图 7.3.1）的几何特征应根据构件实际受火面和有效炭化厚度进行计算，具体计算公式见表 7.3.3。单面受火和两面受火的木构件燃烧后剩余截面可按式（7.3.2）直接确定。

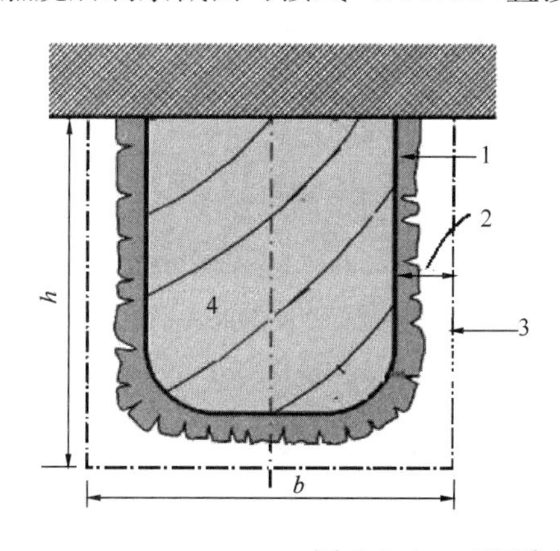

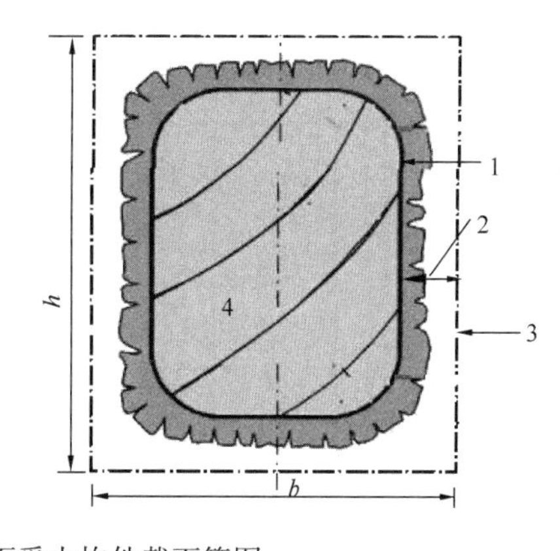

图 7.3.1 三面受火和四面受火构件截面简图

1—构件燃烧后剩余截面边缘；2—有效炭化厚度 d_{ef}；3—构件燃烧前截面边缘；4—剩余截面；
h—燃烧前截面高度（mm）；b—燃烧前截面宽度（mm）

构件燃烧后的几何特征 表 7.3.3

截面几何特征	三面曝火时	四面曝火时
截面面积（mm^2）	$A(t)=(b-2\beta_e t)(h-\beta_e t)$	$A(t)=(b-2\beta_e t)(h-2\beta_e t)$
截面抵抗矩（主轴方向）（mm^3）	$W(t)=\dfrac{(b-2\beta_e t)(h-\beta_e t)^2}{6}$	$W(t)=\dfrac{(b-2\beta_e t)(h-2\beta_e t)^2}{6}$
截面抵抗矩（次轴方向）（mm^3）	—	$W(t)=\dfrac{(h-2\beta_e t)(b-2\beta_e t)^2}{6}$

续表

截面几何特征	三面曝火时	四面曝火时
截面惯性矩（主轴方向）（mm^4）	$I(t)=\frac{(b-2\beta_e t)(h-\beta_e t)^3}{12}$	$I(t)=\frac{(b-2\beta_e t)(h-2\beta_e t)^3}{12}$
截面惯性矩（次轴方向）（mm^4）	—	$I(t)=\frac{(h-2\beta_e t)(b-2\beta_e t)^3}{12}$

注：h—燃烧前截面高度（mm）；b—燃烧前截面宽度（mm）；
t—耐火极限时间（h）；β_e—有效炭化速率（mm/h）。

7.3.2　其他的防火验算方法

在北美地区通过建立木构件截面尺寸与耐火极限的相互关系，并采用这一原理对木构件进行防火验算。

1. 胶合木构件耐火极限计算原理

如图 7.3.2 所示，假定构件截面的初始宽度为 B，高度为 D。经过在火中的暴露时间为 t 后，构件的截面尺寸减小为宽度 b，高度 d。图中为三面受火的梁，截面的初始形状为矩形。构件燃烧时，因为梁的两侧角部受到来自两个方向的热量传递，炭化速度比其他地方快，所以，燃烧后的截面不再是矩形。在炭化层与常温层之间，有一层温度约为288℃厚度约为 38mm 的过渡层。燃烧后构件中部剩余的窄长的常温部分，由于设计中附加的安全考虑，使得其在构件截面减小以后，仍能承担部分设计荷载。只有当常温层承载的荷载超过最大承载力时，构件才会出现破坏。

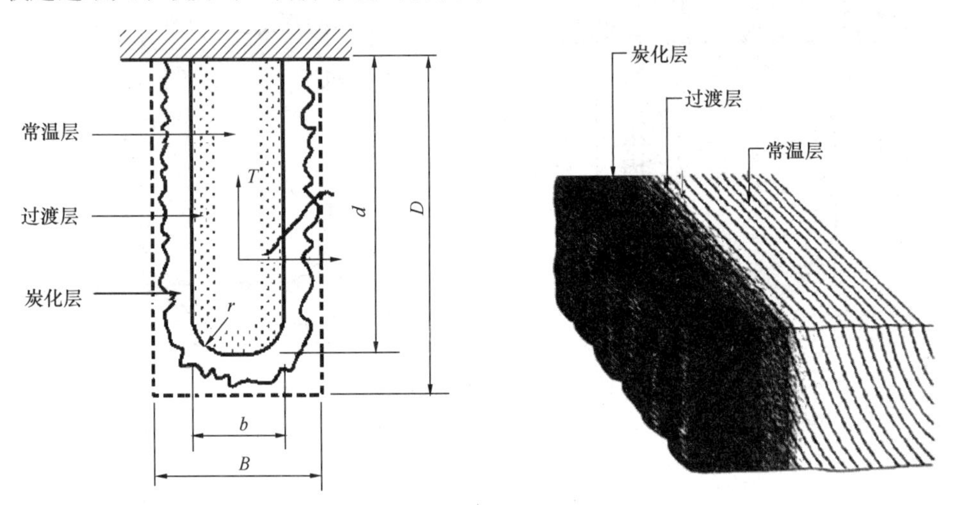

图 7.3.2　胶合木构件的炭化

受弯构件在火灾中，由于截面面积矩减小，当承担的荷载产生的弯矩超过最大受弯承载力时，构件就会出现破坏。顺纹受拉构件在火灾中，由于截面减小，当承担的荷载产生的拉力超过最大受拉承载力时，构件就会出现破坏。

顺纹受压构件在火灾中，其破坏模式与柱的长细比有关。柱的长细比，随着构件在火灾中暴露的时间而改变。对于短柱来说，由于截面减小，当荷载产生的压力超过极限受压承载力时，构件就会破坏。对于长柱，由于截面惯性矩的减小，当临界弯曲荷载超过设计要求时，就会破坏。

北美目前的建筑规范中采用的计算胶合木结构小于或等于 1h 耐火极限的计算方法是通过试验和理论结合推导出来的。大量的试验表明，木构件表面炭化的名义线性炭化速率为 0.635mm/min，过渡层的厚度约为 38mm。研究表明，不同树种的木构件的极限承载力和刚度，在火灾中，其未炭化的部分都能达到原来强度的 85%～90%。考虑到这种作用，可以采用折减系数 α 对强度和刚度进行统一折减。系数 k 为设计荷载与极限荷载的比值，在这里，k 值取 0.33（即安全系数为 3）。考虑强度和刚度的折减，α 取 0.8。

胶合木构件的受火情况分成三面受火和四面受火，如图 7.3.3 所示。

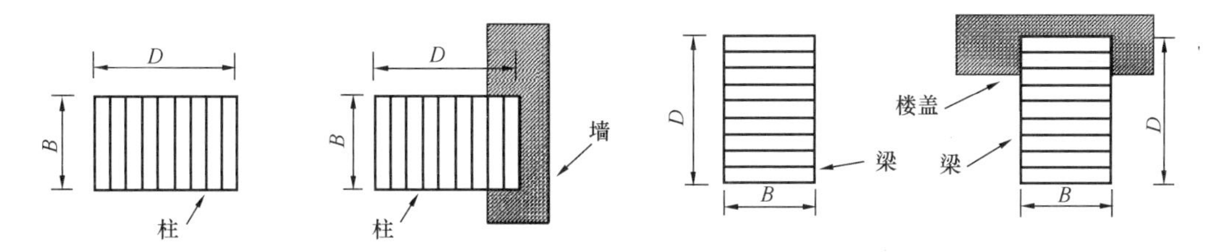

图 7.3.3 构件的受火面示意

计算中，假定燃烧以后的截面仍是矩形，采用这个假定，截面的初始宽度为 B，高度为 D，经过在火中的暴露时间为 t 后，构件的截面尺寸减小为宽度 b，高度 d，如图 7.3.4 所示。此处 b 和 d 与构件的燃烧时间以及炭化速度 β 有关。假定炭化速度在每个方向相同，则构件在火灾中的暴露时间 t 和初始及最终的尺寸，通过炭化速度 β 得到以下关系：

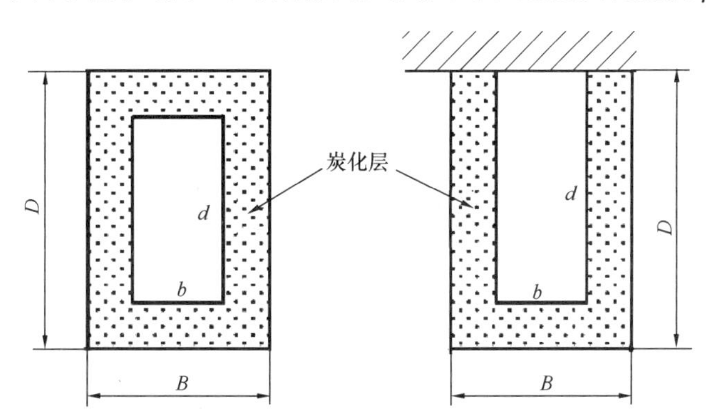

图 7.3.4 胶合木构件耐火极限计算简图

构件四面受火时：

$$t=\frac{B-d}{2\beta}=\frac{D-d}{2\beta} \tag{7.3.4}$$

构件三面受火时：

$$t=\frac{B-b}{2\beta}=\frac{D-d}{\beta} \tag{7.3.5}$$

对于梁构件，当截面的面积矩减小到临界数值时，梁会破坏。假定安全系数为 k，荷载系数为 Z，强度与刚度采用同样的折减系数 α，则关键截面由下式决定：

$$kZ\frac{BD^2}{6}=\alpha\frac{bd^2}{6} \tag{7.3.6}$$

式中：k——设计荷载与极限荷载的比值；

Z——荷载系数，按图 7.3.5 确定；

α——强度和刚度的折减系数。

如果已知构件的截面尺寸 B 和 D，可以通过式（7.3.4）和式（7.3.5）求出耐火时间 t。方程的解需要通过试算法解决。这一过程较为烦琐，为了简化计算，可以将上述公式进行简化。令 $a=0.8$，$k=0.33$，得出计算胶合梁小于等于 1h 耐火极限的计算公式如下：

构件四面受火时：

$$t_f=0.1ZB\left[4-2\frac{B}{D}\right] \tag{7.3.7}$$

构件三面受火时：

$$t_f=0.1ZB\left[4-\frac{B}{D}\right] \tag{7.3.8}$$

式中：当 $R<0.5$ 时，$Z=1.3$；当 $R\geqslant1.5$ 时，$Z=0.7+\dfrac{1.3}{R}$；

R——荷载作用与承载力设计值的比值。

柱的破坏模式与构件的长细比有关，对于短柱，当截面面积减小到临界值时，发生短柱破坏模式。此处假设安全系数为 k，荷载系数为 Z，强度的平均折减为 α，则关键截面由下式决定：

$$kZBD=abd \tag{7.3.9}$$

发生长柱破坏情况下，当截面破坏到一定程度时，截面的惯性模量达到临界值。此处假定安全系数为 k，荷载系数为 Z，强度的平均折减为 α，则关键截面由下式决定：

$$kZ\frac{BD^3}{12}=\alpha\frac{bd^3}{12} \tag{7.3.10}$$

式中：D——柱截面中窄边的尺寸，柱的屈曲发生在弱的方向。

此处假定初始尺寸为 B（较大的尺寸）和 D（窄边尺寸），短柱的耐火极限可通过式（7.3.4）、式（7.3.5）和式（7.3.9）求得，长柱的耐火极限可通过式（7.3.4）、式（7.3.5）和式（7.3.10）求得。同样，为了简化计算，采用式（7.3.6）作为平均值代替式（7.3.9）用于短柱，代替式（7.3.10）用于长柱。所以，当 $\alpha=0.8$，$k=0.33$ 时，得出计算胶合木柱小于等于 1h 耐火极限的计算公式如下：

四面受火柱：

$$t_f=0.1ZB\left[3-\frac{B}{D}\right] \tag{7.3.11}$$

三面受火柱：

$$t_f=0.1ZB\left[3-\frac{B}{2D}\right] \tag{7.3.12}$$

式中：对于短柱（$k_e L/D \leqslant 11$），当 $R<0.5$ 时，$Z=1.5$；当 $R \geqslant 0.5$ 时，$Z=0.9+\frac{0.3}{R}$。对于长柱（$k_e L/D>11$），当 $R<0.5$ 时，$Z=1.3$；当 $R \geqslant 0.5$ 时，$Z=0.7+\frac{0.3}{R}$；

k_e——柱的有效长度系数；

L——支撑点之间的柱高度；

R——荷载作用与承载力设计值的比值；

D——构件截面的短边尺寸；

Z——荷载系数，取值如图 7.3.5 所示。

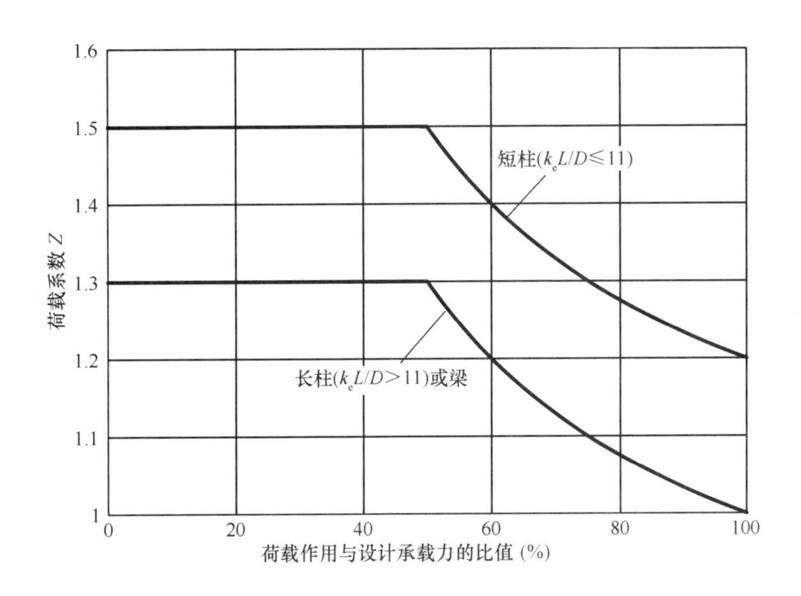

图 7.3.5 荷载系数的取值

2. 胶合木结构构件的耐火极限计算方法应用条件

对于构件耐火极限的计算公式，在三面受火时，不适用于构件宽面背火的情况，即上述计算公式，仅当柱的某条短边为不受火面时，才能成立。当柱嵌入墙体中，计算时仍按柱的全截面尺寸，参见图 7.3.3。此外，当采用上述公式计算构件的耐火极限时，还要求构件在受火前的截面尺寸不得小于 140mm×140mm。

3. 胶合木结构构件的耐火极限计算实例

【例题 7.3.1】 结构胶合梁截面尺寸为 175mm×380mm，三面受火，荷载作用为抗弯强度设计值的 80%。求结构胶合木梁的耐火极限。

【解】 本题中，$B=175\text{mm}$，$D=380\text{mm}$。根据图 7.3.5，当构件为三面受火的梁，且荷载作用为强度设计值的 80%时，其荷载系数 $Z=1.075$。

$$T=0.10ZB\left[4-\frac{B}{D}\right]=0.1\times1.075\times175\times\left[4-\frac{175}{380}\right]=66.6\ (\text{min})$$

所以，这根结构胶合梁的耐火极限为 1h。

7.4 防 火 构 造

7.4.1 轻型木结构和木框架剪力墙结构防火构造

轻型木结构建筑和木框架剪力墙结构建筑中，框架构件和面板之间形成许多空腔，如果墙体构件的空腔沿建筑物高度或者与楼盖或顶棚之间没有任何阻隔，一旦构件内某处发生火灾，火焰、高温气体以及烟气会迅速通过构件内部空腔蔓延。因此，应当在这些不同的空间之间增设防火分隔，从构造上阻断火焰、高温气体以及烟气的蔓延。根据火焰、高温气体和烟气的传播方式和规模，防火分隔分成竖向防火分隔和水平防火分隔。

竖向防火分隔主要用来阻挡火焰、高温气体和烟气通过构件上的开孔，通过竖向通道在不同构件之间的传播。其主要目的是将相对封闭的空间进行封闭，有效地限制氧气的供应量，从而限制火焰增长。水平防火分隔则是限制火焰、高温气体和烟气在水平构件中的传播。水平防火分隔的设置，一般根据空间中的面积来确定。

1. 竖向防火分隔

（1）墙体或隔墙的密闭空间中，挡火构件的位置应满足下列要求：

1）位于每层楼面层高处；

2）当顶棚有耐火极限要求时，在每层顶棚的位置；

3）墙体构件中的水平空间（例如用于固定墙面石膏板的水平龙骨），当该空间的长度超过 20m 时；

4）竖向空间的高度超过 3m 时。

（2）当墙体厚度不超过 250mm 或内填矿棉时，可不增加防火分隔措施。

图 7.4.1 和图 7.4.2 所示为轻型木结构中常用的竖向防火分隔。墙体中，在竖向构件之间会形成竖向的密闭空间，这个空间为烟气和高温气体沿竖向穿越到其他部位提供了通道。在多数轻型木结构的墙体应用中，墙体的顶梁板和底梁板为主要的挡火构件。

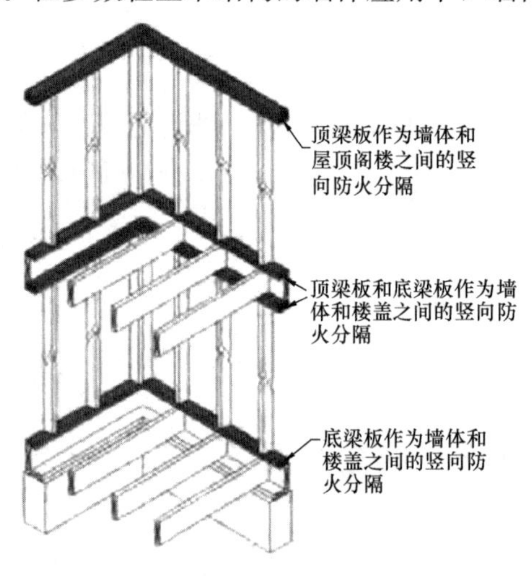

图 7.4.1 墙体竖向防火构造（一）

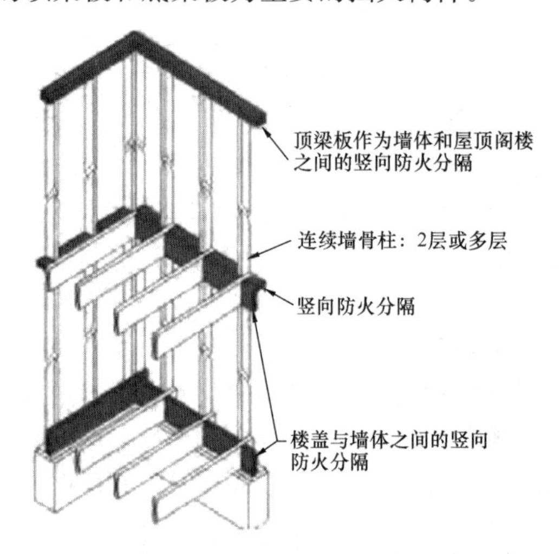

图 7.4.2 墙体竖向防火构造（二）

（3）对于弧形转角吊顶、下沉式吊顶以及局部下沉式吊顶，在构件的竖向空间与横向空间的交汇处，应采取防火分隔措施，但是对于其他大多数情况下，墙体的顶梁板、楼盖中的端部桁架以及端部支撑可视作挡火构件（图 7.4.3～图 7.4.5）。

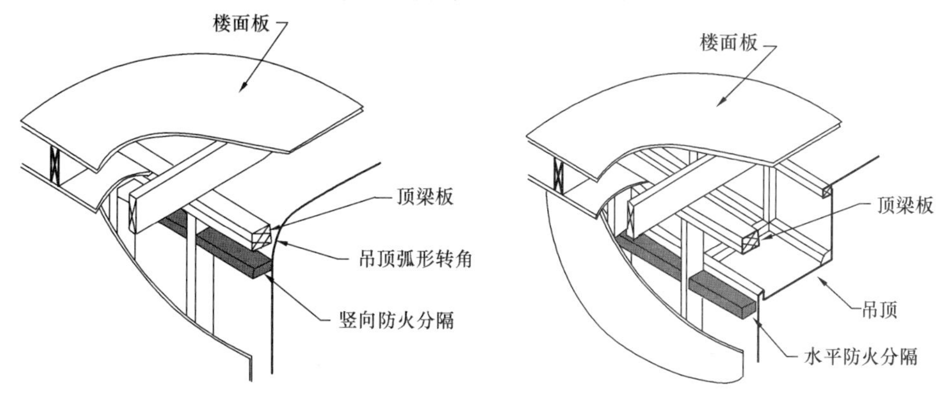

图 7.4.3　弧形转角吊顶竖向防火分隔　　图 7.4.4　下沉式吊顶竖向防火分隔

（4）楼梯梁在与楼盖交接的后一级踏步处必须增加挡火构件，以防火焰和高温气体通过楼梯梁的空隙向外蔓延（图 7.4.6）。

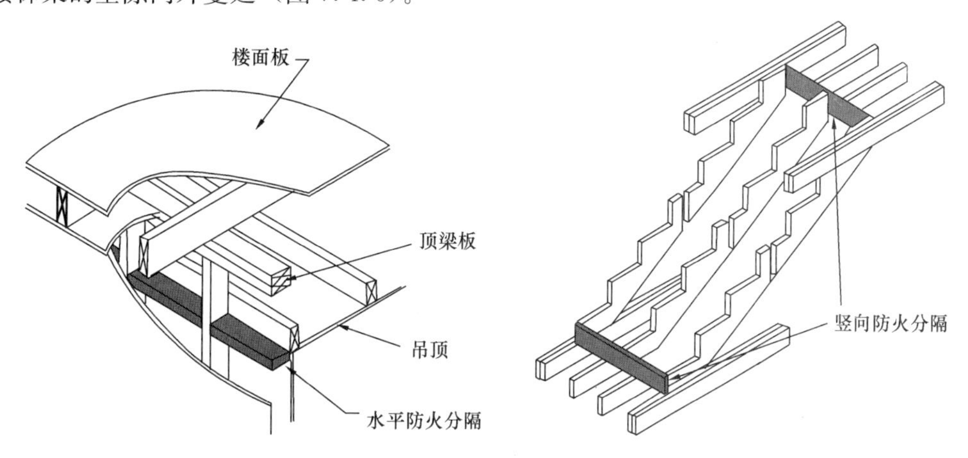

图 7.4.5　局部下沉式吊顶竖向防火分隔　　图 7.4.6　楼梯与楼盖之间竖向防火分隔

（5）顶梁板或底梁板上，在穿过管道的开孔周围应采用不可燃材料填塞密封（图 7.4.7）。

（6）烟囱周围楼盖与烟囱的空隙中，应增设竖向防火分隔（图 7.4.8）。

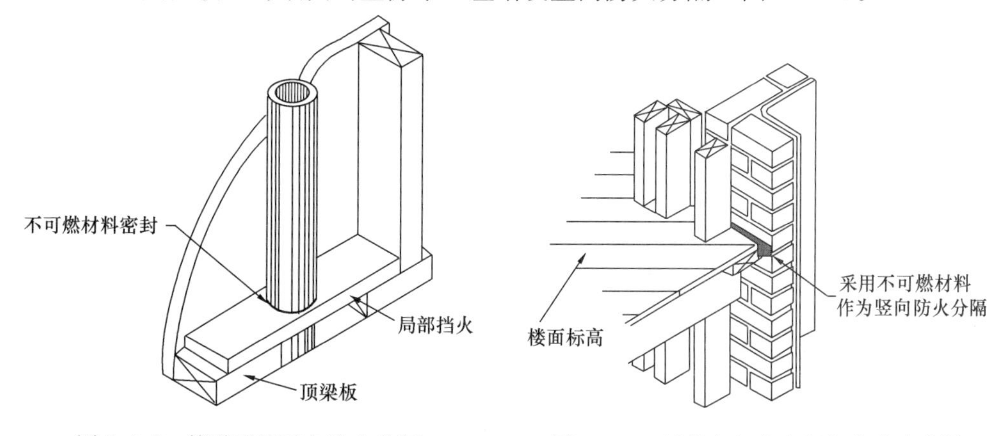

图 7.4.7　管道周围竖向防火分隔　　图 7.4.8　楼盖与烟囱之间竖向防火分隔

2. 水平防火分隔

采用吊顶、桁架或椽条时，内部会形成较大的开敞空间。此时必须在这些开敞空间内增加水平防火分隔。如果顶棚不是固定在结构构件而是固定在龙骨上，应注意在双向龙骨形成的空间内也需增加水平防火分隔。这些空间必须按照下列防火分隔要求分隔成小空间：

（1）每一空间的面积不得超过 300m²。

（2）每一空间的宽度和长度不得超过 20m。

楼盖构件内的水平防火分隔见图 7.4.9～图 7.4.11。屋盖阁楼中，水平防火分隔见图 7.4.12。

（3）采用实木锯材或工字搁栅的楼盖和屋盖一般在构件底部与其他材料直接连接。在结构上，搁栅之间支撑通常可用作水平防火分隔，一般不需要增加额外的水平防火分隔。规范规定，当空间的长度超过 20m 时，沿搁栅平行方向需要增加防火分隔（图 7.4.12）。

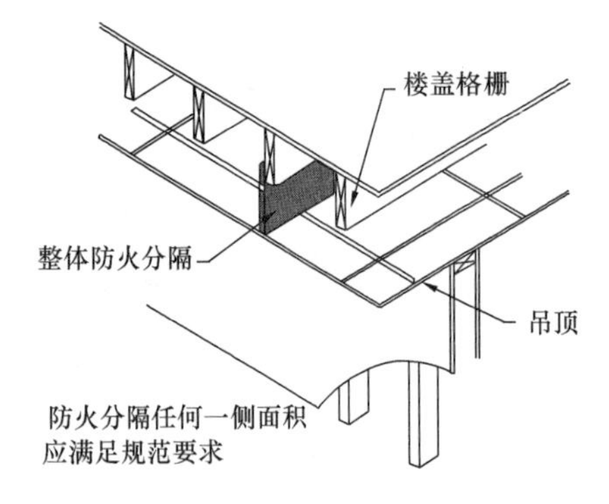

图 7.4.9　楼盖内水平防火分隔（一）

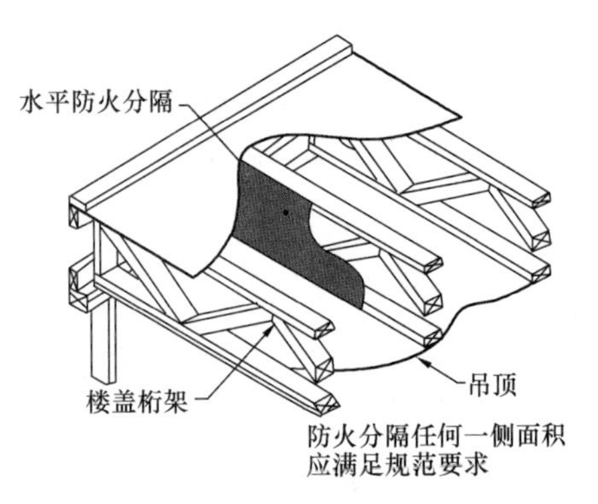

图 7.4.10　楼盖内水平防火分隔（二）

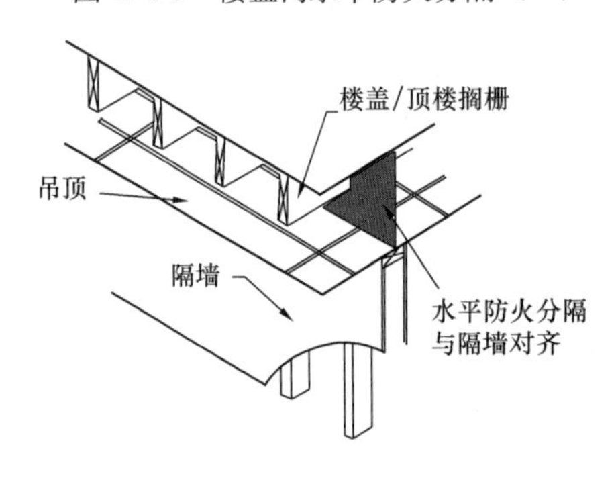

图 7.4.11　楼盖内水平防火分隔（三）

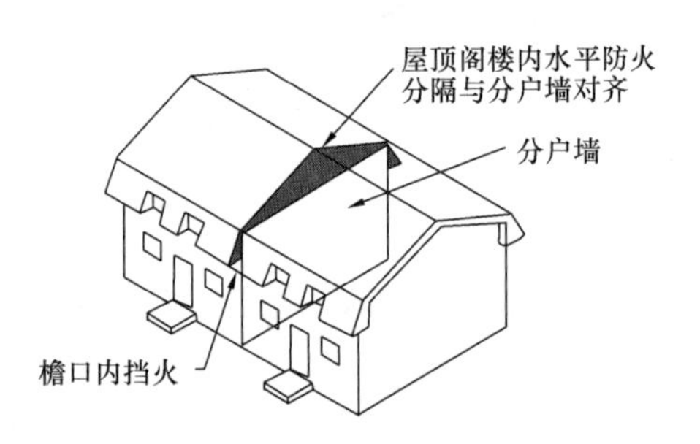

图 7.4.12　屋盖内防火分隔

当屋盖采用轻型桁架时，应注意阁楼内挡火构件之间的拼缝。拼缝的位置应落在桁架弦杆或腹杆上。如果拼缝悬空，则须用板条封住，以防火焰和高温气体的扩散支撑。当这些空间与竖向密闭空间连在一起时，在两者交汇处必须有防火分隔措施。此外，当顶棚材料安装在龙骨上时，龙骨与结构构件之间会形成一定的空间，在这个空间内，火焰、烟气和高温气体可能横向蔓延至墙体构件中。外墙围护结构中，在围护材料与墙面板之间形成的等压防水层也可能为火焰、烟气和高温气体的移动创造条件。所以，在这些部位应安装相应的防火分隔。

3. 防火分隔材料

轻型木结构设置防火分隔时，防火分隔可采用下列材料制作：

(1) 截面宽度不小于 40mm 的规格材；

(2) 厚度不小于 12mm 的石膏板；

(3) 厚度不小于 12mm 的胶合板或定向木片板；

(4) 厚度不小于 0.4mm 的钢板；

(5) 厚度不小于 6mm 的无机增强水泥板；

(6) 其他满足防火要求的材料

7.4.2 胶合木结构建筑防火构造要求

胶合木结构建筑通常采用梁柱构件，梁柱结构的防火设计可采用防火覆盖层构造和炭化层设计方法（图 7.4.13、图 7.4.14）。防火覆盖层应满足现行国家标准《建筑设计防火规范》GB 50016、《木结构设计标准》GB 50005 和《多高层木结构建筑技术标准》GB/T 51226 中对木结构构件的燃烧性能和耐火极限的要求。

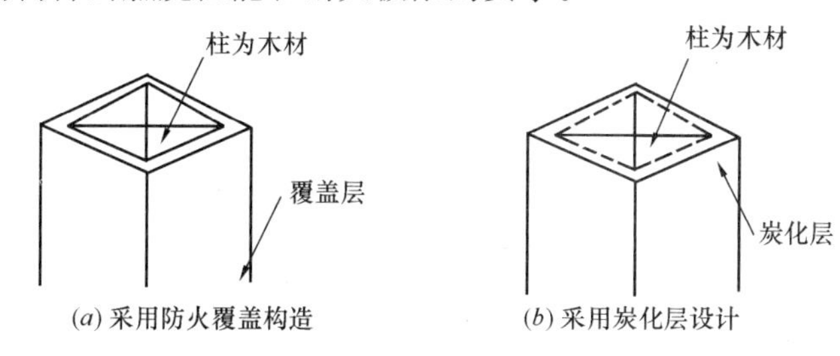

(a) 采用防火覆盖构造　　(b) 采用炭化层设计

图 7.4.13　柱的防火构造示意

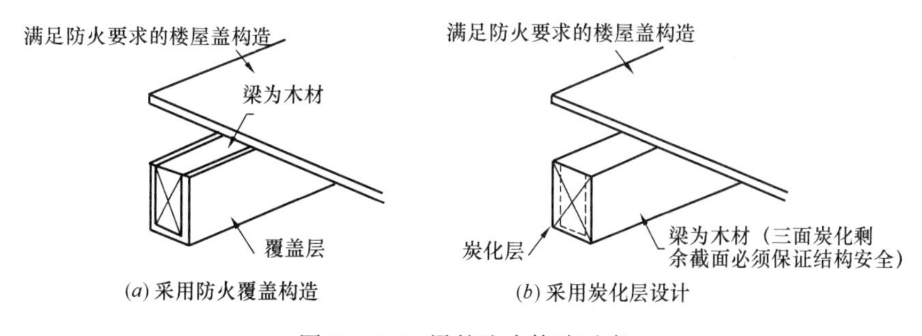

(a) 采用防火覆盖构造　　(b) 采用炭化层设计

图 7.4.14　梁的防火构造示意

胶合木结构建筑的楼盖通常采用暗梁的防火覆盖构造和露梁的防火覆盖构造(图 7.4.15)。

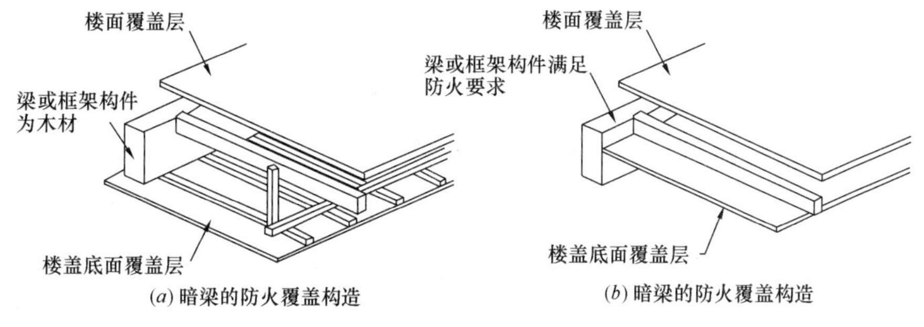

(a) 暗梁的防火覆盖构造　　(b) 暗梁的防火覆盖构造

图 7.4.15　楼盖的防火构造示意

胶合木结构建筑连接件应进行防火保护，保证构件之间的连接达到构件所需的耐火极限。图 7.4.16～图 7.4.21 所示为 1h 耐火极限时，构件连接处的构造要求。

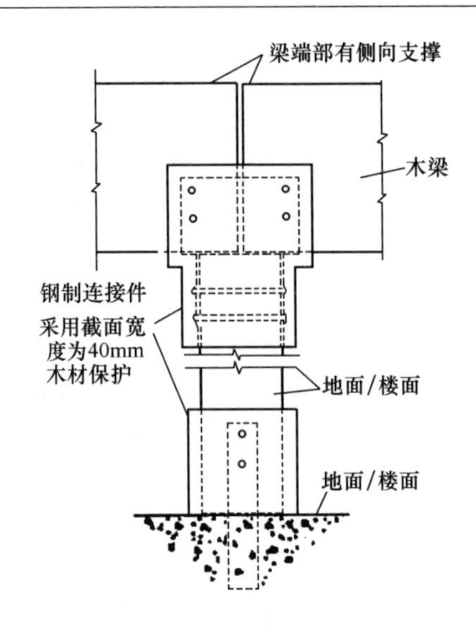

图 7.4.16　柱的连接件

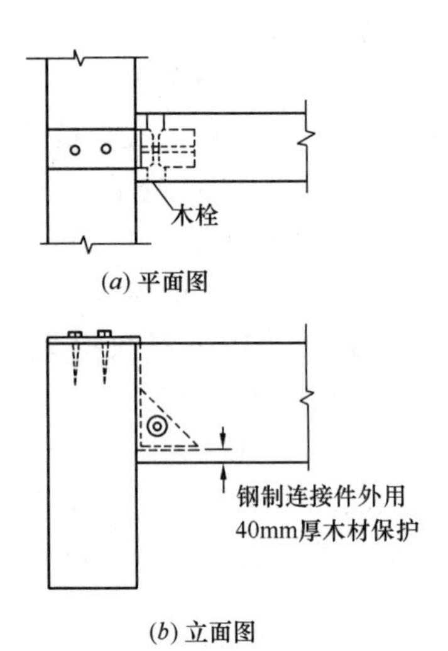

图 7.4.17　次梁与主梁连接
（连接件暗藏于构件中）

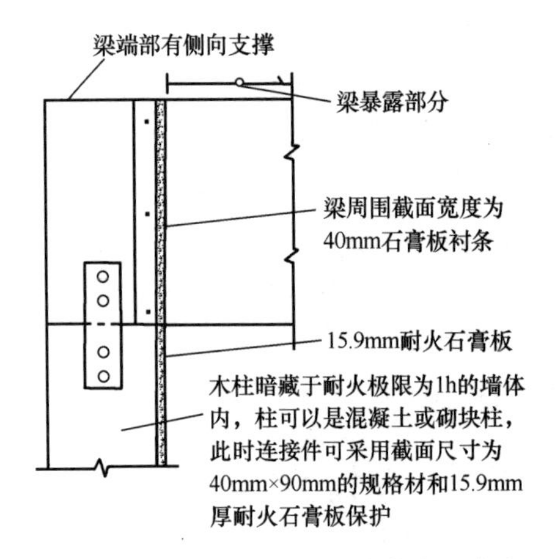

图 7.4.18　梁与柱连接，连接件位于背火面

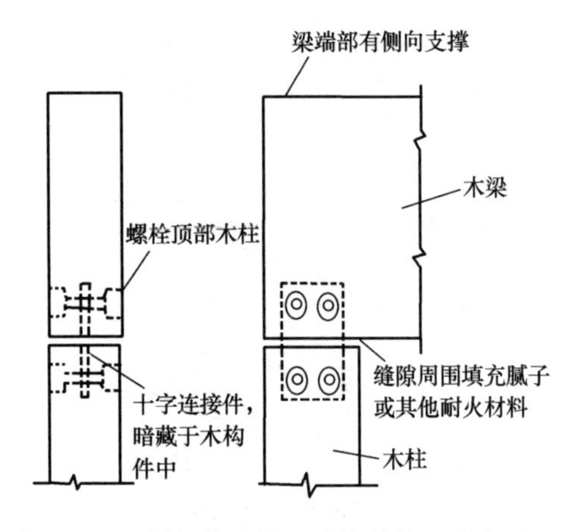

图 7.4.19　梁与柱连接，连接件位于受火面(一)

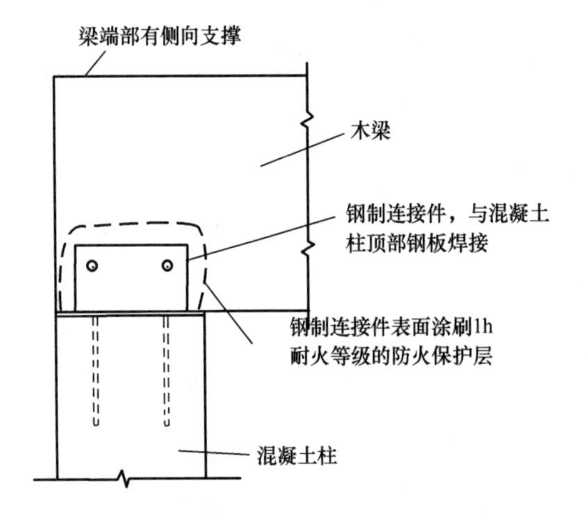

图 7.4.20　梁与柱连接，连接件位于受火面(二)

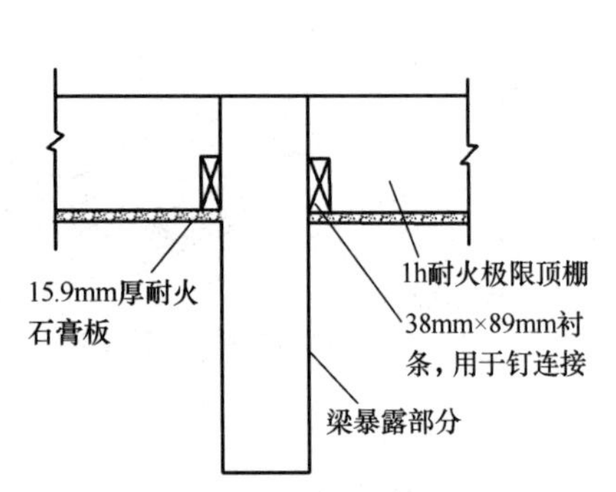

图 7.4.21　顶棚与梁的关系

本 章 参 考 文 献

［1］ 建筑设计防火规范(GB 50016—2014)[S]. 北京：中国计划出版社，2014.

［2］ 木结构设计标准(GB 50005—2017)[S]. 北京：中国建筑工业出版社，2017.

［3］ 多高层木结构建筑技术标准(GB/T 51226—2017)[S]. 北京：中国建筑工业出版社，2017.

［4］ 胶合木结构技术规范(GB/T 50708—2012)[S]. 北京：中国建筑工业出版社，2012.

第8章　木结构防护设计

8.1　木结构破坏的若干因素

影响木结构使用耐久性的因素主要包括物理、化学和生物等几方面的作用。物理、化学作用主要是指木材因火灾、风化、机械或化学等因素的作用造成的破坏。生物性作用主要是指木材由微生物、昆虫（包括白蚁）以及害生钻木动物引起的破坏。本节主要介绍木材的生物性破坏。

8.1.1　木腐菌对木结构的危害

破坏木材的微生物有几种，其中，破坏木材强度的以木腐菌为主。

1. 木腐菌的生长和传播

木腐菌属于一种低等植物，它的孢子落在木材上发芽生长形成菌丝，菌丝生长蔓延，分解木材细胞作为养料，因而造成木材腐朽。菌丝密集交织时，肉眼可见，呈分枝状、皮状、片状、绒毛状或绳索状等，以后发展到一定阶段形成子实体（俗称蘑菇），子实体能产生亿万个孢子（如高等植物的种子），每个孢子发芽后成菌丝，又可能蔓延而危害木材。

木腐菌在木构件上传播的方式主要有两种：一种方式是接触传播。菌丝可以从木材感染的部位蔓延到邻近健康木材上，这是建筑物中木腐菌传播的普遍方式。菌丝不但能在木材上蔓延，还可蔓延到混凝土、砖墙上，甚至能越过钢梁蔓延至数米以外的另一木构件上。如果新建或维修房屋时，使用了已受木腐菌感染的木材，则在适合的条件下，木腐菌就可能在木质建筑中蔓延，因此，选用健康木材是很重要的。由于一般木腐菌的孢子与菌丝都能在潮湿的土壤中存在相当长的时期，所以与土壤接触的木构件往往是木腐菌侵染的途径。第二种方式是孢子的传播。木腐菌产生数量巨大的小而轻的孢子，能随气流漂到任何角落，遇到潮湿木材，孢子即萌发形成菌丝，然后蔓延到其他部位。为了有效地防止木腐菌的侵染（不论是菌丝或孢子传播），应对木构件预先用化学药剂进行防腐处理，或使木构件处于干燥状态。

2. 木腐菌的生长条件

木腐菌生长需要具备下列条件：

（1）木材湿度：通常木材含水率超过20%木腐菌就能生长，但最适宜生长的木材含水率为40%～70%，也有几类木腐菌在25%～35%；不同的木腐菌有不同的要求。一般来说，木材含水率在20%以下木腐菌生长就困难，当空气湿度过高，使木材的含水率增加到25%～30%，就有受木腐菌危害的可能。

（2）空气：一般木腐菌的生长需要木材内含有容积的5%～15%的空气量。当木材长期浸泡在水中，木材内缺乏空气就能免受木腐菌的侵害。

（3）温度：木腐菌能够生长的温度范围为2～35℃，而温度在15～25℃时大部分能旺盛地生长蔓延，所以在一年大部分时间中，木腐菌都能在木结构内部生长。

(4) 养料：木材的主要成分是纤维素、木质素、戊糖和少量其他有机物质。这些都是木腐菌的养料，同时木材内还容纳相当分量的水和空气，更适合于木腐菌的生长。不同树种的木材，由于物理和化学性质不同，特别是内含物的性质不同，其抵抗木腐菌破坏的能力也不一样，有的木材很耐腐，有的则很容易腐朽。

3. 最常见的危害木结构的木腐菌

最常见的木腐菌有皱孔菌（Merulius lacrymans）、卧孔菌（Poria spp）和地窖粉孢革菌（Coniophora cerebera），其生长特征和危害木构件的部位如表 8.1.1 所示。

不同木腐菌生长特征和危害部位 **表 8.1.1**

名称	生长特征	危害木构件部位
皱孔菌 (图 8.1.1)	菌体呈平铺或反卷状，子实体表面有棱褶，相互交织形成不规则的凹坑，能分泌水分如泪滴，使干燥木材受潮而腐朽。最适宜生长温度为 20～25℃，最适宜的木材含水率为 30%～40%	常发生在通风不良、经常受潮的木构件上，如地板、搁栅、柱子、桁架等与地面或砌体接触部位。此菌一旦发生，能把自身产生的水分运送到较远距离，使健康木材腐朽，是危害木构件最严重的真菌。木材腐朽后呈暗褐色块状，手捻成粉末(图 8.1.4)
卧孔菌 (图 8.1.2)	菌体平铺在木材上，菌肉为浅色或白色，较薄。最适宜的生长温度为 30℃左右，木材含水率比皱孔菌要求较高	在通风不良或潮湿的地板下部发现较多，危害木构件几乎与皱孔菌同样严重。木材腐朽后呈浅褐色块状(图 8.1.4)
地窖粉孢革菌 (图 8.1.3)	菌体平铺在木材上，一般很薄，肉质或膜质初为黄白色，后变深褐色，边缘带黄色，生长要求较高的湿度，木材一旦干燥，侵害就很快停止。最适宜生长的木材含水率为 50%～60%	通常发生在木构件漏水或凝结水部位，引起木材变黑，后形成褐色块状腐朽(图 8.1.4)

此外，变色菌与细菌时而也在木构件上普遍发生，虽然不影响木材的物理、力学性质，但实践证明此时木材极易遭受木腐菌的感染而造成危害。

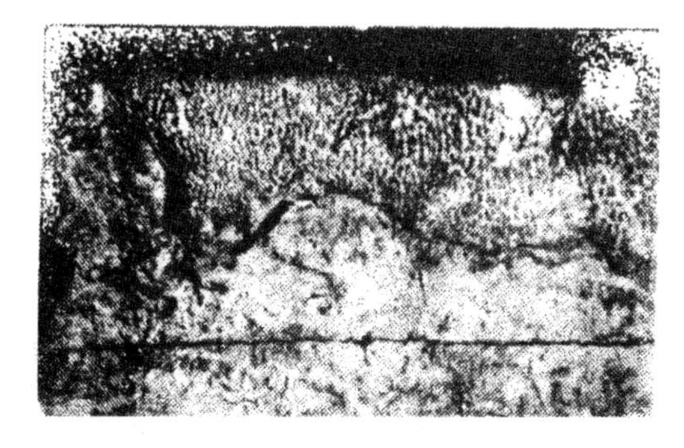

图 8.1.1 皱孔菌子实体

图 8.1.2 卧孔菌子实体

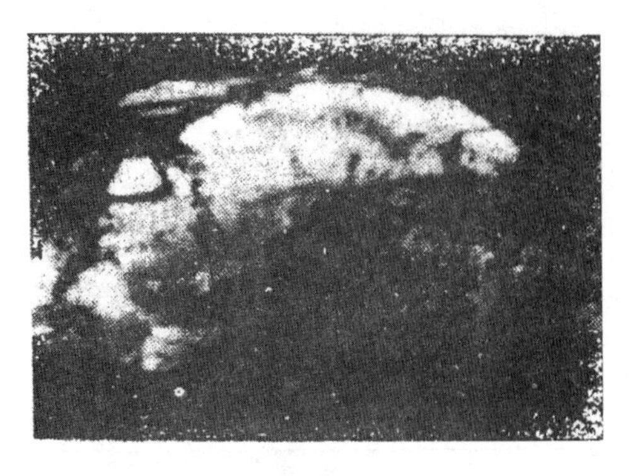

图 8.1.3　地窖粉孢革菌子实体

图 8.1.4　木材褐色块状腐朽

8.1.2　昆虫对木结构的危害

危害木结构的昆虫主要有两大类：一是白蚁，属等翅目（Isoptera）；二是甲虫，属鞘翅目（Coleoptera）。白蚁危害远比甲虫危害广泛而严重。

1. 白蚁的生活习性

白蚁的生活习性与甲虫不同，有其自己独特的生活习性：

（1）群栖性：一个群体中有明确的分工和严密的组织，以维持整个群体的生存和生活。脱离群体的白蚁在天然情况下是无法生存的，这是白蚁和其他独栖性昆虫的显著特点。

（2）食料：白蚁以木材、纤维品作为主要食料，同时也离不开水分，故蚁巢一般都筑在食物集中而又靠近水源，如水槽、厨房、浴室等潮湿的地方。

（3）畏光性：一般在阴暗潮湿的地方隐蔽生活，到巢外取食，都在泥土筑成的蚁路中进行，故阴暗潮湿的小构件容易受白蚁的危害。但有翅繁殖蚁在分飞时，却有向光亮飞的趋光习性。

（4）清洁性：工蚁对兵蚁或工蚁相互间，经常进行舐刷，以保持身上清洁，并经常清理蚁巢、蚁路中不洁之物和白蚁尸体。

（5）行动敏感性：当蚁巢或蚁路局部受到破坏时，很快即由工蚁衔土修补。如遇惊扰或危害，便用上颚不断冲击基质而发声音，起警报的作用。

（6）活动季节性：因喜温暖潮湿环境，一般在冬季主要限于巢内活动，春暖后，才开始出外活动。

（7）分飞传播：群体中的有翅繁殖蚁，在每年一定季节离群分飞，配对建立新的群体，这是白蚁传播的主要方式。此外，也有在离开现蚁巢到另一场所找寻食料时，发现条件合适，就在新的场所筑巢定居的情况。还有可能通过木材和货物运输而传播。

2. 最常见的危害木结构的白蚁及其危害特征

白蚁是一种活动隐蔽、过群体性生活的“社会性昆虫”，受害的木结构一般不易发现。每一个群体因种类不同，其个体从数百个到百万个。白蚁以木材和含纤维的物品作食物，故木建筑物、木桥、枕木、船只、衣物、书籍、纸张以及农作物都受到其危害。白蚁在世界上共有 2000 多种，我国目前已知的白蚁有 400 多种，主要分布在北京以南各省市，特别以南方温暖潮湿地区最多。

白蚁对木结构危害最大的，在我国主要有：土木栖类的家白蚁，散白蚁的黄胸、黄肢、黑胸散白蚁；土栖类白蚁的黑翅土白蚁、黄翅大白蚁；在部分地区木栖类铲头堆砂白蚁和截头堆砂白蚁危害也较严重。这些白蚁的形态、危害特征及分布如表 8.1.2 所示。

白蚁的形态和危害特征 **表 8.1.2**

种类	兵蚁形态	危害特征	分飞期	分布
家白蚁	头部淡黄色、卵圆形，上颚镰刀形，头部前端有明显的额腺，遇敌时分泌乳状液体(图 8.1.5)	巢形较大，有主副巢之分，在木建筑中条件适合，高层也能为害，木材被蛀后往往成条形沟状	4～7 月，大雨前后闷热的傍晚分飞	中南、华东、西南等省区
黄胸散白蚁	头部赤黄色、长方形，侧视额区显著隆起（图 8.1.6）	群体小而分散，蛀蚀木材成不规则的坑道。危害部位一般近地面潮湿木构件，如木柱脚、地板搁栅等(图 8.1.7)	3～4 月，中午前后闷热的天气分飞	华北、中南、西南、华东等省区
黄肢散白蚁	头部淡黄色、长方形	与黄胸散白蚁相似	2 月下旬～4 月，中午前后分飞	华东、西南、中南等省区
黑胸散白蚁	头部黄色或黄褐色，长方形(图 8.1.6)	与黄胸散白蚁相似。危害部位一般接近地面，有时侵入桁架、梁柱	4～6 月，中午前后闷热天气分飞	华东、西南、中南、陕西、河北等省区
黑翅土白蚁	头部深黄色、卵形，上颚镰刀形，腹部淡黄至灰白色(图 8.1.5)	筑巢于地下 1～2m，主巢附近有菌圃，危害堤坝(筑巢)、农作物、林木和木结构。危害高度在 2m 以下	4～6 月，多在傍晚天气闷热或暴雨时分飞	中南、华东、华南、西南等省区
铲头堆砂白蚁	上颚和头的前部为黑色，后部暗赤色，头部近于方形。头前端截面与上颚形成大于 90°的交角	群体在木材中蛀成不规则的坑道，食住同在一处，不钻出木材活动，粪便颗粒状，并不断从木材表面小孔推出巢外堆成沙堆状。特别喜蛀阔叶材，与土壤和水分无关		广东、福建、浙江、广西等省区
截头堆砂白蚁	上颚和头前部黑色，后部赤褐色，头部近于方形。头前端截面与上颚的交角小于 90°	习性及危害特征同上，在木建筑中危害木门、窗框、家具、梁、柱等干硬木材		广东、云南、台湾等省区

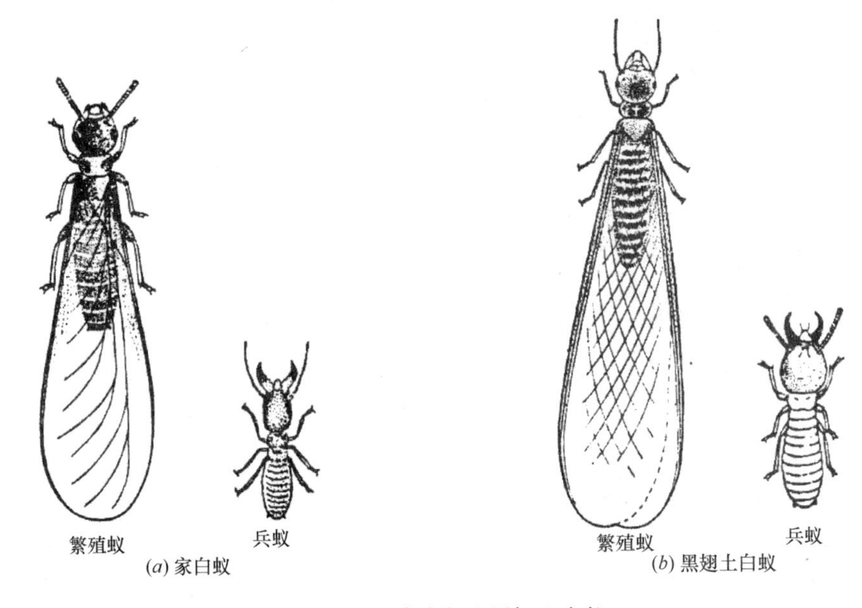

图 8.1.5 家白蚁和黑翅土白蚁

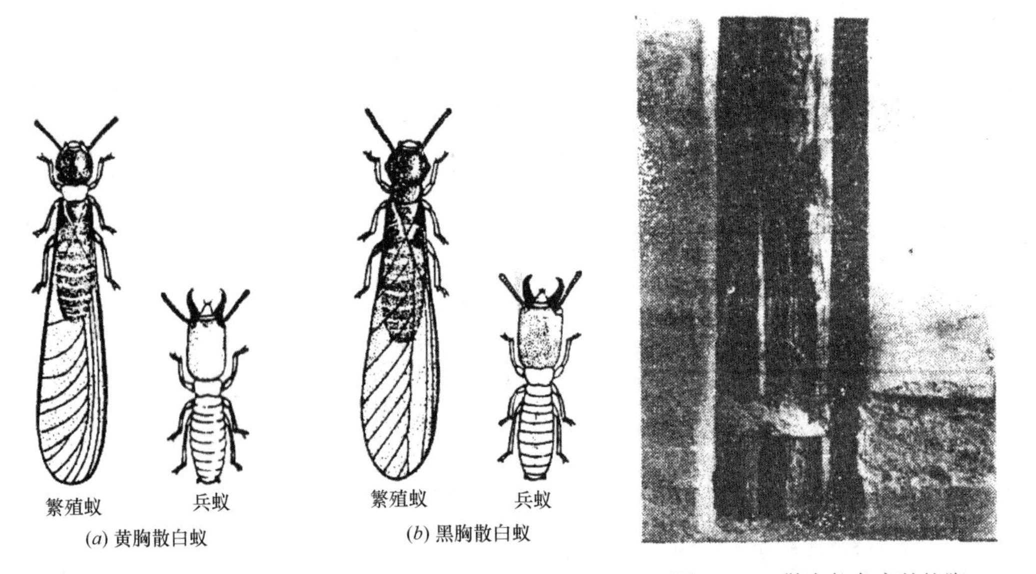

图 8.1.6 散白蚁

图 8.1.7 散白蚁危害的柱脚

3. 最常见的危害木结构的甲虫及其危害特征

甲虫危害木材一般在幼虫期（但也有成虫危害）。成虫在木材表面产卵，新孵化的幼虫就蛀入木材潜伏为害。受害木材被蛀成许多坑道和虫孔，不但损害木材的强度，而且为木腐菌侵入木材内部创造了条件。

危害木结构的甲虫，在我国最常见的主要是家天牛、家茸天牛、粉蠹（扁蠹）和长蠹。其危害特征及危害木结构部位见表 8.1.3。

危害木结构的主要几种甲虫危害特征 表 8.1.3

名称	危害特征	危害木结构部位
家天牛（图 8.1.8）	天牛主要以木材的纤维为食物，主要危害阔叶材。幼虫在木材内蛀成各种形式坑道，坑道内充满虫粪与蛀屑，成虫羽化后向外咬一椭圆形的羽化孔飞出	主要危害木桁架、檐条、隔墙立筋，有时也危害地板，破坏性很大
家茸天牛	危害针叶材、阔叶材，特征与上同	大致与上同，分布北方
粉蠹（图 8.1.9）	粉蠹主要以木材的淀粉和糖类为食物，故其危害主要限于含有淀粉和糖类的阔叶材的边材部分，而成虫产卵喜在木材表面的管孔中进行，对具有较大管孔的栎木、山核桃、刺槐、桑木等木材危害最烈。幼虫将木材内部蛀成粉末状，只剩下一个薄的外壳，木材上的小虫眼密布，周围常有粉末状蛀屑	主要危害木桁架、屋面板、地板、隔墙立筋和家具
长蠹（图 8.1.10）	长蠹主要危害阔叶材，有些种类也危害针叶材或竹材，危害特征与粉蠹相似	同粉蠹

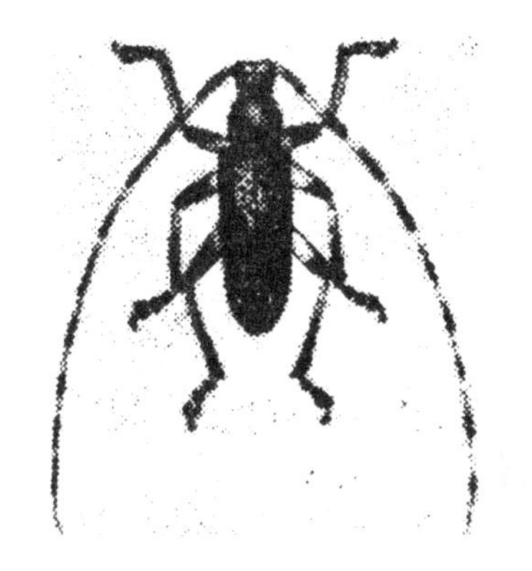

图 8.1.8 家天牛

图 8.1.9 鳞毛粉蠹成虫

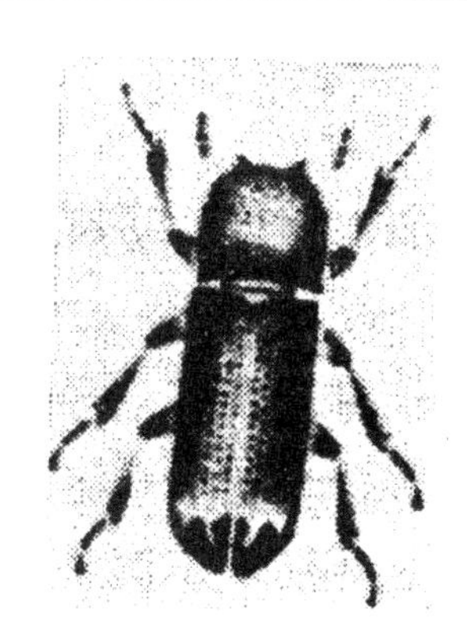

图 8.1.10 双沟异翅长蠹成虫

8.1.3 生物危害等级

使用环境和场合对有害生物侵害木材的程度有密切关系，根据木材使用条件、应用环境不同，我国将生物危害分为 5 类 6 级，见表 8.1.4。

我国木材使用环境的生物危害分类等级 表 8.1.4

危害等级	木材使用条件	应用环境	主要有害生物
C1	户内，不接触土壤	在室内干燥环境中使用，避免气候和水分的影响	蛀虫
C2	户内，不接触土壤	在室内环境中使用，有时受潮湿和水分的影响，但避免气候的影响	蛀虫、白蚁、木腐菌
C3	户外，不接触土壤	在室外环境中使用，暴露在气候中，包括淋湿，但避免长期浸泡在水中	蛀虫、白蚁、木腐菌
C4A	户外，接触土壤或浸在淡水中	在室外环境中使用，暴露在气候中，且与地面接触或长期浸泡在淡水中	蛀虫、白蚁、木腐菌

续表

危害等级	木材使用条件	应用环境	主要有害生物
C4B	户外，接触土壤或浸在淡水中	在室外环境中使用，暴露在气候中，且与地面接触或长期浸泡在淡水中。难于更换关键结构部件	蛀虫、白蚁、木腐菌
C5	浸在海水(咸水)中	长期浸泡在海水(咸水)中使用	海生钻孔动物

8.1.4　耐久性木材的选用方法

我国幅员辽阔，不同地区的生物危害种类不同，危害程度也不尽相同。一般来说，腐朽危害几乎覆盖所有地区，但白蚁危害则有些地区存在，有些地区不存在。因此，木结构建造地区是否存在白蚁危害，则是选用耐久性木材的关键因素。无白蚁危害地区和白蚁危害地区对木结构建筑相关木材的耐腐性要求见表8.1.5和表8.1.6。

无白蚁危害地区木材耐腐性要求　　表8.1.5

用途	耐腐性要求	用途	耐腐性要求
桁架(干燥环境)	不耐腐	露台地板	中等耐腐
桁架(有受潮风险)	中等耐腐	户外地板(面板)	中等耐腐
装饰用材(干燥环境)	不耐腐	户外地板(龙骨)	耐腐
外墙板	中等耐腐		

白蚁危害地区木材耐腐性要求　　表8.1.6

用途	耐腐性要求	抗白蚁要求	用途	耐腐性要求	抗白蚁要求
桁架(干燥环境)	不耐腐	中等耐蚁蛀	露台地板	中等耐腐	中等耐蚁蛀
桁架(有受潮风险)	中等耐腐	中等耐蚁蛀	户外地板(面板)	中等耐腐	中等耐蚁蛀
装饰用材(干燥环境)	不耐腐	不耐蚁蛀	户外地板(龙骨)	耐腐	耐蚁蛀
外墙板	中等耐腐	中等耐蚁蛀			

由此可见，耐腐和耐虫蛀分别是耐久性的两个重要方面，耐久性的好坏应针对其耐腐朽等级和抗白蚁性能分别区分。如木结构建筑中经常使用的红雪松，虽然耐腐等级较高，但其不具有抗白蚁的性能，因此在不存在白蚁危害区域使用时，可称其耐久性好，但在有白蚁危害的区域，则易受白蚁侵害，不能称其为耐久性好。

8.2　木结构耐久性设计的基本原则

从上一节对木腐菌和昆虫对木材的破坏的介绍可以看出，要防止木腐菌和昆虫对木结构的破坏，最有效的办法是破坏这两种生物的生存条件。在湿度、空气、温度、养料这四种木腐菌和昆虫生存必须同时具备的条件中，破坏湿度和养料这两个条件是在实际中能做到的。对于木结构建筑，首先应当考虑保护木材不受水或潮湿的作用。当无法保证木材不受到潮湿作用时，例如木材用在室外木结构中时，应考虑采用天然耐腐木材或防腐处理木材。当然，这两种方法并不一定是分开独立应用的。例如，木结构建筑中，在采用正确的设计和施工方法防止结构构件受潮的同时，在某些部位还应采用天然耐腐或防腐处理木材。本节以及下一节重点介绍如何采用正确的设计和施工方法，使得木结构构件能够避免水或潮湿的危害。

8.2.1 建筑物受到的潮湿来源

木结构建筑的潮湿来源主要有：

（1）雨水；

（2）冷凝水，主要由空气在建筑物内外交换以及水蒸气对木构件的作用引起；

（3）材料本身的含水率；

（4）基础部分潮湿的作用。

为了保证木结构材料本身的含水率不成为木腐菌和昆虫的生存条件，要求构件的含水率应经常保持在20%以下。

对于木结构建筑物，雨水、冷凝水以及基础部分的潮湿作用都可以通过设计和构造措施解决。

8.2.2 方木原木木结构耐久性设计基本要求

（1）露天结构、采取内排水的桁架支座节点、檩条及搁栅、柱等木构件的直接与砌体、混凝土接触的部位以及桁架支座处的垫木，除从构造上采取通风、防潮措施外，尚应进行防腐剂处理。

（2）承重结构中使用马尾松、云南松、湿地松、桦木等树种中以及新利用树种中易腐朽或易遭虫害的木材时，除从构造上保证通风、防潮外，尚应进行药剂处理。

（3）在气候潮湿的地区或特别潮湿的建筑物内，一般不宜采用木地板，但在林区或无其他材料可用而必须采用木地板时，在室内木地板以下勒脚内的空间都应有通风措施，即使如此，这些地方木材的含水率仍会经常处于20%以上，因而当采用耐腐性差的木材时，必须对全部木构件进行防腐处理；当采用耐腐性中等以上的木材时，也宜根据实际情况进行适当的防腐处理。

（4）在白蚁危害地区，凡阴暗潮湿、与墙体或土壤接触的木结构，除应保证通风、防潮和便于检查外，均应进行有效的防腐防虫处理，并选用防蚁性能好的药剂；在堆沙白蚁或甲虫危害地区，即使木材通风防潮情况较好，若采用易蛀的木材，也应根据具体情况进行防虫处理。

（5）在一些高寒或干燥地区，可根据当地实践经验进行防腐、防虫处理。

（6）高级建筑物中的木构件（包括吊顶、隔墙、龙骨衬条、壁橱板、板壁等）应隔离水源（如卫生设备），并考虑防腐、防虫处理。严禁使用带树皮或已有虫蛀和腐朽的木材。

8.2.3 轻型木结构耐久性设计基本要求

1. 底层楼盖

（1）未经防腐处理的木构件与地面之间的净距

未经防腐处理的木构件与地面之间的净距不得小于150mm。与地面接触或在地面以下的木构件必须经过加压防腐处理。

（2）与基础接触的木构件

凡是与混凝土或砌体基础直接接触的木构件，都必须采用天然耐腐木材或经过加压防腐处理的木材。

（3）冷凝水的考虑

对于底层楼盖下的架空层，一般不会超出建筑物底层平面范围，所以底层楼盖系统一般不会产生冷凝水。此外，木基结构板材采用室外防水胶时，一般有足够的抗渗能力来防止冷凝水渗入底层基础架空层内，但此时，底层楼盖上的穿管和开孔周围应保证密封，这在底层楼盖安装保温材料的时候尤其重要。

(4) 底层架空层内通风要求

木结构建筑采用条形或独立基础时，底层架空层内应保证足够的通风，以保证底层木结构楼盖的干燥。架空层周围墙体上应设置通风口，通风口的面积不得小于底层面积的1/150。当架空层覆土上铺有防潮层时，通风面积可减小至底层面积的1/1500。

2. 屋盖

(1) 屋盖的防水和防潮

屋盖结构会受到雨水和冷凝水的作用。对于雨水，屋盖结构除了依靠本身的结构坡度保证屋面的排水外，更重要的是通过屋面防水基层材料、屋面表面材料以及泛水板的共同作用，保证屋盖结构不受到雨水的作用。屋面结构防水的有关节点构造，参见本手册第8.3节。

屋盖在施工的时候，容易受到雨水的作用。在结构完成后，尤其在安装屋面保温材料以前，应留出足够的时间，使得施工中受潮的木构件达到干燥。

除了外部雨水作用，建筑物内部也可能产生冷凝水。当屋面板背面的温度低于露点温度时，含水蒸气的空气会在屋面板背面的表面形成冷凝水。为防止冷凝水对屋顶构件的危害，可以采用增加屋顶内通风量或增加防潮层的做法。一般来说，木结构建筑中，随着保温材料的增加以及建筑物密封性能的提高，屋盖空间内如果有足够的通风量，可不必采用防潮层。去掉防潮层，可以使得水蒸气更容易通过顶棚和阁楼通风口排出去。但重要的是应保证设备管道在顶棚上开口周围的密封，以防空气中水蒸气聚集在屋顶内。

(2) 屋盖内的通风要求

屋盖内空间的通风口面积应不小于屋盖投影面积的1/150。当顶棚安装防潮层时，通风口面积可以减小至屋盖面积的1/300。对于坡屋顶，当50%的通风口面积在屋盖结构上部，且通风口底部与檐口的垂直距离大于1m时，通风口面积可以减小至屋盖面积的1/300。

3. 墙体

与屋盖结构相似，建筑物外墙在使用过程中，会受到雨水和冷凝水的作用。但与屋盖结构不同的是，木结构墙体很大程度上不能依靠通风来干燥木材。这就需要墙体本身具有很好的防水和防潮性。墙体的防水通过墙体表面的防水层来完成。

墙体中的冷凝水来自两个方面：一是由于墙体两侧空气压力差引起空气穿越墙体时，空气中的水蒸气遇到表面温度较低的物体产生的冷凝水；二是由水蒸气的密度差引起的，高密度的水蒸气会向低密度的水蒸气渗透。因为热空气中水蒸气的密度比冷空气中高，所以水蒸气的移动一般是从温度高的一侧向温度低的一侧渗透，当遇到较冷的物体表面，就会形成冷凝水。为了防止这两种原因产生的冷凝水对木结构建筑的影响，除了防水层，墙体上还必须安装隔气层和防潮层，以防止冷凝水在墙体内产生。在寒冷地区，在墙体或其他构件上，防潮层应位于温度较高的一侧，这样可以防止水蒸气到达温度较低的物体表面而形成冷凝水。在炎热而潮湿的地区，可将防潮层放在外墙的外侧。在混合气候地区（即夏季屋内冷，冬季屋内热），可不设防潮层或设在具有保温层的外墙墙板之外。

8.2.4 胶合木结构耐久性设计基本要求

(1) 胶合木构件不应与混凝土或砌体结构构件直接接触，一般在接触面可加钢垫板。当无法避免时，应设置防潮层或采用经防腐处理的胶合木构件。

（2）当胶合木结构用在室外环境或经常潮湿环境中（即木材的平衡含水率大于20%），胶合木构件易产生腐朽，必须经过加压防腐处理。

（3）胶合木防腐处理方法可根据使用树种、采用药剂，分为先胶合层板后处理构件或先处理层板后胶合构件两种方法。当使用水溶性防腐剂时，不得采用先胶合后处理的方式。

（4）胶合后进行防腐处理的构件，在处理前应加工到设计的最后尺寸，处理后不应随意切割。当必须做局部修整时，应对修整后的木材表面涂抹足够的同品牌药剂。

8.3 木结构耐久性设计的节点构造

8.3.1 方木原木木结构节点构造

为避免木结构受潮及在偶尔受潮后能在通风良好的条件下得到及时干燥，设计木结构时，必须从构造上采取下列通风防潮措施：

（1）桁架、大梁、搁栅等承重构件的端部不应封闭在墙、保温层内或处于其他通风不良的环境中。为了保证其具有较好的通风条件，周围应留不小于30mm的空隙（图8.3.1～图8.3.5）。

（2）为防止木材受潮腐朽，在桁架、大梁和搁栅的支座下，应设防潮层及经防腐处理的垫木，或单独设置经防腐处理的垫木（图8.3.1～图8.3.5）

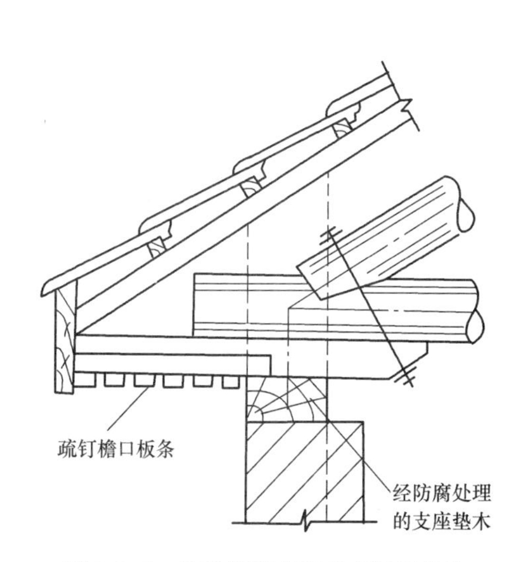

图8.3.1 出檐桁架支座节点通风构造

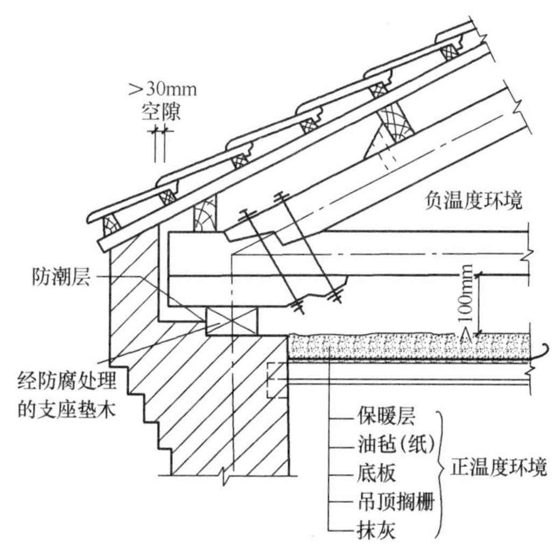

图8.3.2 封檐桁架支座节点通风构造

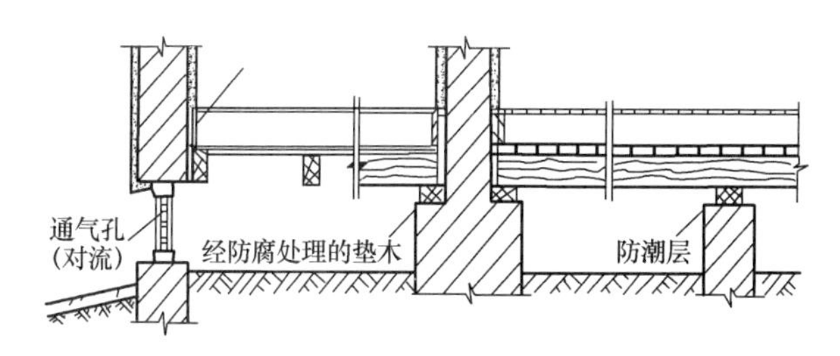

图8.3.3 木地面通风防潮构造

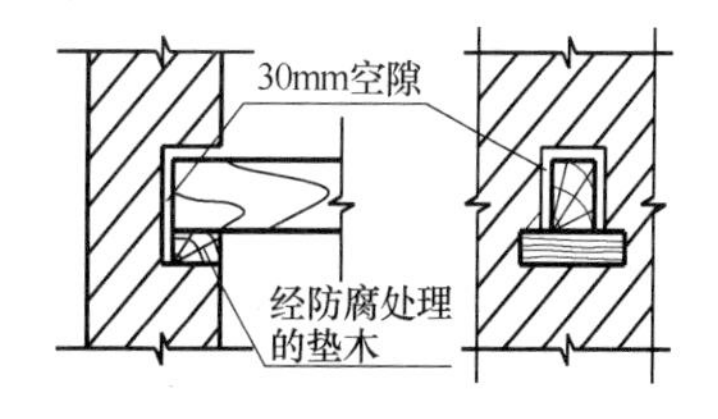

图8.3.4 木大梁（搁栅）通风构造

木柱、木楼梯、木门框等接近地面的木构件应该用石块或混凝土块做成垫脚，使木构件高出地面而与潮湿环境隔离（图 8.3.6），严禁将木柱直接埋入土中。在白蚁危害地区，需建立与建筑设计相关的整体白蚁管理控制系统（见本手册第 8.4 节）。

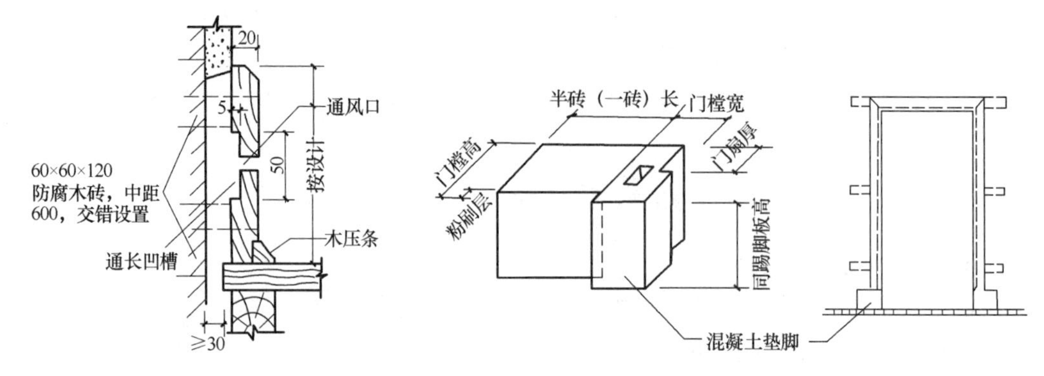

图 8.3.5　木踢脚板通风构造

图 8.3.6　木门框防潮构造

（3）檐口应尽量采用挑檐做成外排水。在不得不采用内排水时，天沟处的桁架支座节点必须具有良好的通风防潮条件；天沟不宜太浅并应具有足够的排水设施；在房屋使用期内应经常检查、疏通天沟（图 8.3.7）。

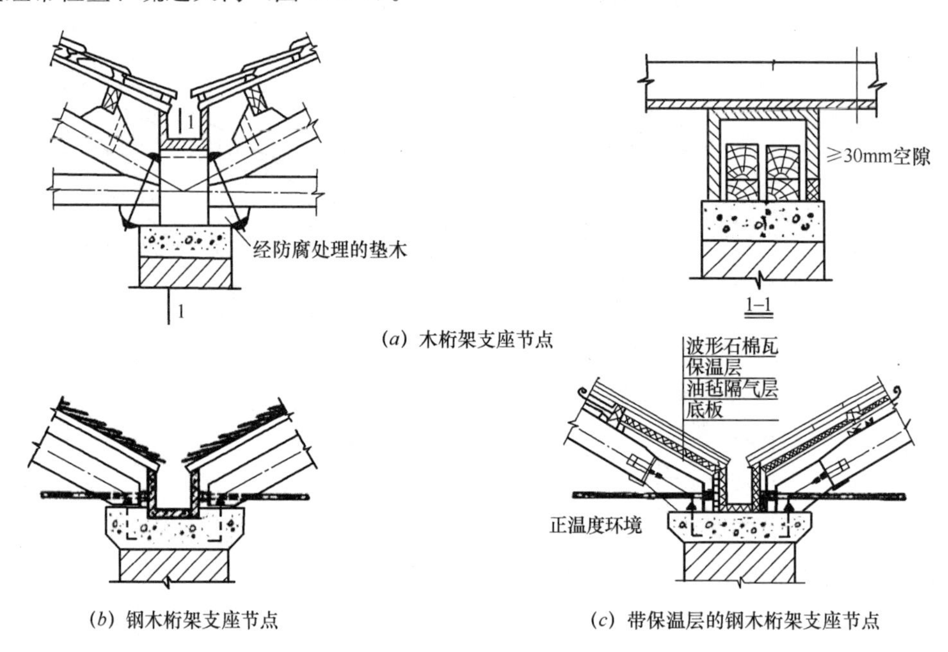

(*a*) 木桁架支座节点

(*b*) 钢木桁架支座节点

(*c*) 带保温层的钢木桁架支座节点

图 8.3.7　内排水屋盖桁架支座节点通风防潮构造

（4）屋面硬山处常因泛水处理不妥而漏雨。因此，该处木檩条端部应用防腐药物处理（图 8.3.8）。

（5）为防止天窗边柱受潮腐朽，边柱处的檩条宜放在边柱内侧（图 8.3.9），而天窗的窗樘和窗扇则宜设在天窗边柱外侧，并应加设挡雨设施。开敞式天窗应加设有效的挡雨板，并应做好泛水处理。

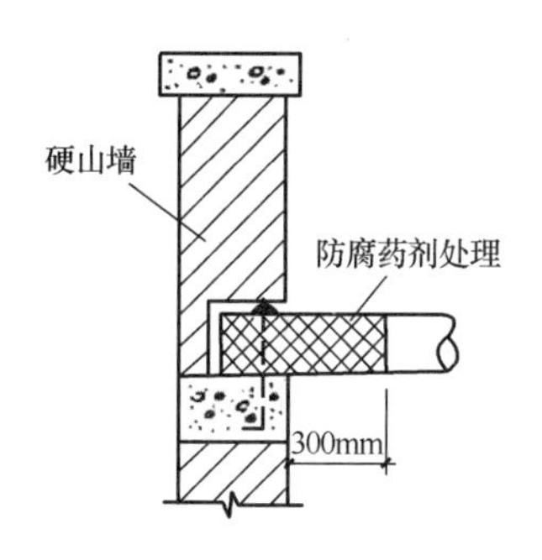

图 8.3.8　硬山檩条端部构造

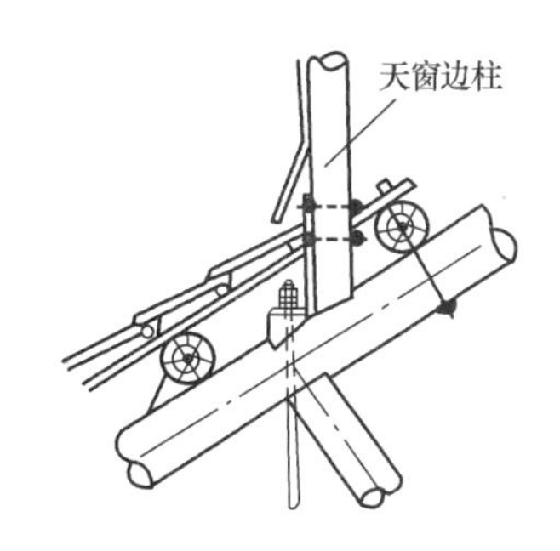

图 8.3.9　天窗边柱柱脚防潮构造

(6) 底层一般不宜采用木地板，但在林区，或无其他材料可用而必须采用木地板时，应考虑地板下隐蔽部分的通风措施：室内地面标高一般应高出室外地坪至少 600mm，木地板以下应设能起对流作用的通风孔洞（图 8.3.3）；地板和木踢脚板均不宜紧贴墙面，而应留出 10mm 宽以上的缝隙。踢脚板内侧应做成通长的凹槽，每隔 2m 左右设 10mm 直径的通风口或 10mm×30mm 的通风槽（图 8.3.5）。

(7) 对于露天木结构，在构造上应避免任何部位有积水的可能，并应注意在构件之间留有空隙（连接部位除外），使木材易于通风干燥。

(8) 设计北方地区采暖房屋的木屋顶时，为防止产生冷凝水，不应将同一木桁架的一部分置于正温度环境中，而另一部分置于负温度环境中，必须使整个桁架同时处于负温或正温的同一环境中（图 8.3.2、图 8.3.7*c*）。

(9) 设置吊顶的屋盖应开设通风洞或老虎窗。南方地区的檐口可采用疏钉板条的做法（图 8.3.1）。采用保温吊顶时，保温层与桁架下弦之间应保持不小于 100mm 的空隙（图 8.3.2），垫木与砌体接触处应铺设油毡，在吊顶保温层内侧（温度较高的一侧），应加设油毡隔气层（图 8.3.2）。同时，应注意合理设计屋面防水层，必要时应密铺屋面板，上铺一层油毡，以防雨雪刮进屋顶内而使保温层受潮。通风条件差的屋盖闷顶内，应设置足够的通风窗，防止冬季在屋面内侧冷凝结霜。

(10) 采用保温屋面时，应在桁架端节点周围铺设效能较好的保温层，防止出现冷桥。保温层与桁架端节点之间，同样应留不小于 30mm 的空隙，使空气自由流动。屋面保暖层内侧（温度较高的一侧）应加贴油毡隔气层（图 8.3.7*c*）。坡度较大的屋面，保暖材料应选用沥青矿渣棉毡或其他不易腐朽的板块材料，不宜采用锯末，因锯末松散易溜，往往引起保温层厚度不匀。

为了防止保温屋面发生“闷腐”，不宜采用有机材料作保温层。当不得不采用时，不宜铺设屋面板，也不宜采用铁皮屋面，建议采用波形石棉瓦作屋面防水材料。

8.3.2　轻型木结构节点构造

与普通木结构不同，轻型木结构因其所有结构构件均被其他材料包覆，并且在围护结构中还有保温材料，这就使得构件一旦受潮，除了为木腐菌或昆虫的生存创造条件，还会降低保温材料的保温效果。所以，在轻型木结构的耐久性设计中，应采取不同的措施，保证围护结构不受到水和潮湿的侵害[1]。

1. 屋面系统

（1）屋顶的坡度

屋面坡度的大小，除了影响建筑效果之外，更重要的是对建筑物的耐久性起着非常重要的作用。在坡屋顶中，雨水依靠重力作用，克服风和屋面表面的摩擦力作用而脱离屋面。屋面的坡度越大，重力的作用就越明显，屋面防水也就越容易。反之，当屋面的坡度变小，这种作用的效果就减弱。总之，雨水对屋面的影响，与屋面坡度、风速、屋面表面的摩擦力等因素有关。

（2）屋面系统

轻型木结构建筑的屋面系统，由屋面板、防水基层、屋面材料、屋面交界面、泛水板以及通风口等组成（图 8.3.10）。所有不同部分都必须按照规定的前后顺序正确安装。

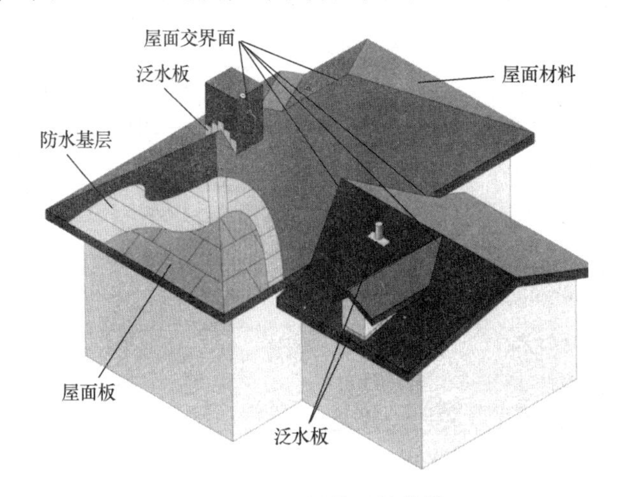

图 8.3.10　屋盖系统构件

1）屋面板

在轻型木结构建筑屋盖结构中，屋面板既是结构构件，也是其他屋面材料的基础。屋面板一般采用木基结构板材，可以采用结构胶合板或结构定向刨花板。屋面板安装时，考虑到板的膨胀因素，一般在板周围会留出一点空隙。屋面板本身仅能对雨水起到有限阻挡作用。施工中，如果不加保护措施，遇暴风雨时还是会产生严重的漏雨问题。所以，不能依靠屋面板来提供防水保护。

2）屋面防水基层

屋面材料防水基层一般采用普通防水卷材。对于坡屋顶来说，是第一道防水层。安装时，应从屋檐开始，由下往上铺设。这样上一层防水基层可以盖住下一层的防水层。防水基层的作用是防止透过屋面材料的水进入屋面板。虽然用作屋面板的木基结构板材采用防水结构胶制成，能吸收并释放少量的水分，但还是应该采取保护措施，以防长期暴露在潮湿环境中。对于防水基层的安装，应根据建筑物所在地区的风力条件区别对待。在强风地

[1] 本节部分插图由美国 APA 工程木协会（APA-the Engineered Wood Association）和美国南方松协会（Southern Pine Council）提供。

区，可将防水基层与屋面板之间用胶粘结。

根据屋面材料不同，坡屋顶上的防水基层的安装可以有不同的安装方法，如图 8.3.11 所示。

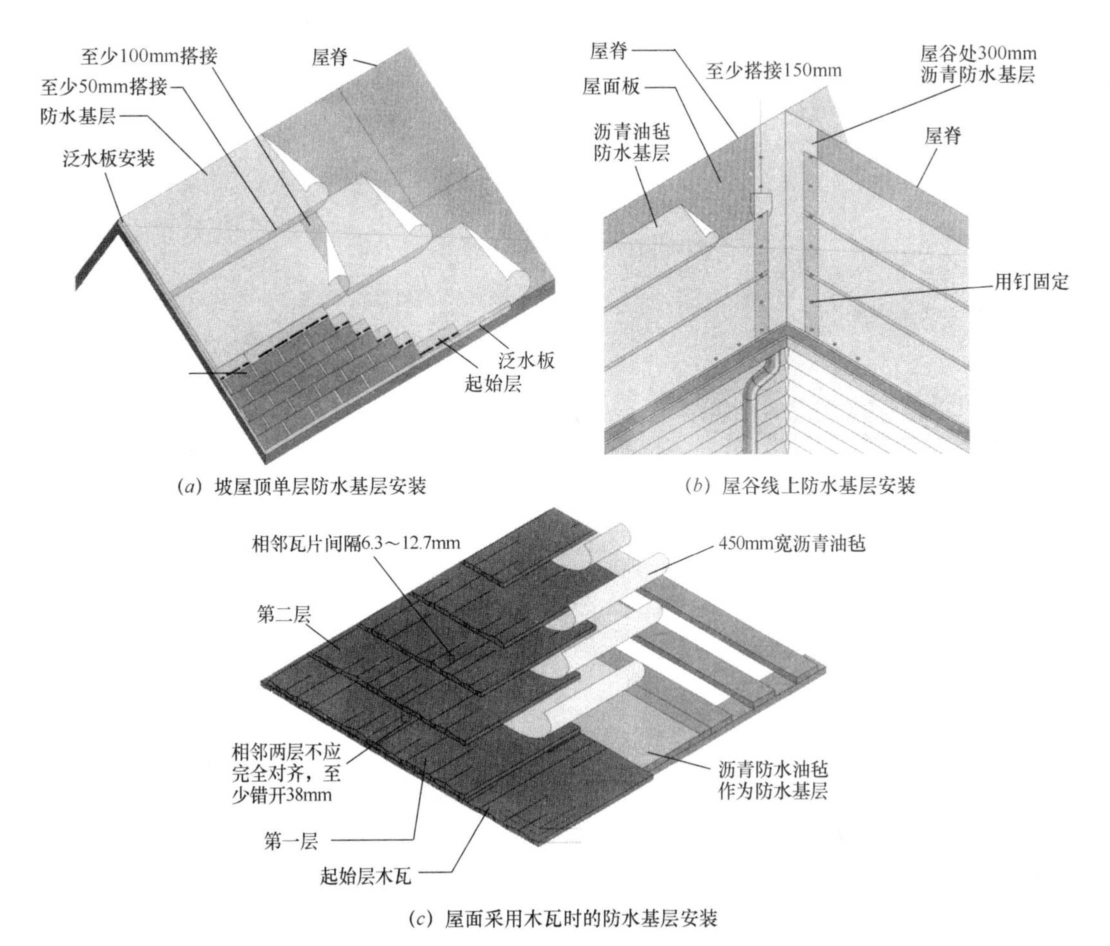

(*a*) 坡屋顶单层防水基层安装

(*b*) 屋谷线上防水基层安装

(*c*) 屋面采用木瓦时的防水基层安装

图 8.3.11 屋面防水基层安装示意

3）屋面材料

屋面材料是指屋面的表面饰材，是建筑物屋面最基本的防水层。屋面材料长期暴露在户外，所以除了应具有良好的防水性之外，还必须有良好的耐久性，能承担严寒和酷暑、雨水、雪、冰雹、空气中杂质、紫外线以及施工维修荷载等不同的影响。

轻型木结构中屋面材料的安装，与屋面防水基层一样，也是从下往上安装，上下层之间在竖向与横向搭接。用在坡屋顶的屋面材料包括玻纤沥青瓦、陶土瓦、黏土瓦、石瓦、混凝土瓦、木瓦、金属瓦等。瓦的形状可以是平瓦，也可以是波形瓦。

4）不同屋面间的交界

工程实际经验表明，除了自然灾害原因外，大部分的屋面漏水，都发生在两个平面交界的地方，例如屋脊线、屋谷线、屋面-墙体交汇处，以及屋面开孔穿管处。施工时，应特别注意交界面处的节点构造。

图 8.3.12 说明了当屋面材料分别采用玻纤沥青瓦、石瓦、黏土瓦以及木瓦时屋脊的安装节点。

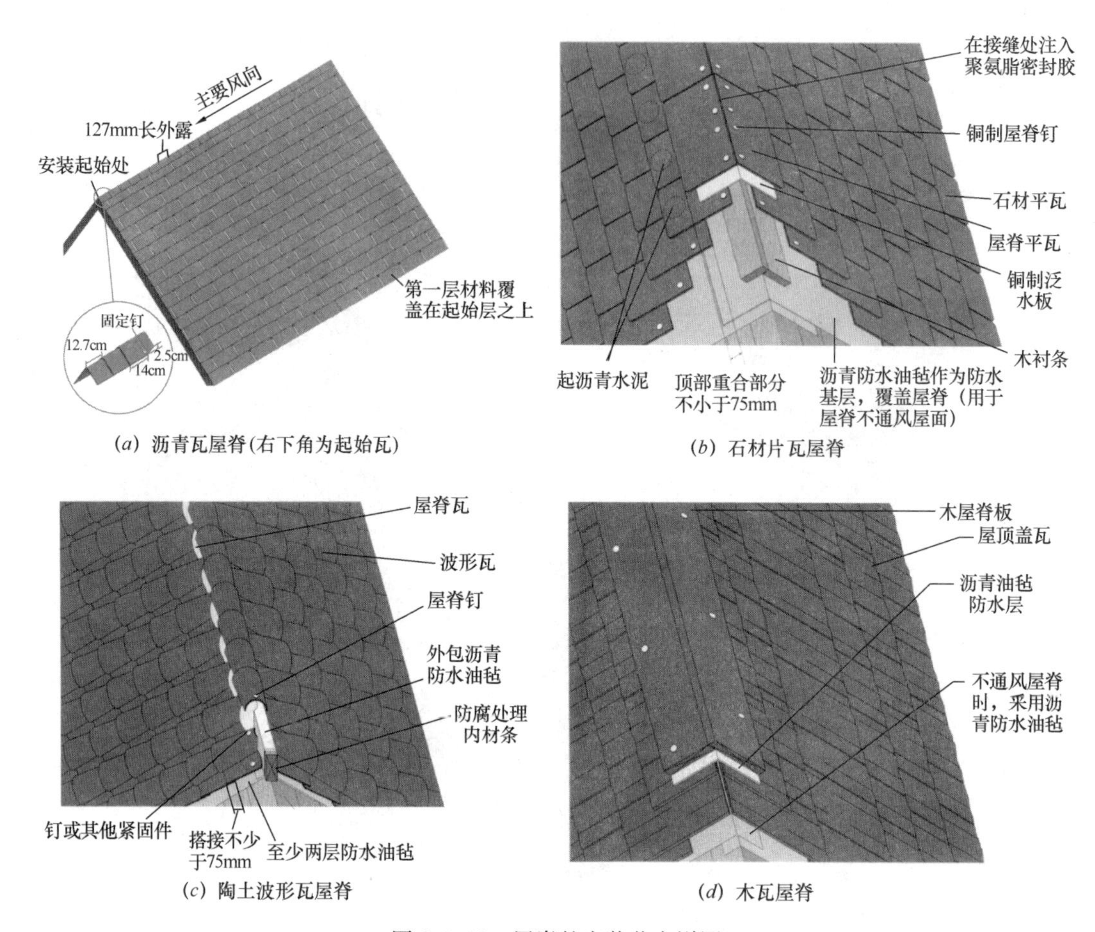

(*a*) 沥青瓦屋脊(右下角为起始瓦)　(*b*) 石材片瓦屋脊

(*c*) 陶土波形瓦屋脊　(*d*) 木瓦屋脊

图 8.3.12　屋脊的安装节点详图

图 8.3.13 所示为屋谷交界处的安装节点详图。屋面材料在屋谷处一般可采用分开式和闭合式交界安装。其中，图（*a*）为适合不同屋面材料分开式安装的金属泛水板的安装详图；图（*b*）为闭合交界的安装详图，这种情况一般用于平瓦；图（*c*）和图（*d*）为玻纤瓦在屋谷处的安装详图。

图 8.3.14 所示为斜屋脊处交界面的安装详图。其中，图（*a*）为平瓦的安装详图，如石材片瓦或其他材料等；图（*b*）用于普通沥青瓦的连接节点；图（*c*）为斜屋脊处采用不同形状屋面材料的做法。

图 8.3.15 给出的是檐口的常用做法。

5）屋面泛水板

泛水板应采用耐腐蚀材料制作，主要用来与屋面其他材料协同工作，防止不同交界面处以及开孔周围的渗漏水现象。泛水板材料可以采用镀锌钢板、铜铝板、铅板或 PVC 板材。对于屋面上的小开孔，例如通风口，考虑到圆形开孔周围泛水板不易制作，一般采用带法兰的橡胶圈来代替普通泛水板。

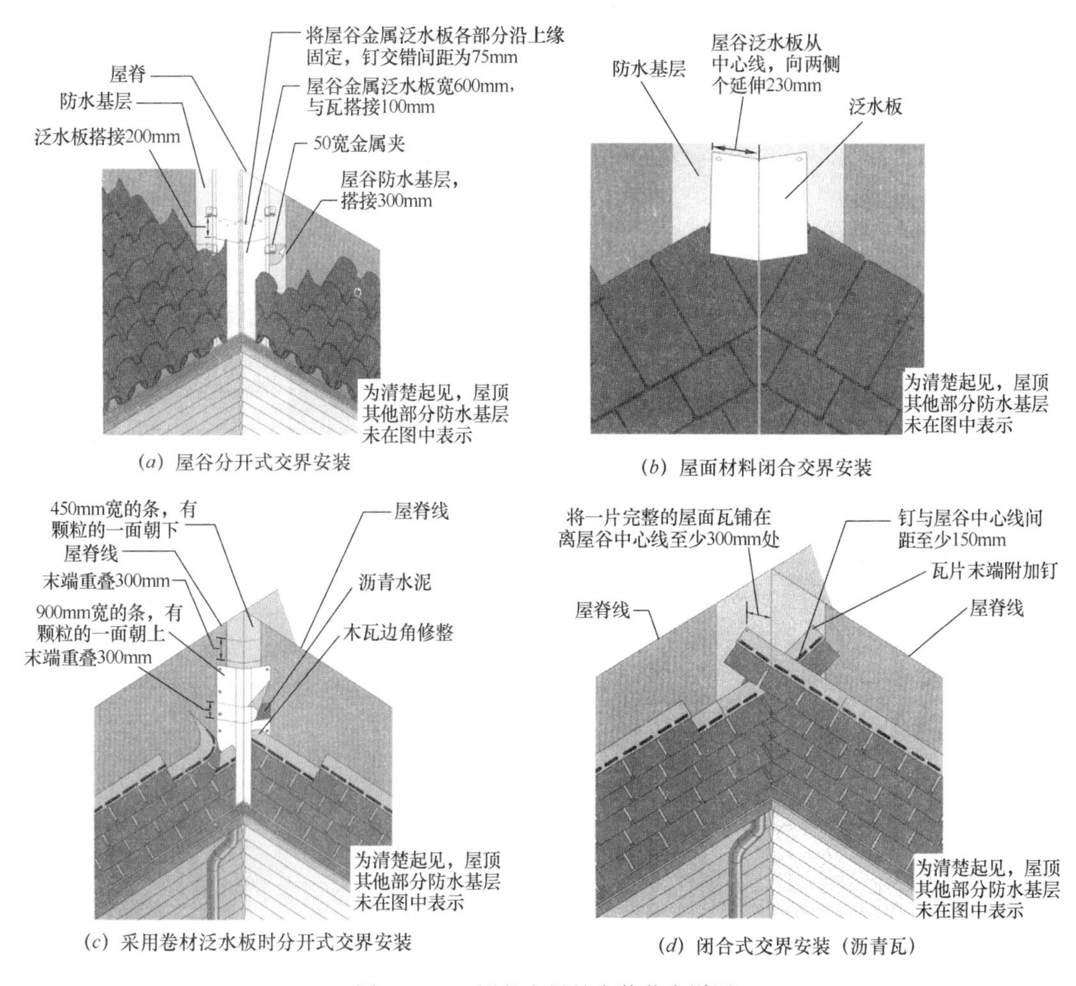

(a) 屋谷分开式交界安装

(b) 屋面材料闭合交界安装

(c) 采用卷材泛水板时分开式交界安装

(d) 闭合式交界安装（沥青瓦）

图 8.3.13　屋谷交界处安装节点详图

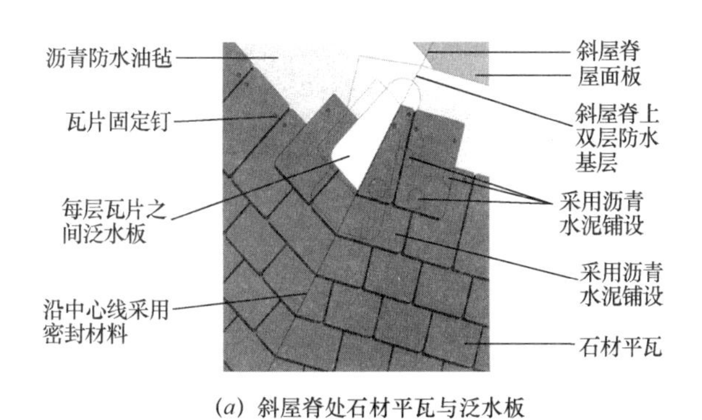

(a) 斜屋脊处石材平瓦与泛水板

图 8.3.14　斜屋脊处交界面的安装详图（一）

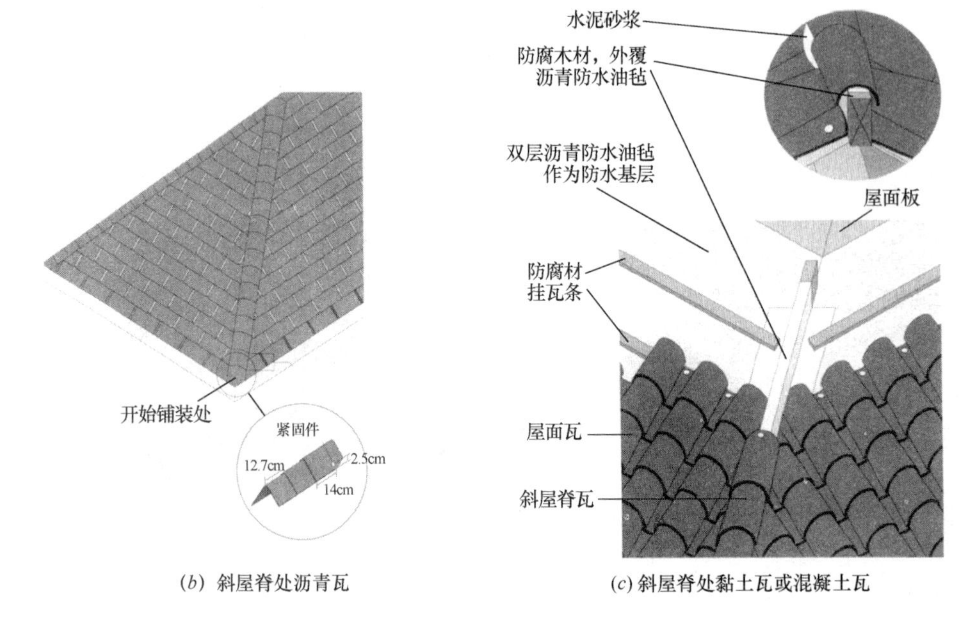

图 8.3.14　斜屋脊处交界面的安装详图（二）

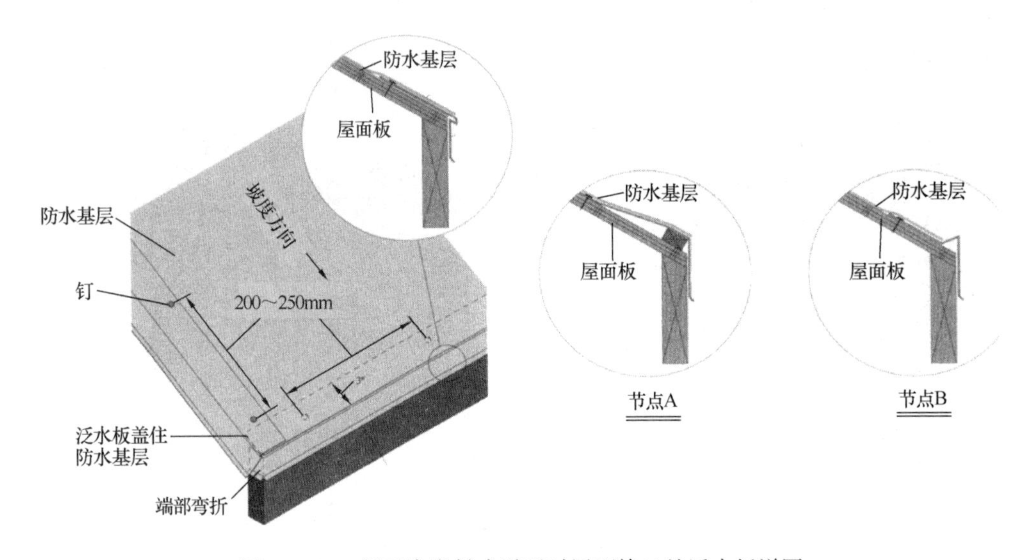

图 8.3.15　屋面为卷材或平瓦时屋面檐口处泛水板详图
（节点“A”和“B”用于黏土或陶土瓦屋面）

对于坡屋面，无论泛水板采用何种材料制造，其主要用途都是一样的，即，将交界面处透过屋面材料渗漏的水引导回屋面材料的表面。在本节的安装节点详图中，泛水板的上边缘位于防水基层下，上部泛水板盖住下部泛水板，泛水板的下边缘盖住屋面材料。采用这种方法，挡水板就不会将水引导至屋面防水基层的下面。

以下给出一些典型的泛水板的安装节点详图。

图 8.3.16 所示为通风口在屋面穿管处，采用专用的橡胶泛水板的做法。图中所示屋面瓦以波形屋面瓦为例，但节点详图适用于其他屋面材料。

图 8.3.17 所示为砖砌烟囱周围泛水板的做法。

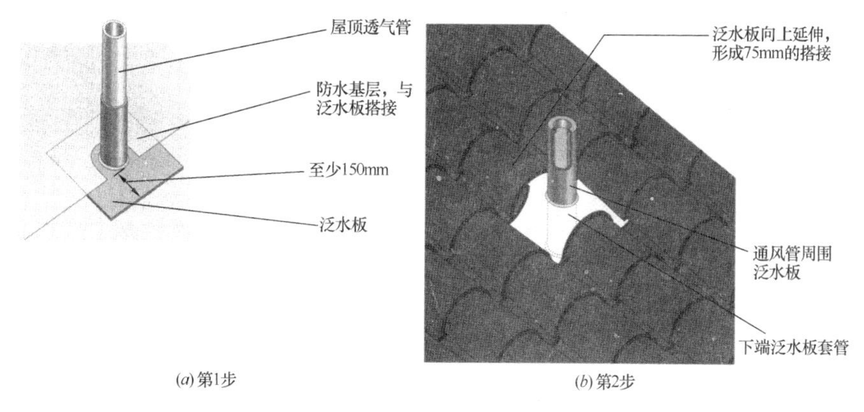

(a) 第1步　　(b) 第2步

图 8.3.16　屋面通风管周围泛水板的安装详图

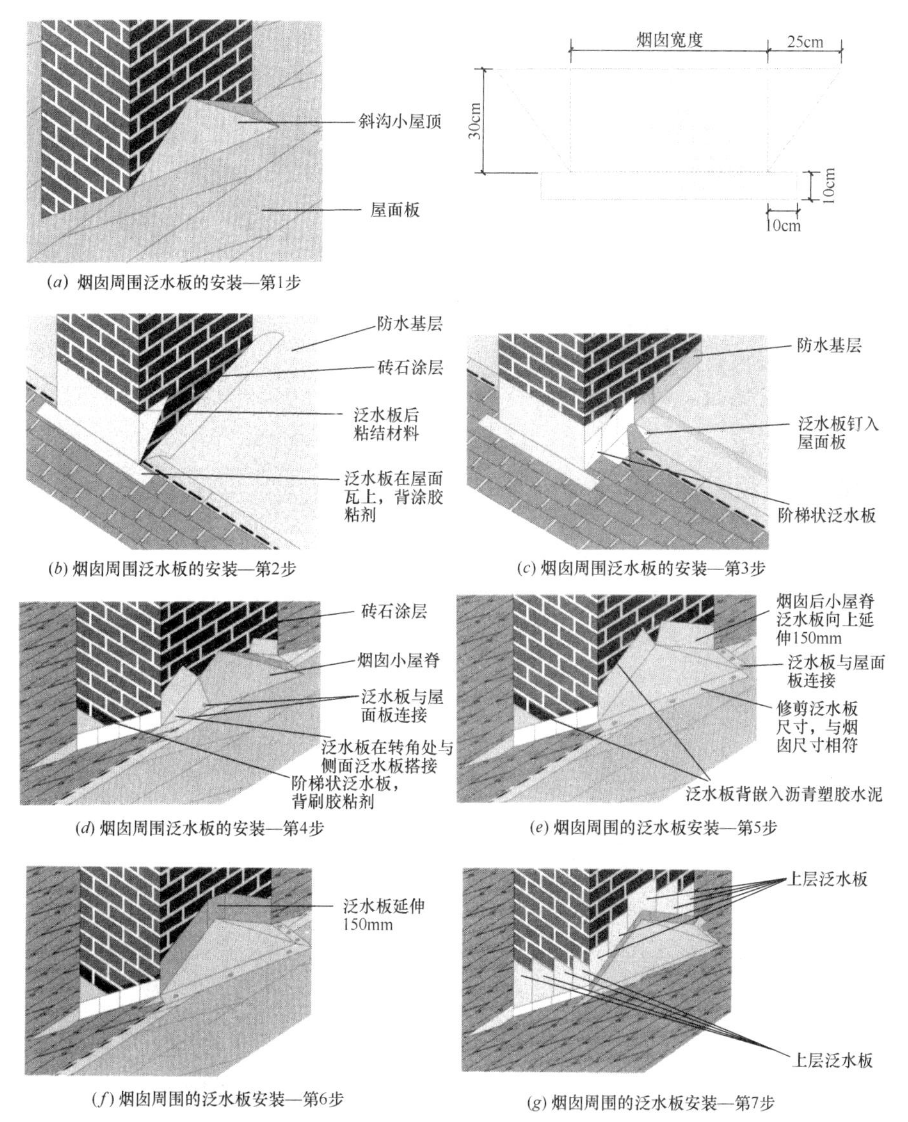

(a) 烟囱周围泛水板的安装—第1步

(b) 烟囱周围泛水板的安装—第2步　　(c) 烟囱周围泛水板的安装—第3步

(d) 烟囱周围泛水板的安装—第4步　　(e) 烟囱周围的泛水板安装—第5步

(f) 烟囱周围的泛水板安装—第6步　　(g) 烟囱周围的泛水板安装—第7步

图 8.3.17　烟囱周围泛水板安装详图（一）

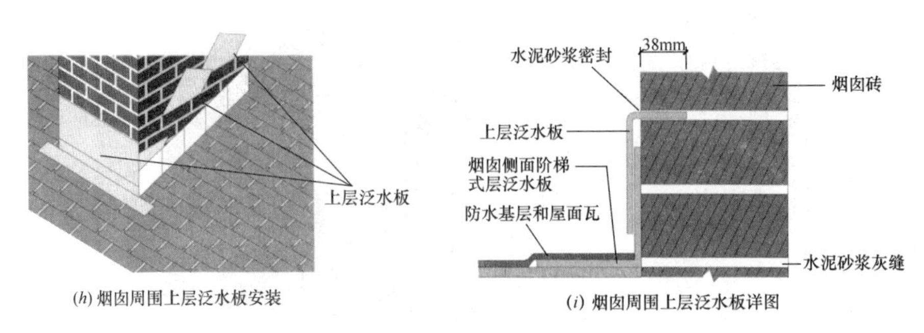

图 8.3.17　烟囱周围泛水板安装详图（二）

图 8.3.18 所示为天窗周围泛水板的节点。这些详图可应用于各种不同类型的屋面材料。

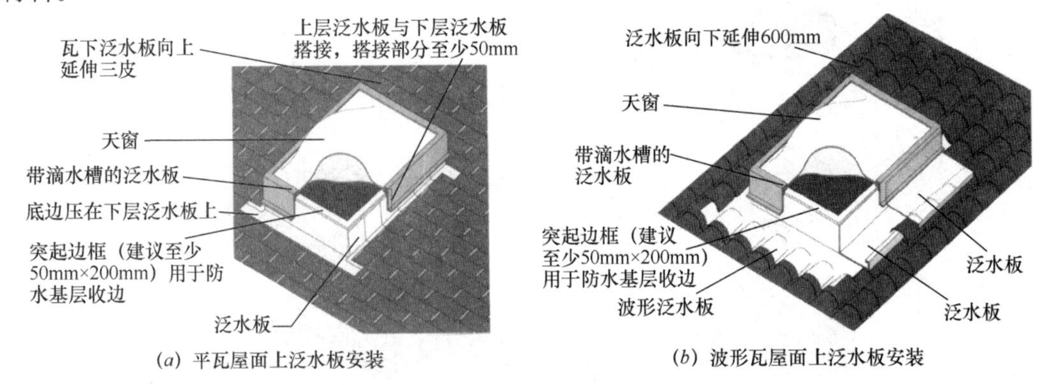

图 8.3.18　天窗周围泛水板安装详图

图 8.3.19 所示为屋面与墙面交界处的泛水板安装详图。

（3）通风

以上节点构造措施都是用于防止雨水渗透到屋面内部。但有时，由于某些因素，例如屋面材料的破坏或外部强大风力的作用，屋面局部可能会出现渗漏现象。一般来说，少量

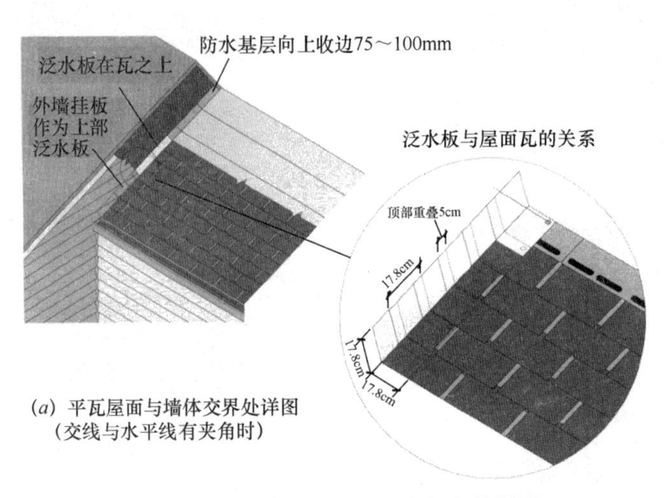

图 8.3.19　屋面与墙面交界处泛水板安装详图（一）

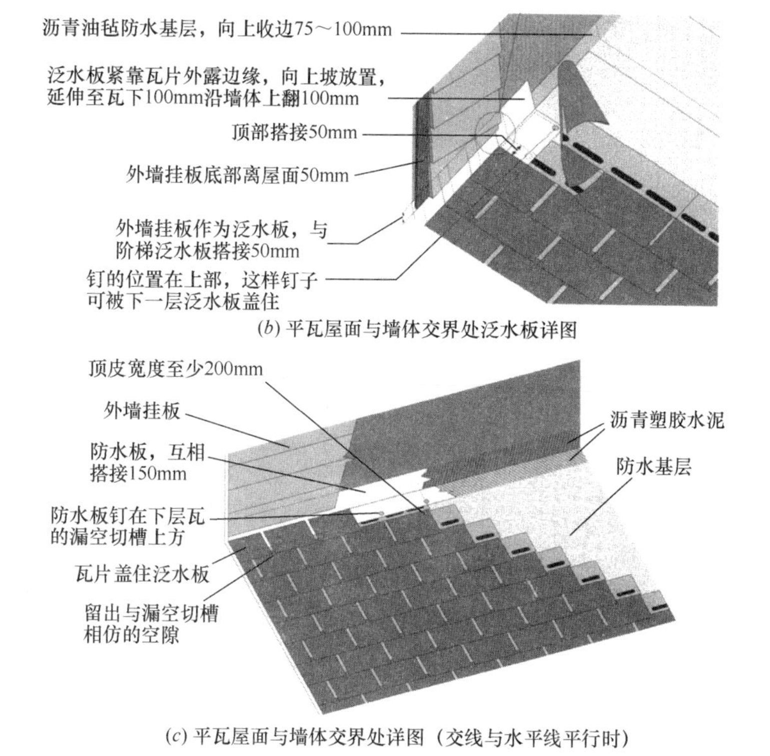

(*b*) 平瓦屋面与墙体交界处泛水板详图

(*c*) 平瓦屋面与墙体交界处详图（交线与水平线平行时）

图 8.3.19 屋面与墙面交界处泛水板安装详图（二）

的渗漏现象不会引起屋面的破坏，因为这些少量的渗水，可以通过屋面板下的通风来解决。

屋盖内的通风可以解决两个问题，一是通风有助于由于屋面渗漏或冷凝水聚集而受潮的屋盖结构进行干燥；二是在夏季，可以降低屋盖内的温度，提高屋面材料，尤其是玻纤沥青瓦的使用寿命。图 8.3.20 所示为坡屋面内的通风节点。

2. 外墙围护系统

轻型木结构的外墙受潮的原因包括：雨水的渗漏，含有水蒸气的空气穿越墙体，以及水蒸气的渗透引起的冷凝水。与屋盖结构不同，墙体如果受潮，尤其是受到冷凝水的危害时，不能完全依靠通风来解决，所以，其防水防潮构造与屋面的情况有所不同。

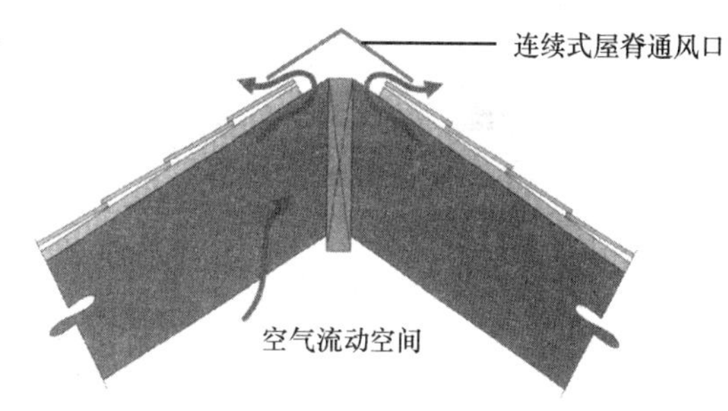

图 8.3.20 屋面阁楼通风详图（采用连续屋脊通风口）

(1) 外墙防水层

在引起墙体结构构件受潮的因素中，雨水的渗漏是主要因素。实际工程中，墙体的漏水往往是因为外墙防水层和墙面泛水板的不正确安装引起的。

外墙防水层是利用不透水的防水材料以及泛水板组成的防水系统，将透过外墙饰面材料的水阻挡在外，从而达到防水目的。防水层可以通过采用外墙墙面饰材、防水材料、等压防水层等方法达到防水目的。

如外墙表面饰材采用外墙挂板材料，包括各种金属、塑料以及木挂板等，当挂板之间采用防水搭接构造时，结构外墙板表面防水材料可以省略。此时，外墙的防水依靠外墙表面饰材作为防水层。当外墙饰面材料不具有防水效果时，应在结构墙面上安装防水材料。防水层材料可以采用防水沥青油毡。

随着对含水蒸气的空气对墙体的受潮所起的作用的进一步研究，隔气层现已被普遍地应用在轻型木结构外墙防潮中。随着材料工业的发展，现在具有防水隔气功能的防水/隔气层被广泛地应用于建筑领域。

安装防水材料时，应该注意的是从上到下，防水层必须形成连续路径，以保证水能沿着这条路径离开建筑物。要达到这点，就必须保证防水层在墙面上，尤其在门、窗以及管道开孔部位，与泛水板之间的搭接顺序。图 8.3.21 所示为窗周围防水层的搭接安装。

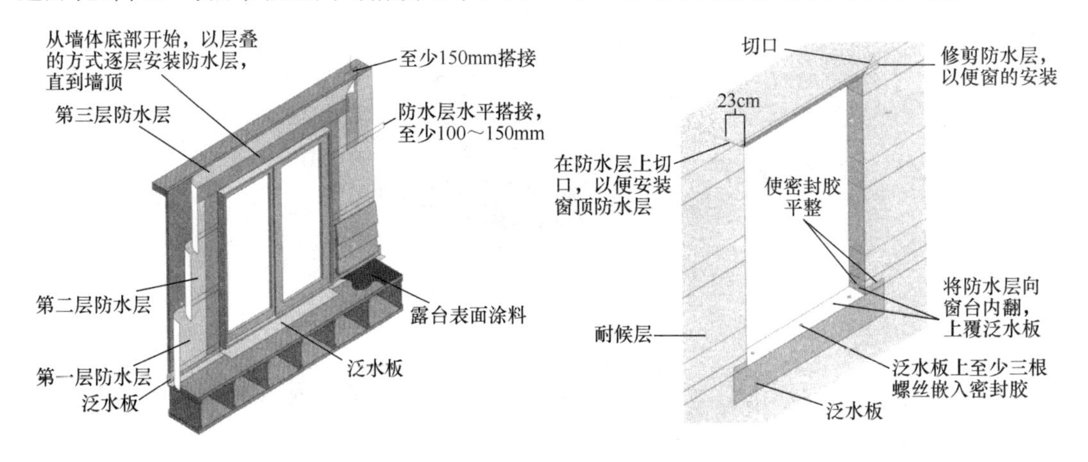

图 8.3.21　窗周围防水层的搭接安装示意

与屋面防水系统中用的材料一样，墙体中，用作泛水板的材料必须是耐锈蚀材料。一般采用镀锌、铜、铝、铅以及塑料等。对于墙体上的小开孔，如排风口等，因为其形状不规则，一般采用成品泛水板。泛水板在外墙围护体系中起的作用，就是将进入防水层的水，利用与其他材料之间安装的顺序，层层设防，将水引导出防水层。泛水板的这种工作原理与屋面瓦类似。

图 8.3.22 所示为防水层与泛水板之间的正确安装详图。施工时，应按照这些正确的

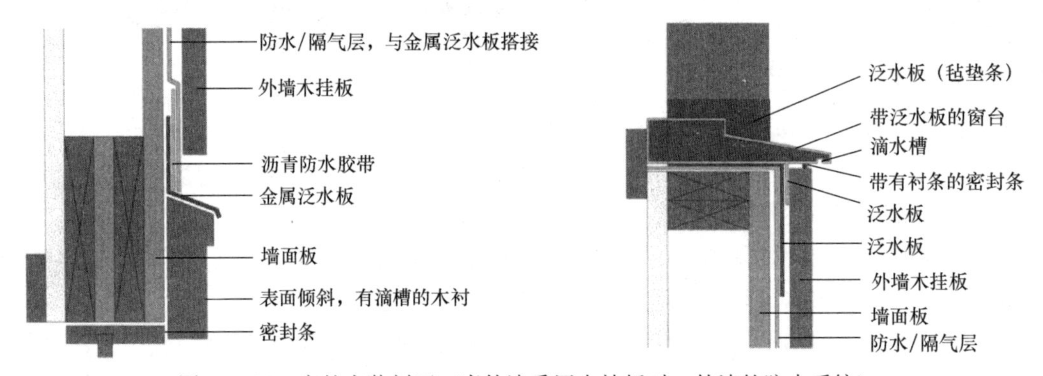

图 8.3.22　窗的安装剖面（当外墙采用木挂板时，外墙的防水系统）

节点安装方式，保证泛水板能将透过防水层进入结构表面的水引出至防水层外。

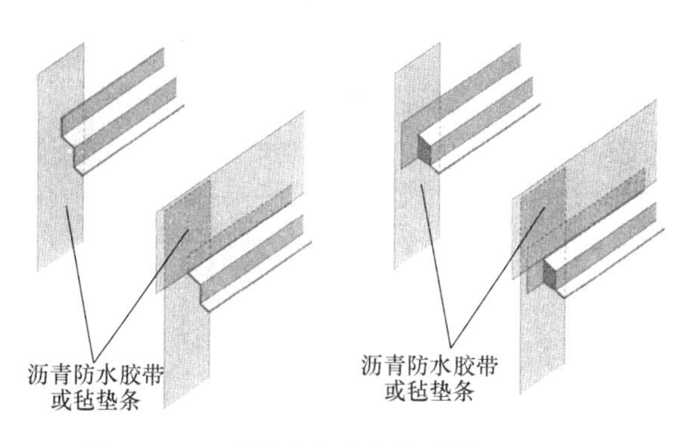

图 8.3.23 采用油毡或防水胶带的安装节点

图 8.3.23～图 8.3.28 所示为木结构墙体中窗和门周围，当外墙采用胶合墙板时的水平接缝的泛水板详图。

在外墙的防水系统中，还有一种体系，称作等压防水层，等压防水层主要应用在当墙体同时受到雨水和强风作用的情况下。其原理是在外墙饰面材料与墙体表面普通防水层之间设置一空间，该空间内的气压与建筑物外部气压相等，这样，雨水就不会因为风压差的作用向墙内渗透。同时，少量透过外墙饰面的雨水，可以通过这个空间在重力的作用下排出建筑物表面。等压防水层示意见图 8.3.29。

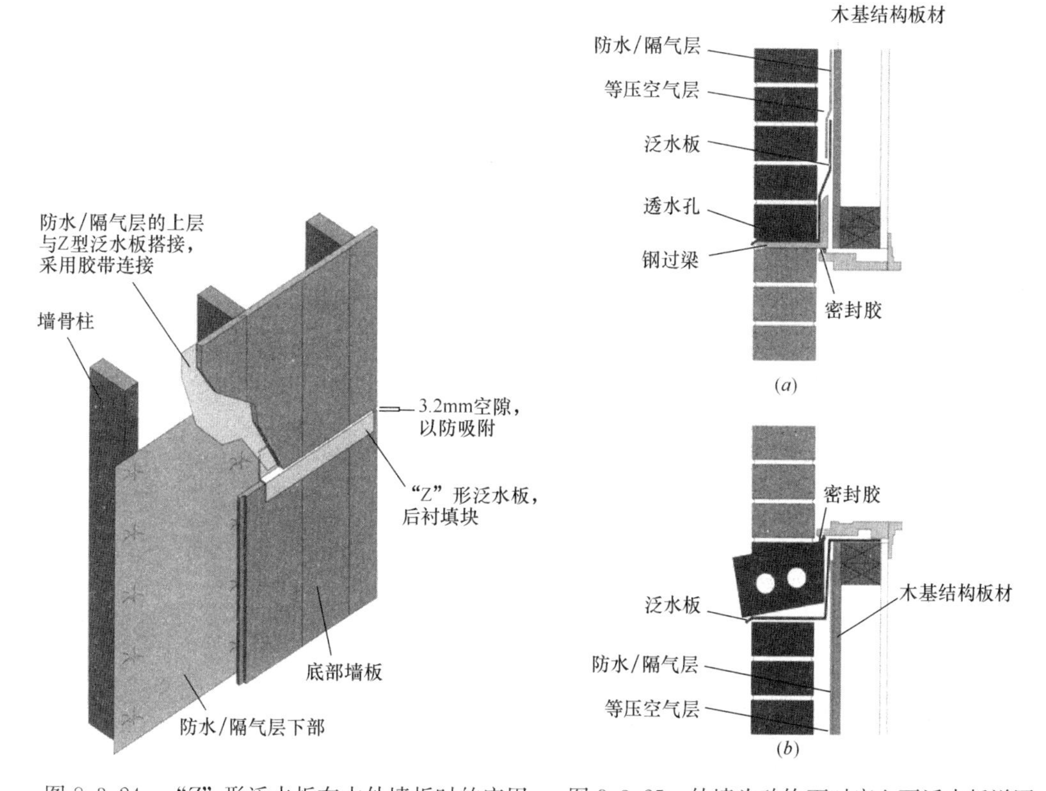

图 8.3.24 "Z" 形泛水板在木外墙板时的应用

图 8.3.25 外墙为砖饰面时窗上下泛水板详图

(2) 墙体与建筑物其他部分交界的节点

实践表明，建筑物中某些部位的雨水渗漏问题往往由墙体与建筑物其他部分的交界处的节点问题引起。这些交界处包括露台与墙体的交界、墙体与屋盖的交界、天沟与屋面或墙体的交界以及窗的安装等。

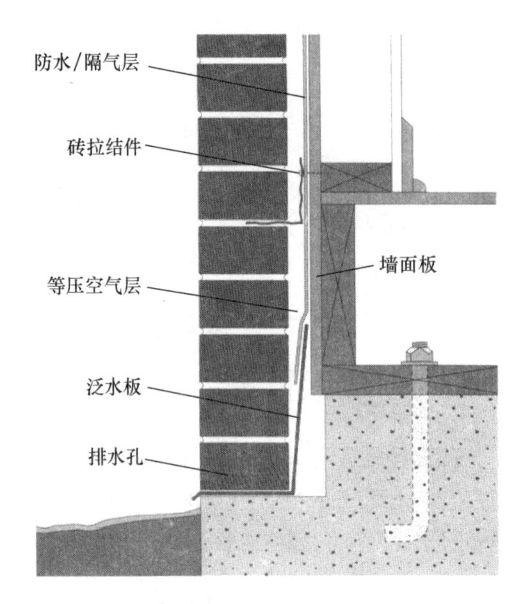

图 8.3.26 泛水板在砖饰面底部的节点详图

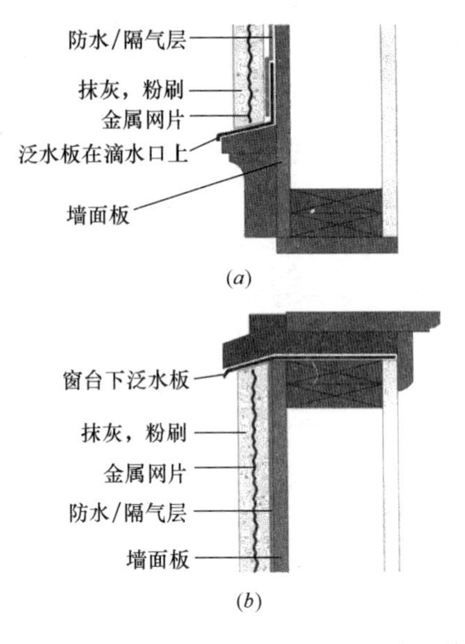

图 8.3.27 水泥粉刷饰面外墙的防水系统

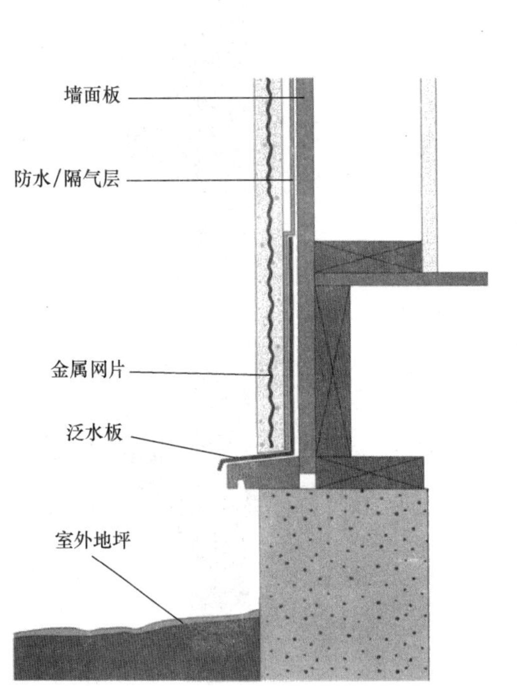

图 8.3.28 泛水板在粉刷层底部详图

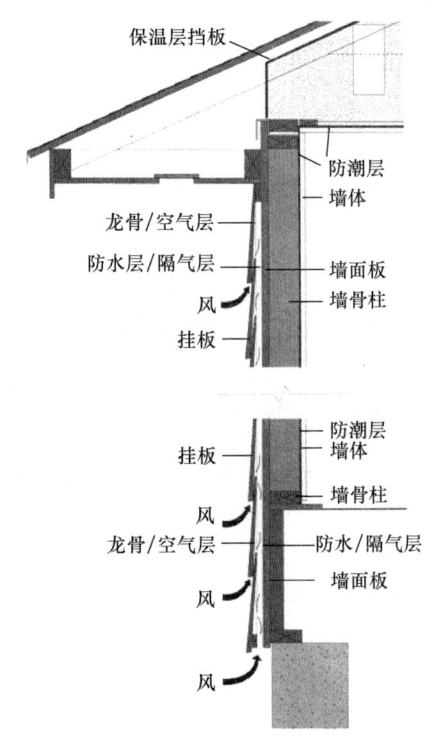

图 8.3.29 等压防水层示意

图 8.3.30～图 8.3.32 所示为部分墙体与建筑物其他部分交界安装节点，其中图 8.3.31 为室外露台与建筑物外墙交界处详图，图 8.3.32 为墙体穿孔的防水处理节点。

(3) 隔气层

随着现代建筑对节能的考虑以及建筑材料的不断发展，建筑物的密封性能有了很大的

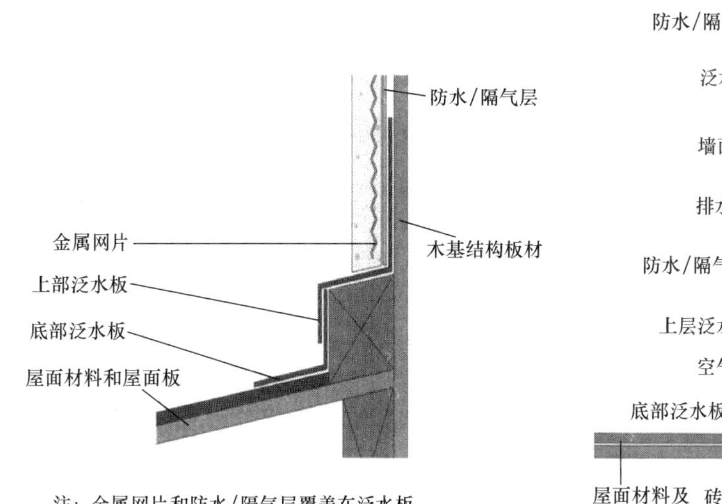

注：金属网片和防水/隔气层覆盖在泛水板。

(a) 屋面与水泥粉刷墙面交界处的泛水板

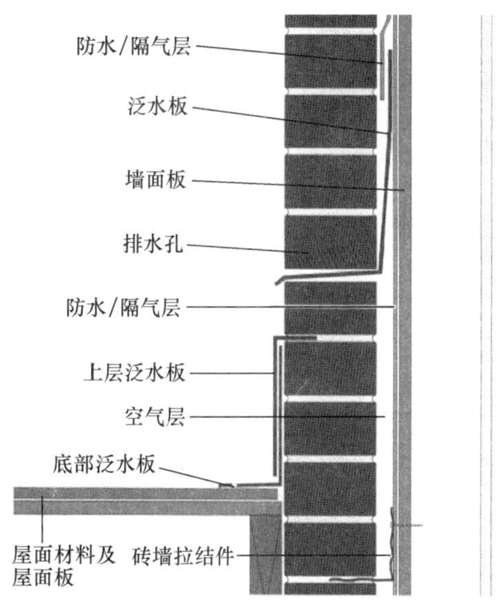

(b) 屋面与砖饰墙体交界处的泛水板

图 8.3.30 屋面与墙体交界处的泛水板详图

提高。而随着建筑物密封性能的提高，室内外的空气之间的压力差就会随着不同的空气作用而增大，这样，就容易造成空气通过墙体上的空隙进行内外流动。当空气穿越墙体时，空气中的水蒸气遇到低于露点温度（指空气在水汽含量和气压都不改变的条件下，冷却到饱和时的温度。形象地说，就是空气中的水蒸气变为露珠时候的温度叫露点温度）的界面，就会在界面上形成冷凝水，如果该界面在墙体内部，冷凝水就会聚集在墙体内部。如果在墙体内形成冷凝水，则会危害墙体的耐久性。前面已经提到，水蒸气进出木结构墙体通过空气传递和水蒸气渗透作用，而其中 98%是由于空气传递作用的。

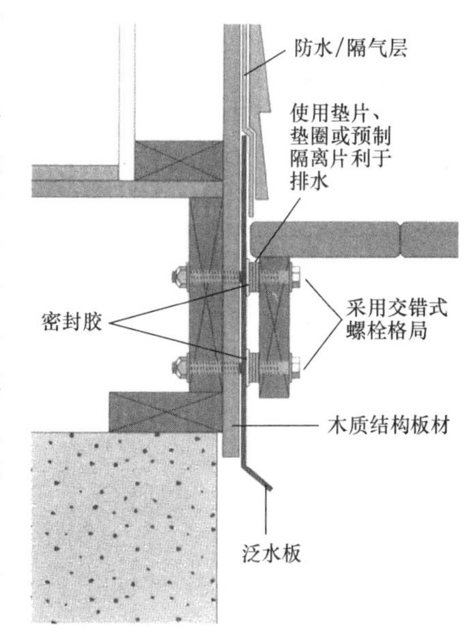

图 8.3.31 室外露台与外墙交界处的防水处理

为防止含水蒸气的空气进入墙体，构造上往往采用隔气层。作为隔气层，必须达到以下要求：

1）能有效地隔绝空气在墙体两侧的流动；

2）隔气层在建筑物围护结构中必须连续，中间不能断开或有缝隙；

3）隔气层本身应有一定的强度，在建筑物施工以及使用中，能抵抗外部荷载，主要是风荷载的作用；

4）能保证在规范规定的建筑物使用期内的耐久性。

隔气层可以放在墙体的内侧或外侧，实际中，可以采用以下几种做法：

1）隔气层安装在墙体内侧，采用墙面板和结构框架材料作为隔气层；

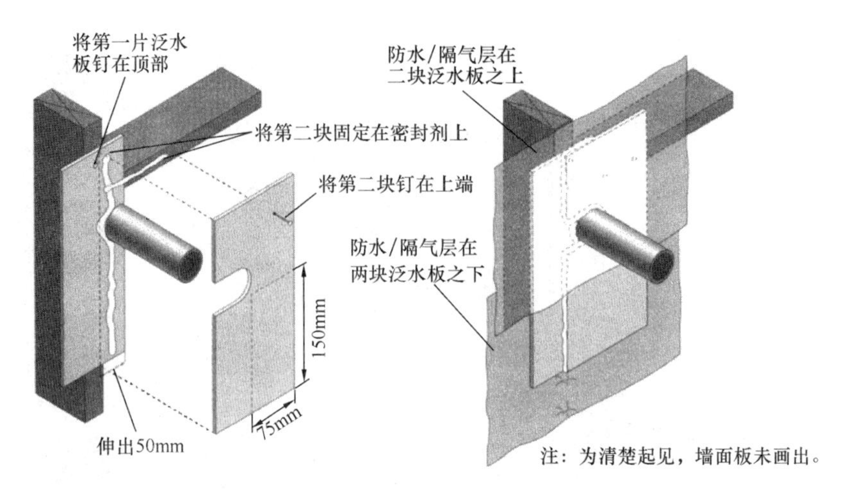

图 8.3.32　外墙穿管周围防水层详图

2）隔气层安装在墙体内侧，采用聚乙烯薄膜作为隔气层；

3）隔气层安装在墙体外侧，采用外墙面板作为隔气层；

4）隔气层安装在墙体外侧，与外墙防水层结合作为防水/隔气层。

隔气层无论安装在墙体内侧还是外侧，都应注意保证隔气层的密闭性，因为隔气层的主要作用是隔断空气进出墙体，所以隔气层本身应有良好的气密性。以隔气层安装在墙体外侧为例，当采用与外墙防水层结合作为防水/隔气层时，每层防水层应注意上下搭接的顺序以及搭接处的密封。图 8.3.33 所示为防水/隔气层在安装时，如何保证隔气层的气密性。

（4）防潮层

除了通过空气的传递，水蒸气对木结构墙体的第二种危害方式就是通过水蒸气的渗透，这是因为空气中的水蒸气会产生蒸气分压力，相对湿度也可表示成空气中水蒸气分压力和同温度水蒸气饱和压力的比值。如果不同材料两侧的水蒸气分压力不同，那么压力高的空气会通过材料上的开孔、裂缝等向压力较低一侧流动，或向材料内渗透。与空气传递的水蒸气相比，这部分水蒸气的数量相对较少。但是，如果不加以防止，水蒸气聚积在墙体内，得不到及时干燥，也会引起结构构件的破坏。

水蒸气产生冷凝水是因为水蒸气从温度高的一侧向温度低的一侧运动时，遇到温度较低的表面而产生冷凝水。所以防潮层应安装在保温层温度较高的一侧，如果防潮层安装在温度较低的一侧，则水蒸气就会进入墙体形成冷凝水。当冷凝水的量超过了木构件本身能吸收的量，就会造成木材腐朽的危险。因为防潮层的不同安装位置会影响到防潮效果，所以应根据当地的具体情况来决定。一般的经验是：

1）寒冷地区，全年冬季以采暖为主，防潮层应安装在冬季采暖一侧；

2）全年以干热性气候为主的地区，可不安装防潮层；

3）全年以湿热气候为主，且主要采用空调制冷的地区，应将防潮层安装在外侧温度高的一侧；

4）四季分明，冬天需要采暖、夏季需要制冷的地区，可省去防潮层的安装。

理论上来说，任何材料，表面完好且能阻挡水蒸气的都能成为防潮层。实际工程中，常用的防潮层包括聚乙烯薄膜（厚度为 0.05～0.2mm）、保温层附带的牛皮纸或者油性乳

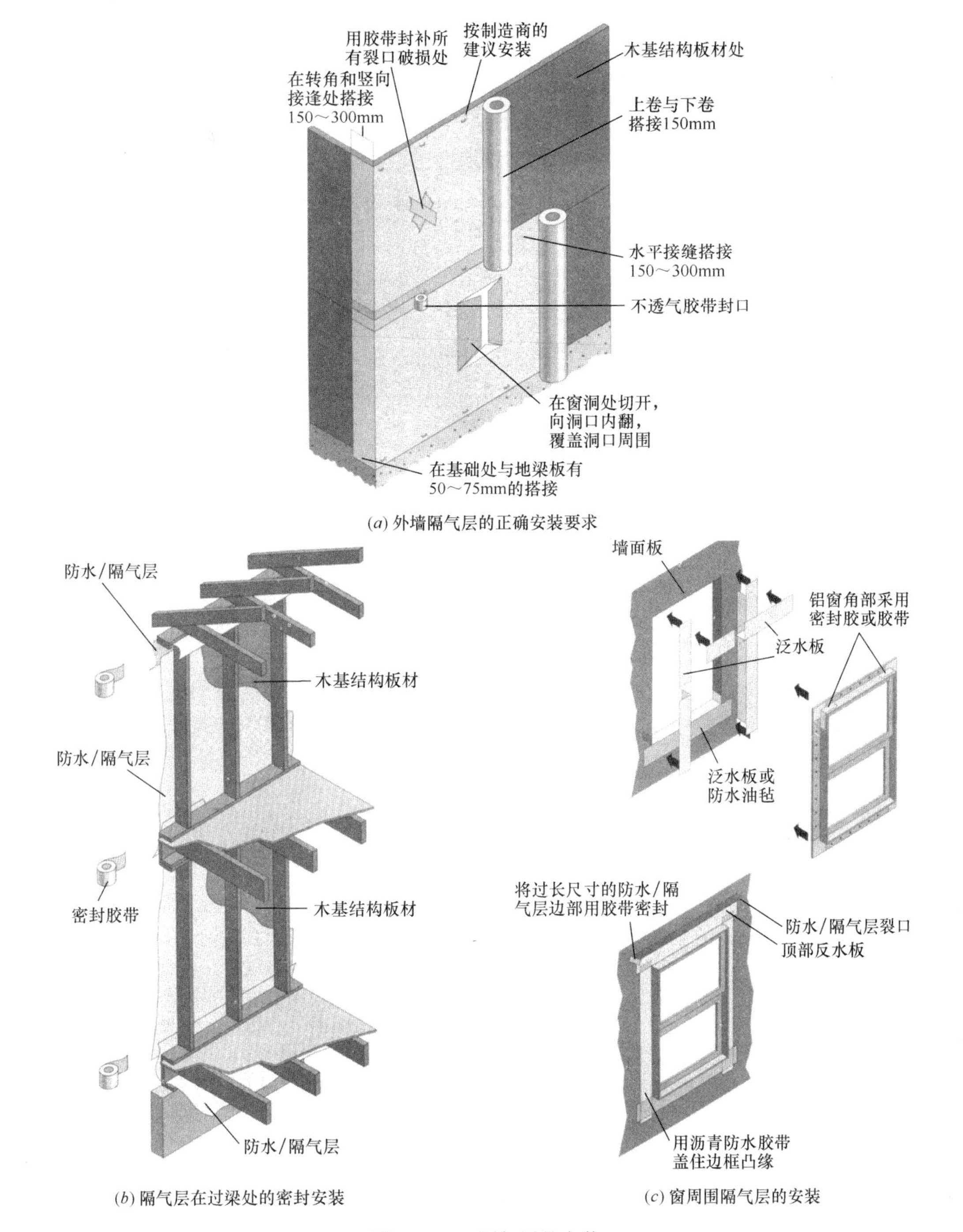

(a) 外墙隔气层的正确安装要求

(b) 隔气层在过梁处的密封安装

(c) 窗周围隔气层的安装

图 8.3.33　隔气层的安装

胶漆等。

应该注意的是，不能在墙体的两侧同时安装防潮层，因为一旦墙体中有冷凝水，应该保证有一面的墙体使得冷凝水能散发出去。所以，实际工程中，不应将防潮层误作防水层。一般用作防水层的材料，都具有一定的透水蒸气的能力，而防潮层没有透水蒸气的能力。

(5) 密封材料的应用

现代木结构建筑中，高弹性的外墙密封材料被普遍应用于密封外墙上不同构件之间产生的各种裂缝上。在某种意义上，密封材料为防止水的渗入提供了第一道防线。现代建筑的外墙防水一般需要几十米长的密封材料。

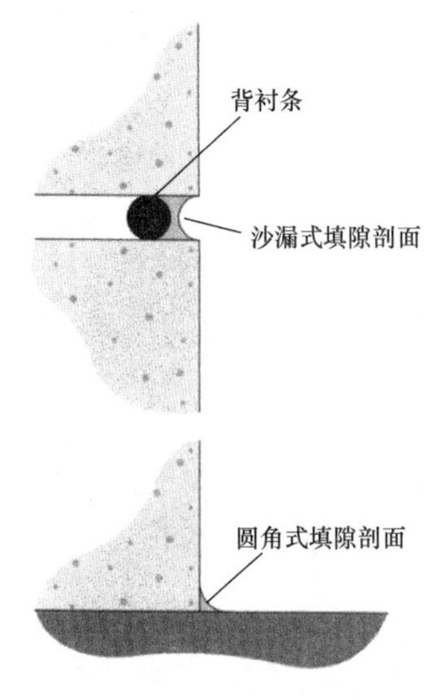

图 8.3.34　密封材料的应用方法

与泛水板不同，密封材料的使用寿命有限，必须定期更换。采用密封材料填缝的构件连接缝的寿命由几个因素决定，包括：密封材料的质量，缝隙的形状，缝隙两侧材料的不均匀变形以及缝隙表面处理情况等。所以，对于给定的建筑物，没有一道缝隙的情况相同，这样，很难依靠密封材料来保证外墙的防水。因此，密封材料应和上述其他措施同时使用。

正确使用密封材料进行填缝，可以极大地提高连接缝的使用效果和寿命。使用密封材料时，首先应保证缝隙的表面无杂质，其次，拼缝的截面形状也非常重要。好的胶缝应该能够尽量扩大上胶面。构件之间的填逢材料的截面中，应有部分截面变小，如图 8.3.34 所示。这样，密封连接就可以允许两侧构件有不均匀变形。

8.3.3　胶合木结构节点构造

当木构件与混凝土墙或砌体墙接触时，接触面应设置防潮层，或预留缝隙。对于柱和拱，预留的缝隙宽度应考虑承受荷载时产生的变形影响，并可采用固定在混凝土或砌体上的木线条将缝隙进行隐蔽（图 8.3.35），但是，木线条不得与柱或拱连接在一起。

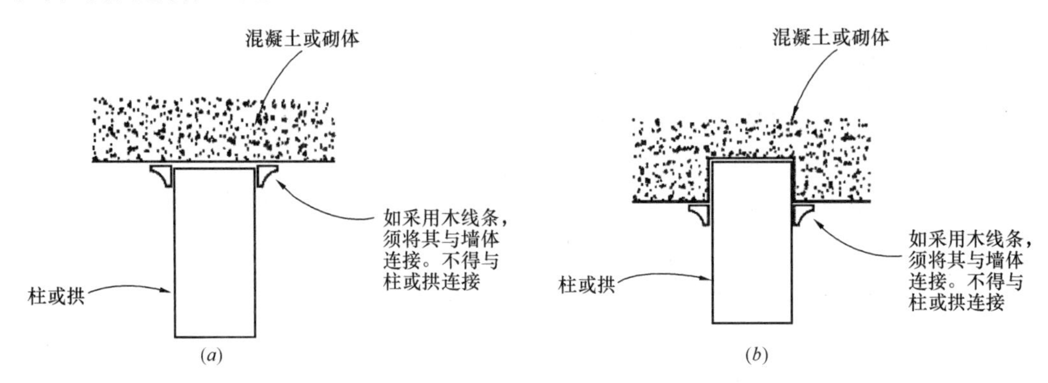

图 8.3.35　胶合木构件与混凝土或砌体构件的防潮处理示意图

当建筑物有悬挑屋面时，应保证屋面有不小于 2%的坡度（图 8.3.36）。封檐板应采用天然耐腐或经过防腐处理的木材。

当建筑物屋面有外露悬臂梁时，悬臂梁应用金属盖板保护，并应采用防腐处理木材（图 8.3.37）。对有外观要求的外露结构应定期进行维护。

胶合木门架可采用实心挑檐和墙体进行保护（图 8.3.38*a*），对于无墙体保护的外露的部分应进行防腐处理（图 8.3.38*b*）。

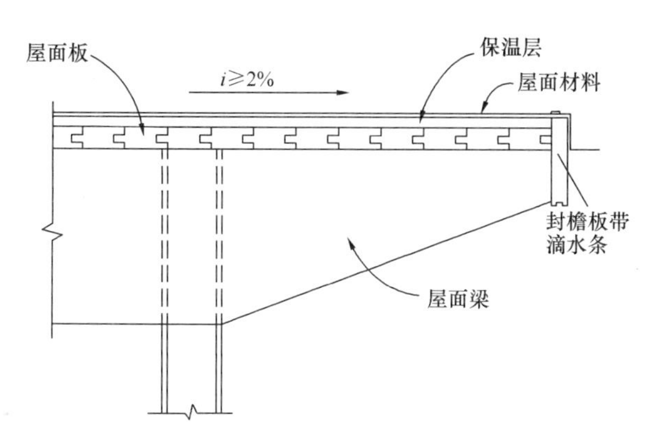

图 8.3.36 悬挑屋面的耐久性构造示意

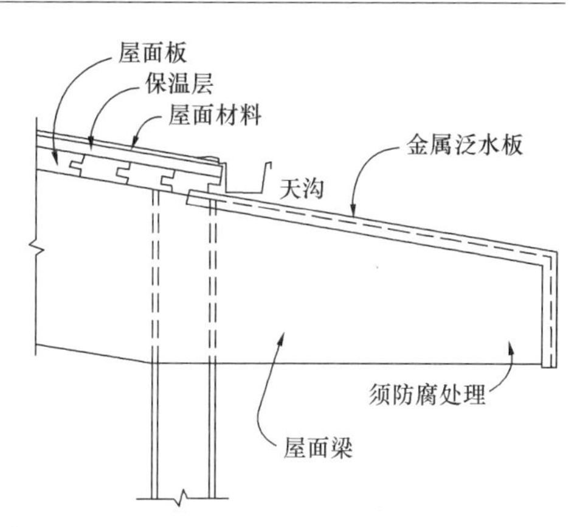

图 8.3.37 悬挑梁的耐久性构造示意

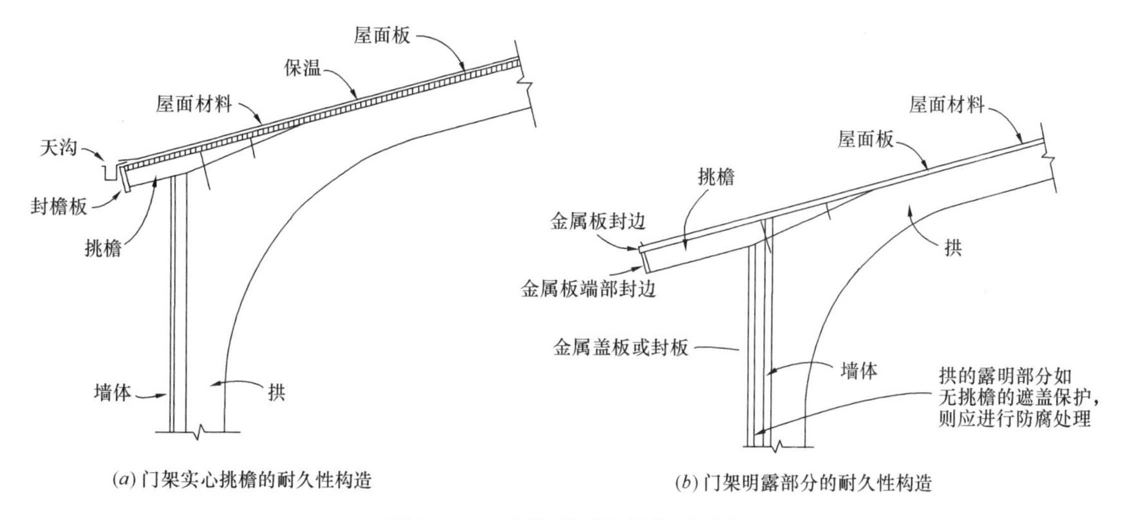

图 8.3.38 门架的耐久性构造示意

对于部分外露的拱，应对木材进行防腐处理或采用防腐木材制作构件，且在明露部分应采用金属泛水板加以保护（图 8.3.39）。金属泛水板应伸盖过拱基座，拱底最低点与地面的净距不得小于 350mm。

当水平或斜置的外露构件顶部安装金属泛水板时，泛水板与构件之间应设置厚度不小于 5mm 的不连续木条，并用圆钉或木螺钉将泛水板、木条固定在木构件上（图 8.3.40）。构件的两侧、端部与泛水板之间的空隙开口处应加设防虫网。构件两侧外露部分应进行防腐处理。

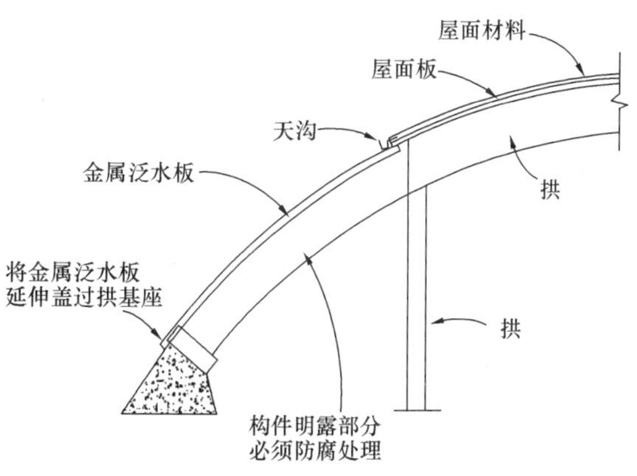

图 8.3.39 部分明露的拱的耐久性构造示意

梁端部或竖向构件外露部分安装金属泛水板时，泛水板与构件之间应预留空隙，并用圆钉或木螺钉将泛水板固定在木构件上（图 8.3.41）。构件与泛水板之间的空隙开口处应采用密封胶填堵。构件两侧外露部分应进行防腐处理。

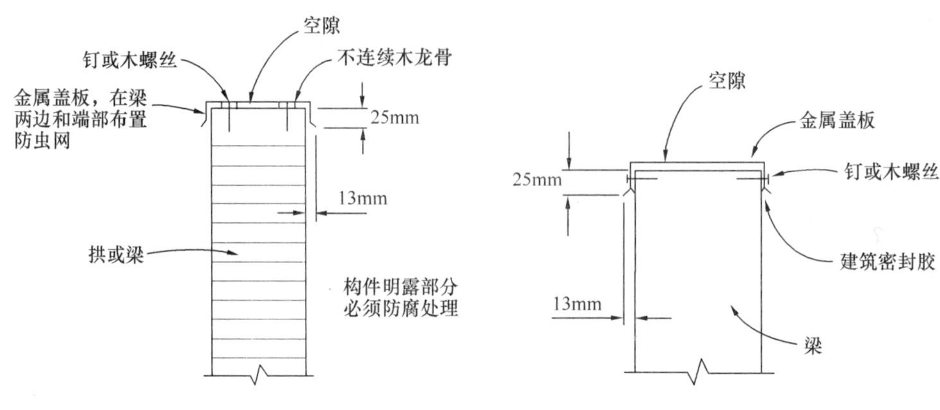

图 8.3.40　梁顶部泛水板　　图 8.3.41　竖向构件立面泛水板做法

8.4　白蚁防治管理

凡白蚁危害地区，应对新建、改建、扩建、装饰装修等房屋的白蚁预防和对原有房屋的白蚁检查与灭治进行防治管理，并建立与建筑设计相关的整体白蚁管理控制系统。城市房屋白蚁防治工作应当贯彻“预防为主、防治结合、综合治理”的方针。

白蚁的传播途径主要分为三种。一是分飞传播，即白蚁群体通过产生有翅昆虫，飞到其他地方产生下一代群体，是最主要的危害途径；二是蔓延侵入，即以蚁巢为中心，通过各种迁移活动进行蔓延，扩大危害范围；三是人为传播，即通过货物运输等途径将白蚁传播到不同地区，甚至不同国家，白蚁在适宜的环境下可定居繁衍。

我国已知白蚁有 400 多种，主要分布于华南一带，全国除了黑龙江、吉林、内蒙古、宁夏、青海、新疆尚未发现白蚁外，其余省市自治区都有白蚁的分布。在房屋建筑方面，辽宁、山东半岛和华北地区的白蚁危害面和受害损失相对要小；长江流域危害率一般可占房屋总数的 40%～50%；越往南越严重，华南地区受害率已上升到 60%～80%；广东地区可高达 90%以上。有关白蚁的危害和白蚁防治的监督管理工作应由各省、自治区人民政府建设行政主管部门或直辖市人民政府房地产行政主管部门负责。

8.4.1　白蚁防治

我国对木结构建筑受生物危害区域进行了划分，主要根据白蚁和腐朽的危害程度划分为四个区域等级，各区域等级包括的地区见表 8.4.1。表中具体的区域划分可参照国家标准《中国陆地木材腐朽与白蚁危害等级区域划分》GB/T 33041—2016 的规定执行。

生物危害地区划分表　　**表 8.4.1**

序号	生物危害区域等级	白蚁危害程度	包括地区
1	Z1	低危害地带	新疆、西藏西北部、青海西北部、甘肃西北部、宁夏北部、内蒙古除突泉至赤峰一带以东地区和加格达奇地区外的绝大部分地区、黑龙江北部

续表

序号	生物危害区域等级	白蚁危害程度	包括地区
2	Z2	中等危害地带，无白蚁	西藏中部、青海东南部、甘肃南部、宁夏南部、内蒙古东南部、四川西北部、陕西北部、山西北部、河北北部、辽宁西北部、吉林西北部、黑龙江南部
3	Z3	中等危害地带，有白蚁	西藏南部、四川西部少部分地区、云南德钦以北少部分地区、陕西中部、山西南部、河北南部、北京、天津、山东、河南、安徽北部、江苏北部、辽宁东南部、吉林东南部
4	Z4	严重危害地带，有乳白蚁	云南除德钦以北的其他地区、四川东南大部、甘肃武都以南少部分地区、陕西汉中以南少部分地区、河南信阳以南少部分地区、安徽南部、江苏南部、上海、贵州、重庆、广西、湖北、湖南、江西、浙江、福建、贵州、广东、海南、香港、澳门、台湾

对于木结构建筑的白蚁防治管理应做到以下几点：

（1）当木结构建筑施工现场位于白蚁危害区域等级为 Z2、Z3 和 Z4 区域内时，为了保证木结构建筑达到防虫的有效性和可靠性，施工时应按下列规定做好防白蚁的措施：

1）施工前应对场地周围的树木和土壤进行白蚁检查和灭蚁工作；

2）应清除地基土中已有的白蚁巢穴和潜在的白蚁栖息地；

3）地基开挖时应彻底清除树桩、树根和其他埋在土壤中的木材；

4）所有施工时产生的木模板、废木材、纸质品及其他有机垃圾，应在建造过程中或完工后及时清理干净；

5）所有进入现场的木材、其他林产品、土壤和绿化用树木，均应进行白蚁检疫，施工时不应采用任何受白蚁感染的材料；

6）应按设计要求做好防治白蚁的其他各项措施。

（2）当木结构建筑位于白蚁危害区域等级为 Z3 和 Z4 区域内时，除了施工应按上述规定做好防白蚁的措施以外，木结构建筑的防白蚁设计还应满足下列要求：

1）直接与土壤接触的基础和外墙，应采用混凝土或砖石结构；基础和外墙中出现的缝隙宽度不应大于 0.3mm；

2）当无地下室时，底层地面应采用混凝土结构，并宜采用整浇的混凝土地面；

3）由地下通往室内的设备电缆缝隙、管道孔缝隙、基础顶面与底层混凝土地坪之间的接缝，应采用防白蚁物理屏障或土壤化学屏障进行局部处理；

4）外墙的排水通风空气层开口处应设置连续的防虫网，防虫网格栅孔径应小于 1mm；

5）地基的外排水层或外保温绝热层不宜高出室外地坪，否则应做局部防白蚁处理。

（3）对于在白蚁危害区域等级比较严重的 Z3 和 Z4 区域内的木结构建筑，在基础施工时还应采用防白蚁土壤化学处理和白蚁诱饵系统等防虫措施。土壤化学处理和白蚁诱饵系统应使用对人体和环境无害的药剂。

8.4.2 白蚁防治管理的方法

以北美的白蚁防治管理为例，简要介绍白蚁的整体防治管理方法。表 8.4.2 为对不同程度白蚁危害的防治策略，表 8.4.3 为对白蚁的整体防治管理方法。

对不同程度白蚁危害的防治策略 **表 8.4.2**

防治管理方法	白蚁危害程度		
	严重	中等	无或轻微
抑制	适用	—	—
现场处理	适用	适用	—
土壤屏障	适用	适用	—
基础处理	适用	适用	—
结构耐久性处理	适用	—	—
监视与补救措施	适用	适用	适用

地下白蚁的整体防治管理方法 **表 8.4.3**

防治管理方法			具体操作
防治策略	具体项目		
抑制	已感染木材		烧毁或加热处理所有已被感染的木材
	已感染树木		处理所有已被感染的树木
	运输渠道		检查原木、林产品及遗留土壤
现场处理	蚁巢		清除或销毁所有的蚁巢
	树桩		清除所有的树桩
	未处理木材		清除废弃木材，禁止掩埋未处理木材
	模板		清除所有的模板
	架空层		禁止在架空层内储存纸、纸板或未处理的木材
土壤屏障	建立土壤屏障	土壤处理	按供应商推荐的办法处理或由专门的白蚁防治单位处理
		钢丝网屏障	按供应商推荐的办法处理或由专门的白蚁防治单位处理
		分级沙砾屏障	按供应商推荐的办法处理或由专门的白蚁防治单位处理
		建立十年期的诱捕系统	按供应商推荐的办法处理或由专门的白蚁防治单位处理
	阻断至土壤屏障的通道	对于附属建筑物	室外建筑、独立车库等附属建筑物应尽量避免直接接触主建筑物，除非其具有相同的保护措施
		对于附属外景观结构	与主建筑物相连栅栏、观景亭、木平台、棚架等景观结构必须采用加压处理过的木材，并在建造时须阻断白蚁到达主建筑物上的通道，特别是一些不易察觉的通道
		对于室外树木等植物	禁止树枝、灌木及攀缘植物接触建筑物

续表

防治管理方法			具体操作
防治策略	具体项目		
基础处理	平板基础	用于观察白蚁情况	平板式基础边缘应高出地坪150mm，且没有围护结构遮挡
		用于防治白蚁危害	采用无变形缝的平板式基础，在管道孔周围灌泥浆或铺设钢丝网，并在地基周边建立土壤屏障
			采用有变形缝的平板式基础，并对整个地基建立土壤屏障
	架空层	用于观察白蚁情况	架空层应高出地坪450mm，并设置进出口
			架空层下基础应高出地坪至少150mm，且没有围护结构遮挡
			设置白蚁屏障
		用于观察及防治白蚁危害	在空心砖混结构上铺设混凝土层、砖石或钢丝网
	桩基	用于观察白蚁情况	实心桩应高出地坪450mm，或设置白蚁屏障
	砖混柱基础	用于观察白蚁情况	基础应高出地坪450mm，或设置白蚁屏障
		用于观察及防治白蚁危害	在空心砖混结构上铺设混凝土层、砖石或钢丝网
结构耐久性处理	用木材、钢材或混凝土作为主要构件的结构		按相关标准对木构件进行处理，或使用抗白蚁的树种
监视与补救措施	定期检查		由专业人员完成
	如果发现白蚁	烟熏	按供应商推荐的办法处理或由专门的白蚁防治单位处理
		诱饵＋监控	按供应商推荐的办法处理或由专门的白蚁防治单位处理
		捕获/药剂处理/释放	按供应商推荐的办法处理或由专门的白蚁防治单位处理
	修补防护系统		识别及修补缝隙
	修补木构件		用按相关标准处理过的木材或抗白蚁树种的木材进行修补处理
	重新用药剂处理木构件		对目前完好但未经处理过的木构件，采用允许使用的药剂进行喷洒处理

8.5 木材的天然耐腐性和浸注性

对于某些建筑物或构筑物，当采用设计或施工方法不能保证木结构构件的使用耐久性的时候，例如对于长期暴露在室外的木结构构件，就必须采用天然耐腐或防腐剂处理的木材。选择天然耐腐材或对木材进行防腐剂处理时，应按照木材的天然耐腐性或浸注性进行。

8.5.1 木材的天然耐腐性和主要用材树种的耐腐性分类

木材的天然耐腐性是木材固有的抗腐朽性能，这种性能在很大程度上与木材所含物质有关。

各种木材天然耐腐性的差别，主要表现在心材部分。大多数树种的边材，一般来说都是不耐腐的，所以同一树种木材，边材的宽窄不同，耐腐性即有差异。使用木材时可根据木结构所处环境条件和不同部位选择不同耐腐性能的树种木材。

我国主要用材树种及主要进口木材的耐腐性分类分别见表8.5.1、表8.5.2。

我国主要用材树种的耐腐性分类 **表8.5.1**

类别	材别	用材树种名称
耐腐性强	针叶材	柏木、落叶松、杉木、陆均松、建柏、桧柏
	阔叶材	青冈(槠木)、栎木(柞木)、竹叶青冈、水曲柳、刺槐、密脉蒲桃、枧木、红栲赤桉、楠木
耐腐性中等	针叶材	红松、华山松、广东松、铁杉
	阔叶材	云南蓝桉、榆木、红椿、荷木、楝木
耐腐性差	针叶材	马尾松、云南松、赤松、樟子松、油松
	阔叶材	桦木、椴木、隆缘桉、木麻黄、杨木、桤木、枫香(边材)、拟赤杨、柳木

主要进口木材的耐腐性分类 **表8.5.2**

类别	材别	用材树种名称
耐腐性强	针叶材	俄罗斯落叶松、北美红崖柏(北美红雪松)、黄崖柏、加利福尼亚红杉
	阔叶材	门格里斯木、卡普木、沉水稍、绿心木、紫心木、孪叶豆、塔特布木、达荷玛木、毛罗藤黄、红劳罗木、深红梅兰蒂、巴西红厚壳木
耐腐性中等	针叶材	南方松、西部落叶松、花旗松、北美落叶松、新西兰辐射松、欧洲赤松
	阔叶材	萨佩莱木、苦油树、黄梅兰蒂、浅红梅兰蒂、克隆木(心材)、梅萨瓦木(心材)
耐腐性差	针叶材	西部铁杉、太平洋银冷杉、欧洲云杉、海岸松、俄罗斯红松、东部云杉、东部铁杉、白冷杉、西加云杉、北美黄松、巨冷杉、西伯利亚松、小干松、北美黑松
	阔叶材	克隆木(边材)、白梅兰蒂、小叶椴、大叶椴

按民间使用经验，除一些珍贵树种如枧木、紫檀、坡垒、子京外，柚木、密脉蒲桃、绿楠、苦梓、柏木、楠木、建柏、侧柏、枣木、桧柏等，都是抗白蚁性较强的，云南石梓、苦槠、泡桐、杉木、樟木、柳杉、栎木、赤桉、槐木等抗白蚁性也稍强，而其他多数树种木材则易受白蚁危害。抗虫蛀的树种木材有柏木、密脉蒲桃(心材)、鸡尖、乌榄、石梓、樟木、杉木、楝木、桉木、槠木(心材)、栲木(心材)、栎木(心材)以及各类松木的心材，而其他多数树种的边材则易受虫蛀。

研究表明，同一种具有天然耐腐性的树种，产自次生林的树木的耐腐性不及产自原始林的树木的耐腐性强。此外，木材的天然耐腐性是指心材的耐腐性，因此同一树种中，构件耐腐性随着心材比例的增大而增大。所以在设计中，采用天然防腐材时应注意这种区别。

8.5.2 木材的浸注性和主要用材树种的浸注性分类

木材的浸注性即防腐剂浸入木材的难易程度。各种木材浸注性的差异很大，有些木材(如榆木)防腐剂很易注入，而落叶松即使加压至1.4N/mm^2，防腐剂也很难注入。边材部分由于活细胞具有输导作用，故大多数树种的边材都易于注入防腐剂，而心材则一般较难注入。因此，对木材进行防腐处理前，应了解木材的浸注性，并根据木材防腐处理的质量要求和所用防腐剂的性质，选用适当的处理工艺(见本手册第8.5节)。对于难浸注木材，应采用刻痕，以保证防腐剂的透入度。

我国主要用材树种及主要进口木材的浸注性分类分别见表8.5.3、表8.5.4。

我国主要用材树种的浸注性分类 **表8.5.3**

类别	材别	用材树种名称
难浸注	针叶材	落叶松、冷杉、油杉、云杉、各种松木心材
	阔叶材	苦槠、米槠、柞木、刺槐、槠栎、檫木、桉木
稍难浸注	针叶材	樟子松、辽东冷杉、铁杉、红松
	阔叶材	枫桦、槐木、楝木、木色木、木荷
易浸注	针叶材	各种松木边材
	阔叶材	枫香、水曲柳、榆木、山杨、白桦、椴木、杨木、木麻黄

主要进口木材的浸注性分类 **表8.5.4**

类别	材别	用材树种名称
难浸注	针叶材	俄罗斯落叶松、欧洲云杉、白云杉、小干松、北美黑松
	阔叶材	卡普木、沉水梢、紫心木心材、梅萨瓦木、红劳罗木、深红梅兰蒂心材、白梅兰蒂
稍难浸注	针叶材	太平洋沿岸银松、西部铁杉
	阔叶材	克隆
易浸注	针叶材	新西兰辐射松、南方松、北美黄松
	阔叶材	小叶椴、大叶椴

8.6 木材的防腐处理

除了天然耐腐木材，另一类能够耐腐朽和虫害的木材是经过防腐剂处理的木材。与天然耐腐材比较，经防腐剂处理的木材，因其质量稳定、经济以及来源广泛，被广泛地应用于建筑工程中。

木材的可处理性是指在外力作用下木材液体的渗透性，不同树种木材具有不同的处理性能。根据处理的难易程度，可处理性分为四级，见表8.6.1。

木材的可处理性分级 **表8.6.1**

处理性分级		依据
1	易处理	容易处理。通过加压可全部吸收
2	较易处理	比较容易处理。通过2～3h加压处理，针叶材可达到6mm以上的横向渗透，阔叶材大部分导管可渗透
3	难处理	较难处理。通过3～4h加压处理，不一定达到3～6mm的横向渗透
4	较难处理	较难处理。基本不能渗透

通常，边材可处理性为1级的木材较适合进行防腐处理。边材可处理性为2级的木材，可进行防腐处理，但要根据使用用途，通过刻痕加工等预处理方法提高防腐剂的渗入深度。边材可处理性为3级和4级的木材则不宜进行防腐处理，如木结构建筑中经常使用

的云杉、花旗松、红雪松等。

对木材进行防腐剂处理时，应根据本手册第 8.4 节所述木材的耐腐性和浸注性，合理选择防腐剂种类和防腐处理方法。

8.6.1　木材防腐剂种类

木材防腐、防虫所用化学药剂通称为木材防腐剂（或防护剂）。

1. 木材防腐剂应满足的要求

（1）对危害木材的木腐菌和害虫要具有足够的毒性；

（2）防腐剂对木材的渗透性能好；

（3）防腐剂必须有持久性和稳定性；

（4）经防腐处理后的木材，不致腐蚀与木材接触的金属配件，也不致增加木材的燃烧性；

（5）对人畜应尽可能没有毒性。目前常用的防腐剂，大部分对人畜都有一定的毒性，故要求在处理木材时和使用、存放经过防腐处理的木材时，都应采取必要措施，以防人畜中毒；

（6）防腐药剂应来源丰富、价格低廉。

2. 木材防腐剂的种类

木材防腐剂一般分为三类，即油类防腐剂、油溶性防腐剂以及水溶性防腐剂。其特点如下：

（1）油类防腐剂

油类防腐剂是指注入木材后，用来防止生物破坏引起的木材腐朽的油类，主要包括煤杂酚油、煤焦油和蒽油。油类防腐剂主要用来处理枕木、电杆、水工建筑的桩木等在生物性破坏严重而对颜色和气味要求不高的环境中使用。

1）广谱类防腐剂，能有效防止多种木材腐朽菌、昆虫、白蚁以及海生钻孔动物等对木材的危害；

2）耐候性好，抗雨水或海水冲刷能力强，能长久地保持在木材中；

3）对金属的腐蚀性低，不腐蚀金属紧固件和连接件；

4）有辛辣气味，处理后木材呈黑色，不便油漆和胶合；

5）燃烧时，会产生大量刺激性浓烟；

6）处理后的木材使用时，由于温度的变化，会产生溢油现象。

（2）油溶性防腐剂

油溶性防腐剂是指一类能溶于有机溶剂中具有防腐能力的化合物，又称有机溶剂型防腐剂。这类防腐剂与煤杂酚油不同，煤杂酚油本身含有几百种有防腐能力的化合物，而且不需要溶剂。而油溶性防腐剂则是一种或几种有防腐作用的化合物溶解于有机溶剂中组成的防腐剂。油溶性防腐剂主要包括五氯苯酚、环烷酸铜、8-羟基喹啉铜、有机锡化合物、有机碘化合物、唑类化合物等。油溶性防腐剂主要用来处理电杆、桥梁等。油溶性防腐剂具有以下特点：

1）这类防腐剂溶于油类或有机溶剂中，溶剂本身一般没有毒性，而是作为防腐剂载体注入木材。溶剂有高沸点和低沸点溶剂之分，可按处理木材的要求选用；

2）本身不挥发，抗流失性好；

3）对金属没有腐蚀性；

4）采用低沸点溶剂时，在处理作业期间和处理后的存放期内，应注意防止火灾。溶剂挥发后，并不提高木材的可燃性；

5）处理过的木材，在溶剂未挥发前，不应和橡胶接触。若需要油漆，必须在溶剂挥发干燥后进行。高沸点溶剂的干燥挥发要较长时间，故需要油漆的构件，一般不宜采用；

6）采用低沸点溶剂时，药剂注入木材的深度一般高于其他类型防腐剂。因此，低沸点溶剂最适用于涂刷、常温浸渍等处理工艺；

7）用这类防腐剂处理木材，一般不会引起木材膨胀。

（3）水溶性防腐剂

水溶性防腐剂是目前世界上应用最广泛、种类最多的一类防腐剂。水溶性防腐剂一般由具有防腐能力的盐类组成，其防腐作用主要在于其中的活性成分。水溶性防腐剂主要包括单盐防腐剂和复合防腐剂。其中，单盐防腐剂包括氟化物、硼化物、砷化物、铜化物、锌化物、五氯酚钠以及烷基铵化合物等。复合无机盐类防腐剂包括含氟的复合防腐剂、含硼复合防腐剂、酸性铬酸铜（ACC）、氨溶砷酸铜（ACA）、氨溶砷酸铜锌（ACZA）、铜铬砷合剂（CCA）、氨溶季氨铜（ACQ）、铜一硼一唑复合防腐剂（CBA-A）等。水溶性防腐剂被广泛地应用于工业和民用建筑中，具有以下特点：

1）易溶于水，可以水为载体而注入木材；

2）处理过的木材干燥后，没有特殊气味，且表面整洁，不污染其他物品，可以油漆和胶合；

3）属于不燃物质，其中有些药剂还兼有防火性能，但某些药剂单独使用时，如浓度过高可能对金属有腐蚀作用；

4）最适用于对室内外木构件的处理；

5）如木构件在尺寸上有较高的要求，则处理后的木材应干燥后再进行施工和安装；

6）如木构件对导电性有较高的要求，采用水溶性防腐剂时应予注意。

8.6.2 常用木材防腐剂最低保持量以及透入度要求

防腐处理木材根据其应用环境，应有不同的药剂保持量要求。《木结构工程施工质量验收规范》GB 50206—2012 中，将木结构构件的不同使用环境分为四级，即 C1、C2、C3、C4A。各级使用环境的具体适用范围见本手册表 8.1.4。

木结构建筑结构采用的锯材、规格材的防腐剂、防虫剂及其以活性成分计的最低载药量应符合表 8.6.2 的要求。

不同使用条件下防腐木材及其制品的防护剂最低载药量　　表 8.6.2

防腐剂			活性成分	组成比例（%）	最低载药量（kg/m^3）			
					使用环境			
类别	名称				C1	C2	C3	C4A
水溶性	硼化合物*1		三氧化二硼	100	2.8	2.8*2	NR*3	NR
	季铵铜（ACQ）	ACQ-2	氧化铜	66.7	4.0	4.0	4.0	6.4
			二癸基二甲基氯化铵（DDAC）	33.3				

续表

防腐剂			活性成分	组成比例(%)	最低载药量(kg/m^3)			
类别	名称				使用环境			
					C1	C2	C3	C4A
水溶性	季铵铜(ACQ)	ACQ-3	氧化铜	66.7	4.0	4.0	4.0	6.4
			十二烷基苄基二甲基氯化铵(BAC)	33.3				
		ACQ-4	氧化铜	66.7	4.0	4.0	4.0	6.4
			DDAC	33.3				
	铜唑(CuAz)	CuAz-1	铜	49	3.3	3.3	3.3	6.5
			硼酸	49				
			戊唑醇	2				
		CuAz-2	铜	96.1	1.7	1.7	1.7	3.3
			戊唑醇	3.9				
		CuAz-3	铜	96.1	1.7	1.7	1.7	3.3
			丙环唑	3.9				
		CuAz-4	铜	96.1	1.0	1.0	1.0	2.4
			戊唑醇	1.95				
			丙环唑	1.95				
	唑醇啉(PTI)		戊唑醇	47.6	0.21	0.21	0.21	NR
			丙环唑	47.6				
			吡虫啉	4.8				
	酸性铬酸铜(ACC)		氧化铜	31.8	NR	4.0	4.0	8.0
			三氧化铬	68.2				
	柠檬酸铜(CC)		氧化铜	62.3	4.0	4.0	4.0	NR
			柠檬酸	33.7				
油溶性	8-羟基喹啉铜(Cu8)		铜	100	0.32	0.32	0.32	NR
	环烷酸铜(Cu N)		铜	100	NR	NR	0.64	NR

注：*1　硼化合物包括硼酸、四硼酸钠、八硼酸钠、五硼酸钠等及其混合物；
*2　有白蚁危害时C2环境下，硼化合物应为4.5kg/m^3；
*3　NR为不建议使用。

防护施工应在木构件制作完成后进行，并应选择正确的处理工艺。常压浸渍法可用于木构件处于C1类环境条件的防护处理；其他环境条件均应用加压浸渍法，特殊情况下可采用冷热槽浸渍法。对于不易吸收药剂的树种，浸渍前可在木材上顺纹刻痕，但刻痕深度不宜大于16mm。锯材、规格材浸渍完成后的药剂透入度检测结果不应低于表8.6.3的规定。喷洒法和涂刷法只能用于已经防护处理的木构件，因钻孔、开槽等操作造成未吸收药剂的木材外露而进行的防护修补。

锯材、规格材的防护剂透入度检测规定 **表 8.6.3**

木材特征	透入深度或边材透入率		钻孔采样数量（个）	试样合格率（%）
	t <125mm	t ≥125mm		
易吸收，不需要刻痕	63mm 或 85%(C1、C2) 90%(C3、C4A)	63mm 或 85%(C1、C2) 90%(C3、C4A)	20	80
需要刻痕	10mm 或 85%(C1、C2) 90%(C3、C4A)	13mm 或 85%(C1、C2) 90%(C3、C4A)	20	80

胶合木结构可采用的防腐、防火药剂类别和规定检测深度内以有效活性成分计的载药量不应低于表 8.6.4 的规定。胶合木结构宜在层板胶合、构件加工工序完成（包括钻孔、开槽等局部处理）后进行防护处理，并宜采用油溶性药剂；必要时可先做层板的防护处理，再进行胶合和构件加工。不论何种顺序，其药剂透入度不得小于表 8.6.5 的规定。

胶合木的防护剂最低载药量与检测深度规定 **表 8.6.4**

药剂			胶合前处理					胶合后处理				
类别	名称		最低载药量(kg/m³)				检测深度(mm)	最低载药量(kg/m³)				检测深度(mm)
			使用环境					使用环境				
			C1	C2	C3	C4A		C1	C2	C3	C4A	
水溶性	硼化合物		2.8	2.8*	NR	NR	13～25	NR	NR	NR	NR	—
	季铵铜 ACQ	ACQ-2	4.0	4.0	4.0	6.4	13～25	NR	NR	NR	NR	—
		ACQ-3	4.0	4.0	4.0	6.4	13～25	NR	NR	NR	NR	—
		ACQ-4	4.0	4.0	4.0	6.4	13～25	NR	NR	NR	NR	—
	铜唑(CuAz)	CuAz-1	3.3	3.3	3.3	6.5	13～25	NR	NR	NR	NR	—
		CuAz-2	1.7	1.7	1.7	3.3	13～25	NR	NR	NR	NR	—
		CuAz-3	1.7	1.7	1.7	3.3	13～25	NR	NR	NR	NR	—
		CuAz-4	1.0	1.0	1.0	2.4	13～25	NR	NR	NR	NR	—
	唑醇啉(PTI)		0.21	0.21	0.21	NR	13～25	NR	NR	NR	NR	—
	酸性铬酸铜(ACC)		NR	4.0	4.0	8.0	13～25	NR	NR	NR	NR	—
	柠檬酸铜(CC)		4.0	4.0	4.0	NR	13～25	NR	NR	NR	NR	—
油溶性	8-羟基喹啉铜(Cu8)		0.32	0.32	0.32	NR	13～25	0.32	0.32	0.32	NR	0～15
	环烷酸铜(CuN)		NR	NR	0.64	NR	13～25	0.64	0.64	0.64	NR	0～15

注：* 有白蚁危害时，需 4.5kg/m³。

NR 为不建议使用。

胶合木构件防护药剂透入深度或边材透入率 **表 8.6.5**

木材特征	使用环境		钻孔采样的数量（个）
	C1、C2 或 C3	C4A	
易吸收，不需要刻痕	75mm 或 90%	75mm 或 90%	20
需要刻痕	25mm	32mm	20

结构胶合板和结构复合木材（旋切板胶合木、平行木片胶合木、层叠木片胶合木和定向木片胶合木）防护剂的最低载药量及其检测深度应符合表8.6.6的要求。

结构胶合板、结构复合木材防护剂的最低载药量与检测深度　　表8.6.6

药剂			结构胶合板					结构复合材				
类别	名称		最低载药量(kg/m³)				检测深度(mm)	最低载药量(kg/m³)				检测深度(mm)
			使用环境					使用环境				
			C1	C2	C3	C4A		C1	C2	C3	C4A	
水溶性	硼化合物		2.8	2.8*	NR	NR	0～10	NR	NR	NR	NR	—
	季铵铜 ACQ	ACQ-2	4.0	4.0	4.0	6.4	0～10	NR	NR	NR	NR	—
		ACQ-3	4.0	4.0	4.0	6.4	0～10	NR	NR	NR	NR	—
		ACQ-4	4.0	4.0	4.0	6.4	0～10	NR	NR	NR	NR	—
	铜唑(CuAz)	CuAz-1	3.3	3.3	3.3	6.5	0～10	NR	NR	NR	NR	—
		CuAz-2	1.7	1.7	1.7	3.3	0～10	NR	NR	NR	NR	—
		CuAz-3	1.7	1.7	1.7	3.3	0～10	NR	NR	NR	NR	—
		CuAz-4	1.0	1.0	1.0	2.4	0～10	NR	NR	NR	NR	—
	唑醇啉(PTI)		0.21	0.21	0.21	NR	0～10	NR	NR	NR	NR	—
	酸性铬酸铜(ACC)		NR	4.0	4.0	8.0	0～10	NR	NR	NR	NR	—
	柠檬酸铜(CC)		4.0	4.0	4.0	NR	0～10	NR	NR	NR	NR	—
油溶性	8-羟基喹啉铜(Cu8)		0.32	0.32	0.32	NR	0～10	0.32	0.32	0.32	NR	0～10
	环烷酸铜(CuN)		0.64	0.64	0.64	NR	0～10	0.64	0.64	0.64	0.96	0～10

注：*有白蚁危害时，需4.5 kg/m³。
　　NR为不建议使用。

为不致危及人畜和污染环境，下述防护剂应限制其使用范围：

(1) 混合防护油和五氯酚只用于与地（或土壤）接触的房屋构件防腐和防虫，应用两层可靠的包皮密封，不得用于居住建筑的内部和农用建筑的内部，以防与人畜直接接触；并不得用于储存食品的房屋或能与饮用水接触的处所。

(2) 含砷的无机盐可用于居住、商业或工业房屋的室内，只需在构件处理完毕后将所有的浮尘清除干净，但不得用于储存食品的房屋或能与饮用水接触的处所。

8.6.3　木材防腐处理方法

木材防腐处理方法有很多种，常用防腐剂处理木材的方法有浸渍法、喷洒法和涂刷法。其中，浸渍法又包括常温浸渍法、热冷槽法和加压浸注处理法。采用何种处理方法，由产品的使用要求、木材性质以及防腐剂的性质决定。一般来说，用作结构受力构件以及用在户外的木材，必须采用加压浸注处理。喷洒法和涂刷法只能用于已处理的木材因钻孔、开槽使未吸收防腐剂的木材暴露的情况下使用。

木构件（包括胶合木构件）在处理前应加工至最后的截面尺寸，以消除已处理木材再度切割、钻孔的必要性。由于技术上的原因，确有必要做局部修整时，必须在木材暴露的表面涂刷足够的同品牌药剂。

1. 加压浸注处理法

这种方法是将木材放入一个带密闭盖的长圆筒形的压力罐中，充入防腐剂后密封施加压力（一般为 1.0～1.4N/mm²）强制防腐剂注入木材，直到防腐剂吸收量和注入深度达到质量要求为止，如图 8.6.1 所示。

图 8.6.1 木材进入压力罐进行加压浸注处理

用加压浸注法处理木材，能够取得较好的注入深度，并能控制防腐剂的吸收量，适用于木材防腐处理质量要求高以及难浸注木材的处理，但设备较复杂，一般由专业工厂进行。

2. 热冷槽浸渍法

这种方法通常是用两个防腐剂槽（冷槽和热槽），先将木材放入热槽中加热几小时后，再迅速移入冷槽中保持一定时间。也可只用一个槽，先加热后再使防腐剂自然冷却下来。采用水溶性防腐剂时，热槽温度为 85℃～95℃，冷槽温度为 20℃～30℃；采用油溶性防腐剂时，热槽温度为 90℃～100℃（但必须比所用油剂的闪点低至少 5℃），冷槽温度为 40℃左右。为达到防腐剂吸收量的规定要求，木材在热槽和冷槽中的浸渍时间随树种、截面尺寸和含水率而不同，应经过试验确定。

木材在热槽中加热时，细胞腔内的空气受热膨胀，部分逸出木材外；木材移入冷槽后，细胞腔内空气因冷却而收缩，细胞腔内产生负压而吸入防腐剂。故采用此法处理木材时，木材必须充分干燥。

采用热冷槽法防腐，适用于边材和易浸注的木材。

3. 常温浸渍法

这种方法是将木材浸入常温的防腐剂中进行处理。对于易浸注而干燥的木材，可以取得良好的效果。浸渍时间从几小时到几天不等，根据木材的树种、截面尺寸和含水率而定。如木材含水率较高时，应适当提高防腐剂的浓度。

4. 涂刷法

这种方法一般用于现场处理。采用油类防腐剂时，在涂刷前应加热；采用油溶性防腐剂时，选用的溶剂应易为木材吸收；采用水溶性防腐剂时，浓度可稍提高。涂刷一般不应少于 2 次，第一次涂刷干燥后，再刷第二次。涂刷要充分，注意保证涂刷质量，有裂缝处必须用防腐剂浸透。对要求透入深度大的、室外用材以及室内与地接触的用材，均不宜采用此法。

5. 喷洒法

这种方法比涂刷法效率高，但易造成防腐剂的损失（达 25%～30%）及环境污染，因而只用于数量较大或难以涂刷的地方。

8.6.4　防腐处理木材在设计和施工时应注意的问题

1. 防腐处理对木材强度的影响

煤焦油、煤杂酚油等油类防腐剂对木材几乎是惰性的，注入木材后不发生化学反应，故不影响木材强度。经水溶性防腐剂处理的木材，当无刻痕时，强度不受影响；当对木材刻痕处理时，木材的设计强度值应进行适当的折减。

木材防腐剂本身虽然对木材强度没有显著的影响，但进行防腐处理将防腐剂注入木材时，如果温度、压力等条件不当，可能造成木材强度大大降低；特别是用加压浸注处理法时，若采用长时间的高温高压处理，木材强度将受到很大削弱。

图 8.6.2　不锈钢或经热浸镀锌处理的金属连接件

2. 防腐处理木材构件的连接

在户外木结构中，当采用水溶性防腐剂进行木材防腐处理时，应注意保证连接构件的金属连接件和紧固件的耐久性。连接件应采用不锈钢或经过热浸镀锌处理的钢制连接件（图 8.6.2）。镀锌涂层重量不得小于 275g/m^2。此外，注意在使用不同水溶性防腐剂处理的木材时，应向连接件生产厂家了解与之相配的耐腐蚀要求。

8.6.5　层板胶合木的加压防腐处理

多数情况下，胶合木构件不需要进行加压防腐处理。但是，当结构使用环境容易使结构构件产生腐烂时，胶合木构件必须进行加压防腐处理。经过加压防腐处理的胶合木构件可用于桥梁、户外构筑物、海工建筑、户外平台以及其他景观建筑，还可用于室内木材含水率超过 20%的潮湿环境中，例如室内游泳池等。图 8.6.3 为云南玉龙雪山收费站，其主要构件采用经防腐处理的花旗松结构胶合木。

图 8.6.3　云南玉龙雪山收费站

国家标准《木结构工程施工质量验收规范》GB 50206—2012 规定了胶合木在不同使用环境中的防护剂的最低载药量和检测深度，见本手册表 8.6.4、表 8.6.5。

胶合木加压防腐处理

根据树种、处理方法和要求的不同，胶合木可以先将层板胶合，后做防腐处理；也可以先将层板进行防腐处理，然后进行胶合。一般来说，采用煤焦油、煤杂酚油或油溶性五氯酚时，应该先胶合，后处理。当五氯酚采用碳氢化合物作为溶剂时，两种处理方式都可以采用。南方松胶合木可以在胶合前对层板先进行加压防腐处理。

采用水溶性防腐剂时，不得对构件进行先胶合后处理的方式，因为这样构件处理后很容易变形。美国 AWPA 标准规定，唯一可以在胶合后进行处理的水溶性防腐剂是氨溶砷酸铜锌（ACZA），可用来处理花旗松—落叶松，铁杉和铁—云杉。一般来说，不建议采用水溶性防腐剂处理胶合木产品，因为容易引起变色、开裂以及顺弯等变形。如果采用水溶性防腐剂处理胶合木产品，必须在处理完后重新干燥，以将缺陷减到最低。表 8.6.7 以美国的胶合木防腐处理为例，给出了部分防腐剂在处理胶合木时应注意的处理顺序，供读者参考。

胶合木构件加压防腐处理与胶合的前后顺序 **表 8.6.7**

防腐剂名称	西部树种		南方松		阔叶材	
	先处理后胶合	先胶合后处理	先处理后胶合	先胶合后处理	先处理后胶合	先胶合后处理
煤焦油、煤杂酚油(Creosote)	不允许	允许	不允许	允许	不允许	允许
油溶性五氯酚(Oil-borne Penta)	不允许*	允许	不允许	允许	不允许	不允许
环烷酸铜(CuN)	不允许	允许	不允许	允许	不允许	不允许
铜铬砷合剂(CCA)	不允许	不允许	允许	不允许	不允许	不允许
氨溶砷酸铜锌(ACZA)	不允许	不允许	允许	不允许	不允许	不允许
氨溶砷酸铜(ACA)	不允许	不允许	允许	不允许	不允许	不允许
酸性铬酸铜(ACC)	不允许	不允许	允许	不允许	不允许	不允许

注：* 当五氯酚采用碳氢化合物作为溶剂时，两种处理方式都可以采用。

第9章　方木原木结构

9.1　一　般　规　定

方木原木结构指承重构件采用方木或原木制作的单层或多层木结构，方木原木结构可分为以下几类：

(1) 穿斗式木结构：按屋面檩条间距，沿房屋进深方向竖立一排木柱，檩条直接由木柱支承，柱之间不用梁，仅用穿透柱身的穿枋横向拉结起来，形成一榀木构架。每两榀木构架之间使用斗枋和纤子连接组成承重的空间木构架。

(2) 抬梁式木结构：沿房屋进深方向，在木柱上支承木梁，木梁上再通过短柱支承上层减短的木梁，按此方法叠放数层逐层减短的梁组成一榀木构架，屋面檩条放置于各层梁端。

以上两类是我国传统木结构建筑的两种主要建筑形式，常见于传统木结构宫殿、传统木结构民宅等。其建造方法需按照传统的技术规则、世代相传和积累的建筑经验来实现，通常对梁柱等构件采用榫卯连接。对于新建的传统梁柱式木结构建筑，以及采用榫卯连接的木结构建筑，我国现行的工程建设标准中均未对其作出相应规定，建造时通常参照当地传统的营造方式和方法。

(3) 井干式木结构：井干式结构是采用截面经过适当加工后的方木、原木、胶合原木作为基本构件，将构件在水平方向上层层叠合，并在构件相交的端部采用层层交叉咬合连接，以此组成的井字形木墙体作为主要承重体系的木结构，也称原木结构（参见本手册图1.5.1）。

(4) 木框架剪力墙结构：由地梁、梁、横架梁与柱构成木框架，并在木框架中加设间柱，在间柱上铺设木基结构板形成木框架剪力墙，以承受水平和竖向作用的木结构（参见本手册图1.5.2）。

间柱（stud）：为了支承墙体及防止剪力墙面板向面外翘曲凸出，在柱与柱之间设置的截面较小的柱子。间柱自身不承受垂直荷载，而是与石膏板、墙面板或面板内的横向水平支撑等构成剪力墙，承受垂直荷载和水平荷载的作用。

横架梁（collar tie beam/ring beam）：二层及二层以上楼面板下与柱连接形成整体的横向构件，也称柱间系梁。

地梁（ground floor beam/sleeper）：支承一楼地面板和地面搁栅的水平梁。是构成一楼地面楼盖的主要构件，一般由地板短柱支撑（地板短柱可采用木制、钢制或塑料制作）。

木框架剪力墙结构的构造与轻型木结构相似，但其中木框架柱构件的截面尺寸较轻型木结构大，通常采用方木或胶合原木制作。木框架剪力墙结构的梁柱连接节点和梁与梁连接节点处通常采用钢板、螺栓或销钉，以及专用连接件等钢连接件。日式住宅为常见的木框架剪力墙结构。

（5）梁柱式木结构：仅由木柱和木梁组成的木框架承重结构体系的结构（图 9.1.1）。此类结构梁柱式木结构抗侧刚度小，因此柱间通常需要加设支撑或在梁柱连接处设置隅撑，以抵抗侧向荷载作用。

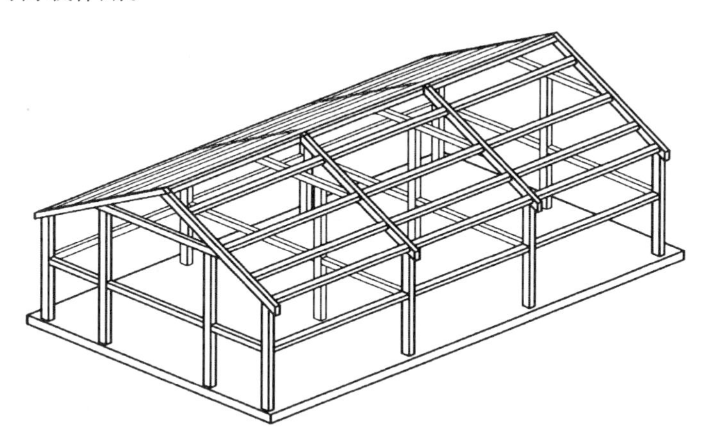

图 9.1.1 梁柱式结构

（6）作为楼盖或屋盖在混凝土结构、砌体结构、钢结构中组合使用的混合木结构。此类结构主要是部分承重构件或组件采用方木原木制作的结构。

方木原木结构的部分构件可采用胶合原木、胶合木、结构复合材 LVL、PSL 等替换方木原木。胶合原木构件强度设计值应按相同树种的方木原木材料强度设计值取值；胶合木、结构复合材 LVL、PSL 强度设计值可按相同树种的方木原木材料强度设计值取值，当有充足依据时，也可按胶合木的胶合木、结构复合材 LVL、PSL 规定的强度设计值取值。方木原木结构用木材均应分等分级，构件材质等级要求应满足现行国家标准《木结构设计标准》GB 50005 的规定。

方木原木是天然木材，未经过深加工，容易出现变形、虫害等，为保证方木原木结构的安全、适用、经济和耐久性等要求，结构设计应符合下列规定：

（1）结构用木材不宜使用湿材，宜用于结构的受压或受弯构件，在受弯构件的受拉边，不得打孔或开设缺口。

（2）必须采取通风和防潮措施，以防木材腐朽和虫蛀。

（3）合理地减少构件截面的规格，以符合工业化生产的要求。

（4）应保证木构件特别是钢木桁架在运输和安装过程中的强度、刚度和稳定性，必要时应在施工图中提出注意事项。

（5）对于在干燥过程中容易翘裂的树种木材（如落叶松、云南松等），当用作桁架时，宜采用钢下弦；若采用木下弦，对于原木，其跨度不宜大于 15m，对于方木不应大于 12m，且应采取有效防止裂缝危害的措施。

（6）木屋盖宜采用外排水，若必须采用内排水时，不应采用木制天沟。

（7）在可能造成风灾的台风地区和山区风口地段，设计时应采取有效措施，以加强建筑物的抗风能力，如：尽量减小天窗的高度和跨度；采用短出檐或封闭出檐；采用增加屋面自重和加强瓦材与屋盖木基层整体性的措施，如瓦面（特别在檐口处）宜加压砖或座灰；山墙采用硬山；檩条与桁架（或山墙）、桁架与墙（或柱）、门窗框与墙体等的连接均应采取可靠锚固措施。

木结构构件与砌体结构、钢筋混凝土结构或钢结构等结构构件连接时，应将连接点的水平力和上拔力乘以1.2的放大系数。

（8）在结构的同一节点或接头中有两种或多种不同的连接方式时，计算时应只考虑一种连接传递内力，不得考虑几种连接的共同工作。

（9）杆系结构中的木构件，当有对称削弱时，其净截面面积不应小于构件毛截面面积的50%；当有不对称削弱时，其净截面面积不应小于构件毛截面面积的60%。

（10）圆钢拉杆和拉力螺栓的直径，应按计算确定，且不宜小于12mm。圆钢拉杆和拉力螺栓的方形钢垫板尺寸，可按下列公式计算：

1）垫板面积（mm^2）

$$A=\frac{N}{f_{c\alpha}} \tag{9.1.1}$$

2）垫板厚度（mm）

$$t=\sqrt{\frac{N}{2f}} \tag{9.1.2}$$

式中：N——轴心拉力设计值（N）；

$f_{c\alpha}$——木材斜纹承压强度设计值（N/mm^2）；

f——钢材抗弯强度设计值（N/mm^2）。

（11）系紧螺栓的钢垫板尺寸可按构造要求确定，其厚度不宜小于0.3倍螺栓直径，其边长不应小于3.5倍螺栓直径。当为圆形垫板时，其直径不应小于4倍螺栓直径。

（12）桁架的圆钢下弦、三角形桁架跨中竖向钢拉杆、受振动荷载影响的钢拉杆以及直径等于或大于20mm的钢拉杆和拉力螺栓，都必须采用双螺帽。

（13）木结构的钢材部分，应有防锈措施。

（14）在房屋或构筑物建成后，应对木结构进行检查和维护。对于用湿材或新利用树种木材制作的木结构，必须加强使用前和使用后第1～2年内的检查和维护工作。

9.2　梁柱及墙体构件设计

9.2.1　梁柱构件设计

方木原木结构的梁和柱可按下列规定进行设计：

（1）梁柱构件应根据端部连接方式确定其支承状况。对于传统方木原木建筑，梁通常可按两端简支受弯构件计算，柱通常可按铰接构件计算；对于木框架剪力墙结构，梁柱的连接基本采用特殊的金属连接件，柱仍可按两端铰连接的受压构件设计，梁可按单跨简支梁设计。

（2）矩形木柱截面尺寸应不小于100mm×100mm，且不应小于被柱所支撑的构件界面宽度。木框架剪力墙结构中柱常用的截面尺寸为105mm×105mm、120mm×120mm、150mm×150mm等。

（3）柱底与基础或与固定在基础上的地梁应有可靠锚固。木柱与混凝土基础接触面应采取防腐防潮措施。位于底层的木柱底面应高于室外地平面 300mm。柱与基础的锚固可采用 U 形扁钢、角钢和柱靴。

(4) 木梁在支座上的最小支承长度不小于 90 mm，梁与支座应紧密接触，且在支座处应设置防止其侧倾的侧向支承和防止其侧向位移的可靠锚固。

(5) 梁采用方木制作时，其截面高宽比不宜大于 4。对于高宽比大于 4 的木梁应根据稳定承载力的验算结果，采取必要的保证侧向稳定的措施。

(6) 梁与木柱或钢柱在支座处，可采用 U 形连接件或连接钢板连接。木梁与砌体或混凝土连接时，木梁不应与砌体或混凝土构件直接接触，应设置防潮层。

9.2.2 墙体构件设计

1. 方木原木结构的墙体分类

方木原木结构的墙体按功能和构造类型可分为以下几类：

(1) 轻质材料墙体：采用轻质材料墙板作为填充墙，并直接与木框架进行连接的墙体，该类墙体不承受荷载，只起到分隔空间的作用。

(2) 木骨架组合墙体：采用墙面板、规格材作为墙体材料，并直接与木框架进行连接的墙体。木骨架组合墙体分为承重墙体或非承重墙体。墙体的墙骨柱宽度不应小于 40mm，最大间距为 610mm；承重墙的墙面板采用木基结构板时，其厚度不应小于 11mm；非承重墙的墙面板采用木基结构板时，其厚度不应小于 9mm。墙体构造应符合现行国家标准《木骨架组合墙体技术标准》GB/T 50361 中规定的相关构造要求。木骨架组合墙体，能用于梁柱体系的传统木结构建筑中，改变了传统木结构的维护墙体保温节能性能较差的缺点。

(3) 木框架剪力墙：采用墙面板、间柱和方木构件作为墙体材料，并与木框架的梁柱进行连接的墙体。木框架剪力墙分为隐柱墙和明柱墙两种（图 9.2.1）。隐柱墙是指，在柱、梁等结构构件外侧固定胶合板等面板而构成的剪力墙，该类墙的柱、梁等结构构件隐蔽在墙内而不外露于墙面板外，施工简单，墙的性能稳定。明柱墙则是在柱、梁等结构构件内侧用钉固定横撑材后，将胶合板等面板再固定在横撑材所构成的墙，该类墙的柱、梁等结构构件外露于墙面板外，施工相对隐柱墙而言稍微麻烦，但由于柱、梁等木材构件外露于室内而令人感受到住宅中木材的存在，同时更有利于发挥木材对室内湿气的调节功能等，能让居住者充分感受到木结构住宅的舒适性和健康性。

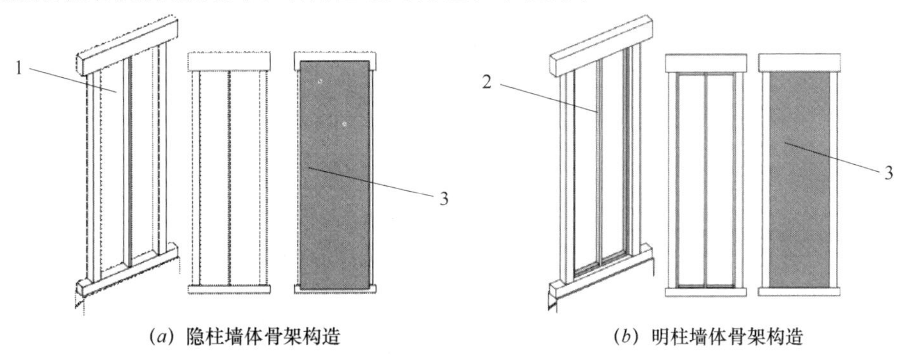

(*a*) 隐柱墙体骨架构造　　(*b*) 明柱墙体骨架构造

图 9.2.1 木框架剪力墙构造示意

1—与框架柱截面高度相同的间柱；2—截面高度小于框架柱的间柱；3—墙面板

（4）井干式木结构墙体：采用截面经过适当加工后的方木、原木和胶合原木作为墙体基本构件，水平向上层层咬合叠加组成。

2. 方木原木结构的墙体设计

轻质材料墙体按构造要求设计，可不进行结构计算。

木骨架组合墙体作为承重墙体时，墙骨柱应按两端铰接的轴心受压构件计算，构件在平面外的计算长度为墙骨柱长度。当墙骨柱两侧布置墙面板时，平面内需进行强度验算；外墙墙骨柱还应考虑风荷载影响，按两端铰接的压弯构件计算。可参考轻型木结构墙体的计算。

井干式木结构墙体和木框架剪力墙参见本手册第12章和第13章。

9.3　楼盖和屋盖设计

9.3.1　楼（屋）盖构造

木结构楼（屋）盖构造通常由吊顶装饰层、木基层、防水材料层、装饰构造层组成，木基层为楼（屋）盖的承重部件，木基层由楼盖木搁栅和楼面板组成，木质搁栅可使用方木、规格材或工字复合梁制作，可根据使用功能的需求，在木质搁栅间填充保温、隔声材料，以满足保温隔热及隔声要求。楼（屋）面板可采用木板、胶合板或OSB定向刨花板制作。楼（屋）盖根据木基层的不同构造可分以下两类：

传统木结构楼（屋）盖构造：木基层木搁栅采用方木原木制作而成，通常由楼（屋）面板、檩条、椽条和瓦桷（瓦椽）、挂瓦条等构件组成。

现代木结构楼（屋）盖构造：木基层木搁栅由规格材或工字复合梁制作，屋面采用胶合板或OSB定向刨花板制作而成的现代轻型木结构楼（屋）盖或木框架剪力墙楼（屋）盖。

楼盖根据使用功能需求，可分为防水构造楼盖和非防水构造楼盖，卫生间、浴室和厨房等潮湿地方通常采用防水构造楼盖。防水构造楼盖由吊顶装饰层、楼盖木基层、防水材料层、装饰构造层组成；非防水楼面构造由吊顶装饰层、楼盖木基层、装饰构造层组成。图9.3.1所示为几种常用的楼面构造形式。

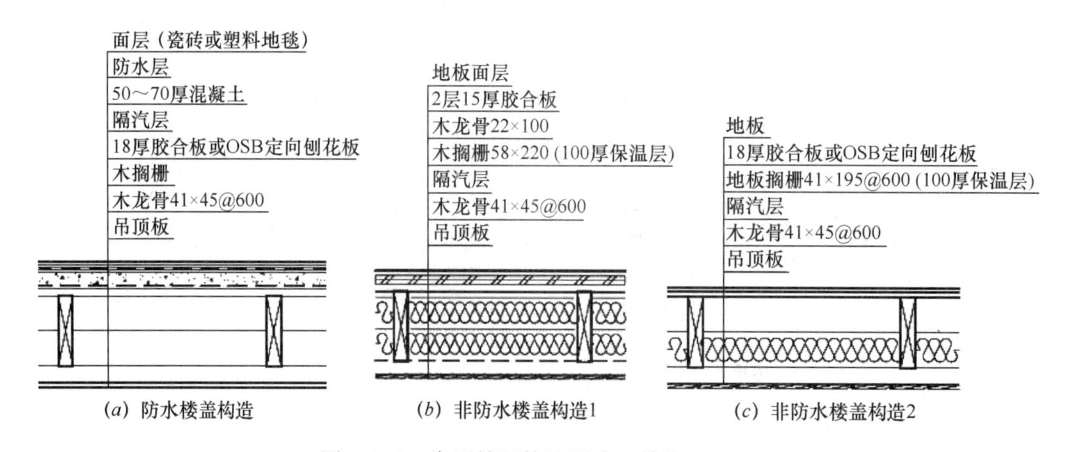

图9.3.1　常用楼面构造形式（单位：mm）

屋盖由防水材料和屋面木基层组成。在无吊顶的保温屋盖中，保温层设置在屋面内。屋面木基层构件除了把屋面荷载传递至屋盖承重结构外，还对提高屋盖的空间刚度和保证屋盖的空间稳定发挥重要的作用。由于使用要求上的不同，木基层的构造也有所不同。我国木屋盖的防水材料多为瓦材，随着科技的发展，彩钢压型板、多彩沥青油毡瓦逐渐得到推广采用，图 9.3.2 所示为几种常用的屋面构造形式。

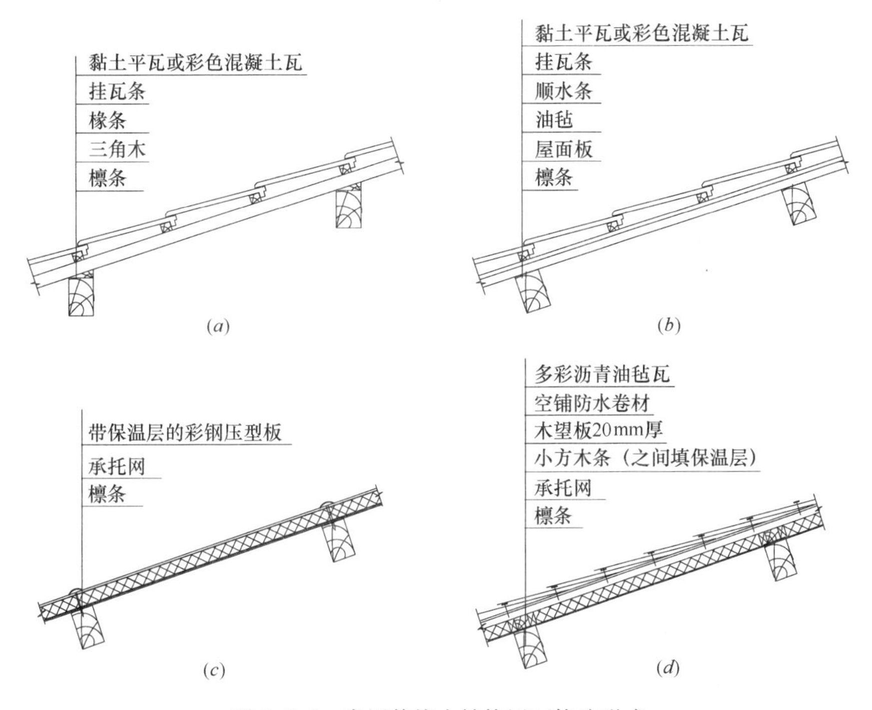

图 9.3.2 常用传统木结构屋面构造形式

本节以下内容仅针对传统木结构屋盖的设计。现代轻型木结构楼（屋）盖设计请参考本手册第 11 章的相关设计规定，现代木框架剪力墙结构楼（屋）盖设计请参考本手册第 13 章的相关设计规定。

9.3.2 屋盖设计要求

传统木结构屋盖木基层由挂瓦条、屋面板、瓦桷（瓦椽）、椽条和檩条等屋面构件组成。在设计时，应根据所用屋面防水材料、各地区气象条件以及房屋使用要求等不同情况确定木基层的组成形式，同时在设计中还应注意以下要求：

(1) 挂瓦条、屋面板和瓦桷的用料长度至少应跨越 3 根椽条或檩条。

(2) 对于设有锻锤或其他较大振动设备的房屋，为防止屋瓦受振落下伤人或损坏设备，屋面宜设置由木基结构板材构成的屋面结构层。

(3) 屋面板、瓦桷、椽条等构件接长时，接头应设置在下层支承构件上，且接头应错开。

(4) 双坡屋面的椽条应在屋脊处相互牢固连接。

(5) 设计檩条时宜优先采用简支檩条。只有在屋面坡度较为平缓，且供应的木材又多为板材时，方可采用正放等跨连续檩条。

(6) 方木檩条宜正放，其截面高宽比不宜大于 2.5；当方木檩条斜放时，其截面高宽

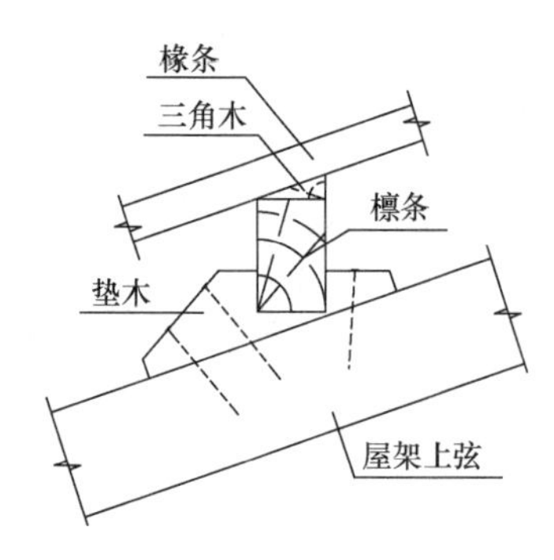

图 9.3.3　方木檩条正放构造图

比不宜大于 2，并应按双向受弯构件进行计算。方木檩条正放时，椽条、檩条、屋架上弦等相互之间要垫平卡紧，如图 9.3.3 所示。

（7）等跨连续檩条各中间跨采用两块木板拼成，两块木板的接头相互错开，接头位置设在距檩条支座 $0.2113L \approx 0.21L$ 处；在边跨，考虑弯矩较中间跨大些，可采用 3 块木板拼成。图 9.3.4 为等跨连续檩条构造示意图。连续檩条木板之间用钉连接，在木板接头处钉的用量按计算确定，其余部分每隔 500mm 交错地钉一个钉。

（8）当采用钢木檩条时，在受拉圆钢的下折处，须设置可靠的支撑构件，以保证檩条的侧向稳定。

（9）梁宜采用原木、方木或胶合木制作。木梁在支座处应设置防止其侧倾的侧向支承和防止其侧向位移的可靠锚固。当采用方木梁时，其截面高宽比一般不宜大于 4，高宽比大于 4 时，应采取措施保证木梁的侧向稳定。

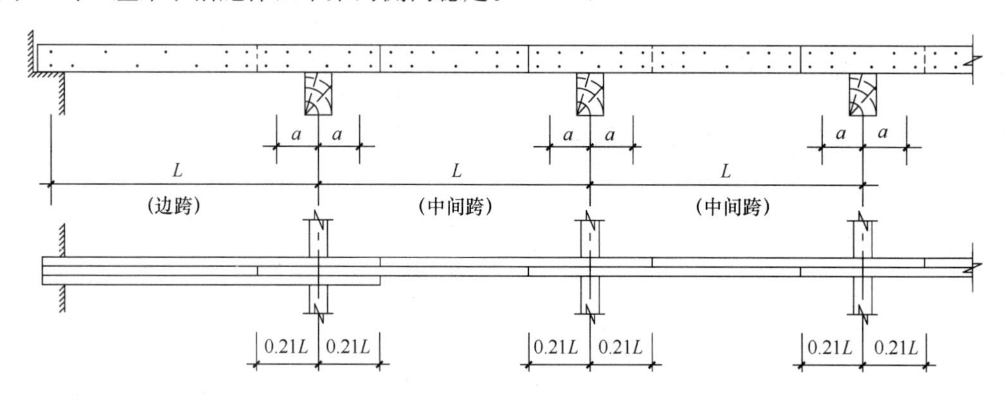

图 9.3.4　连续檩条构造示意

（10）吊顶计算要点

1）吊顶主梁、吊顶搁栅一般均按简支单向弯曲构件计算。

2）计算吊顶主梁和吊顶搁栅时，应考虑施工或检修集中荷载 1.0kN。

3）吊顶的主要连接件（如吊顶主梁的螺栓、吊搁栅木条用的钉）应按受力大小进行计算。

4）当吊顶搁栅直接支承（或吊）于屋架下弦节间时，必须对下弦作偏心受拉验算。

屋面构件常用尺寸　　**表 9.3.1**

构件	截面(mm×mm)				间距(mm)
挂瓦条	45×45	30×30*1 50×50	35×35	40×40	280～330
屋面板	厚(mm)：12、15、18、21、25				
瓦桷	80×25	100×25		100×30	220～230 (130～200)
	80×30(或 2—40×30)				

续表

构件	截面(mm×mm)				间距(mm)
椽条	50×80	40×60	50×100	40×80	400～1000
檩条	方木：宽不宜小于60mm，高宽比：正放时不大于2.5，斜放时不大于2 原木：梢径不宜小于70mm				500～2500

注：*1 只宜作构造用。

（11）屋面构件的截面和间距宜按表9.3.1中所列的常用尺寸选择。

（12）抗震设防烈度为8度和9度地区屋面木基层抗震设计，应符合下列规定：

1）采用斜放檩条并应设置木基结构板或密铺屋面板，檐口瓦应固定在挂瓦条上；

2）檩条应与屋架连接牢固，双脊檩应相互拉结，上弦节点处的檩条应与屋架上弦用螺栓连接；

3）支承在砌体山墙上的檩条，其搁置长度不应小于120mm，节点处檩条应与山墙卧梁用螺栓锚固。

9.3.3 屋面构件的计算

屋面构件应遵照下列规定进行计算：

（1）对于屋面构件承载能力极限状态，应按下列两种荷载效应的基本组合进行设计；对于屋面构件正常使用极限状态，应按第一种荷载的标准组合进行挠度验算。

1）恒荷载和活荷载（或恒荷载和雪荷载）；

2）恒荷载和一个1.0kN施工或检修集中荷载。

（2）对于稀铺屋面构件，当构件间距不大于150mm时，1.0kN施工或检修集中荷载由2根构件共同承受；若间距大于150mm，则由1根构件承受。对于密铺屋面板，1.0kN施工或检修集中荷载，由300mm宽的屋面板承受。

（3）当采用第二种荷载组合进行施工或维修阶段承载力验算时，木材的强度设计值应乘以1.2的调整系数。

（4）验算挂瓦条、瓦桷和屋面板的挠度时，挠度限值可取为$l/150$（l为构件的计算跨度）。

（5）计算屋面板、瓦桷和椽条时，只考虑荷载垂直于屋面的分力的作用；而平行于屋面的分力影响不大，可略去不计。

（6）连续檩条接头处连接用钉的数量按下式计算：

$$n=\frac{M}{2aN_{\mathrm{v}}} \tag{9.3.1}$$

式中：n——接头一边所需钉的数量；

M——连续檩条支座弯矩设计值，按表9.3.2所列公式计算；

N_{v}——钉连接每一剪面的承载力设计值；

a——接头处钉群的中心到檩条支座中心的距离，参见图9.3.4。

（7）等跨连续檩条的边跨已增加一块木板，故不必再验算；但对作为中间第一支座的屋架，还应按该支座反力$R=1.13(g+q)l$进行验算。

屋面构件计算公式列于表9.3.2。

屋面木基层构件计算公式 **表 9.3.2**

项次	构件名称	弯矩计算公式		挠度计算公式	构件截面验算公式	
		第一荷载组合	第二荷载组合		按强度	按挠度
1	挂瓦条	中间支座处 $M_x=M\cos\alpha$ $M_y=M\sin\alpha$ $M=\frac{1}{8}(g+q)l^2$	跨中 $M_x=M\cos\alpha$ $M_y=M\sin\alpha$ $M=0.0703gl^2+0.207Ql$	$w_x=\frac{1}{185}\frac{(g_k+q_k)l^4\sin\alpha}{EI_y}$ $w_y=\frac{1}{185}\frac{(g_k+q_k)l^4\cos\alpha}{EI_x}$	$\sigma_{mx}+\sigma_{my}\leqslant f_m$ $\sigma_{mx}=\frac{M_x}{W_{nx}}$ $\sigma_{my}=\frac{M_y}{W_{ny}}$	$w=\sqrt{w_x^2+w_y^2}\leqslant[w]$
2	屋面板 瓦桷	中间支座处 $M=\frac{1}{8}(g+q)l^2\cos\alpha$	跨中 $M=(0.0703gl^2+0.207Ql)\cos\alpha$	$w=\frac{1}{185}\frac{(g_k+q_k)\cos\alpha l^4}{EI}$	$\sigma_m=\frac{M}{W_n}\leqslant f_m$	$w\leqslant[w]$
3	椽条	跨中 $M=\frac{1}{8}(g+q)l^2\cos\alpha$	跨中 $M=\left(\frac{1}{8}gl^2+\frac{1}{4}Ql\right)\cos\alpha$	$w=\frac{5}{384}\frac{(g_k+q_k)\cos\alpha l^4}{EI}$	$\sigma_m=\frac{M}{W_n}\leqslant f_m$	$w\leqslant[w]$
4	原木檩条 方木正放 檩条	跨中 $M=\frac{1}{8}(g+q)l^2$	跨中 $M=\frac{1}{8}gl^2+\frac{1}{4}Ql$	$w=\frac{5}{384}\frac{(g_k+q_k)l^4}{EI}$	$\sigma_m=\frac{M}{W_n}\leqslant f_m$	$w\leqslant[w]$
5	方木斜放 檩 条	跨中 $M_x=M\cos\alpha$ $M_y=M\sin\alpha$ $M=\frac{1}{8}(g+q)l^2$	跨中 $M_x=M\cos\alpha$ $M_y=M\sin\alpha$ $M=\frac{1}{8}gl^2+\frac{1}{4}Ql$	$w_x=\frac{5}{384}\frac{(g_k+q_k)\sin\alpha l^4}{EIy}$ $w_y=\frac{5}{384}\frac{(g_k+q_k)\cos\alpha l^4}{EIx}$	$\sigma_{mx}+\sigma_{my}\leqslant f_m$ $\sigma_{mx}=\frac{M_x}{W_{nx}}$ $\sigma_{my}=\frac{M_y}{W_{ny}}$	$w=\sqrt{w_x^2+w_y^2}\leqslant[w]$
6	等跨正放 连续檩条	$M=\frac{1}{12}(g+q)l^2$		$w=\frac{1}{384}\frac{(g_k+q_k)l^4}{EI}$	$\sigma_m=\frac{M}{W_n}\leqslant f_m$	$w\leqslant[w]$

注：g—沿构件跨度单位长度上的竖向恒荷载设计值；
g_k—沿构件跨度单位长度上的竖向恒荷载标准值；
q—沿构件跨度单位长度上的竖向活荷载或雪荷载设计值；
q_k—沿构件跨度单位长度上的竖向活荷载或雪荷载标准值；
Q—构件承受的施工集中荷载设计值；
l—构件的计算跨度；
α—屋面的坡度角；
M—受弯构件的弯矩设计值；
w—受弯构件的挠度；
M_x和M_y—双向受弯构件对构件截面x轴和y轴的弯矩设计值；
w_x和w_y—双向受弯构件沿构件截面x轴和y轴方向的挠度；
f_m—木材抗弯强度设计值；
$[w]$—受弯构件的挠度限值。

9.3.4 木屋盖的吊顶

1. 吊顶构造

（1）木屋盖吊顶由吊顶罩面板、吊顶搁栅、吊顶大梁等构件组成。吊顶一般设置于屋架下弦。吊顶受力构件的布置通常有以下三种情况：

1）吊顶主梁垂直于屋架下弦，吊顶搁栅平行于屋架下弦；

2）吊顶主梁平行于屋架下弦，吊顶搁栅垂直于屋架下弦；

3）不设吊顶主梁，吊顶搁栅垂直于屋架下弦。

吊顶主梁应用螺栓（或扁钢吊篮）吊于下弦节点或靠近节点处，如图 9.3.5 所示。吊顶主梁的两侧钉上小方木条，用以支承吊顶搁栅。

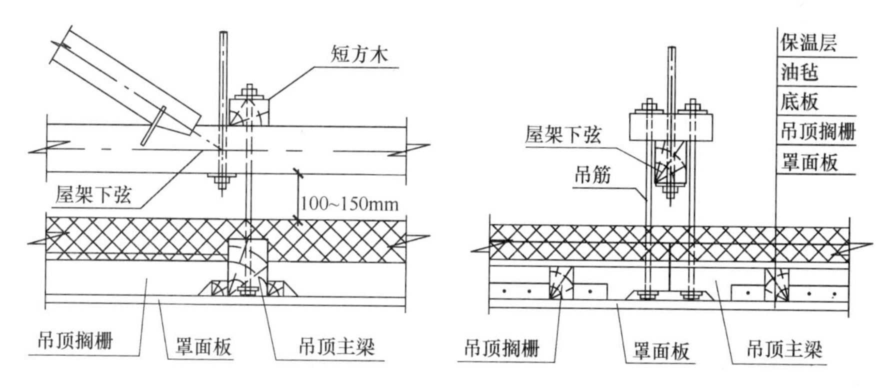

图 9.3.5 吊顶构造示例

（2）当采用无吊顶主梁的布置方案时，吊顶搁栅可直接支承在钉于屋顶下弦两侧的小方木条上，也可用吊木将吊顶搁栅吊于下弦。

（3）吊顶搁栅间距一般取 400mm～1000mm，且能适用于罩面板的连接构造需要。

（4）设有保温层的吊顶，保温材料与下弦之间应保持 100mm～150mm 的净距。

2. 吊顶计算要点

（1）吊顶主梁、吊顶搁栅一般均按简支单向弯曲构件计算。

（2）计算吊顶主梁和吊顶搁栅时，应考虑施工或检修集中荷载 1.0kN。

（3）吊顶的主要连接件（如吊顶主梁的螺栓、吊搁栅木条用的钉）应按受力大小进行计算。

（4）当吊顶搁栅直接支承（或吊）于屋架下弦节间时，必须对下弦作偏心受拉验算。

9.4 方木原木桁架设计

方木原木结构屋盖承重结构，根据杆件体系可分为桁架、拱和框架三类。屋架一般为平面桁架，承受作用于屋盖结构平面内的荷载，并把这些荷载传递至下部结构（如墙或柱）。桁架可分为轻型木结构桁架和方木原木结构桁架，本节仅针对传统方木原木桁架的设计，关于现代轻型木结构桁架的设计可参考本手册第 11 章的相关设计规定。

9.4.1 桁架结构形式的选择和布置

1. 桁架结构形式的分类和选择

桁架根据下弦所用材料可分为木桁架和钢木桁架两类。

桁架结构形式的选择，应根据建筑要求、材料供应、制造条件以及结构本身的合理性和可能性等因素来确定，并宜采用静定的结构体系。

木桁架为采用原木或方木制作的桁架。

钢木桁架为采用钢材作下弦的桁架，钢木桁架能消除木材缺陷（木节、裂缝及斜纹）对桁架受拉下弦及其连接的不利影响，提高桁架的可靠度和刚度。在下列情况下，宜选用钢木桁架：

（1）当所用木材不能满足下弦的材质标准时；

（2）设有悬挂吊车和有振动荷载的中小型工业厂房；

（3）当桁架跨度较大或使用湿材时；

（4）木构件表面温度达到 40～50℃时；

（5）采用落叶松或云南松等在干燥过程中易于翘裂的木材，且其跨度超过 15m（对于原木）或 12m（对于方木）；

（6）采用新利用树种木材，且其跨度超过 9m。

2. 桁架的外形

桁架的外形应根据所采用的屋面材料、桁架跨度、建筑造型、制造条件和桁架的受力性能等因素来确定。

木桁架的外形通常有三角形、梯形及多边形三种（图 9.4.1），当采用胶合木结构时，可用拱形。对砖木结构房屋，我国目前常用的屋面材料为黏土瓦、彩色混凝土瓦及多彩沥青油毡瓦，需要的排水坡度较大，故一般采用三角形桁架。三角形桁架与梯形、多边形桁架相比，其受力性能较差，用料较费，且建筑造型也不太好，因此其跨度不宜超过 18m。当跨度再大时，应选用彩钢压型板或其他轻质材料作屋面材料。采用梯形或多边形桁架时，其跨度可达 24m。对于更大跨度的公共建筑，宜选用胶合木结构。

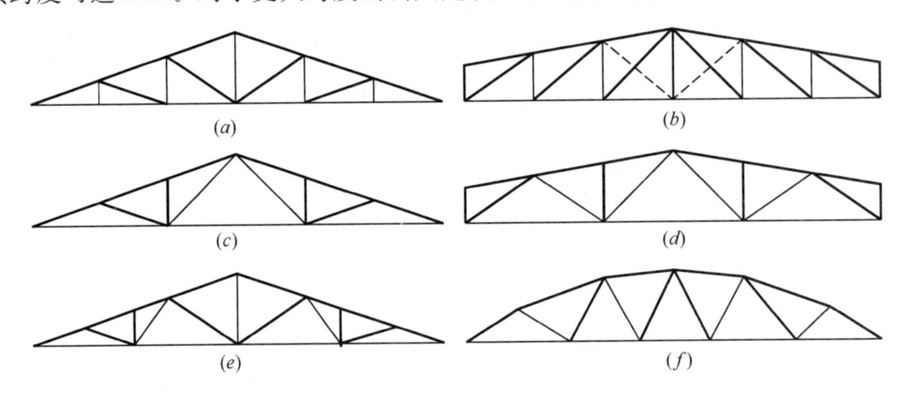

图 9.4.1 桁架的外形

3. 桁架的间距

桁架的间距应根据房屋的使用要求、桁架的承载能力、屋面和吊顶结构的经济合理性以及常用木材的规格等因素来确定。

方木桁架、原木桁架以及木檩条等的承载能力，都受到常用木材规格的限制。对于木檩条，当桁架间距过大时，常用的简支檩条，根据挠度控制要求有较大的截面，所以，采用木檩条时，桁架的间距以 3m 左右为宜，最大不宜超过 4m。采用钢木檩条或胶合木檩条时，桁架间距不宜大于 6m。对于柱距为 6m 的工业厂房，则应在柱顶设置钢筋混凝土托架梁，将桁架按 3m 间距布置。

4. 桁架布置的结构方案

(1) 多跨房屋的结构方案

在多跨房屋的木屋盖中应尽量不做天沟和天窗，以避免木屋盖腐朽。

当木桁架不多于两跨或三跨时，如有条件，可做成外排水的木屋盖体系（图 9.4.2），并利用侧窗采光。

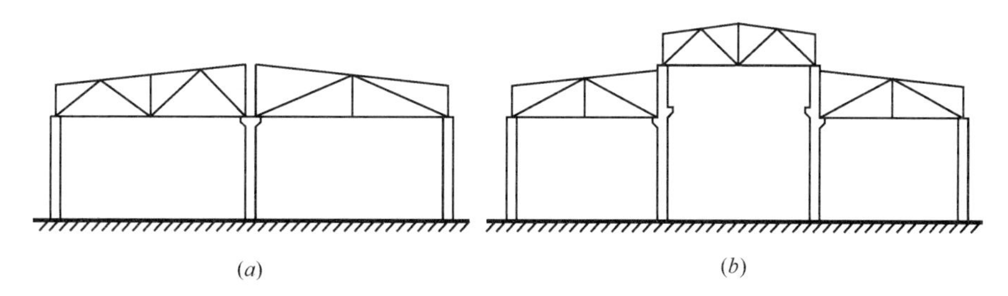

图 9.4.2 外排水的木屋盖体系

在多跨房屋中，如不得不采用天沟时，严禁采用木制天沟，必须采用钢筋混凝土天沟，并从构造上采取措施，保证桁架的支座节点通风良好。若设天窗，则应采取构造措施防止天窗边柱受潮腐朽。

(2) 利用房屋内部纵墙承重的结构方案

当房屋内部有纵向承重墙或柱时，应把墙或柱用作支点，构成三支点或四支点桁架（图 9.4.3）。设计时应以两榀静定的单坡桁架为基本体系，而不应做成三个或四个支点的超静定结构。

三支点桁架是将两榀单坡桁架在水平位置上相互错开放置（图 9.4.3*a*），并用螺栓将两榀桁架的立柱系紧（图 9.4.4）。

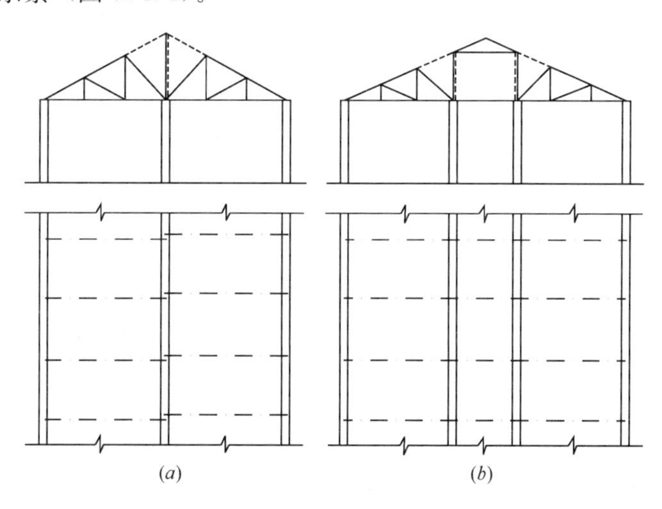

图 9.4.3 三支点或四支点桁架布置

四支点桁架中的两榀单坡桁架应放置在同一垂直平面内，而在中部两根立柱上放置一个小三角架（图 9.4.3*b* 及图 9.4.5）。

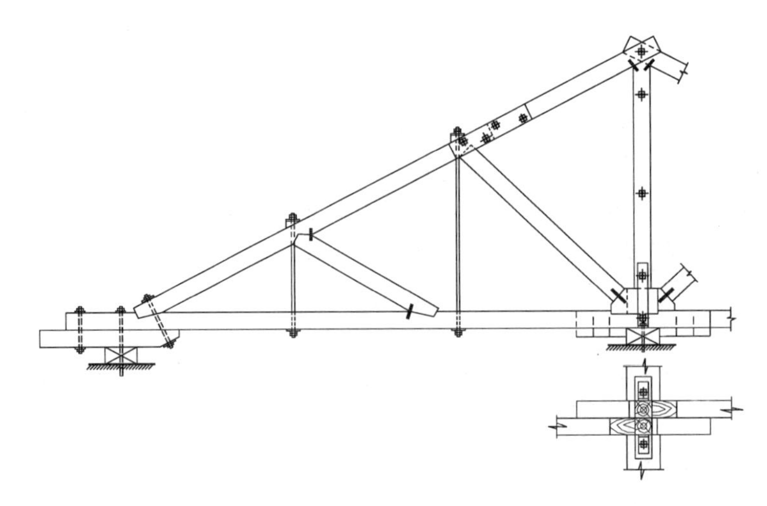

图 9.4.4　三支点桁架构造示例

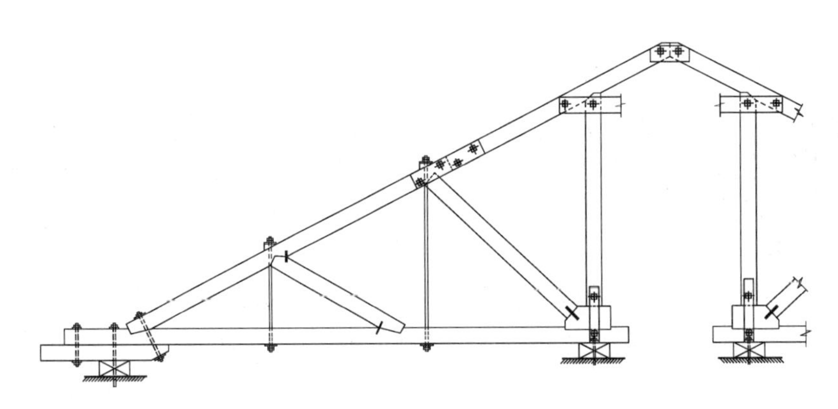

图 9.4.5　四支点桁架构造示例

三支点和四支点桁架的工作特点如图 9.4.3 所示，其中除两榀静定的单坡桁架外，粗虚线所示者为不受轴向力作用的斜梁，而小三角架则自成体系，应单独分析计算。

三支点和四支点的桁架体系，均应在立柱处设置垂直支撑（图 9.4.3），以保证纵向稳定（每隔 3～4 榀桁架设置一道）。

（3）四坡水屋顶及歇山屋顶的结构方案

采用这两种屋面构造皆可达到改善建筑造型和减小山墙承风面积的目的。歇山屋顶的结构简洁，施工方便，在一般情况下以采用歇山方案为宜。

1）四坡水屋顶

这种屋顶有两种结构布置方案。

第一种方案（图 9.4.6*a*），是在转角处沿 45°设置两榀单坡桁架Ⅰ，并在山墙中央处设置另一榀单坡桁架Ⅱ。这三榀桁架的内侧端点皆须支承在第一榀三角形桁架甲 1 的下弦中央节点处，构造相当复杂。当房屋跨度较大时，这榀甲 1 桁架较其他桁架荷载大，必须另行设计。

第二种方案（图 9.4.6*c*），是在桁架甲与端墙之间设置一榀梯形桁架乙，并在转角处斜置两榀三角架丙，以减小斜梁（图 9.4.6*c* 中沿墙角至桁架甲中点与端墙之间形成 45°的

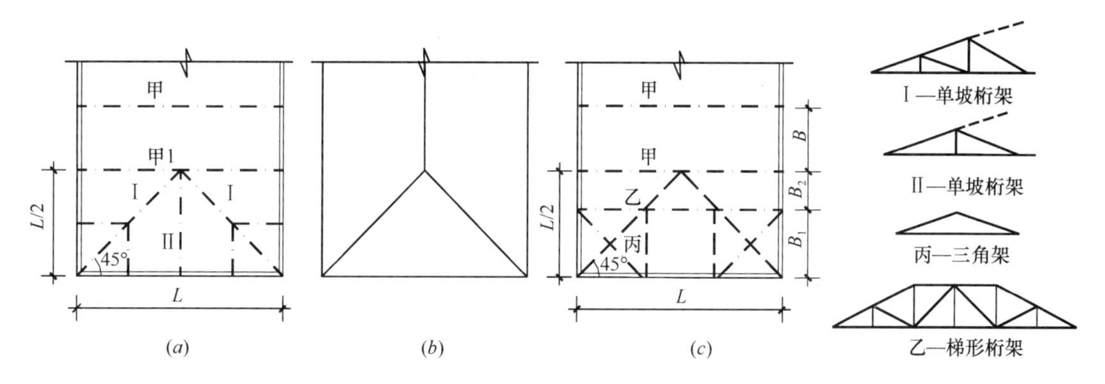

图 9.4.6 四坡水屋顶的结构布置

虚线）的跨度；或者沿 45°方向直接设置单坡桁架（跨度较大时）或斜梁（跨度较小时）。此外，尚应在梯形桁架中部视跨度的大小，设置纵向的斜梁（或单坡桁架），将其支承在端墙和梯形桁架上。

当桁架跨度较大时，一般采用第二种方案。但须注意，曾有将梯形桁架乙设在距桁架甲与距端墙等远处的做法，这时，由于受屋面坡度构造限制，梯形桁架乙的高跨比远小于规定的桁架高跨比限值，导致该桁架变形过大而不得不加固。因此，为了保证梯形桁架高跨比不小于 1/6，应将梯形桁架乙靠近三角形桁架甲布置。当三角形桁架的高跨比为1/4（即屋面坡度角 $a=26°34'$）时，图 9.4.6（c）中取 $B_1=L/3$；当三角形桁架的高跨比为 $\sqrt{3}/6$（即 $a=30°$）时，宜取 $B_1=\frac{\sqrt{3}}{6}L$。

设计中尚应注意使斜梁顶面的标高与三角形桁架的上弦取齐。其连接方法如图 9.4.7 所示。

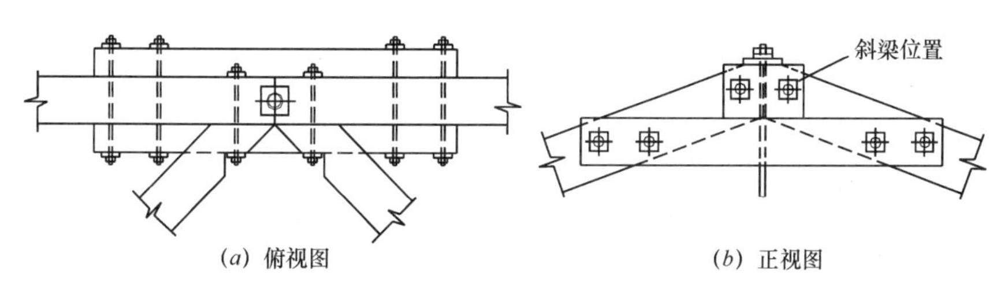

图 9.4.7 四坡水屋顶中斜梁与桁架的连接方法

2）歇山屋顶

采用歇山屋顶时，全部三角形桁架等距布置（图 9.4.8a）。跨度中部纵向布置的斜梁可搁置在第一榀三角形桁架中部附加的木板上（图 9.4.8b），而转角处沿 45°的斜梁，则用钢板与三角形桁架的上弦连接。

9.4.2 桁架设计的基本原则

1. 桁架的高跨比

桁架跨度中央的高度 h 与跨度 l 的比值称为高跨比。为保证桁架具有足够的刚度，按桁架的外形，分别规定木桁架、钢木桁架高跨比的最小限值如表 9.4.1 所示。

高跨比值符合表 9.4.1 规定的桁架，可不必再核算其挠度。

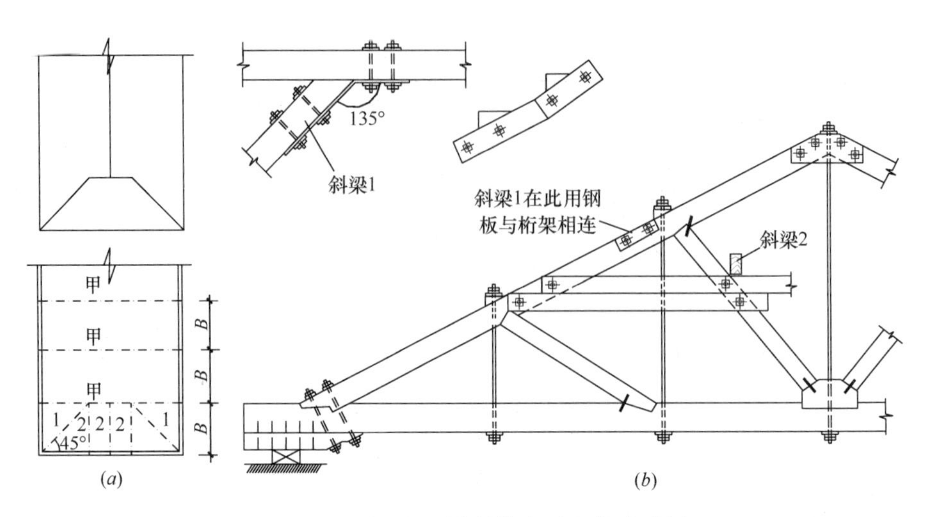

图 9.4.8　歇山屋顶的结构布置和构造示例

桁架高跨比（h/l）的最小限值　　**表 9.4.1**

序号	桁架类型	h/l
1	三角形木桁架	1/5
2	三角形钢木桁架，平行弦木桁架，弧形、多边形和梯形木桁架	1/6
3	弧形、多边形和梯形钢木桁架	1/7

注：h—桁架中央高度；l—桁架跨度。

2. 桁架的预起拱度

为了消除桁架可见的垂度，不论木桁架或钢木桁架，皆应在制造时预先向上起拱。起拱度通常取为桁架跨度的 1/200。起拱时应保持桁架的高跨比不变，木桁架常在下弦接头处提高（图 9.4.9），而钢木桁架则常在下弦节点处提高。

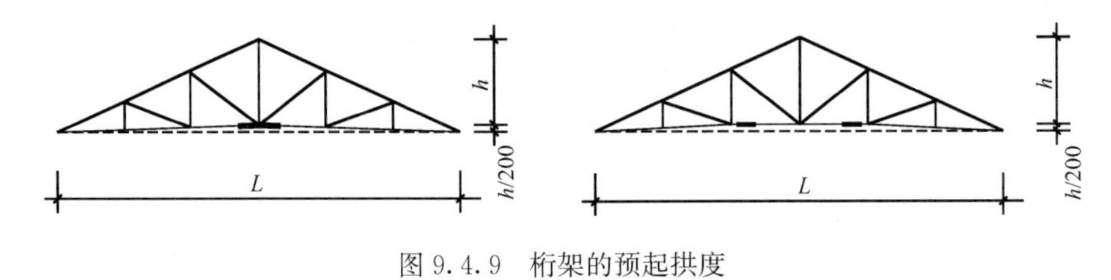

图 9.4.9　桁架的预起拱度

3. 桁架节间的划分

桁架节间的划分原则是：根据荷载、跨度及所用木材强度设计值的大小进行节间划分，在常用木材规格范围内，充分利用上弦的承载能力。因为在木桁架的总挠度中，大部分是由节点及接头处非弹性变形（制造不紧密、干缩变形及横纹承压变形等）的累积造成，若将节间划分过小，势必因节点增多而加大桁架的挠度，并使桁架的制造工作量加重。

对于无下弦荷载的钢木桁架，应尽量扩大下弦的节间长度，减少下弦节点数，这样，不但可以减小挠度，而且方便施工，节约钢材。

划分节间时，还应注意不使斜杆与弦杆的夹角过小，以利构件的工作和制造。

4. 桁架的自重

桁架自重一般可按下列经验公式估算：

$$g_z = 0.07 + 0.007l \tag{9.4.1}$$

式中：g_z——桁架自重标准值，按屋面水平投影面积计算（kN/m²）；

l——桁架跨度（m）。

由于桁架自重在全部荷载中所占的比率很小，故当设计完毕后桁架的实际自重与按式（9.4.1）所估算的自重略有出入时，一般不必进行重算。

为了简化计算，当仅有上弦荷载时，可认为桁架的自重完全作用在上弦节点处；当上、下弦均有荷载时，则认为自重按上、下弦各半分配。

5. 荷载组合

荷载组合应遵照现行国家标准《建筑结构荷载规范》GB 50009 有关规定，当仅有恒荷载或恒荷载产生的内力超过全部荷载所产生的内力的 80％时，应符合本手册表 3.3.20 注 1 的规定。

求桁架杆件内力时，恒荷载（包括自重）按全跨分布。活荷载除按全跨分布外，尚应根据各种桁架的受力特点，分别按可能出现的不利分布情况进行组合。例如：三角形桁架在半跨活荷载（包括悬挂吊车）作用下（图 9.4.10*a*），中间一对斜腹杆的内力不同，而下弦中央节点处的连接必须按其水平分力进行核算；梯形桁架在半跨活荷载作用下（图 9.4.10*b*），中间腹杆内力可能变号；多边形桁架或弧形桁架可能在 3/4 跨及 1/4 跨（或 2/3 跨及 1/3 跨）活荷载的组合下（图 9.4.10*c*、*d*），某些腹杆的内力达到其最大值。

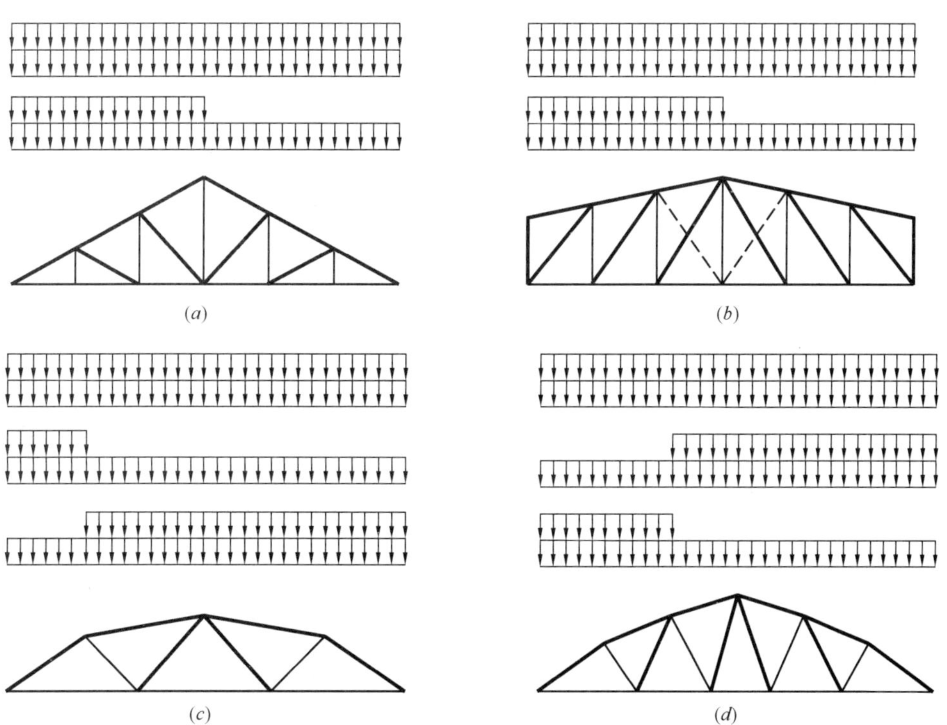

图 9.4.10 各种形式桁架的最不利荷载组合

屋面活荷载与雪荷载一般不会同时出现，故取二者之较大者与恒荷载进行组合。

在一般桁架坡度小于30°的桁架设计中，对封闭房屋只有当设有天窗时，才需考虑风荷载的不利组合。

6. 内力计算

桁架的内力计算，可假定节点为铰接。将荷载集中于各个节点上，按节点荷载求得各杆件的轴向力。

节间荷载对上弦杆所引起的弯矩，在选择杆件截面时再行考虑。

7. 压杆的计算长度

在结构平面内，弦杆及腹杆取节点中心间的距离。在结构平面外，上弦取锚固檩条间的距离；腹杆取节点中心间的距离。在杆系拱、框架及类似结构中的受压下弦，取侧向支撑点间的距离。

8. 上弦的计算原则

（1）当檩条布置在节点处时，除按轴心受压杆件计算外，尚应验算在桁架支座偏心达到施工偏差限值时，此种偏心对上弦的不利影响。

（2）当节点之间布置有檩条时，上弦因节间荷载而承受弯矩，应按压弯构件计算。

（3）上弦弯矩的计算：根据木桁架和钢木桁架的破坏试验测定，连续上弦的跨间弯矩值接近于按简支计算的弯矩，而在节点处存在较小的负弯矩。这是由于在桁架承受荷载后，作为连续上弦中间支座的节点随桁架的变形而产生相应的竖向位移，使其按连续梁作用产生的正弯矩和由于支座位移产生的负弯矩互相抵消之故。据此并考虑偏于安全，连续上弦的弯矩按下述要求计算。

跨间弯矩：按简支梁计算。

节点处支座弯矩设计值：

$$M_0=-\frac{1}{10}(g+q)l^2 \tag{9.4.2}$$

式中：g、q——上弦的均布恒载设计值、活载（或雪载）设计值；

l——杆件的计算长度。

9. 桁架连接设计要求

（1）腹杆与弦杆应采用螺栓或其他连接件扣紧，支撑杆件与桁架弦杆应采用螺栓连接；

（2）当桁架上设有悬挂吊车时，吊点应设在桁架节点处；

（3）当桁架跨度不小于9m时，桁架支座应采用螺栓与墙、柱锚固；

（4）当桁架与木柱连接时，木柱柱脚与基础应采用螺栓锚固；

（5）设计轻屋面或开敞式建筑的木屋盖时，不论桁架跨度大小，均应将上弦节点处的檩条与桁架、桁架与柱、木柱与基础等予以锚固。

10. 钢木桁架设计原则

（1）钢木桁架形式的选择

当为钢木桁架时，应采用型钢下弦。当上、下弦均有荷载时，应选用上、下弦节间一致的豪式桁架（参见图9.4.1a、d）；若仅上弦有荷载，则宜选用下弦扩大节间的形式（参见图9.4.1b、c、e、f）。因为减少下弦节点既能简化制造、减小桁架的变形，又可以节省钢材。

（2）钢材部分的设计要求

钢木桁架钢材部分的设计计算，可按本手册第 3、5 章有关的规定进行；未作规定者，可参考现行国家标准《钢结构设计标准》GB 50017 的规定进行计算。考虑一般工地的焊接条件，应尽量采用较易焊接的 Q235 钢材制作。

（3）钢下弦的选择

1）下弦可采用圆钢或型钢（一般用双角钢）。当荷载和跨度较小时，以选用圆钢为宜，因为型钢受最小截面的限制，不能充分利用其承载能力。当荷载和跨度较大，设有悬挂吊车或房屋的振动较大时，则应采用型钢。

2）圆钢下弦有单根和双根两种。当荷载和跨度较小或不设吊顶时，宜用单根圆钢。因为单根圆钢的节点构造处理简单，同时可避免多根圆钢之间内力分配不均匀的现象，能充分利用钢材的承载能力。

（4）钢下弦的构造要求

1）圆钢直径应控制在 30mm 以内，杆端有螺纹的圆钢拉杆，当直径大于 22mm 时，宜将杆端加粗（如焊接一段较粗的短圆钢），其螺纹应由车床加工。

2）圆钢下弦在拼装前必须调直，并须设有调整其长度的装置。一般可在支座节点处用双螺帽固定并进行调整，必要时，也可用花篮螺栓（拧紧器）调整。

为防止圆钢下弦过度下垂，当下弦节点间距大于 250d（d 为圆钢直径）时，应对圆钢下弦适当加设吊杆，吊杆的间距按圆钢下弦的长细比不大于 1000 确定。

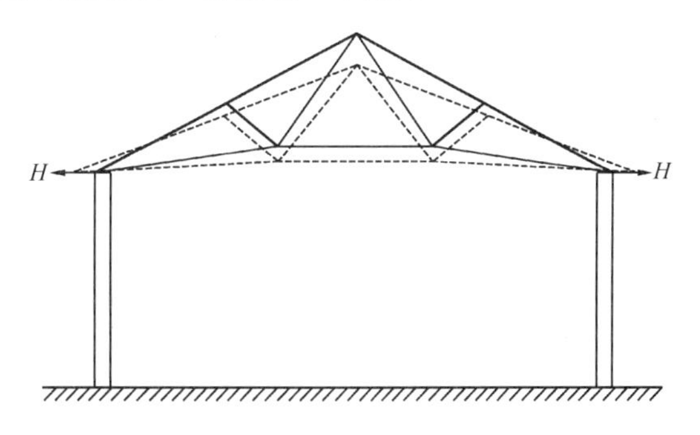

图 9.4.11 下弦抬高的钢木桁架变形形态

3）型钢下弦的长细比不宜大于 350。

4）为防止圆钢下弦拉直伸长对墙体产生推力，不应采用下弦抬高的桁架形式（图 9.4.11）。安装跨度较大的桁架时，应在桁架一端支座节点的钢垫板与柱顶钢板之间设置数根短圆钢，以允许其向外自由水平滚动，待屋面构件和瓦材安装完毕后，再将短圆钢与柱顶钢板焊牢。此时应注意检查支座反力作用点的位置与设计是否相符，必要时作适当调整。

5）圆钢接长宜采用对接焊或双帮条焊（图 9.4.12a）。在接头的每一侧，帮条的长度

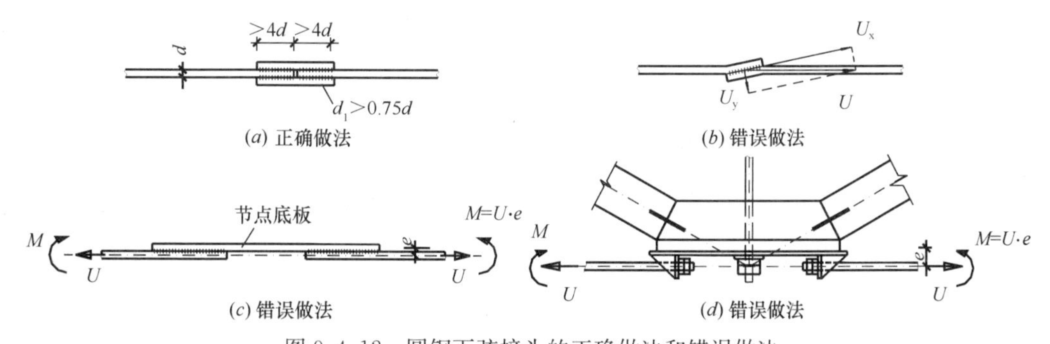

图 9.4.12 圆钢下弦接头的正确做法和错误做法

一般应不小于 $4d$（d 为圆钢下弦的直径）。帮条的直径应不小于 $0.75d$。不应采用搭接焊（图 9.4.12b）或将圆钢单侧焊在节点板上（图 9.4.12c），以免在圆钢和焊缝中产生附加应力。当采用闪光对焊时，焊接工艺和质量验收，应符合现行行业标准《钢筋焊接及验收规程》JGJ 18 的有关规定。

6）双圆钢和双角钢下弦的两肢之间，每隔一定距离要加焊缀条。

（5）节点设计原则

1）设计节点时除应使各杆件的轴线汇交于一点外，尚应防止形成局部偏心（图 9.4.12d）而产生附加应力。

2）节点中的受力钢板和焊缝均应根据计算确定其尺寸。一般以选用 6～10mm 厚的钢板为宜。焊缝厚度不应大于钢板和型钢的厚度，且不大于 6mm。

3）当钢板因受弯需要过大的厚度时，可采用加肋的办法来解决，或改用合适的型钢，这样可以避免钢板型号过多。

5）应尽量使构造钢板与受力钢板相结合，以节约钢材。

（6）构件维护

全部钢构件均应涂刷防锈漆，并定期检查、维护。在锈蚀比较严重的地区应特别注意加强维护工作。

11. 其他要求

当有吊顶时，桁架下弦与吊顶构件间应保持不小于 100mm 的净距。

9.4.3 三角形豪式木桁架设计

1. 结构特点和适用范围

（1）豪式木桁架（参见图 9.4.1a）的特点是，采用齿连接的斜杆受压而竖杆受拉。在三角形桁架中，斜杆必须向跨中下倾。

（2）为提高桁架的可靠性和减小变形，所有竖拉杆均采用圆钢制作。因为桁架安装后，可通过拧紧圆钢竖拉杆的螺帽，消除方木或原木桁架因连接不够紧密和干缩等引起的变形。此外，用钢拉杆还可避免因木拉杆可能产生干缩裂缝而造成的结构不安全。

（3）桁架的节间长度以控制在 2m～3m 范围内为宜，并以六节间和八节间者最为常用。

（4）由于桁架上、下弦节间数相同，既能用于不吊顶房屋，也能用于吊顶房屋。

（5）豪式三角形木桁架的跨度一般不宜超过 18m。

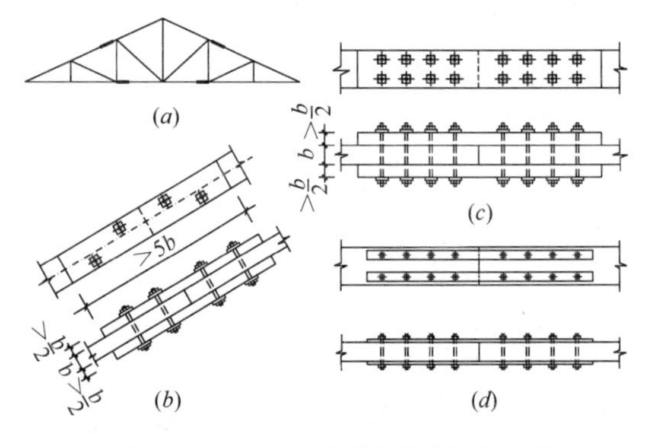

图 9.4.13 三角形豪式木桁架上下弦接头的布置和构造

（6）采用原木时可利用原木的天然倾斜率，将大头放置在弦杆内力较大的部位，还可适应原木直径变化的特点，采取不等节间的桁架形式，以充分利用原木的承载能力。

2. 接头及节点构造

（1）上弦接头

上弦如需做接头，桁架每侧不宜多于 1 个，并不宜将其设在脊节点两侧或端部的节间内（图 9.4.13a）。接头的位置宜设在节点附近，以避免承受较大的弯矩。接头处弦杆的相互抵承面要锯平抵紧，并用木夹板以螺栓系牢。为保证使用和吊装时平面外的刚度，木夹板厚度应不小于上弦宽度的1/2，其长度应不小于上弦宽度的5倍（图9.4.13*b*）。接头每侧的系紧螺栓不得少于2个，其直径按桁架跨度大小在12mm～16mm的范围内选用。

（2）下弦接头

下弦接头不宜多于2个。通常采用一对木夹板连接并以螺栓传力。接头每端的螺栓数由计算确定，但不宜少于6个。木夹板厚度应不小于下弦宽度的一半，当桁架跨度较大时，木夹板厚不宜小于100mm，其长度按螺栓排列间距的要求确定。螺栓通常按两纵行齐列布置（图9.4.13*c*）。当下弦高度较小，两纵行齐列有困难时，可按两纵行错列布置。采用原木时，严禁沿下弦轴线单行排列布置螺栓。下弦木夹板应选用优质的气干木材制作，如不能取得符合要求的木夹板时，则可改用两对钢夹板连接（图9.4.13*d*），钢夹板厚度不应小于6mm，若采用一对钢夹板，则钢板势必约束下弦木材的横纹干缩，而促使木材开裂。

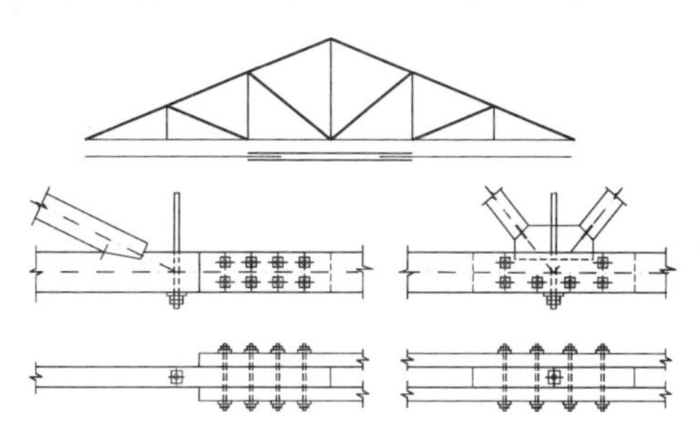

图9.4.14 木桁架下弦长夹板接头的构造

当下弦总长度比木材两根的长度之和大得不多时，可采用长夹板的连接方法（图9.4.14）。与在跨中左右两个节间内各设一个下弦接头相比较，这样可以简化构造并节约材料。

下弦接头应尽量避免与上弦接头设在同一节间内。

（3）支座节点

可按桁架内力大小选用单齿或双齿连接。采用齿连接时，应使下弦的受剪面避开髓心，并应在施工图中注明此要求。采用原木时，齿槽抵承面的面积与杆件交角、相互抵承的原木直径以及刻槽深度等有关，一般可按本手册附录5的近似方法计算确定。

当桁架的内力相当大，双齿连接不足以承担时，或在建筑布置上有出檐较短的要求时，可采用钢夹板抵承连接（图9.4.15）。与前述下弦钢夹板接头处理一样，这种支座节点也应采用两对钢夹板。从图9.4.15中可见，上弦抵承在木垫块上，其水平力经垫块传给钢靴梁，然后通过短圆钢经过焊缝传至钢夹板，最后通过螺栓传到下弦。

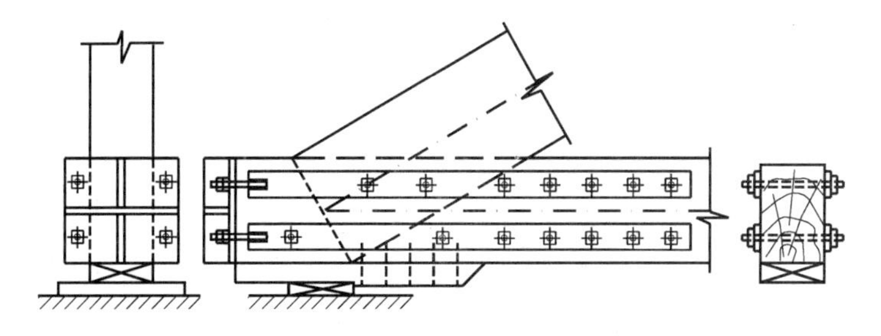

图9.4.15 木桁架支座节点采用钢夹板传力的构造

钢靴梁上的孔眼直径应该稍大于短圆钢的直径，使钢夹板略有活动的可能。在拼装时应拧紧短圆钢的螺帽，以保证桁架的紧密性，并加用双螺帽以确保螺帽不会松动脱落。木垫块端头的抵承钢板是承弯工作，为了将其厚度控制在6mm～10mm的范围内，应焊上十字形加劲肋而构成靴梁。肋的大小按计算确定，也可采用型钢组成的靴梁。

（4）上、下弦中间节点

中间节点一般均采用单齿连接，其构造原则与支座节点相同，但按毛截面对中，其刻槽深度不大于弦杆高度或直径的 1/4。一般均可采用马钉紧固（图 9.4.16*b*、*c*）。为防止木构件的劈裂，马钉的直径不宜过大。当设有悬挂吊车或有振动荷载时，则宜用人字铁及螺栓紧固。

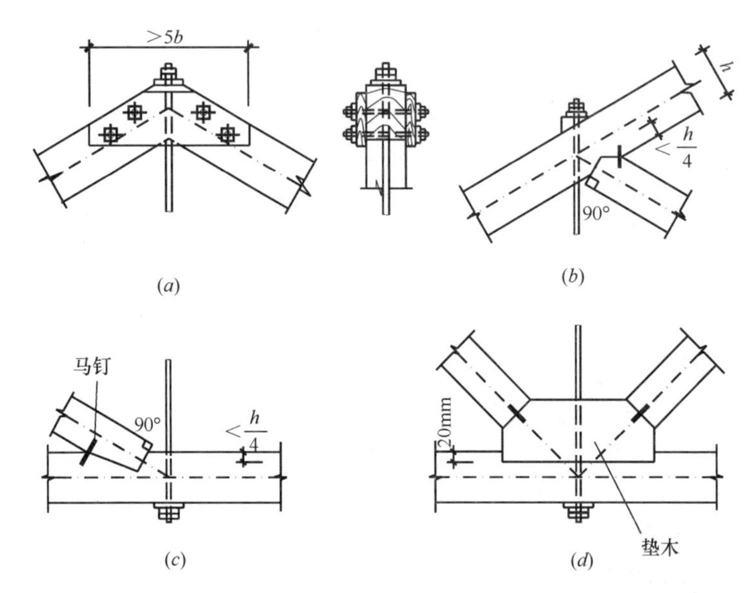

图 9.4.16　三角形豪式木桁架节点构造

（5）下弦中央节点

要求在此节点（图 9.4.16*d*）处五根杆件的轴线汇交于一点，按毛截面对中。斜杆对称地抵承在垫木上。垫木置于下弦的刻槽中，借以传递半跨有活荷载时左右二斜杆的水平力差。当采用方木时，刻槽深不小于 20mm；原木时，刻槽深不小于 30mm。采用长夹板下弦接头方案时，左右二斜杆的水平内力差应通过与长夹板相连接的螺栓和填木传递（参见图 9.4.14）。

（6）脊节点

脊节点处上弦应相互抵承，用木夹板以螺栓系紧。其构造要求与上弦接头基本相同（图 9.4.16*a*）。原木桁架当小头直径偏小，上弦端头相互抵承面积不足时，可采用加设硬木垫块的构造方案（图 9.4.17）。

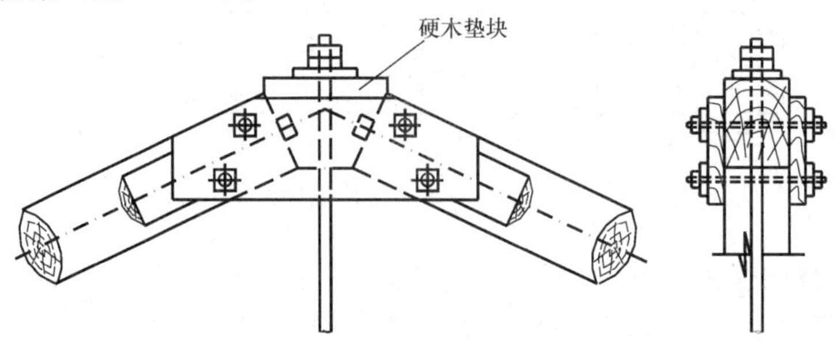

图 9.4.17　原木小头直径较小时脊节点的构造方案

3. 圆钢竖拉杆及其垫板

圆钢竖拉杆应按本手册第5章的计算公式和构造要求设计。但桁架的中央竖拉杆不论其直径大小，均应设置双螺帽。圆钢拉杆的垫板应按计算确定其大小尺寸或按本手册表20.4.1选用，并在施工图中注明，避免与系紧螺栓的垫板混淆。

4. 采用易开裂树种木材时的构造措施

当采用东北落叶松或云南松等易于开裂的木材时，应针对易受开裂危害的下弦采取可靠的防裂措施。云南松的径级较大，下弦可采用按底边破心下料的方木（图9.4.18a），而东北落叶松的径级较小，应尽量采用原木桁架。若采用方木，则下弦应按侧边破心下料，锯成两块木枋，每块木枋的宽度b一般以60mm～80mm为宜（图9.4.18b），然后将两块木枋（或板材）髓心朝外用直径为10mm的螺栓拼合（图9.4.18c）。螺栓沿下弦每隔600mm成两行错列，而在节点处圆钢竖拉杆两侧应各用一个螺栓系紧（图9.4.19）。施工时必须先用螺栓拼合，然后再刻槽，而不应先分别刻槽后拼合，以免槽齿错位，单肢受力超载。

注：东北落叶松或云南松木桁架的跨度超过15m（原木）或12m（方木）时，应采用钢木桁架。

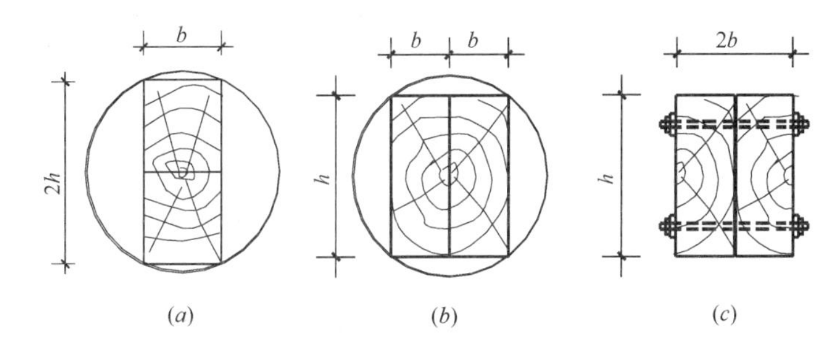

图9.4.18 破心下料的方木

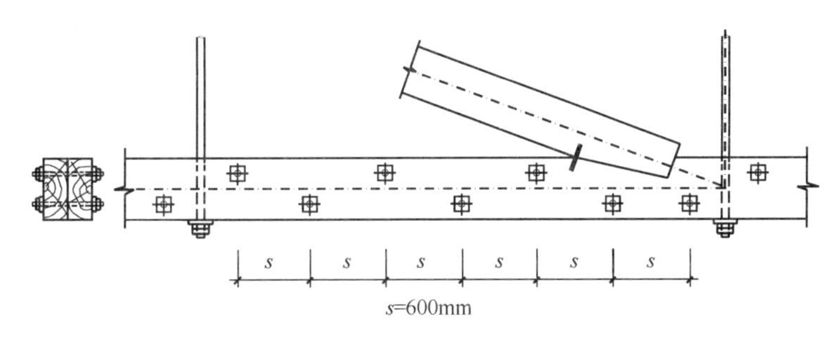

图9.4.19 按侧边破心下料拼合下弦构造

9.4.4 梯形豪式木桁架设计

1. 结构特点和适用范围

（1）梯形豪式木桁架（参见图9.4.1d）的斜腹杆一般应向外下倾，以做到斜杆受压和竖杆受拉。其节点构造处理基本上同三角形豪式木桁架。

（2）多跨建筑采用梯形桁架可构成不带天沟的外排水建筑形式，有利于木结构的构造防腐。

（3）梯形豪式木桁架可用于跨度较大的房屋或建筑功能上需要用梯形桁架的房屋。

2. 梯形豪式木桁架的类型

根据所采用的屋面防水材料，可分为两类：

（1）采用轻型材料屋面如彩钢压型板屋面的梯形豪式桁架。其屋面坡度可取为 $\eta=1/10$，其桁架高跨比取为 1/6（图 9.4.20）；

（2）采用瓦屋面的梯形豪式桁架。其屋面坡度可取为 $\eta=1/3$ 或 $\eta=1/4$，为了使桁架端部有足够的高度，桁架高跨比应取为 1/5（参见图 9.4.22a）。

3. 采用轻型材料屋面的梯形豪式木桁架

这种桁架的屋面坡度平缓，其受力工作接近于平行弦的桁架。当半跨荷载作用时，中部节间的腹杆可能受拉。由于斜腹杆采用齿连接只能传递压力，并且圆钢竖拉杆只能受拉，所以必须在这些节间设置反向交叉的腹杆（图 9.4.20），使其在任何荷载组合情况下，这些节间均有一个方向的斜腹杆受压，而另一个方向的斜腹杆退出工作。

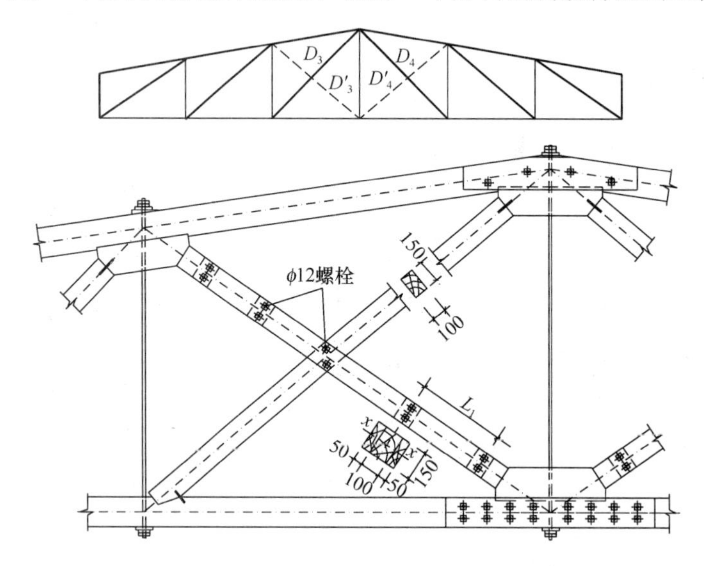

图 9.4.20　采用轻型材料屋面的梯形豪式桁架构造

交叉腹杆中应以全跨荷载时受压的斜腹杆为主斜杆，采用整截面的方木。在相反斜向的另一斜腹杆可由两块木板组成，夹在主斜杆的两侧，其中空段落每隔一定距离加短填块并用钉或螺栓固定；这种构件称为带短填块的组合木构件（图 9.4.21）。

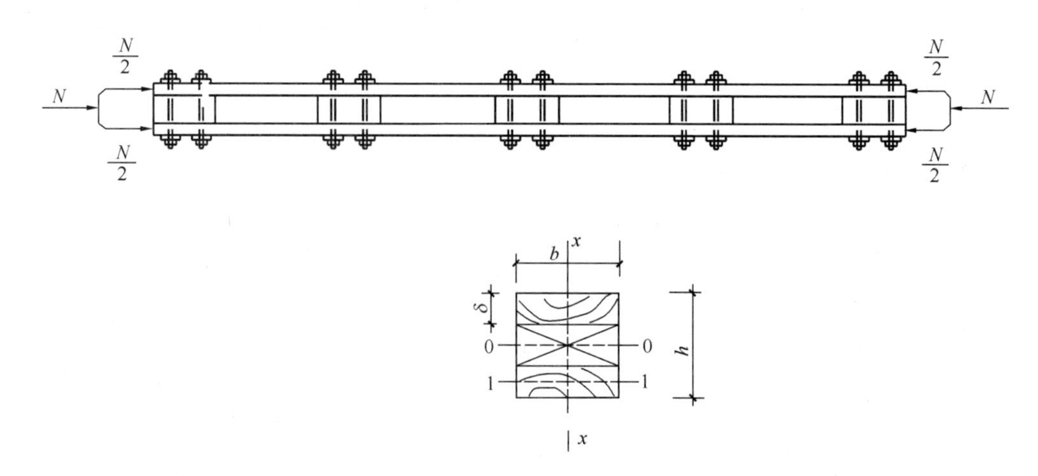

图 9.4.21　带短填块的组合木构件

斜腹杆在节点处皆通过嵌入弦杆的垫木抵承传力（参见图 9.4.20）。

4. 采用瓦屋面的梯形豪式木桁架

根据这种桁架的受力特点，其中部两节间可仅设置对着跨中向下倾斜的腹杆（图 9.4.22*a*、*d*），这些腹杆在全跨有荷载时是受压的。由于我国大部分地区的雪荷载都不大，仅半跨有雪荷载情况下一般不会使这两根斜腹杆的内力变成拉力。在个别雪荷载很大的地区，若该斜杆可能变为受拉，则可加设钢夹板通过螺栓传递拉力（图 9.4.22*d*、*f*），这样，就不必设置交叉斜腹杆。

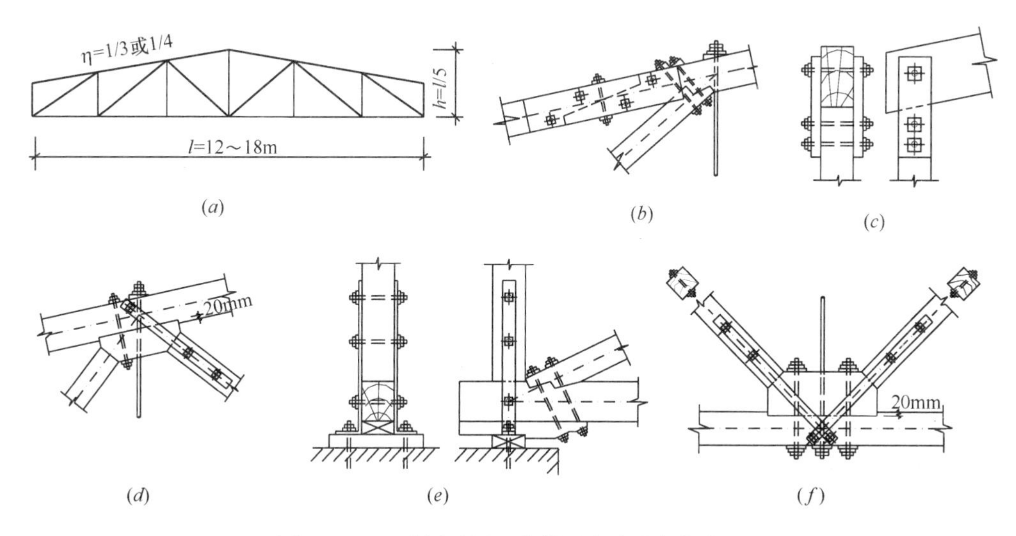

图 9.4.22 采用瓦屋面的梯形豪式木桁架构造

5. 节点构造

梯形豪式木桁架的节点构造基本上与三角形豪式木桁架相同，其区别有以下几点：

（1）端部节间的上弦不承受轴向力作用，仅为一受弯构件。所以上弦端节点只需将上弦支承在端竖杆上，用木夹板以螺栓系紧即可（图 9.4.22*c*）。该段上弦的另一端可采用一般受弯构件的斜搭接，与第二节间上弦的伸出部分用螺栓固定（图 9.4.22*b*）。

（2）由于端斜杆的坡度较大，在支座节点处通常是承压控制，因此一般采用双齿连接（图 9.4.22*e*）。在上弦第二节点处亦可采用双齿连接。此时，仍应按上弦毛截面轴线对中（图 9.4.22*b*）。

（3）下弦中央节点处若加设承拉的钢夹板，则应将两个斜向的钢夹板内外交叠，并在交叠上方一根斜腹杆的钢夹板下面，另加设厚度与内钢夹板厚度相同的小填板，以便取齐（图 9.4.22*f*）。在确定螺栓直径时，可忽略小填板的影响。

（4）在斜腹杆反向相交的上弦节点处（如图 9.4.22 的上弦第三节点），有两根斜腹杆，所以应采用另加木垫块的连接构造（图 9.4.22*d*）。

9.4.5 三角形豪式钢木桁架设计

三角形豪式钢木桁架是我国常用的钢木桁架形式，具有构造简单、施工方便的优点，适用于上弦有荷载或上、下弦均有荷载的工业与民用房屋。其跨度一般宜在 18m 以内。

1. 下弦为单圆钢的构造方案

（1）上弦节点构造与三角形豪式木桁架相同。

（2）桁架支座节点的构造按内力大小不同，基本上有两种做法。

内力较小时，可将圆钢直接穿过上弦端部的孔眼，并用双螺帽固定。如下弦圆钢直径超过22mm，为了节约钢材，应在下弦端头加焊一段较粗的短圆钢螺杆；用双帮条与下弦中段焊牢（图9.4.23*a*）。短圆钢螺杆应在车床上加工，与下弦焊接的一端应有一段锥形的过渡段，以防出现应力集中。

当内力较大时，为防止木上弦端部削弱过多，可采用套环连接（图9.4.23*b*）。套环的直径常与下弦圆钢相同。套环在向内弯折处，应焊一段横撑，以承受横向水平压力；在向外弯折处，应在其上、下焊两块小钢板，以承受横向水平拉力，保证圆钢下弦与套环的连接焊缝仅为抗剪工作，而与设计假定相符。套环在上弦端部用双螺帽固定在槽钢或焊成的槽式靴梁上。靴梁（抵承板）按抗弯要求确定其截面（参见本手册表20.5.1和表20.5.2）。

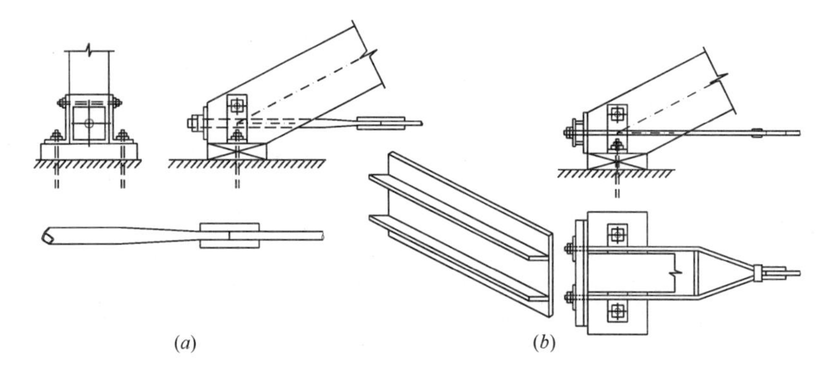

图9.4.23　三角形豪式钢木桁架单圆钢下弦支座节点的构造

（3）下弦中间节点，单圆钢下弦应在节点处断开，留一空隙让竖拉杆穿过，并用双帮条连接（图9.4.24*a*）。

将水平钢板焊接在双帮条上，然后用一对侧向垂直钢板和横向垂直钢板焊成靴梁，用以抵承斜腹杆。靴梁的侧板必须延伸到竖拉杆的另一侧（图9.4.24*a*）。若靴梁过短

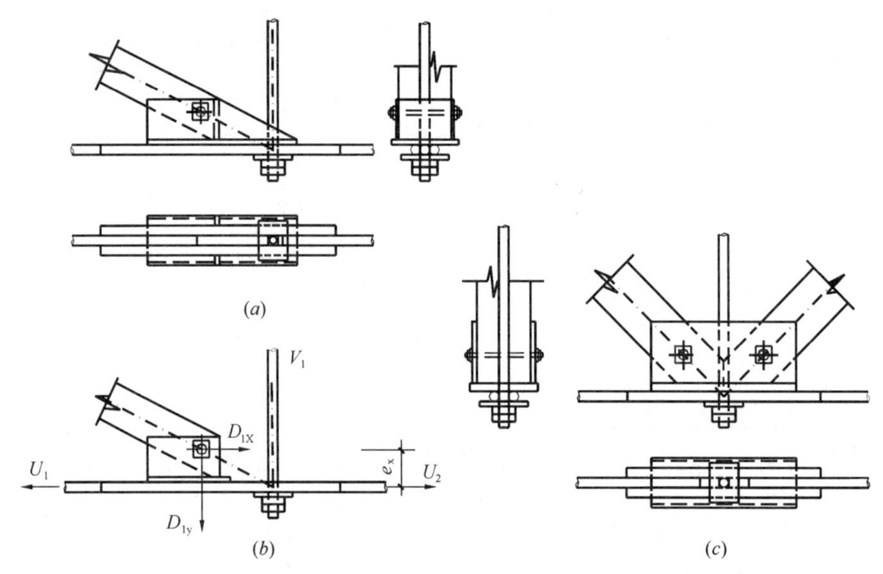

图9.4.24　三角形豪式钢木桁架单圆钢下弦中间及中央节点的构造

（图 9.4.24*b*），将在横向垂直钢板到竖拉杆这一区段范围内形成局部偏心弯矩。

（4）下弦中央节点是将两根斜腹杆相互抵承（图 9.4.24*c*），并用两个螺栓与侧面的垂直钢板连接。螺栓的直径按半跨雪荷载或活荷载作用时，由传递两根斜杆的水平内力差确定。其他构造与三角形豪式木桁架的下弦中间节点类似。

2. 下弦为双圆钢或双角钢的构造方案

通常有两种方案：

（1）第一种方案是将双圆钢在支座节点处由木构件外侧通过。双圆钢下弦在支座节点处不应与垂直钢板焊接，而用双螺帽固定在支座节点外侧的槽钢上。如不能选到合适规格的槽钢，则可用钢板焊成的槽钢（图 9.4.25*a*）。

在下弦中间节点（图 9.4.25*b*），斜腹杆抵承在钢靴上，双圆钢下弦应与钢靴的侧面垂直钢板焊连，以传递下弦相邻两节间的内力差。为了便于焊接，圆钢下弦到水平钢板的净距不应小于 20mm。当斜腹杆的内力较大，以致靴梁的横向垂直钢板因抗弯需要，厚度大于 10mm 时，可加水平肋予以加强（参见本手册表 20.5.1 和表 20.5.2）。下弦中央节点的构造与采用单圆钢下弦时的构造雷同（图 9.4.25*c*）。

当需吊顶时，可在水平钢板下面焊连一段角钢，以便悬吊吊顶的主梁（图 9.4.25*b*、*c*）。焊缝应设在沿角钢的长度方向。

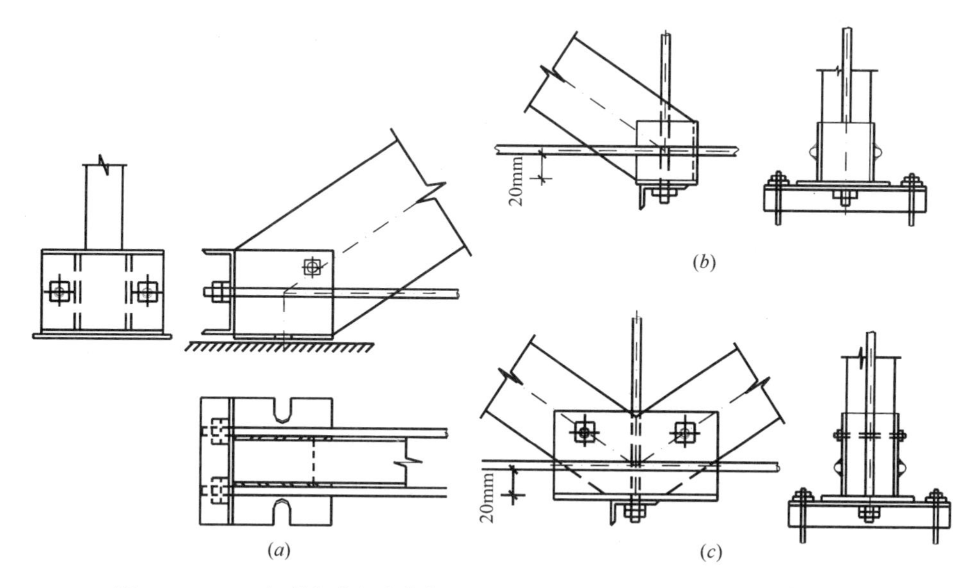

图 9.4.25 三角形豪式钢木桁架双圆钢下弦（有吊顶）节点构造方案之一

（2）第二种方案是在支座节点处采用钢靴。双圆钢的间距较小，在木上弦的下面通过。这种构造方案由于上弦不伸入支座，有利于支座节点的防腐。

支座节点（图 9.4.26*a*）是将木上弦端部锯平，直接抵承在钢靴顶部垂直于上弦的抵承钢板上。在抵承钢板下侧焊一窄条挡板，用以定位，并在两侧焊一对钢板，用螺栓固定上弦，以免在吊装时钢靴与木上弦脱开。钢靴的一对垂直节点板的间距小于上弦的宽度，抵承钢板能在节点板两侧伸出一段悬臂，使其正负弯矩接近，这样抵承钢板宽度不致过大，如弯矩较大，可在抵承钢板底面焊一加劲肋予以加强。下弦双圆钢紧贴节点板外侧通过，用双螺帽固定在端部钢板上。在端部钢板内侧应焊水平加劲肋，以提高其抗弯能力。

下弦中间及中央节点的构造（图 9.4.26*b*、*c*）与采用单圆钢下弦时雷同。需吊顶时，可将角钢焊连在这些节点处的竖直钢板上。

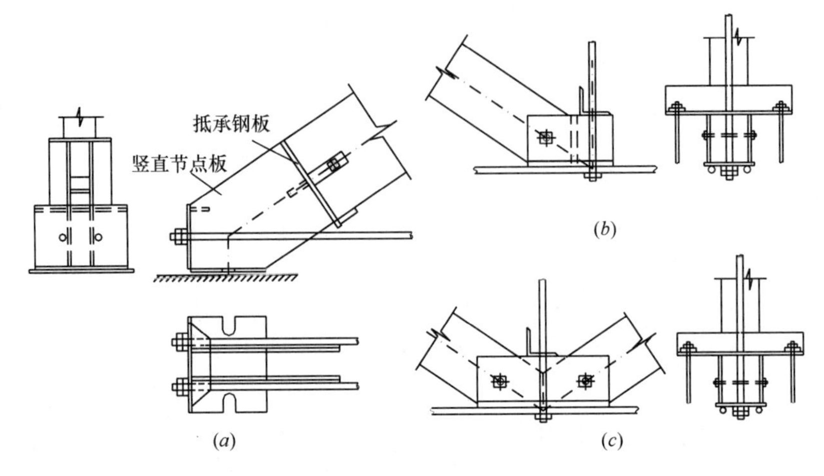

图 9.4.26　三角形豪式钢木桁架双圆钢下弦（有吊顶）节点构造方案之二

此外，当采用双角钢下弦时，上述两种方案皆可直接将双圆钢改换为双角钢。对于下弦中间及中央节点，只需改为按角钢形心轴线对中即可，其他构造要求不变；对于支座节点，可将角钢焊接在竖直节点板上（图 9.4.27）。焊缝应按计算确定。

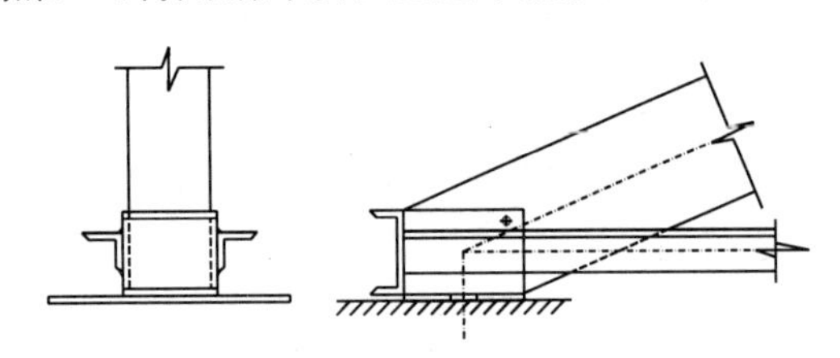

图 9.4.27　三角形钢木桁架双角钢下弦支座节点构造

3. 方木上弦偏心抵承的构造方案

将钢木桁架上弦在节点处做成偏心抵承（图 9.4.28、图 9.4.29），使上弦轴向压力产生负弯矩，以抵消部分荷载引起的正弯矩，这样能更好地利用上弦的承载能力，将节间距离加大到 3m～4m。四节间三角形豪式桁架的跨度可达 12m～15m。这样做能减少节点数，简化桁架制作，并节约钢材。在有条件的地区，不设吊顶的工业与民用建筑房屋均可采用。这种构造方案的要点如下：

(1) 桁架上弦接头应设在节点处，并在该处做成偏心抵承（图 9.4.30）。另加托木而将斜腹杆抵承在托木的齿槽内，斜腹杆的轴线与偏心抵承面中线交会，托木应嵌入上弦底部深不小于 20mm 的刻槽内，并用螺栓与上弦系紧。

(2) 图 9.4.29（*b*）所示为支座节点的一种构造形式，基本上与盒形钢靴（参见图 9.4.26*a*）的构造相同，唯抵承面仅取上弦截面高度的 2/3 左右。上弦所用方木截面较大，通常是髓心居中，故干缩裂缝一般在截面中部的两侧开展，用偏心抵承常可避免沿干缩裂缝剪坏。如果所用方木的髓心不在高度的中部，则应注意将髓心置于截面下方。此外尚应将上弦端头不抵承部分削成斜角（图 9.4.28），以防止产生局部

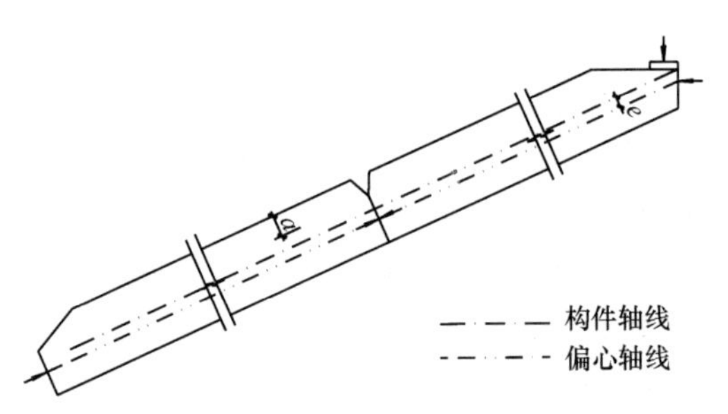

图 9.4.28　偏心抵承的上弦

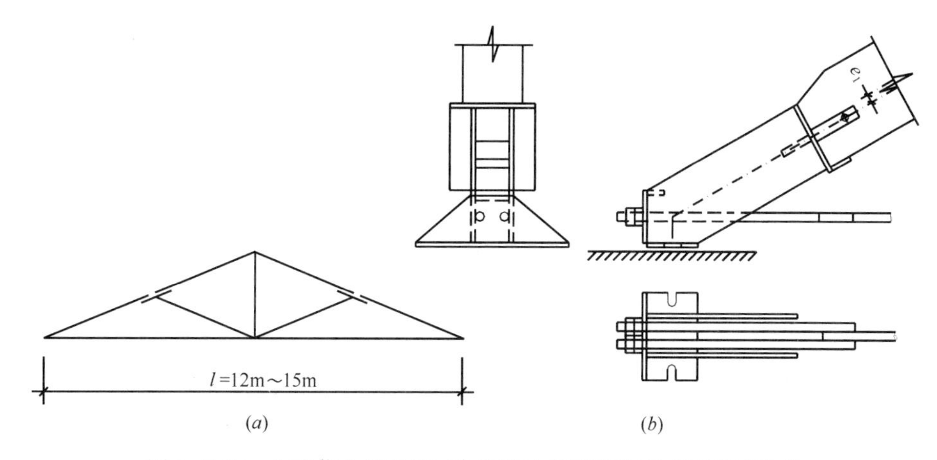

图 9.4.29 上弦偏心抵承的三角形钢木桁架简图及支座节点构造

应力集中。下弦采用单圆钢材时，为了简化制作，可在其两侧焊连一对直径与下弦相同的圆钢，从两块侧立的节点板中间穿过，再用双螺帽固定在下弦端部钢板上。此端部钢板的下缘与支座底板焊接，并在其内侧上部加焊水平加劲肋，以提高其抗弯能力。

（3）下弦中央节点（图 9.4.30c）与采用单圆钢下弦的三角形豪式桁架相类似，即将垫木用一对螺栓固定在水平钢板上，而此水平钢板焊在下弦的接头上。通过螺栓来传递不对称荷载时两根斜腹杆的水平内力差。中央节点处的下弦端头在用帮条焊的接头处应保持一定距离，以使中央竖杆和固定垫木的螺栓能从帮条之间穿过，再穿过垫板用螺帽固定。

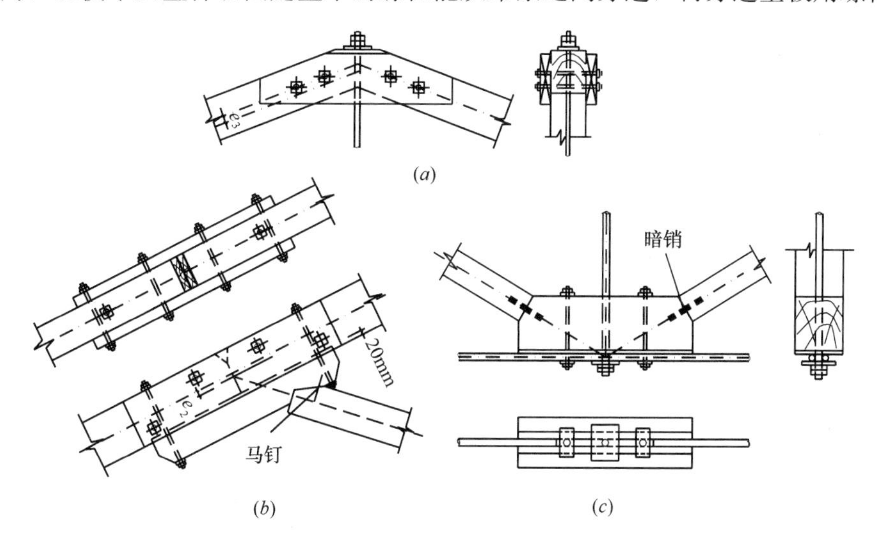

图 9.4.30 上弦偏心抵承的三角形钢木桁架的节点构造

（4）脊节点与一般豪式桁架脊节点的区别，在于加长其上方的水平切割面，使局部抵承而构成偏心（图 9.4.30a）。

（5）偏心抵承上弦的计算简图如图 9.4.31 所示。上弦两端由于偏心抵承所形成的负弯矩分别为 $N \cdot e_1$ 和 $N \cdot e_2$，由此得跨中弯矩为：

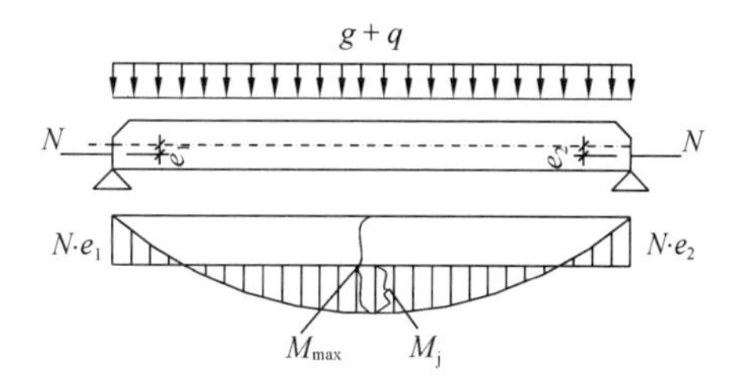

图 9.4.31 偏心抵承上弦的计算简图

$$M_j = M_{max} - \left(\frac{N \cdot e_1}{2} + \frac{N \cdot e_2}{2}\right) = M_{max} - N \cdot \frac{e_1 + e_2}{2} \tag{9.4.3}$$

式中：M_j——跨中弯矩设计值；

M_{max}——节间荷载引起的跨中弯矩设计值；

N——上弦轴向力设计值；

e_1、e_2——上弦两端的偏心矩。

上弦截面应根据轴向力设计值和弯矩设计值按压弯构件确定。

4. 加托梁的方木上弦偏心抵承构造方案

（1）四节间三角形豪式钢木桁架，当跨度和荷载较大时，虽按偏心抵承方案设计，其上弦截面可能仍超过常用木材规格，如果尚无必要改用六节间的桁架，则可将托木加长，做成梁式托木，以适当减小上弦的计算跨度（图9.4.32）。

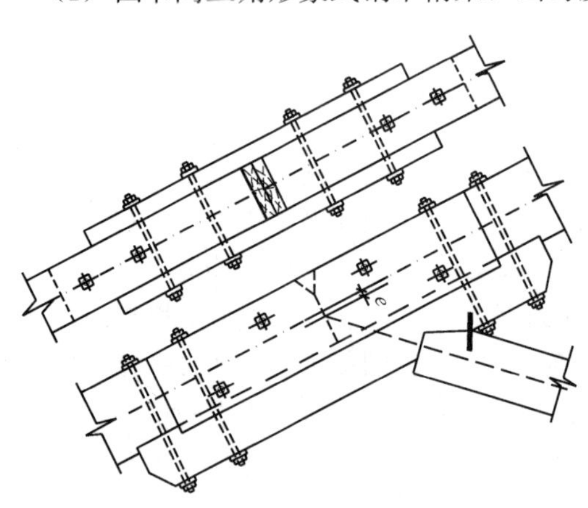

图9.4.32　上弦中间节点加托梁的构造

（2）加长托木后上弦的计算，理论上较为复杂。实际则可近似地由确定上弦的弹性曲线与托木的弹性曲线相切点出发进行分析。上弦与托木的抗弯刚度比越小，则相切点离支座越远，缩短上弦计算跨度的作用也越大。通常将托木的截面取为与上弦相同，上弦与托木的刚度比等于1.0。此时，托木的工作长度 a_0，可近似地取为 $0.2l$（l 为上弦每段的长度）（图9.4.33）。由于构造要求，尚应在托木两端各加长 a_1=100mm。托木在上弦接头两边皆应用两个螺栓扣紧，螺栓直径宜根据跨度及荷载的大小，在14mm～18mm的范围中选用，其垫板则应按本手册表20.4.1中的尺寸采用。

5. 加托木的上弦偏心抵承时的计算

计算简图如图9.4.33所示，其跨中计算弯矩为：

$$M_j = M_{max} - M_e \tag{9.4.4}$$

式中：M_{max}——由节间荷载引起的弯矩设计值；

M_e——由偏心抵承引起的负弯矩设计值。

节间荷载引起的弯矩设计值 M_{max} 可按下式计算：

$$M_{max} = \frac{1}{8}(g+q)(l-\alpha_0)^2 - \frac{1}{4}(g+q)a_0^2 \tag{9.4.5}$$

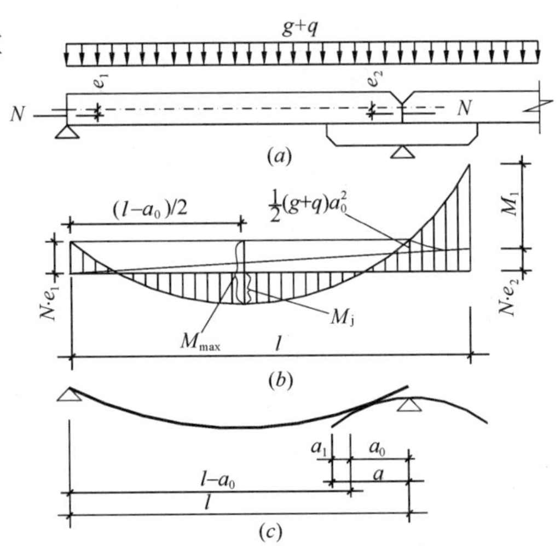

图9.4.33　加托梁方木上弦偏心抵承时的计算简图

一般可近似取为：

$$M_{\max}=\frac{1}{8}(g+q)(l-\alpha_0)^2 \tag{9.4.6}$$

当托木截面与上弦相同时，可不进行托木截面的验算。

9.4.6 三角形芬克式和三角形混合式钢木桁架设计

这两种桁架皆属于扩大下弦节间的形式，可用于无吊顶的工业或民用房屋。

芬克式桁架上弦一般为六个节间（图 9.4.34*a*），其跨度可达 18m。

混合式钢木桁架具有下弦节点少、上弦节点多且可简化芬克式桁架的脊节点构造的优点。当荷载较大，而所用木材的强度设计值低或所用原木径级受到限制的情况下，则以采用上弦为八节间的混合式桁架（图 9.4.35*a*）为宜，其跨度也不宜大于 18m。

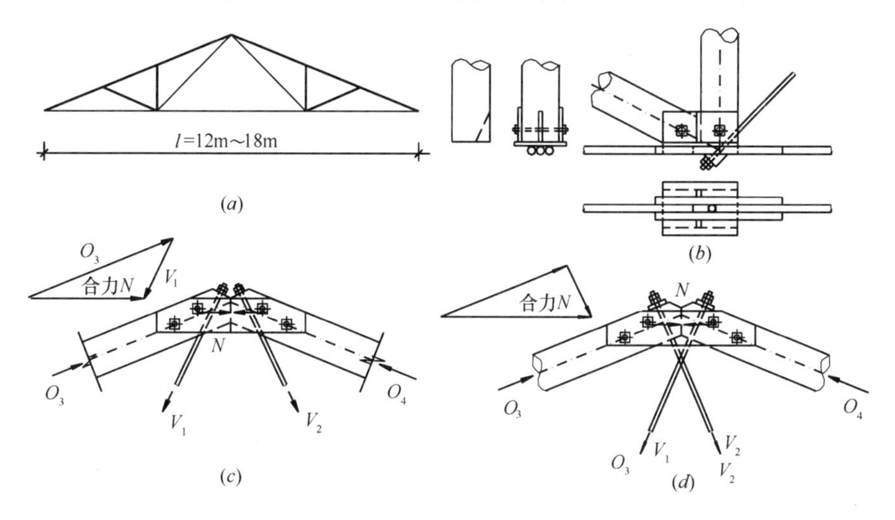

图 9.4.34 三角形芬克式钢木桁架的构造

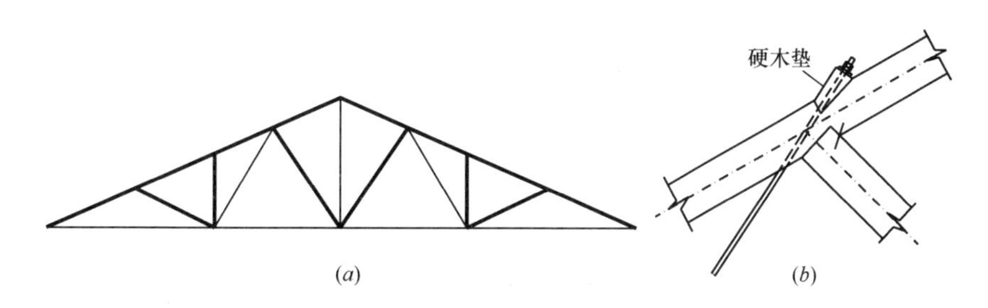

图 9.4.35 三角形混合式钢木桁架上弦中间节点构造

1. 芬克式钢木桁架的构造特点

(1) 支座节点及上弦中间节点

其构造与三角形豪式钢木桁架类同。

(2) 脊节点的构造

有两种方案：

采用方木时，可将圆钢斜拉杆偏心布置，并将上弦端头偏心抵承，而使两者的合力通过上弦轴线（图 9.4.34*c*）。此时，上弦端头抵承面按上弦和斜拉杆两者内力的水平力之差核算。

采用原木时，由于通常将原木的大头置于支座节点处，故在脊节点处为原木的小头。

为保证上弦端头有足够的抵承面积，可将圆钢斜拉杆偏心固定在另一侧的上弦（图9.4.34*d*），注意使拉杆内力和上弦轴向内力的合力通过端头抵承面的形心（应将上弦顶部适当削去一部分）。此时，上弦端头抵承面应按上弦和斜拉杆两者内力的水平分力之和核算。

（3）下弦中间节点

将竖杆抵承在钢靴的水平钢板上，而斜腹杆抵承在水平钢板和横隔板上，二者皆用螺栓与侧向竖直钢板固定（图9.4.34*b*）。为防止当节点变位时圆钢斜拉杆受孔槽嵌制而承受附加弯矩，应将木竖杆的端头沿斜角刻成通槽，与此同时，水平钢板上的孔径必须适当加大。

2. 混合式钢木桁架的构造特点

这种桁架基本上是综合三角形豪式钢木桁架和三角形芬克式钢木桁架而形成的。其大部分节点的构造均类似。支座节点、脊节点、下弦中央节点与三角形豪式钢木桁架相同；下弦中间节点则与芬克式钢木桁架相同。唯上弦第三个节点的构造较特殊，如图9.4.35*b*所示。

9.4.7　梯形钢木桁架设计

梯形钢木桁架适用于采用轻型材料屋面的工业与民用房屋，其跨度可达24m。扩大下弦节间的梯形钢木桁架（图9.4.36），适用于无吊顶的房屋；上、下弦节间相同的梯形豪式钢木桁架（图9.4.37），则适用于有吊顶或有悬挂吊车的房屋。

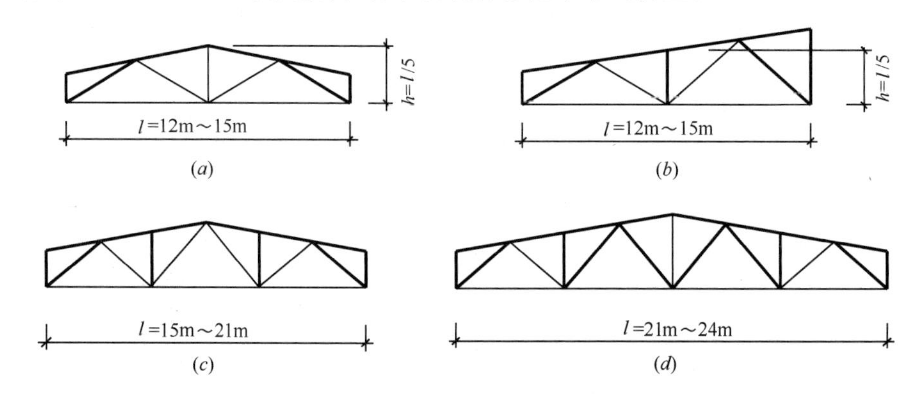

图9.4.36　扩大下弦节间的梯形钢木桁架

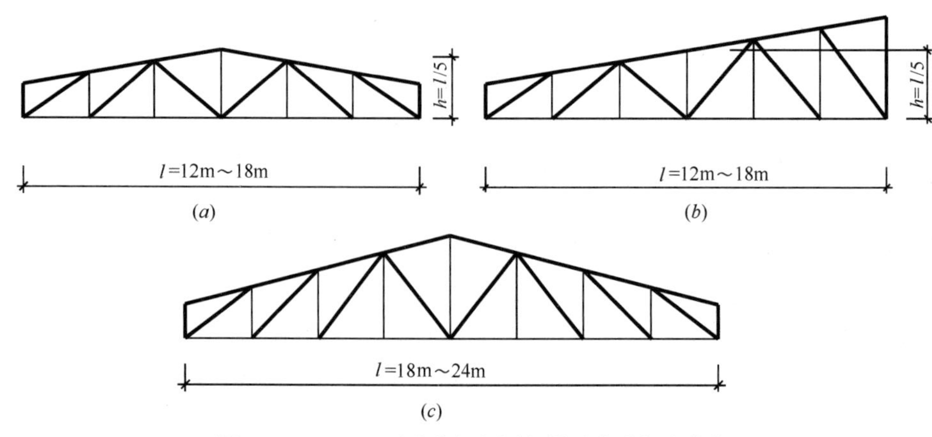

图9.4.37　上、下弦节间相同的梯形豪式钢木桁架

梯形豪式钢木桁架的上弦节点、下弦中间节点及支座节点等，均可参照本章有关各节进行设计。以下着重介绍扩大下弦节间的梯形钢木桁架，桁架高跨比 $h/l=1/5$。

1. 构造要求

(1) 采用方木时，上弦接头设在节点处，并采用偏心抵承以构成负弯矩。

(2) 上弦第二个节点处（图 9.4.38a），应使端斜杆和斜腹杆的轴心线交会点位于上弦的偏心轴上，这样便可在上弦中形成反弯矩。

四节间桁架（参见图 9.4.36a）中的斜腹杆内力系数较小，且在非对称荷载作用下可能变号，故宜用方木压杆通过钢夹板和一个“中心螺栓”传力。应将上弦木夹板内侧局部削去，以使斜腹杆的一对钢夹板插入，并与“中心螺栓”连接。

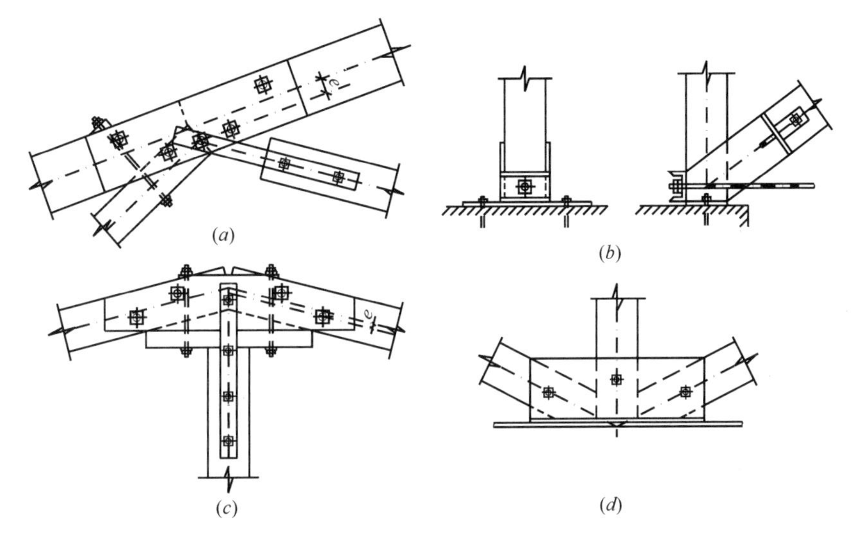

图 9.4.38　梯形钢木桁架节点构造之一

六节间或八节间桁架中的斜腹杆在正常情况下为受拉构件，并且内力系数较大，以采用圆钢为宜（图 9.4.39a）。

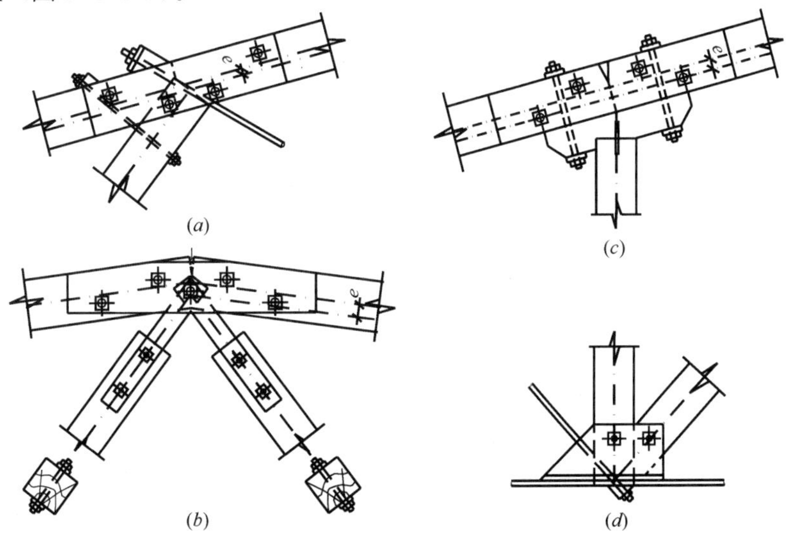

图 9.4.39　梯形钢木桁架节点构造之二

仅受弯矩作用的第一段上弦，可支承在端斜杆上，并用螺栓与端斜杆连接。其整个节点应用木夹板以螺栓系紧。

（3）六节间或八节间桁架上弦第三节点，当上弦连续时，竖杆可直接抵承在刻槽中；如在该处设上弦接头，则需加设托木，竖杆抵承在托木的刻槽中（图 9.4.39*c*）。

（4）八节间桁架上弦第四节点，两根斜腹杆通常皆受压，其构造与梯形豪式木桁架类似，斜杆抵承在垫木上（参见图 9.4.22*d*）。

（5）脊节点：六节间梯形桁架在此处两根斜腹杆的内力可能变号，故斜腹杆应采用方木，并通过钢夹板与"中心螺栓"连接（图 9.4.39*b*）。其中一根腹杆的钢夹板下面需加设厚度与另一腹杆钢夹板相同的垫板，以使两对钢夹板在"中心螺栓"处内外交叠。

四节间桁架的中央竖杆亦需采用方木与"中心螺栓"连接（参见图 9.4.38*c*）。

八节间桁架的中央竖杆，在正常情况下受拉，故脊节点的构造与三角形桁架类同。

（6）钢夹板与木腹杆的连接应至少采用两个螺栓，以防止转动。钢夹板的长度按木结构及钢结构的螺栓间距要求确定。

（7）支座节点处端斜杆抵承在钢靴的抵承钢板上。钢靴的两块节点板的净距等于端竖杆的宽度，以便插入端竖杆后用螺栓扣紧。其抵承钢板的计算跨度较大，一般需要加肋（参见图 9.4.38*b*）。

2. 计算要点

（1）偏心抵承的双跨连续上弦：计算简图如图 9.4.40 所示。在横向荷载作用下按两跨连续梁计算的中间支座负弯矩（图 9.4.40*b*），假定与由于该支座下沉所产生的正弯矩以及偏心抵承等的影响互相抵消，可按图 9.4.40（*c*）所示的弯矩图进行计算。跨中弯矩设计值可按下式求得：

$$M_{\mathrm{j}} = M_{\mathrm{q}}^{\mathrm{x}} - M_{\mathrm{e}}^{\mathrm{x}} \tag{9.4.7}$$

$$M_{\mathrm{q}}^{\mathrm{x}} = \frac{1}{2}(g+q)x(l-x) \tag{9.4.8}$$

$$M_{\mathrm{e}}^{\mathrm{x}} = Ne\left(1-\frac{x}{l}\right) \tag{9.4.9}$$

$$x = \frac{l}{2} + \frac{Ne}{(g+q)l} \tag{9.4.10}$$

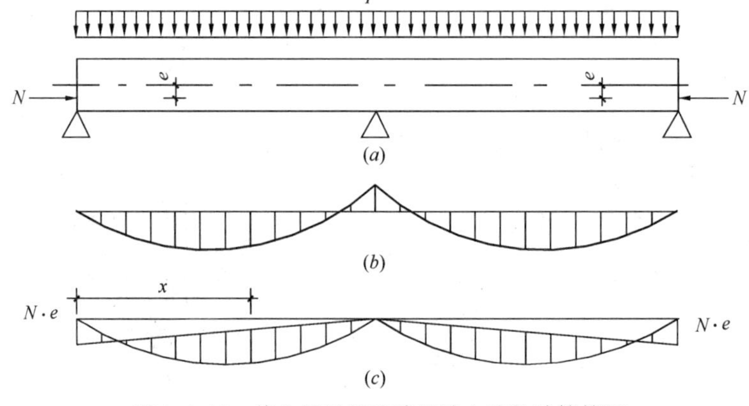

图 9.4.40　偏心抵承的双跨连续上弦的计算简图

式中：M_j ——跨中弯矩设计值；

M^x ——由节间荷载引起的跨中弯矩设计值；

M_e^x ——由轴向力偏心作用引起的负弯矩设计值；

x——最不利截面距左侧支点的距离。

(2)“中心螺栓”的计算：“中心螺栓”是穿过上弦接头的木夹板并位于上弦抵承面的夹缝之中的螺栓。这种情况对于螺栓受力工作不利，因此，本来“中心螺栓”具有 4 个剪面，但计算中仅按 3 个剪面计算，而每一剪面的承载力仍按本手册第 5 章的计算规定来确定。

采用“中心螺栓”传力的节点试验证明，当螺栓直径达到 16mm 之后，再加大直径时，连接的承载力不再提高。因此，只有当腹杆内力较小时，才可采用这种连接方案。

木夹板与上弦连接的其他螺栓，其直径最好与“中心螺栓”相同，且上弦接缝的每侧仍不应少于 2 个螺栓。

当有两根腹杆的钢夹板同时通过“中心螺栓”传力时（图 9.4.41a)，此螺栓受力为两根腹杆的合力，计算中应该考虑两种不同的荷载组合：即恒荷载、活荷截皆全跨作用的组合和恒荷载全跨而活荷载半跨作用的组合（对多边形桁架，尚应考虑活荷载的其他组合)。在这两种荷载组合下，两根斜腹杆的合力大小及其与木纹的交角不同（图 9.4.41c、d)，应按不利情况验算。

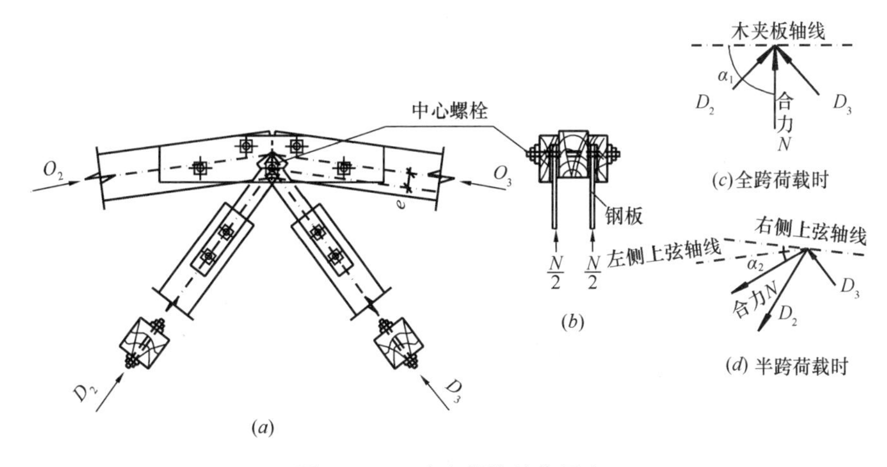

图 9.4.41 中心螺栓的作用力

(3) 连接钢板的稳定验算。当连接钢板传递压力时应验算其稳定，钢板的计算长度取为“中心螺栓”至腹杆端第一个螺栓之间的距离。

9.4.8 多边形钢木桁架设计

1. 结构特点

(1) 多边形钢木桁架（图 9.4.42）的上弦节点一般位于圆弧上，因此弦杆受力较均匀，腹杆内力很小，节点连接简单，宜用于跨度较大的工业与民用房屋，但以不超过 24m 为宜。

(2) 上弦节间按圆弧等分。为使斜腹杆布置合理，下弦等分为 $n-1$ 个节间（n 为上弦节间的数目)。

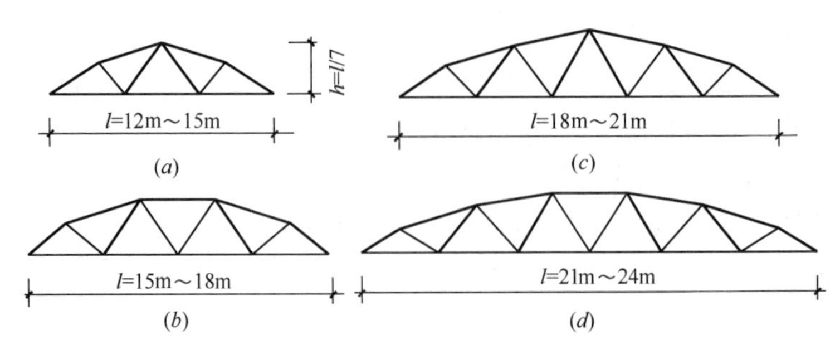

图 9.4.42　多边形钢木桁架的简图

（3）当上弦采用偏心抵承时，其节间长度可取为3.0m～3.5m。上弦各段木料的长度和截面均相同。在支座节点处应按与上弦轴线垂直的面锯割，而在各中间节点处均沿圆弧的半径方向锯割，使构件尺寸划一，制造简便。

（4）下弦可采用双角钢或双圆钢。

2. 节点构造

（1）支座节点处的构造与上弦偏心抵承的三角形钢木桁架类同，唯节点板间距较大，抵承钢板通常需加肋（图 9.4.43*a*）。

（2）上弦节点皆可用“中心螺栓”传力，其构造与六节间梯形钢木桁架的脊节点基本相同（图 9.4.43*b*）。

（3）下弦中间节点也可通过钢夹板用一个螺栓传力。由于腹杆内力小，故可用偏心连接。在双角钢（或双圆钢）的外侧焊一对节点板，其外侧距离取等于斜腹杆的宽度，再在节点板两侧焊缀条使其定位。节点板上螺栓孔中心到下弦边缘（指角钢或圆钢的顶面）的距离常取为20mm（图 9.4.43*c*）。该连接螺栓应按钢结构中螺栓抗剪进行计算。

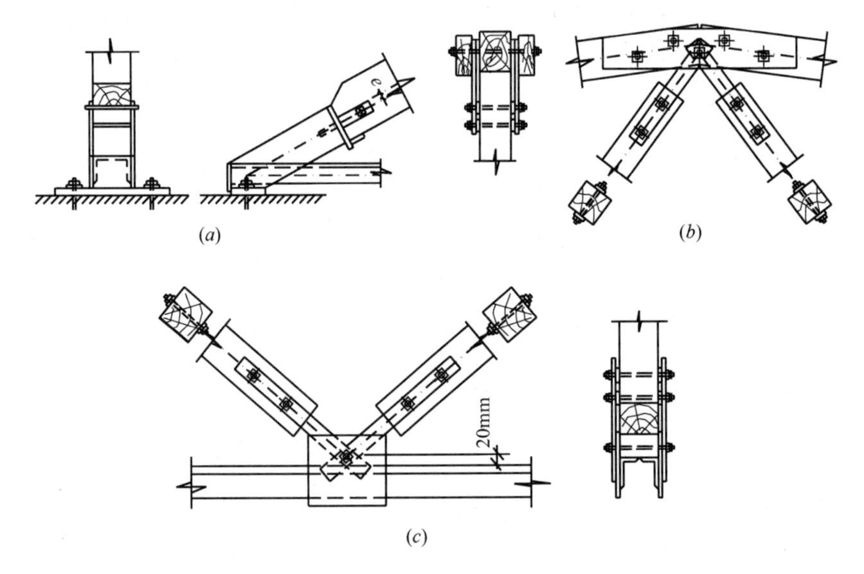

图 9.4.43　多边形钢木桁架的构造

9.4.9　桁架在吊装时的验算和加固

木桁架和钢木桁架在吊装时的受力情况与使用时不同。在桁架翻转阶段，上弦在桁架平面外受弯；在起吊阶段，各种杆件的内力可能变号。为了保证桁架在吊装过程中不发生过大的变形或损坏，需要采取专门的加固措施。必要时还应进行吊装阶段的受力验算，并在施工图中标明翻转、起吊的吊点以及必要的加固方法。

1. 桁架在翻转阶段的验算

(1) 翻转阶段，弦杆在出桁架平面方向承受的荷载，可化为沿弦杆长度的线荷载计算。此线荷载值，对于全木桁架可取桁架重量的 0.5～0.6 倍；对钢木桁架可取为桁架重的 0.7～0.8 倍。

(2) 在三角形桁架脊节点处提起翻转时，上弦端部仍支承在支座节点处，桁架弦杆在桁架平面外相当于简支梁工作。若上弦及其接头的强度不足，则应加设临时横撑，按图 9.4.44 (a) 所示方法翻转，以减小其计算弯矩。

同样，对于梯形桁架，因上弦不直接延伸到桁架支座，提起翻转时，在桁架平面外的工作状态相当于双悬臂梁，故一般应加设临时横撑（图 9.4.44c）。

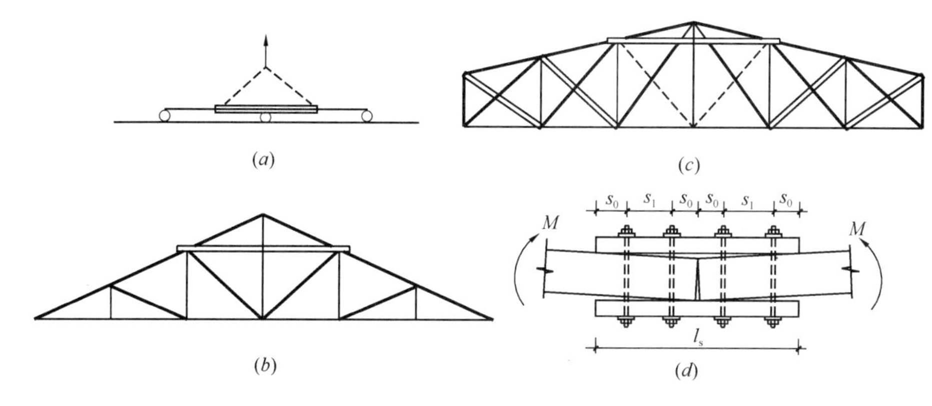

图 9.4.44 桁架翻转时的临时加固

(3) 桁架翻转时，需对上弦接头部位的受力情况进行验算（图 9.4.44d）。

1) 接头处木夹板承受的弯矩 M，可按两个木夹板平均负担，即 $\frac{M}{2}$。

2) 接头处木夹板中每个螺栓所受的拉力按下式确定：

$$N_l = \frac{4M}{l_s \times n} \tag{9.4.11}$$

式中：M——由于上弦线荷载在该接头处产生的弯矩设计值；

n——木夹板上的螺栓总数，不得少于 4 个；

l_s——木夹板的全长。

2. 桁架在起吊阶段的临时加固措施

桁架起吊时在桁架平面内的工作状态相当于双悬臂梁。此时上弦变为受拉，下弦变为受压，某些桁架腹杆也可能改变内力符号。为此，必须注意下列几点：

(1) 三角形木桁架跨度较大、下弦截面宽度较小或下弦接头多于 2 个时，除在上弦吊点处加设临时横撑（图 9.4.45）外，还需在下弦加设临时横杆，以加强出平面的稳定。

(2) 梯形、平行弦或下弦低于支座而呈折线形的桁架，由于斜杆不能承受变号内力，故需加设反向的临时斜杆（参见图 9.4.44）。

（3）四节间的三角形豪式钢木桁架，除在吊点处加设临时横撑外，还需在两侧加设不少于2根的临时短横撑（图9.4.45）。四节间的梯形钢木桁架（参见图9.4.36*a*、*b*）也可采用类似方法。

（4）三角形芬克式钢木桁架，除在吊点处加设临时横撑外，必须在桁架下部加设通长的临时横撑（图9.4.45*a*）。其他梯形钢木桁架亦需采用类似措施，并需加设反向的临时斜杆（参见图9.4.44*c*）。

（5）对于多边形钢木桁架，由于上弦接头较多，除参照以上各项规定外，其上弦也需加设临时的通长横杆或数根交搭横杆。

（6）对于钢木桁架，特别是圆钢下弦的钢木桁架，在安装就位过程中，要注意使支座与柱顶之间有相对位移，可设辊轴或用其他方法使桁架支座能自由移动，以免由于下弦伸长使柱产生偏斜或引起开裂。

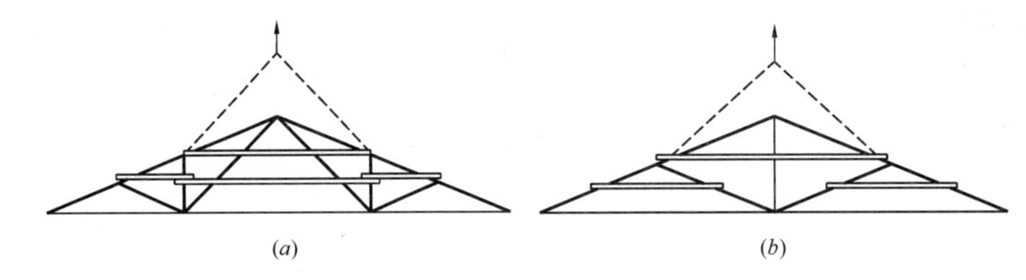

图9.4.45　桁架起吊阶段的临时加固

9.5　天　　窗

9.5.1　结构形式和选择

1. 天窗的跨度和高度

天窗包括单面天窗和双面天窗。当设置双面天窗时，天窗的跨度一般不应大于桁架跨度的1/3，并应将天窗的边柱支承在桁架上弦节点处。

天窗的高度不宜太大，应以满足采光和通风的要求为准。天窗部分的屋面应采取有组织排水，以利于窗扇和立柱的防腐。在房屋两端开间内不宜设置天窗。

抗震设防烈度为8度和9度地区，不宜设置天窗。

2. 天窗的形式

常用的三角形桁架的天窗架一般有两种形式：图9.5.1（*a*）所示立柱式，将天窗部分的竖向荷载通过3根立柱直接传递到屋架节点，桁架受力较均匀；图9.5.1（*b*）所示天窗架，将竖向荷载通过支承小三角架的2根立柱传递到桁架的2个节点。在水平风荷载

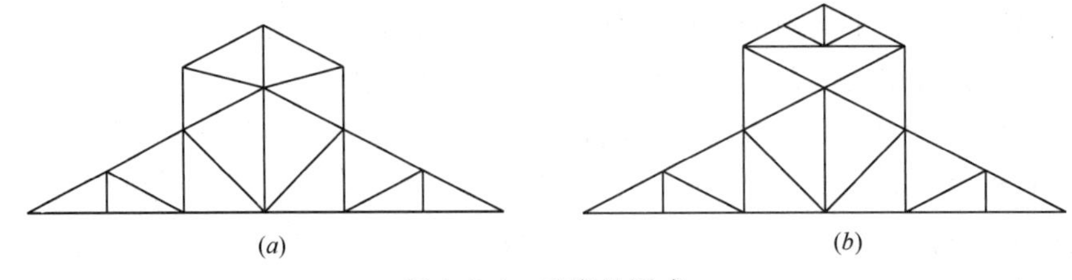

图9.5.1　天窗的形式

作用下，这两种形式都需要加设斜撑，以构成稳定体系。

9.5.2 构造和计算要求

(1) 天窗立柱与桁架上弦应该用钢板或木板和螺栓连接（图 9.5.2）。当采用通长木夹板时，夹板不宜与桁架下弦直接连接。

(2) 应注意防止天窗边柱受潮腐朽：

边柱处桁架的檩条，宜放在边柱内侧，而天窗的窗樘和窗扇宜设在天窗边柱外侧并应加设有效的挡雨、挡雪设施。开敞式天窗应加设有效的挡风板，并应做好泛水处理。在北方严寒地区采用保暖屋面时，应设法避免在天窗立柱处形成“冷桥”，以防因冷凝而受潮。

(3) 天窗的计算简图如图 9.5.3 所示。在竖向荷载作用下，可认为斜杆不参加工作。按水平风荷载计算时，若斜杆采用木夹板螺栓连接（图 9.5.2），可假定两根斜杆共同承受水平风力，一受拉一受压而内力相等。若采用齿连接则假定仅一根斜杆承受水平风力，即位于迎风面的斜杆受压，而背风面的斜杆因齿连接不能传递拉力而内力为零。

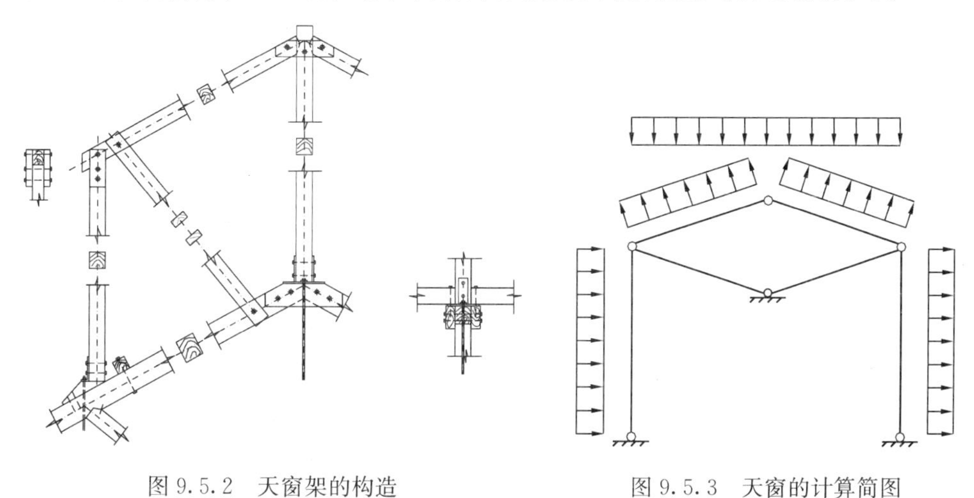

图 9.5.2 天窗架的构造　　图 9.5.3 天窗的计算简图

9.6 支撑与锚固

9.6.1 保证木屋盖空间稳定的基本要求

将屋面系统与桁架和山墙可靠地连接，并设置必要的支撑，构成具有一定刚度的空间体系，才能保证屋盖在施工和使用期间具有足够的空间稳定性。保证空间稳定的主要作用是：

(1) 承受和传递房屋纵向水平力。例如，从山墙方向传来的水平风力，悬挂吊车的纵向制动力，以及地震引起的纵向力等；

(2) 保证桁架受压弦杆平面外的稳定性；

(3) 防止桁架的侧倾。

9.6.2 锚固

为加强木结构的整体性，保证支撑系统的正常工作，设计时应采取必要的锚固措施。

1. 屋面系统与桁架的锚固

各种屋面都具有一定的刚度，但只有当桁架上弦节点檩条（包括脊节点处的檩条）及用作支撑系统杆件的檩条与桁架可靠锚固后，才能有效地发挥作用。其他檩条宜用钉与桁架上弦连接（参见图 9.6.3*a*）。

锚固的方法有多种，采用螺栓、卡板、暗销或其他可靠的连接物均可（图 9.6.1～图 9.6.4）。但在轻型屋面或在开敞式建筑中，必须采用螺栓锚固。

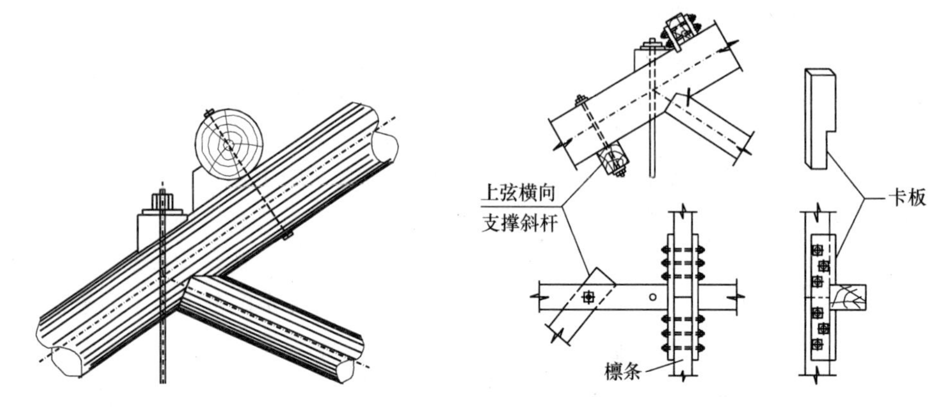

图 9.6.1　原木檩条与桁架上弦用螺栓锚固　　图 9.6.2　方木檩条与桁架上弦用卡板锚固

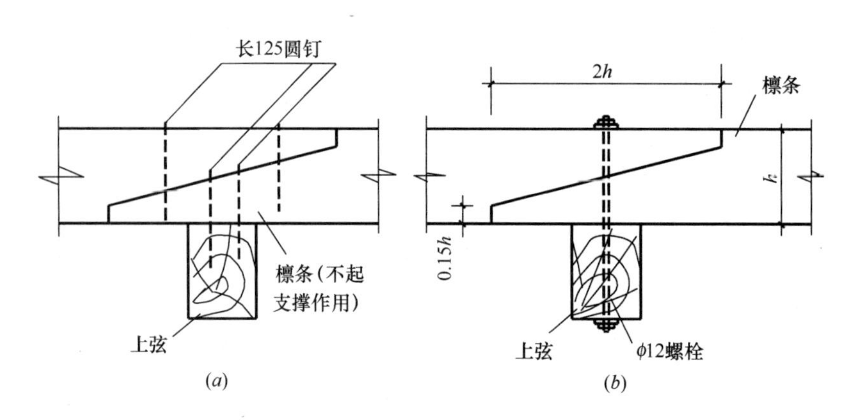

图 9.6.3　方木檩条与桁架上弦用钉或螺栓锚固

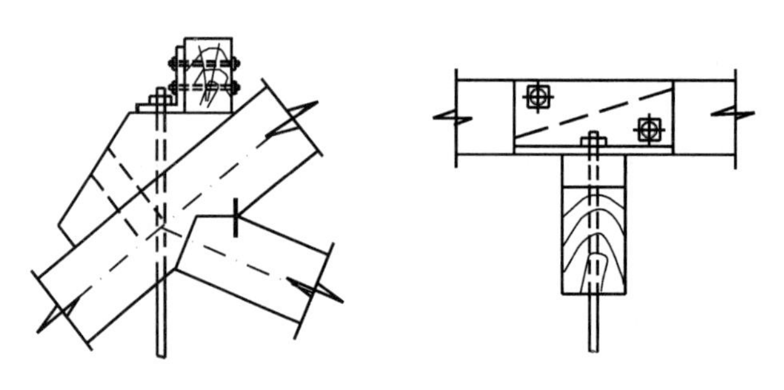

图 9.6.4　竖放檩条的锚固方法

2. 屋面系统与山墙的锚固

当房屋有山墙时，尚应将前述需进行锚固的檩条与山墙锚固。这样可以利用山墙加强屋盖的空间稳定性，并可靠地传递山墙传来的纵向风力。图 9.6.5 为锚固方法示例。

当桁架跨度不小于 9m 时，桁架支座应采用螺栓与墙、柱锚固。

3. 木柱与基础的锚固

当采用木柱时，木柱柱脚与基础应采用螺栓锚固。

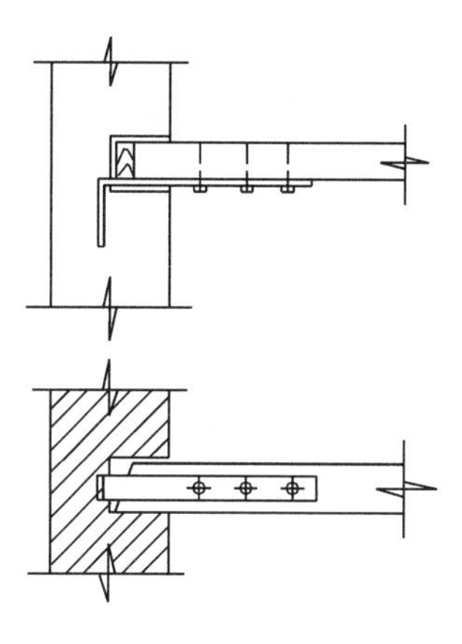

图 9.6.5 檩条与山墙的锚固

9.6.3 支撑的选型

（1）对于下列非开敞式的房屋，一般可不设置支撑，但若房屋纵向很长，则应沿纵向每隔 20m～30m 设置一道支撑：

1）当有密铺屋面板和山墙，且桁架跨度不大于 9m 时；

2）当房屋为四坡顶，且半桁架与主桁架有可靠连接时；

3）当房屋的屋盖两端与其他刚度较大的建筑物相连时。

（2）当屋面系统及山墙的刚度不足以保证屋盖的空间稳定性时，应根据桁架的形式和跨度、屋面构造及荷载等情况，选用上弦横向支撑或垂直支撑。但当房屋跨度较大或有锻锤、吊车等振动影响时，除应选用上弦横向支撑外，尚应加设垂直支撑。

9.6.4 上弦横向支撑

（1）上弦横向支撑是以桁架上弦为弦杆，与上弦锚固的檩条为竖杆，另加斜杆而构成的上弦平面的水平桁架（指展开以后）。当采用木斜杆与上弦用螺栓连接时，斜杆可单向布置（图 9.6.6）；若采用圆钢斜杆，则必须交叉布置，并应加设拧紧装置。

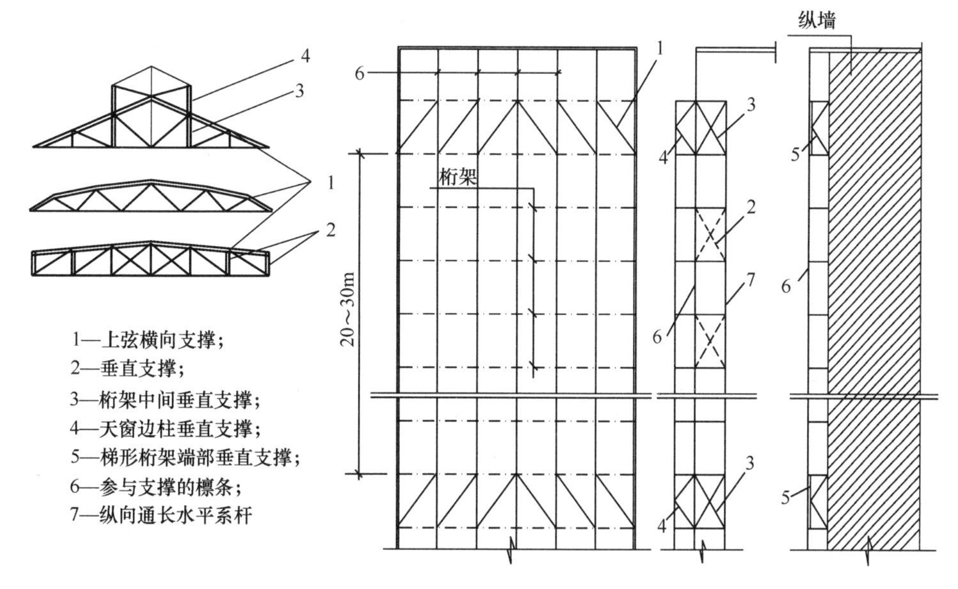

图 9.6.6 木屋盖空间支撑的布置示例

（2）作为上弦横向支撑的水平桁架，其高跨比不宜小于 1/6。如桁架间距较小而不能满足高跨比要求时，应在相连的两个开间中设置一道支撑。

（3）若设置上弦横向支撑时，房屋端部为山墙，则应在房屋端部第二开间内设置一道上弦横向支撑（图 9.6.6）。若房屋端部为轻型挡风板，则在第一开间内设置上弦横向支撑。若房屋纵向开间很多，则应根据屋面的类型和跨度的大小，沿纵向每隔 20m～30m 设置一道上弦横向支撑。

（4）有天窗时，天窗范围内的桁架上弦平面内不得漏设前述上弦横向支撑，参加支撑工作的檩条亦不得减少，尤其要注意桁架脊节点处檩条与桁架的锚固。

9.6.5　垂直支撑

（1）垂直支撑是在相邻两榀桁架的上、下弦之间设置交叉腹杆（图 9.6.7）或人字形腹杆（图 9.6.8），并在下弦平面加设纵向水平系杆，用螺栓连接，与上弦锚固的檩条构成一个不变的竖向的桁架体系。

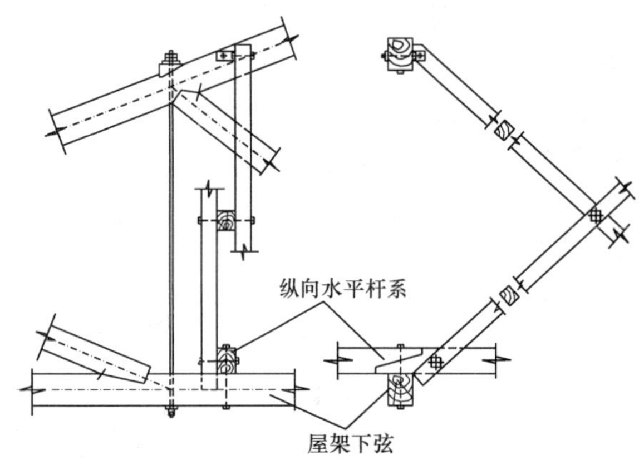

图 9.6.7　桁架中间垂直支撑的构造示例

（2）在下述情况，根据垂直支撑应起的作用确定其具体设置方法：

1）仅用于增强屋盖的空间刚度时，在桁架跨度方向需设置一道或两道垂直支撑，在房屋的纵向应隔间设置；并在其下端设置沿房屋纵向的通长水平系杆。当山墙无圈梁时，水平系杆不应通到山墙，以免山墙受额外集中力的作用（参见图 9.6.6）。

2）当下弦节点设有悬挂吊车时，应在吊轨处设置垂直支撑，以便将纵向制动力通过屋盖结构体系传至纵墙。

3）当有锻锤、桥式吊车等振动影响时，为防止钢木桁架的圆钢下弦发生振荡，应在设有上弦横向支撑的开间内再设置垂直支撑，并加设通长的下弦水平系杆与其他开间联系。

4）当桁架下弦中段低于支座而呈折线形时，为防止下弦节点的平面外凸出，应在下弦转折点处设置垂直支撑，并用通长的下弦水平系杆与其他开间联系。

5）当采用杆系拱、框架及类似结构时，为减小受压下弦平面外的计算长度，垂直支撑应根据需要设置，并用通长的下弦水平系杆与其他开间联系。

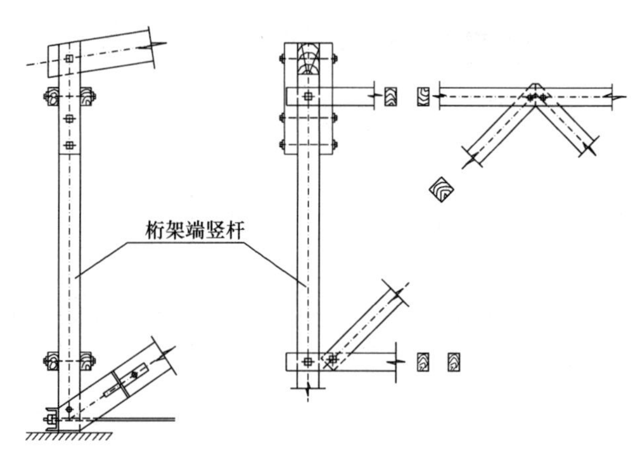

图 9.6.8　梯形桁架端部垂直支撑的构造示例

6）当采用梯形桁架时，为将屋盖系统的纵向力传到纵墙，不论是否设有上弦横向支撑，均应在桁架两端设置垂直支撑（图 9.6.6、图 9.6.8）。有上弦横向支撑时可仅在设上弦横向支撑的开间内设置；无上弦横向支撑时应隔间设置。

7）对于大跨度房屋，在设有上弦横向支撑的开间内尚宜设置垂直支撑，并在下弦设置通长的水平系杆。

8）对于三支点或四支点桁架，在其中间立柱的平面内必须设置垂直支撑，并应以单坡桁架的跨度为主要依据考虑支撑的设置。

9.6.6 柱间支撑

木柱承重的房屋中，若柱间无刚性墙，除应在柱顶设置通长的纵向水平系杆外，尚应在房屋两端的开间中，沿房屋纵向每隔 20m～30m 设置柱间支撑。

木柱与桁架之间应设抗风斜撑。斜撑上端应用螺栓连在桁架上弦节点处，斜撑与木柱的夹角不应小于 30°。斜撑与木柱应用螺栓牢固连接。

注：木柱与斜撑连接处的截面强度，应按压弯构件进行验算。

9.6.7 天窗的支撑

当桁架上设有天窗时，天窗架可视为以桁架为其支承的上部结构。天窗架支撑的布置方式，可参照本章的有关规定。一般天窗本身的跨度不大，可不必设置天窗架的上弦横向支撑。但天窗架上弦各节点处的檩条均须锚固。天窗架两端的立柱，在纵向，应按前文所述设置柱间支撑。在天窗范围内沿主桁架的脊节点和支撑节点应设通长的纵向水平系杆，并应与桁架上弦锚固（参见图 9.5.2）。

9.7 木屋盖设计案例

9.7.1 屋面构件计算

【例题 9.7.1】某房屋桁架跨度 12m，间距 3m，跨高比为 4，屋面坡度为 26°34′，基本雪压 0.32kN/m^2，屋面为黏土平瓦（自重 0.55 kN/m^2），挂瓦条 45mm×45mm 中距 320mm，椽条 40mm×80mm 中距 500mm，檩条 60mm×120mm 中距 1120mm，木材为红松，试验算各屋面构件是否满足强度和挠度要求。

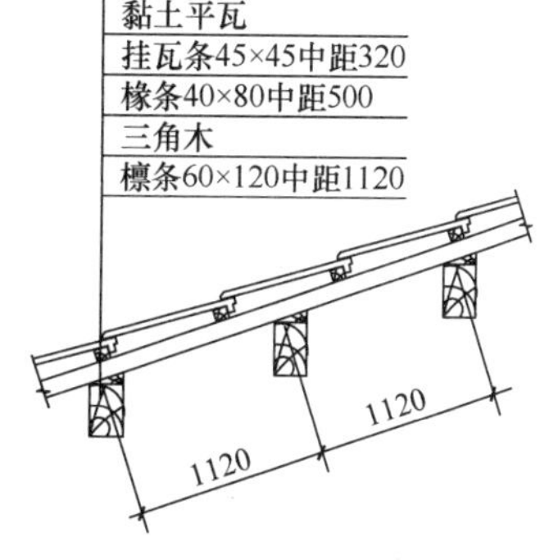

图 9.7.1 屋面木基层构造

【解】木基层构造如图 9.7.1 所示。

1. 挂瓦条

取挂瓦条截面为 45mm×45mm，按本手册表 9.3.2 所列公式及下列两种荷载组合进行验算：

（1）恒荷载及雪荷载

黏土平瓦自重：0.55kN/mm^2（↓）

挂瓦条自重：$0.045\times0.045\times5\times\dfrac{1}{0.32}=0.032$kN/mm^2（↓）

$$g_k=0.582\text{kN/mm}^2\ (\downarrow)$$

$$g=1.3\times0.582=0.757\text{kN/mm}^2\ (\downarrow)$$

雪荷载标准值：$s_k=1.25\mu_r s_0$（$1.25\mu_r$ 为考虑积雪不均匀分布情况的分布系数）

其中 $\mu_r=\dfrac{50°-26°34'}{50°-25°}\times1=0.94$　　$s_0=0.32$kN/mm^2（↓）

$$s_k=1.25\mu_r s_0\cos\alpha=1.25\times0.94\times0.32\times0.894=0.336\text{kN/mm}^2\ (\downarrow)$$

$$s=1.5\times0.336=0.504\text{kN/mm}^2\ (\downarrow)$$

作用在每根挂瓦条上的总荷载：

$$g_{\mathrm{k}}+s_{\mathrm{k}}=(0.582+0.336)\times 0.32=0.294\mathrm{kN/m}$$

$$g+s=(0.757+0.504)\times 0.32=0.404\mathrm{kN/m}$$

挂瓦条按两跨连续梁、双向受弯构件计算，见图 9.7.2，中间支点处弯矩设计值：

$$M_{\mathrm{x}}=\frac{1}{8}(g+s)l^2\cos\alpha=\frac{1}{8}\times 0.404\times 0.5^2\times 0.894$$

$$=11.3\times 10^3\mathrm{N\cdot mm}$$

$$M_{\mathrm{y}}=\frac{1}{8}(g+s)l^2\sin\alpha=\frac{1}{8}\times 0.404\times 0.5^2\times 0.447$$

$$=5.64\times 10^3\mathrm{N\cdot mm}$$

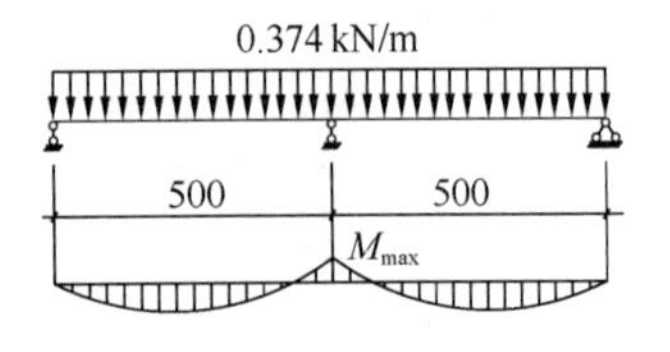

图 9.7.2 挂瓦条在第一种荷载组合时计算简图

截面抵抗矩：$W_{\mathrm{x}}=W_{\mathrm{y}}=\frac{1}{6}45\times 45^2=15.2\times 10^3\mathrm{mm}^3$

强度验算：$\frac{M_{\mathrm{x}}}{W_{\mathrm{x}}}+\frac{M_{\mathrm{y}}}{W_{\mathrm{y}}}=\frac{11.3\times 10^3}{15.2\times 10^3}+\frac{5.64\times 10^3}{15.2\times 10^3}=1.11\mathrm{N/mm}^2<f_{\mathrm{m}}=13\mathrm{N/mm}^2$

挠度验算： 1.5kN

红松的弹性模量：$E=9000\mathrm{N/mm}^2$

截面惯性矩：$I_{\mathrm{x}}=I_{\mathrm{y}}=\frac{1}{12}\times 45\times 45^3=341.7\times 10^3\mathrm{mm}^4$

$$w_{\mathrm{x}}=\frac{1}{185}\times\frac{(g_{\mathrm{k}}+S_{\mathrm{k}})l^4\sin\alpha}{EI_{\mathrm{y}}}=\frac{1}{185}\times\frac{0.294\times 0.447\times 500^4}{9000\times 341.7\times 10^3}=0.0146\mathrm{mm}$$

$$w_{\mathrm{y}}=\frac{1}{185}\times\frac{(g_{\mathrm{k}}+S_{\mathrm{k}})l^4\cos\alpha}{EI_{\mathrm{x}}}=\frac{1}{185}\times\frac{0.294\times 0.894\times 500^4}{9000\times 341.7\times 10^3}=0.0289\mathrm{mm}$$

$$w=\sqrt{w_{\mathrm{x}}+w_{\mathrm{y}}}=\sqrt{0.0146^2+0.0289^2}=0.0324\mathrm{mm}$$

$$\frac{w}{l}=\frac{0.0324}{500}=\frac{1}{15432}<\left[\frac{w}{l}\right]=\frac{1}{150}$$

（2）恒荷载及 1.0kN 集中荷载

$$g=0.757\times 0.32=0.242\mathrm{kN/m}$$

假定 $Q=1.5\times 1.0=1.5\mathrm{kN}$ 集中荷载仅作用在一根挂瓦条上，最大弯矩可按图 9.7.3 及表 9.3.2 所列公式计算：

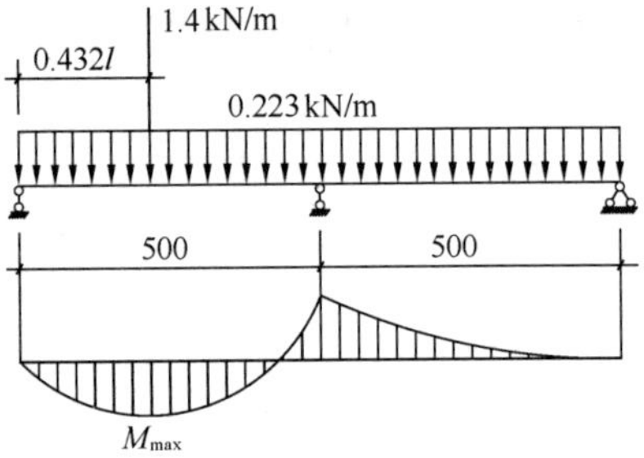

$$M_{\mathrm{x}}=(0.0703gl^2+0.207Ql)\cos\alpha$$

$$=(0.0703\times 0.242\times 0.5^2+0.207\times 1.5\times 0.5)\times 0.894$$

$$=142.6\times 10^3\mathrm{N\cdot mm}$$

图 9.7.3 挂瓦条在第二种荷载组合时计算简图

$$M_{\mathrm{y}}=(0.0703gl^2+0.207Ql)\sin\alpha$$

$$=(0.0703\times 0.242\times 0.5^2+0.207\times 1.5\times 0.5)\times 0.447$$

$$=71.3\times 10^3\mathrm{N\cdot mm}$$

强度验算：

$$\frac{M_x}{W_x}+\frac{M_y}{W_y}=\frac{142.6\times10^3}{15.2\times10^3}+\frac{71.3\times10^3}{15.2\times10^3}=14.1\ \mathrm{N/mm^2}<1.2f_m=15.6\ \mathrm{N/mm^2}$$

式中，数值 1.2 为考虑施工荷载时木材强度设计值的调整系数。

以上计算表示，挂瓦条一般按第二种荷载组合计算的强度控制。

2. 椽条

取椽条截面为 40mm×80mm，按表 9.3.2 所列公式及下列两种荷载组合进行验算：

（1）恒荷载及雪荷载

作用在每根椽条上的恒荷载：

瓦及挂瓦条：　　$0.582\times0.5=0.291\mathrm{kN/m}(\downarrow)$

椽条自重：　　$\underline{0.04\times0.08\times5=0.016}\mathrm{kN/m}(\downarrow)$

$$g_k=0.307\mathrm{kN/m}(\downarrow)$$

$$g=1.3\times0.307=0.399\mathrm{kN/m}(\downarrow)$$

作用在每根椽条上的雪荷载：

$$s_k=0.336\times0.5=0.168\mathrm{kN/m}(\downarrow)$$

$$s=1.5\times0.168=0.252\mathrm{kN/m}(\downarrow)$$

作用在每根椽条上的总荷载沿垂直于跨度方向的分量：

$$g_k+s_k=(0.307+0.168)\cos\alpha=0.475\times0.894=0.425\mathrm{kN/m}(\downarrow)$$

$$g+s=(0.399+0.252)\cos\alpha=0.651\times0.894=0.582\mathrm{kN/m}(\downarrow)$$

椽条按简支梁计算，按图 9.7.4 及表 9.3.2 所列公式：

$$M=\frac{1}{8}(g+s)l^2=\frac{1}{8}\times0.582\times1.12^2$$

$$=91.3\times10^3\mathrm{N\cdot mm}$$

$$W=\frac{1}{6}\times40\times80^2=42.67\times10^3\mathrm{mm^3}$$

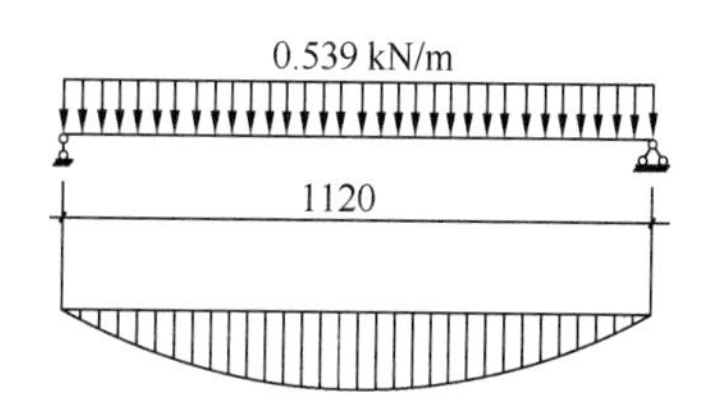

图 9.7.4 椽条在第一种荷载组合时计算简图

强度验算：$\frac{M}{W}=\frac{91.3\times10^3}{42.67\times10^3}=2.14\ \mathrm{N/mm^2}<f_m=13\ \mathrm{N/mm^2}$

挠度验算：$I=\frac{1}{12}\times40\times80^3=1706.67\times10^3\mathrm{mm^4}$

$$w=\frac{5(g_k+S_k)l^4}{384EI}=\frac{5\times0.425\times1120^4}{384\times9000\times1706.67\times10^3}=0.567\mathrm{mm}$$

$$\frac{w}{l}=\frac{0.567}{1120}=\frac{1}{1975}<\left[\frac{w}{l}\right]=\frac{1}{150}$$

（2）恒荷载及 1.0kN 集中荷载

按图 9.7.5 及表 9.3.2 所列公式：

$$M=\frac{1}{8}gl^2\cos\alpha+\frac{1}{4}Ql\cos\alpha$$

$$=\frac{1}{8}\times0.399\times0.894\times1.12^2+\frac{1}{4}\times1.5\times0.894\times1.12$$

$$=431\times10^3\text{N}\cdot\text{mm}$$

强度验算：$\frac{M}{W}=\frac{431\times10^3}{42.67\times10^3}=10.1\text{N/mm}^2<1.2f_m=15.6\text{N/mm}^2$

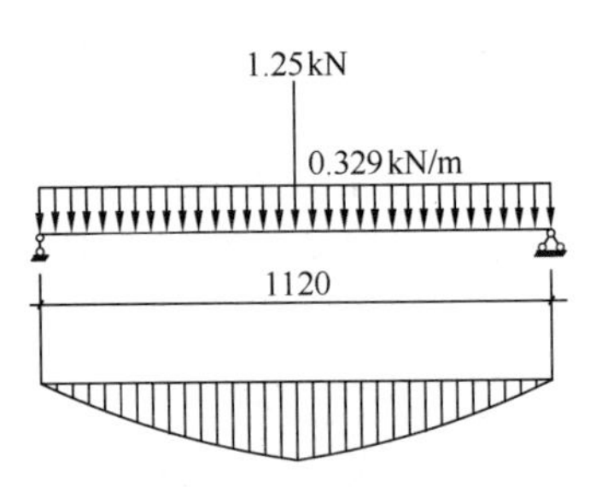

图 9.7.5　椽条在第二种荷载组合时计算简图

以上计算表示，椽条一般按第二种荷载组合计算的强度控制。

3. 檩条（檩条采用正放方案）

取檩条截面 60 mm×120mm，按表 9.3.2 所列公式及下列两种荷载组合进行验算：

（1）恒荷载及雪荷载

椽条传来恒荷载：$\frac{0.307}{0.5}\times1.12=0.688\text{kN/m}$

檩条自重：$0.06\times0.12\times5=0.036\text{kN/m}$

$$g_k=0.724\text{kN/m}$$

$$g=1.3\times0.724=0.941\text{kN/m}$$

雪荷载：$s_k=0.336\times1.12=0.376\text{kN/m}$

$$s=1.5\times0.376=0.564\text{kN/m}$$

作用在每根檩条上的总荷载：

$$g_k+s_k=0.742+0.376=1.1\text{kN/m}$$

$$g+s=0.941+0.564=1.505\text{kN/m}$$

$$M=\frac{1}{8}(g+s)l^2=\frac{1}{8}\times1.505\times3^2=1.70\times10^6\text{N}\cdot\text{mm}$$

$$W=\frac{1}{6}\times60\times120^2=144\times10^3\text{mm}^3$$

强度验算：$\frac{M}{W}=\frac{1.70\times10^6}{144\times10^3}=11.8\text{N/mm}^2<f_m=13\text{N/mm}^2$

挠度验算：$I=\frac{1}{12}\times60\times120^3=8.64\times10^6\text{mm}^4$

$$w=\frac{5(g_k+S_k)l^4}{384EI}=\frac{5\times1.1\times3000^4}{384\times9000\times8.64\times10^6}=14.92\text{mm}$$

$$\frac{w}{l}=\frac{14.92}{3000}=\frac{1}{201}<\left[\frac{w}{l}\right]=\frac{1}{200}$$

（2）恒荷载及 1.0kN 集中荷载

$$M=\frac{1}{8}gl^2+\frac{1}{4}Ql=\frac{1}{8}\times0.941\times3^2+\frac{1}{4}\times1.5\times3=2.18\times10^6\text{N}\cdot\text{mm}$$

强度验算：$\frac{M}{W}=\frac{2.18\times10^6}{144\times10^3}=15.1\text{N/mm}^2<1.2f_m=15.6\text{N/mm}^2$

以上计算表明，当檩距及雪荷载较大时，檩条一般仅按第一种荷载组合验算即可。

9.7.2 屋盖吊顶搁栅计算

【例题 9.7.2】 某屋盖吊顶搁栅（次梁）跨度为 2m，间距为 0.5m，截面取 50mm×90mm；吊顶搁栅（主梁）跨度为 3m，间距为 2m，截面取 80mm×150mm。吊顶罩面板重 0.495kN/m^2，木材为红松，试验算吊顶主、次梁是否满足强度和挠度要求。

【解】

1. 吊顶搁栅（次梁）计算

搁栅（次梁）跨度为 2m，间距取 0.5m，截面取 50mm×90mm。

（1）荷载：

吊顶罩面板重： 0.495kN/m^2

搁栅（次梁）自重： $\dfrac{0.05\times0.09\times5}{0.5}=0.045\text{kN/m}^2$

$\Sigma=0.54\text{kN/m}^2$

作用在搁栅上的线荷载：

$$g_{\text{k}}=0.54\times0.5=0.27\text{kN/m}$$

$$g=1.3\times0.27=0.351\text{kN/m}$$

$$M=\frac{1}{8}gl^2=\frac{1}{8}\times0.351\times2^2=175.5\times10^3\,\text{N}\cdot\text{mm}$$

强度验算：$W=\dfrac{1}{6}\times50\times90^2=67.5\times10^3\text{mm}^3$

$$\frac{M}{W}=\frac{175.5\times10^3}{67.5\times10^3}=2.6\ \text{N/mm}^2<0.8f_{\text{m}}=10.4\ \text{N/mm}^2$$

式中，数值 0.8 为仅受恒载作用时，木材强度设计值的调整系数。

挠度验算：$I=\dfrac{1}{12}\times50\times90^3=3.04\times10^6\text{mm}^4$

$$w=\frac{5g_{\text{k}}l^4}{384EI}=\frac{5\times0.27\times2000^4}{384\times0.8\times9000\times3.04\times10^6}=2.57\text{mm}$$

$$\frac{w}{l}=\frac{2.57}{2000}=\frac{1}{778}<\left[\frac{w}{l}\right]=\frac{1}{250}$$

式中，数值 0.8 为仅受恒载作用时，木材弹性模量的调整系数。

（2）考虑施工和检修时的集中荷载 1.0kN，则

$$M=\frac{1}{8}gl^2+\frac{1}{4}Ql=\frac{1}{8}\times0.351\times2^2+\frac{1}{4}\times1.5\times2=925.5\times10^6\,\text{N}\cdot\text{mm}$$

$$\frac{M}{W}=\frac{925.5\times10^3}{67.5\times10^3}=13.7\text{N/mm}^2<1.2f_{\text{m}}=15.6\text{N/mm}^2$$

2. 吊顶搁栅（主梁）计算

主梁跨度为 3m，间距为 2m，截面取 80mm×150mm。

（1）荷载： $\dfrac{0.08\times0.15\times5}{2}=0.03\text{kN/m}^2$

主梁自重：

作用在主梁上的线荷载：

$$g_{\text{k}}=(0.54+0.03)\times2=1.14\text{kN/m}$$

$$g = 1.3 \times 1.14 = 1.48\text{kN/m}$$

$$M = \frac{1}{8}gl^2 = \frac{1}{8} \times 1.48 \times 3^2 = 1.665\text{kN} \cdot \text{m}$$

强度验算：$W = \frac{1}{6} \times 80 \times 150^2 = 300 \times 10^3 \text{mm}^3$

$$\frac{M}{W} = \frac{1.665 \times 10^6}{300 \times 10^3} = 5.55\text{N/mm}^2 < 0.8f_m = 10.4\text{N/mm}^2$$

挠度验算：$I = \frac{1}{12} \times 80 \times 150^3 = 22.5 \times 10^6 \text{mm}^4$

$$w = \frac{5g_k l^4}{384EI} = \frac{5 \times 1.14 \times 3000^4}{384 \times 0.8 \times 9000 \times 22.5 \times 10^6} = 7.42\text{mm}$$

$$\frac{w}{l} = \frac{7.42}{2000} = \frac{1}{270} < \left[\frac{w}{l}\right] = \frac{1}{250}$$

式中，数值0.8为仅受恒载作用时，木材弹性模量的调整系数。

（2）考虑施工和检修时的集中荷载1.0kN，则

$$M = \frac{1}{8}gl^2 + \frac{1}{4}Ql = \frac{1}{8} \times 1.3 \times 1.14 \times 3^2 + \frac{1}{4} \times 1.5 \times 1.0 \times 2 = 2415 \times 10^3 \text{N} \cdot \text{mm}$$

$$\frac{M}{W} = \frac{2415 \times 10^3}{300 \times 10^3} = 8.05\text{N/mm}^2 < 1.2f_m = 15.6\text{N/mm}^2$$

9.7.3　12m跨三角形豪式方木桁架设计

【例题9.7.3】 某房屋桁架跨度12m，桁架间距3m，雪荷载标准值为0.588kN/m²，屋面恒载标准值为0.324kN/m²，设有吊顶，吊顶荷载标准值为0.888kN/m²，桁架自重标准值为0.154kN/m，使用木材为红松，钢材为Q235钢，试进行桁架杆件及节点设计。

【解】

1. 桁架简图及几何尺寸

桁架高度：$h = \frac{1}{4}l = \frac{1}{4} \times 12 = 3\text{m}$

$$\tan\alpha = 0.5 \qquad \alpha = 26°34'$$

桁架下弦节间长度：2m（6节间）

桁架竖杆长度：$V_1 = \frac{h}{3} = \frac{3}{3} = 1\text{m}$，$V_2 = \frac{2h}{3} = \frac{2 \times 3}{3} = 2\text{m}$，$V_3 = h = 3\text{m}$

桁架斜杆长度：$D_2 = \sqrt{1^2 + 2^2} = 2.24\text{m}$

$$D_3 = \sqrt{2^2 + 2^2} = 2.83\text{m}$$

上弦节间长度：$O_1 = O_2 = O_3 = D_2 = 2.24\text{m}$

桁架几何尺寸亦可根据本手册表20.3.3计算得出：

$$n = \frac{l}{h} = \frac{12}{3} = 4$$

则 $V_1 = 0.333h = 1\text{m}$　　$V_2 = 0.667 \cdot h = 2\text{m}$　　$V_3 = h = 3\text{m}$

$D_2 = 0.745 \cdot h = 2.24\text{m}$　　$D_3 = 0.943 \cdot h = 2.83\text{m}$

$O = 0.745 \cdot h = 2.24\text{m}$

桁架简图及几何尺寸如图 9.7.6 所示。

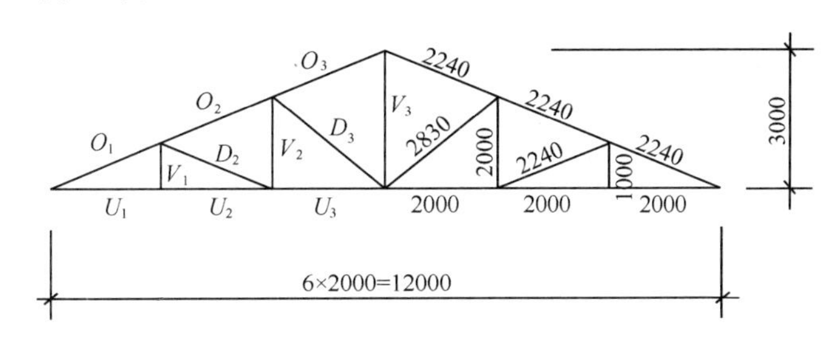

图 9.7.6 桁架简图及几何尺寸

2. 桁架内力计算

(1) 荷载

屋面恒载引起的上弦节点荷载标准值　　0.324×2.24×3=2.18kN

雪荷载引起的上弦节点荷载标准值　　0.588×2.24×3=3.95kN

吊顶重引起的下弦节点荷载标准值　　0.888×2×3=5.33kN

桁架自重作用的节点荷载标准值　　0.154×2×3=0.924kN

桁架自重假定作用在上、下弦节点各一半。

全部荷载作用时节点荷载设计值为：

上弦节点　$$F = 2.18 \times 1.3 + 0.924 \times 1.3 \times \frac{1}{2} + 3.95 \times 1.5 = 9.36\text{kN}$$

下弦节点　$$F^{b} = 5.33 \times 1.3 + 0.924 \times 1.3 \times \frac{1}{2} = 7.53\text{kN}$$

在恒载作用时节点荷载标准值为：

上弦节点　$$F_{k} = 2.18 + \frac{0.924}{2} = 2.642\text{kN}$$

下弦节点　$$F_{k}^{b} = 5.33 + \frac{0.924}{2} = 5.792\text{kN}$$

恒载标准值占全部荷载标准值的百分比：

$$\frac{2.642 + 5.792}{2.18 + 5.33 + 0.924 + 3.95} = 0.68 < 0.80$$

因此，该桁架中的木杆件及连接不必单独以恒载进行验算。

(2) 桁架杆件内力

$$\text{上、下弦杆及斜杆内力} = \text{内力系数} \times (F + F^{b})$$

$$\text{竖杆内力} = \text{内力系数} \times F + \text{内力系数} \times F^{b}$$

查本手册表 20.3.3 得出杆件内力设计值如表 9.7.1 所示。

桁架杆件内力设计值表　　　表 9.7.1

杆件名称		内力系数	内力设计值(kN)
上弦杆	O_1	−5.59	−94.42
	O_2	−4.47	−75.50
	O_3	−3.35	−56.58

续表

杆件名称		内力系数	内力设计值（kN）
下弦杆	U_1	5.00	84.45
	U_2	5.00	84.45
	U_3	4.00	67.56
斜杆	D_2	−1.12	−18.92
	D_3	−1.41	−23.81
竖杆	V_1	0（1.00）	7.53
	V_2	0.5（1.50）	15.98
	V_3	2.00（3.00）	41.31

3. 桁架杆件及节点验算

（1）上弦杆

作用于桁架上弦的线荷载设计值：

$$g+s=(2.18\times1.3+3.95\times1.5)\times\frac{1}{2.24}+\frac{0.924\times1.3}{2.24}=4.47\text{kN/m}(\downarrow)$$

节间弯矩设计值

$$M=\frac{1}{8}(g+s)l^2\cos a=\frac{1}{8}\times4.47\times0.894\times2.24^2=2.51\text{kN}\cdot\text{m}$$

节点弯矩设计值：

$$M=\frac{1}{10}(g+s)l^2\cos a=\frac{1}{10}\times4.47\times0.894\times2.24^2=2.00\text{kN}\cdot\text{m}$$

上弦 O_1 杆轴心力设计值（取上弦杆截面为160mm×180mm）$N=94.42\text{kN}$

$$A=bh=160\times180=28.8\times10^3\text{mm}^2$$

$$I=\frac{1}{12}bh^3=7.76\times10^7\text{mm}^4$$

$$W=\frac{1}{6}bh^2=6.84\times10^5\text{mm}^3$$

$$i=\sqrt{\frac{I}{A}}=52.0\text{mm}$$

$$\lambda=\frac{l_0}{i}=\frac{2240}{52}=43.1<\lambda_c=c_c\sqrt{\frac{\beta E_k}{f_{ck}}}=5.28\times\sqrt{1.00\times300}=91$$

$$\varphi=\frac{1}{1+\frac{\lambda^2 f_{ck}}{b_c\pi^2\beta E_k}}=\frac{1}{1+\frac{43.1^2}{1.43\times3.14^2\times1.0\times300}}=0.695$$

$$e_0=0.05h=8\text{mm}$$

$$k=\frac{Ne_0+M_0}{Wf_m\left(1+\sqrt{\frac{N}{Af_c}}\right)}=0.255$$

$$k_0=\frac{Ne_0}{Wf_m\left(1+\sqrt{\frac{N}{Af_c}}\right)}=0.059$$

$$\varphi_{m}=(1-k)^{2}(1-k_{0})=0.522$$

$$\frac{N}{\varphi\varphi_{m}A}=9.04\text{N/mm}^{2}<f_{c}=10\text{N/mm}^{2}$$

上弦第二节点处：上弦在该处削去30mm

$$A_{n}=160\times(180-30)=24\times10^{3}\text{mm}^{2}$$

$$W_{n}=\frac{1}{6}\times160\times150^{2}=600\times10^{3}\text{mm}^{3}$$

$$N=75.50\text{kN}$$

$$\frac{N}{A_{n}f_{c}}+\frac{M}{W_{n}f_{m}}=\frac{75.50\times10^{3}}{24\times10^{3}\times10}+\frac{2.00\times10^{6}}{600\times10^{3}\times13}=0.571<1$$

满足要求。

(2) 下弦及支座节点

支座节点构造如图 9.7.7 所示，上弦 O_1 杆压力设计值 N=94.42kN，下弦 U_1 杆拉力设计值 N=84.45kN。

取下弦截面为 160mm×180mm：

$$h_{c}=\frac{h}{3}=\frac{180}{3}=60\text{mm},$$

$$h_{c1}=h_{c}-20=60-20=40\text{mm}$$

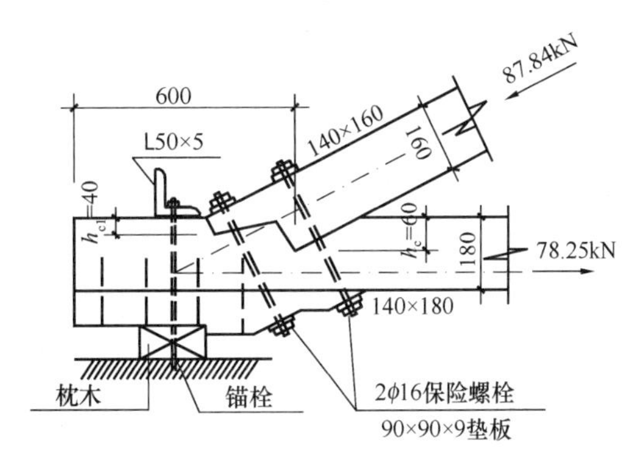

图 9.7.7 支座节点

1) 承压验算

$$\frac{N}{A_{c}}=\frac{N}{b(h_{c1}+h_{c})/\cos\alpha}=\frac{94.42\times10^{3}\times0.894}{160(40+60)}$$

$$=5.27\text{N/mm}^{2}<f_{c,26^{\circ}34}=8.45\text{N/mm}^{2}$$

式中，$f_{c,26^{\circ}34'}$ 为红松的斜纹承压强度设计值。

2) 受剪验算

取剪面长度 $l_{v}=600\text{mm}$， $\frac{l_{v}}{h_{c}}=\frac{600}{60}=10$

查本手册表 5.2.1 得：$\psi_{v}=0.71$

$$\frac{V}{l_{v}b_{v}}=\frac{84.45\times10^{3}}{600\times160}=0.88\text{N/mm}^{2}<\psi_{v}f_{v}=0.71\times1.4=0.994\text{N/mm}^{2}$$

3) 下弦净截面受拉验算

设保险螺栓孔为 ϕ20，则

$$\frac{N}{A_{n}}=\frac{84.45\times10^{3}}{(160-20)(180-60)}=5.03\text{N/mm}^{2}<f_{t}=8.0\text{N/mm}^{2}$$

4) 保险螺栓计算

保险螺栓承受的拉力设计值 $N_{b}=N\tan(60^{\circ}-\alpha)=62.33\times10^{3}\text{kN}$

所需截面 $A_{e}=\frac{N_{b}}{1.25f_{t}^{b}}=\frac{62.33\times10^{3}}{1.25\times170}=293.3\text{mm}^{2}$

式中：f_{t}^{b} ——螺栓抗拉强度设计值。

用 2ϕ16，A_e=313.4mm²。

螺栓方形垫板计算：

红松横纹承压强度设计值$f_{c,90°}=3.8\text{N/mm}^2$

$$N=\frac{62.33\times10^3}{2}=31165\text{N}$$

垫板面积 $A=\dfrac{N}{f_{c,\alpha}}=\dfrac{31165}{3.8}=8201\text{mm}^2$

垫板厚度 $t=\sqrt{\dfrac{N}{2f}}=\sqrt{\dfrac{31165}{2\times215}}=8.51\text{mm}$

式中：f——Q235 钢的抗弯强度设计值。

故，垫板采用 95mm×95mm×9mm。

（3）下弦接头

下弦接头采用长夹板形式，布置在下弦中央节点两侧，如图 9.7.8 所示。

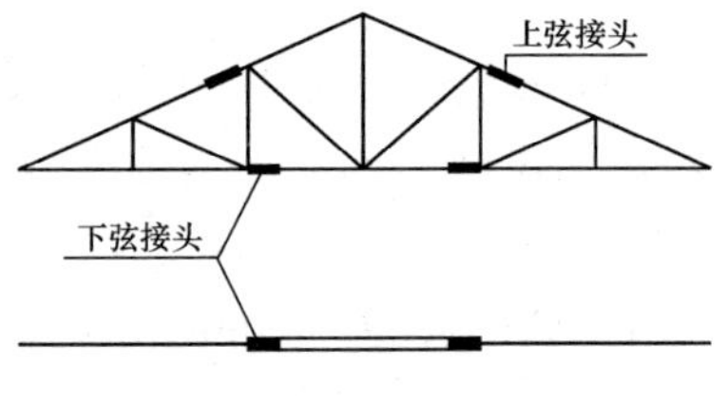

图 9.7.8　上、下弦接头位置

下弦 U_3 杆，由全部荷载所产生的拉力设计值 $N=67.56\times10^3\text{N}$

木夹板截面取 2-180mm×70mm，螺栓采用 5.6 级 B 级普通螺栓，d=14mm：

$$\frac{a}{d}=\frac{70}{14}=5>2.5$$

计算由 N=67.56kN 所需的螺栓数。

螺栓每一剪面的承载能力：

受力类型：　　双剪

胶合木全干相对密度：　　$G=0.42$

螺栓直径：　　$d=14\text{mm}$

主构件（中间构件）厚度：$t_m=140\text{mm}$

次构件（侧构件）厚度：　$t_s=70\text{mm}$

木构件销槽顺纹承压强度标准值：$f_{es}=77G=32.34\text{N/mm}^2$

螺栓抗弯强度标准值：　　$f_{ys}=300\text{N/mm}^2$

剪面承载力各屈服模式的抗力分项系数：

$$\gamma_{\text{I}}=4.38,\ \gamma_{\text{II}}=3.63,\ \gamma_{\text{III}}=2.22,\ \gamma_{\text{IV}}=1.88$$

钢材弹塑性强化系数：$k_{ep}=1.0$

$$R_e=\frac{f_{em}}{f_{es}}=1.0$$

$$R_t=\frac{t_m}{t_s}=\frac{140}{70}=2.0$$

顺纹向单个螺栓承载力设计值计算：

1）屈服模式Ⅰ：

$$R_eR_t=1.0\times2.29=2.0$$

取　　$R_eR_t=2.0$

$$k_{\mathrm{I}}=\frac{R_{\mathrm{e}}R_{\mathrm{t}}}{2\gamma_{\mathrm{I}}}=\frac{2.0}{2\times 4.38}=0.23$$

2）屈服模式Ⅲ：

$$k_{s\mathrm{III}}=\frac{R_{\mathrm{e}}}{2+R_{\mathrm{e}}}\left[\sqrt{\frac{2(1+R_{\mathrm{e}})}{R_{\mathrm{e}}}+\frac{1.647(2+R_{\mathrm{e}})k_{\mathrm{ep}}f_{\mathrm{yb}}d^2}{3R_{\mathrm{e}}f_{\mathrm{es}}t_{\mathrm{s}}^2}}-1\right]=0.38$$

$$k_{\mathrm{III}}=\frac{k_{\mathrm{sIII}}}{\gamma_{\mathrm{III}}}=0.17$$

3）屈服模式Ⅳ：

$$k_{\mathrm{sIV}}=\frac{d}{t_{\mathrm{s}}}\sqrt{\frac{1.647R_{\mathrm{e}}k_{\mathrm{ep}}f_{\mathrm{yb}}}{3(1+R_{\mathrm{e}})f_{\mathrm{es}}}}=0.32$$

$$k_{\mathrm{IV}}=\frac{k_{\mathrm{sIV}}}{\gamma_{\mathrm{IV}}}=0.17$$

销槽承压最小有效长度系数：$k_{\min}=0.17$

每个剪面的受剪承载力参考设计值：

$$Z=k_{\min}\cdot t_{\mathrm{s}}\cdot d\cdot f_{\mathrm{es}}=5.38\mathrm{kN}$$

单个螺栓承载力设计值：$Z_{\mathrm{d}}=2\times Z=10.76\mathrm{kN}$

所需螺栓数：$n=\dfrac{N}{Z_{\mathrm{d}}}=\dfrac{67.56}{9.30}=6.28$ 个，取 8 个

选用 8 个 ϕ14 螺栓，螺栓排列如图 9.7.9 所示。

（4）下弦中央节点

下弦中央节点构造如图 9.7.10 所示，在非对称荷载作用下，螺栓承受相邻两节间下弦的内力差。由本手册表 20.3.3 可算得：

$$\Delta U=U_3-U_4=\left(\frac{5n}{8}-\frac{3n}{8}\right)F_{\mathrm{s}}=(2.5-1.5)\times 3950\times 1.5=5925\mathrm{N}$$

式中：$n=\dfrac{l}{h}=\dfrac{12}{3}=4$，$F_{\mathrm{s}}$ 为雪荷载引起的节点荷载设计值，选用 2ϕ14 螺栓已足够。

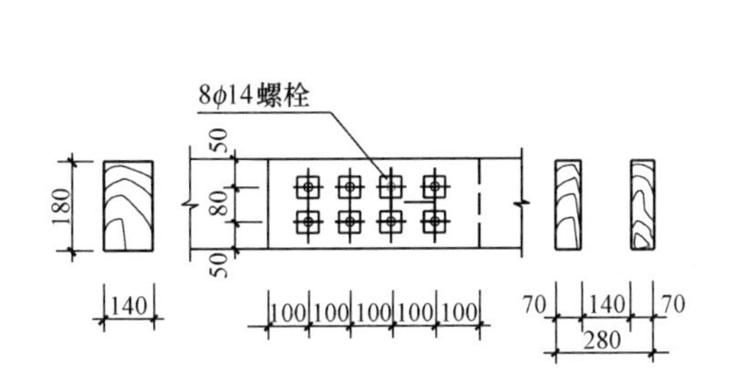

图 9.7.9 下弦接头螺栓排列

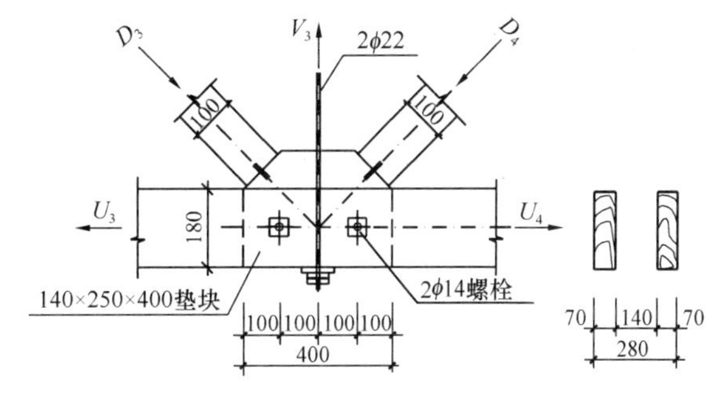

图 9.7.10 下弦中央节点

（5）斜杆

1）D_3 杆

轴心压力设计值 N=23.81kN，l_0=2830mm

取截面为 140mm×100mm，$A=140\times 100=14\times 10^3\mathrm{mm}^2$

$$\lambda = \frac{l_0}{i} = \frac{2830}{28.9} = 97.9 > \lambda_c = c_c\sqrt{\frac{\beta E_k}{f_{ck}}} = 5.28 \times \sqrt{1.00 \times 300} = 91$$

大于91，且小于最小长细比150。

$$\varphi = \frac{a_c \pi^2 \beta E_k}{\lambda^2 f_{ck}} = 0.292$$

$$\frac{N}{\varphi A_0} = \frac{23.81 \times 10^3}{0.292 \times 14 \times 10^3} = 5.8\text{N/mm}^2 < f_c = 10\text{N/mm}^2$$

2）D_2 杆

轴心压力设计值 $N=17.53$kN，$l_0=2240$mm，采用140mm×80mm截面即可。

（6）竖杆

1）V_3 杆

$$N = 41.31\text{kN} \qquad A_e = \frac{N}{f_t^b} = \frac{41310}{170} = 243\text{mm}^2$$

查本手册表20.4.1，用1ϕ22圆钢拉杆，$A_e=303.4\text{mm}^2$，120mm×120mm×11mm垫板。

2）V_2 杆

$$N=15.98\text{kN}$$

用1ϕ14圆钢拉杆，70mm×70mm×7mm垫板。

3）V_1 杆

$$N=7.53\text{kN}$$

用1ϕ12圆钢拉杆，60mm×60mm×6mm垫板。

（7）脊节点

脊节点构造见图9.7.11，其中，两上弦直接抵承，两侧放置木夹板用螺栓系紧，对于方木桁架而言，屋脊木材承压强度均已满足，一般不必验算。

（8）上弦第二中间节点

上弦第二中间节点构造如图9.7.12所示，斜杆 D_3 与上弦夹角：

$$\varphi = 26°34' + 45° = 71°34'$$

$$f_{c,71°34'} = 3.6\text{N/mm}^2$$

所需承压面积：$A_c = \dfrac{D_3}{f_{c,71°34'}} = \dfrac{22070}{3.6} = 6130\text{mm}^2$

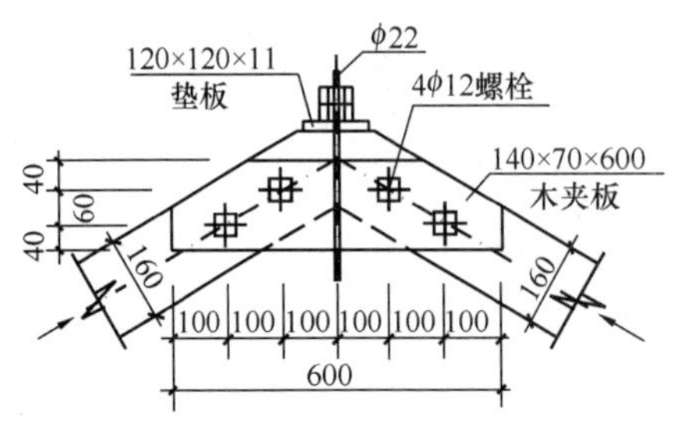

图9.7.11　脊节点

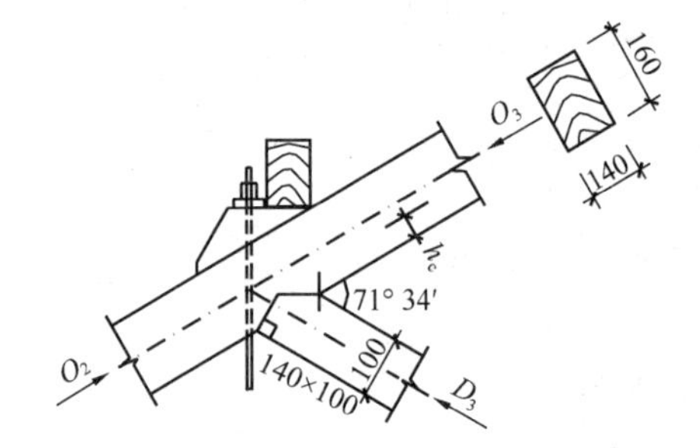

图9.7.12　上弦第二中间节点

所需刻槽深度：$h_c = \dfrac{A_c}{b}\cos\alpha = \dfrac{6613}{140} \times 0.316 = 14.92\text{mm}$

取 $h_c = 30\text{mm} < \dfrac{h}{4} = \dfrac{160}{4} = 40\text{mm}$

为使斜杆轴心线通过承压面中心，斜杆端部上侧需削去部分：

$$h_1 = \frac{1}{2}\left(100 - \frac{30}{0.316}\right) = 2.53\text{mm，取 5mm}$$

（9）下弦第二中间节点

下弦第二中间节点构造如图 9.7.13 所示，斜杆 D_2 与下弦夹角：

$\alpha = 26°34'$　$f_{c,26°34'} = 8.15\text{N/mm}^2$

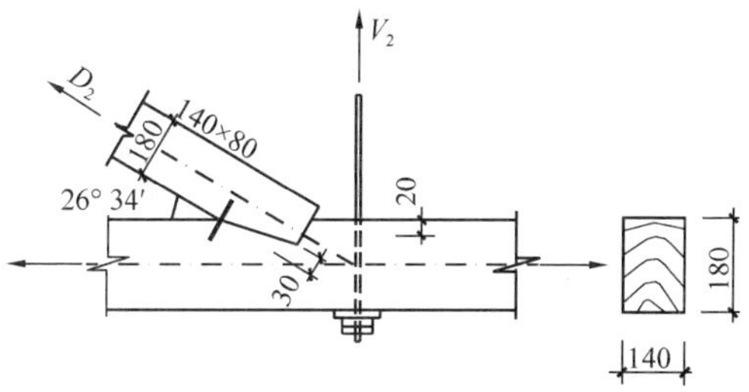

图 9.7.13　下弦第二中间节点

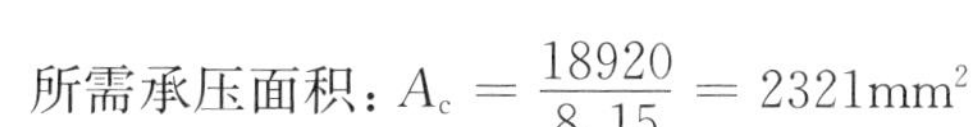

所需承压面积：$A_c = \dfrac{18920}{8.15} = 2321\text{mm}^2$

所需刻槽深度：$h_c = \dfrac{A_c}{b}\cos\alpha = \dfrac{2321}{140} \times 0.894 = 14.82\text{mm}$，取 h_c=20mm

为使斜杆轴心线通过承压面中心，斜杆端部下侧需削去：

$$h_1 = \frac{1}{2}\left(80 - \frac{20}{0.894}\right) = 28.8\text{mm，取 30mm}$$

9.7.4　15m 上弦偏心抵承的三角形豪式钢木桁架

【例题 9.7.4】某房屋桁架跨度 15m，桁架间距 3m，水平投影雪荷载标准值为 0.4kN/m^2，屋面恒载标准值为 0.52kN/m^2，使用木材为鱼鳞云杉，钢材为 Q235 钢，试进行桁架杆件及节点设计。

【解】

1. 桁架简图及几何尺寸

屋面坡度 α=21°48′（桁架高跨 h/l = 1/5）

由本手册表 20.3.2 算得各杆件长度，桁架简图及几何尺寸如图 9.7.14 所示。

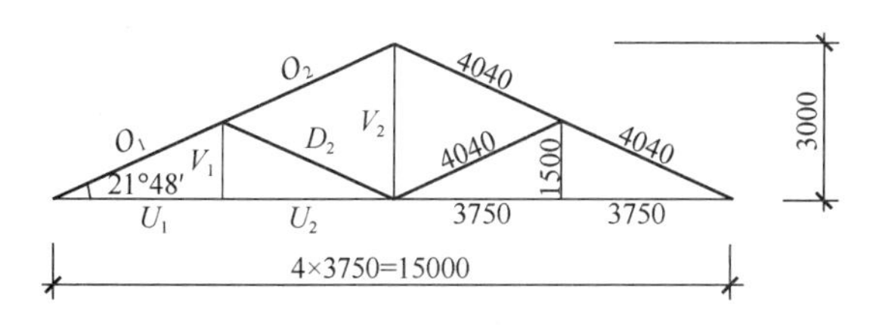

图 9.7.14　桁架简图及几何尺寸

2. 桁架内力计算

（1）荷载

雪荷载标准值：　　　0.4 kN/m^2 ↓

屋面恒载标准值：　　0.52 kN/m^2 ↙

桁架自重：$0.07+0.007\times l=0.07+0.007\times15=0.175\text{kN/m}^2$（↓）

作用于屋面均布荷载设计值：

$$g + s = 1.3 \times 0.52 + (1.5 \times 0.4 + 1.3 \times 0.175) \times \cos21°48' = 1.44\text{kN/m}^2 (↙)$$

桁架上弦节点荷载设计值：$F = 1.44 \times 4.04 \times 3 = 17.45\text{kN}$

（2）桁架杆件内力设计值

查表 20.3.2，桁架杆件内力＝内力系数×F，得出杆件内力设计值如表 9.7.2 所示。

桁架杆件内力设计值表　　　　**表 9.7.2**

杆件名称		内力系数	内力设计值(kN)
上弦杆	O_1	−4.04	−70.50
	O_2	−2.69	−46.94
下弦杆	U_1，U_2	3.75	65.44
斜杆	D_2	−1.35	−23.56
竖杆	V_1	0	0.00
	V_2	1	17.45

3. 桁架杆件计算

（1）上弦杆

为抵消一部分由横向荷载引起的正弯矩，上弦杆端部采用偏心抵承。上弦截面为 160mm×180mm，在支座钢板和上弦接头处均以上弦截面下部的 2/3 抵承传力，侧偏心距 e＝30mm。计算简图和弯矩图如图 9.7.15 所示。

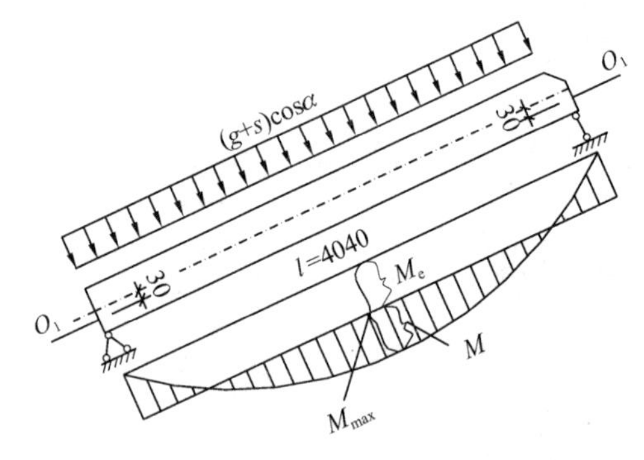

图 9.7.15　上弦计算简图

屋面荷载：$g+s=1.44\times3=4.32$kN/m

由屋面荷载引起的弯矩为：

$$M_{\max}=\frac{1}{8}(g+s)l^2\cos\alpha=\frac{1}{8}\times4.32\times4.04^2\times0.928=8.16\text{kN}\cdot\text{m}$$

由偏心抵承引起的反弯矩为：

$$M_e=O_1\times e=70.50\times0.03=2.12\text{kN}\cdot\text{m}$$

跨中截面的计算弯矩为：

$$M=M_{\max}-M_e=8.18-2.12=6.06\text{kN}\cdot\text{m}$$

1）弯矩作用平面内的验算

$$A=bh=160\times180=28.8\times10^3\text{mm}^2$$

$$I=\frac{1}{12}bh^3=7.76\times10^7\text{mm}^4$$

$$W=\frac{1}{6}bh^2=8.64\times10^5\text{mm}^3$$

$$i=\sqrt{\frac{I}{A}}=52.0\text{mm}$$

$$\lambda=\frac{l_0}{i}=\frac{4040}{52}=77.8>\lambda_c=c_c\sqrt{\frac{\beta E_k}{f_{ck}}}=4.13\times\sqrt{1.00\times330}=75$$

$$\varphi=\frac{a_c\pi^2\beta E_k}{\lambda^2 f_{ck}}=0.495$$

$$e_0=-30\text{mm}$$

$$k=\frac{Ne_0+M_0}{Wf_m\left(1+\sqrt{\frac{N}{Af_c}}\right)}=0.360$$

$$k_0=\frac{Ne_0}{Wf_m\left(1+\sqrt{\frac{N}{Af_c}}\right)}=-0.126$$

$$\varphi_m=(1-k)^2(1-k_0)=0.461$$

$$\frac{N}{\varphi\varphi_m A}=10.7\text{N/mm}^2<f_c=12\text{N/mm}^2$$

满足要求。

2）弯矩作用平面外的验算

（略，可参照本手册第 4 章有关算例计算）

（2）下弦杆

下弦拉力为 65.44kN，按单根圆钢截面受力选用 1ϕ22。在支座节点处用两根 ϕ22 的短圆钢与下弦焊接，并伸入支座。焊缝有效厚度计算：

$$h_e=0.1(d_1+2d_2)-a=0.1(22+2\times22)-0=6.6\text{mm}$$

焊缝长度计算：$l_w=\dfrac{U}{h_e f_f^w}=\dfrac{65.44\times10^3}{6.6\times160}=62.0\text{mm}$

按构造取圆钢搭接长度为 $4d$=88mm，已满足。

（3）斜腹杆

构件计算长度 $l_0=4040$mm，轴心压力 D_2=23.56kN，选用截面为 140mm×120mm。

$$A=bh=160\times180=1.68\times10^4\text{mm}^2$$

$$I=\frac{1}{12}bh^3=2.016\times10^7\text{mm}^4$$

$$W=\frac{1}{6}bh^2=3.36\times10^5\text{mm}^3$$

$$i=\sqrt{\frac{I}{A}}=34.6\text{mm}$$

$$\lambda=\frac{l_0}{i}=\frac{4040}{34.6}=116.6>\lambda_c=c_c\sqrt{\frac{\beta E_k}{f_{ck}}}=4.13\times\sqrt{1.00\times330}=75$$

$$\varphi=\frac{a_c\pi^2\beta E_k}{\lambda^2 f_{ck}}=0.220$$

$$\frac{N}{\varphi A}=6.37\text{N/mm}^2<f_c=12\text{N/mm}^2$$

满足要求。

(4) 竖拉杆

中央竖拉杆 V_2=17.45kN，选用 1ϕ14 圆钢，垫板采用 70mm×70mm×7mm。

竖杆 V_1用 1ϕ12 圆钢。

4. 节点验算

(1) 支座节点

支座节点构造如图 9.7.16 所示。

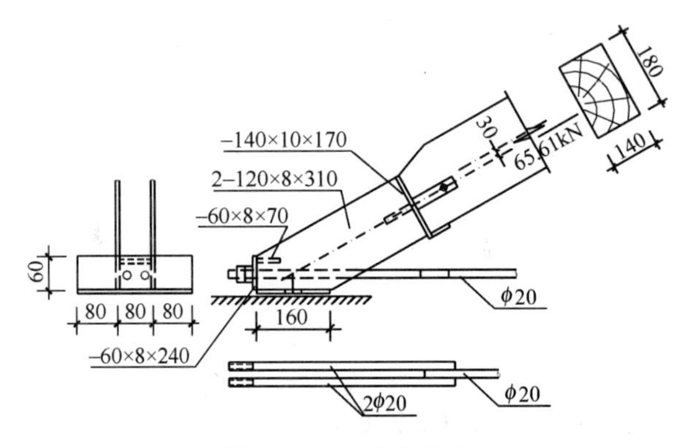

图 9.7.16　支座节点

1) 上弦端部抵承钢板厚度计算

计算简图及弯矩图如图 9.7.17 所示。

上弦端部抵承钢板所受均布荷载：

$$g+q=\frac{O_1}{b}=\frac{70.50\times10^3}{140}=503.6\text{N/mm}$$

支座处弯矩：$M_1=\frac{1}{2}ql_1^2=\frac{1}{2}\times503.6\times30^2=226607\text{N}\cdot\text{mm}$

跨中弯矩：$M_2=\frac{1}{8}ql_1^2-M_1=\frac{1}{8}\times503.6\times80^2-211000=176273\text{N}\cdot\text{mm}$

所需抵承钢板的厚度：$t=\sqrt{\frac{6M}{af}}=\sqrt{\frac{6\times226607}{120\times215}}=7.25\text{mm}$

采用 t=10mm。

2) 支座底板厚度计算

支座底板计算简图及弯矩图如图 9.7.18 所示。

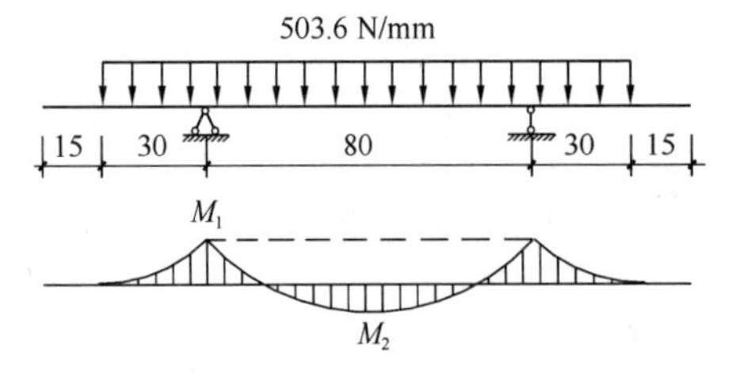

图 9.7.17　抵承钢板计算简图

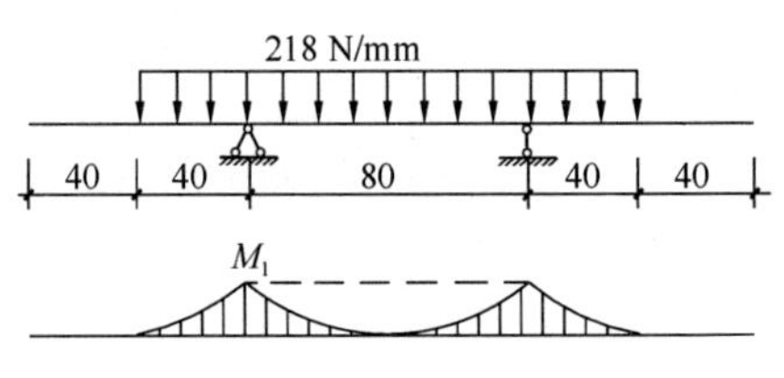

图 9.7.18　支座底板计算简图

支座反力：$R = 2 \times F = 2 \times 17.45 = 34.90\text{kN}$

$$g + q = \frac{R}{l} = \frac{34.90 \times 10^3}{160} = 218\text{N/mm}$$

支座处弯矩：$M_1 = \frac{1}{2} q l_1^2 = \frac{1}{2} \times 218 \times 40^2 = 174400\text{N} \cdot \text{mm}$

跨中弯矩：$M_2 = \frac{1}{8} q l_2^2 - M_1 = \frac{1}{8} 203 \times 80^2 - 162000 \approx 0\text{N} \cdot \text{mm}$

支座底板受力很小，仍取厚度 t=10mm。

(2) 下弦中央节点

下弦采用 2 根长帮条并用焊接连接。节点水平钢板直接焊在帮条上，垫木放在此水平钢板上，用 2ϕ12 螺栓系紧。半跨荷载作用时，两下弦内力差由 2ϕ12 螺栓传至垫木，从而和两斜杆平衡。

节点水平钢板和下弦拉杆间的焊缝受力很小，构造施焊即可。

帮条取 2ϕ20，与下弦拉杆焊接，焊缝长度同支座节点处接头，其构造如图 9.7.19 所示。

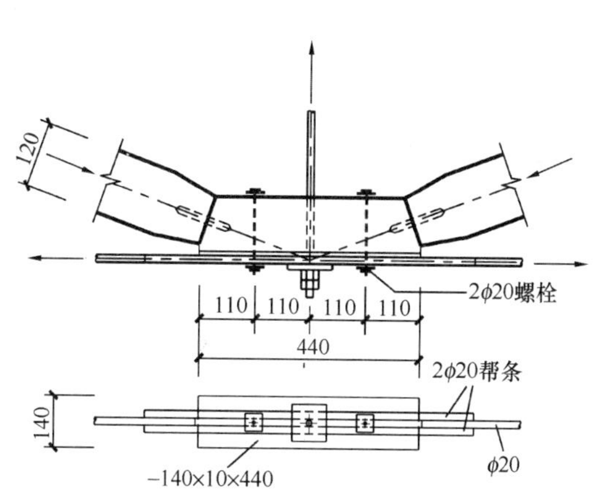

图 9.7.19 下弦中央节点

(3) 上弦中间节点

上弦中间节点构造如图 9.7.20 所示。

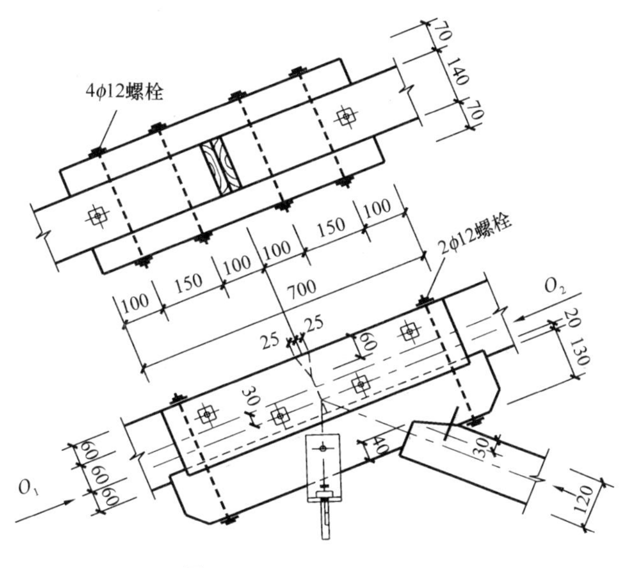

图 9.7.20 上弦中间节点

1) 上弦的偏心抵承接头

上弦 O_1 杆和 O_2 杆相互抵承处截面的上部削去 $\frac{h}{3} = \frac{180}{3} = 60\text{mm}$，则偏心距 e=30mm，并将斜杆 D_2 的轴线与此偏心线相交在抵承面上。

为保证桁架的平面外稳定，在上弦接头的两侧设置 180mm×70mm×700mm 的木夹板，并用 4 个 ϕ12 螺栓系紧。

2）斜杆与托木之间的抵承强度验算

斜杆与托木之间的夹角 $\alpha=43°36'$，$f_{c,43°36'}=6.2\text{N/mm}^2$

设托木刻齿深度 $h_c=40$mm：

$$\frac{D_2}{A_c}=\frac{D_2}{bh_c}\cos\alpha=\frac{21.92\times10^3}{140\times40}\times0.724=2.8\text{N/mm}^2<6.2\text{N/mm}^2。$$

斜杆端部需要削去：

$$h_1=\frac{1}{2}\left(h-\frac{h_c}{\cos\alpha}\right)=\frac{1}{2}\left(120-\frac{40}{0.724}\right)=32\text{mm，取 }30\text{mm}$$

3）托木与上弦刻槽间的承压强度验算

斜杆沿上弦方向的分力：

$$N=D_2\cos\alpha=23560\times0.724=17057.4\text{N}$$

$$\frac{N}{A_c}=\frac{17057.4}{140\times20}=6.1\text{N/mm}^2<f_c=12\text{N/mm}^2$$

（4）脊节点

脊节点的构造如图 9.7.21 所示。

竖拉杆的方形垫板的边长 $a=70$mm。

为保证上弦具有 $e-30$mm 的偏心矩，则上弦端部安置垫板处需削去高度为：

$$h_x=2e+\frac{a}{2}\sin\alpha=2\times30+\frac{70}{2}\times0.371=73\text{mm}，\quad 取 75\text{mm}$$

式中，$\alpha=21°48'$，为上弦和下弦之间的角度。

木夹板为 180mm×70mm×700mm，用 4 个 ϕ12 螺栓系紧。

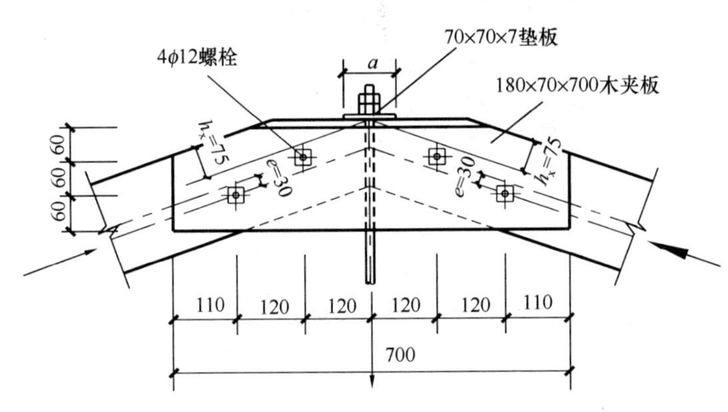

图 9.7.21 脊节点

9.7.5 21m 梯形豪式钢木桁架

【例题 9.7.5】某房屋桁架跨度 21m，桁架间距 3m，水平投影雪荷载标准值为 0.35kN/m^2，屋面恒荷载标准值为 0.33kN/m^2，吊顶荷载标准值为 1.2kN/m^2，使用木材为东北落叶松，钢材为 Q235，请设计该钢木桁架。

【解】

1. 桁架简图及几何尺寸

屋面坡度 $\alpha=11°19'$，$I=\tan\alpha=1/5$，桁架高跨比 $h/l=1/5$。

由本手册表 20.3.19 算得各杆件长度，桁架简图及几何尺寸如图 9.7.22 所示。

2. 桁架内力计算

(1) 荷载

屋面荷载标准值：0.33kN/m² (↓/)

吊顶荷载标准值：1.2kN/m² (↓)

雪荷载标准值：0.35kN/m² (↓)

桁架自重：0.07+0.007×21=0.22kN/m² (↓)

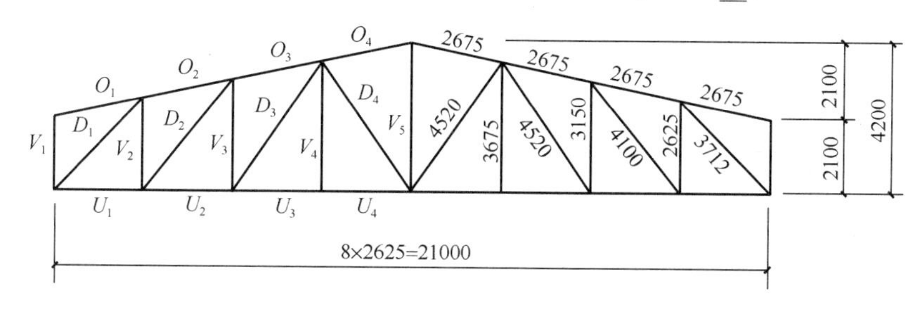

图 9.7.22 桁架简图及几何尺寸

上弦恒载节点设计荷载：

$$G=\left(\frac{0.33}{\cos\alpha}+\frac{0.22}{2}\right)\times 3.0\times 2.625\times 1.3=4.57\text{kN}$$

下弦恒载节点设计荷载：

$$G^{b}=\left(1.2+\frac{0.22}{2}\right)\times 3.0\times 2.625\times 1.3=13.41\text{kN}$$

雪荷载作用下的节点设计荷载：$S=0.35\times3\times2.625\times1.5\doteq4.14$kN

支座反力：$R=4\times(4.57+13.41+4.14)=88.48$kN

(2) 桁架杆件内力

由本手册表 20.3.19 查得杆件内力系数，得到杆件内力设计值如表 9.7.3 所示。

桁架杆件内力设计值（kN） **表 9.7.3**

杆件	内力系数			全跨恒载下杆件内力	雪载下杆件内力			计算内力		
	全跨	左半跨	右半跨		左半跨	右半跨	全跨	左半跨	右半跨	全跨
(1)	(2)	(3)	(4)	(5)	(6)	(7)	(8)	(9)=(5)+(6)	(10)=(5)+(7)	(11)=(5)+(8)
O_1	0	0	0	0	0	0	0	0	0	0
O_2	−3.57	−2.55	−1.02	−64.19	−10.56	−4.22	−14.78	−74.75	−68.41	−78.97
O_3	−5.10	−3.40	−1.70	−91.70	−14.08	−7.04	−21.11	−105.77	−98.74	−112.81
O_4	−5.10	−2.55	−2.55	−91.70	−10.56	−10.56	−21.11	−102.26	−102.26	−112.81

续表

杆件	内力系数			全跨恒载下杆件内力	雪载下杆件内力			计算内力		
	全跨	左半跨	右半跨		左半跨	右半跨	全跨	左半跨	右半跨	全跨
(1)	(2)	(3)	(4)	(5)	(6)	(7)	(8)	(9)=(5)+(6)	(10)=(5)+(7)	(11)=(5)+(8)
U_1	3.50	2.50	1.00	62.93	10.35	4.14	14.49	73.28	67.07	77.42
U_2	5.00	3.33	1.67	89.90	13.79	6.91	20.70	103.69	96.81	110.60
U_3，U_4	5.36	3.21	2.15	96.37	13.29	8.90	22.19	109.66	105.27	118.56
D_1	−4.95	−3.54	−1.41	−89.00	−14.66	−5.84	−20.49	−103.66	−94.84	−109.49
D_2	−2.34	−1.30	−1.04	−42.07	−5.38	−4.31	−9.69	−47.46	−46.38	−51.76
D_3	−0.61	0.20	−0.81	−10.97	0.83	−3.35	−2.53	−10.14	−14.32	−13.49
D_4	−0.61	−1.23	0.62	−10.97	−5.09	2.57	−2.53	−16.06	−8.40	−13.49
V_1	−0.5	−0.5	0	−8.99	−2.07	0.00	−2.07	−11.06	−8.99	−11.06
V_2	1.80	1	0.80	45.77	4.14	3.31	7.45	49.91	49.09	53.23
V_3	0.5	−0.17	0.67	22.40	−0.70	2.77	2.07	21.70	25.17	24.47
V_4	0	0	0	13.41	0.00	0.00	0.00	13.41	13.41	13.41
V_5	1	0.5	0.5	31.39	2.07	2.07	4.14	33.46	33.46	35.53

注：1　竖杆V_2、V_3、V_4、V_5在全跨恒载下杆件内力(5)＝$(G+G^b)\times(2)+G^b$；

2　其他杆件的内力等于节点荷载乘以相应的内力系数。

3. 桁架杆件计算

(1) 上弦杆

1) 屋面平面内验算

在全部荷载作用下：

$$g+q=(0.33\times1.3+0.35\times0.981\times1.5+\frac{1}{2}\times0.22\times0.981\times1.3)\times3$$

$$=3.25\text{kN/m}$$

$$M=\frac{1}{8}(g+q)l^2\cos\alpha=\frac{1}{8}\times3.25\times2.675^2\times0.981=2.85\text{kN}\cdot\text{m}$$

$$N=112.81\text{kN}$$

设上弦截面为140mm×180mm，计算长度l取2675mm。

$$A=bh=2.52\times10^4\text{mm}^2$$

$$I=\frac{1}{12}bh^3=6.804\times10^7\text{mm}^4$$

$$W=\frac{1}{6}bh^2=7.56\times10^5\text{mm}^3$$

$$i=\sqrt{\frac{I}{A}}=52.0\text{mm}$$

$$\lambda=\frac{l_0}{i}=\frac{2675}{52.0}=51.5<\lambda_c=c_c\sqrt{\frac{\beta E_k}{f_{ck}}}=4.13\times\sqrt{1.00\times330}=75$$

$$\varphi = \frac{1}{1 + \frac{\lambda^2 f_{ck}}{b_c \pi^2 \beta E_k}} = 0.706$$

$$e_0 = 180 \times 0.05 = 9\text{mm}$$

$$k = \frac{Ne_0 + M_0}{Wf_m\left(1 + \sqrt{\frac{N}{Af_c}}\right)} = 2.36$$

$$k_0 = \frac{Ne_0}{Wf_m\left(1 + \sqrt{\frac{N}{Af_c}}\right)} = 0.062$$

$$\varphi_m = (1-k)^2(1-k_0) = 0.548$$

$$\frac{N}{\varphi\varphi_m A} = 11.56\text{N/mm}^2 < f_c = 15\text{N/mm}^2$$

满足要求。所以，可不验算恒载作用下的强度。

2）弯矩作用平面外的验算

（略，可参照第 4 章有关算例计算）

（2）下弦杆

$$N = 118.56\text{kN}$$

下弦采用一对等肢角钢：

$$A = \frac{N}{f} = \frac{118.56 \times 10^3}{215} = 551\text{mm}^2$$

选用 2L50×5：

$A = 960\text{mm}^2$，$r = 15.3\text{mm}$，$l_0 = 2625\text{mm}$，$\lambda = \frac{2625}{15.3} = 172 < 400$

缀条采用钢板 60mm×6mm×240mm，中距 875mm。

（3）斜杆及支座竖杆

D_1 杆：$l_0 = 3712\text{mm}$，$N = 109.49\text{kN}$

取截面为 140mm×160mm，$A = 140 \times 160 = 22400\text{mm}^2$

$$\lambda = \frac{l_0}{i} = \frac{3712}{46.19} = 80.37 > \lambda_c = c_c\sqrt{\frac{\beta E_k}{f_{ck}}} = 4.13 \times \sqrt{1.00 \times 330} = 75$$

大于 75，且小于最小长细比 150。

$$\varphi = \frac{a_c \pi^2 \beta E_k}{\lambda^2 f_{ck}} = 0.463$$

$$\frac{N}{\varphi A_0} = \frac{109.49 \times 10^3}{0.463 \times 22400} = 10.6\text{N/mm}^2 < f_c = 15\text{N/mm}^2$$

满足要求。

其他杆件可参考 D_1 杆进行验算。

D_2 杆：$l_0 = 4100\text{mm}$，$N = 51.76\text{kN}$，选用 140mm×140mm

D_3、D_4 杆：$l_0 = 4520\text{mm}$，$N = 16.06\text{kN}$，选用 140mm×120mm

V_1 竖杆（支座竖杆）：$l_0 = 2100\text{mm}$，$N = 11.06\text{kN}$，选用 140mm×100mm

（4）竖拉杆

V_2 杆：N=53.23kN，$A_e=\dfrac{N}{f_t^b}=\dfrac{53230}{170}=313\text{mm}^2$

选用1ϕ25圆钢拉杆120mm×120mm×12mm垫板。

同理

V_3 杆：N=25.17kN，选用1ϕ16圆钢拉杆80mm×80mm×8mm垫板。

V_4 杆：N=13.41kN，选用1ϕ14圆钢拉杆70mm×70mm×7mm垫板。

V_5杆：N=35.53kN，选用1ϕ20圆钢拉杆90mm×90mm×10mm垫板。

4. 节点连接验算

（1）支座节点

节点构造如图9.7.23所示。

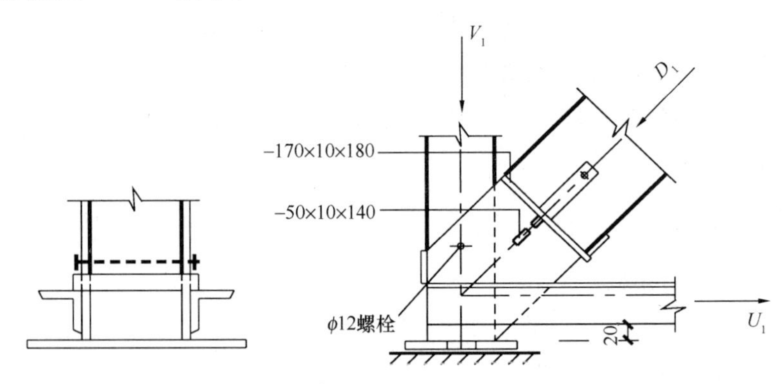

图9.7.23　支座节点

1）端斜杆抵承板

端斜杆轴向压力：D_1=109.49kN

抵承板按简支梁计算的最大弯矩：

$$M=\frac{D_1}{4}\left(l-\frac{b}{2}\right)=\frac{109.49}{4}\left(0.14-\frac{0.14}{2}\right)=1.91\text{kN}\cdot\text{m}$$

查本手册表20.5.1：a=160mm，c=50mm，t=10mm

$$M=2.07\text{kN}\cdot\text{m}>1.77\text{kN}\cdot\text{m}$$

2）支座底板

支座底板按双悬梁计算，如图9.7.24所示。

$$g_1+q_1=\frac{R}{l_2+2l_1}=\frac{88.48\times10^3}{150+2\times50}=353.9\text{N/mm}$$

$$g_2+q_2=\frac{V_1}{l_2}=\frac{11.06\times10^3}{150}=73.7\text{N/mm}$$

悬臂梁弯矩：$M_1=\dfrac{1}{2}(g_1+q_1)l_1^2=\dfrac{1}{2}\times353.9\times50^2=442375\text{N}\cdot\text{mm}$

简支弯矩：$M_{max}=\dfrac{1}{8}(g_1+q_2-g_2-q_2)l_2^2=\dfrac{1}{8}\times(353.9-73.7)\times150^2=788062\text{N}\cdot\text{mm}$

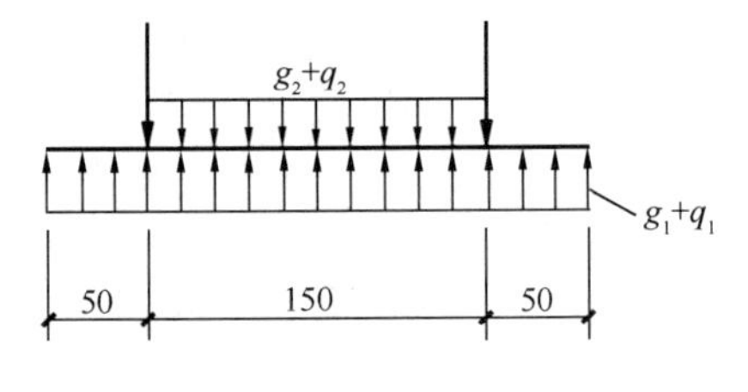

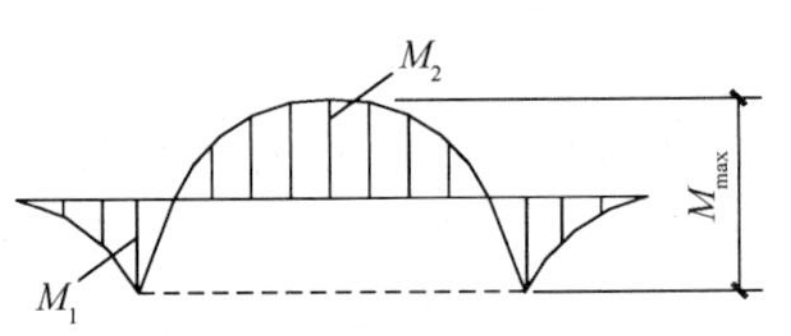

图9.7.24　支座底板计算简图

跨中弯矩：$M_2 = M_{max} - M_1 = 345687\text{N} \cdot \text{mm}$

支座底板厚度：

$$t = \sqrt{\frac{6M}{bf}} = \sqrt{\frac{6 \times 345687}{160 \times 215}} = 7.8\text{mm}，取 10\text{mm}$$

3）下弦角钢与连接板的焊缝长度

取 $h_f = 5\text{mm}$，则焊缝长度：

$$l_w = \frac{Af}{0.7h_f f_f^w} = \frac{480 \times 215}{0.7 \times 5 \times 160} = 184\text{mm}，取 230\text{mm}$$

（2）下弦中央节点

1）螺栓

节点构造如图 9.7.25 所示。

当半跨雪荷载作用时，斜杆 D_4 与 D_5 的水平内力之差应由螺栓传递给下弦，其值即为下弦 U_4 与 U_5 两杆内力之差：

$$\Delta N = 109.66 - 105.27 = 4.36\text{kN}$$

设用 $2\phi12$ 的 4.8 级 C 级螺栓，其承载力验算如下：

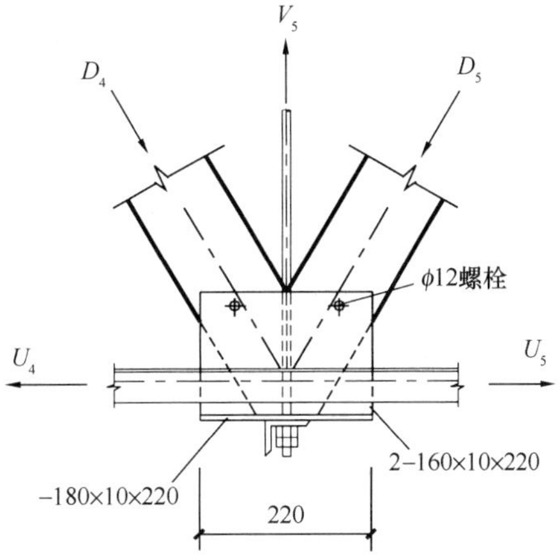

图 9.7.25 下弦中央节点简图

受力类型： 双剪

胶合木全干相对密度： $G = 0.55$

螺栓直径： $d = 12\text{mm}$

主构件（中间构件）厚度：$t_m = 100\text{mm}$

次构件（侧构件）厚度： $t_s = 5\text{mm}$

木构件销槽顺纹承压强度标准值：$f_{em,\alpha} = \dfrac{f_{e,0} f_{e,90}}{f_{e,0} \sin^2\alpha + f_{e,90} \cos^2\alpha} = 29.67\text{N/mm}^2$

木构件销槽横纹承压强度标准值：

$$f_{em,90} = \frac{212G^{1.45}}{\sqrt{d}} = \frac{212 \times 0.55^{1.45}}{\sqrt{12}} = 25.72\text{N/mm}^2$$

木构件销槽承压强度标准值： $f_{em,\alpha} = \dfrac{f_{e,0} f_{e,90}}{f_{e,0} \sin^2\alpha + f_{e,90} \cos^2\alpha} = 29.67\text{N/mm}^2$

钢构件的销槽承压强度 $f_{em} = 1.1 \times 305 = 335.5\text{N/mm}^2$

螺栓抗弯强度标准值： $f_{yb} = 320\text{N/mm}^2$

剪面承载力各屈服模式的抗力分项系数：

$$\gamma_{\text{I}} = 4.38，\quad \gamma_{\text{II}} = 3.63，\quad \gamma_{\text{III}} = 2.22，\quad \gamma_{\text{IV}} = 1.88$$

钢材弹塑性强化系数：$k_{ep} = 1.0$

$$R_e = \frac{f_{em}}{f_{es}} = 0.088$$

$$R_t = \frac{t_m}{t_s} = \frac{100}{5} = 20.0$$

顺纹向单个螺栓承载力设计值计算：

屈服模式Ⅰ：

$$R_eR_t - 1.76$$

$$k_{\mathrm{I}} = \frac{R_eR_t}{2\gamma_{\mathrm{I}}} = \frac{1.76}{2 \times 4.38} = 0.20$$

屈服模式Ⅲ：

$$k_{s\mathrm{III}} = \frac{R_e}{2+R_e}\left[\sqrt{\frac{2(1+R_e)}{R_e} + \frac{1.647(2+R_e)k_{ep}f_{yb}d^2}{3R_ef_{es}t_s^2}} - 1\right] = 0.37$$

$$k_{\mathrm{III}} = \frac{k_{s\mathrm{III}}}{\gamma_{\mathrm{III}}} = 0.17$$

屈服模式Ⅳ：

$$k_{s\mathrm{IV}} = \frac{d}{t_s}\sqrt{\frac{1.647R_ek_{ep}f_{yb}}{3(1+R_e)f_{es}}} = 0.50$$

$$k_{\mathrm{IV}} = \frac{k_{s\mathrm{IV}}}{\gamma_{\mathrm{IV}}} = 0.26$$

销槽承压最小有效长度系数：$k_{min} = 0.17$

每个剪面的受剪承载力参考设计值：

$$Z = k_{min} \cdot t_s \cdot d \cdot f_{es} = 3.38\text{kN}$$

单个螺栓承载力设计值：$Z_d = 2 \times Z = 6.76\text{kN}$

2ϕ12 受剪承载力：$2Z_d = 13.5\text{kN} > 4.09\text{kN}$

满足要求。

2）斜杆水平承压面验算

全部荷载下：V_5=35.53kN

需要承压面积：$A_c = \dfrac{V_5}{f_{c,35°44'}} = \dfrac{35.53 \times 10^3}{7.7} = 4614\text{mm}^2$

按构造已满足。

（3）下弦第一中间节点

节点构造如图 9.7.26 所示。

1）斜杆 D_2 的承压面：

$$D_2 = 51.76\text{kN}$$

需要垂直承压面面积：

$$A_v = \frac{D_2 \times \cos50°12'}{0.8f_{c,50°12'}} = \frac{51.76 \times 10^3 \times 0.64}{0.8 \times 4.9} = 8450\text{mm}^2$$

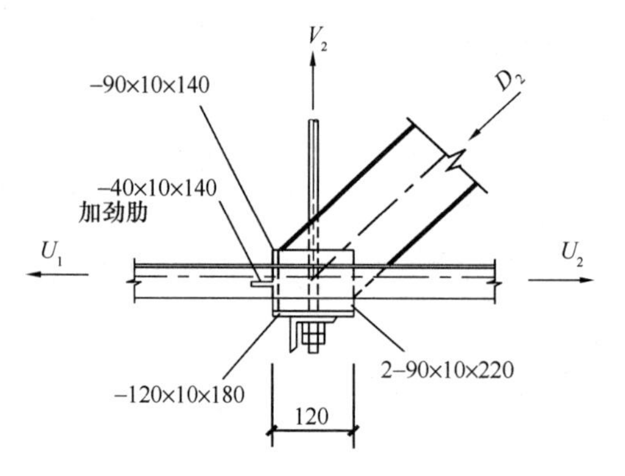

图 9.7.26 下弦第一中间节点

按构造选用 90mm×140mm 竖直钢板。需要水平承压面面积：

$$A_H = \frac{D_2 \times \sin50°12'}{0.8f_{c,39°48'}} = \frac{51.76 \times 10^3 \times 0.768}{0.8 \times 6.5} = 7645\text{mm}^2$$

按构造选用水平钢板 120mm×180mm。

2）垂直抵承钢板的厚度

在全部荷载作用下，下弦 U_1 与 U_2 杆内力之差：

$$\Delta N = U_2 - U_1 = 110.60 - 77.42 = 33.18\text{kN}$$

注：考虑左半跨、右半跨、全跨荷载的最不利情况。

抵承板按简支梁计算的最大弯矩：

$$M = \frac{\Delta N}{4}\left(l - \frac{b}{2}\right) = \frac{33.18 \times 10^3}{4}\left(140 - \frac{140}{2}\right) = 580650\text{N} \cdot \text{mm}$$

查本手册表 20.5.1，选用有加劲肋的抵承板：

a=90mm，c=40mm，t=10mm

$$M = 1350000\text{N} \cdot \text{mm} > 580650\text{N} \cdot \text{mm}$$

其他下弦中间节点计算从略。

（4）上弦第一中间节点

节点构造如图 9.7.27 所示。

$$h_c = \frac{h}{3} = \frac{160}{3} = 53\text{mm}，取 55\text{mm}$$

$$h_{c1} = h_c - 20 = 35\text{mm}$$

$$\varphi = 90° - 45° - 11°19' = 33°41'$$

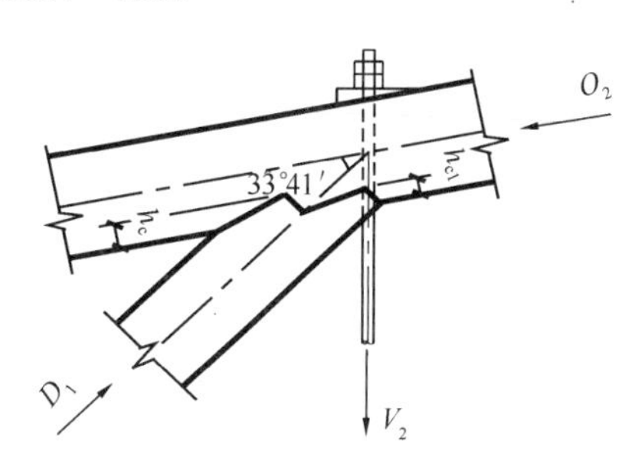

图 9.7.27 上弦第一中间节点

1）承压验算

$$\frac{D_1}{A_c} = \frac{89.00 \times 1.35/1.2 \times 10^3 \times \cos 33°41'}{b(h_{c1} + h_c)}$$

$$= 6.62\text{N/mm}^2 < 0.8 f_{c,33°41'} = 6.64\text{N/mm}^2$$

式中，数值 0.8 为仅验算恒载时，木材强度设计值的降低系数。

2）剪切验算

第二剪面的计算长度取 $l_v = 10h_c = 550\text{mm}$，$\psi_v = 0.71$

$$\frac{N_v}{A_v} = \frac{89.00 \times 10^3 \times 0.832}{550 \times 140} = 0.96\text{N/mm}^2 > \psi_v \times 1.6 \times 0.8 = 0.91\text{N/mm}^2$$

不满足要求，应加大 h_c 尺寸，取 $h_c = 60\text{mm}$ 重新验算：

第二剪面的计算长度取 $l_v = 10h_c = 600\text{mm}$，$\psi_v = 0.71$

$$\frac{N_v}{A_v} = \frac{89.00 \times 10^3 \times 0.832}{600 \times 140} = 0.88\text{N/mm}^2 < \psi_v \times 1.6 \times 0.8 = 0.91\text{N/mm}^2$$

满足要求。

（5）上弦接头设计

上弦接头设在第二节间距第二中间节点为 550mm 处，按构造选用木夹板尺寸为 160mm×70mm×700mm，并用 4ϕ12 螺栓系紧。

第10章 胶 合 木 结 构

10.1 胶合木结构介绍

10.1.1 胶合木产品

实木锯材是经原木加工而成，其截面尺寸和长度受到原木的限制，且材性变异性大。对大跨、多高层木结构建筑进行设计时，实木锯材很难满足设计要求，此时，采用胶合木是最佳的选择。胶合木是采用胶粘剂将木层板胶合而成的工程木产品，通常是由四层或四层以上的木层板顺纹叠层胶合在一起而形成的构件。胶合木最早于19世纪90年代由德国发明。胶合木的出现，极大地提高了木材资源的利用率。胶合木生产工业的快速发展始于1942年防水酚醛树脂胶的出现，采用这种胶生产的结构用胶合木可以用在室外露天环境，解决了胶合木室外胶缝脱胶的问题。

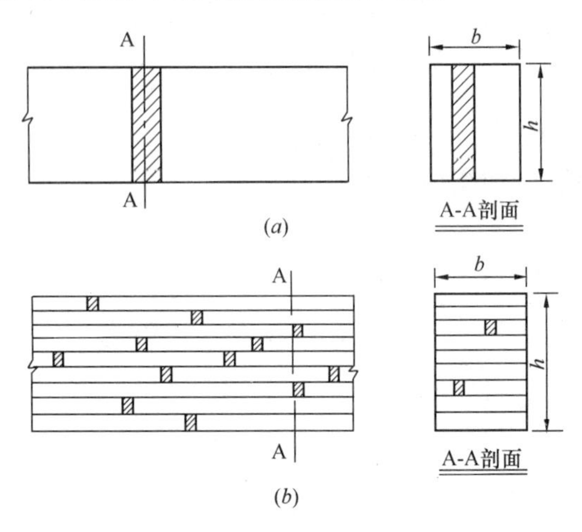

图10.1.1 构件中木材缺陷通过层板组合后被分散

胶合木的强度比锯材强度高，其中重要原因是对层板进行分级后按一定要求重新组合，将缺陷分散，从而提高构件的强度（图10.1.1）。胶合木强度的变异系数相比锯材要小很多，也意味着胶合木强度的稳定性比较好。胶合木的生产中，通过将材质等级高的层板放在构件的顶部或底部，这通常是构件受压或受拉应力比较大的区域，而将材质等级较低的层板放在构件中和轴附近，以提高构件强度和木材的利用率。

胶合木中的层板采用窑干处理的锯材。根据产品的制造标准，层板的含水率在胶合以及表面刨光前，不得大于15%。因此，一般来说，胶合木的强度设计值比普通干燥锯材（含水率≤19%）的强度设计值高。采用15%以下含水率的窑干锯材作为胶合材层板的另一个优点，就是能使得整个构件的含水率分布相对均匀。在构件尺寸相同的情况下，如采用普通实心方木（一般都是湿材），由于木材本身的特点，构件中的含水率分布将非常不均匀。而含水率分布的不均匀和含水率变化大是木材开裂和变形的主要因素。胶合木因其均匀的含水率分布提高了构件尺寸的稳定性。因此，在实际工程中，胶合木构件一般不会出现因环境湿度变化或含水率分布不均匀引起的尺寸变化和开裂问题。

胶合木可被加工成不同的形状，如变截面梁、弧形或自由曲线形等，为设计人员在材料强度以及构件的形状要求等方面提供了多种选择，以满足构件起拱、坡屋面排水、弧形构件或刚架等不同建筑美学的需求。

胶合木通常用作梁或柱，而胶合木梁和柱除了本身的建筑美学效果和可靠的结构强度外，还具有很好的耐火性。火灾出现时，胶合木构件的外层会炭化。炭化层可起到很好的隔热效果，保护构件内部不受火焰的进一步侵袭。由于炭化层向内部蔓延速度可以通过试验和统计的方法测到（一般约为 0.635mm/min），测得的火焰向内部蔓延的速度是对胶合木构件进行耐火极限计算的理论依据。世界上不同国家或地区进行了荷载作用下的胶合梁和柱的火灾试验，这些试验均验证了耐火极限计算理论和计算公式，提高了对于受火构件耐火极限预测的准确性。

为保证构件在承受荷载时各层层板间的整体协调性，胶合时，各层层板木纹的顺纹方向应与构件的长度方向一致。制作胶合木构件所用的胶粘剂应为结构胶粘剂。目前，在国际上结构胶粘剂的耐热性能逐渐受到关注，许多国家对此开展了相关的研究。在中国，相关的国家标准中，并未涉及胶粘剂耐热性的规定，但出于结构整体安全考虑，在选择胶合木的结构胶粘剂时，需注意胶粘剂的耐热性能，以保证胶粘剂在火灾发生时不致失效，影响胶合木结构安全。

随着技术的不断发展，胶合木结构除了层板胶合木结构外，还包含正交胶合木结构。层板胶合木结构主要适用于大跨度、大空间的单层或多层木结构建筑；正交胶合木结构主要适用于制作楼盖、屋盖和墙体构件，或由正交胶合木组成的单层或多层箱形板式木结构建筑。本章主要介绍层板胶合木结构。正交胶合木结构参见本手册第 15 章。

10.1.2 胶合木结构的特点和应用

1. 胶合木结构的特点

胶合木结构随着建筑设计、生产工艺及施工手段等技术水平的不断发展和提高，其适用范围也越来越广。采用胶合木结构的建筑也因建筑外型美观多样，以及可靠的材料强度，越来越受人们的喜爱。由胶合木的基本原理可以知道，胶合木结构具有以下技术上和经济上的优点：

（1）能利用较短较薄的木材，组成几十米或上百米的大跨度构件，制作成各种不同的外形，构件截面可制作成矩形、工字形、箱形等较合理的形状。解决了受天然原木尺寸限制的问题，可以灵活地设计建筑平面和外形，从而扩大了木结构的应用范围。

（2）可以剔除木材中木节、裂缝等缺陷，以提高材料强度，降低材料的变异性。也能根据构件受力情况，进行合理级配，量材使用，将不同等级的木材用于构件不同的应力部位，以达到提高木材的使用率和劣材优用的目的。

（3）由于制作胶合木构件所用的层板易于干燥，当干燥后的层板含水率小于 15%时，制成的胶合木构件一般无干裂、扭曲等缺陷。

（4）可以减少方木原木结构构件在连接处的削弱，且连接点少，所用连接铁件较少，整体刚度好。

（5）经防火设计和防火处理的大截面胶合木构件，具有可靠的耐火性。

（6）隔声性能好，能大量减少使用期和施工期对周围环境产生的噪声影响。

（7）保温性能好，能防止构件的冷桥和热桥。

（8）具有天然木质纹理效果，在建筑中体现的美学效果经久不衰。

（9）可以工业化生产，提高生产效率，尺寸能满足较高的精度，可减少现场工作量，便于保证构件的产品质量。

（10）构件自重轻，有利于运输、装卸和现场安装，并能减少整个建筑物基础部分的费用。

（11）构件在制作过程中耗能低，节约能源。

胶合木利用天然材料，不污染环境，能与建筑环境、自然环境融为一体，可以不用其他材料进行再装饰而减少装饰费用。胶合木构件能抵抗环境的腐蚀，特别适用于建造游泳场馆，可抵抗游泳馆室内水蒸气中氯元素对木构件的腐蚀。总而言之，胶合木是现代木结构中大量使用的一种结构构件。

2. 胶合木结构的构件及结构形式

利用上述胶合木的主要特点，可以制作出以下几种常用的结构形式：

（1）直线梁、单坡和双坡变截面梁。适用于跨度 30m 以下的简支梁或多跨连续梁，如图 10.1.2 所示。

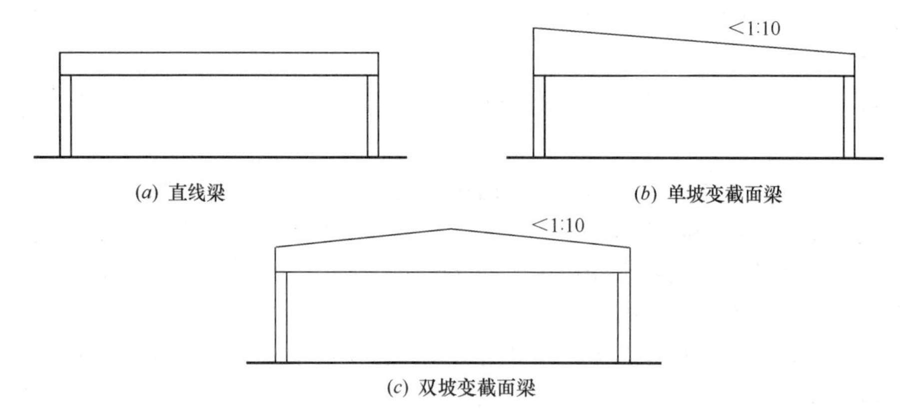

(a) 直线梁　　(b) 单坡变截面梁

(c) 双坡变截面梁

图 10.1.2　直线梁、单坡变截面梁和双坡变截面梁

（2）斜坡弓形梁。适用于 20m 以下的跨度，顶部坡度应小于 10°，并且，底部弯曲应尽可能浅，如图 10.1.3 所示。

（3）钢木桁架。适用于 75m 以下的跨度，受拉杆为高强度钢拉杆，受压杆为胶合木构件，如图 10.1.4 所示。

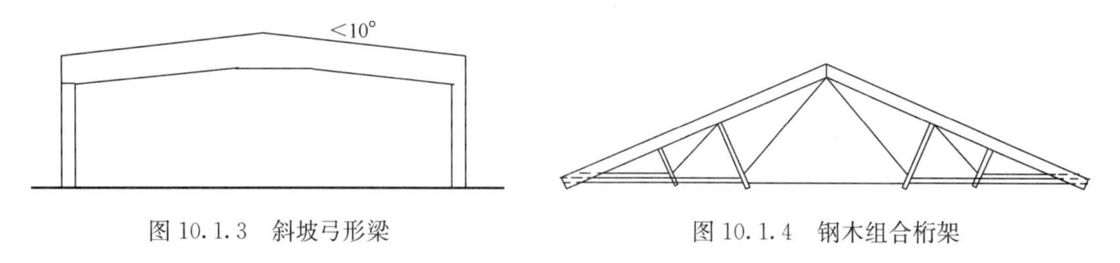

图 10.1.3　斜坡弓形梁　　图 10.1.4　钢木组合桁架

（4）两铰拱和三铰拱。通常适用于 60m 以下的跨度，在欧洲已建成超过 100m 的实例。水平力由拉杆或承台承担，而由风荷载产生的吸力是设计时应考虑的主要问题，如图 10.1.5所示。

（5）弧形加腋门架。适用于 50m 以下的跨度。为了避免屋脊过大的挠度，顶部斜面坡度应大于 14°。当斜面坡度较小时，应在拱腰处加设一个调整腋，以减少胶合木结构较高的造价，如图 10.1.6 所示。

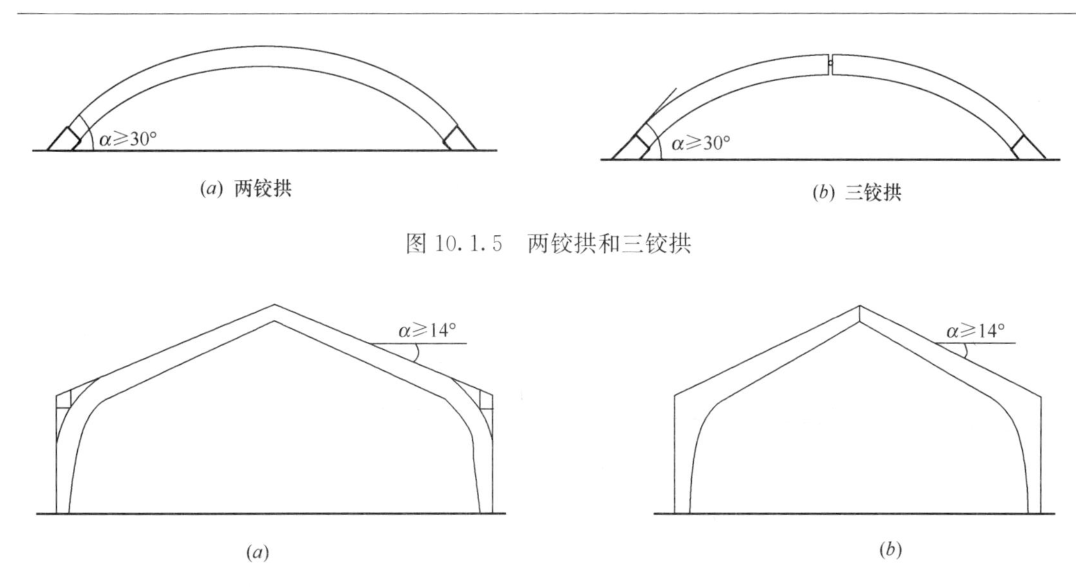

(*a*) 两铰拱　　(*b*) 三铰拱

图 10.1.5 两铰拱和三铰拱

(*a*)　　(*b*)

图 10.1.6 弧形加腋门架

(6) 指接门架。适用于 24m 以下的跨度，顶部斜面坡度应大于 14°。在门架转角接口处，采用特殊的指接技术，如图 10.1.7 所示。

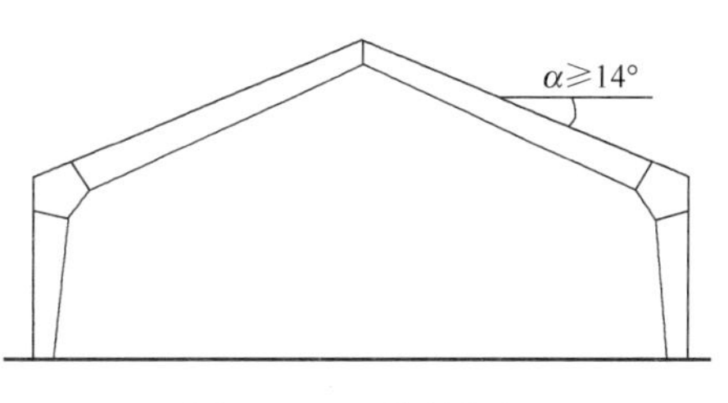

图 10.1.7 指接门架

除以上的结构形式外，还可采用折板（图 10.1.8*a*）、薄壳（图 10.1.8*b*）及空间木桁架结构等。随着工业生产水平的提高和设计计算技术的发展，更为新颖复杂的胶合木结构正出现在各种不同类型的现代建筑中。

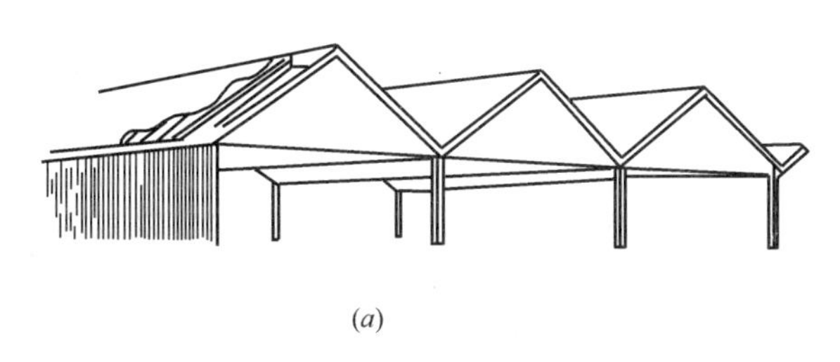

(*a*)

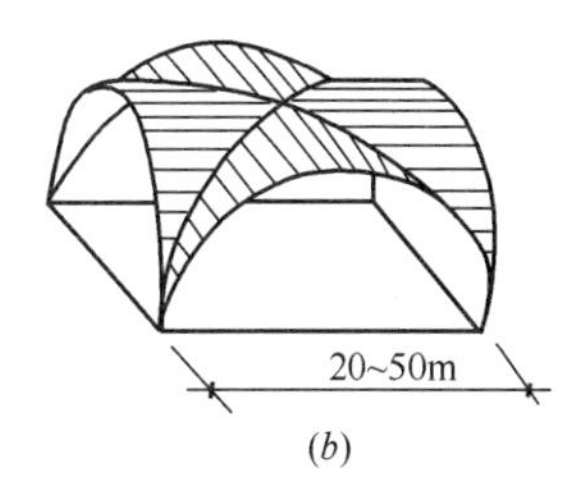

(*b*)

图 10.1.8 折板和薄壳结构

3. 结构胶合木的应用

基于结构胶合木产品强度和刚度高、变异性小的特点，结构胶合木是所有采用胶粘剂生产的工程木产品中，最具多样性的和广泛应用的木材产品。其应用范围可从住宅建筑中的大梁、过梁、柱等构件，到大空间公共建筑或工业建筑中的主要承重结构构件。胶合木采用从次生林或人工林中采伐的直径较小的树木制成，改变了以前大尺寸木构件依赖原始林的状况。

胶合木构件能更合理使用木材资源，成品也能更好地满足建筑设计中各种不同类型的功能要求。胶合木构件的制作采用工业化生产，制作过程中便于保证构件的产品质量。胶合木构件在施工现场采用装配化安装，大量减少建筑工程现场的工作量，也符合我国建筑业发展的需求。胶合木构件的长度除了受到运输以及装卸条件的限制外，一般可制成任意的长度。当采用防水酚醛树脂胶时，经加压防腐处理后，结构胶合木产品也可用于户外露天环境的构筑物，包括电信设备支架、水工建筑、码头、桥梁以及模板、脚手架等。目前，国际上很多国家的胶合木结构大量用于各种大空间、大跨度的建筑，特别是在防火要求较高的公共建筑、体育建筑、游泳场馆、工厂车间、大型商场、休闲会所和公路桥梁等民用与工业建筑中大量被采用（图 10.1.9）。采用胶合木结构有利于节约木材和扩大树种的利用，因此在我国有着广泛的使用前景，应积极创造条件推广应用。

(*a*) 木材加工厂

(*b*) 公路桥梁

(*c*) 休闲会所

(*d*) 体育馆

(*e*) 办公室

(*f*) 餐厅

图 10.1.9　各类胶合木结构的建筑

4. 结构胶合木构件的外观

在很多情况下，胶合木构件往往作为室内或室外外露的构件使用。这就对构件的外观有一定的要求。木材具有天然缺陷，如节孔、钝棱等，这些缺陷在最终制造出的胶合木构件表面上会有所出现，形成各种不同的外观效果。不同的建筑设计对外观有不同的要求，这就需要对构件的外观进行分类。

表 10.1.1 所示为美国胶合木工业对胶合木构件的外观要求。

美国结构胶合木的外观级别　　表 10.1.1

外观等级	用途
普通框架级	主要用于构件不暴露处，采用这一等级的胶合木梁主要用于轻型木结构，因此，其截面宽度一般与轻型木结构墙体宽度匹配
工业级	主要用于构件不暴露或外观不重要处
建筑级	主要用于暴露构件，表面光滑，适合上漆
特优级	主要用于外观特别重要的构件，一般需定制，适合上漆

结构胶合木的外观要求并不是不能使用有生长缺陷的层板制作构件，因为对于有些天然缺陷，可以通过修补结构胶合木的方式达到规定的外观要求。

人们往往误将结构胶合木的外观级别与其构件的结构强度混淆，认为外观等级高的胶合木构件，其构件强度也高。事实上，胶合木构件的强度等级与胶合木构件的外观要求无直接的关系，如果构件制作时采用强度等级相同的层板组合，则不同外观等级下的胶合木构件的强度是完全一致的。

10.2 胶 合 木 产 品

10.2.1 结构胶合木基本要求

胶合木构件采用的层板分为普通胶合木层板、目测分级层板和机械分级层板三类。生产胶合木的层板可以采用针叶材或阔叶材，宜采用同一树种的层板生产。层板和胶合木构件的尺寸、材质等级、端部拼接、层板组合以及胶粘剂等有关基本要求如下：

1. 层板及胶合木的尺寸

（1）层板的截面尺寸

用于制作胶合木的层板厚度不应大于 45mm，通常采用 20mm～45mm。生产胶合木构件的层板不宜太厚，因层板太厚，在胶合时不易压平，造成加压不均匀，可能导致胶缝受力各处不均匀，对胶合构件的承载力产生不利影响；层板太厚也不利于胶合的构件加工定型，并且层板越厚，在层板干燥时要达到规范规定的 15%的含水率越困难。但是，层板也不宜太薄，层板太薄会增加胶合木构件的制造工作量和增加木材及胶料的用量。

不同国家和地区对于层板厚度的规定略有不同，例如，在北美，结构胶合木依据树种的不同规定了不同的层板厚度，采用南方松生产的结构胶合木的层板的标准厚度为 35mm，而采用西部树种生产的结构胶合木的层板厚度一般为 38mm；在欧洲，胶合木层板的厚度通常采用 30mm 或 45mm。一般来说，同一胶合木构件中应统一采用相同的层板厚度。

制作弧形构件时，层板的厚度与构件的曲率半径有关。弧形构件的曲率半径应大于300t(t为层板厚度)，对弯曲特别严重的构件，层板厚度不应大于25mm。在实际生产中，层板的厚度除了与弧形构件的曲率半径有关外，还与不同树种的物理特性以及生产厂家的加工能力有关。例如，采用南方松，弧形构件的曲率半径可达到100t(t为层板厚度)，而采用花旗松-落叶松，弧形构件的曲率半径则可达到125t(t为层板厚度)。在欧洲，弧形构件的单板厚度取决于弯曲半径，层板厚度在18mm～45mm之间时，最小弯曲半径为2m。

(2) 胶合木构件的截面尺寸

我国国家标准《木结构设计标准》GB 50005—2017、《胶合木结构技术规范》GB/T 50708—2012和《结构用集成材》GB/T 26899—2011均未对胶合木构件截面尺寸作出具体规定。理论上，胶合木可以生产出任何尺寸的构件。但考虑到工业化生产的要求，以及对木材资源的充分利用，国际上生产胶合木的国家或地区，对于常用的胶合木产品都有标准的截面尺寸。

在欧洲，胶合木截面可从60mm×120mm到300mm×2500mm，长度可达65m。对于较大的截面尺寸一般需要进行定制，而库存的常用胶合木截面尺寸相对要小得多。表10.2.1为中欧地区胶合木生产厂库存的常用胶合木标准截面尺寸，长度为12m～24m，强度等级为GL24c。中欧地区胶合木一般由30mm厚的层板制成。需指出的是，因欧洲地区各个国家的标准不相同，库存的常用胶合木的具体尺寸可能因国家而异，例如，在北欧国家，用于制作胶合木的层板厚度一般为45mm，因此，库存的常用胶合木产品的截面高度通常为45mm的倍数。

欧洲常用胶合木的标准截面尺寸　　表10.2.1

宽度(mm)	高度(mm)								
	120	140	160	200	240	280	320	360	400
60	×	×	×						
80	×	×	×	×	×				
100	×	×	×	×	×				
120	×	×	×	×	×	×	×		
140		×	×	×	×	×	×	×	
160			×	×	×	×	×	×	×
180				×	×	×	×	×	×
200				×	×	×	×	×	×

注：表中"×"为宽度与高度相对应的截面尺寸，如60mm×120mm（第一栏）、200mm×400mm（最后一栏）。

在美国，胶合木构件的截面宽度一般为63mm～273mm，常用的截面宽度为79mm、89mm、130mm、139mm和171mm五种规格。同样，在加拿大，常用的截面宽度为80mm、130mm、175mm、225mm、275mm和315mm等规格。根据工程要求，宽度可以增加到365mm、425mm、465mm和515mm。在北美，当结构胶合木构件截面宽度超过273mm（加拿大为265mm）时，一般采用横向拼宽的方法来满足构件截面的设计宽度。表10.2.2为北美地区结构用胶合木截面尺寸。

北美地区结构用胶合木截面宽度尺寸 表 10.2.2

层板名义宽度（英寸）	非南方松针叶材实际宽度		南方松实际宽度	
	（英寸）	近似尺寸(mm)	（英寸）	近似尺寸(mm)
3	$2\frac{1}{8}$ 或 $2\frac{1}{2}$	55 或 65	$2\frac{1}{8}$ 或 $2\frac{1}{2}$	55 或 65
4	$3\frac{1}{8}$	80	3 或 $3\frac{1}{8}$	75 或 80
6	$5\frac{1}{8}$	130	5 或 $5\frac{1}{8}$	125 或 130
8	$6\frac{3}{4}$	170	$6\frac{3}{4}$	170
10	$8\frac{3}{4}$	220	$8\frac{1}{2}$	215
12	$10\frac{3}{4}$	275	$10\frac{1}{2}$	265
14	$12\frac{1}{4}$	310	12	305
16	$14\frac{1}{4}$	360	14	355

注：表中外观等级的结构用胶合木的层板名义宽度为 4 英寸时，实际标准宽度为 $3\frac{1}{2}$ 英寸；同样，层板名义宽度为 6 英寸时，实际标准宽度为 $5\frac{1}{2}$ 英寸。

胶合木构件的截面高度通常为层板厚度的倍数。南方松层板厚度为 35mm，其他针叶材树种的层板厚度为 38mm。当南方松或其他西部树种用于制作弯曲构件时，其层板厚度通常为 19mm。常见的截面高度一般是以 4 层层板胶合起来的高度为标准，以层板厚度逐渐递增。例如，南方松胶合木的高度通常以 140mm 起，并以 35mm 的高度逐渐递增，而非南方松针叶材胶合木高度通常以 152mm 起，并以 38mm 的高度逐渐递增。

在新西兰，胶合木构件常用的截面宽度为 65mm、85mm、135mm、185mm、235mm 和 285mm 等规格。

标准截面尺寸的胶合木构件主要用于住宅建筑。在大量的商业和公共建筑中，当构件的跨度较大、荷载较重或有其他的情况出现时，往往采用非标准尺寸的胶合木。非标准尺寸构件可以是任何形状和尺寸，一些常用非标准尺寸胶合木的形状包括弧形梁、双坡梁、曲线梁以及门式刚架等。对于非标准尺寸的胶合木，应当与生产工厂联系以确定具体的生产要求。

2. 层板的材质等级要求

胶合木在生产过程中，通过对不同材质等级的层板进行优化组合，以达到不同的构件强度要求。所以，层板的材质等级直接影响到胶合木构件的强度。用作胶合木的层板包括普通胶合木层板、目测分级层板和机械分级层板。与轻型木结构中规格材的目测分级要求相比，用于结构胶合木的目测分级层板的目测分级要求更为严格。

国家标准《木结构技术标准》GB 50005—2017 和《胶合木结构技术规范》GB/T 50708—2012 规定，胶合木层板的等级应符合下列要求：

（1）普通胶合木层板其材质等级分为I_b～III_b三级，各个等级的分级标准见表10.2.3。

普通胶合木层板材质等级标准　　表10.2.3

项次	缺陷名称		材质等级		
			I_b	II_b	III_b
1	腐朽		不允许	不允许	不允许
2	木节	在构件任一面任何200mm长度上所有木节尺寸的总和，不得大于所在面宽的	1/3	2/5	1/2
		在木板指接及其两端各100mm范围内	不允许	不允许	不允许
3	斜纹 任何1m材长上平均倾斜高度，不得大于		50mm	80mm	150mm
4	髓心		不允许	不允许	不允许
5	裂缝	在木板窄面上的裂缝，其深度(有对面裂缝用两者之和)不得大于板宽的	1/4	1/3	1/2
		在木板宽面上的裂缝，其深度(有对面裂缝用两者之和)不得大于板厚的	不限	不限	对侧立腹板工字梁的腹板：1/3,对其他板材不限
6	虫蛀		允许有表面虫沟，不得有虫眼		
7	涡纹 在木板指接及其两端各100mm范围内		不允许	不允许	不允许

注：1　对于死节（包括松软节和腐朽节），除按一般木节测量外，必要时还应按缺孔验算，若死节有腐朽迹象，则应经局部防腐处理后使用；
2　按本表选材配料时，尚应注意避免在制成的胶合构件的连接受剪面上有裂缝；
3　对于有过大缺陷的木材，可截去缺陷部分，经重新接长后按所定级别使用。

（2）目测分级层板胶合木的层板材质等级分为I_d～IV_d四级，相比普通胶合木层板分级更为精细，同时也更为严格，更能充分利用木材的强度，从而提高胶合木构件的承载能力。其材质等级标准见表10.2.4。当目测分级层板作为对称异等组合的外侧层板或非对称异等组合的抗拉侧层板，以及同等组合的层板时，I_d、II_d和III_d三个等级的层板还需根据不同的树种级别满足以下性能指标要求：

目测分级层板材质等级标准　　表10.2.4

项次	缺陷名称		材质等级			
			I_d	II_d	III_d	IV_d
1	腐朽		不允许			
2	木节	在构件任一面任何150mm长度上所有木节尺寸的总和，不得大于所在面宽的	1/5	1/3	2/5	1/2
		边节尺寸不得大于宽面的	1/6	1/4	1/3	1/2

续表

项次	缺陷名称	材质等级			
		Ⅰd	Ⅱd	Ⅲd	Ⅳd
3	斜纹 任何1m材长上平均倾斜高度，不得大于	60mm	70mm	80mm	125mm
4	髓心	不允许			
5	裂缝	允许极其微小裂缝 在层板长度≥3m时，裂纹长度不超0.5m			
6	轮裂	不允许	不允许	小于板材宽度的25%，但与边部距离不可小于宽度的25%	
7	平均年轮宽度	≤6mm	≤6mm	—	
8	虫蛀	允许有表面虫沟，不得有虫眼			
9	涡纹 在木板指接及其两端各100mm范围内	不允许			
10	其他缺陷	非常不明显			

1）对于长度方向无指接的层板，其弹性模量（包括平均值和弹性模量标准值）应满足表10.2.5中性能指标要求；

2）对于长度方向有指接的层板，其抗弯强度或抗拉强度（包括平均值和5%的分位值）应满足表10.2.5中性能指标要求。

目测分级层板强度和弹性模量的性能指标（N/mm^2） **表10.2.5**

树种级别及目测等级				弹性模量		抗弯强度		抗拉强度	
SZ1	SZ2	SZ3	SZ4	平均值	5%分位值	平均值	5%分位值	平均值	5%分位值
Ⅰd	—	—	—	14000	11500	54.0	40.5	32.0	24.0
Ⅱd	Ⅰd	—	—	12500	10500	48.5	36.0	28.0	21.5
Ⅲd	Ⅱd	Ⅰd	—	11000	9500	45.5	34.0	26.5	20.0
—	Ⅲd	Ⅱd	Ⅰd	10000	8500	42.0	31.5	24.5	18.5
—	—	Ⅲd	Ⅱd	9000	7500	39.0	29.5	23.5	17.5
—	—	—	Ⅲd	8000	6500	36.0	27.0	21.5	16.0

注：1 层板的抗拉强度，应根据层板的宽度，乘以本手册表10.2.6规定的调整系数；
2 表中树种级别见本手册表3.3.5。

抗拉强度调整系数 **表10.2.6**

层板宽度尺寸	调整系数	层板宽度尺寸	调整系数
$b\leqslant150mm$	1.00	$200mm<b\leqslant250mm$	0.90
$150mm<b\leqslant200mm$	0.95	$b\geqslant250mm$	0.85

对层板进行目测分级时，应注意对木材缺陷的判断，尤其是节子，在分级过程中是以构件截面尺寸为测量基础的。所以当层板进行纵向锯切后，层板必须重新分级。例如，以

节子为例，原来居中的节子经过纵向锯切后，在层板中间的位置变成边缘位置，此时，层板的材质等级可能已经发生了变化。同样道理，胶合木完成胶合、成型后进行刨切砂光，当最后产品的截面宽度小于原来层板宽度的85%时，应考虑对层板重新分级。

（3）机械分级层板分为机械弹性模量分级层板和机械应力分级层板。目前我国还没有自产的机械分级层板产品，因此我国的胶合木制作加工基本上没有采用机械分级层板。有关木材的机械分级，详见本手册第3章的有关介绍。

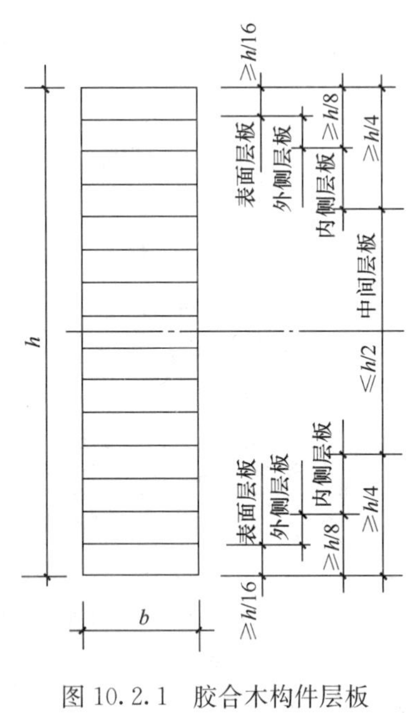

图10.2.1 胶合木构件层板位置示意

3. 层板的分类

胶合木在生产过程中，将胶合木层板层层叠合进行组坯时，层板应分为表面层板、外侧层板、内侧层板和中间层板。各类层板的分类以及具体位置应符合下列规定（图10.2.1）：

（1）表面层板——胶合木中，位于构件截面的表面边缘，距构件边缘不小于1/16截面高度范围内的层板。

（2）外侧层板——胶合木中，与表面层板相邻的，距构件外边缘不小于1/8截面高度范围内的层板。

（3）内侧层板——胶合木中，与外侧层板相邻的，距构件外边缘不小于1/4截面高度范围内的层板。

（4）中间层板——胶合木中，与内侧层板相邻的，位于构件截面中心线两侧各1/4截面高度范围内的层板。

4. 层板的拼接

（1）层板端部拼接

如果胶合木构件的长度超过层板的长度，则层板在长度方向需进行端部拼接。端部拼接方式一般有四种：平接、斜接、齿接及指接，如图10.2.2所示。

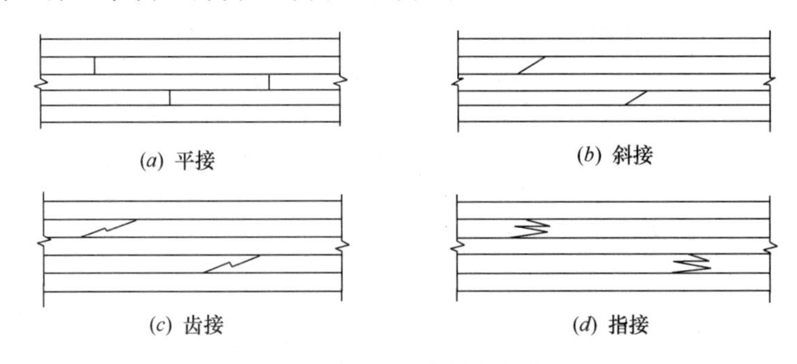

图10.2.2 端部拼接方式

平接几乎没有任何受拉承载力，所以在受弯、受拉以及弯曲构件中不允许采用。斜接，当接口坡度为1/12时，连接处的强度可以达到层板本身的强度。齿接可以满足快速生产的要求，但强度不如斜接强度高。指接是在结构胶合木生产中主要采用的层板端部拼接方法。

指接接缝处的主要技术参数包括接边坡度、指长以及指端宽度。指接接缝的设计，主要是保证指边坡度与斜接坡度一样，而接缝的总长度不大于斜接的长度。制作层板胶合木构件的层板接长应采用指接。用于承重构件时，其指接边坡度不宜大于1/10，指长 l 不应小于 15mm，指端宽度 b_f 宜取 0.2mm～0.5mm（图 10.2.3）。

不同国家对于指接构造要求有所不同，例如，在美国，一般采用两种指接构造，一种是指接边坡度为 1/10.55，指长 l 为 28.27mm，指端宽度 b_f 为 0.813mm；另一种是指接边坡度为 1/10.86，指长 l 为 28.27mm，指端宽度 b_f 为 0.762mm。而在新西兰，普通结构采用指接接头的指长一般为 10mm，最长为 20mm。

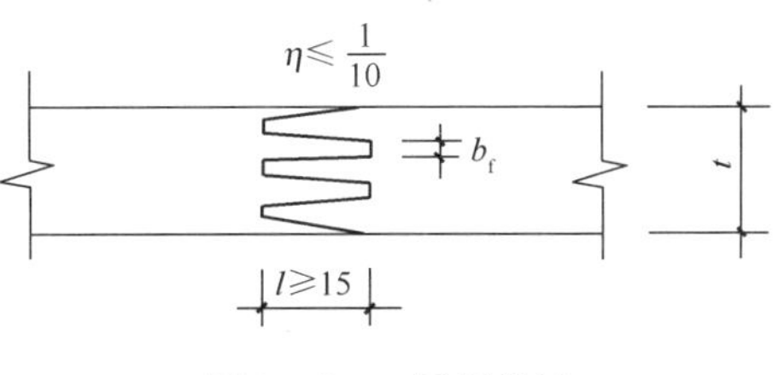

图 10.2.3 层板指接

采用指接时，应对接缝上节子的数量以及尺寸有限制，尤其是对受拉和受弯构件。

（2）层板端部拼接接头间距

层板胶合木指接层板的接头间距是指上下相邻的两层层板中，与层板纵向中心轴平行方向上的接头之间的距离。指接接头需满足以下规定：

1）同一层层板指接接头间距不小于 1.5m，相邻上下两层层板的指接接头距离不小于 $10t$（t 为板厚）。

2）胶合木构件同一截面上板材指接接头数目不多于层板层数的 1/4。

3）避免将各层木板的指接接头沿构件高度布置成阶梯形。

在北美，对于指接层板的接头间距的规定列举如下：

1）对于受拉构件：当受拉构件所受荷载达到或超过构件承载力的 75%时，上下层板接头的间距不应小于 150mm。

2）受弯构件的受拉区：对于受弯构件，在离构件受拉边缘 1/8 截面高度加上一块层板的厚度内，上下层层板接头的间距不应小于 150mm。截面中其余受拉部分的 75%的层板，也需满足这条规定，但如果构件有做预加载试验验证，也可以不用满足本条规定。

3）对于受压构件以及受弯构件的受压区：上下层层板接头无最小间距的要求。对于拱，也无此要求。

（3）层板横向拼宽

图 10.2.4 层板拼接

当胶合木构件的截面超过一块层板宽度时，在截面的宽度方向需要对层板进行横向拼宽，层板的横向拼宽可采用平接。一般情况下，在进行横向拼宽时，除建议构件顶面的表面层板和底面的表面层板的侧边拼宽缝需要胶合外，其余外侧层板、内侧层板和中间层板在横向拼宽方向上可不胶合。但是，当荷载作用方向与层板宽面方向平行，或当构件的计算剪力超过 50%的设计承载力时，建议层板在横向拼宽方向胶合。当胶合木构件的层板横向拼接不采用胶拼接时，上下相邻两层层板平接线水平距离 b 不应小于 40mm（图 10.2.4）。

在北美标准中规定，当中间层板横向拼接不采用胶拼接时，上下相邻两层层板拼接线的水平距离 b 不应小于 25mm 和层板厚度两者中的较大值。

北美胶合木生产时，在内外层板横向不进行胶合拼宽的情况下，规定构件顶部和底部的层板间拼缝的宽度不应大于 6mm；中间层层板间拼缝的宽度与构件截面的宽度尺寸有关，当截面宽度分别为 235mm 及以下、286mm 和 337mm 时，其平接线水平距离 b 分别不得大于 10mm、13mm 和 16mm。

5. 层板组合

理论上来说，胶合木的层板可以采用不同树种、尺寸或材质等级的材料进行生产，产生很多不同的层板组合。但是，在实际生产和工程中，考虑到木材资源以及构件的强度要求，没有必要将所有不同情况下的层板组合都进行研究。一般来说，结构胶合木的层板组合通常在同一树种的基础上，主要包括以下若干方式：

（1）单一材质等级或多种材质等级的层板组合

根据用途，胶合木可采用同一树种下的单一材质等级或多种材质等级的层板组合进行生产。现在混合树种的胶合木也能生产。采用同一树种下单一材质等级或多种材质等级的层板生产胶合木产品，主要根据构件的受力性质以及荷载方向与层板方向之间的关系来决定。当构件主要用来承受轴向荷载或弯曲荷载，如荷载方向与层板宽面方向平行时，胶合木构件可采用单一材质等级的层板制造。相反，当弯曲荷载与层板宽面方向垂直时，结构胶合木构件可采用多种材质等级的层板制造。

（2）材质等级对称与不对称的层板组合

胶合木根据需要可以制成材质等级对称与不对称的构件，如图 10.2.5 所示。对于受弯构件来说，截面中最关键的部位是受弯方向的边缘受拉区。在不对称的结构胶合木中，受拉区边缘部位的层板比相应的受压区的层板的材质等级高，这样就有效地提高了木材的利用率。所以，不对称胶合木的抗弯强度值对于受拉区和受压区是不同的。

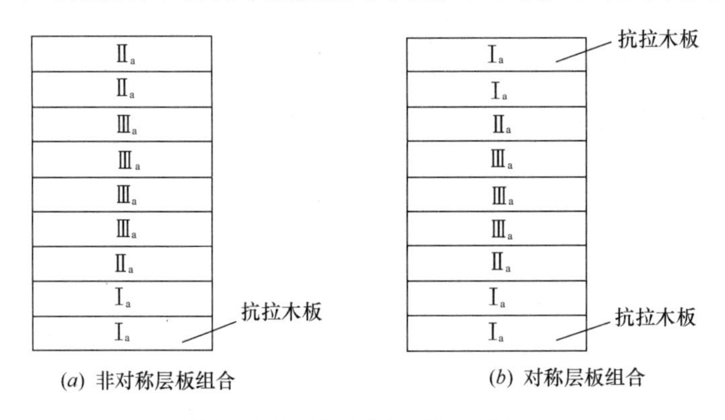

图 10.2.5　非对称与对称层板组合

不对称胶合木主要用于单跨简支梁。有些时候，也可用于悬挑长度不大的悬臂梁（悬挑长度不超过未悬挑部分的 20%）。在连续梁的设计中，当截面设计由抗剪或变形控制时，也可采用不对称胶合木。当不对称胶合木反向安装时，此时应根据所提供的设计强度，采用受压区的抗弯强度值。这种情况下，应对梁的允许抗弯强度和梁的承载力进行校核，以确定梁是否能承受设计荷载。

施工中，在安装不对称胶合木时，应严禁将梁的顶面和底面上下方向放反。胶合木生产厂会在产品上注明顶面的位置，以提醒施工人员的注意。

对称胶合木中，所有层板的材质等级相对于梁截面中心线对称。对称胶合木构件一般用于梁顶或梁底，使用中都会产生拉应力的情况，如连续梁等。对称结构胶合木构件也可用于单跨简支梁，当然这种情况下采用不对称胶合木梁更为经济。

（3）水平和垂直层板组合胶合木

结构胶合木构件在一般的使用情况下，荷载作用方向总是与层板的宽面垂直（图10.2.6*a*），这种情况一般称作水平层板组合胶合木构件。假如同样构件旋转90°，则荷载作用方向与层板的宽面平行（图10.2.6*b*），这种情况称作垂直层板组合胶合木构件。水平层板构件或垂直层板构件的结构胶合木具有不同的强度设计值。

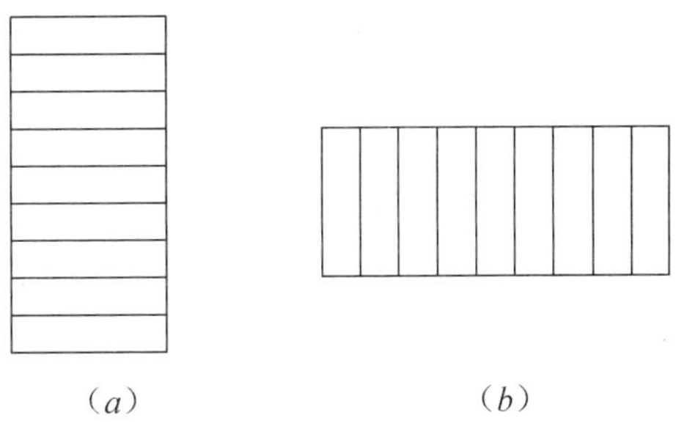

图10.2.6 水平和垂直层板组合

（4）层板放置方向

当采用普通层板制作胶合木构件时，层板的放置应使构件中各层木板的年轮方向一致（图10.2.7*a*）。这样，当木板干缩时，胶缝主要受剪，而胶缝的抗剪能力是很好的。如果年轮反向布置（图10.2.7*b*），则木板干缩时，胶缝将受拉，而胶缝的抗拉能力较差，往往导致粘胶开裂而失效。当采用目测分级层板和机械分级层板制作胶合木构件时，随着工业化的加工制作工艺流程的技术发展，以及加工制作设备技术的更新，通常不再考虑层板的年轮方向如何放置。

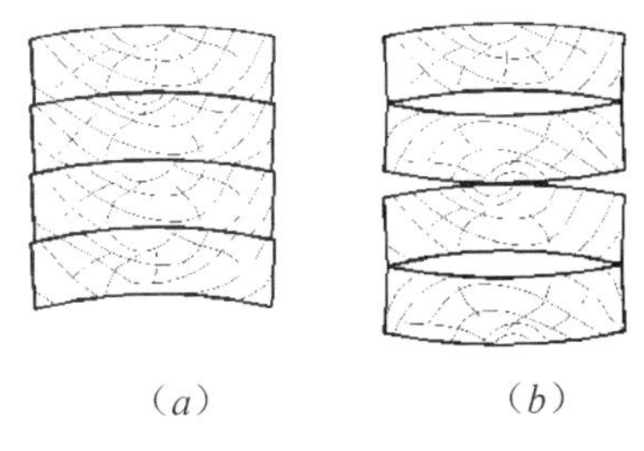

图10.2.7 胶合时层板放置方向

6. 结构胶粘剂的有关要求

胶合木结构的承载能力首先取决于胶的强度及其耐久性。因此，对胶的质量有严格的要求：

（1）应保证胶合强度不低于木材顺纹抗剪和横纹抗拉的强度。因为不论在荷载作用下或由于木材胀缩引起的内力，胶缝主要是受剪应力和垂直于胶缝方向的正应力作用。一般说来，胶缝对压应力的作用总是能够胜任的。因此，关键在于保证胶缝的抗剪和抗拉强度。当胶缝的强度不低于木材顺纹抗剪和横纹抗拉强度时，就意味着胶连接的破坏基本上沿着木材部分发生，这也就保证了胶连接的可靠性。

（2）胶粘剂的防水性和耐久性应满足结构的使用条件和设计使用年限的要求，并应符合环境保护的要求。胶缝的耐久性取决于它的抗老化能力和抗生物侵蚀能力。因此，胶的抗老化能力应与结构的用途和使用年限相适应。为了防止使用变质的胶，对每批胶均应经过胶合能力的检验，合格后方可使用。

（3）胶粘剂的选用应根据生产采用的木材特性、生产时的气候状况，以及木结构使用环境、防水和防腐等要求进行选用。如同一工厂同样树种的胶合，在冬天和夏天使用的胶粘剂就会有差异。对于新的胶种，在使用前必须提出相关的试验研究报告，经过相关机构或专家鉴定合格后，并通过试点工程验证后，方可逐步推广应用。

（4）承重结构采用的胶粘剂按其性能指标分为Ⅰ级胶和Ⅱ级胶，对于酚类胶、聚氨塑料胶和单成分聚氨酯胶的Ⅰ级胶和Ⅱ级胶的性能指标参数，参见现行国家标准《胶合木结构技术规范》GB/T 50708。其他可满足性能要求的胶也可以使用。在室内条件下，普通的建筑结构可采用Ⅰ级或Ⅱ级胶粘剂。下列情况时应采用Ⅰ级胶粘剂：

1）重要的建筑结构；

2）使用中可能处于潮湿环境的建筑结构；

3）使用温度经常大于50℃的建筑结构；

4）完全暴露在大气条件下，以及使用温度小于50℃，但是所处环境的空气相对湿度经常超过85%的建筑结构。

10.2.2　胶合木的质量控制和产品标识

胶合木是工厂化生产的木结构构件。所以，当生产完成后，产品不可能利用规格材生产的检验方式对胶合木产品进行取样抽检以剔除不合格的产品。这就要求结构胶合木的生产必须有完善的生产和质量控制体系，确保每一道生产工艺的质量。产品生产完成后，还应有一整套产品测试的方法，以保证满足产品标准要求，达到预期的强度、耐久性等要求。

胶合木应由具备资质的专业工厂按设计文件规定的胶合木的设计强度等级、规格尺寸、构件截面组坯标准及预期使用环境在工厂加工制作。制作胶合木的层板，应有相应的分级标准并严格按照标准进行层板分级后，根据确定的组坯方案进行组坯。胶合木的组坯、制作应严格遵守产品标准的要求。生产完成后，工厂应对生产的胶合木提供生产合格证书、本批次胶合木胶缝完整性、指接强度等检验报告；对于异等非对称胶合木构件应明确注明截面使用的上下方向。

胶合木在出厂前，应进行常规的产品试验以保证产品质量的一致性。除了对暴露环境构件需做的真空压力循环试验，所有试验应经过质量控制机构的认可和批准。生产商应按试验标准的要求进行试验，并应保存所有的试验记录。

为了保证胶合木产品的生产质量，也为了保证施工和验收人员能正确区分、安装和验收胶合木结构构件，所有的胶合木构件需标识，标识包括：构件的主要用途（简支受弯、受压、受拉、连续或悬臂受弯等）、生产厂家名称、产品标准名称、构件编号和尺寸规格、层板说明、胶粘剂类型、树种、强度等级和外观等级、经过防护处理的标记等内容。实际工程中使用进口胶合木构件时，除应符合合同技术条款的规定外，还应附产品标识和设计标准等相关资料以及相应的认证标志，所有资料均应有中文标识。

10.3　胶合木强度指标

10.3.1　胶合木强度设计值和标准值

国家标准《木结构设计标准》GB 50005—2017规定了胶合木的强度标准值、设计值和弹性模量。胶合木的强度标准值和弹性模量标准值可参见本手册第2.10.3节，强度设计值和弹性模量可参见本手册第3.3.3节。

为了与国际上通常采用的胶合木强度等级的标识方法统一，在《木结构设计标准》GB 50005—2017的修订过程中调整了强度等级表达方法，统一按胶合木的抗弯强度标准值标识胶合木的强度等级，这与《胶合木结构技术规范》GB 50708—2012中的强度等级表示方法有所不同。《胶合木结构技术规范》GB 50708—2012采用抗弯强度设计值来标识强度等级。虽然两本标准中胶合木的等级不一致，但是对按同样工艺和材料生产的胶合木的性能规定是一致的。另外，《木结构设计标准》GB 50005—2017 的胶合木设计指标，是按基于可靠度确定木材强度指标的统一方法重新确定的，因此，与《胶合木结构技术规范》GB 50708—2012 的设计指标有所差异，设计时，宜按照《木结构设计标准》GB 50005—2017 进行计算。

10.3.2 进口胶合木强度设计值

目前，进口胶合木产品已在我国木结构建筑工程中使用，而《木结构设计标准》GB 50005—2017 中并未列出进口胶合木的强度设计指标。对于进口胶合木产品的力学指标，可根据本手册第 3.2.3 节基于可靠度确定木材强度指标的统一方法确定进口胶合木的设计指标。胶合木的强度设计值由下式确定：

$$f_{\mathrm{d}} = \frac{f_{\mathrm{k}} K_{\mathrm{DOL}}}{\gamma_{\mathrm{R}}} \tag{10.3.1}$$

式中：f_{k}——胶合木的强度标准值（亦称特征值，具有 75%置信水平、5%分位值）；

K_{DOL}——荷载持续作用效应系数，规定取值为 0.72；

γ_{R}——胶合木的抗力分项系数，其取值按可靠度分析确定，与强度变异性有关。

对于弹性模量，设计值取平均值，标准值为 5%分位值，可以直接参照所进口国家的取值。

1. 进口胶合木的强度标准值

对于进口胶合木的强度标准值，产品的出口国都有相应的标准，可参考各个国家的标准获得。在美国通常使用容许应力进行设计，故美国标准中给出的指标为容许应力值，并没有给出强度标准值。但是，我们可以根据给定的容许应力设计值，进行转换获得强度标准值。在欧洲，胶合木生产加工制造执行欧洲标准 EN 14080，该标准又称为欧洲胶合木产品的统一标准，也是认证的基础，如 CE 认证标志。该标准包括产品的生产细节和强度等级，对于欧洲进口的胶合木可以直接通过该标准获得对应强度指标的强度标准值。

2. 进口胶合木的抗力分项系数

参照本手册第 3.2.3 节基于可靠度确定木材强度设计值的统一方法，可得进口胶合木的抗力分项系数。

本手册第 3.2.3 节中对木构件抗力统计参数（参见表 3.2.8）的确定，同样适用于进口胶合木构件。因为，进口胶合木通常都通过了第三方机构的质量认证，其产品的稳定性较好，进口胶合木构件抗弯、抗压变异系数相对较小，通常为 10%～15%；而抗拉时的变异系数通常在 20%以内。根据本手册图 3.2.4 的抗力分项系数 γ_{R}-V_{R} 基准曲线图可以得到：

（1）进口胶合木构件受弯时，抗力分析系数 γ_{R} 取变异系数为 10%～15%之间的较大值，即变异系数 V_{R}=10%时，所对应的抗力分项系数 $\gamma_{\mathrm{R}} = 1.04$；

（2）进口胶合木构件顺纹受压时，抗力分析系数 γ_{R} 取变异系数为 10%～15%之间的较大值，即变异系数 V_{R}=10%时，所对应的抗力分项系数 $\gamma_{\mathrm{R}} = 1.03$；

（3）进口胶合木构件顺纹受拉时，抗力分项系数 γ_{R} 取变异系数 V_{R}=20%时，所对应的抗力分项系数 $\gamma_{\mathrm{R}} = 1.20$。

3. 进口胶合木强度设计值

（1）由美国进口的胶合木

在美国，通常使用容许应力法进行木结构设计，美国木结构设计标准（National Design Specification for Wood Construction，以下简称“NDS”）中，木产品的设计指标是按容许应力设计法确定的，即将木产品强度标准值除以安全系数获得。对于由美国进口的胶合木，其设计标准中的弹性模量即为弹性模量平均值，仅进行单位转换即可，而其他指标的强度标准值可由规定的容许应力设计法的设计值转换得到，转换公式如下：

$$f_k = F_{ASD} K_{ASD} \tag{10.3.2}$$

式中：f_k——强度标准值，也称为5分位值；

F_{ASD}——NDS中容许应力设计法设计值；

K_{ASD}——从容许应力设计法设计值到强度标准值调整系数，可按表10.3.1取值。

K_{ASD}调整系数表　　表10.3.1

工程木产品的强度	顺纹抗压	抗弯	顺纹抗拉
K_{ASD}	1.9	2.1	2.1

注：弹性模量标准值 $E_k=1.05E(1-1.645\times0.1)$。

美国木结构设计标准（NDS）中，胶合木产品分为同等组合胶合木和异等组合胶合木两种，并且，NDS中采用的单位为英制单位，1psi=1/145MPa，根据式（10.3.2）和表10.3.1，进行单位转换就能够得到由美国进口胶合木的标准值，见表10.3.2和表10.3.3。

NDS中部分同等组合胶合木强度标准值和弹性模量标准值　　表10.3.2

组合称号	NDS中允许应力法设计指标(psi)			转换后的标准值(N/mm²)			
	抗弯	顺纹抗压	顺纹抗拉	抗弯 f_{mk}	顺纹抗压 f_{ck}	顺纹抗拉 f_{tk}	弹性模量 E_k
1/DF	1250	1550	950	18.1	20.3	13.8	11000
2/DF	1700	1950	1250	24.6	25.6	18.1	11700
3/DF	2000	2300	1450	29.0	30.1	21.0	13800
5/DF	2200	2400	1650	31.9	31.4	23.9	14500
47/SP	1400	1900	1200	20.3	24.9	17.4	10300
48/SP	1600	2200	1400	23.2	28.8	20.3	12400
49/SP	1800	2100	1350	26.1	27.5	19.6	12400
50SP	2100	2300	1550	30.4	30.1	22.4	13800
69/AC	1000	1150	725	14.5	15.1	10.5	9000
70/AC	1350	1450	975	19.6	19.0	14.1	9700
71/AC	1750	1900	1250	25.3	24.9	18.1	11700
73/POC	1050	1500	775	15.2	19.7	11.2	9700
74/POC	1400	1900	1050	20.3	24.9	15.2	10300
75/POC	1850	2300	1350	26.8	30.1	19.6	12400

注：表中树种简称，DF表示花旗松，SP表示南方松，POC表示冷杉，AC表示阿拉斯加黄扁柏。

NDS 中部分异等组合胶合木强度标准值和弹性模量标准值 **表 10.3.3**

组合称号	NDS 中允许应力法设计指标(psi)				转换后的标准值(N/mm²)				
	抗弯		顺纹抗压	顺纹抗拉	抗弯		顺纹抗压	顺纹抗拉	弹性模量
	正弯矩	负弯矩			f_{mk}^{+}	f_{mk}^{-}	f_{ck}	f_{tk}	E_k
30F-E1/SP	3000	2400	1750	1250	43.4	34.8	22.9	18.1	15200
30F-E2/SP	3000	3000	1750	1350	43.4	43.4	22.9	19.6	15200
28F-E1/SP	2800	2300	1850	1300	40.6	33.3	24.2	18.8	15200
28F-E2/SP	2800	2800	1850	1300	40.6	40.6	24.2	18.8	15200
26F-V1/DF	2600	1950	1850	1350	37.7	28.2	24.2	19.6	14500
26F-V2/DF	2600	2600	1850	1350	37.7	37.7	24.2	19.6	14500
24F-V3/SP	2400	2000	1650	1150	34.8	29.0	21.6	16.7	13100
24F-V4/DF	2400	1850	1650	1100	34.8	26.8	21.6	15.9	13100
24F-V5/SP	2400	2400	1600	1150	34.8	34.8	21.0	16.7	12400
24F-V8/DF	2400	2400	1650	1100	34.8	34.8	21.6	15.9	13100
20F-V12/AC	2000	1400	1500	925	29.0	20.3	19.7	13.4	11000
20F-V13/AC	2000	2000	1550	950	29.0	29.0	20.3	13.8	11000
20F-V14/POC	2000	1450	1600	900	29.0	21.0	21.0	13.0	11000
20F-V15/POC	2000	2000	1600	900	29.0	29.0	21.0	13.0	11000

注：1 表中树种简称，DF 表示花旗松，SP 表示南方松，POC 表示冷杉，AC 表示阿拉斯加黄扁柏。

2 f_{mk}^{+} 表示为正弯矩作用下强度，f_{mk}^{-} 表示为负弯矩作用下强度。

当弹性模量设计值采用弹性模量的平均值，根据表 10.3.2、表 10.3.3 中胶合木强度标准值，以及按可靠度确定的胶合木抗力分项系数值，由式（10.3.1）可计算得到由美国进口胶合木在中国使用时的设计值，见表 10.3.4 和表 10.3.5。

由美国进口的部分同等组合胶合木强度设计值和弹性模量平均值 **表 10.3.4**

组合称号	抗弯 f_m (N/mm²)	顺纹抗压 f_c (N/mm²)	顺纹抗拉 f_t (N/mm²)	弹性模量 E (N/mm²)
1/DF	12.5	14.2	8.3	12600
2/DF	17.0	17.9	10.9	13400
3/DF	20.1	21.1	12.6	15700
5/DF	22.1	22.0	14.3	16500
47/SP	14.0	17.4	10.4	11800
48/SP	16.0	20.3	12.2	14200
49/SP	18.0	19.2	11.7	14200
50SP	21.1	21.1	13.5	15700
69/AC	10.0	10.5	6.3	10200
70/AC	13.5	13.3	8.5	11000
71/AC	17.5	17.4	10.9	13400
73/POC	10.5	13.7	6.7	11000
74/POC	14.0	17.4	9.1	11800
75/POC	18.5	21.1	11.7	14200

注：表中树种简称，DF 表示花旗松，SP 表示南方松，POC 表示冷杉，AC 表示阿拉斯加黄扁柏。

由美国进口的部分异等组合胶合木强度设计值和弹性模量平均值　　表 10.3.5

组合称号	抗弯		顺纹抗压 f_{ck} (N/mm²)	顺纹抗拉 f_{tk} (N/mm²)	弹性模量 E (N/mm²)
	f_{mk}^{+} (N/mm²)	f_{mk}^{-} (N/mm²)			
30F-E1/SP	30.1	24.1	16.0	10.9	17300
30F-E2/SP	30.1	30.1	16.0	11.7	17300
28F-E1/SP	28.1	23.1	16.9	11.3	17300
28F-E2/SP	28.1	28.1	16.9	11.3	17300
26F-V1/DF	26.1	19.6	16.9	11.7	16500
26F-V2/DF	26.1	26.1	16.9	11.7	16500
24F-V3/SP	24.1	20.1	15.1	10.0	14900
24F-V4/DF	24.1	18.5	15.1	9.6	14900
24F-V5/SP	24.1	24.1	14.7	10.0	14200
24F-V8/DF	24.1	24.1	15.1	9.6	14900
20F-V12/AC	20.1	14.0	13.7	8.0	12600
20F-V13/AC	20.1	20.1	14.2	8.3	12600
20F-V14/POC	20.1	14.5	14.7	7.8	12600
20F-V15/POC	20.1	20.1	14.7	7.8	12600

注：1 表中树种简称，DF 表示花旗松，SP 表示南方松，POC 表示冷杉，AC 表示阿拉斯加黄扁柏；

2 f_{mk}^{+}表示为正弯矩作用下强度，f_{mk}^{-}表示为负弯矩作用下强度。

(2) 由加拿大进口的胶合木

加拿大木结构设计标准（Engineering design in wood CSA O86）中给出了加拿大规格材的设计指标，加拿大采用抗力分项系数法，对其指标进行转换获得标准值，然后根据可靠度方法确定其在中国使用的设计指标。

加拿大进口胶合木的标准值见表 10.3.6 和表 10.3.7。

由加拿大进口的同等组合胶合木强度标准值和弹性模量标准值　　表 10.3.6

强度等级	抗弯		顺纹抗压 f_{ck} (N/mm²)	顺纹抗拉 f_{tk} (N/mm²)	弹性模量 E_k (N/mm²)
	f_{mk}^{+} (N/mm²)	f_{mk}^{-} (N/mm²)			
18t-E/DF	27.5	27.5	27.5	26.1	12100
16c-E/DF	15.9	15.9	27.5	23.1	10900
14t-E/SPF	27.5	27.5	23.0	20.3	9400
12c-E/SPF	11.1	11.1	23.0	19.3	8500

注：1 表中树种简称，DF 表示花旗松，SPF 表示云杉-松-冷杉；

2 f_{mk}^{+}表示为正弯矩作用下强度，f_{mk}^{-}表示为负弯矩作用下强度。

由加拿大进口的异等组合胶合木强度标准值和弹性模量标准值　　表 10.3.7

强度等级	抗弯		顺纹抗压 f_{ck} (N/mm²)	顺纹抗拉 f_{tk} (N/mm²)	弹性模量 E_k (N/mm²)
	f_{mk}^{+} (N/mm²)	f_{mk}^{-} (N/mm²)			
24f-E/DF	34.7	26.1	27.5	23.1	11200
24f-EX/DF	34.7	34.7	27.5	23.1	11200
20f-E/DF	29.0	21.8	27.5	23.1	10900
20f-EX/DF	29.0	29.0	27.5	23.1	10900
20f-E/SPF	29.0	21.8	23.0	19.3	9000
20f-EX/SPF	29.0	29.0	23.0	19.3	9000

注：1　表中树种简称，DF 表示花旗松，SPF 表示云杉-松-冷杉；
　　2　f_{mk}^{+}表示为正弯矩作用下强度，f_{mk}^{-}表示为负弯矩作用下强度。

根据表 10.3.6、表 10.3.7 中胶合木强度标准值，以及胶合木抗力分项系数值，由式(10.3.1)可计算得到由加拿大进口的胶合木的设计值，弹性模量设计值采用弹性模量的平均值，见表 10.3.8 和表 10.3.9。

由加拿大进口的同等组合胶合木强度设计值和弹性模量　　表 10.3.8

强度等级	抗弯		顺纹抗压 f_{ck} (N/mm²)	顺纹抗拉 f_{tk} (N/mm²)	弹性模量 E (N/mm²)
	f_{mk}^{+} (N/mm²)	f_{mk}^{-} (N/mm²)			
18t-E/DF	19.1	19.1	19.2	15.6	13800
16c-E/DF	11.0	11.0	19.2	13.9	12400
14t-E/SPF	19.1	19.1	16.1	12.2	10700
12c-E/SPF	7.7	7.7	16.1	11.6	9700

注：1　表中树种简称，DF 表示花旗松，SPF 表示云杉-松-冷杉；
　　2　f_{mk}^{+}表示为正弯矩作用下强度，f_{mk}^{-}表示为负弯矩作用下强度。

由加拿大进口的异等组合胶合木强度设计值和弹性模量　　表 10.3.9

强度等级	抗弯		顺纹抗压 f_{ck} (N/mm²)	顺纹抗拉 f_{tk} (N/mm²)	弹性模量 E (N/mm²)
	f_{mk}^{+} (N/mm²)	f_{mk}^{-} (N/mm²)			
24f-E/DF	24.0	18.0	19.2	13.9	12800
24f-EX/DF	24.0	24.0	19.2	13.9	12800
20f-E/DF	20.1	15.1	19.2	13.9	12400
20f-EX/DF	20.1	20.1	19.2	13.9	12400
20f-E/SPF	20.1	15.1	16.1	11.6	10300
20f-EX/SPF	20.1	20.1	16.1	11.6	10300

注：1　表中树种简称，DF 表示花旗松，SPF 表示云杉-松-冷杉；
　　2　f_{mk}^{+}表示为正弯矩作用下强度，f_{mk}^{-}表示为负弯矩作用下强度。

（3）由欧洲进口的胶合木

欧洲胶合木产品分为同等组合胶合木和异等组合胶合木。欧洲的胶合木生产加工制造执行欧洲标准 EN 14080（Timber Structures-Glued Laminated Timber And Glued Solid Timber-Requirements）[5]，该标准是欧洲胶合木产品的统一标准，也是欧洲 CE 认证的基础。该标准包括产品的生产具体要求和强度等级规定。对于由欧洲进口的胶合木，可以直接从该标准中获得各种强度的标准值。

由欧洲进口的胶合木强度标准值见表 10.3.10 和表 10.3.11。

由欧洲进口的同等组合胶合木强度标准值　　表 10.3.10

强度等级	抗弯 f_{mk} (N/mm²)	顺纹抗压 f_{ck} (N/mm²)	顺纹抗拉 f_{tk} (N/mm²)
GL32h	32.0	32.0	25.6
GL30h	30.0	30.0	24.0
GL28h	28.0	28.0	22.3
GL26h	26.0	26.0	20.8
GL24h	24.0	24.0	19.2
GL22h	22.0	22.0	17.6
GL20h	20.0	20.0	16

由欧洲进口的异等组合胶合木强度标准值　　表 10.3.11

强度等级	抗弯 f_{mk} (N/mm²)	顺纹抗压 f_{ck} (N/mm²)	顺纹抗拉 f_{tk} (N/mm²)
GL32c	32.0	24.5	19.5
GL30c	30.0	24.5	19.5
GL28c	28.0	24.0	19.5
GL26c	26.0	23.5	19.0
GL24c	24.0	21.5	17.0
GL22c	22.0	20.0	16.0
GL20c	20.0	18.5	15.0

根据表 10.3.10、表 10.3.11 中胶合木强度标准值，以及胶合木抗力分项系数值，由式（10.3.1）可计算得到由欧洲进口的胶合木的设计值，见表 10.3.12 和表 10.3.13。

由欧洲进口的同等组合胶合木强度设计值和弹性模量　　表 10.3.12

强度等级	抗弯 f_m (N/mm²)	顺纹抗压 f_c (N/mm²)	顺纹抗拉 f_t (N/mm²)	顺纹抗剪 f_v (N/mm²)	横纹抗压 $f_{90,c}$ (N/mm²)	弹性模量 E (N/mm²)
GL32h	22.2	22.5	15.3	1.6	4.7	14200
GL30h	20.8	21.1	14.4	1.6	4.7	13600
GL28h	19.4	19.6	13.4	1.6	4.7	12600
GL26h	18.0	18.2	12.5	1.6	4.7	12100

续表

强度等级	抗弯 f_m (N/mm²)	顺纹抗压 f_c (N/mm²)	顺纹抗拉 f_t (N/mm²)	顺纹抗剪 f_v (N/mm²)	横纹抗压 $f_{90,c}$ (N/mm²)	弹性模量 E (N/mm²)
GL24h	16.6	16.8	11.5	1.6	4.7	11500
GL22h	15.3	15.4	10.5	1.6	4.7	10500
GL20h	13.9	14.0	9.6	1.6	4.7	8400

由欧洲进口的异等组合胶合木设计值和弹性模量　　表 10.3.13

强度等级	抗弯 f_m (N/mm²)	顺纹抗压 f_c (N/mm²)	顺纹抗拉 f_t (N/mm²)	顺纹抗剪 f_v (N/mm²)	横纹抗压 $f_{90,c}$ (N/mm²)	弹性模量 E (N/mm²)
GL32c	22.2	17.2	12.5	1.6	4.7	13500
GL30c	20.8	17.2	12.5	1.6	4.7	13000
GL28c	19.4	16.8	12.5	1.6	4.7	12500
GL26c	18.0	16.5	12.2	1.6	4.7	12000
GL24c	16.6	15.1	10.9	1.6	4.7	11000
GL22c	15.3	14.0	10.3	1.6	4.7	10400
GL20c	13.9	13.0	9.6	1.6	4.7	10400

（4）由美国、加拿大进口的胶合木顺纹抗剪和横纹承压强度设计值的确定

我国胶合木的顺纹抗剪和横纹承压强度设计值是根据层板的清材小试件试验确定的。国家标准《木结构设计标准》GB 50005—2017 中，规定了应根据制作胶合木所采用层板的树种或树种组合来确定其顺纹抗剪强度设计值和横纹承压强度设计值（见本手册表 3.3.10、表 3.3.11）。对于由美国、加拿大进口的胶合木也可根据制作胶合木所采用层板的树种或树种组合来确定其顺纹抗剪强度设计值和横纹承压强度设计值。

10.3.3　胶合木设计值调整系数

计算时，对胶合木构件的强度设计值除应根据不同使用条件、不同设计使用年限以及荷载作用状况，按本手册第 3.3 节的要求进行调整外，还应根据构件尺寸情况进行下列调整：

（1）对于曲线形胶合木构件，抗弯强度设计应乘以由下式得到的修正系数：

$$k_r = 1 - 2000\left(\frac{t}{R}\right)^2 \qquad (10.3.3)$$

式中：k_r——胶合木曲线形构件强度修正系数；

R——胶合木曲线形构件内边的曲率半径（mm）；

t——胶合木曲线形构件每层木板的厚度（mm）。

（2）当胶合木构件截面高度大于 300mm，荷载作用方向垂直于层板截面宽度方向时，抗弯强度设计值应乘以体积调整系数 k_v，k_v 按下式计算：

$$k_v = \left[\left(\frac{130}{b}\right)\left(\frac{305}{h}\right)\left(\frac{6400}{L}\right)\right]^{\frac{1}{c}} \leqslant 1.0 \qquad (10.3.4)$$

式中：b——构件截面宽度（mm）；

h——构件截面高度（mm）；

L——构件在零弯矩点之间的距离（mm）；

c——树种系数，一般取 10，当对某一树种有具体经验时，可按经验取值，如北美地区花旗松取 10，南方松则取 20。

（3）当胶合木构件截面高度大于 300mm，荷载作用方向平行于层板截面宽度方向时，抗弯强度设计值应乘以截面高度调整系数 k_h，k_h按下式计算：

$$k_h = \left(\frac{300}{h}\right)^{\frac{1}{9}} \tag{10.3.5}$$

10.4 胶合木结构的设计

胶合木结构的设计通常需要进行结构整体分析、构件验算、连接设计和节点设计。目前，国内专门用于木结构专业的结构分析软件还十分匮乏，木结构计算时，通常采用现有的各种适合木结构力学分析的软件对木结构进行整体分析，获得木结构构件在各种荷载工况作用下的最不利内力和支座反力。再根据胶合木构件经各种调整系数调整后的强度设计值和构件实际使用情况，对构件进行承载力和正常使用状态的设计，以及连接设计和节点设计。

10.4.1 构件设计

构件设计时，构件轴心受压、轴心受拉、拉弯、压弯、受剪以及构件局部承压的验算可参照本手册第 4 章的相关公式进行。对于等截面直线形受弯构件的设计与常规受弯构件验算一致，对于变截面直线形受弯构件和曲线形受弯构件需特殊考虑。

1. 变截面直线形受弯构件

变截面直线形受弯构件包括单坡和双坡变截面构件。变截面构件的斜面制作需在工厂完成，不得在现场切割制作。变截面构件全截面范围内应采用相同等级的层板。

（1）均布荷载作用下，支座为简支的单坡或对称双坡变截面矩形受弯构件（图 10.4.1）的受弯（包括稳定）、受剪以及横纹受压受载力按下列规定进行验算：

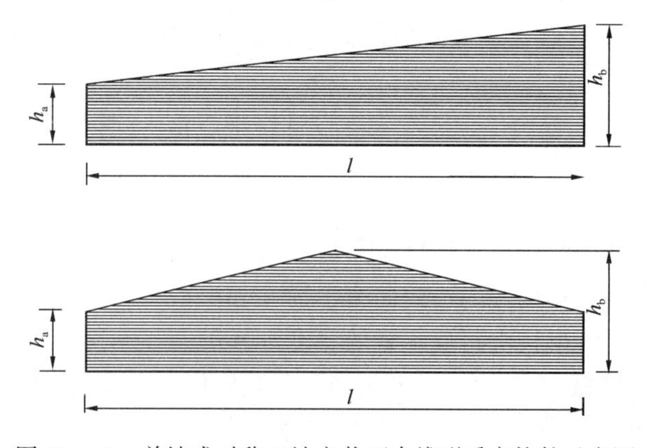

图 10.4.1 单坡或对称双坡变截面直线形受弯构件示意图

1）最大弯曲应力处离截面高度较小一端的距离 z、最大弯曲应力处截面的高度 h_z、弯曲应力处受弯承载能力按下列公式进行验算：

$$z=\frac{l}{2h_{a}+l\tan\theta}h_{a} \tag{10.4.1}$$

$$h_{z}=2h_{a}\frac{h_{a}+l\tan\theta}{2h_{a}+l\tan\theta} \tag{10.4.2}$$

$$\sigma_{m}\leqslant\varphi_{l}k_{i}f'_{m} \tag{10.4.3}$$

$$\sigma_{m}=\frac{3ql^{2}}{4bh_{a}(h_{a}+l\tan\theta)} \tag{10.4.4}$$

式中：σ_m——最大弯曲应力处的弯曲应力值（N/mm^2）；

h_a——构件最小端的截面高度（mm）；

l——构件跨度（mm）；

θ——构件斜面与水平面的夹角（°）；

q——均布荷载设计值（N/mm）；

f'_m——不考虑高度或体积调整系数的胶合木抗弯强度设计值（N/mm^2）；

φ_l——受弯构件的侧向稳定系数；

k_i——变截面直线受弯构件设计强度相互作用调整系数，按下式计算：

$$k_{i}=\frac{1}{\sqrt{1+\left(\frac{f_{m}\tan^{2}\theta}{f_{v}}\right)^{2}+\left(\frac{f_{m}\tan^{2}\theta}{f_{c,90}}\right)^{2}}} \tag{10.4.5}$$

f_m——胶合木抗弯强度设计值（N/mm^2）；

$f_{c,90}$——胶合木横纹承压强度设计值（N/mm^2）；

f_v——胶合木抗剪强度设计值（N/mm^2）；

θ——构件斜面与水平面的夹角（°）。

2）最大弯曲应力处顺纹受剪承载能力按下式验算：

$$\sigma_{m}\tan\theta\leqslant f_{v} \tag{10.4.6}$$

式中：f_v——胶合木抗剪强度设计值（N/mm^2）。

3）支座处顺纹受剪承载能力验算时，截面尺寸应取支座处构件的截面尺寸，并应满足下式的要求：

$$\frac{VS}{Ib}\leqslant f_{v} \tag{10.4.7}$$

式中：f_v——胶合木顺纹抗剪强度设计值（N/mm^2）；

V——受弯构件剪力设计值（N）；

I——构件的全截面惯性矩（mm^4）；

b——构件的截面宽度（mm）；

S——剪切面以上的截面面积对中和轴的面积矩（mm^3）。

4）最大弯曲应力处横纹受压承载能力按下式验算：

$$\sigma_{m}\tan^{2}\theta\leqslant f_{c,90} \tag{10.4.8}$$

式中：$f_{c,90}$——胶合木横纹承压强度设计值（N/mm^2）。

（2）单个集中荷载作用下，单坡或对称双坡变截面矩形受弯构件的最大承载力按下列规定进行验算：

1）当集中荷载作用处截面高度大于最小端截面高度的 2 倍时，最大弯曲应力作用点位于截面高度为最小端截面高度的 2 倍处，即最大弯曲应力处离截面高度较小一端的距离 $z = h_a/\tan\theta$。

2）当集中荷载作用处截面高度小于或等于最小端截面高度的 2 倍时，最大弯曲应力作用点位于集中荷载作用处。

3）最大弯曲应力处受弯承载能力按下列公式进行验算：

$$\sigma_m < \varphi_l k_i f'_m \tag{10.4.9}$$

$$\sigma_m = \frac{6M}{bh_z^2} \tag{10.4.10}$$

式中：σ_m——最大弯曲应力处的弯曲应力值（N/mm^2）；

M——最大弯矩设计值（N·mm）；

b——构件截面宽度（mm）；

h_z——最大弯曲应力处的截面高度（mm）；

φ_l——受弯构件的侧向稳定系数；

k_i——构件设计强度相互作用调整系数；

f'_m——不考虑高度或体积调整系数的胶合木抗弯强度设计值（N/mm^2）。

4）最大弯曲应力处顺纹受剪承载能力、支座处顺纹受剪承载能力和横纹受压承载能力的验算与均布荷载作用下的承载力验算相同，即按式（10.4.6）、式（10.4.7）和式（10.4.8）进行验算。

（3）均布荷载或集中荷载作用下，单坡或对称双坡变截面矩形受弯构件的挠度 w_m，可根据变截面构件的等效截面高度，按等截面直线形构件计算，并符合下列规定：

1）均布荷载作用下，等效截面高度 h_c 按下式计算：

$$h_c = k_c h_a \tag{10.4.11}$$

式中：h_c——等效截面高度；

h_a——较小端的截面高度；

k_c——截面高度折算系数，按表 10.4.1 确定。

均布荷载作用下变截面梁截面高度折算系数 k_c 取值　　表 10.4.1

对称双坡变截面梁		单坡变截面梁	
当 $0<C_h\leqslant1$ 时	当 $1<C_h\leqslant3$ 时	当 $0<C_h\leqslant1.1$ 时	当 $1.1<C_h\leqslant2$ 时
$k_c=1+0.66C_h$	$k_c=1+0.62C_h$	$k_c=1+0.46C_h$	$k_c=1+0.43C_h$

注：$C_h = \dfrac{h_b - h_a}{h_a}$，其中，$h_b$ 为最高截面高度，h_a 为最小端的截面高度。

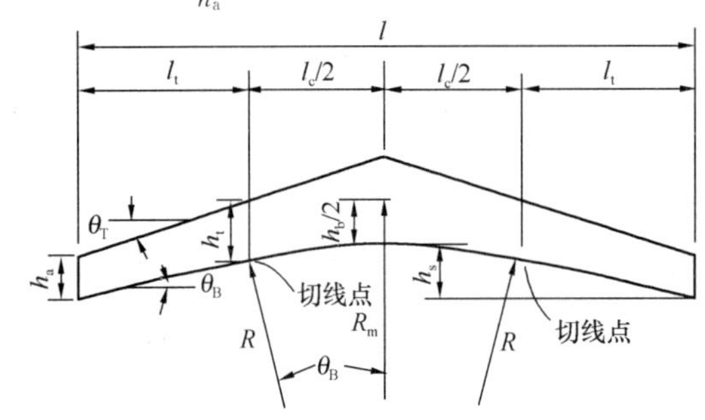

图 10.4.2　变截面曲线形受弯构件示意

2）集中荷载或其他荷载作用下，构件的挠度按线弹性材料力学方法确定。

2. 曲线形受弯构件

曲线形受弯构件包括等截面曲线形受弯构件和变截面曲线形受弯构件（图 10.4.2）。曲线形构件的曲率半径 R 应大于 $125t$（t 为层板厚度）。

（1）曲线形矩形截面受弯构件的受弯

承载力应按下列规定验算：

1）等截面曲线形受弯构件，受弯承载能力按下式验算：

$$\frac{6M}{bh^2} \leqslant k_r f_m \tag{10.4.12}$$

式中：f_m——胶合木抗弯强度设计值（N/mm^2）；

M——受弯构件弯矩设计值（N·mm）；

b——构件的截面宽度（mm）；

h——构件的截面高度（mm）；

k_r——胶合木曲线形构件强度修正系数，参见本手册式（10.3.3）。

2）对于变截面曲线形受弯构件的受弯承载力验算，应将变截面直线段与变截面曲线段分别进行验算。变截面直线部分受弯承载能力采用变截面直线形构件的计算方法，变截面曲线段部分应按下列公式进行验算：

$$K_\theta \frac{6M}{bh_b^2} \leqslant \varphi_l k_r f'_m \tag{10.4.13}$$

$$K_\theta = D + H\frac{h_b}{R_m} + F\left(\frac{h_b}{R_m}\right)^2 \tag{10.4.14}$$

式中：M——曲线部分跨中弯矩设计值（N·mm）；

b——构件截面宽度（mm）；

h_b——构件在跨中的截面高度（mm）；

φ_l——受弯构件的侧向稳定系数；

K_θ——几何调整系数；

R_m——构件中心线处的曲率半径；

f'_m——不考虑高度或体积调整系数的胶合木抗弯强度设计值（N/mm^2）；

D、H、F——系数，按表 10.4.2 确定。

D、H 和 F 系数取值表 **表 10.4.2**

构件上部斜面夹角 θ_T（rad）	D	H	F
2.5	1.042	4.247	−6.201
5.0	1.149	2.036	−1.825
10.0	1.330	0.0	0.927
15.0	1.738	0.0	0.0
20.0	1.961	0.0	0.0
25.0	2.625	−2.829	3.538
30.0	3.062	−2.594	2.440

注：中间角度，可采用线性插值法得到 D、E 和 F 值。

（2）曲线形矩形截面受弯构件的受剪承载力应按下式进行验算：

$$\frac{3V}{2bh_a} \leqslant f_v \tag{10.4.15}$$

式中：f_v——胶合木抗剪强度设计值（N/mm^2）；

V——受弯构件端部剪力设计值（N）；

b——构件截面宽度（mm）；

h_a——构件端部的截面高度（mm）。

（3）曲线形矩形截面受弯构件的径向承载力应按下列规定进行验算：

1）等截面曲线形受弯构件的径向承载能力按下式验算：

$$\frac{3M}{2R_m bh} \leqslant f_r \tag{10.4.16}$$

式中：M——跨中弯矩设计值（N-mm）；

b——构件截面宽度（mm）；

h——构件截面高度（mm）；

R_m——构件中心线处的曲率半径（mm）；

f_r——胶合木材径向抗拉（f_{rt}）或径向抗压（f_{rc}）强度设计值。

曲线形受弯构件在弯矩作用下呈现出变直的趋势时，构件为径向抗拉；反之，构件呈现出弯曲的趋势时，构件为径向抗压。现行国家标准规定，径向抗压设计强度值 f_{rc} 取胶合木横纹抗压强度设计值 $f_{c,90}$；径向抗拉强度设计值 f_{rt} 取顺纹抗剪强度设计值 f_v 的1/3。

2）变截面曲线形受弯构件的径向承载能力按下列公式验算：

$$K_r C_r \frac{6M}{bh_b^2} \leqslant f_r \tag{10.4.17}$$

$$K_r = A + B\frac{h_b}{R_m} + C\left(\frac{h_b}{R_m}\right)^2 \tag{10.4.18}$$

$$C_r = \alpha + \beta\frac{h_b}{R_m} \tag{10.4.19}$$

式中：K_r——径向应力系数；

A、B、C——系数，按表10.4.3取值；

C_r——构件形状折减系数，集中荷载作用时按表10.4.4取值；均布荷载作用时，式中 α、β 系数按表10.4.5取值；

h_b——构件在跨中的截面高度。

系数 *A*、*B*、*C* 取值表　　**表 10.4.3**

构件上部斜面夹角 θ_T（rad）	系数		
	A	B	C
2.5	0.0079	0.1747	0.1284
5.0	0.0174	0.1251	0.1939
7.5	0.0279	0.0937	0.2162
10.0	0.0391	0.0754	0.2119
15.0	0.0629	0.0619	0.1722
20.0	0.0893	0.0608	0.1393
25.0	0.1214	0.0605	0.1238
30.0	0.1649	0.0603	0.1115

注：中间角度，系数可采用线性插值法确定。

集中荷载作用下变截面弯曲构件的形状折减系数 C_r **表 10.4.4**

三分点上相同的集中荷载		跨中集中荷载	
l/l_c	C_r 值	l/l_c	C_r 值
任何值	1.05	1.0	0.75
		2.0	0.80
		3.0	0.85
		4.0	0.90

注：1 l/l_c 为其他值时，C_r 值可采用线性插值法确定；

2 l_c为构件曲线段跨度，l 为构件全长跨度。

均布荷载作用下对称变截面弯曲构件的形状折减系数计算取值表 **表 10.4.5**

屋面坡度	l/l_c	α	β
2∶12	1	0.44	−0.55
	2	0.68	−0.65
	3	0.82	−0.70
	4	0.89	−0.68
	⩾8	1.00	0.00
3∶12	1	0.62	−0.85
	2	0.82	−0.87
	3	0.94	−0.83
	4	0.98	−0.63
	⩾8	1.00	0.00
4∶12	1	0.71	−0.87
	2	0.88	−0.82
	3	0.97	−0.82
	4	1.00	−0.23
	⩾8	1.00	0.00
5∶12	1	0.79	−0.88
	2	0.95	−0.78
	3	0.98	−0.68
	4	1.00	0.00
	⩾8	1.00	0.00
6∶12	1	0.85	−0.88
	2	1.00	−0.73
	3	1.00	−0.43
	4	1.00	0.00
	⩾8	1.00	0.00

注：1 l/l_c 为其他值时，α 和 β 值可采用线性插值法确定；

2 l_c为构件曲线段跨度，l 为构件全长跨度。

（4）变截面曲线形受弯构件的挠度按下列公式进行验算：

$$\omega_{c}=\frac{5q_{k}l^{4}}{32Eb\,(h_{eq})^{3}} \tag{10.4.20}$$

$$h_{eq}=(h_{a}+h_{b})(0.5+0.735\tan\theta_{T})-1.41h_{b}\tan\theta_{B} \tag{10.4.21}$$

式中：ω_c——构件跨中挠度（mm）；

q_k——均布荷载标准值（N/mm）；

l——跨度（mm）；

E——弹性模量；

b——构件的截面宽度（mm）；

h_{eq}——构件截面等效高度（mm）；

h_b——构件在跨中的截面高度（mm）；

h_a——构件在端部的截面高度（mm）；

θ_B——底部斜角度数；

θ_T——顶部斜角度数。

10.4.2　连接设计

胶合木结构的连接设计和节点设计与整个结构体系的结构承载性能和适用性是密切相关的，通过正确的连接设计和节点设计，使得跨度更大或高度更高的胶合木结构体系实现安全可靠、建造可行的目标。胶合木构件最常见的是采用螺栓、销、六角头木螺钉、自攻螺丝等销轴类连接，以及裂环和剪板等连接件进行构件之间的连接。各类连接的承载力验算见本手册第5章相关内容。下面介绍常用的一些金属连接件，例如：螺栓、尖头螺栓、剪板和裂环。

1. 螺栓

在胶合木结构中，大部分的螺栓是侧向承重的销连接。螺栓连接节点可以有两个以上的剪面，通常需要求出每一个剪面在4种破坏模式下的受剪承载力。而连接的承载力是通过将剪面数量乘上所有剪面中最小的受剪承载力得到的。

木构件与螺栓头以及木构件与螺帽之间应有垫圈。垫圈可以为方形或圆形。垫圈应用在受剪和受拉的螺栓中。螺栓受拉时，应注意木构件上产生的局部承压力不超过横纹局部承压强度。当螺栓承受剪力时，垫圈的尺寸不重要，此时，垫圈的功能是当拧紧螺帽时，起到保护木构件的作用。

螺栓应安装在预先钻好的孔中。孔不能太小或太大。太小时，如对木构件重新钻孔，会导致木构件的开裂，而这种开裂会极大地降低螺栓的受剪承载力。相反，如果孔洞太大，销槽内会产生不均匀压力。一般来说，预钻孔的直径比螺栓直径稍大0.8～1.6mm。

螺栓直径一般不宜过大。因为螺栓直径过大，构件上开孔难度将增加。当有若干螺栓时，难以对齐；大直径螺栓的刚度较大，当有若干螺栓时，不利于承载力的平均分配。当应力重分配至荷载较小的螺栓之前，木构件有可能产生开裂。一般来说，螺栓的直径不宜超过25mm。

2. 六角尖头螺栓

六角尖头螺栓从形状上来说，类似螺栓与大直径木螺钉的结合。其螺纹类似木螺钉的螺纹，而螺头为六角形，如图 10.4.3 所示。尖头螺栓与木螺钉的一个很大区别，就是大直径的尖头螺栓与小直径的木螺钉销槽承压强度是不一样的。此外，安装方式也不一样。

当构件连接需要较长的螺栓或构件一侧不便安装操作时，可以采用尖头螺栓。尖头螺栓可以应用在抗剪或抗拔连接中。设计人员应熟悉这两种不同的应用。

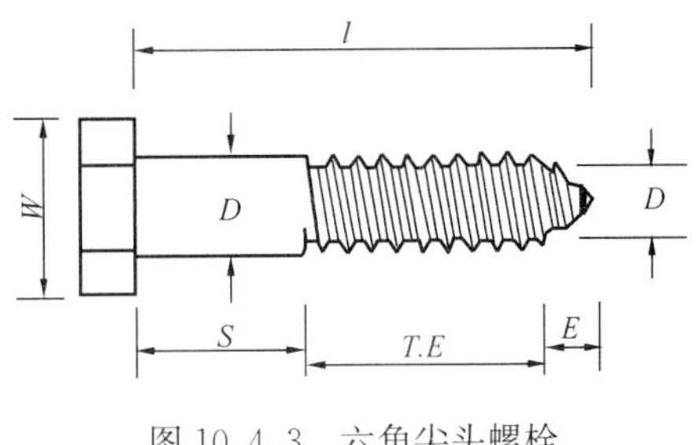

图 10.4.3 六角尖头螺栓

3. 剪板和裂环

剪板和裂环安装在采用特殊工具预先刻好的槽中。这两种连接件提供了较大的销槽面积，用来传递较大的剪力。

剪板可用于木构件与金属构件连接，因为剪板表面，一面嵌入木构件而另一面与木构件表面齐平。裂环仅用于木构件与木构件连接，因为裂环需嵌入构件上的槽。如图 10.4.4 所示。

图 10.4.4 剪板和裂环

10.4.3 胶合木结构构件设计中的若干考虑因素

1. 木材含水率对胶合木结构的影响

胶合木构件设计时，除了根据使用条件进行设计值的调整之外，还应考虑使用环境对构件尺寸和变形的影响。当构件外露时，还应考虑外观的要求。由于胶合木构件的尺寸一般较大，在设计中，就必须考虑使用环境对构件变形的影响。

木材具有天然吸湿性，在纤维饱和点以下，木材的尺寸会随着含水率的变化而变化。对于大部分树种来说，当木材的含水率从饱和含水率降到零含水率时，纵向尺寸的收缩变化为 0.1%～2%。但是，有些特殊树种会呈现较大的纵向收缩。在使用中，当纵向尺寸的变化对结构或建筑设计影响较大时，应避免使用这些树种。

在北美，结构胶合木的径向（R）、弦向（T）及体积（V）变化按下列公式计算：

$$X = X_0(\Delta_{MC})e_{ME} \tag{10.4.22}$$

$$\Delta_{MC} = M - M_0 \tag{10.4.23}$$

式中：X_0——构件的初始尺寸或体积；

X——构件的新尺寸或体积；

e_{ME}——潮湿膨胀系数，见表10.4.6，对于线性变化，单位为：mm/mm/(%)含水率；对于体积变化，单位为：mm^3/mm^3/(%)含水率；

Δ_{MC}——含水率变化；

M_0——构件初始含水率(%)($M_0 \leqslant FSP$，FSP为木材的饱和含水率，见表10.4.6)；

M——构件的新含水率(%)($M \leqslant FSP$)。

2. 胶合木构件的起拱

实木锯材梁的截面尺寸和跨度因为木材的物理力学特性而受到限制。所以，采用实木梁时，在梁的跨度相对较小的情况下，一般不用挠度作为设计控制因素。但是，随着胶合木构件的出现，工程设计人员能够用这种材料设计截面尺寸和跨度较大的构件。

结构胶合木常用树种的潮湿膨胀系数 e_{ME} 和纤维饱和含水率（FSP）　　表10.4.6

树种	e_{ME}			纤维饱和含水率(FSP)(%)
	径向	弦向	体积	
	mm/mm/(%)	mm/mm/(%)	mm^3/mm^3/(%)	
黄扁柏	0.001	0.0021	0.003	28
花旗松-落叶松	0.0018	0.0033	0.005	28
恩氏云杉	0.0013	0.0024	0.0037	30
红杉	0.0012	0.0022	0.0032	22
红橡	0.0017	0.0038	0.0063	30
南方松	0.002	0.003	0.0047	26
西部铁杉	0.0015	0.0028	0.0044	28
黄杨	0.0015	0.0026	0.0041	31

大跨度胶合梁的设计一般由变形要求控制，而不是由强度控制。实际工程中，为了减少胶合梁的变形，往往采用起拱的方法。起拱就是在生产制造结构胶合木构件时，预先设定一定的弯曲弧度，弧度的弯曲方向与构件在使用中由重力荷载引起的挠度方向相反。胶合梁的起拱可以消除构件长期变形引起的不利因素以及木构件的蠕变。

胶合梁的起拱只是一种用来控制构件变形的方法。也可以采用其他方法来控制构件的变形，包括增大梁的截面以达到增加梁的刚度的目的，或增大屋面的坡度以防积水荷载，或减小构件跨度等。

并不是所有的胶合梁都需要起拱，受力较小，或者计算变形较小的构件都不需要起拱。例如在楼盖中，不必要的起拱可能会造成楼面的起伏不平；在多层建筑中，会对上下楼盖的施工工序造成困难。一般来说，不起拱的实心锯材梁能满足使用要求，那么当使用结构胶合梁时，如果胶合梁的刚度大于或等于实心锯材梁的刚度，胶合梁可不必起拱。

(1) 胶合木结构的挠度控制

梁的挠度控制要求最早是在20世纪初提出的，当时提出的目的是为了防止住宅中顶棚粉刷的脆性开裂，这种对挠度的要求成了现代建筑规范中对允许挠度要求的基础。

胶合木是所有工程木产品中唯一能进行起拱的产品。实际工程中，越来越多的胶合梁用在大跨度的平屋面结构，这时，挠度限制条件已不仅是为了满足使用要求，更重要的是考虑结构的安全因素。因为，大跨度的平屋面结构需要防止屋面上的积水现象。对于大型平屋面，当屋面有局部凹陷时，遇水会产生积水，随着积水的增加，结构承受的荷载也增加，屋面将产生更大的变形。增大的变形会积聚更多的水，一旦积水现象发生，将继续发展，直到结构破坏。积水现象在那些活载/恒载比值较小的屋面较为普遍。设计中，一般考虑屋面雪荷载的屋面的刚度较大，比那些不考虑雪荷载，只考虑施工荷载的屋面更能抵抗积水荷载。

决定一个结构是否需要考虑积水现象的一般方法，是对那些主要构件，以0.25kN/m^{2}均布荷载作用计算其挠度。如果计算的挠度大于或等于13mm，表明积水将成为潜在的问题。此时应该采取包括起拱和加强排水措施等步骤。当然，这只是一种初步判断是否需要起拱的简单方法，具体设计应通过工程计算和分析解决。

(2) 有关起拱的建议

决定构件的起拱大小，首先需计算出构件在荷载作用下的挠度。计算挠度应从支座连接平面往下算起。胶合木桁架在制作时通常按其跨度的1/200起拱。对于较大跨度的胶合木屋面梁，一般建议起拱高度为恒载作用下计算挠度的1.5倍。这个数据，是根据长期实践证明的经验值，对于在恒载常年持续作用的情况，一般能使构件回到正常位置。对于楼盖梁，建议起拱高度为恒载作用下计算挠度值的1.0倍。但是，对于住宅建筑，一般跨度较小，为了避免楼面的不均匀，一般不需起拱。

除了考虑恒载引起的起拱需要，单跨屋面梁还应考虑坡度要求，以保证屋面的顺利排水，排水坡度建议最小为2%。设计时，应将坡度要求和起拱要求综合考虑，作为制造时对构件总的起拱要求。

(3) 起拱误差

由于木产品中存在的力学性能和物理性能的差异，以及制造过程中产生的制造误差，生产出的结构胶合木的起拱与设计规定的数值有一定的差异，此外，含水率的改变也会影响到每根构件的起拱要求。所以，应规定不同跨度下，胶合木梁起拱的允许误差。

美国国家标准《木制品标准——胶合木结构》ANSI A190.1中，给出了结构胶合梁起拱的允许误差，“6m跨度以内的梁起拱误差为±6mm；当跨度超过6m时，每增加6m，梁的起拱误差可增加±3mm，但不能超过±19mm”。

梁的起拱值一般以mm表示。也可以曲率半径表示。采用曲率半径的表示方法的优点，是沿梁长度方向每一点的起拱数值可用一个单独数据表现出来。用这种方法表示的圆弧近似于荷载作用下的实际弯曲曲线。所以，生产时可以直接以该曲线进行放样制作构件。如图10.4.5所示。

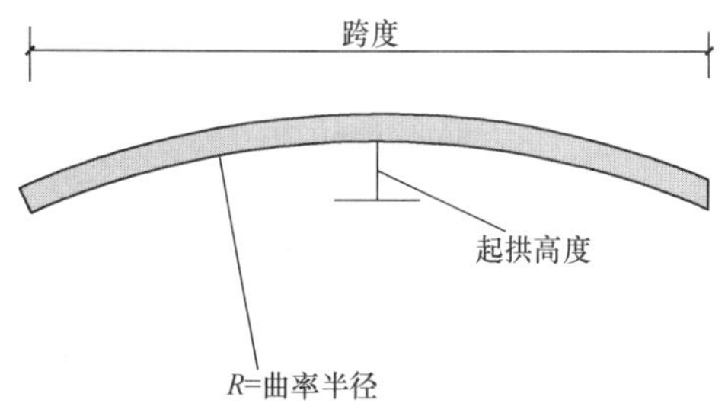

图10.4.5 胶合梁起拱示意图

10.5　胶合木结构构造要求

胶合木结构的设计应充分考虑构件截面尺寸、含水率变化、切割削弱以及耐久性等因素对构件尺寸和构件连接的影响。

10.5.1　胶合木结构构件切割要求

胶合木构件加工时，应注意切口与钻孔的要求。结构胶合木是将木质层板按特定的组胚方式胶合而成的工程木产品，结构强度较高，往往用在受力较大的部位。因此在施工现场，应尽量避免现场随意对胶合木进行切口或钻孔。未经设计人员同意，严禁对构件进行任何形式的改造。如前所述，结构胶合木中，异等组合的中心部位的层板材质等级较低，而高等级的层板则用在梁的顶部和底部。最高等级的层板一般放置于受拉区的最外侧，所以在最外侧受拉层板上的开槽、钻孔或者切口，对梁的强度和刚度的破坏都是很严重的。

1. 切口

受弯构件应尽量避免切口，尤其在构件的受拉区。除了在构件端部开切口并满足规定的条件，一般胶合木受拉一侧不允许有切口。受弯构件在受拉区的切口会因开口周围的应力集中以及截面的削弱而降低构件的强度。此外，这类切口会产生横纹受拉应力，在水平剪力的作用下，会产生顺纹方向的贯通裂缝，这种裂缝一般从切口的内角开始。如在端部开切口，为了避免切口处的应力集中现象，一般将切口转角做成折线过渡，而不是直角转角的形式，以减少应力集中。另外，也可将转角做成圆角以减少在这些区域的应力集中现象。

当胶合木构件在端部切口时，切口的高度不得超过胶合木高度的1/10，同时不得大于75mm。对于梁的受拉一侧的端部的直角切口，设计人员可以考虑采用局部加强的措施，以抵抗切口处的开裂趋势。例如，采用六角尖头螺栓或自攻螺钉的加强做法（图10.5.1）。

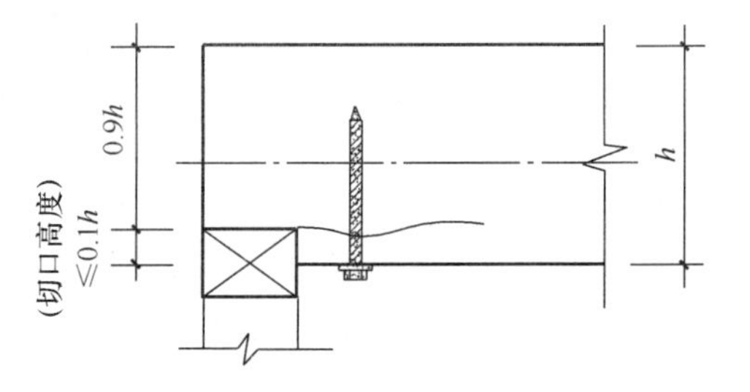

图10.5.1　采用尖头螺栓对端部切口加强

图10.5.2用来说明如何判断梁受拉一侧的切口引起的强度损失。如果切口在梁的受压一侧，那么影响较小。以美国规范为例，图10.5.2也给出了计算有切口情况下梁的受剪承载力的经验公式。

图10.5.2中均以单跨简支梁为例，图中切口的位置基本都是在支座处剪力较大、弯矩较小或基本为零的区域。当受压区切口延伸至弯矩较大的部位时，必须按剩余截面进行梁的受弯承载力的验算，同时应对切口位置上层板进行应力验算。

如果必须在胶合木的顶部（受压区）切小口，以安放水管或电线管时，应选择弯曲应力小于设计抗弯强度50%的位置。同时，应按切口后的净面积进行抗剪和抗弯的验算。

2. 钻孔

与梁上部的切口一样，在胶合木上钻孔会减小梁受力区域的净截面面积，并产生应力集中的现象，从而降低开孔处梁的承载能力。基于这个原因，应对胶合木梁上的水平开孔的数量和位置有所限制，以保证梁的结构整体性。图10.5.3所示为均布荷载作用下的简

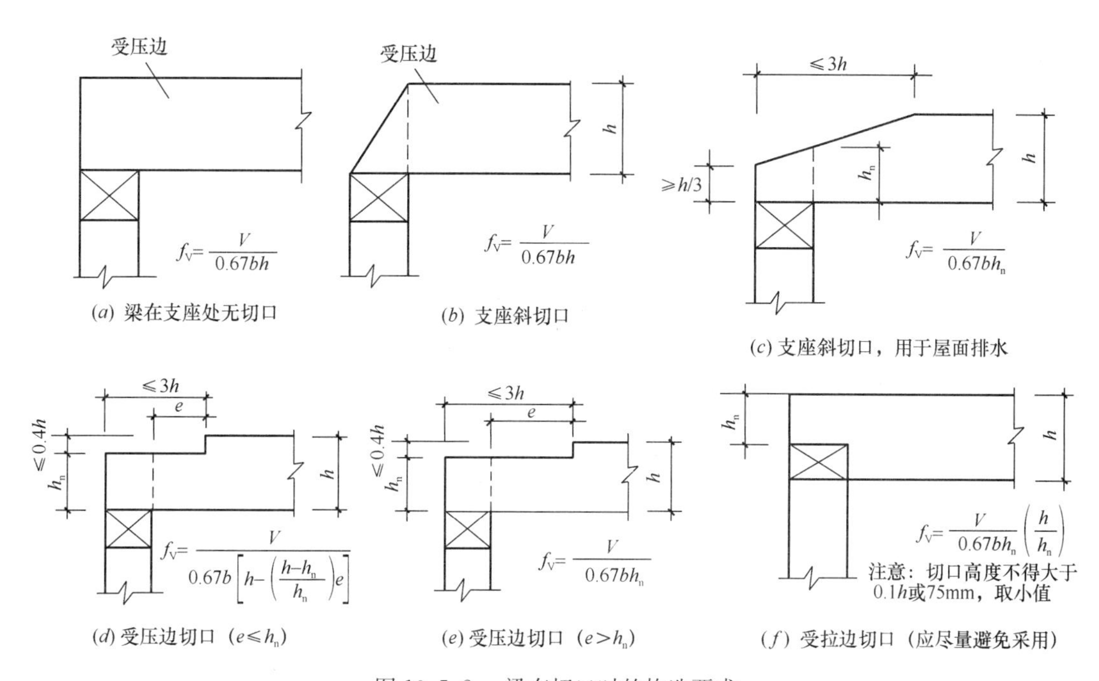

图 10.5.2 梁有切口时的构造要求

f_V—抗剪强度设计值（N/mm²）；V—切口处剪力设计值（N）；b—梁的截面宽度（mm）；h—梁的截面高度（mm）；h_n—切口处净截面高度（mm）；e—切口长度（mm）

支梁上可钻孔区域。图中竖纹和斜纹标明的非关键区域为弯曲应力或剪应力都小于50%设计应力的区域（即，弯曲应力小于设计弯曲应力的50%，剪应力小于设计剪应力的50%）。对于复杂受力情况或非简支梁情况，应由设计人员确定非关键区域。

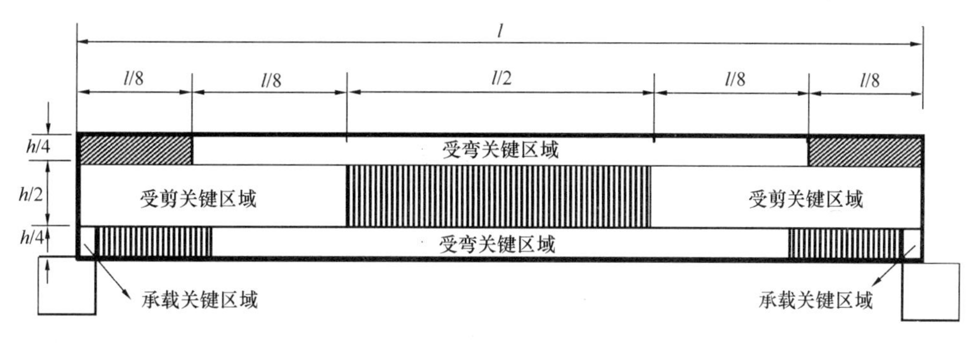

图 10.5.3 简支梁在均布荷载作用下允许开水平小孔的位置

（1）水平钻孔

胶合木梁现场的水平钻孔通常用作线缆管路的通道，如线缆、导电线、小径喷淋管路、光纤线缆或其他小型轻质材料的铺设管路通道，未经专业工程师或设计人员确认，不得用作支架、五金件或其他吊挂件的吊挂孔使用。胶合木梁上的水平钻孔应满足下列要求：

1）孔的尺寸：水平钻孔孔径不应大于38mm或1/10倍梁高，取二者中的较小值。

2）孔的位置：除经过设计师专项设计之外，水平钻孔与梁底或梁顶的边距不得小于4倍孔洞直径；与梁端部的端距不得小于8倍孔洞直径。边距与端距为孔的边缘至最接近的梁的侧边的间距。例如，图10.5.3中的受弯关键区域内不得有水平钻孔。

3）钻孔间距：胶合木梁上相邻钻孔的最小间距应为相邻钻孔中较大孔洞的直径的8倍。相邻钻孔间距应为相邻钻孔之间最近边沿的间距。

4）钻孔数量：胶合木梁每1.5m范围内钻孔数量不应超过1个。也就是说，6m长的胶合木梁上的最大允许钻孔数量不超过4个。

5）任何情况下，不得在受弯构件受拉区一侧4层层板以内，或在荷载作用超过设计荷载50%的区域内进行现场水平钻孔。

6）当满足下列条件时，在梁跨中位置的1/2梁截面高度区域内可加工制作直径不大于38mm的水平钻孔（图10.5.4），但是，在该区域的孔洞边缘距梁端支座内边沿的尺寸不应小于150mm：

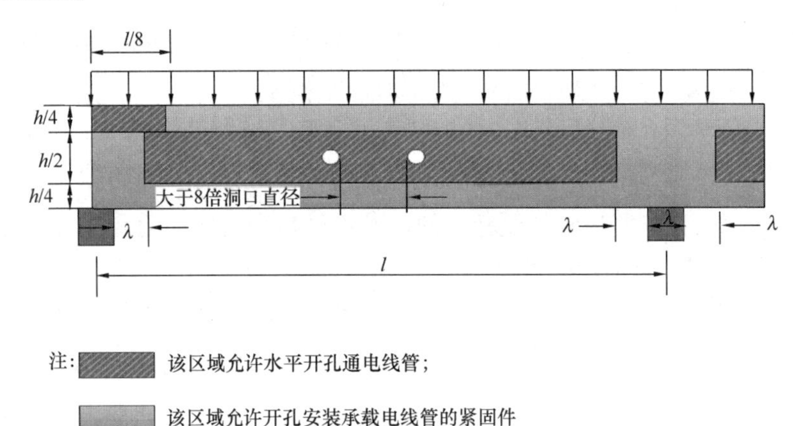

图10.5.4　简支梁在均布荷载作用下允许开直径不大于38mm水平小孔的位置

① 梁的截面高度不应小于180mm；

② 梁只承受均布荷载作用；

③ 梁的跨高比（l/h）不应小于10；

④ 钻孔间距、最大钻孔数量应满足上述第3）项、第4）项对钻孔间距和钻孔数量的要求；

⑤ 悬臂梁不得进行钻孔加工。

7）若胶合木梁的跨高比（l/h）小于10，则图10.5.4所示梁跨中位置的1/2梁截面高度区域内可加工直径不大于25mm的水平钻孔。但是，在该区域的孔洞边缘距梁端支座内边沿的尺寸不应小于52mm。

8）除应考虑水平钻孔的具体位置外，构件上的水平钻孔还应考虑梁在长期使用荷载作用下的长期挠曲变形效应的影响，避免梁的挠曲破坏对生命财产造成危害。

（2）垂直钻孔

应尽可能避免胶合木构件的垂直钻孔。通常认为，沿胶合木梁截面高度方向的垂直钻孔，对构件的承载力将产生不利的影响。垂直开孔对梁的承载力降低的大小，一般约为孔洞直径与截面宽度比值的 1.5 倍。例如，在截面宽度为 140mm 的梁上，垂直钻一直径为 25mm 的孔，在该截面处将减少（25/140）×1.5 = 27% 的承载力。所以，如果需要在胶合木构件上钻贯穿的垂直孔时，孔的位置应位于荷载作用小于 50%设计受弯承载力的区域，即应位于梁截面应力比小于 50%的区域。对于均布荷载作用下的简支梁，该区域一般位于梁端向内 1/8 跨度的范围。任何情况下，垂直孔洞的边缘与胶合木构件任一边缘的距离应不小于 2.5 倍孔洞直径。为保证钻孔的垂直度，钻孔时应采用夹具，以防止遇节子或木材密度变化而引起钻孔偏离的现象发生。

（3）用于安装悬挂设备的孔

当胶合木梁上悬挂重型设备或管道，荷载的作用位置应在梁构件的顶部。如果位于梁构件其他部位，极易引起横纹受拉现象的发生。当利用水平钻孔悬挂暖通设备或给水排水管道来承载重物时，受力点（水平钻孔）必须位于截面中性轴以上位置。同时，受力点的位置还必须在荷载作用小于 50%设计受弯承载力的区域（图 10.5.4）。当承受灯光连接件等轻质荷载时，连接件必须位于构件受拉区 4 层层板的范围之外或梁截面 1/4 高度以上，二者取较大值。除了上述构造要求，还应对梁的承载力进行验算。

（4）现场切口以及开孔的保护

工厂预制好的胶合木构件运到现场时，一般在构件端部都经过密封保护。当胶合木构件在现场切口或开孔，因木材的吸湿性，在切口或开孔部位可能会产生干燥裂缝，有时甚至出现贯通裂缝。所以，为了减少这种可能性，所有的切口和开孔在现场制作完毕后，必须采用防水密封材料进行密封。密封材料施工可采用刷子、滚筒及喷洒等方式。

10.5.2 胶合木结构节点构造要求

1. 节点构造原则

胶合木结构的节点构造应遵循以下原则：

（1）保证传力途径

设计构件连接时，应保证连接件能有效地传递荷载，同时应采用强度高和耐久性好的材料，将连接件使用期间的维护要求降到最低。木材在顺纹和横纹方向强度不一样，在设计中，应考虑木材的横纹受拉强度比横纹受压强度低很多这个因素。设计需要传递竖向荷载的连接时，应充分利用木材顺纹抗压强度高的特点。例如，梁应位于木柱或木墙顶，以及应利用梁托进行安装。

梁在端部应有可靠的连接，以保证承受横向和竖向荷载。一般情况下，梁所承受的竖向荷载只需考虑重力，但在特殊情况下，也应考虑上拔力和侧向力。梁端的螺栓或其他连接件必须位于梁端侧面的下部，以减少梁底部与连接件之间由于收缩变形引起的不利影响。

（2）应考虑构件收缩和膨胀的影响

在构件的连接设计时，除了考虑如何传递荷载，还应避免因收缩或膨胀引起构件的开裂。由于木构件会随着含水率的变化而膨胀或收缩，在连接设计时，应考虑减少或避免这种变化的发生。即使对于室内的胶合木构件，在相对湿度较低的环境中，较大尺寸的结构胶合木构件在安装后，仍然会产生一定的收缩。由于胶合木构件在实际的使用环境和使用条件下，会不断发生收缩或膨胀，所以，应避免在同一块连接板的横纹方向上每排布置较多的螺栓。

（3）应避免产生横纹受拉现象

在任何情况下，构件的连接设计应避免产生横纹受拉现象。例如，在简支梁端部受拉区开缺口。此外，构件连接设计时，应避免将一排销轴类紧固件沿木纹方向（顺纹方向）紧密布置，其间距应符合标准要求，尤其是当紧固件预留孔的尺寸较小时更应满足标准要求。

（4）应考虑构件的防腐

采用正确的设计和施工方法，木结构可以具有很好的耐久性。防水层、防潮层和泛水板等构造措施及处理方法能防止木结构不受水或潮气的侵袭。当木结构用在户外环境时，应对木材进行加压浸注防腐处理。不应将木构件直接埋在混凝土中。

2. 常见连接节点构造

在构件的连接设计中，经过长期的工程实践，工程技术人员研究出了许多不同用途的金属连接件。根据构件的尺寸以及受力大小，这些连接件分为定型生产和非定型生产。以下为部分胶合木结构中常用的节点构造。

（1）胶合木构件与混凝土或砌体墙的连接

胶合木构件不能与混凝土或砌体墙直接接触，应设置防潮层或预留至少10mm的缝隙以保证构件端部的通风。同时，还应防止构件在火灾中，因变形引起其他承重构件的破坏，如图10.5.5所示。

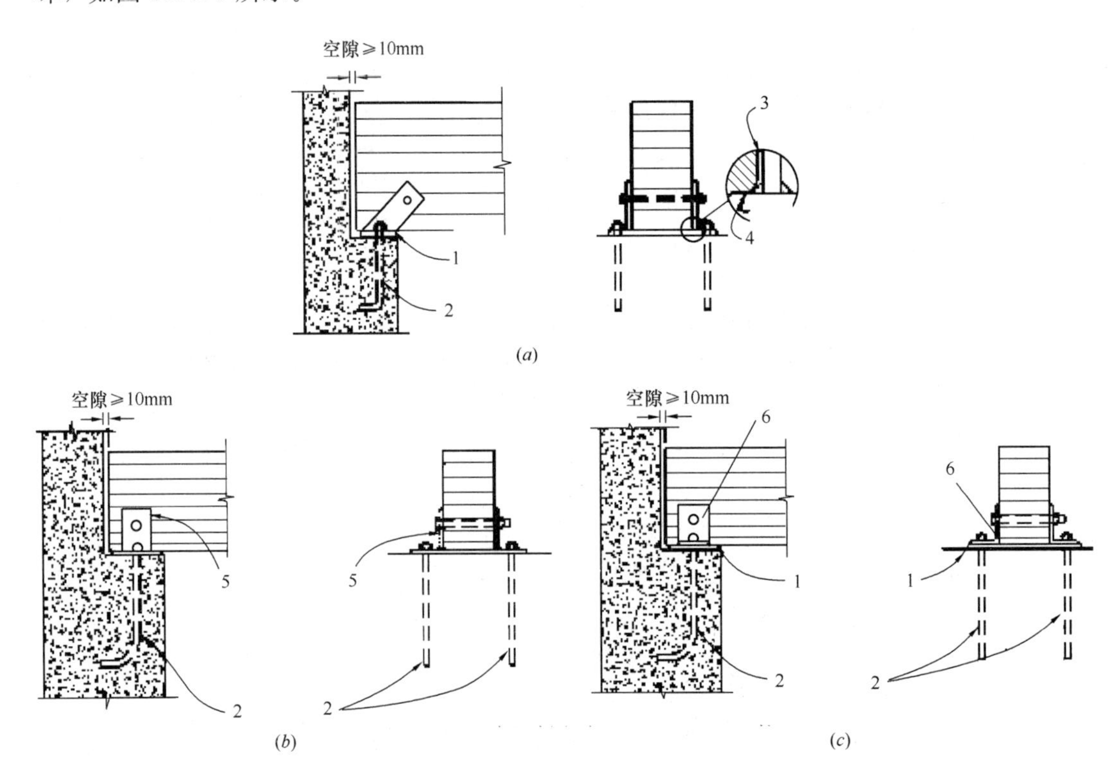

图10.5.5　结构胶合木构件在混凝土或砌体支座处的连接（1）

1—金属垫板；2—地锚螺栓；3—金属连接件与梁之间的空隙；
4—构件倒角；5—金属连接侧板（与垫板焊接）；6—角钢（不得与垫板焊接）

胶合梁与砌体或墙连接时，应避免采用切口连接，如图 10.5.6 所示。当梁有较大变形时，梁的端部应做成斜切口，切口宽度不能超过支座外边缘，如图 10.5.7 所示。

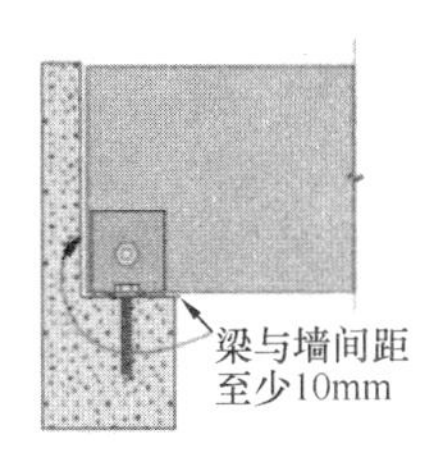

(*a*) 正确的连接方式

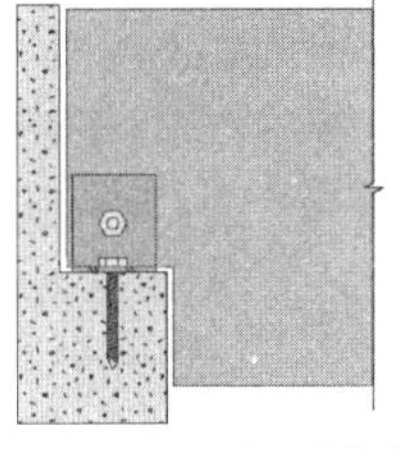

(*b*) 不正确的连接方式

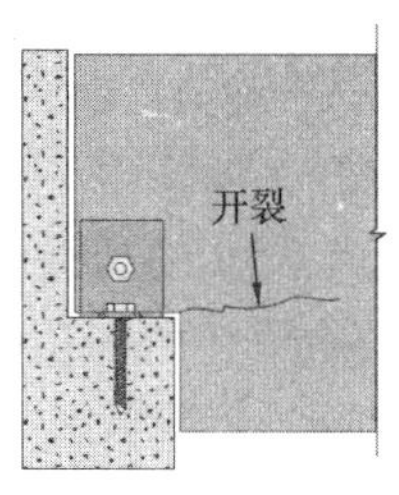

(*c*) 横纹受拉开裂

图 10.5.6 结构胶合木构件在混凝土或砌体支座处的连接（2）

注：如必须切口时，胶合木梁端部不能超过梁高的 1/10 或 75mm 的较小值，并根据相应标准计算其承载力。

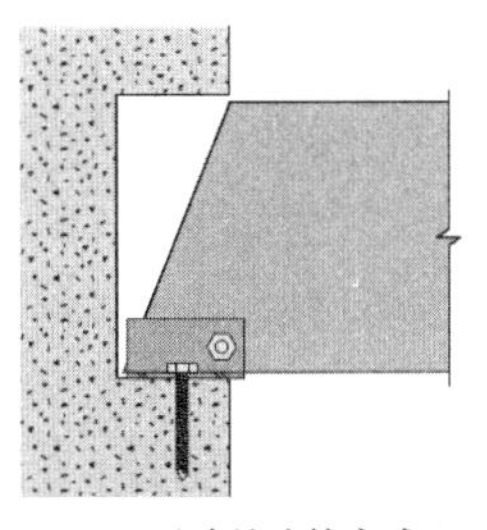

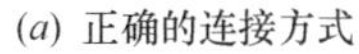

(*a*) 正确的连接方式

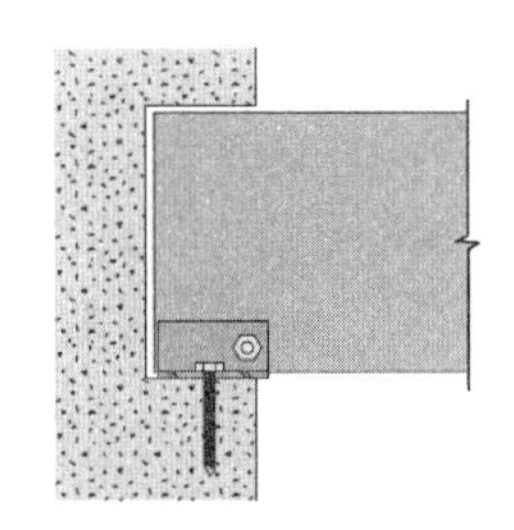

(*b*) 不正确的连接方式

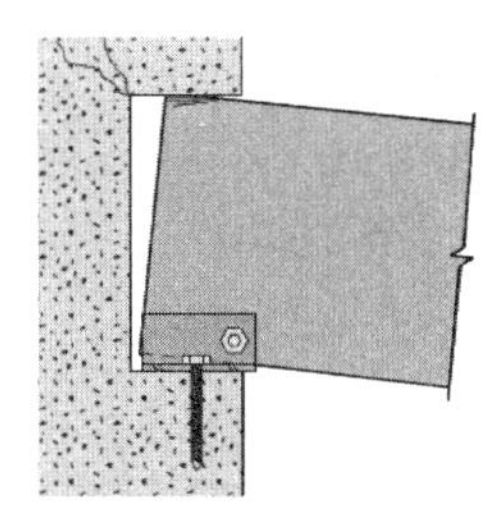

(*c*) 可能造成的破坏方式

图 10.5.7 结构胶合木构件在混凝土或砌体支座处的连接（3）

当支座的宽度小于胶合木构件的截面宽度时，预埋螺栓应放置在构件的中部，并可与支座底板焊接，也可将螺栓穿过底板，在底板面上采用螺栓连接。当采用螺栓连接时，构件上应预留安装螺栓与螺帽的槽口，如图 10.5.8 所示。

斜梁底部与支座连接时，斜梁底部及外边缘不应超出支座外缘，如图 10.5.9 所示。当斜梁顶部与支座连接时，不得在构件连接处开槽口，斜梁底边应放置在与金属连接件侧板焊接的斜向垫板上，如图 10.5.10 所示。不正确的连接方式将导致梁下侧受拉区域在切口处开裂。

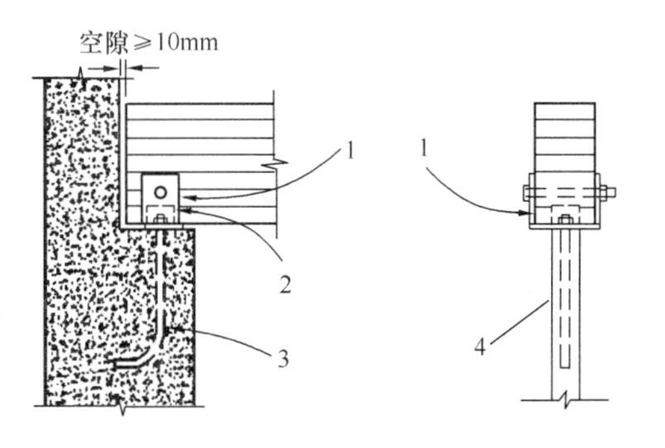

图 10.5.8 结构胶合木构件在混凝土或砌体支座处的连接（四）

1—金属连接件（与垫板焊接）；2—预留槽口；3—地锚螺栓；4—混凝土支座

梁端支座处当采用角钢作为侧向支撑时，不应将角钢与木梁连接在一起。因为梁端支座处的收缩或膨胀的变化，将通过支座处传递到角钢与木梁的连接处，易导致胶合木梁的开裂，如图 10.5.11 所示。当梁截面高度不大于 450mm 时，两端支座处可采用隐蔽式的地锚螺栓连接，如图 10.5.12 所示，并应对支座处上拔荷载和水平荷载进行验算。采用隐蔽式的地锚螺栓连接时，梁应预留螺栓孔，预留

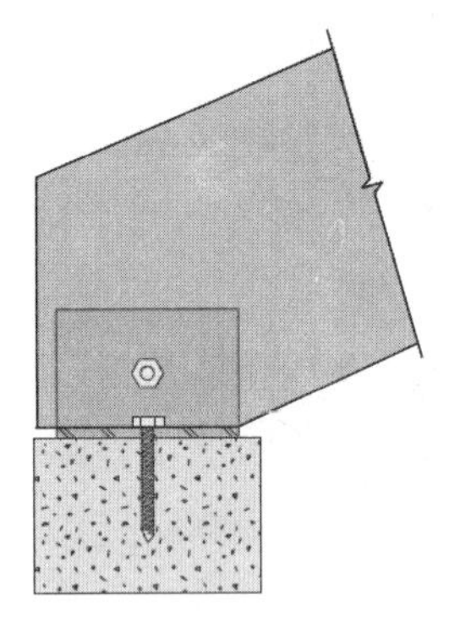

(a) 正确的连接方式

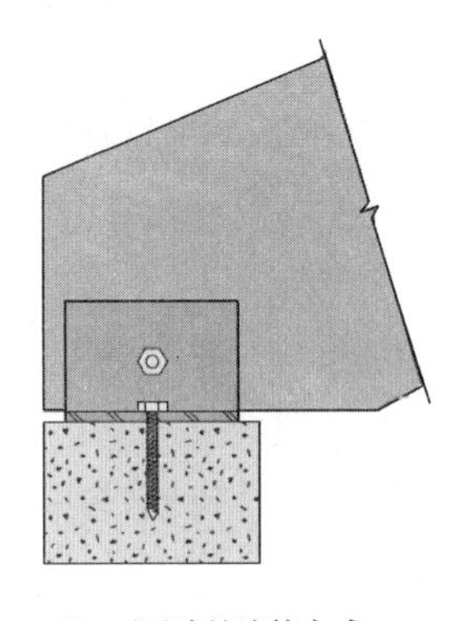

(b) 不正确的连接方式

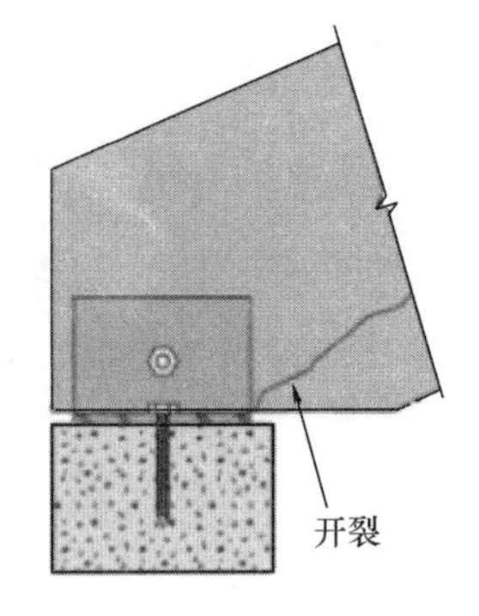

(c) 可能造成的破坏方式

图 10.5.9　斜梁底部与支座连接

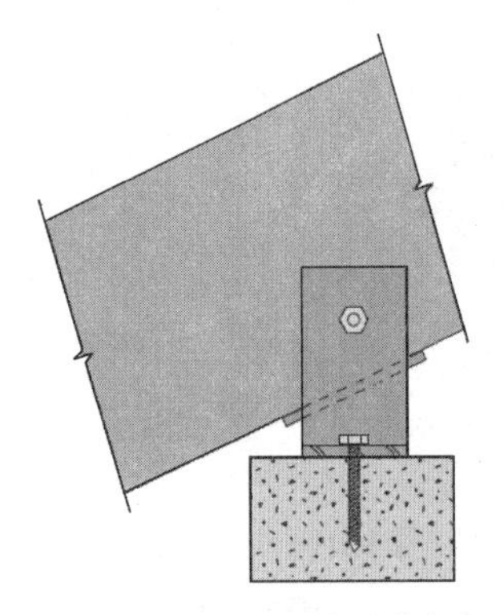

(a) 正确的连接方式

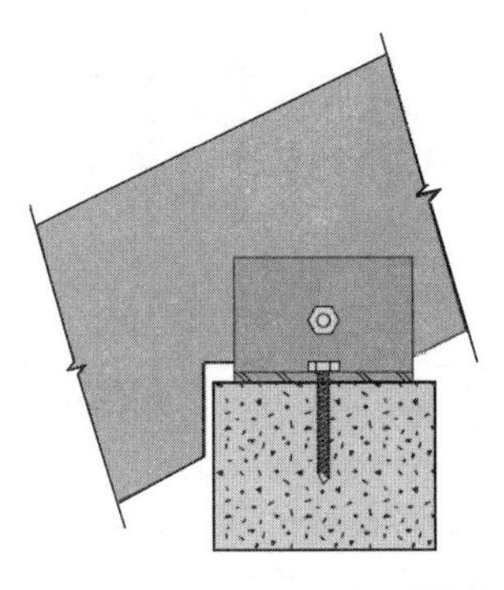

(b) 不正确的连接方式

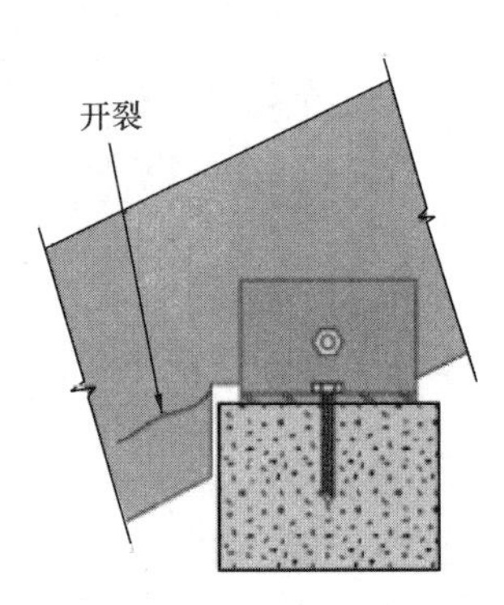

(c) 可能造成的破坏方式

图 10.5.10　斜梁顶部与支座连接

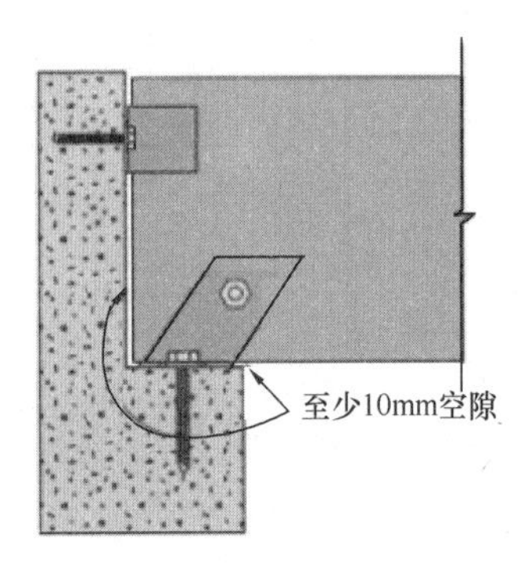

(a) 正确的连接方式

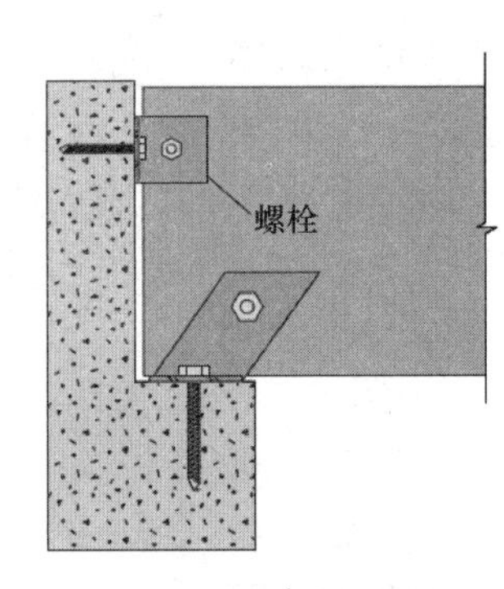

(b) 不正确的连接方式

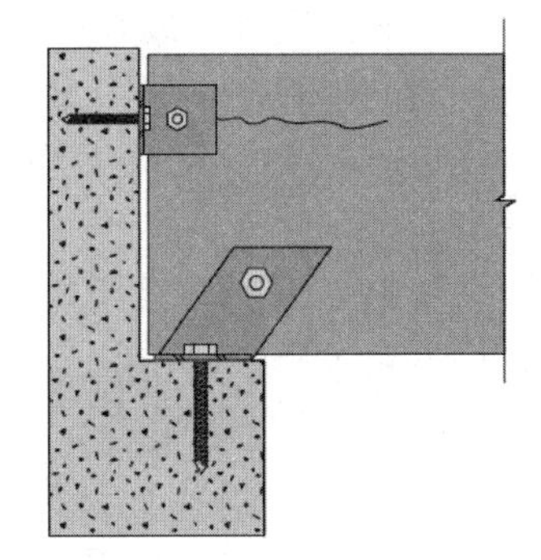

(c) 可能造成的破坏方式

图 10.5.11　梁端支座处角钢作为侧向支撑

孔直径应比地锚螺栓直径大 10mm。

曲线梁或变截面梁与支座连接时，应设置低摩擦力的底板，并在底板上预留椭圆形槽孔，允许构件水平移动，如图 10.5.13 所示。

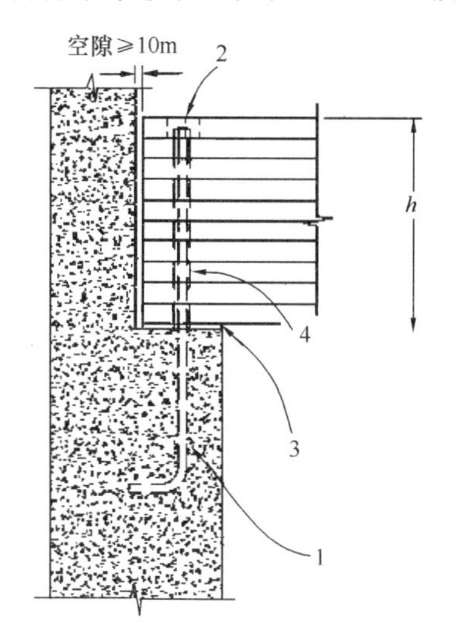

图 10.5.12 隐蔽式的地锚螺栓连接

1—地锚螺栓；2—梁顶预留螺帽凹槽；3—金属垫板；4—预留孔

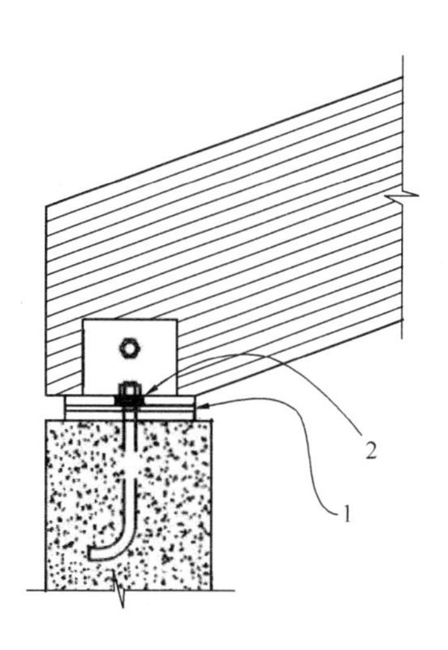

图 10.5.13 曲线梁或变截面梁与支座连接

1—低摩擦力底板；2—椭圆形槽孔

（2）胶合梁与梁之间的连接

悬臂连续梁由简支梁和悬臂梁组成，结构系统主要有图 10.5.14 所示三种形式，悬臂梁与简支梁之间可采用金属悬臂梁托（图 10.5.15）进行连接，悬臂连续梁的连接构造如图 10.5.16 所示。悬臂梁应根据金属梁托的位置和厚度开槽，使金属梁托与梁顶面齐平，并用螺栓连接。

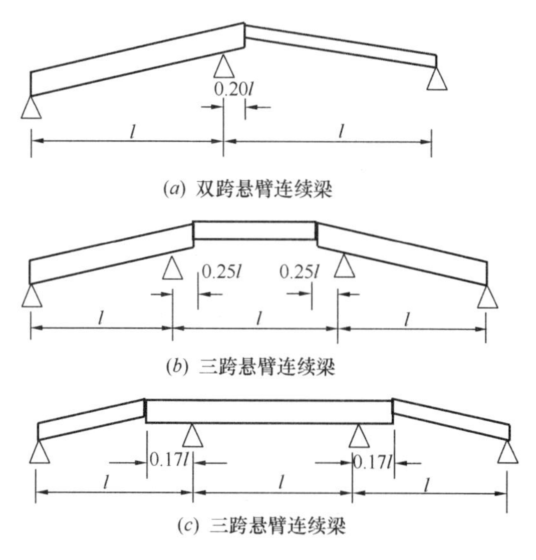

图 10.5.14 悬臂连续梁的不同形式

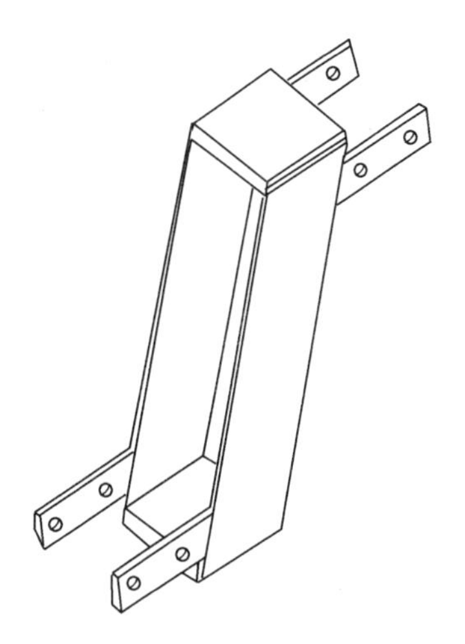

图 10.5.15 金属悬臂梁托示意

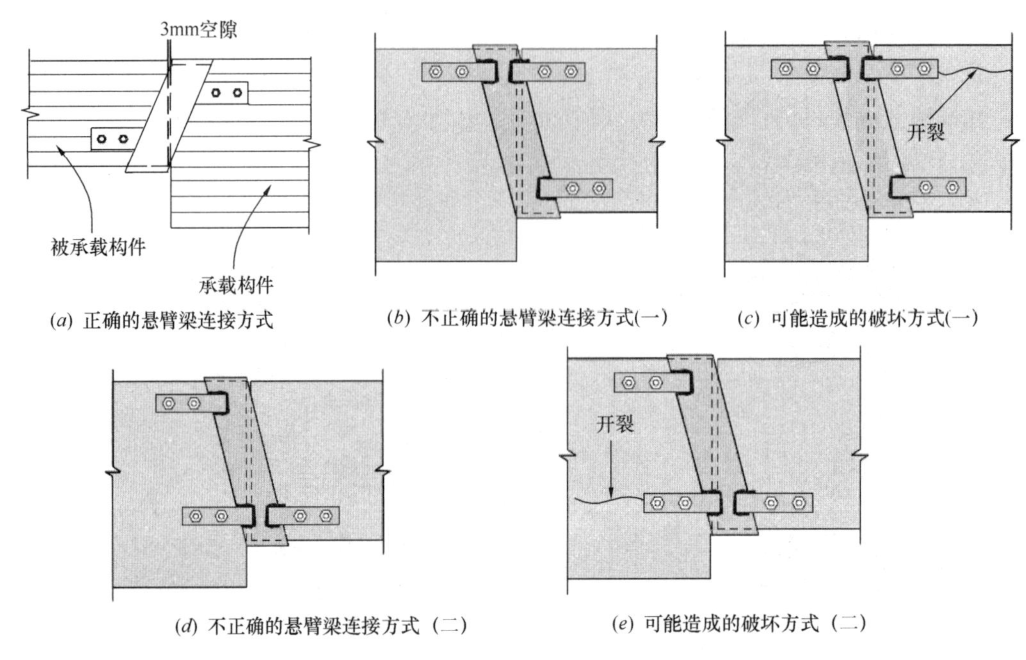

(a) 正确的悬臂梁连接方式　(b) 不正确的悬臂梁连接方式(一)　(c) 可能造成的破坏方式(一)

(d) 不正确的悬臂梁连接方式（二）　(e) 可能造成的破坏方式（二）

图 10.5.16　悬臂连续梁的连接构造示意图

悬臂连续梁的拉力由附加扁钢承担，扁钢应处于梁托的中间线上。通常附加扁钢不与梁托焊接在一起，扁钢用螺栓连接两端的胶合梁（图 10.5.17a）。当焊接成整体时，扁钢

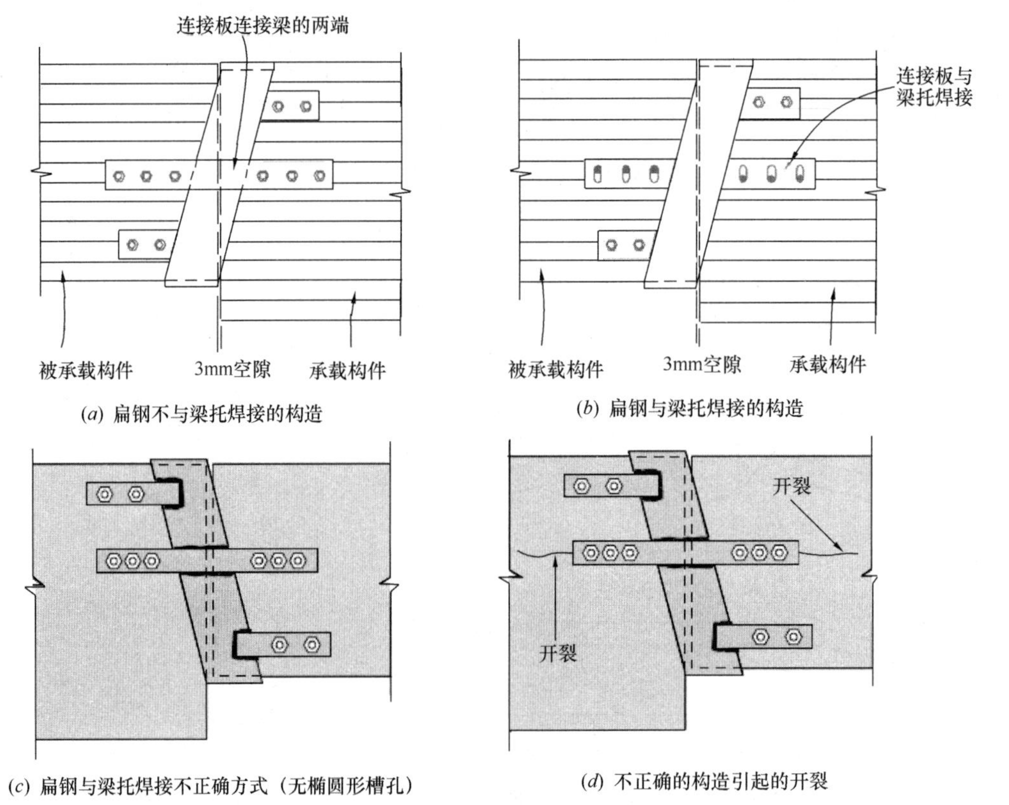

(a) 扁钢不与梁托焊接的构造　(b) 扁钢与梁托焊接的构造

(c) 扁钢与梁托焊接不正确方式（无椭圆形槽孔）　(d) 不正确的构造引起的开裂

图 10.5.17　扁钢与梁托的连接构造

上应预留水平方向的椭圆形槽孔，允许螺栓与两端的胶合梁连接以防梁的开裂（图10.5.17*b*、*c*、*d*）。

次梁与主梁连接时，紧固件应尽可能地靠近支座承载面。

当主梁仅单侧有次梁连接时，宜采用侧固式连接件。如图10.5.18所示。

当主梁两侧均有次梁连接时，应符合下列规定（图10.5.19）：

1）安装次梁梁托时不得在主梁梁顶开槽口；

2）采用外露的连接件时，梁托附加扁钢上的紧固件应设置椭圆形槽孔。可采用在梁顶部附加通长扁钢代替梁托两侧带槽孔的扁钢；

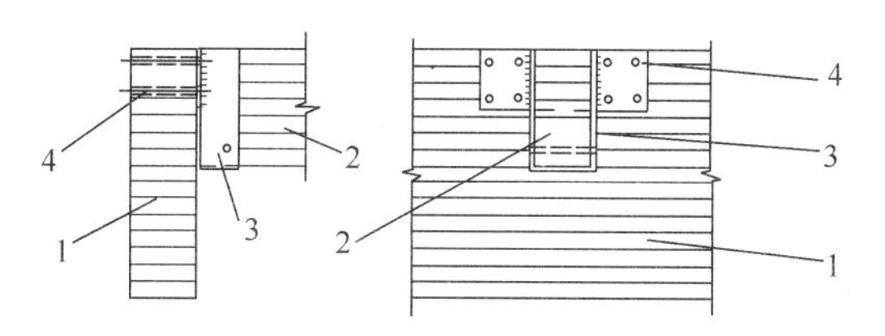

图10.5.18　次梁与主梁采用侧固式连接件

1—主梁；2—次梁；3—金属侧固式连接件；4—螺栓

3）当采用半隐藏式的连接件时，应在次梁截面中间开槽安装梁托加劲肋，加劲肋应采用螺栓或六角尖头螺栓与次梁连接。荷载不大时，梁托底部可嵌入次梁内与次梁底面齐平；

4）当次梁承受的荷载较轻或次梁截面尺寸较小时，主梁与次梁之间可采用角钢连接件连接。采用角钢连接件连接时，次梁应按高度为h_e（下部螺栓距梁顶的高度）的切口梁计算。角钢连接件上的螺栓间距不应小于$5d$（d为螺栓直径）。

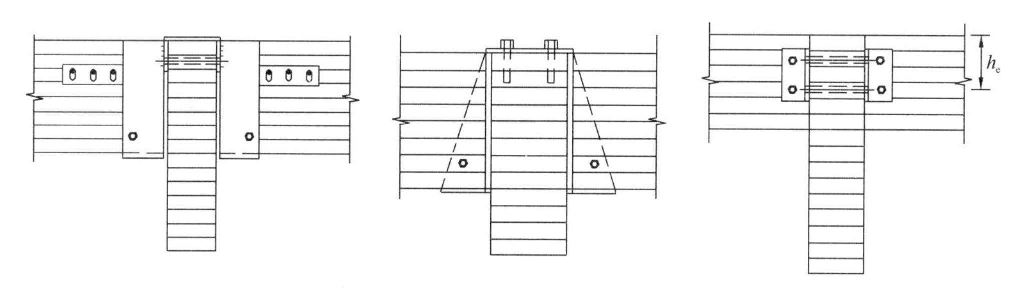

图10.5.19　主梁与次梁的连接示意

胶合梁之间的连接，还应防止因连接件限制木构件湿胀干缩产生的变形，从而引起木构件横纹受拉应力的产生，发生开裂现象。胶合梁之间正确的连接方式见图10.5.20。当在梁的端部采用不正确的连接方法时，会对木构件形成约束，将引起木构件的开裂（图10.5.21）。

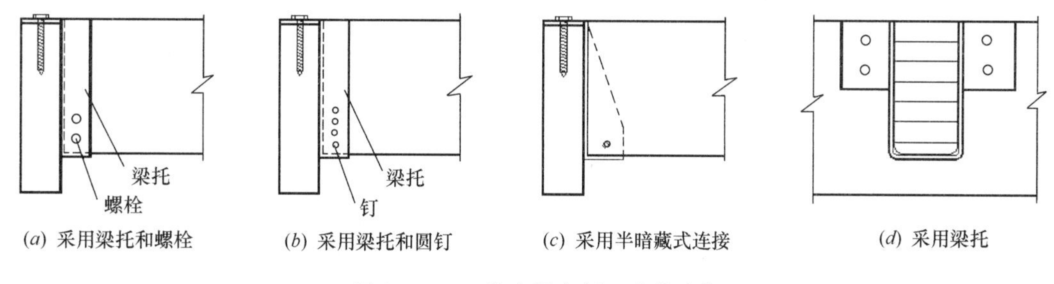

(*a*) 采用梁托和螺栓　(*b*) 采用梁托和圆钉　(*c*) 采用半暗藏式连接　(*d*) 采用梁托

图10.5.20　胶合梁之间正确的连接

起支撑作用的檩条与胶合木构件之间应设置可靠的锚固，在台风地区或设防烈度8度及以上地区，更应加强檩条与胶合木构件、端部山墙的锚固连接。采用螺栓锚固时，螺栓

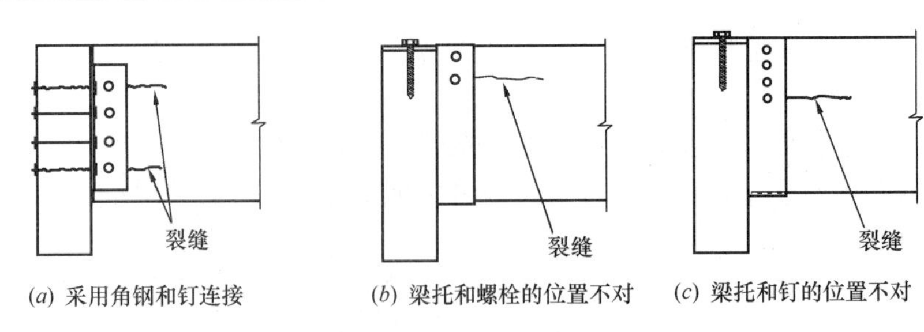

图 10.5.21　胶合梁之间不正确的连接

直径不应小于 12mm。

在屋脊处和需要外挑檐口的椽条应采用螺栓连接，其余椽条均可用钉连接固定。椽条接头应设在檩条处，相邻椽条接头至少应错开一个檩条间距。

(3) 胶合梁与柱的连接

胶合梁与木柱或与钢柱在中间支座的连接，可采用 U 形连接件，如图 10.5.22 (*a*)、(*b*)、(*c*) 所示。或采用 T 形连接钢板，如图 10.5.22 (*d*) 所示。当梁端局部承压不满足要求时，可在柱顶部附加底板。顶部有切口时，应如图 10.5.22 (*a*) 所示增加连系板，并避免如图 10.5.23 所示的不正确的连接方式。

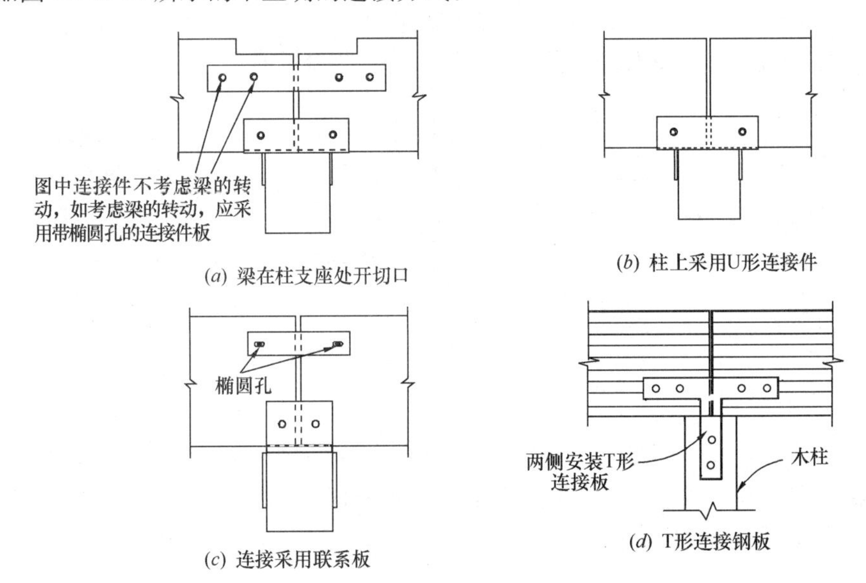

图 10.5.22　胶合梁在柱支座上正确的连接

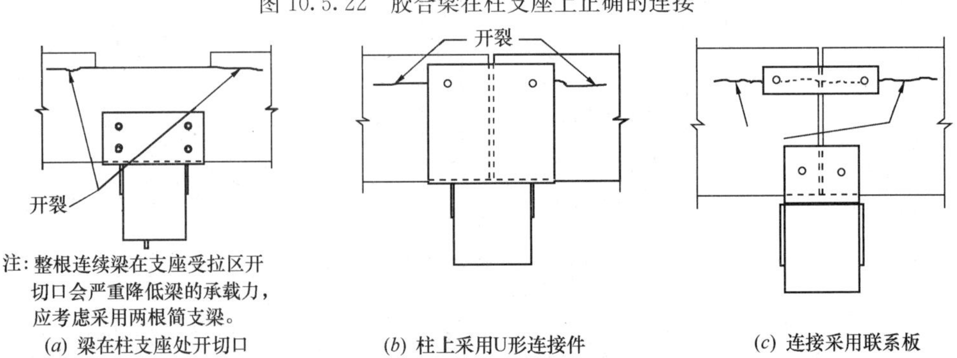

图 10.5.23　胶合梁在柱支座上不正确的连接

(4) 胶合梁与基础的连接

胶合木柱与混凝土基础的接触面应设置金属底板，以防止混凝土中的水分对胶合木的浸害。为了防止水或其他原因引起的潮湿对胶合木柱底的浸害，金属底板的底面应高于地面，且不应小于 300m，如图 10.5.24 所示。在木柱容易受到撞击破坏的部位，应采取保护措施。长期暴露在室外或经常受到潮湿侵袭的木柱应做好防腐处理。

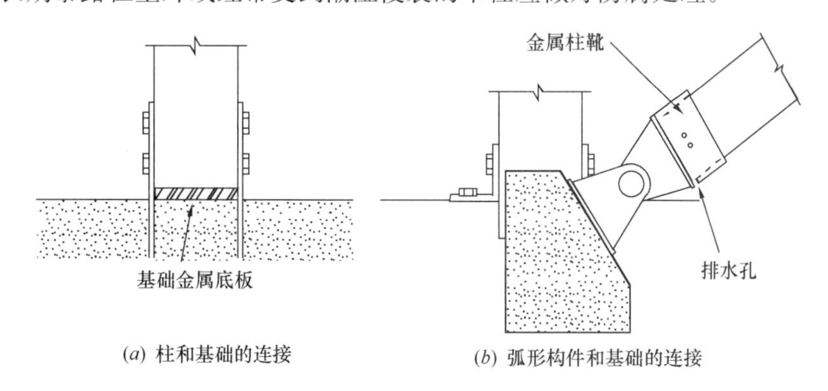

图 10.5.24 胶合木构件与基础的连接

(5) 胶合梁上悬挂重型荷载

当胶合梁上悬挂如空调设备等重型荷载时，应注意悬挂点位置，以防横纹抗拉应力的产生，如图 10.5.25 所示。

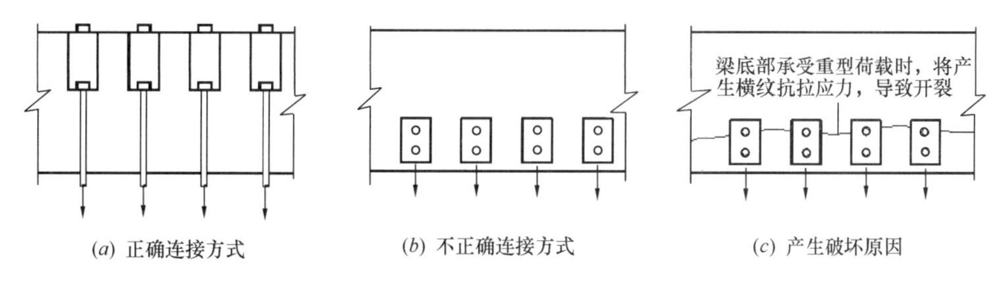

图 10.5.25 梁上悬挂重型荷载时的荷载作用点位置

(6) 胶合木桁架中杆件的连接

胶合木桁架中，应注意杆件中心线的关系以及采用刚性连接板可能导致开裂，如图 10.5.26、图 10.5.27 所示。

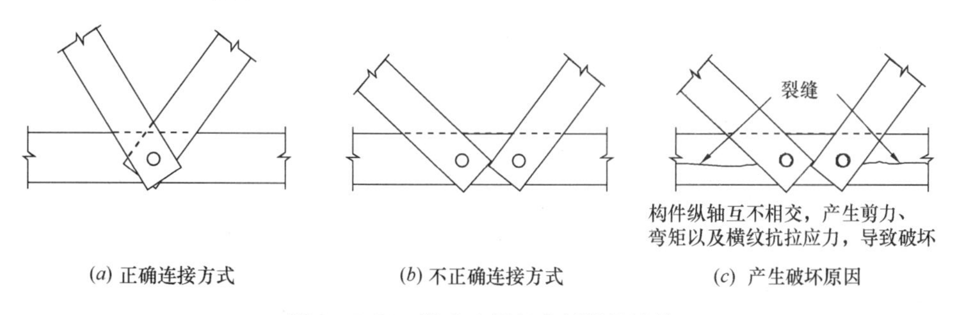

图 10.5.26 胶合木桁架中杆件的连接

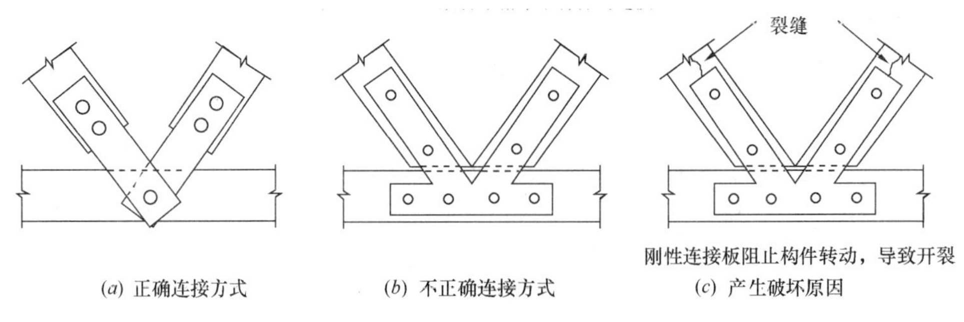

图 10.5.27 胶合木桁架中杆件的连接

10.6 胶合木结构应用实例

10.6.1 胶合木结构桁架

胶合木结构桁架一般由若干胶合木构件组成。由于胶合木构件的截面尺寸和长度不受木材天然尺寸的限制，与一般木桁架比较，胶合木桁架的承载能力和应用范围要大得多。胶合木桁架可采用较大的节间长度（一般可达 4m～6m），从而减少节间数目，使桁架的形式和构造更为简单。

制作桁架时，受拉下弦采用胶合构件，在选材问题上比一般木桁架的困难要小得多。此外，还可利用胶合枕块作为承压的抵承，既简化了连接构造，又节省木材。图 10.6.1 所示为三角形胶合桁架的一种构造，其上弦是连续的整根胶合构件。为节约木材，上弦两端设计成偏心抵承；在支座节点处，上弦抵承在下弦端部的胶合枕块上，腹杆与上弦也采用同样的方法抵接。由于胶合桁架的下弦无需刻槽，与一般方木桁架相比，下弦可以采用较小的截面，并且下弦可在跨中断开，用木夹板和螺栓连接，其构造与一般豪式木桁架相同。

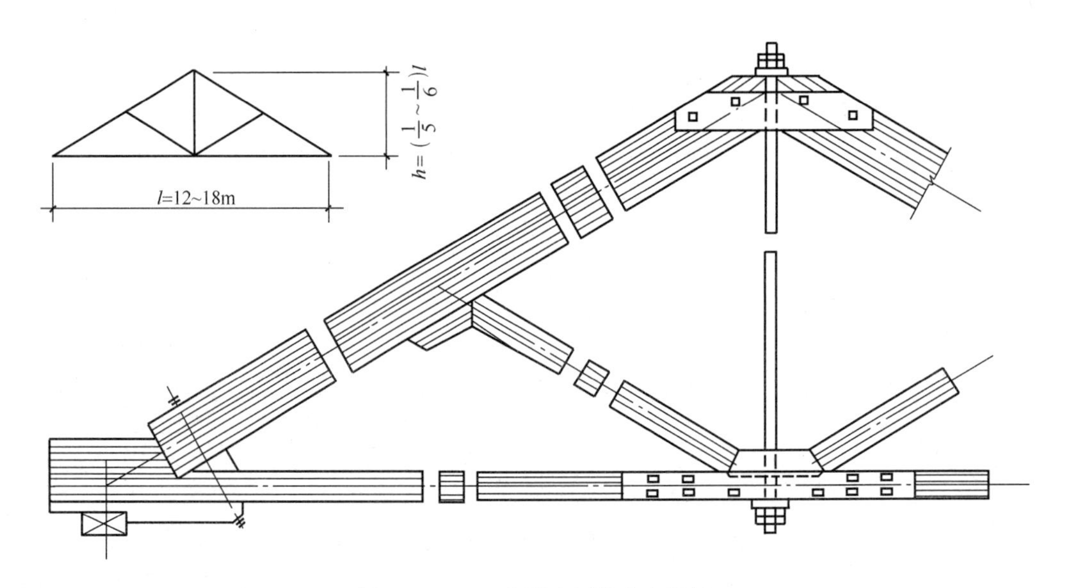

图 10.6.1 三角形木板胶合木桁架

10.6.2　胶合钢木桁架

图 10.6.2（*a*）所示的桁架，可用于 30m 或更大的跨度。图 10.6.2（*b*）所示的 K 式腹杆体系的层板胶合弧形桁架，曾用于跨度达到 70.7m 的飞机库屋盖承重结构中。

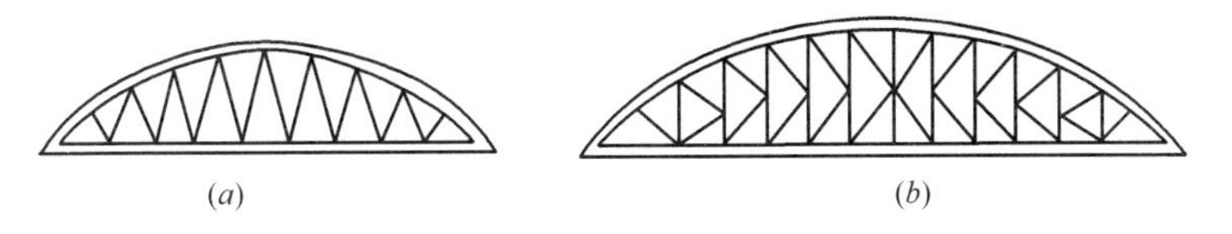

图 10.6.2　木板胶合木弧形桁架

图 10.6.3 所示为跨度 21m 和 24m 的四节间弧形钢木桁架，其上弦用胶合块件拼成，

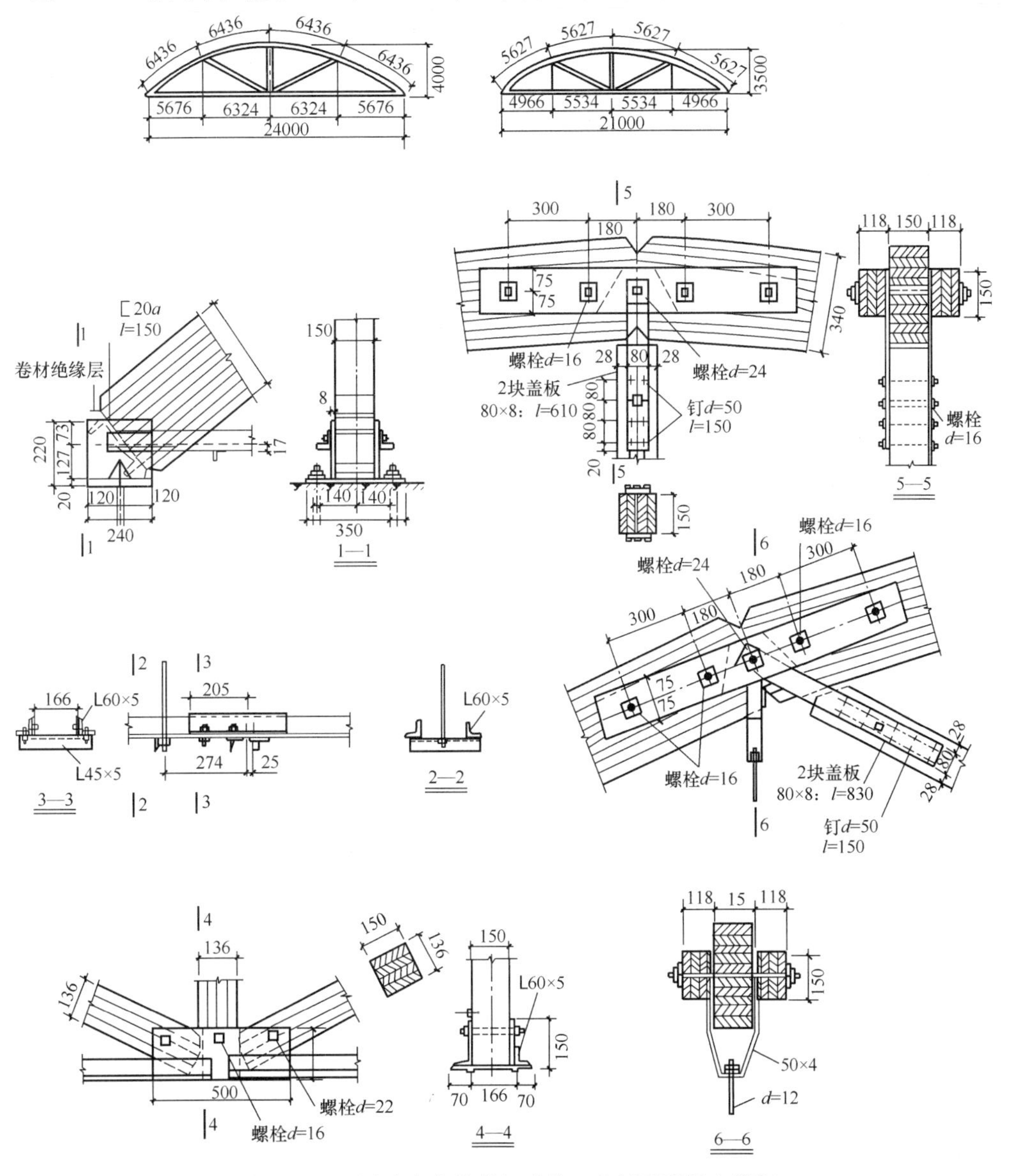

图 10.6.3　用胶合木构件组成的四节间弧形钢木桁架

注：斜杆和竖杆可用方木制作。

下弦采用双角钢，腹杆用胶合构件或整根方木。

随着胶合工艺和木结构学科的发展，用层板胶合制作的大跨度的框架、拱和网架也得到推广和应用。如层板胶合十字交叉的三铰拱曾用于跨度达 93.97m 的体育馆；由网架组成的木结构穹顶曾用于直径达 153m 的体育建筑中。

10.6.3　胶合木拱

用层板胶木构件作拱体的胶合拱，可分为缓平拱和尖拱两类。

1. 缓平拱

缓平拱一般带有拉杆。结构外形有直线形和弧形两种，直线形缓平拱多采用三铰拱；弧形缓平拱除三铰拱外，也可设计成两铰拱。

用层板胶合木构件作拱体的三角形缓平拱，为了制作简单，拱体截面多采用矩形，拱跨一般不大（12m～24m），拱的高跨比 $f/l=1/8\sim1/4$，拱体的矩形截面高度 h 可取为跨度 l 的 1/40～1/30。拱的支座铰和顶铰均设计成偏心抵承，构成卸载弯矩，以减小半拱的截面高度，从而降低木材用量。下弦拉杆可用圆钢、角钢或层板胶合木制作。三角形三铰缓平拱的结构形式和节点构造如图 10.6.4 所示。

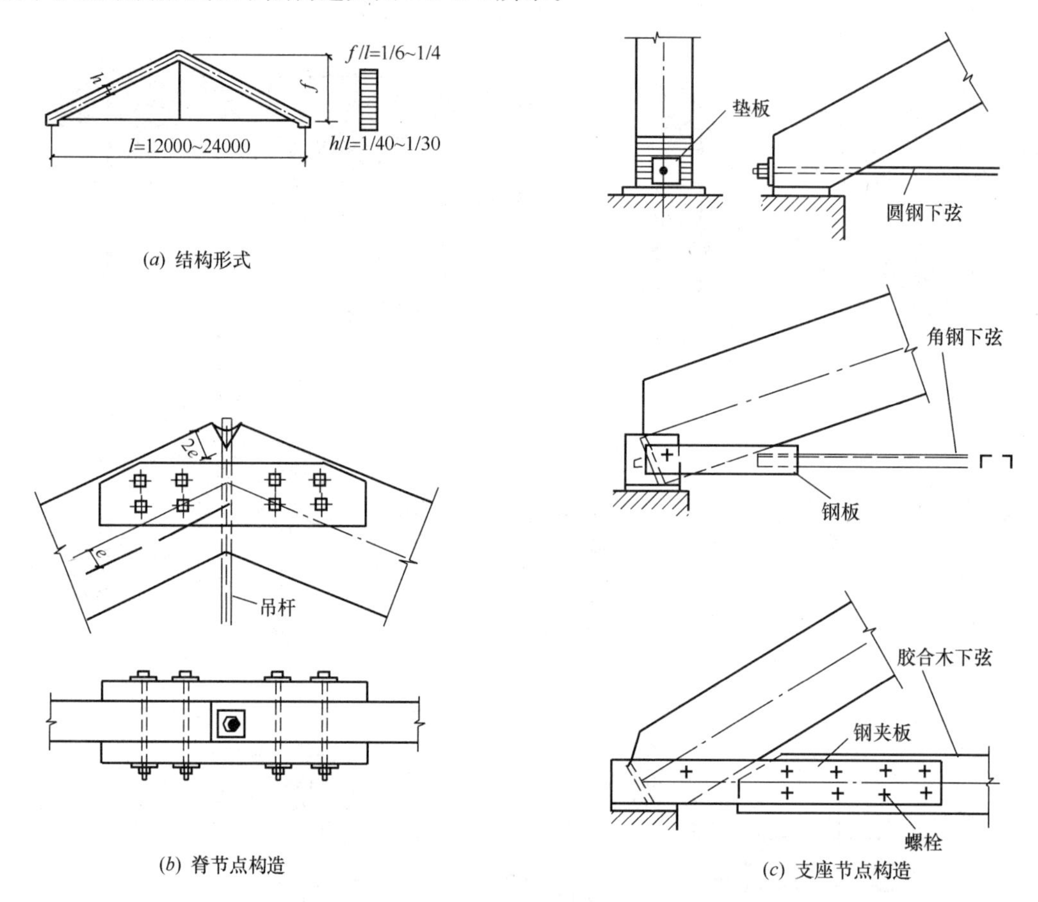

图 10.6.4　三角形三铰缓平拱的结构形式和节点构造

图 10.6.5 所示为三角形缓平拱的实例。一般半拱在支座铰和顶铰处均采用偏心抵承传力。为使支座铰具有足够大的偏心距，构造上应借助钢靴来连接。钢靴由钢板焊成，其

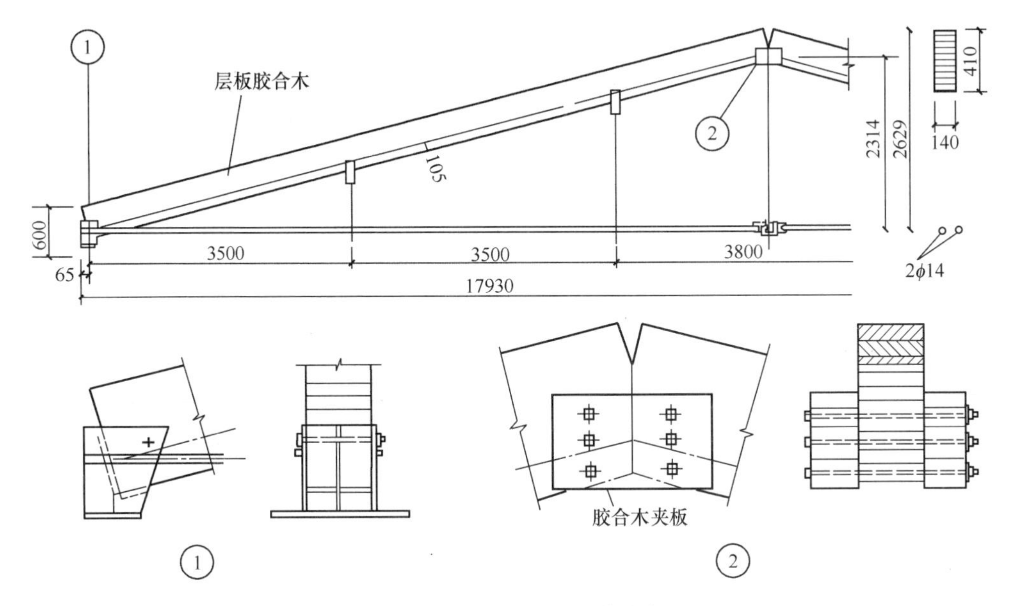

图 10.6.5 三角形缓平拱实例

构造与钢木桁架支座节点中的钢靴相类似。通常是在支座底板上焊两块竖直的节点板，节点板间的净距等于拱体的截面宽度，在其间垂直于拱体的轴线焊上带肋的抵承板或抵承槽钢。下弦钢拉杆可焊在节点板的外面，也可焊在里面。支座底板通过锚栓与下部结构连接。

由两个层板胶合弧形构件组成的弧形缓平拱，拱体截面通常为矩形。弧形缓平拱可用于大跨度，一般达 60m，必要时还可更大。其高跨比 $f/l=1/7\sim1/4$。拱体的矩形截面高度 h 可取为跨度 l 的 1/40～1/20。由于弧形半拱本身具有一定弯度，在沿其弦向作用的拱体压力作用下，对中间截面自然构成一定的卸载弯矩。因此，弧形缓平拱的支座铰和顶铰均设计成轴心抵承，而无需偏心。为了使拱体在支座铰和顶铰处能有一定的转动，半拱端头的上下边均为对称地加以切削。弧形缓平拱的结构形式和节点构造如图 10.6.6 所示。

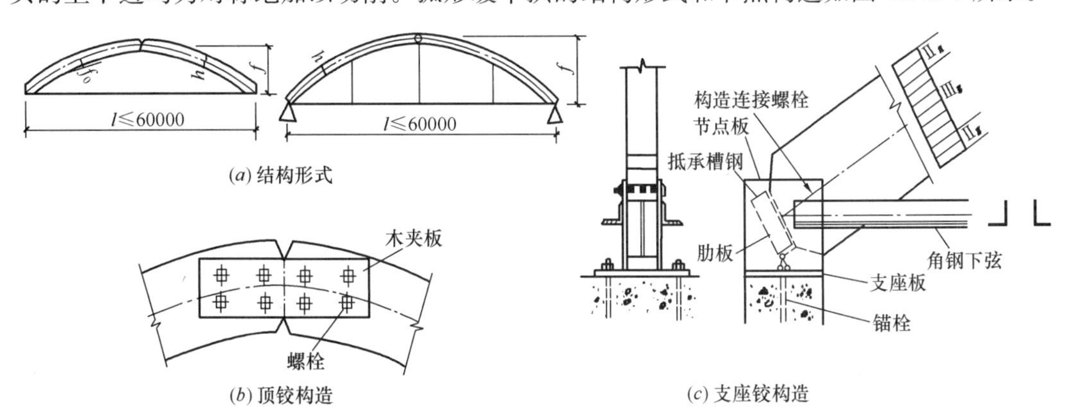

图 10.6.6 弧形缓平拱的结构形式和节点构造

2. 尖拱

尖拱的跨度和高度均较缓平拱大，其结构外形除直线形和弧形外，还有折线形。尖拱只设计成三铰拱。尖拱一般不设置下弦拉杆，其支座水平推力直接传递给建筑物的基础或支承结构。

用层板胶合木构件作拱体的三角形尖拱，跨度可达 60m，拱的高跨比 $f/l=1/3\sim1/2$，拱体矩形截面的高度 h 可取为跨度 l 的 1/60～1/50。三角形尖拱的节点，可根据需要设计成轴心抵承或偏心抵承。在支座节点处，当为轴心抵承时，拱端的抵承面应垂直于半拱的轴线；而当为偏心抵承时，则垂直于拱的支反力。支座铰不论采用轴心抵承还是偏心抵承，拱端均通过钢靴与基础或支承结构相连接。不过此处的钢靴只在支承板上焊两块竖直钢板，用螺栓将拱端与竖直钢板相连接，此连接只起构造作用，而半拱的压力系直接作用于支座底板而传递给基础或支承结构。如采用型钢作锚栓时，也可不使用钢靴。对于大跨度尖拱，其支座铰应采用钢铰。

弧形尖拱同样由两个矩形截面的层板胶合弧形构件组成，多用于跨度 30～60m 的房屋，也有用于 100m 跨度的建筑。拱的高跨比 $f/l=1/3\sim1/1.5$，拱体的矩形截面高度 h 可取为跨度 l 的 1/50～1/30。弧形尖拱的节点与弧形缓平拱一样设计成轴心抵承，节点的构造处理与三角形尖拱相同。

尖拱的结构形式和节点构造如图 10.6.7 所示。

图 10.6.8 所示为 1989 年建成的四川省江油电厂干煤棚工程的弧形胶合拱屋盖结构，跨度为 88m，拱高为 27m。拱体为宽 0.23m、高 1.625m 的矩形截面，其截面由两根宽为 115mm 的弧形层板胶合木构件用螺栓拼合而成。从拱顶分为两个半拱作为吊装施工单元，

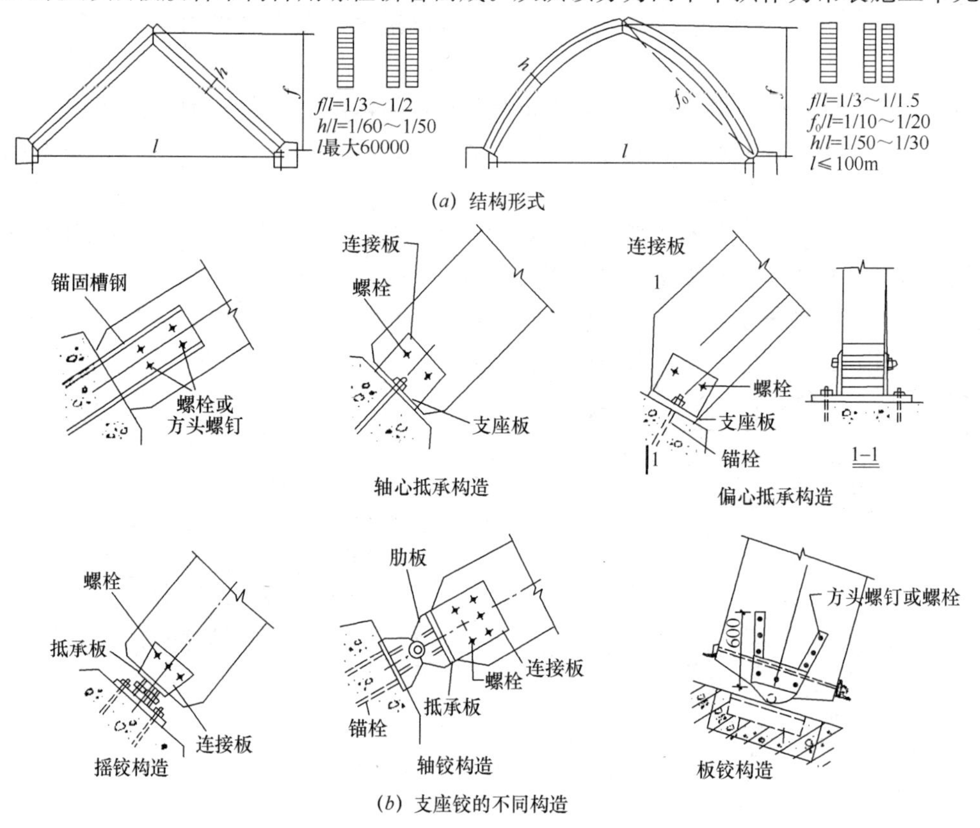

图 10.6.7　尖拱的结构形式和节点构造（一）

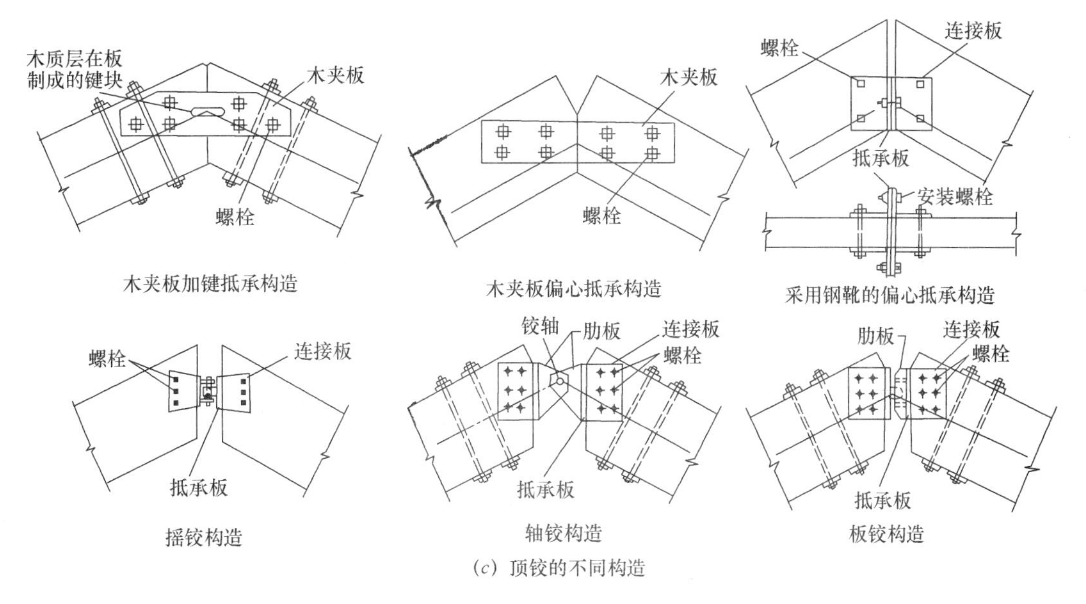

(c) 顶铰的不同构造

图 10.6.7 尖拱的结构形式和节点构造（二）

图 10.6.8 四川江油电厂干煤棚弧形胶合拱屋盖结构

然后用钢板和螺栓进行安装连接。拱脚抵承在约 6m 高的钢筋混凝土支墩上。该建筑至今仍在使用（图 10.6.9）。

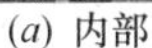

(a) 内部

(b) 外部

图 10.6.9 四川江油电厂干煤棚屋盖结构现状

图 10.6.10　上海佘山高尔夫球场弧形胶合拱人行桥

图 10.6.10 所示为 2004 年建成的上海市佘山高尔夫球场弧形胶合拱人行桥。桥的跨度为 33m，宽度为 2.5 m。设计为人行桥，但考虑了 5t 的汽车荷载。拱体截面尺寸为 222mm×610mm，桥面梁为 3 根截面为 130mm×149mm 的胶合梁，桥面板为厚 64mm 的垂直木板胶合梁。所有胶合木构件均采用花旗松生产。拱体共分 4 段，分别在 3 个零弯矩点采用金属连接件和螺栓连接。

10.6.4　胶合木曲形梁

胶合木曲形梁是胶合木结构屋盖体系中经常采用的构件。

图 10.6.11 所示为 2019 年建成的吉林省长春市全民健身活动中心游泳馆屋顶改造工程。游泳馆原屋盖采用钢结构网架体系，由于长期的水汽侵蚀，钢结构网架锈蚀严重，存在安全隐患。将屋面钢结构网架拆除后，采用胶合木结构屋盖，屋盖总面积 6300m^2，结构形式为单跨张悬双排胶合木曲形梁，曲梁跨度为 30.5m，梁截面尺寸为 200mm×

(*a*) 游泳馆鸟瞰图

(*b*) 游泳馆

(*c*) 游泳馆休息厅

图 10.6.11　长春市全民健身活动中心游泳馆

600mm（图 10.6.12）。悬索与双排胶合木梁之间采用 V 形钢支撑（图 10.6.13）。

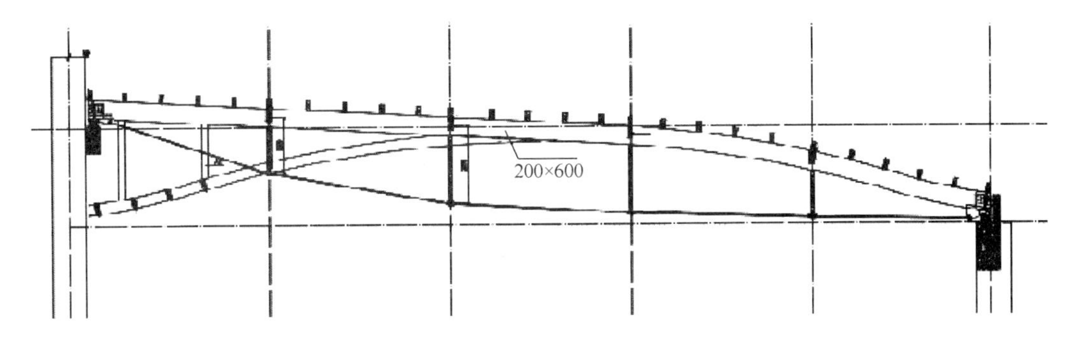

图 10.6.12 游泳馆胶合木曲梁

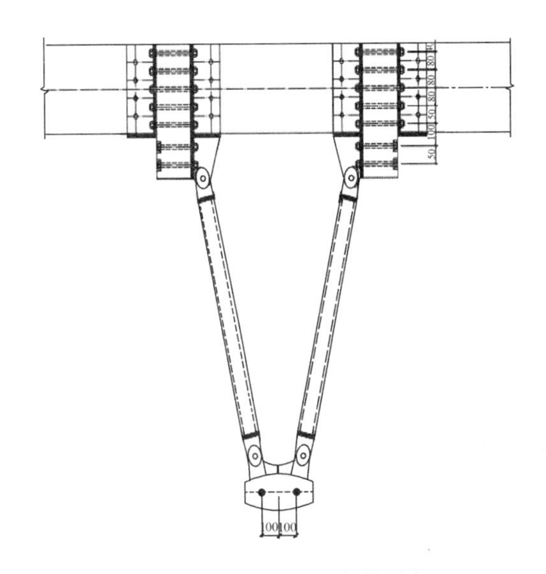

图 10.6.13 V 形钢支撑示意

10.7 胶合木结构设计案例

【例题 10.7.1】 按下述条件设计 20m 跨度三角形胶合木桁架：

桁架跨度 20m，桁架间距 6m，屋面恒荷载标准值为 1.0kN/m^2，水平投影雪荷载标准值为 0.5kN/m^2，节点采用 12mm 厚 Q235 隐藏钢板及 4.8 级 M20 螺栓（螺栓外露），胶合木采用 SZ1 级别树种的花旗松，选用对称同等组合胶合木，强度等级 TC$_T$28。另考虑屋面布置间距 0.4m 的 SPF 次檩条＋OSB 结构板，对上弦起到连续支撑作用。

屋架为简支支撑，上弦及下弦为通长构件，所有节点均为铰接节点。

屋架处于室内环境，设计使用年限 50 年，结构安全等级为二级。

【解】 胶合木强度等级 TC$_T$28 的强度设计值指标由本手册表 3.3.9 及表 2.10.17 查得，由表 3.3.10 查得 SZ1 树种级别的顺纹抗剪强度设计值 f_v＝2.2N/mm^2。各指标见表 10.7.1。

胶合木强度等级 TC_T28 的强度值和弹性模量值（N/mm^2） 表 10.7.1

强度等级指标	抗弯强度 f_m	顺纹抗压强度 f_c	顺纹抗拉强度 f_t	顺纹抗剪强度 f_v	弹性模量 E
设计值	19.5	16.9	12.4	2.2	8000
标准值	28	24	20	—	6700

1. 桁架简图及几何尺寸（图 10.7.1）

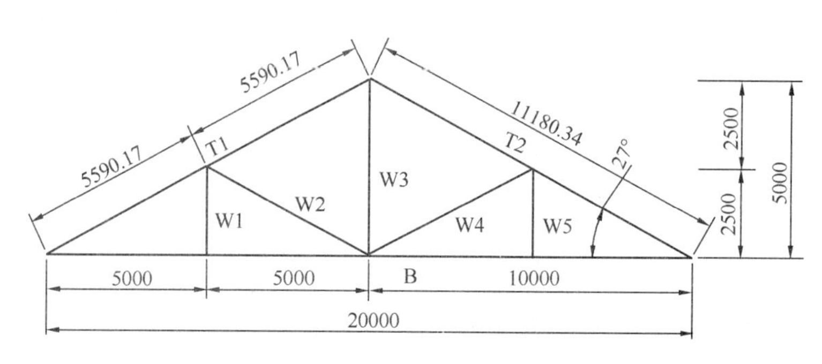

图 10.7.1 桁架简图及几何尺寸（单位：mm）

2. 荷载施加简图（图 10.7.2，屋架构件自重由程序自动计算）

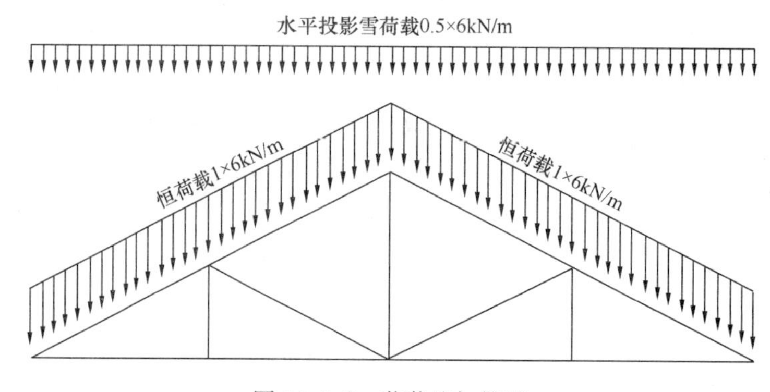

图 10.7.2 荷载施加简图

3. 荷载组合及桁架内力设计值计算

荷载组合：（恒荷载：DL；平衡雪荷载：SL）

荷载基本组合效应：$S_d = 1.3 \times DL + 1.5 \times SL$

内力设计值计算见表 10.7.2。

桁架最大内力设计值计算表 表 10.7.2

杆件	荷载组合	轴力 F_x (kN)	剪力 V_y (kN)	弯矩 M_z (kN·m)	构件两零弯矩点距离 L (mm)
W1	1.3DL+1.5SL	1.17	0	0	2500
W2	1.3DL+1.5SL	−96.17	1.21	1.70	5900.17
W3	1.3DL+1.5SL	97.21	0	0	5000
W4	1.3DL+1.5SL	−96.17	1.21	1.70	5900.17

续表

杆件	荷载组合	轴力 F_x (kN)	剪力 V_y (kN)	弯矩 M_z (kN·m)	构件两零弯矩点距离 L (mm)
W5	1.3DL+1.5SL	1.17	0	0	2500
T1	1.3DL+1.5SL	−277.38	35.46	31.20	4400
T2	1.3DL+1.5SL	−277.38	35.46	31.20	4400
B	1.3DL+1.5SL	237.38	2.75	4.74	8600

4. 构件尺寸验算

按本手册表 3.3.9 规定，本工程使用条件下，胶合木强度设计值和弹性模量不需进行调整，取 $\rho_{1f}=1.0$，$\rho_{1E}=1.0$。

按本手册表 3.3.22 规定，本工程不同设计使用年限时，胶合木强度设计值和弹性模量不需进行调整，取 $\rho_{3f}=1.0$，$\rho_{3E}=1.0$。

结构重要性系数取 $\gamma_0=1.0$。

(1) 上弦（T1/T2）验算

最大轴向压力 $F_c=277.38\text{kN}$

最大剪力 $V_y=35.46\text{kN}$

x-x 轴最大弯矩 $M_x=31.2$ kN-m

y-y 轴最大弯矩 $M_y=0$

设构件宽度 $b=170\text{mm}$，高度 $h=340\text{mm}$

截面面积 $\quad A=b\times h=0.0578\text{m}^2$

截面模量
$$I_x=\frac{1}{12}b\times h^3=5.568\times10^{-4}\text{m}^4$$
$$I_y=\frac{1}{12}h\times b^3=1.392\times10^{-4}\text{m}^4$$
$$W_x=\frac{1}{6}b\times h^2=3.275\times10^{-3}\text{m}^3$$
$$W_y=\frac{1}{6}h\times b^2=1.638\times10^{-3}\text{m}^3$$

1) 受压承载能力按强度验算

抗压强度设计值调整：由于屋面活荷载标准值为 0.5kN/m^2，雪荷载标准值为 0.5kN/m^2，参照本手册第 3.3.10 节的介绍，本构件抗压强度设计值按雪荷载控制进行强度调整，木材强度设计值调整系数 $\rho_{2f}=0.83$，见本手册表 3.3.18。

$$f_c=\frac{16.9\times\rho_{1f}\times\rho_{2f}\times\rho_{3f}}{\gamma_0}=\frac{16.9\times1.0\times1.0\times0.83}{1.0}=1.403\times10^7\text{Pa}$$

$$\sigma_c=\frac{F_c}{A}=\frac{277.38\times10^3}{0.0578}=4.799\times10^6\text{Pa} \qquad \text{[见式(4.2.2)]}$$

应力比：$\dfrac{\sigma_c}{f_c}=0.342<1$

2) 受压承载能力按稳定性验算

由本手册表 4.2.2 可得：

材料相关系数 $a_c = 0.91$，$b_c = 3.69$，$c_c = 3.45$

材料剪切变形相关系数 $\beta = 1.05$

① x-x 轴方向稳定性验算：

长度计算系数：$k_l = 1.0$

无支撑长度：$l_u = 5.59\text{m}$

长细比：
$$\lambda_{xi} = \frac{l_{0x}}{i} = \frac{k_l \times l_u}{\sqrt{\dfrac{I_x}{A}}} = \frac{1.0 \times 5.59}{\sqrt{\dfrac{5.568 \times 10^{-4}}{0.0578}}} = 56.954 \qquad [见式(4.2.5)]$$

$$\lambda_c = c_c \times \sqrt{\frac{\beta \times E_k}{f_{ck}}} = 3.45 \times \sqrt{\frac{1.05 \times 6.7 \times 10^9}{2.4 \times 10^7}} = 59.067 > \lambda_{xi}$$

[见式(4.2.4)]

受压稳定性系数：

$$\varphi_x = \frac{1}{1 + \dfrac{\lambda_{xi}^2 \times f_{ck}}{b_c \times \beta \times \pi^2 \times E_k}}$$

$$= \frac{1}{1 + \dfrac{56.954^2 \times 2.4 \times 10^7}{3.69 \times 1.05 \times \pi^2 \times 8 \times 10^9}} = 0.767 \qquad [见式(4.2.8)]$$

$$\sigma_c = \frac{F_c}{\varphi_x A} = \frac{277.38 \times 10^3}{0.767 \times 0.0578} = 6.257 \times 10^6\,\text{Pa} \qquad [见式(4.2.3)]$$

应力比：$\dfrac{\sigma_c}{f_c} = 0.446 < 1$

② y-y 轴方向稳定性验算：

长度计算系数：$k_l = 1.0$

无支撑长度：$l_u = 0.4\text{m}$

长细比：
$$\lambda_{yi} = \frac{l_{0y}}{i} = \frac{k_l \times l_u}{\sqrt{\dfrac{I_y}{A}}} = \frac{1.0 \times 0.4}{\sqrt{\dfrac{1.392 \times 10^{-4}}{0.0578}}} = 8.151 < \lambda_c \qquad [见式(4.2.5)]$$

受压稳定性系数：

$$\varphi_y = \frac{1}{1 + \dfrac{\lambda_{yi}^2 \times f_{ck}}{b_c \times \beta \times \pi^2 \times E_k}} = \frac{1}{1 + \dfrac{8.151^2 \times 2.4 \times 10^7}{3.69 \times 1.05 \times \pi^2 \times 8 \times 10^9}} = 0.994$$

[见式(4.2.8)]

$$\sigma_c = \frac{F_c}{\varphi_y A} = \frac{277.38 \times 10^3}{0.994 \times 0.0578} = 4.828 \times 10^6\,\text{Pa} \qquad [见式(4.2.3)]$$

应力比：$\dfrac{\sigma_c}{f_c} = 0.344 < 1$

3）受弯承载能力按强度验算

$$\sigma_m = \frac{M_x}{W_x} = \frac{31.2 \times 10^3}{3.275 \times 10^{-3}} = 9.526 \times 10^6\,\text{Pa} \qquad [见式(4.3.1)]$$

抗弯强度设计值调整：

$$f_m = \frac{19.5 \times \rho_{1f} \times \rho_{2f} \times \rho_{3f}}{\gamma_0} = \frac{19.5 \times 1.0 \times 1.0 \times 0.83}{1.0} = 1.618 \times 10^7 \text{Pa}$$

参照本手册式（10.3.8），胶合木构件尺寸调整系数（$L=4.4$m 为构件两点零弯矩间的距离）：

$$k_v = \left[\left(\frac{130}{170}\right)\left(\frac{305}{340}\right)\left(\frac{6400}{4400}\right)\right]^{\frac{1}{10}} = 1$$

应力比：$\frac{\sigma_m}{f_m \times k_v} = \frac{9.526 \times 10^6}{1.618 \times 10^7 \times 1.0} = 0.589 < 1$

4）受弯承载能力按稳定性验算

由本手册表 4.3.1 可得：

材料相关系数 $a_m = 0.7$，$b_m = 4.9$，$c_m = 0.9$

材料剪切变形相关系数 $\beta = 1.05$

受弯构件两个支撑点之间的实际距离：$l_u = 0.4$m

由本手册表 4.3.1 可得，均布荷载情况下有效长度：$l_e = 0.95 \times l_u$

受弯构件长细比：$\lambda_B = \sqrt{\frac{l_e \times h}{b^2}} = \sqrt{\frac{0.95 \times 0.4 \times 0.34}{0.17^2}} = 2.114$　　［见式(4.3.4)］

$$\lambda_m = c_m \times \sqrt{\frac{\beta \times E_k}{f_{mk}}} = 0.9 \times \sqrt{\frac{1.05 \times 8 \times 10^9}{28 \times 10^6}} = 14.266 > \lambda_B$$

［见式(4.3.3)］

侧向稳定性系数：

$$\varphi_l = \frac{1}{1 + \frac{\lambda_B^2 \times f_{mk}}{b_m \times \beta \times E_k}} = \frac{1}{1 + \frac{2.114^2 \times 28 \times 10^6}{4.9 \times 1.05 \times 8 \times 10^9}} = 0.996$$　　［见式(4.3.6)］

$$\sigma_m = \frac{M_x}{\varphi_l \times W_x} = \frac{31.2 \times 10^3}{0.996 \times 3.275 \times 10^{-3}} = 9.56 \times 10^6 \text{Pa}$$　　［见式(4.3.2)］

应力比：$\frac{\sigma_m}{f_m \times k_v} = 0.591 < 1$

5）受剪承载能力验算

剪应力面积矩：$S = \frac{b \times h}{2} \times \frac{h}{4} = 2.457 \times 10^{-3} \text{m}^3$

$$\sigma_v = \frac{V_y \times S}{I_x \times b} = \frac{35.46 \times 10^3 \times 2.457 \times 10^{-3}}{5.568 \times 10^{-4} \times 0.17} = 0.92 \times 10^6 \text{Pa}$$

［见式(4.3.7)］

由本手册表 3.3.10 查得 SZ1 树种级别的顺纹抗剪强度设计值：$f_v = 2.2 \text{N/mm}^2$

调整后的顺纹抗剪强度设计值：$f_v = \frac{2.2 \times 1.0 \times 1.0 \times 0.83}{1.0} = 1.826 \times 10^6 \text{Pa}$

应力比：$\frac{\sigma_v}{f_v} = \frac{0.92 \times 10^6}{1.826 \times 10^6} = 0.504 < 1$

6）压弯承载能力按强度验算

构件轴向压力的初始偏心距（mm）：$e_0=0$

$$\frac{F_c}{A\times f_c}+\frac{M_x+F_c\times e_0}{W_x\times f_m}=\frac{277.38\times10^3}{0.0578\times1.403\times10^7}+\frac{31.2\times10^3+277.38\times10^3\times0}{3.275\times10^{-3}\times1.618\times10^7}$$

$$=0.342<1.0 \qquad [见式(4.4.2)]$$

7）压弯承载能力按稳定性验算

横向荷载作用下的跨中最大初始弯矩设计值：$M_0=0$

按上述第2）项计算，取最小轴心受压构件的稳定系数：$\varphi=\varphi_x=0.767$

$$k=\frac{F_c\times e_0+M_0}{W\times f_m\left(1+\sqrt{\frac{F_c}{A\times f_c}}\right)}=0 \qquad [见式(4.4.6)]$$

$$k_0=\frac{F_c\times e_0}{W_x\times f_m\left(1+\sqrt{\frac{F_c}{A\times f_c}}\right)}=0 \qquad [见式(4.4.7)]$$

$$\varphi_m=(1-k)^2\times(1-k_0)=1 \qquad [见式(4.4.5)]$$

轴向力和初始弯矩共同作用的折减系数：

$$\frac{F_c}{\varphi\times\varphi_m\times A\times f_c}=\frac{277.38\times10^3}{0.767\times1\times0.0578\times1.403\times10^7}=0.446<1.0$$

[见式(4.4.4)]

8）弯矩作用平面外的侧向稳定性验算

由以上计算可见，y-y 轴方向受压稳定性系数 $\varphi_y=0.994$；受弯侧向稳定性系数 $\varphi_l=0.992$。

$$\frac{F_c}{\varphi_y\times A\times f_c}+\left(\frac{M_x}{\varphi_l\times W_x\times f_m}\right)^2$$

$$=\frac{277.38\times10^3}{0.994\times0.0578\times1.403\times10^7}+\left(\frac{31.2\times10^3}{0.992\times3.275\times10^{-3}\times1.618\times10^7}\right)^2$$

$$=0.693<1 \qquad [见式(4.4.10)]$$

故，上弦满足要求。

（2）下弦（B）验算

最大轴向拉力：$F_t=237.38\text{kN}$

最大剪力：$V_y=2.75\text{kN}$

x-x 轴最大弯矩：$M_x=4.74\text{kN}\cdot\text{m}$

y-y 轴最大弯矩：$M_y=0$

构件宽度 $b=170\text{mm}$，高度 $h=340\text{mm}$

截面面积：$A=170\times340=0.0578\text{m}^2$

全截面模量：$I_x=\frac{1}{12}b\times h^3=5.568\times10^{-4}\text{m}^4$

$$I_y=\frac{1}{12}h\times b^3=1.392\times10^{-4}\text{m}^4$$

$$W_x=\frac{1}{6}b\times h^2=3.275\times10^{-3}\text{m}^3$$

$$W_y = \frac{1}{6}h \times b^2 = 1.638 \times 10^{-3}\mathrm{m}^3$$

因下弦由轴向拉力控制，故考虑节点处中间隐藏钢板的开槽（14mm）及螺栓开孔（两排 22mm）的削弱。

净截面面积：$A_n = (170-14)\times(340-2\times22) = 0.0462\mathrm{m}^2$

净截面模量只考虑隐藏钢板开槽削弱。

净截面模量：$I_x = \frac{1}{12}(b-14)\times h^3 = 5.11 \times 10^{-4}\mathrm{m}^4$

$$I_y = \frac{1}{12}h \times (b-14)^3 = 1.076 \times 10^{-4}\mathrm{m}^4$$

$$W_x = \frac{1}{6}(b-14)\times h^2 = 3.006 \times 10^{-3}\mathrm{m}^3$$

$$W_y = \frac{1}{6}h \times (b-14)^2 = 1.379 \times 10^{-3}\mathrm{m}^3$$

1）受拉承载能力按强度验算

本构件抗拉强度设计值按雪荷载控制进行强度调整，木材强度设计值调整系数 $\rho_{2f} = 0.83$，见本手册表 3.3.18。

$$f_t = \frac{12.4 \times \rho_{1f} \times \rho_{2f} \times \rho_{3f}}{\gamma_0} = \frac{12.4 \times 1.0 \times 1.0 \times 0.83}{1.0} = 1.029 \times 10^7\mathrm{Pa}$$

$$\sigma_t = \frac{F_t}{A_n} = \frac{237.38 \times 10^3}{0.0462} = 5.138 \times 10^6\mathrm{Pa} \qquad [见式(4.2.1)]$$

应力比：$\frac{\sigma_t}{f_t} = \frac{5.138 \times 10^6}{1.029 \times 10^7} = 0.499 < 1$

2）受弯承载能力按强度验算

$$\sigma_m = \frac{M_x}{W_{xn}} = \frac{4.74 \times 10^3}{3.006 \times 10^{-3}} = 1.577 \times 10^6\mathrm{Pa} \qquad [见式(4.3.1)]$$

$L = 8600\mathrm{mm}$ 为构件两零弯矩点的距离，则：

$$k_v = \left[\left(\frac{130}{170}\right)\left(\frac{305}{340}\right)\left(\frac{6400}{8600}\right)\right]^{\frac{1}{10}} = 0.935$$

应力比：$\frac{\sigma_m}{f_m \times k_v} = \frac{1.577 \times 10^6}{1.618 \times 10^7 \times 0.935} = 0.104 < 1$

3）受弯承载能力按稳定性验算

由本手册表 4.3.1 可得：

材料相关系数 $a_m = 0.7$，$b_m = 4.9$，$c_m = 0.9$

材料剪切变形相关系数 $\beta = 1.05$

受弯构件两个支撑点之间的实际距离：$l_u = 20\mathrm{m}$

由本手册表 4.3.1 可得，均布荷载情况下有效长度：

$$l_e = 0.95 \times l_u = 0.95 \times 20 = 19\mathrm{m}$$

受弯构件长细比：$\lambda_B = \sqrt{\frac{l_e \times h}{b^2}} = \sqrt{\frac{19 \times 0.34}{0.17^2}} = 14.951$ [见式(4.3.4)]

$$\lambda_{m} = c_{m} \times \sqrt{\frac{\beta \times E_{k}}{f_{mk}}} = 0.9 \times \sqrt{\frac{1.05 \times 6.7 \times 10^{9}}{28 \times 10^{6}}} = 14.266 < \lambda_{B}$$

［见式(4.3.3)］

侧向稳定性系数：

$$\varphi_{l} = \frac{a_{m} \times \beta \times E_{k}}{\lambda_{B}^{2} \times f_{mk}} = \frac{0.7 \times 1.05 \times 6.7 \times 10^{9}}{14.951^{2} \times 28 \times 10^{6}} = 0.787 \quad [见式(4.3.5)]$$

$$\sigma_{m} = \frac{M_{x}}{\varphi_{l} \times W_{xn}} = \frac{4.74 \times 10^{3}}{0.787 \times 3.006 \times 10^{-3}} = 2.004 \times 10^{6}\,\text{Pa} \quad [见式(4.3.2)]$$

应力比：$\frac{\sigma_{m}}{f_{m} \times k_{v}} = \frac{2.004 \times 10^{6}}{1.618 \times 10^{7} \times 0.935} = 0.133 < 1$

4）受剪承载能力验算

剪应力面积矩：$S = \frac{b \times h}{2} \times \frac{h}{4} = \frac{0.17 \times 0.34}{2} \times \frac{0.34}{4} = 2.457 \times 10^{-3}\text{m}^{3}$

$$\sigma_{v} = \frac{V_{y} \times S}{I_{x} \times b} = \frac{2.75 \times 10^{3} \times 2.457 \times 10^{-3}}{5.568 \times 10^{-4} \times 0.17} = 0.071 \times 10^{6}\,\text{Pa}$$

应力比：$\frac{\sigma_{v}}{f_{v}} = \frac{0.071 \times 10^{6}}{1.826 \times 10^{6}} = 0.039 < 1$

5）拉弯承载能力按强度验算：

$$\frac{F_{t}}{A_{n} \times f_{t}} + \frac{M_{x}}{W_{x} \times f_{m}} = \frac{237.38 \times 10^{3}}{0.0462 \times 1.029 \times 10^{7}} + \frac{4.74 \times 10^{3}}{3.006 \times 10^{-3} \times 1.618 \times 10^{7}} = 0.596 < 1$$

故：下弦满足要求。

(3) 腹杆（W）验算

最大轴向压力：$F_{c} = 96.17\text{kN}$

最大轴向拉力：$F_{t} = 97.21\text{kN}$

最大剪力：$V_{y} = 1.21\text{kN}$

x-x 轴最大弯矩 $M_{x} = 1.7\text{kNm}$；y-y 轴最大弯矩 $M_{y} = 0$

设构件宽度 b=170mm，高度 h=340mm

截面面积　　$A = 170 \times 340 = 0.0578\text{m}^{2}$

截面模量

$$I_{x} = \frac{1}{12} b \times h^{3} = 5.568 \times 10^{-4}\text{m}^{4}$$

$$I_{y} = \frac{1}{12} h \times b^{3} = 1.392 \times 10^{-4}\text{m}^{4}$$

$$W_{x} = \frac{1}{6} b \times h^{2} = 3.275 \times 10^{-3}\text{m}^{3}$$

$$W_{y} = \frac{1}{6} h \times b^{2} = 1.638 \times 10^{-3}\text{m}^{3}$$

1）受压承载能力按强度验算

$$\sigma_{c} = \frac{F_{c}}{A} = \frac{96.17 \times 10^{3}}{0.0578} = 1.664 \times 10^{6}\,\text{Pa}$$

应力比：$\frac{\sigma_{c}}{f_{c}} = \frac{1.664 \times 10^{6}}{1.403 \times 10^{7}} = 0.119 < 1$

2）受压承载能力按稳定性验算

由本手册表 4.2.2 可得：

材料相关系数 $a_c = 0.91$，$b_c = 3.69$，$c_c = 3.45$

材料剪切变形相关系数 $\beta = 1.05$

① x-x 轴方向稳定性验算：

长度计算系数：$k_l = 1.0$

无支撑长度：$l_u = 5.59\text{m}$

长细比：
$$\lambda_{xi} = \frac{l_{0x}}{i} = \frac{k_l \times l_u}{\sqrt{\dfrac{I_x}{A}}} = \frac{1.0 \times 5.59}{\sqrt{\dfrac{5.568 \times 10^{-4}}{0.0578}}} = 56.954 \qquad [见式(4.2.5)]$$

$$\lambda_c = c_c \times \sqrt{\frac{\beta \times E_k}{f_{ck}}} = 3.45 \times \sqrt{\frac{1.05 \times 6.7 \times 10^9}{24 \times 10^6}} = 59.067 > \lambda_{xi}$$

[见式(4.2.5)]

受压稳定性系数：

$$\varphi_x = \frac{1}{1 + \dfrac{\lambda_{xi}^2 \times f_{ck}}{b_c \times \beta \times \pi^2 \times E_k}}$$

$$= \frac{1}{1 + \dfrac{56.954^2 \times 24 \times 10^6}{3.69 \times 1.05 \times \pi^2 \times 6.7 \times 10^9}} = 0.767 \qquad [见式(4.2.8)]$$

$$\sigma_c = \frac{F_c}{\varphi_x A} = \frac{96.17 \times 10^3}{0.767 \times 0.0578} = 2.169 \times 10^6 \text{Pa}$$

应力比：$\dfrac{\sigma_c}{f_c} = \dfrac{2.169 \times 10^6}{1.403 \times 10^7} = 0.155 < 1$

② y-y 轴方向稳定性验算：

长度计算系数：$k_l = 1.0$

无支撑长度：$l_u = 5.59\text{m}$

长细比：
$$\lambda_{yi} = \frac{l_{0y}}{i} = \frac{k_i \times l_u}{\sqrt{\dfrac{I_y}{A}}} = \frac{1.0 \times 5.59}{\sqrt{\dfrac{1.392 \times 10^{-4}}{0.0578}}} = 113.908 > \lambda_c$$

受压稳定性系数：

$$\varphi_y = \frac{a_c \times \pi^2 \times \beta \times E_k}{\lambda_{yi}^2 \times f_{ck}} = \frac{0.91 \times \pi^2 \times 1.05 \times 6.7 \times 10^9}{113.908^2 \times 24 \times 10^6} = 0.203$$

$$\sigma_c = \frac{F_c}{\varphi_y A} = \frac{96.17 \times 10^3}{0.203 \times 0.0578} = 8.196 \times 10^6 \text{Pa}$$

应力比：$\dfrac{\sigma_c}{f_c} = \dfrac{8.196 \times 10^6}{1.403 \times 10^7} = 0.584 < 1$

3）受拉承载能力按强度验算

$$\sigma_t = \frac{F_t}{A} = \frac{97.21 \times 10^3}{0.0578} = 1.682 \times 10^6 \text{Pa} \qquad [见式(4.2.1)]$$

应力比：$\frac{\sigma_t}{f_t}=\frac{1.682\times10^6}{1.029\times10^7}=0.163<1$

4）受剪承载能力验算

剪应力面积矩：

$$S=\frac{b\times h}{2}\times\frac{h}{4}=\frac{0.17\times0.34}{2}\times\frac{0.34}{4}=2.457\times10^{-3}\mathrm{m}^3$$

$$\sigma_v=\frac{V_y\times S}{I_x\times b}=\frac{1.261\times10^3\times2.457\times10^{-3}}{5.568\times10^{-4}\times0.17}=0.032\times10^6\mathrm{Pa}$$

应力比：$\frac{\sigma_v}{f_v}=\frac{0.032\times10^6}{1.826\times10^6}=0.018<1$

故：腹杆满足要求。

5. 典型节点计算

（1）螺栓承载力计算

受力类型：双剪

花旗松胶合木全干相对密度：　$G=0.46$

螺栓直径：　$d=20\mathrm{mm}$

主构件（中间构件）承压面长度：　$t_m=12\mathrm{mm}$

次构件（侧构件）承压面长度：　$t_s=78\mathrm{mm}$

次构件销槽顺纹承压强度标准值：　$f_{es}=77G$　［见式 5.3.14)］

$$f_{es}=77\times0.46\times10^6\mathrm{Pa}=3.542\times10^7\mathrm{Pa}$$

次构件销槽横纹承压强度标准值：

$$f_{es,90}=\frac{212\times G^{1.45}\times10^6}{\sqrt{d}}$$　［见式 5.3.15)］

$$f_{es,90}=\frac{212\times0.46^{1.45}\times10^6}{\sqrt{20}}=1.538\times10^7\mathrm{Pa}$$

主构件(钢板)销槽承压强度标准值：$f_{em}=1.1\times215\times10^6\mathrm{Pa}$

螺栓抗弯强度标准值：　$f_{yb}=320\times10^6\mathrm{Pa}$

由本手册表 5.3.4 查得，剪面承载力各屈服模式的抗力分项系数：

$$\gamma_{\mathrm{I}}=4.38,\ \gamma_{\mathrm{II}}=3.63,\ \gamma_{\mathrm{III}}=2.22,\ \gamma_{\mathrm{IV}}=1.88$$

钢材弹塑性强化系数：　$k_{ep}=1.0$

$$R_e=\frac{f_{em}}{f_{es}}=\frac{1.1\times215\times10^6}{3.542\times10^7}=6.677$$

$$R_t=\frac{t_m}{t_s}=\frac{12}{78}=0.154$$

1）顺纹向单个螺栓承载力设计值计算

屈服模式Ⅰ：按双剪连接计算

$$R_e\times R_t=6.677\times0.154=1.027<2.0$$

$$k_{\mathrm{I}}=\frac{R_e\times R_t}{2\times\gamma_{\mathrm{I}}}=\frac{6.677\times0.154}{2\times4.38}=0.117$$　［见式 5.3.6)］

屈服模式Ⅲ：

$$k_{s\mathrm{III}}=\frac{R_e}{2+R_e}\times\left[\sqrt{\frac{2(1+R_e)}{R_e}+\frac{1.647\times(2+R_e)\times k_{ep}\times f_{yb}\times d^2}{3\times R_e\times f_{es}\times t_s^2}}-1\right]$$

$$=0.563$$ ［见式(5.3.11)］

$$k_{\mathrm{III}}=\frac{k_{s\mathrm{III}}}{\gamma_{\mathrm{III}}}=\frac{0.563}{2.22}=0.254$$ ［见式(5.3.9)］

屈服模式Ⅳ：

$$k_{s\mathrm{IV}}=\frac{d}{l_s}\sqrt{\frac{1.647\times R_e\times k_{ep}\times f_{yb}}{3\times(1+R_e)\times f_{es}}}=\frac{20}{78}\sqrt{\frac{1.647\times 6.677\times 1.0\times 320\times 10^6}{3\times(1+6.677)\times 3.542\times 10^7}}$$

$$=0.533$$ ［见式(5.3.13)］

$$k_{\mathrm{IV}}=\frac{k_{s\mathrm{IV}}}{\gamma_{\mathrm{IV}}}=\frac{0.533}{1.88}=0.283$$ ［见式(5.3.12)］

销槽承压最小有效长度系数取：$k_{min}=0.117$

每个剪面的受剪承载力参考设计值：

$$Z=k_{min}t_s d f_{es}=0.117\times 78\times 20\times 3.542\times 10^7=6.479\times 10^3\mathrm{N}$$

［见式(5.3.3)］

顺纹向单个螺栓承载力设计值：$Z_{pa}=2\times Z=1.296\times 10^4\mathrm{N}$

2）横纹向单个螺栓承载力设计值计算

$$R_e=\frac{f_{em}}{f_{es,90}}=\frac{1.1\times 215\times 10^6}{1.538\times 10^7}=15.382$$

屈服模式Ⅰ：　$R_e\times R_t=15.382\times 0.154=2.369>2.0$

$$k_{\mathrm{I}}=\frac{2}{2\times\gamma_{\mathrm{I}}}=0.228$$

屈服模式Ⅲ：

$$k_{s\mathrm{III}}=\frac{R_e}{2+R_e}\times\left[\sqrt{\frac{2(1+R_e)}{R_e}+\frac{1.647\times(2+R_e)\times k_{ep}\times f_{yb}\times d^2}{3\times R_e\times f_{es}\times t_s^2}}-1\right]=0.813$$

$$k_{\mathrm{III}}=\frac{k_{s\mathrm{III}}}{\gamma_{\mathrm{III}}}=\frac{0.813}{2.22}=0.366$$

屈服模式Ⅳ：

$$k_{s\mathrm{IV}}=\frac{d}{l_s}\sqrt{\frac{1.647\times R_e\times k_{ep}\times f_{yb}}{3\times(1+R_e)\times f_{es}}}=\frac{20}{78}\sqrt{\frac{1.647\times 15.382\times 1.0\times 320\times 10^6}{3\times(1+15.382)\times 1.538\times 10^7}}=0.84$$

$$k_{\mathrm{IV}}=\frac{k_{s\mathrm{IV}}}{\gamma_{\mathrm{IV}}}=\frac{0.84}{1.88}=0.447$$

销槽承压最小有效长度系数取：$k_{min}=0.228$

每个剪面的受剪承载力参考设计值：

$$Z=k_{min}\times t_s\times d\times f_{es}=0.228\times 78\times 20\times 1.538\times 10^7=5.476\times 10^3\mathrm{N}$$

横纹向单个螺栓承载力设计值：$Z_{pes}=2\times Z=1.095\times 10^4\mathrm{N}$

(2) 螺栓数量计算

1）支座处上弦螺栓数量计算：1.3DL+1.5SL 控制

端部轴向力：　$\Delta F=277.38\mathrm{kN}$

端部剪力：　　　　　　　$\Delta V = 35.46\text{kN}$

轴力和剪力的合力：

$$F = \sqrt{\Delta F^2 + \Delta V^2} = \sqrt{(277.38 \times 10^3)^2 + (35.46 \times 10^3)^2} = 2.796 \times 10^5 \text{N}$$

合力与木纹方向的夹角：$\theta = \arctan\left(\frac{\Delta V}{\Delta F}\right) = \arctan\left(\frac{35.46 \times 10^3}{277.38 \times 10^3}\right) = 7.29\text{deg}$

合力方向的螺栓承载能力：

$$Z_\theta = \frac{Z_{pa} \times Z_{pes}}{Z_{pa} \times \sin^2\theta + Z_{pes} \times \cos^2\theta} = 1.292 \times 10^4 \text{N}$$

所需螺栓数量：　　　$n = \frac{F}{Z_\theta} = \frac{2.796 \times 10^5}{1.292 \times 10^4} = 21.64$

支座上弦处螺栓数量至少22颗。

2）支座处下弦螺栓数量计算：1.3DL+1.5SL控制

端部轴向力：$\Delta F = 237.38\text{kN}$

端部剪力：$\Delta V = 2.75\text{kN}$

轴力和剪力的合力：

$$F = \sqrt{\Delta F^2 + \Delta V^2} = \sqrt{(237.38 \times 10^3)^2 + (2.75 \times 10^3)^2} = 2.374 \times 10^5 \text{N}$$

合力与木纹方向的夹角：$\theta = \arctan\left(\frac{\Delta V}{\Delta F}\right) = \arctan\left(\frac{2.75 \times 10^3}{237.38 \times 10^3}\right) = 0.664\text{deg}$

合力方向的螺栓承载能力：

$$Z_\theta = \frac{Z_{pa} \times Z_{pes}}{Z_{pa} \times \sin^2\theta + Z_{pes} \times \cos^2\theta} = 1.296 \times 10^4 \text{N}$$

所需螺栓数量：$n = \frac{F}{Z_\theta} = \frac{2.374 \times 10^5}{1.296 \times 10^4} = 18.32$

支座下弦处螺栓数量至少19个。

其余节点计算从略。

【例题 10.7.2】

条件同【例题10.7.1】，采用美国进口花旗松胶合木，强度等级为美国NSD规范中的异等组合24F-V8/DF，不考虑截面微调带来的内力影响，内力最大值同【例题10.7.1】，试进行构件截面验算。

【解】进口美国异等组合胶合木强度等级24F-V8/DF的强度设计值由本手册表10.3.5、表10.3.3查得，并由表3.3.10查得SZ1树种级别的顺纹抗剪强度设计值 $f_v = 2.2\text{N/mm}^2$，各指标见表10.7.3。

进口异等组合强度等级24F-V8/DF的强度值和弹性模量值（N/mm^2）　**表10.7.3**

强度等级指标	抗弯强度 f_m	顺纹抗压强度 f_c	顺纹抗拉强度 f_t	顺纹抗剪强度 f_v	弹性模量 E
设计值	24.1	15.1	9.6	2.2	12400
标准值	34.8	21.6	15.9	—	10890

与【例题10.7.1】相同，各强度通过强度调整系数后的设计值如下（表10.7.4）：

抗压强度设计值调整：

$$f_c = \frac{15.1 \times 1.0 \times 1.0 \times 0.83}{1.0} = 1.253 \times 10^7 \text{Pa}$$

抗弯强度设计值调整：

$$f_{\mathrm{m}}=\frac{24.1\times1.0\times1.0\times0.83}{1.0}=2.00\times10^{7}\mathrm{Pa}$$

抗拉强度设计值调整：

$$f_{\mathrm{t}}=\frac{9.6\times1.0\times1.0\times0.83}{1.0}=0.797\times10^{7}\mathrm{Pa}$$

顺纹抗剪强度设计值调整：

$$f_{\mathrm{v}}=\frac{2.2\times1.0\times1.0\times0.83}{1.0}=0.183\times10^{7}\mathrm{Pa}$$

横纹承压强度设计值调整：

$$f_{\mathrm{c,90}}=\frac{6\times1.0\times1.0\times0.83}{1.0}=0.498\times10^{7}\mathrm{Pa}$$

强度等级 24F-V8/DF 经强度调整后的强度设计值和弹性模量值（N/mm²） **表 10.7.4**

强度等级	抗弯强度 f_{m}	顺纹抗压强度 f_{c}	顺纹抗拉强度 f_{t}	横纹抗拉强度 f_{v}	横纹承压强度 $f_{\mathrm{c,90}}$
24F-V8/DF	20.0	12.53	7.97	1.83	4.98

1. 桁架简图及几何尺寸（图 10.7.3）

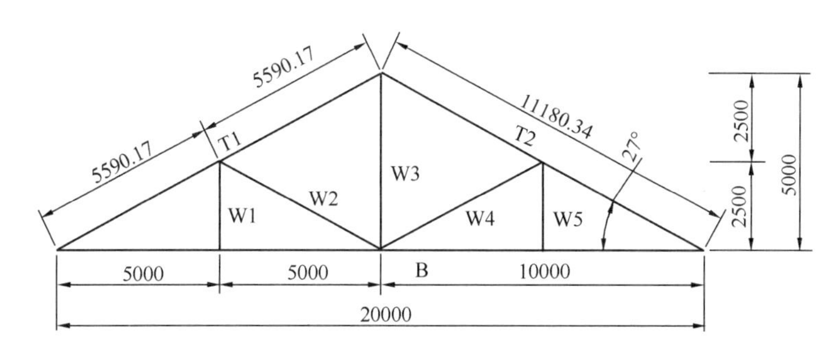

图 10.7.3 桁架简图及几何尺寸（单位：mm）

2. 荷载施加简图（图 10.7.4，屋架构件自重由程序自动计算）

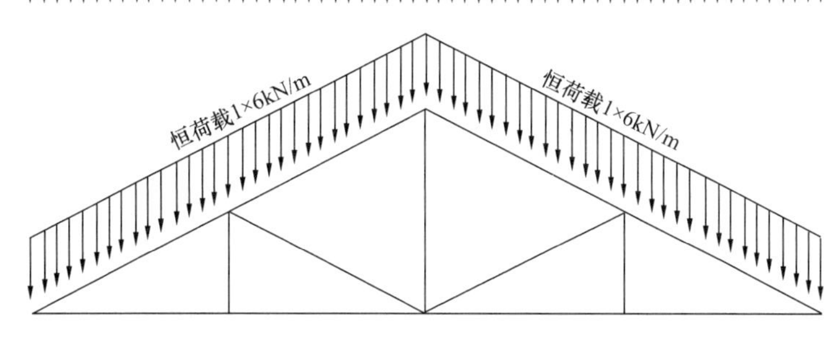

图 10.7.4 荷载施加简图

3. 荷载组合及桁架内力设计值计算

荷载组合：（恒荷载：DL；平衡雪荷载：SL）

荷载基本组合效应：$S_d = 1.3 \times DL + 1.5 \times SL$

桁架最大内力设计值见表 10.7.5。

桁架最大内力设计值计算表　　表 10.7.5

杆件	荷载组合	轴力 F_x (kN)	剪力 V_y (kN)	弯矩 M_z (kN·m)	构件两零弯矩点距离 L (mm)
W1	1.3DL+1.5SL	1.17	0	0	2500
W2	1.3DL+1.5SL	−96.17	1.21	1.70	5900.17
W3	1.3DL+1.5SL	97.21	0	0	5000
W4	1.3DL+1.5SL	−96.17	1.21	1.70	5900.17
W5	1.3DL+1.5SL	1.17	0	0	2500
T1	1.3DL+1.5SL	−277.38	35.46	31.20	4400
T2	1.3DL+1.5SL	−277.38	35.46	31.20	4400
B	1.3DL+1.5SL	237.38	2.75	4.74	8600

4. 构件尺寸验算

(1) 上弦（T1/T2）验算

最大轴向压力：$F_c = 277.38\text{kN}$

最大剪力：$V_y = 35.46\text{kN}$

x-x 轴最大弯矩 $M_x = 31.2\text{kNm}$；y-y 轴最大弯矩 $M_y = 0$

设构件宽度 b=170mm，高度 h=305mm

截面面积：$A = b \times h = 0.0519\text{m}^2$

截面模量：$I_x = \frac{1}{12} b \times h^3 = 4.019 \times 10^{-4}\text{m}^4$

$$I_y = \frac{1}{12} h \times b^3 = 1.249 \times 10^{-4}\text{m}^4$$

$$W_x = \frac{1}{6} b \times h^2 = 2.636 \times 10^{-3}\text{m}^3$$

$$W_y = \frac{1}{6} h \times b^2 = 1.469 \times 10^{-3}\text{m}^3$$

1）受压承载能力按强度验算

$$\sigma_c = \frac{F_c}{A} = \frac{277.38 \times 10^3}{0.0519} = 5.35 \times 10^6\text{Pa} \qquad \text{[见式(4.2.2)]}$$

应力比：$\frac{\sigma_c}{f_c} = 0.427 < 1$

2）受压承载能力按稳定性验算

由本手册表 4.2.2 可得：

材料相关系数 $a_c = 0.91$，$b_c = 3.69$，$c_c = 3.45$

材料剪切变形相关系数 $\beta = 1.05$

① x-x 轴方向稳定性验算：

长度计算系数：k_l=1.0

无支撑长度：$l_u=5.59\text{m}$

长细比：

$$\lambda_{xi}=\frac{l_{0x}}{i}=\frac{k_l\times l_u}{\sqrt{\frac{I_x}{A}}}=\frac{1.0\times 5.59}{\sqrt{\frac{4.019\times 10^{-4}}{0.0519}}}=63.49 \qquad [(见式(4.2.5)]$$

$$\lambda_c=c_c\times\sqrt{\frac{\beta\times E_k}{f_{ck}}}=3.45\times\sqrt{\frac{1.05\times 10.89\times 10^9}{2.16\times 10^7}}=79.378>\lambda_{xi}$$

[(见式(4.2.4)]

受压稳定性系数：

$$\varphi_x=\frac{1}{1+\frac{\lambda_{xi}^2\times f_{ck}}{b_c\times\beta\times\pi^2\times E_k}}=\frac{1}{1+\frac{63.49^2\times 2.16\times 10^7}{3.69\times 1.05\times\pi^2\times 10.89\times 10^9}}=0.827$$

[(见式(4.2.8)]

$$\sigma_c=\frac{F_c}{\varphi_x A}=\frac{277.38\times 10^3}{0.827\times 0.0519}=6.468\times 10^6\text{Pa} \qquad [(见式(4.2.3)]$$

应力比：$\frac{\sigma_c}{f_c}=0.516<1$

② y-y 轴方向稳定性验算：

长度计算系数：$k_i=1.0$

无支撑长度：$l_u=0.4\text{m}$

长细比：

$$\lambda_{yi}=\frac{l_{0y}}{i}=\frac{k_l\times l_u}{\sqrt{\frac{I_y}{A}}}=\frac{1.0\times 0.4}{\sqrt{\frac{1.249\times 10^{-4}}{0.0519}}}=8.151<\lambda_c \qquad [(见式(4.2.5)]$$

受压稳定性系数：

$$\varphi_y=\frac{1}{1+\frac{\lambda_{yi}^2\times f_{ck}}{b_c\times\beta\times\pi^2\times E_k}}=\frac{1}{1+\frac{8.151^2\times 2.16\times 10^7}{3.69\times 1.05\times\pi^2\times 10.89\times 10^9}}=0.997$$

$$\sigma_c=\frac{F_c}{\varphi_y A}=\frac{277.38\times 10^3}{0.997\times 0.0519}=5.35\times 10^6\text{Pa}$$

应力比：$\frac{\sigma_c}{f_c}=0.427<1$

3）受弯承载能力按强度验算

$$\sigma_m=\frac{M_x}{W_x}=\frac{31.2\times 10^3}{2.636\times 10^{-3}}=11.837\times 10^6\text{Pa}$$

参照本手册式（10.3.8），胶合木构件尺寸调整系数为（$L=4.4\text{m}$，L 为构件两点零弯矩间的距离）：

$$k_v=\left[\left(\frac{130}{170}\right)\left(\frac{305}{305}\right)\left(\frac{6400}{4400}\right)\right]^{\frac{1}{10}}=1.01$$

取 $k_v=1.0$

应力比：$\frac{\sigma_m}{f_m\times k_v}=0.592<1$

4）受弯承载能力按稳定性验算

由本手册表 4.3.1 可得：

材料相关系数 $a_m = 0.7$，$b_m = 4.9$，$c_m = 0.9$

材料剪切变形相关系数 $\beta = 1.05$

受弯构件两个支撑点之间的实际距离：$l_u = 0.4\text{m}$

由本手册表 4.3.1 可得，均布荷载情况下有效长度：$l_e = 0.95 \times l_u$

受弯构件长细比：

$$\lambda_B = \sqrt{\frac{l_e \times h}{b^2}} = \sqrt{\frac{0.95 \times 0.4 \times 0.305}{0.17^2}} = 2.003$$

$$\lambda_m = c_m \times \sqrt{\frac{\beta \times E_k}{f_{mk}}} = 0.9 \times \sqrt{\frac{1.05 \times 10.89 \times 10^9}{34.8 \times 10^6}} = 16.314 > \lambda_B$$

侧向稳定性系数：

$$\varphi_l = \frac{1}{1 + \frac{\lambda_B^2 \times f_{mk}}{b_m \times \beta \times E_k}} = \frac{1}{1 + \frac{2.003^2 \times 34.8 \times 10^6}{4.9 \times 1.05 \times 10.89 \times 10^9}} = 0.998$$

$$\sigma_m = \frac{M_x}{\varphi_l \times W_x} = \frac{31.2 \times 10^3}{0.998 \times 2.636 \times 10^{-3}} = 11.867 \times 10^6 \text{Pa}$$

应力比：$\frac{\sigma_m}{f_m \times k_v} = 0.594 < 1$

5）受剪承载能力验算

剪应力面积矩：

$$S = \frac{b \times h}{2} \times \frac{h}{4} = 1.977 \times 10^{-3} \text{m}^3$$

$$\sigma_v = \frac{V_y \times S}{I_x \times b} = \frac{35.46 \times 10^3 \times 1.977 \times 10^{-3}}{4.019 \times 10^{-4} \times 0.17} = 1.026 \times 10^6 \text{Pa}$$

应力比：$\frac{\sigma_v}{f_v} = 0.562 < 1$

6）压弯承载能力按强度验算

构件轴向力的初始偏心距（mm）：$e_0 = 0$

$$\frac{F_c}{A \times f_c} + \frac{M_x + F_c \times e_0}{W_x \times f_m} = \frac{277.38 \times 10^3}{0.052 \times 1.253 \times 10^7} + \frac{31.2 \times 10^3 + 277.38 \times 10^3 \times 0}{2.636 \times 10^{-3} \times 1.999 \times 10^7}$$

$$= 0.427 < 1.0$$

7）压弯承载能力按稳定性验算

横向荷载作用下的跨中最大初始弯矩设计值：$M_0 = 0$

取最小轴心受压构件的稳定系数（见上面计算）$\varphi = \varphi_x = 0.827$

$$k = \frac{F_c \times e_0 + M_0}{W \times f_m \left(1 + \sqrt{\frac{F_c}{A \times f_c}}\right)} = 0$$

$$k_0 = \frac{F_c \times e_0}{W_x \times f_m \left(1 + \sqrt{\frac{F_c}{A \times f_c}}\right)} = 0$$

$$\varphi_m = (1-k)^2 \times (1-k_0) = 1$$

轴向力和初始弯矩共同作用的折减系数：

$$\frac{F_c}{\varphi \times \phi_m \times A} = \frac{277.38 \times 10^3}{0.827 \times 1 \times 0.052} = 0.516 < 1.0$$

8）弯矩作用平面外的侧向稳定性验算

由以上计算可见，y-y 轴方向受压稳定性系数 $\varphi_y = 0.997$；受弯侧向稳定性系数 $\varphi_l = 0.998$。

$$\frac{F_c}{\varphi_y \times A \times f_c} + \left(\frac{M_x}{\varphi_l \times W_x \times f_m}\right)^2$$

$$= \frac{277.38 \times 10^3}{0.997 \times 0.0519 \times 1.253 \times 10^7} + \left(\frac{31.2 \times 10^3}{0.998 \times 3.636 \times 10^{-3} \times 1.999 \times 10^7}\right)^2$$

$$= 0.781 < 1$$

故，上弦满足要求。

（2）下弦（B）验算

最大轴向拉力：$F_t = 237.38\text{kN}$

最大剪力：$V_y = 2.75\text{kN}$

x-x 轴最大弯矩 $M_x = 4.74\text{kN} \cdot \text{m}$，$y$-$y$ 轴最大弯矩 $M_y = 0$

构件宽度 $b = 170\text{mm}$，高度 $h = 305\text{mm}$

截面面积：$A = b \times h = 170 \times 305 = 0.0519\text{m}^2$

全截面模量：

$$I_x = \frac{1}{12} b \times h^3 = 4.019 \times 10^{-4}\text{m}^4$$

$$I_y = \frac{1}{12} h \times b^3 = 1.249 \times 10^{-4}\text{m}^4$$

$$W_x = \frac{1}{6} b \times h^2 = 2.636 \times 10^{-3}\text{m}^3$$

$$W_y = \frac{1}{6} h \times b^2 = 1.469 \times 10^{-3}\text{m}^3$$

因下弦由轴向拉力控制，故考虑节点处中间隐藏钢板的开槽（14mm）及螺栓开孔（两排 22mm）的削弱，净截面面积：

$$A_n = (b - 14) \times (h - 2 \times 22) = 0.0407\text{m}^2$$

净截面模量只考虑隐藏钢板开槽削弱，净截面模量：

$$I_{xn} = \frac{1}{12}(b - 14) \times h^3 = 3.688 \times 10^{-4}\text{m}^4$$

$$I_{yn} = \frac{1}{12} h \times (b - 14)^3 = 0.965 \times 10^{-4}\text{m}^4$$

$$W_{xn} = \frac{1}{6}(b - 14) \times h^2 = 2.419 \times 10^{-3}\text{m}^3$$

$$W_{yn} = \frac{1}{6} h \times (b - 14)^2 = 1.237 \times 10^{-3}\text{m}^3$$

1）受拉承载能力按强度验算

$$\sigma_t = \frac{F_t}{A_n} = \frac{237.38 \times 10^3}{0.0407} = 5.83 \times 10^6 \text{Pa}$$

应力比：$\frac{\sigma_t}{f_t} = 0.736 < 1$

2）受弯承载能力按强度验算：

$$\sigma_m = \frac{M_x}{W_{xn}} = \frac{4.74 \times 10^3}{2.419 \times 10^{-3}} = 1.96 \times 10^6 \text{Pa}$$

$$k_v = \left[\left(\frac{130}{170}\right)\left(\frac{305}{305}\right)\left(\frac{6400}{8600}\right)\right]^{\frac{1}{10}} = 0.945$$

构件两零弯矩点的距离：$L = 8600\text{mm}$

应力比：$\frac{\sigma_m}{f_m \times k_v} = 0.104 < 1$

3）受弯承载能力按稳定性验算

由本手册表 4.3.1 可得：

材料相关系数 $a_m = 0.7$，$b_m = 4.9$，$c_m = 0.9$

材料剪切变形相关系数 $\beta = 1.05$

受弯构件两个支撑点之间的实际距离：$l_u = 20\text{m}$

由本手册表 4.3.1 可得，均布荷载情况下有效长度：

$$l_e = 0.95 \times l_u = 0.95 \times 20 = 19\text{m}$$

受弯构件长细比：

$$\lambda_B = \sqrt{\frac{l_e \times h}{b^2}} = \sqrt{\frac{0.95 \times 20 \times 0.305}{0.17^2}} = 14.16$$

$$\lambda_c = C_m \times \sqrt{\frac{\beta \times E_k}{f_{mk}}} = 0.9 \times \sqrt{\frac{1.05 \times 10.89 \times 10^9}{34.8 \times 10^6}} = 16.314 > \lambda_B$$

侧向稳定性系数：

$$\varphi_l = \frac{1}{1 + \frac{\lambda_B^2 \times f_{mk}}{b_m \times \beta \times E_k}} = \frac{1}{1 + \frac{14.16^2 \times 34.8 \times 10^6}{4.9 \times 1.05 \times 10.89 \times 10^9}} = 0.889$$

$$\sigma_m = \frac{M_x}{\varphi_l \times W_x} = \frac{4.74 \times 10^3}{0.889 \times 2.419 \times 10^{-3}} = 2.204 \times 10^6 \text{Pa}$$

应力比：$\frac{\sigma_m}{f_m \times k_v} = 0.116 < 1$

4）受剪承载能力验算

剪应力面积矩：$S = \frac{b \times h}{2} \times \frac{h}{4} = \frac{0.17 \times 0.305}{2} \times \frac{0.305}{4} = 1.977 \times 10^{-3} \text{m}^3$

$$\sigma_v = \frac{V_y \times S}{I_x \times b} = \frac{2.75 \times 10^3 \times 1.977 \times 10^{-3}}{4.019 \times 10^{-4} \times 0.17} = 0.08 \times 10^6 \text{Pa}$$

应力比：$\frac{\sigma_v}{f_v} = 0.044 < 1$

5）拉弯承载能力按强度验算

$$\frac{F_t}{A_n \times f_t}+\frac{M_x}{W_{xn} \times f_m}=\frac{237.38 \times 10^3}{0.0407 \times 7.918 \times 10^6}+\frac{4.74 \times 10^3}{2.419 \times 10^{-3} \times 1.999 \times 10^7}=0.829<1$$

故，下弦满足要求。

（3）腹杆（W）验算

最大轴向压力：$F_c = 96.17\text{kN}$

最大轴向拉力：$F_t = 97.21\text{kN}$

最大剪力：$V_y = 1.21\text{kN}$

x-x 轴最大弯矩 $M_x = 1.7\text{kNm}$；y-y 轴最大弯矩 $M_y = 0$

设构件宽度 b=170mm，高度 h=305mm

截面面积：$A = b \times h = 0.0519\text{m}^2$

截面模量：

$$I_x = \frac{1}{12} b \times h^3 = 4.019 \times 10^{-4}\text{m}^4$$

$$I_y = \frac{1}{12} h \times b^3 = 1.249 \times 10^{-4}\text{m}^4$$

$$W_x = \frac{1}{6} b \times h^2 = 2.636 \times 10^{-3}\text{m}^3$$

$$W_y = \frac{1}{6} h \times b^2 = 1.469 \times 10^{-3}\text{m}^3$$

1）受压承载能力按强度验算

$$\sigma_c = \frac{F_c}{A} = \frac{96.17 \times 10^3}{0.0519} = 1.855 \times 10^6\text{Pa}$$

应力比：$\dfrac{\sigma_c}{f_c} = 0.148 < 1$

2）受压承载能力按稳定性验算

由本手册表 4.2.2 可得：

材料相关系数 $a_c = 0.91$，$b_c = 3.69$，$c_c = 3.45$

材料剪切变形相关系数 $\beta = 1.05$

① x-x 轴方向稳定性验算：

长度计算系数：$k_l = 1.0$

无支撑长度：$l_u = 5.59\text{m}$

长细比：

$$\lambda_{xi} = \frac{l_{0x}}{i} = \frac{k_l \times l_u}{\sqrt{\dfrac{I_x}{A}}} = \frac{1.0 \times 5.59}{\sqrt{\dfrac{4.019 \times 10^{-4}}{0.0519}}} = 63.49$$

$$\lambda_c = c_c \times \sqrt{\frac{\beta \times E_k}{f_{ck}}} = 3.45 \times \sqrt{\frac{1.05 \times 10.89 \times 10^9}{21.6 \times 10^6}} = 79.378 > \lambda_{xi}$$

受压稳定性系数：

$$\varphi_x = \frac{1}{1+\dfrac{\lambda_{xi}^2 \times f_{ck}}{b_c \times \beta \times \pi^2 \times E_k}} = \frac{1}{1+\dfrac{63.89^2 \times 21.6 \times 10^6}{3.69 \times 1.05 \times \pi^2 \times 10.89 \times 10^9}} = 0.827$$

$$\sigma_c = \frac{F_c}{\varphi_x A} = \frac{96.17 \times 10^3}{0.827 \times 0.0519} = 2.24 \times 10^6 \text{Pa}$$

应力比：$\frac{\sigma_c}{f_c} = 0.179 < 1$

② y-y 轴方向稳定性验算：

长度计算系数：$k_l = 1.0$

无支撑长度：$l_u = 5.59\text{m}$

长细比：

$$\lambda_{yi} = \frac{l_{0y}}{i} = \frac{k_i \times l_u}{\sqrt{\frac{I_y}{A}}} = \frac{1.0 \times 5.59}{\sqrt{\frac{1.249 \times 10^{-4}}{0.0519}}} = 113.908 > \lambda_c$$

受压稳定性系数：

$$\varphi_y = \frac{a_c \times \pi^2 \times \beta \times E_k}{\lambda_{yi}^2 \times f_{ck}} = \frac{0.91 \times \pi^2 \times 1.05 \times 10.89 \times 10^9}{113.908^2 \times 21.6 \times 10^6} = 0.366$$

$$\sigma_c = \frac{F_c}{\varphi_y A} = \frac{96.17 \times 10^3}{0.366 \times 0.0519} = 5.06 \times 10^6 \text{Pa}$$

应力比：$\frac{\sigma_c}{f_c} = 0.404 < 1$

3）受拉承载能力按强度验算

$$\sigma_t = \frac{F_t}{A} = \frac{97.21 \times 10^3}{0.0519} = 1.87 \times 10^6 \text{Pa}$$

应力比：$\frac{\sigma_t}{f_t} = 0.237 < 1$

4）受剪承载能力验算

剪应力面积矩：

$$S = \frac{b \times h}{2} \times \frac{h}{4} = \frac{0.17 \times 0.305}{2} \times \frac{0.305}{4} = 1.977 \times 10^{-3} \text{m}^3$$

$$\sigma_v = \frac{V_y \times S}{I_x \times b} = \frac{1.21 \times 10^3 \times 1.977 \times 10^{-3}}{4.019 \times 10^{-4} \times 0.17} = 0.035 \times 10^6 \text{Pa}$$

应力比：$\frac{\sigma_v}{f_v} = 0.019 < 1$

故，腹杆满足要求。

第 11 章　轻 型 木 结 构

轻型木结构有平台式和连续墙骨柱式两种基本结构形式（图 11.0.1）。

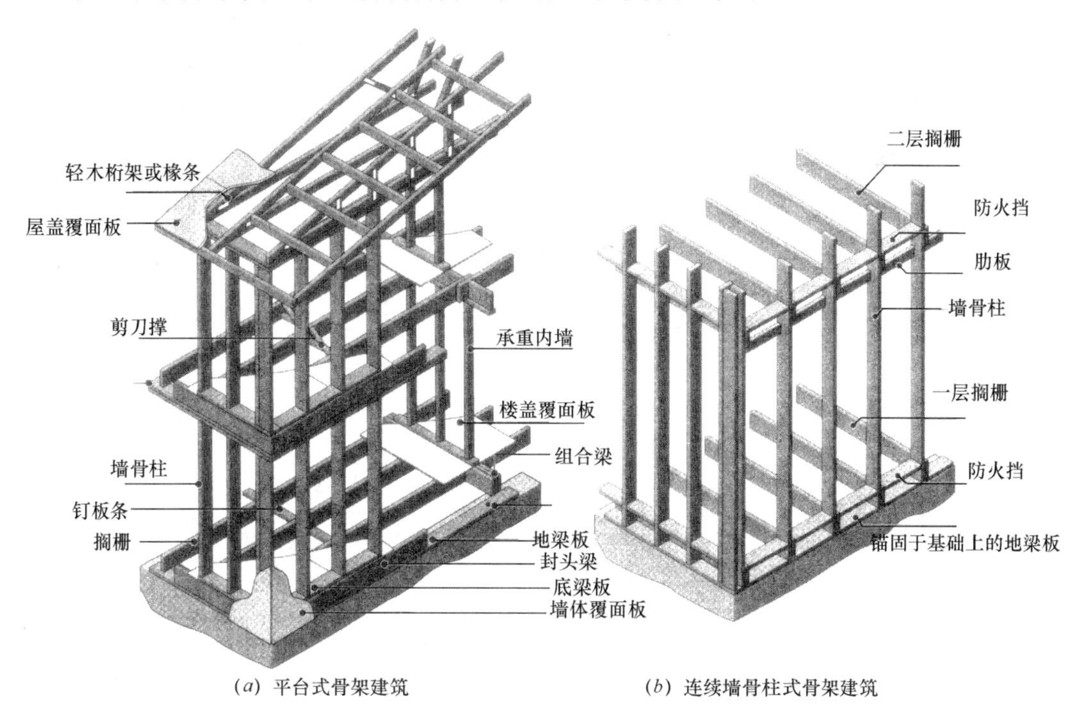

(a) 平台式骨架建筑　　(b) 连续墙骨柱式骨架建筑

图 11.0.1❶　平台式与连续墙骨柱式轻型木结构

平台式结构是先建造一个楼盖平台，在该平台上建造上层墙体，然后在该墙体顶上再建造上层楼盖。由于结构简单和容易建造而被广泛使用。其主要优点是楼盖和墙体分开建造，因此已建成的楼盖可以作为上部墙体施工时的工作平台。通常墙体中的木构架可在工作平台上拼装，然后人工抬起就位。木构架也可在工厂先拼装好，再运到施工现场安装就位。在平台式轻型木结构中，墙体中的木构架由顶梁板（双层或单层）、墙骨柱与底梁板组成。木构架可为墙面板与内装饰板提供支撑。同时，也可作为挡火构件以阻止火焰在墙体中的蔓延。

连续墙骨柱式结构因其在施工现场安装不方便，现在已很少应用。连续墙骨柱式结构与平台式结构的主要区别是外墙与某些内墙的墙骨柱从基础底梁板一直延伸到屋盖下的顶梁板。底层楼盖搁栅支承在底梁板上，并与墙骨柱搭接。楼盖搁栅在楼面处与墙骨柱搭接，并支承在嵌入外墙墙骨柱之间的肋板上。楼盖搁栅和外墙墙骨柱的连接采用垂直钉连

❶ 本章大多数插图由加拿大木材理事会（Canadian Wood Council）提供。

接，和支承它的内墙或梁的连接采用斜向钉连接。由于墙中缺少梁板，为防止失火时火焰蔓延，在墙骨柱以及搁栅间要另加挡火构件（通常为40mm厚规格材横撑）。

11.1 材料和尺寸

轻型木结构常用的材料包括目测分级规格材和机械分级规格材、木基结构板材和钉（普通圆钉、麻花钉或螺纹圆钉）。它们应满足《木结构设计标准》GB 50005—2017第3章对这些材料的相关要求。除了以上这些材料，在轻型木结构中也经常使用金属连接件和工程木产品，有关的内容将在本章第11.8节中介绍。

各个地区用于建造轻型木结构建筑的规格材和板材尺寸不尽相同，由此造成的结构构造尺寸也不相同。现行国家标准《木结构设计标准》GB 50005中规定了包括规格材等尺寸在内的中国轻型木结构尺寸体系。对于进口规格材，当进口规格材的截面尺寸与GB 50005中规定的规格材尺寸相差不超过2mm时，可与其相应规格材等同使用。但在构件设计时，应按进口规格材实际截面进行设计。为保证构件的匹配以及楼盖（屋盖）和墙体的整体性，应在房屋中使用同一种尺寸体系，不得将不同规格系列的规格材在同一建筑中混合使用。

为方便设计人员使用，表11.1.1～表11.1.4列出了国家标准《木结构设计标准》GB 50005名义尺寸体系同北美尺寸体系的对照。

规格材截面尺寸对照表　　表11.1.1

《木结构设计标准》名义尺寸（mm×mm）	北美体系规格材尺寸（mm×mm）	《木结构设计标准》名义尺寸（mm×mm）	北美体系规格材尺寸（mm×mm）
40×40	38×38（2×2英寸）	65×140	64×140（3×6英寸）
40×65	38×64（2×3英寸）	65×185	64×184（3×8英寸）
40×90	38×89（2×4英寸）	65×235	64×235（3×10英寸）
40×115	38×114（2×5英寸）	65×285	64×286（3×12英寸）
40×140	38×140（2×6英寸）	90×90	89×89（4×4英寸）
40×185	38×184（2×8英寸）	90×115	89×114（4×5英寸）
40×235	38×235（2×10英寸）	90×140	89×140（4×6英寸）
40×285	38×286（2×12英寸）	90×185	89×184（4×8英寸）
65×65	64×64（3×3英寸）	90×235	89×235（4×10英寸）
65×90	64×89（3×4英寸）	90×285	89×286（4×12英寸）
65×115	64×114（3×5英寸）		

板材平面尺寸对照表　　表11.1.2

《木结构设计标准》名义尺寸（mm）	北美体系板材平面尺寸（mm）
1200	1220（48英寸）
2400	2440（96英寸）

板材厚度对照表 表 11.1.3

《木结构设计标准》名义尺寸 (mm)	北美体系板材厚度 (mm)
7	7.9 (5/16 英寸)
9	9.5 (3/8 英寸)
11	11.1 (7/16 英寸)
12	11.9 (15/32 英寸)
15	15.1 (19/32 英寸)
16	15.9 (5/8 英寸)
18	18.3 (23/32 英寸)
19	19.1 (3/4 英寸)
25	25.4 (1 英寸)

结构构造尺寸对照表 表 11.1.4

构造名称	《木结构设计标准》名义尺寸 (mm)	北美体系构造尺寸 (mm)
搁置长度	40	38 (1.5 英寸)
	50	—
	65	64 (2.5 英寸)
	75	—
	90	89 (3.5 英寸)
搁栅间距 墙骨柱间距	300	305 (12 英寸)
	400	406 (16 英寸)
	500	508 (20 英寸)
	600	610 (24 英寸)
	1200	1220 (48 英寸)
	2400	2440 (96 英寸)

11.2 结构设计一般规定

轻型木结构的结构设计按荷载作用的方向，可分为竖向力设计和抗侧力设计两种。其中，抗侧力设计包括构造设计法和工程设计法两种方法。构造设计法是一种基于工程经验的设计方法，当建筑物满足一定条件时，可不做抗侧力计算，仅按构造要求进行抗侧力设计，并验算构件的竖向承载力。而工程设计法与混凝土结构和钢结构设计类似，通过计算与构造措施使结构满足承载力极限状态及正常使用极限状态下的要求。

当满足下述条件时，3 层及 3 层以下的轻型木结构建筑可按照构造要求（本章第 11.7 节）进行抗侧力设计：

（1）建筑物每层面积不应超过 600m^2，层高不应大于 3.6m；

（2）楼面活荷载标准值不应大于 2.5kN/m^2，屋面活荷载标准值不应大于 0.5kN/m^2；

（3）建筑物屋面坡度不应小于 1∶12，也不应大于 1∶1；纵墙上檐口悬挑长度不应大于 1.2m；山墙上檐口悬挑长度不应大于 0.4m；

（4）承重构件的净跨度不应大于 12.0m。

当抗侧力设计按构造要求进行设计时，在不同抗震设防烈度的条件下，剪力墙最小长度应符合表 11.2.1 的要求；在不同风荷载作用时，剪力墙最小长度应符合表 11.2.2 的要求。

按抗震构造要求设计时剪力墙的最小长度　　表 11.2.1

抗震设防烈度		最大允许层数	木基结构板材剪力墙最大间距（m）	剪力墙的最小长度（m）		
				单层、二层或三层的顶层	二层的底层或三层的二层	三层的底层
6 度	—	3	10.6	0.02*A*	0.03*A*	0.04*A*
7 度	0.10*g*	3	10.6	0.05*A*	0.09*A*	0.14*A*
	0.15*g*	3	7.6	0.08*A*	0.15*A*	0.23*A*
8 度	0.20*g*	2	7.6	0.10*A*	0.20*A*	—

注：1. 表中 *A* 指建筑物的最大楼层面积（m^2）。

2. 表中剪力墙的最小长度以墙体一侧采用 9.5mm 厚木基结构板材作面板、150mm 钉距的剪力墙为基础。当墙体两侧均采用木基结构板材作面板时，剪力墙的最小长度为表中规定长度的 50%。当墙体两侧均采用石膏板作面板时，剪力墙的最小长度为表中规定长度的 200%。

3. 对于其他形式的剪力墙，其最小长度可按表中数值乘以 $3.5/f_{vd}$ 确定，f_{vd} 为其他形式的剪力墙抗剪强度设计值。

4. 位于基础顶面和底层之间的架空层剪力墙的最小长度应与底层规定相同。

5. 当楼面有混凝土面层时，表中剪力墙的最小长度应增加 20%。

按抗风构造要求设计时剪力墙的最小长度　　表 11.2.2

基本风压（kN/m^2）				最大允许层数	木基结构板材剪力墙最大间距（m）	剪力墙的最小长度（m）		
地面粗糙度						单层、二层或三层的顶层	二层的底层三层的二层	三层的底层
A	B	C	D					
—	0.30	0.40	0.50	3	10.6	0.34*L*	0.68*L*	1.03*L*
—	0.35	0.50	0.60	3	10.6	0.40*L*	0.80*L*	1.20*L*
0.35	0.45	0.60	0.70	3	7.6	0.51*L*	1.03*L*	1.54*L*
0.40	0.55	0.75	0.80	2	7.6	0.62*L*	1.25*L*	—

注：1. 表中 *L* 指垂直于该剪力墙方向的建筑物长度（m）。

2. 表中剪力墙的最小长度以墙体一侧采用 9.5mm 厚木基结构板材作面板、150mm 钉距的剪力墙为基础。当墙体两侧均采用木基结构板材作面板时，剪力墙的最小长度为表中规定长度的 50%。当墙体两侧均采用石膏板作面板时，剪力墙的最小长度为表中规定长度的 200%。

3. 对于其他形式的剪力墙，其最小长度可按表中数值乘以 $3.5/f_{vt}$ 确定，f_{vt} 为其他形式的剪力墙抗剪强度设计值。

4. 位于基础顶面和底层之间的架空层剪力墙的最小长度应与底层规定相同。

当按构造要求进行抗侧力设计时，剪力墙的设置应符合下列规定（图 11.2.1）：

（1）单个墙段的长度不应小于 0.6m，墙段的高宽比不应大于 4∶1；

（2）同一轴线上相邻墙段之间的距离不应大于 6.4m；

（3）墙端与离墙端最近的垂直方向的墙段边的垂直距离不应大于 2.4m；

（4）一道墙中各墙段轴线错开距离不应大于 1.2m。

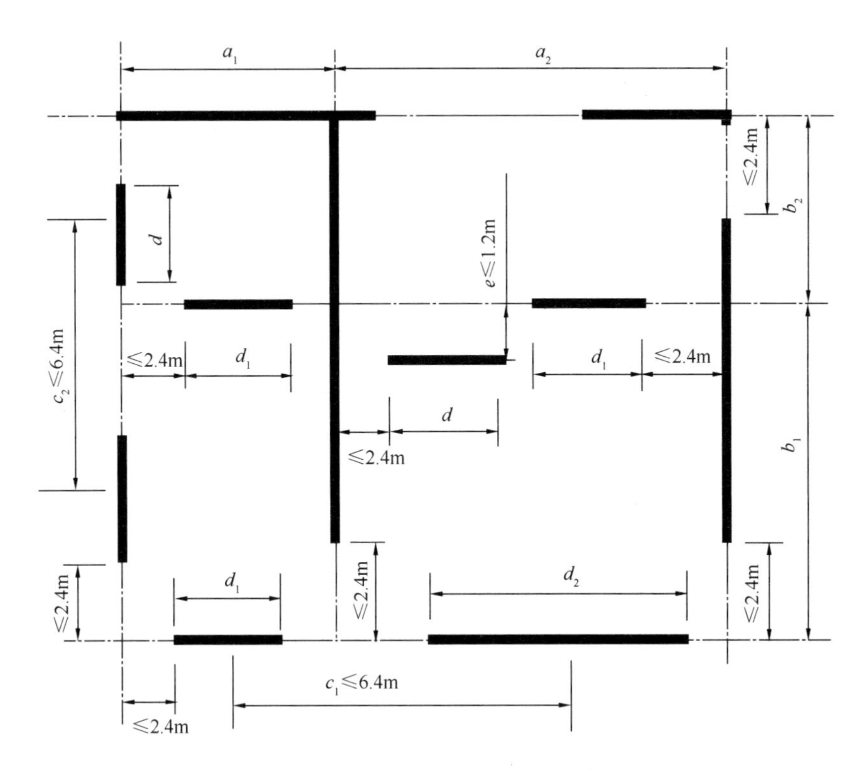

图 11.2.1 剪力墙平面布置要求

a_1、a_2—横向承重墙之间距离；b_1、b_2—纵向承重墙之间距离；c_1、c_2—承重墙墙肢间水平中心距；d、d_1、d_2—承重墙墙肢长度；e—墙肢错位距离

当按构造要求进行抗侧力设计时，结构平面不规则与上下层墙体之间的错位应符合下列规定：

（1）上下层构造剪力墙外墙之间的平面错位不应大于楼盖搁栅高度的 4 倍，或不应大于 1.2m（图 11.2.2）；

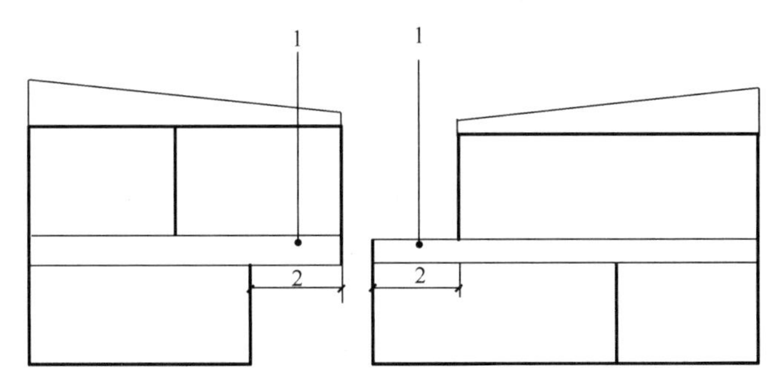

图 11.2.2 外墙平面错位示意图

1—楼面搁栅；2—错位距离

（2）对于进出开门面没有墙体的单层车库两侧构造剪力墙，或顶层楼盖屋盖外伸的单肢构造剪力墙，其无侧向支撑的墙体端部外伸距离不应大于 1.8m（图 11.2.3）；

（3）相邻楼盖错层的高度不应大于楼盖搁栅的截面高度（图 11.2.4）；

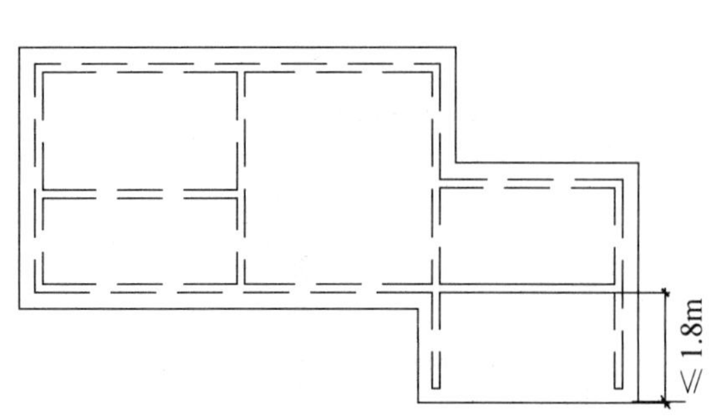

图 11.2.3　无侧向支撑的外伸剪力墙示意图

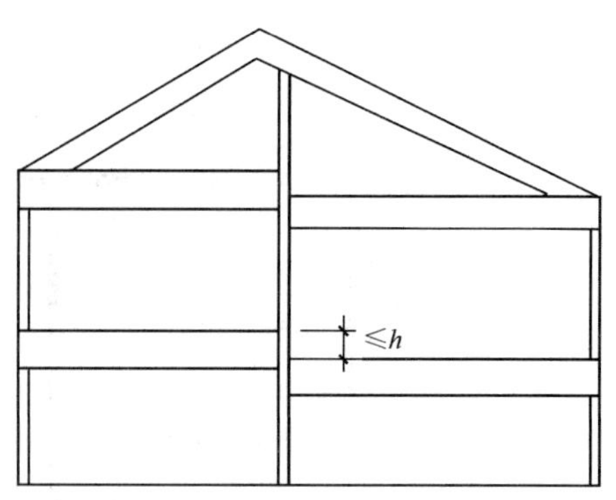

图 11.2.4　楼盖错层高度示意图
h—楼盖搁栅截面高

（4）楼盖、屋盖平面内开洞面积不应大于平面四周的支承剪力墙所围合面积的 30%，并且洞口的尺寸不应大于四周剪力墙之间间距的 50%（图 11.2.5）。

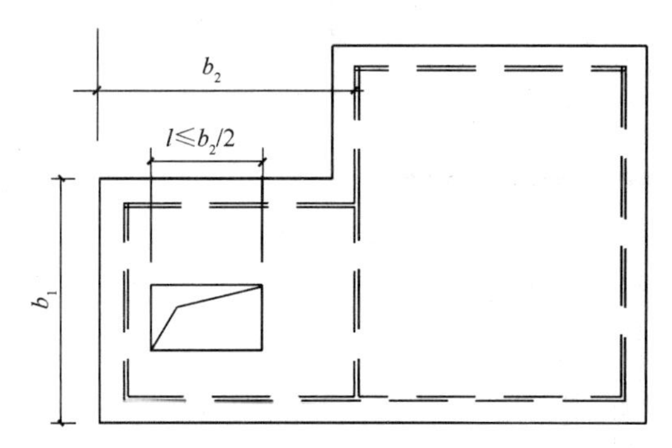

图 11.2.5　楼盖、屋盖开洞示意图

当采用工程设计法进行抗震验算时，可采用底部剪力法或振型分解反应谱法。当采用底部剪力法进行水平地震作用验算时，相应于结构基本自振周期的水平地震影响系数取 $a_1 = a_{\max}$。轻型木结构在多遇地震计算时，其阻尼比可取 0.05。

当轻型木结构建筑存在表 11.2.3 中的一种或多种情况时，应属于不规则建筑，应采用振型分解反应谱法进行水平地震作用下的设计，并对薄弱部位采取有效的抗震构造措施。

不规则的主要类　　　　**表 11.2.3**

不规则类型	定义和参考指标
扭转不规则	在具有偶然偏心的规定水平力作用下，楼层两端抗侧力构件的弹性水平位移（或层间位移）的最大值与平均值的比值大于 1.2
竖向抗侧力构件不连续	竖向抗侧力构件（柱、剪力墙）的内力由水平转换构件（楼盖格栅）向下传递，且平面错位大于楼盖格栅高度的 4 倍或大于 1.2m
楼层承载力突变	抗侧力结构的层间受剪承载力小于相邻上一层的 65%

轻型木结构的剪力墙应承受由水平地震作用或风荷载产生的全部剪力。各剪力墙承担的水平剪力可按从属面积分配法或刚度分配法进行分配。当按从属面积分配法进行分配时，各剪力墙承担的楼层水平作用力应按剪力墙从属面积上重力荷载代表值的比例进行分配。当按刚度分配法进行分配时，各墙体的水平剪力可按下式计算：

$$V_j = \frac{K_{Wj}L_j}{\sum_{i=1}^{n} K_{Wi}L_i} V \tag{11.2.1}$$

式中：V_j——第 j 面剪力墙承担的剪力；

V——由水平地震作用或风荷载产生的 X 方向或 Y 方向的楼层总水平剪力；

K_{Wi}、K_{Wj}——第 i、j 面剪力墙单位长度的抗侧刚度；

L_i、L_j——第 i、j 面剪力墙的长度；当墙上开孔尺寸小于 900mm×900mm 时，墙体可按一面墙计算；

n——X 方向或 Y 方向的剪力墙数。

对于轻型木结构和混合结构中的轻型木结构，在风荷载和多遇地震作用下，最大的弹性层间位移角不应大于 1/250。

11.3 楼盖和屋盖设计

楼盖和屋盖由木基结构板、规格材和连接木基结构板与规格材的钉组成。当荷载作用在楼盖和屋盖的平面内时，木基结构板和楼盖或屋盖骨架产生相对变形，使钉连接节点在楼盖和屋盖的平面内形成抗侧力，抵抗水平剪力并传递水平荷载。当荷载作用在楼盖和屋盖的平面外时，一般可不考虑木基结构板和楼盖或屋盖骨架的共同作用。

楼盖和屋盖应进行平面内以及平面外荷载作用下的承载力设计和变形验算。以下是计算楼盖和屋盖平面外的强度时的设计要点：

（1）楼盖搁栅和屋盖椽条的两端由墙、过梁或梁支承时，按两端简支受弯构件设计。

（2）楼盖搁栅和屋盖椽条在支座处应进行局部承压验算。

（3）楼盖搁栅设计时应考虑振动控制，按本章第 11.4 节的要求进行验算。

（4）当由搁栅支承的集中荷载离搁栅支座的距离小于搁栅高度时，搁栅的剪切验算可忽略该集中荷载。

（5）设计悬挑楼盖搁栅以及与支座的连接时，应考虑活荷载的最不利组合。相应的非悬挑部分长度应满足本章第 11.7 节的构造要求。

（6）楼盖开孔周围的封头搁栅与封边搁栅（图 11.3.1）按两端简支受弯构件设计，

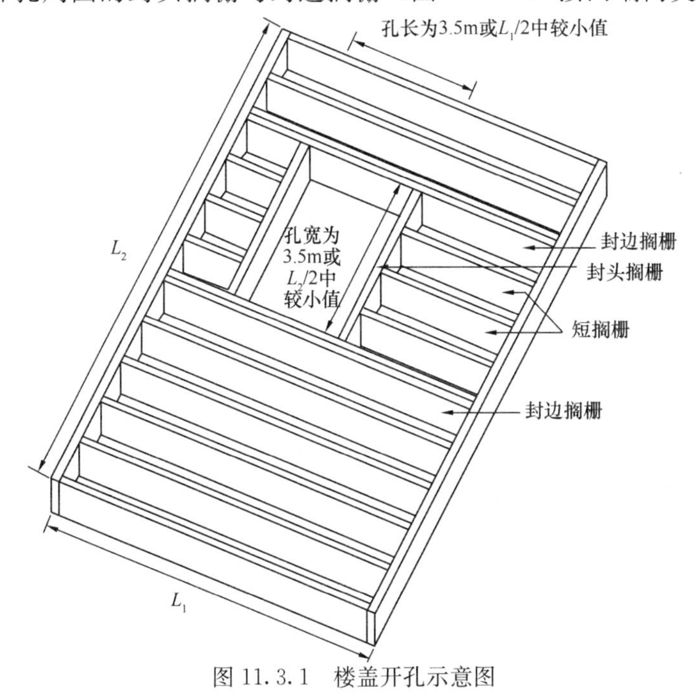

图 11.3.1 楼盖开孔示意图

支座处应进行局部承压验算。封头搁栅与封边搁栅的连接宜采用金属连接件，连接节点应进行承载力验算。

（7）设计屋盖椽条时，应考虑顶棚搁栅的作用。顶棚搁栅应位于屋盖椽条高度的下部1/3段（图 11.3.2）。

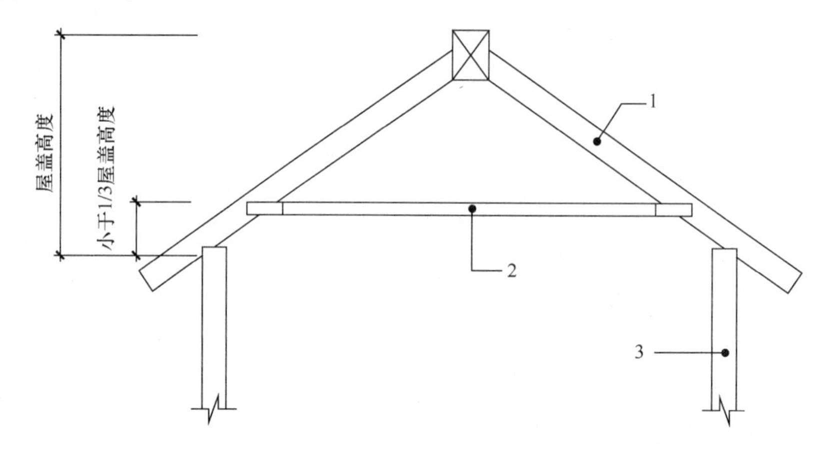

图 11.3.2　椽条与顶棚搁栅

1—椽条；2—顶棚搁栅；3—剪力墙

（8）屋盖桁架应按本章第 11.7 节设计与安装。

（9）屋盖椽条与屋脊梁的连接节点应进行承载力验算。

（10）屋盖椽条或屋盖桁架与墙体应可靠连接以抵抗风荷载产生的上拔力（图 11.3.3）。

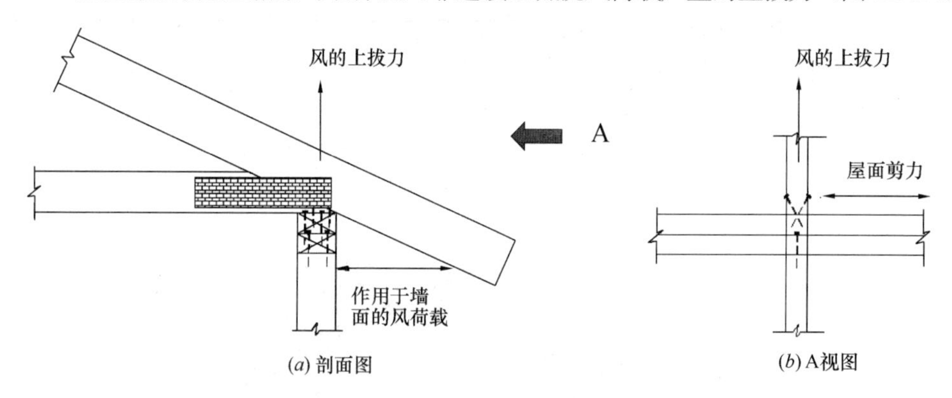

图 11.3.3　屋架与墙体连接节点的受力简图

（11）楼面和屋面木基结构板应能抵抗重力。除非有专门规定，楼面板的表面木纹方向应与楼盖骨架垂直。楼面板边缘应按规定设置支承。与楼盖搁栅平行的楼面板接缝应交错布置。

（12）楼盖或屋盖的构造以及楼盖或屋盖与墙体的连接应满足本章第 11.7 节的构造要求。

当荷载作用在楼盖或屋盖的平面内时，楼盖和屋盖的抗剪承载力按下式计算：

$$V_{\mathrm{d}} = f_{\mathrm{vd}} k_1 k_2 B_{\mathrm{e}} \tag{11.3.1}$$

式中：f_{vd}——采用木基结构板材的楼盖和屋盖抗剪强度设计值（kN/m）；应根据楼盖和屋盖的构造类型（图 11.3.4），按表 11.3.1 的规定取值；

k_1——木基结构板材含水率调整系数，按表 11.3.2 取值；

k_2——骨架构件材料树种的调整系数；按表 11.3.3 取值；

B_e——楼盖和屋盖平行于荷载方向的有效宽度（m）。

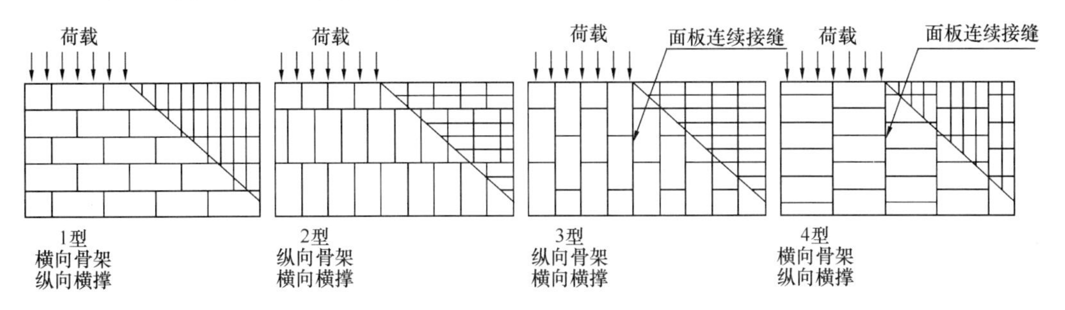

图 11.3.4 楼屋面板与骨架的铺设方法

采用木基结构板的楼盖和屋盖抗剪强度设计值 **表 11.3.1**

面板最小名义厚度（mm）	钉入骨架构件的最小深度（mm）	钉直径（mm）	骨架构件最小宽度（mm）	抗剪强度设计值 f_{vd}（kN/m）					
				有填块				无填块	
				平行于荷载的面板边缘连续的情况下（3 型和 4 型），面板边缘钉的间距（mm）				面板边缘钉的最大间距为 150mm	
				150	100	65	50	荷载与面板连续边垂直的情况下（1 型）	所有其他情况下（2 型、3 型、4 型）
				在其他情况下（1 型和 2 型），面板边缘钉的间距（mm）					
				150	150	100	75		
9.5	31	2.84	38	3.3	4.5	6.7	7.5	3.0	2.2
			64	3.7	5.0	7.5	8.5	3.3	2.5
9.5	38	3.25	38	4.3	5.7	8.6	9.7	3.9	2.9
			64	4.8	6.4	9.7	10.9	4.3	3.2
11.0	38	3.25	38	4.5	6.0	9.0	10.3	4.1	3.0
			64	5.1	6.8	10.2	11.5	4.5	3.4
12.5	38	3.25	38	4.8	6.4	9.5	10.7	4.3	3.2
			64	5.4	7.2	10.7	12.1	4.7	3.5
12.5	41	3.66	38	5.2	6.9	10.3	11.7	4.5	3.4
			64	5.8	7.7	11.6	13.1	5.2	3.9
15.5	41	3.66	38	5.7	7.6	11.4	13.0	5.1	3.9
			64	6.4	8.5	12.9	14.7	5.7	4.3
18.5	41	3.66	64	—	11.5	16.7	—	—	—
			89	—	13.4	19.2	—	—	—

注：1. 表中数值为在干燥使用条件下，标准荷载持续时间下的抗剪强度。当考虑风荷载和地震作用时，表中抗剪强度应乘以调整系数 1.25。

2. 当钉的间距小于 50mm 时，位于面板拼缝处的骨架构件的宽度不得小于 64mm，钉应错开布置；可采用两根 38mm 宽的构件组合在一起传递剪力。

3. 当直径为 3.66mm 的钉的间距小于 75mm 时，位于面板拼缝处的骨架构件的宽度不得小于 64mm，钉应错开布置；可采用两根 38mm 宽的构件组合在一起传递剪力。

4. 当采用射钉或非标准钉时，表中抗剪承载力应乘以折算系数 $(d_1/d_2)^2$，其中，d_1 为非标准钉的直径，d_2 为表中标准钉的直径。

5. 当钉的直径为 3.66mm，面板最小名义厚度为 18mm 时，需布置两排钉。

木基结构板材含水率调整系数 k_1 表 11.3.2

木基结构板材的含水率 ω	$\omega<16\%$	$16\%\leqslant\omega\leqslant19\%$
含水率调整系数 k_1	1.0	0.8

骨架构件材料树种的调整系数 k_2 表 11.3.3

序号	树种名称	调整系数 k_2
1	兴安落叶松、花旗松—落叶松类、南方松、欧洲赤松、欧洲落叶松、欧洲云杉	1.0
2	铁—冷杉类、欧洲道格拉斯松	0.9
3	杉木、云杉—松—冷杉类、新西兰辐射松	0.8
4	其他北美树种	0.7

楼盖、屋盖平行于荷载方向的有效宽度 B_e 应根据楼盖、屋盖平面开洞位置和尺寸（图 11.3.5），按下列规定确定：

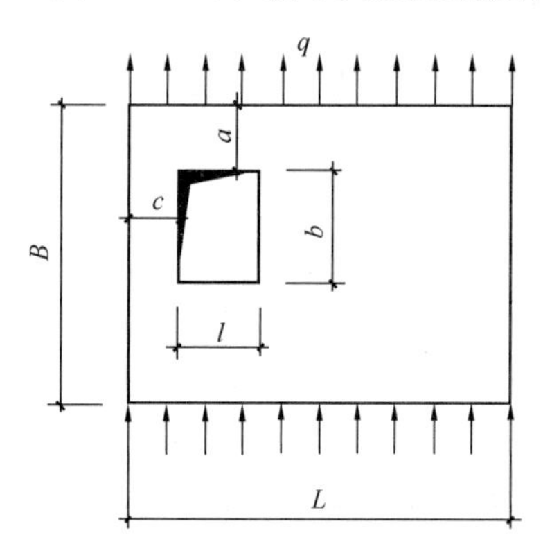

图 11.3.5 楼、屋盖有效计算宽度简图

（1）当 $c<610\text{mm}$ 时，取 $B_e=B-b$；其中，B 为平行于荷载方向的楼盖、屋盖宽度（m），b 为平行于荷载方向的开洞尺寸（m）；b 不应大于 $B/2$，且不应大于 3.5m；

（2）当 $c\geqslant610\text{mm}$ 时，取 $B_e=B$。

楼盖和屋盖中的边界杆件和其连接件应能抵抗楼盖和屋盖的最大弯矩。楼盖和屋盖边界杆件应在楼盖和屋盖长度内连续。如果边界杆件不连续，则应采取可靠的连接保证其能抵抗轴向力。楼盖和屋盖边界杆件的轴力按下式计算：

$$N=\frac{M_1}{B_0}\pm\frac{M_2}{a} \tag{11.3.2}$$

式中：M_1——楼盖、屋盖全长平面内的弯矩设计值（kN·m）；

B_0——平行于荷载方向的边界杆件中心距（m）；

M_2——楼盖、屋盖上开孔长度内的弯矩设计值（kN·m）；

a——垂直于荷载方向的开孔边缘到楼盖、屋盖边界杆件的距离，$a\geqslant0.6\text{m}$。

对于受均布荷载的简支楼盖和屋盖，弯矩设计值 M_1 为：

$$M_1=\frac{qL^2}{8} \tag{11.3.3}$$

式中：q——作用于楼盖和屋盖的侧向均布荷载设计值（kN/m）；

L——垂直于侧向荷载方向的楼盖和屋盖长度（m）。

对于受均布荷载的简支楼盖和屋盖，弯矩设计值 M_2 为：

$$M_2=\frac{q_e l^2}{8} \tag{11.3.4}$$

式中：q_e——作用于楼盖、屋盖单侧的侧向荷载设计值（kN/m），一般取侧向均布荷载 q 的一半；

l——垂直于荷载方向的开孔尺寸（m），l 不应大于 $B/2$，并且不应大于 3.5m。

抵抗平面内荷载的楼盖和屋盖应符合下列构造要求：

（1）楼盖搁栅和屋盖椽条的宽度不得小于40mm，最大间距为600mm。

（2）楼盖和屋盖相邻面板的接缝应位于骨架构件上，面板长边应与骨架构件垂直，面板之间应留有不小于3mm的缝隙。

（3）木基结构板的尺寸不得小于1.2m×2.4m，在楼盖和屋盖边界或开孔处，允许使用宽度不小于300mm的窄板，但不得多于两块；当木基结构板的宽度小于300mm时，应加设填块固定。

（4）经常处于潮湿环境条件下的钉应有防护涂层。

（5）钉距每块面板边缘不得小于10mm，面板内部钉的间距不得大于300mm，钉应牢固地打入骨架构件中，钉面应与板面齐平。

（6）楼盖和屋盖的边界杆件应在交接处连接。当墙体的顶梁板作为边界杆件时，可在交接处将顶梁板搭接并用钉连接。

作用于墙体平面外的风荷载经墙骨柱传递至楼盖和屋盖。墙体中的墙骨柱通常与顶梁板垂直钉连接或斜向钉连接。当搁栅平行于墙体时，横撑和顶梁板可采用斜向钉连接或用连接件连接，面板钉于横撑上（图11.3.6a）。当搁栅垂直于墙体时，搁栅和顶梁板可用斜向钉连接或连接件连接（图11.3.6b）。

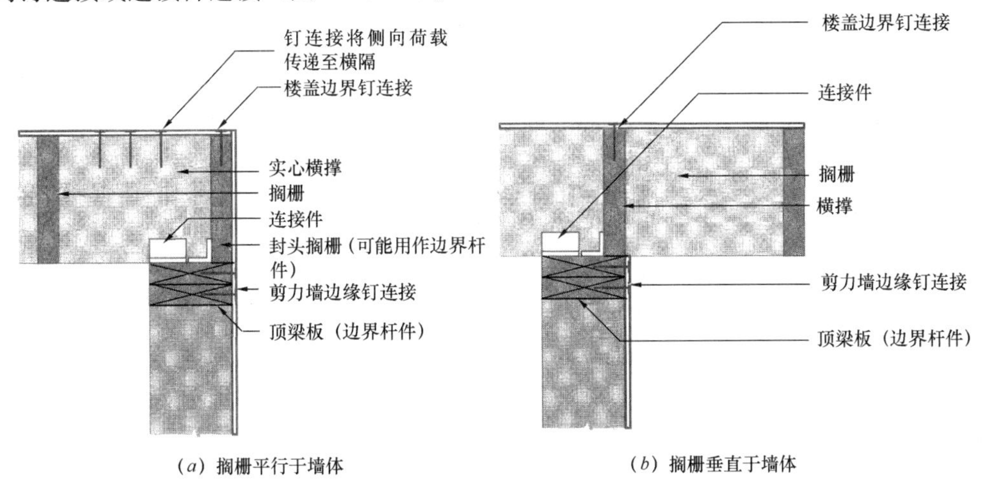

图11.3.6 搁栅和剪力墙连接示意图

当楼盖或屋盖采用木桁架时，应采用剪刀撑将作用于墙体平面外的荷载传递至楼盖或屋盖（图11.3.7）。

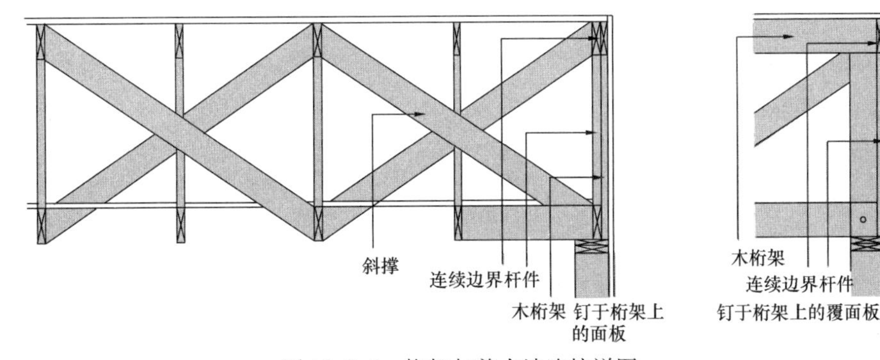

图11.3.7 桁架与剪力墙连接详图

11.4 楼盖搁栅振动控制的计算方法

在正常使用情况下，人们在房屋中的走动或奔跑可能会造成楼盖振动。因此在设计楼盖时，除了需考虑楼盖的承载力和变形，还需考虑楼盖的振动控制。国家标准《木结构设计标准》GB 50005—2017 附录 Q 给出了楼盖振动控制的计算方法。当楼盖（图 11.4.1）由振动控制时，楼盖搁栅的跨度 l 应按下式验算：

$$l \leqslant \frac{1}{8.22}\frac{(EI_{\text{eff}})^{0.284}}{K_{\text{scl}}{}^{0.14}m^{0.15}} \tag{11.4.1}$$

其中：
$$EI_{\text{eff}} = E_j I_j + b(E_{s//} I_s + E_{t//} I_t) + E_f A_f h^2 - (E_j A_j + E_f A_f) y^2 \tag{11.4.2}$$

$$E_f A_f = \frac{b(E_{s//}A_s + E_{t//}A_t)}{1 + 10\dfrac{b(E_{s//}A_s + E_{t//}A_t)}{S_n l_1^2}} \tag{11.4.3}$$

$$h = \frac{h_j}{2} + \frac{E_{s//}A_s\dfrac{h_s}{2} + E_{t//}A_t\left(h_s + \dfrac{h_t}{2}\right)}{E_{s//}A_s + E_{t//}A_t} \tag{11.4.4}$$

$$y = \frac{E_f A_f}{(E_j A_j + E_f A_f)} h \tag{11.4.5}$$

$$K_{\text{scl}} = 0.0294 + 0.536\left(\frac{K_j}{K_j + K_f}\right)^{0.25} + 0.516\left(\frac{K_j}{K_j + K_f}\right)^{0.5} - 0.31\left(\frac{K_j}{K_j + K_f}\right)^{0.75} \tag{11.4.6}$$

$$K_j = \frac{EI_{\text{eff}}}{l^3} \tag{11.4.7}$$

对于无楼板面层的楼盖，
$$K_f = \frac{0.585 \times l \times E_{s\perp} I_s}{b^3} \tag{11.4.8}$$

对于有楼板面层的楼盖，

$$K_f = \frac{0.585 \times l \times \left[E_{s\perp} I_s + E_{t\perp} I_t + \dfrac{E_{s\perp}A_s \times E_{t\perp}A_t}{E_{s\perp}A_s + E_{t\perp}A_t}\left(\dfrac{h_s + h_c}{2}\right)^2\right]}{b^3} \tag{11.4.9}$$

式中：l——振动控制的搁栅跨度（m）；

b——搁栅间距（m）；

h_j——搁栅高度（m）；

h_s——楼板厚度（m）；

h_t——楼板混凝土面层厚度（m）；

$E_j A_j$——搁栅轴向刚度（N/m）；

$E_{s//} A_s$——平行于搁栅的楼板轴向刚度（N/m），按表 11.4.1 取值；

$E_{s\perp} A_s$——垂直于搁栅的楼板轴向刚度（N/m），按表 11.4.1 取值；

$E_{t//} A_t$——平行于搁栅的楼板面层轴向刚度（N/m），按表 11.4.2 取值；

$E_{t\perp}A_t$——垂直于搁栅的楼板面层轴向刚度（N/m），按表 11.4.2 取值；

E_jI_j——搁栅弯曲刚度（N·m²/m）；

$E_{s//}I_s$——平行于搁栅的楼板弯曲刚度（N·m²/m），按表 11.4.1 取值；

$E_{s\perp}I_s$——垂直于搁栅的楼板弯曲刚度（N·m²/m），按表 11.4.1 取值；

$E_{t//}I_t$——平行于搁栅的楼板面层弯曲刚度（N·m²/m），按表 11.4.2 取值；

$E_{t\perp}I_t$——垂直于搁栅的楼板面层弯曲刚度（N·m²/m），按表 11.4.2 取值；

m——等效 T 形梁的线密度（kg/m）；

K_{scl}——考虑楼板和楼板面层侧向刚度影响的调整系数；

S_n——搁栅一楼板连接的荷载一位移弹性模量（N/m/m），按表 11.4.3 取值；

l_1——楼板缝隙的计算距离（m），楼板无混凝土面层时，取与搁栅垂直的楼板缝隙之间的距离；楼板有混凝土面层时，取搁栅的跨度。

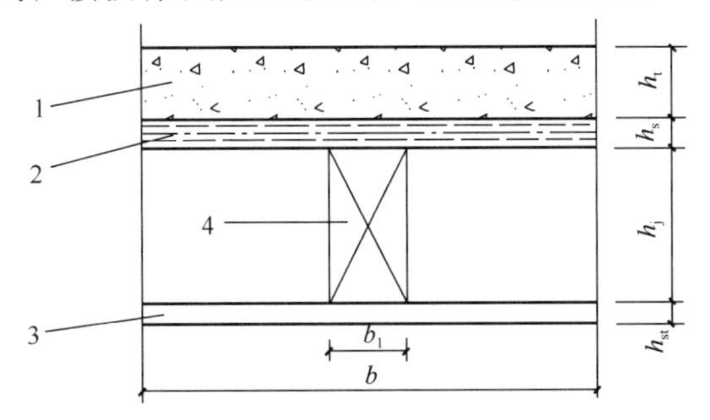

图 11.4.1 楼盖示意图

1—楼板面层；2—木基结构板；3—吊顶层；4—搁栅

楼板的力学性能 **表 11.4.1**

板的类型	h_s (m)	E_sI_s（N·m²/m）		E_sA_s（N/m）		ρ_s (kg/m³)
		0	90°	0°	90°	
定向木片板(OSB)	0.012	1100	220	4.3×10^7	2.5×10^7	600
	0.015	1400	310	5.3×10^7	3.1×10^7	600
	0.018	2800	720	6.4×10^7	3.7×10^7	600
	0.022	6100	2100	7.6×10^7	4.4×10^7	600
花旗松结构胶合板	0.0125	1700	350	9.4×10^7	4.7×10^7	550
	0.0155	3000	630	9.4×10^7	4.7×10^7	550
	0.0185	4600	1300	12.0×10^7	4.7×10^7	550
	0.0205	5900	1900	13.0×10^7	4.7×10^7	550
	0.0225	8800	2500	13.0×10^7	7.5×10^7	550
其他针叶树种结构胶合板	0.0125	1200	350	7.1×10^7	4.8×10^7	500
	0.0155	2000	630	7.1×10^7	4.7×10^7	500
	0.0185	3400	1400	9.5×10^7	4.7×10^7	500
	0.0205	4000	1900	10.0×10^7	4.7×10^7	500
	0.0225	6100	2500	11.0×10^7	7.5×10^7	500

注：1. 0°指平行于板表面纹理（或板长）的轴向和弯曲刚度。

2. 90°指垂直于板表面纹理（或板长）的轴向和弯曲刚度。

3. 楼板采用木基结构板的长度方向与搁栅垂直时，$E_{s//}A_s$和$E_{s//}I_s$应采用表中 90°的设计值。

楼板面层的力学性能　　表 11.4.2

材料	E_t（N/mm²）	ρ_c（kg/m³）
轻质混凝土	按生产商要求取值	按生产商要求取值
一般混凝土	2.55×10^4	2400
木板	按表 11.4.1 取值	按表 11.4.1 取值

注：1. 表中“一般混凝土”按 C20 混凝土采用。
2. 计算取每米板宽，即 $A_t=h_t$，$I_t=h_t^3/12$。

搁栅-楼板连接的荷载-位移弹性模量　　表 11.4.3

类　　型	S_1（N/m/m）
搁栅-楼板仅用钉连接	5×10^6
搁栅-楼板由钉和胶连接	1×10^8
有楼板面层的楼板	5×10^6

当搁栅之间有交叉斜撑、板条、填块或横撑等侧向支撑时（图 11.4.2），且侧向支撑之间的间距不应大于 2m 时，由振动控制的搁栅跨度可按表 11.4.4 中规定的比例增加。

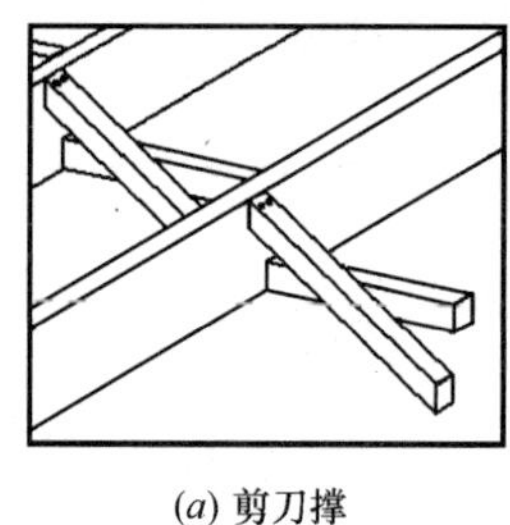

(*a*) 剪刀撑

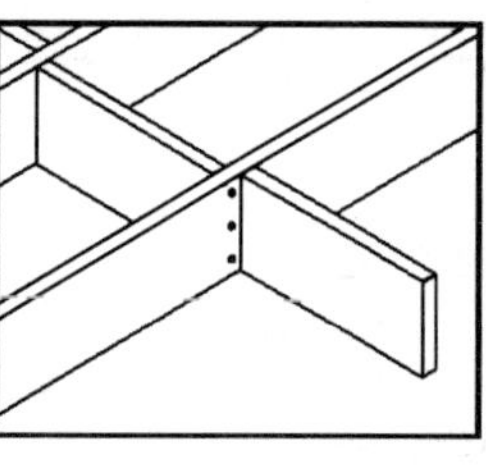

(*b*) 填块

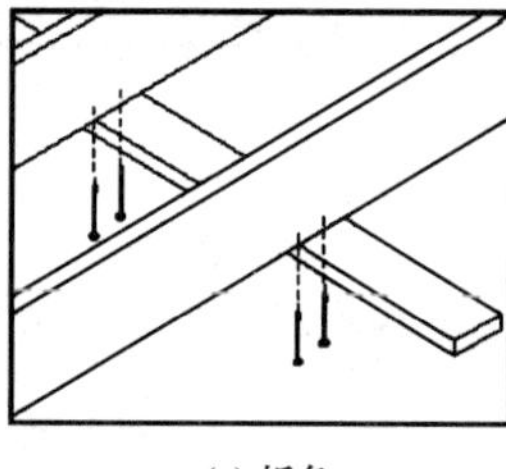

(*c*) 板条

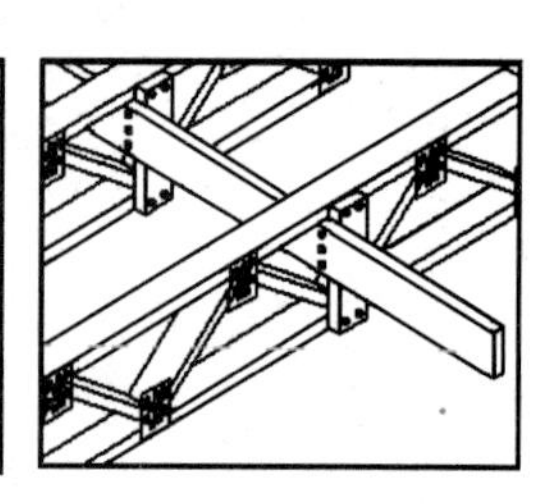

(*d*) 横撑

图 11.4.2　常用的侧向支撑

有侧向支撑时搁栅跨度增加的比例　　表 11.4.4

类　　型	跨度增加	安 装 要 求
采用不小于 40mm×140mm（2×6 英寸）的横撑时	10%	按桁架生产商要求
采用不小于 40mm×40mm（2×2 英寸）的交叉斜撑时	4%	在两端至少一颗 64mm 螺纹圆钉
采用不小于 20mm×90mm（1×4 英寸）的板条时	5%	在搁栅底部至少两颗 64mm 螺纹圆钉
采用与搁栅高度相同的不小于 40mm 厚的填块时	8%	对于规格材搁栅，至少三颗 64mm 螺圆钉；对于木工字梁，至少四颗 64mm 螺纹圆钉
同时采用不小于 40mm×40mm 的交叉斜撑，以及不小于 20mm×90mm 的板条时	8%	
同时采用不小于 20mm×90mm 的板条，以及与搁栅高度相同的不小于 40mm 厚的填块时	10%	

11.5 墙 体 设 计

11.5.1 墙体设计要点

墙体由木基结构板、规格材以及连接木基结构板和规格材的钉组成。当水平荷载作用在墙体的平面内时，墙体中的木基结构板与规格材在水平荷载作用下产生相对变形，使钉连接在墙体平面内形成抗侧力，抵抗水平剪力并传递水平荷载。当墙体承受竖向荷载以及墙体平面外的水平荷载时，设计时一般可不考虑木基结构板和墙体骨架的共同作用。

以下是墙体在承受竖向荷载以及墙体平面外水平荷载时的设计要点：

（1）作用在墙骨柱上的荷载可按墙骨柱从属面积计算。

（2）墙骨柱按两端铰接的受压构件设计，构件在平面外的计算长度为墙骨柱长度。当墙骨柱两侧有木基结构板或石膏板等覆面板提供侧向支撑时，平面内只需要进行强度验算。

（3）当墙骨柱中轴向压力的初始偏心距为零时，初始偏心距按 0.05 倍的构件截面高度确定。

（4）外墙墙骨柱应考虑风荷载效应组合，按两端铰接的压弯构件设计。当外墙围护材料较重时，应考虑其引起的墙骨柱出平面的地震作用。

（5）墙骨柱支座处应进行局部承压验算。

（6）墙体开孔处的过梁按两端简支受弯构件设计，支座处应进行局部承压验算。

（7）外墙木基结构板应能抵抗风荷载。

（8）墙体顶梁板和底梁板与楼盖或屋盖搁栅的连接应进行墙体平面外承载力验算。

墙体的构造、墙体与楼盖或屋盖的连接应满足本章第 11.8 节的构造要求。

11.5.2 剪力墙抗剪承载力

剪力墙抗侧力计算时，将墙肢假定为悬臂的工字形梁，其中墙体的覆面板相当于工字形梁腹板，来抵抗剪力；墙端的墙骨柱相当于工字形梁的翼缘，来抵抗弯矩。剪力墙设计包括墙体覆面板抗剪、端墙骨柱抗拉或抗压以及剪力墙与下部结构连接件的设计。剪力墙设计时，要求墙体墙肢的高宽比不大于 3.5∶1，剪力墙高是指楼层内从剪力墙底梁板的底面到顶梁板的顶面的垂直距离。

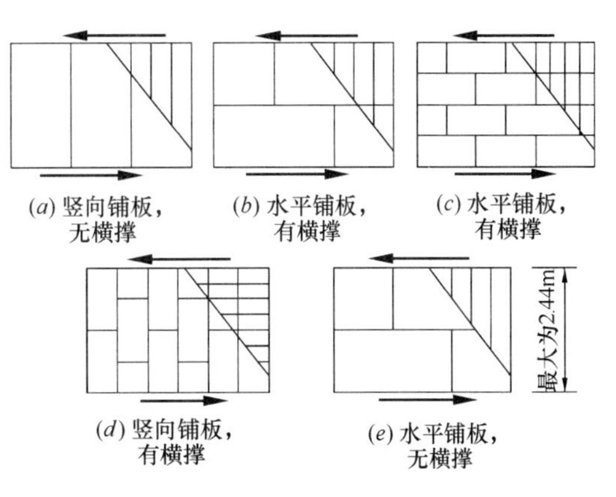

图 11.5.1 剪力墙铺板示意图

单面采用竖向铺板或水平铺板（图 11.5.1）的轻型木结构剪力墙受剪承载力设计值可按下式计算：

$$V_{\mathrm{d}} = \sum f_{\mathrm{vd}} k_1 k_2 k_3 l \tag{11.5.1}$$

式中：f_{vd}——单面采用木基结构板材作面板的剪力墙的抗剪强度设计值（kN/m），按表 11.5.1 的规定取值；

l——平行于荷载方向的剪力墙墙肢长度（m）；

k_1——木基结构板材含水率调整系数，按表 11.3.2 取值；

k_2——骨架构件材料树种的调整系数，按表 11.3.3 取值；

k_3——强度调整系数，仅用于无横撑水平铺板的剪力墙，如图 11.5.1（e）所示；按表 11.5.2 的规定取值。

对于双面铺板的剪力墙，无论两侧是否采用相同材料的木基结构板材，剪力墙的抗剪承载力设计值等于墙体两面抗剪承载力设计值之和。

采用木基结构板的剪力墙抗剪强度设计值 f_{vd}（kN/m）　　**表 11.5.1**

面板最小名义厚度（mm）	钉入骨架构件的最小入深度（mm）	钉直径（mm）	面板边缘钉的间距（mm）											
			150			100			75			50		
			f_{vd}（kN/m）	K_w（kN/mm）		f_{vd}（kN/m）	K_w（kN/mm）		f_{vd}（kN/m）	K_w（kN/mm）		f_{vd}（kN/m）	K_w（kN/mm）	
				OSB	PLY		OSB	OSB		OSB	OSB		OSB	PLY
9.5	31	2.84	3.5	1.9	1.5	5.4	2.6	1.9	7.0	3.5	2.3	9.1	5.6	3.0
9.5	38	3.25	3.9	3.0	2.1	5.7	4.4	2.6	7.3	5.4	3.0	9.5	7.9	3.5
11.0	38	3.25	4.3	2.6	1.9	6.2	3.9	2.5	8.0	4.9	3.0	10.5	7.4	3.7
12.5	38	3.25	4.7	2.3	1.8	6.8	3.3	2.3	8.7	4.4	2.6	11.4	6.8	3.5
12.5	41	3.66	5.5	3.9	2.5	8.2	5.3	3.0	10.7	6.5	3.3	13.7	9.1	4.0
15.5	41	3.66	6.0	3.3	2.3	9.1	4.6	2.8	11.9	5.8	3.2	15.6	8.4	3.9

注：1. 表中 OSB 为定向木片板，PLY 为结构胶合板。

2. 表中数值为在干燥使用条件下和标准荷载持续时间下的剪力墙抗剪强度和刚度；当考虑风荷载和地震作用时，表中抗剪强度和刚度应乘以调整系数 1.25。

3. 当钉的间距小于 50mm 时，位于面板拼缝处的骨架构件的宽度不应小于 64mm，钉应错开布置；可用两根 40mm 宽的构件组合在一起传递剪力。

4. 当直径为 3.66mm 的钉的间距小于 75mm 时，位于面板拼缝处的骨架构件的宽度不应小于 64mm，钉应错开布置；可用两根 40mm 宽的构件组合在一起传递剪力。

5. 当剪力墙面板采用射钉或非标准钉连接时，表中抗剪承载力应乘以折算系数 $(d_1/d_2)^2$；其中，d_1 为非标准钉的直径，d_2 为表中标准钉的直径。

无横撑水平铺设面板的剪力墙强度调整系数 k_3　　**表 11.5.2**

边支座上钉的间距（mm）	中间支座上钉的间距（mm）	墙骨柱间距（mm）			
		300	400	500	600
150	150	1.0	0.8	0.6	0.5
150	300	0.8	0.6	0.5	0.4

注：墙骨柱柱间无横撑剪力墙的抗剪强度可将有横撑剪力墙的抗剪强度乘以抗剪调整系数。有横撑剪力墙的面板边支座上钉的间距为 150mm，中间支座上钉的间距为 300mm。

剪力墙上有开孔时，开孔周围的骨架构件和连接应加强，以保证传递开孔周围的剪力。开孔剪力墙的抗剪承载力设计值等于开孔两侧墙肢的抗剪承载力设计值之和，而不计入开孔上下方墙体的抗剪承载力设计值。剪力墙两侧边界杆件所受轴向力应按下式计算：

$$N = \frac{M}{B_0} \qquad (11.5.2)$$

式中：N——剪力墙边界杆件的拉力或压力设计值（kN）；

M——侧向荷载在剪力墙平面内产生的弯矩（kN·m）；

B_0——剪力墙两侧边界构件间的中心距（m）。

剪力墙边界杆件在长度上应连续。如果中间断开，则应采取可靠的连接保证其能抵抗轴向力。剪力墙面板不得用来作为杆件的连接板。当恒载不能抵抗剪力墙的倾覆时，墙体与基础应采用抗倾覆锚固件。剪力墙上有开孔时，开孔两侧的每段墙肢都应保证其抗倾覆的能力。

在验算受拉边界杆件时，当上拔力大于重力荷载时，应设置抗拔紧固件将上拔力传递到下部结构。常用的抗拔紧固件由螺栓或螺钉连接钢托架和剪力墙边界杆件，并由锚固螺栓或钢杆连接钢托架和地基或下部结构（图 11.5.2）。

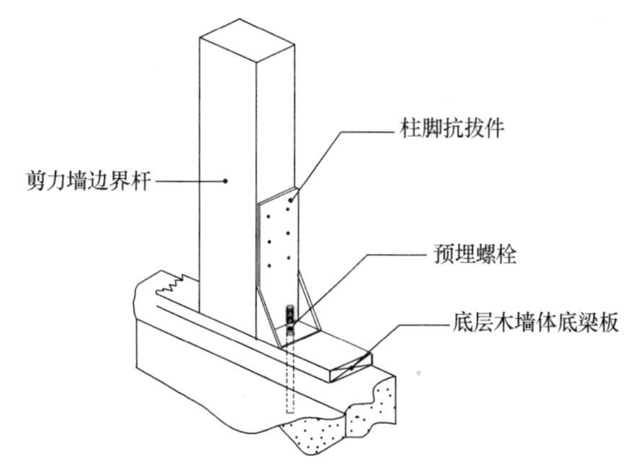

图 11.5.2 剪力墙边界杆件抗拔紧固件

在验算受压边界杆件时，除考虑平面内弯矩引起的轴力，还要考虑上部结构传来的竖向力与平面外水平荷载的共同作用。

11.5.3 剪力墙顶部水平位移

剪力墙顶部的水平位移可采用以下近似公式计算：

$$\Delta=\frac{VH_w^3}{3EI}+\frac{MH_w^2}{2EI}+\frac{VH_w}{LK_w}+\frac{H_w d_a}{L}+\theta H_w \tag{11.5.3}$$

式中：Δ——剪力墙顶部位移总和（mm）；

V——剪力墙顶部最大剪力设计值（N）；

M——剪力墙顶部最大弯矩设计值（N·mm）；

H_w——剪力墙高度（mm）；

I——剪力墙两端墙骨柱转换惯性矩（mm^4）；

E——剪力墙两端墙骨柱弹性模量（N/mm^2）；

L——剪力墙长度（mm）；

K_w——剪力墙剪切刚度（N/mm），包括木基结构板剪切和钉的滑移变形；

d_a——由剪力和弯矩引起的抗拔紧固件的伸长以及局部承压变形等竖向变形；

θ——剪力墙底部楼盖的转角。

式（11.5.3）适用于剪力墙两端采用普通抗拔紧固件的剪力墙，此时剪力墙两端的拉压均由边界杆承担；当采用通长钢拉杆时，边界杆承受压力，而钢拉杆承受拉力。因此，剪力墙两端边界杆转换惯性矩 I 应该使用转换后的剪力墙的惯性矩 I_{tr}，可以按下式计算：

$$n=\frac{E_t}{E_c} \tag{11.5.4}$$

$$A_{t,tr}=A_t\cdot n \tag{11.5.5}$$

$$y_{tr}=\frac{A_c\cdot L_c}{A_{t,tr}+A_c} \tag{11.5.6}$$

$$I_{tr}=A_{t,tr}\cdot y_{tr}^2+A_c\cdot(L_c-y_{tr})^2 \tag{11.5.7}$$

式中：E_c——受压构件的弹性模量（N/mm²）；

E_t——受拉构件的弹性模量（N/mm²）；

A_t——受拉构件的横截面积（mm²）；

A_c——受压构件的横截面积（mm²）；

L_c——端柱或者钢拉杆的中心距离（mm）。

墙体紧固件由剪力和弯矩引起的竖向伸长变形应按下式计算：

$$d_a = \frac{T_f}{T_r} d_{max} \tag{11.5.8}$$

式中：T_f——抗拔紧固件承受的拉力（N）；

T_r——抗拔紧固件的抗拉承载力（N）；

d_{max}——抗拔紧固件在达到承载能力时的最大竖向伸长变形（mm）。

式（11.5.3）中的第1和第2项为剪力墙两端边界杆的变形引起的水平位移，第3项为木基结构板的剪切变形和钉变形引起的水平位移，第4项为剪力墙两端抗拔紧固件的伸长和局部承压变形引起的水平位移，第5项为剪力墙底部楼盖的转角引起的水平位移，包括下部各层剪力墙两端边界杆变形引起的转角和下部各层剪力墙两端抗拔紧固件的伸长和局部承压变形引起的转角（图11.5.3）。

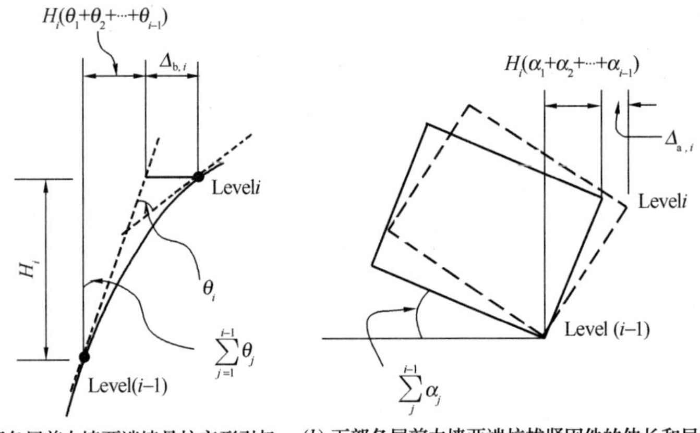

(*a*) 下部各层剪力墙两端墙骨柱变形引起的转角　(*b*) 下部各层剪力墙两端抗拔紧固件的伸长和局部承压变形引起的转角

图11.5.3　剪力墙底部楼盖的转角

【例题11.5.1】剪力墙顶部水平位移

剪力墙高度2.75m，剪力墙长度为3.2m，如图11.5.4所示，由规格材和双面定向木

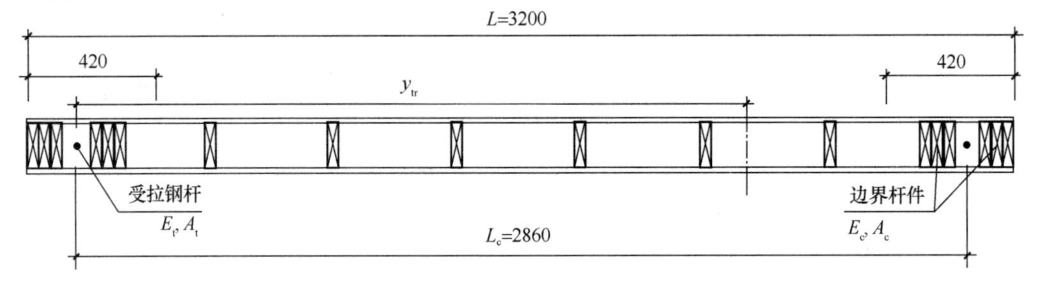

图11.5.4　剪力墙截面示意图

片板（OSB）覆面板组成，面板厚度为 12.5mm，墙骨柱间距为 400mm，钢钉直径为 3.66mm，钉入骨架构件最小深度为 41mm，钉间距为 100mm。采用 Q235B 圆钢的连续钢杆作为抗拔紧固件，其直径为 25mm，承载力为 100.5kN。端柱采用 $Ⅱ_c$ 的 SPF（云杉-松-冷杉）目测分级规格材，其截面为 6－38×140，顶梁板为 2－38×140 规格材，底梁板为 38×140 规格材。地震作用下剪力墙顶部受到的剪力标准值为 50kN，顶部弯矩标准值为 100kN·m。剪力墙顶部恒载标准值为 25kN/m，活载标准值为 20kN/m。

（1）剪力墙基本参数

墙体长度　$L=3200$mm；

钢拉杆中心距　$L_c=2860$mm；

墙体高度　$H_w=2750$mm；

墙骨柱顺纹弹性模量　$E_c=10000\text{N/mm}^2$；

钢拉杆弹性模量　$E_t=206000\text{N/mm}^2$；

端柱截面积　$A_c=38\times140\times6=31920\text{mm}^2$；

钢拉杆截面积　$A_t=490\text{mm}^2$；

对于钢拉杆　$d_{max}=2$mm，$T_r=100.5$kN。

轻型木结构剪力墙单面抗剪刚度 $K_w=5300$N/mm，本算例采用双面覆面板且考虑地震时，抗剪刚度 $K_w=5300\times2\times1.25=13250$N/mm。

（2）荷载作用

剪力墙底部弯矩为 $M=100+50\times2.75=237.5\text{kN}\cdot\text{m}$

底部弯矩引起的边界杆件受力为

$$N_1=\frac{M}{L_c}=\frac{237.5}{2.86}=83\text{kN}$$

边界杆件受荷范围的长度，如图 11.5.4 所示，取 420mm。

考虑上部竖向荷载，边界构件承受的拉力为：

$$T_f=83-1.0\times(25.0+0.5\times20)\times0.42=68.3\text{kN}$$

边界构件承受的压力为：

$$T_c=83+1.0\times(25.0+0.5\times20)\times0.42=97.7\text{kN}$$

（3）剪力墙变形计算

$$n=\frac{E_t}{E_c}=\frac{206000}{10000}=20.6$$

$$A_{t,tr}=A_t\cdot n=490\times20.6=10094\text{mm}^2$$

$$y_{tr}=\frac{A_c\cdot L_c}{A_{t,tr}+A_c}=\frac{31920\times2860}{10094+31920}=2173\text{mm}$$

转换惯性矩：

$$I_{tr}=A_{t,tr}\cdot y_{tr}^2+A_c\cdot(L_c-y_{tr})^2=10094\times2173^2+31920\times(2860-2173)^2$$
$$=6.27\times10^{10}\text{mm}^4$$

紧固件的竖向伸长变形为：

$$d_a=\frac{T_f}{T_r}d_{max}=\frac{68.3}{100.5}\times2=1.36\text{mm}$$

剪力墙顶部总水平位移为：

$$\Delta=\frac{VH_{\mathrm{w}}^{3}}{3E_{\mathrm{c}}I_{\mathrm{tr}}}+\frac{MH_{\mathrm{w}}^{2}}{2E_{\mathrm{c}}I_{\mathrm{tr}}}+\frac{VH_{\mathrm{w}}}{LK_{\mathrm{w}}}+\frac{H_{\mathrm{w}}d_{\mathrm{a}}}{L}+\theta_{i}H_{\mathrm{w}}$$

$$=\frac{50000\times2750^{3}}{3\times10000\times6.27\times10^{10}}+\frac{100\times10^{6}\times2750^{2}}{2\times10000\times6.27\times10^{10}}+\frac{50000\times2750}{3200\times13250}+\frac{2750\times1.36}{3200}$$

$$=0.55+0.60+3.24+1.17+0=5.56\mathrm{mm}$$

剪力墙由于剪力、弯矩产生的顶部转角为：

$$\theta_{i+1,1}=\frac{VL^{2}}{2E_{\mathrm{c}}I_{\mathrm{tr}}}+\frac{ML}{E_{\mathrm{c}}I_{\mathrm{tr}}}=\frac{50000\times3200^{2}}{2\times10000\times6.27\times10^{10}}+\frac{100\times10^{6}\times3200}{10000\times6.27\times10^{10}}$$

$$=9.2\times10^{-4}$$

剪力墙由于抗拔紧固件受拉变形及滑移引起的顶部转角为：

$$\theta_{i+1,2}=\frac{d_{\mathrm{a}}}{L}=\frac{1.36}{3200}=4.3\times10^{-4}$$

剪力墙顶部总转角为：

$$\theta_{i+1}=\theta_{i+1,1}+\theta_{i+1,2}=9.2\times10^{-4}+4.3\times10^{-4}=1.35\times10^{-3}$$

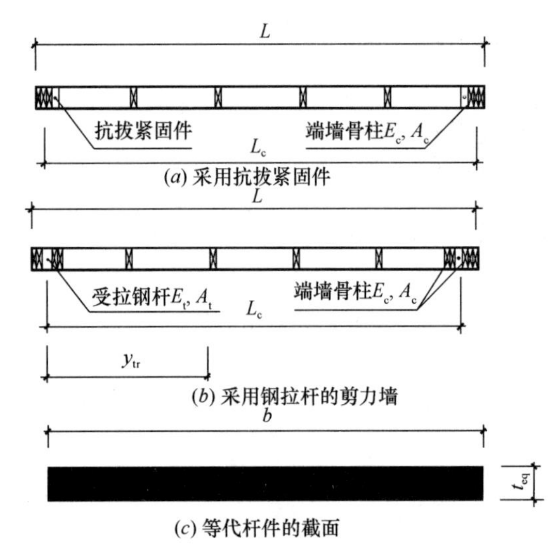

图 11.5.5　剪力墙等代杆件示意图

11.5.4　剪力墙有限元模拟

轻型木结构的剪力墙主要可由以下几种有限元单元来模拟：杆单元、壳单元或杆单元与斜撑弹簧单元组合。各种模拟方式各有优劣。采用杆单元模拟墙体（图15.5.5）的优势在于可以较为容易地确定杆单元的截面长度 b、截面等效厚度 t_{eq}、弹性模量 E 和剪切模量 G，以得到与公式（11.5.3）等效的位移和转角，其中杆单元的弹性模量 E 取墙骨柱顺纹向的弹性模量 E_{c}。

为了考虑通长钢杆作为抗拔紧固件的竖向伸长变形，用 $E_{\mathrm{t,eq}}$ 表示受拉构件的等效弹性模量：

$$E_{\mathrm{t,eq}}=\frac{H}{\dfrac{H}{E_{\mathrm{t}}}+\dfrac{A_{\mathrm{t}}}{T_{\mathrm{r}}}d_{\max}}\tag{11.5.9}$$

$$n=\frac{E_{\mathrm{t,eq}}}{E_{\mathrm{c}}}\tag{11.5.10}$$

按式（11.5.5）至式（11.5.7）计算得到考虑紧固件拉伸变形后的转换惯性矩 I_{tr}。将剪力墙等代杆件截面的宽度 b 直接取为剪力墙长度 L，令其惯性矩等于 I_{tr}，则截面等效厚度 t_{eq} 可按下面公式计算：

$$t_{eq}=\frac{12I_{tr}}{L^3} \tag{11.5.11}$$

此时，杆单元的弹性模量为 E_c，其截面长度为 b，截面等效厚度为 t_{eq}，其弯曲变形与公式（11.5.3）的第 1、2 项和第 4 项之和的理论计算值相等。

剪力墙的剪切变形与两个部分相关。第一部分是定向木片板（OSB）的线性剪切变形，第二部分是由于钢钉变形导致的剪切变形，如图 11.5.6 所示。

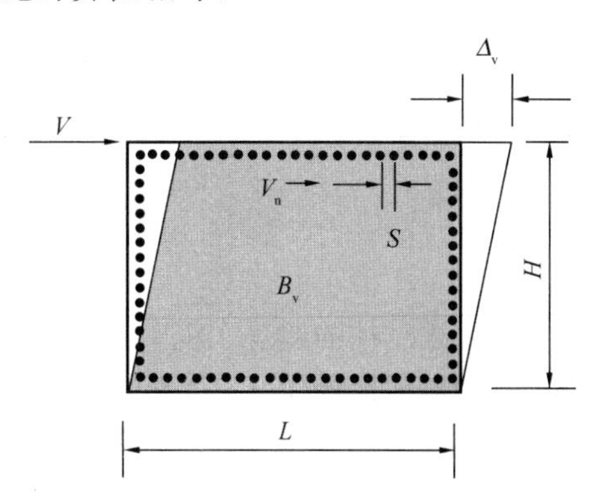

图 11.5.6 剪力墙剪切变形

基于建立杆单元的理论，对于一个高度为 H、长度为 L、宽度为 t_{eq}的杆单元，其剪切变形可以按下式计算：

$$\Delta_v=\frac{1.2VH}{G_pA}=\frac{1.2VH}{G_pLt_{eq}} \tag{11.5.12}$$

式中：G_p——杆单元等效剪切模量（N/mm）；

L——剪力墙长度（mm）；

H——剪力墙高度（mm）。

将式（11.5.3）中第 3 项与式（11.5.12）联立，即：$\dfrac{VH_w}{LK_w}=\dfrac{1.2VH}{G_pLt_{eq}}$

则可以得到等效剪切模量：

$$G_p=\frac{1.2K_w}{t_{eq}} \tag{11.5.13}$$

【例题 11.5.2】剪力墙顶部水平位移算例（杆单元）

基本参数与【例题 11.5.1】一致，其余参数取值如下：

墙长 L 为 3200mm

$$E_{t,eq}=\frac{H}{\dfrac{H}{E_t}+\dfrac{A_t}{T_r}d_{max}}=\frac{2750}{\dfrac{2750}{206000}+\dfrac{490}{10500}2}=119044\text{N/mm}^2$$

$$n=\frac{E_{t,eq}}{E_c}=\frac{119044}{10000}=11.9$$

$$A_{t,tr}=A_t\cdot n=490\times 11.9=5831\text{mm}^2$$

$$y_{tr}=\frac{A_c\cdot L_c}{A_{t,tr}+A_c}=\frac{31920\times 2860}{5831+31920}=2418\text{mm}$$

$$I_{tr}=A_{t,tr}\cdot y_{tr}^2+A_c\cdot(L_c-y_{tr})^2=5831\times 2418^2+31920\times(2860-2418)^2$$

$$=4.03\times 10^{10}\text{mm}^4$$

$$t_{eq}=\frac{12I_{tr}}{L^3}=\frac{12\cdot 4.03\times 10^{10}}{3200^3}=14.8\text{mm}$$

$$G_p=\frac{1.2K_w}{t_{eq}}=\frac{1.2\cdot 13250}{14.8}=1074\text{N/mm}^2$$

$$b=L=3200\text{mm}$$

将上述参数输入后，以杆单元模拟该剪力墙，得到相应的墙体顶部位移为 5.03mm，从表 11.5.3 可以看出，杆单元计算结果与公式（11.5.3）的理论计算值接近。

剪力墙顶部水平位移计算结果比较 **表 11.5.3**

顶部水平位移 (mm)	公式（11.5.3）	杆单元	误差
	5.56	5.03	−9.5%
顶部转角	1.35×10^{-3}	1.13×10^{-3}	−16.3%

11.6 轻型木桁架

在轻型木结构的屋盖系统中，通常采用轻型木桁架来代替椽条和搁栅。轻型木桁架一般在工厂预制后运抵现场安装，利于质量控制；相对于椽条或搁栅，其跨度较大且木材使用量较少。轻型木桁架通常由目测或机械分级规格材制作，杆件之间用镀锌钢板制作的金属齿板连接。图 11.6.1 为轻型木桁架构造示意图。

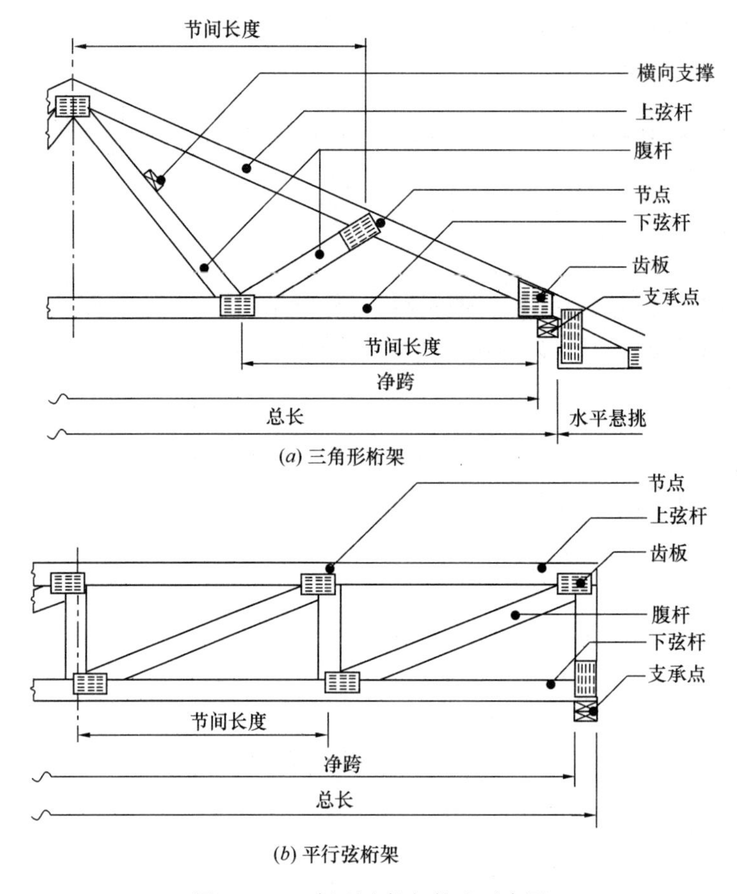

图 11.6.1 轻型木桁架构造示意图

11.6.1 轻型木桁架常见形式

轻型木桁架可以设计成各种形状。图 11.6.2 给出了在北美地区常用的轻型木桁架形式。

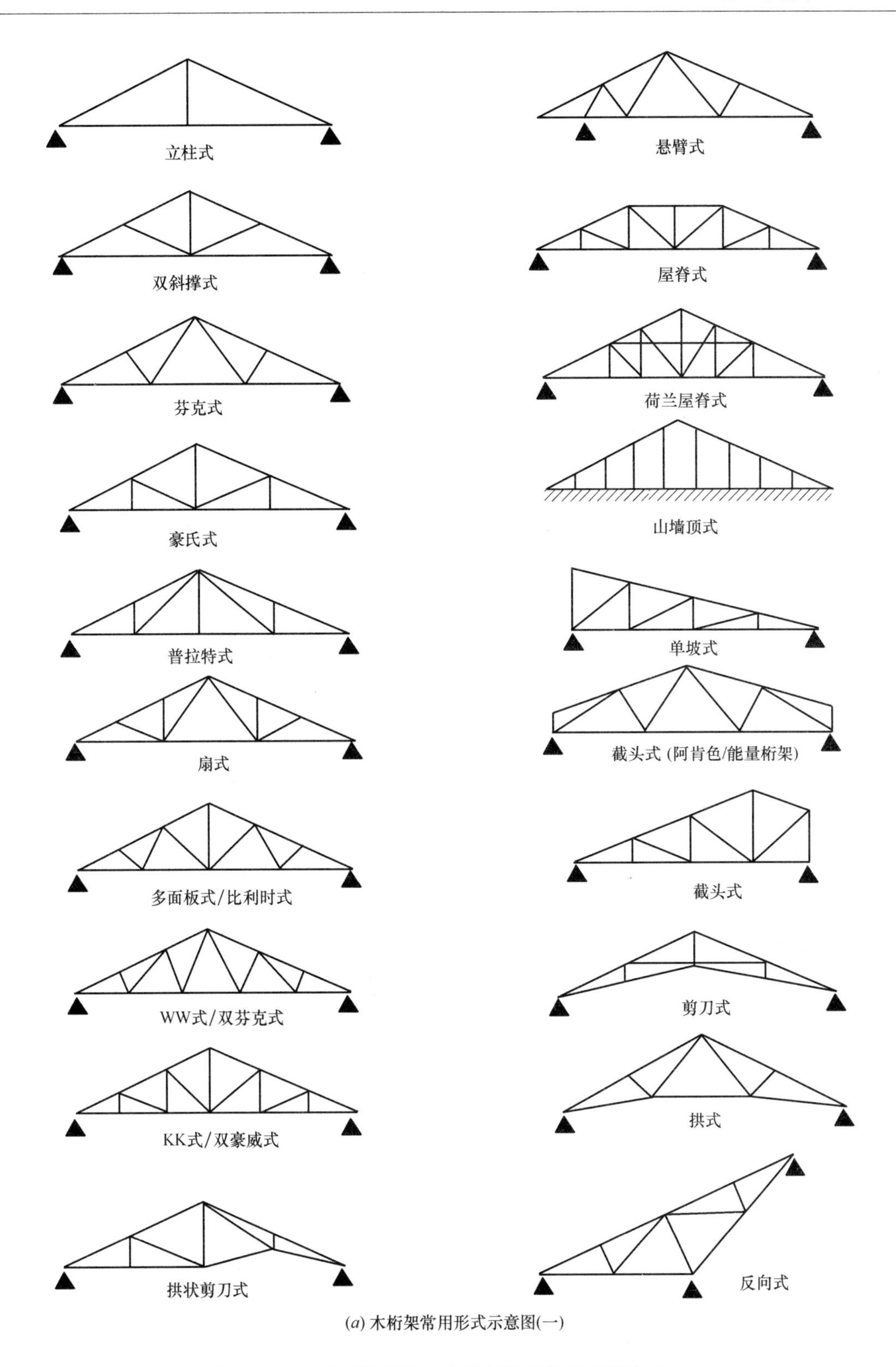

(*a*) 木桁架常用形式示意图(一)

图 11.6.2 金属齿板连接木桁架常用形式示意图（一）

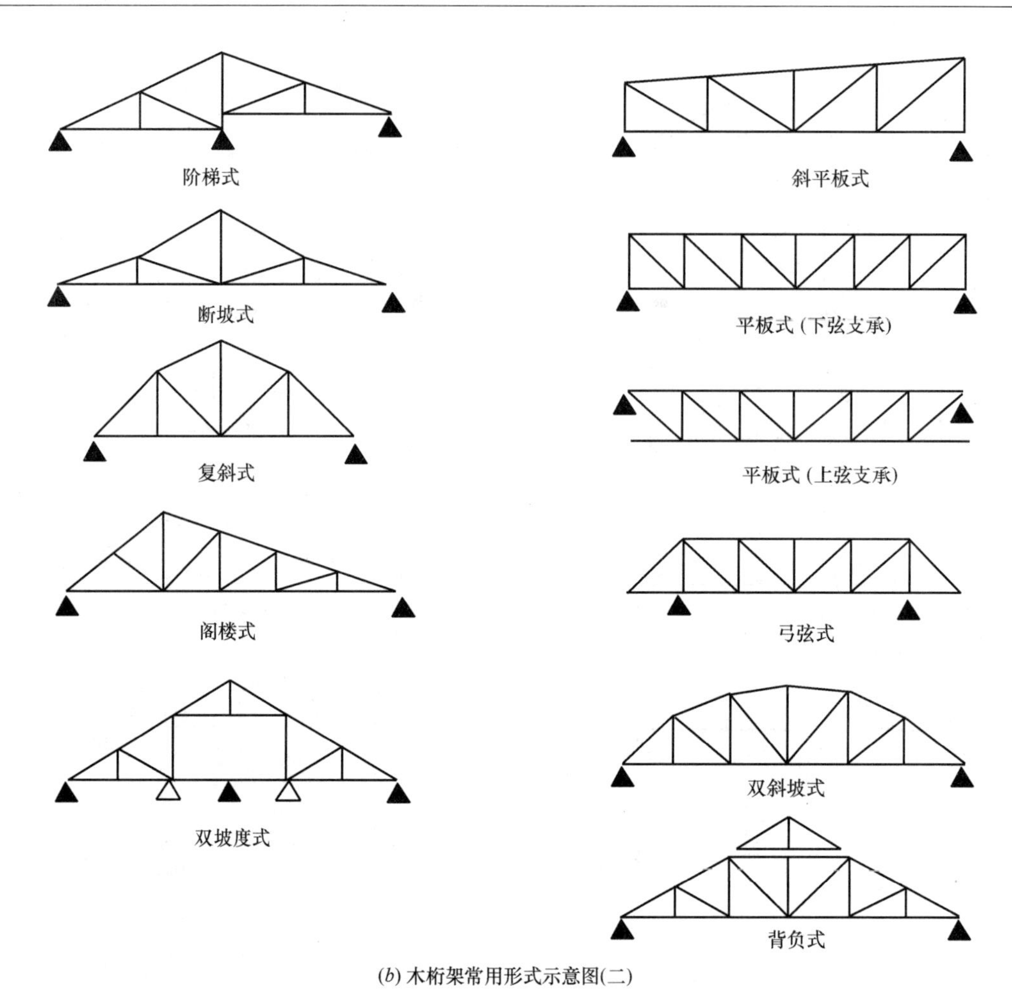

(*b*) 木桁架常用形式示意图(二)

图 11.6.2　金属齿板连接木桁架常用形式示意图（二）

11.6.2　材料

用于轻型木桁架弦杆与腹杆的规格材应符合本手册第 2.9 节中的分级要求。当采用目测分级规格材时，木桁架的上弦杆与下弦杆的规格材等级应不低于Ⅲ$_c$，截面尺寸应不小于 40mm×65mm。当采用机械分级规格材时，木桁架弦的上弦杆与下弦杆采用的规格材强度等级不宜低于 M14 级。用作腹杆的规格材可以为任何等级，但若腹杆截面为 40mm ×65mm 时，规格材等级不应小于Ⅲ$_c$。

金属连接齿板应由经镀锌处理后的钢板制作。镀锌应在齿板制作前进行，镀锌层重量不应低于 275g/m^2。钢板可采用 Q235 碳素结构钢或 Q345 低合金高强结构钢。钢材性能应满足国家标准《碳素结构钢》GB 700 和《低合金高强度结构钢》GB/T 1591 的规定。对于进口齿板，当有可靠依据时，也可采用其他型号的钢材。

11.6.3　结构分析与设计

轻型木桁架的结构分析和设计通常由专用软件进行。在使用前应确定这些专用软件采用的计算假定和构造满足《轻型木桁架技术规范》JGJ/T 265 的规定。

轻型木桁架静力计算模型应满足下列条件：

(1) 弦杆应为多跨连续杆件；

(2) 弦杆在屋脊节点、变坡节点和对接节点处应为铰接节点；

(3) 弦杆对接节点处用于抗弯时应为刚接节点；

(4) 腹杆两端节点应为铰节点；

(5) 桁架一端支座应为固定铰支座，另一端应为滑动铰支座。

轻型木桁架的节点分为支座端节点、屋脊节点、对接节点、腹杆节点以及搭接节点。这些节点应采用下列计算假定：

1. 桁架端节点

桁架端节点可假定成三个分节点和三根虚拟杆件（图 11.6.3）。分节点的确定方法和虚拟杆件应符合下列规定：

(1) 第 1 分节点位置的确定应满足下列要求：

1) 一般情况下（图 11.6.3*a*），在端节点处上下弦杆件中较短一根的端部作一垂线，该垂线与上、下弦杆轴线相交，两交点中位置较低者为第 1 分节点；

2) 对于梁式桁架端节点（图 11.6.3*b*），在下弦杆端部作一垂线，该垂线与上、下弦杆轴线相交，两交点中位置较低者为第 1 分节点；

3) 对于有悬臂的梁式桁架端节点（图 11.6.3*c*），当支座位于上弦截断面之间时，在上弦截断点作一垂线，该垂线与上、下弦杆轴线相交，两交点中位置较低者定为第 1 分节点。

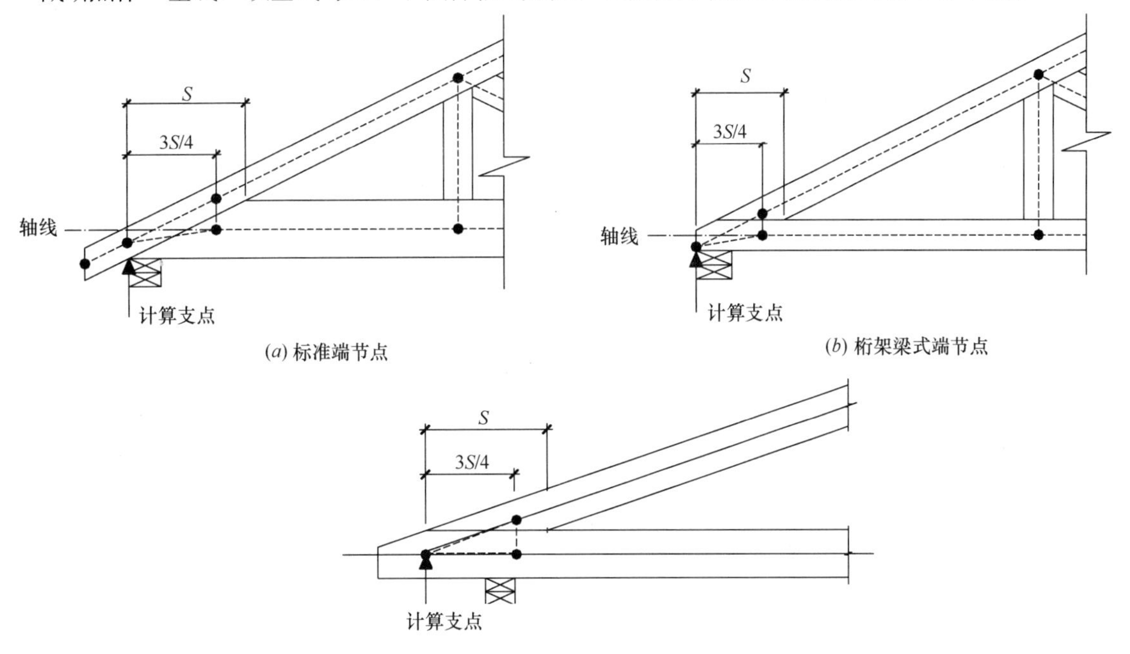

图 11.6.3 支座端节点

(2) 第 2 分节点位于下弦杆轴线上，且距第 1 分节点水平距离为 3S/4 处。S 的确定应按下列规定：

1) 一般情况下，S 为上、下弦杆交线的内侧端点至第 1 分节点的水平投影长度，见

图 11.6.3；

2）当桁架支座处上、下弦杆间有加强楔块时，S 为上弦杆和加强楔块交线的内侧端点至第 1 分节点的水平投影长度，见图 11.6.4；

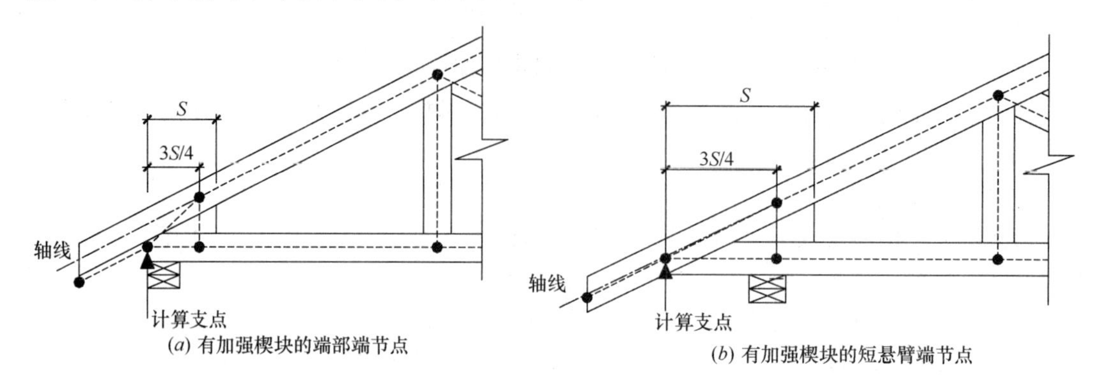

(a) 有加强楔块的端部端节点

(b) 有加强楔块的短悬臂端节点

图 11.6.4　有加强楔块的端节点

3）当桁架支座处上、下弦杆端节间有加强杆件时，S 为未被加强的那根弦杆和加强杆交线的内侧端点至第 1 分节点的水平投影长度，见图 11.6.5。

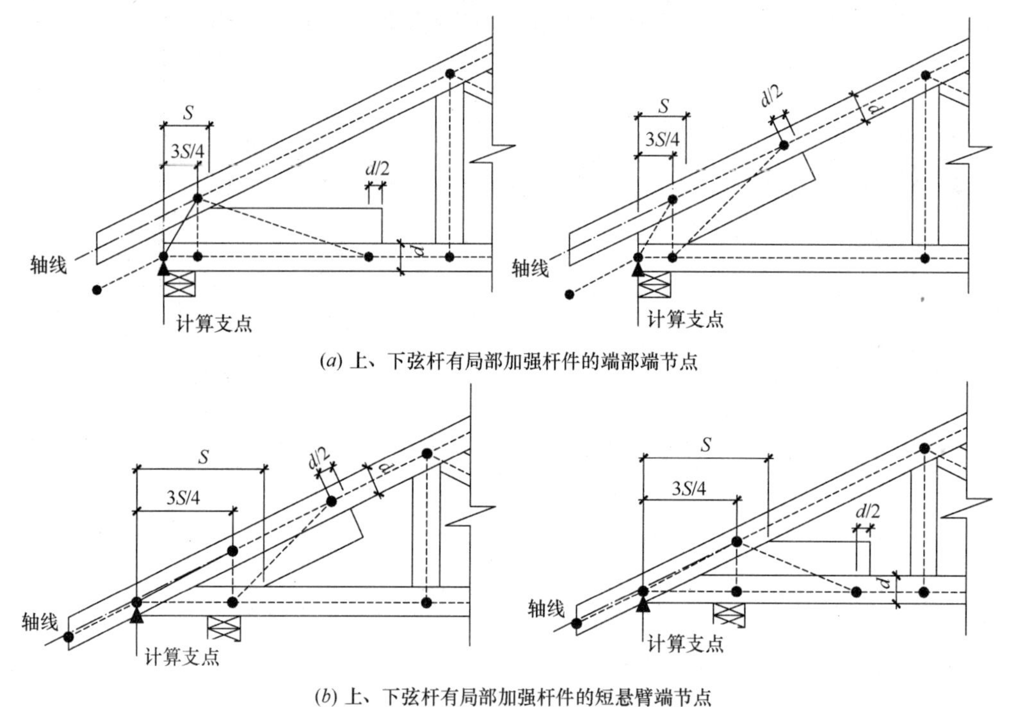

(a) 上、下弦杆有局部加强杆件的端部端节点

(b) 上、下弦杆有局部加强杆件的短悬臂端节点

图 11.6.5　端节间有局部加强杆件的端节点

(3) 过第 2 分节点作一垂线与上弦杆轴线的交点即为第 3 分节点。

(4) 第 1、2 分节点间水平投影距离应不大于 610mm；当第 2、3 分节点与第 1 分节点间距小于 50mm 时，则可将三个分节点简化为一个，即仅设第 1 分节点。

(5) 各分节点间的连线为虚拟杆件，虚拟杆件的截面尺寸、材质与其相邻的上下弦杆相同，靠支座一端上下弦杆间铰接，另一端与相邻上下弦杆连续；虚拟的竖杆的截面尺寸为40mm×90mm、弹性模量为10000MPa，与上下弦均为半铰连接。

当桁架支座处上、下弦杆的端节间有局部加强杆件（非端节间全长）时，桁架支座处应假定为4个分节点。前3个分节点的确定方法和前面相同，第4分节点应位于被加强的弦杆的轴线上，距加强杆件端部“$d/2$”处，d为被加强弦杆的截面高度，见图11.6.5。第4虚拟杆件截面尺寸和材质应与加强杆件相同。

当桁架支座处上、下弦杆的端节间有全长加强杆件时，桁架支座处假定为4个分节点。前三个分节点的确定方法和前面相同，被加强的弦杆轴线与腹杆轴线相交处为第4分节点，见图11.6.6。第4虚拟杆件截面尺寸和材质与加强杆件相同。

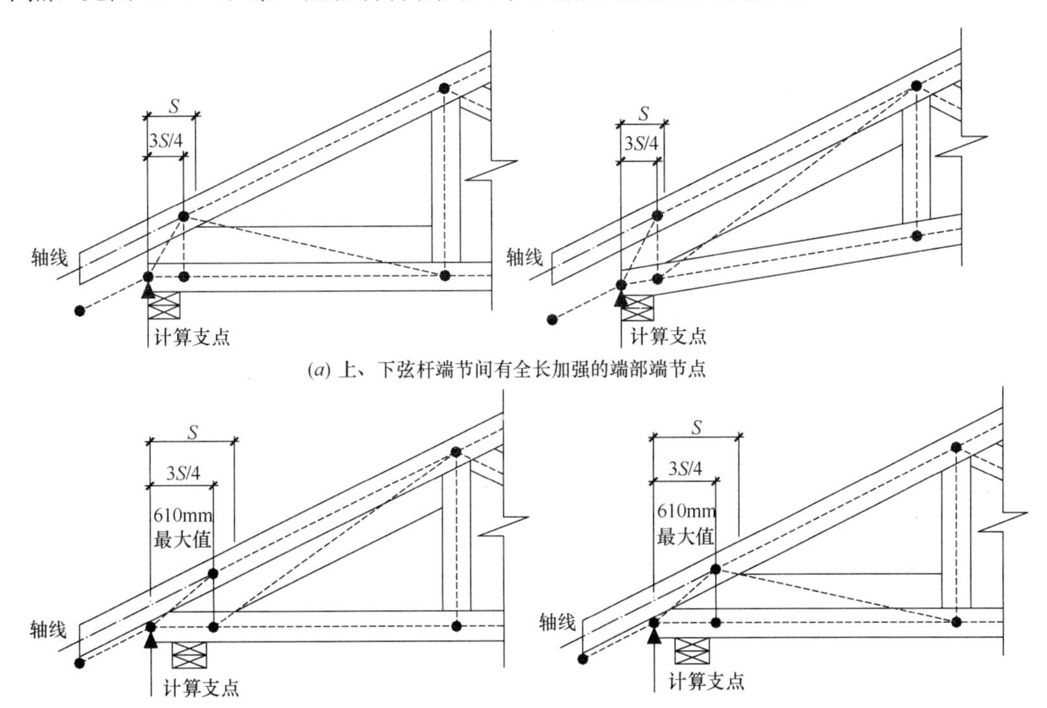

(*a*) 上、下弦杆端节间有全长加强的端部端节点

(*b*) 上、下弦杆端节间有全长加强的短悬臂端节点

图11.6.6 端节间有全长加强杆件的端节点

桁架端部的计算支点位置应符合下列规定：

（1）一般情况下，第1分节点为计算支点，见图11.6.3～图11.6.5。

（2）在上弦杆或下弦杆的端部节间有全长加强杆件的情况下，当支承面全部位于1、2分节点之间时，计算支点为第1分节点，见图11.6.6；当全部支承面在第2分节点之内时，计算支点为第2分节点，或根据支承面具体位置确定计算支点，见图11.6.7。

当支座端节间的全长加强杆件与弦杆不平行，则加强杆形成独立的端节点和腹杆节点，见图11.6.8。

2. 上弦端部节点

桁架上弦端部节点应符合下列规定：

（1）两相邻上弦竖向相切时，上弦杆竖向相切的切线与两上弦杆轴线相交获得两个交点，该两交点的中点假定为该处上弦端部的模拟节点，如图11.6.9（*a*）所示。

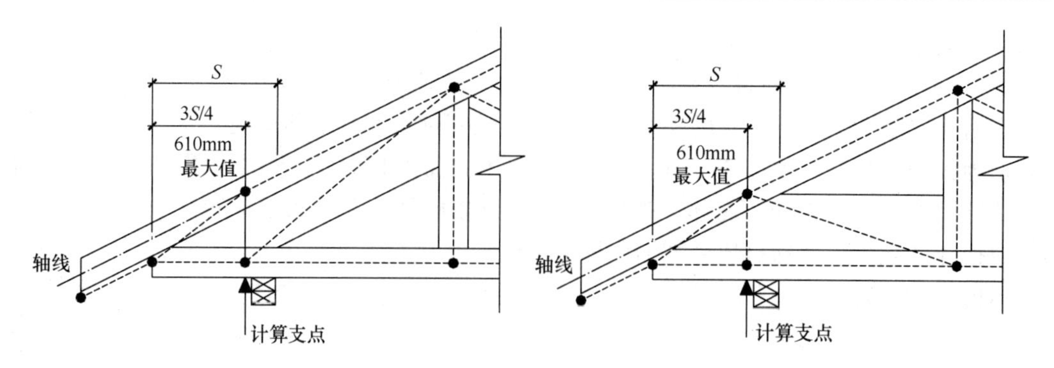

图 11.6.7 支承点在第 2 分节点的端节点

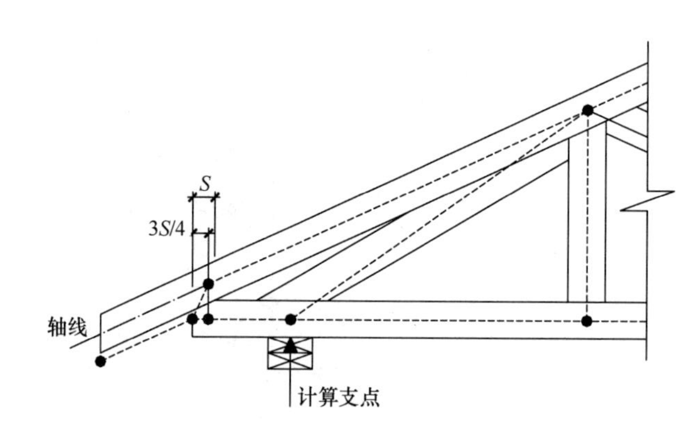

图 11.6.8 加强杆件与弦杆不平行时的独立端节点和腹杆节点

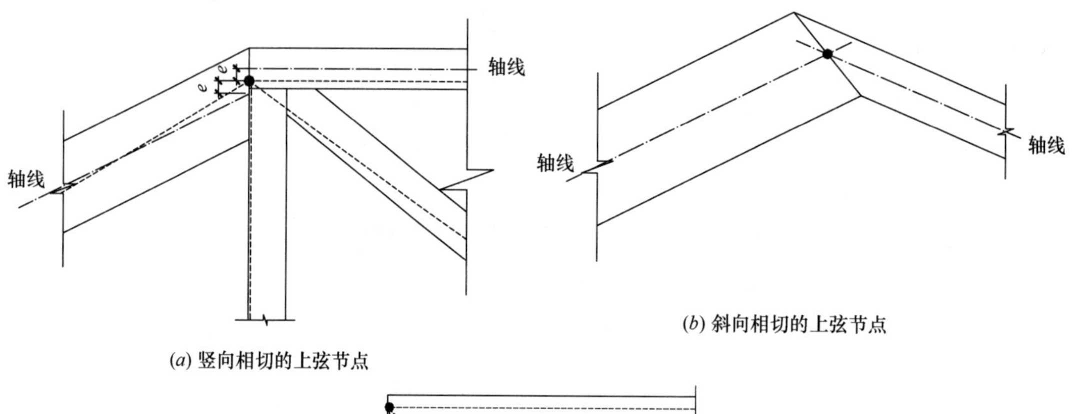

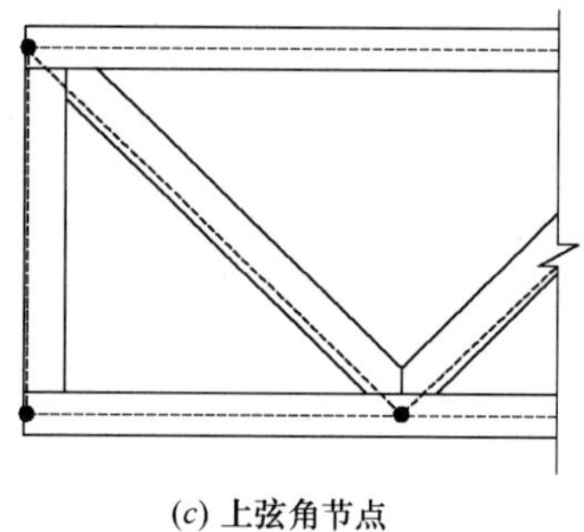

(c) 上弦角节点

图 11.6.9 桁架上弦端部节点

(2) 两相邻上弦斜向相切时，两上弦杆轴线的交点假定为该处模拟节点，如图 11.6.9 (*b*) 所示。

(3) 桁架上弦端部为直角时，上弦杆轴线与上弦杆端部垂线的交点假定为该处模拟节点，如图 11.6.7 (*c*) 所示。

3. 杆件对接节点

弦杆对接节点应为两弦杆轴线与对接线相交所得到的两个交点的中点，如图 11.6.10 所示。

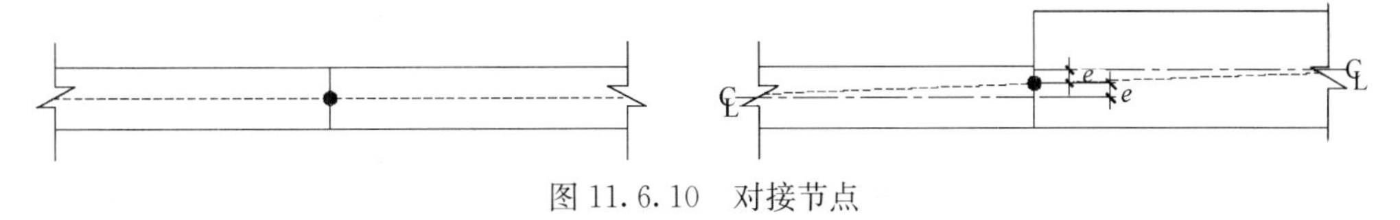

图 11.6.10 对接节点

4. 搭接节点

在相搭接的两杆件中，较短杆件的端线与相搭接杆件的两个轴线的平分线的交点应为杆件搭接节点，如图 11.6.11 所示。

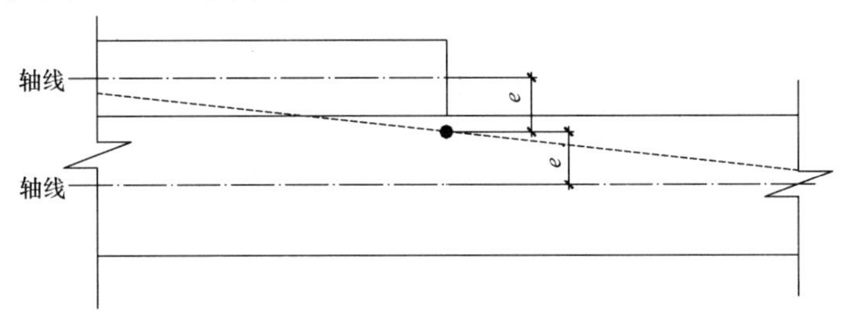

图 11.6.11 搭接节点

5. 腹杆节点

桁架腹杆节点应为节点处腹杆和弦杆相接触面的中点与弦杆轴线垂直相交所得的交点，如图 11.6.12 所示。

6. 内节点

桁架内节点应为节点处竖杆两侧腹杆和竖杆相接触面的中点与竖杆轴线垂直相交所得的交点，见图 11.6.13。

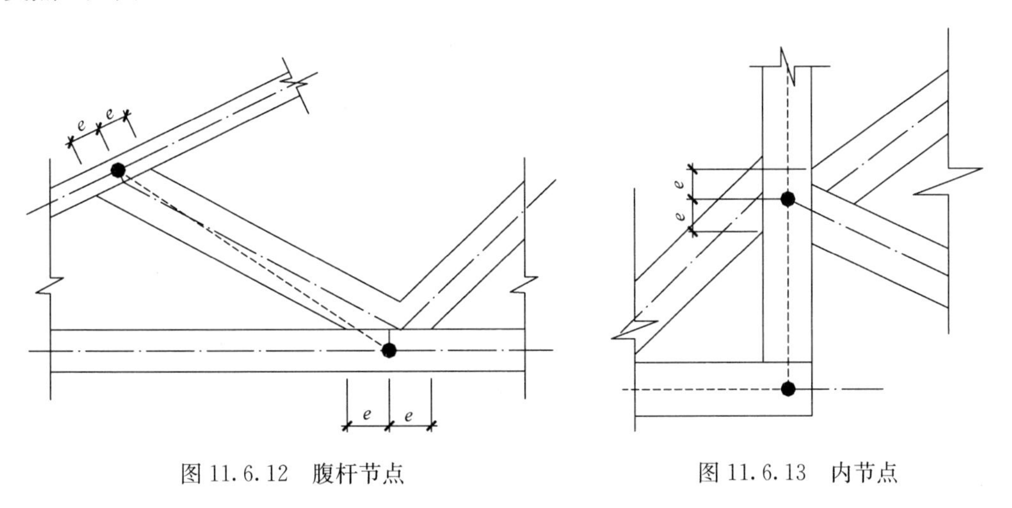

图 11.6.12 腹杆节点

图 11.6.13 内节点

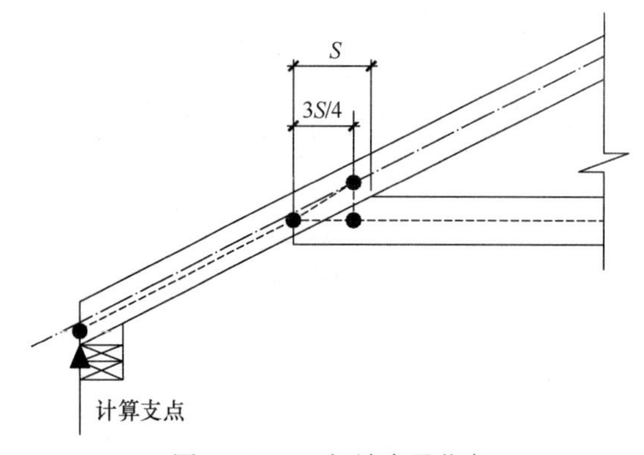

图 11.6.14 杆端支承节点

7. 杆端支点

桁架杆端支点应为过桁架端部第1分节点的上弦轴线平行线与支座支承面外侧垂线的交点，见图 11.6.14。

8. 上弦杆支点

桁架上弦杆支点应由两个分节点组成，分节点的确定方法应符合下列规定：

（1）第1分节点为上弦杆轴线与支承面内侧边沿垂线的交点（图 11.6.15）；

（2）第2分节点为上弦杆轴线与桁架端部杆件交汇处腹杆外侧边沿垂线的交点(图 11.6.15)；

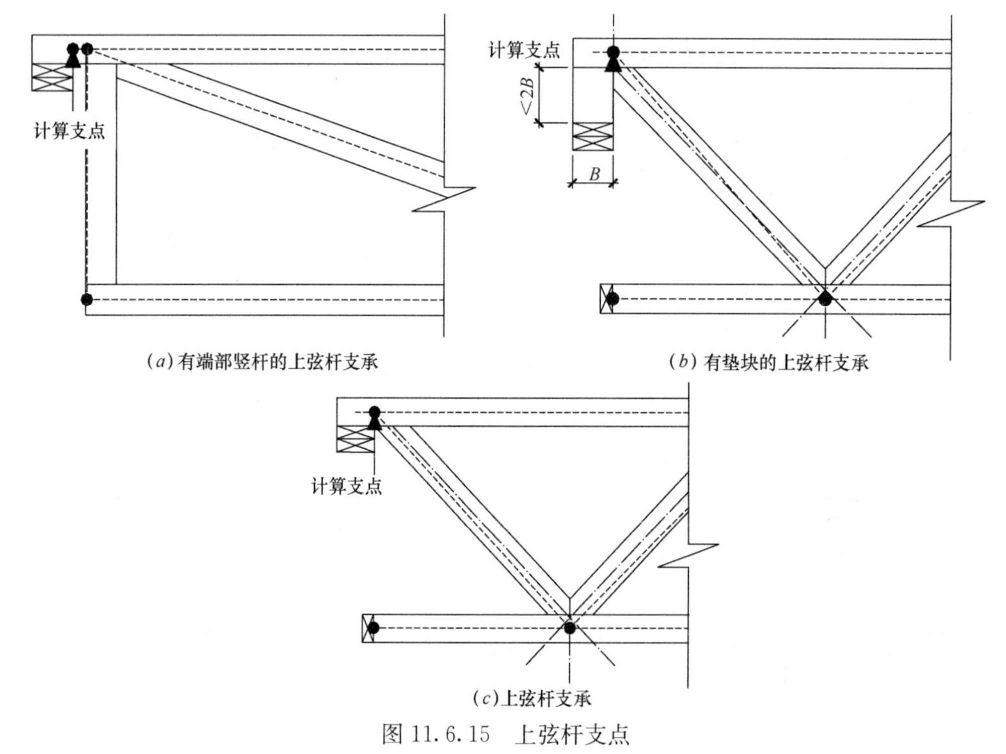

图 11.6.15 上弦杆支点

（3）第1和第2分节点之间的距离不应大于13mm。计算支点设在第1分节点。

桁架上弦杆支承处有垫块和端部竖杆时，上弦杆支点应由3个分节点和两根虚拟杆件组成，见图 11.6.16。分节点的确定方法和虚拟杆件应符合下列规定：

（1）第1分节点为支承面中心点；

（2）第2分节点为通过第1分节点的水平线与端部竖杆外侧边沿的交点；

（3）第3分节点为上弦杆轴线与端部竖杆外侧边沿的交点；

（4）1～3、2～3分节点间的连线为虚拟杆件，计算支点设在第1分节点。

轻型木桁架的上弦杆、下弦杆与腹杆的轴力与弯矩取值应符合下列规定：

（1）杆件的轴力应取杆件两端轴力的平均值；

（2）弦杆节间弯矩应取该节间所承受的最大弯矩；

（3）对拉弯或压杆件，轴力应取杆件两端轴力的平均值，弯矩应取杆件跨中弯矩与两端弯矩中的较大者。

作用于金属齿板节点上的力应取与该节点相连杆件的杆端内力。

当木桁架端部采用梁式端节点时（图11.6.17），在支座内侧支承点上的下弦杆截面高度 h' 不应小于1/2原下弦杆截面高度或100mm两者中的较大值，并应按下列要求验算该端支座节点的承载力：

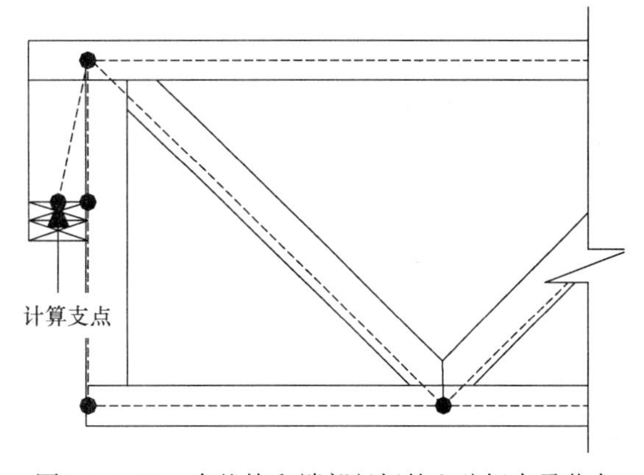

图 11.6.16 有垫块和端部竖杆的上弦杆支承节点

（1）端节点抗弯验算时，用于抗弯验算的弯矩为支座反力乘以从支座内侧边缘到上弦杆起始点的水平距离 L（图11.6.17）。

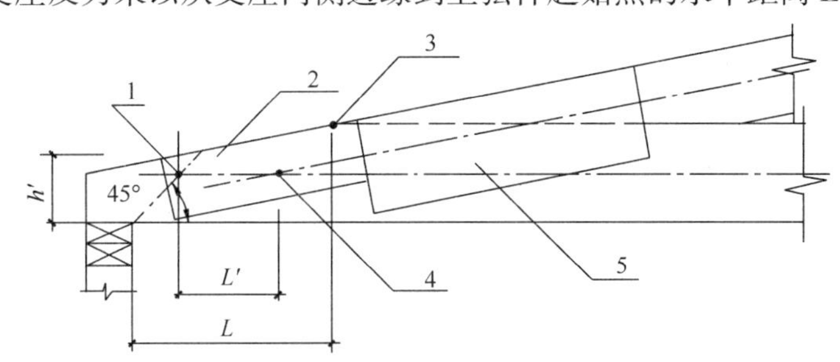

图 11.6.17 桁架梁式端节点示意图

1—投影交点；2—抗剪齿板；3—上弦杆起始点；4—上下弦杆轴线交点；5—主要齿板

（2）当图中投影交点比上、下弦杆轴线交点更接近桁架端部时，端节点需进行抗剪验算。桁架端部下弦规格材的抗剪承载力应按下式验算：

$$\frac{1.5V}{nbh'} \leqslant f_v \tag{11.6.1}$$

式中：b ——规格材截面宽度（mm）；

f_v——规格材顺纹抗剪强度设计值（N/mm²）；

V ——梁端支座总反力（N）；

n ——当由多榀相同尺寸的规格材木桁架形成组合桁架时，n 为形成组合桁架的桁架榀数；

h'——下弦杆在投影交点处的截面计算高度（mm）。

（3）当桁架端部下弦杆规格材的抗剪承载力不满足公式（11.6.1）时，梁端应设置抗剪齿板。抗剪齿板的尺寸应覆盖上弦杆和下弦杆轴线交点与投影交点之间的距离 L'，且强度应满足下列规定：

1）下弦杆轴线上、下方的齿板截面抗剪承载力均应能抵抗梁端节点净剪力 V_1；

2）沿着下弦杆轴线的齿板截面抗剪承载力应能抵抗梁端节点净剪力 V_1；

3）梁端节点净剪力应按下式计算：

$$V_1 = \left(\frac{1.5V}{nh'} - bf_v\right)L' \tag{11.6.2}$$

式中：L'——上下弦杆轴线交点与投影交点之间的距离（mm）。

11.6.4　构造要求

桁架之间的间距宜为400mm～600mm，其最大间距不应大于1200mm。

对于轻型木桁架，齿板连接应符合下列构造规定：

（1）齿板应成对对称设置于构件连接节点的两侧；

（2）采用齿板连接的构件厚度不应小于齿嵌入构件深度的两倍；

（3）在与桁架弦杆平行及垂直方向，齿板与弦杆的最小连接尺寸以及在腹杆轴线方向齿板与腹杆的最小连接尺寸应满足表11.6.1的规定；

（4）弦杆对接所用齿板宽度不应小于弦杆相应宽度的65%。

齿板与桁架弦杆、腹杆最小连接尺寸（mm）　　　　**表11.6.1**

规格材截面尺寸（mm×mm）	桁架跨度 L（m）		
	$L\leqslant12$	$12<L\leqslant18$	$18<L\leqslant24$
40×65	40	45	—
40×90	40	45	50
40×115	40	45	50
40×140	40	50	60
40×185	50	60	65
40×235	65	70	75
40×285	75	75	85

当用齿板加强局部承压区域时（图11.6.18），齿板加强弦杆局部横纹承压节点处应符合下列规定：

（1）加强齿板底部边缘距离支承接触面应小于6mm；

（2）与支承接触面相对面的腹杆接触面不应小于支承接触面；

（3）齿板两侧边缘距离支承接触面的边缘不应大于3mm。

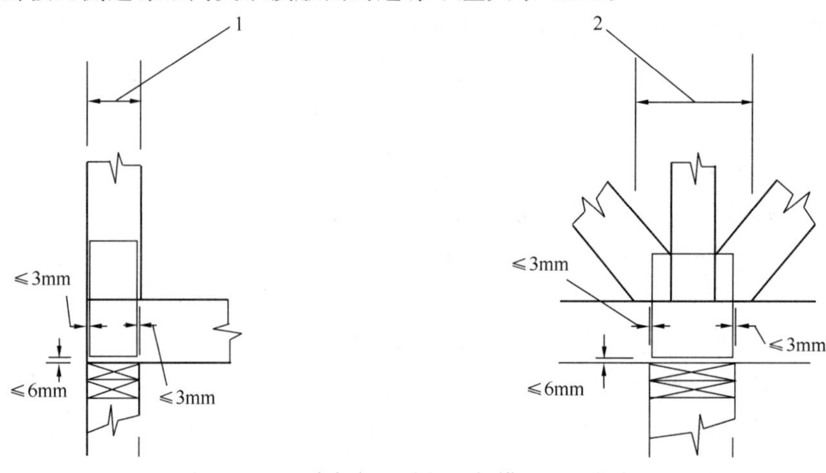

图11.6.18　齿板加强弦杆局部横纹承压节点图

1—端柱宽度必须大于或等于承压宽度；2—腹杆区域必须大于或等于承压宽度

上弦对接节点应符合下列要求：

（1）对接节点宜设置于节间一端的四分点处，其位置可在节间长度的±10%内调整；

（2）对接节点不得设置在与支座、弦杆变坡处或屋脊节点相邻的弦杆节间内。

下弦对接节点应符合下列要求：

（1）对接节点不得设置在与支座、弦杆变坡处相邻的弦杆节间内；

（2）对接节点可设置于节间一端的四分点处，其位置可在节间长度的±10%内调整；

（3）除邻近支座端节点的腹杆节点外，在其余腹杆节点处可设置对接节点；对于图11.6.19所示的桁架，其下弦腹杆节点处可设置对接节点。

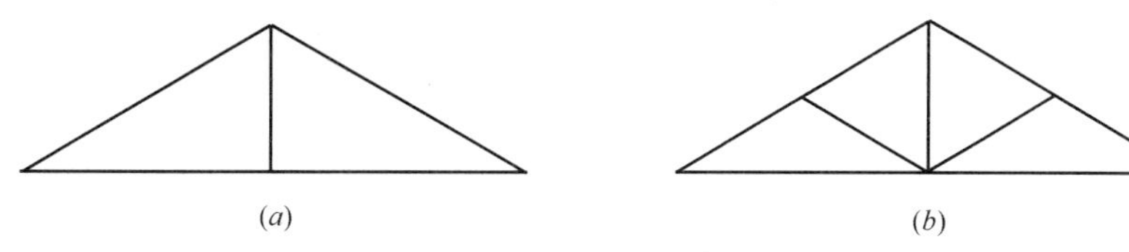

图 11.6.19　简单桁架

桁架上、下弦杆的对接节点不应设置在同一节间内。相邻两榀桁架的弦杆对接节点不宜设置于相同节间内。桁架腹杆杆件严禁采用对接节点。

短悬臂桁架应符合下列要求：

（1）桁架两端悬臂长度之和不应超过桁架净跨的1/4，且桁架每端最大悬臂长度不应超过1400mm。

（2）对于没有加强楔块的短悬臂（图11.6.20），最大悬臂长度C应按下式计算：

$$C = S - (L_b + 13) \tag{11.6.3}$$

式中：S ——上、下弦杆相接触面水平投影长度（mm）；

L_b——支承面宽度（mm）。

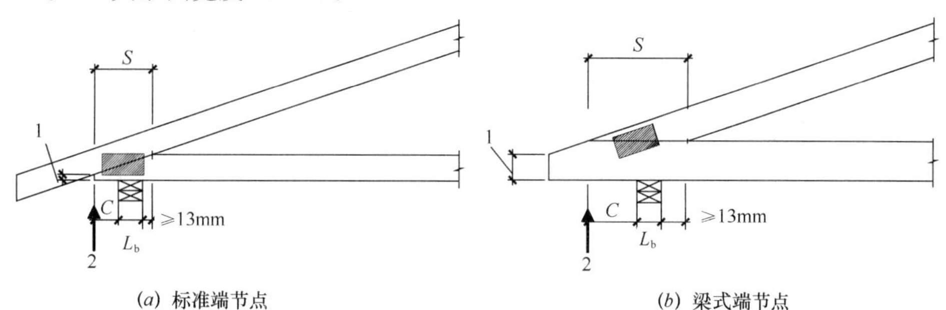

图 11.6.20　无楔块桁架悬臂部分示意图

1—下弦端部切割后剩余高度；2—计算支点

（3）对于有加强楔块的短悬臂（图11.6.21），最大悬臂长度C和楔块最小长度S_2应按下式计算：

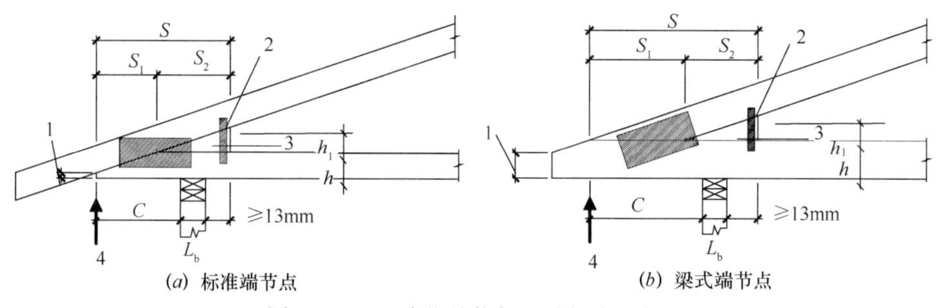

图 11.6.21　有楔块桁架悬臂部分示意图

1—下弦端部切割后剩余高度；2—系板；3—加强楔块；4—计算支点

$$C = S_1 + 89 \quad (11.6.4)$$

$$S_2 = L_b + 100 \quad (11.6.5)$$

式中：S_1——上、下弦杆相接触面水平投影长度（mm）；

L_b——支承面宽度（mm）。

（4）对于有加强杆件的短悬臂（图 11.6.22），最大悬臂长度 C 应按下式计算：

$$C = S_1 + S_2 - (L_b + 13) \quad (11.6.6)$$

式中：S_1——上、下弦杆相接触面水平投影长度（mm）；

S_2——加强杆件与上或下弦杆相接触面水平投影长度（mm）；

L_b——支承面宽度（mm）。

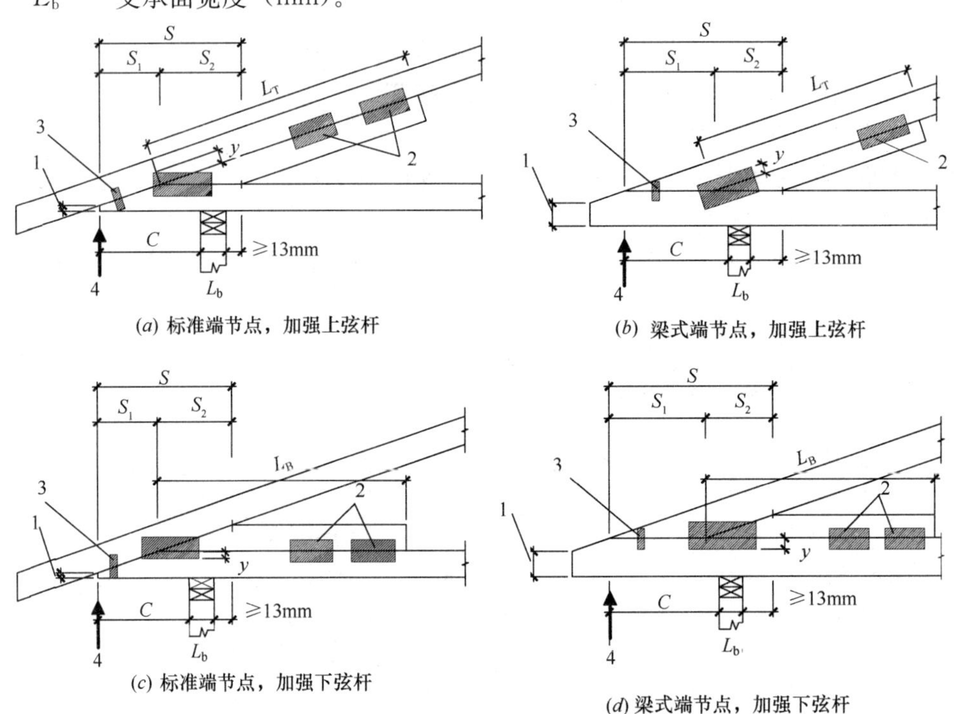

图 11.6.22　有加强杆件的桁架悬臂部分示意图

1—下弦端部切割后剩余高度；2—系板；3—附加系板；4—计算支点

（5）有加强杆件的短悬臂桁架设计时应符合下列要求：

1）加强杆件的最大截面不应大于 40mm×185mm。

2）上弦加强杆长度 L_T 不应小于端节间上弦杆长度的 1/2，下弦加强杆长度 L_B 不应小于端节间下弦杆长度的 2/3。

3）连接加强杆件和弦杆的齿板应能保证将作用在弦杆上的荷载传递到加强杆件。当加强杆件和弦杆只用一块齿板连接时，应采用 1.2 倍的弦杆内力设计该齿板。

4）桁架支座端节点考虑加强构件的作用时，该节点上的齿板在需要加强的弦杆上的连接宽度 y 应不小于 25mm。

5）上下弦杆交接面过长时宜设置附加系板（图 11.6.22）。

11.6.5　临时支撑和永久支撑

为了保证轻型桁架的平面外稳定，防止桁架失稳，应在轻型木桁架的施工和使用期间适当设置临时支撑和永久支撑。

1. 临时支撑

桁架在就位过程中必须及时安装临时支撑，以保证桁架能承受自重以及施工荷载。第一榀桁架的临时支撑十分重要，可以作为后续桁架的临时支撑。第一榀桁架的临时支撑可以由一榀或多榀侧立的构架组成，并与地坪有可靠连接，确保水平力能有效传递到地坪，如图 11.6.23 所示。若吊装设备允许，也可将几榀桁架和其支撑全部拼装好后起吊就位，由它们为后续桁架提供临时支撑。

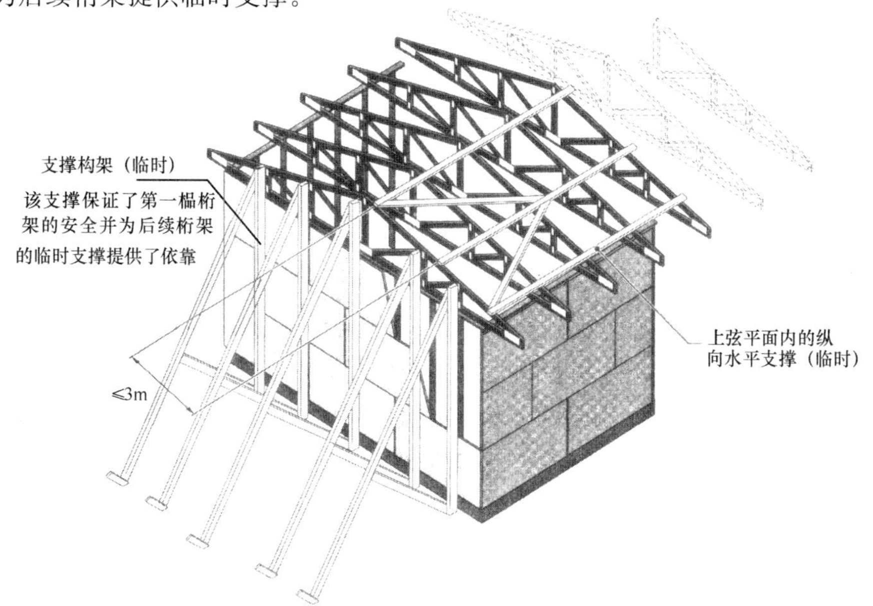

图 11.6.23　临时支撑与永久支撑（一）

桁架上弦和下弦间的临时纵向水平支撑能避免桁架弦杆屈曲，桁架间的临时纵向垂直交叉支撑能避免桁架的倾覆。有了这些临时支撑的桁架才能形成轻型桁架的整体及局部稳定（图 11.6.23 与图 11.6.24）。

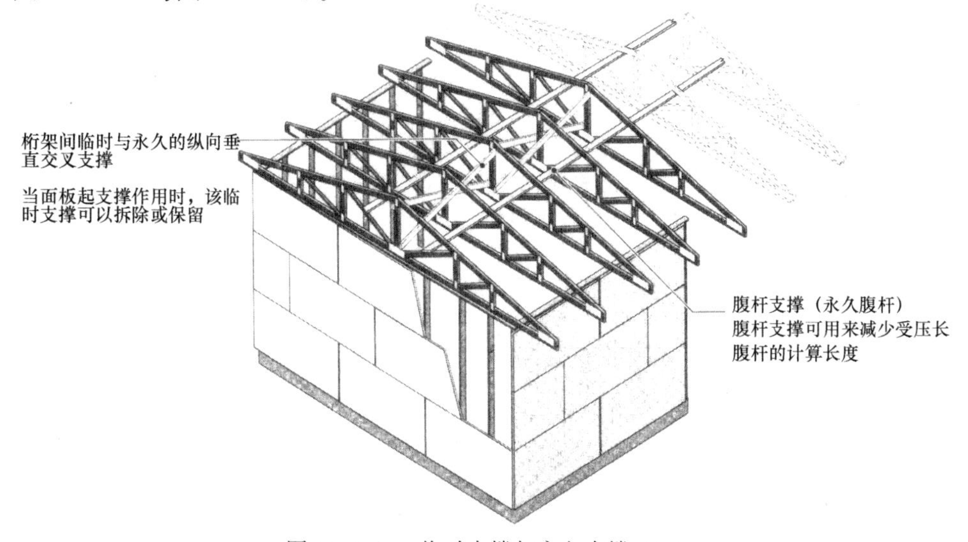

图 11.6.24　临时支撑与永久支撑（二）

桁架纵向支撑（临时檩条）的间距为1.8m～3m。当桁架的跨度较大时，应采用较小的桁架纵向支撑间距。

当桁架间距不大于600mm时，临时纵向垂直交叉支撑的截面尺寸可为20mm×90mm，在交叉处用2枚65mm的钉钉接。当桁架间距大于600mm时，临时纵向垂直交叉支撑的截面尺寸应不小于40mm×90mm，在交叉处至少用2枚75mm的钉钉接。

在施工过程中应控制轻型桁架上临时堆放的建筑材料数量，以避免它们所产生的荷载超过轻型桁架的设计承载力。

2. 永久支撑

永久支撑应在施工图上标明，施工时应准确安装设计图中标明的所有永久支撑。

桁架的永久支撑主要有以下4种：

（1）纵向垂直交叉支撑

应在桁架间下弦端部设置纵向垂直交叉支撑以保持桁架的整齐排列以及将作用在屋盖上的水平荷载传递至支承墙体。桁架间的纵向垂直交叉支撑的布置如图11.6.24所示。

当屋盖与吊顶有面板时，对于跨度小于或等于12m的坡面桁架，无需采用永久纵向垂直交叉支撑。

（2）腹杆支撑

桁架受压腹杆的纵向支撑布置如图11.6.24所示。有了这些支撑的受压腹杆能承受的荷载要比没有支撑的受压腹杆大得多。

屋面均布荷载可能会使桁架中受压腹杆产生压屈，从而造成由纵向支撑拉结的所有桁架腹杆向同一方向侧移。为保证桁架受压腹杆纵向支撑的稳定，应在建筑物长度方向每隔一定间距布置纵向垂直交叉支撑，将腹杆支撑和屋盖或吊顶连接起来。

（3）桁架上弦平面内的纵向水平支撑

应在桁架上弦平面内设置纵向水平支撑，以避免桁架上弦的侧向移动（图11.6.25）。当屋盖有面板时，可不设置上弦纵向水平支撑。

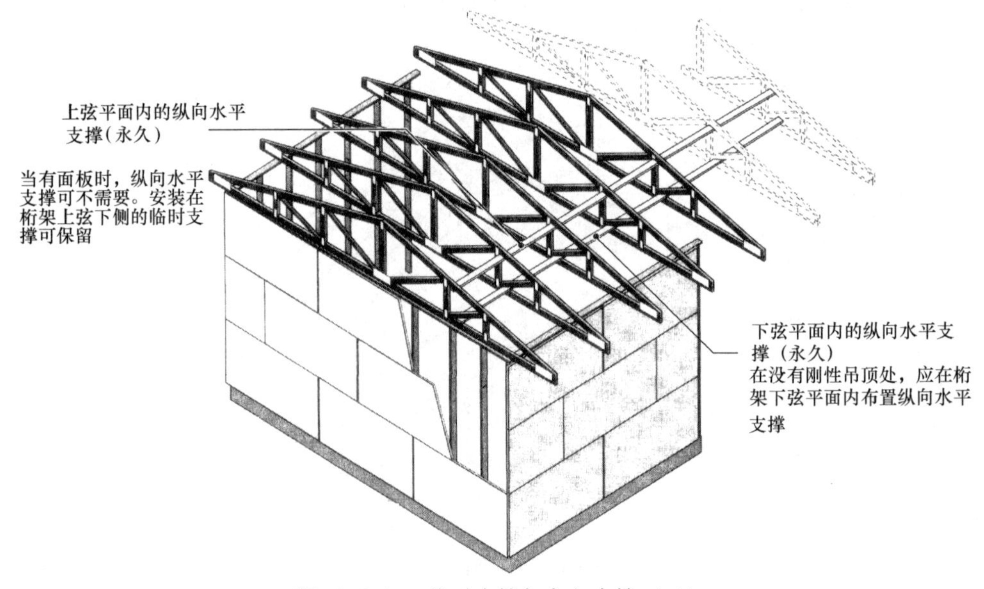

图11.6.25 临时支撑与永久支撑（三）

（4）桁架下弦平面内的纵向水平支撑

当没有吊顶时，应在桁架下弦平面内设置纵向水平支撑，将作用在屋盖上的水平荷载传递至支承墙体（图 11.6.25）。这些支撑也可作为桁架下弦杆的侧向支座，帮助下弦杆抵抗由于风的上拔力或楼盖不均匀荷载所引起的反向弯矩。

11.7 构 造 要 求

轻型木结构建筑中用于组成梁、柱、墙体、楼盖和屋盖的结构构件和连接应满足本节中的构造要求。

11.7.1 墙体骨架

墙体骨架由墙骨柱、顶梁板、底梁板以及承受开孔洞口上部荷载的过梁组成（图 11.7.1）。图 11.7.1 中构件连接的构造要求见表 11.7.1。

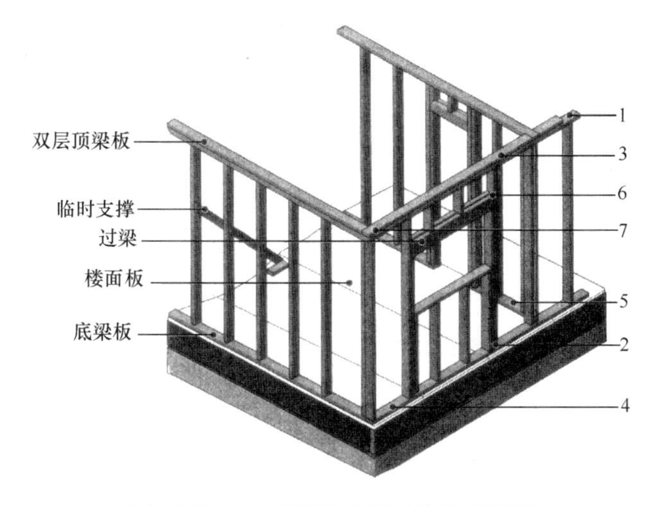

图 11.7.1 典型墙体骨架的构造示意图

墙体骨架各构件之间钉连接构造要求 **表 11.7.1**

连接构件名称		钉连接要求
1	墙骨柱与墙体顶梁板及底梁板采用斜向钉连接或垂直钉连接	4 枚长 60mm 或 2 枚长 80mm 圆钉
2	开孔两侧双根墙骨柱或在墙体交接或转角处的墙骨柱	中心距 750mm 长 80mm 圆钉
3	双层顶梁板	中心距 600mm 长 80mm 圆钉
4	墙体底梁板或地梁板与搁栅或封头块（用于外墙）	中心距 400mm 长 80mm 圆钉
5	内隔墙与骨架或楼面板	中心距 600mm 长 80mm 圆钉
6	过梁和墙骨柱	每端 2 枚长 80mm 圆钉
7	墙体相交处搭接的顶梁板	2 枚长 80mm 圆钉

1. 墙骨柱

墙骨柱通常由 40mm×90mm 或 40mm×140mm 的规格材组成。承重墙的墙骨柱目测

等级应不小于 V_c，非承重墙的墙骨柱可用任何目测等级的规格材制作。墙骨柱间距不应超过 600mm。墙骨柱的尺寸应通过计算来确定。

除了在开孔处墙骨柱截短以支承过梁外，墙骨柱在楼层内应连续。指接规格材可用作墙骨柱，但用连接板拼接的规格材不得用作墙骨柱。

墙骨柱截面的长边一般应与墙面板垂直。墙骨柱截面的长边与墙面板平行时，该墙仅可用于无阁楼的屋顶山墙部分或非承重内墙。所有承重墙的墙骨柱至少应有一侧有墙面板。

当梁搁置在墙骨柱顶上时，梁的正下方应有用墙骨柱组成的组合柱，且该组合柱应根据所受荷载来设计（图 11.7.2）。若梁降至墙中即顶梁板以下时，墙骨柱可按图 11.7.2(*b*) 所示制作。

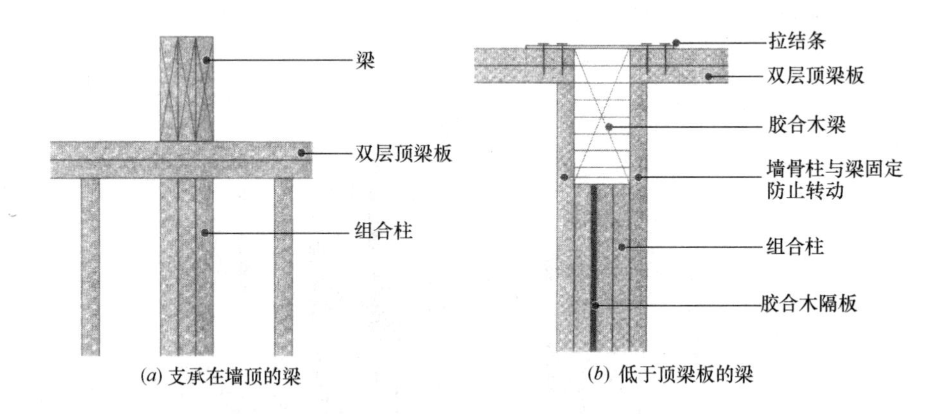

图 11.7.2　墙骨架中的组合柱

2. 顶梁板与底梁板

顶梁板与底梁板的规格材尺寸与等级通常和墙骨柱的规格材尺寸与等级相同。考虑搁栅或桁架和墙骨柱可能对中不准，在承重墙中通常应用双层顶梁板。在隔墙中可采用单层顶梁板。所有承重墙和非承重墙都采用单层底梁板。

底梁板或地梁板凸出支座部分不应超过板宽的 1/3（图 11.7.3）。在承重墙中，双层顶梁板的接头应错开至少一个墙骨柱间距（图 11.7.4）。在墙体相交与转角处的顶梁板应搭接和钉接。隔墙的单层顶梁板也应与承重墙充分拉结（图 11.7.5）。

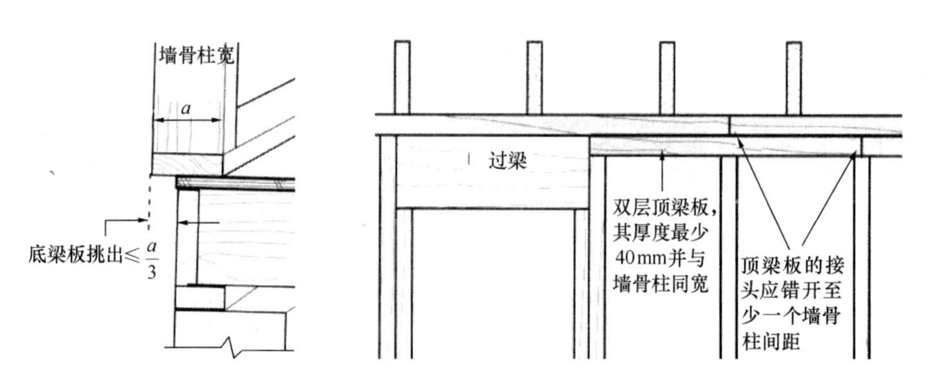

图 11.7.3　底梁板的挑出

图 11.7.4　顶梁板或底梁板的构造要求

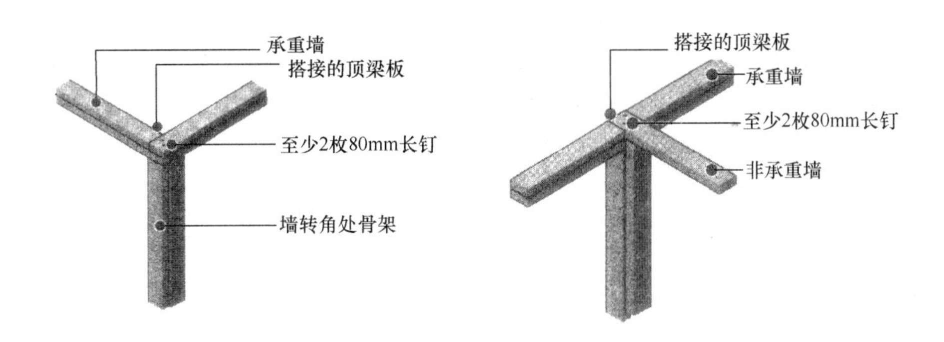

图 11.7.5 墙体顶梁板的拉结

注：可用 75mm× 150mm×0.9mm 镀锌薄钢板将墙体拉结，钢板与每片墙体用 3 枚 60mm 长的圆钉钉接。

3. 外墙转角处和墙体相交处的墙骨柱

位于外墙转角处和墙体相交处的墙骨柱应为该处墙面板的垂直边缘提供充分的支承，并为相邻墙体间提供良好拉结（图 11.7.6）。

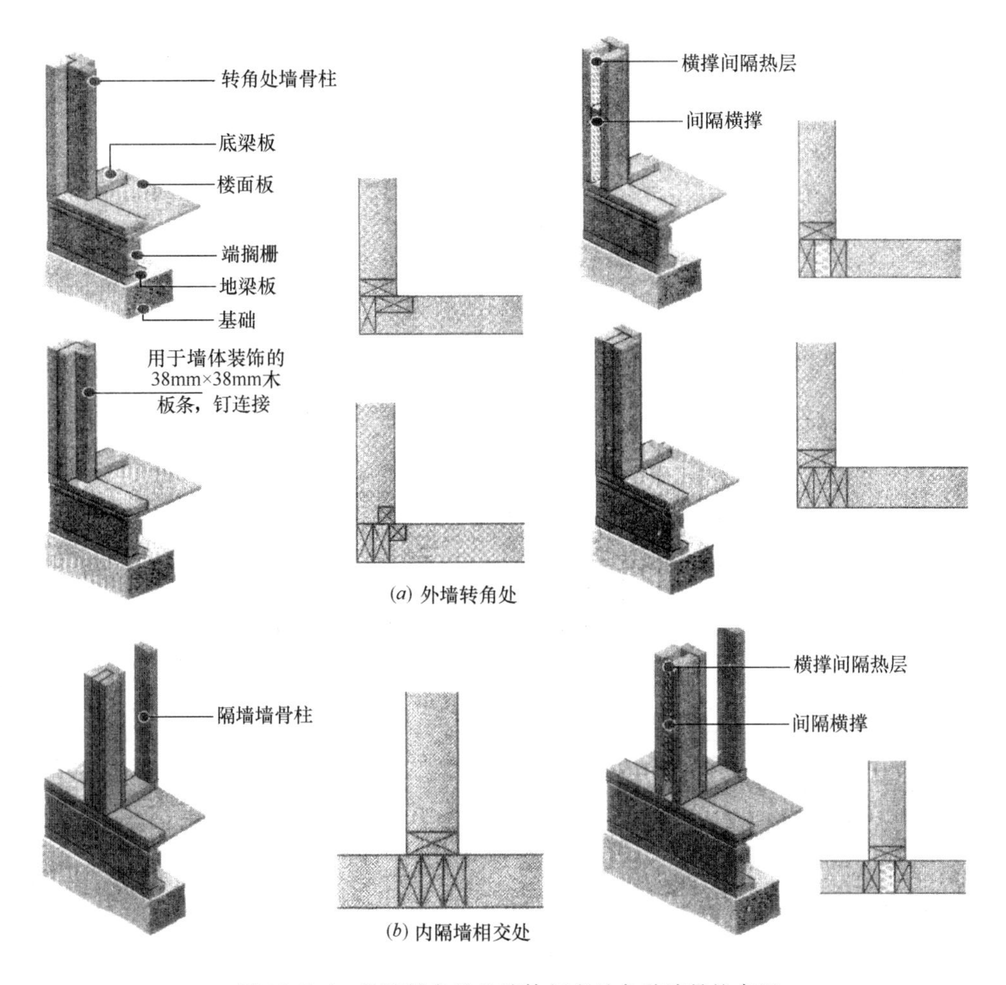

图 11.7.6 外墙转角处及墙体相交处各种墙骨柱布置

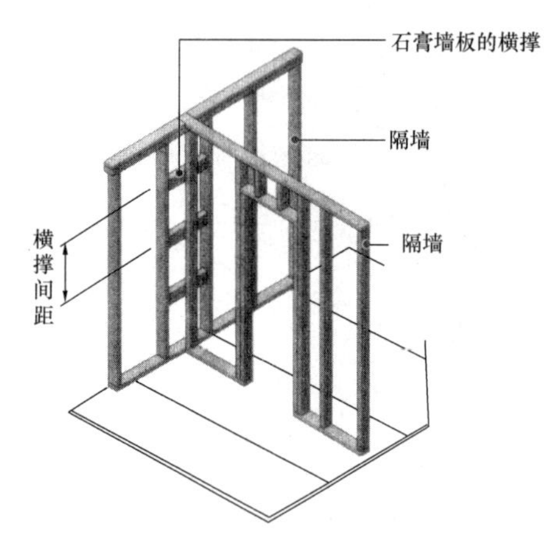

图 11.7.7　隔墙相交处石膏墙板的支承

在隔墙相交处，墙骨柱间的横撑也可为石膏墙板边缘提供支承（图 11.7.7）。如果墙面石膏板厚为 12.5mm，横撑间距为 600mm；如果墙面石膏板厚为 9.5mm，横撑间距为 400mm。

4. 墙体开孔处的骨架

承重墙中开孔尺寸大于墙骨柱间距时应采用过梁，过梁要通过结构设计确定。

开孔两侧至少应采用双根墙骨柱。内侧墙骨柱长度为过梁至底梁板，外侧墙骨柱长度为顶梁板至底梁板（图 11.7.8）。当过梁由两根或两根以上杆件制成时，杆件应用两排中心距 450mm、长 80mm 的圆钉钉接在一起；过梁杆件之间可用隔片分开，以使得过梁宽度与墙骨柱宽度一致。

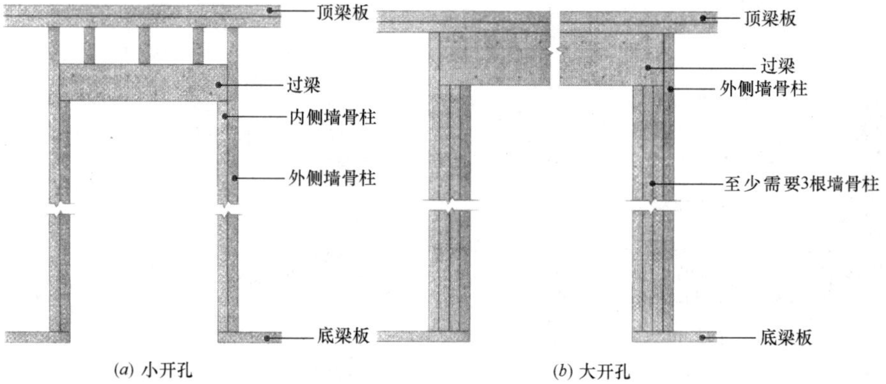

顶梁板　过梁　内侧墙骨柱　外侧墙骨柱　底梁板

(*a*) 小开孔

顶梁板　过梁　外侧墙骨柱　至少需要3根墙骨柱　底梁板

(*b*) 大开孔

图 11.7.8　开孔洞口上的过梁支承构造示意图

当开孔宽度小于墙骨柱间距并位于相邻墙骨柱间时，开孔两侧可采用单根墙骨柱。相邻墙骨柱间不应同时开有宽度等于墙骨柱间距的孔洞（图 11.7.9）。

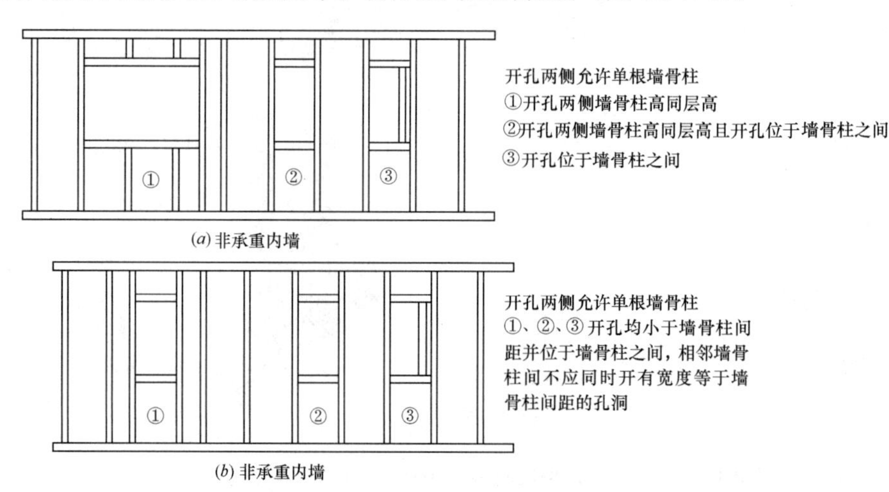

图 11.7.9　开孔洞口上无过梁墙体的墙骨柱构造示意图

过梁应和邻近墙体拉结，可以通过在过梁上采用连续顶梁板来满足。当过梁与墙顶平齐时，则采用木板或薄钢带将过梁与墙拉结（图 11.7.10）。

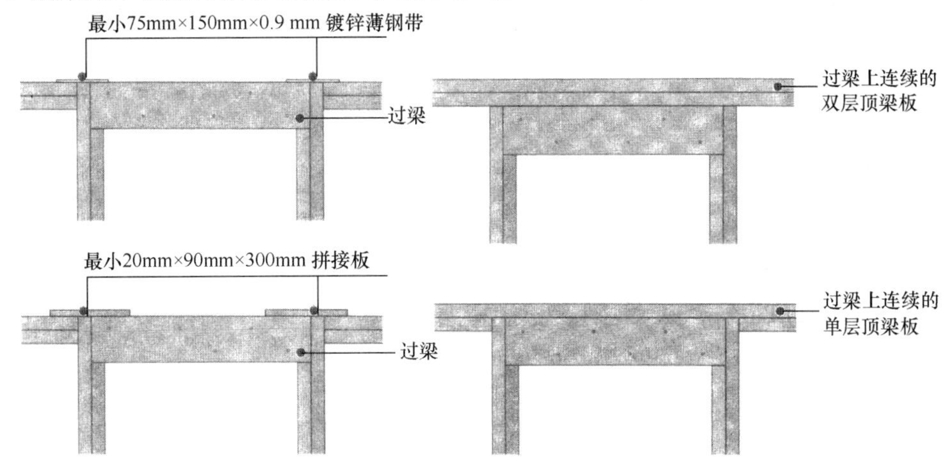

图 11.7.10 过梁与墙体的拉结方法

（拼接板或薄钢带每侧至少用 3 枚 63mm 长的钉固定）

5. 墙骨柱、顶梁板或底梁板中的开孔

承重墙墙骨柱开孔后，孔洞处的剩余截面高度不应小于截面高度的 2/3，非承重墙不应小于 40mm（图 11.7.11）。

顶梁板或底梁板开孔后的剩余截面高度不应小于 50mm，如果超过此限值，顶梁板应加强（图 11.7.12）。

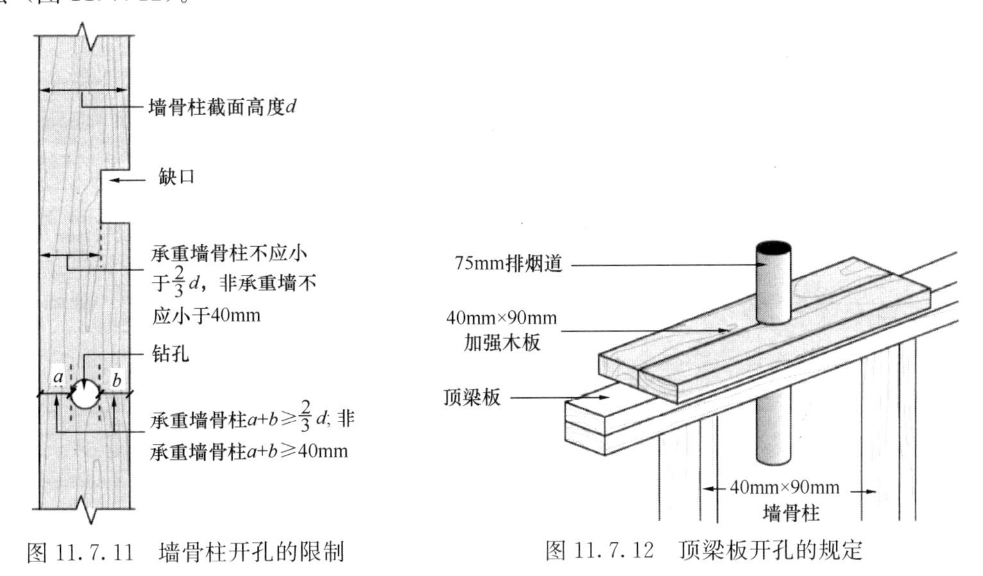

图 11.7.11 墙骨柱开孔的限制

图 11.7.12 顶梁板开孔的规定

6. 墙面板

外墙的外侧面板应采用木基结构板材。外墙的内侧面板和内墙面板可采用石膏墙板，石膏墙板燃烧性能和墙体的耐火极限应满足《木结构设计标准》GB 50005—2017 中表 R.0.1 的要求。墙面板的最小厚度应满足表 11.7.2 的要求。

最小墙面板厚度　　表 11.7.2

墙面板材料	最小墙面板厚度（mm）	
	墙骨柱间距 400mm	墙骨柱间距 600mm
木基结构板材	9	11
石膏墙板	9	12

木基结构板材可以竖向或水平方向布置并和木构架钉接。面板尺寸不应小于 1.2m×2.4m，在靠近面板交界、开孔以及骨架发生变化处允许采用宽度不小于 300mm 的窄板，但不得多于两块。考虑到面板可能的膨胀，在同一根墙骨柱上对接的面板在安装时应留有 3mm 的缝隙。

当墙体两侧均有面板，且每侧面板边缘钉间距小于 150mm 时，为了防止钉接劈裂 40mm 宽的墙骨柱，墙体两侧面板的接缝应互相错开以避免在同一根墙骨柱上钉接。当墙骨柱的宽度大于 65mm 时，墙体两侧面板的拼接可在同一根墙骨柱上，但钉应交错布置。

7. 剪力墙

当剪力墙需要设置抗拔紧固件时，图 11.7.13 为常用的抗拔紧固件。由螺栓或螺钉连接钢托架和剪力墙边界杆件，并由锚固螺栓或钢杆连接钢托架和地基或下部结构。

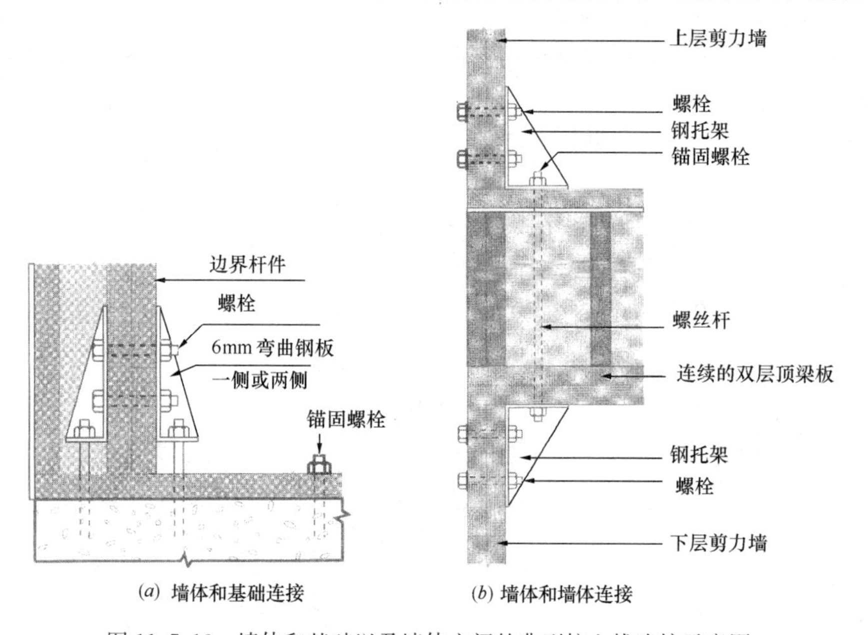

(a) 墙体和基础连接　　(b) 墙体和墙体连接

图 11.7.13　墙体和基础以及墙体之间的典型抗上拔连接示意图

抵抗平面内水平荷载的剪力墙墙体应符合下列构造要求：

（1）剪力墙骨架构件和楼、屋盖构件的宽度不得小于 40mm，最大间距为 600mm。

（2）剪力墙相邻面板的接缝应位于骨架构件上，面板可水平或竖向铺设，面板之间应留有不小于 3mm 的缝隙。

（3）木基结构板材的尺寸不得小于 1.2m×2.4m，在剪力墙边界或开孔处，允许使用宽度不小于 300mm 的窄板，但不得多于两块；当结构板的宽度小于 300mm 时，应加设填块固定。

(4) 经常处于潮湿环境条件下的钉应有防护涂层。

(5) 钉距每块面板边缘不得小于 10mm，中间支座上钉的间距不得大于 300mm，钉应牢固地打入骨架构件中，钉面应与板面齐平。

(6) 当墙体两侧均有面板，且每侧面板边缘钉间距小于 150mm 时，墙体两侧面板的接缝应互相错开，避免在同一根骨架构件上。当骨架构件的宽度大于 65mm 时，墙体两侧面板拼缝可在同一根构件上，但钉应交错布置。

剪力墙应与楼盖和屋盖可靠连接以传递水平荷载。当剪力墙直接搁置在基础墙上时，水平荷载的传递可通过锚固螺栓来完成。在多层建筑中，当剪力墙搁置在木楼盖上时，水平荷载的传递可通过剪力墙的底梁板与木楼盖中的搁栅钉连接来完成。搁栅和下层剪力墙的连接可采用本手册图 11.3.6 所示的斜向钉连接或用连接件连接。

11.7.2 楼盖

轻型木结构的楼盖由间距不大于 600mm 的楼盖搁栅、采用木基结构板材的楼面板和采用木基结构板材或石膏板的顶棚组成。底层楼盖周边由建筑物的基础墙支承，楼盖跨中由梁或柱支承（图 11.7.14）。承重木墙、砌体或混凝土墙体也可作为楼盖搁栅的跨中支承。二层以上楼盖搁栅周边通常由木墙或砌体墙支承，中间由承重木墙支承。图 11.7.14 中构件连接的构造要求见表 11.7.3。

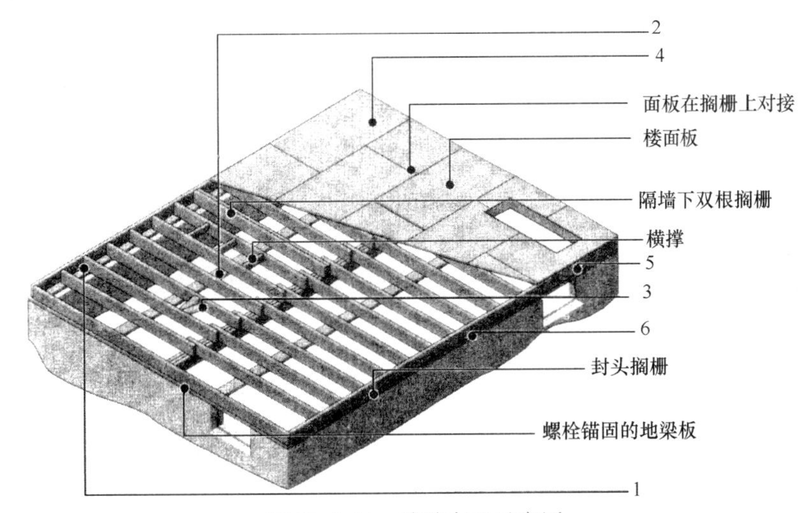

图 11.7.14 楼盖布置示意图

楼盖各构件之间钉连接构造要求 表 11.7.3

	连接构件名称	钉连接要求
1	楼盖搁栅和墙体顶梁板或底板梁板——斜向钉连接	2 枚长 80mm 圆钉
2	楼盖搁栅木底撑或扁钢底撑和楼盖搁栅底部的连接	2 枚长 60mm 圆钉
3	搁栅间剪刀撑和楼盖搁栅的连接	每端 2 枚长 60mm 圆钉
4	木基结构板材楼面板（<20mm 厚）和楼盖搁栅的连接	普通钉、麻花钉或螺纹圆钉，面板边缘 150mm，中间支座 300mm
5	封头搁栅和楼盖搁栅的连接	3 枚长 82mm 圆钉
6	边框梁或封边板和墙体顶梁板或底板梁的连接——斜向钉连接	长 82mm 圆钉，间距 600mm

1. 木搁栅

搁栅中心间距通常为300mm或400mm。当房屋净跨度较大，常用规格材截面不能满足承重要求时，也可用平行弦木桁架或工字形木搁栅来代替规格材木搁栅。

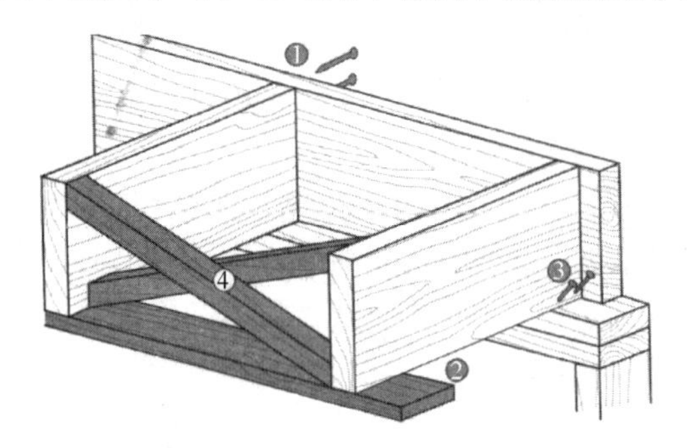

图11.7.15　限制搁栅扭曲的构造示意

1—直钉连接；2—钉板条；3—斜钉连接；4—剪力撑

楼盖搁栅的支承长度不应小于40mm。支座处应有阻止搁栅扭曲的约束。楼盖搁栅底面的木板条或吊顶可以提供足够的阻止楼盖搁栅扭曲的约束，若楼盖搁栅底面没有设置木板条或顶棚，则应在楼盖搁栅之间每隔2.1m安装剪刀撑、板条或横撑。

当楼盖搁栅下部没有设置顶棚板条或顶棚面板时，限制搁栅扭转的方法有以下几种（图11.7.15）：

（1）搁栅与封头板采用垂直钉连接，或搁栅与支座采用斜向钉连接；

（2）搁栅支座附近采用连续钉板条将搁栅固定在其下边的支座处，板条的尺寸应不小于20mm×65mm；

（3）搁栅支座附近采用实心木横撑，横撑宽度为40mm；

（4）搁栅支座附近采用剪刀撑，剪刀撑的截面尺寸应为20mm×65mm或40mm×40mm。

2. 搁栅与基础的连接

图11.7.16为搁栅与基础连接的典型节点详图。搁栅与地梁板斜向钉连接，地梁板用中心距不超过2m、直径不小于12mm的锚固螺栓固定在基础墙上，螺栓端距为100mm～300mm。锚固螺栓或其他类型的抗倾覆螺栓应准确地预埋（埋入长度不小于300mm）在混凝土基础内。封头搁栅与地梁板用中心距600mm、长80mm的圆钉斜向钉连接，与搁栅用2枚长80mm的圆钉端部钉连接。

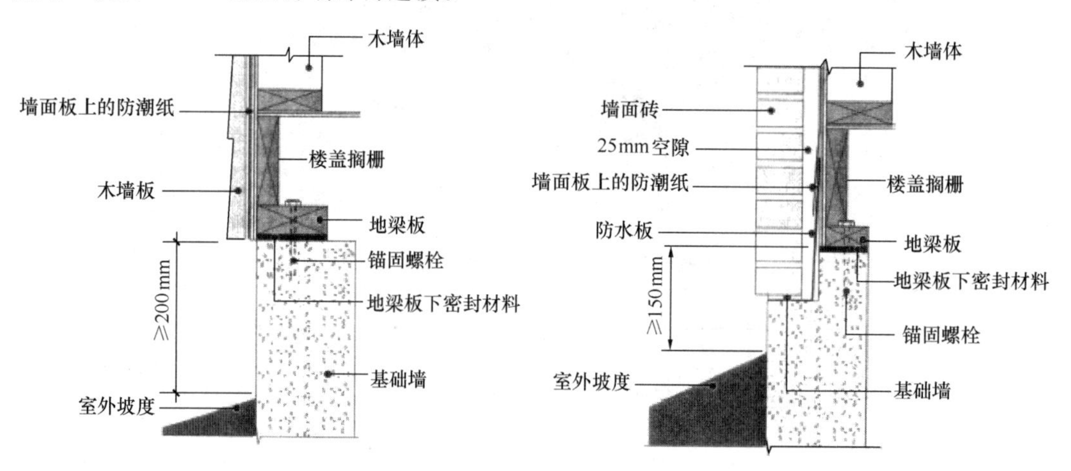

图11.7.16　基础与楼盖连接详图

当地梁板与地坪之间的距离小于150mm时，地梁板与混凝土之间需进行防潮处理（外墙板与地坪距离不应小于200mm）。

3. 搁栅与梁的连接

搁栅支承在木梁顶上，也可以用搁栅吊将搁栅安装在梁的侧面（图 11.7.17）。若搁栅支承在梁顶上时，搁栅必须和梁搭接，搁栅端部的约束通过 2 枚 80mm 长的圆钉将每根搁栅端部与木梁斜向钉连接来实现。这种连接同时也给木梁提供了必要的侧向支撑。

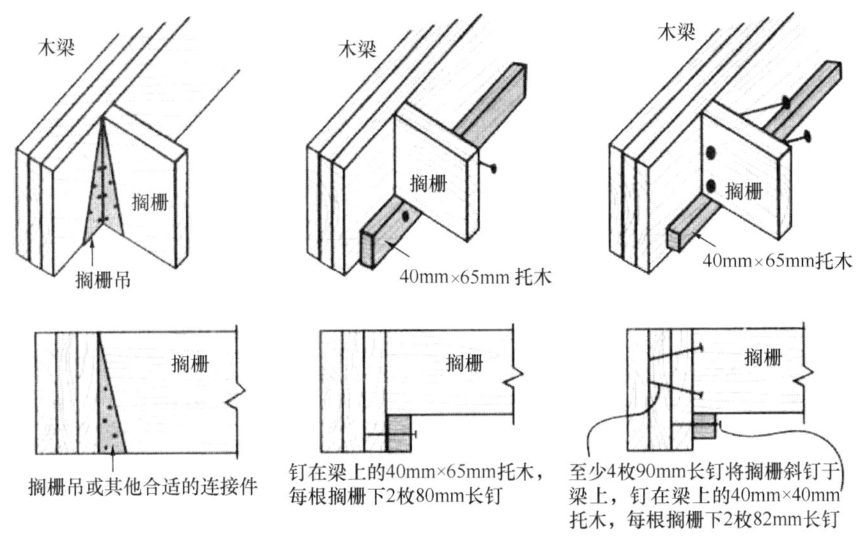

图 11.7.17 搁栅与木梁的连接

搁栅支承在钢梁上时，可以搁置在钢梁顶或搁置在钢梁下翼缘上。若搁栅搁置在钢梁顶时，为满足钢梁的侧向支撑，应用 20mm×40mm 的板条紧贴钢梁上翼缘和搁栅钉接（图 11.7.18）。若搁栅搁置在钢梁下翼缘上时，搁栅被钢梁一分为二，此时用 40mm×40mm 的连接板将分开的搁栅相互连接，该连接板也可为楼面板提供支承（图 11.7.19*a*、图 11.7.19*b*）。为预防收缩，钢梁翼缘和连接板之间应预留 12mm 的缝隙。

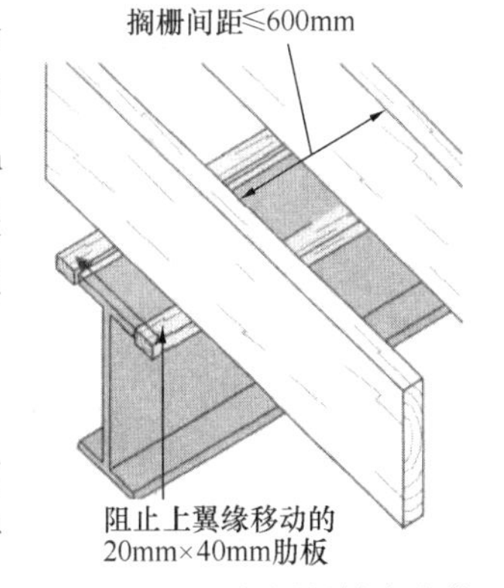

图 11.7.18 钢梁的横向支撑

4. 墙的支承

与楼盖搁栅平行的非承重墙应由双搁栅或相邻搁栅间的横撑来支承。横撑的截面应为 40mm×90mm，间距不大于 1.2m，且支承横撑的搁栅其间距不大于 200mm。

平行于楼盖搁栅的承重内墙应支承在具有足够承载力的梁或墙上。

垂直于楼盖搁栅的承重内墙，该墙不支承楼盖搁栅时，与支承楼盖搁栅的承重墙或梁的间距不得大于 900mm；该墙支承一层或一层以上楼盖搁栅时，与支承楼盖搁栅的承重墙或梁的间距不得大于 600mm（图 11.7.20）。

5. 楼盖开孔

在楼盖上较大开孔的周边（图 11.7.21），如果封头搁栅长度大于 0.8m，则支承封头搁栅的封边搁栅应用两根。封头搁栅的长度超过 1.2m 时也应用两根封边搁栅。当封头搁栅长度超过 3.2m 时其尺寸应由结构计算确定。当封头搁栅长度超过 2m 时，封边搁栅的尺寸也应由结构计算确定。图 11.7.21 中构件连接的构造要求见表 11.7.4。

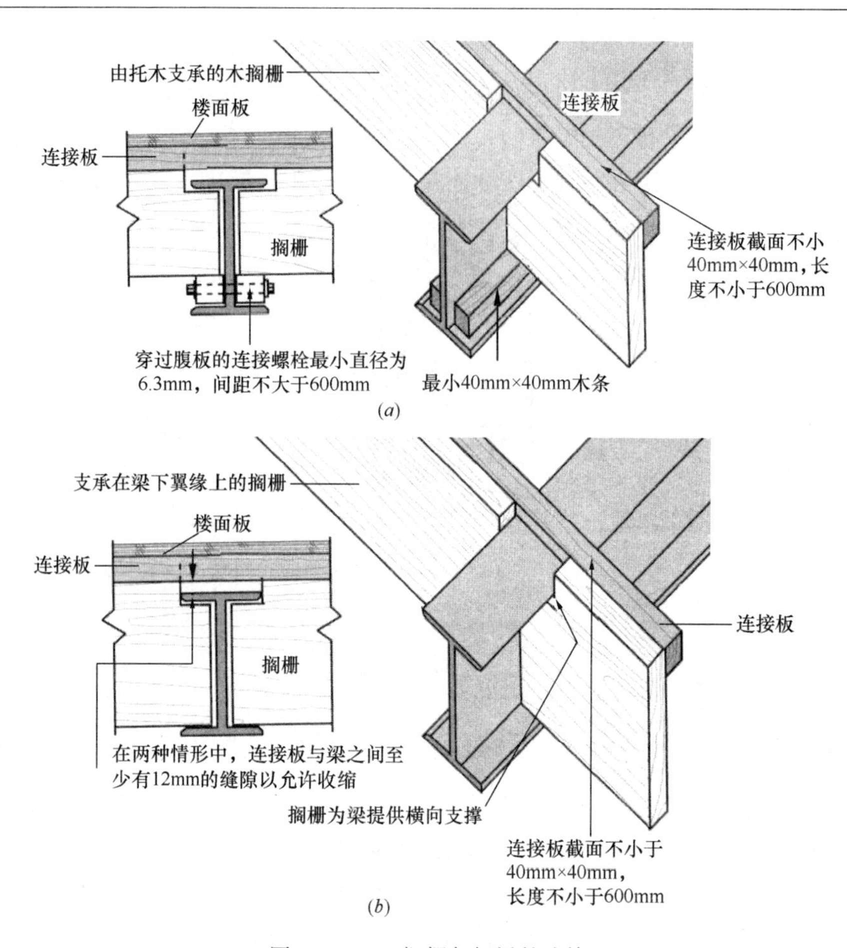

图 11.7.19　搁栅与钢梁的连接

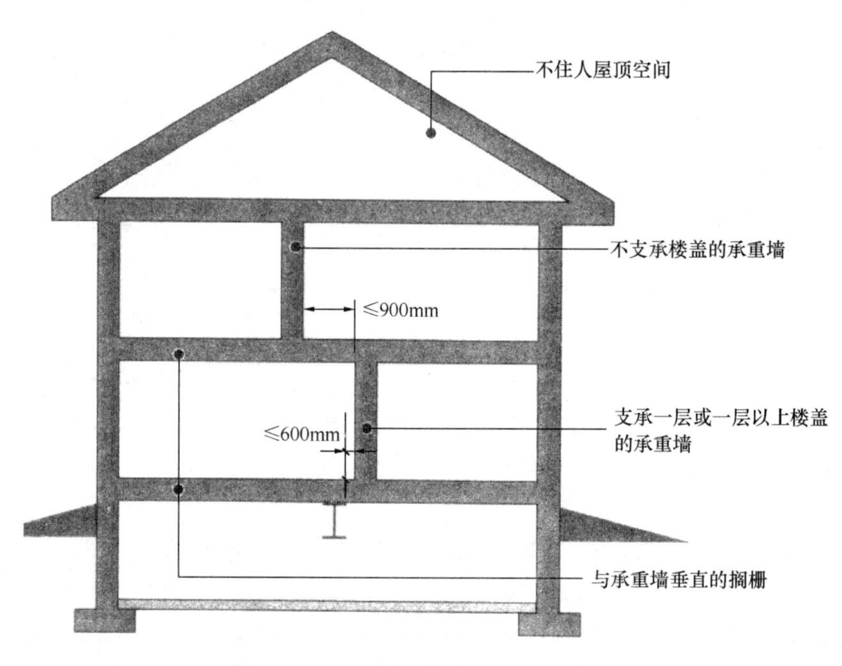

图 11.7.20　垂直于搁栅的承重墙位置

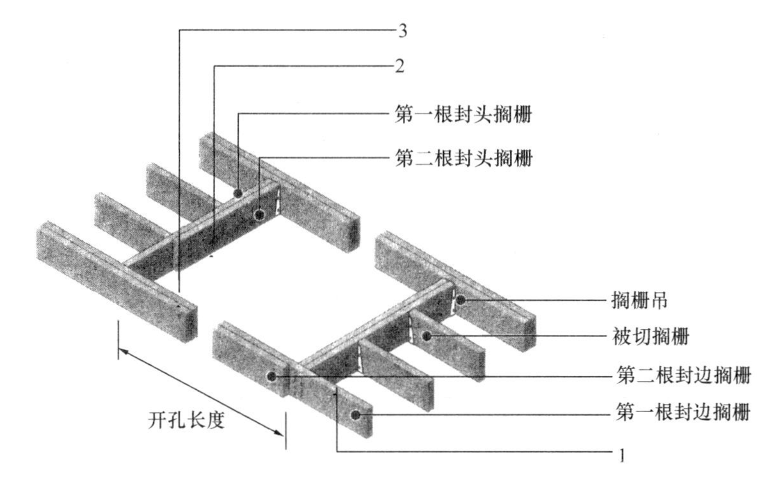

图 11.7.21 开孔周边搁栅布置示意图

开孔周边搁栅的钉连接构造要求 表 11.7.4

连接构件名称		钉连接要求
1	开孔处每根封头搁栅端和封边搁栅的连接（垂直钉连接）	5 枚长 80mm 圆钉或 3 枚长 100mm 圆钉
2	被切搁栅和开孔封头搁栅（垂直钉连接）	5 枚长 82mm 圆钉或 3 枚长 100mm 圆钉
3	开孔周边双层封边梁和双层封头搁栅	长 80mm 圆钉，中心距 300mm

6. 悬挑搁栅

悬挑出外墙的楼盖搁栅为上层房间提供了使用空间（图 11.7.22）。承受屋盖荷载的楼盖搁栅当其截面尺寸为 40mm×185mm 时悬挑长度不能超过 400mm，当其截面为 40mm×235mm 时悬挑长度不能超过 600mm。承受屋盖与楼盖荷载的悬臂搁栅必须根据《木结构设计标准》GB 50005—2017 进行结构设计。

当悬挑搁栅与楼盖搁栅中的主搁栅垂直时，室内搁栅长度至少应为悬挑搁栅长度的 6 倍。每根带有悬挑的楼盖搁栅应用 5 枚 80mm 长的圆钉或 3 枚 100mm 长的圆钉与双根封头搁栅连接。双根封头搁栅应用中心距 300mm、长 80mm 的圆钉钉接在一起。用搁栅吊可为楼盖搁栅提供更好的连接。楼盖搁栅也可以使用锚固连接。除经过计算允许，悬挑不应承受其他层传来的楼盖荷载。

7. 搁栅开孔及缺口限制

屋盖、楼盖与顶棚搁栅的开孔不得大于搁栅高度的 1/4，且离边缘的距离应大于 50mm（图 11.7.23）。

搁栅上边缘允许开缺口，但缺口深度不得大于搁栅高度的 1/3，离支座边缘的距离不得大于搁栅高度的 1/2。

如果搁栅的高度随孔径的增大而增大，则搁栅上边缘的孔径可以增大，同时距支座边缘的距离也可以增大。搁栅底部不得开口。

8. 楼面板

楼面板通常由木基结构板材组成，板材铺设时其表面木纹应与楼盖搁栅垂直。面板接缝应相互错开，沿面板边缘应用间距为 150mm 长 50mm 的普通圆钉或麻花钉或者长

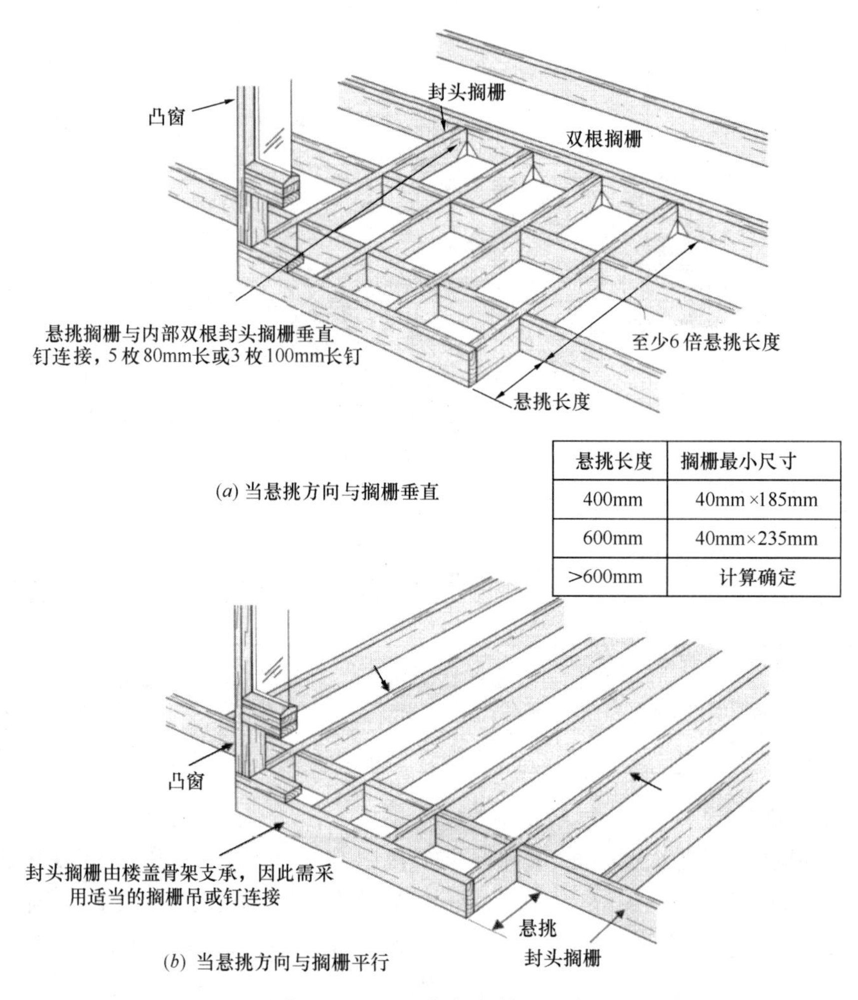

悬挑长度	搁栅最小尺寸
400mm	40mm×185mm
600mm	40mm×235mm
>600mm	计算确定

(*a*) 当悬挑方向与搁栅垂直

(*b*) 当悬挑方向与搁栅平行

图 11.7.22　悬挑搁栅构造示意

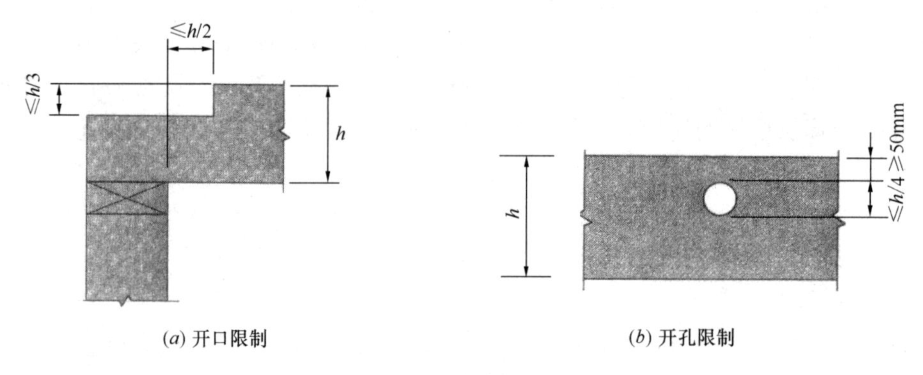

(*a*) 开口限制　　(*b*) 开孔限制

图 11.7.23　搁栅中的开孔

45mm 的螺旋圆钉钉接，面板内部的钉间距为 300mm。

楼面板的边缘应有支承，该支承可采用企口板或采用与搁栅钉接的 40mm×40mm 的木横撑。对接的楼面板在安装时应留有缝隙以考虑面板可能的膨胀。楼面板的最小厚度见表 11.7.5。

楼面板厚度及允许楼面活荷载标准值 表 11.7.5

最大搁栅间距(mm)	木基结构板材的最小厚度(mm)	
	$Q_k \leqslant 2.5$kPa	$Q_k \leqslant 5$kPa
400	15	15
500	15	18
600	18	22

11.7.3 屋盖

轻型木结构的屋盖，可采用由结构规格材制作的、间距不大于600mm的轻型桁架；跨度较小时，也可直接由屋脊板（或屋脊梁）、椽条和顶棚搁栅等构成。传统的屋盖由支承在梁与承重墙上的椽条系统组成；或者由支承在外墙上的椽条系统组成，支承墙的侧向约束由椽条连杆、矮墙或斜撑提供。

1. 椽条与搁栅

椽条、屋盖和顶棚搁栅在其跨内应连续。若采用连接板，则连接板应位于竖向支座上并有适当的支承。

当屋面坡度为1∶3或更大时可采用椽条连杆系统（图11.7.24）。在屋脊与屋檐处椽条切割成所需长度和角度。椽条在承重墙处开缺口并可悬挑出墙，或者与墙平齐。如需要，可在椽条端部外加挑板以提供悬挑（图11.7.25）。椽条的支承长度不应小于40mm。图11.7.24中构件连接的构造要求见表11.7.6。

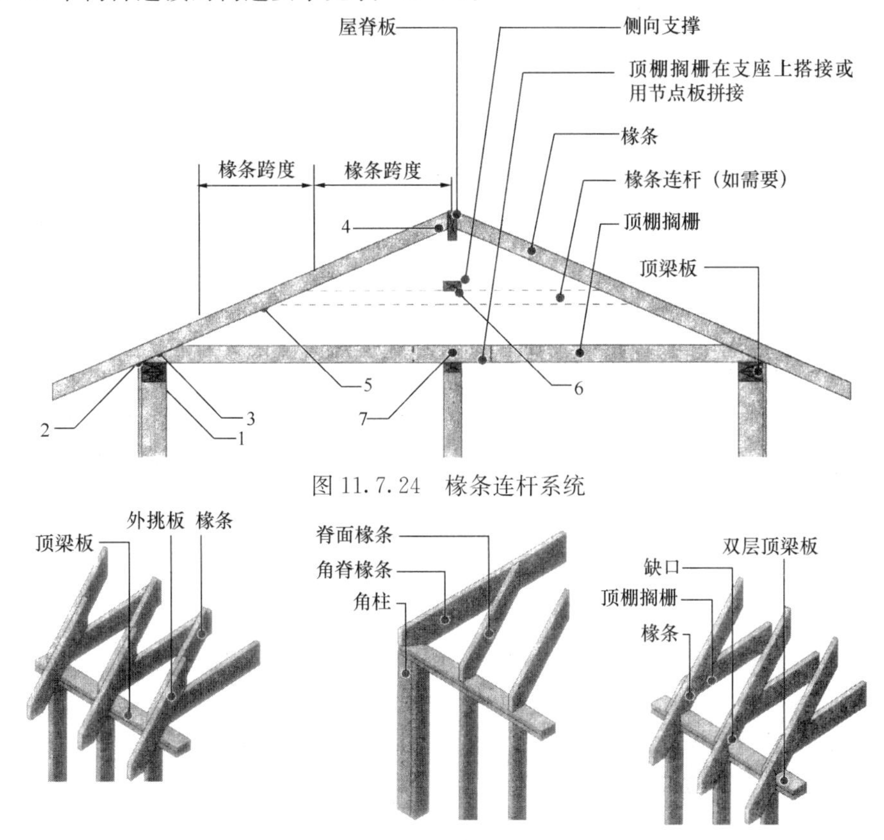

图11.7.24 椽条连杆系统

图11.7.25 椽条的支承详图

由于屋脊板没有支撑，椽条应在支承墙处用拉杆或顶棚搁栅拉结以避免其向外移动。顶棚搁栅可以是连续的，也可以在竖向支座处搭接或用节点板拼接。对于一般的屋面坡度，顶棚搁栅的拼接应比椽条和搁栅的连接至少多1枚钉。在屋脊处，每组椽条应相对设置，并用节点板或钉在屋脊板上固定（表11.7.6）。若用屋脊板，则椽条可错开一个椽条厚度的距离。

椽条连杆系统钉连接构造要求　　表11.7.6

序号	连接构件名称	钉连接要求
1	顶棚搁栅和墙体顶梁板——每端采用斜向钉连接	2枚80mm长钉
2	屋面椽条、桁架或屋面搁栅和墙体顶梁板——斜向钉连接	3枚80mm长钉
3	椽条和顶棚搁栅（屋脊板有支座时）	2枚100mm长钉
4	椽条与屋脊板——斜向钉连接 ——垂直钉连接	4枚60mm长钉 3枚80mm长钉
5	椽条连杆每端和椽条	由工程计算确定
6	椽条连杆侧向支撑和系杆	4枚60mm长钉
7	连接处的顶棚搁栅	3枚80mm长钉

可用截面尺寸不小于40mm×90mm的椽条连杆提供中间支撑以减小椽条的跨度。长度超过2.4m的椽条连杆应在中部加尺寸为20mm×90mm的横向支撑。矮墙或角度不小于45°的斜撑也可用来减少椽条跨度（图11.7.26）。

矮墙通常支承在顶棚搁栅上，矮墙和屋盖及顶棚搁栅应可靠连接以防止其移动。如果矮墙之间的空间作为房间使用，则应在支承矮墙的搁栅之间布置实心木横撑。顶棚搁栅的设计应考虑由矮墙传递的屋面荷载，通常有矮墙时的顶棚搁栅的截面高度要比一般的顶棚搁栅大一等级。

对于角脊椽条和坡谷椽条（图11.7.27），其截面高度比一般的椽条至少要大50mm。坡谷椽条的截面尺寸当其跨度较大或支承于其上的椽条长度较长时则应更大。脊面椽条的钉连接构造要求见表11.7.3。

对于图11.7.28所示老虎窗，其两侧的墙骨柱均应用双根椽条来支承。老虎窗开孔方向的两端应采用双根封头板来支承短椽条与普通椽条。无边墙的老虎窗可相同布置。

山墙由墙骨柱和双根椽条（由墙骨柱支承）组成，山墙墙骨柱的顶部坡度应和老虎窗椽条的坡度相同（图11.7.29）。山墙墙骨柱由其下方的木墙支承。屋面椽条可从山墙上挑出，若椽条悬挑长度大于400mm，则山墙上方的悬挑椽条可采用梯式骨架形式（图11.7.29）。悬挑椽条的端部固定在屋面中的双根椽条上。双根椽条和山墙之间的距离至少应为悬挑长度的2倍。

平屋顶房屋中的屋盖搁栅通常承受顶棚与屋盖传来的荷载，一般应通过结构设计确定屋盖搁栅的尺寸。

为满足屋面排水要求，平屋顶的最小坡度为1∶12。这一坡度可通过将搁栅上部切割而成或者在搁栅顶上加楔形木条来达到。在屋面悬挑处，悬挑搁栅的内端由双根搁栅支承，在屋檐处由封头搁栅支承（图11.7.30）。屋面双根搁栅至出挑处外墙间的距离至少应为该处悬挑长度的2倍。

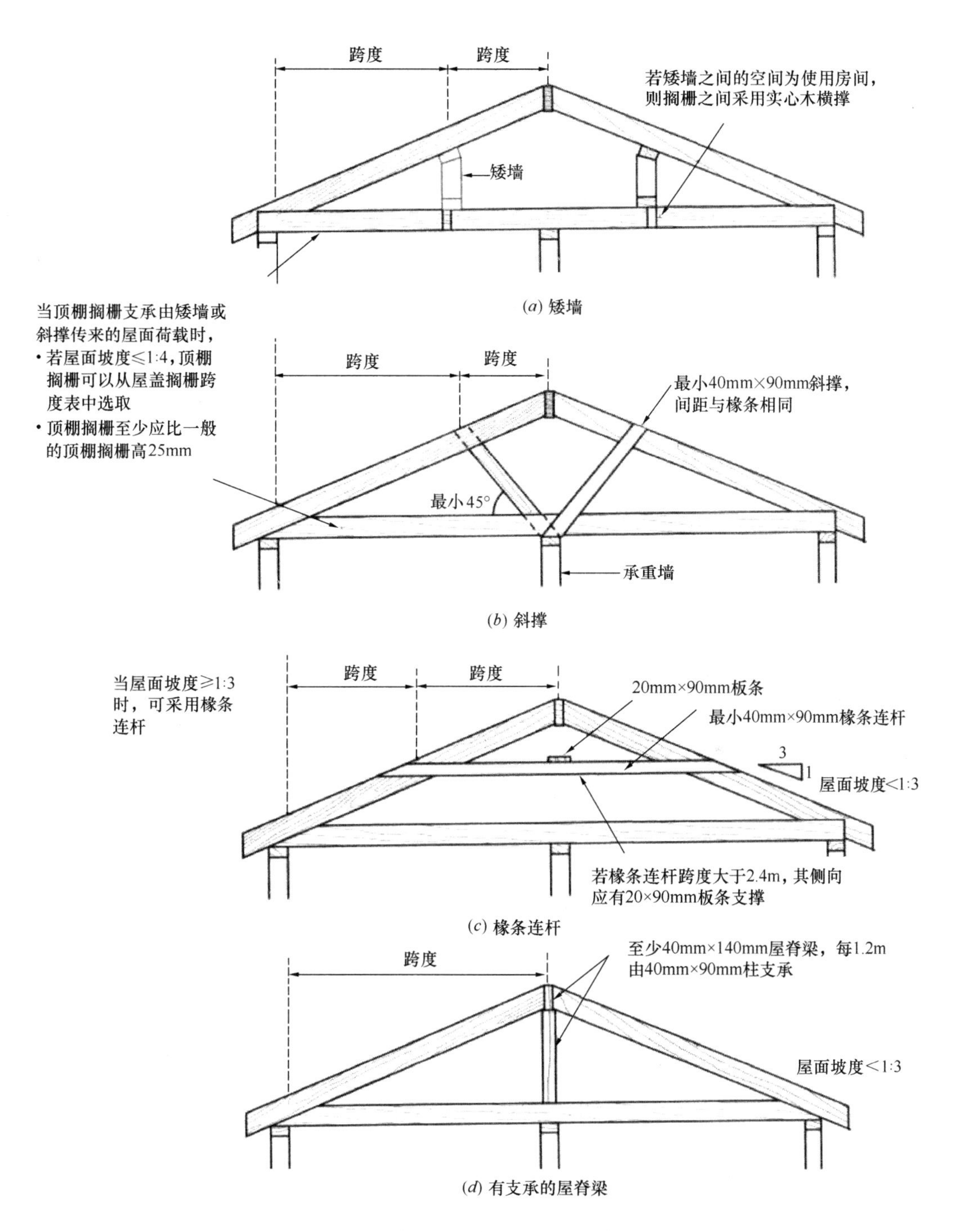

图 11.7.26 矮墙、斜撑与椽条连杆作为椽条支承示意图

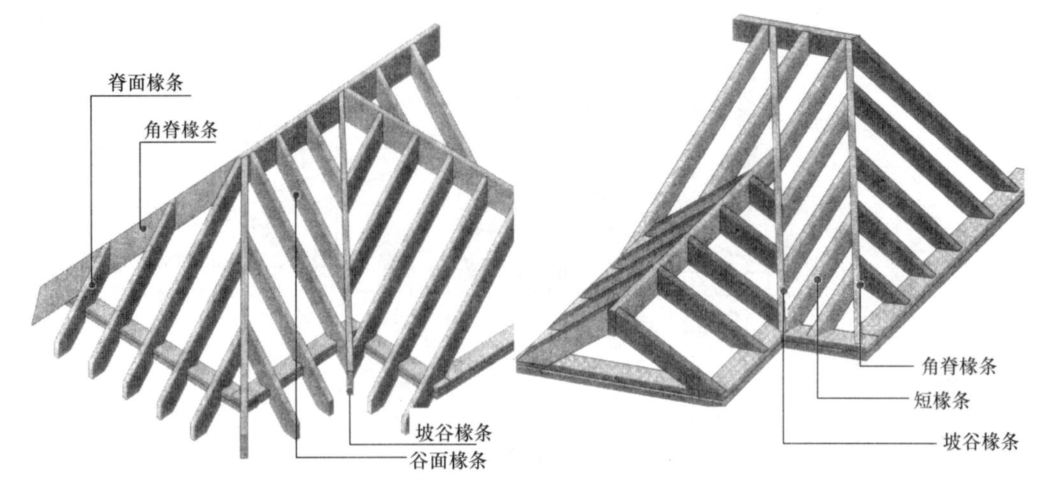

图 11.7.27　屋脊与屋谷的椽条布置

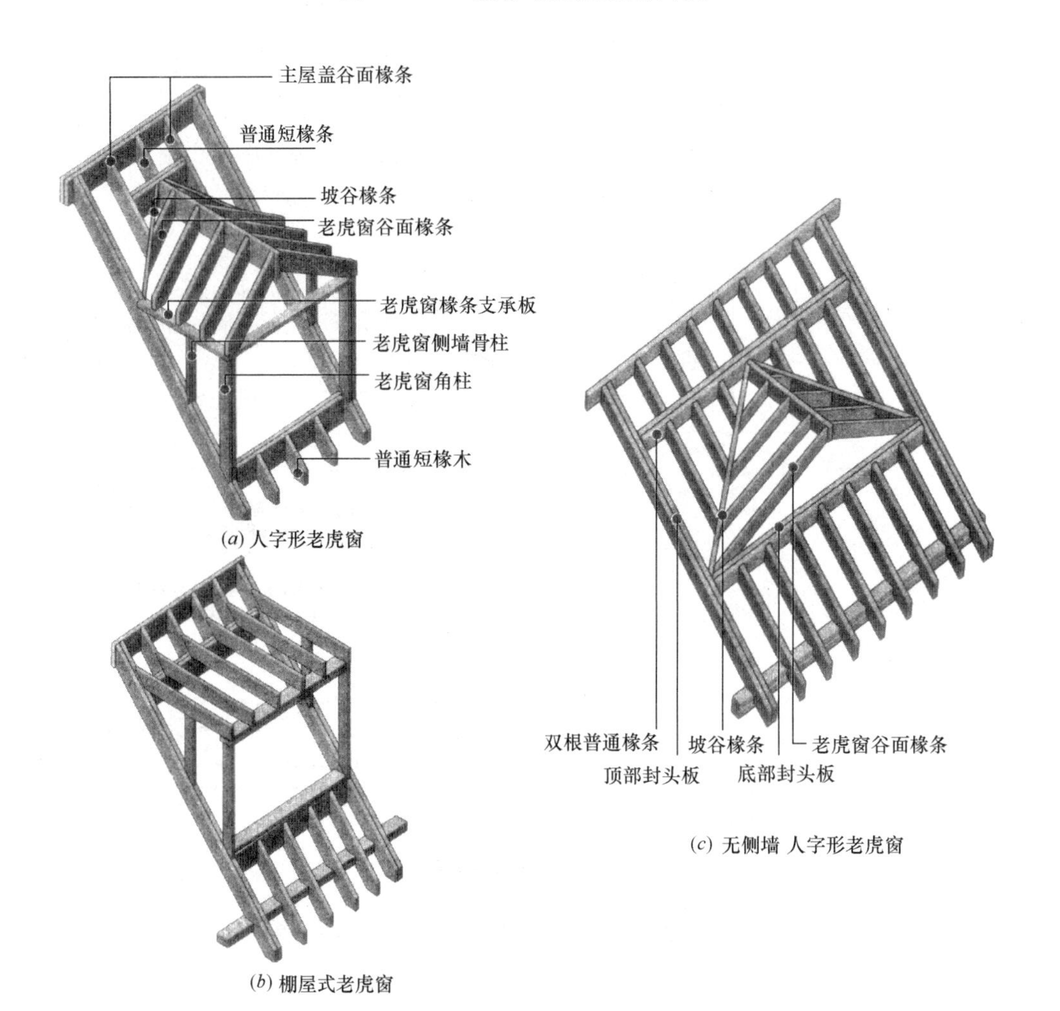

图 11.7.28　老虎窗的构造示意图

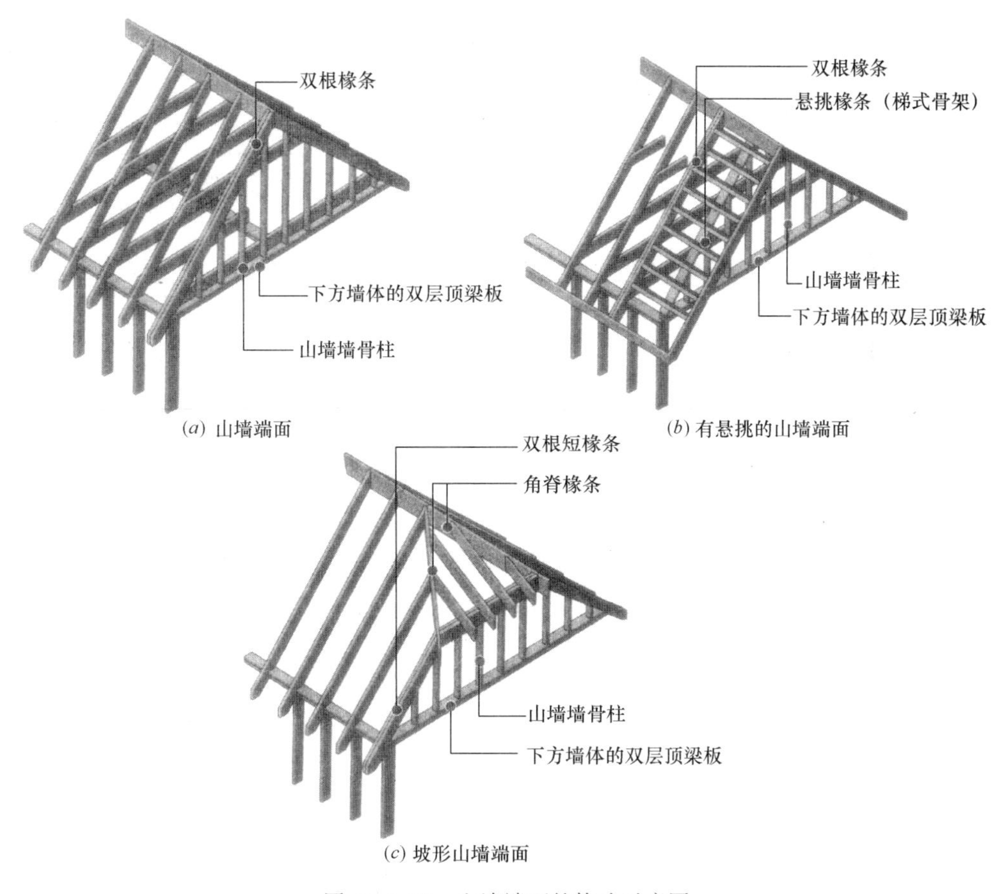

(*a*) 山墙端面　(*b*) 有悬挑的山墙端面

(*c*) 坡形山墙端面

图 11.7.29　山墙端面的构造示意图

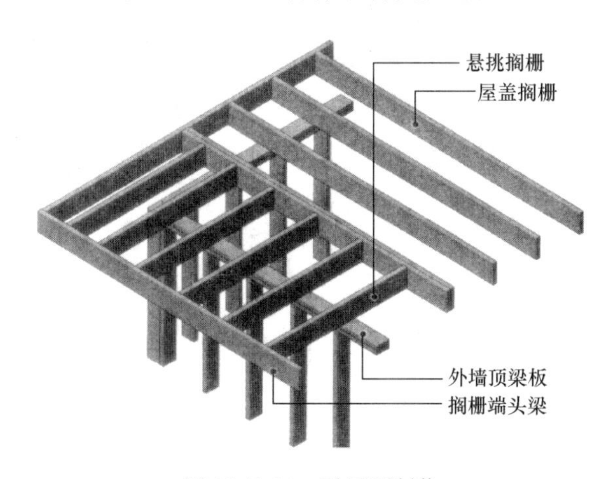

图 11.7.30　平屋顶制作

2. 椽条与搁栅的开孔

传统搁栅与椽条的开孔限制和楼盖构件相同。

3. 屋面板

屋面板应能承受积雪、屋面材料以及施工与维修时工人的重量等荷载。屋面板可以采用胶合板或定向木片板。

对于非上人屋面，屋面板的最小厚度应满足表 11.7.7 要求，对于上人屋面，屋面板的厚度应满足表 11.7.5 中楼面板的要求。

屋面板厚度　　　　**表 11.7.7**

支承板的间距（mm）	木基结构板的最小厚度（mm）	
	$G_k \leqslant 0.3kN/m^2$ $S_k \leqslant 2.0kN/m^2$	$0.3kN/m^2 < G_k \leqslant 1.3kN/m^2$ $S_k \leqslant 2.0kN/m^2$
400	9	11
500	9	11
600	12	12

注：当恒荷载标准值 $G_k > 1.3kN/m^2$ 或 $S_k > 2.0kN/m^2$ 时，轻型木结构的构件及连接不能按构造设计，而应通过计算进行设计。

胶合板和定向木片板的安装如图 11.7.31 所示。安装时木纹方向或表面刨花方向应与木构架垂直，相邻面板应留有 3mm 缝隙以防止由于板材膨胀而产生屈曲。但为保证屋面防水板的密实，在坡脊与坡谷处相邻面板应贴紧安装。如需要，板边缘可采用 40mm×40mm 的横撑或 H 形金属夹来支承。

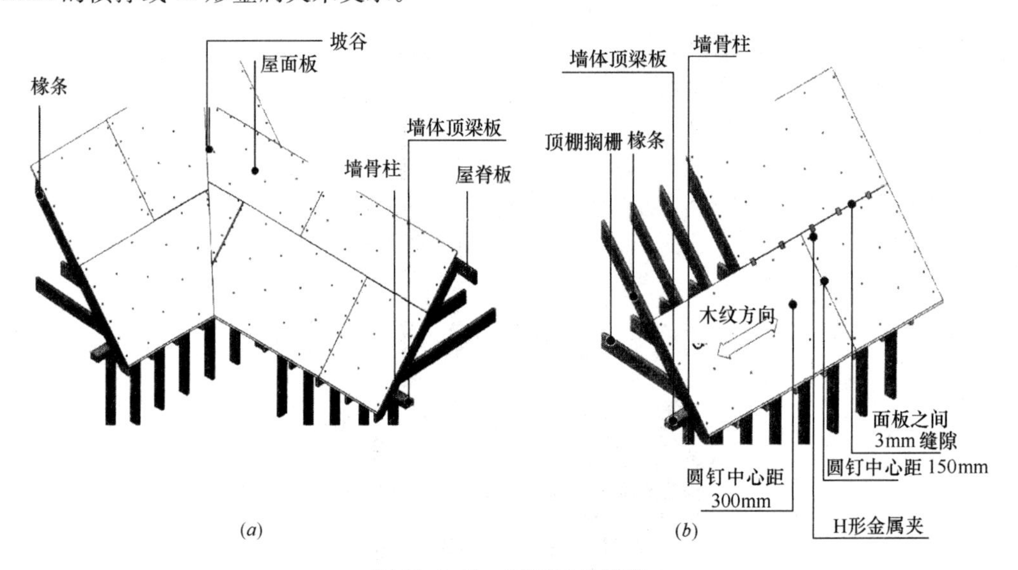

图 11.7.31　屋面板的安装

若屋面板的厚度小于 10mm，可采用 50mm 长的普通圆钢钉或麻花钉、45mm 长的螺纹圆钉或 40mm 长的 U 形钉将屋面板和木构架钉接。若屋面板厚度介于 10mm～20mm，可采用 50mm 长的普通圆钢钉或麻花钉、45mm 长的螺纹圆钉或 50mm 长的 U 形钉将屋面板和木构架钉接。圆钉在板边缘的钉间距为 150mm，在板内部的钉间距为 300mm。U 形钉应与木构架平行。圆钉离面板边缘的距离不小于 9mm。圆钉应钉牢，钉面应与板面平齐。

11.7.4　柱

由钢、胶合木、锯木或组合木组成的木柱常作为室内梁的支座。木柱和梁—柱节点均应进行结构设计。

矩形木柱截面尺寸不应小于 140mm×140mm，且不小于所支承构件的宽度。由整根规格材组成的组合柱，其每一层应用长 76mm、钉间距为 300mm 的圆钉固定，或者用直径 10mm、中心距为 450mm 的螺栓固定，每层的厚度不小于 40mm。当木柱支承在地面混凝土上时，为防止木柱腐烂，木柱根部应用 0.05mm 厚聚乙烯薄膜或防潮卷材将混凝土与木柱隔开（图 11.7.32）。柱底与基础应保证紧密接触，并应有可靠锚固。在有白蚁的地方，外部木柱应高于地面至少 450mm，或用经过加压处理过的防白蚁木柱。若木柱底端到室外地面的净距小于 150mm，则应采用经过加压处理的木柱。

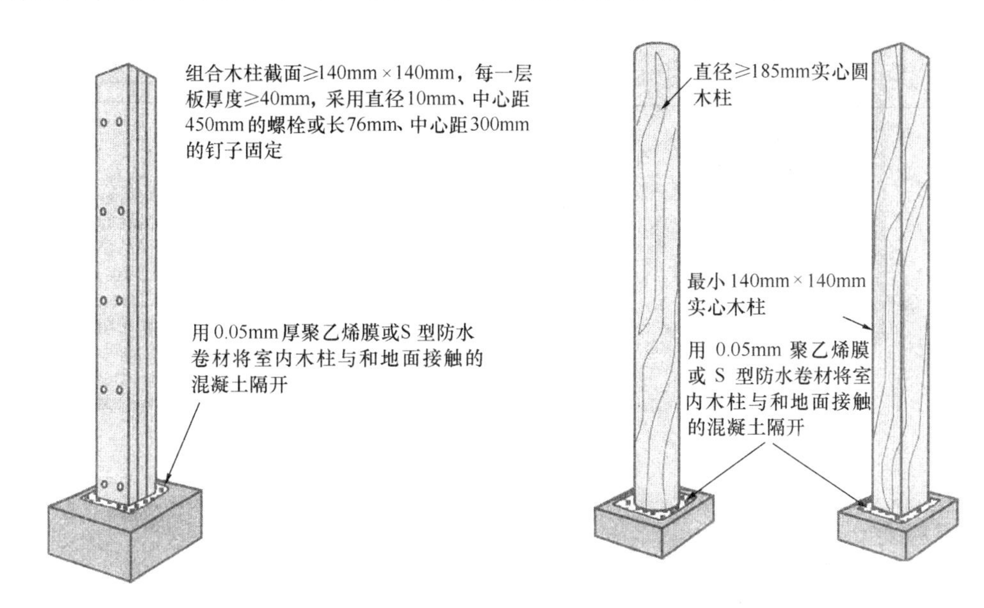

图 11.7.32 木柱

当梁搁置在木墙上时，梁下面应附加墙骨柱或木柱（图 11.7.32）。柱应能承受重力荷载。如果采用实心锯木柱，安装时柱的含水率不应大于 25%，柱的最小边长不应小于 90mm。

11.7.5 梁

轻型木结构中的楼盖梁一般采用木梁或钢梁。钢梁常采用工字钢，钢梁的设计应按国家标准《钢结构设计标准》GB 50017 进行。木梁可以采用规格材、胶合木、组合梁或由工程木材制成的梁。木梁应根据第 4 章的相关公式进行结构设计。

1. 钢梁

钢梁翼缘应有横向支撑（图 11.7.33）。所有钢梁都应有平坦的水平支承。钢梁的支承可通过在梁端焊接一块钢支承板来形成，钢支承板下应采用水泥坐浆。钢梁的最小支承长度为 90mm。

2. 木梁

采用规格材、胶合木制成的组合梁或由工程木材制成的梁最小支承长度为 90mm。梁与支座应紧密接触。用规格材制成的组合梁在支座间应连续，单根规格材的对接应位于梁的支座上。如果是多跨连续梁，则该组合梁中的单根规格材可在距支座 1/4 净跨处或 1/4 净跨内对接（图 11.7.34）。在梁 1/4 净跨处对接的规格材在相邻跨度内应连续，不得在

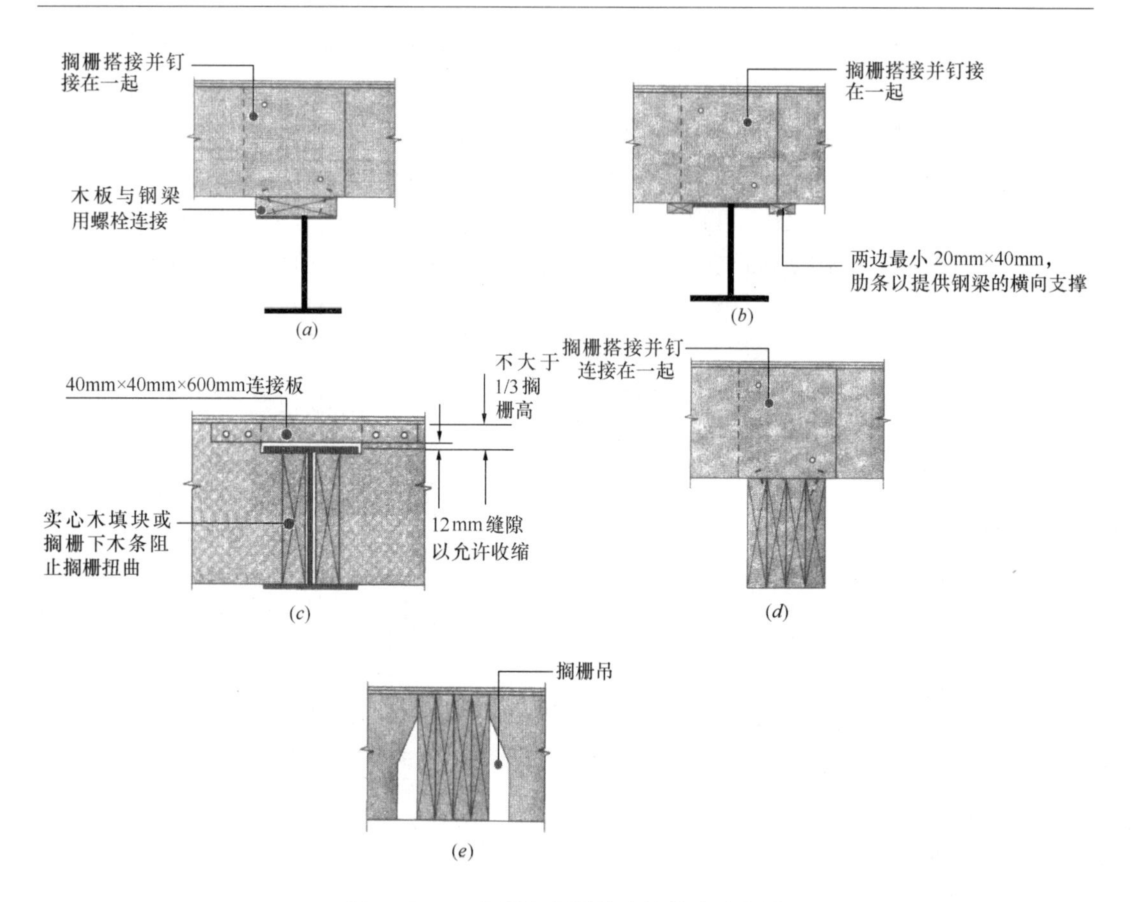

图 11.7.33　搁栅与钢梁的连接构造示意图

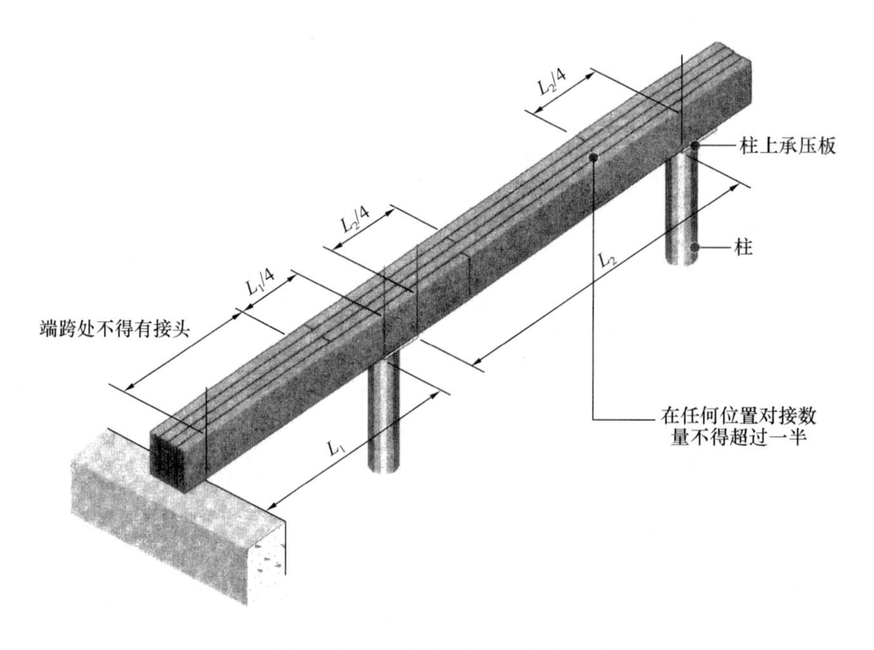

图 11.7.34　组合梁中的接头构造

相邻跨内的同一位置对接，且在同一截面上对接的规格材数量不得超过该截面规格材总数的一半。组合梁内任何单根规格材在同一跨度内不得有两个或两个以上的接头。

当组合截面梁采用 40mm 宽的规格材组成时，规格材之间应沿梁高采用等分布置的双排钉连接，钉长不得小于 90mm，钉之间的中心距不得大于 450mm，圆钉到每根规格材端部的距离应为 100mm～150mm（图 11.7.35）。组合梁也可以通过直径不小于 12mm、中心距为 1.2m 的螺栓连接，螺栓到规格材端部的距离不超过 600mm。

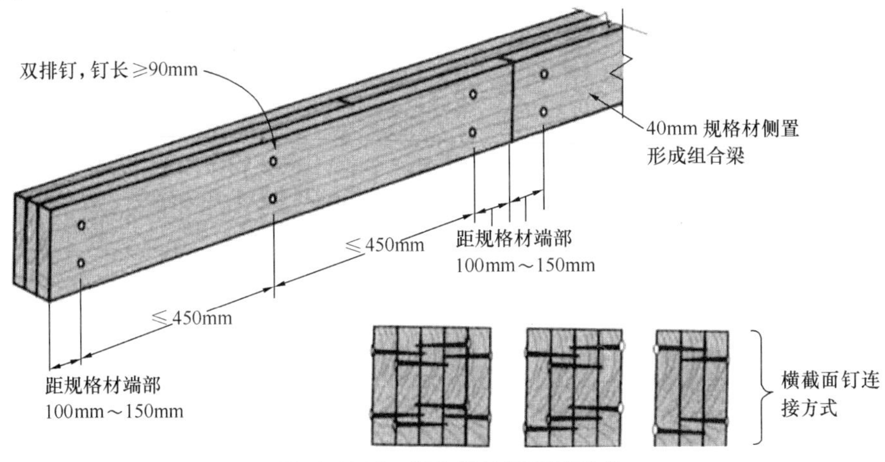

图 11.7.35 组合梁的钉连接要求

注：也可采用中心距≤1.2m、直径≥12mm 的螺栓连接，螺栓端距≤600mm。

当多根简支梁的支座相连时，连接点支座上两相邻简支梁应通过钢拉条或节点板连接在一起。柱顶承压板如果和简支梁梁端锚固得当也可起到连接作用。有交错对接接头的组合梁可用梁间的圆钉连接在一起。

3. 梁与基础的连接

安装在条形基础墙上的梁可搁置在墙顶或墙顶下的预留槽内。在砌体墙中，梁下应设置混凝土垫块。当木梁在基础内不高于地面或木梁构件底部距架空层下地坪的净距小于 150mm 时，与基础接触的梁应采用经过防腐防虫处理的木材或在构件端部及两侧预留 20mm 空隙，并用 0.05mm 聚乙烯塑料或防水卷材将木梁与混凝土隔开。当木梁底部位置高于地坪 150mm 时，梁与基础之间是否需要处理，应根据当地环境的具体情况和经验决定（图 11.7.36）。

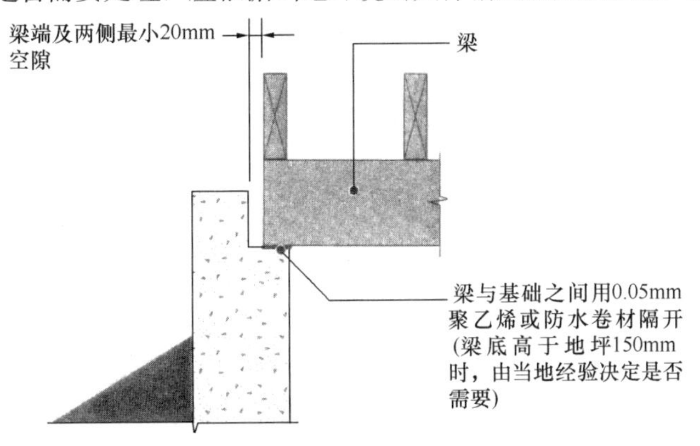

图 11.7.36 支承在基础墙上的木梁

在易遭虫害的地方，应采用经防虫处理的木材作结构构件。木构件底部与室外地坪间的高差不得小于450mm。

11.7.6　基础

建筑物室内外地坪高差不得小于300mm，无地下室的底层木楼板必须架空，并应有通风防潮措施。

承受楼面荷载的地梁板截面不得小于40mm×90mm。当地梁板直接放置在条形基础的顶面时，地梁板和基础顶面的缝隙间应填充密封材料。

直接安装在基础顶面的地梁板应经过防护剂加压处理，用直径不小于12mm、间距不大于2.0m的锚栓与基础锚固。锚栓埋入基础深度不得小于300mm，每根地梁板两端应各有一根锚栓，端距为100mm～300mm。

11.8　连　　接

金属连接件用途广泛，适用于各种节点形状，通常成对安装以避免偏心。绝大多数的连接件都有左连接、右连接两种类型。图11.8.1为轻型木结构中最常用的连接件。连接

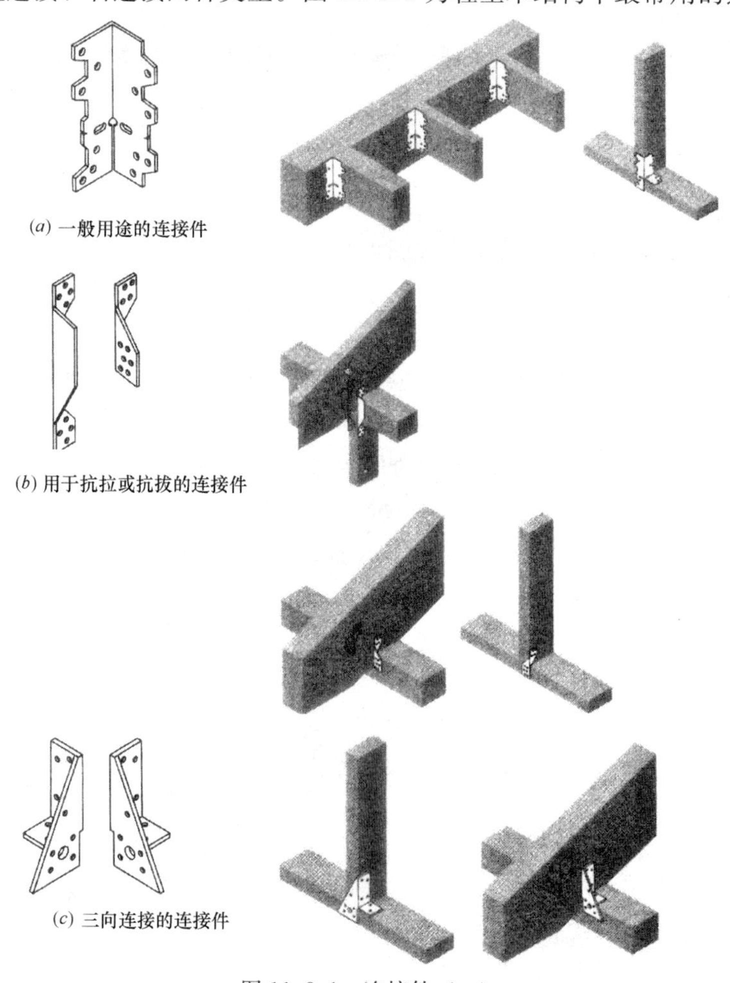

图11.8.1　连接件（一）

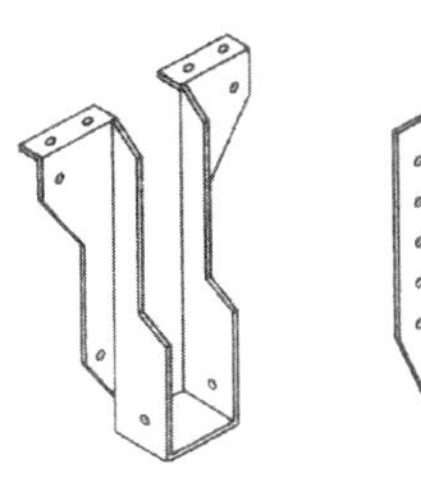
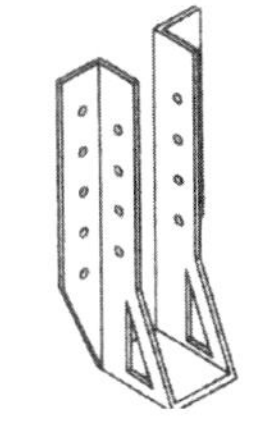
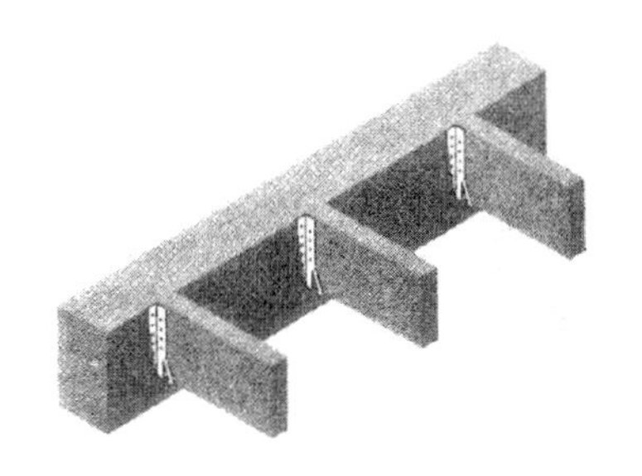

(*d*) 搁栅吊与檩条吊

图 11.8.1 连接件（二）

件一般由镀锌钢板制造，钢板的厚度通常为 1.6mm、1.3mm 和 1.0mm。

搁栅吊与檩条吊可用于搁栅与梁的连接以及檩条与梁的连接。它们有两种类型：顶部安装类型和侧面安装类型。顶部安装搁栅吊有一弯曲的翼片可以钉在梁的顶部。侧面安装搁栅吊是钉在梁的侧面。特制的搁栅吊也可用于木桁架和工字形搁栅。

用于连接件和搁栅吊的圆钉直径较大，通长为 3.2mm 或 3.8mm。为了满足圆钉制造商确定的圆钉安全工作荷载，必须采用适当类型与数量的圆钉。

应用于柱和地梁板等的其他连接件见图 11.8.2。图 11.8.3～图 11.8.5 为用于跨度相对较大木结构建筑中的常用连接构造，其钉的数量和大小应根据结构设计确定。

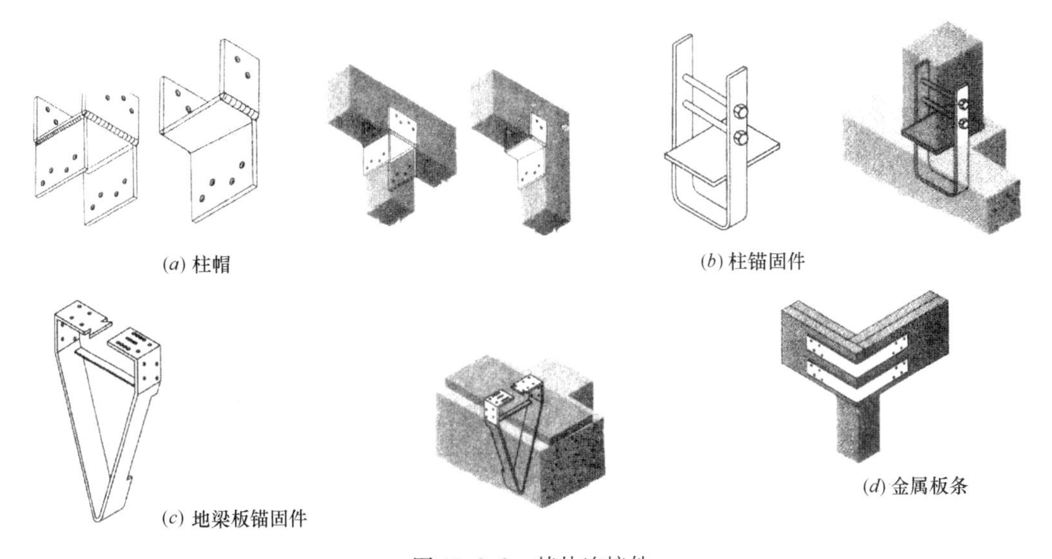

(*a*) 柱帽

(*b*) 柱锚固件

(*c*) 地梁板锚固件

(*d*) 金属板条

图 11.8.2 其他连接件

屋盖搁栅或桁架和支承墙或梁应可靠锚固，以抵抗上拔力。在搁栅和桁架支座处需设置斜撑或横撑，以避免它们产生转动。

当屋盖或楼盖作为混凝土或砌体墙的侧向支承时，应在整个建筑的长度方向每隔一段距离将墙体与屋盖或楼盖骨架拉结。拉杆的间距沿墙的长度方向应不大于 2m。

拉杆可为金属板条或托架，拉杆和骨架及墙之间用螺栓锚固。拉杆和墙的锚固不能采用斜向钉连接。

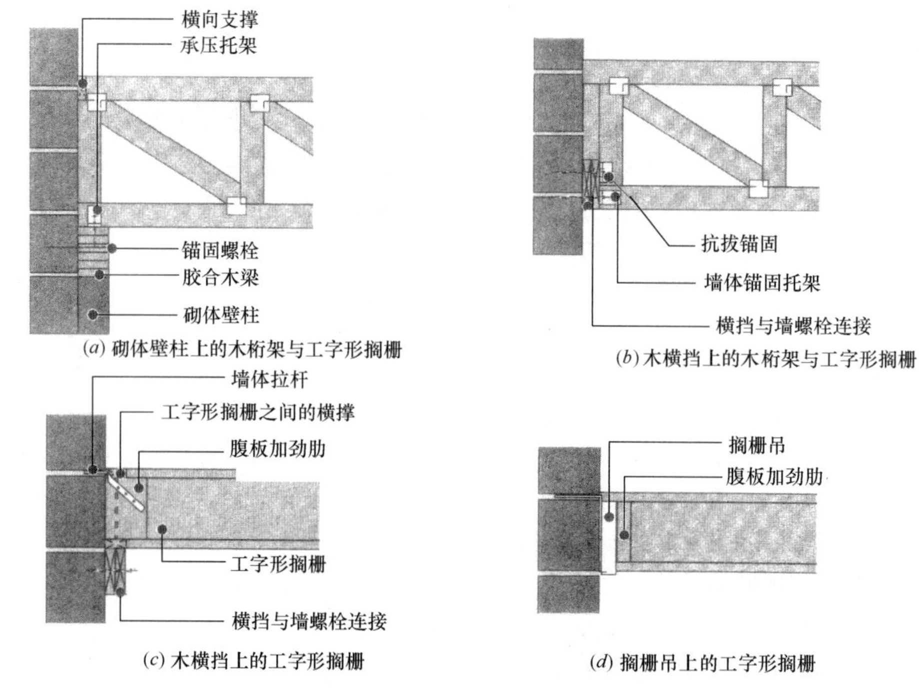

(a) 砌体壁柱上的木桁架与工字形搁栅
(b) 木横挡上的木桁架与工字形搁栅
(c) 木横挡上的工字形搁栅
(d) 搁栅吊上的工字形搁栅

图 11.8.3 木桁架或工字形搁栅与砌体墙的连接

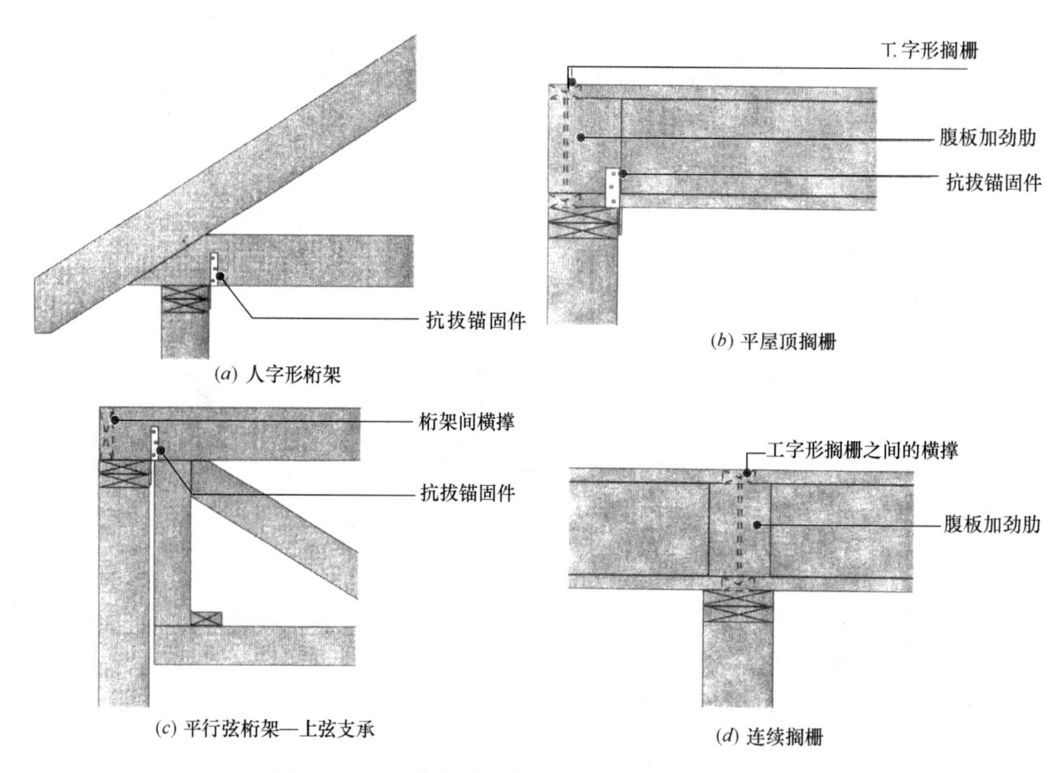

(a) 人字形桁架
(b) 平屋顶搁栅
(c) 平行弦桁架—上弦支承
(d) 连续搁栅

图 11.8.4 木桁架或工字形搁栅与墙体的连接（一）

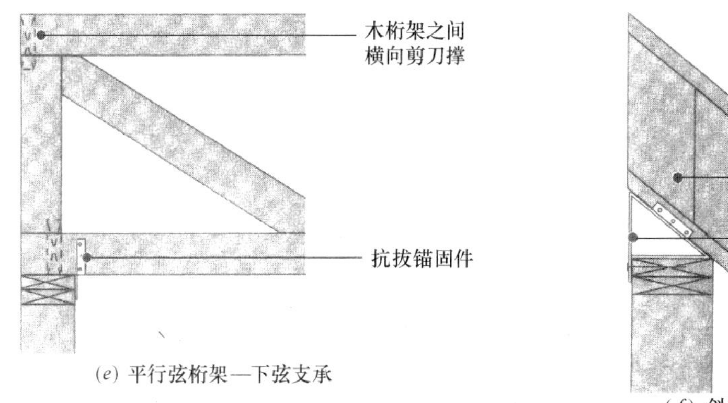

(e) 平行弦桁架—下弦支承

(f) 斜屋盖搁栅

图 11.8.4 木桁架或工字形搁栅与墙体的连接（二）

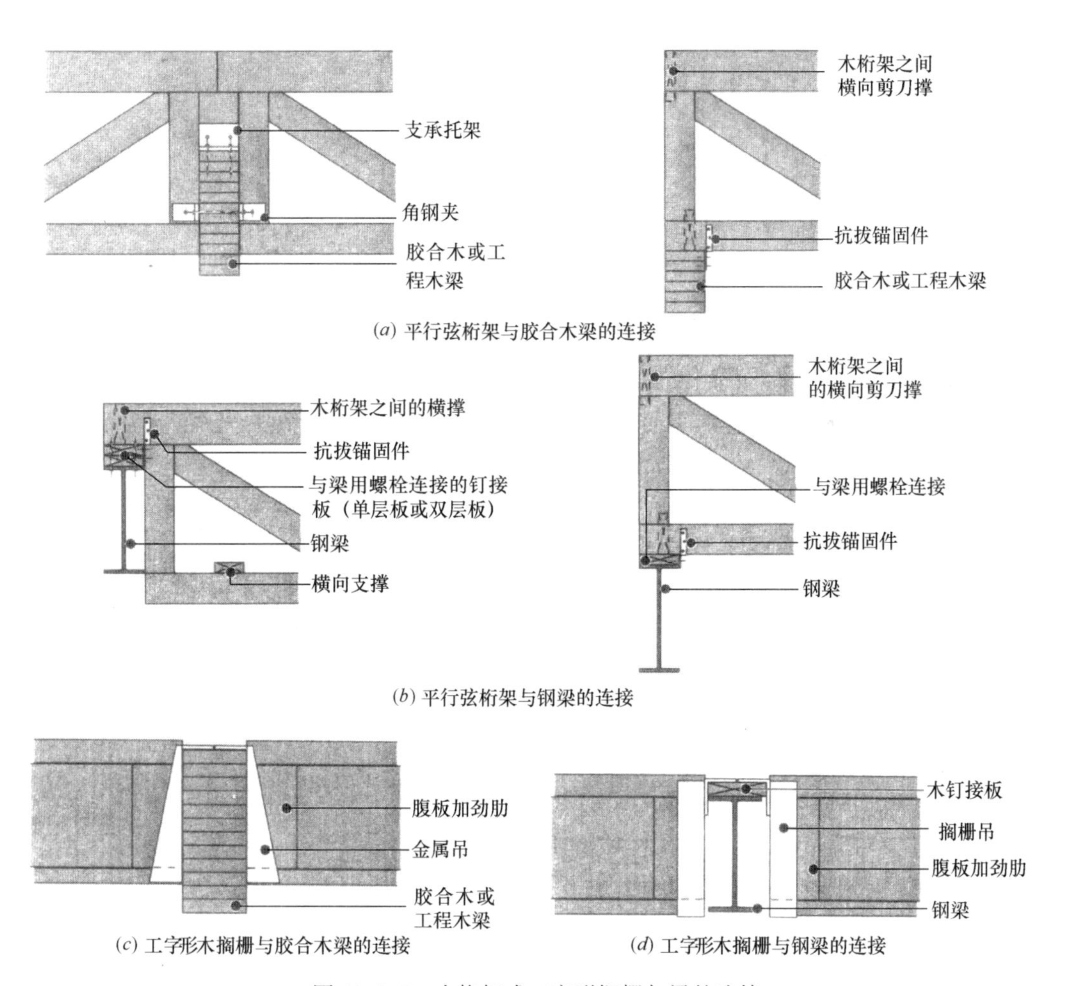

(a) 平行弦桁架与胶合木梁的连接

(b) 平行弦桁架与钢梁的连接

(c) 工字形木搁栅与胶合木梁的连接

(d) 工字形木搁栅与钢梁的连接

图 11.8.5 木桁架或工字形搁栅与梁的连接

用于支承工字形木搁栅的搁栅吊和连接件应专门设计。用于规格材或胶合木梁的搁栅吊，一般会造成搁栅翼缘或腹板加劲肋劈裂。因此在选择工字形木搁栅的搁栅吊时应考虑钉的长度与直径、钉的位置、搁栅支承能力、支承构件的组成、搁栅吊尺寸以及承载力。

例如用于工字形木搁栅和胶合木梁支承间的搁栅吊就不能用作工字形木搁栅和工字形木搁栅间的连接。

通常，钉入翼缘的圆钉直径不应大于3.8mm，长度不大于38mm。钉入腹板加劲肋的圆钉直径不应超过4.2mm。

11.9 上下混合建筑的轻型木结构

本节中的上下混合建筑指轻型木结构与混凝土结构或钢结构等其他结构组合的建筑。上下混合建筑可以将木材、混凝土和钢材的优势结合起来，以此提高建筑的性能、节约成本、提高居住舒适度，扩大木结构的应用范围。

上下混合建筑的轻型木结构通常分为两类，分别是：

（1）多层轻型木结构混合建筑（图11.9.1*a*）：建筑物底部结构为混凝土、钢或砌体结构，上部结构为轻型木结构。

（2）多层混凝土、钢或砌体结构中，屋盖采用轻型木屋盖系统（图11.9.1*b*）。

(*a*) 底部为混凝土结构

(*b*) 屋盖为轻型木桁架

图11.9.1 混合建筑中轻型木结构

11.9.1 多层轻型木结构混合建筑

多层轻型木结构混合建筑在上下结构交界处一般有质量和刚度突变，因此不宜采用底部剪力法，而应采用振型分解反应谱法进行抗震计算，其抗震计算的方法和步骤如下：

（1）采用底部剪力法计算水平地震力，按照柔性或刚性楼盖假定确定构件内力，确定构件初始截面尺寸；

（2）计算构件的等效刚度等参数，在分析程序中建立模型，采用振型分解反应谱法计算构件的内力和变形；

（3）根据内力计算结果复核构件截面及连接节点；

（4）如果构件截面承载力不能满足要求或者富余过多，调整构件截面，重复第2步到第3步的过程，直至取得满意的结果。

当下部结构的刚度是上部结构刚度的10倍及以上，且上部结构的自振周期不大于整体结构自振周期的1.1倍时，上下结构可以分开进行抗震计算。设计时应考虑上部结构对下部结构的作用以及下部结构对上部结构的动力放大因素。加速度放大系数与场地输入地震波特性、上部木结构所在的高度，以及上下结构刚度比等因素有关。由于目前缺少广泛的研究资料，为安全起见，建议加速度放大系数取2.0。

上部轻型木结构与下部钢筋混凝土结构或钢结构的交界处的剪力和倾覆弯矩应乘以1.2的放大系数。上部轻型木结构与下部钢筋混凝土结构或钢结构应采用锚栓连接。锚栓直径不应小于12mm，间距不应大于2.0m，锚栓埋入深度不应小于300mm，地梁板两端各应设置1根锚栓，锚栓离地梁板的端距为100mm～300mm。

11.9.2 采用轻型木屋盖的混合建筑

仅顶层采用轻型木屋盖时，可采用底部剪力法进行抗震计算。计算时可将木屋盖作为顶层质点作用在屋架支座处，顶层质点的等效重力荷载可取木屋盖重力荷载代表值与1/2墙体重力荷载代表值之和。其余质点可取重力荷载代表值的85%。作用在轻型木屋盖的水平荷载应按下式确定：

$$F_{\mathrm{E}}=\frac{G_{\mathrm{r}}}{G_{\mathrm{eq}}}F_{\mathrm{Ek}} \tag{11.9.1}$$

式中：F_{E}——轻型木屋盖的水平荷载；

G_{r}——木屋盖重力荷载代表值；

G_{eq}——顶层质点的等效重力荷载；

F_{Ek}——顶层水平地震作用标准值。

在钢筋混凝土结构或钢结构的顶部宜设置木梁板，将木屋盖与木梁板连接。木梁板与钢筋混凝土结构或钢结构应采用锚栓连接。锚栓直径不应小于12mm，间距不应大于2.0m，锚栓埋入深度不应小于300mm，地梁板两端各应设置1根锚栓，锚栓离地梁板的端距为100mm～300mm。

11.10 轻型木结构构件隔声性能

轻型木结构和混合结构建筑内的噪声级应满足现行国家标准《民用建筑隔声设计规范》GB 50118中的允许噪声级规定，其楼板和墙体的隔声性能应满足现行国家标准《民用建筑隔声设计规范》GB 50118中的隔声标准规定。

轻型木结构构件的隔声性能主要受覆面板密度、墙骨的规格和间距、填充绝热材料的密度和厚度等影响，符合“质量定律”，同时在一定程度上又符合“吻合效应”。相关试验证明：金属减振龙骨（图11.10.1）可显著提高轻型木结构构件的隔声性能；扩大龙骨间距对墙体隔声性能提高的贡献明显；增加石膏板层数、填充绝热材料的密度对墙体隔声性能提高的贡献效率一般。

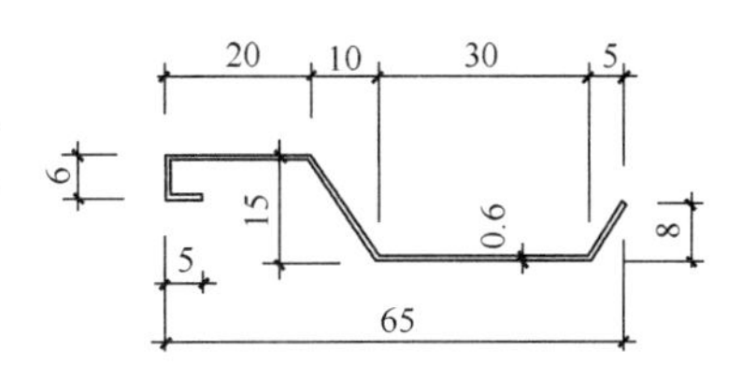

图11.10.1 金属减振龙骨

轻型木结构和混合结构建筑中常用的隔声材料包括：木材（规格材）、工程木产品、石膏板、木基结构板材、绝热材料、减振龙骨和敛缝材料等，其中绝热材料、敛缝材料和减振龙骨应满足以下要求：

(1) 用于墙体内或楼盖空腔内的绝热材料（吸声材料）应按现行国家标准《声学 混响室吸声测量》GB/T 20247的要求进行测试。测试时，测试频率至少应在250Hz～2000Hz之间，降噪系数不应小于0.80。

（2）用于隔声的敛缝材料应为非硬化敛缝材料。

（3）金属减振龙骨应按现行国家标准《声学 建筑和建筑构件隔声测量》GB/T 19889进行测试。测试结果应符合相应要求。

轻型木结构和混合结构建筑可采取下列控制噪声的构造措施：

（1）石膏板与石膏板、墙体与墙体的交接处、墙体与楼板的交接处以及墙体和天花板的交接处应采取密封隔声措施。

（2）相邻单元间楼板搁栅，楼板和覆面板宜断开。

常用轻型木结构构件的隔声性能见表11.10.1～表11.10.4。

轻型木结构楼板隔声性能和耐火极限 **表11.10.1**

序号	构造	耐火极限	撞击隔声 $L_{n,w}$	空气隔声 R_W+C_{tr}
F1	15.5mm厚定向木片板； 40mm×235mm SPF木搁栅，中心间距400mm； 230mm厚玻璃棉； 减振龙骨，中心间距600mm； 15mm厚防火石膏板	1.0h	72	45
F2	15.5mm厚定向木片板； 40mm×235mm木搁栅，中心间距400mm； 230mm厚玻璃棉； 减振龙骨，中心间距600mm； 两层12mm厚防火石膏板	1.5h	69	47
F3	40mm厚混凝土面层； 15.5mm厚定向木片板； 40mm×235mm SPF木搁栅，中心间距400mm； 230mm厚玻璃棉； 两层12mm厚防火石膏板	1.5h	73	51
F4	40mm厚混凝土面层； 15.5mm厚定向木片板； 40mm×235mm SPF木搁栅，中心间距400mm； 230mm厚玻璃棉； 减振龙骨，中心间距600mm； 两层12mm厚防火石膏板	1.5h	64	59
F5	40mm厚混凝土面层； 15.5mm厚定向木片板； 40mm×235mm SPF木搁栅，中心间距400mm； 230mm厚玻璃棉； 减振龙骨，中心间距600mm； 15mm厚防火石膏板	1.0h	69	57

轻型木结构墙体（内墙）隔声性能和耐火极限 **表 11.10.2**

序号	构造	耐火极限		空气隔声 R_W+C
		承重	非承重	
W1	两层 12mm 厚防火石膏板； 40mm×90mm SPF 墙骨柱，中心间距 600mm； 90mm 厚玻璃棉； 两层 12mm 厚防火石膏板	1h	1.5h	45
W2	两层 12mm 厚防火石膏板； 减振龙骨，中心间距 600mm； 40mm×90mm SPF 墙骨柱，中心间距 600mm； 90mm 厚玻璃棉； 两层 12mm 厚防火石膏板	1h	1.5h	50
W3	两层 12mm 厚防火石膏板； 40mm×140mm SPF 墙骨柱，中心间距 400mm； 140mm 厚玻璃棉； 两层 12mm 厚防火石膏板	1h	1.5h	36
W4	两层 12mm 厚防火石膏板； 弹性隔音金属条，中心间距 600mm； 40mm×140mm 墙骨柱，中心间距 400mm； 140mm 厚玻璃棉； 两层 12mm 厚防火石膏板	1h	1.5h	44
W5	15mm 厚防火石膏板； 40mm×140mm SPF 墙骨柱，中心间距 400mm； 140mm 厚玻璃棉； 15mm 厚防火石膏板	1h	1h	32
W6	15mm 厚防火石膏板； 40mm×140mm SPF 墙骨柱，中心间距 400mm； 140mm 厚玻璃棉； 15mm 厚防火石膏板； 12mm 厚防水石膏板	1h	1h	35
W7	15mm 厚防火石膏板； 减振龙骨，中心间距 600mm； 40mm×140mm SPF 墙骨柱，中心间距 400mm； 140mm 厚玻璃棉； 15mm 厚防火石膏板	1h	1h	39

轻型木结构墙体（分户墙）隔声性能和耐火极限 **表 11.10.3**

序号	构　造	耐火极限		空气隔声 R_W+C
		承重	非承重	
W8	15mm 厚防火石膏板； 二排 40mm×90mm SPF 墙骨柱，中心间距 600mm，交错布置，地梁板截面尺寸为 40mm×140mm； 两侧 75mm 厚岩棉； 15mm 厚防火石膏板	1h	1h	47
W9	两层 12mm 厚防火石膏板 二排 40mm×90mm SPF 墙骨柱，中心间距 600mm，交错布置，地梁板截面尺寸为 40mm×140mm； 两侧 75mm 厚岩棉； 两层 12mm 厚防火石膏板	1h	1.5h	50
W10	两层 12mm 厚防火石膏板； 减振龙骨，中心间距 600mm； 二排 40mm×90mm 墙骨柱，中心间距 600mm，交错布置，地梁板截面尺寸为 40mm×140mm； 两侧 75mm 厚岩棉； 两层 12mm 厚防火石膏板	1h	1.5h	55
W11	15mm 厚防火石膏板； 二排 40mm × 90mm SPF 墙骨柱，中心间距 400mm，二排 40mm×90mm 地梁板，中间留 25mm 缝隙； 两侧 100mm 厚岩棉； 15mm 厚防火石膏板	1h	1h	53
W12	两层 12mm 厚防火石膏板； 二排 40mm × 90mm SPF 墙骨柱，中心间距 400mm，二排 40mm×90mm 地梁板，中间留 25mm 缝隙； 两侧 100mm 厚岩棉； 两层 12mm 厚防火石膏板	1h	1.5h	57

木骨架组合墙体（外墙）隔声性能和耐火极限 **表 11.10.4**

序号	构　造	耐火极限		空气隔声 R_W+C_{tr}
		承重	非承重	
EW1	两层 12mm 厚防火石膏板； 减振龙骨，中心间距 600mm； 40mm×140mm SPF 墙骨柱，中心间距 600mm； 100mm 厚岩棉； 12mm 厚水泥板； 50mm 厚岩棉外保温； 40mm×40mm 顺水条； 12mm 厚水泥板	—	1.5h	52

续表

序号	构　造	耐火极限		空气隔声 R_W+C_{tr}
		承重	非承重	
EW2	两层12mm厚防火石膏板； 减振龙骨，中心间距600mm； 40mm×140mm SPF墙骨柱，中心间距600mm； 100mm厚岩棉； 12mm水泥板	—	1.5h	47
EW3	两层12mm厚防火石膏板； 减振龙骨，中心间距600mm； 40mm×140mm SPF墙骨柱，中心间距600mm； 100mm厚岩棉； 12mm厚定向木片板； 15mm×38mm顺水条； 12mm厚水泥板	1h	—	48

11.11 轻型木结构设计案例

【例题11.11.1】 某两层轻型木结构建筑，总建筑面积为650m²，总高度为10.30m。基本雪压为0.2 kN/m²；基本风压为0.55kN/m²；地面粗糙度A类；抗震设防烈度为7度，第二组、设计基本地震加速度为0.1g，场地类别Ⅲ类。该建筑的立面及平面图分别见图11.11.1、图11.11.2和图11.11.3。

(*a*) 南立面　　(*b*) 北立面

图11.11.1　建筑物南北立面

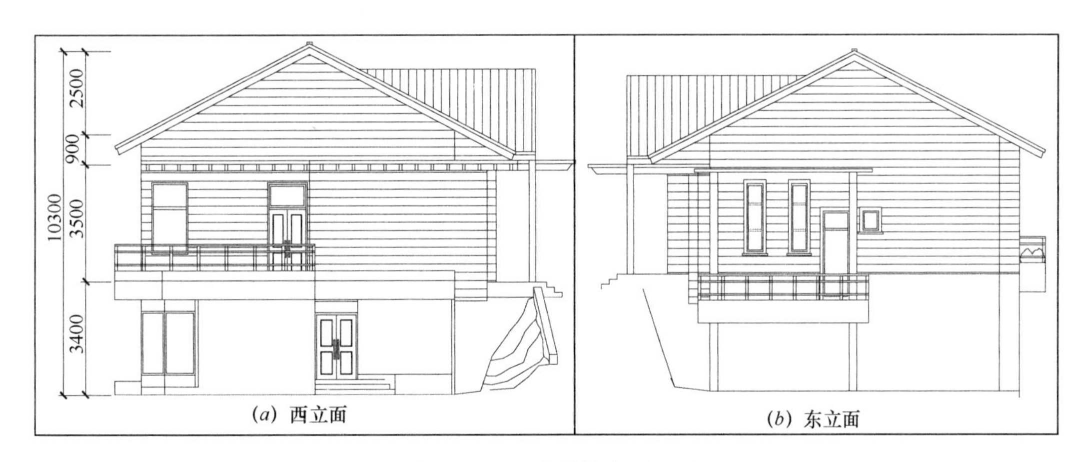

(*a*) 西立面　　(*b*) 东立面

图11.11.2　建筑物东西立面

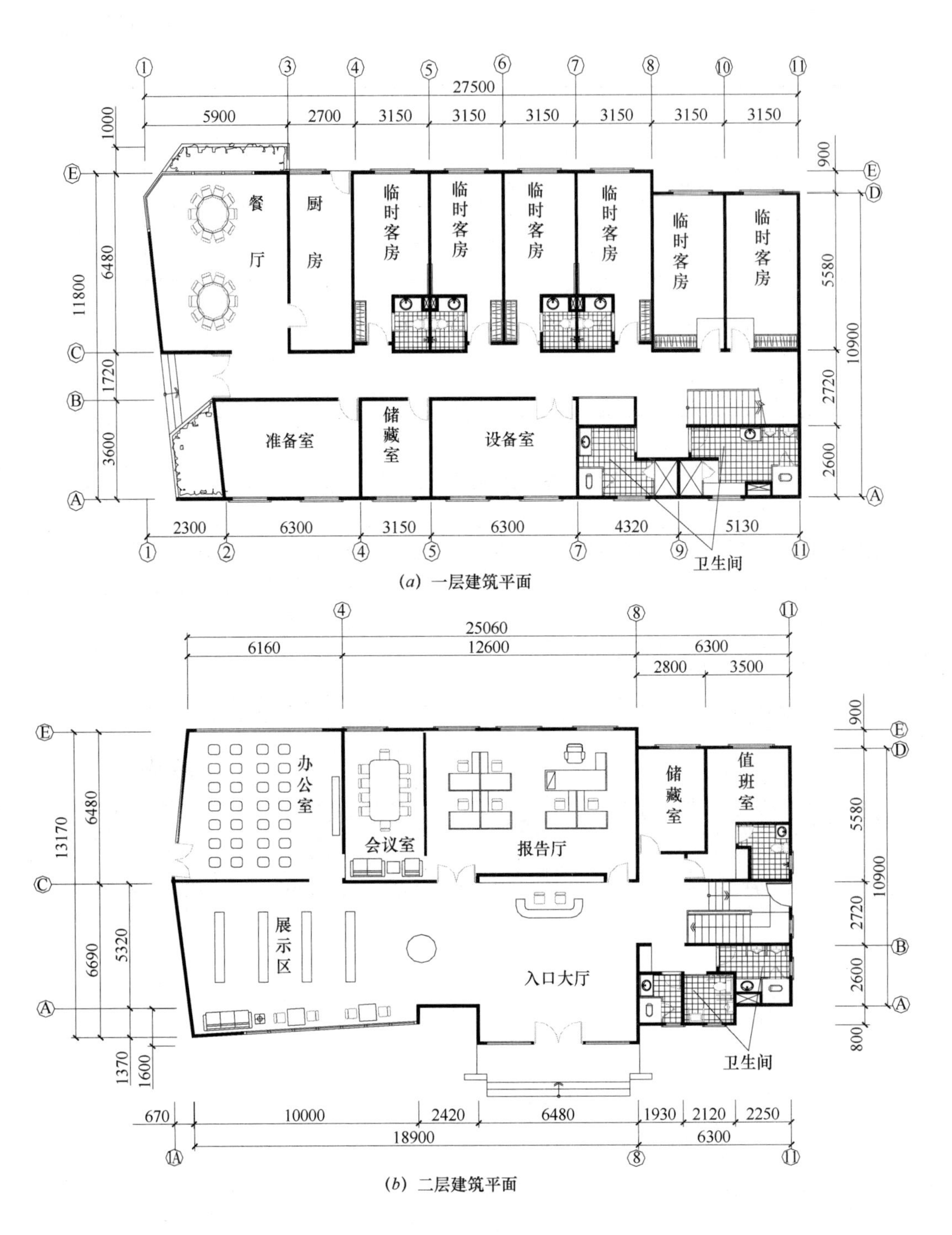

(*a*) 一层建筑平面

(*b*) 二层建筑平面

图 11.11.3 建筑物平面图

表 11.11.1 列出了该建筑采用材料及自重。

设计中使用的主要建筑材料 表 11.11.1

名　称	自重	名　称	自重
屋面瓦	0.71kN/m²	40mm×235mm 间距@ 400mm 搁栅	0.120kN/m²
12mm 胶合板或定向木片板	0.075kN/m²	40mm×140mm 间距@ 400mm 墙骨柱	0.070kN/m²
15mm 胶合板或定向木片板	0.09kN/m²	12mm 石膏板	0.125kN/m²
屋架间距 600mm	0.10kN/m²	8mm 石膏板	0.075kN/m²
12mm 石膏天花板	0.10kN/m²	铝合金外墙面	0.075kN/m²
保温材料	0.075kN/m²	加拿大花旗松	4.90kN/m³
胶合木	7.21kN/m³		

该建筑的外墙、C 轴、④轴和⑧轴的墙面板均采用胶合板或定向木片板加石膏板的组合墙面，其余墙体的墙面板均采用石膏板墙面。

1. 荷载计算

(1) 永久荷载

1) 屋盖荷载标准值

屋面瓦	0.71kN/m²
12mm 胶合板或定向木片板	0.075kN/m²
屋架间距@600mm	0.10kN/m²
2×12.5mm 石膏天花板	0.20kN/m²
屋盖保温材料	0.5 ×0.15=0.075kN/m²
总计：	1.16kN/m²

2) 楼面荷载标准值

地毯	0.10kN/m²
15mm 胶合板或定向木片板	0.09kN/m²
40mm×235mm 间距@400mm 搁栅	0.12kN/m²
2×12.5mm 石膏天花板	0.20kN/m²
地热取暖层	38×0.25=0.95kN/m²
总计：	1.46kN/m²

3) 外墙荷载标准值

12mm 石膏板	0.125kN/m²
12mm 胶合板或定向木片板	0.075kN/m²
40mm×140mm 间距@ 400mm 墙骨柱	0.070kN/m²
铝合金外墙面	0.075kN/m²
墙体保温材料	0.030kN/m²
其他	0.030kN/m²
总计：	0.405kN/m²

4) 内墙荷载标准值

①12mm 石膏板	0.125kN/m²
12.5mm 胶合板或定向木片板	0.075kN/m²
7.5mm 石膏板	0.075kN/m²
40mm×140mm 间距@ 400mm 墙骨柱	0.070kN/m²
墙体保温材料	0.030kN/m²
其他	0.030kN/m²
总计：	0.405kN/m²
② 12mm 石膏板（两层）	0.25kN/m²
40mm×140mm 间距@ 400mm 墙骨柱	0.070kN/m²
墙体保温材料	0.030kN/m²
其他	0.030kN/m²
总计：	0.38kN/m²

（2）可变荷载

1）雪荷载标准值：$s_k=\mu_r s_0=1.0\times0.2=0.2\text{kN/m}^2$

2）屋面活荷载标准值：不上人屋面，活荷载为 0.5kN/m²

3）楼面活荷载标准值：楼面活荷载为 2.0kN/m²

4）风荷载标准值：$w_k=\beta_z\mu_s\mu_z w_0$

式中：β_z——风振系数，取 1.0；

μ_s——风荷载体型系数，具体数值见图 11.11.4；

μ_z——风压高度变化系数，A 类地面粗糙度，离地高度 10m 处，取 1.38；

w_0——基本风压，为 0.55kN/m²。

$w_k=\beta_z\mu_s\mu_z w_0=1.0\times\mu_s\times1.38\times0.55=0.76\mu_s\text{kPa}$

风荷载标准值见图 11.11.5。

α	μ_s
≤15°	−0.6
30°	0
≥60°	+0.8

中间值按插入法计算

图 11.11.4　风荷载体型系数

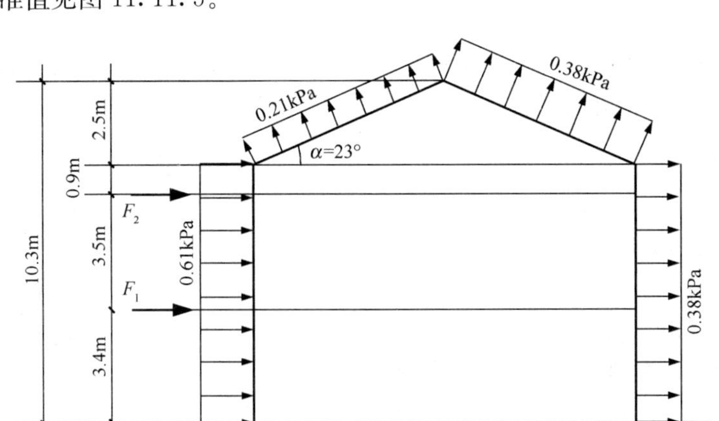

图 11.11.5　建筑物风荷载标准值

① 屋盖水平风荷载

横向：$F_{2-H}=[(0.61+0.38)\times(3.5/2+0.9)+(0.38-0.21)\times\sin 23^\circ\times 2.5]\times 25.87=72.2\text{kN}$

纵向：$F_{2-Z}=(0.61+0.38)\times[(3.5/2+0.9)+2.5/2]\times 11.8=45.6\text{kN}$

② 屋盖竖向风荷载

$$F_{2-up}=(0.38\times 7.48+0.21\times 6.69)\times\cos 23^\circ\times 25.87=101.1\text{kN}\uparrow$$

③ 楼盖水平风荷载

横向：$F_{1-H}=(0.61+0.38)\times(3.5/2+3.4/2)\times 27.5=93.9\text{kN}$

纵向：$F_{1-Z}=(0.61+0.38)\times(3.5/2+3.4/2)\times 11.8=40.3\text{kN}$

5）地震作用（采用底部剪力法计算）

$$F_i=\frac{G_iHi}{\sum_{j=1}^{n}G_jHj}F_{Ek}(1-\delta_n)=\frac{G_iHi}{\sum_{j=1}^{n}G_jHj}\alpha_1 G_{eq}(1-\delta_n)$$

式中：α_1——水平地震影响系数；取 $\alpha_1=\alpha_{max}=0.08$；

δ_n——顶部附加地震作用系数，$\delta_n=0.0$；

G_{eq}——结构等效总重力荷载，多质点可取总重力荷载代表值的85%；

屋盖自重：$G_{roof}=A_{roof}\times D_{roof}=470\times 1.16=545\text{kN}$

楼面自重：$G_{floor}=A_{floor}\times D_{floor}=320\times 1.46=467\text{kN}$

二层外墙自重❶：$G_{2-外}=(2\times 25.2\times 0.405+13.17\times 0.405+10.9\times 0.405)\times 3.5=105.56\text{kN}$

二层内墙自重：$G_{2-内}=[2\times 6.48\times(0.405+0.38)+(25.87+6.3)\times 0.405]\times 3.5=81.21\text{kN}$

二层墙体自重：$G_{2-wall}=G_{2-外}+G_{2-内}=105.56+81.21=186.77\text{kN}$

一层外墙自重：$G_{1-外}=(27.5+25.2+11.8+10.9)\times 0.405\times 3.4=103.83\text{kN}$

一层内墙自重：$G_{1-内}=[(2\times 6.48+2\times 3.6+25.2)\times 0.405+(5\times 6.48+2\times 3.6+25.2)\times 0.38]\times 3.4=146.18\text{kN}$

一层墙体自重：$G_{1-wall}=G_{外}+G_{内}=103.83+146.18=250.01\text{kN}$

屋盖质点自重：$G_{2-eq}=G_{roof}+0.5\times A_{roof}\times 0.5+0.5\times G_{2-wall}=545+0.5\times 470\times 0.5+0.5\times 186.77=755.9\text{kN}$

楼盖质点自重：$G_{1-eq}=G_{floor}+0.5\times A_{floor}\times 2.0+0.5\times(G_{2-wall}+G_{1-wall})$
$=467+0.5\times 320\times 2.0+0.5\times(186.77+250.01)=1005.4\text{kN}$

结构等效总重力荷载：$G_{eq}=0.85\times(G_{2-eq}+G_{1-eq})=1497\text{kN}$

$$F_{2-eq}=\frac{755.9\times 9.05}{(755.9\times 9.05+1005.4\times 3.4)}\times 0.08\times 1497=79.9\text{kN}$$

$$F_{1-eq}=\frac{1005.4\times 3.4}{(755.9\times 9.05+1005.4\times 3.4)}\times 0.08\times 1497=39.9\text{kN}$$

由此可见，对于屋盖和楼盖水平荷载，本结构南北向由风荷载控制，东西向由地震作

---

❶ 由于本结构门窗的单位长度自重与墙体的单位长度自重相似，为简化计算，假设门窗的单位长度自重与墙体相同。

用控制。

2. 结构构件设计

为节省篇幅，本算例仅对沿④轴线剖面的典型结构构架进行设计。其他轴线的结构构架，可用相似的方法设计。图 11.11.6 为沿④轴线剖面的结构构架计算简图。

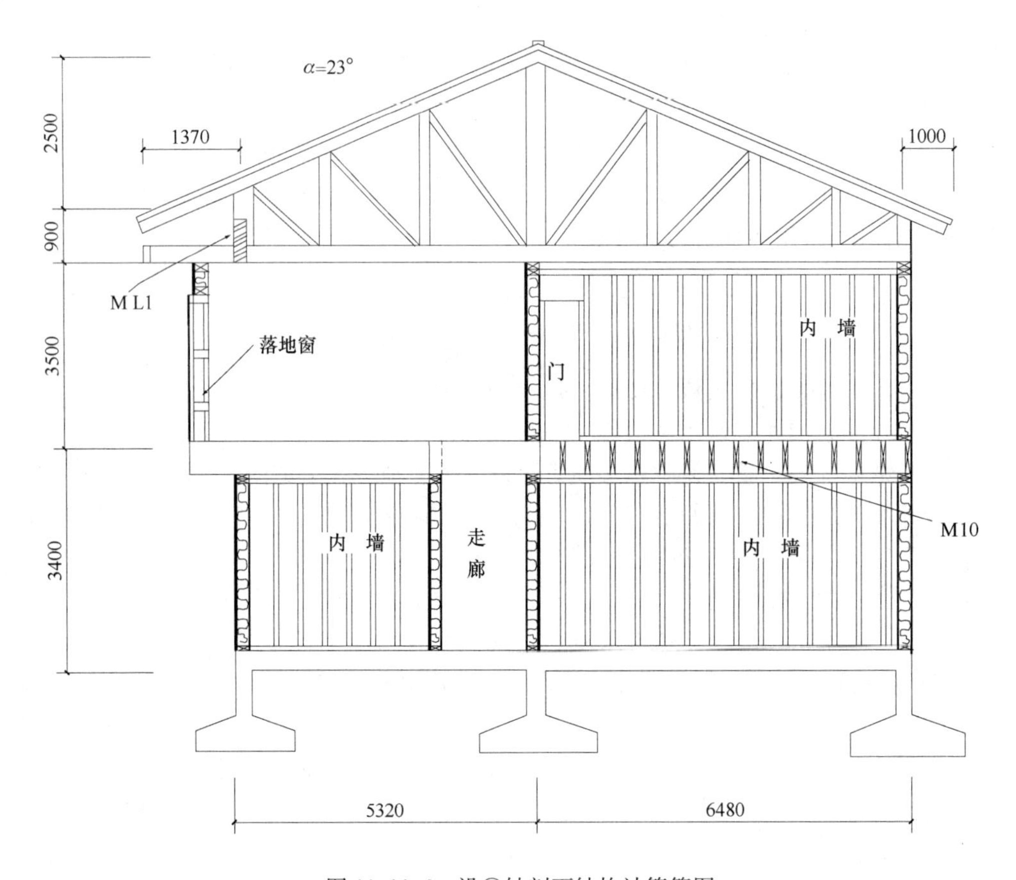

图 11.11.6　沿④轴剖面结构计算简图

(1) 屋架设计

轻型木桁架通常采用结构分析软件来进行设计。对沿④轴线剖面屋架的分析，本例的分析结果仅供参考。

屋面坡度为 23°，屋架的间距为 600mm，采用云杉-松-冷杉类规格材，材质等级Ⅲ$_c$。上弦杆选用 40mm×140mm 规格材，下弦杆及腹杆选用 40mm×90mm 规格材，节点齿板为 SK-20。上弦杆及跨中的腹杆上设有 40mm×90mm 侧向支承（图 11.11.7），以保证侧向稳定性。

作用于该桁架上弦的永久荷载标准值为 0.885kN/m^2，下弦的永久荷载标准值为 0.275kN/m^2；屋面的活荷载标准值为 0.5kN/m^{2}❶。经计算，永久荷载加全跨可变活荷载的荷载组合为最不利荷载组合。表 11.11.2 是部分计算结果。

❶　实际活荷载为 0.5kN/m^2，但按加拿大现行标准最小的屋面活荷载为 1.0kN/m^2。桁架的荷载设计值及桁架杆件与齿板节点的设计根据加拿大木结构设计规范 CSA 086-01 进行。

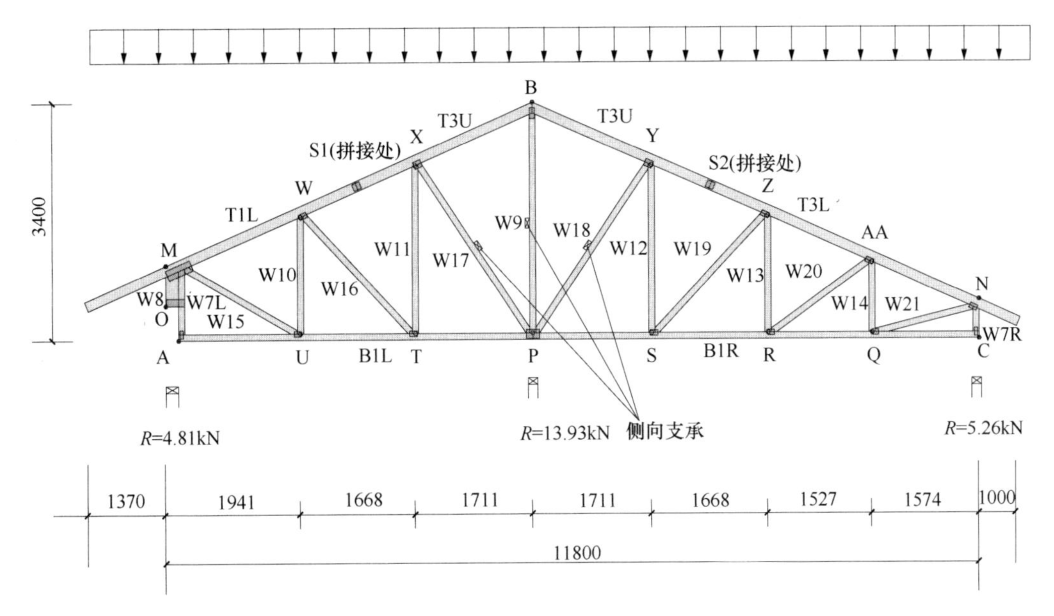

图 11.11.7 轻型木桁架结构详图

桁架杆件内力分布 **表 11.11.2**

杆件名称		材料/尺寸	杆件内力(kN)	端弯矩 1(kN·m)	端弯矩 2(kN·m)
上弦杆	M-W	SPFⅢ$_c$/40mm×140mm	−1.77	0.000	−0.589
	W-S1		−0.13	0.589	0.000
	S1-X		0.40	0.000	−0.515
	X-B		3.12	0.515	0.000
	B-Y		3.08	0.000	−0.663
	Y-S2		−0.15	0.663	0.000
	S2-Z		−0.67	0.000	−0.446
	Z-AA		−3.26	0.446	−0.315
	AA-N		−4.81	0.315	0.000
下弦杆	A-U	SPFⅢ$_c$/40mm×90mm	0.00	0.000	−0.069
	U-T		1.74	0.069	−0.051
	T-P		−0.15	0.051	0.000
	P-S		0.42	0.000	−0.059
	S-R		3.02	0.059	−0.034
	R-Q		4.49	0.034	−0.040
	Q-C		0.00	0.040	0.000

续表

杆件名称		材料/尺寸	杆件内力 (kN)	端弯矩1 (kN·m)	端弯矩2 (kN·m)
腹杆	O-M (W8)	SPFⅢ$_c$/40mm×185mm	−4.84	—	—
	A-O	SPFⅢ$_c$/40mm×90mm	0.17	—	—
	O-M (W7L)		0.17	—	—
	M-U		1.93	—	—
	U-W		−0.41	—	—
	W-T		−2.75	—	—
	T-X		2.37	—	—
	X-P		−4.98	—	—
	P-B		−4.59	—	—
	P-Y		−5.97	—	—
	S-Y		3.17	—	—
	S-Z		−3.80	—	—
	R-Z		1.38	—	—
	R-AA		−1.82	—	—
	Q-AA		−0.89	—	—
	Q-N		4.66	—	—
	C-N		−5.15	—	—

经计算，表中所有上弦杆、下弦杆及腹杆均满足设计要求。

由桁架杆件内力分布表11.11.2可以得到用于齿板节点设计的节点内力。表11.11.3给出了齿板节点连接的尺寸。

节点齿板及尺寸　　表11.11.3

节点编号	尺寸 (mm×mm)	节点编号	尺寸 (mm×mm)
A	51×114	T	76×114
B	76×152	U	76×95
C	51×114	W	76×114
M	152×381	X	102×114
N	76×114	Y	102×114
O	102×267	Z	76×114
P	127×191	AA	76×114
Q	76×95	S1	102×114
R	76×95	S2	102×114
S	76×114		

(2) 主梁ML1设计

该梁两端由6根40mm×140mm规格材拼接而成的组合柱支承，支座之间的中心距为10287mm，支承长度为140mm，其计算简图见11.11.8(a)，节点图见图11.11.8(b)。根据估算，初步选定材料为200mm×550mm胶合木梁，胶合木梁采用北美花旗松，强度等级采用TC_T28，查本手册表 3.3.6、表 3.3.9、表 3.3.10 和表 3.3.11，可知其性能如下：

$f_m=19.5MPa$　$f_v=2.2MPa$　$f_{c,90}=3.0MPa$　$\rho=5.0kN/m^3$　$E=8000MPa$

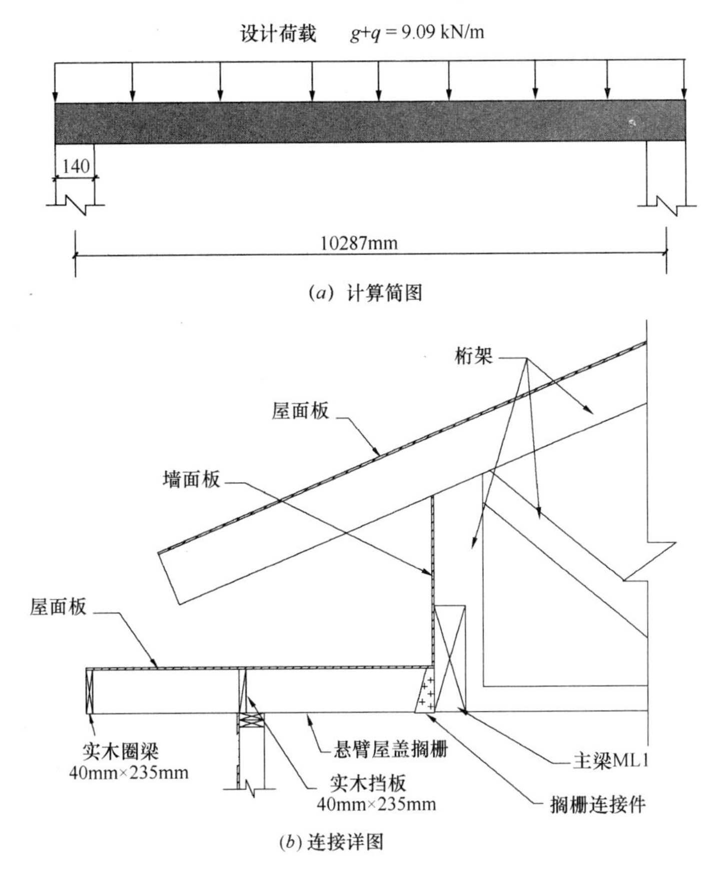

图 11.11.8　主梁 M L1 与屋盖的连接示意

桁架在该梁上产生的均布荷载设计值为：

$$(1.3\times(0.885+0.275)+1.5\times0.5)\times(0.5\times5.32+1.37)=9.10\text{kN/m}$$

梁自重荷载设计值为：$1.3\times5.0\times0.2\times0.55=0.715\text{kN/m}$

故　$g+q=9.10+0.715=9.815\text{kN/m}$

$$M=\frac{(g+q)L^2}{8}=\frac{9.815\times10.287^2}{8}=129.83\text{kN}\cdot\text{m}$$

$$V=\frac{(g+q)L}{2}=\frac{9.815\times10.287}{2}=50.48\text{kN}$$

1）弯曲强度验算

$$\frac{M}{W_n}=\frac{129.83\times10^6\times6}{200\times550^2}=12.88\text{N/mm}^2<f_m=19.5\text{N/mm}^2$$

2）剪切强度验算

$$\frac{VS}{Ib}=0.46\text{N/mm}^2<f_v=2.2\text{N/mm}^2$$

3）变形验算

桁架在该梁上产生的均布荷载标准值为：(1.16 + 0.5)×(0.5×5.32+1.37)= 6.69kN/m

自重荷载标准值为：　　5.0× 0.2×0.55=0.55kN/m

故　　$g+q=6.69+0.55=7.24\text{kN/m}$

$$w=\frac{5(g+q)L^4}{384EI}=\frac{5\times7.24\times10287^4}{384\times10000\times\frac{1}{12}\times200\times550^3}=38.07\text{mm}<L/250=41.15\text{mm}$$

满足要求

4）支承处局部受压验算（按本手册公式（4.3.9））

$b=200\text{mm}$；$l_b=140\text{mm}$；$K_B=1.08$（插值法）；$K_{Zcp}=1.15$

局部压应力　$f_c=\frac{V_f}{bl_bK_BK_{Zcp}}=\frac{50.48\times10^3}{200\times140\times1.08\times1.15}=1.45\text{N/mm}^2<f_{c,90}=3.0\text{N/mm}^2$　满足要求

（3）屋盖设计

屋盖结构单元由12.5mm的木基结构板材和屋架组成，面板边缘钉采用直径为3.25mm的钉，钉的间距为150mm。由于东西立面的屋盖长度较短，所以屋盖的设计由作用在南北向的荷载控制。假设所产生的侧向力均匀分布，则作用在屋盖上横向的水平荷载设计值为：

$$w_f=1.5\times72.2/(6.3+18.9+0.67)=4.19\text{kN/m}$$

根据建筑物平面图，屋盖的边界杆件位于①轴线、⑧轴线和⑪轴线。

1）屋盖受剪承载力验算

由本手册公式（6.3.3）可得，设计受剪承载力为：

$$V=f_{vd}\cdot k_1\cdot k_2\cdot B_e$$

式中：$k_1=1.0$，$k_2=0.8$（云杉—松—冷杉），$B_e\approx11.8\text{m}$。

由本手册表11.3.1查得 $f_{vd}=6.4\text{kN/m}$，按表注，考虑风荷载应乘以1.25增大系数。所以沿⑧轴线的设计受剪承载力为

$$V=f_d\cdot B=1.25\times6.4\times1.0\times0.8\times11.8=75.52\text{kN}>0.5\times4.19\times25.87=54.2\text{kN}$$

2）屋盖边界杆件承载力验算

屋盖边界杆件由二层外墙的双层顶梁板2×40mm×140mm II_c级花旗松—落叶松类（加拿大）规格材组成。沿①～⑧轴线间的边界杆件承受的轴向力设计值为：

$$N_f=\frac{M_1}{B_0}=\frac{w_fL_1^2}{8B_0}=\frac{4.19\times(18.9+0.67)^2}{8\times11.8}=17.0\text{kN}$$

由于杆件的受拉承载力低于受压承载力，故边界杆件的轴向承载力由受拉承载力控制。由本手册表3.3.15可知，规格材制作的边界杆件受拉承载力为 $f_t=4.5\text{N/mm}^2$（各项材料调整系数均取1.0），则

$$N_t=2\times40\times140\times4.5=50.4\text{kN}>N_f=17.0\text{kN}$$

（4）二层外墙墙骨柱设计

二层外墙墙骨柱为40mm×140mm II_c级花旗松—落叶松类（加拿大）规格材，墙骨柱间距为400mm。墙骨柱的计算长度为 $l_0=3.5\text{m}$，其计算简图及节点图见图11.11.9。

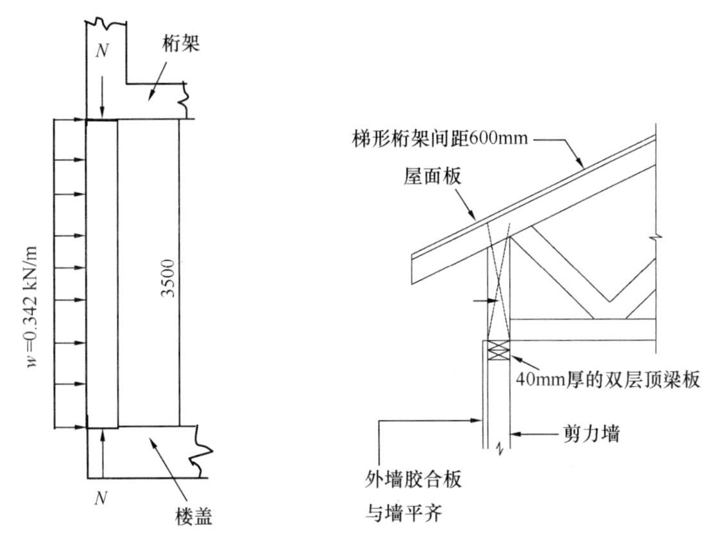

图 11.11.9 二层外墙墙骨柱计算示意图及与桁架的连接

由本手册表 3.3.15 可得墙骨柱的各强度设计值（各项材料调整系数均取 1.0）。

作用在屋面的竖向荷载设计值为：$S=1.3\times1.16+1.5\times0.5=2.26\text{kN/m}^2$

每根墙骨柱承受的荷载设计值为：$N=0.4\times2.26\times(6.48\times0.5+1.0)=3.83\text{kN}$

风荷载设计值为：$w=1.5\times0.61\times0.4=0.366\text{kN/m}$

$$M=\frac{wL^2}{8}=\frac{0.366\times3.5^2}{8}=0.56\text{kN}\cdot\text{m}$$

按强度验算(本手册公式(4.4.1))：

$$\frac{N}{A_n f_c}+\frac{M}{W_n f_m}=\frac{3.83\times10^3}{40\times140\times14.6}+\frac{0.56\times10^6\times6}{40\times140^2\times10}=0.475<1.0$$

按稳定验算（本手册公式（4.4.4）～公式（4.4.7））：

$$\frac{N}{\varphi\varphi_m A_0}\leqslant f_c$$

$$\varphi_m=(1-k)^2(1-k_0)$$

$$k=\frac{M_0}{Wf_m\left(1+\sqrt{\frac{N}{Af_c}}\right)}=\frac{0.56\times10^6\times6}{40\times140^2\times10\times\left(1+\sqrt{\frac{3.83\times10^3}{40\times140\times10}}\right)}=0.34，k_0=0$$

所以

$$\varphi_m=(1-k)^2(1-k_0)=(1-0.34)^2=0.4356$$

由本手册公式（4.2.4），$\lambda_c=c_c\sqrt{\frac{\beta E_k}{f_{ck}}}=3.68\times\sqrt{\frac{1.03\times70000}{21.1}}=68.03$

$$\lambda=\frac{l_0}{\sqrt{\frac{I}{A}}}=86.60>\lambda_c$$

所以，由本手册公式（4.2.7），

$$\varphi=\frac{a_c\pi^2\beta E_k}{\lambda^2 f_{ck}}=\frac{0.88\times\pi^2\times1.03\times7000}{86.60^2\times21.1}=0.395$$

故该墙骨柱的稳定性验算

$$\frac{N}{\varphi\varphi_{m}A_{0}}=\frac{3.83\times10^{3}}{0.395\times0.4356\times5600}=3.97\text{N/mm}^{2}<f_{c}=14.6\text{N/mm}^{2}$$

（5）二层剪力墙 SW1 设计

剪力墙由墙骨柱、顶梁板和底梁板以及墙面板组成。剪力墙 SW1 长为 5.58m，墙骨柱为 40mm×140mm $Ⅱ_c$级花旗松—落叶松类（加拿大）规格材，墙面板为 12.5mm 的木基结构板材，面板边缘钉采用直径为 3.25mm 的钉，钉的间距为 150mm。经计算，风荷载作用下墙承受的剪力设计值为 23.0kN。

1）剪力墙受剪承载力验算

由本手册公式（6.3.1）可得，剪力墙的设计受剪承载力为：

$$V=f_{d}l=(f_{vd}k_{1}k_{2}k_{3})l$$

式中：$k_1=1.0$，$k_2=1.0$，$k_3=1.0$。

由本手册表 11.5.1 查得 $f_{vd}=4.7$kN/m，所以

$$f_{d}=f_{vd}k_{1}k_{2}k_{3}=1.25\times4.7\times1.0\times1.0\times1.0=5.9\text{kN/m}$$

$$V_{r}=f_{d}l=5.9\times5.58=32.92\text{kN}>V_{f}=23.0\text{kN}$$

2）剪力墙边界杆件承载力验算

剪力墙的边界杆件为剪力墙边界墙骨柱，为两根 40mm×140mm $Ⅱ_c$ 花旗松—落叶松类（加拿大）规格材。边界杆件承受的设计轴向力为：

$$N_{f}=23.0\times3.5/5.58=14.43\text{kN}$$

由于杆件的受拉承载力低于受压承载力，故边界杆件的轴向承载力由受拉承载力控制。由本手册表 3.3.15 可知，规格材制作的边界杆件受拉承载力为 $f_t=4.5\text{N/mm}^2$（各项材料调整系数均取 1.0），则

$$N_{t}=2\times40\times140\times4.5=50.4\text{kN}>N_{f}=14.43\text{kN}$$

3）剪力墙连接件验算

① 连接件与楼盖的连接

连接件与楼盖的连接由 1ϕ16 的 4.8 级 C 级普通螺栓承受。根据国家标准《钢结构设计标准》GB 50017—2017 的规定，普通螺栓的抗拉极限为 $f_t^b=170\text{N/mm}^2$，故螺栓承载力：

$$N_{r}=\frac{\pi d^{2}}{4}f_{t}^{b}=\frac{3.14\times16^{2}}{4}\times170=34.16\text{kN}>N_{f}=14.43\text{kN}$$

② 连接件与墙骨柱的连接

连接件与墙骨柱的连接由 6ϕ10 的 4.8 级 C 级普通螺栓传递。

受力类型：双剪

花旗松—落叶松（加拿大）的全干相对密度：$G=0.49$

螺栓直径：$d=10$mm

主构件（墙骨柱）厚度：$t_m=140$mm

次构件（连接件）厚度：$t_s=5$mm

木构件销槽顺纹承压强度标准值：$f_{e,0}=77G=77\times0.51=39.27\text{N/mm}^2$

钢构件的销槽承压强度：$f_{es}=1.1\times305=335.5\text{N/mm}^2$

螺栓屈服强度标准值：$f_{yk}=320\text{N/mm}^2$

剪面承载力各屈服模式的抗力分项系数：$\gamma_{\text{I}}=4.38$，$\gamma_{\text{II}}=3.63$，$\gamma_{\text{III}}=2.22$，$\gamma_{\text{IV}}=1.88$

钢材弹塑性强化系数：$k_{ep}=1.0$

$$R_e=\frac{f_{em}}{f_{es}}=0.117$$

$$R_t=\frac{t_m}{t_s}=\frac{140}{5}=28.0$$

顺纹向单个螺栓承载力设计值计算：

$$R_eR_t=3.276$$

屈服模式Ⅰ：
$$k_{\text{I}}=\frac{R_eR_t}{2\gamma_{\text{I}}}=\frac{3.276}{2\times4.38}=0.37$$

屈服模式Ⅲ：
$$k_{s\text{III}}=\frac{R_e}{2+R_e}\left[\sqrt{\frac{2(1+R_e)}{R_e}+\frac{1.647(2+R_e)k_{ep}f_{yk}d^2}{3R_ef_{es}t_s^2}}-1\right]=0.36$$

$$k_{\text{III}}=\frac{k_{s\text{III}}}{\gamma_{\text{III}}}=0.16$$

屈服模式Ⅳ：
$$k_{s\text{IV}}=\frac{d}{t_s}\sqrt{\frac{1.647R_ek_{ep}f_{yk}}{3(1+R_e)f_{es}}}=0.47$$

$$k_{\text{IV}}=\frac{k_{s\text{IV}}}{\gamma_{\text{IV}}}=0.25$$

销槽承压最小有效长度系数：$k_{min}=0.16$

每个剪面的受剪承载力参考设计值（群栓系数取 1.0）：

$Z=k_{min}\times t_s\times d\times f_{es}=2.68\text{kN}>N_f=14.43/6=2.41\text{kN}$　满足要求。

③ 墙骨柱螺栓连接处偏心受拉验算

偏心弯矩 $M=N_fe=14.43\times40=577.2\text{kN}\cdot\text{mm}$，各项材料调整系数均取 1.0，由本手册公式（4.4.1）：

$$\frac{N}{A_nf_t}+\frac{M}{W_nf_m}=\frac{14.43\times1000}{(140-10)\times80\times4.5}+\frac{577.2\times1000}{\frac{1}{6}\times(140-10)\times80^2\times10}=0.72<1.0$$

（6）楼盖搁栅 ML10 设计

搁栅的间距为 400mm，支承在剪力墙上，见图 11.11.10。作用在楼面的竖向荷载设计值为：

$$S=1.3\times1.46+1.5\times2.0=4.90\text{kN/m}^2$$

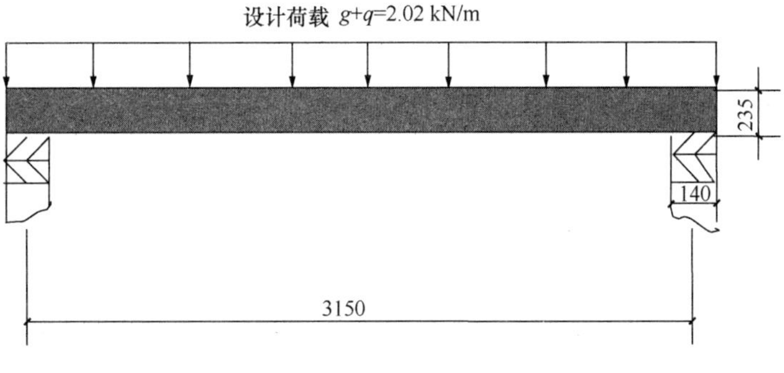

设计荷载 $g+q=2.02$ kN/m

235

140

3150

图 11.11.10　楼板搁栅 ML10

搁栅为 40mm×235mm Ⅱ_c 级花旗松-落叶松类（加拿大）规格材。搁栅的自重设计值为：

$$1.3\times4.9\times0.04\times0.235=0.06\text{kN/m}$$

故搁栅承受的均布荷载设计值为：$g+q=0.4\times4.9+0.06=2.02\text{kN/m}$

$$M=\frac{(g+q)L^2}{8}=\frac{2.02\times3.15^2}{8}=2.51\text{kN}\cdot\text{m}$$

$$V=\frac{(g+q)L}{2}=\frac{2.02\times3.15}{2}=3.18\text{kN}$$

1）弯曲强度验算（各项材料调整系数均取 1.0）

$$\frac{M}{W_n}=6.82\text{N/mm}^2<f_m=10\text{N/mm}^2$$

2）剪切强度验算（各项材料调整系数均取 1.0）

$$\frac{VS}{Ib}=0.34\text{N/mm}^2<f_v=1.8\text{N/mm}^2$$

3）变形验算

荷载标准值 $S=1.46+2.0=3.46\text{kN/mm}^2$

$$g+q=0.4\times3.46+4.9\times0.04\times0.235=1.43\text{kN/m}$$

$$w=\frac{5(g+q)L^4}{384EI}=\frac{5\times1.43\times3150^4}{384\times11000\times\frac{1}{12}\times40\times235^3}=3.85\text{mm}<L/250=12.6\text{mm}$$

4）支承处局部受压验算（各项材料调整系数均取 1.0）

$b=40\text{mm}$；$l_b=140\text{mm}$；$K_B=1.08$（插值法）；$K_{Zcp}=1.15$

局部压应力 $f_c=\dfrac{V_f}{bl_bK_BK_{Zcp}}=\dfrac{3.18\times10^3}{40\times140\times1.08\times1.15}=0.46\text{N/mm}^2<f_{c,90}=7.2\text{N/mm}^2$

（7）楼盖设计

楼盖由搁栅以及 15.5mm 厚的胶合板楼面板组成，面板边缘钉的间距为 150mm。由于东西立面的楼盖长度较短，所以楼盖的设计由作用在横向的荷载控制。假设所产生的侧向力均匀分布，则作用在楼盖上横向的水平荷载（风荷载）设计值为 $w_f=1.5\times93.9/27.5=5.12\text{kN/m}$。根据屋盖的边界杆件布置，楼盖的边界杆件为①轴线、⑧轴线和⑪轴线。

1）楼盖侧向受剪承载力验算

由本手册公式（6.3.3）可得，楼盖的设计受剪承载力为：

$$V=f_d\cdot B=f_{vd}\cdot k_1\cdot k_2\cdot B$$

式中：$k_1=1.0$，$k_2=1.0$（花旗松-落叶松类（加拿大）规格材），$B=11.8\text{m}$。

由本手册表 11.3.1 查得 $f_{vd}=1.25\times7.6\text{kN/m}$，所以沿⑧轴线的设计受剪承载力为

$$V=f_d\cdot B=1.25\times(7.6\times1.0\times1.0)\times11.8$$
$$=112.1\text{kN}>0.5\times5.12\times(21.2+2\times3.15)=70.4\text{kN}$$

2）楼盖边界杆件承载力验算

楼盖的边界杆件由一层外墙的顶梁板组成。顶梁板为双层 40mm×140mm Ⅱ_c 级花旗松-落叶松类（加拿大）规格材。沿①～⑧轴线间的边界杆件承受的轴向力设计值为：

$$N_{\mathrm{f}}=\frac{M_1}{B_0}+N_{1\mathrm{f}}=\frac{w_{\mathrm{f}}L_1^2}{8B_0}+N_{1\mathrm{f}}$$

式中：L_1——①轴线和⑧轴线之间的距离；

$N_{1\mathrm{f}}$——由上层剪力墙传递到楼盖边界杆件的侧向力，该侧向力的大小与屋盖边界杆件的侧向力相同。

所以，$$N_{\mathrm{f}}=\frac{M_1}{B_0}+N_{1\mathrm{f}}=\frac{5.12\times21.2^2}{8\times11.8}+17.0=41.38\mathrm{kN}$$

由于杆件的受拉承载力低于受压承载力，故边界杆件的轴向承载力由受拉承载力控制：

$$N_{\mathrm{t}}=2\times40\times140\times4.5=50.4\mathrm{kN}>N_{\mathrm{f}}=41.38\mathrm{kN}$$

(8) 一层内墙 SW3 墙骨柱设计

一层内墙墙骨柱为 40mm×140mm Ⅱ$_{\mathrm{c}}$级花旗松-落叶松类（加拿大）规格材，墙骨柱间距为 400mm。墙骨柱的计算长度为 $l_0=3.4-0.25=3.15\mathrm{m}$。各项材料调整系数均取 1.0。作用在一层墙体上的竖向荷载设计值为：

二层内墙	1.3×3.5×0.405=1.84kN/m
楼盖	(1.3×1.46 + 1.5×2.0)×(3.15+2.7) /2=14.33kN/m
总计：	16.17kN/m

故每根墙骨柱承受的荷载设计值为：$N=0.4\times16.17=6.47\mathrm{kN}$

按强度验算：$$\frac{N}{A_{\mathrm{n}}}=\frac{6.47\times10^3}{40\times140}=1.16\mathrm{N/mm^2}<14.6\mathrm{N/mm^2}$$

按稳定验算：$$\frac{N}{\varphi A_0}\leqslant f_{\mathrm{c}}$$

$$\lambda_{\mathrm{c}}=c_{\mathrm{c}}\sqrt{\frac{\beta E_{\mathrm{k}}}{f_{\mathrm{ck}}}}=3.68\times\sqrt{\frac{1.03\times70000}{21.1}}=68.03$$

$$\lambda=\frac{l_0}{\sqrt{\frac{I}{A}}}=77.90>\lambda_{\mathrm{c}}$$

所以，

$$\varphi=\frac{a_{\mathrm{c}}\pi^2\beta E_{\mathrm{k}}}{\lambda^2 f_{\mathrm{ck}}}=\frac{0.88\times\pi^2\times1.03\times7000}{77.90^2\times21.1}=0.49$$

故该墙骨柱的稳定性

$$\frac{N}{\varphi A_0}=\frac{6.47\times10^3}{0.49\times40\times140}=2.36\mathrm{N/mm^2}<f_{\mathrm{c}}=14.6\mathrm{N/mm^2}$$

(9) 一层外墙墙骨柱设计

一层外墙墙骨柱为 40mm×140mm Ⅱ$_{\mathrm{c}}$级花旗松-落叶松类（加拿大）规格材，墙骨柱间距为 400mm。墙骨柱的计算长度为 $l_0=3.15\mathrm{m}$。各项材料调整系数均取 1.0。作用在一层外墙上的荷载设计值为：

屋盖	(1.3× 1.16 + 1.5×0.5)×(5.32× 0.5+1.37)=9.10kN/m
二层外墙	1.3×3.5×0.405=1.84kN/m
楼盖	0.5× (1.3×1.46 + 1.5×2.0)×3.6=8.82kN/m
总计：	19.76kN/m

故每根墙骨柱承受的竖向荷载设计值为：$N=0.4\times19.76=7.90\text{kN}$

风荷载设计值为：$w=1.5\times0.61\times0.4=0.366\text{kN/m}$

$$M_0=\frac{wL^2}{8}=\frac{0.366\times3.15^2}{8}=0.45\text{kN}\cdot\text{m}$$

按强度验算：$\dfrac{N}{A_n f_c}+\dfrac{M_0}{W_n f_m}=\dfrac{7.90\times10^3}{40\times140\times14.6}+\dfrac{0.45\times10^6\times6}{40\times140^2\times10}=0.441<1.0$

按稳定验算：
$$\frac{N}{\varphi\varphi_m A_0}\leqslant f_c$$

$$\varphi_m=(1-k)^2(1-k_0)$$

$$k=\frac{M_0}{Wf_m\left(1+\sqrt{\dfrac{N}{Af_c}}\right)}=\frac{0.45\times10^6\times6}{40\times140^2\times10\times\left(1+\sqrt{\dfrac{7.90\times10^3}{40\times140\times10}}\right)}=0.25,\ k_0=0$$

所以，
$$\varphi_m=(1-k)^2(1-k_0)=(1-0.25)^2=0.5625$$

$$\lambda_c=c_c\sqrt{\frac{\beta E_k}{f_{ck}}}=3.68\times\sqrt{\frac{1.03\times70000}{21.1}}=68.03$$

$$\lambda=\frac{l_0}{\sqrt{\dfrac{I}{A}}}=77.90>\lambda_c$$

所以，
$$\varphi=\frac{a_c\pi^2\beta E_k}{\lambda^2 f_{ck}}=\frac{0.88\times\pi^2\times1.03\times7000}{77.90^2\times21.1}=0.49$$

$$\frac{N}{\varphi\varphi_m A_0}=\frac{7.90\times10^3}{0.49\times0.5625\times5600}=5.12\text{N/mm}^2<f_c=14.6\text{N/mm}^2$$

故该墙骨柱的稳定性满足要求。

（10）一层剪力墙 SW2 及 SW3 设计

沿④轴线剖面的一层剪力墙由内墙 SW2 与 SW3 组成，长度分别为 3.6m 和 6.48m。构成剪力墙 SW2 及 SW3 的墙骨柱、顶梁板和底梁板以及墙面板与 SW1 相同。经计算，风荷载作用下墙承受的总剪力设计值为 26.0kN。假设剪力墙的刚度与长度成正比，则每片剪力墙所承受的剪力为：

$$V_{SW2}=3.6\times\frac{26.0}{6.48+3.6}=9.3\text{kN}$$

$$V_{SW3}=6.48\times\frac{26.0}{6.48+3.6}=16.7\text{kN}$$

由剪力墙 SW1 设计可知剪力墙的设计受剪承载力为：

$$f_d=1.25\times5.5\text{kN/m}>f_f=\frac{26.0}{6.48+3.6}=2.58\text{kN/m}$$

故，一层剪力墙 SW2 及 SW3 满足设计要求。

（11）连接设计

1）屋盖与墙体的连接

由于作用在屋盖上的上拔力（101.1kN ）小于屋盖单元自重（545kN），故不需进行上拔力验算。

2）墙体与楼板的连接

墙体与楼板之间的连接构造见图 11.11.11。验算二层墙体底梁板与楼盖的连接。

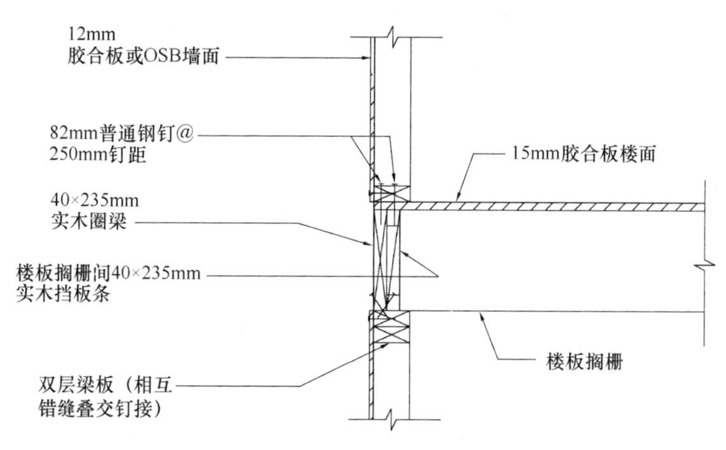

图 11.11.11 外墙与楼盖连接详图

由直径为 3.66mm、长 82mm 的普通钢钉形成的钉节点的设计承载力为：
受力类型：单剪
花旗松-落叶松（加拿大）的全干相对密度：$G=0.49$
胶合板的全干相对密度：$G=0.50$
钉直径：$d=3.66\text{mm}$
主构件厚度：$t_m=38\text{mm}$
次构件（连接件）厚度：$t_s=15\text{mm}$
规格材木构件销槽承压强度标准值：$f_{es}=115G^{1.84}=115\times0.49^{1.84}=30.95\text{N/mm}^2$
胶合板的销槽承压强度标准值：$f_{em}=115G^{1.84}=115\times0.50^{1.84}=32.12\text{N/mm}^2$
钢钉屈服强度标准值：$f_{yk}=320\text{N/mm}^2$
剪面承载力各屈服模式的抗力分项系数：

$$\gamma_{\text{I}}=3.42,\ \gamma_{\text{II}}=2.83,\ \gamma_{\text{III}}=1.97,\ \gamma_{\text{IV}}=1.62$$

弹塑性强化系数：$k_{ep}=1.0$

$$R_e=\frac{f_{em}}{f_{es}}=\frac{30.95}{32.12}=0.964$$

$$R_t=\frac{t_m}{t_s}=\frac{38}{15}=2.53$$

顺纹向单个圆钉承载力设计值计算：
屈服模式Ⅰ（本手册公式（5.3.5））：

$$R_eR_t=0.964\times2.53=2.43\text{，取 }R_eR_t=1.0\text{，}$$

$$k_{\text{I}}=\frac{R_eR_t}{\gamma_{\text{I}}}=\frac{1}{3.42}=0.292$$

屈服模式Ⅱ（本手册公式（5.3.7）、公式（5.3.8））：

$$k_{\text{II}}=\frac{k_{s\text{II}}}{\gamma_{\text{II}}}$$

$$k_{s\text{II}}=\frac{\sqrt{R_e+2R_e^2(1+R_t+R_t^2)+R_t^2R_e^3}-R_e(1+R_t)}{1+R_e}$$

$$=\frac{\sqrt{0.964+2\times0.964^2\times(1+2.53+2.53^2)+2.53^2\times0.964^3}-0.964\times(1+2.53)}{1+0.964}$$

$$=0.823$$

$$k_{\mathrm{II}}=\frac{k_{s\mathrm{II}}}{\gamma_{\mathrm{II}}}=\frac{0.823}{2.83}=0.29$$

屈服模式III_m（本手册公式（5.3.10））：

$$k_{s\mathrm{III}}=\frac{R_tR_e}{1+2R_e}\left[\sqrt{2(1+R_e)+\frac{1.647(1+2R_e)k_{ep}f_{yk}d^2}{3R_eR_t^2f_{es}t_s^2}}-1\right]$$

$$=\frac{2.53\times0.964}{1+2\times0.964}\left[\sqrt{2\times(1+0.964)+\frac{1.647\times(1+2\times0.964)\times1.0\times320\times3.66^2}{3\times0.964\times2.53^2\times30.95\times15^2}}-1\right]$$

$$=0.63$$

屈服模式III_s（本手册公式5.3.11）：

$$k_{s\mathrm{III}}=\frac{R_e}{2+R_e}\left[\sqrt{\frac{2(1+R_e)}{R_e}+\frac{1.647(2+R_e)k_{ep}f_{yk}d^2}{3R_ef_{es}t_s^2}}-1\right]$$

$$=\frac{0.964}{2+0.964}\left[\sqrt{\frac{2\times(1+0.964)}{0.964}+\frac{1.647\times(2+0.964)\times1.0\times320\times3.66^2}{3\times0.964\times30.95\times15^2}}-1\right]$$

$$=0.41$$

取：

$$k_{\mathrm{III}}=\frac{k_{s\mathrm{III}}}{\gamma_{\mathrm{III}}}=\frac{0.41}{1.97}=0.21$$

屈服模式Ⅳ：$k_{s\mathrm{IV}}=\frac{d}{t_s}\sqrt{\frac{1.647R_ek_{ep}f_{yk}}{3(1+R_e)f_{es}}}=\frac{3.66}{15}\times\sqrt{\frac{1.647\times0.964\times1.0\times320}{3\times(1+0.964)\times30.95}}=0.407$

$$k_{\mathrm{IV}}=\frac{k_{s\mathrm{IV}}}{\gamma_{\mathrm{IV}}}=\frac{0.407}{1.62}=0.251$$

销槽承压最小有效长度系数：$k_{min}=0.21$

每个剪面的受剪承载力参考设计值：

$$Z=k_{min}\times t_s\times d\times f_{es}=0.21\times15\times3.66\times32.12=0.37\mathrm{kN}$$

由屋盖传来的横向水平风荷载设计值为：1.5×72.2= 108.3kN

所需的钉子个数为：$\frac{108.3}{0.37}=293$颗

二层横向墙体总长为：13.17+2×6.48+13.17+5.58+10.9=55.78m

故，钉子的间距应为：$\frac{55780}{293}=190\mathrm{mm}$取钉子间距为150mm。

纵向钉子的间距可用相同的方法求出。

第12章 井干式木结构

井干式木结构是采用截面经过适当加工后的方木、原木、胶合原木作为基本构件，将构件在水平方向上层层叠加，并在构件相交的端部采用层层交叉咬合连接，以此组成的井字形木墙体作为主要承重体系的木结构，也称原木结构。井干式木结构是方木原木结构的主要结构形式之一，在现代木结构建筑中也经常采用。

井干式木结构的墙体构件一般采用方木和原木制作，由于方木原木干燥比较困难，使用过程中墙体容易变形，因此，许多井干式木结构建筑的墙体构件也采用胶合木材制作。井干式木结构建筑在我国东北地区又称为“木刻楞”结构，在我国东北地区较多，因木材外露，可不进行二次装饰，木材自然温暖的材性也能使人舒适，因此越来越受用户欢迎。目前，在我国已形成由北向南发展的趋势。但我国缺乏对井干式木结构建筑的系统研究，尤其是在井干式结构墙体的承载力计算、墙体的变形导致的沉降以及耐久性问题等方面。本章将结合我国规范以及北欧地区关于井干式木结构的经验对其结构计算和构造方面提出要求，从而指导井干式木结构建筑的设计。

12.1 材 料

12.1.1 木材

井干式木结构建筑的墙体采用的材料分为原木方木或胶合原木。

井干式木结构可由直接砍伐的原木直接建造，或由原木加工而成的方木建造。在林场或木材资源丰富的地区，一般直接采用原木建造，如我国大兴安岭林场地区很多井干式木结构建筑即采用原木建造。原木方木因截面尺寸较大，一般都经自然风干，截面表里的含水率不一，使用原木方木时，可对其进行开槽处理，防止因使用期间干燥而产生收缩裂缝。《木结构设计标准》GB 50005—2017 规定，原木的含水率不应大于25%，方木的含水率不应大于20%，不宜直接采用湿材，湿材均应自然干燥一定时间后方可用于结构。

井干式木结构也可采用胶合原木制作，胶合原木是指由规格材层板胶合而成的形状类似原木方木的胶合木产品，具有胶合木产品的特性，因其使用的规格材层板均可采用窑干技术干燥，层板的含水率容易控制，胶合原木的含水率一般在8%～12%。胶合原木产品性能比原木方木更稳定，可加工性好，产品质量更容易得到保证，且原木方木对木材资源要求较高，因此目前实际工程中，大都采用胶合原木替代原木方木。

井干式木结构墙体构件的截面形式可按表12.1.1的规定选用。矩形构件的截面宽度尺寸不宜小于70mm，高度尺寸不宜小于95mm；圆形构件的截面直径不宜小于130mm。

对于井干式木结构建筑的材料强度设计值可按原木方木（实木）的设计指标确定。

井干式木结构常用截面形式　　表 12.1.1

采用材料		截面形式				
方木		70mm≤b≤120mm	90mm≤b≤150mm	90mm≤b≤150mm	90mm≤b≤150mm	90mm≤b≤150mm
胶合原木	一层组合	95mm≤b≤150mm	70mm≤b≤150mm	95mm≤b≤150mm	150mm≤ϕ≤260mm	90mm≤b≤180mm
	二层组合	95mm≤b≤150mm	150mm≤b≤300mm	150mm≤b≤260mm	150mm≤ϕ≤300mm	
原木		130mm≤ϕ	150mm≤ϕ			

注：表中 b 为截面宽度，ϕ 为圆截面直径。

12.1.2　连接件

井干式木结构建筑常用的连接件包括基础锚杆、拉结螺栓、抗剪销、层间锚杆等。

基础锚杆，是指在墙体底层设置的连接基础与原木墙体的连接件，可采用预埋钢筋螺杆或化学植筋螺杆。通常连接原木墙体的最底层三层原木。见图 12.1.1。

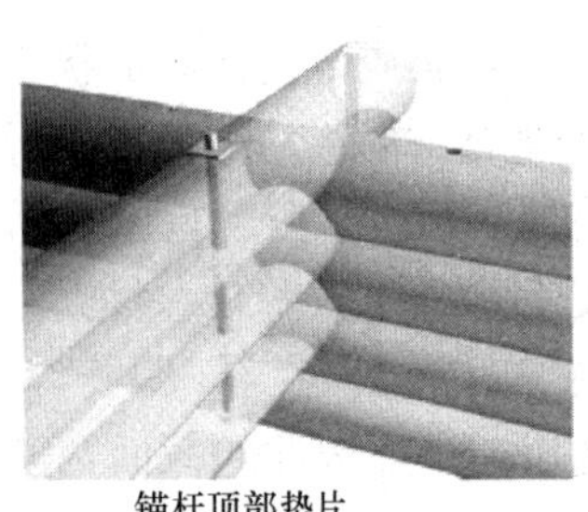

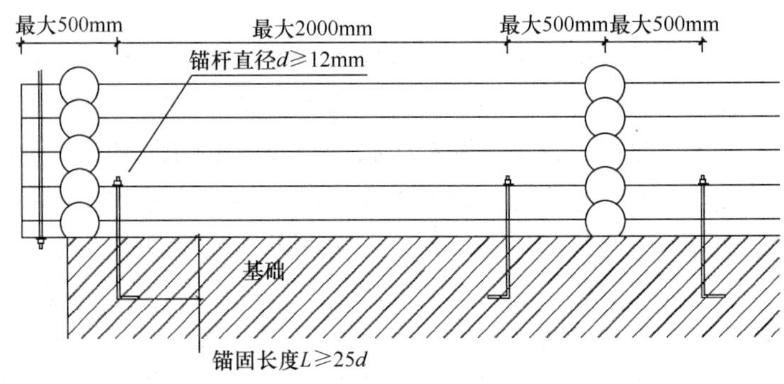

图 12.1.1　基础与原木墙体连接锚杆

通长拉结螺栓，是指从墙体底部到顶部贯通的通长紧固螺杆，各层墙体均应使用紧固拉杆拉紧各层原木，增强墙体的整体性。一般设置于墙体端部的转角处，见图 12.1.2。

抗剪销，指连接原木层与层的连接件，增强墙体的整体性，并有抗剪的作用。可以采用木销或钢管销，通常是先在原木上面预钻孔，孔直径略小于销直径，见图 12.1.2。

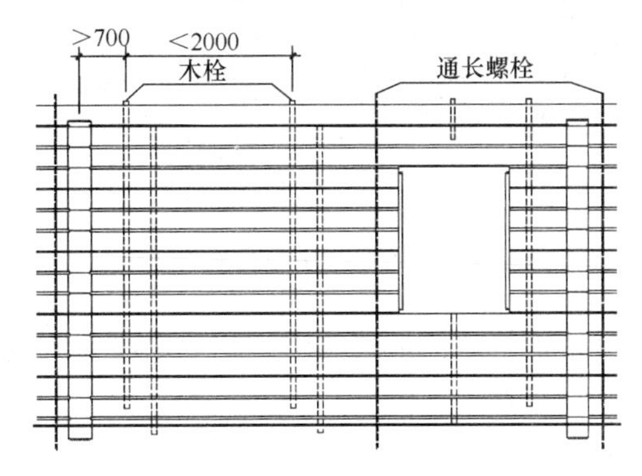

图 12.1.2 拉结螺栓和抗剪件

12.1.3 其他

井干式木结构建筑墙体是由原木层层叠合、相互咬合而成的，为保证建筑的气密性，加强外围护结构的防水、防风及保温隔热性能，在原木层间需要放置密封胶和橡胶垫等密封材料，如麻布毡垫、橡胶条等。密封材料要满足耐久性的要求，并应有弹性。

12.2 构件设计

12.2.1 梁柱构件设计

井干式木结构建筑的梁柱构件一般为方木原木或胶合原木，构件设计计算可按现行国家标准《木结构设计标准》GB 50005 的规定验算，构造满足本章第 12.4 节的要求。

12.2.2 墙体设计

井干式木结构建筑承重墙体应采用十字交叉转角、直角转角、隔墙、连续竖向支撑构件或固定于墙体末端的墙骨柱等侧向支撑构造措施保证墙体稳定，从而承受竖向荷载。承重墙应按要求用木钉、钢管和螺杆固定，在门窗等开口处的边缘应加设墙骨柱。计算墙体承载力时，仅当开口处中间墙体无其他加固措施时方考虑墙骨柱的作用。

墙体的竖向承载力可按墙柱进行结构计算，墙柱有效宽度为距转角、隔墙或竖向支撑加强件不到 2m 实木墙的宽度。对于无侧向支撑加固的墙体一般不考虑其竖向承载力。承重墙体的有效侧向支撑长度（如转角/隔墙和/或竖向支撑的距离）不能超过 8m。对于距侧向支撑间距超过 2m 的墙体部分为非有效承重墙体区域，不考虑其承载力，但应能承受其自重，并能传递其他荷载至承重墙柱。

目前，我国木结构设计标准中没有关于原木墙体的竖向承载力的计算方法。芬兰等北欧国家井干式木结构建筑实践经验丰富，以下介绍北欧国家芬兰对原木墙体竖向承载力的计算方法，该计算方法经芬兰 VTT 科研中心试验证实（DESIGN PRINCIPLES FOR LOG BUILDINGS FINNISH LOGHOUSE INDUSTRY ASSOCIATION（HTT）3/2010）。

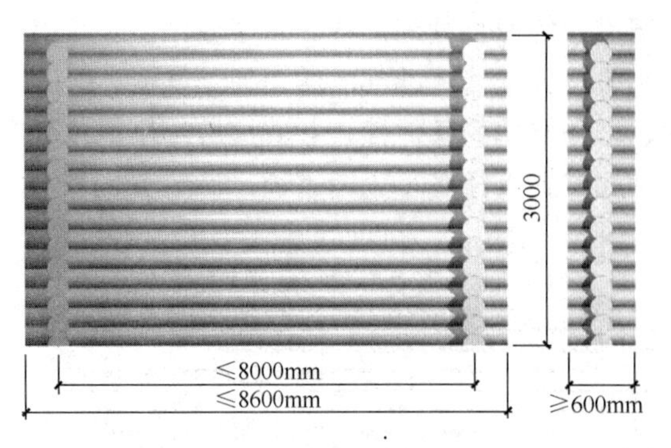

图 12.2.1　原木墙体

方法 1：

当墙体构造（图 12.2.1）满足以下条件时：

（1）对于墙体高度不大于 3m；

（2）相交支撑处相交长度大于 600mm；

（3）相交支撑的最大间距不大于 8m 时；

（4）方形原木的宽度应大于 70mm，或圆形原木直径大于 130mm。

有相交支撑的墙体的承载力为相交支撑的承载力与原木墙的承载力之和，可按下式计算墙体的竖向承载力：

原木相交支撑：

$$F_{\text{log intersection}} = 600\text{mm} \times f_{c,90,d} \times b_{ef}$$

当墙体构件为矩形原木时，$b_{ef}=0.75\times$墙体宽度

当墙体构件为圆形原木时，$b_{ef}=0.5\times$圆木直径

原木墙：

$$F_{\text{wall log}} = f_{c,90,d} \times L \times b_{ef}$$

其中 $L\leqslant 4000\text{mm}$，当 $4000\text{mm}<L<8000\text{mm}$ 时，取 $L=4000\text{mm}$。

有相交支撑的墙体承载力为：

$$F_{\text{wall}} = 2 \times F_{\text{log intersection}} + F_{\text{wall log}}$$

【示例 1】宽度为 120mm 的矩形原木墙体，原木采用欧洲云杉，相交支撑的间距为 5m，墙体高度为 2.8m，相交支撑为横墙，则墙体的竖向承载力为：

欧洲云杉 TC13B，全表面承压，$f_{c,90,d}=2.4\text{N/mm}^2$

$$\begin{aligned} F_{\text{wall}} &= 2 \times F_{\text{log intersection}} + F_{\text{wall log}} \\ &= 2 \times 600 \times 0.75 \times 2.4 \times 120 + 4000 \times 2.4 \times 120 \times 0.75 \\ &= 1123200\text{N} = 1123.2\text{kN} \end{aligned}$$

方法 2：

本方法适用范围无限制。

本方法为芬兰古松原木木结构公司（HONKA）的计算方法，参考欧洲木结构设计标准 EN 1995 和 VTT 的研究报告 VTT-S-03436-15，将墙体看作虚拟墙柱，按下列公式验算墙体稳定：

墙柱长细比：
$$\lambda = H \cdot \sqrt{\frac{Bt_{ef}}{I_{ef}}}$$

式中：H——计算长度（层高）；

B——墙体长度；

t_{ef}——墙体有效厚度；

I_{ef}——墙体有效惯性矩。

相关长细比：

$$\lambda_{rel}=\frac{\lambda}{\pi}\cdot\sqrt{\frac{f_{c,k}}{E_k}}$$

稳定系数：

$$k_c=\frac{1}{k_y+\sqrt{k_y^2-\lambda_{rel}^2}}$$

$$k_y=0.5[1+0.2(\lambda_{rel}-0.3)+\lambda_{rel}^2]$$

墙体受压承载力：

$$F_c=k_c f_c B t_{ef}$$

式中：$f_{c,k}$——木材抗压强度标准值；

f_c——木材抗压强度设计值；

E_k——木材弹性模量标准值。

其中墙柱等效刚度计算可根据试验确定，也可按下式确定：

$$I_{ef}=\frac{EI}{E_{90,C24}}$$

式中：EI——竖向支撑构件或墙骨柱的抗弯刚度；

$E_{90,C24}$——强度等级 C24 的木材横纹弹性模量设计值。

12.3 抗侧力设计

井干式木结构建筑的抗侧力设计包括抗风和抗震设计，其中抗震设计时水平地震力可按底部剪力法计算。

进行抗侧力设计时，需要验算以下几点：

(1) 楼、屋盖的承载力。楼屋盖的承载力可参照现行国家标准《木结构设计标准》GB 50005 轻型木结构楼、屋盖的计算方法进行计算和设计。

(2) 楼、屋盖与墙体之间的连接承载力。亦可参照现行国家标准《木结构设计标准》GB 50005 轻型木结构楼、屋盖的计算方法进行计算和设计。

(3) 墙体水平受剪承载力

井干式木结构建筑墙体水平受剪承载力由相交转角支撑、木销钉、钢管销钉和长自攻螺钉等提供。

1) 相交转角支撑

相交转角支撑（图 12.3.1）的受剪承载力由胶合原木的宽度和胶合原木抗剪强度计算确定。设计计算时可不考虑相交转角支撑的剪切刚度，将其作为安全储备。

2) 木销钉：用于原木层与层之间的连接的木销（图 12.3.2）。

3) 当十字交叉转角和木销钉提供的受剪承载力不足时，可使用钢管销钉受剪或长自攻螺钉受剪（图 12.3.3）。

图 12.3.1　相交转角支撑

图 12.3.2　原木墙体原木层与层之间的木销

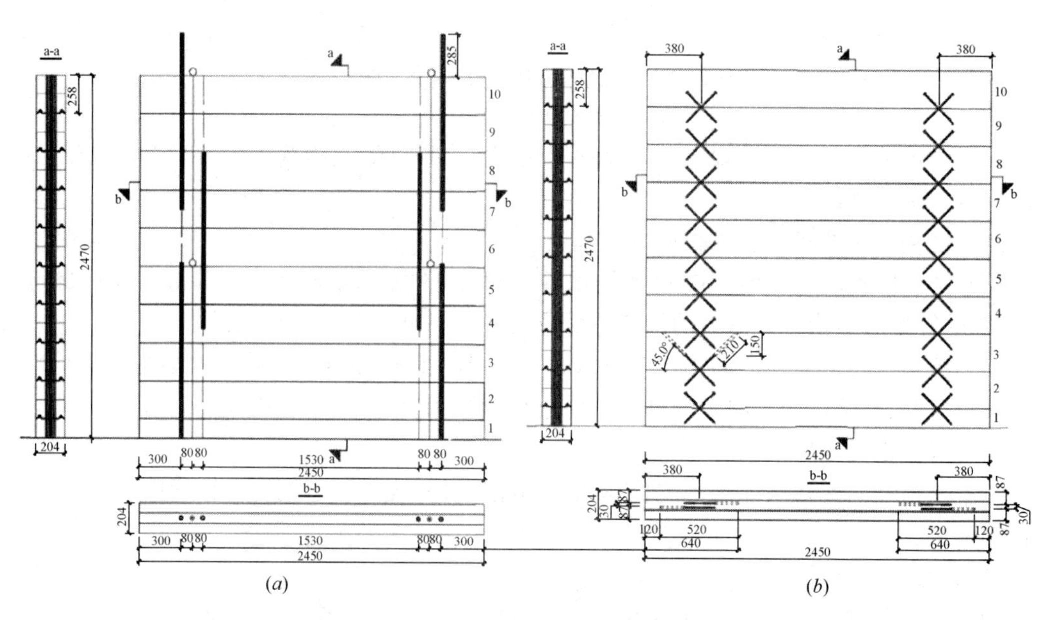

图 12.3.3　钢管销钉和长自攻螺钉构造

目前我国木结构设计标准中没有相交转角支撑、木销、钢管销或长自攻螺钉等的水平受剪承载的计算方法，可通过试验确定，或通过国外已有的成果判断确定。

（4）验算墙体底部与混凝土基础连接

墙体底部受剪承载计算时，不考虑抗拉螺栓的作用，剪力仅由不考虑抗拉的螺栓提供，锚固螺栓应与混凝土锚固牢靠。墙体与基础锚固设计时，螺栓应锚入底部三层胶合原木，且应验算第三层螺栓垫板下木材横纹承压强度。设计时，相交转角支撑处的通长拉结螺杆可考虑其双向承载作用，可参考锚固螺栓。

12.4　构　造　要　求

1. 墙体的整体性和稳定性构造要求

为保证井干式结构墙体的整体性和稳定性，设计时应符合下列要求：

（1）井干式木结构的墙体除山墙外，每层的高度不宜大于 3.6m。墙体水平构件上下层之间应采用木销或其他连接方式进行连接，边部连接点距离墙体端部不应大于 700mm，同一层的连接点间距不应大于 2.0m，且上下相邻两层的连接点应错位布置。当高度大于 3.6m 时因采取增加墙体稳固的措施，如减小墙体长度、增加墙体厚度、增加壁柱等措施。

（2）当采用木销进行水平构件的上下连接时，应采用截面尺寸不小于 25mm×25mm 的方形木销。连接点处应在构件上预留圆孔，圆孔直径应小于木销截面对角线尺寸 3mm～5mm。

（3）井干式木结构在墙体转角和交叉处，相交的水平构件应采用凹凸榫相互搭接，凹凸榫搭接位置距构件端部的尺寸应不小于木墙体的厚度，并应不小于 150mm。外墙上凹凸榫搭接处的端部，应采用墙体通高并可调节松紧的锚固螺栓进行加固（图 12.4.1）。在抗震设防烈度不大于 6 度的地区，锚固螺栓的直径不应小于 12mm；在抗震设防烈度大于 6 度的地区，锚固螺栓的直径不应小于 20mm。

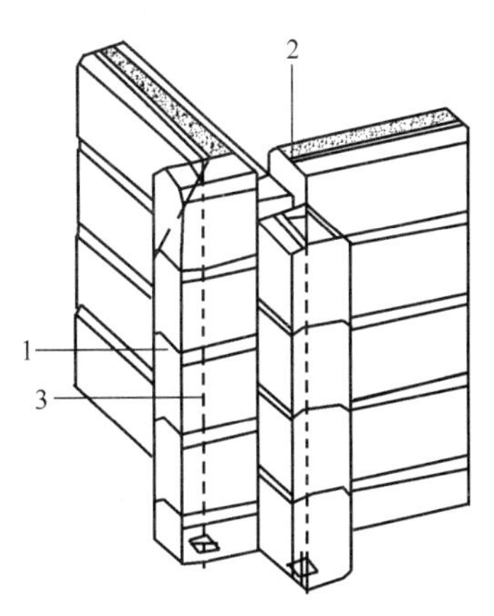

图 12.4.1　墙体转角构造示意
1—墙体水平构件；2—凹凸榫；3—通高并可调节松紧的锚固螺栓

（4）井干式木结构每一块墙体宜在墙体长度方向上设置通高的并可调节松紧的拉结螺栓，拉结螺栓与墙体转角的距离不应大于 800mm，拉结螺栓之间的间距不应大于 2.0m，直径不应小于 12mm。

（5）井干式木结构的山墙或长度大于 6.0m 的墙体，宜在中间位置设置方木加强件（图 12.4.2）或采取其他加强措施进行加强。方木加强件应在墙体的两边对称布置，其截面尺寸不应小于 120mm×120mm。加强件之间应采用螺栓连接，并应采用允许上下变形的螺栓孔。

（6）井干式木结构应在长度大于 800mm 的悬臂墙末端和大开口洞的周边墙端设置墙体加强措施。

（7）承重墙中仅在隔墙交叉处或竖向支撑处构件才可采用对接连接。

2. 墙体与基础的锚固构造要求

（1）墙体垫木的宽度不应小于墙体厚度。

（2）垫木应采用直径不小于 12mm、间距不大于 2.0m 的锚栓与基础锚固。在抗震设防和需要考虑抗风能力的地区，锚栓的直径和间距应满足承受水平作用的要求。

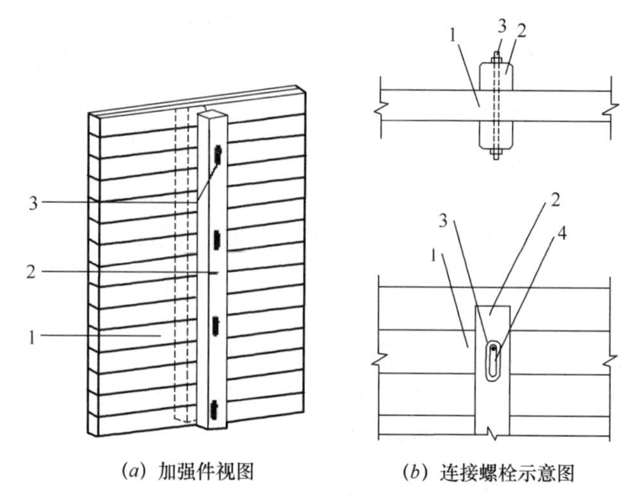

图 12.4.2　墙体方木加强件示意图

1—墙体构件；2—方木加强件；3—连接螺栓；4—安装间隙（椭圆形孔）

（3）锚栓埋入基础深度不应小于 300mm，每根垫木两端应各有一根锚栓，端距为 100mm～300mm。

（4）在抗震设防烈度为 8 度、9 度或强风暴地区，因为水平侧向力大，井干式木结构墙体通高的拉结螺栓和锚固螺栓应与混凝土基础牢固锚接。

3. 处理沉降的构造措施

井干式木结构建筑，墙体原木是处于横纹受压状态，木材的横纹弹性模量低，且木材会因为含水量降低而产生收缩变形，从而使墙体产生沉降。可以采取以下措施防止木材变形而导致的沉降：

（1）井干式木结构墙体在门窗洞口切断处，宜采用防止墙体沉降造成门窗变形或损坏的有效措施。图 12.4.3 为窗洞处防止墙体沉降的常用构造。对于墙体在无门窗的洞口切断处，在墙体端部应采用防止墙体变形的加固措施。

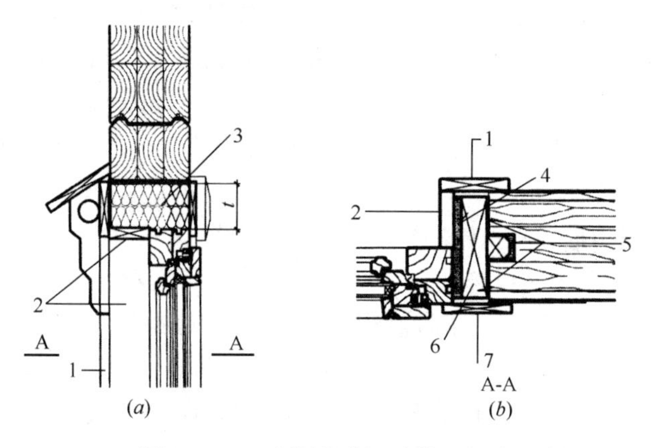

图 12.4.3　窗洞处防沉降构造示意

1—室外盖缝板；2—附加边框；3—柔性保温材料；4—保温材料填缝；5—保温带；6—T 形竖板；7—室内盖缝板；t—预留沉降空间

(2) 井干式木结构中承重的立柱应设置能调节高度的设施(图 12.4.4)。屋顶构件与墙体结构之间应有可靠的连接，并且连接处应具有调节滑动的功能(图 12.4.5)。

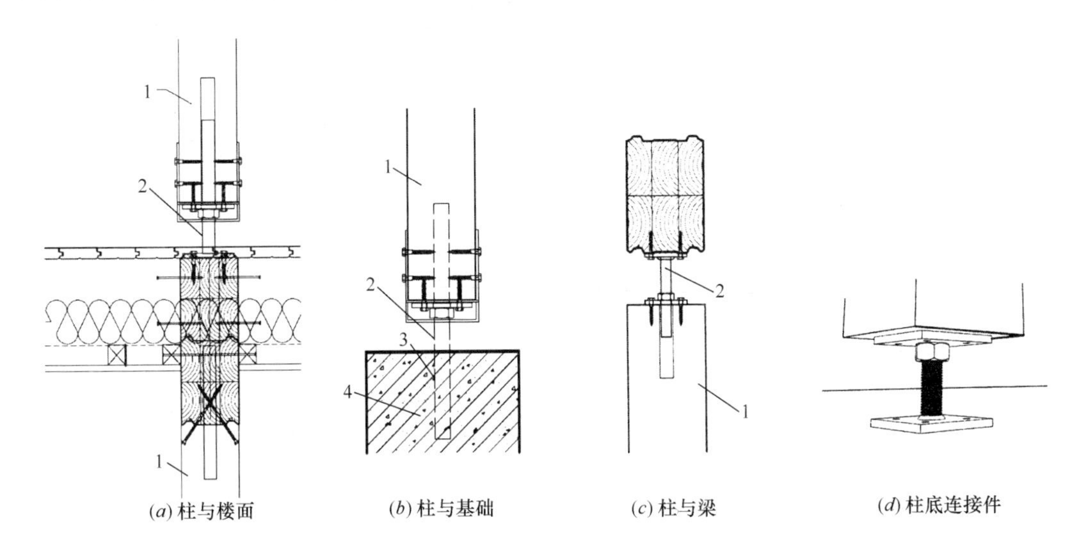

图 12.4.4　柱的防沉降构造示意

1—木柱；2—连接件；3—预埋钢管；4—混凝土基础

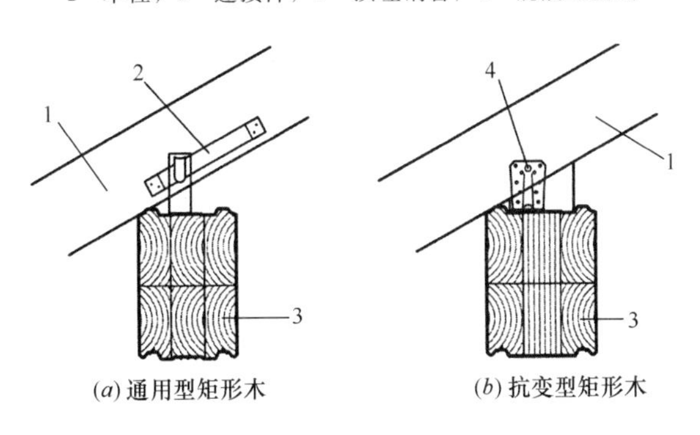

图 12.4.5　屋面椽条与墙体连接构造

1—屋面椽条；2—滑铁连接件；3—墙体；4—支架连接件

4. 井干式木结构墙体构件与构件之间应采取防水和保温隔热措施。构件与混凝土基础接触面之间应设置防潮层，并应在防潮层上设置经防腐防虫处理的垫木。与混凝土基础直接接触的其他木构件应采用经防腐防虫处理的木材。

12.5　井干式木结构设计案例

12.5.1　案例概况

本设计案例为古松独户家庭居住原木屋，建筑图、荷载计算简图、结构构件布置图详见图 12.5.1～图 12.5.3。木屋的结构构件采用古松公司生产的胶合原木产品，结构构件计算、设计参考《古松现代重木结构建筑参考图集》16CJ 67－1(以下简称《图集》)，并结合中国规范《木结构设计标准》GB 50005(以下简称《规范》)完成。

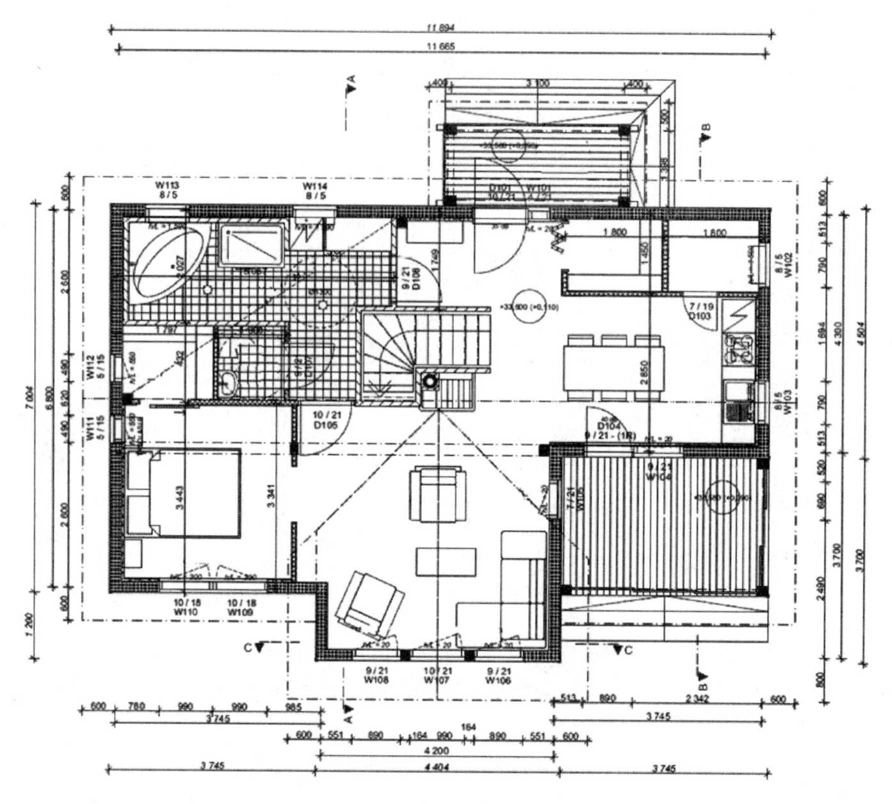

图 12.5.1　一层平面图

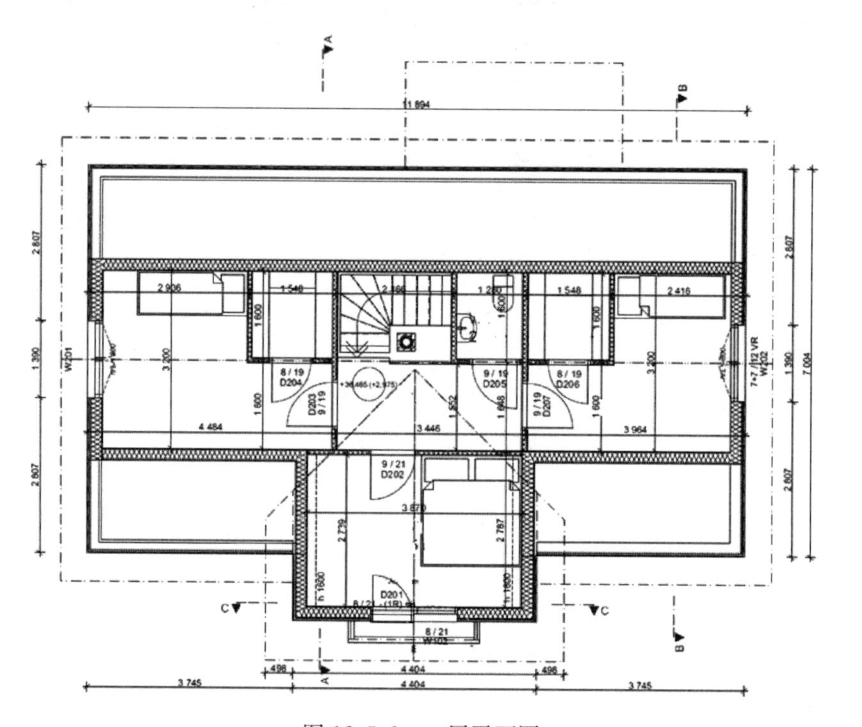

图 12.5.2　二层平面图

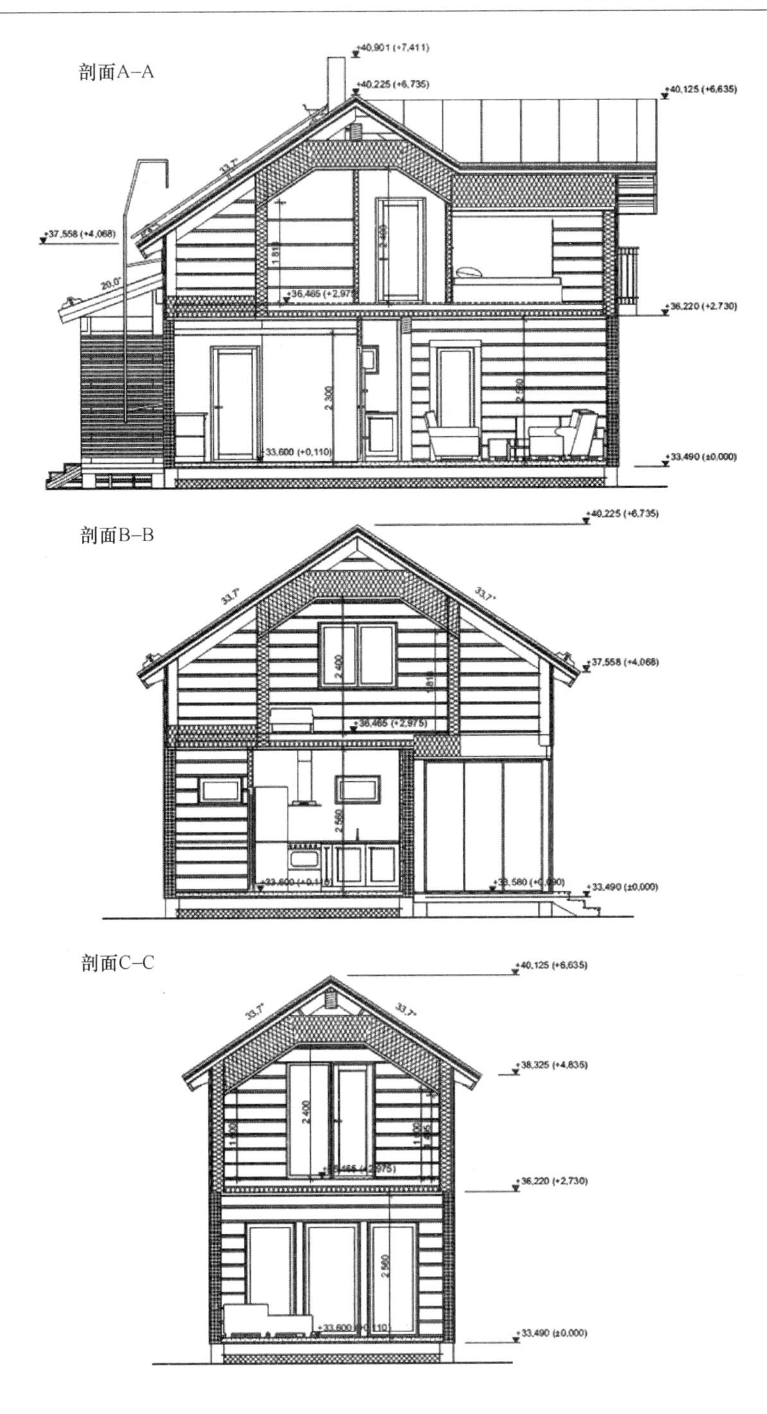

图 12.5.3 剖面图

12.5.2 构件设计

1. FXL 系列胶合原木

(1) 梁

1) 均布荷载作用下 FXL 梁设计

FXL 梁 LB1，该梁由两根 FXL204 组成，详见图 12.5.4。

跨度：$l_{LB1}=2m$

荷载：$g_{LB1,k}=9kN/m$（恒荷载）；$q_{LB1,k}=14kN/m$（活荷载）

根据《建筑结构荷载规范》GB 50009，荷载设计值：

$$q_{LB1,d}=0.5(1.2g_{LB1,k}+1.4q_{LB1,k})=15.2kN/m$$

弯矩设计值：

$$M_{LB1,d}=\frac{q_{LB1,d}l_{LB1}^2}{8}=7.6kN\cdot m$$

剪力设计值：

$$V_{LB1,d}=\frac{q_{LB1,d}l_{LB1}}{2}=15.2kN$$

(a) FXL204

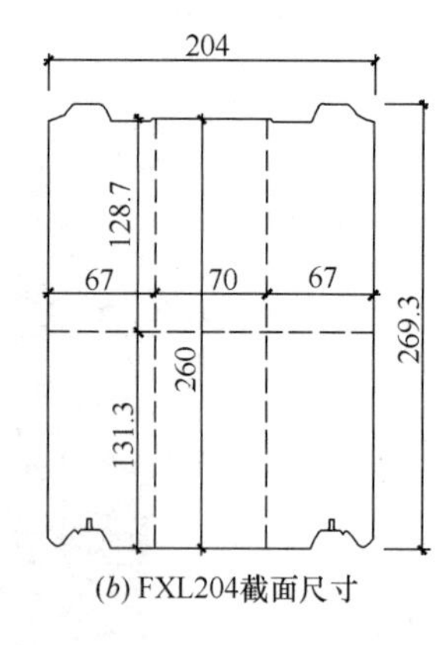

(b) FXL204截面尺寸

图 12.5.4 FXL204 梁示意图

FXL204 类型胶合原木，有效截面尺寸为 134mm×260mm，强度等级为 C20。横纹层板不考虑。

有效截面：$b_{LB1,ef}=134mm$；$h_{LB1,ef}=260mm$

截面模量：$W_{LB1}=\frac{b_{LB1,ef}\cdot h_{LB1,ef}^2}{6}=1.51\times10^6\ mm^3$

弯曲应力：$\sigma_{LB1,m,d}=\frac{M_{LB1,d}}{W_{LB1}}=5.033\ N/mm^2<f_{LB1,m,d}=13.2\ N/mm^2$

满足设计要求

剪切应力：$\sigma_{LB1,v,d}=\frac{3}{2}\cdot\frac{V_{LB1,d}}{b_{LB1,ef}\cdot h_{LB1,ef}}=0.665N/mm^2<f_{LB1,v,d}=1.7\ N/mm^2$

满足设计要求。

2）集中荷载作用下 FXL 梁设计

柱 C1 上 FXL 梁，采用 FXL204，详见图 12.5.4。

柱 C1 截面：$b_{C1}=134mm$；$h_{C1}=182mm$

FXL 梁中间层板厚度：$b_{FXL}=70mm$

FXL 梁有效高度：$h_{FXL}=260mm$

柱传递至梁的荷载：$G_{C1,k}=9kN$；$Q_{C1,k}=13kN$

根据《建筑结构荷载规范》GB 50009，荷载设计值：

$$F_{C1,d}=1.2G_{C1,k}+1.4Q_{C1,k}=29kN$$

根据《图集》，FXL204 的中间层板强度等级为 C14。验算中间层板的顺纹抗压强度和内外层板胶结处的抗剪强度。

梁中间层板的承压接触面积：

$$A_C=b_{FXL}\cdot b_{C1}=9380mm^2$$

梁中间层板与外层层板胶接接触面积：

$$A_g=2b_{C1}\cdot h_{FXL}=69680mm^2$$

中间层板顺纹压应力：

$$\sigma_{c,0,d}=\frac{F_{C1,d}}{A_C}=3.092N/mm^2<f_{C14,c,0,d}=9.5N/mm^2\quad 满足设计要求$$

胶结处的剪切应力：

$$\tau_{d}=\frac{F_{C1,d}}{A_{g}}=0.416N/mm^{2}<f_{C14,c,0,d}=1.4N/mm^{2}\quad 满足设计要求$$

(2) 柱

1) 柱 C1 设计验算

柱 C1 详见图 12.5.5。

柱 C1 截面： $b_{C1}=134mm$；$h_{C1}=182mm$

弱轴方向计算长度： $L_{C1}=2.1m$

强轴方向计算长度： $L_{C1,c}=2.73m$

柱荷载： $G_{C1,k}=9kN$；$Q_{C1,k}=13kN$

根据《建筑结构荷载规范》GB 50009，荷载设计值：

$$F_{C1,d}=29kN$$

根据《图集》，截面尺寸为 134mm×182mm 的柱强度等级为 C14。

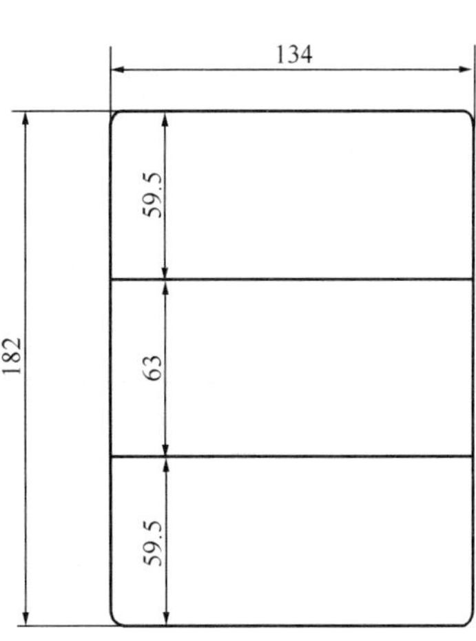

图 12.5.5 柱 C1 截面示意图

根据《规范》计算柱的稳定压应力：

$$i_{C1,y}=\frac{h_{C1}}{\sqrt{12}}=52.539mm\quad i_{C1,z}=\frac{b_{C1}}{\sqrt{12}}=38.682mm$$

$$\lambda_{1}=\frac{L_{C1}}{i_{C1,y}}=51.962\quad \lambda_{2}=\frac{L_{C1}}{i_{C1,z}}=54.288$$

$$\lambda=\max(\lambda_{1},\lambda_{2})=54.288$$

$$\varphi=\frac{1}{1+\left(\frac{\lambda}{65}\right)^{2}}=0.589$$

$$\sigma_{C1,c,d}=\frac{F_{C1,d}}{\varphi A}=\frac{F_{C1,d}}{\varphi b_{C1}h_{C1}}=1.413N/mm^{2}<f_{C1,c,d}=9.5N/mm^{2}$$

稳定满足设计要求；柱截面无截面缺陷，强度满足设计要求。

2) 柱 C2 设计验算

柱 C2 截面：$b_{C2}=h_{C2}=185mm$

计算长度： $L_{C2,c}=2.37m$

柱荷载： $G_{C2,k}=38kN$；$Q_{C2,k}=48kN$

根据《建筑结构荷载规范》GB 50009，荷载设计值：

$$F_{C2,d}=1.2G_{C2,k}+1.4Q_{C2,k}=112.8kN$$

截面尺寸为 185mm×185mm 的柱强度等级为 C14。

根据《规范》计算柱的稳定压应力：

$$i_{C2}=\frac{h_{C2}}{\sqrt{12}}=53.405mm$$

$$\lambda=\frac{L_{C2}}{i_{C2}}=44.378$$

$$\varphi=\frac{1}{1+\left(\frac{\lambda}{65}\right)^{2}}=0.682$$

$$\sigma_{C2,c,d}=\frac{F_{C2,d}}{\varphi A}=\frac{F_{C2,d}}{\varphi b_{C2}h_{C2}}=4.833\text{N/mm}^2<f_{C2,c,d}=9.5\text{N/mm}^2$$

稳定满足设计要求；柱截面无截面缺陷，强度满足设计要求。

（3）墙体设计

本案例中外墙墙体分成若干个虚拟墙柱（A1～A5、B1～B6），表12.5.1为各个墙柱的设计资料。

表12.5.1

墙柱	长度 B (mm)	加固方式	荷载		F_d (kN)	F_d/B (kN/m)
			G_k（kN）	Q_k（kN）		
A1	600	转角	10.5	12.0	29.4	49.0
A2	1900	墙骨柱	28.4	32.4	79.4	41.8
A3	2400	2根185mm×185mm柱	45.8	62.0	141.8	59.1
A4	1900	1根185mm×185mm柱	36.3	51.2	115.2	60.7
A5	2000	转角	21.0	24.0	58.8	29.4
B1	900	转角	17.1	26.6	57.8	64.2
B2	1100	转角	27.9	54.4	109.6	99.7
B3	650	转角	15.4	20.9	47.7	73.4
B4	650	转角	15.4	20.9	47.7	73.4
B5	600	转角	18.5	32.5	67.7	112.8
B6	1500	转角+185mm×185mm柱	21.6	33.6	73.0	48.6

根据表12.5.1，需要验算以下墙柱：

- 荷载最大的转角加固的墙柱，B2和B5；
- 荷载最大的2根185mm×185mm竖向支撑柱加固的墙柱，A3；
- 荷载最大的1根185mm×185mm竖向支撑柱加固的墙柱，A4；
- 荷载最大的木骨柱加固的墙柱，A2。

所有加固转角应按《图集》的规定采取加固措施。

1）墙柱B2

根据《图集》，该墙柱的强度等级为C24

墙柱B2长度：$B_{B2}=1100\text{mm}$

FXL204中间层厚度：$t_{ef}=70\text{mm}$

根据《图集》式（7），有效惯性矩：

$$c_{FXL204}=35000\text{mm}^3$$

$$I_{B2,ef}=c_{FXL204}\times B=3.85\times10^7\text{mm}^4$$

计算长度（层高）： $H=2.73\text{m}$

根据《图集》验算墙体稳定：

$$\lambda=H\cdot\sqrt{\frac{B_{B2}\cdot t_{ef}}{I_{B2,ef}}}=122.089$$

$$\lambda_{rel}=\frac{\lambda}{\pi}\cdot\sqrt{\frac{f_{c,k}}{E_k}}=1.874$$

$$k_y=0.5[1+0.2(\lambda_{rel}-0.3)+\lambda_{rel}^2]=2.413$$

$$k_{c} = \frac{1}{k_{y} + \sqrt{k_{y}^{2} - \lambda_{rel}^{2}}} = 0.254$$

$$\sigma_{c,d} = \frac{F_{B2,d}}{k_{c} B_{B2} t_{ef}} = 5.6\text{N/mm}^{2} < f_{B2,c,d} = 12.5\text{N/mm}^{2}$$

满足设计要求。

2）墙柱 B5

该墙柱的强度等级为 C24

墙柱 B5 长度：$B_{B5} = 600\text{mm}$

FXL204 中间层厚度：$t_{ef} = 70\text{mm}$

有效惯性矩：

$$c_{FXL204} = 35000\text{mm}^{3}$$

$$I_{B5,ef} = c_{FXL204} \times B = 2.1 \times 10^{7}\text{mm}^{4}$$

计算长度（层高）： $H = 2.73\text{m}$

根据《图集》验算墙体稳定：

$$\lambda = H \cdot \sqrt{\frac{B_{B5} \cdot t_{ef}}{I_{B5,ef}}} = 122.089$$

$$\lambda_{rel} = \frac{\lambda}{\pi} \cdot \sqrt{\frac{f_{c,k}}{E_{k}}} = 1.874$$

$$k_{y} = 0.5[1 + 0.2(\lambda_{rel} - 0.3) + \lambda_{rel}^{2}] = 2.413$$

$$k_{c} = \frac{1}{k_{y} + \sqrt{k_{y}^{2} - \lambda_{rel}^{2}}} = 0.254$$

$$\sigma_{c,d} = \frac{F_{B5,d}}{k_{c} B_{B5} t_{ef}} = 6.3\text{N/mm}^{2} < f_{B5,c,d} = 12.5\text{N/mm}^{2}$$

满足设计要求。

3）墙柱 A3

墙柱 A3 用 2 根 185mm×185mm 竖向支撑柱加固，墙柱的强度等级为 C24，支撑柱的强度等级为 C14。

支撑柱截面： $b_{C} = h_{C} = 185\text{mm}$

墙柱 A3 长度： $B_{A3} = 2400\text{mm}$

FXL204 中间层厚度： $t_{ef} = 70\text{mm}$

计算长度（层高）： $H = 2.73\text{m}$

单根支撑柱弯曲刚度：

$$E = E_{C14} = 7000\text{N/mm}^{2}$$

$$I_{C} = \frac{b_{C} h_{C}^{3}}{12} = 9.761 \times 10^{7}\text{mm}^{4}$$

$$EI_{C} = 6.833 \times 10^{11}\text{N} \cdot \text{mm}^{2}$$

有效惯性矩：

$$I_{A3,ef} = \frac{2EI_{C}}{E_{C24}} = 1.242 \times 10^{8}\text{ mm}^{4}$$

根据《图集》验算墙体稳定：

$$\lambda = H \cdot \sqrt{\frac{B_{A3} \cdot t_{ef}}{I_{A3,ef}}} = 100.391$$

$$\lambda_{rel} = \frac{\lambda}{\pi} \cdot \sqrt{\frac{f_{c,k}}{E_k}} = 1.541$$

$$k_y = 0.5[1 + 0.2 \cdot (\lambda_{rel} - 0.3) + \lambda_{rel}^2] = 1.811$$

$$k_c = \frac{1}{k_y + \sqrt{k_y^2 - \lambda_{rel}^2}} = 0.362$$

$$\sigma_{c,d} = \frac{F_{A3,d}}{k_c B_{A3} t_{ef}} = 2.3\text{N/mm}^2 < f_{A3,c,d} = 12.5\text{N/mm}^2$$

满足设计要求。

4）墙柱 A4

墙柱 A4 用单根 185mm×185mm 竖向支撑柱加固，墙柱的强度等级为 C24，支撑柱的强度等级为 C14。

支撑柱截面：　　　　　　$b_C = h_C = 185\text{mm}$

墙柱 A4 长度：　　　　　$B_{A4} = 1900\text{mm}$

FXL204 中间层厚度：　　　$t_{ef} = 70\text{mm}$

计算长度（层高）：　　　　$H = 2.73\text{m}$

单根支撑柱弯曲刚度：

$$EI_C = 6.833 \times 10^{11}\ \text{mm}^2$$

有效惯性矩：

$$I_{A4,ef} = \frac{EI_C}{E_{C24}} = 6.212 \times 10^7\ \text{mm}^4$$

根据《图集》验算墙体稳定：

$$\lambda = H \cdot \sqrt{\frac{B_{A4} \cdot t_{ef}}{I_{A4,ef}}} = 126.323$$

$$\lambda_{rel} = \frac{\lambda}{\pi} \cdot \sqrt{\frac{f_{c,k}}{E_k}} = 1.939$$

$$k_y = 0.5[1 + 0.2(\lambda_{rel} - 0.3) + \lambda_{rel}^2] = 2.543$$

$$k_c = \frac{1}{k_y + \sqrt{k_y^2 - \lambda_{rel}^2}} = 0.239$$

$$\sigma_{c,d} = \frac{F_{A4,d}}{k_c B_{A4} t_{ef}} = 3.6\text{N/mm}^2 < f_{A4,c,d} = 12.5\text{N/mm}^2$$

满足设计要求。

5）墙柱 A2

墙柱 A2 用 2 根墙骨柱加固，墙柱的强度等级为 C24，墙骨柱的强度等级为 C24。

先假设墙骨柱截面：　　　$b_{ns} = 41\text{mm}$；$h_{ns} = 120\text{mm}$

墙柱 A2 长度：　　　　　$B_{A2} = 1900\text{mm}$

FXL204 中间层厚度：　　　$t_{ef} = 70\text{mm}$

计算长度（层高）：　　　　$H = 2.73\text{m}$

单根墙骨柱弯曲刚度：

$$E = E_{C24} = 11000\text{N/mm}^2$$

$$I_{ns} = \frac{b_{ns}h_{ns}^3}{12} = 5.904 \times 10^6\text{mm}^4$$

$$EI_{ns} = 6.494 \times 10^{10}\text{mm}^2$$

有效惯性矩：

$$I_{A2,ef} = \frac{2EI_{ns}}{E_{C24}} = 1.181 \times 10^7\text{mm}^4$$

根据《图集》验算墙体稳定：

$$\lambda = H \cdot \sqrt{\frac{B_{A2} \cdot t_{ef}}{I_{A2,ef}}} = 289.735$$

$$\lambda_{rel} = \frac{\lambda}{\pi} \cdot \sqrt{\frac{f_{c,k}}{E_k}} = 4.446$$

$$k_y = 0.5[1 + 0.2(\lambda_{rel} - 0.3) + \lambda_{rel}^2] = 10.799$$

$$k_c = \frac{1}{k_y + \sqrt{k_y^2 - \lambda_{rel}^2}} = 0.048$$

$$\sigma_{c,d} = \frac{F_{A2,d}}{k_c B_{A2} t_{ef}} = 12.3\text{N/mm}^2 < f_{A2,c,d} = 12.5\text{N/mm}^2$$

满足设计要求，但应力水平过高，建议增大墙骨柱尺寸。

加大墙骨柱截面： $b_{ns}=41\text{mm}$；$h_{ns}=145\text{mm}$

单根墙骨柱弯曲刚度：

$$I_{ns} = \frac{b_{ns}h_{ns}^3}{12} = 1.042 \times 10^7\text{mm}^4$$

$$EI_{ns} = 1.146 \times 10^{11}\text{mm}^2$$

有效惯性矩：

$$I_{A2,ef} = \frac{2EI_{ns}}{E_{C24}} = 2.084 \times 10^7\text{mm}^4$$

根据《图集》验算墙体稳定：

$$\lambda = H \cdot \sqrt{\frac{B_{A2} \cdot t_{ef}}{I_{A2,ef}}} = 218.132$$

$$\lambda_{rel} = \frac{\lambda}{\pi} \cdot \sqrt{\frac{f_{c,k}}{E_k}} = 3.347$$

$$k_y = 0.5[1 + 0.2(\lambda_{rel} - 0.3) + \lambda_{rel}^2] = 6.408$$

$$k_c = \frac{1}{k_y + \sqrt{k_y^2 - \lambda_{rel}^2}} = 0.084$$

$$\sigma_{c,d} = \frac{F_{A2,d}}{k_c B_{A2} t_{ef}} = 7.1\ \text{N/mm}^2 < f_{A2,c,d} = 12.5\ \text{N/mm}^2$$

满足设计要求。

(4) 墙体推压抗力验算

本案例使用直径 28mm（壁厚 2.5mm）的钢管销与 M12 的锚固拉杆组合对，根据《图集》，其水平承载力标准值为：$F_{v,Rk}=28.2\text{kN}$

参考欧洲规范 EN1995-1-1，水平承载力设计值为：

$$F_{v,Rd}=k_{mod}\cdot\frac{F_{v,Rk}}{\gamma_M}=1.1\times\frac{28.2}{1.4}=22.157\text{kN}$$

墙体最大水平推力：

$$F_{w,k}=27\text{kN}$$

根据《建筑结构荷载规范》GB 50009，荷载设计值：

$$F_{w,d}=1.4F_{w,k}=37.8\text{kN}$$

所需的紧固件数： $n=\frac{F_{w,d}}{F_{v,Rd}}=1.706$

因此，每片外墙有 2 组紧固件可满足要求。

2. MLL 系列胶合原木

(1) 梁

1) 均布荷载作用下 MLL 梁设计

MLL 梁 LB1，该梁由两根 MLL204 组成，详见图 12.5.4。

跨度：$l_{LB1}=2\text{m}$

荷载：$g_{LB1,k}=9\text{kN/m}$（恒荷载）；$q_{LB1,k}=14\text{kN/m}$（活荷载）

根据《建筑结构荷载规范》GB 50009，荷载设计值：

$$q_{LB1,d}=0.5(1.2g_{LB1,k}+1.4q_{LB1,k})=15.2\text{kN/m}$$

弯矩设计值：$M_{LB1,d}=\frac{q_{LB1,d}l_{LB1}^2}{8}=7.6\text{kN}\cdot\text{m}$

剪力设计值：$V_{LB1,d}=\frac{q_{LB1,d}l_{LB1}}{2}=15.2\text{kN}$

MLL204 类型胶合原木，有效截面尺寸为 204mm×260mm，强度等级为 C22。

有效截面： $b_{LB1,ef}=204\text{mm}$；$h_{LB1,ef}=260\text{mm}$

截面模量： $W_{LB1}=\frac{b_{LB1,ef}\cdot h_{LB1,ef}^2}{6}=2.298\times10^6\ \text{mm}^3$

弯曲应力： $\sigma_{LB1,m,d}=\frac{M_{LB1,d}}{W_{LB1}}=3.307\text{N/mm}^2<f_{LB1,m,d}=14.6\text{N/mm}^2$

满足设计要求。

剪切应力：$\sigma_{LB1,v,d}=\frac{3}{2}\cdot\frac{V_{LB1,d}}{b_{LB1,ef}\cdot h_{LB1,ef}}=0.430\text{N/mm}^2<f_{LB1,v,d}=1.8\text{N/mm}^2$

满足设计要求。

2) 集中荷载作用下 MLL 梁设计

柱 C1 上 MLL 梁，采用 MLL204，详见图 12.5.4。

柱 C1 截面： $b_{C1}=134\text{mm}$；$h_{C1}=182\text{mm}$

有效承压面积：

$$A_{ef}=b_{C1}\cdot h_{C1}=24388\text{mm}^2$$

柱传递至梁的荷载： $G_{C1,k}=9\text{kN}$；$Q_{C1,k}=13\text{kN}$

根据《建筑结构荷载规范》GB 50009，荷载设计值：

$$F_{C1,d} = 1.2G_{C1,k} + 1.4Q_{C1,k} = 29\text{kN}$$

MLL204 强度等级为 C22，接触处压应力：

$$\sigma_{c,90,d} = \frac{F_{C1,d}}{A_{ef}} = 1.189\text{N/mm}^2 < f_{C22,c,90,d} = 4.6\text{N/mm}^2$$

满足设计要求。

（2）墙体设计

MLL204 墙体验算同前 FXL204 墙体。外墙的转角处为十字交叉转角，转角长度为 300mm（从原木中线处计），外纵墙被分成若干墙段，见表 12.5.1，需要验算以下墙柱：

- 荷载最大的转角加固的墙柱，B2 和 B5；
- 荷载最大的 2 根 185mm×185mm 竖向支撑柱加固的墙柱，A3；
- 荷载最大的 1 根 185mm×185mm 竖向支撑柱加固的墙柱，A4；
- 荷载最大的木骨柱加固的墙柱，A2。

1）墙柱 B2

MLL204 受压计算时，强度等级为 C24

墙柱 B2 长度：　　$B_{B2} = 1100\text{mm}$

墙上支撑椽子，支撑长度为 170mm，因此荷载偏心距：

$$e_{B2} = \frac{204}{2} - \frac{170}{2} = 17\text{mm}$$

墙体有效厚度：

$$t_{B2,ef} = 204 - 2e_{B2} = 170\text{mm}$$

墙体有效惯性矩：

$$I_{B2,ef} = 8.5 \times 10^6 \times 204 = 1.734 \times 10^9\ \text{mm}^4$$

计算长度（层高）：　　$H = 2.73\text{m}$

强度等级 C24 木材横纹抗压强度标准值：　　$f_{C24,c,90,k} = 6.8\ \text{N/mm}^2$

强度等级 C24 木材横纹弹性模量标准值：　　$E_{90,k} = 0.67E_{90} = 247.9\ \text{N/mm}^2$

根据《图集》验算墙体稳定：

$$\lambda = H \cdot \sqrt{\frac{B_{B2} \cdot t_{ef}}{I_{B2,ef}}} = 28.35$$

$$\lambda_{rel} = \frac{\lambda}{\pi} \cdot \sqrt{\frac{f_{c,90,k}}{E_{90,k}}} = 1.495$$

$$k_y = 0.5[1 + 0.2 \cdot (\lambda_{rel} - 0.3) + \lambda_{rel}^2] = 1.736$$

$$k_c = \frac{1}{k_y + \sqrt{k_y^2 - \lambda_{rel}^2}} = 0.382$$

$$\sigma_{c,90,d} = \frac{F_{B2,d}}{k_c B_{B2} t_{ef}} = 1.5\text{N/mm}^2 < 0.67 f_{B2,c,90,d} = 3.2\text{N/mm}^2$$

满足设计要求。

2）墙柱 B5

该墙柱的强度等级为 C24

墙柱 B5 长度：　　$B_{B5} = 600\text{mm}$

支撑长度为170mm，墙体有效厚度：

$$t_{B5,ef}=204\text{mm}$$

墙体有效惯性矩：

$$I_{B5,ef}=8.5\times10^6\times204=1.734\times10^9\ \text{mm}^4$$

计算长度（层高）：　　$H=2.73\text{m}$

根据《图集》验算墙体稳定：

$$\lambda=H\cdot\sqrt{\frac{B_{B5}\cdot t_{ef}}{I_{B5,ef}}}=22.94$$

$$\lambda_{rel}=\frac{\lambda}{\pi}\cdot\sqrt{\frac{f_{c,90,k}}{E_{90,k}}}=1.209$$

$$k_y=0.5[1+0.2(\lambda_{rel}-0.3)+\lambda_{rel}^2]=1.322$$

$$k_c=\frac{1}{k_y+\sqrt{k_y^2-\lambda_{rel}^2}}=0.539$$

$$\sigma_{c,90,d}=\frac{F_{B5,d}}{k_c B_{B5} t_{ef}}=1.2\text{N/mm}^2<0.67f_{B5,c,90,d}=3.2\text{N/mm}^2$$

满足设计要求。

3）墙柱A3

墙柱A3用2根185mm×185mm竖向支撑柱加固，墙柱的强度等级为C24，支撑柱的强度等级为C14。

支撑柱截面：　　$b_C=h_C=185\text{mm}$

墙柱A3长度：　　$B_{A3}=2400\text{mm}$

计算长度（层高）：　　$H=2.73\text{m}$

墙上支撑椽子，支撑长度为170mm，因此荷载偏心距：

$$e_{A3}=\frac{204}{2}-\frac{170}{2}=17\text{mm}$$

墙体有效厚度：

$$t_{A3,ef}=204-2e_{A3}=170\text{mm}$$

单根支撑柱弯曲刚度：

$$E=E_{C14}=7000\text{N/mm}^2$$

$$I_C=\frac{b_C h_C^3}{12}=9.761\times10^7\text{mm}^4$$

$$EI_C=6.833\times10^{11}\text{N}\cdot\text{mm}^2$$

有效惯性矩：

$$I_{A3,ef}=\frac{2EI_C}{E_{C24,90}}=3.693\times10^9\text{mm}^4$$

根据《图集》验算墙体稳定：

$$\lambda=H\cdot\sqrt{\frac{B_{A3}\cdot t_{ef}}{I_{A3,ef}}}=24.17$$

$$\lambda_{rel}=\frac{\lambda}{\pi}\cdot\sqrt{\frac{f_{c,k}}{E_k}}=1.274$$

$$k_y = 0.5[1 + 0.2 \cdot (\lambda_{rel} - 0.3) + \lambda_{rel}^2] = 1.409$$

$$k_c = \frac{1}{k_y + \sqrt{k_y^2 - \lambda_{rel}^2}} = 0.497$$

$$\sigma_{c,90,d} = \frac{F_{A3,d}}{k_c B_{A3} t_{ef}} = 0.7\text{N/mm}^2 < 0.67 f_{A3,c,90,d} = 3.2\text{N/mm}^2$$

满足设计要求。

4）墙柱 A4

墙柱 A4 用单根 185mm×185mm 竖向支撑柱加固，墙柱的强度等级为 C24，支撑柱的强度等级为 C14。

支撑柱截面：　　$b_C = h_C = 185\text{mm}$

墙柱 A4 长度：　　$B_{A4} = 1900\text{mm}$

计算长度（层高）：　　$H = 2.73\text{m}$

墙上支撑椽子，支撑长度为 170mm，因此荷载偏心距：

$$e_{A4} = \frac{204}{2} - \frac{170}{2} = 17\text{mm}$$

墙体有效厚度：

$$t_{A4,ef} = 204 - 2e_{A4} = 170\text{mm}$$

单根支撑柱弯曲刚度：

$$EI_C = 6.833 \times 10^{11}\ \text{mm}^2$$

有效惯性矩：

$$I_{A4,ef} = \frac{EI_C}{E_{C24,90}} = 1.847 \times 10^9 \text{mm}^4$$

根据《图集》验算墙体稳定：

$$\lambda = H \cdot \sqrt{\frac{B_{A4} \cdot t_{ef}}{I_{A4,ef}}} = 36.105$$

$$\lambda_{rel} = \frac{\lambda}{\pi} \cdot \sqrt{\frac{f_{c,k}}{E_k}} = 1.903$$

$$k_y = 0.5[1 + 0.2 \cdot (\lambda_{rel} - 0.3) + \lambda_{rel}^2] = 2.472$$

$$k_c = \frac{1}{k_y + \sqrt{k_y^2 - \lambda_{rel}^2}} = 0.246$$

$$\sigma_{c,90,d} = \frac{F_{A4,d}}{k_c B_{A4} t_{ef}} = 1.4\text{N/mm}^2 < 0.67 f_{A4,c,90,d} = 3.2\text{N/mm}^2$$

满足设计要求。

5）墙柱 A2

墙柱 A2 用 2 根墙骨柱加固，墙柱的强度等级为 C24，墙骨柱的强度等级 C24。

墙骨柱截面：　　$b_{ns} = 41\text{mm}$；$h_{ns} = 145\text{mm}$

墙柱 A2 长度：　　$B_{A2} = 1900\text{mm}$

计算长度（层高）：　　$H = 2.73\text{m}$

墙上支撑椽子，支撑长度为 170mm，因此荷载偏心距：

$$e_{A2} = \frac{204}{2} - \frac{170}{2} = 17\text{mm}$$

墙体有效厚度：

$$t_{A2,ef}=204-2e_{A2}=170\text{mm}$$

单根墙骨柱弯曲刚度：

$$I_{ns}=\frac{b_{ns}h_{ns}^3}{12}=1.042\times10^7\text{mm}^4$$

$$EI_{ns}=1.146\times10^{11}\text{mm}^2$$

有效惯性矩：

$$I_{A2,ef}=\frac{2EI_{ns}}{E_{C24,90}}=6.193\times10^8\ \text{mm}^4$$

根据《图集》验算墙体稳定：

$$\lambda=H\cdot\sqrt{\frac{B_{A2}\cdot t_{ef}}{I_{A2,ef}}}=62.345$$

$$\lambda_{rel}=\frac{\lambda}{\pi}\cdot\sqrt{\frac{f_{c,k}}{E_k}}=3.286$$

$$k_y=0.5[1+0.2\cdot(\lambda_{rel}-0.3)+\lambda_{rel}^2]=6.200$$

$$k_c=\frac{1}{k_y+\sqrt{k_y^2-\lambda_{rel}^2}}=0.087$$

$$\sigma_{c,90,d}=\frac{F_{A2,d}}{k_cB_{A2}t_{ef}}=2.8\text{N/mm}^2<0.67f_{A2,c,90,d}=3.2\text{N/mm}^2$$

满足设计要求。

（3）墙体推压抗力验算

本案例抗侧力墙体末端采用拱形凹凸榫十字转角，其水平承载力标准值为：

$$F_{MLL,v,Rk}=29.3\text{kN}$$

参考欧洲规范 EN1995-1-1，水平承载力设计值为：

$$F_{MLL,v,Rd}=k_{mod}\cdot\frac{F_{MLL,v,Rk}}{\gamma_M}=1.1\times\frac{29.3}{1.4}=23.021\text{kN}$$

墙体最大水平推力：

$$F_{w,k}=27\text{kN}$$

根据《建筑结构荷载规范》GB 50009，荷载设计值：

$$F_{w,d}=1.4F_{w,k}=37.8\text{kN}$$

所需的紧固件数： $n=\frac{F_{w,d}}{F_{MLL,v,Rd}}=1.642$

因此，每片外墙有 2 组紧固件可满足要求。

第 13 章 木框架剪力墙结构

国家标准《木结构设计标准》GB 50005—2017 中，将木框架剪力墙结构定义为方木原木结构的一种。木框架剪力墙结构是采用柱、梁来承受构件的自重、楼屋面荷载和雪载荷等竖向载荷，采用竖向的剪力墙和水平的楼面板、屋面板来抵抗地震作用和风荷载等产生的水平载荷。因此，木框架剪力墙结构的抗震、抗风设计大多数情况下与轻型木结构中相关的设计基本相同，因而，在国家标准《木结构设计标准》GB 50005—2017 中关于抗震、抗风设计的很多规定，都适用于两种结构形式。

木框架剪力墙结构的承重构件主要采用锯材、胶合木（集成材）、旋切板胶合木（单板层积材）等结构用材，以及结构胶合板、定向木片板（OSB）等覆面板材。大多数普通的住宅采用木框架剪力墙结构时，主要承重的柱、梁等结构构件的截面宽度尺寸一般采用 105mm 或 120mm。当建筑物中有较大跨度的空间或建筑整体规模较大时，木框架剪力墙结构中主要承重的柱、梁等结构构件的截面宽度尺寸一般采用 150mm。

13.1 剪力墙设计

13.1.1 墙体承载力计算

木框架剪力墙的墙面板铺设方法分为横向铺设、竖向铺设、横竖组合铺设三种（图 13.1.1），当墙面板四周采用钉连接时，三种铺设方法都能达到同样的性能。

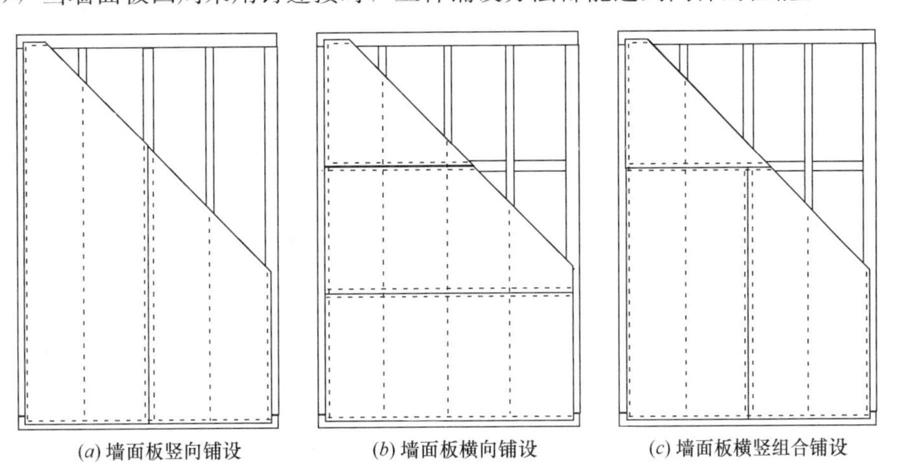

图 13.1.1 墙面板铺设示意图

木框架剪力墙结构的剪力墙通常采用的两种墙体类型为：一是在框架上用钉固定支撑材（竖龙骨）并在支撑材上铺设结构板的明柱墙，另一种是直接在框架上铺设结构板材的隐柱墙（见本手册图 9.2.1）。明柱墙的构造与隐柱墙相似，由于结构板材与木框架剪力墙结构之间的相互作用力通过支撑材（竖龙骨）进行传递，因此，明柱墙的面材在四边形框架中具有斜撑的作用。

为了确保墙体平面外的刚性，采用的结构板材的厚度不应小于11mm。

框架柱上即使铺设了板材，设计时也应忽略它加强框架柱整体刚度的作用，将柱子假定为两端铰连接。当有必要时，应对平面内和平面外两个方向的轴心受压和受拉进行计算。此外，柱子作为两端铰连接也应对风载荷进行计算。

单面采用结构用木基结构板作为墙面板的剪力墙受剪承载力设计值应按公式(13.1.1)进行计算。墙面板厚度、钉的种类和钉距所对应的剪力墙单位长度的抗剪强度设计值 f_{vd} 和抗剪刚度 K_w 应按表13.1.1的规定采用。此外，当剪力墙的两面采用结构用胶合板作为墙面板时，无论剪力墙采用的墙面板厚度和钉的种类如何，剪力墙的受剪承载力设计值均是墙体两面受剪承载力设计值的总和。

$$V_d = \sum f_{vd} l \tag{13.1.1}$$

式中：f_{vd}——单面采用木基结构板作面板的剪力墙的抗剪强度设计值（kN/m），按表13.1.1的规定取值；对于该表中没有的剪力墙，其抗剪强度设计值通过结构计算或结构试验确定。

l——平行于荷载方向的剪力墙墙肢长度（m）。

木框架剪力墙抗剪强度设计值 f_{vd} 和抗剪刚度 K_w　　　**表 13.1.1**

板厚度(mm)	钉子尺寸		钉间距（mm）							
			150		100		75		50	
	长度(mm)	直径(mm)	抗剪强度 f_{vd} (kN/m)	抗剪刚度 K_w (kN/mm)	抗剪强度 f_{vd} (kN/m)	抗剪刚度 K_w (kN/mm)	抗剪强度 f_{vd} (kN/m)	抗剪刚度 K_w (kN/mm)	抗剪强度 f_{vd} (kN/m)	抗剪刚度 K_w (kN/mm)
9	50	2.84	5.0	0.91	7.1	1.18	—	—	—	—
12	50	2.84	4.9	0.78	7.1	1.07	8.7	1.31	11.2	1.68
	65	3.25	5.8	0.88	7.9	1.19	9.6	1.44	12.2	1.83
24	75	3.66	9.8	1.57	14.2	2.13	17.4	2.61	22.4	3.36

注：1. 本表为墙体一面铺设木基结构板的数值，对于双面铺设木基结构板的剪力墙，其值应为表中数值的两倍；
2. 表中剪力墙的抗剪强度设计值适用于隐柱墙；
3. 当剪力墙为明柱墙时，本表则只适用钉间距不大于100mm的剪力墙；
4. 当剪力墙是在楼面板之上固定支承柱的剪力墙时，本表则只适用钉间距不大于100mm的剪力墙。

由于墙面板的剪切破坏可能发生脆性破坏，因此，在设计剪力墙时，一般不采用墙面板厚度为9mm、钉间距为75mm或50mm的墙体类型（见表13.1.1）。

对于表13.1.1中未注明的剪力墙，可参照采用国际标准ISO 21581《木结构——剪力墙静荷载和侧向循环荷载试验方法》(ISO 21581 Timber structures-Static and cyclic lateral load test methods for shear walls）来确定抗剪强度设计值 f_{vd} 和抗剪刚度 K_w。

13.1.2　木框架剪力墙的水平位移计算

木框架剪力墙结构的水平层间位移为该楼层的剪力墙水平位移与楼层底部因弯曲所造

成的楼层水平位移的总和。

钉连接的单面覆板剪力墙顶部的水平位移按下式计算：

$$\Delta = \frac{V_{k}h_{w}}{K_{w}} \tag{13.1.2}$$

式中：Δ——剪力墙顶部水平位移（mm）；

V_{k}——每米长度上剪力墙顶部承受的水平剪力标准值（kN/m）；

h_{w}——剪力墙的高度（mm）；

K_{w}——剪力墙的抗剪刚度，按表 13.1.1 的规定取值。

13.1.3 木框架剪力墙边界杆件验算

木框架剪力墙边界杆件应满足下列规定：

（1）剪力墙两侧边界杆件所受的轴向力按下式计算：

$$N_{r} = \frac{M}{B_{0}} \tag{13.1.3}$$

式中：N_{r}——剪力墙边界杆件的拉力或压力设计值（kN）；

M——侧向荷载在剪力墙平面内产生的弯矩（kN·m）；

B_{0}——剪力墙两侧边界构件的中心距（m）。

（2）剪力墙边界杆件在长度方向上应连续。如果中间断开，应采取可靠的连接保证其能抵抗轴向力。剪力墙面板不得用来作为杆件的连接板。

13.1.4 剪力墙最小用量

通常的结构计算中，抗震抗风设计时，应根据建筑物的质量和投影面积来分别计算地震作用力和风载荷作用力，但是这种计算过程相当麻烦。一般情况下，木结构住宅的质量和荷载处于某个范围以内，因此，只要根据建筑物的楼板面积和宽度来间接求出地震作用力和风载荷作用力，然后再计算出必要的剪力墙抗剪承载力（最小用墙量）。这种方法称为墙量计算方法，是日本独创的。

当抗震设计按楼面面积进行计算时，剪力墙最小长度（最小用墙量）应符合本手册表 11.2.1 的规定。在不同风荷载作用时，剪力墙最小长度应符合本手册表 11.2.2 的规定。

本设计法假定建筑物是平房、2 层或 3 层，建筑物的重量与楼面面积成正比。

当木结构不能满足本手册表 11.2.1、表 11.2.2 中剪力墙最小长度的规定时，必须进行地震作用或风载荷的计算，并进行抗震抗风设计。

由于表 11.2.1、表 11.2.2 中剪力墙最小长度是对应的轻型木结构墙体一侧采用 9.5mm 厚结构用 OSB 板材作面板、150mm 钉距，其抗剪强度设计值为 3.5kN/m 的剪力墙，因此，对于采用结构用胶合板的木框架剪力墙结构在抗震设计时，表 11.2.1 中规定的各层剪力墙的最小长度可以转换为各层剪力墙最小受剪承载力。具体转换见表 13.1.2，即：表 11.2.1 中抗震设防烈度 6 度时，最小剪力墙长度为 $0.02A$（m），可转换为最小受剪承载力为：$0.02A \times 3.5\text{kN/m} = 0.07A$（kN）（见表 13.1.2）。同样，在抗风设计中，采用剪力墙的最小长度为基础的剪力墙同样可以将表 11.2.2 转换为表 13.1.3。

抗震设计时各层剪力墙最小受剪承载力　表 13.1.2

抗震设防烈度		最大许可层数	木结构板材剪力墙的最大间距（m）	剪力墙的最小受剪承载力（kN）		
				1层、2层的屋顶或3层的屋顶	2层的底层或3层的2层	3层的底层
6度	—	3	10.6	0.07A	0.105A	0.14A
7度	0.10g	3	10.6	0.175A	0.315A	0.49A
	0.15g	3	7.6	0.28A	0.525A	0.805A
8度	0.20g	2	7.6	0.35A	0.7A	—

注：表中A指建筑物的最大楼层面积（m^2）。

抗风设计时各层剪力墙最小受剪承载力　表 13.1.3

基本风压（kN/m^2）				最大允许层数	结构用胶合板材剪力墙最大间距（m）	剪力墙的最小受剪承载力（kN）		
地面粗糙度						1层、2层的屋顶或3层的屋顶	2层的底层或3层的2层	3层的底层
A	B	C	D					
—	0.30	0.40	0.50	3	10.6	1.19L	2.38L	3.605L
—	0.35	0.50	0.60	3	10.6	1.4L	2.8L	4.2L
0.35	0.45	0.60	0.70	3	7.6	1.785L	3.605L	5.39L
0.40	0.55	0.75	0.80	2	7.6	2.17L	4.375L	—

注：表中L指垂直于该剪力墙的建筑物长度（m）。

13.2　木框架剪力墙结构楼盖、屋盖设计

木框架剪力墙结构的楼盖、屋盖由横架梁、主次梁、檩条或搁栅以及木基结构覆面板组成。楼盖、屋盖的两端由墙或者梁支承时，楼盖、屋盖中梁、檩条等水平构件应作为两端简支的受弯构件来设计。

木框架剪力墙结构的楼盖的构造包括：搁栅布置在框架构件顶面的“架铺搁栅式楼盖”、搁栅顶面与框架构件顶面相同的“平铺搁栅式楼盖”和采用较厚面板时的“省略搁栅式楼盖”（根据面板不同的铺设方法，存在多种构造形式），见图 13.2.1。

覆面板的铺设方法有：沿面板四周采用钉连接的“四周钉入法”、在面板短边与楼盖外围四周部分采用钉连接的“短边川字及周围钉入法”以及沿面板短边方向采用钉连接的“短边川字钉入法”共3种，如图 13.2.2 所示。

木框架剪力墙结构的屋盖结构形式包括两种：一是在横架梁或梁上设置屋架中柱，在屋架中柱上搭建檩条和屋脊檩条，然后在檩条上每隔 300mm 设置椽条，再铺设面板的结构形式，称为椽条式屋盖（图 13.2.3）；二是在仅有的屋架中柱、屋脊檩条和斜撑梁组成的屋盖构架上直接铺设面板组成的结构形式，将斜撑梁每隔 450～500mm 设置在檩条和屋脊檩条上的“斜撑梁式屋盖”（图 13.2.4）。屋架中柱的构件截面尺寸不应小于 90mm×90mm，椽条

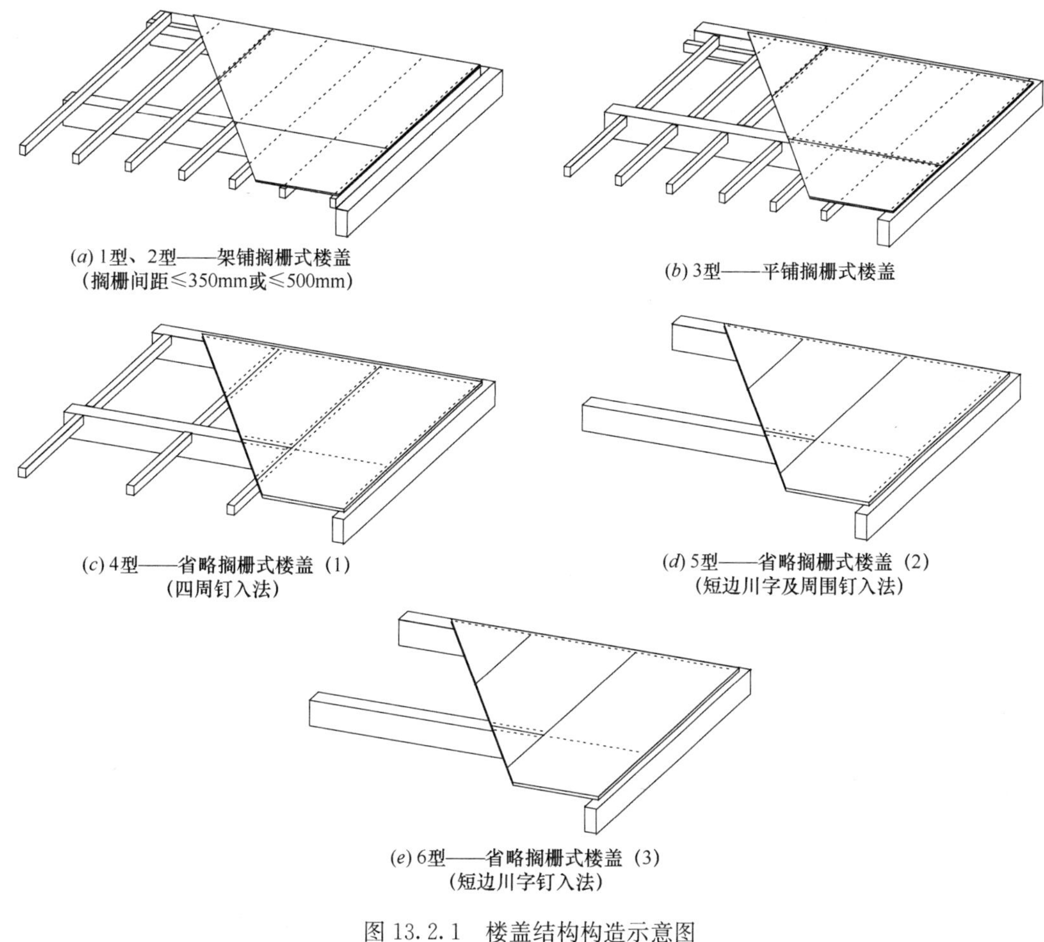

(*a*) 1型、2型——架铺搁栅式楼盖（搁栅间距≤350mm或≤500mm）

(*b*) 3型——平铺搁栅式楼盖

(*c*) 4型——省略搁栅式楼盖（1）（四周钉入法）

(*d*) 5型——省略搁栅式楼盖（2）（短边川字及周围钉入法）

(*e*) 6型——省略搁栅式楼盖（3）（短边川字钉入法）

图 13.2.1 楼盖结构构造示意图

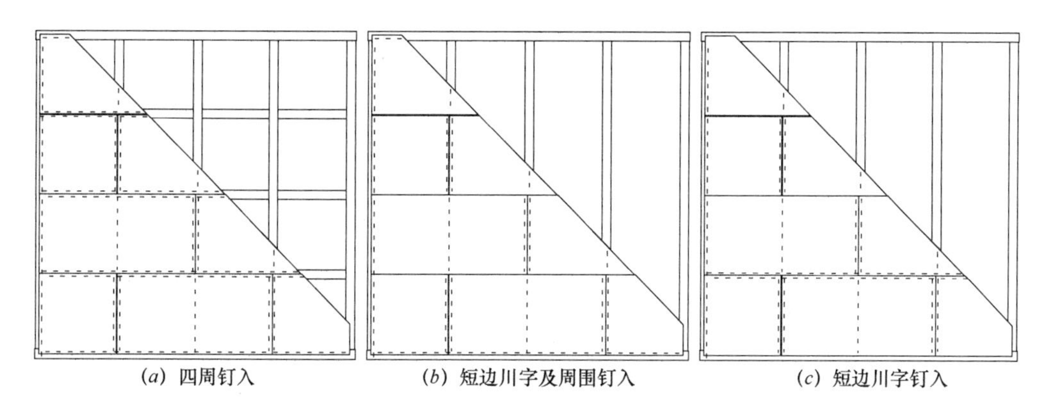

(*a*) 四周钉入 (*b*) 短边川字及周围钉入 (*c*) 短边川字钉入

图 13.2.2 楼盖面板的钉连接示意图

截面尺寸一般不小于 45mm×75mm，斜撑梁截面尺寸应不小于 105mm×105mm。框架构件之间应通过短榫连接与半榫连接，并采用 T 形金属锚件和采用斜钉等措施进行加强。椽条应设置在框架构件上，并采用斜钉与专用的椽条锚固件（钩孔锚件）进行固定安装。

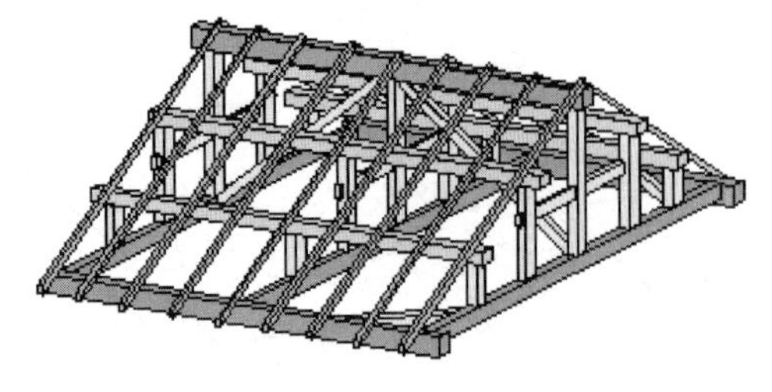

图 13.2.3　椽条式屋盖

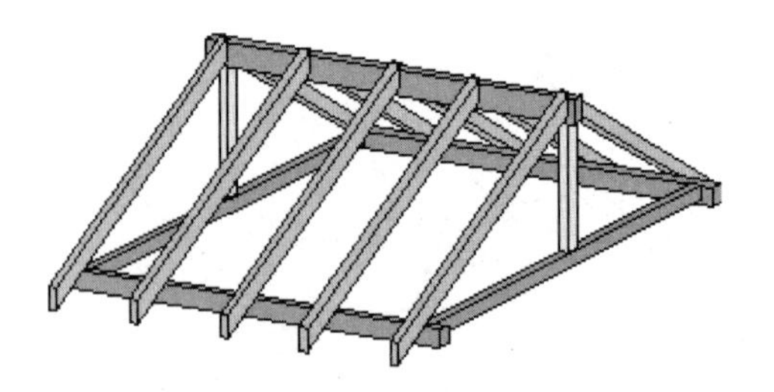

图 13.2.4　斜撑梁式屋盖

木框架剪力墙结构的楼盖、屋盖受剪承载力设计值按下式进行计算：

$$V_d = f_{vd} B_e \tag{13.2.1}$$

式中：f_{vd}——采用木基结构板的楼盖、屋盖抗剪强度设计值（kN/m）；

B_e——楼盖、屋盖平行于荷载方向的有效宽度（m）。

1. 采用木基结构板材的木框架剪力墙结构的楼盖抗剪强度设计值

采用木基结构板材的木框架剪力墙结构的楼盖抗剪强度设计值根据楼盖的构造类型（图 13.2.1）、板厚度、钉的尺寸和钉的间距，按表 13.2.1 的规定取值。

木框架剪力墙结构楼盖抗剪强度设计值 f_{vd}（kN/m）　　**表 13.2.1**

构件名称	类型	构造形式	板厚度（mm）	钉子尺寸		抗剪强度		
				长度（mm）	直径（mm）	钉间距（mm）		
						150	100	75
楼面结构形式	1 型	架铺搁栅式楼盖（1） 在楼面梁上设置间距≤350mm 的搁栅，并用圆钉将木基结构板固定在板下的搁栅上	≥12	50	2.8	1.96	—	—
	2 型	架铺搁栅式楼盖（2） 在楼面梁上设置间距≤500mm 的搁栅，并用圆钉将木基结构板固定在板下的搁栅上				1.37	—	—
	3 型	平铺搁栅式楼盖 搁栅的顶面与楼面梁顶面相同，并用圆钉将木基结构板固定在板下的楼面梁和搁栅上				3.92	—	—
	4 型	省略搁栅式楼盖（1） 在间距≤1000mm 的纵横楼面梁和支柱上，直接用圆钉将木基结构板固定在板下的楼面梁上	≥24	75	3.4	7.84	9.3	12.6
	5 型	省略搁栅式楼盖（2） 在间距≤1000mm 的纵横楼面梁上，将板的短边方向用圆钉与楼面梁固定；并将楼面边四周的板边用圆钉将板固定在楼面梁上				3.53	5.4	6.9
	6 型	省略搁栅式楼盖（3） 在间距≤1000mm 的纵横楼面梁上，将板的短边方向用圆钉与楼面梁固定				2.35	4.2	5.3

2. 采用木基结构板材的木框架剪力墙结构的屋盖抗剪强度设计值

采用木基结构板材的木框架剪力墙结构的屋盖抗剪强度设计值根据屋盖的构造类型（图 13.2.5）、板厚度、钉的尺寸和钉的间距，按表 13.2.2 的规定取值。

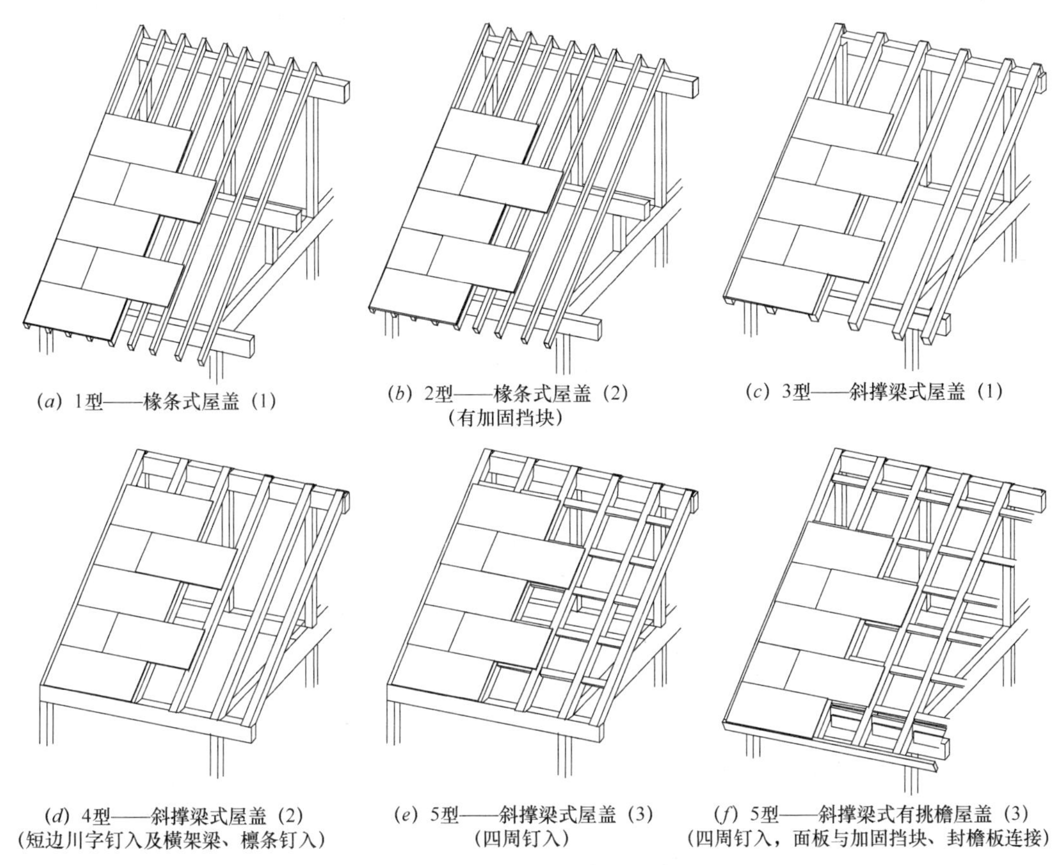

(*a*) 1型——椽条式屋盖 (1)　(*b*) 2型——椽条式屋盖 (2)（有加固挡块）　(*c*) 3型——斜撑梁式屋盖 (1)

(*d*) 4型——斜撑梁式屋盖 (2)（短边川字钉入及横架梁、檩条钉入）　(*e*) 5型——斜撑梁式屋盖 (3)（四周钉入）　(*f*) 5型——斜撑梁式有挑檐屋盖 (3)（四周钉入，面板与加固挡块、封檐板连接）

图 13.2.5　屋盖结构构造示意图

木框架剪力墙结构屋盖抗剪强度设计值 f_{vd}（kN/m）　　**表 13.2.2**

构件	类 型	构 造 形 式	板厚度 (mm)	圆钉子尺寸		抗剪强度		
				长度 (mm)	直径 (mm)	钉间距 (mm)		
						150	100	75
屋面结构形式	1 型	椽条式屋盖（1） 在间距≤500mm 的椽条上，用圆钉将木基结构板固定在椽条上，椽条与檩条用金属连接件连接	≥12	50	2.84	1.37	—	—
	2 型	椽条式屋盖（2） 在间距≤500mm 的椽条之间，位于檩条处设置有与椽条相同断面尺寸的加固挡块，并用圆钉将木基结构板固定在椽条上				1.96	—	—

续表

构件	类型	构造形式	板厚度（mm）	圆钉子尺寸 长度（mm）	圆钉子尺寸 直径（mm）	抗剪强度 钉间距（mm） 150	100	75
屋面结构形式	3型	斜撑梁式屋盖（1） 在间距≤1000mm的斜撑梁上，将木基结构板的短边用圆钉与斜撑梁固定	≥24	75	3.66	2.35	4.23	5.27
	4型	斜撑梁式屋盖（2） 斜撑梁间距≤1000mm，将木基结构板的短边用圆钉与斜撑梁固定，并用圆钉将檐檩和脊檩处的板边固定在檐檩和脊檩上				3.53	5.41	6.85
	5型	斜撑梁式屋盖（3） 斜撑梁间距≤1000mm，斜撑梁之间设置有横撑和加固挡块，用圆钉将木基结构板四周固定在斜撑梁、脊梁、横撑和加固挡块上；加固挡块用连接板与檩条相连接				7.84	9.28	12.57

注：表中抗剪强度值为沿着屋盖表面的值，屋盖水平方向的抗剪强度值应为 $f_{vd}\cdot\cos\theta$（θ 为屋面坡度）。

3. 楼盖、屋盖平行于荷载方向的有效宽度 B_e

楼盖、屋盖平行于荷载方向的有效宽度 B_e 应根据楼盖、屋盖平面开口位置和尺寸（图 13.2.6），按下列规定确定：

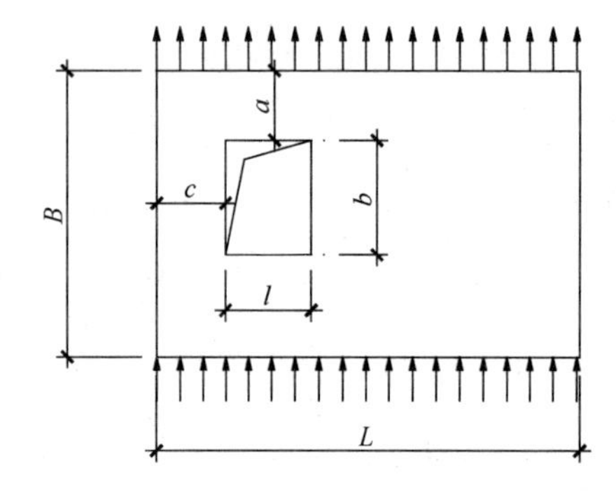

图 13.2.6 楼盖、屋盖有效宽度计算简图

当 $c<600$mm 时，$B_e=B-b$；其中，B 为平行于荷载方向的楼盖、屋盖宽度（m），b 为平行于荷载方向的开孔尺寸（m）；b 不应大于 $B/2$，并且不应大于 3.5m；

当 $c\geqslant600$mm 时，$B_e=B$。

4. 木框架剪力墙结构楼盖、屋盖的边界杆件及其连接件验算

楼盖、屋盖的边界杆件及其连接件根据下列规定进行设计：

（1）垂直于荷载方向的轴向力应按公式（13.2.2）计算；均布荷载作用时，楼盖、屋盖的弯矩设计值 M_1 和 M_2 应分别按公式（13.2.3）和公式（13.2.4）计算。

$$N_r=\frac{M_1}{B_0}\pm\frac{M_2}{a} \tag{13.2.2}$$

$$M_1=\frac{wL^2}{8} \tag{13.2.3}$$

$$M_2=\frac{w_e l^2}{12} \tag{13.2.4}$$

式中：M_1——楼盖、屋盖平面内的弯矩设计值（kN·m）；

B_0——垂直于荷载方向的楼盖、屋盖边界杆件中心距（m）；

M_2——楼盖、屋盖开孔长度内的弯矩设计值（kN·m）；

a——垂直于荷载方向的开孔边缘到楼盖、屋盖边界杆件的距离，$a \geqslant 0.6$m；

w——作用于楼盖、屋盖的水平方向均布荷载设计值（kN/m）；

w_e——作用于楼盖、屋盖单侧的水平方向荷载设计值（kN/m），一般取侧向均布荷载 w 的一半；

L——垂直于荷载方向的楼盖、屋盖长度（m）；

ℓ——垂直于荷载方向的开孔尺寸（m），不应小于 $B/2$，且不应大于 3.5m。

（2）平行于荷载方向的楼盖、屋盖的边界杆件，当作用在边界杆件上下的剪力分布不同时，应验算边界杆件的轴向力。

（3）楼盖、屋盖边界杆件在楼盖、屋盖长度范围内应连续。如中间断开，则应采取可靠的连接，保证其能抵抗所承担的轴向力。楼盖、屋盖的面板，不得用来作为杆件的连接板。

（4）当楼盖、屋盖边界杆件同时承受轴向力和楼盖、屋盖传递的竖向力时，杆件应按压弯或拉弯构件设计。

（5）为了传递水平力，屋盖和下层的剪力墙必须紧密连接。

13.3 柱

木框架剪力墙结构的柱子应按两端铰接的受压构件进行设计，这时要将柱子的屈曲长度作为柱子计算长度。木框架剪力墙结构采用的柱子与轻型木结构相比相对较大，承担的荷载也大，所以即使铺设了覆面板材料，也要进行面内方向及面外方向的验算。

外墙间柱应考虑轴向力与风荷载的效应组合，并应按两端铰接的压弯构件设计。当外墙围护材料采用砖石等较重装饰材料时，应考虑围护材料产生的柱子平面外的地震作用。

剪力墙两侧边界柱子上，由水平剪力产生的轴向力应根据下式计算：

$$N = \frac{M}{B_0} \tag{13.3.1}$$

式中：N——剪力墙边界杆件的拉力或压力设计值（kN）；

M——侧向荷载在剪力墙平面内产生的弯矩（kN·m）；

B_0——剪力墙两侧边界杆件的中心距（m）。

柱子一般不设置连接缝。而且，柱脚或柱顶要采用金属锚件与基础或上层的柱子、梁等构件进行紧密连接。

13.4 木框架剪力墙结构构造要求

13.4.1 剪力墙构造要求

木框架剪力墙是通过在柱子、间柱和横架梁等构件上铺设结构胶合板，并采用钉连接而构成（图 13.4.1）。木框架剪力墙应满足以下构造要求：

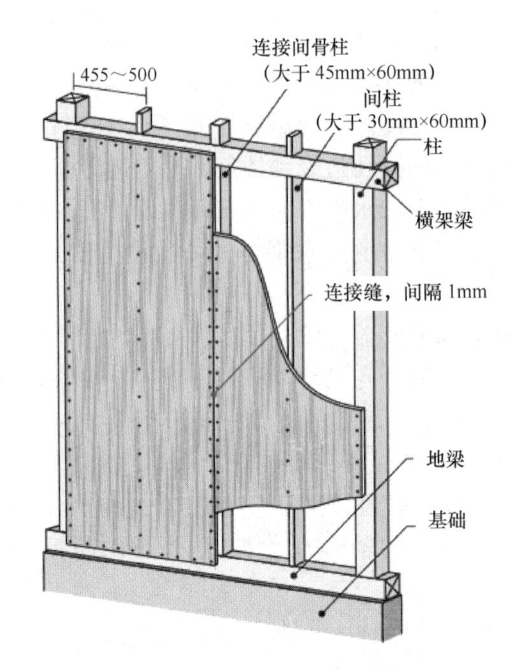

图 13.4.1 剪力墙的构造示意

（1）墙体两端连接部应设置截面不小于 105mm× 105mm 的端柱。

（2）当墙体采用的木基结构板厚度不小于 24mm、墙体长度不小于 1000mm 时，应在墙体中间设置柱子或间柱。

（3）当采用的木基结构板厚度小于 24mm、墙体长度大于 610mm 时，应在墙体中间设置间柱。

（4）墙体面板宜采用竖向铺设；当采用横向铺设时，面板拼接缝部位应设置横撑；墙体面板应采用钉子将面板与横撑、间柱或柱子连接。

（5）间柱截面尺寸应大于 30mm×60mm，墙体端部用于连接的间柱截面尺寸应大于 45mm×60mm。

（6）当木框架剪力墙结构采用明柱剪力墙时，剪力墙的间柱和端部连接柱截面尺寸应大于 30mm×60mm。

（7）端部连接柱应采用直径大于 3.40mm、长度大于 75mm、间距小于 200mm 的钉子与柱和梁连接。

（8）当面板厚度不小于 24mm 时，固定端部连接柱的钉子直径应大于 3.8mm、长度应大于 90mm、间距应小于 100mm。

（9）木框架剪力墙结构柱脚的预埋基础螺栓的直径应为 12mm 以上，埋入深度为 300mm 以上。

13.4.2 楼盖构造要求

木框架剪力墙结构的楼层平面构架由横架梁、梁（大梁）和楼面搁栅（小梁）组成。大梁之间的连接接头采用金属锚固件进行加固，在受到地震作用时，连接节点应避免先脱落。小梁端部应嵌入大梁内，并使用梁托等金属挂件进行连接。楼盖的构造如图 13.4.2 所示，楼面是用钉子固定的胶合板。

当采用比较薄的胶合板（厚度为12mm）时，应在梁上每间隔300mm设置一根搁栅，并在上面钉上胶合板。另一方面，在铺设比较厚的胶合板（厚度大于24mm）时，可省略搁栅，直接在楼层平面构架上钉上楼面板。

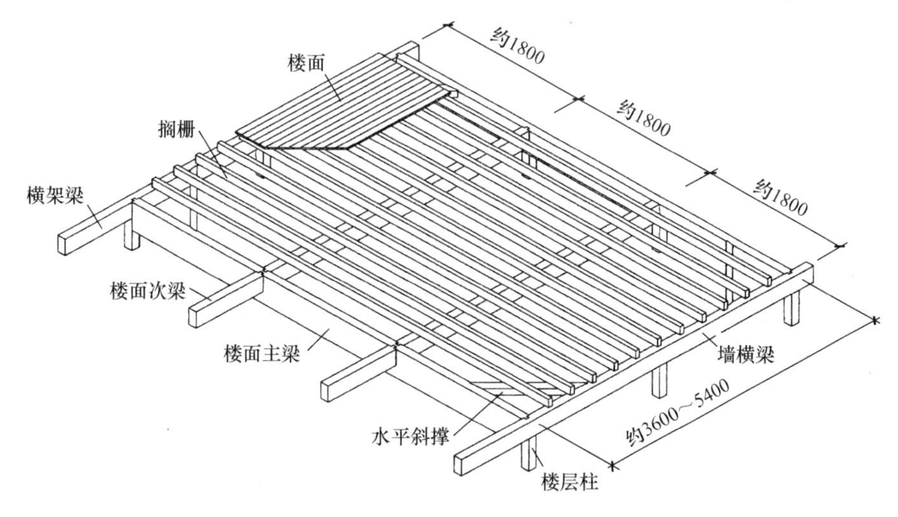

图13.4.2 楼盖构造示意图

木框架剪力墙结构的楼盖应满足以下构造要求：

（1）楼面次梁的截面尺寸不应小于105mm×105mm，搁栅的截面尺寸应不小于45mm×45mm。

（2）楼面板的铺设方法应符合表13.2.1要求的构造形式。

（3）楼盖相邻面板的接缝应位于搁栅或骨架构件上，面板长边应与搁栅垂直，面板之间应留有不小于3mm的缝隙。

（4）钉距每块面板边缘不得小于10mm，面板内部钉的间距不得大于300mm，钉应牢固地打入搁栅或骨架构件中，钉面应与板面齐平。

13.4.3 常见的木框架剪力墙结构构件的连接

1. 地梁与地梁的连接

地梁采用的材料应是耐腐蚀性高、防白蚁性好的木材，否则，应采用经过防腐处理的木材。地梁截面宽度的尺寸应大于或等于框架柱子截面的宽度。

地梁与地梁连接时，除了木材之间连接缝加工外，也可使用金属连接件连接。见图13.4.3、图13.4.4。

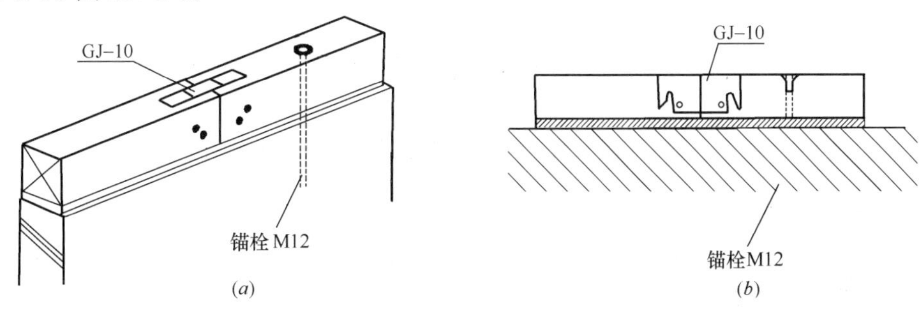

图13.4.3 地梁与基础、地梁的连接示意

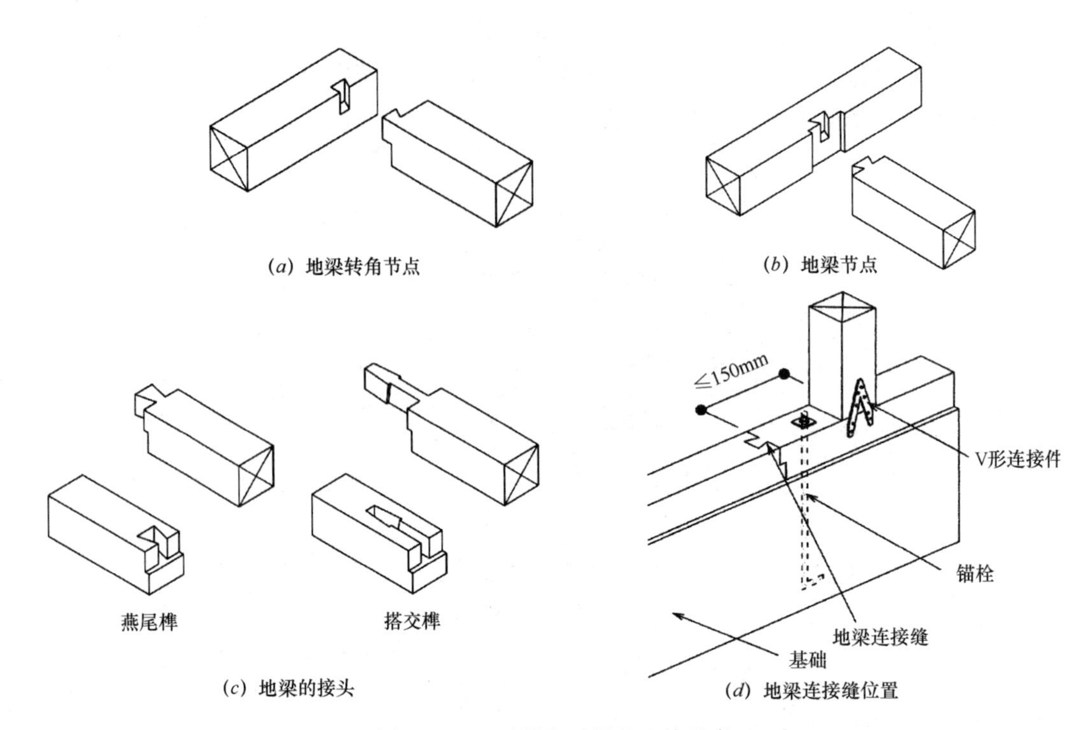

图 13.4.4 地梁与地梁的连接示意

2. 柱与地梁的连接

柱与地梁的连接方法可采用在木材之间通过接合榫连接，或者通过金属连接件连接。柱与地梁的连接方式较多，图 13.4.5 为框架柱与地梁常见的连接构造示意图。图 13.4.6 为框架柱、间柱与地梁常见的连接构造示意图。

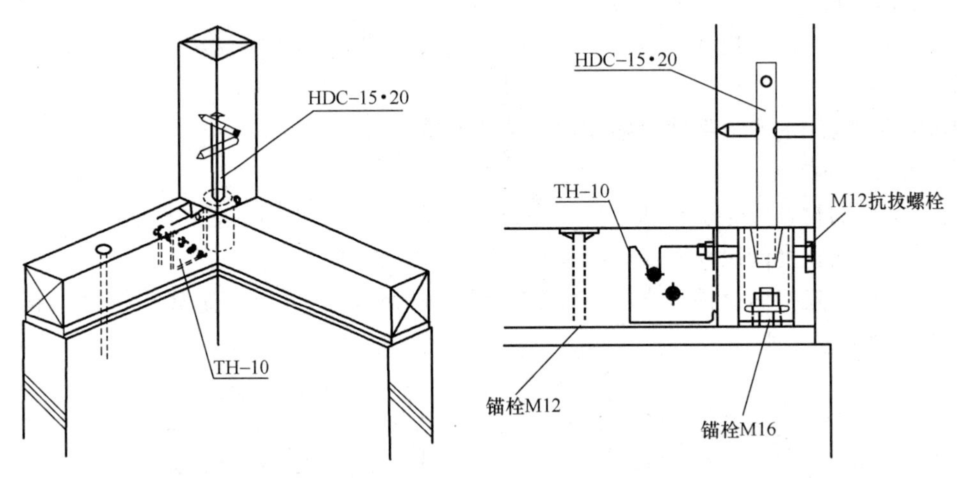

图 13.4.5 地梁和柱子的连接构造示意图

3. 柱与横架梁的连接

图 13.4.7、图 13.4.8 为框架通柱与楼面横架梁的连接构造示意图。图 13.4.9 为柱与楼面横架梁的连接构造示意图。

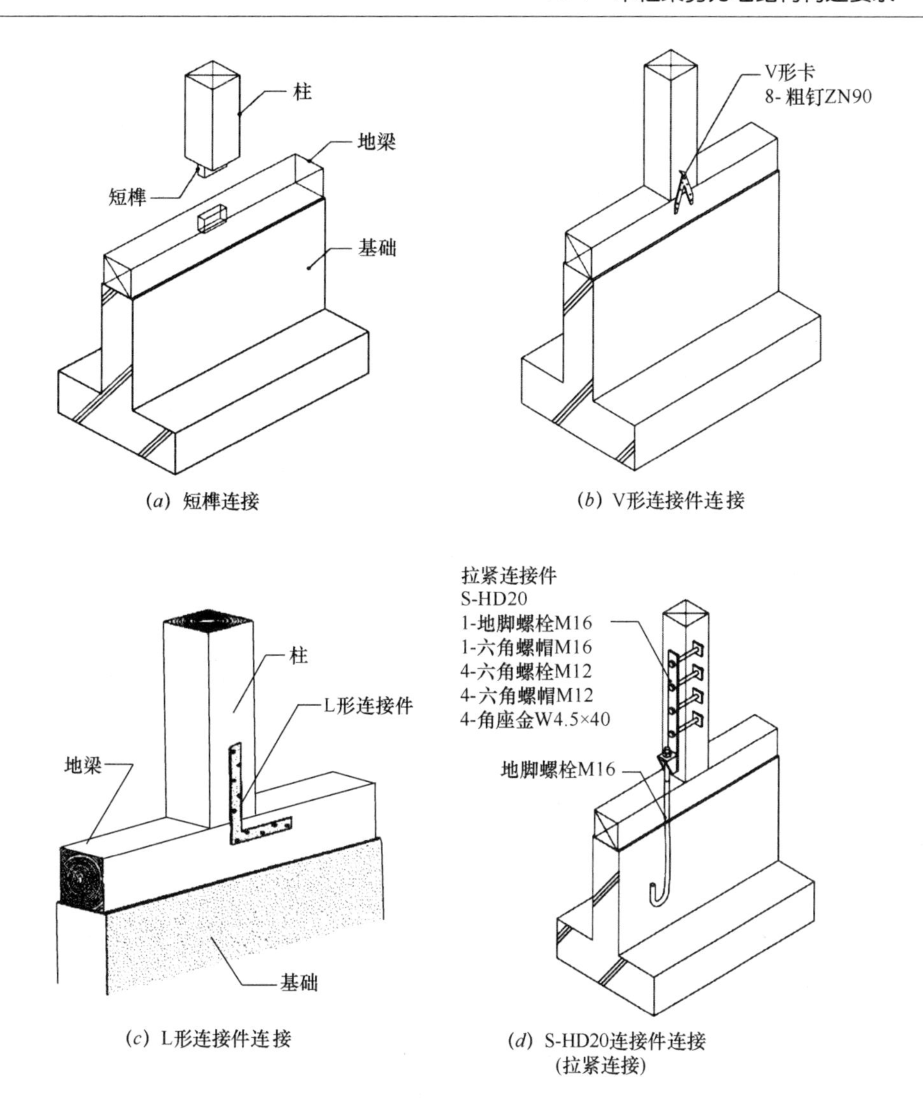

(*a*) 短榫连接

(*b*) V形连接件连接

(*c*) L形连接件连接

(*d*) S-HD20连接件连接（拉紧连接）

图 13.4.6 框架柱、间柱与地梁连接构造示意图

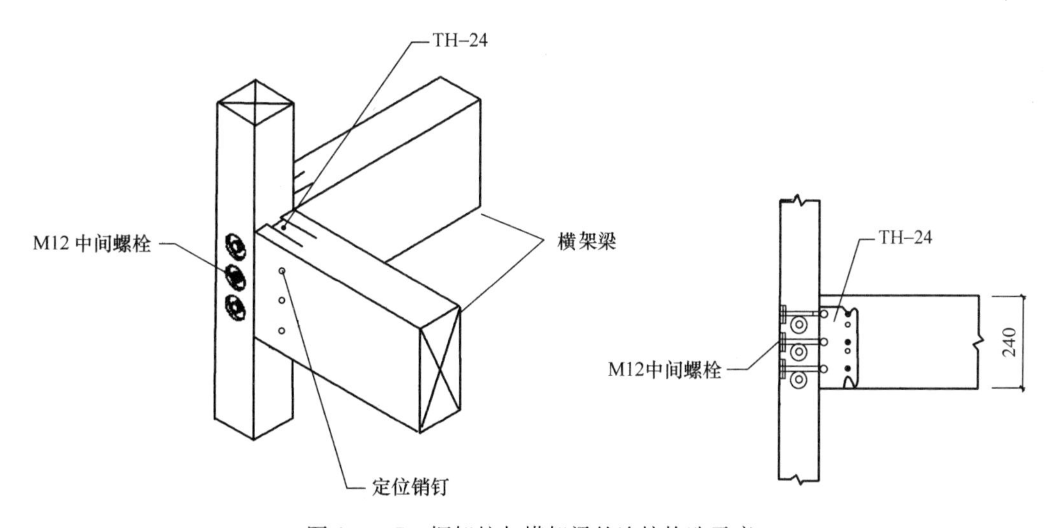

图 13.4.7 框架柱与横架梁的连接构造示意

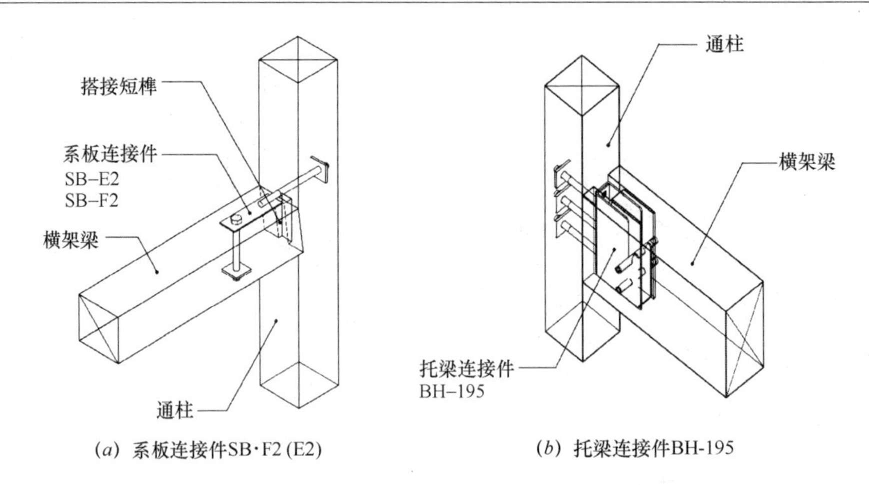

(a) 系板连接件SB·F2 (E2)　　(b) 托梁连接件BH-195

图 13.4.8　通柱与横架梁的连接构造示意

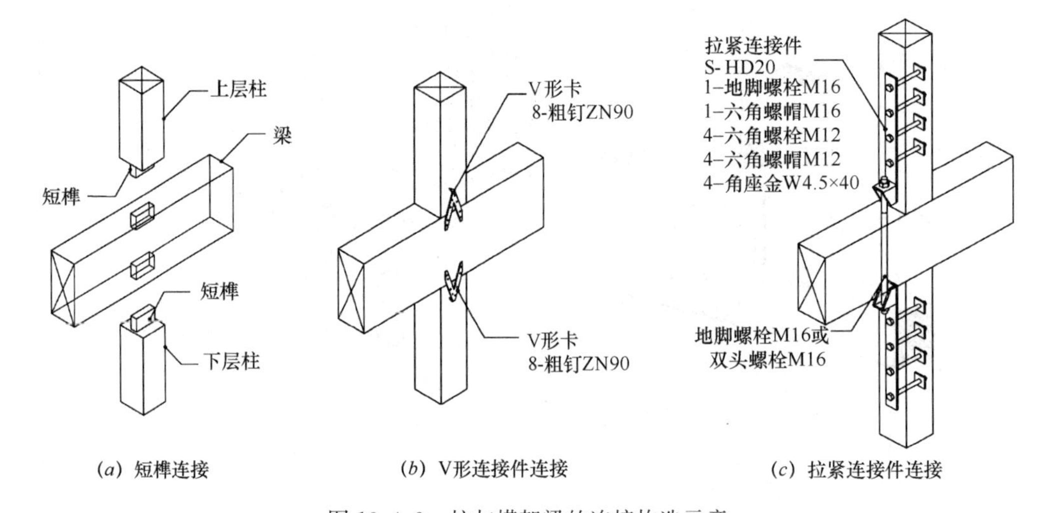

(a) 短榫连接　　(b) V形连接件连接　　(c) 拉紧连接件连接

图 13.4.9　柱与横架梁的连接构造示意

4. 柱与屋架梁或檩的连接

通柱与屋架梁、檩的连接构造见图 13.4.10。柱与檐口檩条、屋架梁的连接构造见图 13.4.11。

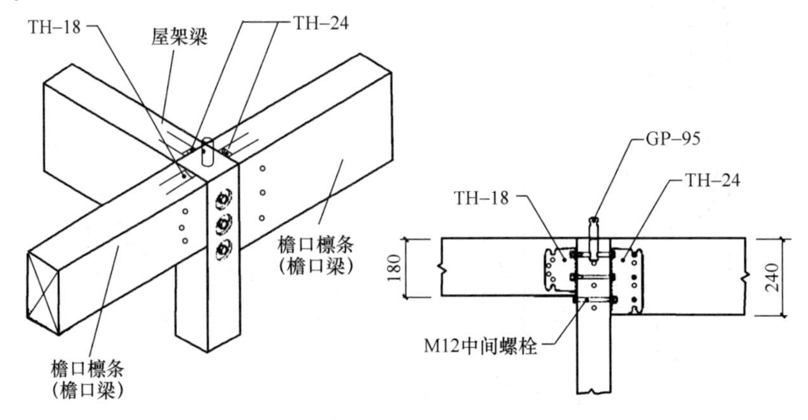

图 13.4.10　通柱与檐口檩条、屋架梁的连接构造示意

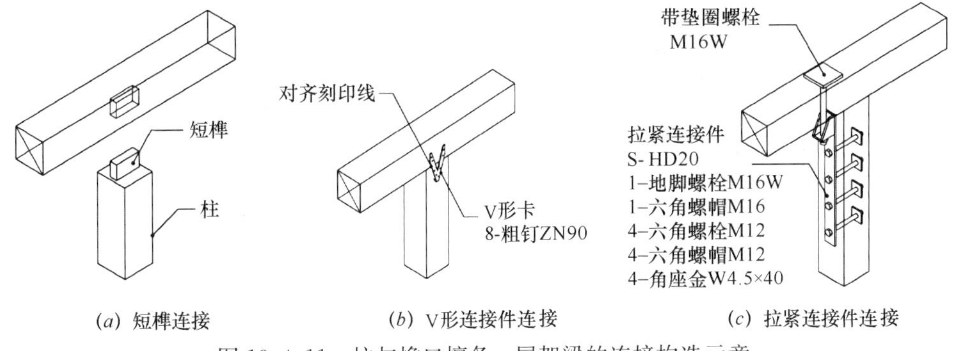

(*a*) 短榫连接　　(*b*) V形连接件连接　　(*c*) 拉紧连接件连接

图 13.4.11　柱与檐口檩条、屋架梁的连接构造示意

5. 横架梁之间、梁与檩之间的连接

横架梁之间、梁与檩之间的连接构造见图 13.4.12。

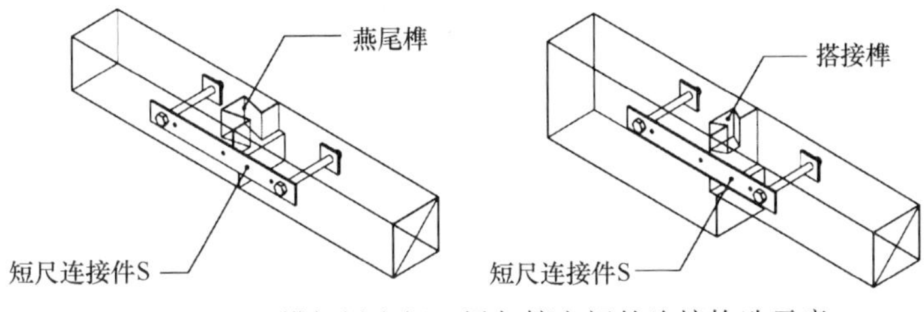

图 13.4.12　横架梁之间、梁与檩之间的连接构造示意

13.4.4　木框架剪力墙结构楼、屋盖构造要求

木框架剪力墙结构的楼、屋盖构造应满足以下规定：

(1) 架铺搁栅式楼盖由地板梁或楼板梁、地板搁栅及钉铺在其上的结构用胶合板构成。

(2) 省略搁栅式楼盖由横架梁、地板梁或楼板梁、支承材及直接钉铺在其上的结构用胶合板构成。

(3) 楼板梁与横架梁、地板搁栅与地板梁、楼板梁或横架梁之间的连接必须采用具有足够强度的连接。

楼板梁与横架梁之间、楼板梁之间的连接节点常用的金属连接件为系板连接件 SB・F2 (E2)，连接的构造方法如图 13.4.13 所示。

屋盖的构架材之间的相互连接(檩与椽条、斜撑梁端部、椽条端部、屋架短柱上端及下端)必须采用具有足够强度的连接。图 13.4.14～图 13.4.16 所示节点连接为常用的连接构造方法。

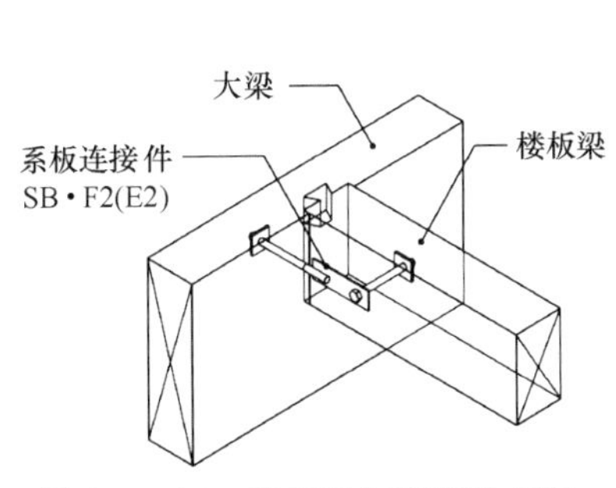

图 13.4.13　楼板梁与横架梁之间、楼板梁之间的连接

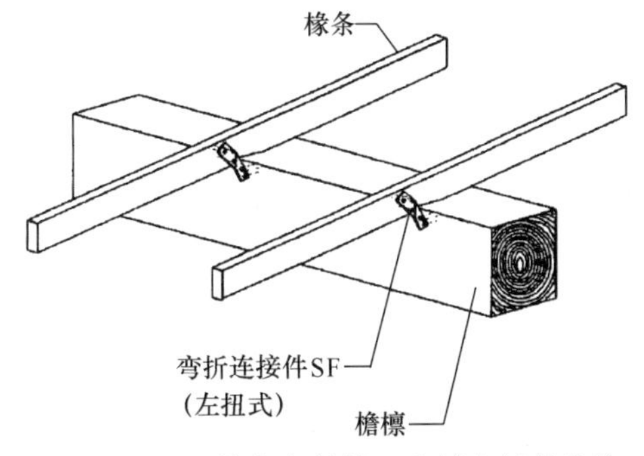

图 13.4.14　椽条与檐檩、金檩之间的连接
(采用弯折连接件 SF 左扭式)

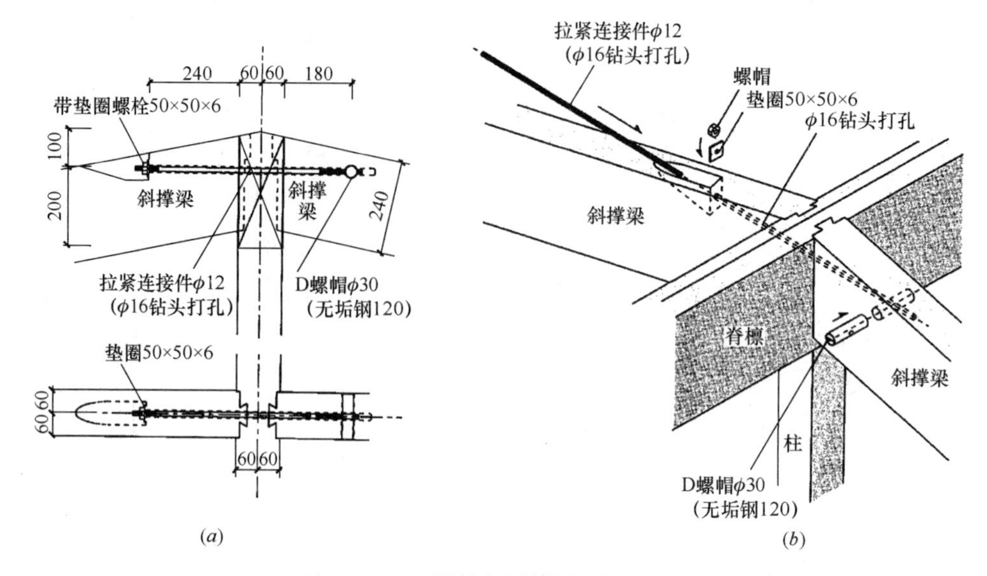

图 13.4.15 脊檩与斜撑梁之间的连接

（采用拉紧连接件 φ12）

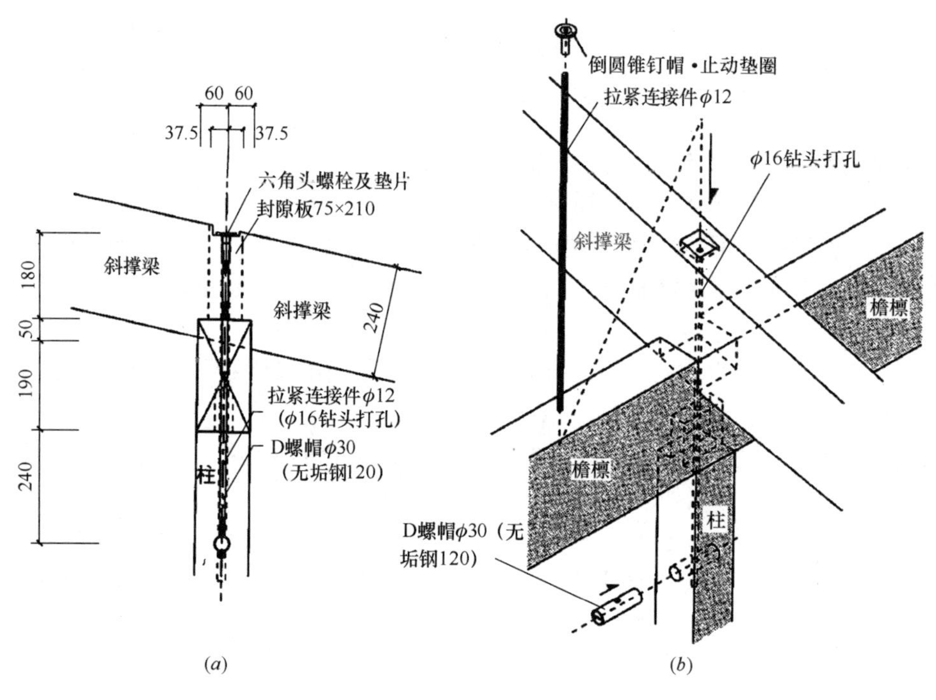

图 13.4.16 檐檩与斜撑梁之间的连接

（采用拉紧连接件 φ12）

13.5 设 计 案 例

【例题 13.5.1】某住宅建筑为三层木框架剪力墙结构，总建筑面积为 270.4m^2，总高度为 10.53m。平面图、剖面图和立面图见图 13.5.1～图 13.5.5。

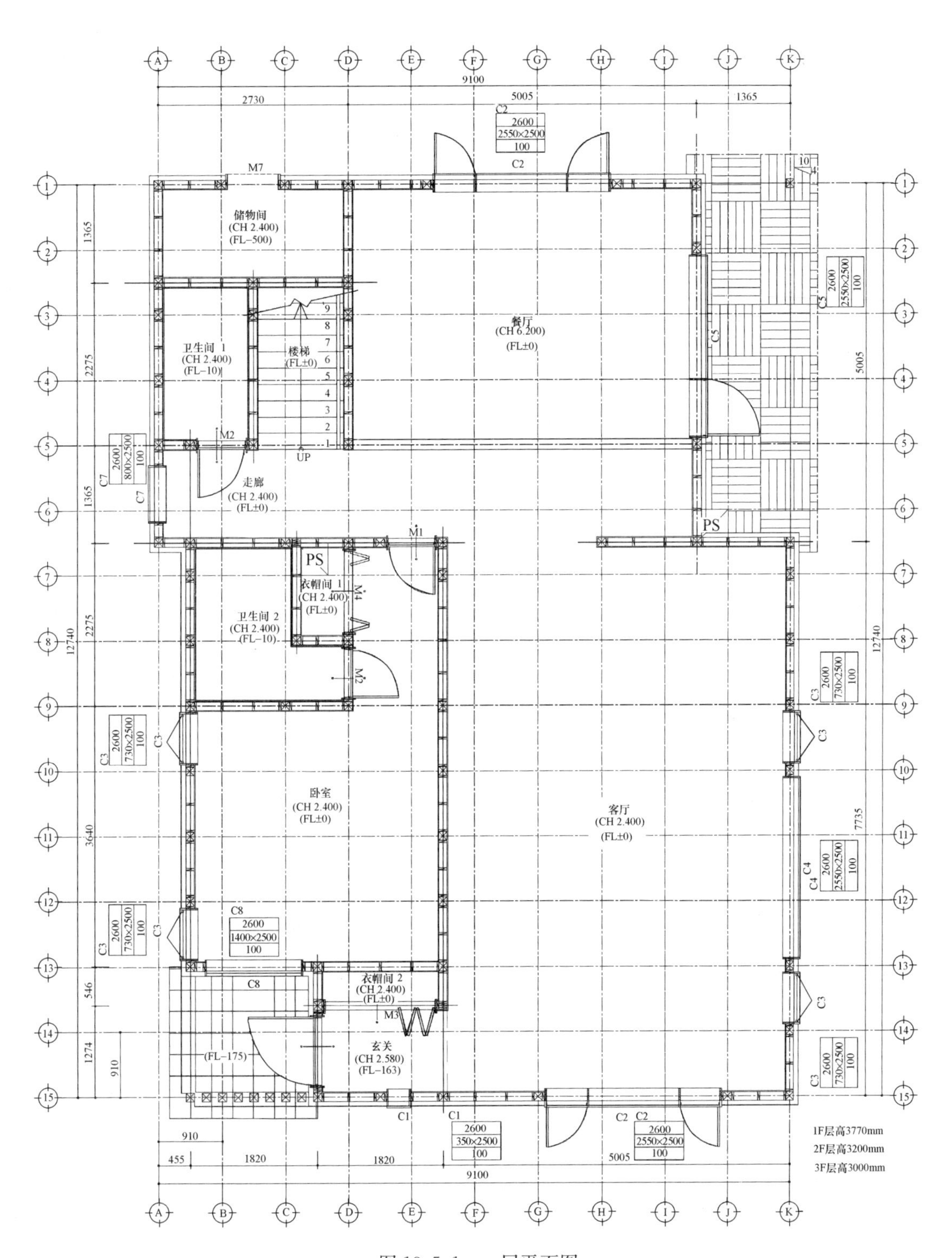
储物间
(CH 2.400)
(FL−500)
卫生间 1
(CH 2.400)
(FL−10)
楼梯
(FL±0)
餐厅
(CH 6.200)
(FL±0)
走廊
(CH 2.400)
(FL±0)
衣帽间 1
(CH 2.400)
(FL±0)
卫生间 2
(CH 2.400)
(FL−10)
卧室
(CH 2.400)
(FL±0)
客厅
(CH 2.400)
(FL±0)
衣帽间 2
(CH 2.400)
(FL±0)
玄关
(CH 2.580)
(FL−163)
(FL−175)
1F层高3770mm
2F层高3200mm
3F层高3000mm

图 13.5.1 一层平面图

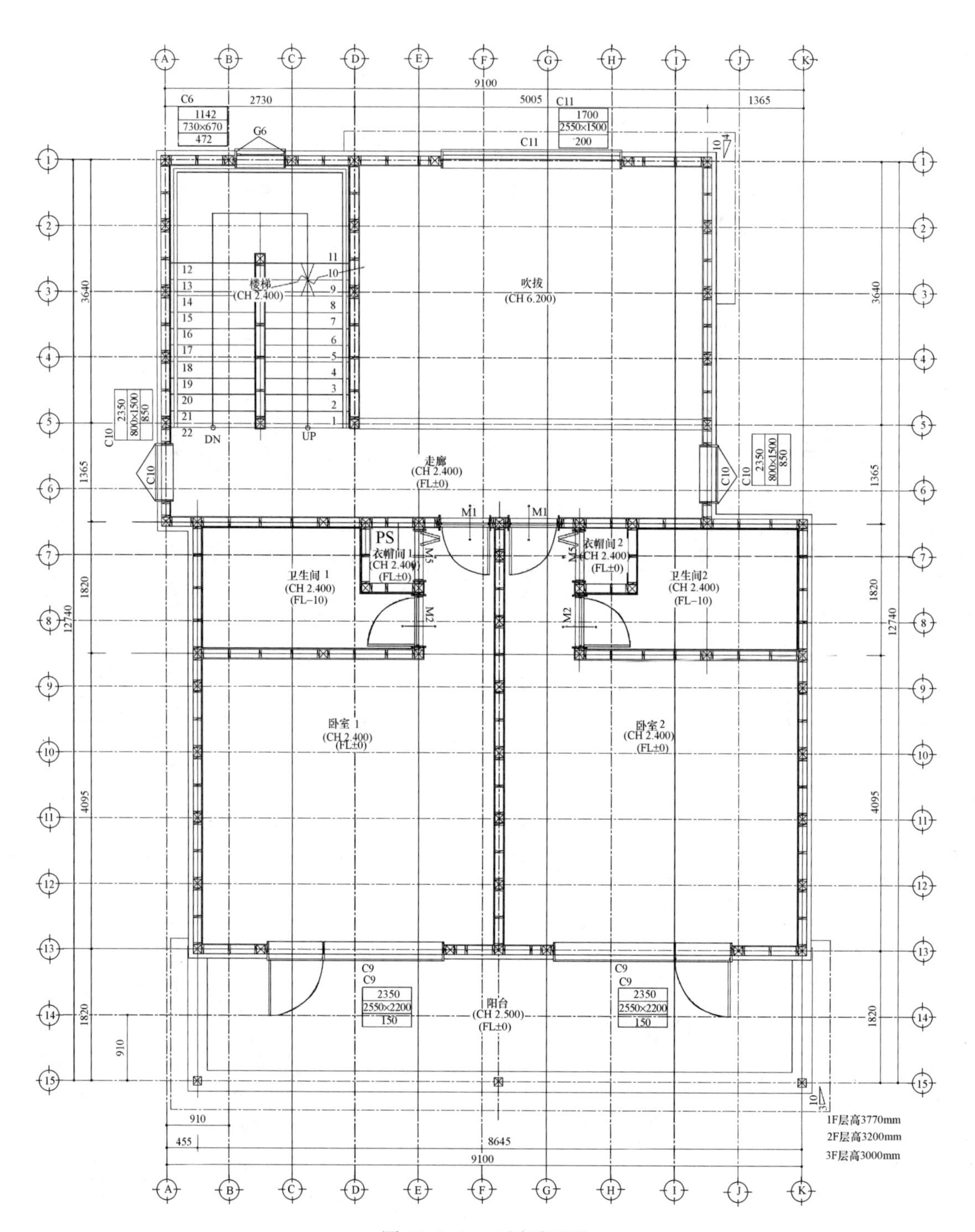

A
B
C
D
E
F
G
H
I
J
K
9100
2730
5005
1365
C6
1142
730×670
472
G6
C11
1700
2550×1500
200
楼梯
(CH 2.400)
吹拔
(CH 6.200)
DN
UP
C10
2350
800×1500
850
走廊
(CH 2.400)
(FL±0)
M1
PS
衣帽间 1
(CH 2.400)
(FL±0)
衣帽间 2
(CH 2.400)
(FL±0)
M5
M2
卫生间 1
(CH 2.400)
(FL−10)
卫生间2
(CH 2.400)
(FL−10)
卧室 1
(CH 2.400)
(FL±0)
卧室 2
(CH 2.400)
(FL±0)
C9
2350
2550×2200
150
阳台
(CH 2.500)
(FL±0)
3640
1365
1820
4095
12740
910
455
8645
1F层高3770mm
2F层高3200mm
3F层高3000mm

图 13.5.2　二层平面图

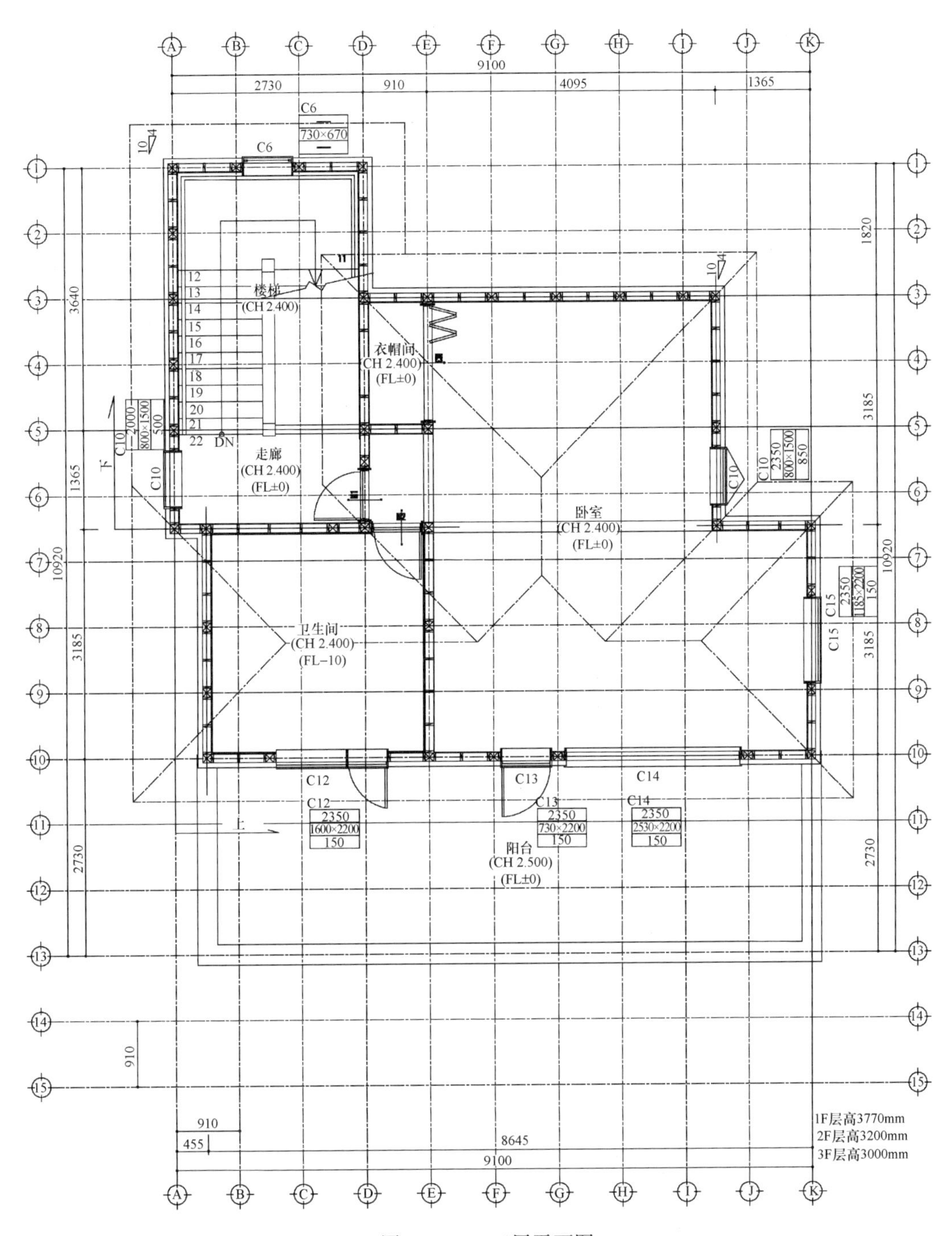
楼梯
(CH 2.400)
衣帽间
(CH 2.400)
(FL±0)
走廊
(CH 2.400)
(FL±0)
卧室
(CH 2.400)
(FL±0)
卫生间
(CH 2.400)
(FL−10)
阳台
(CH 2.500)
(FL±0)
DN
下
上
C6
730×670
C10
2000
800×1500
500
2350
800×1500
850
C12
2350
1600×2200
150
C13
2350
730×2200
150
C14
2350
2530×2200
150
C15
2350
1185×2200
150
9100
2730
910
4095
1365
3640
1365
10920
3185
2730
1820
910
455
8645
1F层高3770mm
2F层高3200mm
3F层高3000mm

图 13.5.3 三层平面图

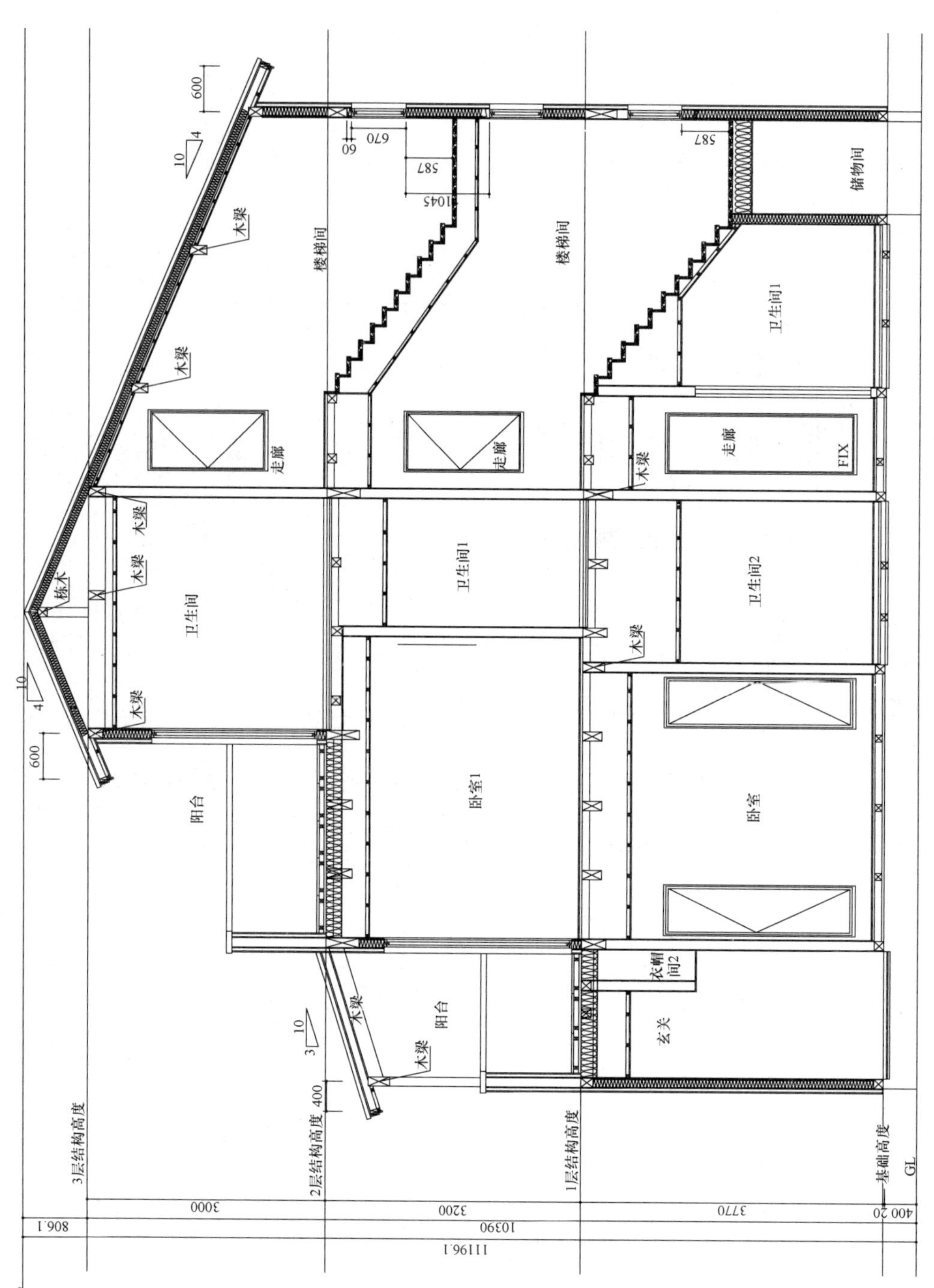
600
10
4
木梁
楼梯间
楼梯间
670
60
587
1045
587
储物间
卫生间1
走廊
走廊
走廊
FIX
卫生间
卫生间1
卫生间2
檩木
卧室1
卧室
阳台
阳台
衣帽间2
玄关
400
3
3层结构高度
2层结构高度
1层结构高度
基础高度
GL
3000
3200
3770
400 20
806.1
10390
11196.1

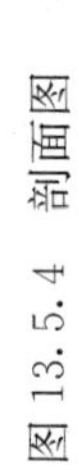
图 13.5.4 剖面图

(a) 南侧立面图

(b) 东侧立面图

(c) 北侧立面图

(d) 西侧立面图

图 13.5.5 立面图

13.5.1　基本资料

建筑物的结构各层高度为一层 3.65m，二层 3.20m，三层 3.00m；当地基本雪压为 0.4kN/ m^2；基本风压为 0.65kN/m^2；地面粗糙度 A 类；抗震设防烈度为 7 度第一组、设计基本地震加速度为 0.1g，场地类别Ⅲ类。梁柱构件采用日本柳杉制作的胶合原木。木基结构板采用结构胶合板。表 13.5.1 列出了该建筑采用材料及自重。

设计中使用的主要建筑材料　　表 13.5.1

名　称	自　重	名　称	自　重
屋面瓦	0.71kN/m^2	40mm×235mm 间距@ 400mm 搁栅	0.120kN/m^2
楼面 24mm 胶合板	0.15kN/m^2	40mm×140mm 间距@ 400mm 墙骨柱	0.070kN/m^2
12mm 石膏天花板	0.10kN/m^2	12mm 石膏板	0.125kN/m^2
保温材料	0.075kN/m^2	8mm 石膏板	0.075kN/m^2
日本柳杉	4.10kN/m^3		

13.5.2　荷载计算

为了简化内容，本案例具体的荷载计算方法可参考本手册第 11.11 节的相关内容。

13.5.3　结构构件设计

本算例采用计算机程序按日本相关标准的规定进行设计验算，获得相关计算结果见表 13.5.2～表 13.5.4。

结构强度性能验算结果表　　表 13.5.2

序号	验算项目	层数及 x 方向	最大值	层数及 y 方向	最大值	备注
1	地震正向作用时，剪力墙壁量验算	3 层＋x 方向	0.49	3 层＋y 方向	0.50	
		2 层＋x 方向	0.68	2 层＋y 方向	0.78	
		1 层＋x 方向	0.81	1 层＋y 方向	0.73	
	地震负向作用时，剪力墙壁量验算	3 层－x 方向	0.50	3 层－y 方向	0.49	
		2 层－x 方向	0.68	2 层－y 方向	0.78	
		1 层－x 方向	0.81	1 层－y 方向	0.72	
	风荷载正向作用时，剪力墙壁量验算	3 层＋x 方向	0.29	3 层＋y 方向	0.42	
		2 层＋x 方向	0.52	2 层＋y 方向	0.62	
		1 层＋x 方向	0.79	1 层＋y 方向	0.64	
	风荷载负向作用时，剪力墙壁量验算	3 层－x 方向	0.29	3 层－y 方向	0.41	
		2 层－x 方向	0.52	2 层－y 方向	0.62	
		1 层－x 方向	0.79	1 层－y 方向	0.63	

续表

序号	验算项目	层数及 x 方向	最大值	层数及 y 方向	最大值	备注
2	地震正向作用时，竖向结构验算	3层 $+x$ 方向	0.56	3层 $+y$ 方向	0.56	
		2层 $+x$ 方向	0.82	2层 $+y$ 方向	0.85	
		1层 $+x$ 方向	0.88	1层 $+y$ 方向	0.79	
	地震负向作用时，竖向结构验算	3层 $+x$ 方向	0.57	3层 $+y$ 方向	0.54	
		2层 $+x$ 方向	0.82	2层 $+y$ 方向	0.85	
		1层 $+x$ 方向	0.88	1层 $+y$ 方向	0.78	
	风荷载正向作用时，竖向结构验算	3层 $+x$ 方向	0.33	3层 $+y$ 方向	0.49	
		2层 $+x$ 方向	0.67	2层 $+y$ 方向	0.68	
		1层 $+x$ 方向	0.89	1层 $+y$ 方向	0.73	
	风荷载负向作用时，竖向结构验算	3层 $-x$ 方向	0.34	3层 $-y$ 方向	0.48	
		2层 $-x$ 方向	0.66	2层 $-y$ 方向	0.69	
		1层 $-x$ 方向	0.89	1层 $-y$ 方向	0.72	
3	地震正向作用时，水平结构验算	屋盖 $+x$ 方向	0.68	屋盖 $+y$ 方向	0.71	
		3层 $+x$ 方向	0.72	3层 $+y$ 方向	0.55	
		2层 $+x$ 方向	0.71	2层 $+y$ 方向	0.53	
	地震负向作用时，水平结构验算	屋盖 $+x$ 方向	0.70	屋盖 $+y$ 方向	0.64	
		3层 $+x$ 方向	0.72	3层 $+y$ 方向	0.55	
		2层 $+x$ 方向	0.71	2层 $+y$ 方向	0.61	
	风荷载正向作用时，水平结构验算	屋盖 $+x$ 方向	0.40	屋盖 $+y$ 方向	0.65	
		3层 $+x$ 方向	0.64	3层 $+y$ 方向	0.40	
		2层 $+x$ 方向	0.83	2层 $+y$ 方向	0.53	
	风荷载负向作用时，水平结构验算	屋盖 $-x$ 方向	0.40	屋盖 $-y$ 方向	0.59	
		3层 $-x$ 方向	0.64	3层 $-y$ 方向	0.41	
		2层 $-x$ 方向	0.83	2层 $-y$ 方向	0.59	

结构变形性能验算结果表　　**表 13.5.3**

序号	验算项目	层数及 x 方向	计算值	层数及 y 方向	计算值	备注
1	地震正向作用时，偏心率验算	3层$+x$方向	0.01	3层$+y$方向	0.04	限制值≤0.15
		2层$+x$方向	0.07	2层$+y$方向	0.03	
		1层$+x$方向	0.02	1层$+y$方向	0.08	
	地震负向作用时，偏心率验算	3层$-x$方向	0.01	3层$-y$方向	0.02	限制值≤0.15
		2层$-x$方向	0.07	2层$-y$方向	0.03	
		1层$-x$方向	0.02	1层$-y$方向	0.09	
2	地震正向作用时，层间变形角验算	3层$+x$方向	1/254	3层$+y$方向	1/254	限制值≤1/150
		2层$+x$方向	1/175	2层$+y$方向	1/181	
		1层$+x$方向	1/167	1层$+y$方向	1/189	
	地震负向作用时，层间变形角验算	3层$-x$方向	1/249	3层$-y$方向	1/266	限制值≤1/150
		2层$-x$方向	1/175	2层$-y$方向	1/181	
		1层$-x$方向	1/167	1层$-y$方向	1/190	
3	荷载正向作用时，刚性率验算	3层$+x$方向	1.22	3层$+y$方向	1.23	限制值≥0.60
		2层$+x$方向	0.93	2层$+y$方向	0.85	
		1层$+x$方向	0.85	1层$+y$方向	0.92	
	荷载负向作用时，刚性率验算	3层$-x$方向	1.20	3层$-y$方向	1.24	限制值≥0.60
		2层$-x$方向	0.94	2层$-y$方向	0.84	
		1层$-x$方向	0.85	1层$-y$方向	0.92	

构件性能验算结果表　　**表 13.5.4**

序　号	验算项目	最 大 值	备　注
1	柱子	0.98	
2	梁的应力	0.91	
3	梁的偏移	0.93	
4	柱头或柱脚金属连接件	0.96	
5	框架梁端部金属连接件	0.70	
6	屋脊檩条、檩条等的应力	0.11	
7	屋脊檩条、檩条等的挠度	0.21	
8	屋架柱	0.02	
9	椽木	0.73	

各层结构布置图见图 13.5.6～图 13.5.10。

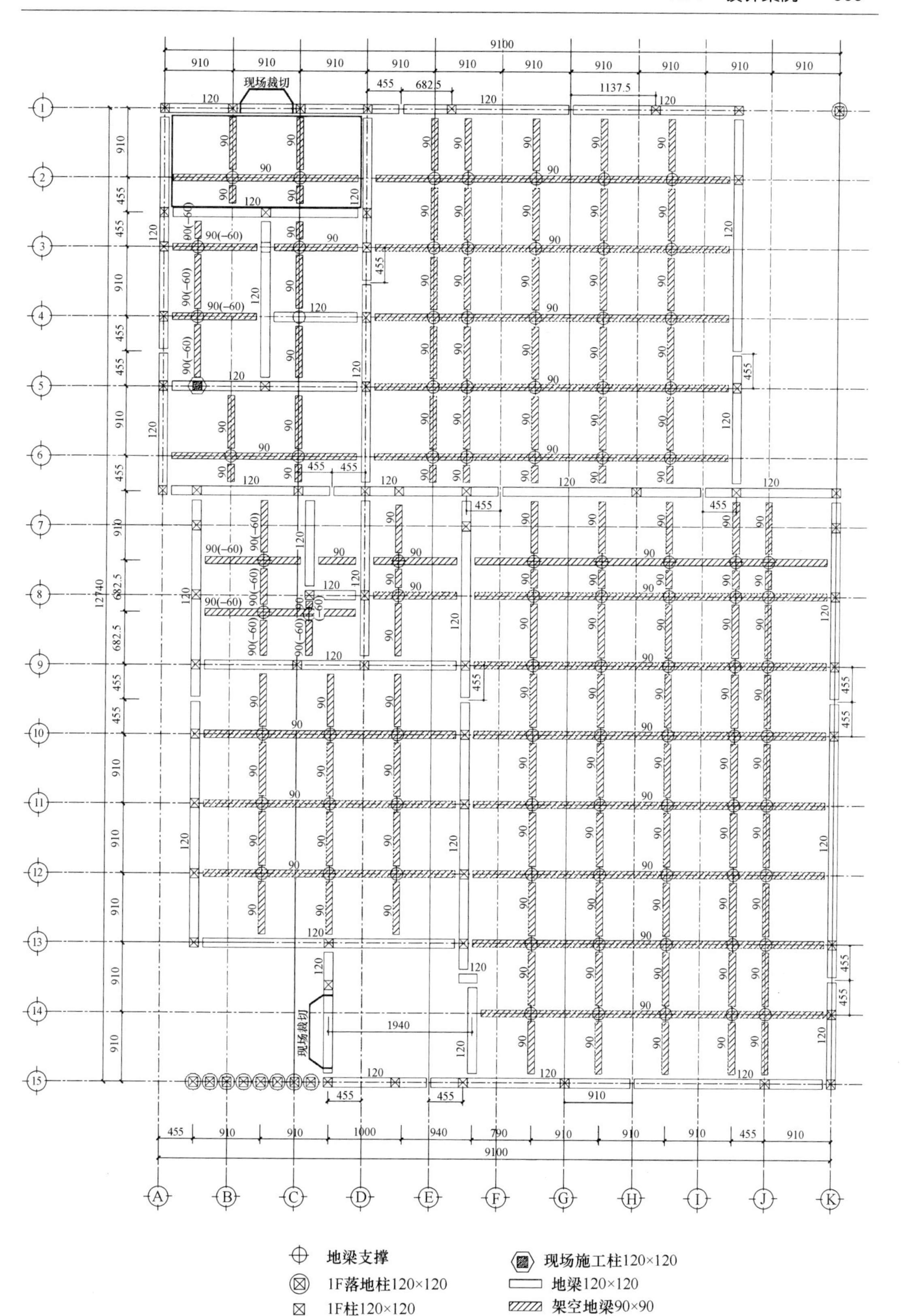

图 13.5.6 基础地梁平面布置图

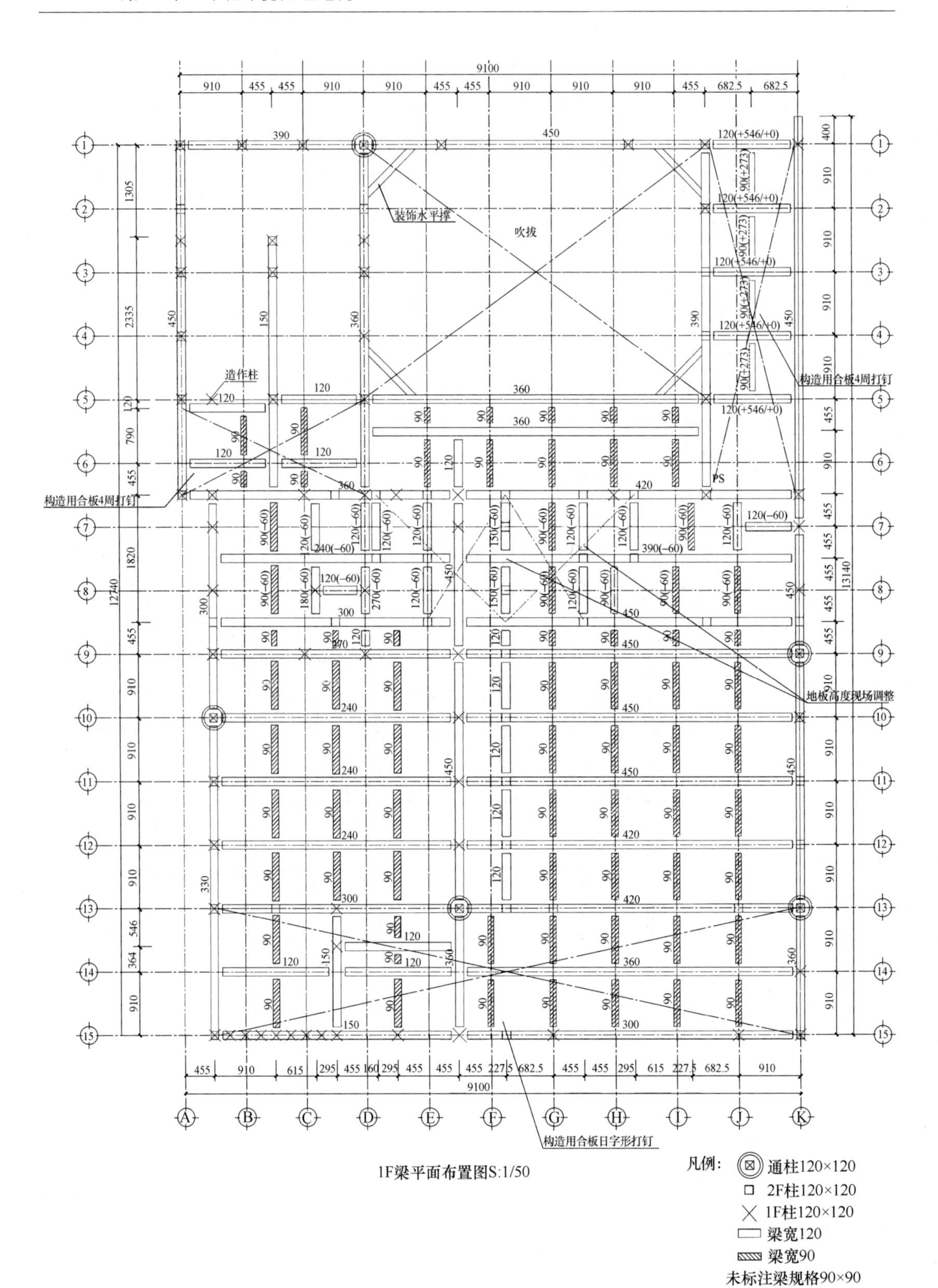

图 13.5.7　一层结构平面布置图

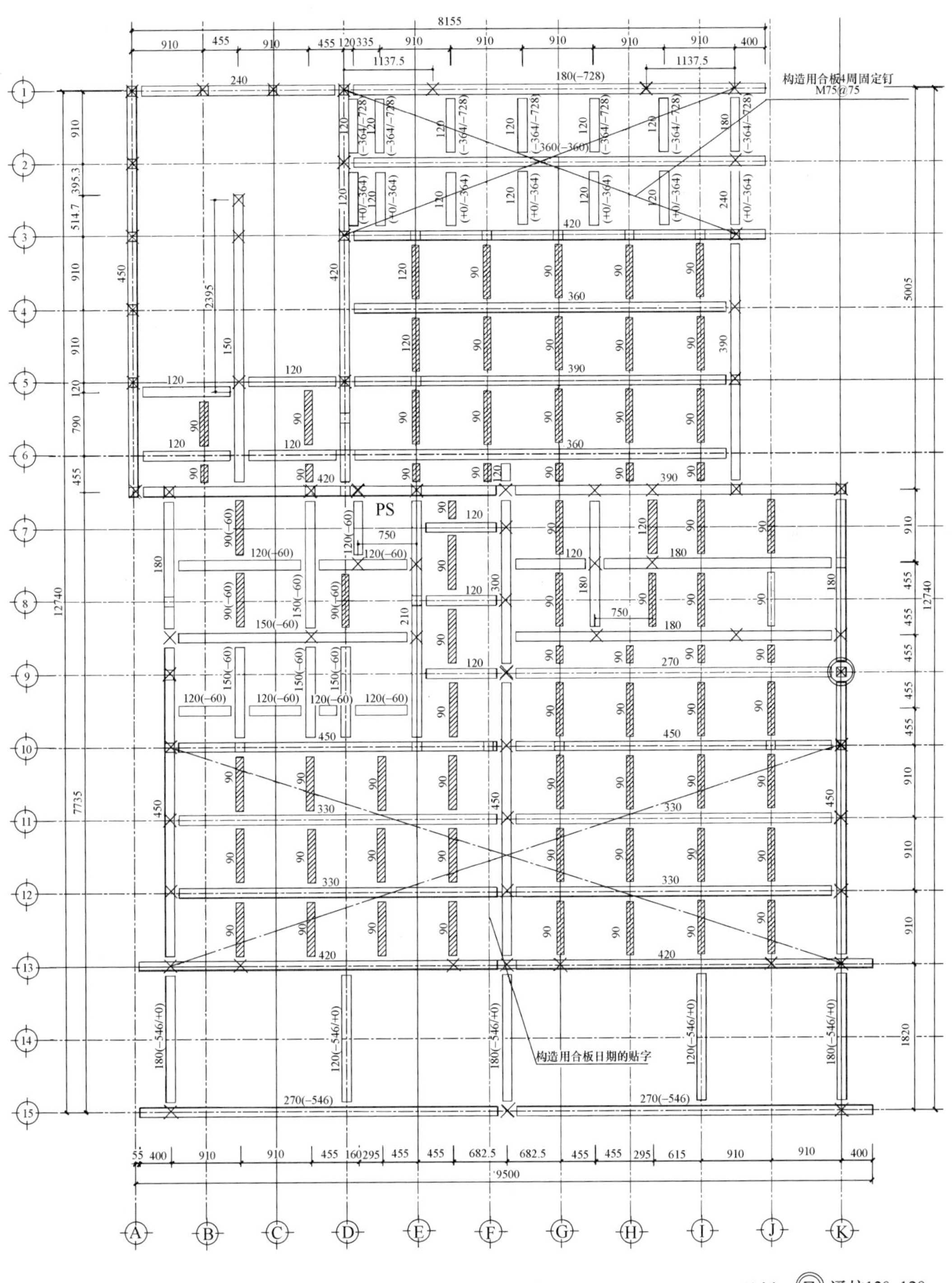

图 13.5.8　二层结构平面布置图

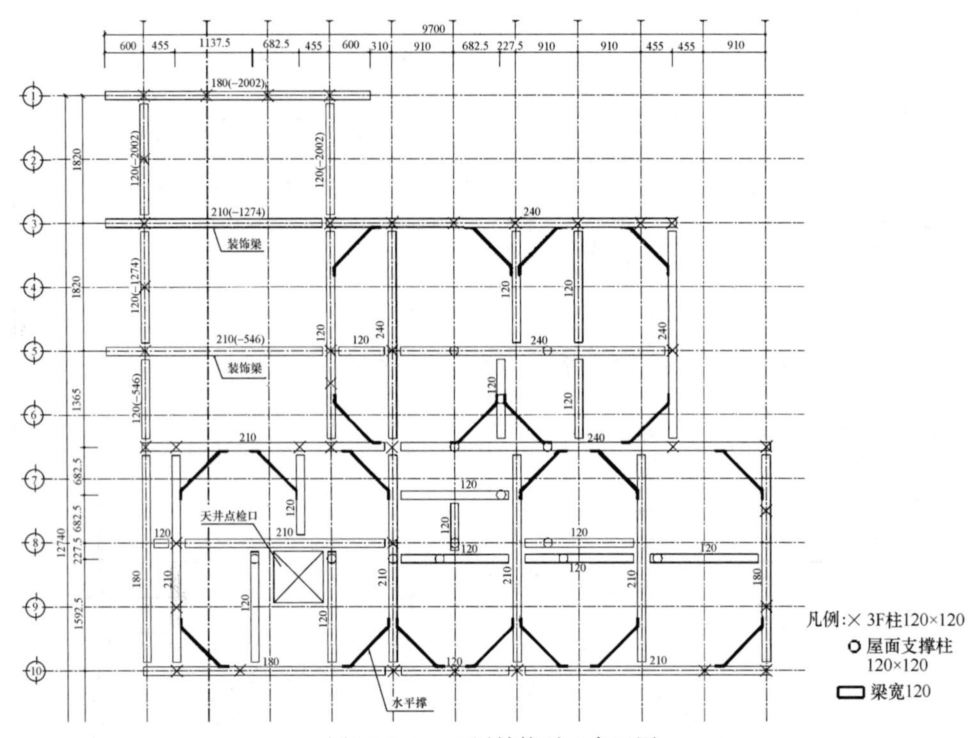

图 13.5.9　三层结构平面布置图

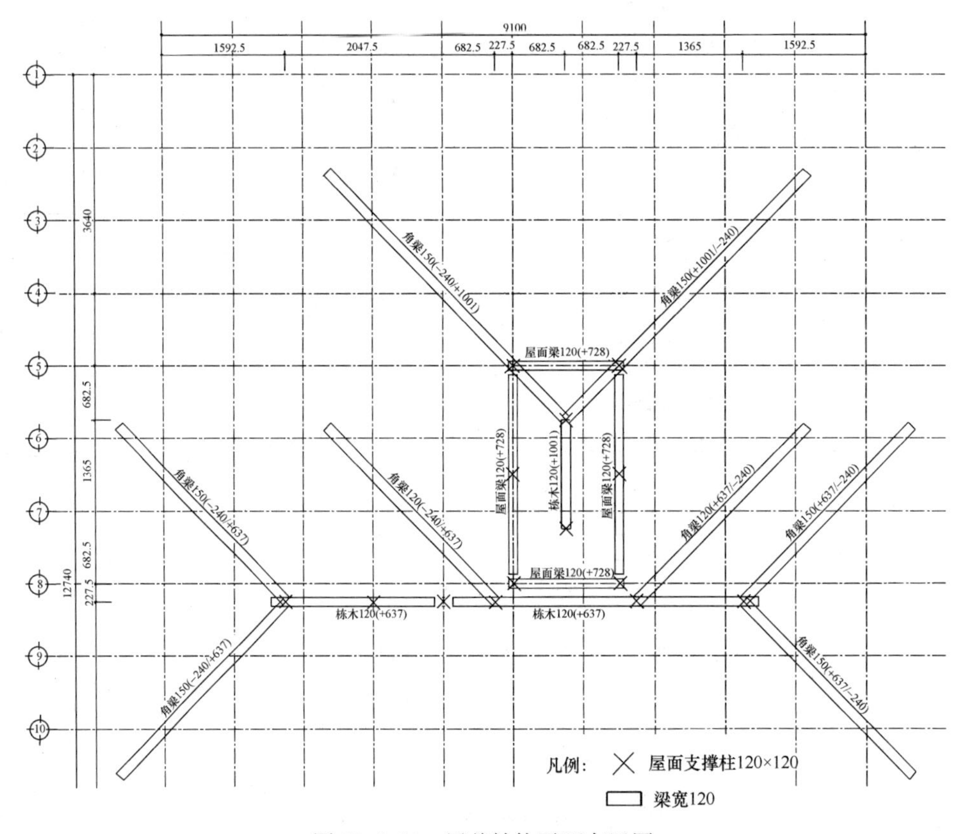

图 13.5.10　屋盖结构平面布置图

第14章　旋切板胶合木结构

14.1　概　　述

旋切板胶合木是在一定温度和压力下用结构胶粘剂将叠放的多层旋切板热压胶合而形成的工程木产品（图14.1.1）。也称为单板成集材。旋切板胶合木包括两种，一种是旋切板顺纹胶合木，简称LVL（Laminated Veneer Lumber）；另一种是旋切板正交胶合木，简称CLVL（Cross Laminated Veneer Lumber）。目前，我国还缺少对旋切板胶合木相关技术的系统性研究，实际工程的应用经验也不足，本章主要对国际上应用旋切板胶合木结构的成熟经验和先进技术作简单介绍。

图14.1.1　旋切板胶合木（LVL）

旋切板胶合木采用的旋切板厚度通常为2.5～3.0mm，一般不超过6mm。制作旋切板胶合木LVL时，每层旋切板的木纹应平行于成品板长度方向，制作CLVL时，需要将20%的旋切板的木纹与成品板长度方向正交放置，并且在截面中至少应有两块正交放置的旋切板对称分布，见图14.1.2。

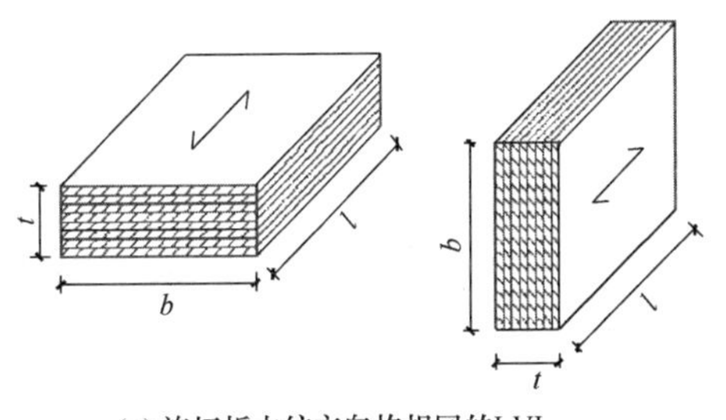

(a)旋切板木纹方向均相同的LVL

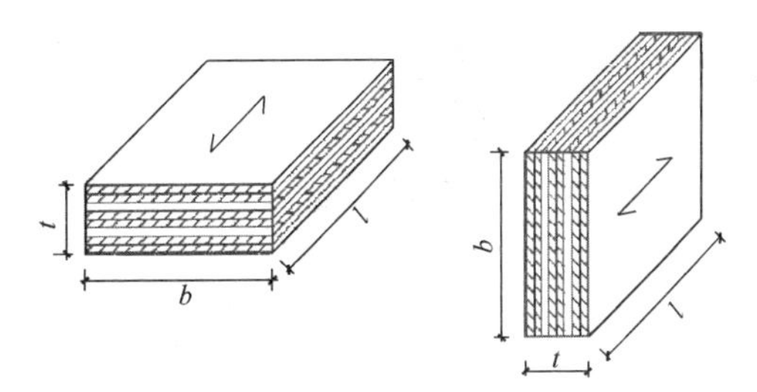

(b)部分旋切板木纹方向正交放置的CLVL

图14.1.2　旋切板胶合木产品

与胶合板的生产类似，刚旋切下来的板片通过机械干燥、平整，并根据原料的天然缺陷如木节、节孔和劈裂的数量和尺寸来分类。由于生产中对旋切板胶合木中的每一层旋切板的等级和质量有严格的控制，因此，旋切板胶合木具有良好的力学性能，轻质高强，材质均匀，尺寸稳定精确，无弯折扭曲变形，并非常方便切割成所需规格的板材或梁柱构件。旋切板胶合木与实木锯材相比较，具有以下优势：

（1）旋切板胶合木可将原木的疤节、裂痕等缺陷分散、错开，从而大大降低了对强度的影响，使其质量稳定、强度均匀、材料变异性小，是替代实木最理想的结构材；

（2）尺寸可随意调整，不受原木形状和缺陷的影响，可根据实际用材需求，选择尺寸规格；

（3）易加工制作，加工方式与木材相同，可锯切、刨切、凿眼、开榫、钉钉等；

（4）具有防虫、防腐、防火、防水等良好性能，制作过程中进行了相应的预处理或采用特殊的胶粘剂；

（5）具有极强的抗震性能和减震性能，能有效抵抗周期性应力产生的疲劳破坏；

（6）具有良好的抗蠕变性能和耐久性；

（7）产品绿色环保、无污染，在制作过程中使用优质的环保胶粘剂；甲醛释放量远远低于国家标准。

通常旋切板胶合木板材的厚度为21mm～75mm，宽度受生产线的限制，从200mm～1200mm不等，最大宽度可为2.5m；标准长度为6m、8m、10m和12m，最大长度可为25m。旋切板胶合木成品含水率为8%～12%。

制作旋切板胶合木时，对木材种类没有特别要求，一般能制造胶合板的树种都能用于生产旋切板胶合木。生产旋切板胶合木时，欧洲地区采用欧洲云杉或樟子松，北美地区采用花旗松、落叶松、黄柏、西部铁杉和云杉，新西兰采用辐射松，日本采用日本柳杉。

旋切板胶合木制作过程（图14.1.3）：原木经过测量后，切割为合适长度的原木段，采用温水浸泡；采用旋切机切削至2.5mm～3.0mm厚的连续板坯，再切割成单板薄片；将单板烘干，经过强度和外观质量分级；单板表面涂胶后，连续叠层放置进行组坯；组坯经过热压，胶层固化，形成初级产品；经裁边，横向和纵向切割后，获得规定的尺寸规格；产品经表面处理后，进行包装。

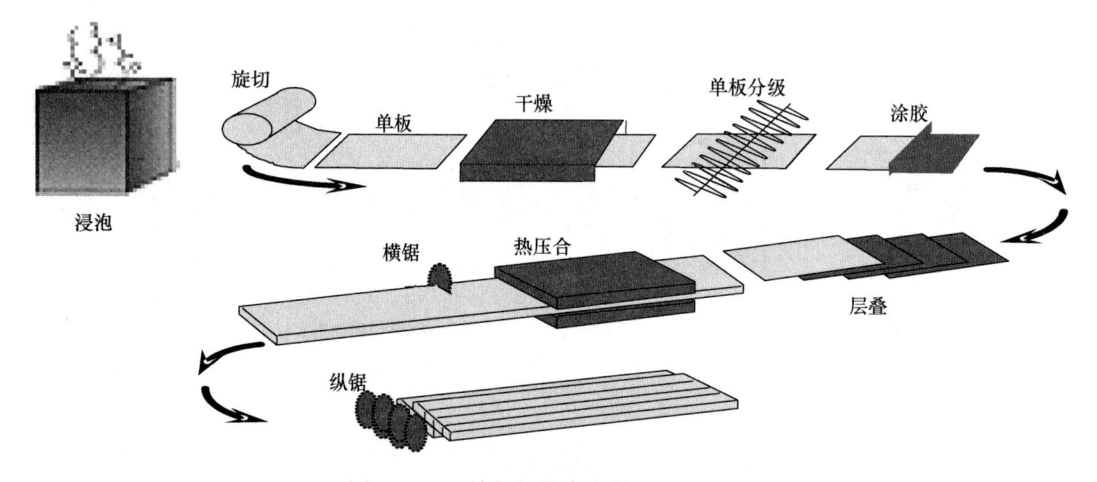

图14.1.3 旋切板胶合木制造流程示意

旋切板胶合木安全可靠，对人体健康无不良影响，采用低甲醛酚醛胶，不含氯或重金属，甲醛排放量远低于标准要求。一般用于制作建筑中的梁、搁栅、桁架弦杆、屋脊梁、预制工字形搁栅的翼缘以及脚手架的铺板。旋切板胶合木也用作建筑中的柱、框架、楼盖屋盖、墙体单元以及剪力墙中的墙骨柱。

在欧洲，欧洲标准EN 14374规定了旋切板胶合木产品的性能要求和质量控制要求，另外，旋切板胶合木产品有具体的生产企业审查项目。从欧洲合格认证标志和产品性能声明（DoP）文件中能够了解旋切板胶合木产品的基本性能要求。制作旋切板胶合木采用的材料性能和生产过程，由第三方认证机构负责监督。

14.2 材　料　性　能

14.2.1 强度性能

旋切板胶合木按强度等级进行分等分级，不同生产工艺和不同材料制作的旋切板胶合木具有不同的强度等级。旋切板正交胶合木 CLVL 与旋切板顺纹胶合木 LVL 相比，强度重量比更高，尺寸稳定性更好，并增强了构件整体的横向强度和刚度。我们以欧洲标准 EN 14374：2017 中规定的两种强度等级——旋切板顺纹胶合木（LVL）等级 LVL 48P 和旋切板正交胶合木（CLVL）等级 LVL 36C 作为参考，进一步了解旋切板顺纹胶合木的强度性能。

1. 材料密度、弹性模量和剪切模量

欧洲生产的旋切板胶合木 LVL 48P 与 LVL 36C 强度等级的材料密度见表 14.2.1，弹性模量和剪切模量见表 14.2.2。

旋切板胶合木材料密度值　　表 14.2.1

强度等级	平均值 ρ_m (kg/m^3)	标准值 ρ_k (kg/m^3)	干密度 ρ_d (kg/m^3)
LVL 48P	510	480	450
LVL 36C	510	480	450

旋切板胶合木材料弹性模量和剪切模量　　表 14.2.2

强度等级	弹性模量（N/mm^2）						剪切模量（N/mm^2）					
	标准值			平均值			标准值			平均值		
	E_k	横纹 $E_{90,k}$	宽面横纹 $E_{F,90,k}$	E	横纹 E_{90}	宽面横纹 $E_{F,90}$	G_k	宽面 $G_{F,k}$	宽面横纹 $G_{F,90,k}$	G	宽面 G_F	宽面横纹 $G_{F,90}$
LVL 48P	11600	350	—	13800	430	—	400	270	—	500	380	—
LVL 36C	8800	2000	1700	10500	2400	2000	400	100	16	550	120	22

2. 强度指标

根据国家标准《木结构设计标准》GB 50005—2017 的相关规定，将欧洲标准 LVL 48P 和 LVL 36C 强度等级的设计值进行了转换。表 14.2.3 和表 14.2.4 分别给出了 LVL 48P 和 LVL 36C 强度等级符合《木结构设计标准》GB 50005 要求的强度标准值和强度设计值，以便相关技术人员参考使用。表 14.2.3、表 14.2.4 中各强度设计值的受力状态见图 14.2.1。

欧洲旋切板胶合木 LVL 48P 与 LVL 36C 强度等级标准值　　表 14.2.3

强度等级	抗弯强度（N/mm²）			抗拉强度（N/mm²）		抗压强度（N/mm²）			抗剪强度（N/mm²）		
	顺纹	宽面顺纹	宽面横纹	顺纹	横纹	顺纹	横纹	宽面横纹	顺纹	宽面顺纹	宽面横纹
	f_m	$f_{m,F}$	$f_{m,F,90}$	f_t	$f_{t,90}$	f_c	$f_{c,90}$	$f_{c,F,90}$	f_v	$f_{v,F}$	$f_{v,F,90}$
LVL 48P	42.5	46.3	—	32.3	0.7	29.1	18.9	6.9	3.1	1.8	—
LVL 36C	30.9	34.7	7.7	20.3	4.6	21.6	28.4	6.9	3.4	1.0	0.5

注：1. 表中顺纹抗弯强度的标准构件截面高度为 300mm；
　　2. 表中顺纹抗拉强度的标准构件长度为 3000mm。

欧洲旋切板胶合木 LVL 48P 与 LVL 36C 强度等级设计值　　表 14.2.4

强度等级	抗弯强度（N/mm²）			抗拉强度（N/mm²）		抗压强度（N/mm²）			抗剪强度（N/mm²）		
	顺纹	宽面顺纹	宽面横纹	顺纹	横纹	顺纹	横纹	宽面横纹	顺纹	宽面顺纹	宽面横纹
	f_m	$f_{m,F}$	$f_{m,F,90}$	f_t	$f_{t,90}$	f_c	$f_{c,90}$	$f_{c,F,90}$	f_v	$f_{v,F}$	$f_{v,F,90}$
LVL 48P	29.7	32.4	—	20.1	0.5	20.5	11.8	4.3	2.0	1.1	—
LVL 36C	21.6	24.3	5.4	12.6	2.9	15.2	17.6	4.3	2.1	0.6	0.3

注：1. 表中顺纹抗弯强度的标准构件截面高度为 300mm；
　　2. 表中顺纹抗拉强度的标准构件长度为 3000mm。

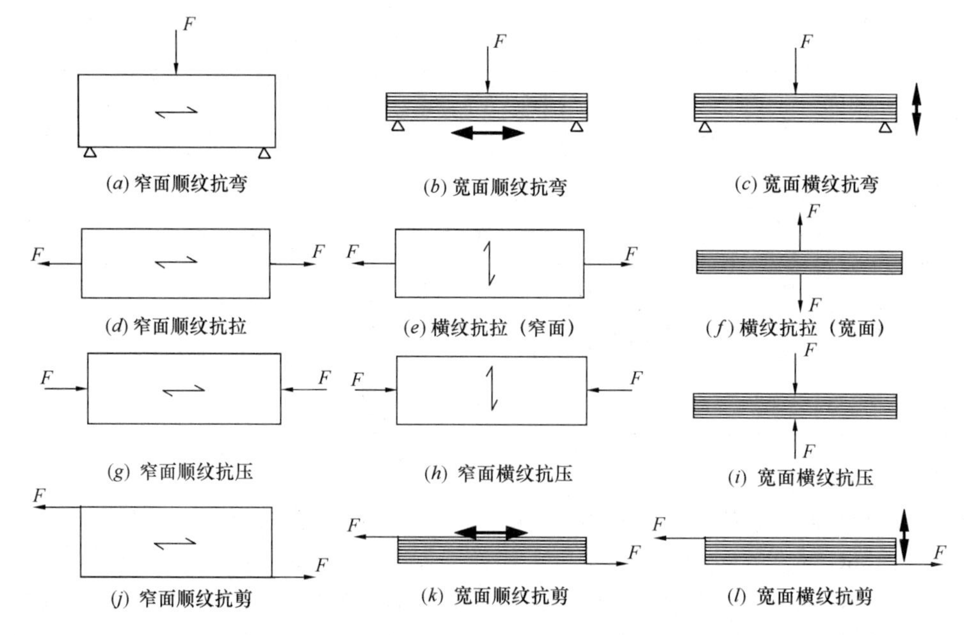

图 14.2.1　强度受力状态示意

当采用欧洲旋切板胶合木 LVL 48P 与 LVL 36C 强度等级，按国家标准《木结构设计标准》GB 50005—2017 的相关规定进行设计时，材料的强度设计值和弹性模量的调整可参照本手册第3.3节的要求确定。在表14.2.3中已列出了宽面抗弯强度设计值，因此，《木结构设计标准》GB 50005—2017 规定的平放调整系数不适用于旋切板胶合木。

针对北美地区进口的旋切板胶合木，与第10章结构胶合木的设计值转换步骤类似，根据国家标准《木结构设计标准》GB 50005—2017 的相关规定，依据允许应力设计值的强度等级的设计值进行了转换。表14.2.5和表14.2.6分别给出了北美地区常见旋切板胶合木符合《木结构设计标准》GB 50005—2017 要求的强度标准值和强度设计值，以便相关技术人员参考使用。

北美旋切板胶合木 LVL 强度和弹性模量标准值 **表14.2.5**

强度等级	弹性模量标准值（N/mm^2）		抗弯强度（N/mm^2）		抗拉强度（N/mm^2）	抗压强度（N/mm^2）		抗剪强度（N/mm^2）
	窄面顺纹	宽面顺纹	窄面顺纹	宽面顺纹	窄面顺纹	窄面顺纹	宽面横纹	窄面顺纹
	E_k	$E_{F,k}$	$f_{m,k}$	$f_{m,F,k}$	$f_{t,k}$	$f_{c,k}$	$f_{c,F,90,k}$	$f_{v,k}$
2.1E-3100Fb	12500	12500	44.9	44.9	31.9	39.3	9.8	6.2
2.0E-2900Fb	11900	11900	42.0	42.0	27.5	36.0	8.6	6.2
1.9E-2600Fb	11300	11300	37.7	37.7	24.6	33.4	8.1	6.2
1.8E-2600Fb	10700	10700	37.7	37.7	24.6	31.4	8.1	6.2
1.5E-2250Fb	8900	8900	32.6	32.6	21.7	25.6	6.6	4.8

注：1. 表中顺纹抗弯强度的标准构件截面高度为305mm；
2. 表中顺纹抗拉强度的标准构件长度为1220mm。

北美旋切板胶合木 LVL 强度设计值和弹性模量平均值 **表14.2.6**

强度等级	弹性模量平均值（N/mm^2）		抗弯强度（N/mm^2）		抗拉强度（N/mm^2）	抗压强度（N/mm^2）		抗剪强度（N/mm^2）
	窄面顺纹	宽面顺纹	窄面顺纹	宽面顺纹	窄面顺纹	窄面顺纹	宽面横纹	窄面顺纹
	E	E_F	f_m	$f_{m,F}$	f_t	f_c	$f_{c,F,90}$	f_v
2.1E-3100Fb	14500	14500	31.1	31.1	19.8	27.2	6.8	3.8
2.0E-2900Fb	13800	13800	29.1	29.1	17.1	24.9	6.0	3.8
1.9E-2600Fb	13100	13100	26.1	26.1	15.3	23.1	5.6	3.8
1.8E-2600Fb	12400	12400	26.1	26.1	15.3	21.8	5.6	3.8
1.5E-2250Fb	10300	10300	22.6	22.6	13.5	17.7	4.6	3.0

注：1. 表中顺纹抗弯强度的标准构件截面高度为305mm；
2. 表中顺纹抗拉强度的标准构件长度为1220mm。

14.2.2 耐久性

木材耐久性取决于其外表面暴露在风雨中或蛀虫霉变的严重程度，而旋切板胶合木能抵抗多种弱酸、弱碱和溶剂的侵蚀，能提高材料的耐久性。在设计旋切板胶合木结构时，维持材料耐久性的最佳方法是，在构件外表面上覆盖外墙挂板或增加屋盖挑檐的悬挑尺寸，这种方法能够同时避免进行构件表面处理的工作。对于建筑物的木质材料外饰面来讲，进行长期维护的重点工作内容是定期开展监测和损伤的及时修复处理。

长期直接暴露于外界风雨之中的木材表面受多种光化学反应、生物反应和物理过程，引起木材表面风化，并呈银灰色外观，因此，不建议将旋切板胶合木结构直接用于室外。旋切板胶合木的耐久性可采用耐候产品和外饰产品进行改善，可按不同的要求选用耐候性能好、抗紫外线性能好、化学耐久性好或防霉菌性能好的木材表面维护产品。

14.3 结构设计

旋切板胶合木结构的设计仍然采用以概率理论为基础的极限状态设计法。设计基本原则仍然要符合本手册第3章的相关要求。当按国家标准《木结构设计标准》GB 50005—2017的相关规定进行旋切板胶合木结构的设计时，应注意以下几点：

1. 强度调整系数

按照国家标准《木结构设计标准》GB 50005—2017的相关规定，采用进口欧洲地区结构材时，构件的抗弯强度设计值和抗拉强度设计值应乘以按本手册第3章公式(3.3.1)、公式(3.3.2)确定的尺寸调整系数 k_h，但是，对于旋切板胶合木构件的抗弯强度设计值调整系数 k_h 和抗拉强度设计值调整系数 k_l，欧洲标准建议采用下列公式确定：

$$k_h = \left(\frac{300}{h}\right)^{0.15} \tag{14.3.1}$$

$$k_l = \left(\frac{3000}{l}\right)^{0.15/2} \tag{14.3.2}$$

式中：k_h——受弯构件截面高度小于300mm时，抗弯强度设计值调整系数，且 $1 \leqslant k_h \leqslant 1.2$；

h——受弯构件截面高度(mm)；

k_l——受拉构件长度小于3000mm时，抗拉强度设计值调整系数，且 $1 \leqslant k_l \leqslant 1.1$；

l——受弯构件长度(mm)。

2. 不同木纹方向的材料性能

国家标准《木结构设计标准》GB 50005—2017中规定木材斜纹承压的强度设计值 f_{ca} 可按本手册公式(3.3.1)和公式(3.3.2)确定，这也适用于旋切板胶合木受压构件。但是，对于采用旋切板胶合木LVL的受拉和受弯构件，不同木纹方向的抗拉强度设计值和抗弯强度设计值，欧洲标准中采用下列公式确定：

不同木纹夹角的抗拉强度：

$$f_{t,\alpha} \leqslant \frac{f_t}{\dfrac{f_t}{f_{t,90}}\sin^2\alpha + \dfrac{f_t}{f_v}\sin\alpha\cos\alpha + \cos^2\alpha} \tag{14.3.3}$$

不同木纹夹角的抗弯强度：

$$f_{m,\alpha} \leqslant \frac{f_m}{\dfrac{f_m}{f_{t,90}}\sin^2\alpha + \dfrac{f_m}{f_v}\sin\alpha\cos\alpha + \cos^2\alpha} \tag{14.3.4}$$

式中：　α——作用力方向与木纹方向的角；

$f_{t,a}$、$f_{m,a}$——LVL材料斜纹抗拉强度设计值、斜纹抗弯强度设计值；

f_t、f_m、f_v——LVL材料抗拉强度设计值、抗弯强度设计值和抗剪强度设计值；

$f_{t,90}$——LVL 材料横纹抗拉强度设计值。

公式（14.3.3）和公式（14.3.4）仅适用于采用旋切板胶合木 LVL 的构件，不适用于采用 CLVL 的构件。

14.4 连接设计与节点构造

旋切板胶合木结构的连接节点通常采用钢板与销轴类紧固件进行连接，因此，旋切板胶合木结构的连接可参照本手册第 5.3 节的方法进行设计。在计算旋切板胶合木构件的销槽承压强度标准值时，建议取材料的全干相对干密度 $G=0.45$。

当旋切板胶合木结构连接节点的紧固件采用螺栓时，螺栓连接的边距、端距、间距和行距应按本手册表 5.3.1 的要求采用。当紧固件采用自攻螺钉时，轴向受力自攻螺钉的间距、端距和边距（图 14.4.1）建议采用表 14.4.1 的值进行设计。

轴向受力自攻螺钉最小间距、端距和边距　　表 14.4.1

螺钉布置面	顺纹方向最小间距 a_1	横纹方向最小间距 a_2	最小端距 e_1	最小边距 e_2
构件宽面	$7d$	$5d$	$10d$	$4d$
构件窄面	$10d$	$5d$	$12d$	$4d$

注：d 为自攻螺钉的直径。

旋切板胶合木构件在计算轴向受力自攻螺钉连接承载力时，应按下列破坏模式进行分析：

（1）螺钉抗拔承载力；

（2）带钢垫板的螺钉头部位，钉头帽断裂承载力应高于螺钉抗拉强度；

（3）螺钉头拔断强度承载力；

（4）螺钉抗拉强度承载力；

（5）带钢垫板螺钉沿群钉周边破坏（块状剪切或楔形剪切）。

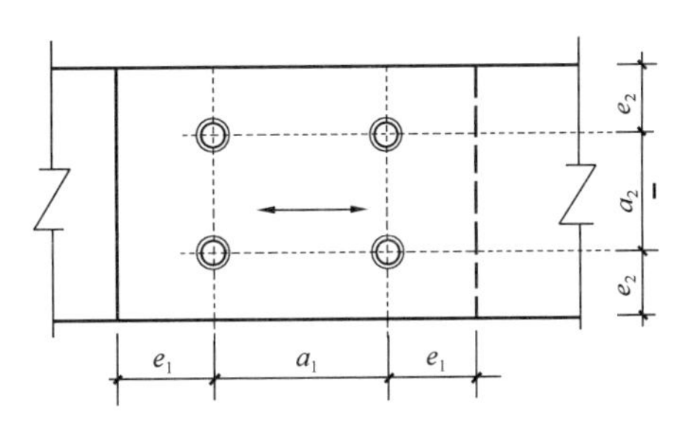

图 14.4.1　LVL 构件自攻螺钉最小间距、端距和边距

对于旋切板胶合木构件窄面的自攻螺钉布置应特别注意，欧洲地区的材料供应商建议采用表 14.4.2 中规定的螺钉间距、端距和边距（图 14.4.2），并且自攻螺钉的直径不应大于 8mm。

LVL 构件窄面自攻螺钉最小间距、端距和边距　　表 14.4.2

距离名称	作用力与木纹夹角	未预钻孔 LVL 构件	预钻孔 LVL 构件
顺纹方向最小间距 a_1	$0°\leqslant\alpha\leqslant360°$	$(7+8\|\cos\alpha\|)\ d$	$1.4(4+\|\cos\alpha\|)d$
横纹方向最小间距 a_2	$0°\leqslant\alpha\leqslant360°$	$7d$	$1.4(3+\sin\alpha)d$
受力端端距 e_{1t}	$-90°\leqslant\alpha\leqslant90°$	$(15+5\cos\alpha)\ d_{ef}$	$1.4(7+5\cos\alpha)d$
非受力端端距 e_{1c}	$90°\leqslant\alpha<270°$	$15d$	$9.8d$

续表

距离名称	作用力与木纹夹角	未预钻孔 LVL 构件	预钻孔 LVL 构件
受力边边距 e_{2t}	$0° \leqslant \alpha \leqslant 180°$	$d<5$mm 时：$(7+2\sin\alpha)d$ 5mm$\leqslant d \leqslant$8mm 时：$(7+5\sin\alpha)d$	$d<5$mm 时：$1.4(3+2\sin\alpha)d$ 5mm$\leqslant d \leqslant$8mm 时：$1.4(3+4\sin\alpha)d$
非受力边边距 e_{2c}	$180° \leqslant \alpha \leqslant 360°$	$7d$	$4.2d$

注：d 为自攻螺钉的直径。

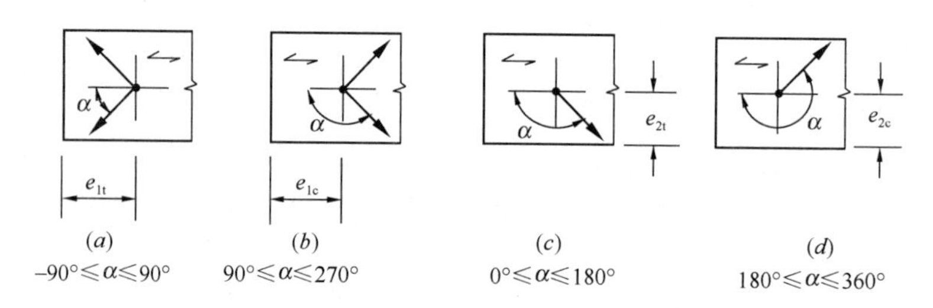

图 14.4.2　LVL 构件窄面自攻螺钉最小间距、端距和边距

对于整体拔出的自攻螺钉承载力的验算方法，可参考欧洲《木结构设计标准》EC5 或 LVL 供应商提供的设计指南。

14.5　防　火　设　计

旋切板胶合木构件的燃烧性能与耐火极限与胶合木构件基本相同，其抗火试验可参照欧洲标准《建筑产品及构件的耐火性能分类》EN 13501-2 的要求进行分类。旋切板胶合木构件在燃烧时，不会产生表面材料熔解、消失和变形的烧蚀现象。

旋切板胶合木构件的防火设计方法完全遵循国家标准《木结构设计标准》GB 50005 中对防火设计的规定，以及符合欧洲规范《木结构设计标准（第 2 部分）——结构防火设计》的规定。旋切板胶合木燃烧时的线性炭化速率为 0.65mm/min，与国家标准《木结构设计标准》GB 50005 中规定的木材燃烧时的线性炭化速率 38mm/h 相同。

当进行旋切板胶合木构件燃烧后的承载力验算时，构件材料的强度和弹性模量应采用平均值。强度平均值与强度标准值的关系为：$f=f_k/(1-1.645\times\text{COV})$，旋切板胶合木的变异系数 COV=0.1，因此，旋切板胶合木材料的强度平均值为材料强度标准值乘以调整系数 1.20。

14.6　构　造　措　施

旋切板胶合木构件的应用范围较广，通常用于楼面搁栅、梁柱、楼面板、墙板、水平支撑板、木组合墙体的墙骨柱和门窗洞口过梁等构件。

14.6.1　楼面搁栅

旋切板胶合木构件作为楼面搁栅是最常用的形式。受弯工况下通常采用宽高比 1∶8 作为旋切板胶合木搁栅最优的截面尺寸。为了满足防火要求，梁缘采用耐火石膏板进行保护（图 14.6.1），避免 LVL 构件受火灾影响。

依据国家标准《木结构设计标准》GB 50005的规定，木楼盖应满足0.75h耐火极限。对于图14.6.1所示的旋切板胶合木搁栅楼盖，当楼盖分别采用12mm厚单层耐火石膏板、填充矿棉、15mm厚单层木基结构板时，其楼盖能够达到0.5h耐火极限；当楼盖分别采用12mm厚两层耐火石膏板、填充矿棉、18mm厚单层木基结构板时，其楼盖能够达到1.0h耐火极限。

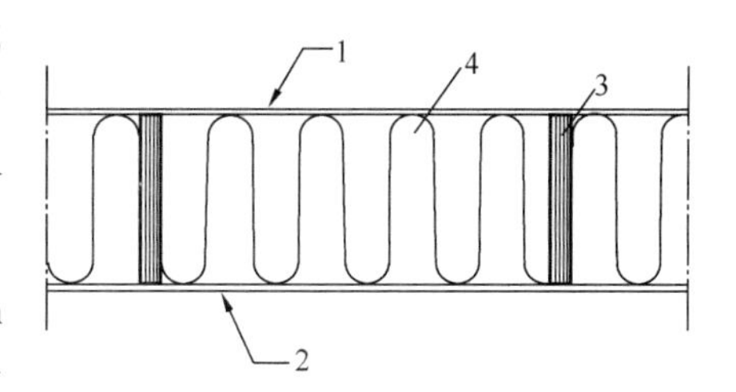

图 14.6.1 楼面搁栅构造

1—木基结构板；2—耐火石膏板封底；3—45mm×360mm LVL 搁栅；4—矿棉填充材料

当采用图14.6.1所示的楼盖构造时，为了满足0.75h耐火极限的规定，就需要进行防火验算。这种情况下，12mm耐火石膏板可为LVL搁栅提供15min耐火极限的保护，LVL搁栅的截面尺寸应满足30min耐火极限的验算。由于填充矿棉的保护，防火验算时，搁栅按底部一面爆火的情况进行验算。

14.6.2 屋面梁

当屋面梁采用旋切板胶合木梁时，通常将LVL屋面梁挑出作为屋面挑檐的支承构件。LVL屋面梁放置在胶合木梁的顶部（图14.6.2），采用钢连接件和自攻螺钉进行连接。

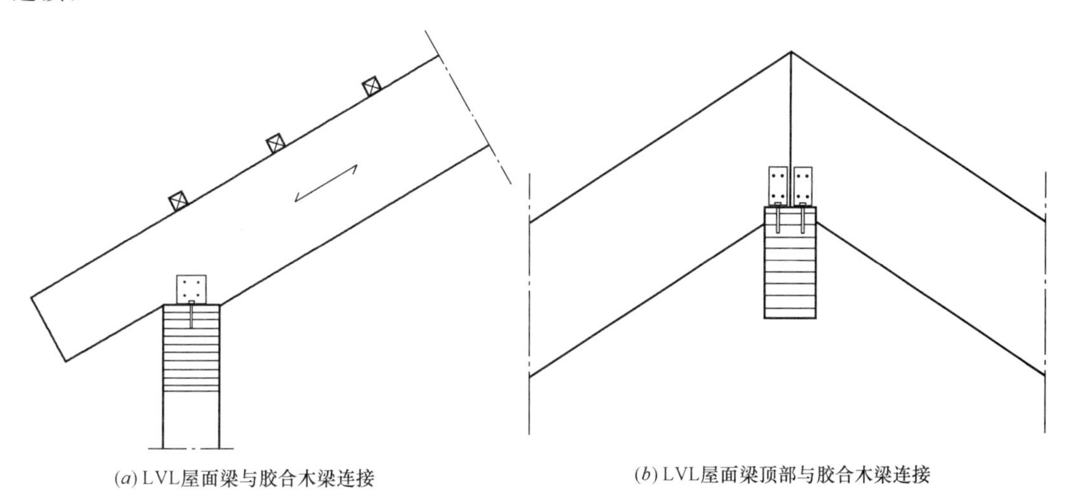

(*a*) LVL屋面梁与胶合木梁连接　(*b*) LVL屋面梁顶部与胶合木梁连接

图 14.6.2 屋面梁的连接

14.6.3 梁与柱

图14.6.3是旋切板胶合木柱或梁与旋切板正交胶合木板的连接形式之一。

当旋切板胶合木梁与混凝土构件连接时，连接面应设置防潮层（图14.6.4）。

14.6.4 墙骨柱

采用旋切板胶合木制作木墙体的墙骨柱，能够利用LVL材料强度高的特性，到达墙体的强度重量比较高，并适合用于内墙或外墙。旋切板胶合木墙骨柱细长竖直，尺寸精确，不易变形。经常用于木骨架组合墙体的框架构件（图16.6.5*a*）和轻型木结构的墙骨柱（图16.6.5*b*）。

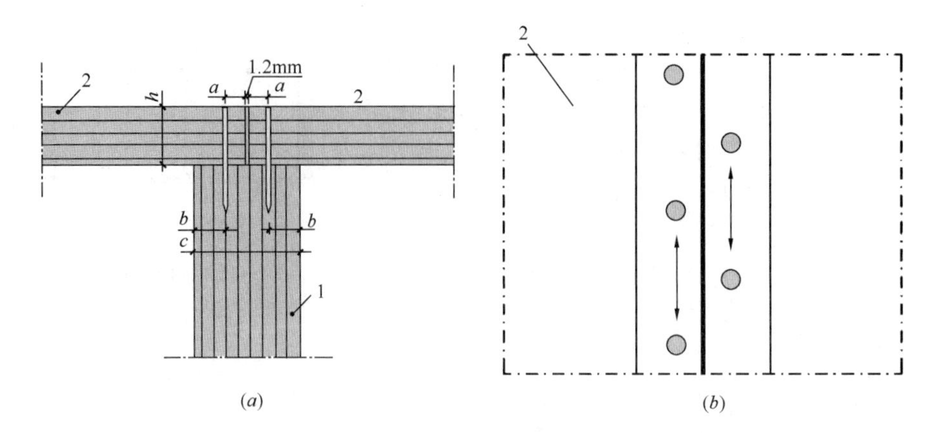

图 14.6.3　柱或梁与板连接形式

1—LVL 柱或梁；2—CLVL 板

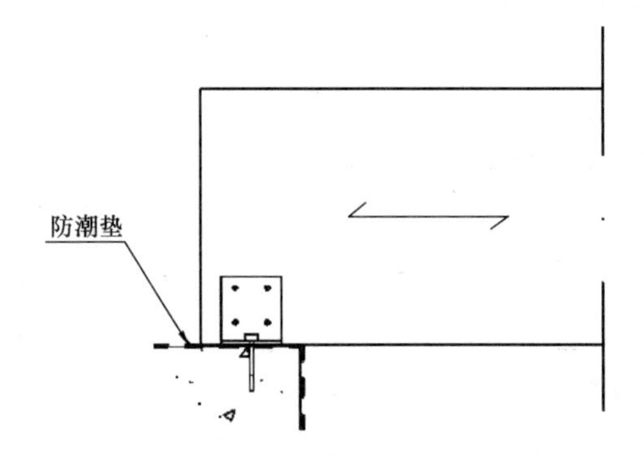

图 14.6.4　LVL 梁与混凝土构件采用钢连接件连接

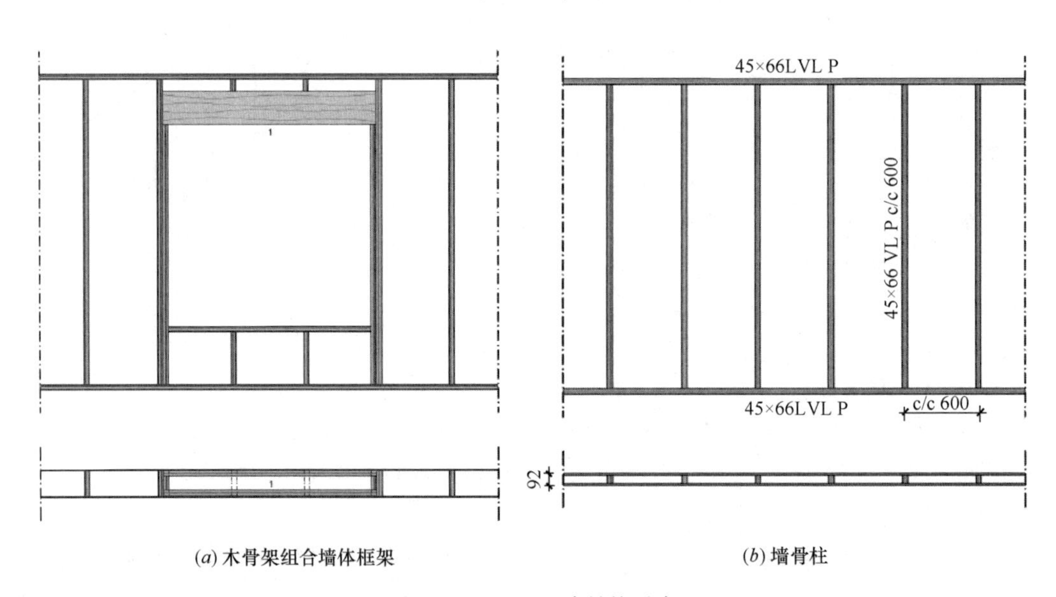

图 14.6.5　LVL 墙骨柱示意

(a) 木骨架组合墙体框架；(b) 墙骨柱

14.6.5 楼屋面板

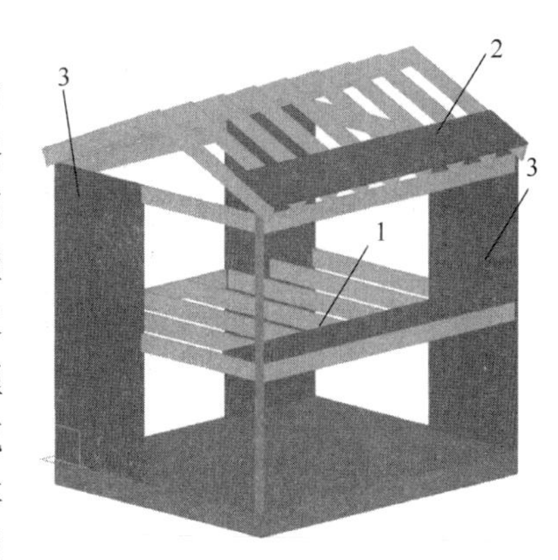

图 14.6.6 采用旋切板胶合木板的结构体系

1—楼面板；2—屋面板；3—墙板

大多数木结构建筑的结构体系需采用传递水平力的构件将风荷载或地震作用传递给竖向构件，并最终将风荷载或地震作用传至基础。木结构建筑通常采用楼盖系统或屋盖系统传递水平力，其中，楼面板、屋面板作为水平支撑构件，承担的主要功能就是传递水平力。采用旋切板胶合木制作的楼面板、屋面板是理想的水平支撑构件（图 14.6.6），能够与木结构建筑采用的大部分材料进行固定连接，可用于不同结构体系的木结构建筑中。旋切板胶合木板的厚度大于普通的木基结构板的厚度，能够使支承板的搁栅间距适当增加，而不必考虑板的平面失稳。

采用 LVL 板或 CLVL 板作为楼面板、屋面板时，板与板之间的连接节点通常采用搭接节点和榫槽节点（图 14.6.7）。

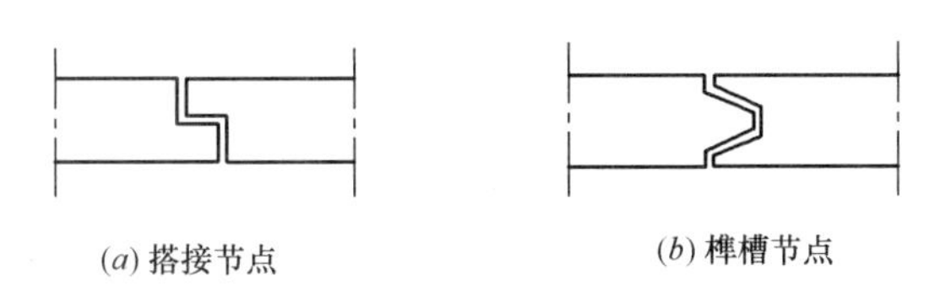

图 14.6.7 板与板间连接节点示意

14.6.6 墙板

采用旋切板胶合木制作墙板构件时，墙板的截面宽度可根据实际需要任意进行设计，不受任何特殊尺寸的限制，最大宽度可达 2500mm。旋切板胶合木墙板可作为承受水平作用的剪力墙，也可作为大梁的支撑构件，并可用于不同结构体系的建筑（图 14.6.6）。采用旋切板正交胶合木墙体（CLVL）时，可设计较大尺寸的板坯，提升了施工安装效率，减少了现场吊装的作业次数和施工周期，同时，板坯也可按设计要求或施工方案的需要进行任意的切割（图 14.6.8）。

图 14.6.8 CLVL 剪力墙

当采用旋切板正交胶合木（CLVL）制作木结构建筑的外墙板构件时，外墙面的热工性能将获得提高。对于同样厚度的外墙，与采用正交胶合木 CLT 墙板相比，旋切板正交胶合木 CLVL 墙板的板厚度将减小，墙面结构中能够填充更多隔热棉，提高外墙的保温隔热性能（图 14.6.9）。

旋切板胶合木墙板与混凝土基础连接时，通常采用金属墙板连接件进行连接固定（图 14.6.10）。

14.6.7 切口梁、开孔梁

在旋切板正交胶合木 CLVL 梁上进行开洞开槽，

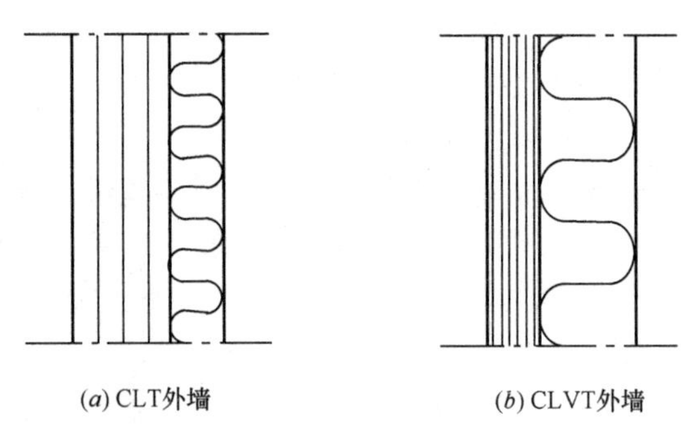

图 14.6.9 外墙保温隔热构造

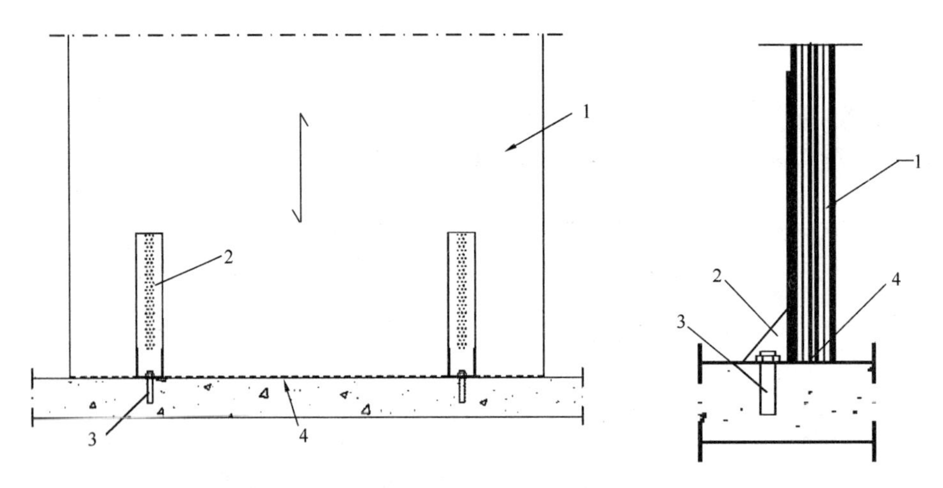

图 14.6.10 墙板与混凝土基础连接示意

1—LVL或CLVL墙板；2—金属墙板连接件；3—预埋螺栓；4—防潮垫

对梁的承载力的影响较小。CLVL梁可切割出各种凹槽和斜面。最典型的是，在锯材或胶合木梁端的支座处开凹槽，木纹方向开裂，会导致梁顺纹剪切破坏，梁的受剪承载力下降（图 14.6.11）。采用CLVL梁能较好地抵抗开裂，使切口处受剪承载力设计值接近凹槽处横截面的受剪承载力。凹槽处应力集中效应需在梁构件的强度验算中予以考虑。

当在旋切板正交胶合木CLVL梁上开方孔或圆孔（圆孔直径 d 大于 50mm）时（图 14.6.12），开孔的端距、边距和间距应符合下列规定：

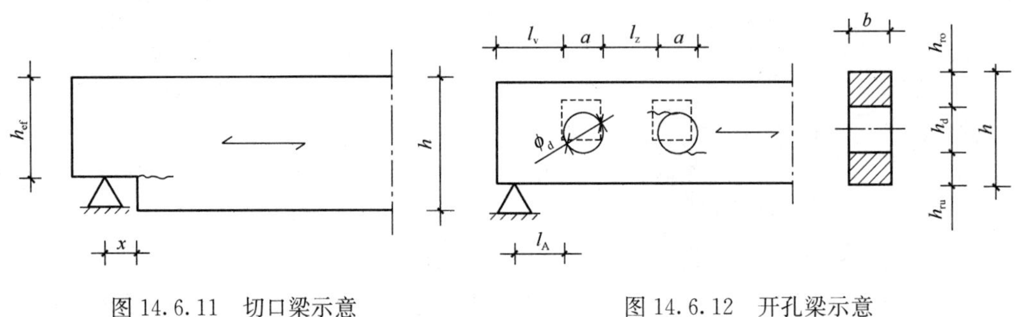

图 14.6.11 切口梁示意　　　　图 14.6.12 开孔梁示意

(1) 孔洞边缘距梁端的端距 l_v不应小于梁截面高度 h；

(2) 孔洞边缘距梁端支承点的距离 l_A不应小于 0.5h；

(3) 两个孔洞边缘之间的间距 l_z不应小于梁截面高度 h，或不应小于 300mm；

(4) 孔洞边缘距梁截面上下边缘的边距 h_{ro}、h_{ru}不应小于 0.35h；

(5) 当为圆孔时，圆孔直径 d 不应大于 0.3h；

(6) 当为方孔时，方孔宽度 a 不应大于 0.4h，方孔高度 h_d 不应大于 0.15h。

14.6.8 桁架和框架

制作完成的旋切板胶合木板坯可以通过再次加工切锯成设计要求的曲线形、单坡变截面、双坡变截面或任意形状的构件。单坡变截面构件可由矩形板坯按设计要求切割而来（图 14.6.13）。

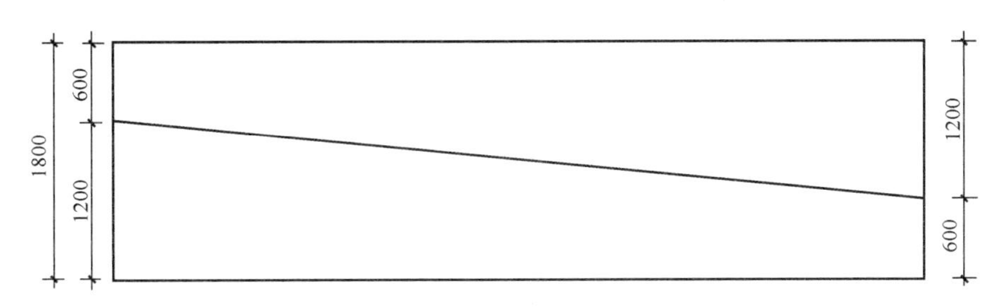

图 14.6.13 板坯切割的单坡变截面构件

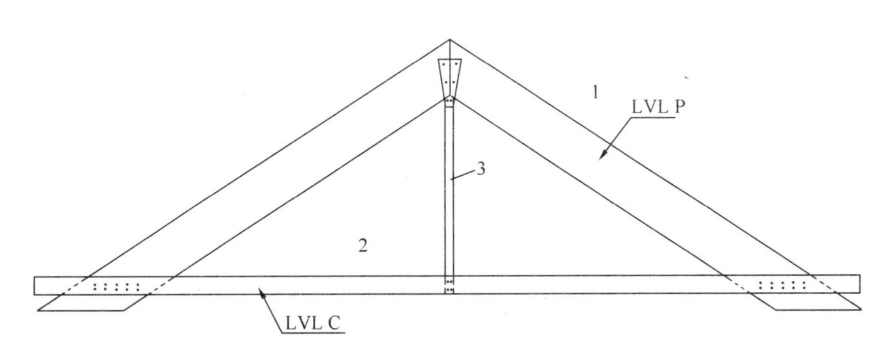

图 14.6.14 旋切板胶合木屋面桁架

1—LVL 椽条；2—两根 CLVL 下弦拉杆；3—CLVL 受拉腹杆

图 14.6.14 是由旋切板胶合木制作的屋面桁架。屋架上弦采用旋切板胶合木 LVL 椽条，下弦和腹杆采用旋切板正交胶合木 CLVL 拉杆。桁架角部连接可按照木构件与木构件之间的连接进行设计。常用连接件均能采用，可根据连接节点所受荷载选取螺栓、销栓、螺钉或钉子等紧固件。钉子适用于荷载较小的节点连接，螺钉、销栓和螺栓适用于荷载较大的节点连接（图 14.6.15）。

图 14.6.16、图 14.6.17 是由旋切板胶合木制作的三铰框架。旋切板正交胶合木 CLVL 柱为箱形截面（图 14.6.16b），采用木与木连接的常用节点，完全无需使用单独的钢连接件。在构件转折处，CLVL 柱的木纹正交层提供了较高的连接强度，避免了常见的角部连接开裂破坏。

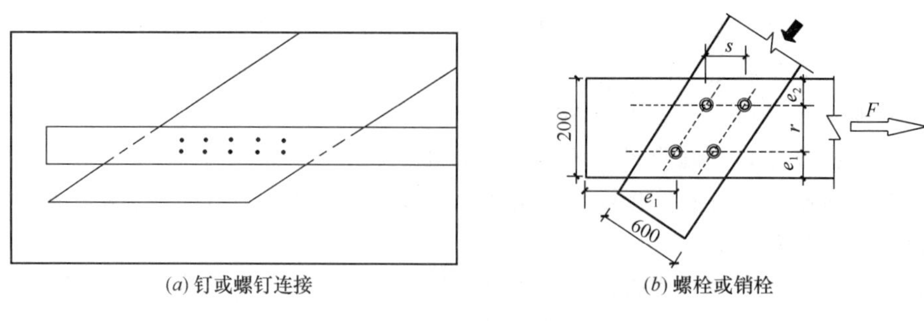

(a) 钉或螺钉连接　　(b) 螺栓或销栓

图 14.6.15　屋面桁架节点连接

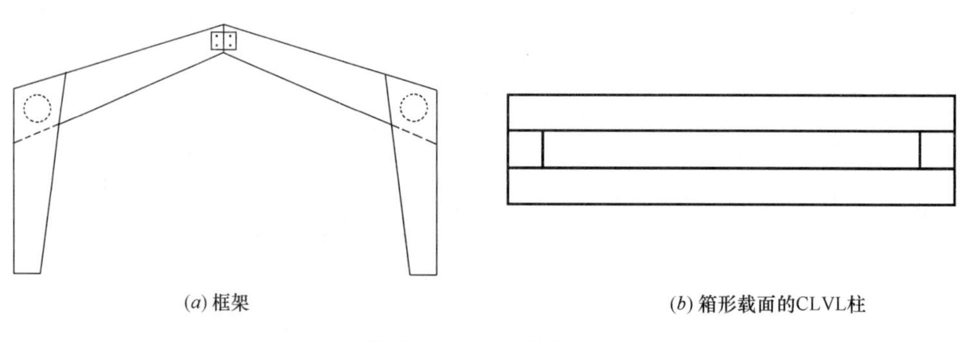

(a) 框架　　(b) 箱形截面的CLVL柱

图 14.6.16　三铰框架

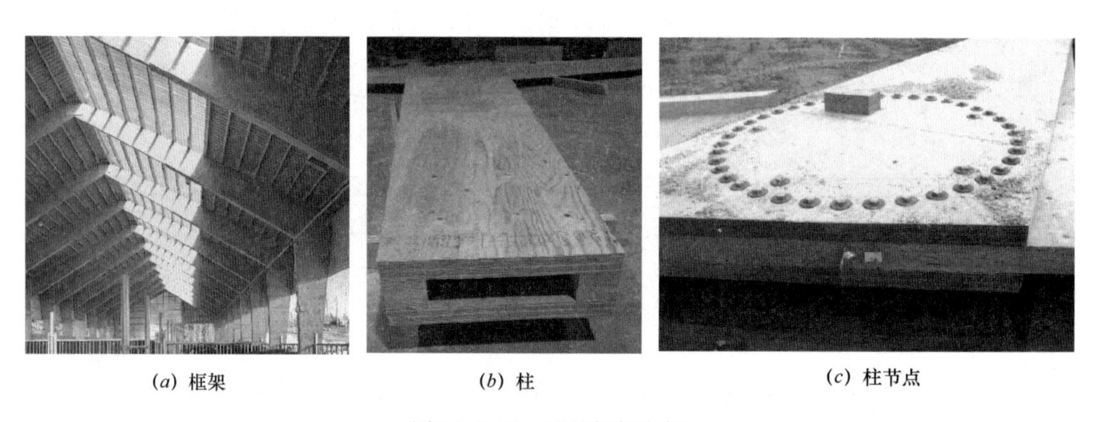

(a) 框架　　(b) 柱　　(c) 柱节点

图 14.6.17　三铰框架实例

14.6.9　胶连接构件

胶连接的旋切板胶合木构件是由多块板粘接而成。通过胶连接，构件厚度远大于由旋切板胶合木生产线制作的最大厚度 75mm 的普通产品。采用胶连接的构件截面厚度、长度或截面形状，不再是限制设计的制约因素。胶连接采用的结构用胶通常为聚氨酯或三聚氰胺胶粘剂。

制作大型的梁柱构件时，采用胶连接的旋切板胶合木大截面构件（图 14.6.18）能够提高构件的承载能力，使大型构件的加工制作更方便简单。胶连接构件通常采用 LVL 和 CLVL 两种不同的旋切板胶合木。

采用胶连接的加肋组合板通常作为楼面板或屋面板。加肋组合板由加劲肋和板构成，按结构设计需要进行组合。加肋组合板利用了旋切板胶合木材料性能的优势，具有较好的截面组合形式，尺寸稳定性好，整体刚度和承载力高，隔热性能和隔声性能高，减振性非常好，不产生热桥，适合工业化生产，施工安装容易（图 14.6.19）。

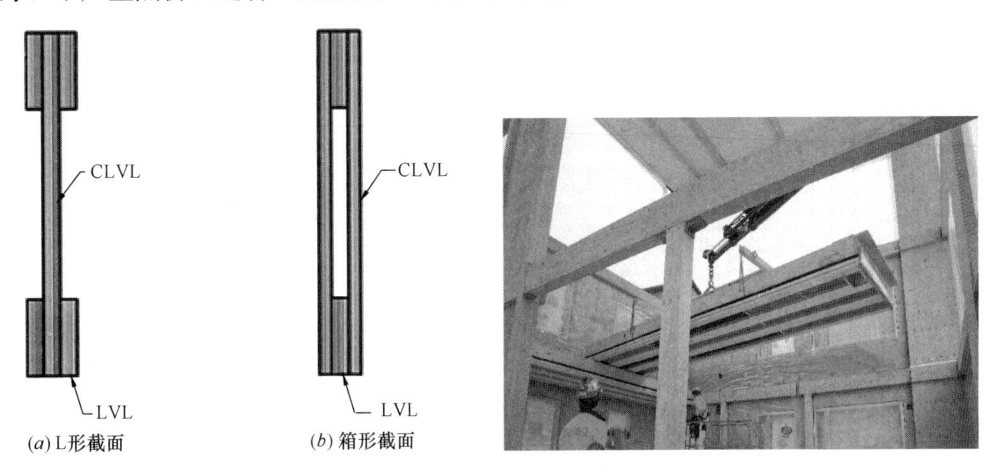

图 14.6.18 胶连接梁柱截面

图 14.6.19 加肋板安装现场

图 14.6.20 是采用胶连接加肋组合板制作的隔声楼盖。胶连接加肋组合板的承载力验算时，组合板横截面中间区域可按 I 形截面验算（图 14.6.21*a*），板边区域可按 U 形截面验算（图 14.6.21*b*）。两个区域可单独进行计算。计算弯曲应力和剪应力时，应该计算胶连接附近的三个或四个点。

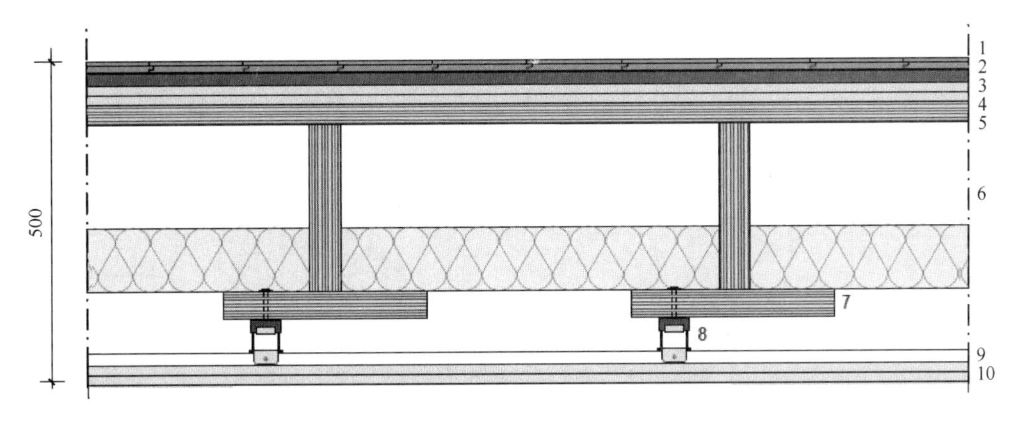

图 14.6.20 加肋板楼盖示意

1—木地板；2—隔声垫；3—18 厚纤维石膏板；4—15 厚纸面石膏板两层；5—31 厚 CLVL 顶板；6—45mm×260mm LVL 肋板及岩棉；7—43mm×300mm LVL 翼缘（于肋板胶连接）；8—隔声条；9—吊杆；10—13 厚纸面石膏板两层

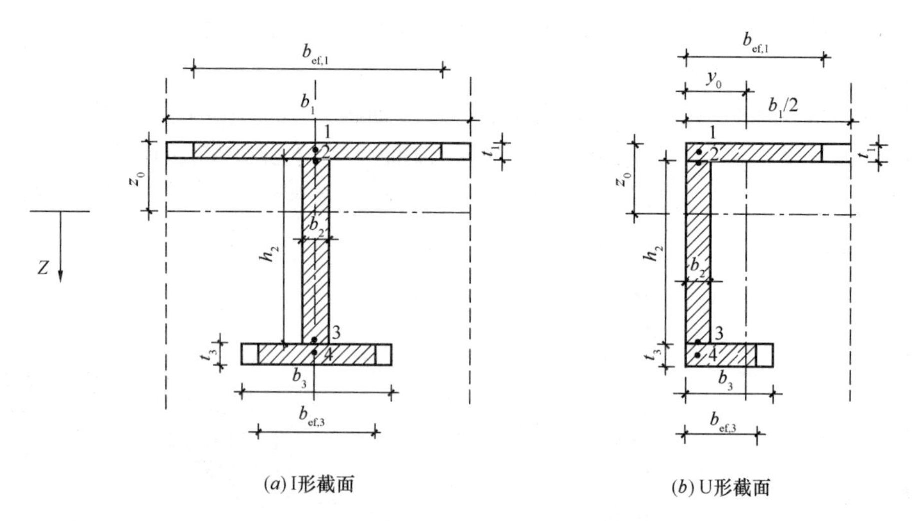

图 14.4.21　胶连接加肋板弯曲应力危险点

第15章　正交胶合木结构

15.1　正交胶合木结构简介

正交层板胶合木（Cross Laminated Timber，简称CLT）是指层板相互叠层垂直正交组坯后胶合而成的工程木产品，也称正交胶合木。正交胶合木因其由相互交错的层板胶合而成，在两个方向均有很好的力学性能，可制作成为墙体和楼屋盖的结构构件。目前，在欧洲、澳洲和北美地区被广泛地应用在多层或高层的商业建筑、办公建筑和居住建筑中。全球已有10余家规模较大的CLT制造供应商，世界各地对CLT的需求量和供应量都在不断上升。预计到2020年底，全球CLT的年产量将达到180万m^3左右（图15.1.1）。

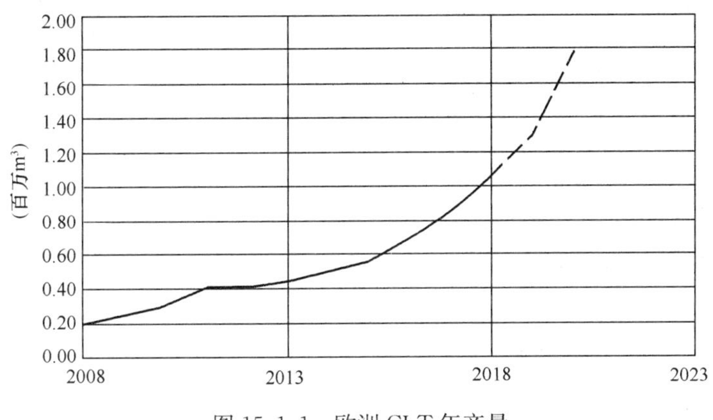

图15.1.1　欧洲CLT年产量

正交胶合木（CLT）最早出现在欧洲的奥地利、德国等地。20世纪90年代，奥地利和德国的技术人员开展了新型材料CLT的研发，通过研究发现CLT材料的结构性能稳定，构件幅面较宽，安装施工效率高。采用CLT制作的墙体与轻型木结构墙体相比，具有完全不同的结构性能和防火性能，CLT墙体构件具有较好的耐火极限。CLT制作的墙体与钢筋混凝土剪力墙的力学性能相似，因此，一经研发应用，在欧洲木结构市场获得了很大的关注和高度认可。

当前，CLT技术在欧洲的研究和应用已经十分成熟，许多国家已将CLT广泛应用于住宅建筑。

例如，瑞典的Limnologen多层住宅项目采用了大量的CLT材料（图15.1.2）。CLT除了用于住宅建筑，也能用于公共建筑，例如停车场（图15.1.3）、马术场（图15.1.4）等。

21世纪初，欧洲对正交胶合木（CLT）的发展引起了北美木结构市场的极大兴趣。北美地区从欧洲引入了CLT技术，加拿大与美国联合对CLT生产和应用开展了相应的研究，经过十多年的发展，CLT在北美的应用也日渐增多，广泛应用于木结构建筑中。例如，

图 15.1.2　瑞典 Limnologen 多层 CLT 住宅项目

图 15.1.3　CLT 结构的停车场

图 15.1.4　Sätra 室内马术场（墙和屋面用 CLT 建造）

加拿大 UBC 校园内的 18 层 Brock Common 学生公寓以及美国的 T3 办公楼等项目，采用了大量的正交胶合木（CLT）材料。

目前，欧洲和北美都各自发布了 CLT 产品标准，以便规范和监督 CLT 的生产加工。欧洲标准 EN 16351《Timber structures-Cross laminated timber-Requirements》（《木结构-正交胶合木-要求》）和北美标准 ANSI/APA PRG 320《Standard for Performance-Rated Cross-Laminated Timber》（《性能分级正交胶合木标准》）分别对制作 CLT 产品的尺寸、等级、生产要求和质量控制等作出了相关规定。根据各自开展的研究成果，奥地利、德国、瑞典等国的研究机构和部分生产制造企业均发布了 CLT 的相关技术指南。加拿大和美国也分别发布了 CLT 技术手册。正在修订的欧洲《木结构设计标准》EN 1995 也将纳入 CLT 的相关技术规定。

当正交胶合木（CLT）在国外木结构建筑中应用越来越广时，我国近几年也开展了相应的应用研究，目前处于应用研究的初始阶段。为了推广应用 CLT 材料，我国相关科研院校对 CLT 材料和 CLT 结构体系进行了一些研究，最新发布的国家标准《木结构设计标准》GB 50005—2017 对 CLT 构件用于楼面板和屋面板的设计做了相关的规定。国家标准《多高层木结构建筑技术标准》GB/T 51226—2017 中，对 CLT 构件用于墙体的设计作了相关的规定。但是，目前我国缺乏与 CLT 相关的产品标准，对 CLT 产品的性能要求和设计指标没有统一明确规定，生产制造商的加工能力和质量技术水平还需要不断提高，因此，在实际工程应用时，需采取对 CLT 构件进行试验验证方式或借鉴国外相关技术资料进行设计。本章是结合现有规范的关于 CLT 条文的规定、国内外现有的研究成果和工程实践撰写的，包含：CLT 的材料性能、构件计算、节点设计、防火设计等内容。

15.2 正交胶合木产品规格和力学性能

正交胶合木（CLT）通常由至少 3 层，最多 7 层层板组成，每一层的层板与相邻层的层板正交布置，一般采用针叶材制作，但也有采用阔叶树种木材制作的。CLT 的加工工艺与层板胶合木的工艺相类似。在欧洲，CLT 的生产制作按欧洲统一的产品标准 EN 16351《Timber structures-Cross laminated timber-Requirements》（《木结构-正交胶合木-要求》）执行，且产品需符合厂家向欧洲技术协会（ETA）提供的产品性能要求，经过认证的产品可标识统一的 CE 标识；在北美，CLT 的加工制作主要参照北美的 CLT 产品标准 ANSI/APA PRG 320《Standard for Performance-Rated Cross-Laminated Timber》（《性能分级正交胶合木标准》）。

CLT 作为广泛应用的新型工程木产品，在木结构建筑工程中应用具有以下优点：

（1）具有优越的强度和刚度特性，可替代混凝土或钢材用于多高层建筑中的建筑材料。层板纵横交错的构造特点能减小木材性能的变异性和沿两个方向的差异。

（2）加工制作尺寸精度高误差小、尺寸稳定性高，构件截面大小可根据实际需求进行设计和加工制作。目前，能够加工制作板宽 4800mm、长度 30000mm、最大板厚 500mm 的 CLT 构件，可满足多高层木结构建筑的建造需求。

（3）CLT 作为墙板、楼屋盖构件，强度高，能提供较大的抗侧力刚度，另外，与其他大多数建筑材料相比，具有较高的强度自重比，承载力更高，能抵抗较大荷载，因此，是建造多高层木结构建筑最理想的建筑材料。

（4）截面和形状具有较强的可塑性和可加工性，CLT 截面可以根据建筑造型的需要做成任何形状，而且板的几何形状可随意变化，甚至弯曲成平面曲线。这种特性能够将 CLT 用于各种外形特异的建筑。

（5）热工性能优越，CLT 的导热性能与锯材相同，导热系数小，是良好的保温隔热材料。例如，云杉横纹方向的导热系数为 0.11W/(m·℃)，顺纹方向的导热系数为 0.24W/(m·℃)；松木相对应的导热系数分别为 0.12W/(m·℃) 和 0.26W/(m·℃)。CLT 实际采用的导热系数值一般为 0.12～0.13W/(m·℃)。在要求保温隔热效果相同的情况下，采用 CLT 的墙体厚度可明显小于钢筋混凝土墙体或砌体墙体的厚度。

（6）耐火性能良好，并且可进行耐火极限的设计。在火灾发生时，CLT 虽然是可燃材料，与其他材料进行组合后，仍能保持结构所需的承载力。与木材燃烧相同，CLT 表面木材燃烧炭化后，炭化层能保护内部的层板不再进行燃烧。CLT 材料的燃烧炭化速率一般为每分钟为 0.6～1.1mm，另外，经过防火设计的 CLT 结构完全能达到建筑的耐火等级的要求。

（7）采用 CLT 制作的预制板式组件或预制空间组件建造木结构建筑，安装快捷，施工方便，装配化程度较高。CLT 预制板式组件的板宽可根据建筑需要进行调整，生产制作的工业化程度高，组件质量较轻，方便运输和储存。

(8) 安装过程中，构件上开洞容易，连接件的安装也简单易行。CLT 构件能采用传统的钉、螺钉和螺栓的连接方式进行连接和固定，对于有更高要求的 CLT 结构，也可采用其他先进的连接方式。

作为新型建筑材料的正交胶合木，优势明显，也存在不足。CLT 构件主要用于墙体和楼屋盖，因木材的密度小，同其他木结构的墙板、楼屋盖相同，隔声是需要考虑的一个重要问题。在实际工程应用中，为了达到楼板和墙体的隔声要求，通常采用外加隔声材料的构造措施，对于楼板通常采取板上覆混凝土面层的方式，对于墙体通常采用石膏板腹面的方式。

15.2.1 正交胶合木产品规格

CLT 的产品规格与 CLT 生产厂家的生产机器设备以及加工能力相关，通常每个 CLT 厂家都有其标准厚度和强度等级，不同生产厂家采用的层板等级、尺寸以及层板组胚方式可能不同。表 15.2.1、表 15.2.2 分别为我国和欧洲北美等国家标准中规定的或实际生产常见的层板和 CLT 板的尺寸规格。图 15.2.1 所示为 CLT 的构造示意图。

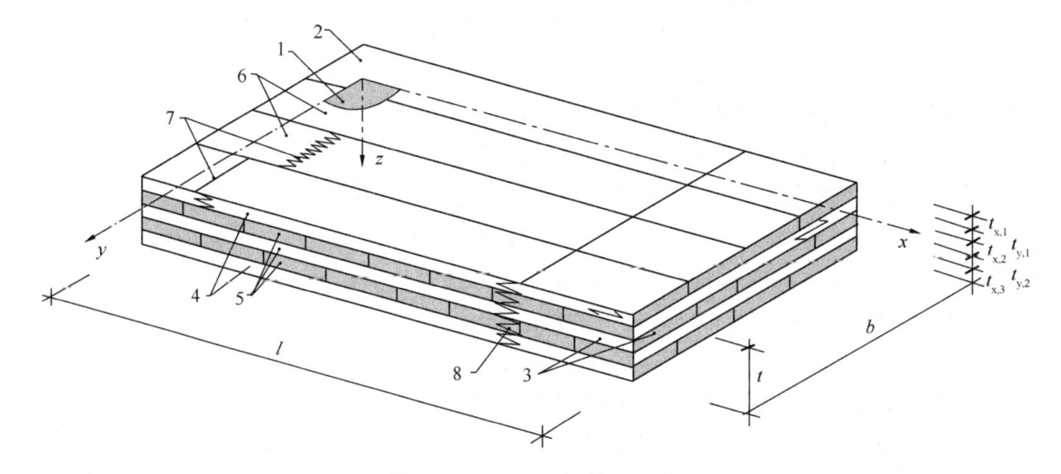

图 15.2.1 CLT 板构造示意

1—板平面；2—宽面；3—窄面；4—外层层板；5—内层层板；6—顺纹层板；7—层板指接；8—大指接

用于制造 CLT 的层板尺寸规格 **表 15.2.1**

参数	欧洲	北美	中国
厚度 t_1 (mm)	6～60 (20～45)	16～51	15～45
宽度 b_1 (mm)	40～300 (80～200)	强轴方向层板：$b_1 \geqslant 1.75t_1$ 弱轴方向层板：$b_1 \geqslant 3.5t_1$	<250

注：表中括号内数值为常见的尺寸规格。

CLT 板尺寸规格 **表 15.2.2**

参数	欧洲	北美	中国
厚度 t (mm)	≤500 (80～300)	≤400	≤500
宽度 b (m)	≤4.8 (1.2～3.0)	≤5.0 (0.6, 1.2, 3.0)	≤3.0
长度 l (m)	≤30 (16)	≤18	≤16

注：表中括号内数值为常见的尺寸规格。

胶合前制作 CLT 的层板的含水率必须控制在 8%～15%之间，含水率的确切值由所使用的胶种和 CLT 的最终使用条件确定。相邻层板的含水率差不应超过 5%。含水率接近制作时木材的平衡含水率，粘结强度最大，同时也能最大限度地减小木材的开裂。木材中不可避免地会有一些开裂，但是通常对结构性能不产生不利影响。

CLT 沿主要受力方向层板的强度等级通常是相同的。为充分利用木材的强度，强度高的层板通常用于截面的表层和主要受力方向。因此在制造过程中，应该有足够的空间同时存放至少两种强度等级的层板。

15.2.2 正交胶合木产品力学性能

目前，我国还没有针对 CLT 的产品标准，也没有规定强度等级和相应的强度设计指标。因此 CLT 的生产厂家宜向使用者提供强度设计指标，实际工程应用时可参照 CLT 生产厂家进行设计。

我国虽然还没有 CLT 产品标准以及其强度等级体系，但我国《木结构设计标准》GB 50005—2017 中对 CLT 在楼盖板和屋盖板的应用提供了设计依据，规定了平面外抗弯强度的确定方法以及滚剪强度的设计值。

1. 平面外抗弯强度确定方法

标准 GB 50005 中规定：当 CLT 平面外受弯时，其平面外抗弯强度设计值为最外层层板的平置抗弯强度设计值乘以组合系数 k_c，组合系数 k_c 按下式计算：

$$k_c = \min\begin{cases} 1.2 \\ 1 + 0.025n \end{cases} \tag{15.2.1}$$

式中 n 为最外层层板并排配置的层板数量。

2. 对于滚剪强度设计值

标准 GB 50005 中对滚剪强度设计值作出下列规定：

(1) 当构件施加的胶合压力不小于 0.3MPa，构件截面宽度不小于 4 倍高度，并且层板上无开槽时，滚剪强度设计值取最外侧层板的顺纹抗剪强度设计值的 0.38 倍；

(2) 当构件施加的胶合压力小于 0.3MPa，且构件施加的胶合压力大于 0.07MPa 时，滚剪强度设计值取最外侧层板的顺纹抗剪强度设计值的 0.22 倍。

欧洲地区和北美地区对 CLT 的强度指标作出了具体的规定。本手册分别进行介绍。

1. 欧洲标准规定的正交胶合木强度指标

CLT 板的力学性能与组成 CLT 的层板和层板的组胚息息相关。在欧洲，制造胶合木的层板的力学性能需满足欧洲标准 EN 338 的相关要求，并且用于确定 CLT 的力学性能的方法有多种，其中欧洲标准 EN 16351 规定 CLT 的力学性能可按下列方法决定：

(1) 由 CLT 的截面构造和层板的相关力学性能确定。

(2) 通过试验确定。

在欧洲主要采用强度等级为 T14 或 C24 的层板制作 CLT。表 15.2.3、表 15.2.4 是根据 T14 或 C24 层板的力学性能和构造要求确定 CLT 力学性能的计算方法和强度等级。T14 层板组成的强度等级为 CL24 的 CLT 强度标准值。

正交胶合木与层板胶合木生产工艺类似，材料变异性也接近，在欧洲，CLT 的材料强度变异系数与层板胶合木强度变异系数相同。CLT 的强度设计值可按第 3 章可靠度分析方法确定。

由层板强度确定的CLT板强度标准值　　表 15.2.3

强度标准值			计算式	强度等级为CL24的CLT强度值标准值（MPa）
抗弯强度	面外	$f_{m,x,k}$	$3f_{t,0,l,k}^{0.8}$	24.0
		$f_{m,y,k}$		
	面内	$f_{m,edge,x,k}$	$f_{m,l,k}$	20.5
		$f_{m,edge,x,k}$		
抗拉强度	面内	$f_{t,x,k}$	$1.2f_{t,0,l,k}$	16
		$f_{t,y,k}$		
	垂直于板面	$f_{t,z,k}$	0.50	0.50
抗压强度	面内	$f_{c,x,k}$	$3f_{t,0,l,k}^{0.8}$	24.0
		$f_{c,y,k}$		
	垂直于平面	$f_{c,z,k}$	3.00	3.00
平面外抗剪强度	顺纹抗剪	$f_{v,k}$	3.50	3.5
	滚剪	$f_{r,k}$	$\min\begin{cases}0.2+0.3\left(\dfrac{t_l}{b_l}\right)\\1.4\end{cases}$	0.80

注：1. 除平面内抗弯强度外，表中数值是基于5层且宽厚比为b_{CL}/t_{CL}=600mm/150mm的截面模型推导的；平面内抗弯强度则是基于高度为150mm且纵向仅有一层层板的3层CLT梁的模型获得的；

2. 对于用T14的层板支撑的CLT，层板的顺纹抗拉强度标准值$f_{t,0,l,k}\geqslant$14MPa，$f_{m,l,k}$是抗弯强度标准值；

3. 表中面外顺纹抗剪$f_{v,k}$值是基于每层层板数至少为15的CLT模型获得的；

4. 表中b_l是层板的宽度或者同一块板上刻槽之间的距离，t_l是层板的厚度，最小名义宽厚比b_l/t_l可按实际情况选取。

由层板弹性模量标准值确定的CLT板弹性模量标准值　　表 15.2.4

弹性模量标准值			计算式	C24层板制作的CLT弹性模量标（MPa）
弹性模量	平面内	$E_{x,mean}$	$1.05E_{0,l,mean}$	11600
		$E_{y,mean}$		
	垂直于板面	$E_{z,mean}$	450	450
剪切模量	平面外	$G_{xz,mean}$	$G_{l,mean}$	650
		$G_{yz,mean}$		
	平面外	$G_{xy,,mean}$	$\min\begin{cases}\dfrac{650}{1+2.6\left(\dfrac{t_l}{b_l}\right)^{1.2}}\\450\end{cases}$	450
		$G_{yx,mean}$		
		$G_{tor,,mean}$		
	滚剪	$G_{r,mean}$	$\min\begin{cases}30+17.5\left(\dfrac{t_l}{b_l}\right)\\100\end{cases}$	65

续表

弹性模量标准值			计算式	C24 层板制作的 CLT 弹性模量标（MPa）
密度		ρ_k	$1.1\rho_{l,k}$	385
		ρ_{mean}	$\rho_{l,mean}$	420

注：1. 表中公式 $1.05E_{0,l,mean}$适用于宽厚比 $b_l/t_l \geqslant 2$；

2. 弹性模量和剪切模量的 5 分位值等于 5/6 倍平均值：$E_{05}=E_{mean}\cdot 5/6$，以及 $G_{05}=G_{mean}\cdot 5/6$；

3. 对于平面外受弯的 CLT，如果构件宽度 b_{CL}小于构件厚度 t_{CL}，强度值可取为 0；

4. 当连接节点仅位于单层单个层板中时，计算承载力时采用 $\rho_{l,k}$。

2. 北美地区标准规定的正交胶合木强度指标

在北美地区，CLT 生产厂家通常都有各自的企业产品标准，企业产品标准中规定了 CLT 产品的生产加工要求和组胚排列等内容，企业的产品标准满足北美 CLT 产品标准 ANSI/APA PRG 320《Standard for Performance-Rated Cross-Laminated Timber》的要求，并经专业认证机构认可。

在北美地区，CLT 产品的结构力学性能根据 CLT 的组胚方式通过实验确定，北美胶合木产品标准 ANSI/APA PRG 320 列举了 14 个不同强度等级的 CLT 产品，本手册中介绍其中最常见的 8 个等级，其对应的层板组胚方式如下：

E1：所有纵向层板均采用机械应力分等云杉-松-冷杉类规格材，强度等级 1950f-1.7E，所有横向层板采用目测分等云杉-松-冷杉类规格材，强度等级 No. 3。

E2：所有纵向层板均采用机械应力分等花旗松-落叶松类规格材，强度等级 1650f-1.5E，所有横向层板采用目测分等花旗松-落叶松类规格材，强度等级 No. 3。

E3：所有纵向层板均采用机械应力分等东部针叶材、加拿大树种或西部针叶材制作的规格材，强度等级 1200f-1.2E，所有横向层板采用目测分等东部针叶材、加拿大树种或西部针叶材制作的规格材，强度等级 No. 3。

E4：所有纵向层板均采用机械应力分等南方松规格材，强度等级 1950f-1.7E，所有横向层板采用目测分等南方松规格材，强度等级 No. 3。

V1：所有纵向层板均采用目测分等花旗松-落叶松类（美国产）规格材，强度等级 No. 2，所有横向层板采用目测分等花旗松-落叶松类（美国产）规格材，强度等级 No. 3。

V1（N）：所有纵向层板均采用目测分等花旗松-落叶松类（加拿大产）规格材，强度等级 No. 2，所有横向层板采用目测分等花旗松-落叶松类（加拿大产）规格材，强度等级 No. 3。

V2：所有纵向层板均采用目测分等云杉-松-冷杉类松规格材，强度等级 No. 1/No. 2，所有横向层板采用目测分等云杉-松-冷杉类松规格材，强度等级 No. 3。

V3：所有纵向层板均采用目测分等南方松规格材，强度等级 No. 2，所有横向层板采用目测分等南方松规格材，强度等级 No. 3。

在北美地区，对 CLT 构件进行设计时，CLT 的强度和刚度力学性能应综合 CLT 层板的力学性能和层板组胚方式进行确定。表 15.2.5 为北美地区 CLT 产品设计指标的标准值，北美 CLT 的设计指标的设计值可按第 3 章基于可靠度分析确定木产品强度的方法确定。

北美地区正交胶合木刚度和强度指标 **表 15.2.5**

CLT等级	总厚度(mm)	每层厚度(mm)							强轴方向				弱轴方向			
		=	⊥	=	⊥	=	⊥	=	$f_b S_{eff,0}$ (10^6 N·mm/m)	$EI_{eff,0}$ (10^9 N·mm²/m)	$GA_{eff,0}$ (10^6 N/m)	$V_{k,s,0}$ (kN/m)	$f_b S_{eff,90}$ (10^6 N·mm/m)	$EI_{eff,90}$ (10^9 N·mm²/m)	$GA_{eff,90}$ (10^6 N/m)	$V_{k,s,90}$ (kN/m)
E1	105	35	35	35	—	—	—	—	42	905	6.7	46	1.5	24	8.9	15
	175	35	35	35	35	35	—	—	98	3463	13.4	76	13	637	17.5	46
	245	35	35	35	35	35	35	35	172	8570	20.4	107	29	2463	26.3	76
E2	105	35	35	35	—	—	—	—	36	803	7.7	61	1.5	28	8.2	20
	175	35	35	35	35	35	—	—	82	3061	16.1	101	13	748	16.1	61
	245	35	35	35	35	35	35	35	146	7579	23.4	142	31	2865	24.8	101
E3	105	35	35	35	—	—	—	—	26	637	5.1	36	1.0	18	6.4	12
	175	35	35	35	35	35	—	—	60	2447	10.1	59	8.9	480	12.7	36
	245	35	35	35	35	35	35	35	106	6052	14.6	83	21	1842	19.0	59
E4	105	35	35	35	—	—	—	—	42	905	7.3	56	1.3	27	9.1	19
	175	35	35	35	35	35	—	—	97	3463	14.6	93	11	693	17.5	56
	245	35	35	35	35	35	35	35	172	8570	21.9	130	27	2660	27.7	93
V1	105	35	35	35	—	—	—	—	20	850	7.7	61	1.5	28	8.6	20
	175	35	35	35	35	35	—	—	45	3266	16.1	101	13	748	17.5	61
	245	35	35	35	35	35	35	35	79	8082	23.4	142	31	2865	26.3	101
V1(N)	105	35	35	35	—	—	—	—	19	850	7.7	61	1.4	28	8.6	20
	175	35	35	35	35	35	—	—	43	3266	16.1	101	12	748	17.5	61
	245	35	35	35	35	35	35	35	75	8082	23.4	142	28	2865	26.3	101
V2	105	35	35	35	—	—	—	—	19	748	6.7	46	1.5	24	7.6	15
	175	35	35	35	35	35	—	—	44	2857	13.3	76	13	637	14.6	46
	245	35	35	35	35	35	35	35	77	7067	20.4	107	29	2455	23.4	76
V3	105	35	35	35	—	—	—	—	16	748	7.2	56	1.3	27	7.6	19
	175	35	35	35	35	35	—	—	37	2857	14.3	93	11	693	14.6	56
	245	35	35	35	35	35	35	35	66	7075	21.9	130	26	2660	23.4	93

15.3 正交胶合木构件计算

正交胶合木（CLT）可作为楼板、墙体、梁等受力构件，本节主要介绍正交胶合木作为受力构件的设计方法。

15.3.1 CLT 构件坐标系

CLT 或 CLT 构件可沿三个方向受力：纵向（x 轴）、横向（y 轴）和垂直于板平面方向（z 轴）。本章中 CLT 产品的方向及标注参见图 15.3.1 和图 15.3.2，及以下说明：

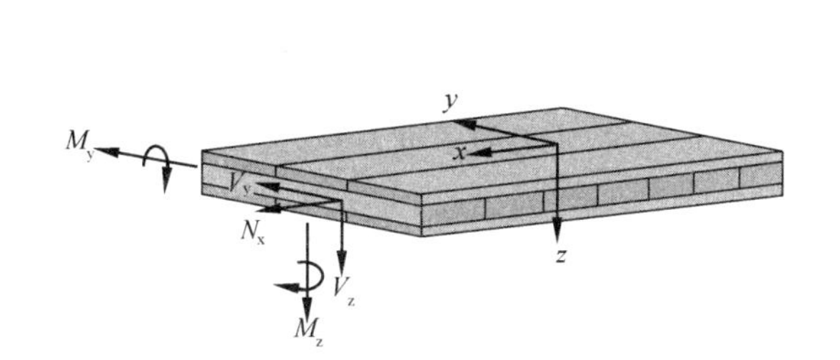

图 15.3.1 坐标轴和主要受力方向的定义

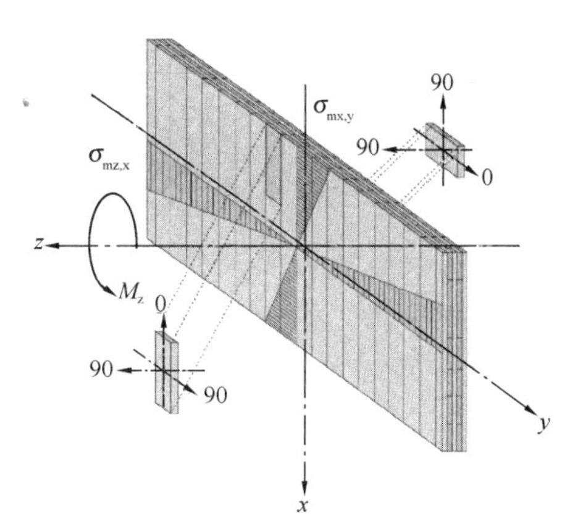

图 15.3.2 整体坐标和局部坐标下的 CLT 墙板视图

（1）x 轴平行于最外层木纹方向，也称为整体坐标轴 x。但并不指最大抗力一定沿 x 轴。

（2）y 轴垂直于最外层木纹方向，也称为整体坐标轴 y。

（3）z 轴垂直于 xy 平面并沿 CLT 板厚方向，也称为整体坐标轴 z。

（4）“0”代表层板或各层的局部坐标轴，平行于木纹方向。

（5）“90”代表层板或各层的局部坐标轴，垂直于木纹方向。

（6）“090”代表由 0°和 90°两个方向决定的局部坐标系中的平面，可用于表示一个方向平行于木纹另一方向垂直于木纹的平面内受剪等。

（7）“9090”代表由 90°和 90°两个方向决定的局部坐标系中的平面，可用于表示两个方向都垂直于木纹的平面内受剪等。

（8）每层的弹性模量表示为：

1）E_0 为层板的顺纹弹性模量；

2）$E_{0,mean}$ 为层板的顺纹弹性模量平均值；

3）$E_{x,i}$ 为第 i 层层板沿 x 轴的弹性模量；

4）$E_{y,j}$ 为第 j 层层板沿 y 轴的弹性模量。

（9）每层的剪切模量表示为：

1）$G_{x,i}$ 为第 i 层层板沿 x 轴的剪切模量；

2）$G_{y,j}$ 为第 j 层层板沿 y 轴的剪切模量。

总体而言，CLT 板平面内，平行于板平面纵向的轴定义为 x 轴，垂直于板平面纵向的轴定义为 y 轴；用 0 和 90 表示的刚度是指层板的性能，并不是 CLT 的性能。

15.3.2 CLT 截面几何特征

1. 截面的几何性质

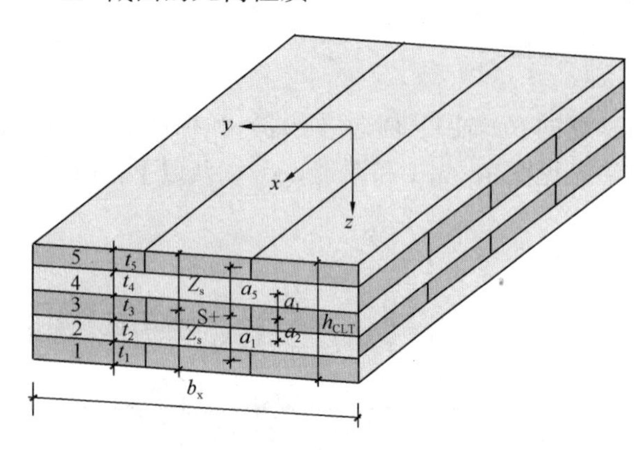

图 15.3.3 主要受力方向沿 x 轴的 CLT 横截面的编号

构件的厚度 h_{CLT} 和重心距 z_s 可表示为（图 15.3.3）：

$$h_x = t_1 + t_3 + t_5 + \cdots \tag{15.3.1}$$

$$h_y = t_2 + t_4 + \cdots \tag{15.3.2}$$

$$h_{CLT} = h_x + h_y \tag{15.3.3}$$

$$z_s = \frac{h_{CLT}}{2} \tag{15.3.4}$$

CLT 板平面内，平行于板平面纵向的轴定义为 x 轴，垂直于板平面纵向的轴定义为 y 轴，CLT 板截面的几何性质见表 15.3.1。

CLT 板截面的几何性质 **表 15.3.1**

几何性质	平行于主要受力方向	垂直于主要受力方向
总截面面积	$A_{x,0} = b_x h_{CLT}$	$A_{y,0} = b_y h_{CLT}$
净截面面积	$A_{x,net} = b_x h_x$	$A_{y,net} = b_y h_y$
净截面惯性矩	绕 y 轴：$I_{x,net} = \sum\frac{E_{x,i}}{12E_0}b_x t_i^3 + \sum\frac{E_{x,i}}{E_0}b_x t_i a_i^2 = \frac{b_x t_1^3}{12} + b_x t_1 a_1^2 + \frac{b_x t_3^3}{12} + b_x t_3 a_3^2 + \frac{b_x t_5^3}{12} + b_x t_5 a_5^2 + \cdots$ 绕 z 轴：$I_{z,x,net} = \sum\frac{E_{x,i}}{12E_0}t_i b_x^3 = \frac{t_1 + t_3 + t_5 + \cdots}{12}b_x^3$	绕 x 轴：$I_{y,net} = \sum\frac{E_{y,i}}{12E_0}b_y t_i^3 + \sum\frac{E_{y,i}}{E_0}b_y t_i a_i^2 = \frac{b_y t_2^3}{12} + b_y t_2 a_2^2 + \frac{b_y t_4^3}{12} + b_y t_4 a_4^2 + \cdots$ 绕 z 轴：$I_{z,y,net} = \sum\frac{E_{y,i}}{12E_0}t_i b_y^3 = \frac{t_2 + t_4 + \cdots}{12}b_y^3$
净截面抵抗矩	$W_{x,net} = \frac{2I_{x,net}}{h_{CLT}}$	$W_{y,net} = \frac{2I_{y,net}}{h_{CLT}}$

正交胶合木抗剪承载力主要依赖于横向层的滚剪强度，相应的净截面矩可按下列各式计算：

$$S_{R,x,net} = \sum_{i=1}^{m_L}\frac{E_{x,i}}{E_{ref}} \cdot b_x t_i a_i \tag{15.3.5}$$

$$S_{R,y,net} = \sum_{i=1}^{m_L}\frac{E_{y,i}}{E_{ref}} \cdot b_y t_i a_i \tag{15.3.6}$$

式中：m_L——距 CLT 板重心最近的横向层板的编号；

b_x、b_y——分别为各层的宽度；

t_i——第 i 层层板厚度；

a_i——第 i 层层板重心到 CLT 板中性轴的距离；

E_{ref}——所选定的弹性模量基准值；

$E_{x,i}$、$E_{y,i}$——分别为第 i 层层板的板弹性模量。

计算纵向层板的受剪承载力时，静截面矩可按如下计算：

CLT 板的重心位于所研究的层板内：

$$S_{x,\text{net}}=\sum_{i=1}^{k_L}\frac{E_{x,i}}{E_{\text{ref}}}\cdot b_x t_i a_i+b_x\frac{\left(\frac{t_k-a_k}{2}\right)^2}{2} \tag{15.3.7}$$

$$S_{y,\text{net}}=\sum_{i=1}^{k_L}\frac{E_{y,i}}{E_{\text{ref}}}\cdot b_y t_i a_i+b_y\frac{\left(\frac{t_k-a_k}{2}\right)^2}{2} \tag{15.3.8}$$

CLT 板的重心不在所研究的层板内：

$$S_{x,\text{net}}=\sum_{i=1}^{k_L}\frac{E_{x,i}}{E_{\text{ref}}}\cdot b_x t_i a_i \tag{15.3.9}$$

$$S_{y,\text{net}}=\sum_{i=1}^{k_L}\frac{E_{y,i}}{E_{\text{ref}}}\cdot b_y t_i a_i \tag{15.3.10}$$

式中：k_L——离 CLT 板截面重心最近的纵向层板的编号；

a_k——第 k 层层板重心到 CLT 板的中性轴的距离；

t_k——第 k 层层板厚度。

CLT 板的截面构造可随实际应用情况变化，其截面构造决定了其截面的几何性质，图 15.3.4 为 5 层 CLT 的截面构造示意。欧洲常见几种不同截面构造的 3 层和 5 层 CLT 板截面的几何性质见表 15.3.2～表 15.3.4，表中的数据是基于宽度 b_x 和 b_y 均为 1.0m 确定的。对于 3 层的 CLT，因其中横向层板仅有一层，一般不考虑其绕 y 轴方向的滚剪净截面矩。

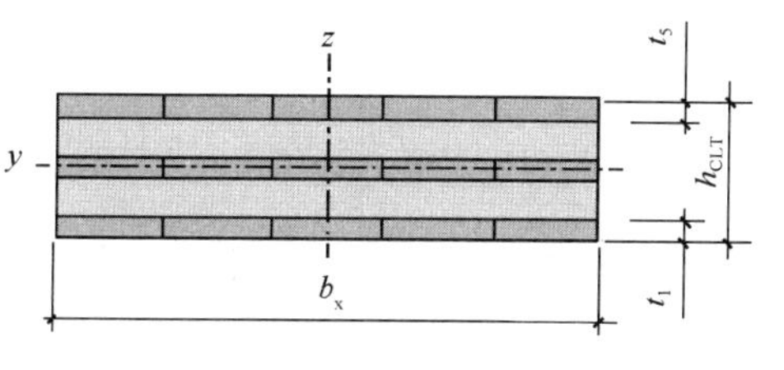

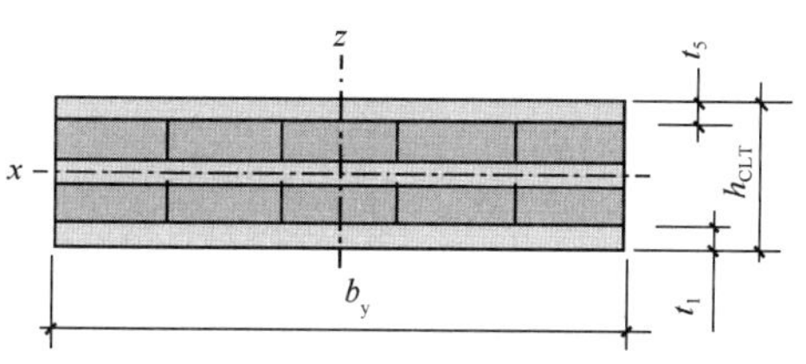

图 15.3.4 5 层层板制作的 CLT 截面示意

3 层层板制作的 CLT 板截面几何特征表 **表 15.3.2**

尺寸 (mm)	各层厚度 (mm)			截面尺寸 (mm)			截面面积 (cm^2)			沿 y 轴弯曲（绕 x 轴）(cm^4，cm^3)			沿 x 轴弯曲（绕 y 轴）(cm^4，cm^3)		
h_{CLT}	t_1	t_2	t_3	h_x	h_y	z_S	$A_{x,\text{net}}$	$A_{y,\text{net}}$	A_{CLT}	$I_{x,\text{net}}$	$W_{x,\text{net}}$	$S_{R,x,\text{net}}$	$I_{y,\text{net}}$	$W_{y,\text{net}}$	$S_{R,y,\text{net}}$
60	20	20	20	40	20	30	400	200	600	1733	578	400	67	22	0
70	20	30	20	40	30	35	400	300	700	2633	752	500	225	64	0
80	20	40	20	40	40	40	400	400	800	3733	933	600	533	133	0
80	30	20	30	60	20	40	600	200	800	4200	1050	750	67	17	0
90	30	30	30	60	30	45	600	300	900	5850	1300	900	225	50	0
100	30	40	30	60	40	50	600	400	1000	7800	1560	1050	533	107	0

续表

尺寸 (mm)	各层厚度 (mm)			截面尺寸 (mm)			截面面积 (cm^2)			沿 y 轴弯曲（绕 x 轴） (cm^4，cm^3)			沿 x 轴弯曲（绕 y 轴） (cm^4，cm^3)		
h_{CLT}	t_1	t_2	t_3	h_x	h_y	z_S	$A_{x,net}$	$A_{y,net}$	A_{CLT}	$I_{x,net}$	$W_{x,net}$	$S_{R,x,net}$	$I_{y,net}$	$W_{y,net}$	$S_{R,y,net}$
100	40	20	40	80	20	50	800	200	1000	8267	1653	1200	67	13	0
110	40	30	40	80	30	55	800	300	1100	10867	1976	1400	225	41	0
120	40	40	40	80	40	60	800	400	1200	13867	2311	1600	533	89	0

5层层板制作的CLT板截面几何特征表（一）　　表15.3.3

编号	尺寸 (mm)	各层厚度 (mm)					截面尺寸 (mm)			重量和截面面积 (kg/m^2，cm^2)				
	h_{CLT}	t_1	t_2	t_3	t_4	t_5	h_x	h_y	z_S	g_{mean}	g_k	$A_{x,net}$	$A_{y,net}$	A_{CLT}
1	100	20	20	20	20	20	60	40	50	42	39	600	400	1000
2	120	20	30	20	30	20	60	60	60	50	46	600	600	1200
3	140	20	40	20	40	20	60	80	70	59	54	600	800	1400
4	110	20	20	30	20	20	70	40	55	46	42	700	400	1100
5	130	20	30	30	30	20	70	60	65	55	50	700	600	1300
6	150	20	40	30	40	20	70	80	75	63	58	700	800	1500
7	120	20	20	40	20	20	80	40	60	50	46	800	400	1200
8	140	20	30	40	30	20	80	60	70	59	54	800	600	1400
9	160	20	40	40	40	20	80	80	80	67	62	800	800	1600
10	120	30	20	20	20	30	80	40	60	50	46	800	400	1200
11	140	30	30	20	30	30	80	60	70	59	54	800	600	1400
12	160	30	40	20	40	30	80	80	80	67	62	800	800	1600
13	130	30	20	30	20	30	90	40	65	55	50	900	400	1300
14	150	30	30	30	30	30	90	60	75	63	58	900	600	1500
15	170	30	40	30	40	30	90	80	85	71	66	900	800	1700
16	140	30	20	40	20	30	100	40	70	59	54	1000	400	1400
17	160	30	30	40	30	30	100	60	80	67	62	1000	600	1600
18	180	30	40	40	40	30	100	80	90	76	70	1000	800	1800
19	140	40	20	20	20	40	100	40	70	59	54	1000	400	1400
20	160	40	30	20	30	40	100	60	80	67	62	1000	600	1600
21	180	40	40	20	40	40	100	80	90	76	70	1000	800	1800
22	150	40	20	30	20	40	110	40	75	63	58	1100	400	1500
23	170	40	30	30	30	40	110	60	85	71	66	1100	600	1700
24	190	40	40	30	40	40	110	80	95	80	73	1100	800	1900
25	160	40	20	40	20	40	120	40	80	67	62	1200	400	1600
26	180	40	30	40	30	40	120	60	90	76	70	1200	600	1800
27	200	40	40	40	40	40	120	80	100	84	77	1200	800	2000

5 层层板制作的 CLT 板截面几何特征表（二） **表 15.3.4**

编号	尺寸(mm)	各层厚度(mm)					沿 y 轴弯曲（绕 x 轴）(cm^4，cm^3)			沿 x 轴弯曲（绕 y 轴）(cm^4，cm^3)		
	h_{CLT}	t_1	t_2	t_3	t_4	t_5	$I_{x,net}$	$W_{x,net}$	$S_{R,x,net}$	$I_{y,net}$	$W_{y,net}$	$S_{R,y,net}$
1	100	20	20	20	20	20	6600	1320	800	1733	347	400
2	120	20	30	20	30	20	10200	1700	1000	4200	700	750
3	140	20	40	20	40	20	14600	2086	1200	8267	1181	1200
4	110	20	20	30	20	20	8458	1538	900	2633	479	500
5	130	20	30	30	30	20	12458	1917	1100	5850	900	900
6	150	20	40	30	40	20	17258	2301	1300	10867	1449	1400
7	120	20	20	40	20	20	10667	1778	1000	3733	622	600
8	140	20	30	40	30	20	15067	2152	1200	7800	1114	1050
9	160	20	40	40	40	20	20267	2533	1400	13867	1733	1600
10	120	30	20	20	20	30	12667	2111	1350	1733	289	400
11	140	30	30	20	30	30	18667	2667	1650	4200	600	750
12	160	30	40	20	40	30	25867	3233	1950	8267	1033	1200
13	130	30	20	30	20	30	15675	2411	1500	2633	405	500
14	150	30	30	30	30	30	22275	2970	1800	5850	780	900
15	170	30	40	30	40	30	30075	3538	2100	10867	1278	1400
16	140	30	20	40	20	30	19133	2733	1650	3733	533	600
17	160	30	30	40	30	30	26333	3292	1950	7800	975	1050
18	180	30	40	40	40	30	34733	3859	2250	13867	1541	1600
19	140	40	20	20	20	40	21133	3019	2000	1733	248	400
20	160	40	30	20	30	40	29933	3742	2400	4200	525	750
21	180	40	40	20	40	40	40333	4482	2800	8267	919	1200
22	150	40	20	30	20	40	25492	3399	2200	2633	351	500
23	170	40	30	30	30	40	35092	4128	2600	5850	688	900
24	190	40	40	30	40	40	46292	4873	3000	10867	1144	1400
25	160	40	20	40	20	40	30400	3800	2400	3733	467	600
26	180	40	30	40	30	40	40800	4533	2800	7800	867	1050
27	200	40	40	40	40	40	52800	5280	3200	13867	1387	1600

2. 有效截面几何性质

正交胶合木板受弯时剪切变形占总变形很大部分。欧洲木结构设计标准（EN 1995-1-1 Design of timber structures-Part 1-1：General-Common rules and rules for buildings）（以下简称《欧规 5》）中的附录 B 介绍了 γ 法，是一种计算剪力引起的变形的简化方法。对于纯弯曲，抗弯刚度由净截面计算并记为 EI_{net}。而 γ 法则是在计算中引入有效截面惯性矩 I_{ef}。

《欧规 5》中关于 γ 法的计算式，可用于计算 3 层和 5 层的 CLT 截面。在这两种情况下，该方法都将从截面上边缘数第二纵向层作为基准层。临近层与基准层之间是柔性连接，且每一层对截面惯性矩的贡献，根据跨度和横向层的不同采用 γ 系数进行折减。

采用这种方法，有效截面的几何性质依赖于构件的长度或跨度；因此定义 l_{ref} 为依赖于长度和支承条件的基准长度：

（1）单跨简支梁，$l_{ref}=L$；

（2）两跨以上的简支连续梁，$l_{ref}=0.8L$（L 是计算跨的跨度）；

（3）悬臂梁，$l_{ref}=2L$（L 是悬臂段长度）。

对于3层层板的CLT构件，可由不同厚度和不同强度等级的层板组成，见图15.3.5。当计算截面尺寸时，可采用式（15.3.11）～式（15.3.17）按下述步骤进行计算。

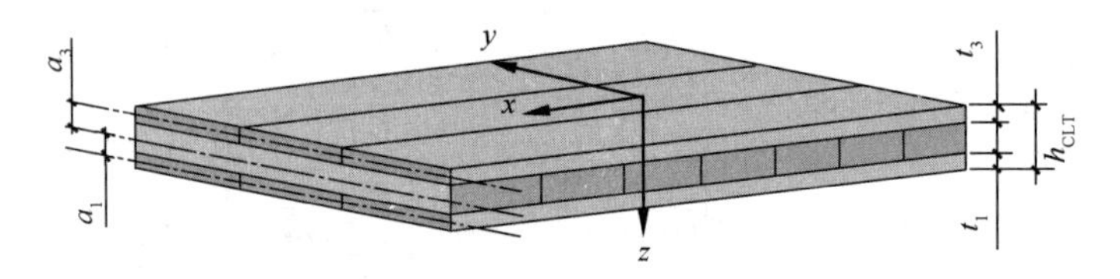

图15.3.5　层板和方向的定义

（1）由下到上，各层由1到 n 依次编号。

（2）计算各层的 γ 值，对各纵向层，即第1层和第3层，仅需计算 γ_3，不计横向层：

$$\gamma_1=1$$

$$\gamma_3=\frac{1}{1+\dfrac{\pi^2 E_{x,3}t_3}{l_{ref}^2}\cdot\dfrac{t_2}{G_{9090,2}}} \tag{15.3.11}$$

（3）计算距离 a_i：仅需计算关于纵向层1、3的距离 a_1、a_3，不计横向层：

$$a_1=\frac{\gamma_3\dfrac{E_{x,3}}{E_{ref}}bt_3\left(\dfrac{t_1}{2}+t_2+\dfrac{t_3}{2}\right)}{\gamma_1\dfrac{E_{x,1}}{E_{ref}}bt_1+\gamma_3\dfrac{E_{x,3}}{E_{ref}}bt_3} \tag{15.3.12}$$

（4）计算有效截面惯性矩如下：

对称截面且层板的强度等级相同时：

$$a_1=\frac{t_1}{2}+\frac{t_2}{2} \tag{15.3.13}$$

$$a_3=\frac{t_1}{2}+t_2+\frac{t_3}{2}-a_1 \tag{15.3.14}$$

即：

$$a_3=\frac{t_2}{2}+\frac{t_3}{2} \tag{15.3.15}$$

$$\begin{aligned}I_{x,ef}&=\Sigma\frac{E_{x,i}}{E_{ref}}\cdot\frac{b_x t_i^3}{12}+\gamma_i\Sigma\frac{E_{x,i}}{E_{ref}}b_x t_i a_i^2\\&=\frac{E_{x,1}}{E_{ref}}\cdot\frac{b_x t_1^3}{12}+\gamma_1\frac{E_{x,1}}{E_{ref}}b_x t_1 a_1^2+\frac{E_{x,3}}{E_{ref}}\cdot\frac{b_x t_3^3}{12}+\gamma_3\frac{E_{x,3}}{E_{ref}}b_x t_3 a_3^2\end{aligned} \tag{15.3.16}$$

对称截面（$t_1=t_3$）且层板的强度等级相同时，公式可写为：

$$I_{x,ef}=\frac{b_x t_1^3}{12}+b_x t_1 a_1^2+\frac{b_x t_3^3}{12}+\gamma_3 b_x t_3 a_3^2$$

$$=b_x\left[\frac{t_1^3}{6}+(1+\gamma_3)t_1 a_1^2\right] \quad (15.3.17)$$

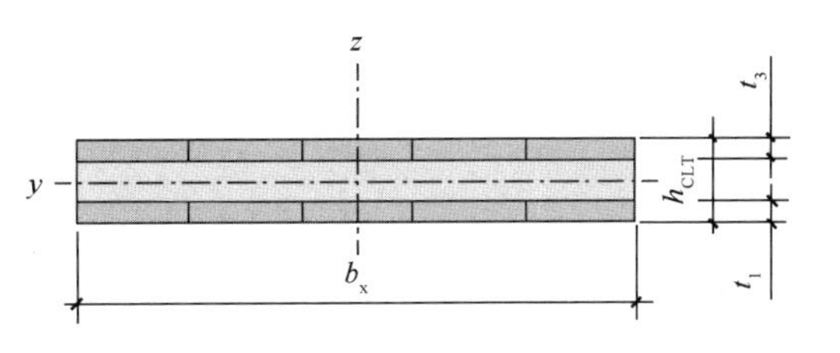

图 15.3.6　绕 y 轴弯曲的 3 层层板的 CLT 板截面

表 15.3.5、表 15.3.6 为 3 层层板制作的 CLT 构件有效截面的几何性质，表中 l_{ref} 为简支 CLT 构件的跨度，$b_x=1.0$m，层板强度等级为 C24，绕 y 轴弯曲（图 15.3.6）。

3 层的 CLT 构件有效截面的几何性质（一）　表 15.3.5

尺寸(mm)	各层厚度(mm)			重量(kg/m²)		惯性矩(cm⁴)	$l_{ref}=2$m		$l_{ref}=2.5$m		$l_{ref}=3$m	
							(cm⁴)	(cm)	(cm⁴)	(cm)	(cm⁴)	(cm)
h_{CLT}	t_1	t_2	t_3	g_{mean}	g_k	$I_{x,full}$	$I_{x,ef}$	$i_{x,ef}$	$I_{x,ef}$	$i_{x,ef}$	$I_{x,ef}$	$i_{x,ef}$
60	20	20	20	25	23	1800	1591	1.99	1636	2.02	1663	2.04
70	20	30	20	29	27	2858	2326	2.41	2418	2.46	2475	2.49
80	20	40	20	34	31	4267	3188	2.82	3342	2.89	3442	2.93
80	30	20	30	34	31	4267	3739	2.50	3877	2.54	3963	2.57
90	30	30	30	38	35	6075	4964	2.88	5207	2.95	5368	2.99
100	30	40	30	42	39	8333	6350	3.25	6719	3.35	6975	3.41
100	40	20	40	42	39	8333	7177	3.00	7484	3.06	7684	3.10

3 层的 CLT 构件有效截面的几何性质（二）　表 15.3.6

尺寸(mm)	各层厚度（mm）			重量(kg/m²)		惯性矩(cm⁴)	$l_{ref}=4$m		$l_{ref}=5$m		$l_{ref}=6$m	
							(cm⁴)	(cm)	(cm⁴)	(cm)	(cm⁴)	(cm)
h_{CLT}	t_1	t_2	t_3	g_{mean}	g_k	$I_{x,full}$	$I_{x,ef}$	$i_{x,ef}$	$I_{x,ef}$	$i_{x,ef}$	$I_{x,ef}$	$i_{x,ef}$
60	20	20	20	25	23	1800	1692	2.06	1706	2.07	1714	2.07
70	20	30	20	29	27	2858	2539	2.52	2571	2.54	2590	2.54
80	20	40	20	34	31	4267	3557	2.98	3616	3.01	3650	3.02
80	30	20	30	34	31	4267	4059	2.60	4107	2.62	4135	2.63
90	30	30	30	38	35	6075	5556	3.04	5654	3.07	5711	3.09
100	30	40	30	42	39	8333	7285	3.48	7453	3.52	7552	3.55
100	40	20	40	42	39	8333	7914	3.15	8033	3.17	8101	3.18

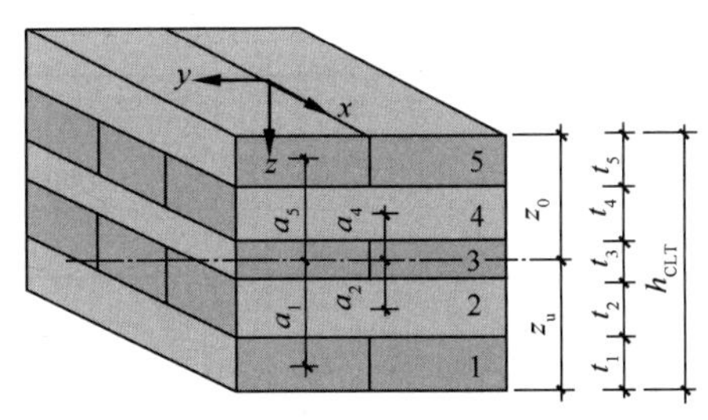

图 15.3.7　5 层的 CLT 板截面的编号示意图

对于 5 层层板的 CLT 构件可由不同厚度和不同强度等级的层板组成，见图 15.3.7。

当计算截面尺寸时，可采用式（15.3.18）～式（15.3.25），按下述步骤进行计算：

（1）由下到上，各层由 1 到 n 依次编号；

（2）计算各层的 γ 值，对各纵向层，即第 1、3 和 5 层，仅需计算 γ_3，不计横向层：

$$\gamma_1=\frac{1}{1+\frac{\pi^2 E_{x,1}t_1}{l_{ref}^2}\cdot\frac{t_2}{G_{9090,2}}} \tag{15.3.18}$$

$$\gamma_3=1 \tag{15.3.19}$$

$$\gamma_5=\frac{1}{1+\frac{\pi^2 E_{x,5}t_5}{l_{ref}^2}\cdot\frac{t_4}{G_{9090,4}}} \tag{15.3.20}$$

对称截面（$t_1=t_3=t_5$）且层板的强度等级相同时，$\gamma_1=\gamma_5$

（3）计算距离 a_i，仅需计算关于纵向层1、3、5的距离 a_1、a_3和 a_5：

$$a_3=\frac{\gamma_1\frac{E_{x,1}}{E_{ref}}bt_1\left(\frac{t_1}{2}+t_2+\frac{t_3}{2}\right)-\gamma_5\frac{E_{x,5}}{E_{ref}}bt_5\left(\frac{t_3}{2}+t_4+\frac{t_5}{2}\right)}{\gamma_1\frac{E_{x,1}}{E_{ref}}bt_1+\gamma_3\frac{E_{x,3}}{E_{ref}}bt_3+\gamma_5\frac{E_{x,5}}{E_{ref}}bt_5} \tag{15.3.21}$$

对称截面（$t_1=t_3=t_5$）且层板的强度等级相同，$a_3=0$。

$$a_1=\frac{t_1}{2}+t_2+\frac{t_3}{2}-a_3 \tag{15.3.22}$$

$$a_5=\frac{t_3}{2}+t_4+\frac{t_5}{2}+a_3 \tag{15.3.23}$$

按式（15.3.24）和式（15.3.25）计算有效截面惯性矩：

$$\begin{aligned}I_{x,ef}&=\Sigma\frac{E_{x,i}}{E_{ref}}\cdot\frac{b_x t_i^3}{12}+\gamma_i\Sigma\frac{E_{x,i}}{E_{ref}}b_x t_i a_i^2\\&=\frac{E_{x,1}}{E_{ref}}\cdot\frac{b_x t_1^3}{12}+\gamma_1\frac{E_{x,1}}{E_{ref}}b_x t_1 a_1^2+\frac{E_{x,3}}{E_{ref}}\cdot\frac{b_x t_3^3}{12}+\gamma_3\frac{E_{x,3}}{E_{ref}}b_x t_3 a_3^2+\frac{E_{x,5}}{E_{ref}}\cdot\frac{b_x t_5^3}{12}+\gamma_5\frac{E_{x,5}}{E_{ref}}b_x t_5 a_5^2\end{aligned} \tag{15.3.24}$$

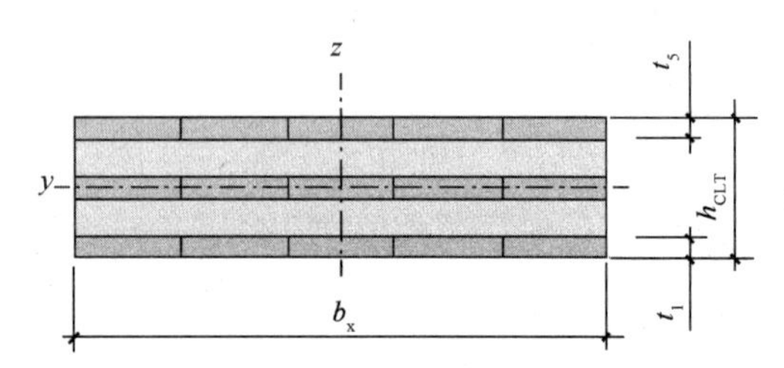

图15.3.8　绕 y 轴弯曲的5层层板的CLT板截面（荷载垂直于 x 轴）

对称截面（$t_1=t_3=t_5$）且强度等级相同：

$$\begin{aligned}I_{x,ef}&=\frac{b_x t_1^3}{12}+\gamma_1 b_x t_1 a_1^2+\frac{b_x t_3^3}{12}+\frac{b_x t_5^3}{12}+\gamma_5 b_x t_5 a_5^2\\&=b_x\left(\frac{t_1^3}{4}+2\gamma_1 t_1 a_1^2\right)\end{aligned} \tag{15.3.25}$$

表15.3.7、表15.3.8为5层层板制作的CLT构件有效截面的几何性质，表中 l_{ref} 为简支CLT构件的跨度，$b_x=1.0$m，层板强度等级为C24，绕 y 轴弯曲（图15.3.8）。

5层的CLT构件有效截面的几何性质（一）　　**表15.3.7**

尺寸（mm）	各层厚度（mm）					重量（kg/m²）		惯性矩（cm⁴）	l_{ref}= 2.5m		l_{ref}= 3m		l_{ref}= 4m	
									(cm⁴)	(cm)	(cm⁴)	(cm)	(cm⁴)	(cm)
h_{CLT}	t_1	t_2	t_3	t_4	t_5	g_{mean}	g_k	$I_{x,full}$	$I_{x,ef}$	$i_{x,ef}$	$I_{x,ef}$	$i_{x,ef}$	$I_{x,ef}$	$i_{x,ef}$
100	20	20	20	20	20	42.0	38.5	8333	5819	3.11	6037	3.17	6270	3.23
120	20	30	20	30	20	50.4	46.2	14400	8475	3.76	8935	3.86	9447	3.97
140	20	40	20	40	20	58.8	53.9	22867	11468	4.37	12270	4.52	13190	4.69

续表

尺寸 (mm)	各层厚度 (mm)					重量 (kg/m²)		惯性矩 (cm⁴)	l_{ref}= 2.5m		l_{ref}= 3m		l_{ref}= 4m	
									(cm⁴)	(cm)	(cm⁴)	(cm)	(cm⁴)	(cm)
h_{CLT}	t_1	t_2	t_3	t_4	t_5	g_{mean}	g_k	$I_{x,full}$	$I_{x,ef}$	$i_{x,ef}$	$I_{x,ef}$	$i_{x,ef}$	$I_{x,ef}$	$i_{x,ef}$
110	20	20	30	20	20	46.2	42.4	11092	7470	3.27	7745	3.33	8041	3.39
130	20	30	30	30	20	54.6	50.1	18308	10371	3.85	10928	3.95	11547	4.06
150	20	40	30	40	20	63.0	57.8	28125	13583	4.41	14524	4.56	15603	4.72
120	20	20	40	20	20	50.4	46.2	14400	9447	3.44	9787	3.50	10152	3.56
140	20	30	40	30	20	58.8	53.9	22867	12583	3.97	13246	4.07	13982	4.18
160	20	40	40	40	20	67.2	61.6	34133	16004	4.47	17096	4.62	18347	4.79
120	30	20	20	20	30	50.4	46.2	14400	10571	3.64	11130	3.73	11752	3.83
140	30	30	20	30	30	58.8	53.9	22867	14343	4.23	15429	4.39	16691	4.57
160	30	40	20	40	30	67.2	61.6	34133	18408	4.80	20175	5.02	22317	5.28
130	30	20	30	20	30	54.6	50.1	18308	13088	3.81	13778	3.91	14546	4.02
150	30	30	30	30	30	63.0	57.8	28125	17130	4.36	18422	4.52	19924	4.71
170	30	40	30	40	30	71.4	65.5	40942	21425	4.88	23474	5.11	25958	5.37
140	30	20	40	20	30	58.8	53.9	22867	16003	4.00	16838	4.10	17767	4.22
160	30	30	40	30	30	67.2	61.6	34133	20295	4.51	21811	4.67	23574	4.86
180	30	40	40	40	30	75.6	69.3	48600	24803	4.98	27156	5.21	30007	5.48
140	40	20	20	20	40	58.8	53.9	22867	16784	4.10	17898	4.23	19175	4.38
160	40	30	20	30	40	67.2	61.6	34133	21460	4.63	23467	4.84	25900	5.09
180	40	40	20	40	40	75.6	69.3	48600	26328	5.13	29416	5.42	33340	5.77
150	40	20	30	20	40	63.0	57.8	28125	20229	4.29	21577	4.43	23122	4.58
170	40	30	30	30	40	71.4	65.5	40942	25147	4.78	27503	5.00	30358	5.25
190	40	40	30	40	40	79.8	73.2	57158	30215	5.24	33759	5.54	38264	5.90
160	40	20	40	20	40	67.2	61.6	34133	24136	4.48	25741	4.63	27580	4.79
180	40	30	40	30	40	75.6	69.3	48600	29266	4.94	31999	5.16	35310	5.42
200	40	40	40	40	40	84.0	77.0	66667	34508	5.36	38541	5.67	43666	6.03

5 层的 CLT 构件有效截面的几何性质（二） **表 15.3.8**

尺寸 mm	各层厚度 (mm)					重量 (kg/m²)		惯性矩 (cm⁴)	l_{ref}=5m		l_{ref}=6m		l_{ref}=7m		l_{ref}=8m	
									(cm⁴)	(cm)	(cm⁴)	(cm)	(cm⁴)	(cm)	(cm⁴)	(cm)
h_{CLT}	t_1	t_2	t_3	t_4	t_5	g_{mean}	g_k	$I_{x,full}$	$I_{x,ef}$	$i_{x,ef}$	$I_{x,ef}$	$i_{x,ef}$	$I_{x,ef}$	$i_{x,ef}$	$I_{x,ef}$	$i_{x,ef}$
100	20	20	20	20	20	42.0	38.5	8333	6385	3.26	6449	3.28	6489	3.29	6514	3.30
120	20	30	20	30	20	50.4	46.2	14400	9705	4.02	9851	4.05	9941	4.07	10001	4.08
140	20	40	20	40	20	58.8	53.9	22867	13664	4.77	13937	4.82	14107	4.85	14219	4.87
110	20	20	30	20	20	46.2	42.4	11092	8186	3.42	8268	3.44	8317	3.45	8350	3.45
130	20	30	30	30	20	54.6	50.1	18308	11859	4.12	12036	4.15	12145	4.17	12217	4.18
150	20	40	30	40	20	63.0	57.8	28125	16160	4.80	16480	4.85	16680	4.88	16812	4.90

续表

尺寸 mm	各层厚度 (mm)					重量 (kg/m^2)		惯性矩 (cm^4)	$l_{ref}=5m$		$l_{ref}=6m$		$l_{ref}=7m$		$l_{ref}=8m$	
									(cm^4)	(cm)	(cm^4)	(cm)	(cm^4)	(cm)	(cm^4)	(cm)
h_{CLT}	t_1	t_2	t_3	t_4	t_5	g_{mean}	g_k	$I_{x,full}$	$I_{x,ef}$	$i_{x,ef}$	$I_{x,ef}$	$i_{x,ef}$	$I_{x,ef}$	$i_{x,ef}$	$I_{x,ef}$	$i_{x,ef}$
120	20	20	40	20	20	50.4	46.2	14400	10331	3.59	10431	3.61	10493	3.62	10533	3.63
140	20	30	40	30	20	58.8	53.9	22867	14353	4.24	14564	4.27	14694	4.29	14779	4.30
160	20	40	40	40	20	67.2	61.6	34133	18993	4.87	19364	4.92	19596	4.95	19749	4.97
120	30	20	20	20	30	50.4	46.2	14400	12065	3.88	12242	3.91	12352	3.93	12424	3.94
140	30	30	20	30	30	58.8	53.9	22867	17351	4.66	17732	4.71	17971	4.74	18129	4.76
160	30	40	20	40	30	67.2	61.6	34133	23474	5.42	24156	5.49	24587	5.54	24875	5.58
130	30	20	30	20	30	54.6	50.1	18308	14932	4.07	15151	4.10	15287	4.12	15376	4.13
150	30	30	30	30	30	63.0	57.8	28125	20709	4.80	21163	4.85	21447	4.88	21635	4.90
170	30	40	30	40	30	71.4	65.5	40942	27300	5.51	28091	5.59	28591	5.64	28925	5.67
140	30	20	40	20	30	58.8	53.9	22867	18234	4.27	18499	4.30	18663	4.32	18771	4.33
160	30	30	40	30	30	67.2	61.6	34133	24495	4.95	25028	5.00	25361	5.04	25582	5.06
180	30	40	40	40	30	75.6	69.3	48600	31548	5.62	32455	5.70	33029	5.75	33413	5.78
140	40	20	20	20	40	58.8	53.9	22867	19834	4.45	20213	4.50	20449	4.52	20605	4.54
160	40	30	20	30	40	67.2	61.6	34133	27215	5.22	27990	5.29	28479	5.34	28807	5.37
180	40	40	20	40	40	75.6	69.3	48600	35551	5.96	36883	6.07	37738	6.14	38315	6.19
150	40	20	30	20	40	63.0	57.8	28125	23919	4.66	24378	4.71	24663	4.74	24852	4.75
170	40	30	30	30	40	71.4	65.5	40942	31901	5.39	32810	5.46	33385	5.51	33769	5.54
190	40	40	30	40	40	79.8	73.2	57158	40801	6.09	42331	6.20	43312	6.27	43975	6.32
160	40	20	40	20	40	67.2	61.6	34133	28529	4.88	29074	4.92	29414	4.95	29639	4.97
180	40	30	40	30	40	75.6	69.3	48600	37100	5.56	38154	5.64	38821	5.69	39267	5.72
200	40	40	40	40	40	84.0	77.0	66667	46553	6.23	48294	6.34	49410	6.42	50164	6.47

3. 有效回转半径

当进行稳定性验算时，横向层的剪切效应也应予以考虑。这和计算参考长度 l_{ref}一样，方法是根据有效截面惯性矩 I_{ef} 计算有效屈曲长度 l_e，并将其作为基准长度 l_{ref}。见式（15.3.26）和式（15.3.27）。

$$i_{x,ef}=\sqrt{\frac{I_{x,ef}}{A_{x,net}}} \tag{15.3.26}$$

$$i_{y,ef}=\sqrt{\frac{I_{y,ef}}{A_{y,net}}} \tag{15.3.27}$$

15.3.3 承载能力极限状态下的设计

1. CLT 构件平面内受拉

拉力平行于 CLT 表层层板时（图 15.3.9），按式（15.3.28）验算。

$$\sigma_{t,x,d}=\frac{F_{t,x,d}}{A_{x,net}}\leqslant f_{t,x,d} \tag{15.3.28}$$

式中：$F_{t,x,d}$——沿 x 轴的拉力设计值；

$A_{x,net}$——沿 x 轴的有效净截面面积；

$f_{t,x,d}$——沿 x 轴方向的抗拉强度设计值。

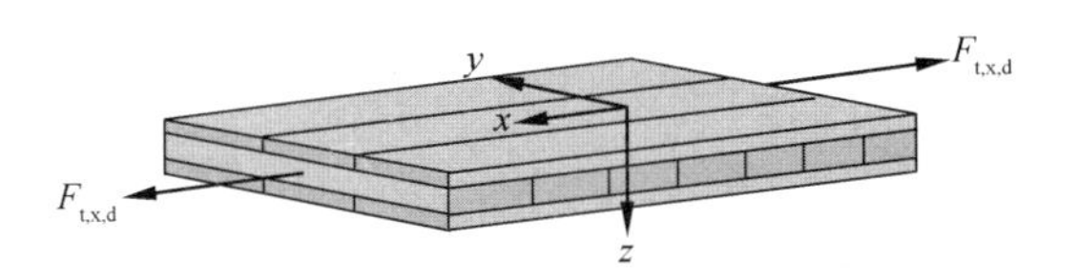

图 15.3.9 拉力平行于 CLT 构件表层层板

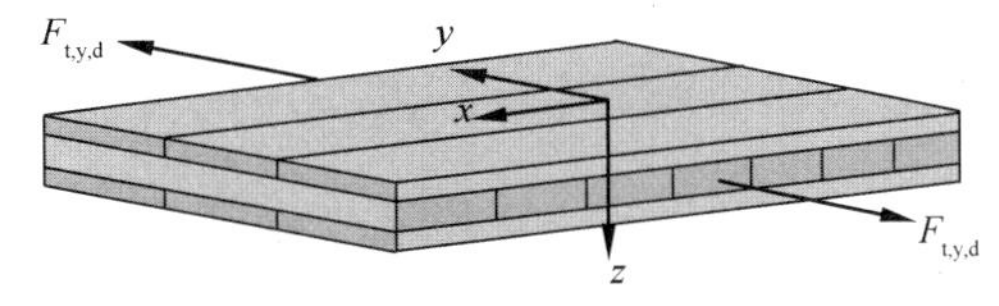

图 15.3.10 拉力垂直于 CLT 构件表层层板

拉力垂直于 CLT 表层层板时（图 15.3.10），按式（15.3.29）验算。

$$\sigma_{t,y,d}=\frac{F_{t,y,d}}{A_{y,net}}\leqslant f_{t,y,d} \tag{15.3.29}$$

式中：$F_{t,y,d}$——沿 y 轴的拉力设计值；

$A_{y,net}$——沿 y 轴的有效净截面面积；

$f_{t,y,d}$——沿 y 轴方向的抗拉强度设计值。

2. CLT 构件平面内受压

压力平行于 CLT 表层层板时（图 15.3.11），按式（15.3.30）验算。

$$\sigma_{c,x,d}=\frac{F_{c,x,d}}{A_{x,net}}\leqslant f_{c,x,d} \tag{15.3.30}$$

式中：$F_{c,x,d}$——沿 x 轴压力设计值；

$A_{x,net}$——沿 x 轴的有效净截面面积；

$f_{c,x,d}$——沿 x 轴方向的抗压强度设计值。

压力垂直于 CLT 构件表层层板时（图 15.3.12），按式（15.3.31）验算。

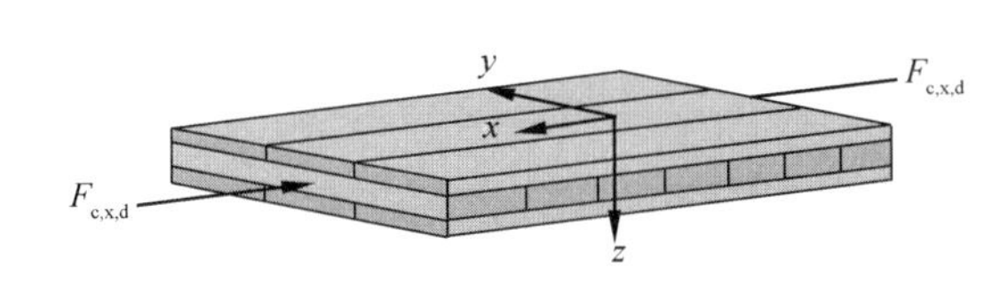

图 15.3.11 压力平行于 CLT 构件表层层板

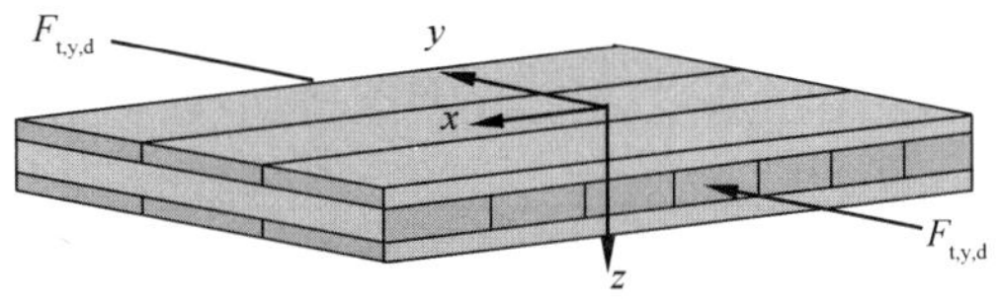

图 15.3.12 压力垂直于 CLT 构件表层层板

$$\sigma_{c,y,d}=\frac{F_{c,y,d}}{A_{y,net}}\leqslant f_{c,y,d} \tag{15.3.31}$$

式中：$F_{c,y,d}$——沿 y 轴的压力设计值；

$A_{y,net}$——沿 y 轴的有效净截面面积；

$f_{c,y,d}$——沿 y 轴方向的抗压强度设计值。

3. 压力垂直于 CLT 构件平面

压力垂直于 CLT 板平面时（图 15.3.13），按式（15.3.32）验算。

$$\sigma_{c,z,d}=\frac{F_{c,z,d}}{A_{ef}}\leqslant k_{c,90}f_{c,90,z,d} \tag{15.3.32}$$

式中：$F_{c,z,d}$——横纹压力设计值；

A_{ef}——横纹承压有效面积；

$f_{c,90,z,d}$——横纹承压强度设计值；

$k_{c,90}$——考虑荷载作用方式和局压程度的系数。

有效承压面积和系数 $k_{c,90}$ 取决于荷载作用的位置（图 15.3.14）。当承压面积在距边缘 $2h_{CLT}$ 以内时，应采用端部承压强度值。给出具体的 $k_{c,90}$ 值的工作正在进行中，截至目前的试验研究表明，表 15.3.9 中的值是可用的。

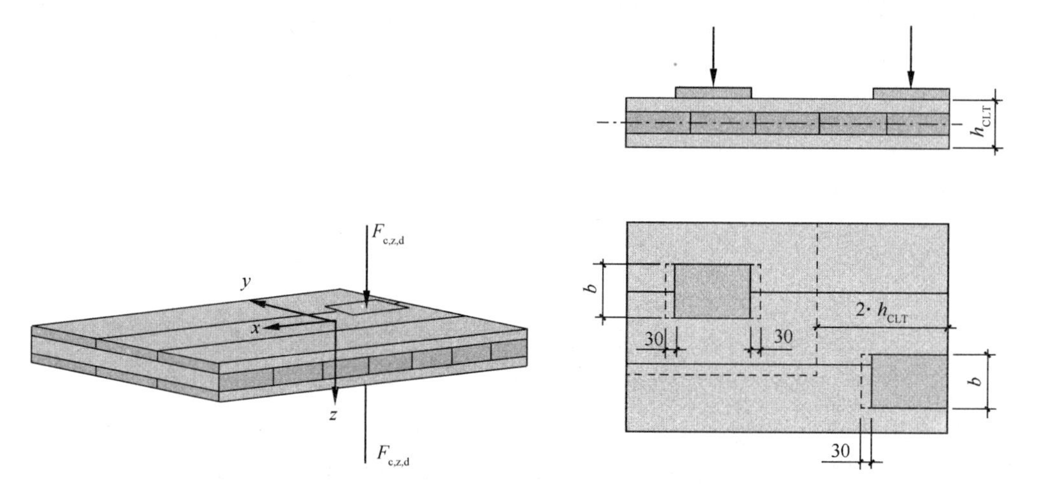

图 15.3.13　压力垂直于 CLT 构件平面　　图 15.3.14　CLT 构件平面

与承压面积对应的 $k_{c,90}$　　**表 15.3.9**

位置	方向	接触面积 A_{ef}	$k_{c,90}$
中部	顺纹	$A_{ef}=A_{comp}+(30+30)b$	1.3
	横纹	$A_{ef}=A_{comp}+30b$	1.9
边部	顺纹	$A_{ef}=A_{comp}+(30+30)b$	1.0～1.5
	横纹	$A_{ef}=A_{comp}+30b$	1.5
角部		$A_{ef}=A_{comp}+30b$	1.3

注：A_{comp}—接触面面积；b—接触面宽度。

4. CLT 构件平置受弯

当 CLT 板受绕 y 轴的弯矩作用时（图 15.3.15），按式（15.3.33）验算。

$$\sigma_{m,x,d}=\frac{M_{y,d}}{W_{y,net}}\leqslant f_{m,x,d} \tag{15.3.33}$$

式中：$M_{y,d}$——关于 y 轴的设计弯矩；

$W_{y,net}$——CLT 板的净截面抗弯截面模量；

$f_{m,x,d}$——CLT 平面外抗弯强度设计值。

当 CLT 板受绕 x 轴的弯矩作用时（图 15.3.16），按式（15.3.34）验算。

$$\sigma_{m,y,d}=\frac{M_{x,d}}{W_{x,net}}\leqslant f_{m,y,d} \tag{15.3.34}$$

式中：$M_{x,d}$——关于 x 轴的设计弯矩；

$W_{x,net}$——CLT 板的净截面抗弯截面模量；

$f_{m,y,d}$——CLT 平面外抗弯强度设计值。

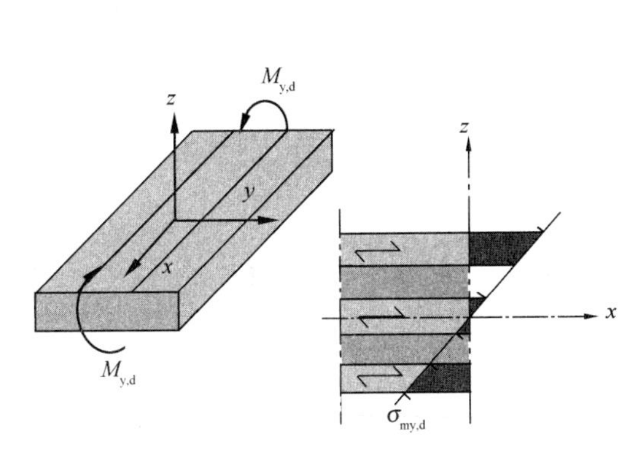

图 15.3.15　绕 y 轴弯曲时 CLT 板的弯曲应力

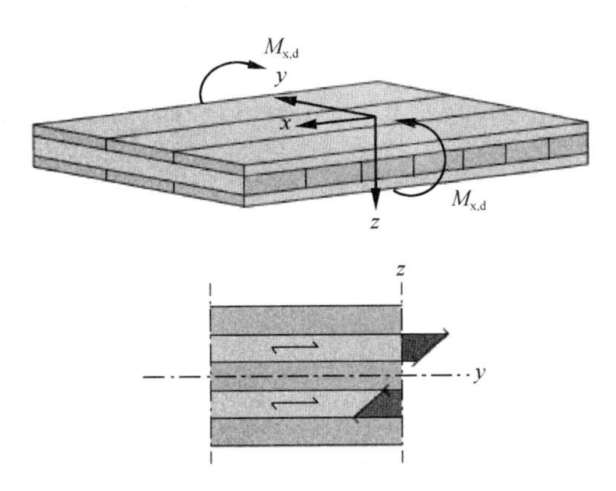

图 15.3.16　绕 x 轴弯曲时 CLT 板的弯曲应力

5. CLT 墙板或 CLT 梁的弯曲问题

受绕 z 轴弯矩作用的 CLT 墙板或梁（图 15.3.17），沿 x 轴方向按式（15.3.35）、式（15.3.36）验算。

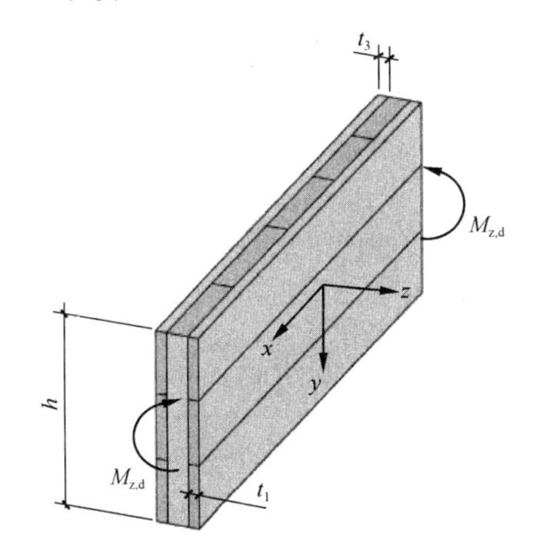

图 15.3.17　绕 z 轴弯曲的 CLT 板

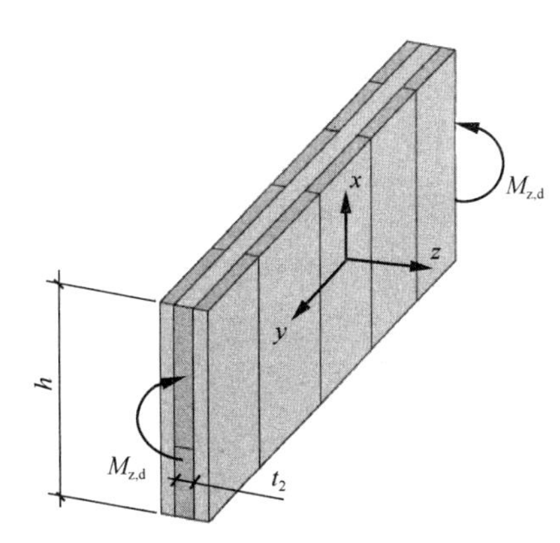

图 15.3.18　绕 z 轴弯曲的 CLT 板

$$\sigma_{\mathrm{m,x,d}}=\frac{M_{\mathrm{z,d}}}{W_{\mathrm{z,x,net}}}\leqslant f_{\mathrm{m,edge,x,d}} \tag{15.3.35}$$

$$W_{\mathrm{z,x,net}}=\frac{\sum t_i\cdot h^2}{6}=\frac{(t_1+t_3+\cdots)\cdot h^2}{6} \tag{15.3.36}$$

式中：$M_{\mathrm{z,d}}$——关于 z 轴的设计弯矩；

$W_{\mathrm{z,x,net}}$——CLT 板的净截面抗弯截面模量；

$f_{\mathrm{m,edge,x,d}}$——x 轴平面内抗弯强度设计值；

t_i——x 轴方向层板的厚度；

h——整个 CLT 板或 CLT 梁的高度。

受绕 z 轴弯矩作用的 CLT 墙板或梁，见图 15.3.18，沿 y 轴方向按式（15.3.37）、式（15.3.38）验算。

$$\sigma_{\mathrm{m,y,d}}=\frac{M_{\mathrm{z,d}}}{W_{\mathrm{z,y,net}}}\leqslant f_{\mathrm{m,,edge,y,d}} \tag{15.3.37}$$

$$W_{z,y,net}=\frac{\sum t_i h^2}{6}=\frac{(t_2+t_4+\cdots)h^2}{6} \tag{15.3.38}$$

式中：$M_{z,d}$——关于 z 轴的设计弯矩；

$W_{z,y,net}$——CLT 板的净截面抗弯截面模量；

$f_{m,edge,y,d}$——y 轴平面内抗弯强度设计值；

t_i——y 轴方向层板的厚度；

h——整个 CLT 板或 CLT 梁的高度。

6. 斜弯曲

当 CLT 构件用于屋面及类似结构时，可能发生斜弯曲，可按式（15.3.39）或式（15.3.40）验算。

$$\frac{\sigma_{m,x,d}}{f_{m,xlay,d}}\leqslant 1 \tag{15.3.39}$$

$$\frac{M_{y,d}}{W_{y,net}f_{m,xlay,d}}+\frac{M_{z,d}}{W_{z,x,net}f_{m,xlay,d}}\leqslant 1 \tag{15.3.40}$$

式中：$\sigma_{m,x,d}$——关于两形心主轴的弯矩产生的弯曲应力设计值；

$f_{m,xlay,d}$——相关层板的抗弯强度设计值；

$M_{y,d}$、$M_{z,d}$——分别为关于两形心主轴的弯矩设计值；

$W_{y,net}$、$W_{z,x,net}$——分别为关于两形心主轴的抗弯截面模量。

7. 垂直于 CLT 板平面受剪

CLT 受到垂直于板面的剪力作用时，产生剪应力。由于 CLT 板由纵向层板和横向层板组成，两个方向的层板都需验算。滚剪强度通常明显低于顺纹抗剪强度。

对于受剪力 $V_{xz,d}$ 和 $V_{yz,d}$ 作用的 5 层 CLT 板或梁，见图 15.3.19 和图 15.3.20。

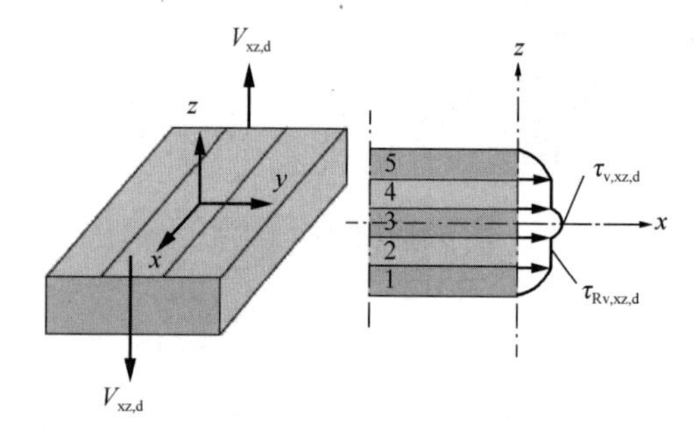

图 15.3.19　CLT 板中剪力 $V_{xz,d}$ 产生的剪应力

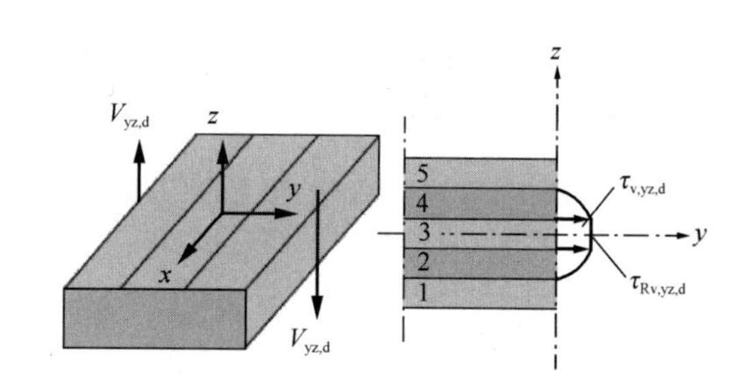

图 15.3.20　CLT 板中剪力 $V_{yz,d}$ 产生的剪应力

按如下步骤验算：

（1）对于图 15.3.19 中第 3 层和图 15.3.20 中第 2 层或第 4 层顺纹受剪验算：

$$\tau_{v,xz,d}=\frac{V_{xz,d}S_{y,net}}{I_{y,net}b_x}\leqslant f_{v,d} \tag{15.3.41}$$

式中：$V_{xz,d}$——设计剪力；

$S_{y,net}$——CLT 板净截面的静矩；

$f_{v,d}$——顺纹抗剪强度设计值。

受剪力 $V_{yz,d}$ 作用的 5 层 CLT 板或梁，见图 15.3.20，截面对称时最大剪应力发生在第 3 层及附近，最重要的是按该剪应力验算滚剪强度。

(2) 图 15.3.19 中第 2 层或第 4 层以及图 15.3.20 中第 3 层的滚剪（横纹受剪）验算：

$$\tau_{\mathrm{Rv,xz,d}}=\frac{V_{\mathrm{yz,d}}S_{\mathrm{Rx,net}}}{I_{\mathrm{x,net}}b_{\mathrm{y}}}\leqslant f_{\mathrm{r,d}} \tag{15.3.42}$$

式中：$V_{\mathrm{yz,d}}$——设计剪力；

$S_{\mathrm{R,x,net}}$——CLT 板净截面的静矩；

$f_{\mathrm{r,d}}$——滚剪强度设计值。

各层层板交错布置并胶合的构造特点避免并降低了劈裂发生和扩展的风险，设计 CLT 时不必考虑开裂的影响。但当 CLT 板宽度 b 很小时，在某些特定情况下仍需采用系数 $k_{\mathrm{cr}}=0.67$ 对宽度进行折减，即 $b_{\mathrm{ef}}=k_{\mathrm{cr}}\cdot b$。

8. CLT 板平面内受剪

CLT 板常用于承重构件，例如传递风荷载时，CLT 板平面内会产生剪力 V_{xy} 和 V_{yx}。由于 CLT 板可在几个不同方向上传递荷载，故应验算整个 CLT 板的强度（板面内受剪）和 CLT 板各层的强度（层间受剪）。还应考虑层板间沿纵边是否胶结以及层板是否有顺纹劈裂。CLT 板的面内抗剪强度与层板边是否胶结以及层板是否劈裂有关。

本节所述 CLT 板的抗剪强度按边部不胶结且层板有劈裂的不利情况考虑。

按式（15.3.43）和式（15.3.44）验算 CLT 板的面内受剪的强度，见图 15.3.21。

$$\tau_{\mathrm{v,xy,d}}=\frac{V_{\mathrm{xy,d}}}{A_{\mathrm{x,net}}}\leqslant f_{\mathrm{v,090,xlay,d}} \tag{15.3.43}$$

$$\tau_{\mathrm{v,xy,d}}=\frac{V_{\mathrm{yx,d}}}{A_{\mathrm{y,net}}}\leqslant f_{\mathrm{v,090,ylay,d}} \tag{15.3.44}$$

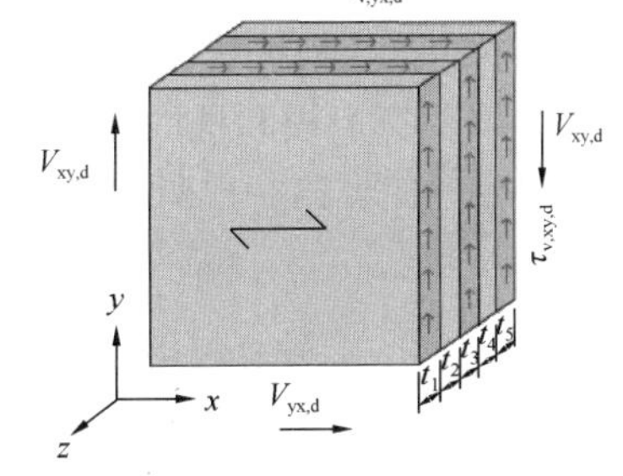

图 15.3.21 CLT 板中与层板厚度有关的剪应力

式中 $V_{\mathrm{xy,d}}$——设计剪力；

$A_{\mathrm{x,net}}$——CLT 板的净面积；

$f_{\mathrm{v,090,xlay,d}}$——层板顺纹受剪的抗剪强度设计值；

$V_{\mathrm{yx,d}}$——设计剪力；

$A_{\mathrm{y,net}}$——CLT 板的净截面面积；

$f_{\mathrm{v,090,ylay,d}}$——横向层板的顺纹抗剪强度设计值。

应予注意，CLT 板净截面上的剪应力是均匀分布的，而不是按抛物线分布的，故这里并不像按梁理论计算的矩形截面那样，剪应力需乘以系数 1.5。

CLT 板层间的剪力由纵向层板和横向层板之间的胶合强度决定。可按式（15.3.45）验算：

$$\tau_{\mathrm{mz,d}}=\frac{M_{\mathrm{t,d}}}{n_{\mathrm{t}}W_{\mathrm{p}}}\leqslant f_{\mathrm{mz,9090,d}} \tag{15.3.45}$$

式中：$M_{\mathrm{t,d}}$——弯矩设计值；

W_{p}——CLT 板的极惯性矩；

n_{t}——CLT 板中含面积为 $b_{l,\mathrm{x}}\times b_{l,\mathrm{y}}$ 的胶结面的数目；

$f_{\mathrm{mz,9090,d}}$——抗剪强度设计值。

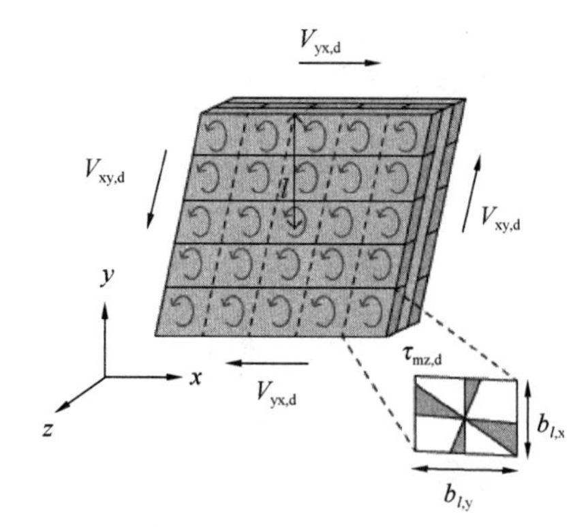

图 15.3.22 CLT 板层板间的剪应力

式（15.3.46）适用于计算图 15.3.22 所示的 3 层 CLT 板面内的扭矩：

$$M_{t,d}=V_{t,d}l \tag{15.3.46}$$

式中：l——转动中心与作用力 $V_{x,d}$之间的距离。

该例中，$n_t=2$ 个胶层×x 轴方向 5 块层板×y 轴方向 5 块层板=50。

极惯性矩可按下列各式计算：

$$W_p=\frac{2I_p}{\sqrt{b_{l,x}b_{l,y}}} \tag{15.3.47}$$

$$I_p=I_1+I_2=\frac{b_{l,x}b_{l,y}^3}{12}+\frac{b_{l,y}b_{l,x}^3}{12} \tag{15.3.48}$$

式中：$b_{l,x}$、$b_{l,y}$——分别为沿 x 轴方向和沿 y 轴方向上层板的宽度。

正方形胶结面，$b_{l,x}=b_{l,y}=b_l$，按式（15.3.49）计算极惯性矩：

$$I_p=\frac{b_l^4}{6} \tag{15.3.49}$$

如果层板宽度未知，可假设其为 80mm。

9. 墙和柱的稳定

本节介绍用于墙和柱的 CLT，目前我国《木结构设计标准》中未对 CLT 柱或墙体稳定的计算进行规定，本节主要介绍欧洲木结构设计标准《欧规 5》规定的计算方法。《欧规 5》中的柱子根据线性屈曲理论设计，非线性效应或其他因素通过采用强度折减系数 k_c 考虑。当验算墙板和柱的稳定时，通常会有两种根本不同的荷载，即轴向压力和横向荷载，见图 15.3.23。在两种荷载联合作用下，应按下列公式进行验算：

$$\frac{\sigma_{c,x,d}}{k_{c,y}f_{c,x,d}}+\frac{\sigma_{m,x,d}}{f_{m,x,d}}\leqslant 1 \tag{15.3.50}$$

$$\frac{N_d}{k_{c,y}A_{x,net}f_{c,x,d}}+\frac{M_{y,d}}{W_{x,net}f_{m,x,d}}\leqslant 1 \tag{15.3.51}$$

$$M_{y,d}=\frac{q_d l_e^2}{8} \tag{15.3.52}$$

折减系数 $k_{c,y}$可按式（15.3.53）计算：

$$k_{c,y}=\frac{1}{k_y+\sqrt{k_y^2-\lambda_{rel,y}^2}}\leqslant 1 \tag{15.3.53}$$

其中：

$$k_y=0.5[1+0.1(\lambda_{rel,y}-0.3)+\lambda_{rel,y}^2] \tag{15.3.54}$$

$$\lambda_{rel,y}=\frac{\lambda_y}{\pi}\sqrt{\frac{f_{c,0,xlay,k}}{E_{0,x,05}}} \tag{15.3.55}$$

$\lambda_{rel,y}$ 为绕 y 轴失稳时的相对长细比：

$$\lambda_y=\frac{L}{i_{x,ef}} \tag{15.3.56}$$

λ_y 为长细比；$i_{x,ef}$为回转半径；L 为计算长度，$L=\beta_c \cdot l_e$，其中 β_c取 0.1。

$$E_{0,x,05} = kE_{0,x,mean} \tag{15.3.57}$$

$$k = 1 - \frac{0.328}{\sqrt{\frac{2b_x}{0.15} - 1}} \tag{15.3.58}$$

其中 b_x（m）如图 15.3.23 所示。

当 $\lambda_{rel,y}<0.3$ 时，可认为不存在稳定问题，可按下式验算强度问题：

$$\left(\frac{\sigma_{c,x,d}}{f_{c,x,d}}\right)^2 + \frac{\sigma_{m,x,d}}{f_{m,x,d}} \leqslant 1 \tag{15.3.59}$$

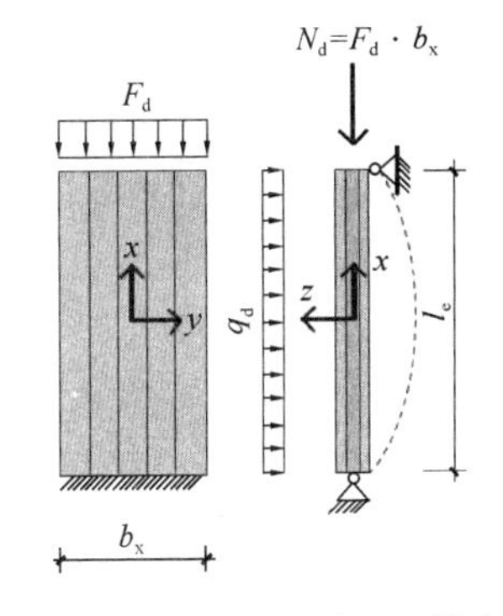

图 15.3.23　竖向受压和横向荷载作用下 CLT 墙板的稳定

15.4　节　点　设　计

节点是木结构的薄弱部位也是关键部位，节点设计在木结构设计中至关重要，设计时不仅需仔细考虑节点的静力工作性能，同时也要注意其对结构其他性能的影响。节点是结构内连接不同构件的传力环节。

木材具有吸湿性，会发生湿胀干缩，因此，进行木结构节点设计时，节点构造应容许湿度变化时木材膨胀和收缩，从而不致产生过大的应力。另外木材横纹抗拉强度相对较低，干燥过程中可能发生劈裂。

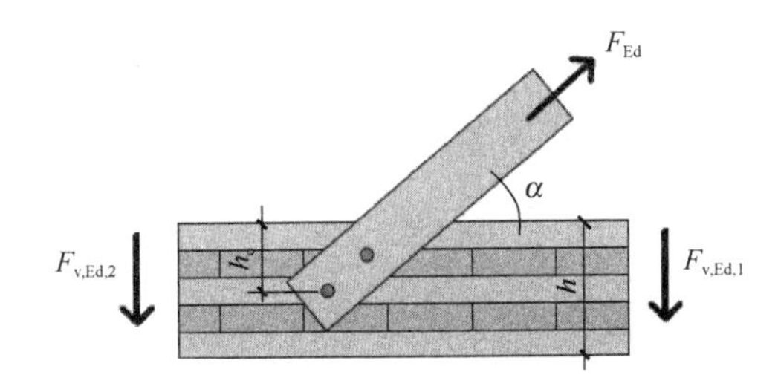

图 15.4.1　垂直木纹的荷载造成横纹劈裂风险示意

对于工程中可能用到的几种 CLT 节点形式，目前仍缺乏支撑数据和完备的设计计算方法。但是借鉴传统木结构的经验并基于合理判断，大部分设计问题仍是可以解决的。节点区可能存在明显的横纹劈裂破坏风险，如图 15.4.1 所示的案例，该节点中的紧固件造成垂直于木纹的拉应力。然而 CLT 板连接节点横纹劈裂的风险相对较低，因为垂直木纹的拉力会被交错放置的层板扩散至更大的影响区域。如果采用与常规结构木材（锯材）或胶合木相同的方法验算节点区横纹劈裂破坏，会低估承载力。

由于 CLT 板中含有沿不同方向布置的层板，进行节点设计时应明确连接件所处的位置，避免端木纹连接以及连接件嵌入深度过短问题。另外由于螺钉、内置钢板和销等连接件的穿入，连接节点往往削弱截面，可能导致最不利截面计算面积减小。

15.4.1　CLT 结构中常用的连接件

有许多不同类型的连接件可用于设计 CLT 墙板与楼板之间的节点或其他材料与 CLT 板之间的节点。CLT 板之间的节点最常使用长的自攻螺钉，同时其他传统连接件如钉、内置钢板和钉板也有广泛应用。另外实际工程中还可以使用一些更具创新性的连接方案，如植筋连接、包含所有角部连接的全套连接件连接，包括隐藏式传力节点和具有组装功能的连接件。

1. 销钉

采用专用木螺钉（包括通用木螺钉及木结构用螺钉）的简单连接方案是广泛用于 CLT 结构的连接件，图 15.4.2 为常用的钉。木螺钉之所以受欢迎的原因在于其兼有抗剪和抗拔的能力，以及其无需预钻孔便于施工。自攻木螺钉的直径 4mm～13mm，长度可达 1000mm，根据具体使用情况设计确定。对于使用钉板或其他标准金属角撑的节点，通常使用锚钉或锚固螺钉。

在 CLT 结构中使用螺钉和销连接时，需特别注意其定位，在层板侧边无胶合的 CLT 板中可能发生紧固件插入层板间缝隙中的情况。为了传递较大剪力，有些方案采用了圆柱形钢套连接件（图 15.4.3）。

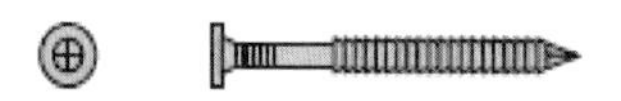

螺钉—与金属连接板配合使用

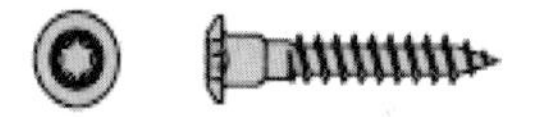

锚固螺钉—与金属连接板配合使用

木结构用螺钉—具有特殊设计的螺纹，安装无需预钻孔

通用螺钉—上部和下部各设有一段螺纹，分别锚固两端木材

自攻销钉—用于在木结构中安装内置钢板

图 15.4.2　用于 CLT 节点的钉、木螺钉和销

图 15.4.3　CLT 节点钢套连接件

2. 标准金属连接板和角撑

标准金属连接板及角撑是一类重要的连接件，可用于连接 CLT 楼板和墙板等。以下是 CLT 结构中最常用的几类角撑。

钉板角撑：钉板角撑可用于楼板和墙板之间的连接，一般用于荷载不大的节点处。由热镀锌钢板或不锈钢板制成，厚度 2mm～4mm，钉孔孔径 5mm，见图 15.4.4。

加肋角撑：加肋角撑常用于 CLT 板连接或将 CLT 板连接于混凝土基础，并有多种尺寸可选择，以适应不同的荷载水平。该类角撑由热镀锌钢板或不锈钢板制成，用于钉或螺钉连接的，一般厚度为 2mm～4mm，钉孔孔径 5mm；当用于膨胀螺钉连接的厚度会更大一些，见图 15.4.5。

钉板：冲孔板有多种不同形式，是钻孔板最经济的替代品。冲孔要求板的厚度不超过孔的直径，孔径应比紧固件直径大 1mm 左右。钉板可预埋在混凝土板内，或者焊接到预埋于混凝土的钢板上，见图 15.4.6。

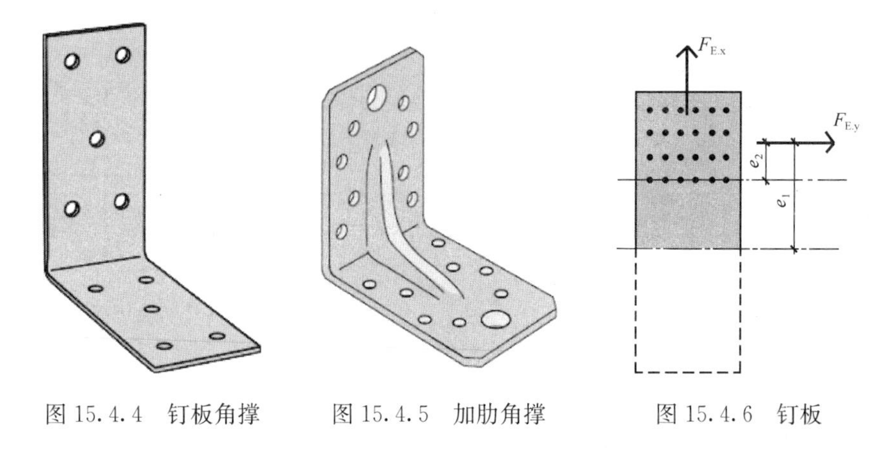

图 15.4.4 钉板角撑　　图 15.4.5 加肋角撑　　图 15.4.6 钉板

15.4.2 各类节点构造

1. CLT 板面内连接节点

CLT 板之间的连接可以通过多种不同的方式实现，例如企口内采用不很紧密的连接板、单侧或双侧盖板、半层搭接等方案。盖板可以采用结构胶合板、LVL、刨平的木板或钢板。以下为各节点工作原理简要说明。

（1）企口连接板节点

企口连接板节点是较常见的构造，见图 15.4.7。企口连接板可以通过螺钉或钉加以连接，有两个抗剪面。也可以使用双填板，形成四个抗剪面。该节点可传递 CLT 板面内的纵向和横向作用力（即轴力、面内剪力、面内弯矩）。

（2）单盖板节点

单盖板节点是最容易实现的节点之一，见图 15.4.8。盖板可用螺钉或钉加以连接，是具有一个抗剪面的节点。该节点可以传递 CLT 板面内的纵向和横向作用力。

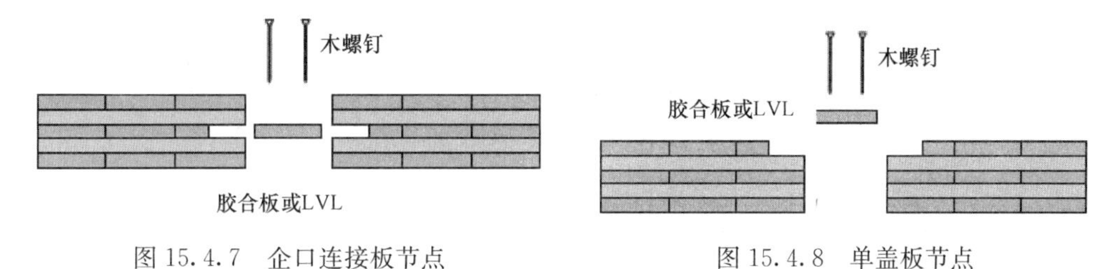

图 15.4.7 企口连接板节点　　图 15.4.8 单盖板节点

（3）双盖板节点

双盖板节点增加了结构及节点传递剪力的能力，见图 15.4.9。盖板通过螺钉或钉加以连接，在每个盖板处形成一个抗剪面。除传递 CLT 板面内作用力，该节点还可承担部分面外弯矩。

（4）半层搭接节点

半层搭接节点是木结构中经过应用和检验的方法，见图 15.4.10。节点构造简单，与自攻螺钉配合使用，使施工安装十分快捷。节点可传递 CLT 板面内作用力。

（5）斜螺钉加强的单侧盖板节点

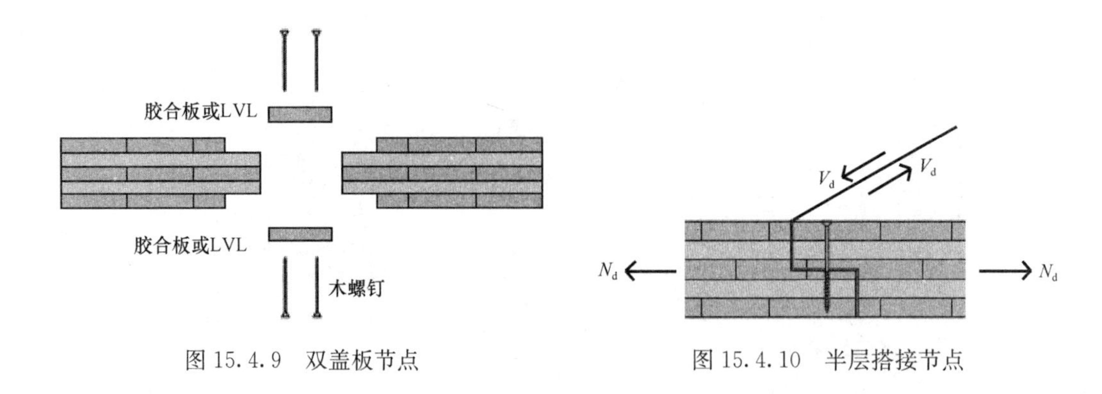

图 15.4.9　双盖板节点　　　　图 15.4.10　半层搭接节点

采用自攻螺钉斜钉入 CLT 板中，将两块 CLT 板连接在一起，起到加强单盖板连接的作用，见图 15.4.11。

（6）钢套管连接节点

钢套管连接节点与全螺纹的或植筋形式的螺钉或木螺钉配合使用，见图 15.4.12。螺钉在工厂预先埋入 CLT 中，在施工现场可方便地与带槽口的钢套管连接。对该类型的节点，螺钉的拉拔强度是设计时需要考虑的关键因素。同时节点能沿其长度方向传递较大的剪力。

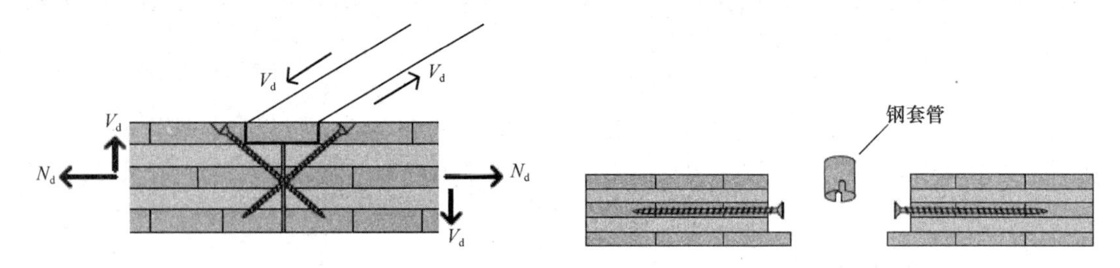

图 15.4.11　斜螺钉加强的单侧盖板节点　　　　图 15.4.12　连接钢套管和木螺钉节点

（7）特殊紧固件节点

除以上连接节点外，还有很多特殊节点，图 15.4.13 为其中一种。该类节点一般是基于不同形式的挂钩设计的，挂钩由钢制或铝制角撑组成，通过螺钉拧在 CLT 板上的，对应的角撑适配形成装配连接。角撑的数量和大小决定了节点的整体承载力。

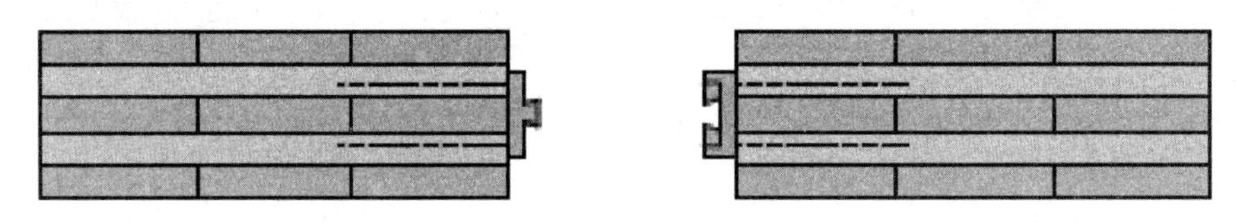

图 15.4.13　特殊紧固件节点

2. 带盖板的连接节点

在 CLT 板的上下表面设置盖板形成的拼接节点，可以在一定程度上传递力矩，见图 15.4.14。将上下盖板置于 CLT 的最外层层板内（图 15.4.9）虽然能使 CLT 表面平整，但减小了内力作用的力臂，因而抵抗面外弯矩的承载力减小。节点的承载力和刚度还取决于螺钉的数量以及盖板所用材料。与无连接的连续完整 CLT 板相比，使用表面盖板连接节点可以传递约 50％的内力。

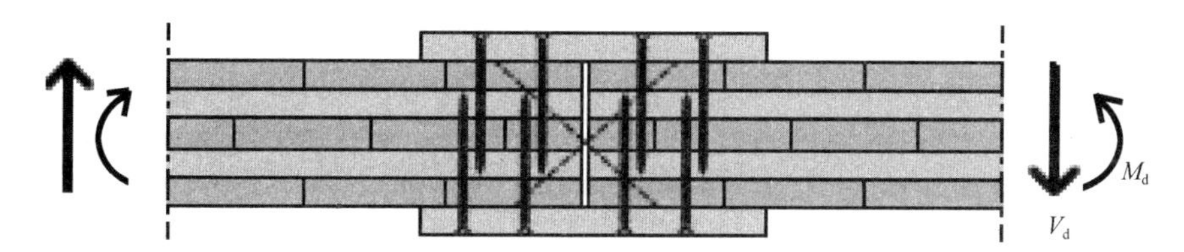

图 15.4.14 主荷载方向上的表面盖板节点

3. 楼板与梁的连接节点

CLT 板通常用于大型楼板，板中间支承于下部的梁上或与之连接形成组合截面梁。楼板与梁的连接方式多种多样，常见的几种连接方式见图 15.4.15。为使楼面保持平整，

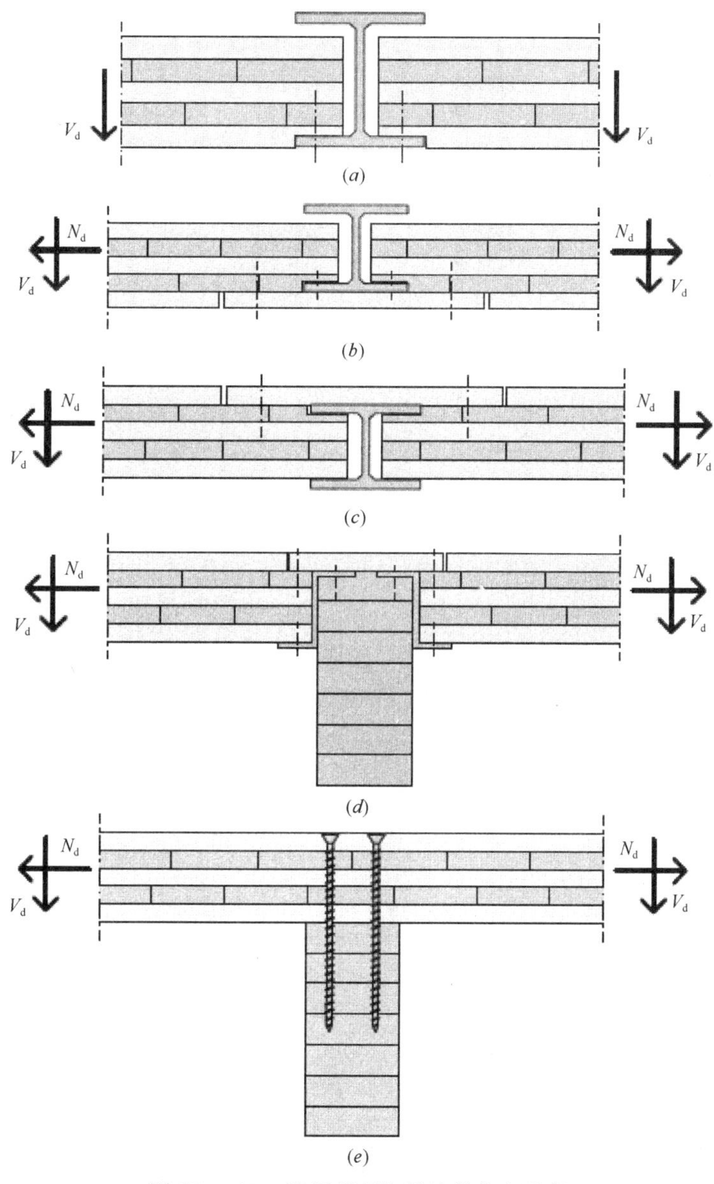

图 15.4.15 CLT 楼板与梁连接节点示意

通常将钢梁布置于CLT结构内，见图15.4.15（a）～（c）。同时，可将胶合板或LVL板覆盖节点以实现平整表面，覆板在某些特定情况下还可考虑其沿楼板平面传力的作用，见图15.4.15（b）～（d）。当梁高度超过CLT板厚时，可采用胶合木梁，见图15.4.15（d）。胶合木梁也常常用于CLT连续楼板的中间支座，见图15.4.15（e）。

4. 墙板间的连接节点

墙板间连接可通过木螺钉、角撑或隐藏式专用紧固件实现，自攻螺钉和角撑是最常见的选择。当为改善节点的抗火及隔声性能时可能还需要采取其他构造措施。使用自攻螺钉连接（图15.4.16）是最方便简洁的连接方式，但需要注意检查螺钉位置，避免螺钉仅拧入木材端部（即螺钉与木纹平行）。为减少这种风险，可采取自攻螺钉斜钉入的方式。另一种简单的构造是使用角撑或钉板，见图15.4.17，该连接方式传递剪力作用明显，但因其会突出CLT表面，因此不太适合直接外露的CLT墙面连接。

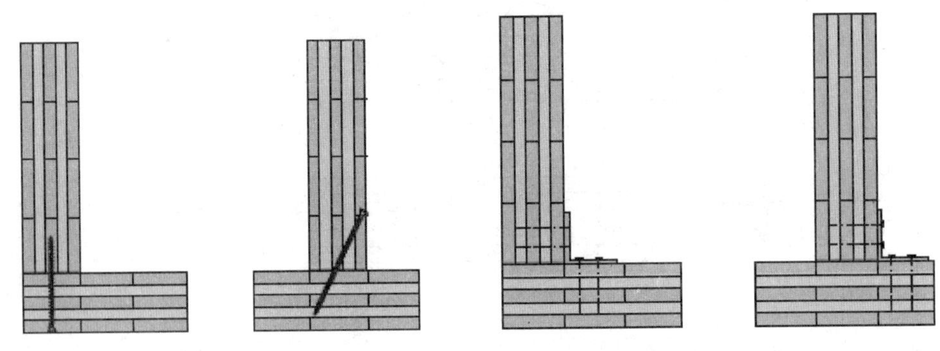

图15.4.16　自攻螺钉连接的节点（水平剖面）　　图15.4.17　角撑连接的节点（水平剖面）

5. 墙板与楼板的连接节点

将墙板连接到楼板的最简单的方法是使用长的自攻螺钉。自攻螺钉可以穿过楼盖直接拧入下层CLT墙板中，而对于上层的墙板可以采用自攻螺钉斜钉入的方式将其与楼板连接。也可以使用角撑连接。为改善节点抗火和隔声性能，可能还需要附加其他特定构造。

墙板和楼板之间采用长自攻螺钉连接，见图15.4.18（a）。该方法施工简单，但必须避免螺钉仅钉入木材层板端部，并保证达到必要的钉入深度。

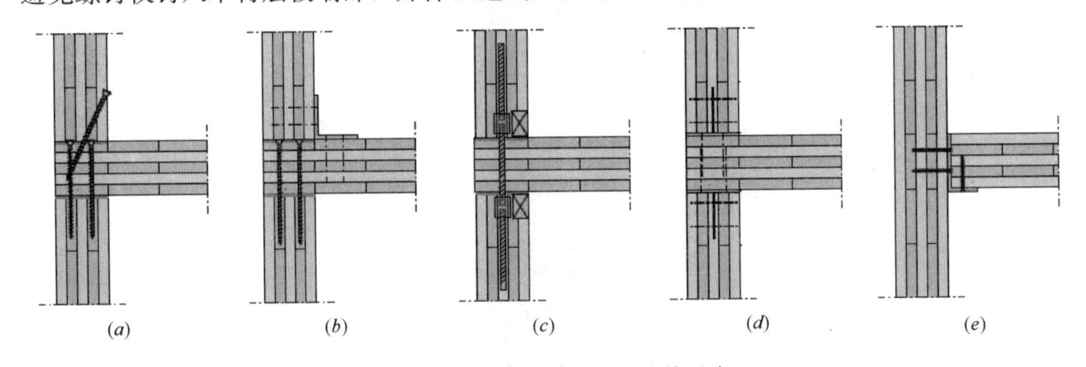

图15.4.18　墙板与楼板的连接示意

墙板和楼板之间的节点也可以用角撑或钉板连接，见图15.4.18（b）。角撑通常比斜螺钉连接具有更高的抗剪承载力。金属角撑可以使用锚钉或锚固螺钉固定。

墙板和楼板之间的节点也可以通过植筋预埋在CLT板内的长、短满螺纹螺钉连接，如图15.4.18（*c*）所示。墙板两端通过植筋预埋短螺杆，与螺纹套管配合使用形成一套专门适用于CLT板的连接方法。如果植筋螺杆贯穿墙的通高，则可将上拔力直接传给基础。

墙板和楼板之间的节点也可以用内置式连接件连接，见图15.4.18（*d*）。首先将紧固件拧入CLT楼板中，内置式连接件插入并隐藏在墙板内，用销与墙板连接。

墙板和楼板间节点也可以用通长角撑连接，见图15.4.18（*e*）。或者，也可通过墙面上埋置的钢或木栓杆，或锚固于墙面的纵向木构件来承托CLT楼板。

6. 墙板与基础间及墙板与屋面板的连接节点

CLT结构中使用的墙板连接节点通常不能受弯。用于墙板与基础连接的角撑可直接预埋在混凝土基础中或焊接到预埋在混凝土中的连接板上。或者可使用膨胀螺钉或化学锚栓将角撑固定在混凝土基础上。墙板置于混凝土基础、砖或轻质砌块或其他吸湿性材料上时应设置防潮层。

墙体与基础连接最常用的方法是使用钉板或角撑，见图15.4.19。角撑使用钉或螺钉安装。这种类型的连接对于水平力较大和较小的情况均适用。金属角撑可以外露或隐藏。

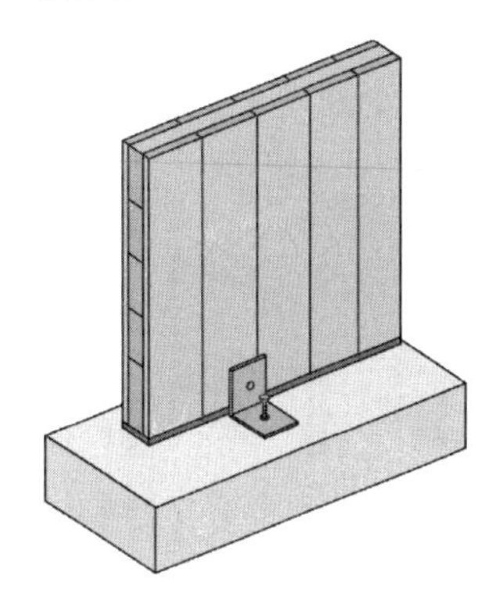

图15.4.19 使用角撑连接的墙板——基础节点

也可以利用固定在基础上的木底板连接墙板，如图15.4.20所示。将CLT板置于底板上，并使用斜螺钉或其他方法固定。

将墙板与屋面板连接时，墙板与楼板的所有连接方式均可采用，其中最简单的方式是使用自攻螺钉，见图15.4.21。

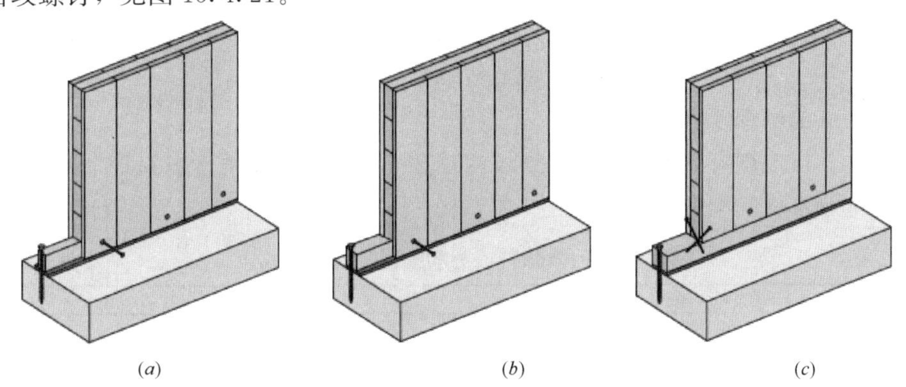

(*a*) (*b*) (*c*)

图15.4.20 使用木底板的墙板——基础节点

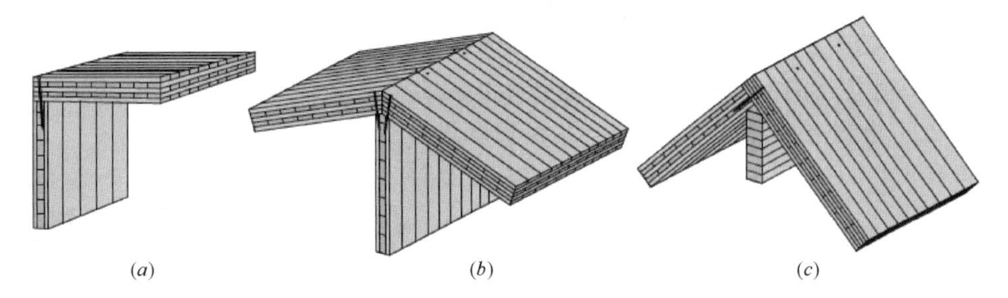

(*a*) (*b*) (*c*)

图15.4.21 墙板或胶合木屋脊梁与CLT屋面板连接节点

15.4.3 节点设计

目前我国标准中暂时未对CLT连接的计算方法进行规定，以下关于CLT连接的承载力计算的参数取值和计算方法主要基于Uibel and Blass 2006—2007研究得出的相关数据和方法。

1. CLT中自攻螺钉抗剪承载力设计

对自攻螺钉钉连接而言，CLT与实木锯材、胶合木不同，实木锯材和胶合木中木纹的方向只有一个，而对于CLT，其由正交相交的层板组成，木纹也有两个方向。因此CLT构件连接承载力计算时需要考虑如何将连接件钉入CLT的层板中，层板方向不同，计算结果将有显著差异。

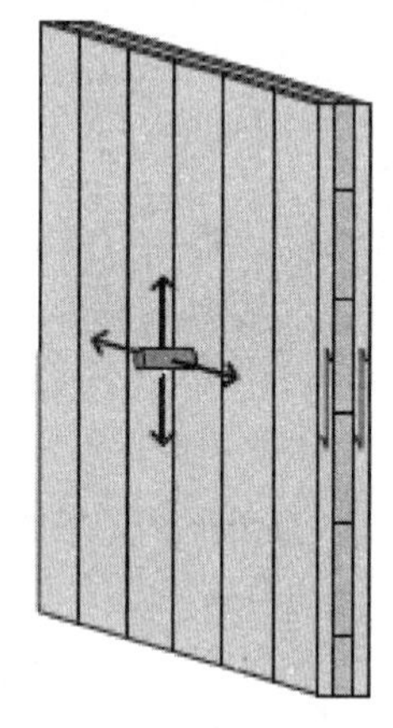

图15.4.22 垂直于CLT板面的螺钉连接

Uibel和Blass提出了几种CLT销槽承压强度标准值$f_{h,k}$的计算模型，用于垂直于CLT板平面钉入的螺钉连接承载力计算，这些计算模型是通过试验总结得到的。自攻螺钉是CLT结构连接的最常用方法，下述计算公式是基于大量木螺钉测试结果得到的，测试中所用木螺钉的最小抗拉强度为$f_{u,k}=800\text{N/mm}^2$，公式适用于所受荷载以静力为主的结构，对于动荷载作用下的验算需要另行考虑。

（1）垂直于CLT板面的自攻螺钉连接的抗剪承载力

垂直于CLT板面的自攻螺钉连接（图15.4.22）的抗剪承载力很大程度上取决于CLT的销槽承压强度。自攻螺纹的销槽承压强度可按式（15.4.1）计算，式（15.4.1）的适用条件为：

1）自攻螺钉直径$d\geqslant 6$mm；

2）层板厚度$t\geqslant 10$mm；

3）自攻螺钉钉入CLT板的有效长度至少越过三层层板厚度。

$$f_{h,k}=0.019d^{-0.3}\rho_k^{1.24} \tag{15.4.1}$$

式中：$f_{h,k}$——销槽承压强度标准值；

d——自攻螺钉最小直径，取螺纹内径和无螺纹段直径两者中的较小值（mm）；

ρ_k——木材气干密度标准值。

不同直径的木螺钉销槽承压强度标准值 $f_{h,k}$ **表15.4.1**

木螺钉直径（mm）	销槽承压强度 $f_{h,k}$（N/mm²）
6	15.8
7	15.1
8	14.5
9	14.0
10	13.6

表15.4.1给出了在木材密度标准值为350kg/m³的情况下，自攻螺钉垂直于CLT板面钉入时，几种常见的木螺钉销槽承压强度标准值$f_{h,k}$。

（2）CLT板侧边钉入的自攻螺钉连接抗剪承载力

对于钉入CLT板侧边的自攻螺钉（图15.4.23），其销槽承压强度按式（15.4.2）进行计算，式（15.4.2）既适用于垂直于木纹钉入也适用于平行于木纹钉入的木螺钉。式（15.4.2）的适用条件为：

1）木螺钉直径$d\geqslant 8$mm；

2）有效锚固长度 $l_{ef} \geqslant 10d$；

3）层板间间隙＜6mm。

$$f_{h,k} = \frac{20}{\sqrt{d}} \tag{15.4.2}$$

式中：$f_{h,k}$——销槽承压强度标准值；

d——螺钉最小直径，取螺纹内径和无螺纹段直径两者中的较小值（mm）。

计算节点连接的承载力时，对多个木螺钉组成的节点，按式（15.4.3）计算有效钉数。CLT板的构造可避免节点脆性断裂和劈裂，但前提是保证木螺钉布置满足最小间距要求，即间距应大于 $10d$。当木螺钉间距大于 $14d$ 时，则不需对螺钉数量进行折减。

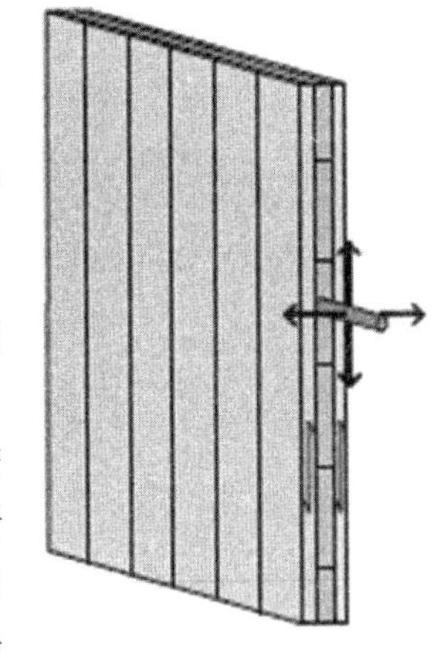

图 15.4.23 垂直于CLT板侧边的螺钉连接

$$n_{ef} = n^{0.85} \tag{15.4.3}$$

式中：n_{ef}——木螺钉的有效个数；

n——节点中木螺钉的个数。

表15.4.2给出了在木材密度标准值为 350kg/m^3 的情况下，满螺纹自攻螺钉垂直于CLT板侧面拧入时，几种直径的木螺钉销槽承压强度标准值 $f_{h,k}$。

不同直径的木螺钉销槽承压强度标准值 $f_{h,k}$ **表 15.4.2**

木螺钉直径（mm）	销槽承压强度 $f_{h,k}$（N/mm^2）
8	7.1
9	6.7
10	6.3

2. CLT中自攻螺钉抗拔承载力设计

自攻螺钉抗拔力标准值 $F_{ax,Rk}$ 可按式（15.4.4）计算。式（15.4.4）基于试验结果得到，已考虑了板间空隙的影响。木材密度标准值应达到 $\rho_k \approx 350$kg/m^3。

$$F_{ax,Rk} = \frac{31d^{0.8} l_{ef}^{0.9}}{1.5\cos^2\alpha + \sin^2\alpha} \tag{15.4.4}$$

式中：$F_{ax,Rk}$——抗拔力标准值；

d——木螺钉螺纹段外径（mm）；

ρ_k——木材气干密度标准值，当螺钉垂直于CLT板面拧入时，取CLT的密度标准值，当从CLT侧边拧入时，取对应层板的密度标准值，通常取 $\rho_k \approx$ 350kg/m^3；

α——钉杆与木纹间的夹角；

l_{ef}——木螺钉在木材中的有效锚固长度，最小有效锚固长度为 $l_{ef,min} = 4d$，锚固长度只计木螺钉螺纹部分的长度。

对一组木螺钉的节点，其抗拔力验算中的有效钉数为：

$$n_{ef} = n^{0.9} \tag{15.4.5}$$

式中：n_{ef}——木螺钉的有效个数；

n——节点中木螺钉的个数。

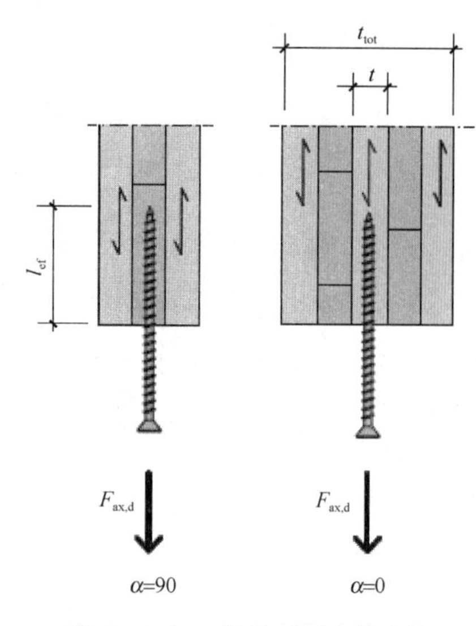

图 15.4.24 CLT 板侧边拧入的木螺钉（垂直或平行于木纹）

(1) CLT 板侧边上木螺钉的抗拔承载力

对于拧入 CLT 板侧边上木螺钉的连接（图 15.4.24），螺钉的抗拔承载力可按式（15.4.6）进行计算，式（15.4.6）的适用条件为：

1) 木螺钉的螺纹段外径 $d \geqslant 8$mm；

2) 有效锚固长度 $l_{ef} \geqslant 10d$；

3) 节点中至少两枚木螺钉；

4) 螺钉拧入的层板厚度 $t \geqslant 3d$；

5) CLT 板厚度 $t_{tot} \geqslant 10d$；

6) 密度标准值 $\rho_k \approx 350 \text{kg/m}^3$。

有两种可能的情况——木螺钉与所在层板木纹垂直或平行。对于与层板木纹垂直的木螺钉，因为很难保证螺钉位于层板中央，所以作偏于保守的假设，将木螺钉与木纹间夹角设为零而得到公式（15.4.6）：

$$F_{ax,Rk} = \frac{31d^{0.8}l_{ef}^{0.9}}{1.5} \tag{15.4.6}$$

式中：d ——木螺钉螺纹段外径（mm）；

l_{ef}——木螺钉在木材中的有效锚固长度。

表 15.4.3 给出了在木材密度标准值为 350kg/m³ 的情况下，螺钉垂直于 CLT 板侧面拧入时，几种不同规格的木螺钉的抗拔力标准值 $F_{ax,Rk}$。

几种不同规格的木螺钉抗拔力标准值 $F_{ax,Rk}$　　　　表 15.4.3

木螺钉直径（mm）	锚固长度 l_{ef}（mm）	抗拔力标准值 $F_{ax,Rk}$（kN）
8	50	3.7
8	100	6.9
10	50	4.4
10	100	8.2

应避免在承重用途的连接中使用拧入端木纹的螺钉，因为截止该 CLT 手册出版之时，只进行了少量的长期荷载试验。对于拧入层板端木纹的木螺钉，建议以 30°左右的角度拧入，这使得木螺钉横向穿越一定数量的木纤维，增加螺钉承载力。这一情况下的另一条建议是：以 30°角斜向拧入的木螺钉，对其抗拔力取 0.5 倍折减系数，并成对使用木螺钉。

表 15.4.4 和表 15.4.5 列出了斜螺钉节点的抗拔力标准值及取决于成对使用木螺钉数的抗拔力修正系数。表中数据适用于木材密度标准值为 350 kg/m³ 的情况下，螺钉垂直于 CLT 板侧面拧入时，木螺钉间距不小于 $a_1 = a_2 = 5d$ 的假定，CLT 板的厚度 t_1 和 t_2 应分别大于 $10d$ 和

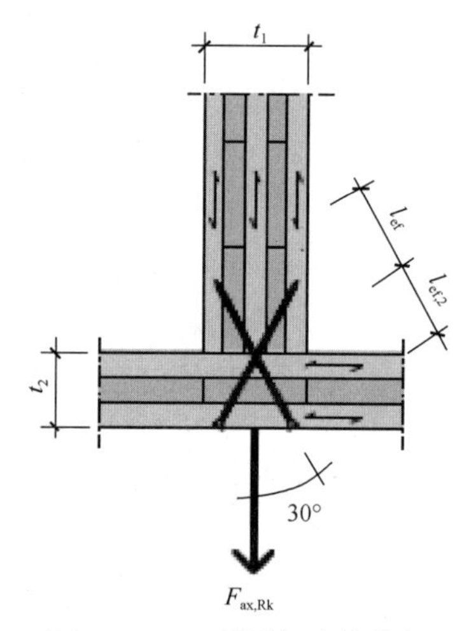

图 15.4.25 斜螺钉连接节点

$8d$，见图 15.4.25。

斜螺钉连接节点抗拔力标准值 $F_{ax,Rk}$ 表 15.4.4

木螺钉直径（mm）	锚固长度 l_{ef}（mm）	抗拔力标准值 $F_{ax,Rk}$（kN）
8	50	3.7
8	100	6.9
10	50	4.4
10	100	8.2

斜螺钉数量的抗拔力修正系数 表 15.4.5

斜螺钉对数	1	2	4	8	12	16
修正系数	1.15	1.07	1.00	0.93	0.90	0.87

如果是沿纵墙方向的 CLT 板和沿横墙方向的 CLT 板间的连接节点（例如在转角处）或是内墙与外墙间的连接，则木螺钉锚固长度比率应满足：

$$l_{ef,2} \geqslant 0.8 l_{ef} \tag{15.4.7}$$

式中：$l_{ef,2}$——横墙方向 CLT 板中木螺钉的锚固长度；

l_{ef}——纵墙方向 CLT 板中木螺钉的锚固长度。

（2）垂直于 CLT 板面的木螺钉抗拔承载力

垂直于 CLT 板面的木螺钉（图 15.4.26）抗拔承载力可按式（15.4.8）计算，式（15.4.8）适用于下列条件：

1）木螺钉的螺纹段外径 $d \geqslant 8$mm；

2）公称直径 $d_1 \geqslant 0.6d$；

3）有效锚固长度 $l_{ef} \geqslant 8d$；

4）连接节点中至少两枚木螺钉；

5）锚固长度至少穿越 3 层层板；

6）CLT 板厚度 $t_{tot} \geqslant 10d$；

7）密度标准值 $\rho_k \approx 350$kg/m^3。

$$F_{ax,Rk} = 31 d^{0.8} l_{ef}^{0.9} \tag{15.4.8}$$

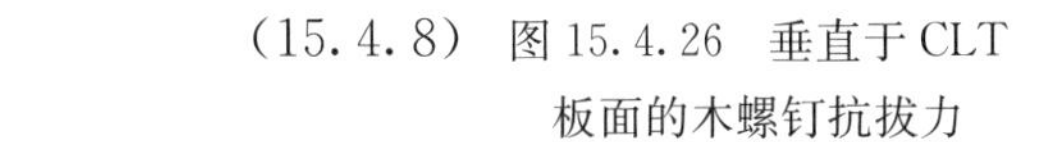

图 15.4.26 垂直于 CLT 板面的木螺钉抗拔力

式中：d——木螺钉的螺纹段外径（mm）；

l_{ef}——有效锚固长度。

表 15.4.6 和表 15.4.7 列出了某些木螺钉的抗拔力标准值及等效螺钉数目的修正系数。表中数据适用于木材密度标准值为 350 kg/m^3 的情况下，螺钉垂直于 CLT 板面时，木螺钉间距不小于 $a_1 = a_2 = 5d$ 的假定。层板的厚度 t_1 和 t_2 应分别大于 $10d$ 和 $8d$。

不同规格的木螺钉抗拔力标准值 $F_{ax,Rk}$ 表 15.4.6

木螺钉直径（mm）	锚固长度 l_{ef}（mm）	抗拔力标准值 $F_{ax,Rk}$（kN）
8	50	5.5
8	100	10.3

续表

木螺钉直径（mm）	锚固长度 l_{ef}（mm）	抗拔力标准值 $F_{ax,Rk}$（kN）
8	140	13.9
10	50	6.6
10	100	12.3
10	140	16.7

节点中斜螺钉对数修正系数　　表 15.4.7

斜螺钉对数	2	4	8	12	16
修正系数	1.07	1.00	0.93	0.90	0.87

3. CLT 钉板连接设计

墙板可以通过钢板连接到基础或相互连接。从制造厂商处可以购得各种不同布孔样式、厚度和表面处理工艺的钉板和角撑。冲孔板价格往往是最低的，但冲孔板厚度需不超过孔的直径。连接板上孔径应比紧固件的外径大 1mm 左右。

充分利用连接承载力并避免木材横纹劈裂破坏，紧固件间距、端距和边距必须满足一定要求，详见表 15.4.8～表 15.4.11 和图 15.4.27、图 15.4.28。所规定的数值的假设条件是木纹和作用力的方向基本平行或垂直于节点处构件的轴线。

CLT 板面上自攻螺钉的间距、端距、边距的最小尺寸　　表 15.4.8

距离位置		符号	受力方向平行于	受力方向以 α 角相交于	受力方向垂直于
			最外层层板木纹		
螺钉间距	平行于木纹方向	a_1	$4d$	$(4+\cos\alpha)\ d$	$5d$
	垂直于木纹方向	a_2	$2.5d$	$(2.5+1.5\sin\alpha)\ d$	$4d$
端距边距	平行于木纹方向受力端	$a_{3,t}$	$6d$	$(7-\cos\alpha)\ d$	$7d$
	平行于木纹方向非受力端	$a_{3,c}$	$6d$	$6d$	$6d$
	垂直于木纹方向受力边	$a_{4,t}$	$6d$	$(6+\sin\alpha)\ d$	$7d$
	垂直于木纹方向非受力边	$a_{4,c}$	$2.5d$	$2.5d$	$2.5d$

注：木螺钉外径不应小于 8 mm，其余符号含义见图 15.4.27。

CLT 板面上自攻螺钉的间距、端距、边距的最小尺寸　　表 15.4.9

紧固件	a_1	a_2	$a_{3,t}$	$a_{3,c}$	$a_{4,t}$	$a_{4,c}$
钉	$(3+3\cos\alpha)\ d$	$3d$	$(7+3\cos\alpha)\ d$	$6d$	$(3+3\cos\alpha)\ d$	$3d$
销	$(3+3\cos\alpha)\ d$	$4d$	$5d$	$4d\sin\alpha \geqslant 3d$	$3d$	$3d$

注：1. 表中符号的定义见图 15.4.27 和表 15.4.8；

2. 表中 α 为受力方向与最外层层板木纹方向间的夹角。

CLT 板侧边上自攻螺钉的间距、端距、边距的最小尺寸 **表 15.4.10**

距离位置		符号	受力方向平行于
间距	平行于木纹方向	a_1	$10d$
	垂直于木纹方向	a_2	$3d$
端距 边距	平行于木纹方向受力端	$a_{3,t}$	$12d$
	平行于木纹方向非受力端	$a_{3,c}$	$7d$
	垂直于木纹方向受力边	$a_{4,t}$	$6d$
	垂直于木纹方向非受力边	$a_{4,c}$	$5d$

注：木螺钉外径不应小于 8mm，其余符号含义见图 15.4.28。

木构件最小厚度表 **表 15.4.11**

紧固件名称	受力层板厚度 t（mm）	CLT 板厚度 t_{tot}（mm）	螺钉钉入长度或销钉连接的层板厚度（mm）
木螺钉	当 $d>8$mm 时：$3d$	$\geqslant 10d$	$\geqslant 10d$
	当 $d\leqslant 8$mm 时：$2d$	$\geqslant 10d$	$\geqslant 10d$
销钉	$\geqslant 8d$	$\geqslant 6d$	$\geqslant 5d$

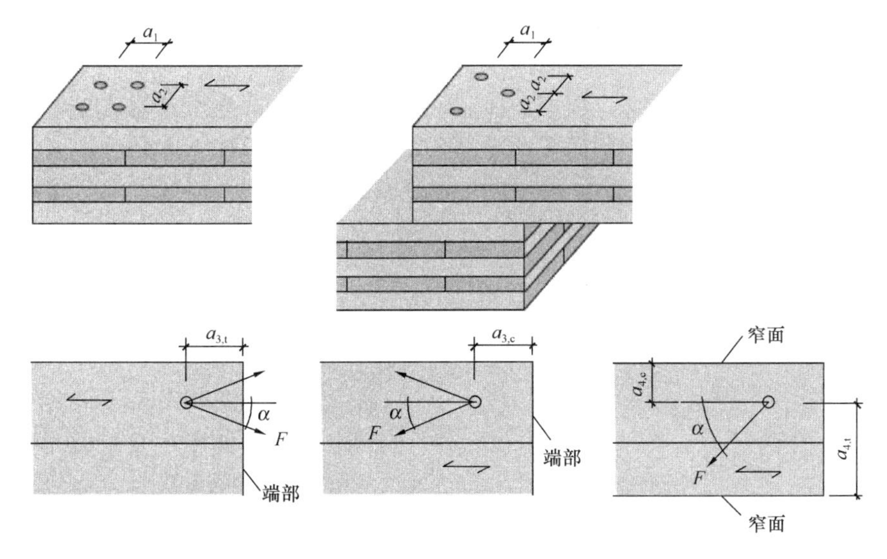

图 15.4.27 CLT 板面上钉、木螺钉、销的最小间距、端距和边距

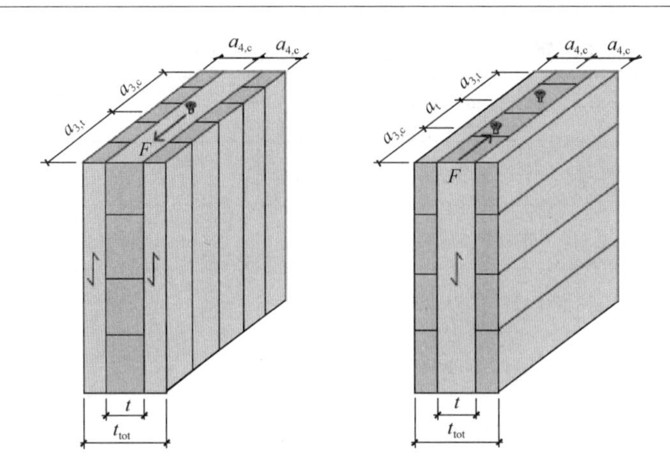

图 15.4.28 CLT 板侧边上钉、木螺钉、销的最小间距、端距和边距

15.5 楼 盖

楼盖及其设计常常对建筑物及其内部环境的观感产生重要影响。楼盖的设计影响整个结构的承载能力和稳定性，以及其防火安全性和声学性能。好的设计会形成安静、稳定和舒适的楼盖。

15.5.1 CLT 楼盖类型

CLT 楼盖是指基本完全由正交胶合木构成的楼盖。CLT 楼盖有多种构造方式，可分为三大类：

（1）平板式楼盖；

（2）盒式和空心楼盖；

（3）组合楼盖。

平板式楼盖由 CLT 板构成，根据需要还可设置覆面板和隔绝层（隔热或隔声）。盒式楼盖是在 CLT 板上增设作为腹板的梁以增加刚度。空心楼盖是在上下两块 CLT 板之间布置腹板梁形成空心楼板。组合楼盖含 CLT 板及浇筑于其上并与之协调工作的混凝土板层。除组合楼盖，各类楼板都适合作为预制件，组合楼盖的大部分更宜在现场制作。

1. 平板式楼盖

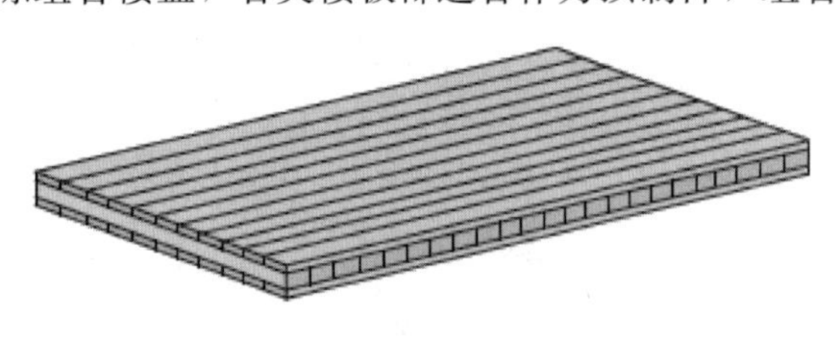

图 15.5.1 平板式楼盖

平板式 CLT 楼盖是最简单的楼盖形式（图 15.5.1）。CLT 板独自承担所有荷载并将其分配到下部支承结构。CLT 板的组成（层板厚度及层数）根据对终端楼板产品的要求确定。为了满足隔声和防火安全要求，CLT 板通常还需要在顶部、底部或两侧同时附加额外的构造层。CLT 板正交的层板构造使楼盖具有较高的横向刚度，且湿胀干缩变形很小。

2. 箱形楼盖和空心楼盖

将胶合木梁粘合到 CLT 板的底面或顶面可使楼盖承担更大的荷载或跨越更大跨度。

箱形楼盖包括CLT板、腹板梁，腹板梁上还可设置翼缘（图15.5.2）。CLT板通过胶合木腹板和下翼缘进行增强，并带有吊顶层。为满足隔声和防火安全要求，通常还需要增加相应的木构件，例如楼盖中的空隙可以填充岩棉保温材料，而下面可设小方木支承的石膏板吊顶。如果吊顶能与上方的楼盖完全分离，则能够获得更好的隔声效果。管道和电缆也可布置于楼盖的空隙内。

空心楼盖是上下两块CLT板由间隔布置的腹板梁连接而成的中空结构（图15.5.3）。空心楼盖可以跨越更大跨度、承担更大荷载。目前空心楼盖的应用较少。

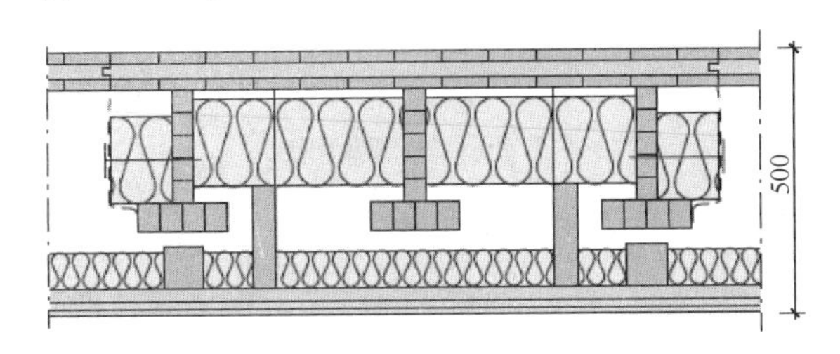

图15.5.2 箱形楼盖示意图

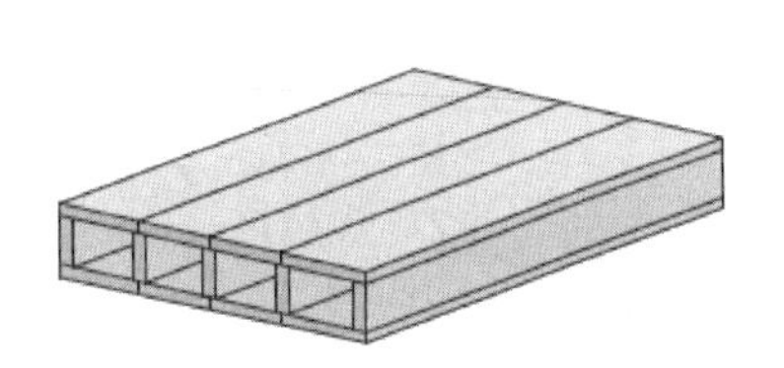

图15.5.3 空心楼盖示意图

3. 组合楼盖

（1）CLT板—混凝土组合楼盖

这类楼盖主要由两部分组成，即底部CLT板及其上浇筑的混凝土层（图15.5.4）。通常采用抗剪连接件将木质部分与混凝土部分连接起来，从而增加结构的抗弯刚度。从静力性能来看这种结构是非常高效的，可以最大限度地利用材料的性能，即混凝土的抗压强度和木材的抗拉强度。组合楼盖具有比相同厚度的木楼盖高得多的抗弯刚度，意味着木与混凝土配合使用可以建造更大跨度的楼盖。此外，由于更大的阻尼，组合楼盖的动力性能通常也优于相同厚度的木楼盖。

这类楼盖的另一优势是混凝土层具有较大面内刚度，使得由风荷载等引起的水平力可更均匀地分配给墙、柱等竖向承重构件。相比传统木楼盖，组合楼盖的隔声效果往往也更佳。

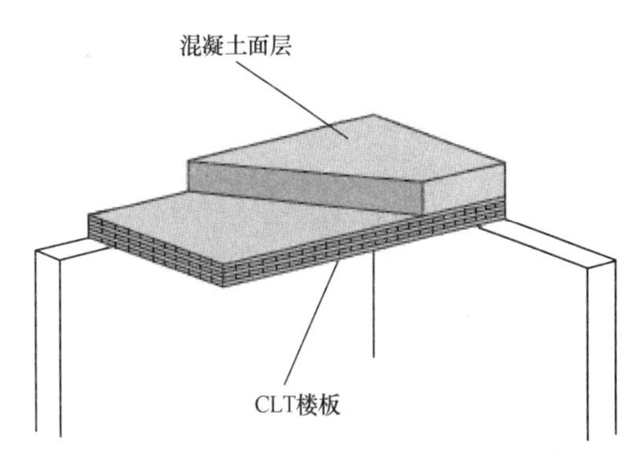

图15.5.4 组合楼盖示意图

（2）不完全抗剪连接的组合楼盖

一般来说，实现木材与混凝土完全抗剪连接比较困难。下面简要描述不完全抗剪连接的组合楼盖，其中木材与混凝土间剪力传递导致抗剪连接处的滑移量不可忽略。图15.5.5（*a*）所示为一简支楼盖，由CLT板和混凝土板两部分组成，之间为不完全抗剪连接。图15.5.5（*b*）所示为在变形状态下，两组成部分间的连接处发生了相对位移。该位移在跨中处为零，在支座处最大，并在抗剪连接件中产生作用力。如果有足够多的抗剪连接件或使用极高剪切刚度的抗剪连接件，木材和混凝土间的滑移变形就可忽略不计，设计时就可假定材料之间有完全的抗剪连接。另一方面，当抗剪连接件数量很少且剪切刚度很低时，两种材料之间的滑移几乎可以不受限制地发生，楼盖设计中就不应考虑任何剪力传递作用。正常情况下，抗剪连接件的剪切刚度既不会是无限大也不会是零，而是介于两者之间，即形成不完全的剪切连接。

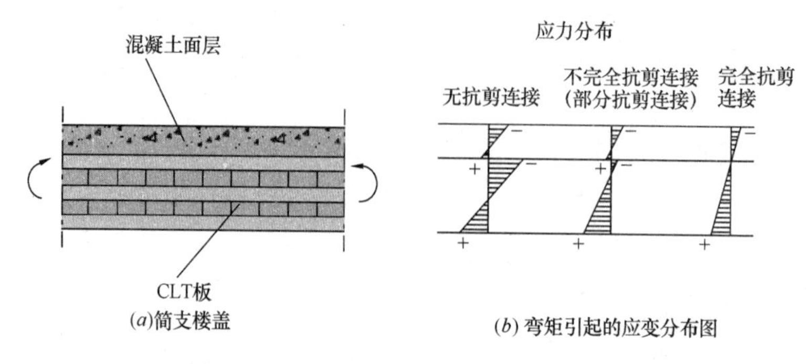

图 15.5.5 不同程度抗剪连接的组合楼盖

抗剪连接件对楼盖的使用功能有重要的影响。抗剪连接件的选择应该是有效性和经济性间的一种折中方案：抗剪连接件应尽可能地坚硬，同时应安装便捷。有多种抗剪连接件可以在一定程度上满足这些要求，包括：

1）打孔钢板制成的抗剪连接件；

2）专门螺钉制成的抗剪连接件；

3）在 CLT 板顶面做大的开槽形成抗剪连接件。

HBV（Holz-Beton-Verbund）型抗剪连接件是一种专门的网状钢板，沿纵向插入木构件顶面。最常用的方法是将打孔钢板用聚氨酯或环氧树脂粘合到 CLT 板上，见图 15.5.6。

保证木材和混凝土良好抗剪连接的另一简单方法是在 CLT 板上表面开凿凹槽。有时还可以将螺钉拧入凹槽中，这些螺钉的主要用途是在楼盖受荷时承受木材和混凝土间可能产生的拉力，见图 15.5.7。

图 15.5.6 HBV 型抗剪连接件木—混凝土相互连接

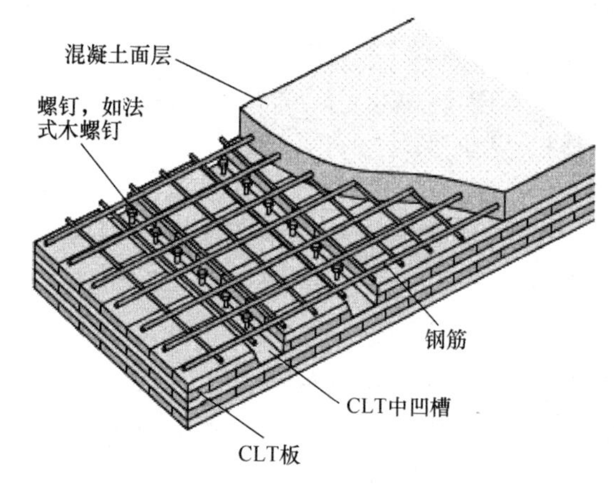

图 15.5.7 CLT 板面凹槽与抗剪连接的 CLT—混凝土组合楼盖

（3）组合楼盖设计原则和经验

CLT—混凝土组合楼盖适用的跨度范围：6～12m。楼盖截面总高度 h_{tot} 的初始值可取

为 $h_{tot} \approx L/25$，其中 L 是楼盖的跨度。混凝土板的厚度 h_b 通常取为 $h_b \approx 0.4 \times h_{tot}$，相应的 CLT 板厚 $h_{CLT} \approx 0.6 \times h_{tot}$。在楼盖初步设计中对动力特性进行检查通常是至关重要的，此时可假设使用图 15.5.6 和图 15.5.7 所示抗剪连接件时剪力传递程度分别约 85%和 70%，即假设相应组合楼盖的有效抗弯刚度分别为完全抗剪连接楼盖抗弯刚度的 85%和 75%。

15.5.2 楼盖挠度计算

用于公寓的 CLT 楼盖按照现行国家标准设计。正常使用极限状态验算通常是住宅和办公室建筑楼盖设计的控制因素，这些楼盖的承载力利用率通常小于 50%。在正常使用极限状态验算时，应考虑楼盖变形、凹陷和振动。应该将 CLT 板看作是在两个方向上具有不同强度和刚度的正交异性板。

楼盖的挠度计算需考虑多种荷载组合，在许多情况下利用 CAD（计算机辅助设计软件）可以更容易地确定结构变形。计算平板式楼盖在自重和外载荷作用下变形的最简单方法，是将其视为两端支承的板条，然后仅考虑外加力矩计算楼盖挠度。如果楼盖跨度 L 与厚度 h_{CLT} 之比小于 10，就应更加重视剪切变形的影响。对于均布荷载作用下的两端简支楼盖，由弯矩引起的跨中挠度可按下式计算：

$$w_m = \frac{5qL^4}{384EI} \tag{15.5.1}$$

式中：q——均布荷载；

L——楼盖跨度；

E——楼板弹性模量；

I——楼板截面的惯性矩。

受弯楼盖或楼板的变形不仅由弯矩产生，还由剪力产生。剪切变形所占比重取决于板的弹性模量 E、剪切模量 G 以及板厚 h_{CLT} 与跨度 L 之比。对于 CLT 板，E/G 约为 15～30，而工程中 h_{CLT}/L 通常在 0.02～0.04 范围内，相应的剪切变形约为弯曲变形的 5%～20%。跨度小的板，应考虑剪切变形的影响。可按下式计算剪切变形：

$$w_s = \frac{\beta M}{Gbh_{CLT}} \tag{15.5.2}$$

式中：β——矩形横截面可取 1.2；

M——弯矩（跨度范围内最大弯矩）；

b——板宽；

h_{CLT}——板厚；

G——全截面的加权剪切模量。

15.5.3 楼盖振动计算

楼盖的动力响应受楼盖质量、跨度、刚度、荷载组成和分布等诸多因素影响。将 CLT 楼盖一定程度上视为四边支承，是更为有利的，动荷载将可沿两个方向传递，从而减轻楼盖振动。

影响楼盖振动的关键因素有荷载的频率范围和荷载大小、楼盖自重、刚度和阻尼等。减小楼盖振动的方法：使结构的基本自振频率高于激励频率，即避免荷载与结构响应频率一致。实际工程中可以通过增加楼盖刚度、减小质量或减小跨度来实现，然而提高建筑材料的刚度与质量之比通常不如增加强度与质量之比简便。也可以通过增加楼盖的阻尼解决振动问题，但该方法往往较为复杂且造价高。

1. 阻尼

《欧规5》中规定木楼盖的阻尼比一般取为1%，因此，CLT楼盖的阻尼比可估取为1%。目前有关CLT楼盖阻尼的研究相对较少，表15.5.1是通过长期经验总结的常见楼盖方式的阻尼比。

木楼盖及CLT楼盖的阻尼比建议值　　**表15.5.1**

序号	楼盖材料及组成	阻尼比
1	木楼盖	1.0%
2	相互连接的木板形成的底层+浇筑层	2.0%
3	木搁栅+浇筑层组合结构	3.0%
4	CLT楼盖，有/无轻型地板和天花板层	2.5%
5	CLT板+浇筑层，两边支承	2.5%
6	CLT板+浇筑层，四边支承	3.5%
7	CLT板+浇筑层，四边支承于带墙骨的墙上	4.0%

注：1. 第2栏浇筑层采用石膏混凝土浇筑；
2. 第3、5、6、7栏浇筑层采用混凝土浇筑。

2. 计算方法

CLT楼盖可视为二维薄板，其自重通常比传统的由木搁栅制成的楼盖自重更大。CLT板可看作在不同传力方向上具有不同刚度的正交异性板。CLT楼盖可按梁理论进行简化设计。《欧规5》规定了一种判断楼盖振动倾向的简化方法，这种方法包括计算木楼盖在模拟落步荷载的1kN集中力作用下的静力挠度，荷载施加于简支梁的跨中，相应的挠度不得超过限值。用于住宅建筑的CLT楼板可以根据欧洲规范EC 5设计和验算：

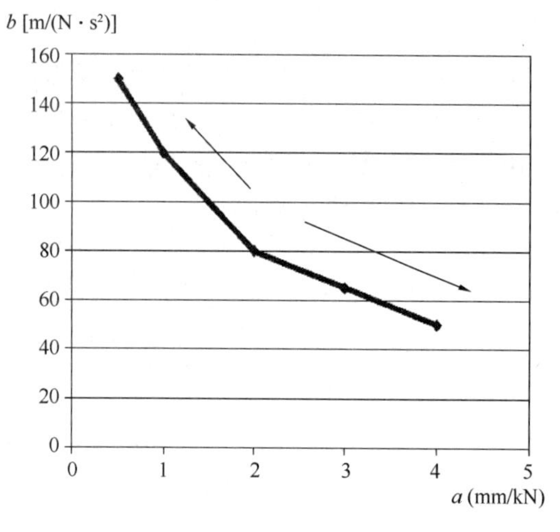

图15.5.8　欧洲规范EC 5建议a和b值以及相关性

（1）确定基频，如果基频低于8Hz则需要进行专门评估，如果基频高于此值则按以下步骤计算；

（2）通过确定a和b阈值来获得楼盖所需性能，见图15.5.8。

通过计算1kN集中荷载F产生的挠度w来验算刚度，根据下式与选定的参数a进行比较：

$$\frac{w}{F} \leqslant a \tag{15.5.3}$$

式中：w——竖向集中荷载F产生的瞬时挠度最大值。

按下式验算脉冲速度响应 v：

$$v \leqslant b^{(f_1\zeta-1)} \tag{15.5.4}$$

式中：v——楼盖的脉冲速度响应，矩形楼盖可按式（15.5.9）计算，在最不利位置施加 1N・s 的理想冲量引起的最大竖向初始速度（以 m/s 为单位），40Hz 以上的振动分量可以忽略不计；

ζ——阻尼比，见表 15.5.1；

f_1——基频，可按式（15.5.8）计算；

b——设为 $100\text{m}/(\text{N}\cdot\text{s}^2)$。

上述设计方法相对简单，其中的挠度控制标准在不同的规范和手册中有所差异。模拟行走荷载的静力为 1kN，施加于楼盖跨中。挠度不应超过规定值，楼盖的质量取决于对该值的要求。在瑞典，Boverket 选取了以下建议值：

$$a = 1.5\text{mm/kN},\ b = 100\text{m}/(\text{N}\cdot\text{s}^2)$$

人对 8Hz 以下的振动敏感，为避免令人不适的振动，要求楼盖的基频不低于这个值。然而，人对 8Hz 以上的振动仍可能造成不适感。脉冲速度响应是评价振动造成不适感的一个不完全指标。脉冲速度响应的允许值取决于楼盖的基频和阻尼，但应尽可能低。当 CLT 楼盖设计中挠度不大于 $L/300$ 和基频 f_1 大于 8Hz 时，脉冲速度响应可视为处于较好振动控制效果的范围。

在单位宽度的板带跨中施加一个集中荷载，所产生的变形可按下式计算：

$$w = \frac{PL^3}{48EI} \tag{15.5.5}$$

式中：w——集中载荷 P 产生的挠度；

L——楼盖跨度；

EI——楼盖的抗弯刚度。

式（15.5.5）给出了在 CLT 单向板的挠度值。对于 CLT 双向板，相应的挠度按下列公式计算：

$$w = \frac{PL^3}{48\,(EI)_{\text{L}}B_{\text{ef}}} \tag{15.5.6}$$

$$B_{\text{ef}} = \frac{L}{1.1}\sqrt{\frac{(EI)_{\text{B}}}{(EI)_{\text{L}}}} \tag{15.5.7}$$

式中：B_{ef}——荷载分配系数；

$(EI)_{\text{L}}$——楼盖强轴方向（刚度较大方向）上的抗弯刚度；

$(EI)_{\text{B}}$——垂直于强轴方向的抗弯刚度；

L——强轴方向的跨度。

（1）基频 f_1 计算

将楼盖视为梁，其最低阶自振频率通常按下式计算：

$$f_1 = \frac{\pi}{2L^2}\sqrt{\frac{(EI)_{\text{L}}}{m}} \tag{15.5.8}$$

式中：f_1——最低阶自振频率；

L——楼盖跨度；

$(EI)_L$——楼盖强轴方向的抗弯刚度；

m——每平方米楼盖的质量。

(2) 脉冲速度响应计算

尺寸为 $B \times L$ 的矩形楼盖，四边简支，脉冲速度响应 v 可按下列公式计算：

$$v = \frac{4(0.4 + 0.6n_{40})}{mBL + 200} \tag{15.5.9}$$

$$n_{40} = \left\{\left[\left(\frac{40}{f_1}\right)^2 - 1\right]\left(\frac{B}{L}\right)^4\left[\frac{(EI)_L}{(EI)_B}\right]\right\}^{0.25} \tag{15.5.10}$$

式中：v——脉冲速度响应 [m/(N·s²)]；

B——楼盖宽度 (m)；

L——楼盖跨度 (m)；

m——单位面积楼盖的质量 (kg/m²)

n_{40}——基频不高于 40Hz 的一阶振型的数量；

$(EI)_L$——楼盖强轴方向的抗弯刚度 (N·m²/ m)；

$(EI)_B$——垂直于强轴方向的抗弯刚度 (N·m²/m)，$(EI)_B < (EI)_L$。

3. 设计案例

两端简支跨度为 L=4.5m 的楼盖，荷载和荷载效应见表 15.5.2，使用环境等级为 1 级。

荷载：自重 g_k=1.1kN/m²，活载荷 q_k=2.0kN/m²

楼盖为厚度为 40+20+40+20+40=160mm 的 5 层层板 CLT 板，所有层板强度等级为 C24。使用环境等级为 1 级，安全等级为 3 级 (γ_d=1)。

对于层板强度等级均为 C24 的 CLT 板：

$$E_{0,x,0.05} = 7400\text{MPa}$$

$$E_{0,x,mean} = 11000\text{MPa}$$

$$G_{9090,xlay,mean} = 50\text{MPa}$$

$$G_{090,xlay,mean} = 650\text{MPa}$$

$$f_{m,k} = 24\text{MPa};\ f_{v,k} = 4\text{MPa}$$

$$\gamma_M = 1.25$$

$$k_{mod} = 0.8\text{(活载荷为主要荷载、中等荷载持续作用时间)}$$

设计强度为：

$$f_{m,d} = \frac{k_{mod} f_{m,k}}{\gamma_M} = \frac{0.8 \times 24}{1.25} = 15.36\text{MPa}$$

$$f_{v,d} = \frac{k_{mod} f_{m,k}}{\gamma_M} = \frac{0.8 \times 4}{1.25} = 2.56\text{MPa}$$

1m 宽板带的截面几何性质 (b_x= 1.0m) 见表 15.5.3，板厚 160mm (40/20/40/20/40)。

1m 宽板带上的竖向荷载组合设计值为：

$$q_d = \gamma_G g_k + \gamma_Q q_k = 0.89 \times 1.35 \times 1.1 + 1.5 \times 2.0 = 4.32\text{kN/m}$$

(1) 弯矩

跨度 L=4.5m 的单跨梁的设计弯矩：

$$M_{\mathrm{d}}=\frac{q_{\mathrm{d}}L^{2}}{8}=\frac{4.32\times4.5^{2}}{8}=10.93\mathrm{kN}\cdot\mathrm{m}$$

$$M_{\mathrm{d}}=\frac{q_{\mathrm{d}}L^{2}}{8}=\frac{4.32\times4.5^{2}}{8}=10.93\mathrm{kN}\cdot\mathrm{m}$$

$$\sigma_{\mathrm{d}}=\frac{M_{\mathrm{d}}}{W_{\mathrm{x,net}}}=\frac{10.93\times10^{3}}{3800}=2.88\mathrm{MPa}<f_{\mathrm{m,d}}=15.36\mathrm{MPa}$$

（2）剪力

设计剪力值：

$$V_{\mathrm{d}}=0.5q_{\mathrm{d}}L=0.5\times4.32\times4.5=9.72\mathrm{kN}$$

$$\tau_{\mathrm{d}}=\frac{V_{\mathrm{d}}S_{\mathrm{x,net}}}{I_{\mathrm{x,net}}b_{\mathrm{x}}}=\frac{9.72\times10^{3}\times2600\times10^{3}}{30400\times10^{4}\times1000}=0.083\mathrm{MPa}<f_{\mathrm{v,d}}=2.56\mathrm{MPa}$$

$$\tau_{\mathrm{Rv,d}}=\frac{V_{\mathrm{d}}S_{\mathrm{Rx,net}}}{I_{\mathrm{x,net}}b_{\mathrm{x}}}=\frac{9.72\times10^{3}\times2400\times10^{3}}{30400\times10^{4}\times1000}=0.076\mathrm{MPa}<f_{\mathrm{v,d}}=2.56\mathrm{MPa}$$

荷载和相关系数　　**表 15.5.2**

荷载	$(\mathrm{kN/m^2})$	γ_G，γ_Q	荷载持续作用时间	k_{mod}	Ψ_0	Ψ_1	Ψ_2
G_k	1.1	0.89× 1.35	永久荷载	0.6	—	—	—
Q_k	2.0	1.5	中等持续时间	0.8	0.70	0.50	0.30

五层层板对称 CLT 板截面几何性质　　**表 15.5.3**

截面的几何性质	计算公式	用于本算例的值
净截面面积（$\mathrm{mm^2}$）	$A_{\mathrm{x,net}}=b_{\mathrm{x}}\cdot3t_1$	$A_{\mathrm{x,net}}=1000\times3\times40=1200\times10^{2}\mathrm{mm^2}$
净截面惯性矩（$\mathrm{mm^4}$）	$I_{\mathrm{x,net}}=b_{\mathrm{x}}\left(\frac{t_1^3}{12}+t_1a_1^2+\frac{t_3^3}{12}+t_3a_3^2+\frac{t_5^3}{12}+t_5a_5^2\right)$ $=b_{\mathrm{x}}\left(3\cdot\frac{t_1^3}{12}+2\cdot t_1a_1^2\right)$	$I_{\mathrm{x,net}}=1000\times\left(3\times\frac{40^3}{12}+2\times40\times60^2\right)$ $=30400\times10^{4}\mathrm{mm^4}$
净抗弯截面模量（$\mathrm{mm^3}$）	$W_{\mathrm{x,net}}=\frac{2I_{0,\mathrm{net}}}{h_{\mathrm{CLT}}}$	$W_{\mathrm{x,net}}=\frac{2\times30400\times10^{4}}{160}=3800\times10^{3}\mathrm{mm^3}$
滚剪截面静矩（$\mathrm{mm^3}$）	$S_{\mathrm{R,x,net}}=b_{\mathrm{x}}t_1a_1$	$S_{\mathrm{R,x,net}}=1000\times40\times60=2400\times10^{3}\mathrm{mm^3}$
顺纹抗剪截面静矩（$\mathrm{mm^3}$）	$S_{\mathrm{R,x,net}}=b_{\mathrm{x}}t_1a_1+b_{\mathrm{x}}\frac{t_3^2}{4\times2}$	$S_{\mathrm{R,x,net}}=1000\times40\times60+1000\times\frac{40^2}{4\times2}$ $=2600\times10^{3}\mathrm{mm^3}$
跨度 $L=4.5\mathrm{m}$ 时的有效惯性矩（$\mathrm{cm^4}$）	$\gamma_1=\gamma_5=\frac{1}{1+\frac{\pi^2E_{\mathrm{x,1}}t_1}{L^2}\frac{t_4}{G_{9090,4}}}$ $I_{\mathrm{x,ef}}=b_{\mathrm{x}}\left(\frac{3\cdot t_1^3}{12}+2\gamma_1t_1a_1^2\right)$	$\gamma_1=\gamma_5=\frac{1}{1+\frac{\pi^2\times11000\times40}{4500^2}\times\frac{20}{50}}=0.921$ $I_{\mathrm{x,ef}}=1000\times\left(\frac{3\times40^3}{12}+2\times0.921\times40\times60^2\right)$ $=28125\times10^{4}\mathrm{mm^4}$

（3）变形计算

$$\frac{L}{300}=\frac{4500}{300}=15\text{mm}$$

$$w_{g,k}=\frac{5g_kL^4}{384E_{x,mean}I_{x,ef}}=\frac{5\times1.1\times10^3\times4.5^4}{384\times11000\times10^6\times28125\times10^{-8}}=0.00189\text{m}=1.89\text{mm}$$

$$w_{q,k}=\frac{5q_kL^4}{384E_{x,mean}I_{x,ef}}=\frac{5\times2.0\times10^3\times4.5^4}{384\times11000\times10^6\times28125\times10^{-8}}=0.00345\text{m}=3.45\text{mm}$$

荷载标准组合作用下的短期变形：

$$w_{inst}=w_{g,k}+w_{q,k}=1.89+3.45=5.34\text{mm}<15\text{mm}$$

准永久荷载组合下考虑蠕变的最终变形：

$$k_{def}=0.85$$

对于使用环境等级1级，准永久荷载组合下考虑蠕变的最终变形：

$$w_{fin}=w_{inst}+w_{creep}$$

$$w_{fin,g}=w_{g,k}(1+k_{def})=1.89\times1.85=3.50\text{mm}$$

$$w_{fin,q}=w_{q,k}(1+\psi_2k_{def})=3.45\times(1+0.3\times0.85)=3.45\times1.25=4.31\text{mm}$$

$$w_{fin}=3.5+4.31=7.81\text{mm}<15\text{mm}$$

（4）振动计算

计算楼盖的最低阶自振频率 f_1：

$$f_1=\frac{\pi}{2L^2}\sqrt{\frac{(EI)_L}{m}}=\frac{\pi}{2\times4.5^2}\sqrt{\frac{11000\times10^6\times28125\times10^{-8}}{110}}$$

$$=13.0\text{Hz}>8\text{Hz}\quad 满足要求$$

计算1kN集中荷载作用下的挠度 w，并与最大允许值 $a=1.5$mm（根据EKS确定）对比以验算刚度。

$$w=\frac{PL^3}{48EI}=\frac{1\times10^3\times4500^3}{48\times11000\times28125\times10^4}=0.61\text{mm}<1.5\text{mm}\qquad 满足要求$$

验算脉冲速度响应 v，其中根据EKS确定 $b=100$，根据《欧规5》规定，确定阻尼比为2.5%。

$$v\leqslant b^{(f_1\zeta-1)}=100^{(13.0\times0.025-1)}=0.045$$

宽度 $B=4.5$m 的四边简支楼盖

$$n_{40}=\left\{\left[\left(\frac{40}{f_1}\right)^2-1\right]\left(\frac{B}{L}\right)^4\left[\frac{(EI)_L}{(EI)_B}\right]\right\}^{0.25}$$

$$=\left\{\left[\left(\frac{40}{13.0}\right)^2-1\right]\left(\frac{4.5}{4.5}\right)^4\left(\frac{11000\times10^6\times30400\times10^{-8}}{11000\times10^6\times3733\times10^{-8}}\right)\right\}^{0.25}=2.88$$

其中：I_L、I_B分别为截面绕 y 轴和 x 轴的惯性矩，按本手册表15.3.7确定。

$$v=\frac{4(0.4+0.6n_{40})}{mBL+200}=\frac{4\times(0.4+0.6\times2.88)}{110\times4.5\times4.5+200}=0.004<0.045\quad 满足要求$$

15.6　墙　　体

CLT墙可由整块大幅CLT板制作，也可由多个小幅CLT板组合而成。墙体单元的尺寸通常取决于加工、运输和吊装等能力，还可能受限于 CLT 的制造能力。CLT 墙板厚 60mm～300mm，可以制作成承载力很高、与楼层等高的长大墙板单元。为降低大幅面 CLT 板面外抗弯能力不足的风险，可在其外侧用锯材进行加固。由于运输限制，CLT 板单元高度通常小于 3.6m，长度不超过 12m。采用拖车或专用运输工具可运输更大的墙板单元。CLT 板单元重量通常为 25kg/m^2～130kg/m^2。墙单元交货时通常配好适当布置的吊装带，或具备适于吊装的其他措施。表 15.6.1 中列出了常用的墙板厚度和构成。其他类型的墙板可以按需订制，具体需求可联系 CLT 制造厂家。

用于承重墙和非承重墙的 CLT 板常用尺寸　　表 15.6.1

厚度（mm）	层板数	自重（kg/m^2）
80	3	40
100	5	50

15.6.1 CLT 墙体类型

CLT 墙体分为承重外墙和承重内墙。承重外墙除形成建筑围护结构，还承担其上部楼层的竖向荷载并将水平风荷载传递至下层墙体或基础，承重外墙的构造见图 15.6.1。墙体还应能抵抗风荷载以及建筑内部作用的荷载（如栏杆荷载、活荷载等）所引起的弯矩。在多数情况下，抗火是墙体结构设计的决定性因素，为满足抗火要求 CLT 板厚度一般不小于 70mm。通常在 CLT 板上附加防风层、隔热层、防潮或隔汽层。在室内一侧，可在 CLT 板上直接连接石膏板或附加隔声层。

承重内墙通常只有一个主要功能，即将竖向荷载传递至下部支承结构或基础。与外墙相比，当承重内墙两侧都有防火要求时，需考虑两侧同时受火的影响（图 15.6.2）。

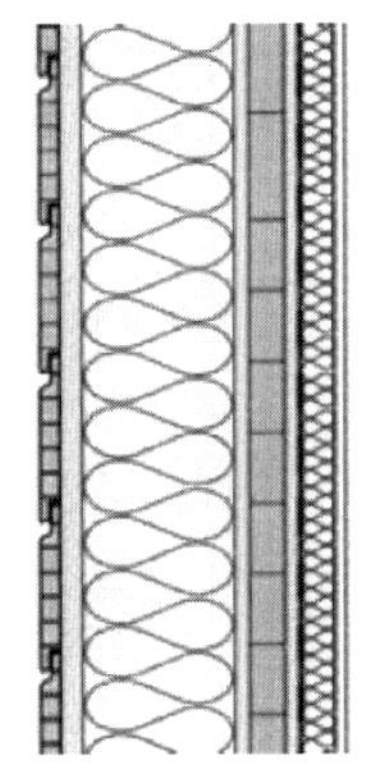

图 15.6.1　CLT 板承重外墙构造示例

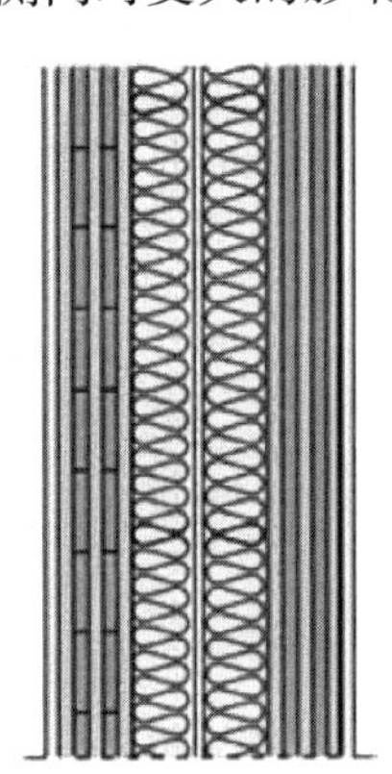

图 15.6.2　CLT 板承重的公寓内分户墙构造示例

15.6.2 CLT 墙体承载能力

同时受竖向荷载和弯矩作用（如来自楼盖的偏心荷载或风荷载作用）的 CLT 墙板，应作为压弯构件设计。多数情况下变形沿构件较弱方向发生，可以采用柱子压弯作用下的设计规定。包括 CLT 在内的木结构受压构件，可按《欧规 5》进行设计。对于柔度大的 CLT 板，稳定系数通常对墙的承载力起关键作用。在墙体端部以及与地梁和楼板抵承的位置需要验算 CLT 承压强度。承受较大横向荷载的情况下，有时需验算墙体变形。

15.6.3　CLT墙体的变形计算

CLT板非常适合用作建筑物承重构件，因为具有较高的刚度和承载力。在建筑物中，荷载通常由楼盖传至承重墙。一面墙通常由多片CLT板通过竖向接缝连接而成。墙体受其面内的水平荷载作用，产生剪应力和弯曲正应力。在水平荷载作用下，墙板自身由内力产生的变形与连接节点的变形叠加，就是墙体的总变形。正常情况下，设计中需考虑节点连接的变形。如果墙板的剪切模量G_{mean}和弹性模量E_{mean}已知，总变形量δ_{tot}可表示为：

$$\delta_{tot}=\delta_{shear}+\delta_{bend}+\delta_{join} \tag{15.6.1}$$

由剪力引起的变形见图15.6.3（a），可按下式计算：

$$\delta_{shear}=\frac{F_d h}{btG_{mean}} \tag{15.6.2}$$

式中：F_d——作用在墙板上的水平荷载设计值；
h——墙板高度；
b——墙板宽度；
G_{mean}——墙板的剪切模量；
t——墙板的总厚度。

墙板的弯曲变形见图15.6.3（b），可按下式计算：

$$\delta_{bend}=\frac{F_d h^3}{3E_{mean}I} \tag{15.6.3}$$

式中：F_d——作用在墙板上的水平荷载设计值；
h——墙板高度；
E_{mean}——墙板的弹性模量；
I——墙板截面的惯性矩。

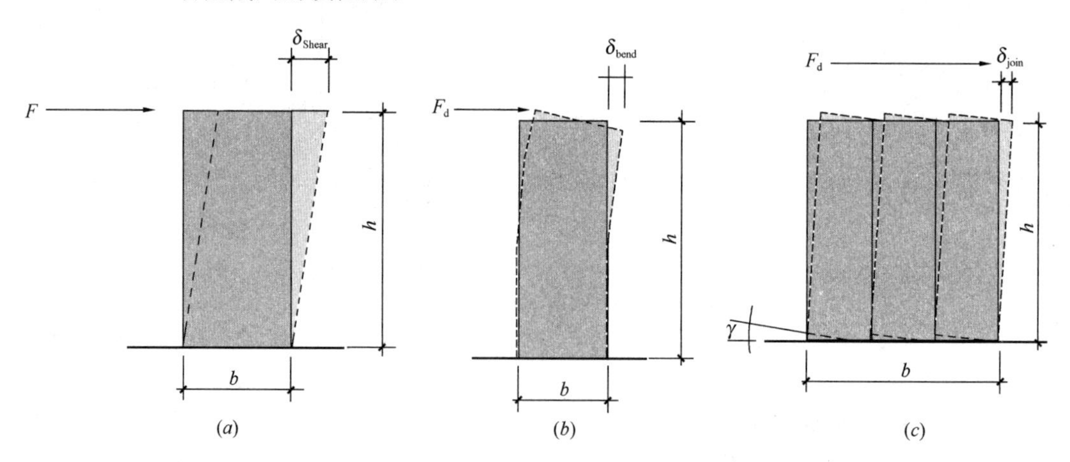

图15.6.3　CLT墙体变形

墙体节点连接处变形导致的墙板位移见图15.6.3（c），可按下式计算：

$$\delta_{join}=\gamma\cdot h=\Delta\gamma\frac{h}{b} \tag{15.6.4}$$

式中：h——墙板高度；

b——墙板宽度；

γ——墙板的转角（弧度）。

$$\Delta\gamma = \frac{F_{d}}{K_{ser}} \tag{15.6.5}$$

式中：F_{d}——水平载荷设计值；

K_{ser}——节点的刚度。

图 15.6.3（c）节点连接变形引起的 CLT 板位移节点刚度和 CLT 板的刚度由连接的构造和 CLT 板的构造决定。螺钉和紧固件制造厂家和供应商多数情况下可以提供刚度值数据。表 15.6.2 和表 15.6.3 列出了几个不同连接和墙板刚度近似值。表 15.6.3 中的连接由 Spax 5×40 的木螺钉或等同的紧固件、强度等级为 P30 的 12×60 的胶合板条构成，木螺钉间距须大于 40mm，表中系经验值。

每对螺钉在极限状态下的承载力标准值　　表 15.6.2

承载能力极限状态 F_{Rk}（kN/每对螺钉）	正常使用极限状态 K_{ser}（kN/mm/每对螺钉）
1.5	0.5

注：1. 承载能力极限状态区对应于 9mm 变形的荷载；
2. 刚度值在变形不大于 2mm 时适用。

CLT 板面内受力正常使用极限状态验算的弹性模量和剪切模量　　表 15.6.3

墙板厚（mm）	剪切模量 G_{mean}（N/mm²）	弹性模量 $E_{m,0,mean}$（N/mm²）
80（3层）	400	6400
100（3层）	400	5700
120（5层）	400	6200

注：本表的数据基于毛截面获得。

15.6.4　墙体连接构造

1. 墙与基础连接

CLT 墙体与基础连接方法有很多种，其中比较常见的方法是首先将底钢带固定到混凝土基础上，既用于固定墙体也兼作导轨；然后将 CLT 板从室内一侧通过螺钉与钢带连接，见图 15.6.4。在钢带之上铺设隔潮层，用密封胶将墙体的下边缘良好密封。

上拔力和剪力在墙与基础的连接处较大，为满足连接承载力和防水的要求，需控制基础尺寸误差并保证基础表面平整度。

2. 墙与楼盖连接

承重墙与楼盖的连接需要满足下列要求：传递竖向和水平荷载；防水、隔热、隔声以及防火等。楼盖与墙体的连接形式可分为两种：支承型和悬挂型。

如图 15.6.5 所示，支承型楼盖放置于下部承重墙上，该形式的优点主要在于施工的便易性以及竖向荷载沿承重墙截面轴心传递。CLT 楼板置于承重 CLT 墙板上，使用角撑和木螺钉将 CLT 楼板固定在下部的墙板上。

采用悬挂型楼盖时，楼盖放置在承重墙之间，并悬挂在专门设计的挂件或沿墙面固定的支承梁上。悬挂型楼盖的优点是，可以使用密度和承载力相对较低的侧边传力板条，节省成本；另一优势是避免木材的横纹受压。

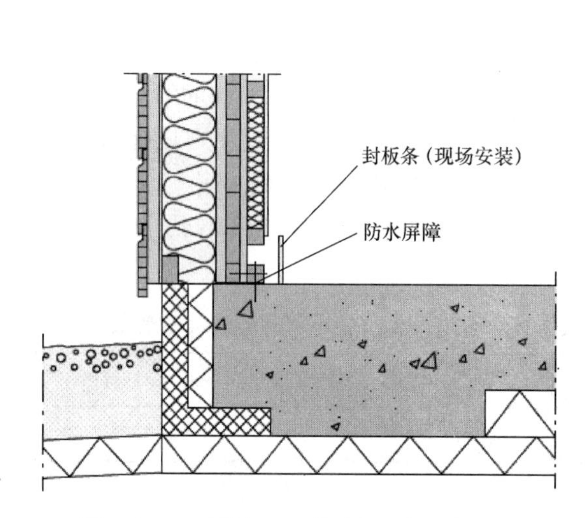

图 15.6.4　预制 CLT 外墙与混凝土板连接

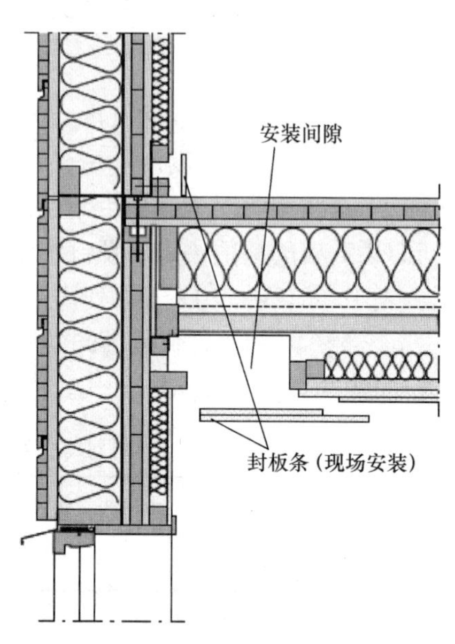

图 15.6.5　楼盖支承于外墙上的连接方案

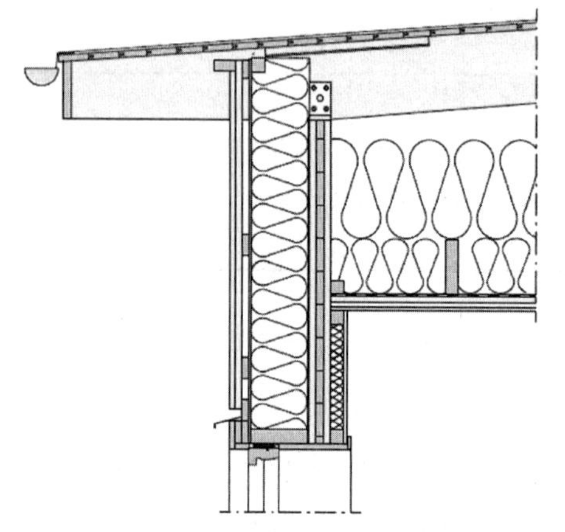

图 15.6.6　CLT 外墙与椽条（屋盖搁栅）角撑连接和固定示例

3. 墙与屋盖搁栅的连接

屋盖搁栅可以使用角撑（图 15.6.6）、桁架挂件或用斜向螺钉直接连接到 CLT 墙板上。传统屋盖与 CLT 板之间的支座压应力可能较大，因为墙板相对较薄，而屋面搁栅通常采用仅 45mm 宽的方木。为防潮和隔热，可将墙体延伸到屋盖中，室外防潮层由外挂板层、空气夹层、防水透气膜组成。在室内一侧，墙的防水透气膜与屋盖上设置的防水透气膜相连。

4. 外墙与窗户的连接

CLT 板为设计窗户、门和紧固件的安装方式提供了很大的自由度。安装门窗时，可采取以下方式：(1) 直接将门窗安装在 CLT 板上；(2) 在 CLT 板上安装一个框架或角撑，并在其上连接门窗（图 15.6.7）。

5. 外墙角处的连接

CLT 结构为外墙转角处构造设计提供了多样的选择。辅助墙骨和填充材料可以在现场安装或与承重 CLT 板一起预制。防风层通过螺钉或夹具固定在墙骨上。图 15.6.8 为采用辅助墙骨进行连接示意图。

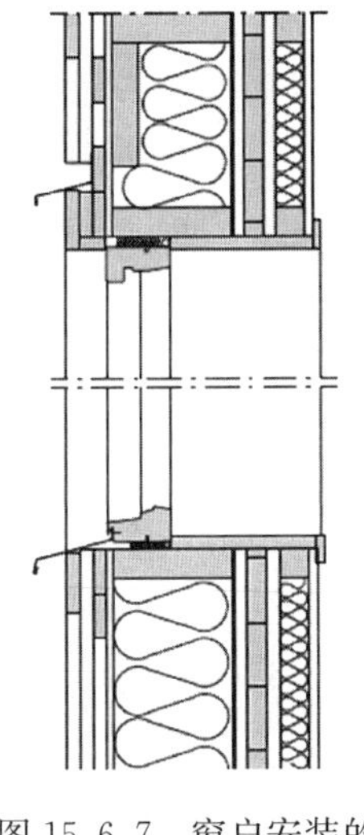

图 15.6.7　窗户安装的设计原理

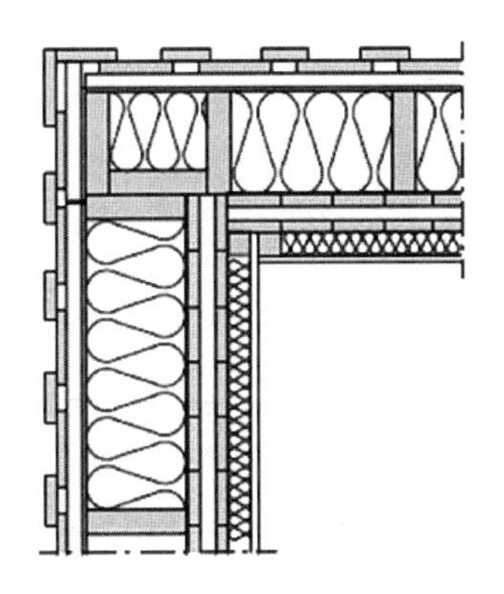

图 15.6.8　外墙角构造设计原理

15.6.5 算例

【算例 1】 带洞口的 CLT 墙稳定性验算

某两层建筑的首层外墙，受竖向荷载作用，高度 $l_e=2.95$ m，宽度 $b_0=4.54$m。墙有两个窗口，无窗口区域有效墙宽为 2.40m，见图 15.6.9 和图 15.6.10。来自屋顶、上层墙体和楼盖的设计载荷为 $F_d=30$kN/m，墙面上的风荷载为 $q_d=2.4$kN/m^2。CLT 墙板由三层层板组成，厚度 3×30=90mm，所有层板强度均符合 C24 级。使用环境等级 1 级，安全等级 3（$\gamma_d=1$）。

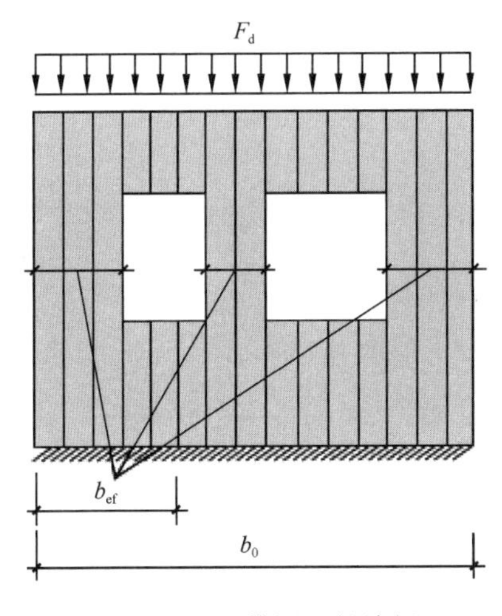

图 15.6.9　带洞口的墙板

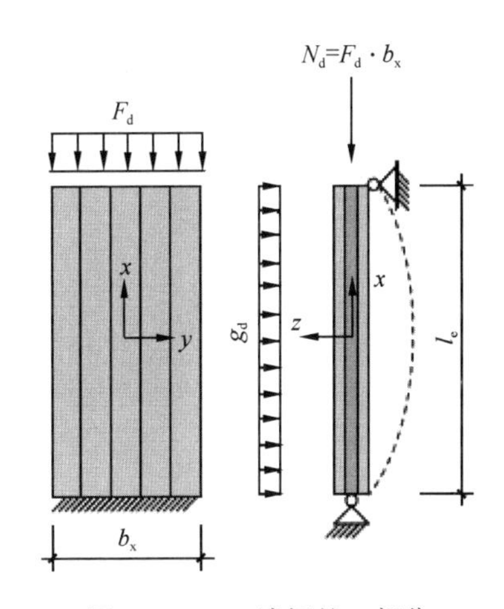

图 15.6.10　墙板的一部分

对于完全由强度等级 C24 的层板制作的 CLT，按以下力学性能指标采用：

$$E_{0,x,0.05}=7400\text{MPa}$$

$$E_{0,x,\text{mean}}=11000\text{MPa}$$

$$G_{9090,\text{xlay},\text{mean}}=50\text{MPa}$$

$$G_{090,\text{xlay},\text{mean}}=650\text{MPa}$$

强度指标：

$$f_{\text{m},\text{k}}=24\text{MPa}$$

$$f_{\text{c},0,\text{k}}=21\text{MPa}$$

设计强度为：

$$f_{\text{m},\text{d}}=\frac{k_{\text{mod}}f_{\text{m},\text{k}}}{\gamma_{\text{M}}}=\frac{0.9\times24}{1.25}=17.28\text{MPa}$$

$$f_{\text{c},0,\text{d}}=\frac{k_{\text{mod}}f_{\text{c},0,\text{d}}}{\gamma_{\text{M}}}=\frac{0.9\times21}{1.25}=15.12\text{MPa}$$

计算：

宽度为 $b_{\text{x}}=1.0\text{m}$ 的 CLT 板带截面的几何性质计算见表 15.6.4。

三层对称 CLT 板，宽度 $b_{\text{x}}=1.0\text{m}$ 条带截面的几何性质，板厚 90mm（30/30/30）　　表 15.6.4

截面的几何性质	计算公式	用于本算例的值
截面重心（mm）	$z_{\text{s}}=\frac{h_{\text{CLT}}}{2}$	$z_{\text{s}}=\frac{90}{2}=45\text{mm}$
截面面积（mm^2）	$A_{\text{x},\text{net}}=b_{\text{x}}\cdot2\cdot t_1$	$A_{\text{x},\text{net}}=1000\times2\times30=600\times10^2\ \text{mm}^2$
净截面惯性矩（mm^4）	$I_{\text{x},\text{net}}=b_{\text{x}}\left(\frac{t_1^3}{12}+t_1a_1^2+\frac{t_3^3}{12}+t_3a_3^2\right)$ $=b_{\text{x}}\left(2\cdot\frac{t_1^3}{12}+2\cdot t_1a_1^2\right)$	$I_{\text{x},\text{net}}-1000\times\left(2\times\frac{30^3}{12}+2\times30\times30^2\right)$ $=5850\times10^4\text{mm}^4$
净抗弯截面模量（mm^3）	$W_{\text{x},\text{net}}=\frac{I_{\text{x},\text{net}}}{z_{\text{s}}}$	$W_{\text{x},\text{net}}=\frac{5850\times10^4}{45}=1300\times10^3\ \text{mm}^3$
γ 值	$\gamma_1=1;\gamma_3=\frac{1}{1+\frac{\pi^2E_{\text{x},3}t_3}{l_{\text{e}}^2}\frac{t_2}{G_{9090,2}}}$	$\gamma_1=1;\gamma_3=\frac{1}{1+\frac{\pi^2\times11000\times30}{2950^2}\times\frac{30}{50}}$ $=0.817$
有效截面惯性矩（mm^4）	$I_{\text{x},\text{ef}}=\frac{b_{\text{x}}t_1^3}{12}+b_{\text{x}}t_1a_1^2+\frac{b_{\text{x}}t_3^3}{12}+\gamma_3b_{\text{x}}t_3a_3^2$ $=b_{\text{x}}\left[\frac{2\cdot t_1^3}{12}+(1+\gamma_3)t_1a_1^2\right]$	$I_{\text{x},\text{ef}}=1000\times\left[\frac{2\times30^3}{12}+(1+0.817)\times30\times30^2\right]$ $=5356\times10^4\text{mm}^4$
截面有效回转半径 $i_{0,\text{ef}}$	$i_{\text{x},\text{ef}}=\sqrt{\frac{I_{\text{x},\text{ef}}}{A_{\text{x},\text{ef}}}}$	$i_{\text{x},\text{ef}}=\sqrt{\frac{5356\times10^4}{600\times10^2}}=29.87\text{mm}$
长细比 λ_{y}	$\lambda_{\text{y}}=\frac{l_{\text{e}}}{i_{\text{x},\text{ef}}}$	$\lambda_{\text{y}}=\frac{2950}{29.87}=98.8$

在承载能力极限状态下验算墙体稳定：

$$\frac{\sigma_{\text{c},0,\text{d}}}{k_{\text{c},\text{y}}f_{\text{c},0,\text{d}}}+\frac{\sigma_{\text{m},\text{d}}}{f_{\text{m},\text{d}}}\leqslant1$$

稳定系数 $k_{\text{c},\text{y}}$ 可表示为：

$$k_{c,y}=\frac{1}{k_y+\sqrt{k_y^2-\lambda_{rel,y}^2}}=\frac{1}{1.971+\sqrt{1.971^2-1.675^2}}=0.332$$

其中：$k_y=0.5[1+0.1(\lambda_{rel,y}-0.3)+\lambda_{rel,y}^2]=0.5\times[1+0.1\times(1.675-0.3)+1.675^2]=1.971$

$$\lambda_{rel,y}=\frac{\lambda_y}{\pi}\sqrt{\frac{f_{c,0,k}}{E_{0.05}}}=\frac{98.8}{\pi}\sqrt{\frac{21}{7400}}=1.675$$

墙上的洞口会加大剩余部分墙体上的荷载。通常可以假设窗口间墙板上的荷载均匀分布，有效宽度上的荷载需乘以放大系数 f_b：

$$f_b=\frac{b_0}{b_{ef}}=\frac{4.54}{2.40}=1.89$$

计算有效宽度 $b_{ef}=1.0$m 的条带上竖向载荷：

$$N_d=b_x f_b P_d=1.0\times1.89\times30=57\text{kN}$$

风荷载产生的弯矩：

$$M_{y,d}=\frac{q_d l_e^2}{8}=\frac{2.4\times1.89\times2.95^2}{8}=4.93\text{kN}\cdot\text{m}$$

$$\frac{\sigma_{c,0,d}}{k_{c,y}f_{c,0,d}}+\frac{\sigma_{m,d}}{f_{m,d}}=\frac{N_d}{k_{c,y}A_{x,net}f_{c,0,d}}+\frac{M_{y,d}}{W_{x,net}f_{m,d}}$$

$$=\frac{57\times10^3}{0.332\times600\times10^2\times13.44}+\frac{4.93\times10^6}{1300\times10^3\times15.36}$$

$$=0.213+0.247=0.460<1\quad 满足要求$$

该墙板能够承受压力和弯矩联合作用产生的应力，承载力利用水平为46%。

【算例 2】 过梁

受竖向和水平荷载作用的两跨连续墙板，跨度分别为 $l_1=4.5$m，$l_2=6.5$m，高度为 $h=3$m，见图 15.6.11 和图 15.6.12。

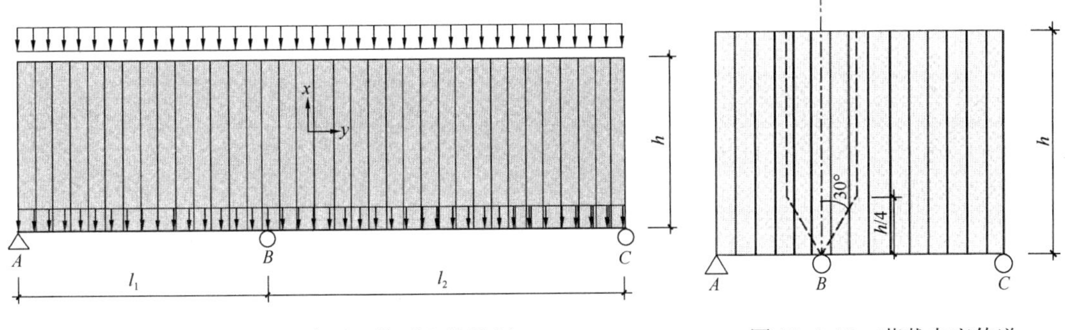

图 15.6.11　支承于柱子上的墙板　　图 15.6.12　荷载支座传递

荷载：

(1) 屋盖传来的自重为 $g_k=4.0$kN/m，沿墙体下缘由墙自重和楼盖传来的荷载为 $g_k=7.7$kN/m；

(2) 作用于墙体下缘的活荷载为 $L_k=6.0$kN/m；

(3) 作用于墙体上缘的雪荷载为 $S_k=3.5$kN/m；

(4) 荷载和荷载系数列于表 15.6.5 中。

荷载和荷载系数　　表 15.6.5

荷载	(kN/m^2)	γ_G，γ_Q	持续时间类型	k_{mod}	Ψ_0	Ψ_1	Ψ_2
G_k	15.7	0.89×1.35	永久（P）	0.6	—	—	—
N_k	6.00	1.5	中级（M）	0.8	0.7	0.5	0.3
S_k	3.50	1.5	中级（M）	0.8	0.8	0.6	0.2

墙体由厚度为 30+20+30+20+30=130mm 的 5 层 CLT 板制作，层板的强度等级均为 C24。使用环境等级 1 级，安全等级 3 级（$\gamma_d=1$）。截面几何性质见表 15.6.6。

强度指标：$E_{0,x,0.05}=7400\text{MPa}$；$E_{0,x,mean}=11000\text{MPa}$；$G_{9090,xlay,mean}=50\text{MPa}$；$G_{090,xlay,mean}=650\text{MPa}$；$f_{m,k}=24\text{MPa}$；$f_{c,0,k}=21\text{MPa}$；$f_{v,k}=4\text{MPa}$

设计强度为：

$$f_{m,d}=\frac{k_{mod}f_{m,k}}{\gamma_M}=\frac{0.8\times24}{1.25}=15.36\text{MPa}$$

$$f_{c,0,d}=\frac{k_{mod}f_{c,0,d}}{\gamma_M}=\frac{0.8\times21}{1.25}=13.44\text{MPa}$$

$$f_{v,d}=\frac{k_{mod}f_{v,d}}{\gamma_M}=\frac{0.8\times4}{1.25}=2.56\text{MPa}$$

对称 5 层层板的 CLT 板宽 1.0m 截面的几何性质　　表 15.6.6

截面的几何性质	计算公式	用于本算例的值
截面面积（mm^2）	$A_{x,net}=b\cdot3\cdot t_1$	$A_{x,net}=1000\times3\times30=900\times10^2\text{mm}^2$
γ值	$\gamma_3=1$ $\gamma_1=\gamma_5=\dfrac{1}{1+\dfrac{\pi^2E_{x,5}t_5}{l_{ref}^2}\cdot\dfrac{t_4}{G_{9090,4}}}$	$\gamma_3=1$ $\gamma_1=\gamma_5=\dfrac{1}{1+\dfrac{\pi^2\times11000\times30}{3000^2}\times\dfrac{20}{50}}=0.874$
有效截面惯性矩（mm^4）	$I_{x,ef}=\dfrac{bt_1^3}{12}+\gamma_1bt_1a_1^2+\dfrac{bt_3^3}{12}+\dfrac{bt_5^3}{12}+\gamma_5bt_5a_5^2=b\cdot\left(\dfrac{3\cdot t_1^3}{12}+2\gamma_1t_1a_1^2\right)$	$I_{x,ef}=1000\times\left(\dfrac{3\times30^3}{12}+2\times0.874\times30\times50^2\right)=13785\times10^4\text{mm}^4$
有效截面回转半径 $i_{0,ef}$（mm）	$i_{x,ef}=\sqrt{\dfrac{I_{x,ef}}{A_{x,net}}}$	$i_{x,ef}=\sqrt{\dfrac{13785\times10^4}{900\times10^2}}=39.1\text{mm}$
长细比 λ_y	$\lambda_y=\dfrac{l_k}{i_{x,ef}}$	$\lambda_y=\dfrac{3000}{39.1}=76.7$

注：表中为 CLT 板的 $b_x=1.0\text{m}$ 条带截面的几何性质，板厚 90mm（30/20/30/20/30）。

计算：竖向载荷的设计荷载组合：

$$q_d=\gamma_Gg_k+\gamma_{Q,n}L_k+\gamma_{Q,s}\psi_{0,s}S_k$$
$$=0.89\times1.35\times11.7+1.5\times6.00+1.5\times0.8\times3.5=27.3\text{kN/m}$$

弯矩：跨度为 $l_2=6.5\text{m}$ 的单跨梁的设计弯矩：

$$M_{y,d}=\frac{q_dl_2^2}{8}=\frac{27.3\times6.5^2}{8}=144.2\text{kN}\cdot\text{m}$$

计算截面的几何性质仅考虑水平放置的层板，即仅考虑受力方向上的层板：

$$W_{z,net}=\frac{d_z h^2}{6}=\frac{0.04\times 3^2}{6}=0.06\text{m}^3$$

其中 d_z 为水平放置的层板的总厚度。

剪力：剪力设计值：$V_d=0.625\times q_d l_2=0.625\times 27.3\times 6.5=110.9\text{kN}$

$$A_{z,net}=d_z h=0.04\times 3=0.12\text{m}^2$$

其中 d_z 为水平放置的层板的总厚度。

$$\tau_d=1.5\frac{V_d}{A_{z,net}}=1.5\times\frac{110.9\times 10^3}{0.12\times 10^6}=1.38\text{MPa}<f_{v,d}=2.56\text{MPa}$$

压力：支座反力以 30°角在 $h/4$ 高度范围内向上传播。

支反力：

$$M_B=\frac{q_d l_1^3+q_d l_2^3}{8(l_1+l_2)}=\frac{27.3\times 4.5^3+27.3\times 6.5^3}{8\times(4.5+6.5)}=113\text{kN}\cdot\text{m}$$

$$R_B=\frac{q_d l_1}{2}+\frac{q_d l_2}{2}-\frac{M_B}{l_1}-\frac{M_B}{l_2}=\frac{27.3\times 4.5}{2}+\frac{27.3\times 6.5}{2}-\frac{113}{4.5}-\frac{113}{6.5}=193\text{kN}$$

荷载传播宽度：

$$B_{uppl}=2\frac{h}{4}\tan 30°=2\times\frac{3}{4}\times 0.577=0.86\text{m}$$

即支反力扩散到 0.86m 的宽度内，此处的荷载水平为：

$$n_d=\frac{R_B}{B_{uppl}}=\frac{193}{0.86}=224\text{kN/m}$$

稳定性验算是在 1.0m 宽的板条上进行的，对应的压力为：

$$n_{1,d}=\frac{n_d}{B_{uppl}}=\frac{224}{0.86}=260\text{kN/m}$$

稳定性验算：该 5 层层板 CLT 墙板截面的几何性质由表 15.6.6 给出。

基于承载能力极限状态的稳定性验算：

$$\frac{\sigma_{c,x,d}}{k_{c,y}f_{c,x,d}}\leqslant 1$$

稳定系数 $k_{c,y}$ 可表示为：

$$k_{c,y}=\frac{1}{k_y+\sqrt{k_y^2-\lambda_{rel,y}^2}}=\frac{1}{1.395+\sqrt{1.395^2-1.30^2}}=0.526$$

$$\begin{aligned}k_y&=0.5[1+0.1(\lambda_{rel,y}-0.3)+\lambda_{rel,y}^2]\\&=0.5\times[1+0.1\times(1.30-0.3)+1.30^2]\\&=1.395\end{aligned}$$

$$\lambda_{rel,y}=\frac{\lambda_y}{\pi}\sqrt{\frac{f_{c,0,k}}{E_{0.05}}}=\frac{76.7}{\pi}\sqrt{\frac{21}{7400}}=1.30$$

$$\sigma_{c,0,d}=\frac{N_{1,d}}{A_{x,net}}=\frac{260\times 10^3}{900\times 10^2}=2.88\text{MPa}$$

$$\frac{\sigma_{c,0,d}}{k_{c,y}f_{c,0,d}}=\frac{2.88}{0.526\times13.44}=0.41\leqslant1\quad 满足要求$$

墙体能够承受该压力，承载力利用水平为41%。

15.7　防　火　设　计

15.7.1　CLT结构的抗火计算

我国标准中暂未对正交胶合木的防火计算进行规定，本节主要是介绍欧洲正交胶合木防火计算方法。对于由规定厚度的奇数层层板组成的CLT板，假设两层之间的连接能够在火灾的条件下传递剪力。在对CLT面板进行抗弯分析时，通常认为由外层和平行于外层的纵向层承受荷载。横向层则认为不直接受力，但其有助于在纵向层之间传递剪力。

欧洲木结构建筑防火手册中，采用有效截面法计算CLT结构的抗火能力。该方法考虑了火灾中非受力层强度的降低。有关CLT在火灾中的热模拟和试验表明，CLT中的非受力层是不连续的。针对不同情况下的横截面，模型简化的基本原理如图15.7.1所示。

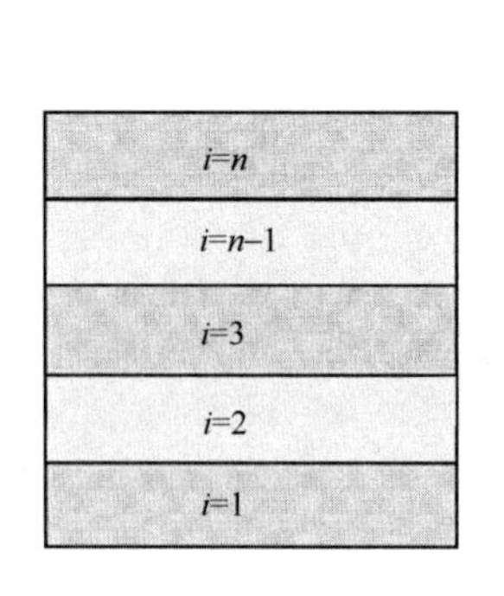

(a) 常温下横截面示意图

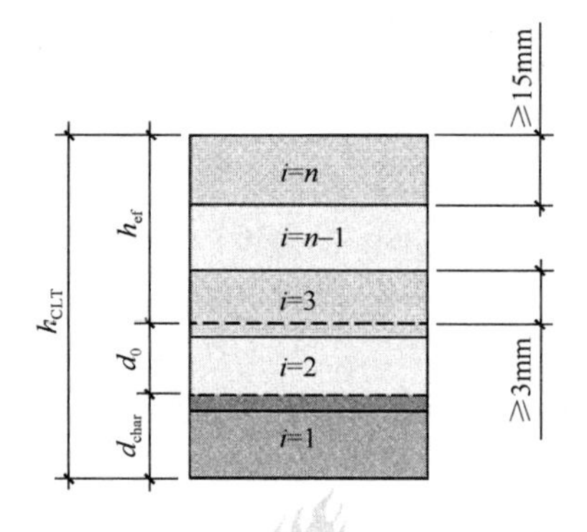

(b) 板单面受火时剩余截面高度h_{ef}
(d_{char}—炭化层厚度；d_0—非受力层厚度)

图15.7.1　CLT横截面

1. 炭化速率和深度

如果正交胶合木（CLT）层板边部胶合或者层板的间隙小于2mm，则应采用一维炭化模型，炭化深度按下式计算：

$$d_{char,0}=\beta_0 t \tag{15.7.1}$$

式中：β_0——标准火灾时的一维炭化速率，取0.65mm/min；

t——受火时间。

如果层板的间隙不小于2mm，则应使用名义炭化速率，炭化深度按下式计算：

$$d_{char,n}=\beta_n t \tag{15.7.2}$$

若矩形截面木材有三面或四面受火，则其名义炭化速率β_n为考虑圆角和裂缝的等效炭化速率设计值，取值可参考：针叶材胶合木和LVL取0.7mm/min；针叶材制作的工程木（CLT）取0.8mm/min。并应考虑圆角和裂缝的等效炭化速率设计值。

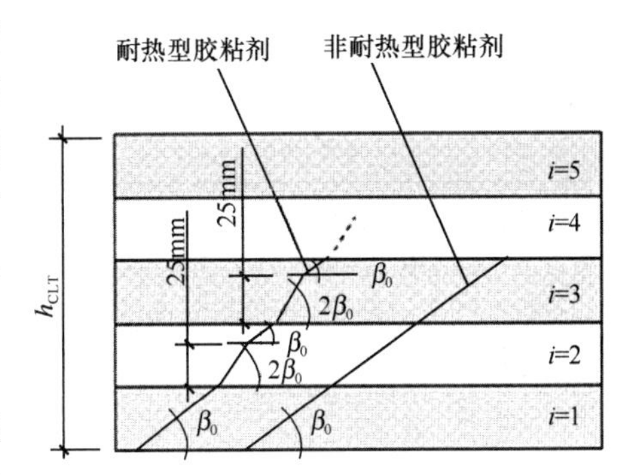

图 15.7.2 分层和无分层炭化

CLT 炭化有两种可能的情况。若使用三聚氰胺—脲—甲醛（MUF）胶粘剂（无分层），则炭化速率与结构用木材一样为 β_0。若使用聚氨酯（PUR）胶粘剂（分层）时，则每块层板前 25mm 厚度范围内的炭化速率加倍，为 $2\beta_0$，见图 15.7.2。

2. 有效炭化深度

计算 CLT 的剩余截面时，通过在原炭化深度 $d_{char,0}$（$d_{char,n}$）增加一无强度层 d_0 来增大炭化层厚度的方式考虑温度对材料性能的影响，增大后的炭化层厚度称为有效炭化深度 d_{ef}：

$$d_{ef} = d_{char,0} + d_0 \tag{15.7.3}$$

或

$$d_{ef} = d_{char,n} + d_0 \tag{15.7.4}$$

表 15.7.1～表 15.7.3 为基于试验分析和热模拟得到的非受力层 d_0。

非受力层 d_0，火灾持续时间为 t=0～120min，3 层 CLT 板　　表 15.7.1

火灾作用于	楼板		墙板	
	未经防护（mm）	经防护（mm）	未经防护（mm）	经防护（mm）
受拉侧	$d_0=\frac{h}{30}+3.7$	$d_0=10$	无关	无关
受压侧	$d_0=\frac{h}{25}+4.5$	13.5	$d_0=\frac{h}{25}+3.95$	13.5

注：表中经防护处理的楼板数值也可用于 $t>t_f$ 的情况，其中 t_f 是防护层失去作用的时间，称为失效时间。

非受力层 d_0，火灾持续时间为 t=0～120min，5 层 CLT 板　　表 15.7.2

火灾作用于	楼板		墙板	
	未经防护（mm）	经防护（mm）	未经防护（mm）	经防护（mm）
受拉侧	$d_0=\frac{h}{100}+10$	当 75mm≤h≤100mm 时，$d_0=34-\frac{h}{4}$ 当 h>100mm 时，$d_0=\frac{h}{35}+6$	无关	无关
受压侧	$d_0=\frac{h}{20}+11$	$d_0=18$	$d_0=\frac{h}{15}+10.5$	$d_0=20$

注：表中经防护处理的楼板数值也可用于 $t>t_f$ 的情况，其中 t_f 是防护层失去作用的时间，称为失效时间。

非受力层 d_0，火灾持续时间为 t=0～120min，7 层 CLT 板　　表 15.7.3

火灾作用于	楼板		墙板	
	未经防护（mm）	经防护（mm）	未经防护（mm）	经防护（mm）
受拉侧	当 105mm≤h≤175mm 时，$d_0=\frac{h}{6}+2.5$ 当 h>175mm 时，$d_0=10$	与未经防护处理的表面相同	无关	无关

续表

火灾作用于	楼板		墙板	
	未经防护（mm）	经防护（mm）	未经防护（mm）	经防护（mm）
受压侧	当 105mm$\leqslant h\leqslant$175mm 时，$d_0=\frac{h}{6}+2.5$ 当 $h>$175mm 时，$d_0=13$	与未经防护处理的表面相同	当 105mm $\leqslant h\leqslant$ 175mm 时，$d_0=\frac{h}{6}+4.0$ 当 $h>$175mm 时，$d_0=16$	与未经防护处理的表面相同

注：表中经防护处理的楼板数值也可用于 $t>t_f$ 的情况，其中 t_f 是防护层失去作用的时间，称为失效时间。

对于楼盖中的 CLT 板，简化计算方法调整为与模拟结果相符。从常温到 120min 标准受火的模拟过程中，在 20%～40%极限承载力的范围内两者吻合度最高。当墙板受到 30%极限承载力作用时，需进行等效设计。该方法不适于火灾持续时间超过 2h 的情况。如果剩余受力层的厚度小于 3mm，则不计入有效剩余截面高度 h_{ef} 中。

对于单侧受火的 CLT 板，非受力层厚度 d_0 按表 15.7.1～表 15.7.3 的规定取值。当墙板受火时，凹向受火侧，说明拉应力仅出现在墙的非受火侧，因此 d_0 仅代表受压侧（即受火灾作用侧）的非受力层厚度。当墙板两侧均受火时，应通过试验基准值来进行设计。

15.7.2　算例

【算例 1】 未经防护的楼板

某 7 层 CLT 楼板，层板厚为 19mm，层板间隙小于 2mm，未经防护处理，底面受火，试确定受火 60min 后楼板的有效厚度。

火灾持续 60min 后炭化深度：

$$d_{char,0}=\beta_0 t_{req}=0.65\times 60=39\text{mm}$$

根据表 15.7.3，受拉侧受火的非受力层（补偿层）厚度：

$$d_0=\frac{h}{6}+2.5=\frac{133}{6}+2.5=24.7\text{mm}$$

有效厚度：

$$h_{ef}=h-d_{char,0}-d_0=133-39-24.7=69.3\text{mm}$$

由于火灾效果已达横向的非受力层（第 4 层），则有效剩余截面将包括第 5、6 和 7 三层层板，原理见图 15.7.1（*b*）。

【算例 2】 未经防护的墙板

采用 CLT 板的承重墙的设计方法。墙板为 5 层的 CLT 板，层板厚度为 19mm，单侧受火。假设火灾中墙板不分层。试计算墙板在受火 30min 后的有效厚度。

$$d_{char}=\beta_0 t_{req}=0.65\times 30=19.5\text{mm}$$

根据表 15.7.2，受拉侧受火的非受力层（补偿层）厚度：

$$d_0 = \frac{h}{15} + 10.5 = \frac{95}{15} + 10.5 = 16.8\text{mm}$$

有效厚度：

$$h_{ef} = h - d_{char} - d_0 = 95 - 19.5 - 16.8 = 58.7\text{mm}$$

第1层横向层板（总第2层）已受火灾的影响，所剩墙板约为57mm厚，其中含两层纵向层板提供残余承载力。

第16章 多高层木结构

多高层木结构建筑是指大于3层的木结构建筑，其木结构形式可分为纯木结构及木混合结构。

纯木结构是指承重构件均采用木材或木材制品制作的结构形式，包括方木原木结构、胶合木结构和轻型木结构等。

木混合结构是指由木结构构件与钢结构构件或钢筋混凝土结构构件混合承重，并以木结构为主要结构形式的结构体系。木混合结构包括下部为钢筋混凝土结构或钢结构、上部为纯木结构的上下混合木结构以及混凝土核心筒木结构等。

16.1 结构体系及选型

16.1.1 结构体系

按组成部件分类，多高层木结构分为木框架支撑结构体系、木框架剪力墙结构体系、正交胶合木剪力墙结构体系、混凝土核心筒木结构体系以及上下混合木结构体系。当建筑物层数不超过六层时，也可采用轻型木结构。

木框架支撑结构体系是采用梁柱作为主要竖向承重构件，以支撑作为主要抗侧力构件的木结构，支撑材料可为木材或其他材料。

木框架剪力墙结构体系是采用梁柱作为主要竖向承重构件，以剪力墙作为主要抗侧力构件的木结构，剪力墙可采用轻型木结构墙体或正交胶合木墙体。

正交胶合木剪力墙结构体系是采用正交胶合木（CLT）剪力墙作为主要受力构件的木结构。

混凝土核心筒木结构体系是指在木混合结构中，主要抗侧力构件采用钢筋混凝土核心筒，其余承重构件均采用木质构件的结构体系。

上下混合结构体系是指在木混合结构中，下部采用混凝土结构或钢结构，上部采用纯木结构的结构体系。

多高层木结构中所使用的主要木结构材料有规格材（Dimension lumber）、方木（Square timber）、原木（Log）、层板胶合木（GLULAM）、正交胶合木（CLT）及结构复合木材（Structural composite lumber）等，其中结构复合木材（Structural composite lumber）包括旋切板胶合木（LVL）、平行木片胶合木（PSL）及层叠木片胶合木（LSL）等。

多高层木结构中以胶合木框架结构最为常见，胶合木框架结构是以间距较大的胶合木梁、柱为主要受力构件结合适当的支撑构件形成整体结构体系。楼面及屋面荷载可通过梁及柱传递至基础，水平荷载及作用可通过支撑构件传递至基础。图16.1.1为一种典型的木框架支撑结构体系。

16.1.2 结构体系的选型

多高层木结构建筑中，抗震设防类别为乙类及丙类的建筑适用的结构类型、层数和高度应符合表 16.1.1 的规定；抗震设防类别为甲类的建筑应按本地区抗震设防烈度提高一度后符合表 16.1.1 的规定；抗震设防烈度为 9 度时应进行专门研究。

图 16.1.1 典型木框架支撑结构体系示意图

多高层木结构建筑适用结构类型、总层数和总高度表 **表 16.1.1**

<table>
<tr><th colspan="2" rowspan="3">结构体系</th><th rowspan="3">木结构类型</th><th colspan="10">抗震设防烈度</th></tr>
<tr><th colspan="2" rowspan="2">6 度</th><th colspan="2" rowspan="2">7 度</th><th colspan="4">8 度</th><th colspan="2" rowspan="2">9 度</th></tr>
<tr><th colspan="2">0.20g</th><th colspan="2">0.30g</th></tr>
<tr><th colspan="3"></th><th>高度（m）</th><th>层数</th><th>高度（m）</th><th>层数</th><th>高度（m）</th><th>层数</th><th>高度（m）</th><th>层数</th><th>高度（m）</th><th>层数</th></tr>
<tr><td colspan="2" rowspan="4">纯木结构</td><td>轻型木结构</td><td>20</td><td>6</td><td>20</td><td>6</td><td>17</td><td>5</td><td>17</td><td>5</td><td>13</td><td>4</td></tr>
<tr><td>木框架支撑结构</td><td>20</td><td>6</td><td>17</td><td>5</td><td>15</td><td>5</td><td>13</td><td>4</td><td>10</td><td>3</td></tr>
<tr><td>木框架剪力墙结构</td><td>32</td><td>10</td><td>28</td><td>8</td><td>25</td><td>7</td><td>20</td><td>6</td><td>20</td><td>6</td></tr>
<tr><td>正交胶合木剪力墙结构</td><td>40</td><td>12</td><td>32</td><td>10</td><td>30</td><td>9</td><td>28</td><td>8</td><td>28</td><td>8</td></tr>
<tr><td rowspan="7">木混合结构</td><td rowspan="4">上下混合木结构</td><td>上部轻型木结构</td><td>23</td><td>7</td><td>23</td><td>7</td><td>20</td><td>6</td><td>20</td><td>6</td><td>16</td><td>5</td></tr>
<tr><td>上部木框架支撑结构</td><td>23</td><td>7</td><td>20</td><td>6</td><td>18</td><td>6</td><td>17</td><td>5</td><td>13</td><td>4</td></tr>
<tr><td>上部木框架剪力墙结构</td><td>35</td><td>11</td><td>31</td><td>9</td><td>28</td><td>8</td><td>23</td><td>7</td><td>23</td><td>7</td></tr>
<tr><td>上部正交胶合木剪力墙结构</td><td>43</td><td>13</td><td>35</td><td>11</td><td>33</td><td>10</td><td>31</td><td>9</td><td>31</td><td>9</td></tr>
<tr><td rowspan="3">混凝土核心筒木结构</td><td>纯框架结构</td><td rowspan="3">56</td><td rowspan="3">18</td><td rowspan="3">50</td><td rowspan="3">16</td><td rowspan="3">48</td><td rowspan="3">15</td><td rowspan="3">46</td><td rowspan="3">14</td><td rowspan="3">40</td><td rowspan="3">12</td></tr>
<tr><td>木框架支撑结构</td></tr>
<tr><td>正交胶合木剪力墙结构</td></tr>
</table>

注：1. 房屋高度指室外地面到主要屋面板板面的高度，不包括局部突出屋顶部分；
2. 木混合结构高度与层数是指建筑的总高度和总层数；
3. 超过表内高度的房屋，应进行专门研究和论证，并应采取有效的加强措施。

多高层木结构建筑的高宽比不宜大于表 16.1.2 的规定。

多高层木结构建筑的高宽比限值 **表 16.1.2**

木结构类型	抗震设防烈度			
	6 度	7 度	8 度	9 度
轻型木结构	4	4	3	2
木框架支撑结构	4	4	3	2
木框架剪力墙结构	4	4	3	2
正交胶合木剪力墙结构	5	4	3	2

续表

木结构类型	抗震设防烈度			
	6度	7度	8度	9度
上下混合木结构	4	4	3	2
混凝土核心筒木结构	5	4	3	2

注：1. 计算高宽比的高度从室外地面算起；
2. 当塔形建筑底部有大底盘时，计算高宽比的高度从大底盘顶部算起；
3. 上下混合木结构的高宽比，按木结构部分计算。

当高层木结构建筑的高宽比不符合表16.1.2中的规定时，结构的整体稳定性应符合下列规定：

（1）正交胶合木剪力墙结构、木框架剪力墙结构应符合下式要求：

$$EJ_{\rm d} \geqslant 1.0H^2 \sum_{i=1}^{n} G_i \qquad (16.1.1)$$

（2）木框架支撑结构应符合下式要求：

$$D_i \geqslant 7 \sum_{j=i}^{n} \frac{G_j}{h_i} (i = 1,2,\cdots,n) \qquad (16.1.2)$$

式中：$EJ_{\rm d}$——结构一个主轴方向的弹性等效侧向刚度，可按倒三角形分布荷载作用下结构顶点位移相等的原则，将结构的侧向刚度折算为竖向悬臂受弯构件的等效侧向刚度；

H——房屋高度；

G_i、G_j——分别为第i、j楼层重力荷载设计值；

h_i——第i层层高；

D_i——第i楼层的弹性等效侧向刚度，可取该层剪力与楼层位移的比值；

n——　结构计算总层数。

对于上下混合木结构，底部结构应采用钢筋混凝土结构或钢结构，底部结构的层数应符合表16.1.3的规定。

上下混合木结构的下部结构允许层数　　表16.1.3

底部结构	抗震设防烈度				
	6度	7度	8度		9度
			0.20g	0.30g	
混凝土框架、钢框架	2	2	2	1	1
混凝土剪力墙	2	2	2	2	2

16.2　荷　载　情　况

根据荷载作用方向，分为竖向荷载和水平荷载。竖向荷载主要包括楼、屋面恒荷载（永久荷载）、活荷载及屋面雪荷载。水平荷载包括风荷载和地震作用。

16.2.1　竖向荷载

多高层木结构建筑的楼面活荷载、屋面活荷载及屋面雪荷载等应按现行国家标准《建筑结构荷载规范》GB 50009 的规定采用。一般来说，楼、屋面竖向荷载通过屋面板传给檩条或搁栅，再依次传递给次梁、主梁、柱，最后传到基础。竖向荷载使檩条、次梁和主梁承受弯矩作用，柱承受弯矩和轴力作用。

计算构件内力时，楼面活荷载大于 4kN/m^{2}时宜考虑楼面活荷载的不利布置。

16.2.2 风荷载

主体结构计算时，风荷载作用面积应取垂直于风向的最大投影面积，垂直于建筑物表面的单位面积风荷载标准值应按现行国家标准《建筑结构荷载规范》GB 50009 的规定计算。一般应将侧墙和屋顶的风荷载分开计算。风荷载作用到外墙和屋面上，通过外墙体和屋面传递到内部胶合木梁柱框架结构体系，胶合木梁通过可靠的连接传递到柱，再通过柱传递到基础。

对于建筑高度大于 20m 的木结构建筑，当采用承载力极限状态进行设计时，基本风压值应乘以 1.1 倍的增大系数。

当多栋或群集的高层木结构相互间距较近时，宜考虑风力相互干扰的群体效应。群体效应系数可将单栋建筑的体型系数 μ_s 乘以相互干扰增大系数，该系数可通过风洞试验确定。

横风向振动效应或扭转风振效应明显的高层木结构建筑，应考虑横风向风振或扭转风振的影响。横风向风振或扭转风振的计算范围、方法以及顺风向与横风向效应的组合方法应符合现行国家标准《建筑结构荷载规范》GB 50009 的规定。

多高层木结构建筑有下列情况之一时，宜进行风洞试验判断确定建筑物的风荷载：

(1) 平面形状或立面形状复杂；

(2) 立面开洞或连体建筑；

(3) 周围地形和环境较复杂。

16.2.3 地震作用

地震作用应符合现行国家标准《建筑抗震设计规范》GB 50011 的规定，并应符合本节的相关规定。多高层木结构建筑的抗震设防类别应符合现行国家标准《建筑工程抗震设防分类标准》GB 50223 的规定。

地震作用计算应符合下列规定：

(1) 应在结构两个主轴方向分别计算水平地震作用；各方向的水平地震作用应由该方向抗侧力构件承担；对于有斜交抗侧力构件的结构，当相交角度大于 15°时，应分别计算各抗侧力构件方向的水平地震作用；

(2) 质量与刚度分布明显不对称、不均匀的结构，应计入双向水平地震作用下的扭转影响；其他情况，应计算单向水平地震作用下的扭转影响；

(3) 当抗震设防烈度为 9 度时，应计算竖向地震作用；

(4) 当抗震设防烈度为 7 度（0.15g）、8 度和 9 度时，多高层木结构建筑中的大跨度、长悬臂结构应考虑竖向地震作用。

多高层木结构建筑应根据不同情况采用下列地震作用计算方法：

(1) 多高层木结构建筑宜采用振型分解反应谱法。对质量和刚度不对称、不均匀的多高层木结构建筑应采用考虑扭转耦联振动影响的振型分解反应谱法；

(2) 高度不超过 20m、以剪切变形为主且质量和刚度沿高度分布比较均匀的多高层木结构建筑，可采用底部剪力法；

(3) 对于抗震设防烈度为7度、8度和9度的多高层木结构建筑符合下列情况时，宜采用弹性时程分析法进行多遇地震下的补充计算：

1) 甲类多高层木结构建筑；

2) 多高层木混合结构建筑；

3) 符合表16.2.1中规定的乙、丙类多高层纯木结构建筑；

4) 质量沿竖向分布特别不均匀的多高层纯木结构建筑。

采用时程分析法的乙、丙类多高层纯木结构建筑高度要求　　表16.2.1

设防烈度、场地类别	建筑高度范围
8度Ⅰ、Ⅱ类场地和7度	≥24m
8度Ⅲ、Ⅳ类场地	≥18m
9度	≥12m

计算多遇地震下双向水平地震作用效应时，可不考虑偶然偏心的影响。计算单向地震作用效应时，应考虑偶然偏心的影响。每层质心沿垂直于地震作用方向的偏移值可按下列公式采用：

(1) 方形及矩形平面：

$$e_i = \pm 0.05 L_{Bi} \tag{16.2.1}$$

(2) 其他形式平面：

$$e_i = \pm 0.172 r_i \tag{16.2.2}$$

式中：e_i——第i层质心偏移值，各楼层质心偏移方向相同；

r_i——第i层相应质点所在楼层平面的转动半径；

L_{Bi}——第i层垂直于地震作用方向的建筑物长度。

多高层木结构建筑抗震设计时，对于纯木结构，在多遇地震验算时结构的阻尼比可取0.03，在罕遇地震验算时结构的阻尼比可取0.05。对于混合木结构可根据位能等效原则计算结构阻尼比。

16.3　结　构　布　置

16.3.1　平面布置

多高层木结构建筑的建筑平面布置宜规则、对称，并应具有良好的整体性；宜选用风作用效应较小的平面形状；楼面宜连续，楼面不宜有较大凹入或开洞。多高层木结构建筑的结构平面不规则和竖向不规则应符合现行国家标准《建筑抗震设计规范》GB 50011的规定。

结构平面布置应减少扭转的影响，以结构扭转为主的第一自振周期T_t与平动为主的第一自振周期T_1之比不应大于0.9。

16.3.2　竖向布置

多高层木结构建筑竖向布置应符合下列规定：

（1）结构的竖向布置宜规则、均匀，不宜有过大的外挑和内收。结构的侧向刚度宜下大上小，逐渐均匀变化，结构竖向抗侧力构件宜上下连续贯通。

（2）相邻楼层的侧向刚度比可按公式（16.3.1）计算，且本层与相邻上层的比值不宜小于0.7，与相邻上部三层刚度的平均值不宜小于0.80；当本层层高大于相邻上层层高的1.5倍时，该比值不宜小于1.1；底层结构与上层的比值不得小于1.5。

$$\gamma_2 = \frac{V_i \Delta_{i+1}}{V_{i+1} \Delta_i} \frac{h_i}{h_{i+1}} \tag{16.3.1}$$

式中：γ_2——考虑层高修正的楼层侧向刚度比；

V_i、V_{i+1}——第 i 层和第 $i+1$ 层的地震剪力标准值（kN）；

Δ_i、Δ_{i+1}——第 i 层和第 $i+1$ 层在地震作用标准值作用下的层间位移（m）；

h_i、h_{i+1}——第 i 层和第 $i+1$ 层层高。

（3）楼层抗侧力结构的层间受剪承载力不宜小于相邻上一层受剪承载力的80%，不应小于65%。

（4）楼层质量沿高度宜均匀分布，楼层质量不宜大于相邻下一层楼层质量的1.5倍。

（5）抗震设计时，当上部楼层收进部位距离室外地面的高度 H_1 与房屋总高度 H 之比大于0.2时，上部楼层收进后的宽度 B_1 不宜小于下部楼层宽度 B 的75%（图16.3.1*a*、*b*）；当上部楼层外挑时，上部楼层宽度 B_1 不宜大于下部楼层宽度 B 的1.1倍，且水平悬挑尺寸 a 不宜大于3m（图16.3.1*c*、*d*）；

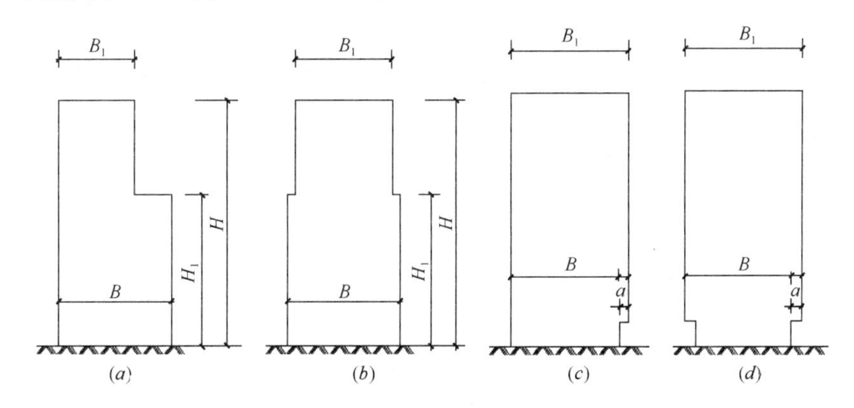

图16.3.1 结构竖向收进和悬挑示意图

（6）当本条第1～5款中任意一款不符合时，相应的地震剪力标准值应乘以1.3倍的增大系数；

（7）当结构顶层取消部分墙、柱或支撑形成空旷房屋时，宜采用弹性或弹塑性时程反应分析方法进行补充计算，并应采取有效的构造措施。

16.3.3 不规则性

（1）不规则高层木结构建筑应进行水平地震作用的计算和内力调整，应对薄弱部位采取有效的抗震构造措施，并应符合下列规定：

1）平面不规则而竖向规则的建筑应采用空间结构计算模型，并应符合下列规定：

① 扭转不规则时，应计入扭转影响；在具有偶然偏心的规定水平力作用下，楼层两端抗侧力构件弹性水平位移或层间位移的最大值与平均值的比值不宜大于1.5；当最大层

间位移远小于本手册表16.5.1的规定时，该比值不宜大于1.7；

② 凹凸不规则或楼板局部不连续时，采用的计算模型应符合楼板平面内实际刚度的变化；抗震设防烈度为9度或严重不规则的结构宜计入楼板局部变形的影响。

③ 平面不对称且凹凸不规则或局部不连续时，可根据实际情况分块计算扭转位移比；对扭转较大的部位应增大局部内力。

2）平面规则而竖向不规则的建筑，除应采用空间结构计算模型计算外，尚应进行弹塑性变形分析，并应符合下列规定：

① 地震作用的剪力标准值应乘以不小于1.3的增大系数；

② 竖向抗侧力构件不连续时，该构件传递给水平转换构件的地震作用应根据抗震设防烈度和水平转换构件的类型、受力情况和几何尺寸等，乘以1.3～2.0的增大系数；

③ 侧向刚度不规则时，相邻层的侧向刚度比应符合其结构类型的相关规定；

④ 楼层承载力突变时，薄弱层抗侧力结构的受剪承载力不应小于相邻上一楼层的65％。

3）平面、竖向均不规则的建筑，根据不规则类型的数量和程度，应采取不低于本条1、2款规定的加强措施。对于特别不规则的建筑，应进行专门分析研究，并应采取更有效的加强措施或对薄弱部位进行抗震性能化设计。

（2）多高层木结构不应采用严重不规则的结构体系，并应符合下列规定：

1）结构应满足承载能力、刚度和延性要求；

2）结构的竖向布置和水平布置应使结构具有合理的刚度和承载力分布，应避免因刚度和承载力局部突变或结构扭转效应而形成薄弱部位；对薄弱部位应采取加强措施；

3）应防止部分结构或构件的破坏导致整个结构体系丧失承载能力；

4）应设置多道抗倒塌防线；

5）应防止偶然荷载等引起的连续性倒塌。

16.4 分析方法

多高层木结构设计采用以概率理论为基础的极限状态设计法。

通常需要借助于通用有限元软件，建立整体框架模型进行结构分析，考察整个结构体系的各项性能指标，如结构模态、位移（含柱顶位移和层间位移）等。另外，通过有限元计算可以得到各个构件在各种荷载效应组合下的构件内力，进一步进行构件截面的设计验算。

在工程设计中，经常遇到较为复杂的结构体系，很难建立整体模型进行结构分析，如轻型木结构与木框架的混合结构体系。这时，一般通过理论分析将结构整体进行一定的简化，将轻型木结构与木框架分开单独计算。当然，为了简化计算，也可以将纯木框架结构简化成多个单榀框架进行平面分析。

16.4.1 计算假定

（1）结构分析模型应根据结构实际情况确定，采用的分析模型应准确反映结构构件的实际受力状态，连接的假定应符合结构实际采用的连接形式。对结构分析软件的计算结果应进行分析判断，确认其合理后，可作为工程设计依据。当无可靠的理论和依据时，宜采用试验分析方法确定。

（2）结构设计时应考虑木材干缩、蠕变而产生的不均匀变形和受力偏心、应力集中等对结构或构件的不利影响，并应考虑不同材料的温度变化、基础差异沉降等非荷载效应的不利影响。

（3）结构整体计算时应按实际情况考虑楼面梁与竖向构件的偏心以及上下层竖向构件之间的偏心；当未考虑时，应采用柱端、墙附加弯矩的方法进行验算。

（4）进行多高层木结构内力与位移计算时，当采取了保证楼板平面内整体刚度的措施，可假定楼板平面为无限刚性进行计算；当楼板具有较明显的面内变形，计算时应考虑楼板面内变形的影响，或对按无限刚性假定方法的计算结果进行适当调整。

（5）高层木结构按空间整体工作计算分析时，应考虑下列变形：

1）梁的弯曲、剪切、扭转变形，必要时考虑轴向变形；

2）柱的弯曲、剪切、轴向、扭转变形；

3）支撑的弯曲、剪切、轴向、扭转变形；

4）墙的弯曲、剪切、轴向、扭转变形。

（6）高层建筑木结构弹性分析时，应计入层间变形引起的重力二阶效应的影响。

（7）体型复杂、结构布置复杂以及特别不规则的多高层木结构，应采用至少两个不同结构分析软件进行整体计算。对结构分析软件的分析结果，应进行分析判断，确认其合理、有效后方可作为设计依据。

（8）高层木结构进行弹塑性计算分析时，可根据实际工程情况采用静力或动力时程分析方法，并应符合下列规定：

1）梁、柱、斜撑、剪力墙、楼板等结构构件，应根据实际情况和分析精度要求采用合适的简化模型；

2）应合理采用木材、连接件的力学性能指标及本构关系；

3）应对计算结果的合理性进行分析和判断。

16.4.2 分析方法

（1）当采用振型分解反应谱法时，考虑组合所有模态的参与质量不应小于建筑两个正交水平方向90%的有效总质量。

（2）当进行高层木结构的弹塑性地震反应分析时，恢复力模型应根据试验确定。

（3）在竖向荷载、风荷载以及多遇地震作用下，多高层木结构的内力和变形可采用弹性方法计算；罕遇地震作用下，多高层木结构的弹塑性变形可采用弹塑性时程分析法或静力弹塑性分析法计算。高层木结构弹性分析时，应保证梁、柱、支撑和墙等各种可能的变形满足标准的要求。

（4）在预估的罕遇地震作用下，高层建筑结构薄弱层或薄弱部位的弹塑性变形计算可采用下列方法进行计算：

1）各层侧向刚度无突变的木框架结构可采用简化计算方法；

2）除第1款规定的结构以外，其他结构可采用弹塑性静力或动力分析方法。

（5）结构计算时不宜计入非结构构件对结构承载力和刚度的有利作用。

（6）高层建筑结构进行风作用效应计算时，应按两个方向计算；体系复杂的高层建筑，应考虑风向角的不利影响。

（7）多高层木结构抗侧力构件承受的剪力，可按面积分配法和刚度分配法进行分配。

对于柔性楼、屋盖，抗侧力构件承受的剪力宜按面积分配法进行分配；对于刚性楼、屋盖，抗侧力构件承受的剪力宜按抗侧力构件等效刚度的比例进行分配。

（8）多高层纯木结构体系中木框架支撑结构的设计应符合下列规定：

1）木框架支撑体系应设计成双向抗侧力体系；

2）木框架支撑体系不宜采用单跨或局部单跨框架结构；

3）由水平地震作用引起的角柱内力应进行适当放大；

4）木框架支撑结构的填充墙及隔墙宜采用轻质墙体，当采用刚性、质量较重的填充墙时，其布置应避免上、下层刚度变化过大，并应减少因抗侧刚度偏心所造成的扭转；

5）填充墙体与梁柱连接时，应保证自身稳定性要求，外墙应考虑风荷载作用；

6）计算结构自振周期，应考虑非承重填充墙体的影响对其予以折减。当非承重墙体为木骨架墙体或外挂墙板时，周期折减系数可取0.9～1.0；

7）木框架支撑结构的支撑斜杆两端宜按铰接计算；当实际构造为刚接时，可按刚接计算；

8）木框架支撑体系在地震作用标准值作用下，总框架各层所承担的地震剪力不得小于结构底部总剪力的25%与地震作用下的各层框架中地震剪力最大值的1.8倍两者的较小值。

（9）纯木结构体系中正交胶合木剪力墙结构的设计应符合下列规定：

1）多高层正交胶合木结构的抗震设计，可采用底部剪力法，或采用直接位移法以及简化的直接位移法；

2）正交胶合木剪力墙的剪力分配，可按刚性楼板或柔性楼板的假定进行分配；

3）正交胶合木剪力墙验算时，应进行剪力墙平面内的承载力验算，纵横剪力墙宜按两个方向单独进行验算。

（10）多高层纯木结构体系中木框架剪力墙结构的设计应符合下列规定：

1）抗震设计时，结构的两主轴方向均应布置剪力墙；

2）主体结构构件之间不应采用铰接，梁与柱或柱与剪力墙的中线宜重合；

3）在地震作用标准值作用下，各层框架所承担的地震剪力不得小于结构底部总剪力的25%与地震作用下的各层框架中地震剪力最大值的1.8倍两者之间的较小值。

（11）多高层木混合结构体系中，下部为混凝土结构，上部为木框架剪力墙结构或正交胶合木剪力墙结构进行地震作用计算时，应按结构刚度比进行计算。对于该类平面规则的上下混合木结构，当下部为混凝土结构，上部为4层及4层以下的木结构时，应按下列规定计算地震作用：

1）下部平均抗侧刚度与相邻上部木结构的平均抗侧刚度之比不大于4时，上下混合木结构可按整体结构采用底部剪力法进行计算；

2）下部平均抗侧刚度与相邻上部木结构的平均抗侧刚度之比大于4时，上部木结构和下部混凝土结构可分开单独进行计算。当上下部分分开单独计算时，上部木结构可按底部剪力法计算，并应乘以增大系数β，β应按下式计算：

$$\beta = 0.035\alpha + 2.11 \tag{16.4.1}$$

式中：α——底层平均抗侧刚度与相邻上部木结构的平均抗侧刚度之比。

（12）多高层木混合结构体系中，下部为混凝土结构，上部为轻型木结构进行地震作用计算时，上部结构的水平地震作用增大系数应根据下上部刚度比按下列规定确定：

1）对于下部混凝土结构高度大于10m、上部为1层轻型木结构，当下部与上部结构刚度比为6～12时，上部木结构的水平地震作用增大系数宜取3.0；当下部与上部结构刚度比不小于24时，增大系数宜取2.5；中间值可采用线性插值法确定；

2）对于符合下列规定的上下混合木结构，上下结构宜分开采用底部剪力法进行抗震设计；当下部与上部结构刚度比为6～12时，上部木结构的地震作用增大系数宜取2.5；当下部与上部结构刚度比不小于24时，增大系数宜取1.9；中间值可采用线性插值法确定；

① 下部混凝土结构高度小于10m、上部为1层轻型木结构；

② 下部混凝土结构高度大于10m、上部为2层或2层以上轻型木结构；

3）对于不符合本条第1、2款的7层及7层以下的上下混合木结构，上下结构宜分开采用底部剪力法进行抗震设计；当下部与上部结构刚度比为6～12时，上部木结构的地震作用增大系数宜取2.0，当下部与上部结构刚度比不小于30时，增大系数宜取1.7，中间值可采用线性插值法确定。

（13）多高层木混合结构体系中混凝土核心筒木结构设计应符合下列规定：

1）竖向荷载作用计算时，宜考虑木柱与钢筋混凝土核心筒之间的竖向变形差引起的结构附加内力；计算竖向变形差时，宜考虑混凝土收缩、徐变、沉降、施工调整以及木材蠕变等因素的影响；

2）对于预先施工的钢筋混凝土筒体，应验算施工阶段的混凝土筒体在风荷载及其他荷载作用下的不利状态的极限承载力；

3）钢筋混凝土核心筒体应承担100%的水平荷载，木结构竖向构件应仅承受竖向荷载作用；

4）建筑平面外围的木结构竖向构件，验算承载力时应考虑风荷载的作用。

16.5 控 制 指 标

多高层木结构建筑中各木构件的挠度及长细比控制指标可见本手册第3.3节的相关要求。

多高层木结构建筑在弹性和弹塑性状况下的层间位移角应符合表16.5.1的规定。

多高层木结构建筑层间位移角限值 **表16.5.1**

结构体系		弹性层间位移角	弹塑性层间位移角
纯木结构	轻型木结构	⩽1/250	⩽1/50
	其他纯木结构	⩽1/350	
上下混合木结构	上部纯木结构	按纯木结构采用	⩽1/50
	下部的混凝土框架	⩽1/550	
	下部的钢框架	⩽1/350	
	下部的混凝土框架剪力墙	⩽1/800	
混凝土核心筒木结构		⩽1/800	⩽1/50

16.6　多高层木结构计算案例

16.6.1　多层木框架结构算例

以某四层的胶合木框结构为例，介绍多层木框架结构的设计方法和设计过程。

1. 建筑布局

四层建筑，为一售楼处兼展示中心，总建筑高度约为 19.3m，建筑面积约为 1300m²，设计使用年限为 50 年。一层层高为 4.8m，二层至四层层高为 3.6m。一层布置为销售台和模型沙盘展示区，二层～四层为样板间，屋面采用双坡屋面，坡度 1∶1.5。各层建筑平面图详见图 16.6.1。

楼面采用轻型木结构组合保温楼板：双层 12mm 厚防火石膏板＋SPF 木搁栅＋单层 15mm 厚 OSB 板（胶合板）＋18mm 厚阻燃实木地板；外墙采用 150mm 厚轻木组合墙体，外挂 20～30mm 厚文化石贴面（一层）或 40mm×185mm 红雪松木挂板（二～四层）；内墙采用 150mm 厚轻型木结构组合墙体：40mm×185mm@406mm 墙骨柱＋一侧 OSB 板＋一侧防火石膏板（非剪力墙）。屋面采用胶合木桁架上覆 OSB 板（或胶合板），上挂天然石板瓦。

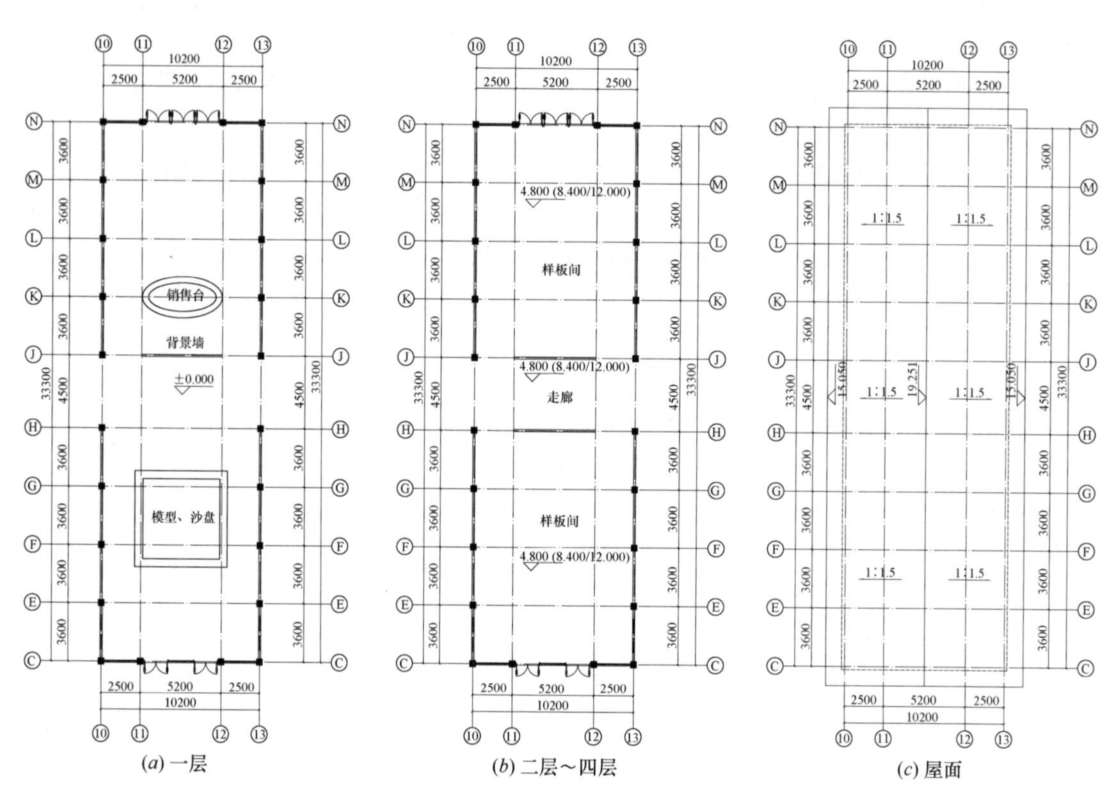

(*a*) 一层　(*b*) 二层～四层　(*c*) 屋面

图 16.6.1　建筑平面布置图

2. 结构布置

采用胶合木框架结构体系，结构布置详见图 16.6.2 和图 16.6.3。胶合木梁柱节点采用常用的钢填板螺栓连接，为了保证结构体系的侧向稳定，在胶合木梁底、柱侧设置隅撑，具体位置详见图 16.6.3。楼面搁栅布置方向如图 16.6.2 (*a*) 所示，连接在胶合木梁侧面，连接件由专业木结构施工单位深化。屋盖采用胶合木桁架支承，平面布置如图 16.6.2 (*b*) 所示。为维持屋盖系统的整体稳定，在屋脊处设置纵向拉梁，并在 E 轴和 F 轴、H 轴和 J 轴、L 轴和 M 轴之间分别设置桁架上弦杆交叉斜撑。胶合木桁架立面结构图见图 16.6.3 (*b*) 和 (*c*)。

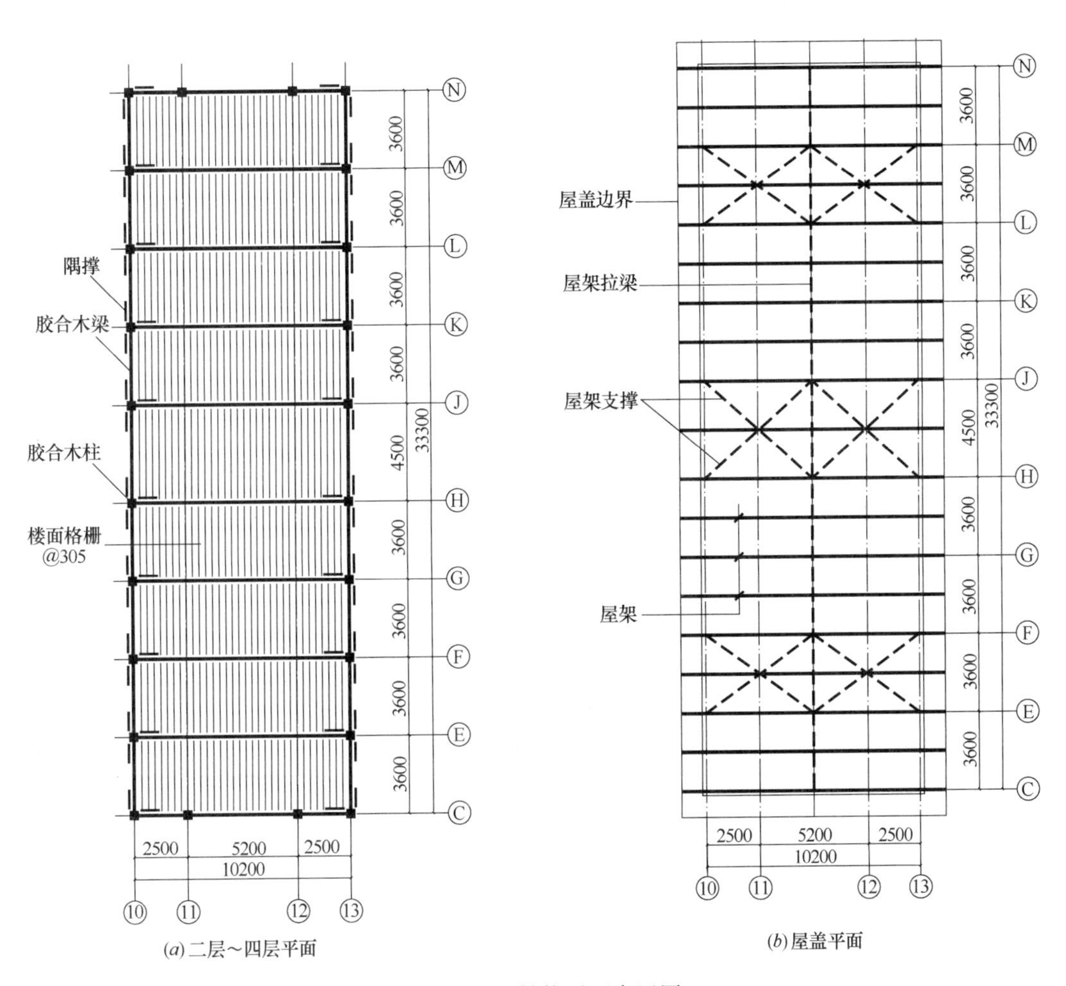

图 16.6.2 结构平面布置图

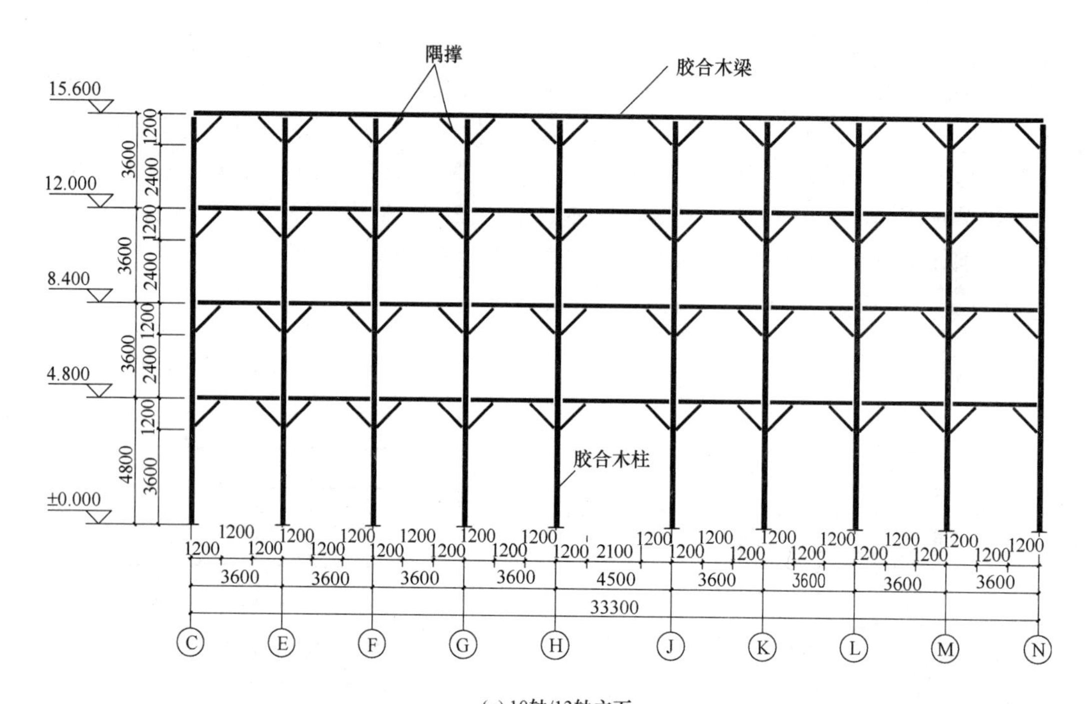

(a) 10轴/13轴立面

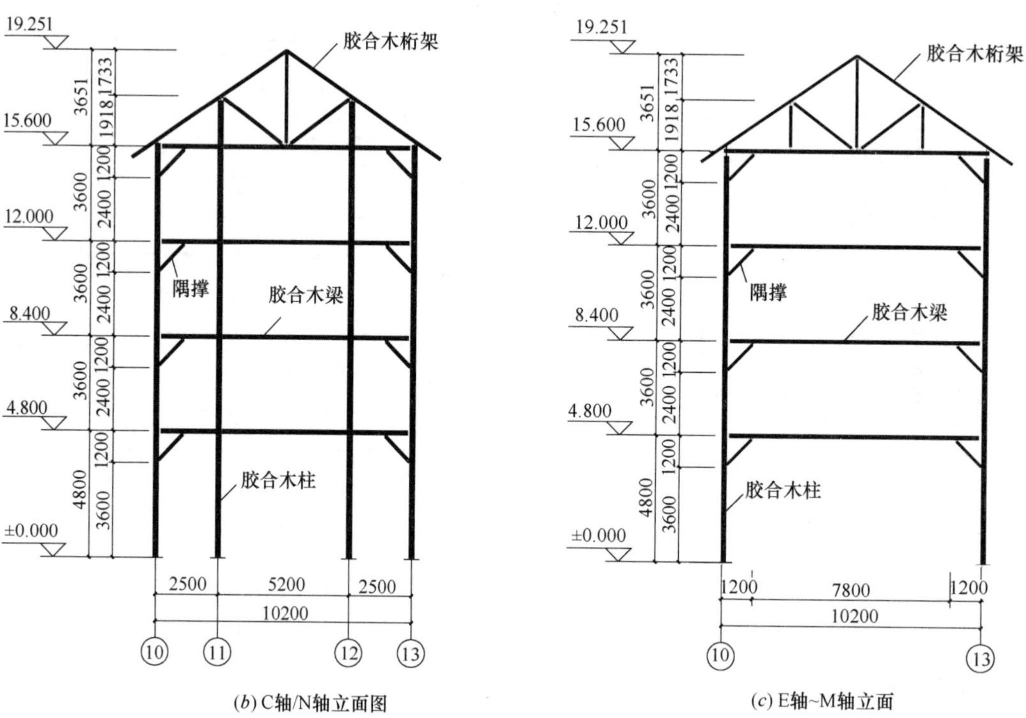

(b) C轴/N轴立面图　　(c) E轴~M轴立面

图 16.6.3　结构立面布置图

3. 荷载计算

(1) 恒荷载标准值

1) 楼面

18 厚阻燃实木地板	0.2kN/m²
单层 15 厚 OSB 板（胶合板）	0.15kN/m²
木搁栅	0.4kN/m²
双层 12 厚防火石膏板	0.25kN/m²
总计：	1.0kN/m²

2) 屋面

7～9 厚天然石板瓦（含 40×40 木挂瓦条）	0.7kN/m²
30 高波形沥青防水板	0.2kN/m²
3 厚 SBS 防水卷材	0.1kN/m²
单层 15 厚 OSB 板（胶合板）	0.15kN/m²
木桁架（内衬 160 厚玻纤棉）	0.7kN/m²
双层 12 厚防火石膏板	0.25kN/m²
其他	0.1kN/m²
总计：	2.2kN/m²

3) 内墙

单层 15mm 防火石膏板	0.15kN/m²
单层 OSB 板	0.11kN/m²
38mm×140mm@406mm 墙骨柱	0.08kN/m²
墙体保温材料	0.03kN/m²
其他	0.03kN/m²
总计	0.40kN/m²

4) 外墙

38×184 红雪松木挂板	0.20kN/m²
38×38 木龙骨顺水条，间距 600	0.35kN/m²
单层 OSB 板	0.15kN/m²
38×140 木龙骨，间距 406，内填 140 厚玻纤棉	0.11kN/m²
单层 15 厚防火石膏板	0.15kN/m²
其他	0.04kN/m²
总计：	1.0kN/m²

(2) 活荷载标准值

样板间楼面：	2.0kN/m²
不上人屋面：	0.5kN/m²

(3) 雪荷载标准值

大庆市 50 年一遇基本雪压 s_0＝0.45kN/m²，双坡屋面的坡度 1∶1.5，均匀分布积雪

系数 $\mu_r=0.7$。故，雪荷载标准值：$s_k=\mu_r s_0=0.315\text{kN/m}^2$。

（4）风荷载标准值

建设地点50年一遇基本风压 $w_0=0.45\text{kN/m}^2$，地面的粗糙度为B类，按下式计算风荷载标准值：

$$w_k=\beta_z\mu_s\mu_z w_0$$

式中：w_k——风荷载的标准值（kN/m^2）；

β_z——高度 z 处的风振系数，此处取 $\beta_z=1$；

μ_s——风荷载体型系数；

μ_z——风压高度变化系数。

1）风荷载体型系数

查《建筑结构荷载规范》GB 50009—2012 表8.3.1，封闭式双坡屋面的体型系数取值如下：

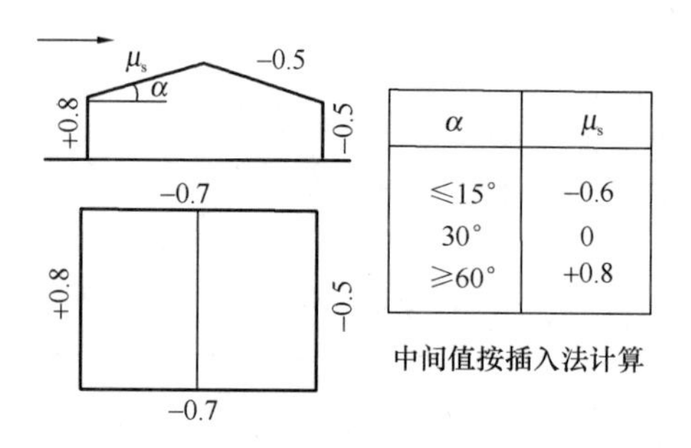

α	μ_s
≤15°	−0.6
30°	0
≥60°	+0.8

中间值按插入法计算

屋面坡度为1∶1.5，近似按30°，取 $\mu_s=0$。

2）风压高度变化系数

按国家标准《建筑结构荷载规范》GB 50009—2012，风压高度变化系数取值如下：

一层、二层标高小于10m，取 $\mu_z=1.0$；三层标高12m，取 $\mu_z=1.052$；四层屋檐标高15.6m，取 $\mu_z=1.142$；屋架17.518m处 $\mu_z=1.180$，19.251m处 $\mu_z=1.215$。

（5）地震作用

本工程场地设防烈度为6度，地面加速度 $0.05g$，设计地震分组为第一组，场地类别为Ⅲ类，特征周期0.45s，丙类建筑。根据《建筑抗震设计规范》GB 50011—2010，采用反应谱法计算地震剪力，取结构阻尼比为0.05。相关参数输入软件中，由软件自行计算地震作用。

4. 结构分析

（1）计算模型及假定

在通用有限元软件SAP2000中建立整体框架模型，见图16.6.4。为了简化计算，将屋架简化为简支梁。木柱为连续构件，柱脚铰接，柱顶搁置连续梁，故柱顶也简化为铰接节点；二、三、四层木梁均为简支梁，构件两端铰接；隅撑为二力杆件，两端为铰接；屋面圈梁为连续梁。

模型中所有胶合木构件均采用强度等级为 TC_T32 级的欧洲云杉层板胶合木，设计参数见表16.6.1。软件计算仅用作结构分析，不作构件验算，故仅需要输入弹性模量及密度，密度按 500kg/m^3 计。

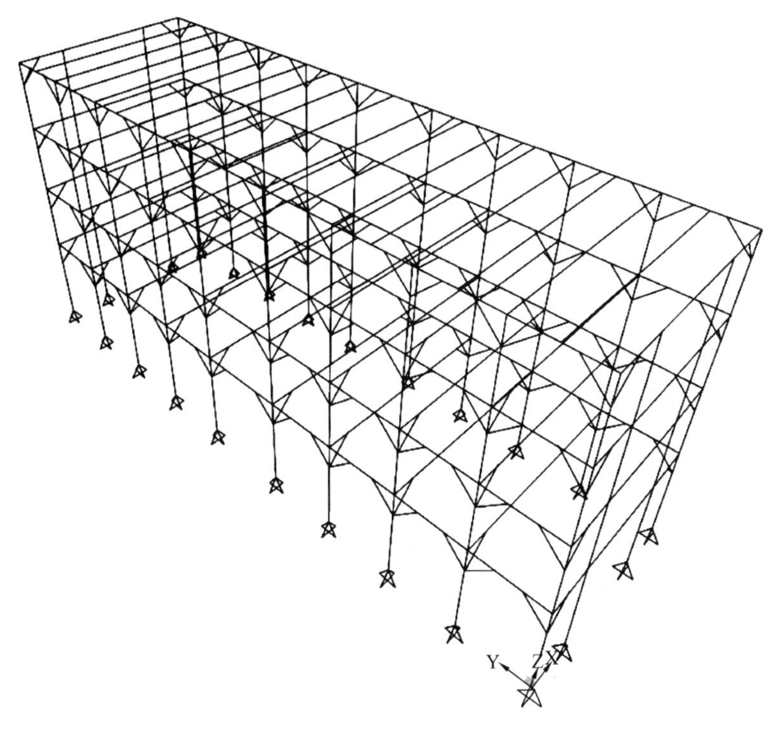

图 16.6.4 计算模型

胶合木强度设计值及弹性模量 表 16.6.1

强度等级	抗弯 f_m (N/mm²)	顺纹抗压及承压 f_c (N/mm²)	顺纹抗拉 f_t (N/mm²)	顺纹抗剪 f_v (N/mm²)	横纹承压 $f_{c,90}$ (N/mm²)			弹性模量 E (N/mm²)
					全表面	局部表面和齿面	拉力螺栓垫板下	
TC_T32	22.3	19	14.2	2.0	2.3	3.5	4.6	9500

表 16.6.2 列出了初选构件截面尺寸。所有木柱截面均为 400mm×400mm，隅撑杆件截面均为 250mm×250mm，柱顶圈梁（连续梁）截面为 350mm×700mm，屋架简化成的简支梁截面为 300mm×600mm，二、三、四层楼层梁：跨度为 10.2m 的楼层梁截面为 350mm×700mm，跨度为 2.5m 的楼层梁截面为 200mm×500mm，其余均为 300mm×600mm。

初选构件截面尺寸 表 16.6.2

构件名称	截面 (mm×mm)	面积 A (cm²)	惯性矩 I_x (cm⁴)	截面模量 W_x (cm³)
柱	400×400	1600	213333.33	10666.67
梁	200×500	1000	208333.33	8333.33
	300×600	1800	540000	18000
	350×700	2450	1000416.7	28583.33
隅撑	250×250	625	32552.08	2604.17
屋架简化梁	300×600	1800	540000	18000

(2) 荷载及荷载组合

经比较，屋面雪荷载标准值小于屋面活荷载标准值，不起控制作用，不做计算。结构分析时考虑的荷载工况见表16.6.3。荷载组合见表16.6.4。

荷载工况表　　表16.6.3

荷载工况	解释	符号
恒荷载	构件自重+楼面/屋面恒荷载+内外墙体自重	D
屋面活荷载	不上人屋面：0.5kN/m^2	$L1$
楼面活荷载	办公2.0kN/m^2；展示3.5kN/m^2； 卫生间2.5kN/m^2；走廊2.5kN/m^2	$L2$
雪荷载	0.45kN/m^2	S
风荷载	X向	WX
	Y向	WY
地震作用	X向	QX
	Y向	QY

荷载组合表　　表16.6.4

序号	组合情况	代号	适用情况
1	$1.3\times D+1.5\times(L1+L2)$	COMB-1	荷载基本组合 适用于构件和节点强度设计验算
2	$1.3\times D+1.5\times WX$	COMB-2	
3	$1.3\times D+1.5\times WY$	COMB-3	
4	$1.3\times D+1.5\times WX+1.5\times0.7\times(L1+L2)$	COMB-4	
5	$1.3\times D+1.5\times WY+1.5\times0.7\times(L1+L2)$	COMB-5	
6	$1.3\times Geq+1.3\times QX$	COMB-6	
7	$1.3\times Geq+1.3\times QY$	COMB-7	
8	$D+(L1+L2)$	COMB-8	荷载标准组合 适用于梁挠度验算及 柱顶水平侧移验算
9	$D+WX$	COMB-9	
10	$D+WY$	COMB-10	
11	$Geq+QX$	COMB-11	
12	$Geq+QY$	COMB-12	
13	$D+0.6L2+0.5L1+0.2S$	COMB-13	荷载偶然组合 适用于胶合木构件抗火验算
14	$D+0.6S+0.5L2$	COMB-14	
15	$D+0.4WX+0.5L2+0.2S$	COMB-15	
16	$D+0.4WY+0.5L2+0.2S$	COMB-16	

（3）结构分析结果

1）模态分析

经过计算，结构的主要振型图如图16.6.5所示。图16.6.5（a）所示为一阶平动振型（X向），周期为1.375s；图16.6.5（b）所示为Y向平动振型，周期为1.118s；图16.6.5（c）所示为一阶扭转振动振型，周期为0.970s。一阶扭转振动周期与一阶平动周期的比值为0.71，满足规范要求。

2）结构侧移验算

经计算，在荷载组合COMB-9作用下，胶合木柱柱顶X向水平位移为25.3mm$<H/350=44.6$mm；一层层间位移为10.6mm$<h/350=13.7$mm；二层层间位移为6.5mm$<h/350=10.3$mm；三层层间位移为4.6mm$<h/350=10.3$mm；四层层间位移为2.6mm$<h/350=10.3$mm。满足要求。

在荷载组合COMB-10作用下，胶合木柱柱顶Y向水平位移为7.8mm$<H/500=31.2$mm；一层层间位移为4.5mm$<h/400=12$mm；二层层间位移为1.9mm$<h/400=$

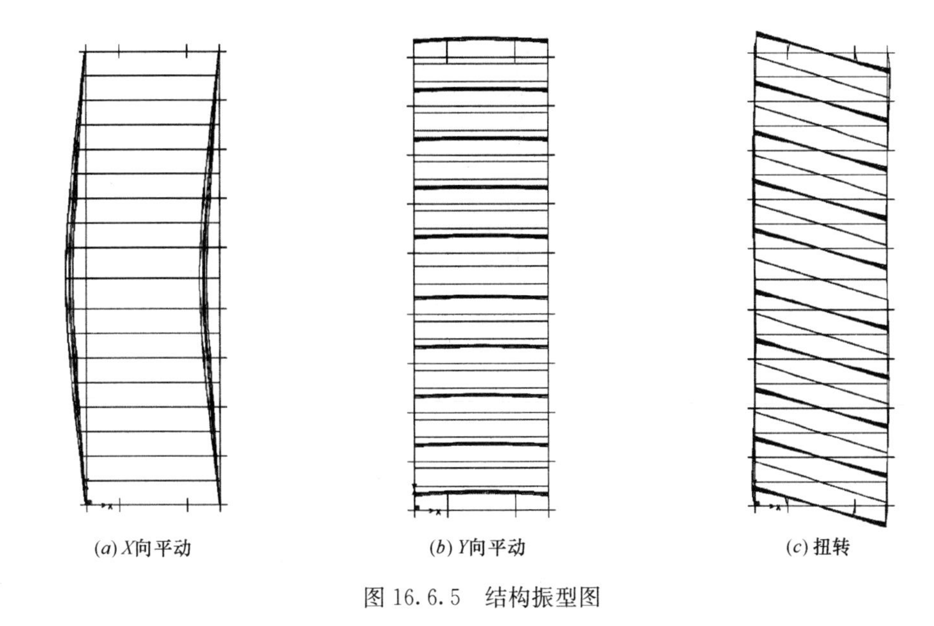

图 16.6.5 结构振型图

9mm；三层层间位移为 0.9mm$<h/400=9$mm；四层层间位移为 0.5mm$<h/400=9$mm。满足要求。

5. 构件验算

根据《胶合木结构技术规范》GB/T 50708—2012 第 5 章的相关公式进行构件截面验算。

(1) 胶合木柱验算

胶合木柱属于压弯构件，提取构件主要控制内力见表 16.6.5。

胶合木柱内力计算结果 **表 16.6.5**

控制荷载类型		弯矩 M (kN·m)	轴力 P (kN)	剪力 V (kN)	对应荷载组合	编号
弯矩	M_{max}	73.1	−315	58.2	COMB-4	①
	M_{min}	−124.3	−446	32.0	COMB-4	②
轴力	P_{max}	0	−0.64	−7.2	COMB-1	③
	P_{min}	0	−463.4	13.3	COMB-1	④
剪力	V_{max}	73.1	−226.1	−165.2	COMB-4	⑤

取表 16.6.5 列出的组合②内力，按压弯构件验算。构件截面为 400mm×400mm，根据标准规定，取抗弯强度折减系数 1.15。

按强度计算：

$$\frac{N}{A_n f_c}+\frac{M}{W_n f_m}=\frac{446\times10^3}{160000\times19}+\frac{124.3\times10^6}{10666667\times1.15\times22.3}=0.60<1$$

按稳定计算：

$$f_{cEx}=\frac{0.47E}{(l_{0x}/h)^2}=\frac{0.47\times9500}{(4800/400)^2}=31.0\text{N/mm}^2$$

$$\frac{N}{A}=\frac{446\times10^3}{160000}=2.788\text{N/mm}^2<f_{\text{cEx}}$$

$$\left(\frac{N}{A_{\text{n}}f_{\text{c}}}\right)^2+\frac{M_{\text{x}}}{W_{\text{nx}}f_{\text{mx}}\left(1-\dfrac{N}{A_{\text{n}}f_{\text{cEx}}}\right)}$$

$$=\left(\frac{446\times10^3}{160000\times19}\right)^2+\frac{124.3\times10^6}{10666667\times1.15\times22.3\times\left(1-\dfrac{446\times10^3}{160000\times31.0}\right)}$$

$$=0.5<1$$

满足要求。

取表16.6.5列出的组合④内力，按轴压构件验算：

按强度计算：

$$\frac{N}{A_{\text{n}}}=\frac{463.4\times10^3}{160000}=2.9\text{N/mm}^2<f_{\text{c}}=19\text{N/mm}^2$$

按稳定计算：

抗压临界屈曲强度设计值：

$$f_{\text{cE}}=\frac{0.47E}{(l_0/b)^2}=\frac{0.47\times9500}{(4800/400)^2}=31.0\text{N/mm}^2$$

稳定系数：

$$\varphi_l=\frac{1+\left(\dfrac{f_{\text{cE}}}{f_{\text{c}}}\right)}{1.8}-\sqrt{\left[\frac{1+\left(\dfrac{f_{\text{cE}}}{f_{\text{c}}}\right)}{1.8}\right]^2-\frac{\left(\dfrac{f_{\text{cE}}}{f_{\text{c}}}\right)}{0.9}}=0.892$$

$$\frac{N}{\varphi_l A_0}=\frac{464.4\times10^3}{0.892\times160000}=3.25\text{N/mm}^2<f_{\text{c}}=19\text{N/mm}^2$$

满足要求。

取表16.6.5列出的组合⑤内力，进行构件抗剪验算：

$$\frac{VS}{Ib}=\frac{3V}{2A}=\frac{165.2\times10^3\times3}{2\times160000}=1.55\text{N/mm}^2<f_{\text{v}}=2.0\text{N/mm}^2$$

满足要求。

（2）胶合木梁验算

以350mm×700mm的胶合木楼层梁为例进行计算，提取构件主要控制内力见表16.6.6。

胶合木梁内力计算结果　　表16.6.6

控制荷载类型		弯矩 M（kN·m）	轴力 P（kN）	剪力 V（kN）	对应荷载组合	编号
弯矩	$M_{\max}$	120.5	36	0	COMB-1	①
	$M_{\min}$	−118.9	223.7	108.7	COMB-4	②
轴力	$P_{\max}$	−118.9	223.7	108.7	COMB-4	③
	$P_{\min}$	32.0	−54.0	31.4	COMB-2	④
剪力	$V_{\max}$	−118.9	223.7	108.7	COMB-4	⑤

构件截面尺寸为 350mm×700mm，根据标准规定，抗弯强度折减系数 1.0。另外，由于梁侧连接有间距为 305mm 的楼面搁栅，此梁不存在侧向稳定问题。

取表 16.6.6 列出的组合①内力，按受弯构件验算：

$$\frac{M}{W_{\mathrm{n}}}=\frac{120.5\times10^{3}}{28583.33}=4.22\mathrm{N/mm^{2}}<f_{\mathrm{m}}=22.3\mathrm{N/mm^{2}}$$

取表 16.6.6 列出的组合②内力，按拉弯构件验算：

$$\frac{N}{A_{\mathrm{n}}f_{\mathrm{t}}}+\frac{M}{W_{\mathrm{n}}f_{\mathrm{m}}}=\frac{223.7\times10^{3}}{245000\times14.2}+\frac{118.9\times10^{6}}{28583333\times22.3}=0.25<1$$

取表 16.6.6 列出的组合⑤内力，进行构件抗剪验算：

$$\frac{VS}{Ib}=\frac{3V}{2A}=\frac{108.7\times10^{3}\times3}{2\times245000}=0.67\mathrm{N/mm^{2}}<f_{\mathrm{v}}=2.0\mathrm{N/mm^{2}}$$

满足要求。

按简支梁进行刚度验算：

$$w=\frac{5ql^{4}}{384EI}=\frac{5Ml^{2}}{48EI}=\frac{5\times120.5\times10^{6}\times10200^{2}}{48\times9500\times1000416.7\times10^{4}}=13.7\mathrm{mm}<\frac{l}{250}=40.8\mathrm{mm}$$

满足要求。

6. 节点计算

框架梁柱连接节点采用钢填板螺栓连接，如图 16.6.6 所示。这里以二层 H 轴的胶合木梁与柱的连接为例，介绍该节点的计算过程。

该节点连接参数如图 16.6.6 所示。

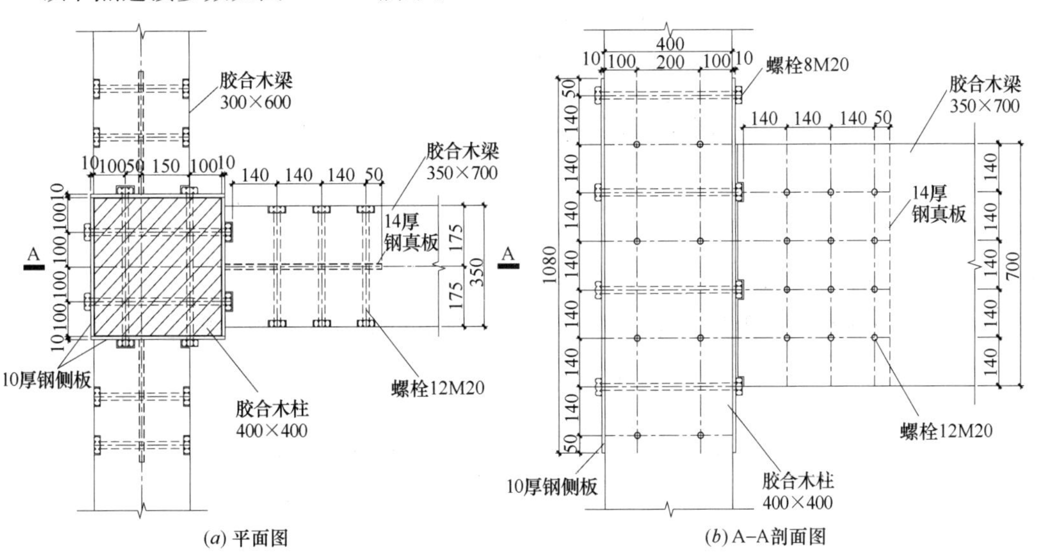

图 16.6.6 钢填板螺栓连接节点详图

胶合木梁内力计算结果 **表 16.6.7**

控制荷载类型		轴力 P（kN）	剪力 V（kN）	对应荷载组合	编号
轴力	$P_{\max}$	223.7	89.5	COMB-4	①
	$P_{\min}$	−44.5	74.5	COMB-2	②
剪力	$V_{\max}$	223.7	89.5	COMB-4	③

螺栓采用4.8级普通螺栓M20，螺栓连接处木构件开槽将螺栓头及螺帽埋入；钢板连接材质为Q235B，钢侧板厚度为10mm，钢填板厚度为14mm，钢填板与钢侧板间双面角焊缝满焊焊接。

该梁梁端最大内力如表16.6.7所示，最不利荷载效应组合为COMB-4，轴力$P=223.7\text{kN}$，剪力$V=89.5\text{kN}$，节点的合剪力为240.9kN。

螺栓布置：边距、端距均为140mm=$7d$，满足标准要求。

该节点属于双剪连接，单个M20螺栓每一剪面的承载力设计值Z按国家标准《胶合木结构技术规范》GB/T 50708—2012第6.2.5条相关公式计算，具体计算过程如下：

主构件钢板，厚度$t_m = 14\text{mm}$；此构件为胶合木构件，厚度$t_s = 167\text{mm}$。

（1）销槽承压破坏

荷载与木纹方向夹角$\theta=0°$，$K_\theta = 1$，查《胶合木结构技术规范》GB/T 50708—2012表6.2.5得折减系数$R_d = 4K_\theta = 4$

销槽顺纹承压强度：

$$f_{es} = f_{e,0} = 77G = 77 \times 0.36 = 27.72\text{N/mm}^2$$

则

$$Z = \frac{3dl_s f_{es}}{R_d} = \frac{3 \times 20 \times 167 \times 27.72}{4 \times 10^3} = 69.4\text{kN}$$

（2）销槽局部挤压破坏

$$R_e = \frac{f_{em}}{f_{es}} = \frac{305}{27.72} = 11.0$$

$$R_t = \frac{l_m}{l_s} = \frac{14}{167} = 0.084$$

$$k_1 = \frac{\sqrt{R_e + 2R_e^2(1 + R_t + R_t^2) + R_t^2 R_e^3} - R_e(1 + R_t)}{1 + R_e} = 0.412$$

$$Z = \frac{1.5k_1 dl_s f_{es}}{R_d} = \frac{1.5 \times 0.412 \times 20 \times 167 \times 27.72}{4 \times 10^3} = 14.3\text{kN}$$

（3）单个塑性铰破坏

4.8级普通螺栓的屈服强度为400×0.8=320N/mm²，则其抗弯强度标准值取

$$f_{yb} = 1.3 \times 320 = 416\text{N/mm}^2$$

$$k_3 = -1 + \sqrt{\frac{2(1 + R_e)}{R_e} + \frac{2f_{yb}(2 + R_e)d^2}{3f_{em}l_s^2}} = 1.01$$

$$Z = \frac{3k_3 dl_s f_{em}}{(2 + R_e)R_d} = \frac{3 \times 1.01 \times 20 \times 167 \times 305}{(2 + 11) \times 4 \times 10^3} = 59.4\text{kN}$$

（4）两个塑性铰破坏

$$Z = \frac{3d^2}{R_d}\sqrt{\frac{2f_{em}f_{yb}}{3(1 + R_e)}} = \frac{3 \times 20^2}{4 \times 10^3} \times \sqrt{\frac{2 \times 305 \times 416}{3 \times (1 + 11)}} = 25.2\text{kN}$$

综上，发生销槽局部挤压破坏模式时螺栓承载力值最小，即单个螺栓每一剪面的受剪承载力设计值$Z=14.3\text{kN}$。该连接节点共布置12个双剪螺栓。

节点抗剪承载力验算：

$$Z' = C_m C_t C_{eg} k_g m_v Z = 1.0 \times 1.0 \times 1.0 \times 0.98 \times 12 \times 2 \times 14.3$$
$$= 336\text{kN} > 240.9\text{kN}$$

满足受力要求。

7. 抗火设计

胶合木梁柱构件的耐火极限为 1.0h，根据国家标准《胶合木结构技术规范》GB/T 50708—2012 中第 7.1.4 条，考虑炭化层厚度 46mm。柱按四面曝火构件、梁按三面曝火构件设计，曝火 1h 后的截面特性见表 16.6.8。

曝火 1h 后构件截面特性 **表 16.6.8**

构件名称	截面 (mm×mm)	面积 A (cm^2)	惯性矩 I_x (cm^4)	截面模量 W_x (cm^3)
柱	308×308	948.64	74993.1541	4869.685
梁	108×454	490.32	84218.9976	3710.088
	208×554	1152.32	294721.2043	10639.755
	258×654	1687.32	601411.4676	18391.788

TC_T32 级的层板胶合木的材料强度和弹性模量标准值如表 16.6.9 所示，防火设计计算时应按本手册表 7.3.1 的规定乘以相应系数进行修正。

胶合木强度标准值及弹性模量 **表 16.6.9**

强度等级	抗弯 f_{mk} (N/mm^2)	顺纹抗压 f_{ck} (N/mm^2)	顺纹抗拉 f_{tk} (N/mm^2)	弹性模量 E_k (N/mm^2)
TC_T32	32	27	23	7900

(1) 胶合木柱抗火验算

胶合木柱属于压弯构件，提取构件主要控制内力见表 16.6.10。

抗火设计组合下胶合木柱内力计算结果 **表 16.6.10**

控制荷载类型		弯矩 M (kN·m)	轴力 P (kN)	剪力 V (kN)	对应荷载组合	编号
弯矩	M_{max}	64.1	−277.5	50.3	COMB-15	①
	M_{min}	−97.1	−390.8	25.3	COMB-16	②
轴力	P_{max}	0	−1.2	−5.6	COMB-14	③
	P_{min}	0	−393.7	28.6	COMB-13	④

取表 16.6.10 列出的组合②内力，按压弯构件验算。构件截面为 308mm×308mm，根据表 16.6.8 选取相应截面特性。

按强度计算：

$$\frac{N}{A_n f_{ck}} + \frac{M}{W_n f_{mk}} = \frac{390.8 \times 10^3}{94864 \times 27 \times 1.36} + \frac{97.1 \times 10^6}{4869685 \times 32 \times 1.15 \times 1.36} = 0.51 < 1$$

按稳定计算：

$$f_{cEx}=\frac{0.47E}{(l_{0x}/h)^2}=\frac{0.47\times7900\times1.05}{(4800/308)^2}=16.05\text{N/mm}^2$$

$$\frac{N}{A}=\frac{390.8\times10^3}{97864}=3.99\text{N/mm}^2<f_{cEx}$$

$$\left(\frac{N}{A_n f_{ck}}\right)^2+\frac{M_x}{W_{nx}f_{mkx}\left(1-\frac{N}{A_n f_{cEx}}\right)}$$

$$=\left(\frac{390.8\times10^3}{97864\times27\times1.36}\right)^2+\frac{97.1\times10^6}{4869685\times1.15\times1.36\times32\times\left(1-\frac{390.8\times10^3}{97864\times20.32}\right)}$$

$$=0.55<1$$

满足要求。

取表16.6.10列出的组合④内力，按轴压构件验算：

按强度计算：

$$\frac{N}{A_n}=\frac{393.7\times10^3}{97864}=4.023\text{N/mm}^2<f_{ck}=27\times1.36=36.72\text{N/mm}^2$$

按稳定计算：

稳定系数取 $\varphi_l=1.22$

则

$$\frac{N}{\varphi_l A_0}=\frac{393.7\times10^3}{1.22\times97864}=3.297\text{N/mm}^2<f_{ck}=36.72\text{N/mm}^2$$

满足要求。

（2）胶合木梁验算

以350mm×700mm的胶合木楼层梁（燃烧1h后截面为258mm×654mm）为例进行计算，提取构件主要控制内力见表16.6.11。

抗火设计组合下胶合木梁内力计算结果　　**表16.6.11**

控制荷载类型		弯矩 M（kN·m）	轴力 P（kN）	剪力 V（kN）	对应荷载组合	编号
弯矩	M_{max}	101.7	26.1	3.1	COMB-13	①
	M_{min}	−89.6	185.2	83.5	COMB-13	②
轴力	P_{max}	−89.6	185.2	83.5	COMB-15	③
	P_{min}	101.7	26.1	3.1	COMB-16	④

燃烧前构件截面尺寸为350mm×700mm，取抗弯强度折减系数1.0。燃烧后构件截面尺寸为258mm×654mm，根据表16.6.8选取相应截面特性进行计算。由于梁侧连接有间距为305mm的楼面搁栅，此梁不存在侧向稳定问题。

取表16.6.11列出的组合①内力，按拉弯构件验算：

$$\frac{N}{A_n f_{tk}}+\frac{M}{W_n f_{mk}}=\frac{26.1\times10^3}{168732\times23\times1.36}+\frac{101.7\times10^6}{18391788\times32\times1.36}=0.132<1$$

取表16.6.11列出的组合②内力，按拉弯构件验算：

$$\frac{N}{A_n f_{tk}}+\frac{M}{W_n f_{mk}}=\frac{185.2\times10^3}{168732\times23\times1.36}+\frac{89.6\times10^6}{18391788\times32\times1.36}=0.147<1$$

满足要求。

（3）连接节点

胶合木构件的连接节点采取构造措施防火。梁端采用钢填板螺栓连接节点，钢板插入木构件中间，连接螺栓处木构件开槽将螺栓头及螺帽埋入，用木塞封堵，连接缝隙采用防火材料填缝。柱侧外露金属板采用防火涂料保护，耐火极限不小于1.0h。

16.6.2　五层组合结构算例

本例题为一栋5层组合结构的宿舍楼，首层为现浇钢筋混凝土框架结构，2～5层为轻型木结构。建筑总高度为19.55m，1～5层的层高分别为3.6m、3.2m、3.2m、3.2m、2.95m，总建筑面积为2128m²，其中轻型木结构部分占1702m²。楼盖采用现浇混凝土楼板及轻型木结构楼盖（木搁栅），屋盖采用三角形轻型木桁架，建筑剖面见图16.6.7。本例题主要介绍采用振型分解反应谱法进行水平地震作用的计算及底部木基剪力墙的承载力验算，限于篇幅，对底层混凝土构件设计、雪荷载和风荷载计算等，不再赘述。

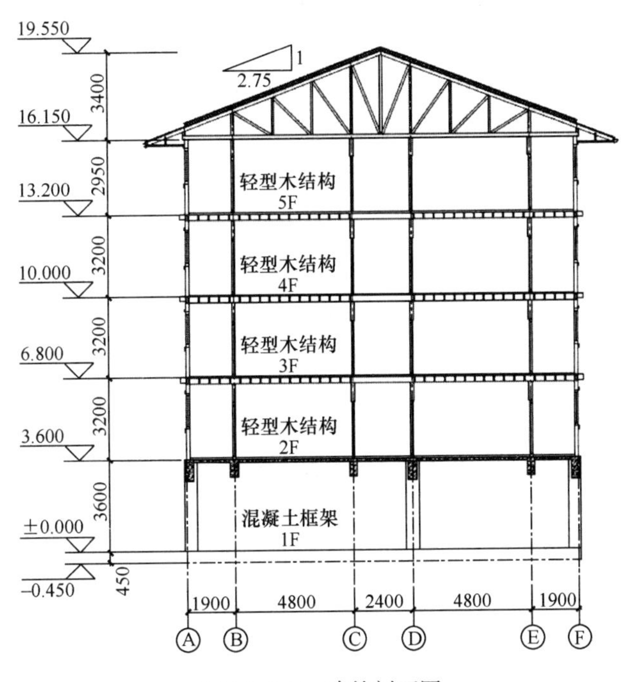

图16.6.7　建筑剖面图

1. 荷载与作用

（1）恒荷载标准值

木搁栅楼面（普通，50mm混凝土层）：1.85kN/m²

木搁栅楼面（阳台，50mm混凝土层）：2.35kN/m²

木基剪力墙：0.50kN/m²

木骨架组合墙体（非承重）：0.50kN/m²

轻型木桁架（屋面做法及陶瓦）：1.4kN/m²

（2）活荷载标准值

宿舍：2.0kN/m²

卫生间：2.5 kN/m^2

走廊、门厅、楼梯、阳台：3.5kN/m^2

屋面（不上人）：0.5kN/m^2

（3）地震作用及参数

根据国家标准《中国地震动参数区划图》建筑物场地的抗震设防烈度为8度，设计基本地震加速度为0.20g，场地类别为Ⅱ类，设计地震分组为二组，特征周期为0.40s，多遇地震的水平地震影响系数最大值为0.16。该建筑为丙类建筑，设计使用年限为50年。底部现浇钢筋混凝土框架抗震等级为二级，组合结构的阻尼比为5%。

2. 材料

木材：目测分级云杉—松—冷杉（SPF）与花旗松（加拿大）规格材，材质等级Ⅱ$_c$，含水率小于16%；

木基结构板：定向木片板（OSB），板厚度为12.5mm；

螺栓：8.8级A级普通螺栓；

锚栓：Q345；

金属连接件：拉条、抗剪件；

混凝土：C30；

钢筋：HRB400。

3. 结构布置

通过采用底部剪力法进行初步设计，可得到如图16.6.8与图16.6.9所示的首层混凝土框架结构平面布置与其上部轻型木结构平面布置图。

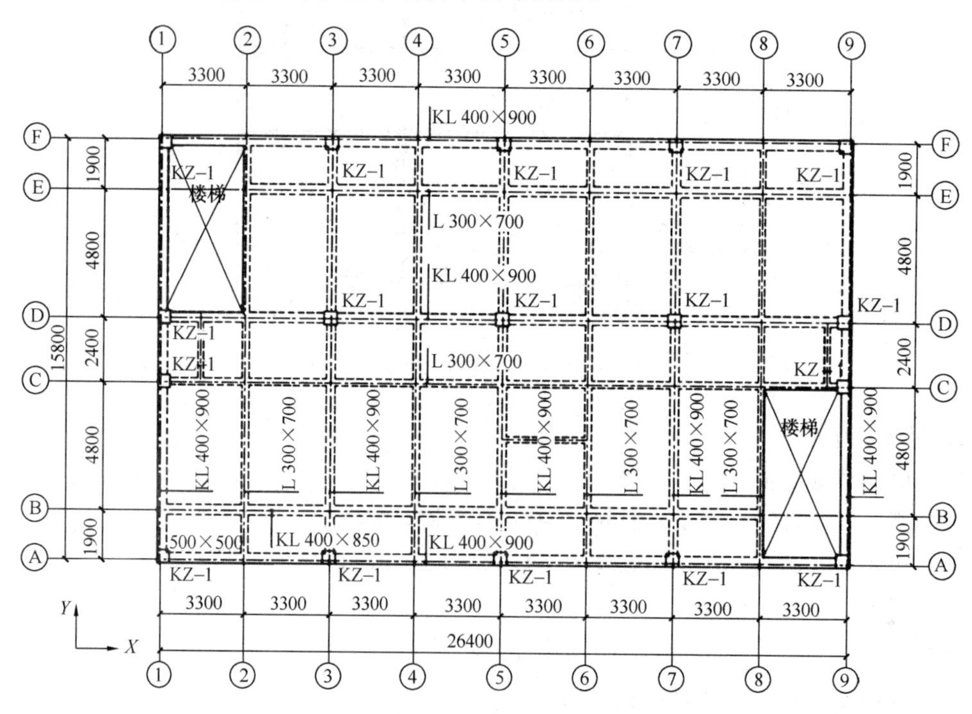

图16.6.8 首层（混凝土）结构平面布置图

木基结构板剪力墙由墙骨柱（38mm×140mm）和覆面板（OSB）组成，面板厚度为12.5mm，墙骨柱间距为0.3m，钢钉直径为3.66mm，钉入骨架构件最小深度为41mm。楼盖、屋盖覆面板采用厚度为12.5mm的定向木片板（OSB），并在其上浇筑50mm混凝土层。

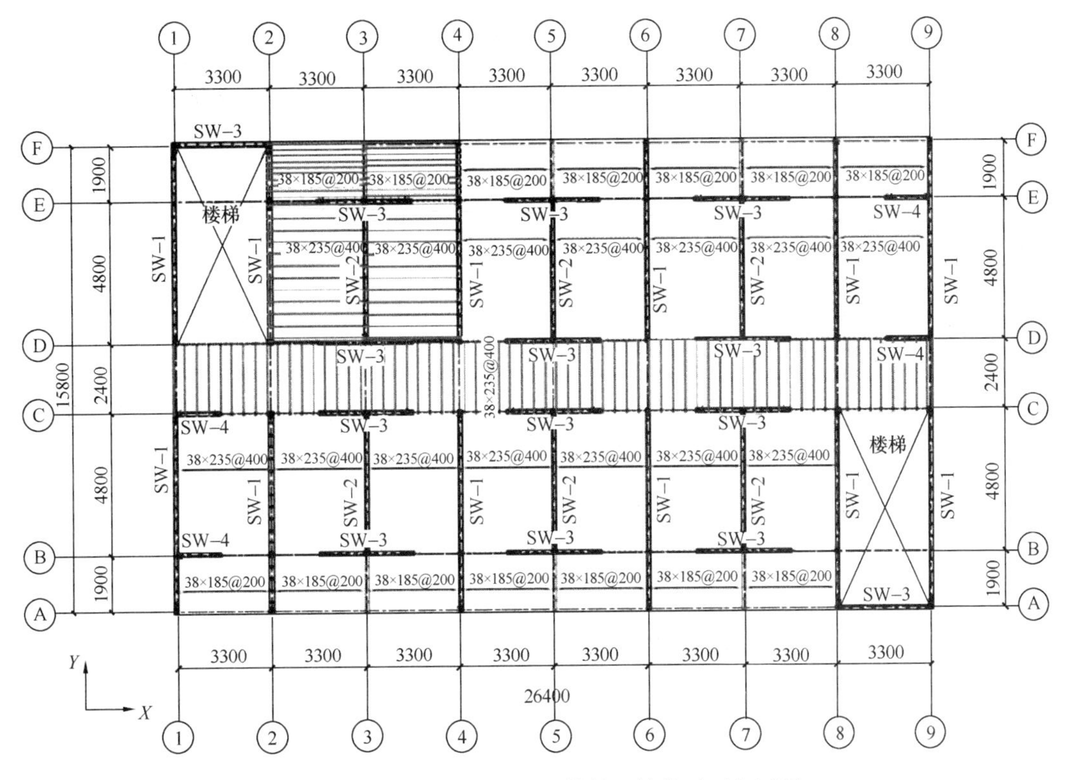

图 16.6.9 标准层（轻型木结构）结构平面布置图

4. 振型分解反应谱法

本例题采用SAP2000建立有限元模型（图 16.6.10）和进行整体结构分析，多遇地

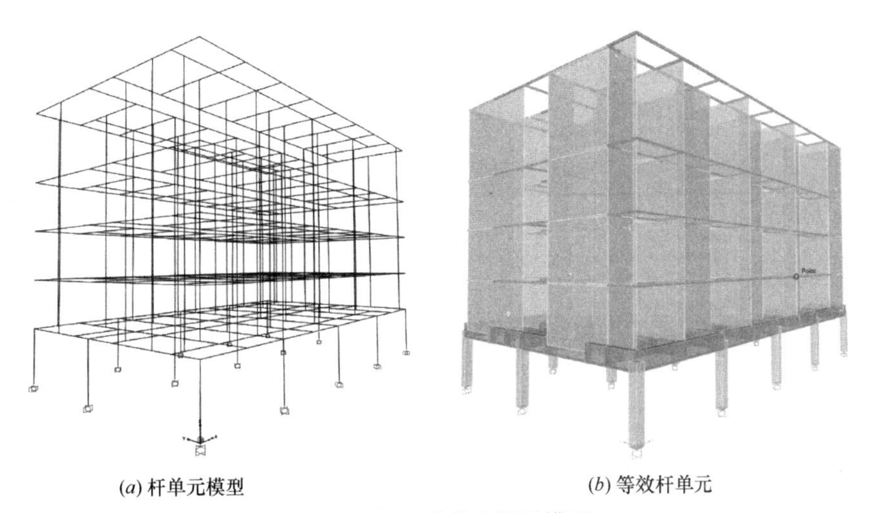

图 16.6.10 整体有限元模型

震作用计算采用振型分解反应谱法，并考虑偶然偏心、双向地震及扭转耦联地震效应。有限元模型采用梁、壳单元来模拟底层混凝土框架，等效杆单元来模拟木基剪力墙，轻型木搁栅楼盖和屋面采用壳单元，过梁和屋架三角桁架采用梁单元模拟。木基剪力墙底部（等效杆单元）与下部混凝土结构梁单元固接，轻型木结构部分的梁、壳单元连接处，耦合平动自由度，释放转动自由度，以平屋面模拟坡屋面，该层层高取坡屋面半高处。模型的楼（屋）盖均定义为刚性楼板。

以1轴交A、C轴处的SW-1为例，计算木基剪力墙的等效杆单元参数：

木材顺纹向的弹性模量 $E_c=10000\text{N/mm}^2$；

墙体抗侧刚度（双面12.5mm厚OSB，钉间距100mm）$K_w=2\times1.25\times5300=13250\text{N/mm}$；

钢拉杆中心距 $L_c=6600\text{mm}$；

抗拔锚固件（直径30mm的Q235通长钢杆）$E_t=206000\text{N/mm}^2$，$A_t=706\text{mm}^2$；

边界杆截面积 $A_c=31920\text{mm}^2$。

$$E_{t,eq}=\frac{H}{\frac{H}{E_t}+\frac{A_t}{T_r}d_{max}}=\frac{3200}{\frac{3200}{206000}+\frac{706}{144832.5}\times2}=126566\text{N/mm}^2$$

$$n=\frac{E_{t,eq}}{E_c}=\frac{126566}{10000}=12.66$$

$$A_{t,tr}=A_t\cdot n=706\times12.66=8938\text{mm}^2$$

$$y_{tr}=\frac{A_c\cdot L_c}{A_{t,tr}+A_c}=\frac{31920\times6600}{8938+31920}=5156\text{mm}$$

$$\begin{aligned}I_{tr}&=A_{t,tr}\cdot y_{tr}^2+A_c\cdot(L_c-y_{tr})^2\\&=8938\times5156^2+31920\times(6600-5156)^2\\&=3.04\times10^{11}\text{mm}^4\end{aligned}$$

$$t_{eq}=\frac{12I_{tr}}{L_c^3}=\frac{12\times3.04\times10^{11}}{6600^3}=13\text{mm}$$

$$G_p=\frac{1.2K_w}{t_{eq}}=\frac{1.2\times13250}{13}=1223\text{N/mm}^2$$

本例题的木基剪力墙的等效杆单元参数如表16.6.12所示，并输入在整体有限元模型中进行振型分解反应谱的计算。

木基剪力墙等效杆单元参数　　表16.6.12

木基剪力墙编号	SW-1	SW-2	SW-3	SW-4
墙体方向	Y向	Y向	X向	X向
钢拉杆中心距 L_c（m）	6.60	4.80	3.30	1.70
边界杆面积 A_c（mm^2）	31920	31920	31920	31920
规格材弹性模量 E_c（N/mm^2）	10000	10000	10000	10000
覆面板及厚度（mm） 钉间距（mm）	双面12.5 100	双面12.5 100	双面12.5 50（双龙骨）	双面12.5 50（双龙骨）
抗剪刚度 K_w（N/mm）	13250	13250	22750	22750

续表

等效杆件宽度 t_{eq}（mm）	13	17	25	49
等效剪切模量 G_p（N/mm²）	1223	935	1092	557

5. 计算结果

结构的振型及其自振周期是结构的固有特性，是反映结构动力特性的重要参数。本例题有限元模型取 15 阶振型，其中前 3 阶周期如表 16.6.13 所示，其周期比 T_3/T_1 为 0.84。同时，底层混凝土框架的抗侧刚度约为上层轻型木结构的 4 倍左右。表 16.6.14～表 16.6.16 和图 16.6.11～图 16.6.13 给出了本例题在多遇地震作用下的动力特性、结构反应和计算结果。

前 3 阶振型振动周期、地震剪力汇总表　　表 16.6.13

振型号	周期（s）	平动系数			扭转系数（Z）
		X 向	Y 向	$X+Y$	
1	1.01	1.00	0.00	1.00	0.00
2	0.91	0.00	1.00	1.00	0.00
3	0.84	0.00	0.00	0.00	1.00

楼层剪力、剪重比及振型参与质量系数表　　表 16.6.14

层号	X 方向			Y 方向		
	楼层剪力（kN）	剪重比	振型参与质量系数（%）	楼层剪力（kN）	剪重比	振型参与质量系数（%）
1	1070	0.076	100.00	1338	0.095	100.00
2	809	0.091		1095	0.123	
3	658	0.101		924	0.142	
4	502	0.122		711	0.173	
5	353	0.208		417	0.245	

楼层侧移刚度汇总表　　表 16.6.15

层号	X 向			Y 向			薄弱层判断
	Ratx	Ratx1	地震剪力放大系数	Raty	Raty1	地震剪力放大系数	
1	1.0000	4.0001	1.00	1.0000	2.6585	1.00	否
2	3.7763	2.8992	1.00	4.0760	2.0820	1.00	否
3	1.0000	2.2350	1.00	1.0000	2.0409	1.00	否
4	1.0000	3.6426	1.00	1.0000	3.9727	1.00	否
5	0.6568	1.0000	1.00	0.6882	1.0000	1.00	否

注：表中 Ratx、Raty——X、Y 方向本层侧移刚度与下一层相应侧移刚度的比值（剪切刚度）；
Ratx1、Raty1——X、Y 方向本层侧移刚度与上一层相应侧移刚度 70%的比值或上三层平均侧移刚度 80%的比值中之较小者。

位移比汇总表　　**表 16.6.16**

层号	X-方向	Y+方向
1	1.07	1.14
2	1.06	1.18
3	1.05	1.18
4	1.04	1.18
5	1.04	1.18

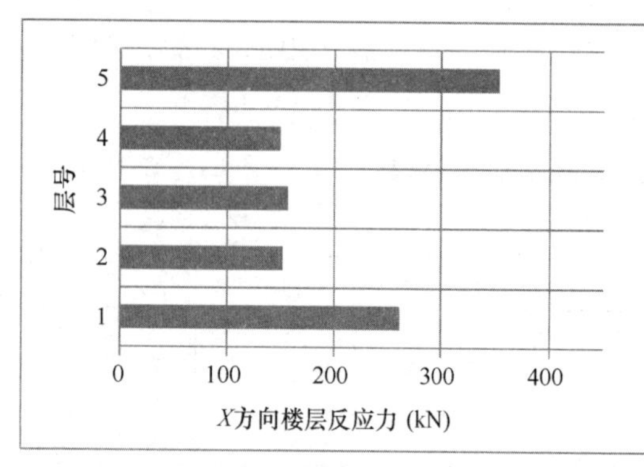

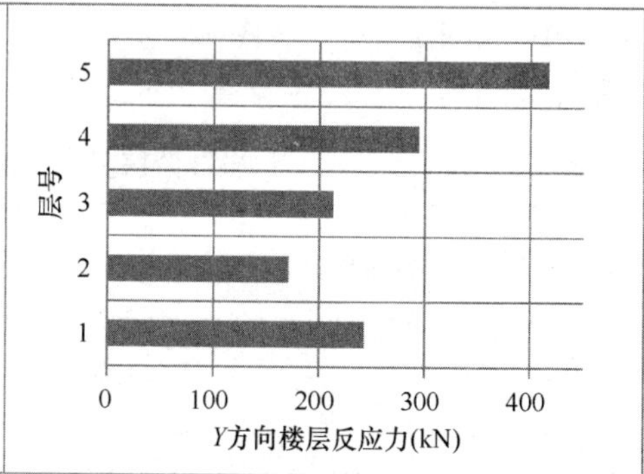

图 16.6.11　X、Y 方向多遇地震作用下楼层反应力分布图

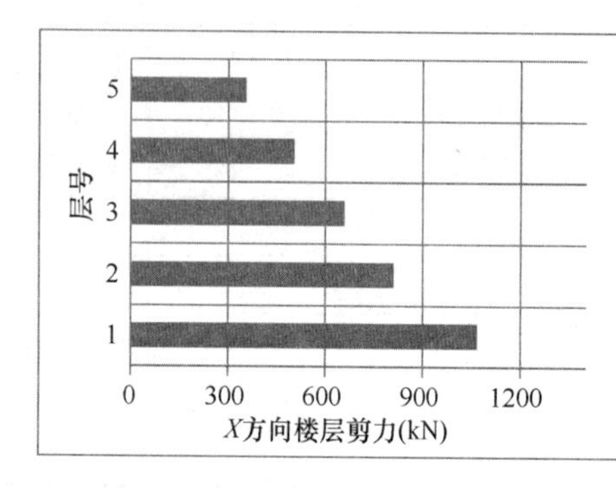

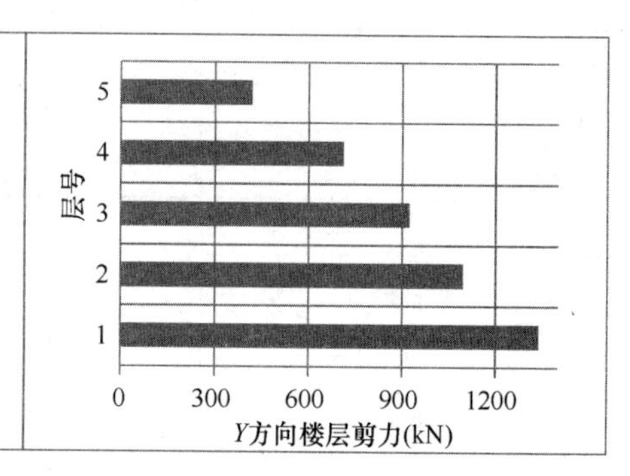

图 16.6.12　X、Y 方向多遇地震作用下楼层剪力分布图

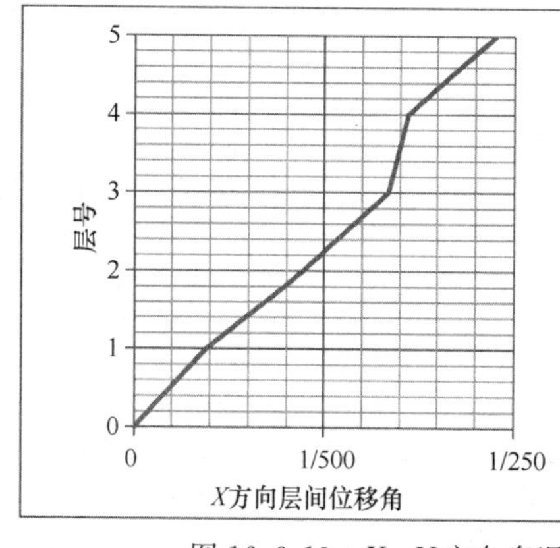

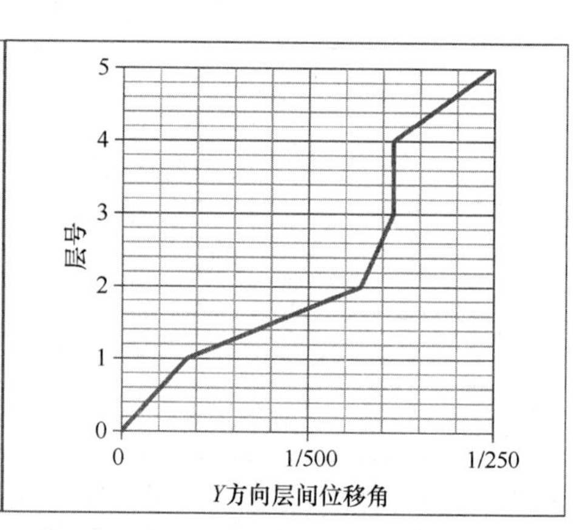

图 16.6.13　X、Y 方向多遇地震作用下楼层层间位移角曲线图

根据上述计算结果可知，本例题能满足《木结构设计标准》和《建筑抗震设计规范》在多遇地震作用下对剪重比、位移比及层间位移角的要求。

6. 木基剪力墙设计

以1轴交A、C轴处的SW-1为例，从有限元计算结果中提取最不利工况，对该木基剪力墙进行构件设计。表16.6.17、表16.6.18和图16.6.14给出了SW-1在水平地震X+工况与恒载工况下的基本组合效应的设计值和内力示意图。

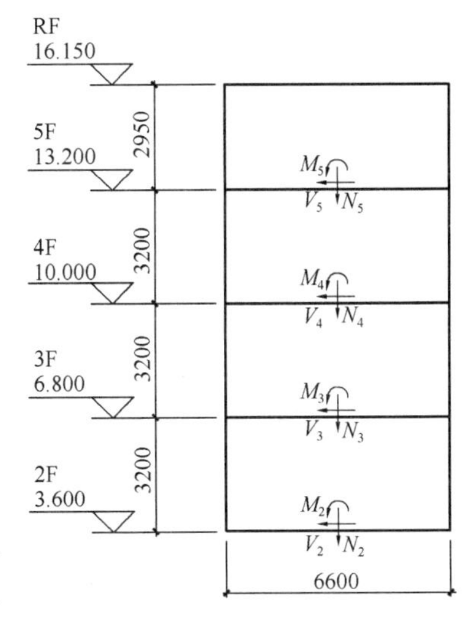

图16.6.14 木基剪力墙内力示意图

墙体SW-1的荷载基本组合的效应设计值　表16.6.17

层号	2	3	4	5
底部剪力 V_i（kN）	108	90	69	42
底部弯矩 M_i（kN·m）	998	680	410	195

墙体SW-1的边界杆的荷载基本组合的效应设计值　表16.6.18

层号	2	3	4	5
轴压力 $N_{i,c}$（kN）	189	137	83	39
轴拉力 $N_{i,t}$（kN）	140	94	56	27

（1）剪力墙受剪承载力验算

已知2层墙体SW-1底部所受的剪力设计值为：$V_2=108\text{kN}$

墙长l为6.7m，墙骨柱（SPF）间距为300mm，墙骨柱间设置横撑，覆面板为双面12.5mm厚的OSB板，面板边缘钉的间距为100mm，钉入骨架构件的最小深度为41mm，边、中间支座上的钉间距均为150mm，故该墙体受剪承载力设计值为：

$$V_d/\gamma_{RE}=2\times1.25\cdot f_{vd}\cdot k_1\cdot k_2\cdot k_3\cdot l/\gamma_{RE}$$
$$=2\times1.25\times8.2\times1.0\times0.8\times1.0\times6.7/0.85$$
$$=129\text{kN}>V_2=108\text{kN}$$

其中，抗剪强度设计值f_{vd}为8.2kN/m，抗剪强度调整系数为1.25，使用板材含水率调整系数k_1为1.0，骨架构件材料树种调整系数k_2为0.8，强度调整系数k_3为1.0。

（2）剪力墙边界杆轴心受压的承载力验算

已知2层墙体SW-1底部边界杆所受的轴心压力设计值为：$N_{2,c}=189\text{kN}$

边界杆采用6拼38mm×140mm的Ⅱc级SPF规格材，故该边界杆的轴心受拉、受压承载力设计值为：

$$N_{c,d}/\gamma_{RE}=1.1\cdot f_c\cdot A_n/\gamma_{RE}=1.1\times11.5\times28728/0.85=428\text{kN}>N_{2,c}=189\text{kN}$$

按稳定验算的轴心受压承载力设计值为：

$$N_{c,d}/\gamma_{RE}=\varphi\cdot1.1\cdot f_c\cdot A_0/\gamma_{RE}=0.61\times1.1\times11.5\times31920/0.85$$
$$=290\text{kN}>N_{2,c}=189\text{kN}$$

其中，净截面面积$A_n=0.9\cdot A=28728\text{mm}^2$，受压构件截面计算面积$A_0=A=$

31920mm²，顺纹抗拉强度设计值 f_t 为 4.0N/mm²，顺纹抗拉的规格材尺寸调整系数为 1.3，顺纹抗压强度设计值 f_c 为 11.5N/mm²，顺纹抗压的规格材尺寸调整系数为 1.1，正常使用环境调整系数为 1.0，设计使用年限调整系数为 1.0，可变荷载调整系数 k_d 为 1.0。受压构件计算长度 l 取 2900mm，长度计算系数 k_l 为 1.0，轴心受压杆件稳定系数 φ 为 0.61。

（3）底梁板局部承压的承载力验算

已知 2 层墙体 SW-1 边界杆件所受的轴心压力设计值为：

$$N_{c,90} = N_{2,c} = 189\text{kN}$$

底梁板采用 38mm×140mm 的Ⅱ$_c$ 级花旗松（加拿大），故底梁板局部承压的承载力设计值为：

$$N_{c,90,d}/\gamma_{RE} = f_{c,90} \cdot A/\gamma_{RE} = 7.2 \times 31920/0.85 = 270\text{kN} > N_c = 189\text{kN}$$

其中，局部承压计算面积 A 为 31920mm²，横纹承压强度设计值 $f_{c,90}$ 为 7.2N/mm²，其强度调整系数均为 1.0。

（4）抗拔紧固件的承载力验算

已知 2 层墙体 SW-1 边界杆所受的轴心拉力设计值为：

$$N_{2,t} = 140\text{kN}$$

抗拔紧固件采用 1 根直径为 30mm 的 Q235 通长钢杆，故其受拉承载力设计值为：

$$N_{t,d}/\gamma_{RE} = f \cdot A/\gamma_{RE} = 205 \times 706/0.9 = 161\text{kN} > N_{2,t} = 140\text{kN}$$

其中，Q235 通长钢杆抗拉强度设计值 f 为 205N/mm²，连接件承载力抗震调整系数 γ_{RE} 为 0.9。

（5）抗拔紧固件与边界杆连接验算

已知 2 层墙体 SW-1 边界杆所受的轴心拉力设计值为：

$$N_{2,t} = 140\text{kN}$$

抗拔紧固件与边界杆的连接采用 A 级普通螺栓 8.8 级 M16，并采用双剪连接，其销连接的屈服模式有Ⅰ、Ⅲs 及Ⅳ，各屈服模式的有效长度系数计算如下：

$$f_{em} = 77G = 77 \times 0.42 = 32.34\text{N/mm}^2$$

其中，SPF 的全干相对密度 G 为 0.42。

$$f_{es} = 1.1 f_c^b = 1.1 \times 405 = 445.5\text{N/mm}^2$$

其中，Q235B 金属连接件的承压强度设计值 f_c^b 为 405N/mm²（A 级螺栓）。

$$R_e = f_{em}/f_{es} = 32.34/445.5 = 0.073$$

$$R_t = t_m/t_s = 3 \times 38/6 = 19$$

屈服模态Ⅰ：

$$k_{\text{I}} = \frac{R_e R_t}{2\gamma_{\text{I}}} = \frac{0.073 \times 19}{2 \times 4.38} = 0.16$$

屈服模态Ⅲ：

$$k_{\mathrm{s}\mathrm{III}}=\frac{R_{\mathrm{e}}}{2+R_{\mathrm{e}}}\left[\sqrt{\frac{2(1+R_{\mathrm{e}})}{R_{\mathrm{e}}}+\frac{1.647(2+R_{\mathrm{e}})k_{\mathrm{ep}}f_{\mathrm{yk}}d^{2}}{3R_{\mathrm{e}}f_{\mathrm{es}}t_{\mathrm{s}}^{2}}}-1\right]$$

$$=\frac{0.073}{2+0.073}\times\left[\sqrt{\frac{2\times(1+0.073)}{0.073}+\frac{1.647\times(2+0.073)\times1.0\times640\times16^{2}}{3\times0.073\times445.5\times6^{2}}}-1\right]$$

$$=0.45$$

$$k_{\mathrm{III}}=\frac{k_{\mathrm{s}\mathrm{III}}}{\gamma_{\mathrm{III}}}=\frac{0.45}{2.22}=0.20$$

屈服模态Ⅳ：

$$k_{\mathrm{s}\mathrm{IV}}=\frac{d}{t_{\mathrm{s}}}\sqrt{\frac{1.647R_{\mathrm{e}}k_{\mathrm{ep}}f_{\mathrm{yk}}}{3(1+R_{\mathrm{e}})f_{\mathrm{es}}}}=\frac{16}{6}\times\sqrt{\frac{1.647\times0.073\times1.0\times640}{3\times(1+0.073)\times445.5}}=0.62$$

$$k_{\mathrm{IV}}=\frac{k_{\mathrm{s}\mathrm{IV}}}{\gamma_{\mathrm{IV}}}=\frac{0.62}{1.88}=0.33$$

其中，8.8级普通螺栓的屈服强度 f_{yk} 为 640N/mm^2。

$$k_{\min}=\min(k_{\mathrm{I}},k_{\mathrm{III}},k_{\mathrm{IV}})=\min(0.16,0.20,0.33)=0.16$$

$$Z=k_{\min}t_{\mathrm{s}}df_{\mathrm{es}}=0.16\times6\times16\times445.5=6.84\mathrm{kN}$$

其中，金属连接件的厚度 t_{s} 为6mm，螺栓直径 d 为16mm。

如图16.6.15所示，共设置12个M16螺栓（双剪），其群栓的总承载力为：

$$n_{\mathrm{b}}\cdot n_{\mathrm{v}}\cdot k_{\mathrm{g}}\cdot Z/\gamma_{\mathrm{RE}}=12\times2\times0.98\times6.84/0.9=179\mathrm{kN}>N_{2,\mathrm{t}}=140\mathrm{kN}$$

其中 $A_{\mathrm{m}}/A_{\mathrm{s}}=\dfrac{3\times38\times140}{6\times140}=19$，每排中设置3个螺栓，则群栓组合系数 k_{g} 取0.98。

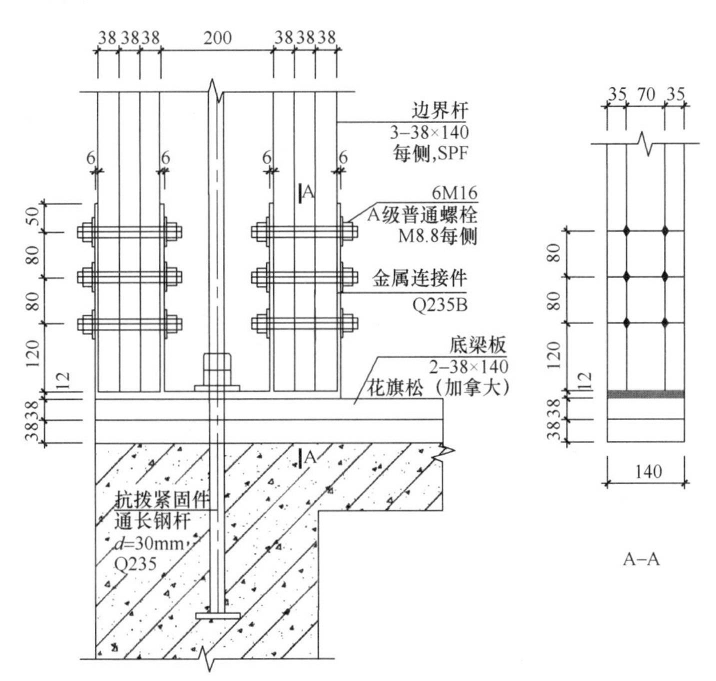

图16.6.15 抗拔紧固件与边界杆的连接示意图

（6）抗剪紧固件的承载力验算

已知2层墙体SW-1底部所受的剪力设计值为：$V_2=108\mathrm{kN}$

《钢结构设计标准》指出："按我国习惯，柱脚锚栓不考虑承受剪力"，故需沿剪力墙墙长方向布置普通化学锚栓，用于连接墙体与下部混凝土结构，其承载力计算除需满足木结构设计标准以外，还应符合混凝土结构后锚固技术规程的相关要求。以下为各屈服模式的有效长度系数计算：

$$f_{es} = 77G = 77 \times 0.42 = 32.34\text{N/mm}^2$$

其中，SPF 的全干相对密度 G 为 0.42。

$$f_{em} = 1.57 f_{cu,k} = 1.57 \times 30 = 47.10\text{N/mm}^2$$

$$R_e = f_{em}/f_{es} = 47.10/32.34 = 1.46$$

$$R_t = t_m/t_s = 200/76 = 2.63$$

其中，底梁板厚度 t_s 为 76mm，化学锚栓在混凝土部分内的锚固长度 t_m 为 200mm。

屈服模态Ⅰ：

$$k_{\text{I}} = \frac{\min(R_e R_t, 1.0)}{\gamma_{\text{I}}} = \frac{\min(1.46 \times 2.63, 1.0)}{4.38} = 0.23$$

屈服模态Ⅱ：

$$\begin{aligned} k_{s\text{II}} &= \frac{\sqrt{R_e + 2R_e^2(1 + R_t + R_t^2) + R_t^2 R_e^3} - R_e(1 + R_t)}{1 + R_e} \\ &= \frac{\sqrt{1.46 + 2 \times 1.46^2 \times (1 + 2.63 + 2.63^2) + 2.63^2 \times 1.46^3} - 1.46 \times (1 + 2.63)}{1 + 1.46} \\ &= 1.19 \end{aligned}$$

$$k_{\text{II}} = \frac{k_{s\text{II}}}{\gamma_{\text{II}}} = \frac{1.19}{3.63} = 0.33$$

屈服模态Ⅲ：

$$\begin{aligned} k_{s\text{III}} &= \frac{R_t R_e}{1 + 2R_e}\left[\sqrt{2(1 + R_e) + \frac{1.647(1 + 2R_e)k_{ep} f_{yk} d^2}{3R_e R_t^2 f_{es} t_s^2}} - 1\right] \\ &= \frac{2.63 \times 1.46}{1 + 2 \times 1.46} \times \left[\sqrt{2 \times (1 + 1.46) + \frac{1.647 \times (1 + 2 \times 1.46) \times 1.0 \times 640 \times 20^2}{3 \times 1.46 \times 2.63^2 \times 32.34 \times 76^2}} - 1\right] \\ &= 1.27 \end{aligned}$$

$$k_{\text{III}} = \frac{k_{s\text{III}}}{\gamma_{\text{III}}} = \frac{1.27}{2.22} = 0.57$$

屈服模态Ⅳ：

$$k_{s\text{IV}} = \frac{d}{t_s}\sqrt{\frac{1.647 R_e k_{ep} f_{yk}}{3(1 + R_e) f_{es}}} = \frac{20}{76} \times \sqrt{\frac{1.647 \times 1.46 \times 1.0 \times 640}{3 \times (1 + 1.46) \times 32.34}} = 0.67$$

$$k_{\text{IV}} = \frac{k_{s\text{IV}}}{\gamma_{\text{IV}}} = \frac{0.67}{1.88} = 0.36$$

其中，8.8 级普通化学锚栓的屈服强度 f_{yk} 为 640N/mm^2。

$$k_{\min} = \min(k_{\text{I}}, k_{\text{II}}, k_{\text{III}}, k_{\text{IV}}) = \min(0.23, 0.33, 0.57, 0.36) = 0.23$$

$$Z = k_{\min} t_s d f_{es} = 0.23 \times 76 \times 20 \times 32.34 = 11.31\text{kN}$$

其中，化学锚栓直径 d 为 20mm。

如图 16.6.16 所示，该墙体共设置 9 个 M20 化学锚栓，间距为 600mm，其总承载力为：

$$n_b \cdot Z/\gamma_{RE} = 9 \times 11.31/0.9 = 113\text{kN} > N_t = 108\text{kN}$$

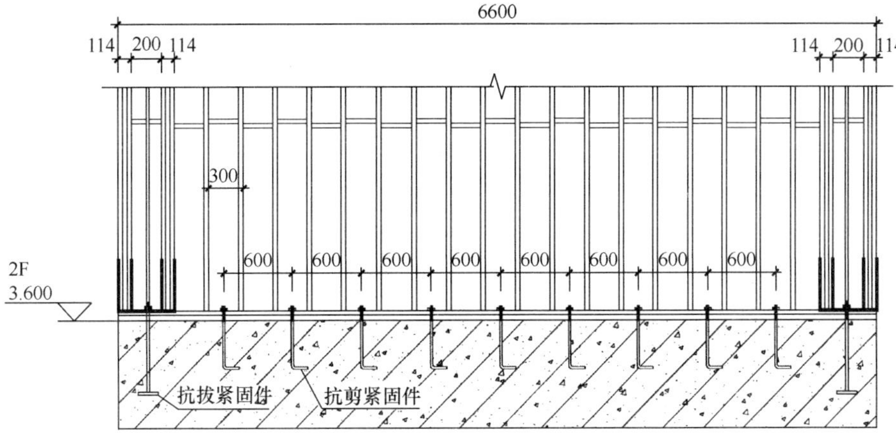

图 16.6.16 抗剪紧固件布置示意图

本章参考文献

[1] 何敏娟，陶铎，李征. 多高层木及木混合结构研究进展[J]. 建设结构学报，2016，37(10)：1-9.

[2] 倪春. 浅析多高层木结构建筑[J]. 建设科技，2018(05)：22-25.

[3] 何敏娟，倪春. 多层木结构及木混合结构设计原理与工程案例[M]. 北京：中国建筑工业出版社，2018.

[4] 熊海贝，欧阳禄，吴颖. 国外高层木结构研究综述[J]. 同济大学学报(自然科学版)，2016，44(9)：1297-1306.

[5] 何敏娟，罗晶，李征. 多高层木结构建筑的装配化特点及发展展望[J]. 建设科技，2017(05)：16-20.

[6] 尹婷婷. CLT 板及 CLT 木结构体系的研究[J]. 建筑施工，2015(06)：758-760.

[7] 多高层木结构建筑技术标准(GB/T 51226—2017)[S]. 北京：中国建筑工业出版社，2017.

[8] 曹瑜，王韵璐，王正，王建和. 国外正交胶合木建筑技术的应用与研究进展[J]. 林产工业，2016(12)：3-7.

[9] Cornwall W. Tall timber[J]. Science，2016，353(6306)：1354-1356.

[10] Johnsson H.，Meiling J. H. Defects in offsite construction：timber module prefabrication[J]. Construction Management & Economics，2009，27(7)：667-681.

[11] 李征，何敏娟. 钢木混合结构设计理论与方法[M]. 北京：中国建筑工业出版社，2019.

[12] Malo K. A.，Abrahamsen R. B.，Bjertnaes M. A. Some structural design issues of the 14-storey timber framed building "Treet" in Norway [J]. European Journal of Wood and Wood Products，2016，74(3)：407-424.

[13] Rune B Abrahamsen，Kjell Arne Malo. Structural design and assembly of "TREET"-a 14-storey timber residential building in Norway [C]. WCTE，Quebec，Canada，2014.

[14] Rune Abrahamsen. Mjøstårnet-18 storey timber building completed [C]. Internationales Holzbau-Forum (IHF 2018)，Garmisch-Partenkirchen，Germany，2018.

[15] Poirier E.，Moudgil M.，Fallahi A.，Staub-French S.，Tannert T. Design and construction of a 53-meter-tall timber building at the university of British Columbia[C]. Proceedings of WCTE，Austral-

ia，2016.

[16] Wells M. Stadthaus，London：raising the bar for timber buildings [J]. Proceedings of the ICE- Civil Engineering，2011，164(3)：122-128.

[17] Lehmann S. Sustainable construction for urban infill development using engineered massive wood panel systems[J]. Sustainability，2012，4(10)：2707-2742.

[18] Van de Lindt，John W.，Pryor S. E. and Pei S. Shake table testing of a full-scale seven story steel-wood apartment building [J]. Engineering Structures，2011，33(3)：757-766.

[19] Waugh A.，Wells M.，Lindegar M. Tall Timber Buildings：Application of Solid Timber Constructions in Multi-Storey Buildings [J]. CTBUH Journal，2011，Issue I：24-27.

[20] 何敏娟，Frank Lam，杨军，张盛东等. 木结构设计[M]. 北京：中国建筑工业出版社，2006.

[21] 木结构设计标准(GB 50005—2017)[S]. 北京：中国建筑工业出版社，2017.

[22] 胶合木结构技术规范(GB/T 50708—2012)[S]. 北京：中国建筑工业出版社，2012.

第 17 章 大跨木结构

木材用于建造大跨结构有着悠久的历史。我国在古代就通过采用多种易于发挥材料力学性能的结构形式，实现了木结构在跨度上的突破，建造了多种形式的木桥。在西方，古罗马时期，通过采用木拱梁结构或与异形木桁架相结合的组合结构形式，实现了桥梁的更大跨度。自文艺复兴时期，木材开始被用来建造巨大的穹顶结构。木材因其良好的柔韧性、强度及结构自重方面相对于混凝土的优势，在钢铁结构大量应用之前，西方很多大型穹顶屋架以及桥梁均采用木拱结构建造。工业革命后，尽管传统大跨结构日渐式微，但木材工业得到相当大的发展并逐步走向工业化。木结构在材料、结构、施工方面以及计算机等技术的发展，为大跨木结构的新生奠定了物质基础。而在我国，由于木材资源紧缺，20世纪 60～80 年代木结构缓慢发展了一段时间，直到 90 年代后期，我国开始从国外引进工业木材，并开始研究木结构在建筑中的运用。木结构设计与加工技术的发展、人工林的开发以及木结构建筑相关法规的建立，奠定了我国现代大跨木结构发展的基础。

本章首先介绍大跨木结构的分类和应用案例，其次简要介绍大跨木结构的研究现状，然后分析了其荷载特点，又针对几种主要的结构形式展开介绍了结构的布置方法，接着介绍了结构分析方法和控制指标，最后以一个木网壳结构为案例介绍了其分析计算方法。

17.1 分类及应用

大跨木结构的分类方法较多。根据使用材料可分为大跨纯木结构、大跨木混合结构；根据受力单元可分为杆单元结构、梁单元结构、板壳单元结构、索单元结构；根据受力方式可分为大跨平面木结构体系、大跨空间木结构体系。本章依据受力方式进行大跨度木结构的分类。

对于大跨平面木结构体系，又可分为木桁架结构、木拱结构、木刚架结构。对于大跨空间木结构，又可分为木网架结构、木网壳结构、自由曲面木网壳结构、树形木结构、木张弦结构、木悬索结构、木张拉整体结构等。下面对不同结构形式的主要特点和应用案例进行介绍。

17.1.1 木桁架结构

木桁架结构是由木杆件组成的一种格构式体系，节点多为铰接。在外力作用下，桁架中的各杆件主要承受轴向力。考虑原木的各种缺陷和节点处木材横纹干缩变形的影响，在一些跨度较大的木桁架结构中通常将下弦杆用圆钢或型钢替代，形成钢木组合结构。由于钢材的弹性模量远高于木材，这对提高桁架的刚度，减小变形极为有利。图 17.1.1 为典型的木桁架节点。

通过合理设计，使用较大截面的胶合木、型钢等构件，木桁架结构可以实现较大跨度。图 17.1.2 所示为位于挪威哈马尔（Hamar）的哈马尔奥林匹克圆形竞技场（Hamar

图 17.1.1　典型木桁架节点

Olympic Amphitheatre)。该场馆建成于1992年，当时是世界上最大的室内体育馆。其屋面为平面桁架结构，采用胶合木建成，最大跨度达70m。

图 17.1.2　哈马尔奥林匹克圆形竞技场

17.1.2　木拱结构

拱结构是一种主要承受轴向压力并由两端推力维持平衡的曲线或折线形结构，是实现大跨度较为经济的结构体系。木拱结构可以充分地发挥材料性能。水平推力的存在有效地降低了构件弯矩，从而使木拱能够充分发挥材料的性能。同时，构件截面内的竖向压力分量平衡了结构的整体剪力，使结构内部剪应力减小，应力分布均匀，因而木拱结构是大跨度木结构的理想形式。

胶合木是制作木拱结构的理想材料。胶合木可以实现大跨度木拱所需要的较大截面，同时，胶合木可以方便地制作成曲线形构件，满足几何形状要求。图17.1.3所示为加拿大列治文的椭圆奥林匹克体育馆（Richmond Olympic Oval)。其屋面为胶合木-钢组合拱

图 17.1.3 列治文椭圆奥林匹克体育馆

结构，最大跨度达 100m。拱脚水平推力由 30 根混凝土巨柱墩承担。

17.1.3 木刚架结构

木刚架结构是由梁和柱通过刚性节点连接而成的。梁、柱主要承受弯矩，梁端的刚性节点可将弯矩传递给柱子。在竖向荷载作用下，木刚架横梁的跨中弯矩小，结构变形小。但相较于拱结构，木刚架结构以受弯为主，材料利用率不高，结构自重较大，用材较多，适用的跨度也受到限制。图 17.1.4 所示为位于伦敦的一座木结构游泳馆，用胶合木建成，为木刚架结构。

图 17.1.4 木刚架结构

17.1.4 木网架结构

木网架结构是由多根木杆按照一定规律组合而成的网格状高次超静定空间杆系结构，总体呈平板状。在节点处一般使用钢板将木杆相互连接。该结构体系具有空间刚度大、构件规格统一、施工方便等特点，多用于公共建筑中。木网架结构的杆件以受轴向力为主，材料性能发挥比较充分。

1988年，日本建成了木网架结构的小国町民体育馆，最大跨度达56m，如图17.1.5所示。该木网架结构的节点采用螺栓和钢板组成的球形节点，只传递杆件轴力而不传递弯矩。

图17.1.5 日本小国町民体育馆

17.1.5 木网壳结构

木网壳结构是指将木构件沿球面有规律布置而形成的空间结构体系，其受力特点与薄壳结构类似，大部分荷载由网壳杆件轴力承受。木杆可以为直线形，也可以为曲线形来达到整体更接近球面的效果。球面网壳的造型美观、受力合理、跨度大，非常适合运动场等大型公共建筑。

1980年建成于美国的塔科马穹顶采用了球面木网壳结构，如图17.1.6所示，其直径达162m，建筑物最高处达45.7m，由三角形木网格组成，主要构件采用弯曲形，通过钢夹板节点连接，用木檩条支撑屋面。其抗震性能很好，2001年发生的6.8级地震没有对其主要结构造成损伤。

17.1.6 自由曲面木网壳结构

与上述两种结构不同，自由曲面木网壳结构由德国建筑师弗雷奥托于1962年提出。该结构由二维平面双向交叉网格通过弹性弯曲变形形成无抗剪刚度的双曲率壳体空间结构，并通过第三方向杆件约束或固定连接节点的方式来使结构固定。它的基本单元不是相邻两个节点之间的短直线段，而是贯通整体跨度的长板条，这些板条通常在工厂采用指接拼接成一定长度，再在现场使用胶合工艺达到需要的长度。板条的刚度较小，因此容易变形，变形后会在长板条中产生预应力，所以国内也有学者称其为“可延展预应力网格结构”。自由曲面木网壳结构的施工过程一般分为三步：首先在平面上将长板条按一定方式交叉搭接，在节点处初步连接，可允许板条有小幅滑移；然后用顶升或者提拉的方法使平面结构变成具有特定形态的三维空间结构；最后固定节点和支座，形成空间网壳。该结构的特点是造型轻盈多变、富有动感，且施工速度快、工艺简单、节点形式单一、材料利用

图 17.1.6 塔科马穹顶

率高，一般应用于建筑小品、展馆等小型公共建筑中。

1974 年，弗雷奥托在德国的曼海姆设计了一座自由曲面木网壳结构，作为一个多功能空间使用，如图 17.1.7 所示。其覆盖范围达约 3600m^2，最大跨度达 35m，是当时世界上最大的自立式自由曲面木网壳结构。

图 17.1.7 曼海姆多功能厅

17.1.7　树形木结构

树形木空间网格结构的主要特点是网格结构支撑于木柱上，木柱并非单根线形构件，而是呈树形。树形柱下部与地面连接的部分只有一个支点，而在柱中部产生分叉，致使上部与网格连接的部分有多个支点。这种结构的特点是可以减小柱距、营造下部大空间、减少基础数量、减少材料用量，而且构造出亲近自然的建筑效果。这种结构体系可以应用于各式木结构建筑中。

树形木空间结构的典型代表之一是芬兰的西贝柳斯音乐厅入口大厅，如图 17.1.8 所示，其上部为平面网架结构，网架下弦每四个成正方形的点支撑于树形柱的“树梢”，使空间更加开敞，也更贴近自然，被人们称为“森林厅”。它的面积达到 1000m^2，室内空间高达 13.5m，跨度达到 22m。

图 17.1.8　西贝柳斯音乐厅入口大厅

17.1.8　木张弦结构

木张弦结构由刚度较大的刚性木构件和柔性的钢弦以及钢撑杆或木撑杆组成。张弦结构中钢弦参与工作使张弦构件刚度大于单纯刚性构件的刚度，同时调整了木构件的内力分布，可以使木材强度得到充分发挥。木张弦结构形成自平衡的受力体系，需要钢弦在木构件端部可靠锚固。该结构通常应用于大跨度的体育场馆、会议厅、展馆等建筑中。苏格兰议会大厅屋顶采用了木张弦结构，四根钢弦与四根木撑杆汇交于一个钢制节点，来支撑上部相邻两根刚性木梁，如图 17.1.9 所示，它的跨度达到 30m。

17.1.9　木悬索结构

悬索结构是指以一系列受拉的索作为主要受力构件，并将其按一定规律排列组成各种形式的体系后，悬挂到相应的支承结构上形成的结构体系。木悬索结构以木结构作为钢悬索的支承结构，一般为大截面胶合木制成的木拱。外荷载通过索的轴向拉伸传递到木拱上，再由木拱传递到基础。合理的悬索结构有较好的抗风和抗震能力，对木拱可能发生的

图 17.1.9 苏格兰议会厅

变形也有很好的适应性。落成于 1992 年的日本白龙穹顶采用了这一结构体系，如图 17.1.10 所示，其中心采用胶合木拱作为悬索的支承结构，平面规模为 50m×47m，最高高度 19.5m。

图 17.1.10 日本白龙穹顶

17.1.10 木张拉整体结构

张拉整体结构是指一组不连续的压杆与一组连续的受拉单元组成的自支承、自应力的空间平衡体系。木张拉整体结构中，木材作为体系中的压杆，配合施加了预应力的钢索形成结构刚度。该体系初始预应力的值对结构的外形和结构刚度的大小起决定作用。木张拉整体结构充分发挥木材的抗压强度，使木杆成为“拉力海洋中的孤岛”，是十分高效的受力体系。日本天城穹顶采用的木杆索穹顶结构是木张拉整体结构的一种，如图 17.1.11 所示，其撑杆采用木杆，通过钢节点与拉索连接，采用膜材覆盖，有轻盈精致之感。其跨度达 54m，矢高达 9.3m。

图 17.1.11　日本天城穹顶

17.2　荷载和作用

与其他大跨度结构类似，大跨度木结构所承受的主要荷载有恒荷载、活荷载、雪荷载、风荷载等直接作用，以及温度作用、地震作用、蠕变引起的间接作用等。

17.2.1　永久荷载

永久荷载标准值，对结构总重可按结构构件的设计尺寸与材料单位体系的自重计算确定。作用于木空间结构上的永久荷载有以下几方面：

（1）杆件自重。在计算杆件自重时，应根据所采用胶合木的实际密度计算。应考虑表面涂装等因素。

（2）节点自重。由于大跨木结构节点通常由钢制成，而钢材的密度比木材大，因此大跨木结构的节点自重占结构自重比例相对较大。在计算永久荷载时，节点自重应依据实际构造进行计算。

（3）楼面或者屋面覆盖材料自重。

（4）吊顶材料自重。

（5）设备管道自重。主要包括通风及消防管道、风机和其他可能存在的设备自重。

17.2.2　屋面活荷载

大跨木结构在建筑中通常用作屋盖结构，分不上人屋面和上人屋面两种情况确定活荷载。不上人屋面均布活荷载标准值可取 0.5kN/m^2，上人屋面均布活荷载标准值可取 2.0kN/m^2。对于屋面施工、维修等情况下可能产生的活荷载应结合实际情况予以考虑。

17.2.3　雪荷载

雪荷载是大跨木结构的重要荷载。雪灾已经引起了我国多起空间结构倒塌事故，必须引起足够的重视。屋面水平投影面上的雪荷载标准值应按下式计算：

$$s_k = \mu_r \cdot s_0 \tag{17.2.1}$$

式中：s_k——雪荷载标准值（kN/m^2）；

μ_r ——屋面积雪分布系数；

s_0 ——基本雪压（kN/m^2）。

基本雪压应采用按国家标准《建筑结构荷载规范》GB 50009—2012 确定的 50 年重现期的雪压；对雪荷载敏感的结构，应采用 100 年重现期的雪压。

不上人屋面的均布活荷载，可以不与雪荷载和风荷载同时组合，取两者的大值。

屋面积雪在风、屋面散热和太阳辐射等诸多因素影响下，将出现屋面积雪的漂积、滑移、融化、结冰等多种效应，从而使屋面积雪情况复杂多变。设计人员应根据可能出现的积雪分布，包括均匀积雪和非均匀积雪等情况，并选用最不利的积雪分布情况进行计算。对单坡或双坡屋面，其积雪分布系数可按图 17.2.1（a）、（b）确定。对柱面结构或拱形屋面结构，其积雪分布系数可按图 17.2.1（c）确定。对于大跨屋面，积雪分布系数还要考虑图 17.2.1（d）所示的情形。

对于球面壳体的积雪分布系数，我国规范没有作出规定，可参照现行荷载规范中给出的拱形屋面积雪分布系数。对于自由曲面木结构和一些形态比较复杂的结构，更应充分考虑雪荷载的不利分布情况，确保结构安全。

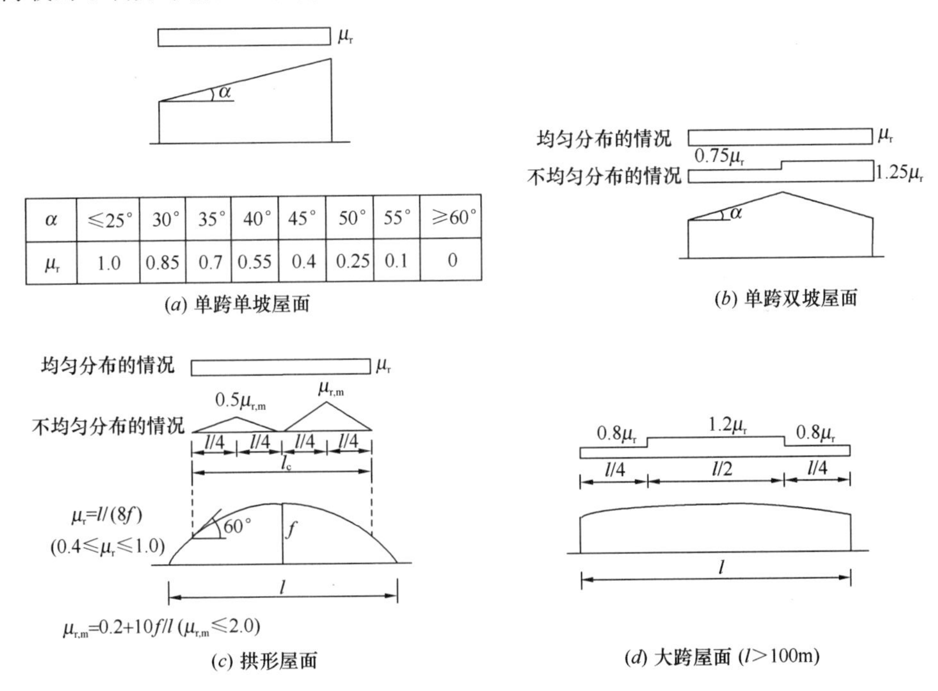

α	≤25°	30°	35°	40°	45°	50°	55°	≥60°
μ_r	1.0	0.85	0.7	0.55	0.4	0.25	0.1	0

(a) 单跨单坡屋面

(b) 单跨双坡屋面

(c) 拱形屋面

(d) 大跨屋面 (l>100m)

图 17.2.1　积雪分布系数的计算方法

17.2.4　风荷载

大跨木结构的自重较轻，风灾是致其破坏的重要原因之一。根据现行荷载规范，计算主要受力构件时风荷载标准值应按下式计算：

$$w_k = \beta_z \cdot \mu_s \cdot \mu_z \cdot w_0 \tag{17.2.2}$$

式中：w_k ——风荷载标准值（kN/m^2）；

β_z ——高度 z 处的风振系数；

μ_s ——风荷载体型系数；

μ_z ——风压高度变化系数；

w_0 ——基本风压（kN/m²）。

基本风压应采用按现行荷载规范规定的方法确定的50年重现期的风压，但不得小于0.3kN/m²。风荷载的组合值系数取0.6。

对于球面壳体结构，风荷载体型系数可以参考我国荷载规范给出的旋转壳顶的体型系数取值，如图17.2.2（a）所示。对于中小跨度球面网壳的风荷载计算，我国荷载规范是可供使用的，如遇大跨度圆屋顶结构，为能更准确地确定屋面上的风压分布系数，通常需

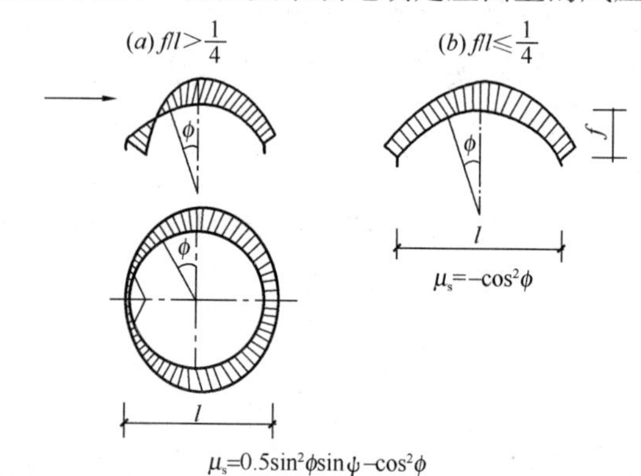

（a）球面壳体

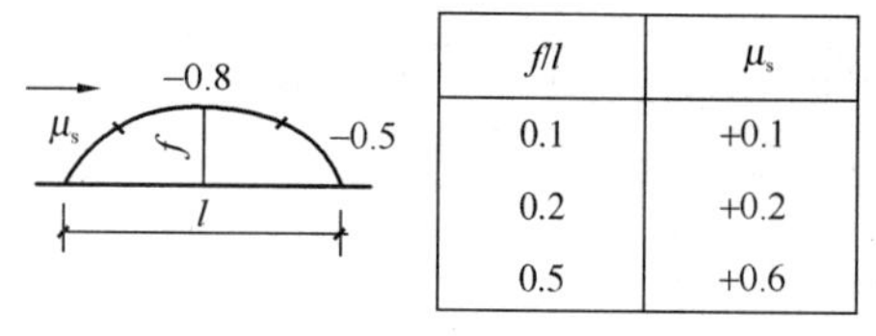

f/l	μ_s
0.1	+0.1
0.2	+0.2
0.5	+0.6

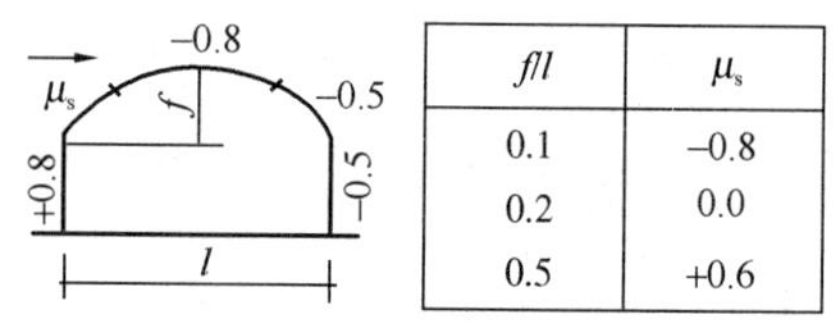

f/l	μ_s
0.1	−0.8
0.2	0.0
0.5	+0.6

（b）柱面壳体

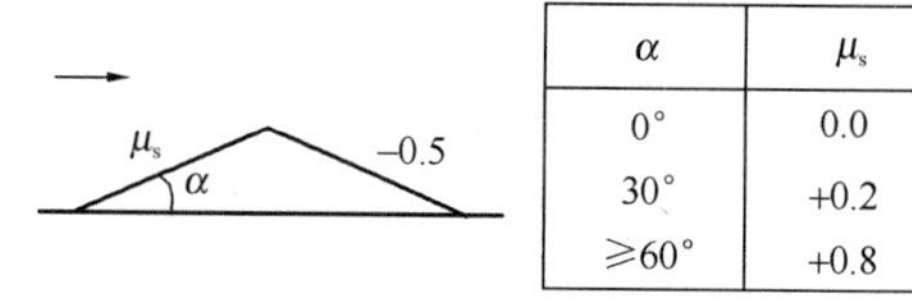

α	μ_s
0°	0.0
30°	+0.2
≥60°	+0.8

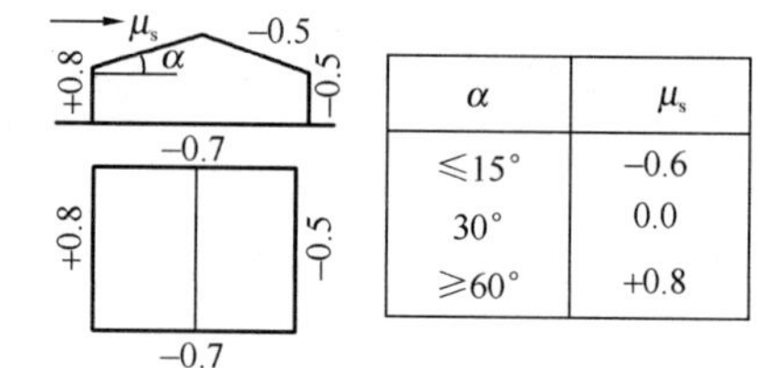

α	μ_s
≤15°	−0.6
30°	0.0
≥60°	+0.8

（c）双坡屋面

图17.2.2　风荷载体型系数

要做风洞试验，或 CFD（计算流体力学）数值模拟。应注意对风向、风速剖面、自然风湍流、关于曲面结构雷诺数效应等各个项目进行较为准确的模拟。总之，对于球面网壳屋顶，当风荷载为控制荷载时，由于准确地确定风压分布系数有一定困难，设计人员一定要慎重对待，以确保结构安全。

对于柱面壳体结构，风荷载体型系数可以参考封闭式拱形屋面的体型系数取值，如图 17.2.2（*b*）所示。对于网架结构，风荷载体型系数可以参考双坡屋面的体型系数取值，如图 17.2.2（*c*）所示。对于自由曲面结构，风荷载体型系数应通过风洞试验或数值模拟确定。

17.2.5 温度作用

大跨木空间结构一般是高次超静定结构，因温度变化而出现温差时，由于杆件不能自由变形，将会在杆件中产生温度应力。温差的大小主要与结构安装完成时的温度和当地年最高或最低气温有关，也与结构服役期间内部的最高或者最低气温有关。

由于大跨木结构中经常涉及木材、钢材、混凝土三种材料，而木材的线膨胀系数与钢材、混凝土不同，因此在计算分析时应考虑结构中的温度应力。对于温差的选取，应仔细分析建筑所处地区、功能，以及结构所处的环境来确定。计算温度应力时，应注意边界条件的处理方法。一般在大跨木结构有限元分析模型中，将混凝土支座按支座处理。在计算温度应力时，应按实际情况考虑支座的温度变形。

17.2.6 蠕变作用

木材是一种天然高分子黏弹性材料，相比于钢材，在长期荷载作用下具有明显的蠕变现象。蠕变是指黏弹性材料在持续应力下应变随时间变化增加的现象。目前人们所认识到的蠕变由普通蠕变和机械吸湿蠕变组成。木材蠕变主要有四种影响因素，分别是树种和材性变异、应力水平、温度及含水率。由于蠕变会导致木单层网壳结构几何形态的变化，所以会对木网壳的稳定性造成影响，造成蠕变失稳。因此，在分析木网壳结构稳定性时应该充分考虑蠕变的影响，方法为在有限元分析中引入材料的蠕变模型来模拟。

常见的蠕变本构模型有理论模型和经验模型两类。理论模型是由弹性元件和黏性元件按照一定规则（串联和并联）组合而成的模型，简单的固体模型有 Kelvin-Voigt 模型、三参量固体模型等。经验模型则一般是通过试验回归得到的经验曲线，有对数函数式、双曲线函数式、指数函数式、指数和公式、幂指数函数式等。设计时应根据实际使用木材的性质选用。

17.2.7 地震作用

大跨木结构具有自重轻的特点，抗震性能比较好，在一般情况下中等烈度时地震不起控制作用。在设计时，应遵循我国设计规范提出的“两阶段、三水准”抗震设防目标。第一阶段进行多遇地震下的承载力验算和弹性变形计算，第二阶段进行罕遇地震下的弹塑性变形验算。对于多遇地震下大跨木结构的承载力和变形能力分析方法，如振型分解反应谱法、动力时程分析法等已经发展得比较完善，而在罕遇地震作用下的弹塑性变形分析方法仍在发展和完善中。大跨结构在地震分析时，一般要考虑横向和竖向两种方向地震作用。对于特别大跨度的结构，还要考虑行波效应的影响，对不同位置的支座考虑不同的地震波输入。

17.3 结 构 布 置

17.3.1 木桁架结构

木桁架按几何形式可分为三角形、梯形木桁架以及多边形木桁架。从结构受力角度来说，三角木桁架承受荷载时内力分布不均匀，跨中受力相对较小，材料的强度不能得以充分发挥，因而不适合用于大跨度建筑。梯形木桁架的受力性能优于三角形桁架，更容易满足某些工业厂房对屋架的工艺要求。多边形桁架的上弦节点位于二次抛物线上，如上弦呈拱形可减少节间荷载产生的弯矩，但制造较为复杂。其结构形式比较接近于均布荷载作用下简支梁的弯矩图分布，因而上下弦轴力分布均匀，腹杆轴力较小，用料最省，在跨度较大的建筑中应优先采用。木桁架的结构形式应根据结构跨度、建筑类型和桁架的受力性能等因素确定。

木桁架通常作为屋架使用，承受竖向荷载，下弦杆以受拉为主，因此有时可以使用钢拉杆代替，充分发挥钢材抗拉性能好的优点。

木桁架结构是平面结构，相邻桁架之间应采用系杆连接，在必要的位移应设置刚性或柔性交叉支撑，满足平面外的受力要求。

17.3.2 木拱结构

按结构组成和支承方式，木拱结构可分为两铰拱、三铰拱和无铰拱等形式。两铰拱的跨度不大于24m，而三铰拱的跨度可实现更长。为使木拱的几何形状尽可能接近合理拱轴，一般采用圆形或抛物线形拱。由于拱结构水平推力的存在，需要支座反力实现受力平衡，通常可以通过地基平衡水平推力或设置拉杆，以保证拱结构的稳定性。

木拱所用材料通常为胶合木。在胶合前可将层板弯曲，达到设计的形态后再胶合，这种方式可以实现多种优美的造型。

和木桁架结构一样，木拱结构也需要注意平面外的受力。除了增加平面外支撑外，也可将结构向平面外旋转，形成空间拱结构。

17.3.3 木网架结构

网架结构的种类有很多，当前常见的主要可划分为四大类。

（1）第一类是由平面桁架体系组成的网架结构，称为交叉桁架体系，它是由平面桁架发展和演变而来的。可以认为组成这类网架结构的基本单元是网片，它由一根上弦杆、一根下弦杆、一根斜杆及两根竖杆构成。相邻的网片是通过公共的竖杆连接起来的，许多网片的集合便构成整个网架。如图17.3.1（*a*）所示。

（2）第二类是由四角锥体组成的网架结构，它的基本单元是由4根弦杆、4根斜杆构成的正四角锥体，即五面体，锥体可以顺置也可以倒置。由这些四角锥体排列组成结构时，还要用上弦杆或下弦杆把相邻的锥顶连接起来。如图17.3.1（*b*）所示。

（3）第三类是由三角锥体组成的网架结构，它的基本单元是由3根弦杆、3根斜杆所构成的正三角锥体，即四面体。三角锥体可以顺置，也可以倒置。如图17.3.1（*c*）所示。

（4）第四类是由六角锥体组成的网架结构，它的基本单元体是由6根弦杆、6根斜杆构成的正六角锥体，即七面体。这类网架的一种主要形式即为六角锥网架，它由顺置的密

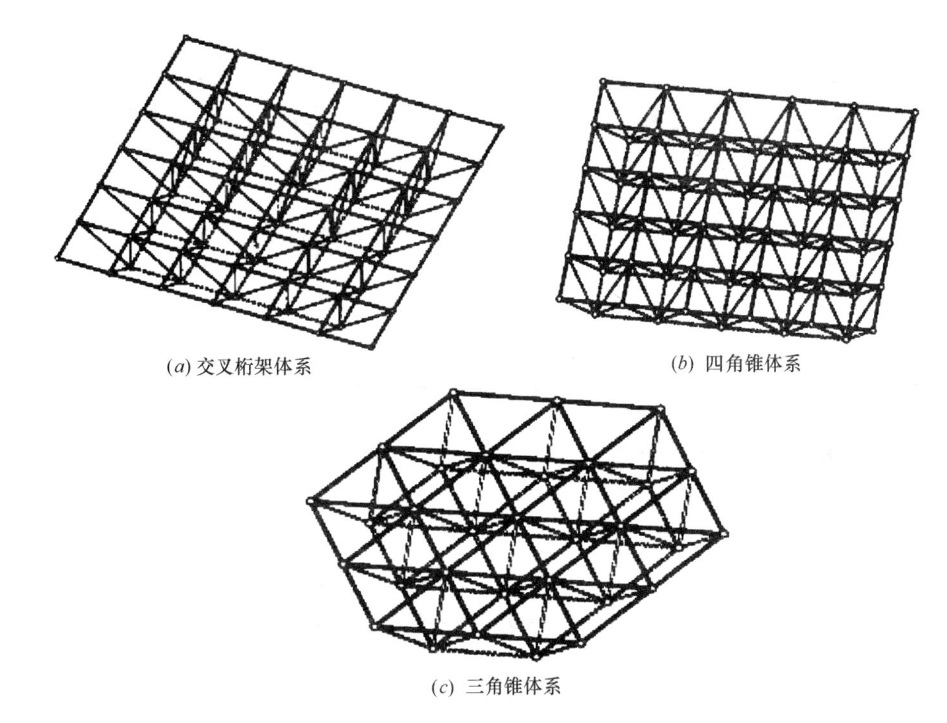
(a) 交叉桁架体系　　(b) 四角锥体系

(c) 三角锥体系

图 17.3.1 木网架结构布置

排六角锥体与三向互成 60°角的上弦杆系连接而成。所形成的上、下弦网格分别为正三角形、正六角形。这种形式由于同一节点交汇的杆件过多，较少用于木网架结构中。

这些结构类型均可使用在木网架中，但需要注意的是，由于木网架的节点涉及钢与木的连接及钢与钢的连接，构造相比于纯钢网架更复杂，在条件允许的情况下宜选择节点处交汇杆件较少的形式。

17.3.4 木网壳结构

网壳结构一般可按下列各种方法分类。

(1) 按曲面的曲率半径分类，有正高斯曲率（$K>0$）网壳、零高斯曲率（$K=0$）网壳和负高斯曲率（$K<0$）网壳三类。

(2) 按曲面外形分类，主要有球面网壳、双曲扁网壳、圆柱面网壳、双曲抛物面网壳四类。

(3) 按网壳网格形式分类。对于球面网壳主要有肋环型、肋环斜杆型（Schwedler 型）、三向网格型、扇形三向网格型（Keiwitt 型）、葵花形三向网格型和短程线型六种，如图 17.3.2 所示。

对于圆柱面网壳主要有单向斜杆正交正放网格型、交叉斜杆正交正放网格型、联方网格型、三向网格型四种，如图 17.3.3 所示。

对于双曲扁网壳、双曲抛物面网壳的网格形式可参照圆柱面网壳的网格形式。

(4) 按网壳的层数分类。有单层网壳、双层网壳和局部双层（单层）网壳。其中双层网壳上弦的网格形式可按单层网壳网格形式布置，而下弦和腹杆可按相应的平面桁架系、四角锥系或三角锥系组成的网格形式布置。

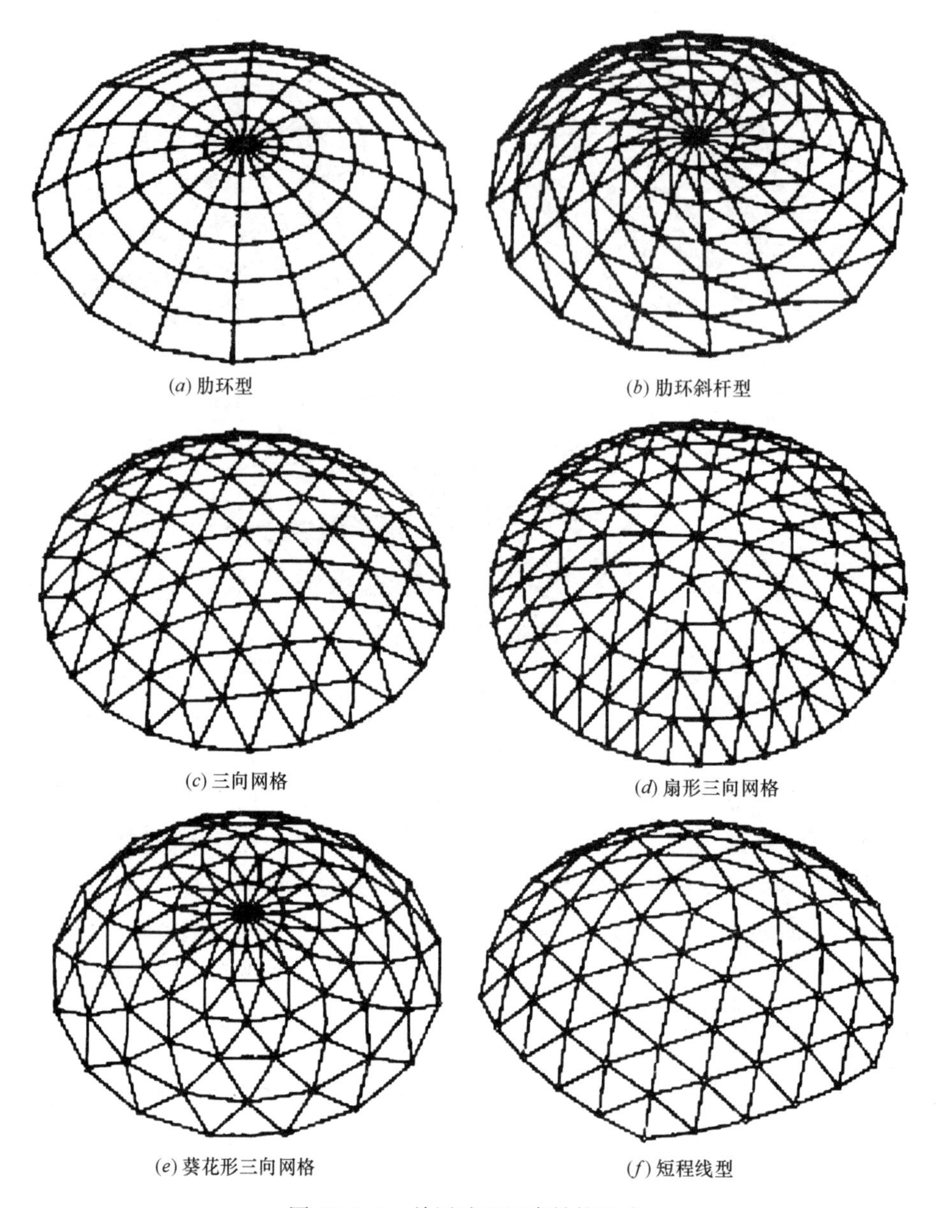

(a) 肋环型　(b) 肋环斜杆型

(c) 三向网格　(d) 扇形三向网格

(e) 葵花形三向网格　(f) 短程线型

图 17.3.2　单层球面网壳结构形式

17.3.5　自由曲面木结构

自由曲面木结构是一种比较特殊的大跨度木结构形式。它利用小截面木杆抗弯模量小，易发生较大弯曲变形的特点，可以自由地进行弯曲造型。在达到所需要的造型之后，通过固定节点，达到较大的整体刚度，形成结构。因此自由曲面木结构可根据建筑师的要求自由造型，形成富有动感的结构形式，具有较大的灵活性。

17.3.6　木张拉结构

木张弦梁是较为常见的木张拉结构，它主要由三部分组成，分别是刚性弦杆、柔性索、撑杆。刚性弦杆一般为木杆，其形式可为木梁、木拱或木桁架。柔性索一般为钢索，需要按设计施加一定预应力，以达到提高梁的刚度、降低梁内弯矩峰值的目的。撑杆可以

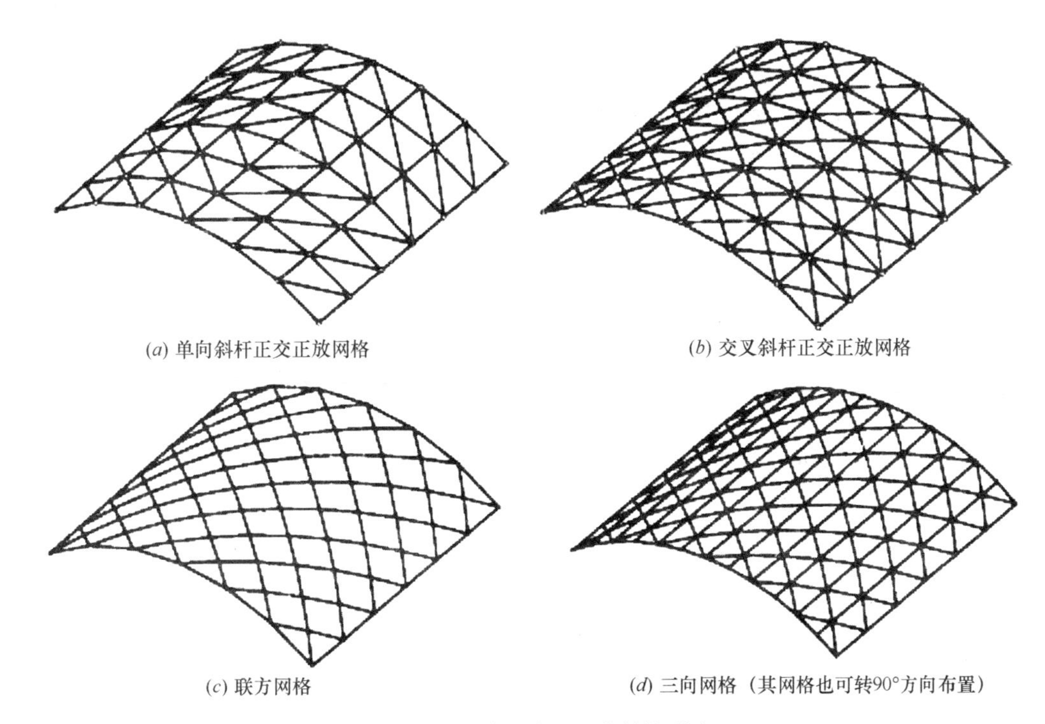

(a) 单向斜杆正交正放网格　(b) 交叉斜杆正交正放网格　(c) 联方网格　(d) 三向网格（其网格也可转90°方向布置）

图 17.3.3 单层柱面网壳结构形式

由钢杆或木杆制成。

其他木张拉结构，如木悬索结构、木张拉整体结构等，其设计理念都是充分利用材料特性，使用柔性索受拉，木杆受压，形成以拉力为主的结构体系。

17.4 分 析 方 法

17.4.1 节点分析模型

大跨度结构的节点性能直接关系到结构整体受力。因此选用合理的节点模型是大跨度木结构分析的关键。

植筋节点一般刚度较大，在工程分析时可按刚接进行处理。螺栓连接节点在初始阶段由于摩擦力的作用会表现出一定的刚度，但是当螺栓出现滑移，节点刚度会随之下降，直到孔壁承压，刚度重新变大，直到节点失效。该类型节点的典型弯矩-转角曲线呈现四折线特性，如图 17.4.1 所示。

节点的弯矩-转角曲线一般可以根据需要通过试验获得。加载方式可以选择单向加载和往复加载。通过单向加载可以获得节点弯矩-转角骨架曲线，往复加载可以获得节点的弯矩-转角滞回曲线，以确定节点的恢复力模型。在试验研究有难度的情况下，也可以建立适当的节点精细化有限元模型，注意考虑

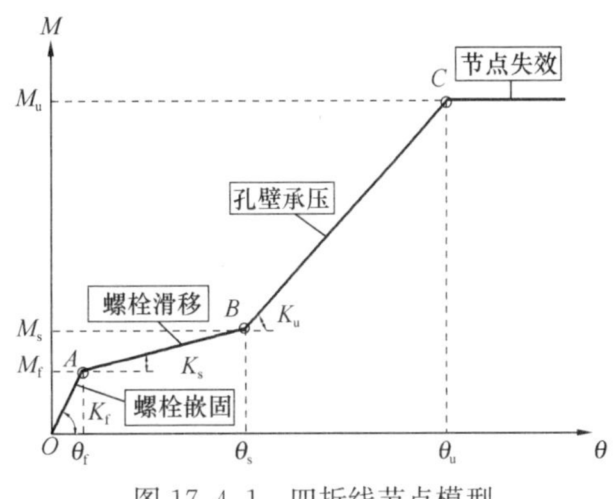

图 17.4.1 四折线节点模型

接触面不可避免的缺陷等情况，获取弯矩-转角曲线，再经过适当的简化后代入整体分析模型中。

17.4.2　稳定分析

大跨度木结构，尤其是木网壳结构、木拱结构等，由于跨度大、重量轻，其稳定性问题比较突出。结构的稳定性问题与强度问题是紧密联系在一起的。目前，随着计算机的广泛应用和非线性有限元分析方法的发展，已可以较精确地跟踪结构的全过程工作性能，获取结构的荷载-位移全过程曲线，分析结构的强度、稳定性以及刚度的整个变化历程。

为了研究结构屈曲前、后的性能，必须研究全过程的平衡路径。在平衡点附近，刚度矩阵接近奇异，目前常采用计算的方法为弧长法，包括球面弧长法、柱面弧长法等。对于分枝路径的跟踪可以采用振动荷载法。在考虑几何非线性的同时，也要考虑材料非线性，以及节点部分的非线性。在木结构节点建模时，由于节点多数情况下无法达到刚接，通常采用非线性弹簧来简化模拟。节点的非线性性能对结构平衡路径的影响较大，应在分析中予以重视。

实际结构不可避免地有各种初始缺陷，包括曲面形状的安装偏差、杆件的初弯曲、杆件对结点的初偏心、各种原因引起的初应力等。对于单层穹顶网壳等缺陷敏感性结构，其极限荷载常因为非常小的几何位置偏差而大大降低，实际结构的极限荷载远远达不到按理想情形分析的结果。对于此类结构，在分析时常人为地引入一些缺陷，即引入设定的初始缺陷的大小和分布模式，对网壳各结点的原始位置进行修正，然后对这一有偏差的结构进行分析。采用的方法有随机缺陷模态法、一致缺陷模态法等。

17.4.3　抗震分析

大跨木结构抗震分析方法与一般结构相似，可以使用振型分解反应谱法和时程分析法。

采用振型分解反应谱法时，要考虑足够多的振型数。尤其对于网壳结构，其自振频率相当密集，应当特别注意。

在进行时程分析时，应按建筑场地类别和设计地震分组选用不小于二组的实际强震记录和一组人工模拟的加速度时程曲线。加速度曲线幅值应根据与抗震设防烈度相应的多遇地震的加速度幅值进行调整。

对于大跨度空间结构体系，呈现明显的空间受力特点，在单维与多维地震作用下的反应是不同的。因此还要考虑多分量对结构的影响，可以采用多维地震虚拟激励法进行分析。

17.4.4　风振分析

作用在大跨木结构上的脉动风会对结构产生动力作用。现有的风振响应分析有时域法、频域法和随机振动法。采用时域法，由于结构三维尺寸接近，必须考虑三维的空间相关性，要对每一个节点进行时间、空间的模拟才有意义。另外，时域内的分析还应该进行多个样本分析，然后对各个响应进行统计，得到统计量，因此时域法分析的工作量很大，但时域法能随时考虑结构的刚度随荷载的变化，进行结构的时程分析可以实时了解结构在风荷载作用时间内的动力状况。频域法不能考虑结构的非线性特性，对于一些非线性较强的木结构形式，应当慎重采用。对于网壳结构等频率密集的结构形式，需要考虑多阶振型的影响。随机振动离散分析方法结合了时域法和频域法的优点，是进行风振分析比较精确的方法，但是计算量非常大。

17.5 控 制 指 标

17.5.1 构件控制

大跨度木结构的设计一般由变形要求控制，而不是由强度控制。实际工程中，为了减少胶合梁的变形，往往采用起拱的方法。所谓起拱就是在生产制造结构胶合木构件时，预先设定一定的弯曲弧度，弧度的弯曲方向与构件在使用中由重力荷载引起的挠度方向相反。胶合梁的起拱可以消除构件长期变形引起的不利因素以及木构件的蠕变。

胶合木构件应作荷载效应标准组合作用下的抗弯性能见证检验，在检验荷载作用下胶缝不应开裂，原有漏胶胶缝不应发展，跨中挠度平均值不应大于理论计算值的 1.13 倍。主梁的最大挠度不应大于跨度的 1/250。

层板胶合木构件平均含水率不应大于 15%，同一构件各层板间含水率差别不应大于 5%。

层板胶合木的各层木板木纹应平行于构件长度方向。各层木板在长度方向应为指接。受拉构件和受弯构件受拉区截面高度的 1/10 范围内同一层板上的指接间距，不应小于 1.5m，上、下层板间指接头位置应错开不小于木板厚的 10 倍。层板宽度方向可用平接头，但上、下层板间接头错开的距离不应小于 40mm。

层板胶合木胶缝应均匀，厚度应为 0.1mm～0.3mm。厚度超过 0.3mm 的胶缝的连续长度不应大于 300mm，且厚度不得超过 1mm。在构件承受平行于胶缝平面剪力的部位，漏胶长度不应大于 75mm，其他部位不应大于 150mm。在第 3 类使用环境条件下，层板宽度方向的平接头和板底开槽的槽内均应用胶填满。

各连接节点的连接件类别、规格和数量应符合设计文件的规定。

17.5.2 结构控制

大跨木结构安装完成后，应对挠度进行测量。测量点位可由设计单位确定。当设计无要求时，对跨度为 24m 及以下的情况，应测量跨中的挠度；对跨度为 24m 以上的情况，应测量跨中及跨度方向四等分点的挠度。所测得的挠度值不应超过现荷载条件下挠度计算值的 1.15 倍。

17.6 大跨木结构设计案例

1. 项目背景

本项目为某景区入口与游客中心，建筑面积约为 2800m^2。结构主体为一跨度为 63.85m、矢高为 19.45m 的互承木结构球面网壳，其建筑渲染图见图 17.6.1。

2. 技术参数

设计使用年限：50 年；

建筑结构重要性等级：二级；

建筑抗震设防类别：丙类；

结构形式：互承木网壳结构；

图17.6.1　建筑渲染图

当地基本风压：0.55kN/m^2；

基本雪压：0.45kN/m^2；

抗震设防烈度7度，设计基本地震加速度值为0.10g，设计地震分组为第一组。

3. 设计依据

《木结构设计标准》	GB 50005—2017
《建筑地基基础设计规范》	GB 50007—2011
《建筑结构荷载规范》	GB 50009—2012
《混凝土结构设计规范》	GB 50010—2010（2015年版）
《建筑抗震设计规范》	GB 50011—2010（2016年版）
《钢结构设计标准》	GB 50017—2017
《建筑结构可靠性设计统一标准》	GB 50068—2018
《混凝土结构工程施工质量验收规范》	GB 50204—2015
《钢结构工程施工质量验收规范》	GB 50205—2001
《木结构工程施工质量验收规范》	GB 50206—2012
《钢结构焊接规范》	GB 50661—2011
《胶合木结构技术规范》	GB/T 50708—2012
《空间网格结构技术规程》	JGJ 7—2010

相应岩土工程勘查报告等。

4. 荷载计算

（1）恒荷载计算

主体结构中，木杆件均采用欧洲落叶松胶合木构件，自重为7kN/m^3，截面尺寸为400mm×500mm。其自重线荷载为：

$$g_{\text{timber}} = 0.4 \times 0.5 \times 7 = 1.4\text{kN/m}$$

节点连接板采用的材料为Q345钢材，螺栓采用B级M30×460六角头螺栓，节点整体自重约为$G_{\text{joint}}=1.118$kN，转换为节点荷载。

结构层上为玻璃屋面板，材料选用双层9.5mm夹丝玻璃，自重$g_{\text{glass}}=0.6\text{kN/m}^2$，每根构件的承载面如图17.6.2所示。

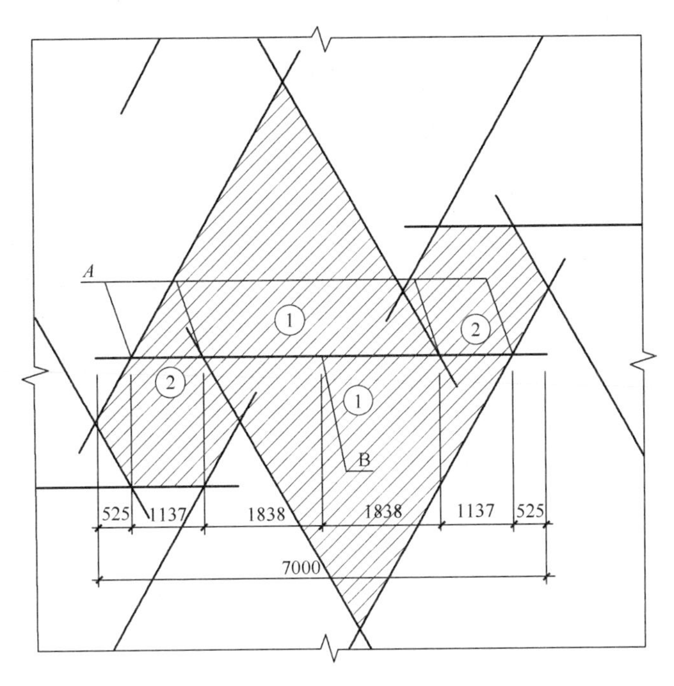

图 17.6.2 荷载承载面示意图

荷载面中，①类承载面与②类承载面的面积分别为：

$$S_1 = 10.04\text{m}^2$$

$$S_2 = 3.36\text{m}^2$$

每个 A 类节点承载 2 个 1/9①类承载面、1 个 1/6②类承载面与 1 个节点板重量；每个 B 类节点承载 2 个 1/9①类承载面。则作用在 A 类节点与 B 类节点上的恒荷载为

$$G_A = 2\frac{g_{\text{glass}}S_1}{9} + \frac{g_{\text{glass}}S_2}{6} + G_{\text{joint}} = 2\times\frac{0.6\times10.04}{9} + \frac{0.6\times3.36}{6} + 1.118 = 2.793\text{kN}$$

$$G_B = 2\frac{g_{\text{glass}}S_1}{9} = 2\times\frac{0.6\times10.04}{9} = 1.339\text{kN}$$

（2）活荷载计算

玻璃屋面按照不上人屋面考虑，活荷载取 $q_L = 0.5\text{kN/m}^2$，两类节点的承载方式同恒荷载。则作用在 A 类节点与 B 类节点上的活荷载为

$$Q_A = 2\frac{q_L S_1}{9} + \frac{q_L S_2}{6} = 2\times\frac{0.5\times10.04}{9} + \frac{0.5\times3.36}{6} = 1.396\text{kN}$$

$$Q_B = 2\frac{q_L S_1}{9} = 2\times\frac{0.5\times10.04}{9} = 1.116\text{kN}$$

（3）风荷载计算

结构所在地基本风压 $w_0 = 0.55\text{kN/m}^2$，场地类型为 B 类，风振系数 β_z 与风压高度变化系数 μ_z 由 SAP2000 进行自动计算。风荷载体型系数 μ_s 根据《建筑结构荷载规范》中对

旋转壳顶体型系数的定义，使用 Rhino 与 Grasshopper 参数化设计软件进行计算得到各个面的体型系数，再输入到 SAP2000 中，x 方向与 y 方向风荷载下的体型系数分布见图 17.6.3。

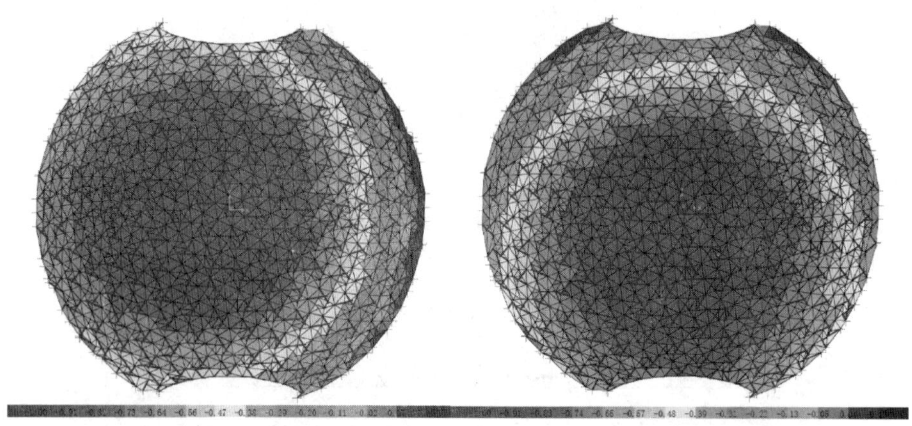

(a) X方向风荷载体型系数分布图　　(b) Y方向风荷载体型系数分布图

图 17.6.3　风荷载体型系数分布图

（4）雪荷载计算

结构所在地基本雪压 $s_0=0.45\text{kN/m}^2$，屋面积雪分布系数 μ_r 根据《建筑结构荷载规范》中的拱形屋面，考虑均匀分布与不均匀分布的情况。

均匀分布的情况

$$\mu_r=\frac{l}{8f}=\frac{64}{8\times19.5}=0.41$$

$$s_{k1}=\mu_r s_0=0.41\times0.45=0.185\text{kN/m}^2$$

不均匀分布的情况

$$\mu_{r,m}=0.2+\frac{10f}{l}=0.2+\frac{10\times19.45}{63.85}=3.24>2.0$$

取 $\mu_{r,m}=2.0$，则拱形屋面 $l/2$ 处与 $3l/4$ 处的雪荷载标准值 $s_{k,l/2}$ 与 $s_{k,3l/4}$ 为

$$s_{k,l/2}=0.5\mu_{r,m}s_0=0.5\times2.0\times0.45=0.45\text{kN/m}^2$$

$$s_{k,3l/4}=\mu_{r,m}s_0=2.0\times0.45=0.9\text{kN/m}^2$$

（5）地震作用计算

结构所在地烈度为 7 度，加速度为 $0.10g$，分组为第一组，场地类别为Ⅲ类，特征周期值为 0.45s。将以上系数输入 SAP2000 中，由程序根据振型分解反应谱法进行计算，反应谱参数见图 17.6.4。

（6）荷载组合

承载力计算中，选取了表 17.6.1 中 35 种荷载基本组合进行计算。其中，D 为恒荷载；L 为活荷载；WX 为 X 方向风荷载；WY 为 Y 方向风荷载；EX 为 X 方向水平地震作用；EY 为 Y 方向水平地震作用；S_1 为均匀分布情况下的雪荷载；S_2 为不均匀分布情况下的雪荷载；重力荷载代表值 $G_{eq}=1.0D+0.5S$。

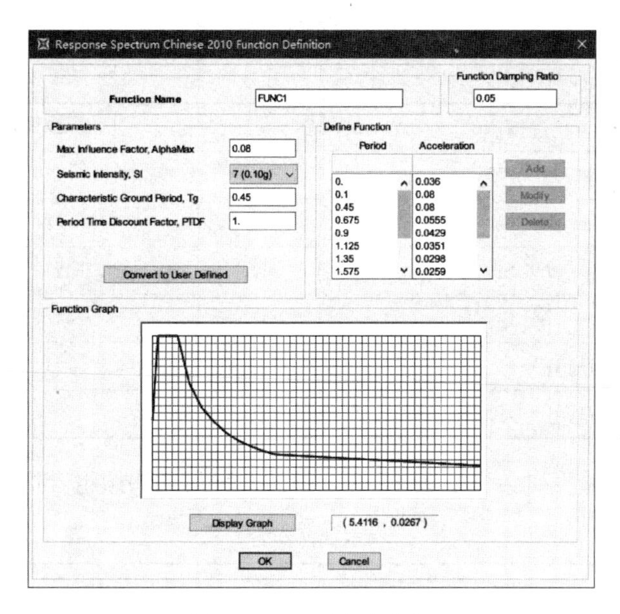

图 17.6.4 反应谱参数

荷载基本组合 **表 17.6.1**

序号	荷载组合	序号	荷载组合
1	$1.35D+0.7\times1.4L$	19	$1.0D+1.4S_2$
2	$1.2D+1.4L$	20	$1.2+1.3EX$
3	$1.0D+1.4L$	21	$1.2-1.3EX$
4	$1.2D+1.4WX$	22	$1.2+1.3EY$
5	$1.0D+1.4WY$	23	$1.2-1.3EY$
6	$1.2D+1.4WY$	24	$1.0+1.3EX$
7	$1.0D+1.4WX$	25	$1.0-1.3EX$
8	$1.2D+1.4L+0.6\times1.4WX$	26	$1.0+1.3EY$
9	$1.0D+1.4L+0.6\times1.4WX$	27	$1.0\ 1.3EY$
10	$1.2D+1.4L+0.6\times1.4WY$	28	$1.2+0.2\times1.4WX+1.3EX$
11	$1.0D+1.4L+0.6\times1.4WY$	29	$1.2+0.2\times1.4WX-1.3EX$
12	$1.2D+1.4WX+0.7\times1.4L$	30	$1.2+0.2\times1.4WY+1.3EY$
13	$1.0D+1.4WX+0.7\times1.4L$	31	$1.2+0.2\times1.4WY-1.3EY$
14	$1.2D+1.4WY+0.7\times1.4L$	32	$1.0+0.2\times1.4WX+1.3EX$
15	$1.0D+1.4WY+0.7\times1.4L$	33	$1.0+0.2\times1.4WX+1.3EY$
16	$1.2D+1.4S_1$	34	$1.0+0.2\times1.4WX-1.3EX$
17	$1.0D+1.4S_1$	35	$1.0+0.2\times1.4WY-1.3EY$
18	$1.2D+1.4S_2$		

正常使用极限状态下，选取表 17.6.2 中 13 种荷载标准组合进行计算。

正常使用极限状态下荷载基本组合 表 17.6.2

序号	荷载组合	序号	荷载组合
1	$D+L$	8	$D+WY+0.7S_1$
2	$D+WX$	9	$D+WY+0.7S_2$
3	$D+WY$	10	$D+S_1+0.6WX$
4	$D+S_1$	11	$D+S_1+0.6WY$
5	$D+S_2$	12	$D+S_2+0.6WX$
6	$D+WX+0.7S_1$	13	$D+S_2+0.6WY$
7	$D+WX+0.7S_2$		

对构件进行防火验算时，选取表 17.6.3 中的 6 种荷载偶然组合进行计算。

荷载偶然组合 表 17.6.3

序号	荷载组合	序号	荷载组合
1	$1.0D+0.4WX+0.5S_1$	4	$1.0D+0.4WY+0.5S_2$
2	$1.0D+0.4WY+0.5S_1$	5	$1.0D+0.6S_1$
3	$1.0D+0.4WX+0.5S_2$	6	$1.0D+0.6S_2$

5. 内力分析

(1) 建立模型

将上述模型与荷载模式输入到 SAP2000 结构计算软件中，结构整体模型与节点模型如图 17.6.5（a）与（b）所示。恒荷载、活荷载及雪荷载加载如图 17.6.5（c）～（f）所示。

(2) 构件内力分析

完成荷载与模型输入之后，使用 SAP2000 的分析功能对结构进行计算，包括结构的动力特性、屈曲模态以及各工况下各杆件的内力与各支座的反力。

根据内力分析结果，考虑荷载的基本组合时，杆件的最不利工况集中在 $1.2D+1.4L$（下称工况 1）与 $1.2D+1.4S_2$（下称工况 2）这两种工况中。考虑到该结构所受活荷载为 0.5kN/m^2、均匀分布雪荷载为 0.19kN/m^2、不均匀分布雪荷载最大为 0.9kN/m^2，以及风荷载主要为对结构有利的风吸力，分析结果可信度较高。图 17.6.6 所示为在这两种工况下的主要内力分布以及变形图。

可以看出，在工况 1，即均布满跨荷载作用下，结构的内力分布及竖向位移云图均显现出了较明显的分层现象；而在工况 2，即三角形分布荷载作用下，结构的内力分布及竖向位移云图也出现了一定的分层现象，但分层的中心显然出现在了荷载最大的位置，与一般网壳结构分析结果类似，表明互承网壳结构也具有较好的承载能力。

(3) 结构动力分析

利用 SAP2000 的模态分析功能求得结构的模态，表 17.6.4 中列出了结构的前 6 阶模态信息。

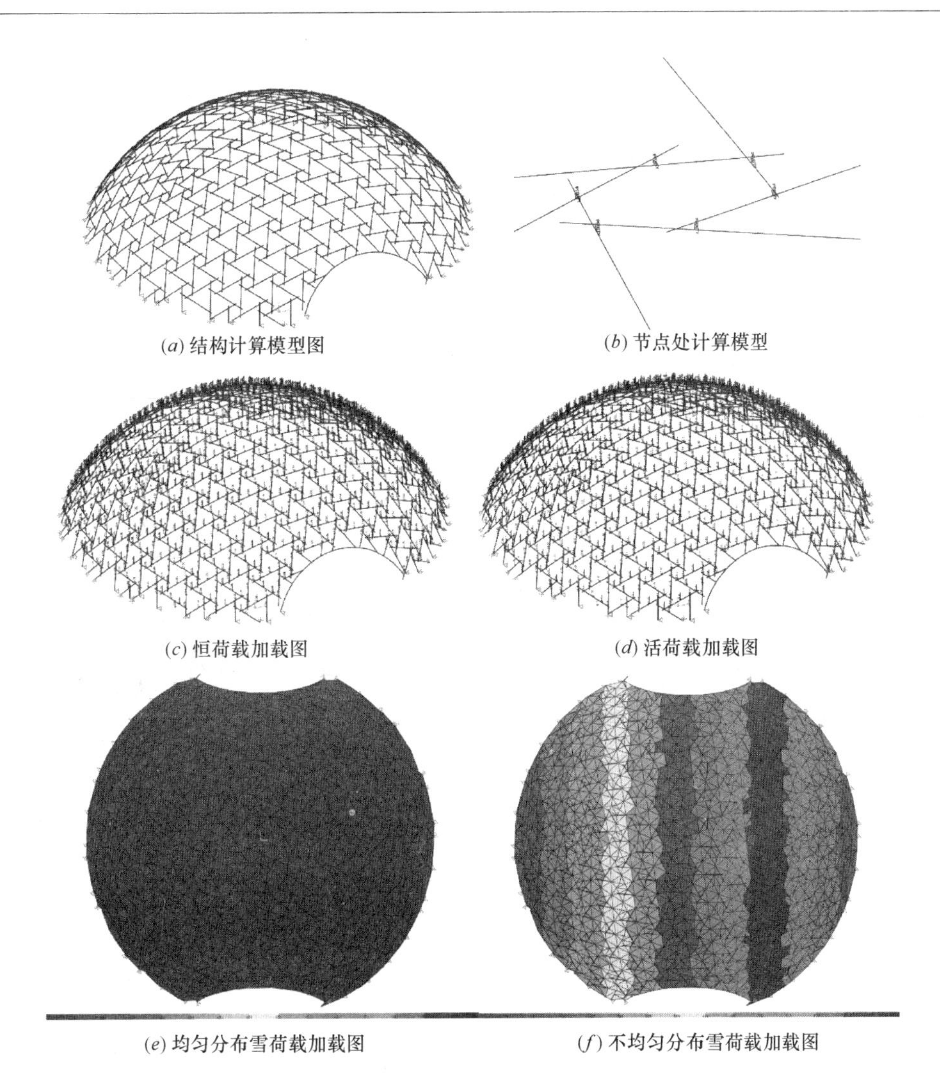

图 17.6.5 SAP2000 中模型和荷载施加情况

结构前 6 阶模态信息 **表 17.6.4**

模态阶数	自振周期（s）	自振频率（Hz）
1	0.58	1.73
2	0.51	1.97
3	0.50	1.99
4	0.49	2.02
5	0.49	2.06
6	0.47	2.13

通过分析结果还可以看出，第一阶振型主要为 x 方向的整体平动，第二阶振型主要为 y 方向的整体平动，第三阶振型主要为 z 方向的整体平动，在第四阶振型开始出现整体局部扭转。因此该结构的动力特性较好，与一般网壳结构的动力特性较为相近。

使用振型分解反应谱法对结构分别施加 x 向与 y 向地震作用，对应方向的位移云图

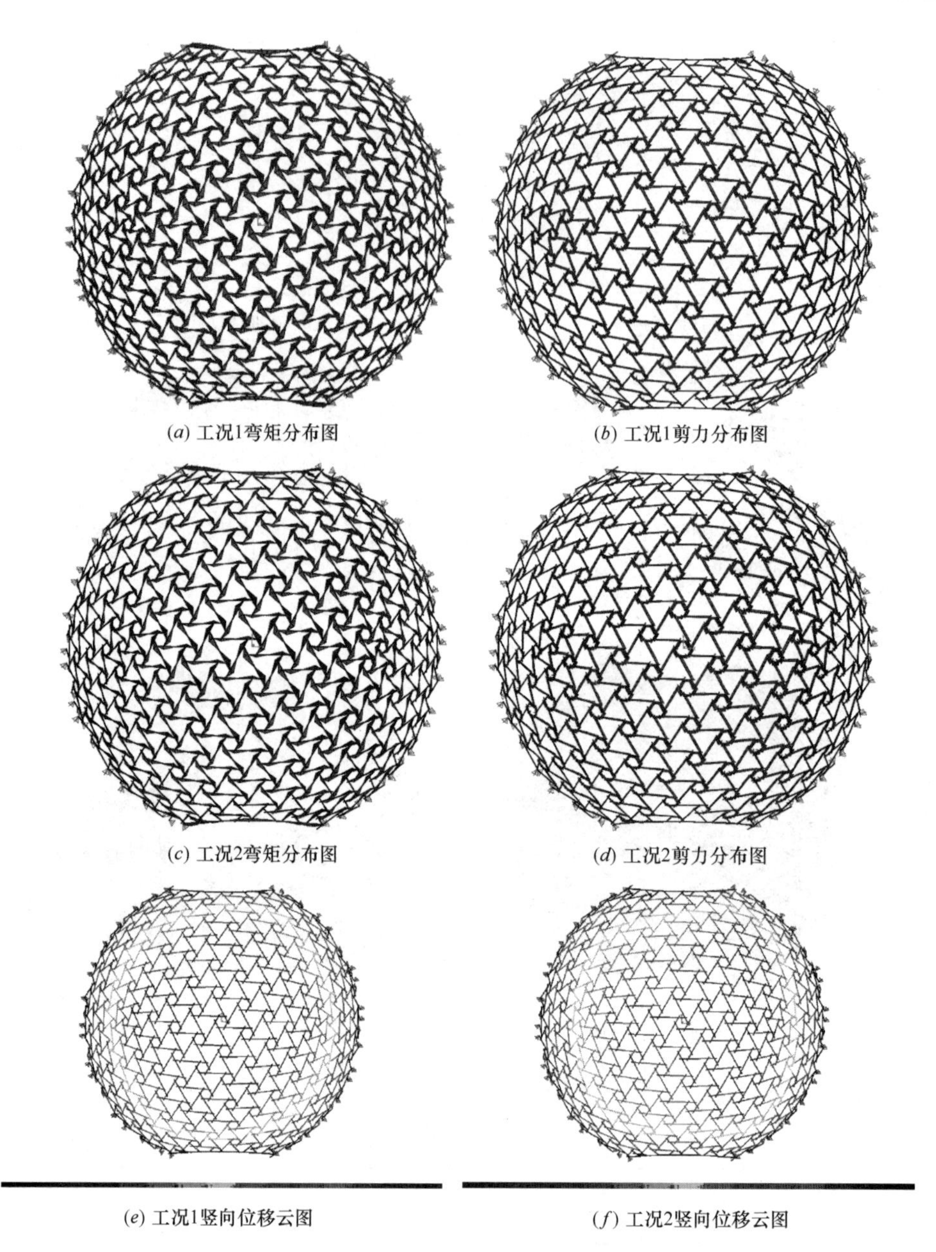

图 17.6.6　部分内力分析结果

如图 17.6.7 所示。

可以看出，由于场地抗震设防等级较低，结构动力特性较好，并且考虑地震作用时其余活荷载组合系数较小，因此地震作用对结构承载力影响较小。

6. 杆件设计与验算

(1) 最大内力

根据 SAP2000 程序的初步运行结果，获得杆件的最大内力如表 17.6.5 所示。其中，N 为杆件轴力，V_y 为沿 y 轴（即 2 轴，下同）的剪力，V_x 为沿 x 轴（即 3 轴，下同）的剪力，M_y 为绕 y 轴的弯矩，M_x 为绕 x 轴的弯矩，杆件所受的扭矩均较小，暂不考虑。

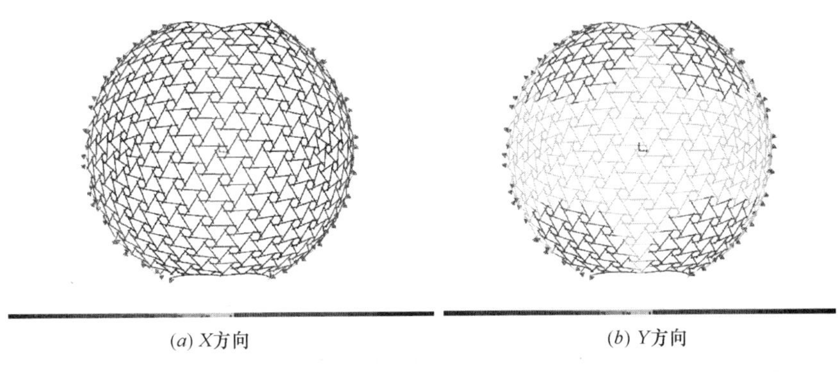

图 17.6.7 地震作用位移云图

考虑到沿 x 轴的剪力与绕 y 轴的弯矩较大，宜将 x 轴方向的截面尺寸增大，同时考虑到建筑要求一定的截面高度（即 y 轴方向的截面尺寸）以确保视觉效果。初定杆件截面为 500mm×400mm。杆件连接处，在 y 轴方向挖去 100mm 以便于制作连接节点，即杆件削弱处截面为 400mm×400mm。

杆件最大内力表 **表 17.6.5**

类型	工况	编号	N（kN）	V_y（kN）	V_x（kN）	M_y（kN·m）	M_x（kN·m）
N 拉力最大	$1.2D+1.4L$	16	369.26	5.76	−48.86	−89.30	7.73
N 压力最大	$1.2D+1.4S_2$	267	−364.70	−6.64	−90.09	0.00	0.00
V_y 最大	$1.2D+1.4S_1$	52	−107.57	54.61	51.25	4.58	4.89
V_y 最小	$1.2D+1.4S_1$	53	−238.33	−50.49	4.12	0.45	−5.48
V_x 最大	$1.2D+1.4S_2$	245	−13.01	6.98	139.90	−157.37	−8.32
V_x 最小	$1.2D+1.4S_2$	267	−364.70	−6.64	−90.09	33.45	2.47
M_y 最大	$1.2D+1.4L$	469	−13.89	−6.07	115.01	129.36	−7.93
M_y 最小	$1.2D+1.4S_2$	245	−13.01	6.98	139.90	−157.37	−8.32
M_x 最大	$1.2D+1.4L$	18	−238.24	20.45	56.08	80.79	25.10
M_x 最小	$1.2D+1.4S_2$	165	125.95	2.04	−57.17	108.46	−19.85

（2）材料

材料树种选用欧洲落叶松，树种级别 SZ1，强度等级为 TC_T28，抗弯强度设计值修正系数 1.15，截面高度调整系数 $k_b=\left(\frac{300}{500}\right)^{\frac{1}{9}}=0.94$。强度设计值与弹性模量见表 17.6.6。

胶合木的强度设计值和弹性模量（N/mm²） **表 17.6.6**

强度等级	抗弯 f_m	未修正抗弯 f'_m	顺纹抗压 f_c	顺纹抗拉 f_t	顺纹抗剪 f_v	横纹局部承压 $f_{c,90}$		弹性模量 E
						构件中间承压	构件端部承压	
TC_T28	21.1	19.5	16.9	12.4	2.2	6.2	5.0	8000

（3）网壳稳定验算

根据《空间网格结构技术规程》JGJ 7—2010 第 4.3 条的规定，借助 SAP2000 软件中的屈曲分析工况，在球面网壳上按满跨均布荷载 1.0kN/m^2 进行全过程分析。得到前 6 阶屈曲模态对应的屈曲因子如表 17.6.7 所示。

各屈曲模态　表 17.6.7

屈曲模态	屈曲因子	屈曲模态	屈曲因子
1	12.229	4	31.613
2	12.423	5	32.265
3	29.746	6	32.961

最低阶屈曲因子为 12.229，即结构在受到大小为 12.229kN/m^2 的均布荷载时发生屈曲，即网壳的极限承载力为 $q=12.229\text{kN/m}^2$，取安全系数 $K=4.2$，得按网壳稳定性确定的容许承载力为 $[q]=2.446\text{kN/m}^2$，大于实际的荷载值，满足要求。

（4）网壳变形验算

由 SAP2000 计算结果，网壳整体最大竖向位移为 75mm，网壳跨度 $L=63.85\text{m}$，变形量为 1/850<1/400，符合要求。

（5）拉弯杆件验算

构件净截面面积

$$A_\text{n}=(400-20)\times400=152000\text{mm}^2$$

绕 y 轴的构件净截面抵抗矩

$$W_\text{ny}=\frac{400\times400^2}{6}-\frac{400\times20^2}{6}=1.06\times10^7\text{mm}^3$$

绕 x 轴的构件净截面抵抗矩

$$W_\text{nx}=\frac{400\times400^2}{6}-\frac{20\times400^2}{6}=1.02\times10^7\text{mm}^3$$

应力比验算

$$\begin{aligned}&\frac{N}{A_\text{n}f_\text{t}}+\frac{M_\text{x}}{W_\text{nx}f_\text{m}}+\frac{M_\text{y}}{W_\text{ny}f_\text{m}}\\&=\frac{109.82\times10^3}{152000\times16.9}+\frac{154.63\times10^6}{1.02\times10^7\times21.1}+\frac{15.50\times10^6}{1.06\times10^7\times21.1}\\&=0.83<1\end{aligned}$$

满足要求。

（6）杆件稳定验算

杆件计算长度

$$\frac{l_\text{u}}{h}=\frac{3679}{500}=7.4>7$$

$$l_\text{e}=1.63l_\text{u}+3h=1.63\times3679+3\times500=7496.8\text{mm}$$

$$l_\text{0x}=l_\text{0y}=k_l l=0.65\times5953=3869.5\text{mm}$$

杆件长细比

$$\lambda=\sqrt{\frac{l_\text{e}h}{b^2}}=\sqrt{\frac{7196.8\times500}{400^2}}=4.8$$

受弯构件抗弯临界屈曲强度设计值

$$f_{\mathrm{mE}}=\frac{0.67E}{\lambda^{2}}=\frac{0.67\times 8000}{4.8^{2}}=228.8\ \mathrm{N/mm^{2}}$$

受弯构件侧向稳定系数

$$\varphi_{l}=\frac{1+\frac{f_{\mathrm{mE}}}{f_{\mathrm{m}}'}}{1.9}-\sqrt{\left(\frac{1+\frac{f_{\mathrm{mE}}}{f_{\mathrm{m}}'}}{1.9}\right)^{2}-\frac{\frac{f_{\mathrm{mE}}}{f_{\mathrm{m}}'}}{0.95}}=\frac{1+\frac{228.8}{19.5}}{1.9}-\sqrt{\left(\frac{1+\frac{228.8}{19.5}}{1.9}\right)^{2}-\frac{\frac{228.8}{19.5}}{0.95}}=0.995$$

应力比验算

$$\frac{1}{\varphi_{l}f_{\mathrm{m}}'}\left(\frac{M_{\mathrm{x}}}{W_{\mathrm{nx}}}+\frac{M_{\mathrm{y}}}{W_{\mathrm{ny}}}-\frac{N}{A_{\mathrm{n}}}\right)=\frac{1}{0.995\times 19.5}\left(\frac{15.50\times 10^{6}}{1.02\times 10^{7}}+\frac{154.63\times 10^{6}}{1.06\times 10^{7}}-\frac{109.82\times 10^{3}}{153200}\right)$$
$$=0.79<1$$

满足要求。

（7）压弯杆件验算

$$f_{\mathrm{cEx}}=\frac{0.47E}{(l_{0\mathrm{x}}/h)^{2}}=\frac{0.47\times 8000}{(3869.5/400)^{2}}=40.2\mathrm{N/mm^{2}}$$

$$f_{\mathrm{cEy}}=\frac{0.47E}{(l_{0\mathrm{y}}/h)^{2}}=\frac{0.47\times 8000}{(3869.5/400)^{2}}=40.2\mathrm{N/mm^{2}}$$

$$\left(\frac{N}{A_{\mathrm{n}}f_{\mathrm{c}}}\right)^{2}+\frac{M_{\mathrm{x}}}{W_{\mathrm{nx}}f_{\mathrm{mx}}\left(1-\frac{N}{A_{\mathrm{n}}f_{\mathrm{cEx}}}\right)}+\frac{M_{\mathrm{y}}}{W_{\mathrm{ny}}f_{\mathrm{my}}\left[1-\left(\frac{N}{A_{\mathrm{n}}f_{\mathrm{cEy}}}\right)-\left(\frac{M_{\mathrm{x}}}{W_{\mathrm{nx}}f_{\mathrm{mE}}}\right)^{2}\right]}$$
$$=\left(\frac{13.01\times 10^{3}}{152000\times 20}\right)^{2}+\frac{8.32\times 10^{6}}{1.02\times 10^{7}\times 21.1\times\left(1-\frac{13.01\times 10^{3}}{152000\times 40.2}\right)}$$
$$+\frac{157.37\times 10^{6}}{1.06\times 10^{7}\times 21.1\times\left[1-\left(\frac{13.01\times 10^{3}}{152000\times 40.2}\right)-\left(\frac{8.32\times 10^{6}}{1.02\times 10^{7}\times 228.8}\right)^{2}\right]}$$
$$=0.74<1$$

$$\frac{M_{\mathrm{y}}}{W_{\mathrm{ny}}}=\frac{157.37\times 10^{6}}{1.06\times 10^{7}}=14.8\ \mathrm{N/mm^{2}}<f_{\mathrm{mE}}=228.8\mathrm{N/mm^{2}}$$

满足要求。

（8）抗剪强度验算

$$\frac{V_{\mathrm{x}}S_{\mathrm{y}}}{I_{\mathrm{y}}b_{\mathrm{x}}}=\frac{139.90\times 10^{3}\times 400\times\frac{400}{2}\times\frac{400}{4}}{\frac{400\times 400^{3}}{12}\times 400}=1.3\ \mathrm{N/mm^{2}}<f_{\mathrm{v}}=2.2\mathrm{N/mm^{2}}$$

$$\frac{V_{\mathrm{y}}S_{\mathrm{x}}}{I_{\mathrm{x}}b_{\mathrm{y}}}=\frac{54.61\times 10^{3}\times 400\times\frac{400}{2}\times\frac{400}{4}}{\frac{400\times 400^{3}}{12}\times 400}=0.5\ \mathrm{N/mm^{2}}<f_{\mathrm{v}}=2.2\mathrm{N/mm^{2}}$$

满足要求。

（9）局部承压验算

$$\sigma_{\mathrm{c}}=\frac{58.52\times 10^{3}}{400\times 400}=0.37\mathrm{N/mm^{2}}<f_{\mathrm{c,90}}=6.0\mathrm{N/mm^{2}}$$

满足要求。

（10）抗火设计验算

木构件受火时按《胶合木结构技术规范》中考虑碳化层的防火计算方法进行计算。即考虑木结构承受1h火灾，对梁截面减小后的承载力进行验算，其中胶合木碳化速率为46mm/h。故考虑该梁截面四面受火1h后截面缩小为308mm×408mm，削弱部分缩小为308mm×308mm。

偶然荷载组合下，各杆件内力最不利值如表17.6.8所示。

偶然荷载（抗火验算）最不利内力表格　　表17.6.8

类型	工况	编号	N(kN)	V_y(kN)	V_x(kN)	M_y(kN·m)	M_x(kN·m)
N最大	$1.0D+0.6S_1$	7	235.69	−3.23	−32.89	59.58	3.75
N最小	$1.0D+0.6S_2$	267	−237.30	−3.79	−55.35	0.00	0.00
V_y最大	$1.0D+0.6S_1$	52	−72.70	36.60	35.12	3.14	3.27
V_y最小	$1.0D+0.6S_1$	53	−168.15	−34.09	1.38	0.15	−3.70
V_x最大	$1.0D+0.6S_2$	245	−9.06	4.49	88.46	−99.49	−5.52
V_x最小	$1.0D+0.6S_2$	267	−237.30	−3.79	−55.35	20.55	1.41
M_y最大	$1.0D+0.6S_1$	469	−9.98	−3.90	74.96	84.31	−5.07
M_y最小	$1.0D+0.6S_2$	245	−9.06	4.49	88.46	−99.49	−5.52
M_x最大	$1.0D+0.6S_2$	270	−139.64	0.25	3.91	8.26	15.89
M_x最小	$1.0D+0.6S_2$	165	87.46	1.50	−41.14	78.43	−13.05

拉弯强度验算

$$\frac{N}{A_n f_t}+\frac{M_x}{W_{nx} f_m}+\frac{M_y}{W_{ny} f_m}=0.56<1$$

满足要求。

拉弯稳定验算

$$\frac{l_u}{h}=\frac{3679}{408}=9.0>7$$

$$l_e=1.63l_u+3h=1.63\times3679+3\times408=7220.8\text{mm}$$

$$l_{0x}=l_{0y}=k_l l=0.65\times5953=3869.5\text{mm}$$

$$\lambda=\sqrt{\frac{l_e h}{b^2}}=\sqrt{\frac{7196.8\times408}{308^2}}=5.7$$

$$f_{mE}=\frac{0.67E}{\lambda^2}=\frac{0.67\times8000}{4.8^2}=165.0\text{ N/mm}^2$$

$$\varphi_l=\frac{1+\frac{f_{mE}}{f'_m}}{1.9}-\sqrt{\left(\frac{1+\frac{f_{mE}}{f'_m}}{1.9}\right)^2-\frac{\frac{f_{mE}}{f'_m}}{0.95}}=\frac{1+\frac{165.0}{19.5}}{1.9}-\sqrt{\left(\frac{1+\frac{165.0}{19.5}}{1.9}\right)^2-\frac{\frac{165.0}{19.5}}{0.95}}=0.993$$

$$\frac{1}{\varphi_l f'_m}\left(\frac{M_x}{W_{nx}}+\frac{M_y}{W_{ny}}-\frac{N}{A_n}\right)=0.59<1$$

满足要求。

压弯承载力验算

$$\left(\frac{N}{A_{\mathrm{n}}f_{\mathrm{c}}}\right)^2+\frac{M_{\mathrm{x}}}{W_{\mathrm{nx}}f_{\mathrm{mx}}\left(1-\frac{N}{A_{\mathrm{n}}f_{\mathrm{cEx}}}\right)}+\frac{M_{\mathrm{y}}}{W_{\mathrm{ny}}f_{\mathrm{my}}\left[1-\left(\frac{N}{A_{\mathrm{n}}f_{\mathrm{cEy}}}\right)-\left(\frac{M_{\mathrm{x}}}{W_{\mathrm{nx}}f_{\mathrm{mE}}}\right)^2\right]}=0.51<1$$

满足要求。

抗剪强度验算

$$\frac{V_{\mathrm{y}}S_{\mathrm{x}}}{I_{\mathrm{x}}b_{\mathrm{y}}}=1.4\mathrm{N/mm^2}<f_{\mathrm{v}}=2.2\mathrm{N/mm^2}$$

$$\frac{V_{\mathrm{x}}S_{\mathrm{y}}}{I_{\mathrm{y}}b_{\mathrm{x}}}=0.5\mathrm{N/mm^2}<f_{\mathrm{v}}=2.2\mathrm{N/mm^2}$$

满足要求。

7. 节点设计与验算

节点的形式采用钢插板节点，如图 17.6.8 所示。由于两根杆件间成 60°角，故在其中使用一块连接板进行角度的转换。每块钢插板使用 3 行 2 列的 8.8 级 B 类 M30 螺栓进行双剪连接，抗拉强度 $f_{\mathrm{t}}^{\mathrm{b}}=400\mathrm{N/mm^2}$。钢板均采用 22mm 厚的 Q345 钢，$f_{\mathrm{em}}=f=290\mathrm{N/mm^2}$。

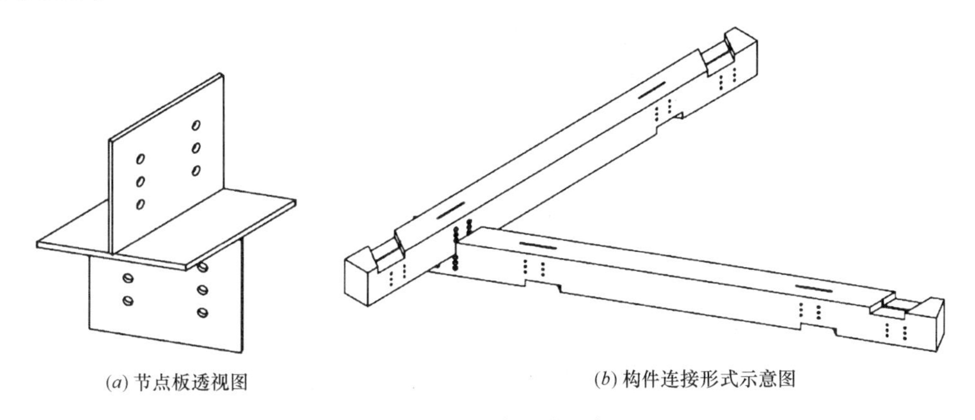

(a) 节点板透视图　　(b) 构件连接形式示意图

图 17.6.8　节点形式示意图

欧洲落叶松，全干相对密度 $G=0.58$。

销轴类紧固件销槽顺纹承压强度

$$f_{\mathrm{e,0}}=77G=77\times0.58=44.66\mathrm{N/mm^2}$$

销轴类紧固件销槽横纹承压强度

$$f_{\mathrm{e,90}}=\frac{212G^{1.45}}{\sqrt{d}}=\frac{212\times0.58^{1.45}}{\sqrt{30}}=17.57\mathrm{N/mm^2}$$

根据 SAP2000 计算结果，连接处，沿杆件方向受力最大为 248.40kN，沿连接件方向受拉力最大为 58.56kN。

沿杆件方向，由于侧构件截面毛面积与主构件截面毛面积之比 $A_{\mathrm{s}}/A_{\mathrm{m}}$ 远大于 1，暂不考虑组合作用系数 k_{g}。

按照国家标准《木结构设计标准》GB 50005—2017 的规定，采用以下几种破坏模式计算双剪螺栓连接承载力计算：

屈服模式Ⅰ：

$$R_{\mathrm{e}}=f_{\mathrm{em}}/f_{\mathrm{es}}=290/44.66=6.49$$

$$R_t = l_m / l_s = 20/190 = 0.12$$

$$k_{\mathrm{I}} = \frac{R_e R_t}{2\gamma_{\mathrm{I}}} = 0.086$$

屈服模式Ⅲ$_s$：

$$k_{s\mathrm{III}} = \frac{R_e}{2+R_e}\left[\sqrt{\frac{2(1+R_e)}{R_e}+\frac{1.647(1+2R_e)k_{ep}f_{yk}d^2}{3R_e f_{es} t_s^2}}-1\right] = 0.46$$

$$k_{\mathrm{III}} = \frac{k_{s\mathrm{III}}}{\gamma_{\mathrm{III}}} = 0.21$$

屈服模式Ⅳ：

$$k_{s\mathrm{IV}} = \frac{d}{t_s}\sqrt{\frac{1.647 R_e k_{ep} f_{yk}}{3(1+R_e) f_{es}}} = 0.33$$

$$k_{\mathrm{IV}} = \frac{k_{s\mathrm{IV}}}{\gamma_{\mathrm{IV}}} = 0.17$$

则销槽承压最小有效长度系数：

$$k_{min} = \min(k_{\mathrm{I}}, k_{\mathrm{III}}, k_{\mathrm{IV}}) = k_{\mathrm{I}} = 0.086$$

单个销的每个剪面的承载力参考设计值为：

$$Z = k_{min} t_s d f_{es} = 21.85\mathrm{kN}$$

每块连接板共有 12 剪面，则对于沿杆件方向 $12Z = 12 \times 21.85 = 262.20\mathrm{kN} > 248.40\mathrm{kN}$，满足要求。

对于其他螺栓连接验算，以及柱脚螺栓连接验算，方法一致，不再赘述。

本章参考文献

[1] 何敏娟，董翰林，李征. 木空间结构研究现状及关键问题[J]. 建筑结构，2016(12)：103-109.

[2] 保罗·C·吉尔汉姆. 塔科马穹顶体育馆——成功的木构多功能赛场的建设过程[J]. 世界建筑，2002(9)：80-81.

[3] 彭怒，孙乐. 从木材到殿堂——西贝流士大楼[J]. 建筑学报，2006(12)：82-85.

[4] 彭相国. 现代大跨度木建筑的结构与表现[D]. 哈尔滨：哈尔滨工业大学，2007.

[5] 张济梅，潘景龙，董宏波. 张弦木梁预应力损失初步探讨[J]. 低温建筑技术，2007(1)：73-75.

[6] 葛天阳，葛赢，苏格兰议会大楼规划建筑设计解析[J]. 中外建筑，2014(12)：82-84.

[7] 黄毅. 大跨木结构单层球形网壳风振响应以及整体稳定性分析[D]. 重庆：重庆大学，2014.

[8] JAVIER ESTéVEZ. Timber spatial trusses using hollow bars [C]//Internationales Holzbau-Forum. Garmisch-Patenkirchen，2011.

[9] WILLIAMS N，BOHNENBERGER S，CHERREY J. Asystem for collaborative design on timber grid shells [C]// Caadria Rethinking Comprehensive Design Speculative Counterculture. Kyoto，2014：441-450.

[10] D'AMICO B，KERMANI A，ZHANG H. Form finding and structural analysis of actively bent timber grid shells [J]. Engineering Structures，2014，81(24)：195-207.

[11] MALEK S，WIERZBICKI T，OCHSENDORF J. Buckling of spherical cap grid shells：a numerical and analytical study revisiting the concept of the equivalent continuum [J]. Engineering Structures，2014，75(5)：288-298.

[12] NAICU, DRAGOS-IULIAN. Geometry and performance of timber grid shells [D]. Bath: University of Bath, 2012.

[13] KUIJVENHOVEN M, HOOGENBOOM P C J. Particle-spring method for form finding grid shell structures consisting of flexible members[J]. Journal of the International Association for Shell & Spatial Structures, 2012, 53(171): 31-38.

[14] 刘志周. 木网壳半刚性节点连接受力性能研究[D]. 哈尔滨：哈尔滨工业大学，2013.

[15] 祝恩淳，周华樟. 层板胶合木拱的蠕变屈曲[J]. 沈阳建筑大学学报(自然科学版)，2009，25 (4)：640-643.

[16] 周华樟. 旋切板胶合木的蠕变及其对结构稳定性的影响[D]. 哈尔滨：哈尔滨工业大学，2009.

[17] DAVIES M, FRAGIACOMO M. Long-term behavior of prestressed LVL members I: experimental tests[J]. Journal of Structural Engineering, 2014, 137(12): 1553-1561.

[18] FRAGIACOMO M, DAVIES M. Long-term behavior of prestressed LVL members II: analytical approach [J]. Journal of Structural Engineering, 2014, 137(12): 1562-1572.

[19] 何敏娟，Frank Lam，杨军，张盛东等. 木结构设计[M]. 北京：中国建筑工业出版社，2006.

[20] 木结构设计标准(GB 50005—2017)[S]. 北京：中国建筑工业出版社，2017.

[21] 胶合木结构技术规范(GB/T 50708—2012)[S]. 北京：中国建筑工业出版社，2012.

第 18 章　木结构建筑的节能

18.1　概　　述

木材具有密度小、强度高、弹性好、色调丰富、纹理美观和加工容易等优点，能有效地抗压、抗弯和抗拉，特别是抗压和抗弯具有很好的塑性，是一种丰富的可再生资源，因此得到广泛使用，所以在建筑结构中的应用历经数千年而不衰。由于木材细胞组织可容留空气，而且方便安装保温及气密材料，因此基于木质材料的围护结构建筑往往具有良好的保温隔热性能。同时具有安全节能、有益于人体健康、容易建造、便于维修等显著优点和具有典型的绿色生态化特点，是最为理想的可再生、环保、节能的建筑围护结构。清华大学国际工程项目管理研究院和建筑技术科学系根据目前我国常用的结构体系，分别比较了木结构、轻型钢结构和混凝土结构在物化阶段和运行阶段的建筑能耗和环境影响，结果发现木结构建筑在这两方面均具有明显优势。木结构建筑在北美地区、欧洲地区和新西兰以及日本极为普遍，近年来在我国也得到推广和应用。特别是在建筑中使用木材将有助于实现建筑节能的目标。

我国木结构建筑有几千年的历史，作为围护结构使用在不同气候区有不同的形式，如在寒冷、严寒地区围护结构同样采用木骨架形式，中间填充干燥的稻草或秸秆等作为保温材料，木板作为屋面、墙板饰面板。

在我国森林资源丰富地区的少数民族地区许多建筑围护结构直接采用原木（图 18.1.1），大量采用木材，这类木结构建筑对木材浪费太大，对森林砍伐影响很大，藏式建筑的特色之一就是采用“木楞复合生土墙”技术，原木之间通过公母榫的构造方式进行连接。除此之外也常采用生土、干粘石外墙、毛石外墙等墙面形式来丰富建筑的外立面效果。

图 18.1.1　藏区牧民木结构建筑原木围护结构

在我国南方木结构围护结构大多采用单木板作为墙板（图 18.1.2），也有结构体系是木结构，围护结构采用砖石等（图 18.1.3）。

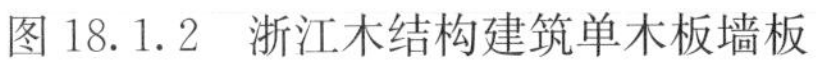

图 18.1.2 浙江木结构建筑单木板墙板

图 18.1.3 四川木结构建筑砖石围护结构

现代木结构建筑源于北美，广泛应用于住宅和公共建筑。近年来，随着绿色低碳建筑和装配式建筑的发展需求，现代木结构建筑以其在节能环保和预制装配方面的优势在我国得到逐步发展和应用，主要应用于居住建筑、小型公共建筑，包括学校、敬老院、社区服务、办公、旅馆、度假村等建筑（图 18.1.4）。

(*a*) 木结构住宅

(*b*) 木结构公共建筑

图 18.1.4 现代木结构建筑

18.2 木结构建筑围护结构主要形式和节能设计原则

18.2.1 木结构建筑围护结构主要形式

木结构建筑的围护结构应根据木结构体系的不同，采用不同的形式。现代木结构建筑的主要结构体系有轻型木结构建筑、胶合木结构建筑和混合木结构建筑三种形式。

1. 轻型木结构建筑的围护结构

轻型木结构建筑的围护结构由规格材制作的木骨架与木基结构板材或石膏板等覆面板组成的墙体、楼盖和屋盖系统构成。其墙体的主要构造是在墙骨柱（或间柱）、顶梁板顶和底梁板上双面铺设木基结构板或防火石膏板进行覆盖。为了保证围护结构良好的保温隔热性能和隔声性能，木骨架内填充了保温材料、隔声材料等。为了防止内外墙面的空气渗透、防水防雨，墙体设有挡风防潮防水等防护材料和墙体密封材料（图 18.2.1）。

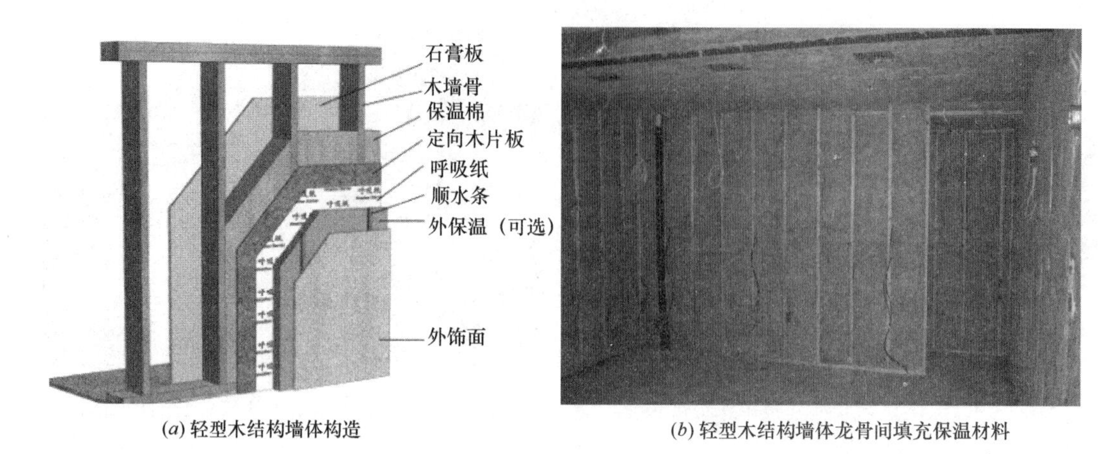

(a) 轻型木结构墙体构造　　(b) 轻型木结构墙体龙骨间填充保温材料

图 18.2.1　轻型木结构墙体

轻型木结构围护结构的节能性主要是利用木框架墙体或屋面夹层填充保温材料，为了防止日晒、雨淋、风沙、水汽等作用的侵蚀，墙面材料可采用木板、砌筑砖石，也可外涂灰泥等，墙体覆面板外安装连续防水膜，要求墙体的连接材料和墙面板应具备防风雨、防日晒、防锈蚀、防盗和防撞击等功能。

2. 胶合木结构建筑的围护结构

胶合木结构建筑的围护结构主要采用木骨架组合墙体、正交胶合木（CLT）墙体、轻型木桁架屋盖、胶合木屋盖或钢木组合屋盖。也可采用其他轻质材料的填充墙作为围护结构。

木骨架组合墙体的构造与轻型木结构墙体的构造基本相似（图 18.2.2）。胶合木结构建筑的围护结构与主体承重结构之间的连接可以采用膨胀螺栓连接、自钻自攻螺钉连接和销钉连接。

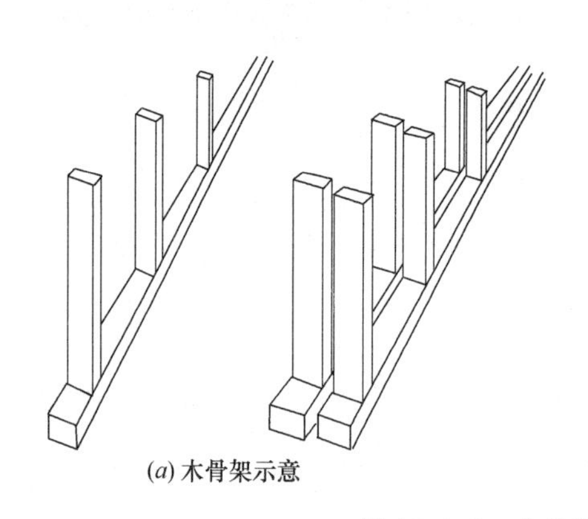

(a) 木骨架示意

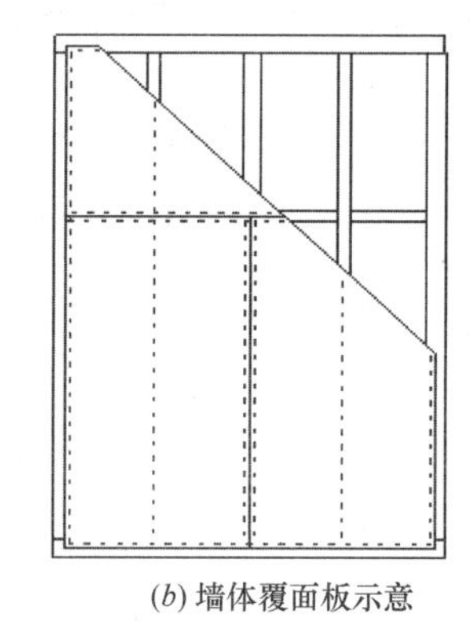

(b) 墙体覆面板示意

图 18.2.2　木骨架组合墙体构造示意图

3. 混合木结构建筑的围护结构

混合木结构建筑的围护结构主要采用轻型木骨架组合墙体作为钢筋混凝土结构、钢结构建筑的非承重外墙或内隔墙。木骨架组合墙体主要采用外包式和嵌入式两种方法与建筑主体承重结构组合在一起（图 18.2.3），两者之间的连接可以采用膨胀螺栓连接、自钻自攻螺钉连接和销钉连接。其中，外包式体系既可用于钢筋混凝土结构建筑中，也可用于钢结构建筑中。嵌入式体系一般用于钢筋混凝土结构建筑中。

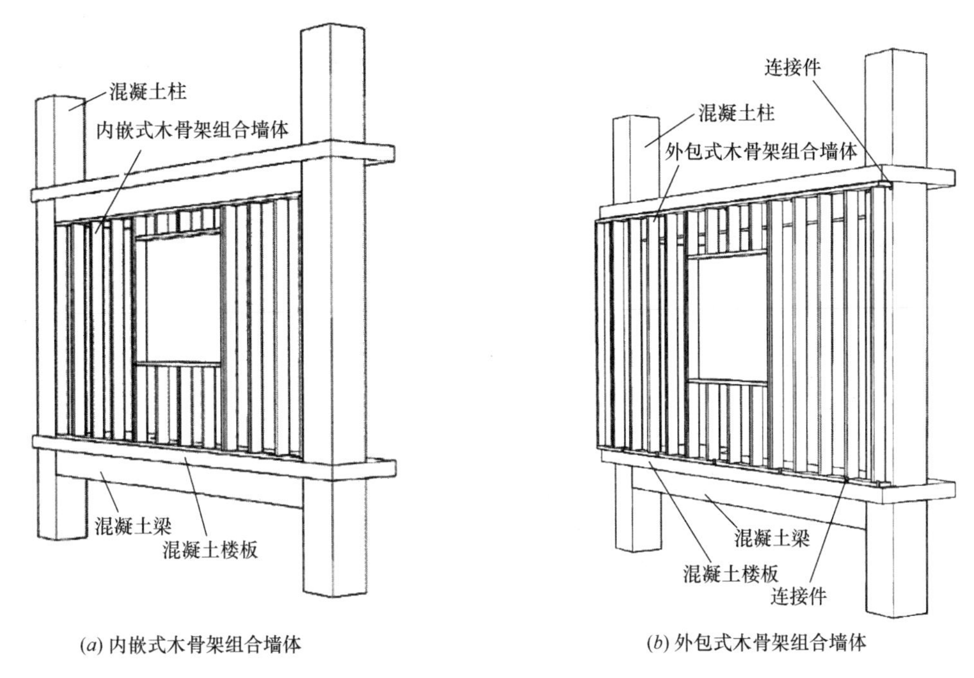

(*a*) 内嵌式木骨架组合墙体　　(*b*) 外包式木骨架组合墙体

图 18.2.3　木骨架组合墙体示意

18.2.2　木结构建筑节能设计的基本原则

木结构建筑节能设计应贯彻“遵循气候、因地制宜”的设计原则，在满足建筑功能、造型等基本需求的条件下，注重地域性特点，尽可能地将生态、可持续建筑设计理念融入整个建筑设计过程中，从而达到降低能源消耗，改善室内环境的目的。

木结构建筑群的规划设计、单体建筑的平面设计和门窗的设置，冬季应有利于日照，夏季应有利于自然通风。建筑物的朝向宜采用南北或接近南北，主要房间应避免夏季受东、西向日晒。木结构建筑体形宜规则，平、立面不应出现过多的凹凸。

木结构建筑节能是通过减少建筑物围护结构的热量传递而节约能量，并达到良好的舒适度。减少围护结构热传递的途径主要通过两个方面：

（1）建筑物围护结构采用保温隔热材料并尽量保持连续，避免、减少热桥，有效地阻止由传导和辐射产生的热量流动；

（2）在建筑物围护结构内设置连续的气密层，以防止空气的泄漏。

木材是容易受潮、易受生物降解的材料。保持温暖舒适以及不潮湿的室内环境，对保护木结构建筑的寿命、提高耐候性、节能都具有重要的作用。在严寒、寒冷气候地区，冬季通常通过采暖、机械通风来实现，减少自然通风以降低加热能耗。而在寒冷气候的夏季或温暖、炎热气候，要保持良好的室内通风，减少机械制冷、通风以降低能耗。要获得较好的通风效果，建筑进深应小于 2.5 倍净高，外墙面最小开口面积不小于 5%。门窗、挑檐、挡风板、通风屋脊、镂空的间隔断等构造措施都会影响室内自然通风的效果。

木结构建筑节能是一个系统工程。首先，建筑物围护结构的每一个主要构件，包括基础、墙体、门窗和屋盖等都在建筑节能中起着重要作用，因此必须分别加以考虑，同时又必须作为整个房屋的一个组成部分而综合考虑。各个构件之间连接处缝隙的处理是建筑节能的关键之一。其次，必须综合和平衡影响建筑节能的诸多因素，比如结构荷载、风和气候条件、空气流动、热量和潮气、房屋设备和暖通系统、居住习惯等。木结构建筑的保温层、气密层和隔汽层的设置对木材含水率、建筑通风和室温，乃至建筑能耗都会产生影响。

18.2.3　木结构围护结构的保温设计

严寒、寒冷地区建筑能耗大部分是由于围护结构传热造成的。围护结构保温性能的好坏，直接影响到建筑能耗的大小。提高围护结构的保温性能，通常采取以下技术措施：

1. 合理选择保温材料与保温构造形式

优先选用无机高效保温材料，如岩棉、玻璃棉等。一般地说，无机材料的耐久性好、耐化学侵蚀性强，也能耐较高的温湿度作用。防火材料的选择要综合考虑建筑物的使用性质、防火性能要求、木结构围护结构的构造方案、施工方法、材料来源以及经济指标等因素，按材料的热物理指标及有关的物理化学性质进行具体分析。

木围护结构的保温构造形式主要为夹芯保温。严寒、寒冷地区要保证围护结构安全性、耐候性，防止木结构墙体与保温层之间的结构界面结露，应在围护结构高温侧设置隔汽层，如在严寒、寒冷地区应在外围护结构内表面设置隔汽层，在南方以空调制冷为主的气候区应在外围护结构外表面设置隔汽层，并保证结构墙体依靠自身的热工性能做到不结露。

2. 避免热桥

通常在木结构建筑中，由于木材具有良好的热绝缘性，但木结构建筑围护结构大多采用金属连接件，同样也存在冷热桥问题，因此，在连接、承重、防震、沉降等部位，应防止建筑热桥产生，采取防热桥措施。

3. 防水、防冷风渗透

木结构建筑围护结构保温隔热材属于多孔建筑材料，由于受温度梯度分布影响，将产生空气和蒸汽渗透迁移现象，将对保温隔热材料这种比较疏散多孔材料的防潮作用有所影响，又对热绝缘性有较大的影响。因此，在围护结构表面应设置允许蒸汽渗透，不允许雨水、空气渗透的防水透汽膜层，能防止雨水、空气的渗透又可让蒸汽渗透扩散，从而保证了墙体内保温隔热材料热绝缘性和结构的耐久性。

4. 地面及地下室外围护结构

在严寒、寒冷地区，地面及地下室外围护结构冬季受室外冷空气和建筑周围低温或冻土的影响，有大量的热量从该部位传递出去，或因室内外温差在地面冷凝结露。在我国南方长江流域梅雨季节，华南地区的回南天由于气候受热带气团控制，湿空气吹向大陆且骤然增加，较湿的空气流过地面和墙面，当地面、墙面温度低于室内空气露点温度时，就会在地面和墙面上产生结露现象，俗称围护结构泛潮，木结构建筑围护结构材料在潮湿环境下极易损坏，因此，木结构建筑围护结构防潮是非常重要的技术措施。

为控制和防止地面（墙面）的泛潮，可采取以下措施：

（1）采用蓄热系数小的材料和多孔吸湿材料做地面的表面材料。地面面层应尽量避免采用水泥、磨石子、瓷砖和水泥花砖等材料，防潮砖、多孔的地面或墙面饰面材料对水分具有一定的吸收作用，可以减轻泛潮所引起的危害。

（2）加强地面保温，尤其加强木结构梁柱的防潮、热桥处理，防止地面泛潮。加强地面保温处理，使地面表面温度提高，高于地面露点温度，从而避免地面泛潮现象。

（3）地面（外墙）设置空气间层。通过保持空气层的温差，防止或避免梅雨季节的结露现象，架空地面或带空气层外墙应设置通风口。

（4）当地下水位高于地下室地面时，地下室外墙和保温系统需要采取严格的防水措施。

18.2.4 木结构围护结构的隔热设计

在温暖或炎热气候，木结构建筑围护结构隔热可采取以下技术措施：

（1）屋面、外墙采用浅色饰面（浅色涂层等）、热反射隔热涂料等，降低表面的太阳辐射，减少屋顶、外墙表面对太阳辐射的吸收。

（2）屋面选用导热系数小、蓄热系数大的保温隔热材料，并保持开敞通透，诸如采用通风屋顶、架空屋面等类型。

18.3 木结构建筑热工设计与计算

18.3.1 木材的热物理性

木材是一种天然健康且极具亲和力的材料，保温（隔热）性能优异。它的保温性能是钢材的400倍，混凝土的16倍。研究表明，150mm厚的木结构墙体，其保温性能相当于610mm厚的砖墙。因此，利用木材的优良热物理性能，使木结构建筑围护结构具有出色的保温隔热性能，防止围护结构受潮，降低采暖和制冷费用，减少矿物燃料消耗，是木围护结构设计的重要内容。

木材属于多孔介质，组成木材的细胞形成许多均匀排列的孔隙，干燥木材的这种排列均匀的孔隙具有良好的热绝缘性，同时在一定温度和湿度条件下，又具有较强的吸湿能力。不同的木材树种和木质产品等表现出来的热物理性能也不同。表18.3.1是常用木结构材料热物理性能表。

常用木结构材料热物理性能表 表18.3.1

材料名称		干密度ρ_0 (kg/m³)	计算参数			
			导热系数λ [W/(m²·℃)]	蓄热系数S (周期24h) [W/(m²·℃)]	比热容C [kJ/(kg·℃)]	蒸汽渗透系数μ [g/(m·h·Pa)]
建筑板材	胶合板	600	0.17	4.57	2.51	0.0000225
	软木板	300	0.093	1.95	1.89	0.0000255
		150	0.058	1.09	1.89	0.0000255
	纤维板	1000	0.34	8.13	2.51	0.00012
木材	橡木、枫树（热流方向垂直木纹）	700	0.17	4.90	2.51	0.562
	橡木、枫树（热流方向顺木纹）	700	0.35	6.93	2.51	3.000

续表

材料名称		干密度 ρ_0 (kg/m³)	计算参数			
			导热系数 λ [W/(m²·℃)]	蓄热系数 S (周期24h) [W/(m²·℃)]	比热容 C [kJ/(kg·℃)]	蒸汽渗透系数 μ [g/(m·h·Pa)]
木材	松、木、云杉（热流方向垂直木纹）	500	0.14	3.85	2.51	0.345
	松、木、云杉（热流方向顺木纹）	500	0.29	5.55	2.51	1.680
纤维材料	岩棉板	60～160	0.050	0.60～0.89	1.22	4.880
	玻璃棉板、毡	<40	0.040	0.38	1.22	4.880
		≥40	0.035	0.35	1.22	4.880

注：数据来源于《民用建筑热工设计规范》GB 50176—2016。

18.3.2　木结构建筑围护结构热工计算依据

现行国家标准《民用建筑热工设计规范》GB 50176 中规定：由两种以上材料组成的、二维（三维）非均质复合围护结构，当与外墙或屋面平行平面上相邻部分热阻的比值大于1.5时，复合围护结构的热阻计算必须要考虑热桥的影响，其传热量应通过二维（三维）传热计算得到。规范中引入了热桥节点“线传热系数（ψ）”的概念，用以描述热桥部位对平壁部分的影响。规范中规定的热桥节点线传热系数的计算方法见下式：

$$\psi = \frac{Q^{2D} - KA(t_n - t_e)}{l(t_n - t_e)} = \frac{Q^{2D}}{l(t_n - t_e)} - KB \tag{18.3.1}$$

式中　A——以热桥为一边的某一块矩形墙体的面积（m²）；

l——热桥的长度（m），计算 ψ 时通常取1m；

B——该块矩形另一条边的长度（m），即 $A=l\cdot B$，一般情况下 $B\geqslant 1$m；

Q^{2D}——流过该块墙体的热流（W），上角标2D表示二维传热；

K——平壁的传热系数[W/(m²·K)]；

t_n——室内侧的空气温度（K）；

t_e——室外侧的空气温度（K）。

从上式中得到 ψ 的含义为：1K温差下，通过单位长度热桥节点所增加的热流。线传热系数主要反映了由于热桥的存在，通过围护结构热流的增加量。其中，规范中明确规定了通过热桥部位的热流 Q^{2D} 应当通过二维传热计算得到。

知道了每一个热桥节点的线传热系数 ψ 和长度 l，就可以通过下式对一种构造的传热系数进行修正，得到考虑了热桥影响后的平均传热系数 K_m：

$$K_m = K + \frac{\sum \psi_j l_j}{A} \tag{18.3.2}$$

式中　K_m——围护结构单元的平均传热系数[W/(m²·K)]；

K——围护结构平壁的传热系数[W/(m²·K)]；

ψ_j——围护结构上的第 j 个结构性热桥的线传热系数[W/(m·K)]；

l_j——围护结构第 j 个结构性热桥的计算长度（m）；

A——围护结构的面积（m^2）。

通过以上计算，就可以较为准确地计算围护结构的平均传热系数。同时，还可以对热桥进行定量分析，定量评价热桥对外围护结构平均传热系数的影响。

18.3.3 木结构建筑围护结构节能计算

1. 轻型木结构外墙板的传热系数

轻型木结构外墙板是一种复合结构，其由外向内主要构造层包括：外饰面、顺水条、外保温层（可选）、防水透气膜、墙面板、墙骨柱（内填保温材料）、石膏板等，如图18.3.1所示。

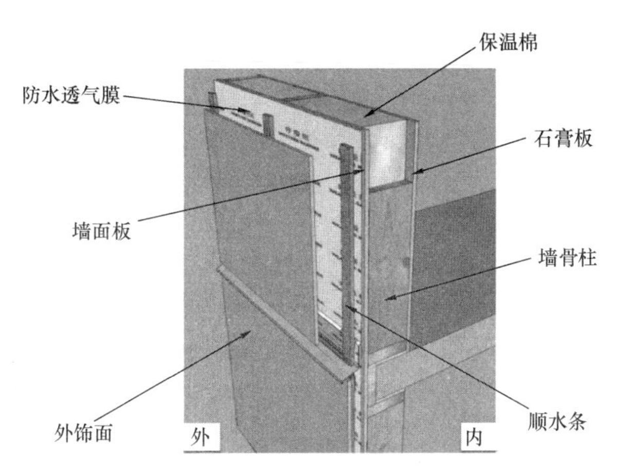

图18.3.1 轻木结构墙板示意

按照不同的设计要求，墙体的各构造层有多种材料可以选择使用，常用构造层材料及规格见表18.3.2。从表中可以看出，轻型木结构墙板常用的外饰面材料有5种不同类型，墙板构造中室内侧的石膏板、墙骨柱和室外侧的墙面板的种类和规格也较多，相互间的排列组合多达几十种。

轻型木墙体常用各层材料及规格 **表18.3.2**

外饰面种类	墙体外侧墙面板	墙骨柱	墙体空腔保温	墙体内侧覆面板
1. 挂板 2. 砌砖 3. 抹灰 4. 面砖 5. 石材	9.5mm 11.9mm 15.1mm	38×89@406mm	89mm岩棉或玻璃棉	单层15mm石膏板 双层12mm石膏板
		38×140@406mm	139mm岩棉或玻璃棉	

为了研究不同厚度石膏板和墙面板对墙板平壁热阻的影响，采用国家标准《民用建筑热工设计规范》GB 50176—2016中指定的热桥计算软件PTemp来进行节点的二维传热分析，选择保温层较薄（89mm）的墙板，并选择5种不同外饰面分别与石膏板和墙面板按照最厚、最薄两种组合进行计算，计算结果如表18.3.3所示。

由表18.3.3可知，当墙板的饰面层相同时，墙面板和石膏板最厚和最薄的组合间传热系数相差0.01W/(m²·K)、传热量相差最大为0.101W。当饰面材料不同但保温层厚度相同时，5种饰面墙板的传热系数计算结果相差0.01W/(m²·K)、传热量相差最大为0.229W。因此，在计算墙板传热系数时墙面板、覆面板和外饰面材料的影响可以忽略。

不同厚度墙面板和石膏板组合的外墙平均传热系数 表 18.3.3

外饰面	外侧墙面板(mm)	内侧覆面板(mm)	K_m [W/(m²·K)]	Q (W)
挂板	9.5	单层 15	0.44	3.506
	15.1	双层 12	0.43	3.415
砌砖	9.5	单层 15	0.43	3.391
	15.1	双层 12	0.42	3.305
抹灰	9.5	单层 15	0.45	3.578
	15.1	双层 12	0.44	3.482
面砖	9.5	单层 15	0.44	3.557
	15.1	双层 12	0.43	3.461
石材	9.5	单层 15	0.45	3.620
	15.1	双层 12	0.44	3.519

注：其中保温层采用 89mm 厚岩棉。

按照墙体模型的简化计算结果，首先选取抹灰饰面外墙作为轻木墙体平壁部分平均传热系数计算的代表性构造。其次选取墙体内侧石膏板的厚度为 15mm、墙面板的厚度为 9.5mm 的组合建立计算模型。模型在两种不同保温材料（岩棉、玻璃棉）时的计算结果见表 18.3.4。

轻型木结构外墙平壁部分的平均传热系数 K_m 表 18.3.4

外装材料	墙面板	墙骨柱	墙体空腔保温	保温材料	覆面板	K_m [W/(m²·K)]
各种饰面	OSB 板（不分厚度）	38×89@406mm	89mm	岩棉	石膏板（不分厚度）	0.45
		38×140@406mm	139mm			0.31
		38×89@406mm	89mm	玻璃棉		0.41
		38×140@406mm	139mm			0.28

2. 轻木结构屋面板的传热系数

轻型木结构的屋盖主要包括轻木桁架和椽檩式屋架两种屋面体系。轻型木桁架是采用规格材制作桁架杆件，并用齿板在桁架节点处将各杆件连接而成的木桁架。椽檩式屋架是由屋脊板、檩条、顶棚搁栅等构成的屋架。两种屋架形式见图 18.3.2（*a*）和图 18.3.2（*b*）。

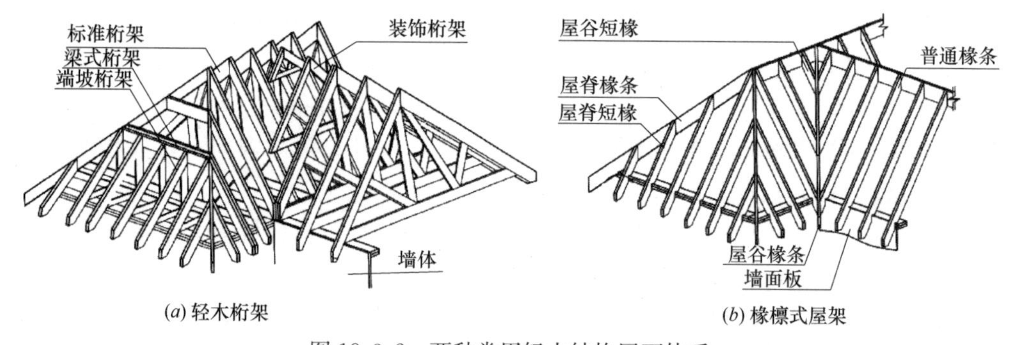

图 18.3.2 两种常用轻木结构屋面体系

在保温做法上，轻木桁架是将保温材料（岩棉或玻璃棉）搁置于屋架下弦之间的内覆面板上；椽檩屋面则将保温材料搁置于椽檩屋面下方的顶棚搁栅上，或者放置在椽条间的内覆面板上（该构造的保温层厚度受到椽条间尺寸的限制）。轻木桁架和椽檩式屋架两种屋面体系各组成部分的材料及规格见表 18.3.5 和表 18.3.6。

轻木桁架屋面材料及规格 **表 18.3.5**

屋面材料	外覆面板	屋架（下弦规格材尺寸）及间距	屋顶保温		内覆面板
			保温棉置于屋架下弦	保温材料	
沥青瓦或水泥瓦	11.9mm 厚 OSB 板	2×4@600	203mm 厚或241mm 厚	岩棉或玻璃棉	单层 12mm 厚石膏板
		2×6@600			
		2×8@600			
		2×10@600			

椽檩屋面材料及规格 **表 18.3.6**

屋面材料	外覆面板	椽条尺寸及间距	屋顶保温			内覆面板
			保温棉置于椽条间	保温棉置于顶棚搁栅上	保温材料	
沥青瓦或水泥瓦	11.9mm 厚 OSB 板	2×8@600	171mm	203mm或241mm	岩棉或玻璃棉	单层 12mm 厚石膏板
		2×10@600	203mm			
		2×12@600	241mm			

按照上述轻木桁架和椽檩屋面构造的材料和规格组合出 16 种桁架屋面、18 种椽檩屋面，分别计算屋面的平均传热系数值，将计算结果归纳、合并后的计算结果见表 18.3.7 和表 18.3.8。

轻木桁架屋面平均传热系数 **表 18.3.7**

构造	保温棉及桁架规格	K_m	
		岩棉	玻璃棉
沥青瓦或水泥瓦	203mm 厚＋各种弦杆	0.21	0.18
	241mm 厚＋各种弦杆	0.18	0.15

注：屋面保温棉置于屋架下弦。

椽檩屋面平均传热系数 **表 18.3.8**

构造		保温棉及椽条规格	K_m	
			岩棉	玻璃棉
沥青瓦或水泥瓦	屋面保温棉置于椽条间	171mm 厚＋2×8@600	0.24	0.22
		203mm 厚＋2×10@600	0.21	0.19
		241mm 厚＋2×12@600	0.18	0.16
	屋面保温棉置于顶棚搁栅上	203mm 厚＋各种檩条	0.22	0.19
		241mm 厚＋各种檩条	0.19	0.16

3. 外墙节点的线传热系数

(1) 轻木结构外墙体系

在轻木结构外墙体系中，由于砌砖饰面外墙与其他类型外饰面墙体在节点构造上存在显著不同，详见图 18.3.3（以外墙阳角为例）。因此在进行外墙节点的线传热系数计算时，需要将砌砖饰面外墙与其他类型外饰面墙体分别计算。

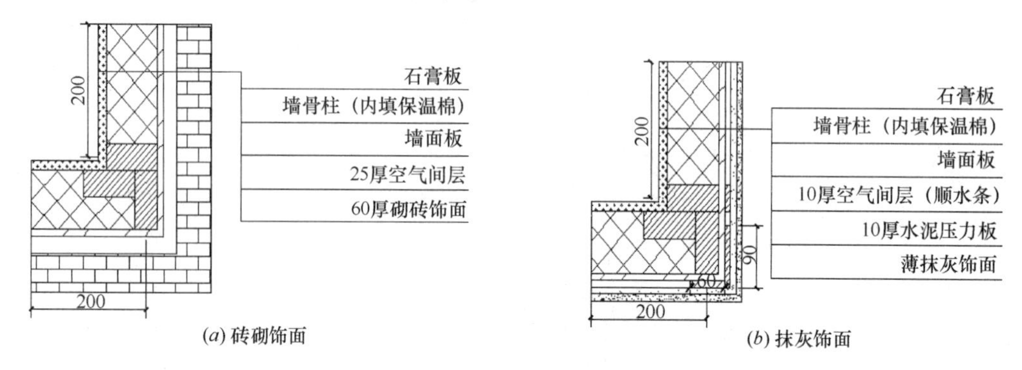

图 18.3.3　两种外墙阳角构造

按照砌砖饰面外墙和抹灰饰面外墙（挂板、面砖、石材等与抹灰饰面类同）两种不同的饰面构造，分别在墙体中的保温层厚度为 89mm 和 139mm 两种情况下建立计算模型，对各个节点的线传热系数进行计算。以 139mm 厚玻璃棉保温层砌砖饰面外墙为例，典型节点的计算结果详见表 18.3.9。

砌砖饰面外墙典型节点的线传热系数 Ψ　　表 18.3.9

外饰面	节点类型	节点部位	Ψ计算结果
砌砖饰面	1	外墙阳角	0.02
	2	外墙阴角	0
	3	外墙—窗上口（带安装翼）	0.13
	4	外墙—窗上口（不带安装翼）	0.07
	5	外墙—窗下口（带安装翼）	0.08
	6	外墙—窗下口（不带安装翼）	0.07
	7	外墙—窗侧口（带安装翼）	0.09
	8	外墙—窗侧口（不带安装翼）	0.06
	9	外墙—分户墙（双排 2×4 交错排列）	0.05
	10	外墙—分户墙（双排 2×4 并排排列）	0.04
	11	挑檐	0.08
	12	露台—门上口	0.10
	13	露台—门侧口	0.08
	14	外墙—楼盖	0.08

（2）非承重木骨架体系

非承重木骨架体系的节点受建筑结构形式和连接方式的影响，构造做法存在显著差异（图 18.3.4）。分别选取外包式—混凝土结构、嵌入式—混凝土结构和外包式—钢结构三种不同类型外墙节点的线传热系数。其中，外包—混凝土结构中主要节点的线传热系数计算结果见表 18.3.10。

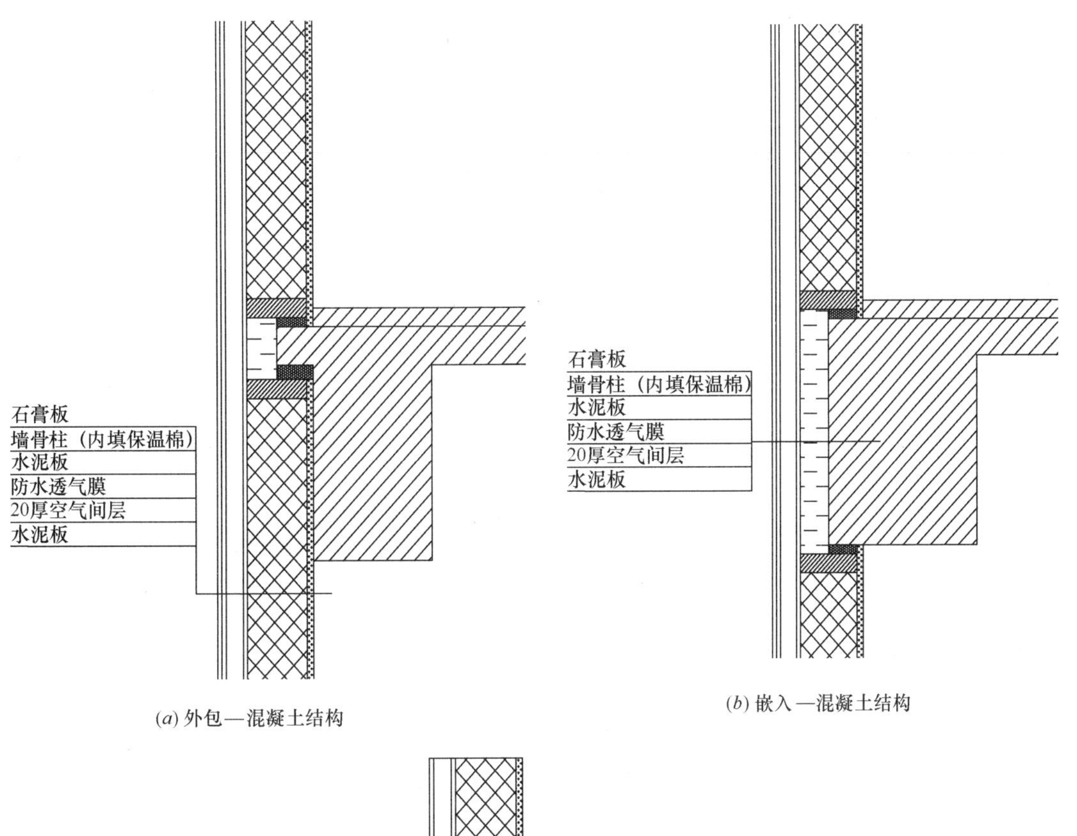

(*a*) 外包—混凝土结构

(*b*) 嵌入—混凝土结构

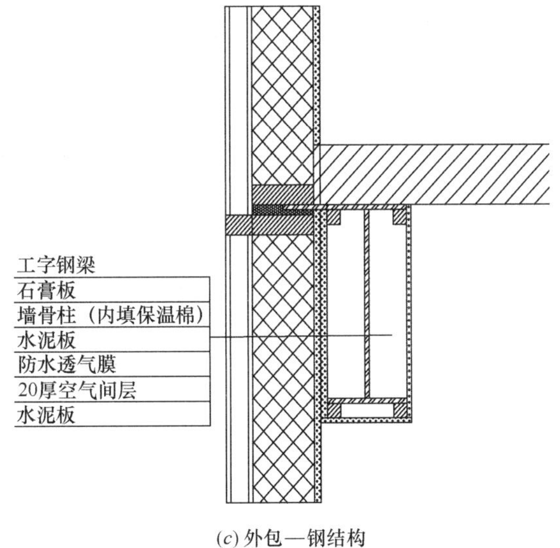

(*c*) 外包—钢结构

图 18.3.4 非承重木骨架外墙—楼板节点构造

外包式混凝土结构典型节点的线传热系数 Ψ　　表 18.3.10

节点	Ψ计算结果
转角处外墙与柱子连接大样图（阳角）	0
转角处外墙与柱子连接大样图（阴角）	0.08
混凝土柱与墙体构造平面	0.01
楼板处墙体构造	0.07
洞口上方墙体构造	0.10
洞口下方墙体构造	0.04
洞口处构造平面	0.08
女儿墙构造	0.33

4. 外墙的平均传热系数

（1）轻木结构体系

按照轻木结构外墙体系热桥节点线传热系数计算结果，分别按照不同的外饰面、保温层厚度、材料、节点类型进行组合，采用与国家现行标准《严寒和寒冷地区居住建筑节能设计标准》JGJ 26—2018 中相同的典型建筑计算不同组合下外墙的平均传热系数。

当保温层为厚度 89mm 岩棉时，两种饰面外墙的平均传热系数的计算结果在 0.576～0.598W/(m^2·K)范围内；

当保温层为厚度 139mm 岩棉时，外墙的平均传热系数在 0.412～0.435W/(m^2·K)范围内；

当保温层为厚度 89mm 玻璃棉时，外墙的平均传热系数在 0.544～0.568W/(m^2·K)范围内；

当保温层为厚度 139mm 玻璃棉时，外墙的平均传热系数在 0.382～0.417W/(m^2·K)范围内。

其中，139mm 厚玻璃棉保温层砌砖饰面外墙在不同典型节点组合下，外墙平均传热系数的计算结果见表 18.3.11。

砌砖饰面外墙典型节点组合的外墙平均传热系数 K_m　　表 18.3.11

组合类型	Ⅰ	Ⅱ	Ⅲ	Ⅳ
外饰面	砌砖饰面			
保温层	139mm 玻璃棉			
K_m [W/(m^2·K)]	0.403	0.382	0.402	0.383

注：表中组合类型按下列分类：

1. Ⅰ类为表 18.3.9 中节点类型 1、2、3、7、5、12、13、9、11、14 的组合；
2. Ⅱ类为表 18.3.9 中节点类型 1、2、4、8、6、12、13、10、11、14 的组合；
3. Ⅲ类为表 18.3.9 中节点类型 1、2、3、7、5、12、13、10、11、14 的组合；
4. Ⅳ类为表 18.3.9 中节点类型 1、2、4、8、6、12、13、9、11、14 的组合。

此外，采用国家标准《严寒和寒冷地区居住建筑节能设计标准》JGJ 26—2018 规定的方法，计算墙体平均传热系数的修正系数。计算结果表明：修正系数与保温层厚度和种类相关。将修正系数按照 0.05 取整后，可以对修正系数进行合并（表 18.3.12），进行建筑设计时可直接参考表 18.3.12 采用。

外墙平均传热系数修正系数 φ 的建议值 **表 18.3.12**

保温层厚度	保温层材料	修正系数 ϕ
89mm	岩棉	1.30
	玻璃棉	1.35
139mm	岩棉	1.40
	玻璃棉	1.45

（2）非承重木骨架体系

与轻木结构体系外墙平均传热系数的计算方法一致，按照非承重木骨架体系热桥节点线传热系数计算结果，计算同节点类型组合时外墙的平均传热系数和平均传热系数的修正系数。其中，外包式—混凝土结构外墙的平均传热系数计算结果见表 18.3.13，非承重木骨架体系外墙平均传热系数的修正系数见表 18.3.14。

非承重木骨架体系外墙平均传热系数 **表 18.3.13**

构造类型	外包式—混凝土结构	
保温材料	岩棉	玻璃棉
K_m[W/(m^2·K)]	0.562	0.522

外墙平均传热系数修正系数的建议值 **表 18.3.14**

构造类型	保温层材料	修正系数 ϕ
外包式（混凝土）	岩棉	1.25
	玻璃棉	1.25
嵌入式（混凝土）	岩棉	1.50
	玻璃棉	1.55
外包式（钢结构）	岩棉	1.20
	玻璃棉	1.30

总之，上述研究和计算分析为不同的轻木结构建筑在进行建筑节能设计时，科学确定外围护结构的平均传热系数提供了依据和数据支持。提出了轻木结构墙板、屋面板的平均传热系数，轻木结构体系、非承重木骨架体系外墙节点的线传热系数，以及轻木结构外墙体系和非承重木骨架外墙体系的平均传热系数及其修正系数建议值。基本解决了轻木结构建筑外围护结构的热工性能参数计算问题，可以在轻木结构建筑的节能设计中作参考采用。

18.4 木结构建筑围护结构构造要求

18.4.1 轻型木结构建筑围护结构的保温层

轻型木结构围护结构的木骨架空腔内填充的松散保温材料应充满整个空腔，采用刚性或半刚性成型材料应固定在骨架或基层上不得松动。

屋顶保温材料可铺设在水平天花板上或置于屋面的上方或下方。对于通风屋顶，当保温材料铺设在水平天花板上时，保温材料上方的屋顶空间应与室外保持通风；当置于屋面板上方或下方时，应在檐口处设进气口，屋脊处设出气口，形成通风路线，以使保温材料保持干燥。

架空层、地下室宜按调温调湿居住空间设计。其墙体以及底层地面宜采用挤压聚苯乙烯板进行隔热保温，并满足相关防火要求。无架空层、地下室的建筑，底层混凝土地坪宜采用挤压聚苯乙烯板进行保温。

18.4.2 木结构建筑的气密层及隔汽层

木结构建筑的气密性对建筑节能影响较大。空气泄漏会携带热量和水蒸气，导致能量散失，并有可能导致围护结构空腔内出现冷凝和湿气问题，因此应采取有效措施提高整个建筑围护结构的气密性。

木结构建筑围护结构需设置连续的气密层，并视气候条件的不同设置隔汽层。气密层通常采用对气流具有低渗透性（高阻力）的材料和部件，保证建筑物的耐久性，并能承受风和其他可能的荷载。连续的外围护墙面板（定向刨花板或胶合板）、覆面石膏板或防水透气膜均可作为气密层。气密层的以下连接点和接触面应作局部密封处理：

（1）不同构件或不同材料之间的连接点和接触面；

（2）柔性材料之间的连接点应密封，搭接尺寸不小于100mm，并应夹紧；

（3）如果采用外墙板作为连续气密层，外墙板之间应采用胶带粘结或其他方法密封；

（4）内墙与带有气密层的外墙、顶棚、楼板或屋顶相交处，应确保气密层的连续性；

（5）内墙伸出顶棚或延伸成外墙处，应密封墙内空间，确保气密层的连续性；

（6）楼板伸出外墙或延伸成为室外楼板处，应确保邻近墙体和楼面构件之间气密层的连续性；

（7）门、窗、电线、电线盒、管线或管道等的安装应确保气密层连续完整；

（8）在气密性顶棚及气密性底层地面等组件上开设的检查维修盖板时，该盖板四周应设置密封条；

（9）烟囱或出气口和其周围结构之间的间隙应采用不燃材料密封。

根据气候条件的不同，木结构建筑围护结构需设置隔汽层，隔汽层本身对连续性要求不高，因为与空气流动相比，蒸汽扩散要慢很多。但是当隔汽层也作为气密层时，必须连续，所有搭接处必须用密封胶带或密封剂密封。严寒和寒冷地区可采用0.15mm厚的塑料薄膜隔汽层（设在墙骨柱内侧）和墙面板气密层；夏热冬冷地区可采用墙面板气密层，不设隔汽层；夏热冬暖地区可采用墙面板气密层，防水透气膜兼作隔汽层（设在墙面板外侧）。防水透气膜采用专用胶带相互搭接，并一起钉在木基结构板上，形成封闭而连续的防水透气层。

18.4.3 木结构建筑外墙的防雨幕墙

轻型木结构外墙宜采用防雨幕墙设计，墙面板外侧设防水透气膜及厚度大于10mm的排水空气间层，并应在排水空气间层的上部、下部或其他适当的位置设置通风口，保持其内部通风，促使墙体的干燥。不同气候区轻型木结构防雨幕墙构造如图18.4.1所示。

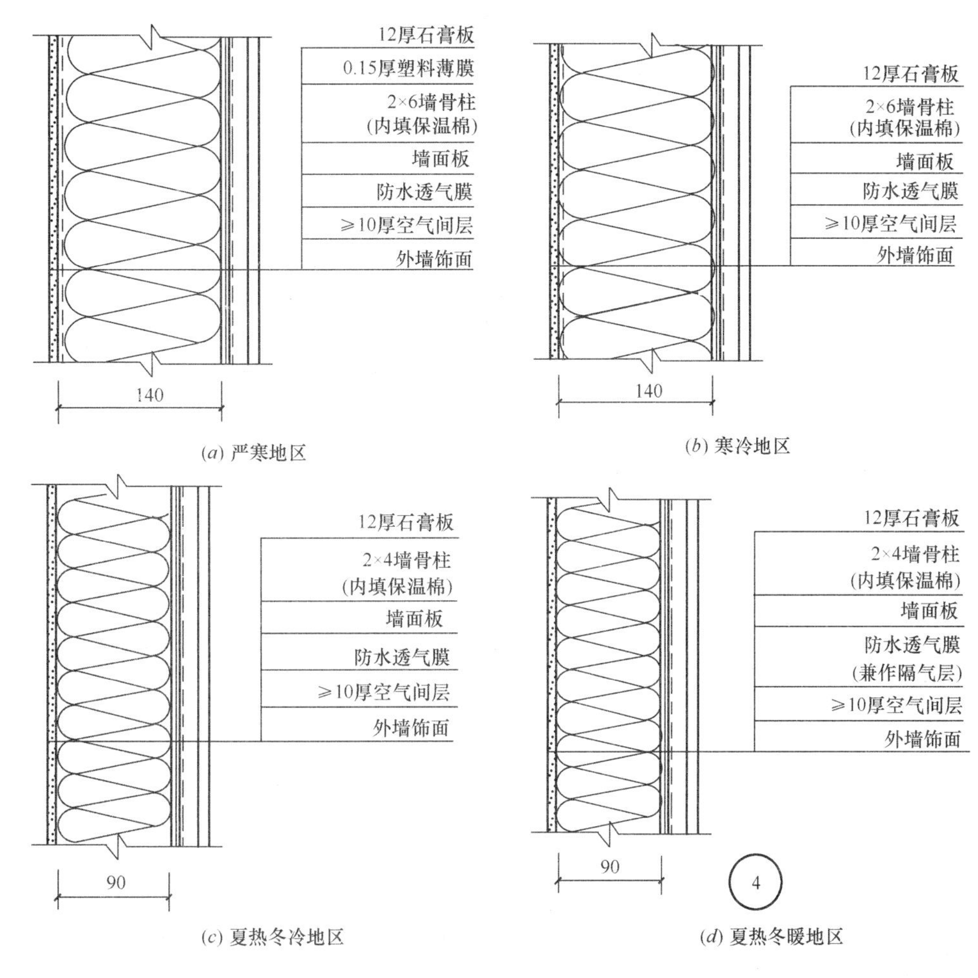

图 18.4.1 不同气候区轻型木结构防雨幕墙构造

18.5 零能耗木结构建筑

18.5.1 零能耗木结构建筑

在中国，根据有关数据，建筑能耗约占能耗总量的三分之一。随着人们生活水平的不断提高和城市化进程的推进，建筑能耗还将持续增加。中国当前的能源供应严重依赖化石燃料，而化石燃料排放大量二氧化碳。快速的经济发展伴随着能源消费和化石燃料的使用不断增长，正对国内的空气质量和水质构成严峻的挑战。在建筑中使用节能环保和可再生材料能降低经济发展对环境的影响，有利于创造更美好的居住环境。

事实上，推动建筑节能已成为全球应对气候变化的重要举措。很多国家都提出了相似的建筑节能定义和阶段性目标，主要有超低能耗建筑、近零能耗建筑、(净) 零能耗建筑等，也相应出现了各自的评级方法和具有专属技术品牌的技术体系。宗旨都是以建筑能耗为控制目标，首先通过被动式建筑设计降低建筑冷热需求，提高建筑用能系统效率降低能耗，在此基础上再通过利用可再生能源，实现超低能耗、近零能耗和零能耗。

我国于2019年颁布了国家标准《近零能耗建筑技术标准》GB/T 51350—2019，提出了三级能耗目标。

1. 超低能耗建筑

超低能耗建筑是实现近零能耗建筑的预备阶段，除节能水平外，均满足近零能耗建筑要求。其建筑能效在2016年国家建筑节能设计标准基础上降低50%以上。

2. 近零能耗建筑

室内环境参数和能效指标符合现行国家标准《近零能耗建筑技术标准》GB/T 51350—2019规定的前提下，其建筑能耗水平在严寒和寒冷地区应较国家标准《公共建筑节能设计标准》GB 50189—2015、行业标准《严寒和寒冷地区居住建筑节能设计标准》JGJ 26—2018规定的建筑能耗降低70%～75%以上；夏热冬暖和夏热冬冷地区应较行业标准《夏热冬冷地区居住建筑节能设计标准》JGJ 134—2010、《夏热冬暖地区居住建筑节能设计标准》JGJ 75—2012规定的建筑能耗降低60%以上。

能耗计算范围包括建筑全年供暖、通风、空调、照明、生活热水、电梯能耗及可再生能源的利用量。

3. 零能耗建筑

零能耗建筑是近零能耗建筑发展的更高层次。零能耗建筑并不是指建筑能耗为零，而是在近零能耗建筑基础上，通过充分利用可再生能源，实现建筑用能与可再生能源的平衡。

木结构建筑以其卓越的材料特性和构造方式，通过合理设计、建造，易实现零能耗建筑能效指标和其他要求。

18.5.2 零能耗木结构建筑技术路径

零能耗建筑要力求最大程度地使用被动式建筑设计降低建筑能耗，再辅以可再生能源供给。建筑设计中的各个因素相互影响，并影响建筑的总能耗，因此需将建筑作为一个系统协同设计，同时考虑成本效益和施工便利性，优化设计方案。

实现零能耗木结构建筑主要考虑以下技术路径：

1. 性能化设计方法

木结构零能耗建筑设计是以最大限度降低建筑能源消耗为目标，在建造成本、工期、技术可行性、运行成本、建筑耐久性、设计建造水平等约束下，进行优化决策的过程。

零能耗建筑设计应以目标为导向，以“被动优先，主动优化”为原则，结合不同地区气候、环境、人文特征，根据具体建筑使用功能要求，采用性能化设计方法，因地制宜地制订零能耗建筑技术策略。

2. 规划与建筑方案设计

零能耗木结构建筑设计首先要从规划阶段开始，考虑如何利用自然能源，冬季多获得热量和减少热损失，夏季少获得热量并加强通风。具体来说，建筑体形与朝向非常重要。一般来说，表面积与体积比较小的紧凑型建筑更节能。被动式建筑设计鼓励建筑沿着东西方向拉长，以捕捉阳光、日光并增强空气流动。最佳方位一般在北半球正南偏东或偏西30°以内。这是因为，虽然正南方向的太阳照射是最好的，但偏东或偏西30°内的阳光都可以利用（图18.5.1）。

充分利用日光提供室内照明可以降低照明的耗电量以及照明产生的热量。一般通过大

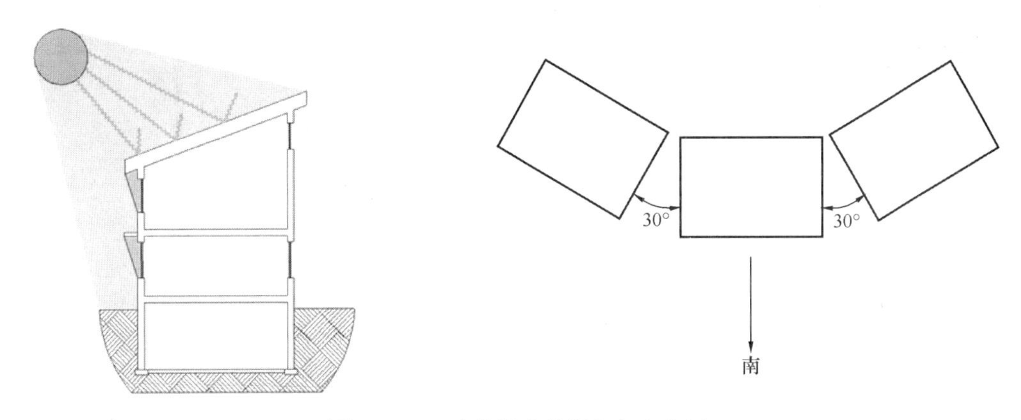

图 18.5.1 建筑阳光捕捉与朝向布置

小、位置和朝向均合适的高视野窗、高侧窗和天窗提供有效的日光照明。理想情况下，任何空间都应该有至少从两个方向进入的日光。可以通过在南向窗户增加适当大小的悬挑、采用高保温材料屋面、在屋面上设太阳能反射涂层来减少夏季的日照得热量。

3. 高性能保温材料和围护结构构件

木结构常用高性能保温材料有高密度玻璃纤维保温棉、矿物纤维保温棉、喷沫保温材料、挤塑聚苯板等，用于墙体、屋顶构件可达到最佳保温隔热性能。提高围护结构保温性能的方法有下列几种：

（1）增加墙体厚度，或采用双墙构造；

（2）增加屋盖椽条尺寸，增加保温层厚度；

（3）采用高性能保温材料；

（4）除墙体龙骨和屋架空间填充保温材料外，增设外保温。

图 18.5.2 为几种常见高性能外墙和屋盖做法构造示意图和传热系数取值建议值。

4. 建筑热桥处理

零能耗建筑节能设计时必须对围护结构热桥进行处理。零能耗建筑中的热桥影响占比远远超过普通节能建筑，因此热桥处理是实现建筑超低能耗目标的关键因素之一。

木结构建筑通过两种方式来减少热桥。一种方法是减少围护结构内的木龙骨数量，同时增加空腔内的保温材料。例如，在结构承载允许的情况下，将龙骨中心间距从 406mm 扩大到 610mm。或者采用增强框架技术以最大程度减少热桥并保持结构完整性。另一种方法是在围护结构外面增加连续外保温层。

5. 建筑气密性

建筑物漏气在寒冷天气中会造成热量损失，而在炎热天气中会导致过量得热。漏气还会导致空气中的水蒸气进入建筑构件中，造成冷凝，导致建筑外围护结构劣化。无控制的漏气也会影响居住的舒适度和室内空气质量。为了提高建筑物的节能性能，需最大限度地减少建筑内部和室外环境之间不受控制的空气交换，整个围护结构必须设置连续的气密层，用密封剂、垫圈和胶带密封所有接缝和穿孔处，从基础到屋面，包裹整个建筑外围护结构。

图 18.5.3 为木结构建筑中常见的漏气点位置，门、窗、外墙穿孔位置以及材料中的任何接缝都需要清晰的节点描述或分步的组装方法，以保证木结构的气密性。

K=0.35~0.28
(*a*) 单层木骨架墙体

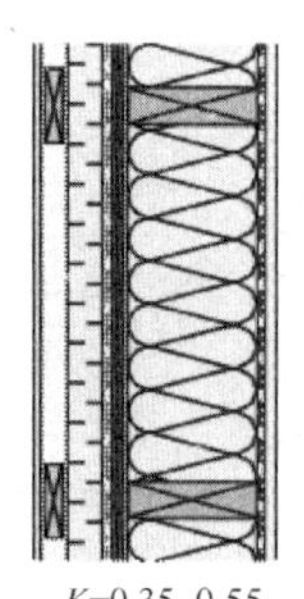

K=0.35~0.55
(*b*) 单层木骨架墙体与单层外保温

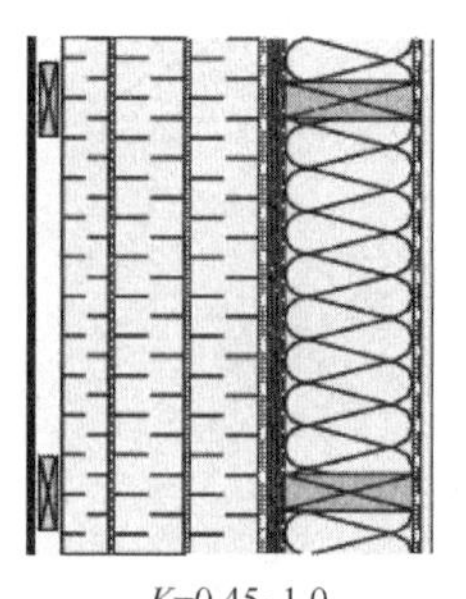

K=0.45~1.0
(*c*) 单层木骨架墙体与多层外保温

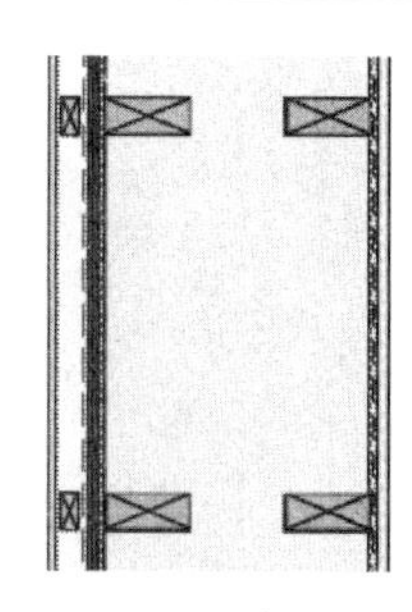

K=0.45~1.0
(*d*) 双层木骨架墙体

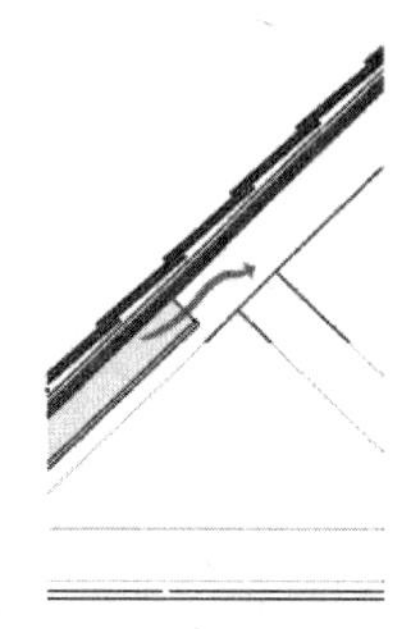

K=0.44~1.6
(*e*) 吊顶层铺设保温材料

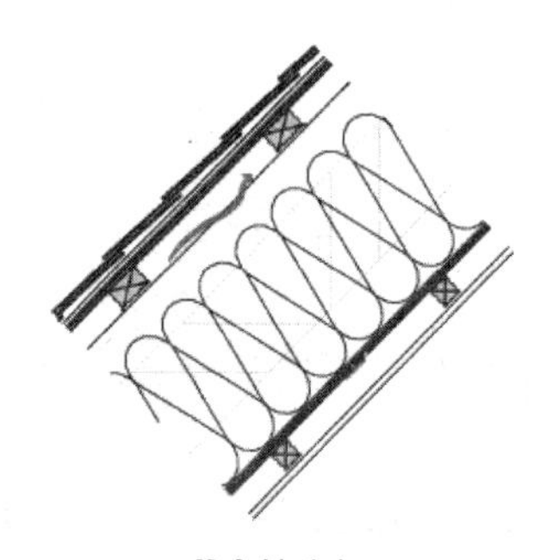

K=0.44~1.4
(*f*) 屋面板夹层填充保温材料

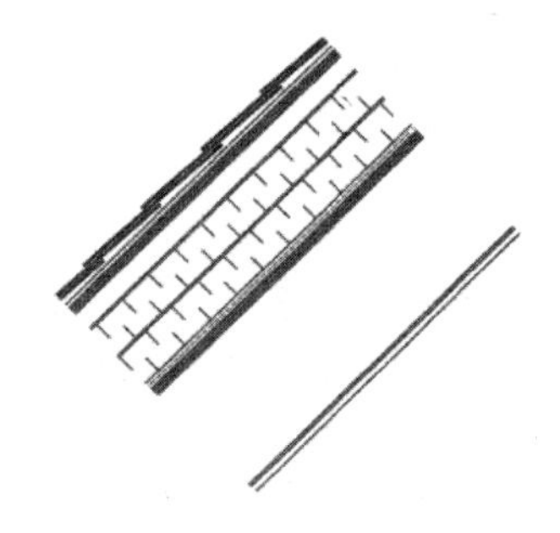

K=0.44~1.05
(*g*) 屋面板上铺设外保温材料

图 18.5.2　常见高性能外墙和坡屋盖做法示意图

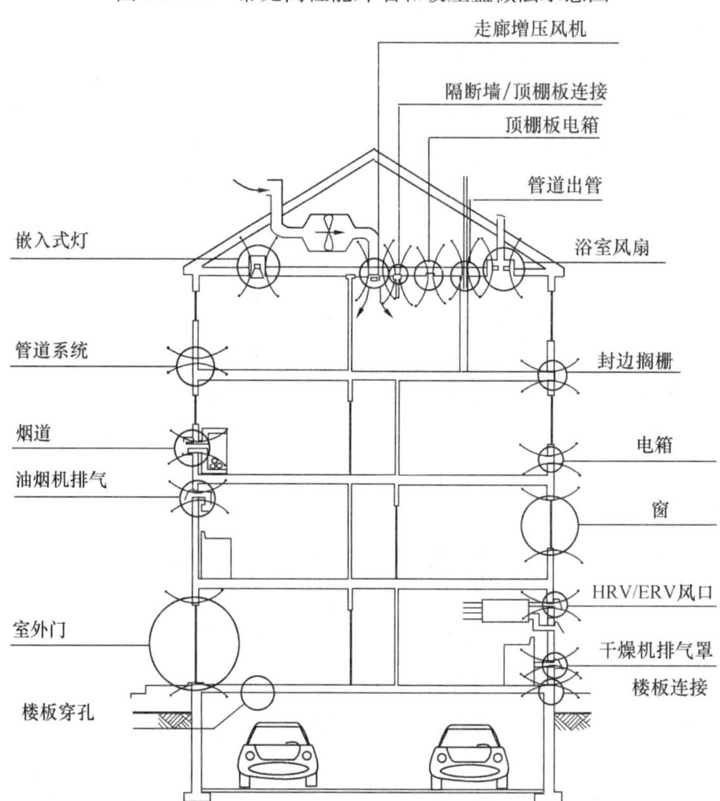

图 18.5.3　木结构建筑常见漏气点位置

6. 高性能外门窗

高性能窗户可减少寒冷天气时的热损失和炎热天气时的热吸收。其通常包括双层或三层密封隔热玻璃、低辐射涂层、惰性气体填充、低导热框架以及高质量的密封件和五金件。窗户结构也非常重要。空气可能从橡胶垫圈、密封件、五金件和窗户铰链大量泄露。通常，固定窗比开窗更节能，平开窗比单扇或双扇上下拉窗密封性更好。推拉窗不使用压缩密封，有时几乎没有气密。

安装方法也很关键。气密门窗的安装必须有详图明示，清楚标识气密层。通常，将门窗安装在靠近建筑物构件内表面的位置更加节能，因为门窗本身可以防雨防风，且其框架更靠近温度最高的墙体温暖侧，因此通过窗框散发的热量更少，也有助于防止冬季冷凝。窗洞口较深时要特别注意防水节点处理。

外门占围护结构比例较小，且承担着重要的安全防盗功能，达到与外窗同样的保温性能技术难度较高，因此标准仅对严寒和寒冷地区建筑外门的热工性能提出要求。

7. 新风热回收或能量回收机械通风系统

严寒、寒冷地区新风热回收或能量回收机械通风是零能耗建筑非常有效的措施，因此，热回收通风机从排出的空气中吸收热量，并将部分热量传递到进风气流中。这是通过两股气流在热交换盒中的接触来实现的，如图 18.5.4 所示。能量回收通风机可在出风和进风之间传递热量和水分。其功能与热回收通风机相同，但交换盒使用纸板之类的多孔材料制成，可以使空气中的水分从出风通过纸张传递至进风。这样，冷天就可以回收热量，热天可以留住建筑里的凉爽空气。

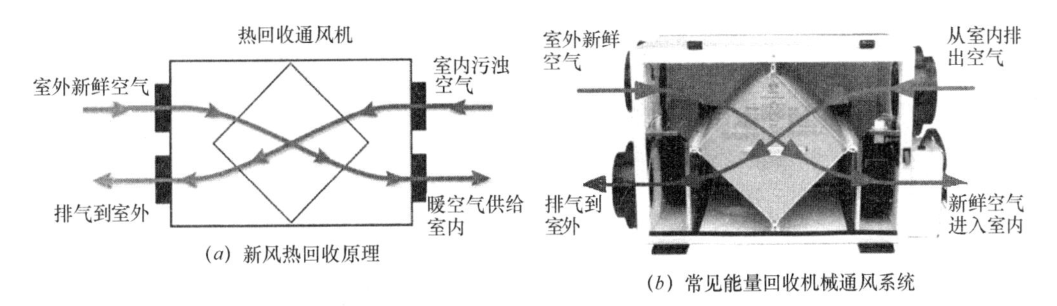

(*a*) 新风热回收原理

(*b*) 常见能量回收机械通风系统

图 18.5.4 新风热回收原理与能量回收机械通风系统示意图

同时，高性能木结构建筑有连续的气密层，减少热量损失，但也会导致室内湿度升高，空气污染物积聚。因此需要设置分布式热回收或能量回收机械通风系统来控制湿度并保持室内空气质量。新风机械通风系统将空气中的污染物排放到室外，并提供经过过滤的清洁置换空气也是改善零能耗建筑室内空气质量、节约能源的重要措施之一。

8. 建筑本体和周边的可再生能源

可再生能源约占世界能源供应的 20%。可再生能源通过替代化石燃料、降低能源成本和减缓气候变化，减少了常规空气污染物和温室气体的排放。木结构近零能耗建筑和零能耗建筑需要因地制宜，通过充分利用可再生能源，实现建筑用能与可再生能源产能的平衡。可再生能源产能包括建筑本体及周边的可再生能源的产能，建筑周边的可再生能源通常指区域内同一业主或物业公司所拥有或管理的区域，可将可再生能源发电通过专用输电线路输送至建筑使用。

绿色能源是可再生能源的一部分，通常来自太阳能、风能、地热、沼气、生物质能和低冲击水力发电资源。常用的可再生能源有：太阳能光伏发电系统、太阳能热水系统、地源热泵等。

9. 质量控制

要保证木结构零能耗建筑的最佳性能，一个重要方面就是保证施工和运行过程中的质量控制和监测。

保证按设计施工。设计目标明确，施工图细致准确，施工计划必须足够详细，避免造成误解和施工质量问题。除遵循按图施工外，对于一些复杂的施工过程，如窗户安装、穿孔、悬挑楼板或阳台安装等，特别是围护结构气密性处理，必要时可以使用辅助手段，例如3D模型、操作工序培训等来保证施工质量。

工序之间应进行交接检验，上道工序合格后方可进行下道工序，并做好隐蔽工程记录和影像资料整理。

建筑主体施工结束，门窗安装完毕，应进行木结构建筑气密性检测，检测结果应满足标准或设计文件要求。

设备系统施工完成后，应进行联合试运转和调试，并应对供暖通风空调与照明系统节能性能以及可再生能源系统性能进行检测，检测结果应符合设计要求。

18.6 木结构节能建筑碳排放

18.6.1 木材固碳能力

从二氧化碳减量的角度观察，木材因自身的固碳能力，相较于其他建材更利于二氧化碳减量，木结构建筑不仅在节能减碳上有相当优良的性能表现，其所营造的环境品质更有益身心健康，因此木结构建筑被联合国认定为碳权抵减的交易对象。虽然木材的固碳效益因木材密度有所不同，同时又因各类木材有不同加工耗能而有不同固碳和排碳系数，但在建筑碳足迹盘查机制中，采用250$kgCO_2e/m^3$为木材的碳排放量基准。此外，根据台湾大学森林系王松永教授的研究成果，原木人工干燥耗能的碳素数据换算碳排为102.7$kgCO_2e/m^3$，制材加工能耗较低，计为18.35kWh/m^3。原木与制材被认定为固碳效益的原因在于其能够在长寿命周期内被保存使用，木结构建筑、原木家具和原木板材均可视为如此。然而，对于木心板、合板类、木模板等用于装潢或工程临时支撑的短寿命周期的建材不应承认具有固碳效益。原木与制材的碳排放量分析见表18.6.1、表18.6.2。

原木与制材碳排放量分析 **表18.6.1**

固碳（$kgCO_2e/m^3$）		加工耗能		原料运输		成品运输		$kgCO_2e/m^3$
原木＝ −250×44/12	＋	(28×44/12)	＋	(79.18×0.5)	＋	(21.93×0.5)	＝	−763.45
制材＝ −250×44/12	＋	(28×44/12＋18.35×0.532)	＋	(79.18×0.5)	＋	(21.93×0.5)	＝	−753.68

木片板与胶合板碳排放量分析 **表18.6.2**

	固碳（$kgCO_2e/m^3$）	胶合剂碳排	加工耗能	原料运输	成品运输	$kgCO_2e/m^3$
木片板 ＝	−260×44/12×90%＋	3.6×650×10%＋	200×44/12＋	79.18×0.65＋	30.5×0.65 ＝	180.65
胶合板 ＝	−247.5×44/12×90%＋	3.6×650×10%＋	120×44/12＋	79.18×0.55＋	30.5×0.55 ＝	−118.40

木材为建筑装修不可或缺的建材，从资源的再生产性与环境保护的观点来看，木材具有优良的生态材料特性：

（1）生产资材耗能较少；

（2）资材可固定碳素；

（3）使用后或解体后的废料可再利用；

（4）废材最终处理不会污染环境；

（5）原材料可以持续生产；

（6）对使用者健康无不良影响。

任何树木都会经光合作用将大气中的二氧化碳当作有机物加以固定，这对于缓和温室效应有相当的助益。表 18.6.3 列举了部分木材的能耗量与碳排放量，其中具有固碳效果的木材限为经过有计划森林伐木管理的“林管木”，使用者必须提出相关的证明文件方可以此计算。因为未经伐木管理的木材通常是滥伐滥垦的森林，此类木材与保护地球环境的初衷相违背。

建材相关产品单位生产 CO_2 排放量统计表 **表 18.6.3**

建材相关产品	单位	使用能源类别						环境负荷量	
		电能（kW·h）	燃料煤（kg）	燃料油（L）	重油（L）	天然气（m^3）	液化气（kg）	耗能量（kcal）	CO_2排放量（kg）
木材原材	m^3	18.35						15781	12.07
纸浆	t	431.66		182.25				2047928	821.67
纸卷加工	t	676.29	57.31	174.44				2553241	1103.39
壁纸加工	t	1341.9						1154068	883.00
壁纸	m^2							593	0.29
木合板	m^3	208.88						195418	149.52
木地板（2cm）	m^2	6.56						5642	4.32
木合板（6 分板）	m^2							4240	3.24
木模板	m^2	0.238						444	0.34
木材原材(林管木)	m^3							15781	−904.60
木地板（2cm 厚林管木）	m^2							5642	−59.48

注：1. 每立方米木材可制造 $14m^2$ 的 5 分木模板（15mm 厚），木模板转用次数以 3 次计算；

2. 固定的二氧化碳值参考日本方面的相关研究，每公斤木材可固定 1.83kg 的二氧化碳。

18.6.2 木结构建筑性能

依照建筑物生命周期各阶段的能源使用情形，可将生命周期各阶段简化为三个阶段：建设阶段、使用阶段和拆除阶段。建设阶段又分为建材生产阶段、建材运输阶段和营建施工阶段。建筑生命周期碳排放总量 TCF 可依下式计算：

$$TCF = (CF_m + CF_c) + (CF_{eu} + CF_{rm}) + CF_{dw} - CF_o \tag{18.6.1}$$

$$CF_m = CF_b + CF_e + CF_{in} \tag{18.6.2}$$

式中 TCF——建筑生命周期总碳足迹（$kgCO_2e$）；

CF_m——新建工程资材之总碳排（$kgCO_2e$）；

CF_c——营建施工之总碳排（$kgCO_2e$）；

CF_{eu}——建筑使用阶段耗能总碳排（$kgCO_2e$）；

CF_{rm}——修缮更新工程资材生命周期之总碳排（$kgCO_2e$）；

CF_{dw}——拆除及废弃物处理之总碳排（$kgCO_2e$）；

CF_o——自我举证减碳量（$kgCO_2e$）；

CF_b——建筑躯体工程资材之总碳排（$kgCO_2e$）；

CF_e——设备工程资材之总碳排（$kgCO_2e$）；

CF_{in}——建筑室内装修资材之总碳排（$kgCO_2e$）。

木结构建筑与普通钢筋混凝土结构和钢结构建筑的碳足迹计算不同之处在于其建材生产加工及建筑修建方式不同。以木结构建筑碳排放计算方法为例，普通的木框架结构住宅的木材材积为0.143m^3/m^2，其木质的固碳效益（－192.85$kgCO_2e/m^2$）与钢筋、混凝土等非木材的碳排放效益综合后的净碳排放量为57.42$kgCO_2e/m^2$，此数据不包括设备工程的碳排放量，相当于躯体工程和室内装修工程阶段的碳排放量。此数据是建立在大量实际案例总结经验的基础上加以简化，也受到当地建造模式、材料来源及加工方式的影响，可作为我国不同地区木结构建筑使用阶段前的碳排放计算的参考。

18.6.3 木结构建筑的碳排放计算

根据国家标准《建筑碳排放计算标准》GB/T 51366—2019（简称“碳排标准”）的规定，将木结构建筑的生命周期碳排放分成三个部分，分别是建材生产与运输阶段、建造与拆除阶段以及建筑使用阶段。此外，根据碳排放标准要求，在碳排放总量计算时，如设计文件中没有提及生命周期，采用50年生命周期计算。

建筑碳排放总量按下式计算：

$$LC_{CO_2} = (C_{JC} + C_{JZ} + C_M + C_{CC}) \times A \qquad (18.6.3)$$

式中 LC_{CO_2}——建筑碳排放总量；

C_{JC}——建材生产及运输阶段单位建筑面积的碳排放强度（$kgCO_2e/m^2$）；

C_{JZ}——建筑建造阶段单位建筑面积的碳排放量（$kgCO_2/m^2$）；

C_M——建筑使用运行阶段单位建筑面积碳排放量（$kgCO_2/m^2$）；

C_{CC}——建筑拆除阶段单位建筑面积的碳排放量（$kgCO_2/m^2$）；

A——建筑的总面积（m^2）。

上述各因素按下列规定计算：

（1）建材生产及运输阶段单位建筑面积的碳排放量 C_{JZ} 按下列公式计算：

$$C_{JC} = \frac{C_{sc} + C_{ys}}{A} \qquad (18.6.4)$$

$$C_{sc} = \sum_{i=1}^{n} M_i \times F_i \qquad (18.6.5)$$

$$C_{ys} = \sum_{i=1}^{n} M_i \times D_i \times T_i \qquad (18.6.6)$$

式中 C_{sc}——建材生产阶段碳排放（$kgCO_2e$），可参考本手册表18.6.1～表18.6.3；

C_{ys}——建材运输阶段碳排放（$kgCO_2e$）；

A——单体建筑的总面积（m^2）；

M_i——第 i 种主要建材的消耗量（t）；

D_i——第 i 种建材的平均运输距离（km）；

T_i——第 i 种建材的运输方式下，单位重量运输距离的碳排放因子［$kgCO_2e/(t \cdot km)$］。

（2）建筑建造阶段单位建筑面积的碳排放量 C_{JZ} 按下式计算：

$$C_{JZ} = \frac{\sum_{i=1}^{n} E_{jz,i} \times EF_i}{A} \tag{18.6.7}$$

式中　$E_{jz,i}$——建筑建造阶段第 i 种能源总用量（kW·h 或 kg）；

EF_i——第 i 种能源的碳排放因子［$kgCO_2$/（kW·h）或 $kgCO_2/kg$］，按国家标准《建筑碳排放计算标准》GB/T 51366—2019 的附录 A 确定；

A——单体建筑的总面积（m^2）。

（3）建筑使用运行阶段单位建筑面积的碳排放量 C_M 按下列公式计算：

$$C_M = \frac{\left[\sum_{i=1}^{n} (E_i \times EF_i) - C_p\right] \times y}{A} \tag{18.6.8}$$

$$E_i = \sum_{j=1}^{n} (E_{ij} - ER_{ij}) \tag{18.6.9}$$

式中　E_i——建筑第 i 类能源年消耗量（/年）；

EF_i——第 i 类能源的碳排放因子，按国家标准《建筑碳排放计算标准》GB/T 51366—2019 的附录 A 确定；

$E_{i,j}$——j 类系统的第 i 类能源消耗量（/年）；

$ER_{i,j}$——j 类系统消耗由可再生能源系统提供的第 i 类能源量（/年）；

i——建筑消耗终端能源类型，包括电力、燃气、石油、市政热力等；

j——建筑用能系统类型，包括供暖空调、照明、生活热水系统等；

C_p——建筑绿地碳汇系统年减碳量（$kgCO_2$/年）；

y——建筑设计寿命（年）；

A——单体建筑的总面积（m^2）。

（4）建筑拆除阶段单位建筑面积的碳排放量 C_{CC} 按下式计算：

$$C_{CC} = \frac{\sum_{i=1}^{n} E_{cc,i} \times EF_i}{A} \tag{18.6.10}$$

式中　$E_{cc,i}$——建筑拆除阶段第 i 种能源总用量（kW·h 或 kg）；

EF_i——第 i 种能源的碳排放因子［$kgCO_2$/（kW·h）］，按国家标准《建筑碳排放计算标准》GB/T 51366—2019 的附录 A 确定；

A——单体建筑的总面积（m^2）。

本 章 参 考 文 献

［1］　编辑委员会．木结构设计手册(第三版)［M］．北京：中国建筑工业出版社，2005.

[2] 木结构设计标准(GB 50005—2017)[S]. 北京：中国建筑工业出版社，2017.
[3] 木骨架组合墙体技术标准(GB/T 50361—2018)[S]. 北京：中国建筑工业出版社，2018.
[4] 公共建筑节能设计标准(GB 50189—2015)[S]. 北京：中国建筑工业出版社，2015.
[5] 严寒和寒冷地区居住建筑节能设计标准(JGJ 26—2018)[S]. 北京：中国建筑工业出版社，2018.
[6] 夏热冬冷地区居住建筑节能设计标准(JGJ 134—2010)[S]. 北京：中国建筑工业出版社，2010.
[7] 夏热冬暖地区居住建筑节能设计标准(JGJ 75—2012)[S]. 北京：中国建筑工业出版社，2012.

第 19 章　木结构的检查、维护与加固

木材是一种有机材料，其天然缺陷（例如裂缝等）在木结构使用过程中仍可能发展；木材受潮后，结构或构件的变形会增大，还会受到菌、虫的侵害。木结构中的钢材在大气中会锈蚀；在高温、高湿或有侵蚀性化学介质影响下，木材或钢材会受到不同程度的危害。为保证结构能安全承载并尽量延长其使用年限，除在新建时应按规范要求进行正确的设计和施工外，还需在使用期间对结构进行必要的检查和维护，必要时应采取适当的加固措施。

当木结构需要加固时，应由物管部门会同结构设计和施工人员共同检查和确定加固方案，并须通过对结构分析核算，确定具体的加固细节。

19.1　常见的损害

19.1.1　菌害

菌害是指第 8.1.1 节中所述由木腐菌导致结构木材腐朽的危害。

腐朽常见于下列场合中：

(1) 处于经常受潮且通风不良的环境中。例如，被封闭的桁架支座部分和立柱的底部，房屋底层的木地板及其搁栅等。

(2) 屋面年久失修经常漏雨的部位。例如，天沟下的杆件和节点处，屋面板、椽条或檩条的上部，天窗侧立柱与桁架上弦连接部位等。

(3) 周期性的冷凝水使木材时干时湿的部位。例如，在北方高寒地区的屋盖闷顶中，当保温隔潮设施失效时，每到冬季就会沿屋顶内皮产生大量冷凝水；此部分水顺坡流至支座处，日久往往使支座腐朽。

(4) 生产性温、湿度较高的房屋。例如，需要保温的公共浴室、厨房或某些喷雾的车间内，当通风条件差而木结构处于经常受潮状态时。

(5) 某些耐腐性很差的木材。例如马尾松、云南松、桦木等，易受菌害。

检查腐朽时，除可参考表 8.1.1 中不同木腐菌生长特征和危害部位外，还应注意以下几点：

(1) 在初期腐朽阶段通常是木材变色、发软、吸水等情况；在腐朽后期会出现翘曲、纵横交错的细裂纹，以及表 8.1.1 中所述的各种特征。

(2) 当木腐菌生长旺盛时，常散发一种使人生厌的气味。

(3) 当腐朽的表面特征不很明显时，可用小刀插入或用小锤敲击来检查。若小刀很易插入木材表层，且撬起时木纤维容易折断，则已腐朽；用小锤敲击木材表面，腐朽木材声音模糊不清，健康木材则响声清脆。处于上述两种状态之间时，该部位可能已受木腐菌感染进入初腐阶段。

19.1.2 虫害

虫害是指第8.1.2节中所述昆虫对木结构的危害。

检查虫害时，应注意表8.1.2、表8.1.3中所述的危害部位和特征。还应注意区别蛀孔和蛀道的新旧情况，有的虫害发生在结构加工制作之前，甚至发生在树木的生长期间，而制成木结构后蛀虫已绝迹，这类遗留下来的蛀孔和蛀道对结构的承载能力影响很小，可不作处理。如果虫害是在结构使用期间发生的，或蛀虫仍在木构件中潜伏生长，则必须进行彻底的杀虫和防腐处理，并应检验分析其对结构的危害影响情况。

19.1.3 化学性侵蚀

有些厂房（例如，纺织厂的漂染车间、制药厂的雷米封车间、钢厂的酸洗车间以及有侵蚀性气体的化工车间等）在生产过程中会散发含有侵蚀性介质的气体。这种气体或带有侵蚀性介质的水雾、粉尘，会直接侵蚀结构中的木材或钢材；而且在气压较低或温度较高的条件下，这种侵蚀往往会加剧。

结构的抗化学侵蚀能力，同侵蚀性介质的种类有关。有些介质对木材的侵蚀性并不强，但对钢材却有严重的侵蚀作用。

19.1.4 木材缺陷的危害

在木料中的木节、裂缝、翘曲、斜纹等都是木材的缺陷。这些缺陷实际上难以避免，且随其尺寸大小和所在部位不同对木材强度会产生不同程度的削弱。

在《木结构设计标准》GB 50005—2017中，对承重木结构中的方木、板材、原木、规格材以及胶合材都有相应的材质等级标准规定。其中，针对各种不同受力状态的构件，分别规定了对各种缺陷的不同要求和限制。在确定木材强度设计值时，已经考虑了缺陷达极限值时对木材强度的不利影响。因此，不超过这些限值的缺陷并不会进一步降低木结构的安全性；然而超过这些规定值的缺陷则可能使木结构的安全性不足，甚至会造成事故。图19.1.1是有危害性缺陷的示例。

19.1.5 结构的变形和失稳

（1）屋面变形：利用湿材或屋面漏雨往往使檩条等构件经常受潮，导致挠度增大。也有因设计和施工的差错造成屋面构件挠度过大的情况。

（2）桁架受潮、桁架节点处加工制作不紧密，或钢拉杆未张拉紧等原因导致节点变形过大和桁架平面内出现较大的下垂变形。

（3）由于桁架就位时原始误差过大，或在风力、吊车制动力的作用下，木屋盖在桁架平面外方向的刚度不足，造成桁架侧倾或平面外扭曲。

（4）桁架平面外的刚度不足，特别是桁架受压上弦接头部位设计不妥时，将造成桁架平面外变形失稳而无力控制。

（5）当结构的变形超过以下限值时，应视为有危害性的变形；此时应按其实际荷载和构件尺寸进行核算，并宜立即进行加固：

1）受压构件的侧弯变形超过其长度的1/150；

2）屋盖中的檩条、楼盖中的大梁或次梁的挠度超过按下式计算所得w值：

$$w=\frac{l^2}{2400h} \tag{19.1.1}$$

式中 l和h分别为构件的跨度和截面高度；

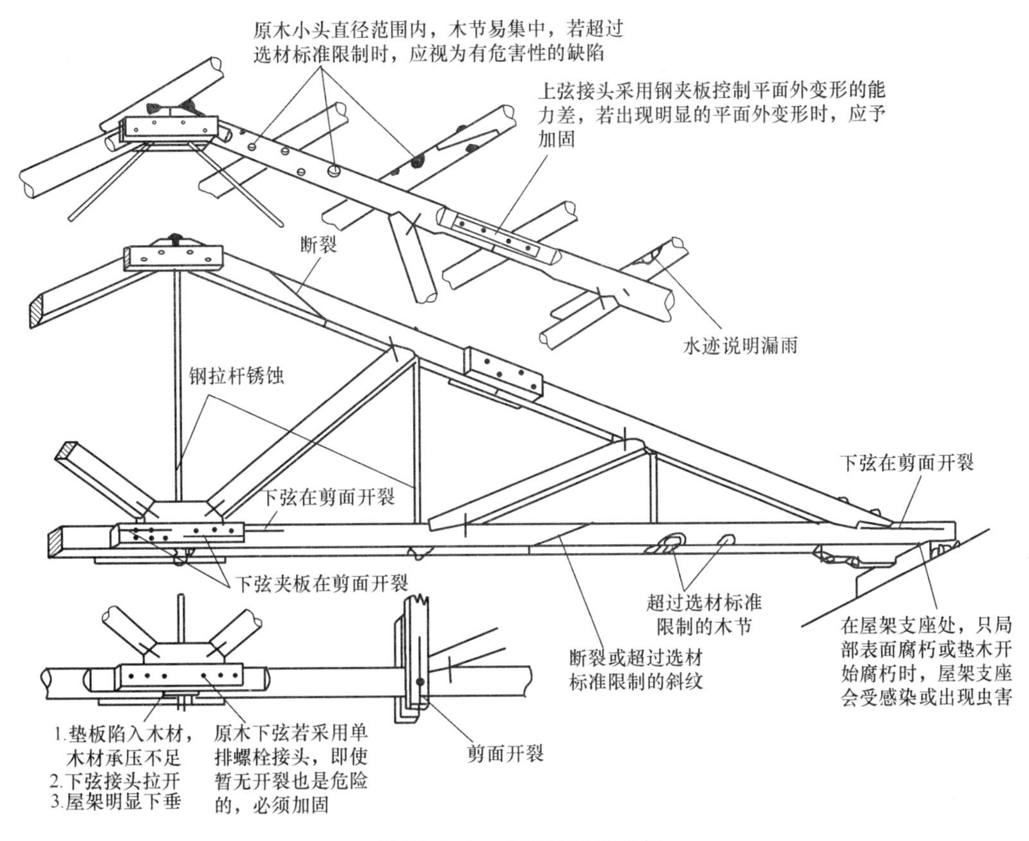

图 19.1.1 危害性缺陷示例

3）木桁架及钢木桁架的挠度超过其设计时采用的起拱值。

19.1.6 震害或风害

指由地震或台风造成的结构损害。常见情况有：

（1）原有的损害因地震或台风而明显加重或发展；

（2）节点松动、脱节或劈裂，个别杆件脱落；

（3）结构空间支撑杆件失效、拉脱，造成结构失稳；

（4）屋面瓦片错乱或局部散落，导致大面积漏雨；

（5）山墙或内外墙倾斜、开裂，致使檩条或桁架的支座移动，原有锚固失效。

以上仅指维修加固范畴以内常见的损害，不包括更严重的灾害情况。

19.2 检查要点

木材虽为有机材料，但如掌握其特性，对木结构的设计、施工和维护均得当，木结构就能耐久。但若设计、施工或维护中有重大失误，木结构就可能丧失承载能力。为使木结构能够安全耐久，检查维护是十分必要的。

根据各地的经验，木结构检查和维护的要点如下：

19.2.1 竣工验收时的检查

木结构施工及竣工时，应按《木结构工程施工质量验收规范》GB 50206—2012 进行全面检查，尚应着重检查下列各项：

（1）木材缺陷是否符合材质等级标准，木材的含水率、强度和树种是否与设计相符；

注：当采用湿材制作时，应检查是否采取了规范规定的关于对湿材的相应措施。

（2）钢材的品种和规格是否与设计相符，焊接质量是否符合有关规定；

（3）桁架的起拱位置和高度是否与设计相符；

（4）支座及可能受潮的隐蔽部分有无防潮及通风措施；

（5）在保暖房屋中，结构是否具备隔潮、保温等防止产生冷凝水的措施；

（6）全部圆钢拉杆和螺栓应逐个检查，凡松动者要拧紧；丝扣部分是否正常，螺纹净面积有无过度削弱的情况，是否有油漆或其他防锈措施；

（7）结构的实际使用荷载与原设计荷载比较有无超载情况，起吊设备原来的设计位置及重量等有无变化情况等；

（8）屋盖支撑系统是否正常而且有效。

19.2.2　使用初期的检查

在木结构交付使用后头两年内，使用单位（或房管部门）应根据当地气候特点（如雪季、雨季和风季前后）每年安排一次检查。应着重检查下列各项：

（1）木材受剪面附近有无裂缝产生；有无新发现的其他有危害性的缺陷；下弦接头处有无拉开和变形过大的情况，夹板的螺孔附近有无裂缝；

（2）支座等部位有无受潮或腐朽迹象，构件有无化学性侵蚀迹象；

（3）结构有无明显下垂或倾斜情况，上弦及其接头部位有无桁架平面外失稳倾向，支撑系统有无松脱或失稳等情况；

（4）圆钢拉杆、螺帽及垫板等的工作是否正常，垫板有无陷入木材的现象；

（5）天沟、天窗等部位有无漏雨迹象或排水不畅；

（6）有无因保温、隔湿失效以致产生冷凝水的迹象；

（7）在虫害地区或用马尾松等耐腐性差的木材时要检查有无虫害或腐朽情况。

19.2.3　定期检查

凡温度或湿度较高的生产车间，寒冷地带的公共浴室和厨房（通风条件一般较差）、有侵蚀性气体的化工车间，以及露天木结构、采用耐腐性差和易受虫害的木材制作的结构、在虫害严重地区的木结构，均应每隔一至两年作一次定期检查。检查时，除作一般普查外，应着重检查有无腐蚀和虫害发生。

白蚁危害地区，要经常注意观察有无蚁路（白蚁的交通孔道，由泥土和排泄物等筑成，常较潮润），并着重检查桁架的支座节点、檩条、木搁栅等入墙部位的附近，内排水沟、水管及厨房卫生间等易受潮的部位，确定有无白蚁活动的外露迹象。

对于人流比较集中的公共建筑和其他比较重要的建筑，原则上应每年检查一次。

对于其他房屋使用两年以后的定期检查，应根据当地气候特点（如雪季、雨季及风季前后）和房屋使用要求等具体情况适当安排。

业主或物业管理部门根据检查和维修的情况，应对检查结果和维修过程作出详细、准确的记录，并建立检查和维修的技术档案。

19.2.4　检查时的注意事项

（1）检查鉴定要认真慎重，判断力求准确。既不要把木材一般的、没有危害性的缺陷看成是有危害性的，更不要把有危害性的缺陷忽略过去。

（2）要抓住现象找原因。木屋盖的某些反常情况，通常只能从某些表面现象察觉，然后追查出来。例如，檩条的挠曲变形过大，屋面就呈波浪形；桁架的挠度过大，顶棚就出现有规律性的开裂；桁架下弦拉开变位，对应的檐口就会凸出变形等。因此，看出上述这些反常的表面现象后，一定要追查原因，找到其实质性的问题。

（3）对木材中的裂缝要作具体分析。裂缝是会发展的；特别是原先采用湿材制作的结构，在干燥过程中，几乎都会产生新的裂缝，或是原先的裂缝有所发展。这是木材在干缩过程中固有的规律性。

判定某条裂缝是否有危害，往往不在于裂缝的宽窄、长短或深浅，关键是裂缝所处的部位。如果裂缝处在结构中主要的受剪面上，即使非常轻微也很可能引起危险，必须加以重视。对这种裂缝应深入检查分析，并及时进行必要的加固处理。至于不处在结构中重要受剪面附近的裂缝，则其尺度及其走向的斜度只要在规范选材标准允许范围以内，一般是不会影响结构安全承载的。

注：有的工程采用钢箍或捆绑铅丝的办法来防止裂缝的产生或发展。但实践证明，这种办法并无明显效果。

19.3 维修和加固的基本原则

从各地调查中看到，一般情况下，木结构完全失效的实例很少。常见的各种影响安全的问题，一般都可以通过维修或采取加固措施加以解决。

维修和加固应当在满足使用要求的前提下，因地制宜，采用最经济简便的办法消除危害，达到安全使用的目的。所选用的方案应适当照顾到日后进行室内外装修时工作方便。

维修和加固工作，应注意下面几点：

19.3.1 摸准根源，“对症下药”

确定维修或加固方案之前，须先从保证承载能力的观点出发，对整个结构及结构中的各构件和各节点的受力效能进行核算和鉴定。大量实践说明，正确的鉴定往往和下述各种因素有密切关系：

（1）不同树种的木材所具有的物理力学特性和材质特性；

（2）木材各种缺陷对不同受力状态构件的不同影响特征；

（3）不同节点构造的受力特征；

（4）各种木腐菌或有害昆虫的生活习性；

（5）各类防腐、防虫剂的不同效用和应用范围；

（6）木结构所处环境的温度、湿度情况，或有侵蚀性介质的化学成分及有关测定数据；

（7）所在地区不同季节的气象条件。

产生有害迹象的根源，不一定局限在结构本身上，有时危害主要是由结构所处环境引起的。有些缺陷尽管还不显著，但由于处在要害部位，发展下去，后果往往是严重的。产生危害的各种因素之间往往具有错综复杂的关系。要真正摸准危害根源，“对症下药”，确定适当的维修加固方案。不对上述各种因素进行全面的调查了解，然后进行综合分析，是难以得出中肯的判断，并据以拟定对策的。

19.3.2　明确目标、主次分明

摸清了影响结构安全性和耐久性的根源以后，选定方案时，要注意明确维修或加固的重点要求。根据实践经验，木结构的维修或加固一般可分为巩固现状和改善现状两类。这里所说的“现状”，主要指结构受力体系的现状。

1. 巩固现状

结构整体情况基本完好，但局部范围或个别部位有危害迹象，若任其发展，就会危及结构的安全使用。只要及时采取措施消除局部的危害，或控制其继续发展，就能保证安全，维持原结构的可靠工作。

这一类的维修和加固，主要是着眼于木结构本身。例如：

（1）当桁架或支撑的个别杆件失效，或个别接头处的夹板损坏时，更换符合标准的新构件或夹板即可解决；

（2）杆件和节点的个别部位损坏，或木材个别缺陷偏大时，进行局部加固后即可保证安全使用；

（3）个别支座处木材表面初期腐朽，里层材质完好，且木材已干燥，通风良好时，只需将初朽部分彻底刮除，且对表层及内层进行药物防腐处理就可维持正常使用；

（4）原有木拉杆失效时，可用钢拉杆代替；

（5）桁架歪斜或个别压杆有较大平面外变形时，用角钢和螺栓等纠正变形并适当加设支撑，一般即能满足使用要求；

（6）对防护油漆定期检查修补，使经常保持有效状态，等等。

2. 改善现状

由于超载、使用条件改变、设计施工差错、构件缺陷或防护设施失效等原因，致使结构或构件的承载能力或空间刚度不足时，针对关键原因加以改善，甚至对原有结构体系加以改造，达到继续正常使用的目的。

这类维修或加固的着眼点，既可针对木结构的本身，也可改造其荷载或支承条件，或改善其所处环境，就能保证安全使用。例如：

（1）桁架或柱的支座处普遍受潮又被封闭，导致木材表层腐朽。这样，一方面和19.3.2节中第1条第（3）款一样，要刮除已腐朽的部分，并作药物防腐处理。但更重要的是从根本上改造支座处的构造，保证其通风良好并防止受潮。

如果支座部分的木材腐朽严重，已不能再用，则应采取措施切除腐朽范围的木材，而用新的木构件代替。如果支座处日后仍难以防潮，则切除已腐朽部分后，用型钢的焊成件或预制钢筋混凝土的节点构件代替。

（2）温度、湿度较高且通风不良的房屋（如北方寒冷季节的浴室、厨房），屋盖木结构经常受潮，导致木结构垂度增大或腐朽。此时，除对木结构本身进行加固外，主要应改善木结构所处环境，即设置有效的隔温、防潮吊顶，保证木结构经常处于干燥的正常环境中。

（3）在高温的热车间中，为了防止高温对木结构产生有害的影响，应加强室内木结构附近空气的对流和通风，并须采取有效的隔离辐射热的措施，以防止木结构周围的气温过高。

(4) 结构因改变用途或超载致使杆件负荷过大时，应选用更轻质的材料来更换屋面或吊顶原有较重材料的做法；当条件允许时，也可适当增设一两个支柱，减少结构原有跨度，以降低原杆件的应力，此时应注意因增设支柱引起原结构构件的应力变化情况。

(5) 改造、加强或增设原有能力不足的空间支撑系统；

(6) 加固、改造原有墙柱等支承结构，使能保证木结构正常工作。

19.3.3 先顶撑，后加固

进行维修或加固的工程，一般都应遵照“先顶撑，后加固”的程序进行施工。顶撑的作用有二：一是保证维修加固整个施工过程的安全；二是保证所有更换或新加的杆件，在加固后的结构中能有效地参加工作。为达到后一目的，临时支柱应将整个结构顶起，其顶起值一般为 $l/100$（l 为结构计算跨度）。

选择临时支柱的支撑点要恰当，必须注意结构受力体系是否会因此而发生临时性的变化，如有此种变化必须进行相应的处理。

19.3.4 先要害，后一般

维修或加固时应首先集中解决影响结构安全的要害问题。在针对要害问题采取措施确保结构的安全以后，再进行改善环境或其他比较一般项目的施工。

19.3.5 先测绘，后配料

维修、加固方案确定后，凡需配料的部位均应逐个详细测绘，各节点处的孔眼都要实地准确测量。配料和钻孔均应符合实际尺寸，而不能根据主观规定的尺寸进行；要尽力避免孔眼位置与实际尺寸不符，以至要在现场临时挖凿调整，从而伤害原结构或新加部件。

19.4 维修和加固示例

下面根据某些工程实例，提出一些维护和加固的示意图，供参考。

因木结构损坏的原因和状态千变万化，不同地区和不同工程进行加固的具体条件各不相同，研究加固方案时，一定要因地制宜，逐一解决，不可盲目套用。

(1) 桁架上弦个别节间因斜纹偏大，出现断裂或有危害性木节时，可采用木夹板加固（图 19.4.1）。这类问题在上弦节间受荷时更为不利。此时可在出问题部位的上弦下面贴

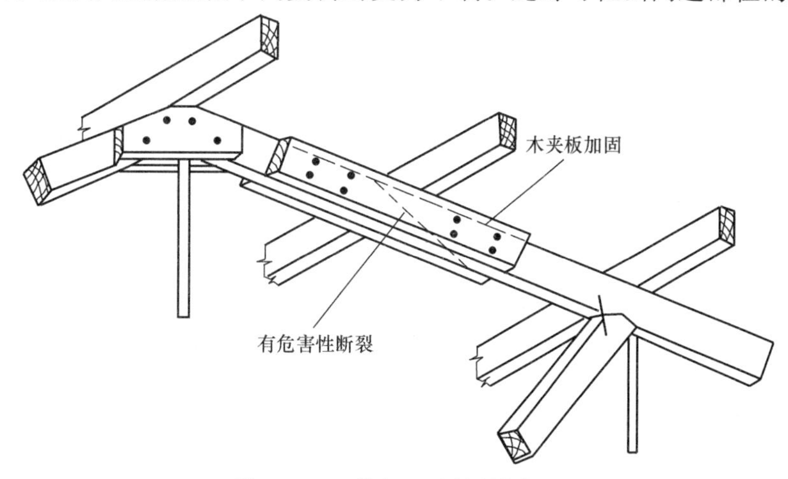

图 19.4.1 桁架上弦断裂的加固

附一根新木料，但新料两端的支承要处理得可靠，方能有效地帮助原有的上弦抗弯。

（2）下弦受拉接头受剪面出现裂缝（不论裂缝大小），或原木下弦只采用单排螺栓，而下弦的其他部位完好时，可局部采用新的受拉装置代替原来的螺栓连接。当采用新的钢拉杆木夹板加固方案时（图 19.4.2、图 19.4.3），应选择有利的夹板方向和位置，并应核算夹板螺栓对下弦的削弱影响。

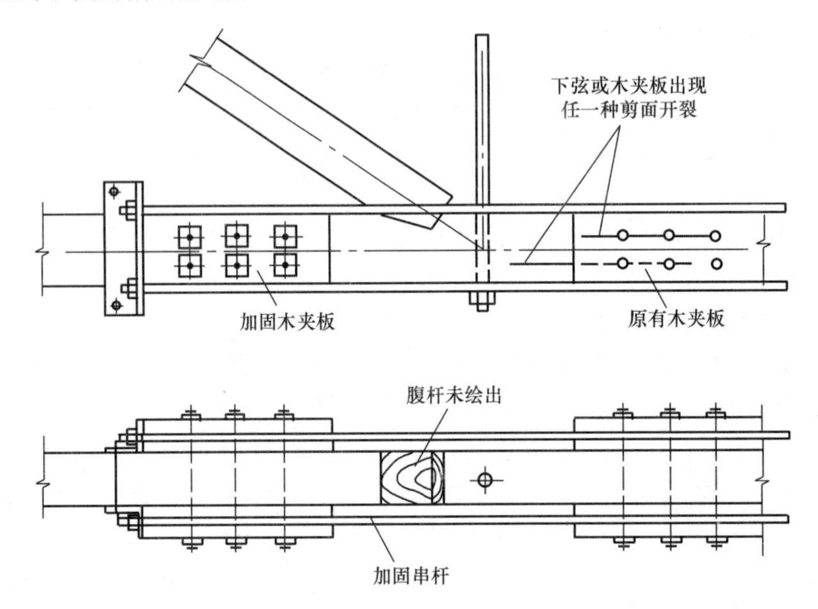

图 19.4.2　下弦受拉接头加固之一

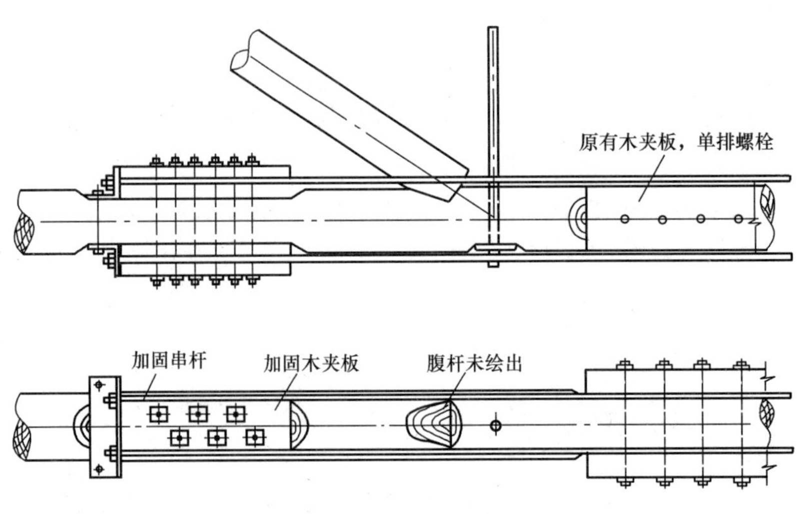

图 19.4.3　下弦受拉接头加固之二

（3）个别桁架支座处局部出现表层初期腐朽（木材变色、材质刚开始变软等），而刮除其表层后即可看到健康木材时，为防止今后再受到木腐菌感染，可将初腐部分刮除干净后，再用氟化钠水溶液在表层反复涂刷处理，并在受剪面范围内钻竖直孔槽（图 19.4.4），重复灌注氟化钠水溶液，使药液渗入孔槽周围的木材内部，以提高抗腐效能。

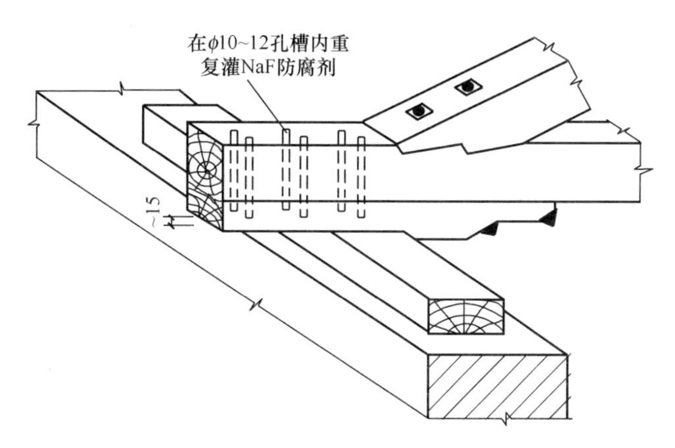

图 19.4.4 支座节点初期腐朽的处理方法

在构造方面尚应采用本手册第 8.3 节所述的通风防潮措施，使其具有良好的环境条件。

(4) 桁架端部严重腐朽，原有节点的木材已不能利用。如能根除造成腐朽的条件，可将腐材切除后更换新材，并采用图 19.4.5 所示用串杆的构造方案。如造成腐朽的条件无法根除，则切除腐材后，需用型钢焊成件（图 19.4.6）或钢筋混凝土节点代替原有的木质节点构造。如有女儿墙时，则加固用的钢筋混凝土端头可与排水天沟结合考虑（图 19.4.7）。

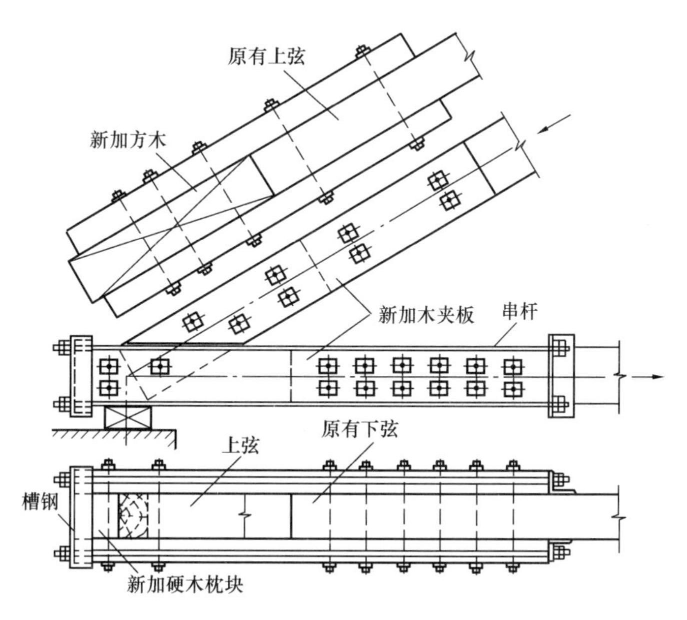

图 19.4.5 支座节点腐朽用木夹板串杆加固

(5) 木梁端部入墙部分已腐朽，可将腐朽的部分切除，改用槽钢接长，代替原来的入墙部分（图 19.4.8）。槽钢与木梁连接的受拉螺栓及其垫板均应进行验算。螺栓所受拉力可按下列方法计算：

$$R_1 = \frac{M_2}{s} \tag{19.4.1}$$

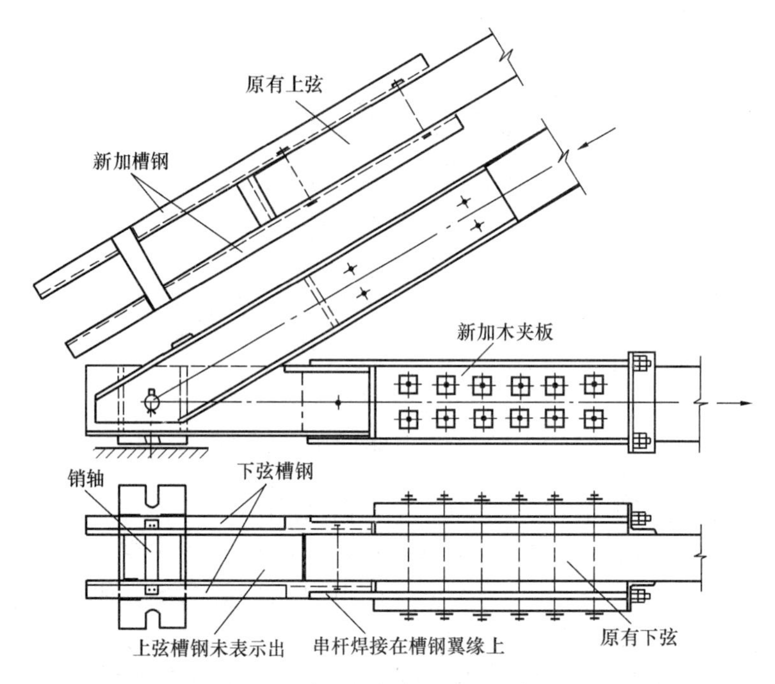

图 19.4.6　支座节点腐朽用型钢串杆加固

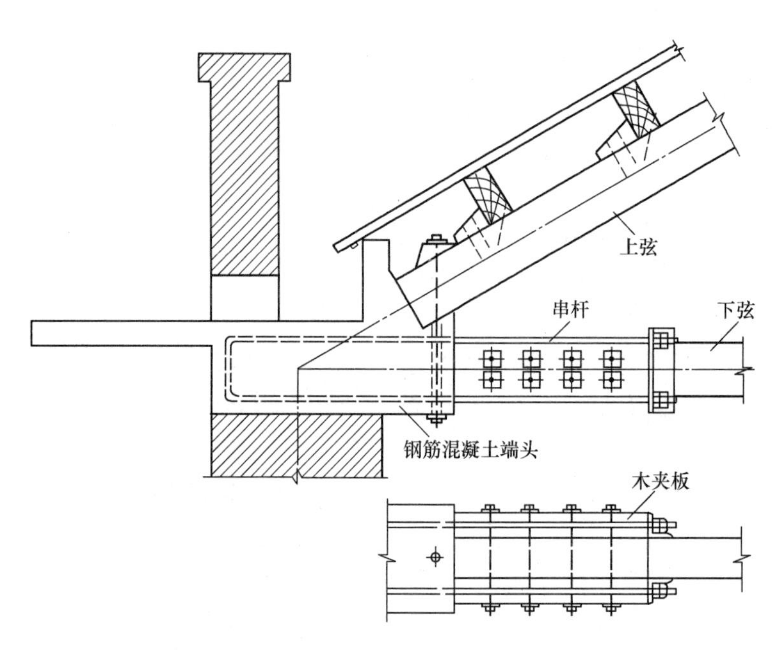

图 19.4.7　支座节点腐朽用钢筋混凝土加固端头并做成出檐

$$R_2 = \frac{M_1}{s} \tag{19.4.2}$$

式中　s——反力 R_1 和 R_2 之间的距离；

M_1——槽钢承受的弯矩（相应于在梁中截面①处的弯矩）；

M_2——木梁中截面②处的弯矩；

R_1——安装螺栓处的槽钢与木梁端部横纹表面的挤压力；

R_2——受拉螺栓所受的力。

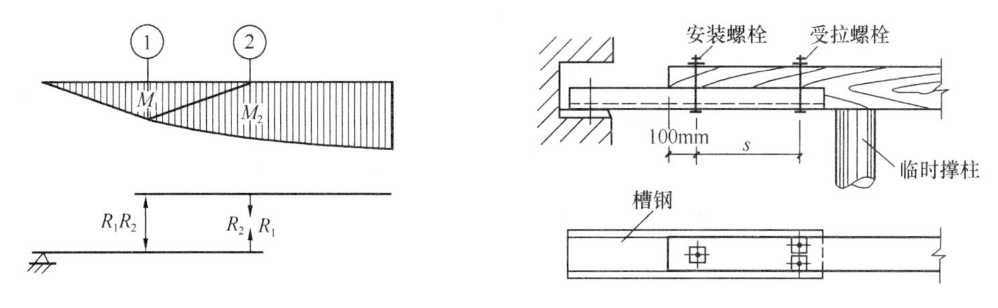

图 19.4.8 木梁端部腐朽的加固

（6）木桁架受拉木竖杆的剪面开裂，可用新的圆钢拉杆代替木竖杆，新拉杆应尽量设置在原来的木拉杆附近（图 19.4.9）。

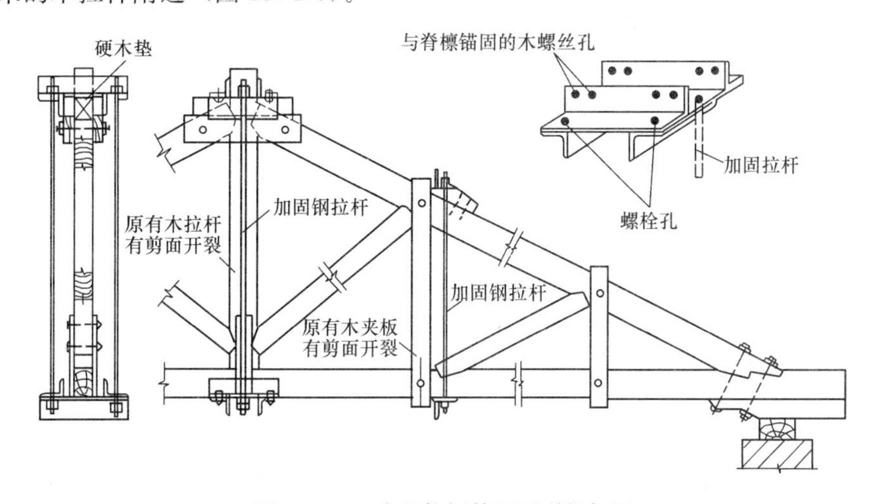

图 19.4.9 木竖拉杆剪面开裂的加固

（7）桁架承载能力不足时，如果使用条件允许，可用增设支柱的方法加固（图 19.4.10）。此时，应注意原结构体系的改变，对桁架的某些杆件作必要的调整。

（8）为改善桁架所处的环境，可增设有效的隔温隔潮吊顶。

（9）桁架空间稳定不足，或需增强屋盖空间抗震能力时，可用增设上弦横向支撑进行加固（图 19.4.11）。

（10）为抗震需要在桁架支座处增设锚固时，可参考图 19.4.12 的方法加固。

（11）为防止屋面斜梁或人字桁架在地震时产生水平变位，可增设圆钢拉杆（图 19.4.13）。

（12）图 19.4.14 表示新增设支座锚固方法之一，并将原为封檐改建成出檐的构造。图 19.4.15 亦表示原为封檐改建成出檐的构造之一。

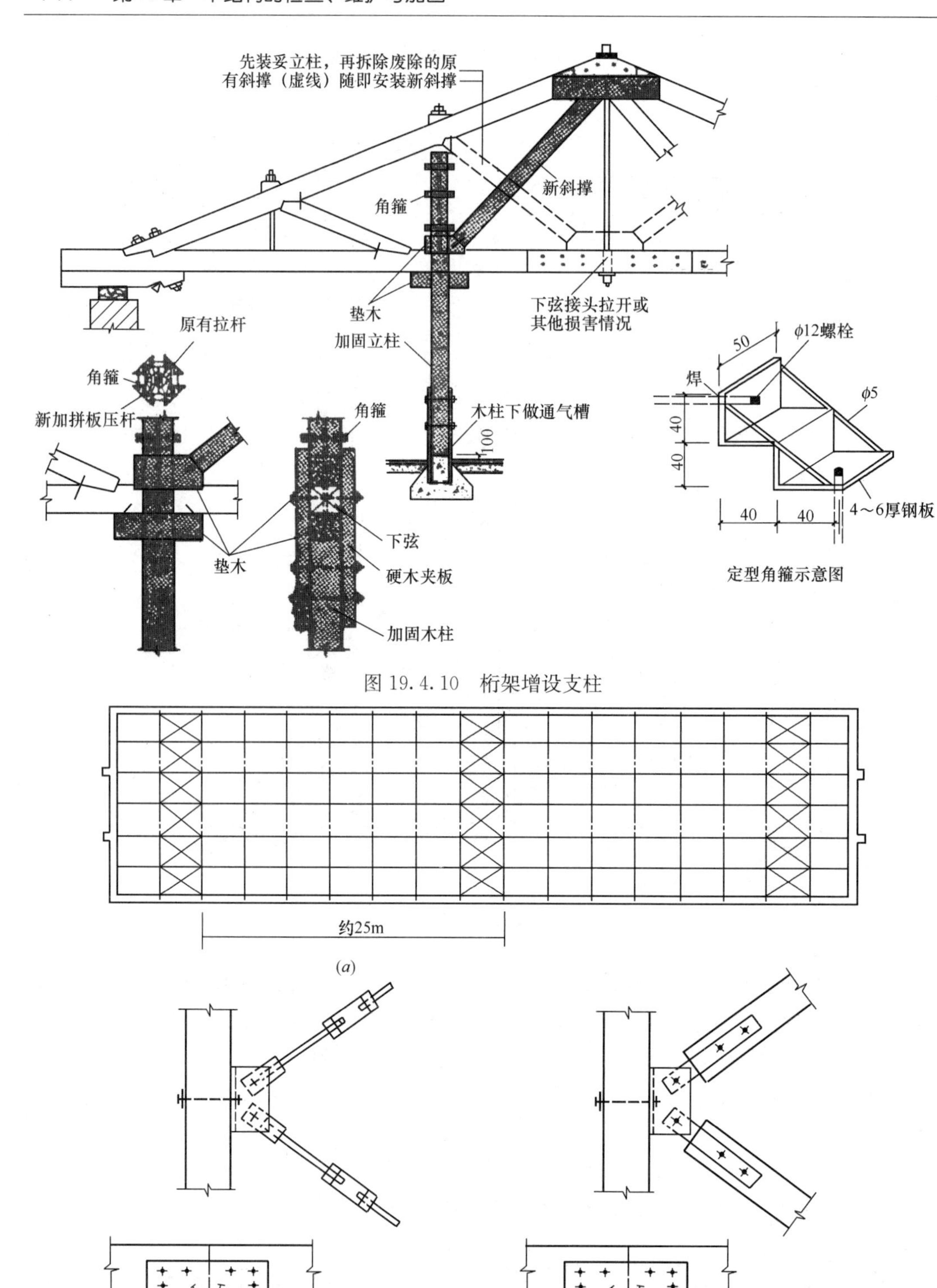

图 19.4.10 桁架增设支柱

图 19.4.11 屋面增设上弦横向支撑

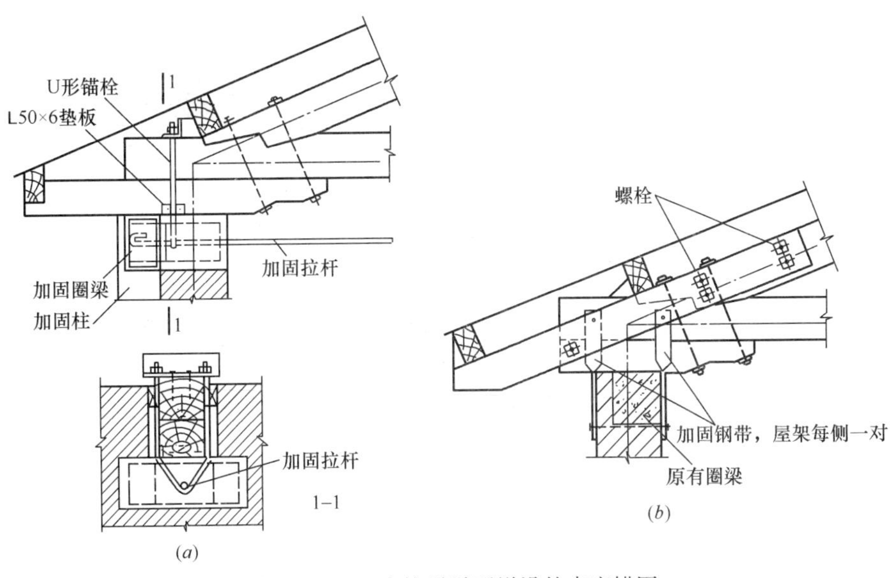

图 19.4.12 为抗震需要增设的支座锚固

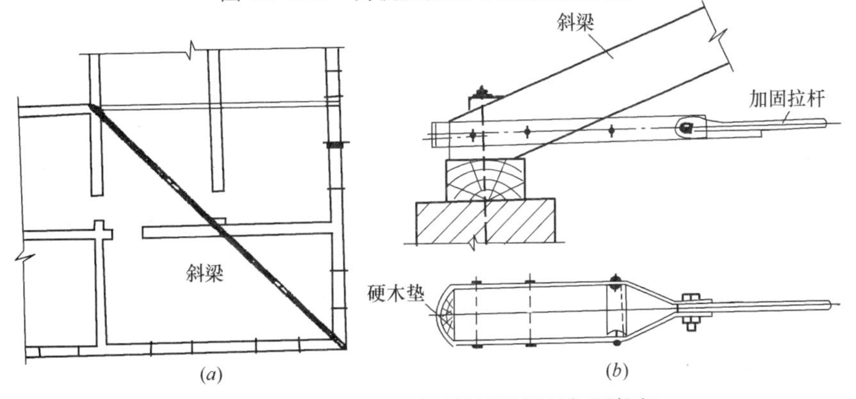

图 19.4.13 为抗震需要斜梁增设的加固拉杆

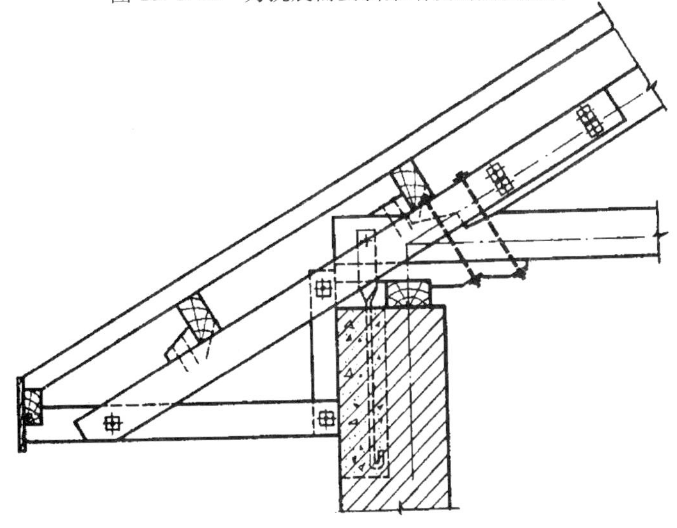

图 19.4.14 新增设的支座锚固和改做成出檐

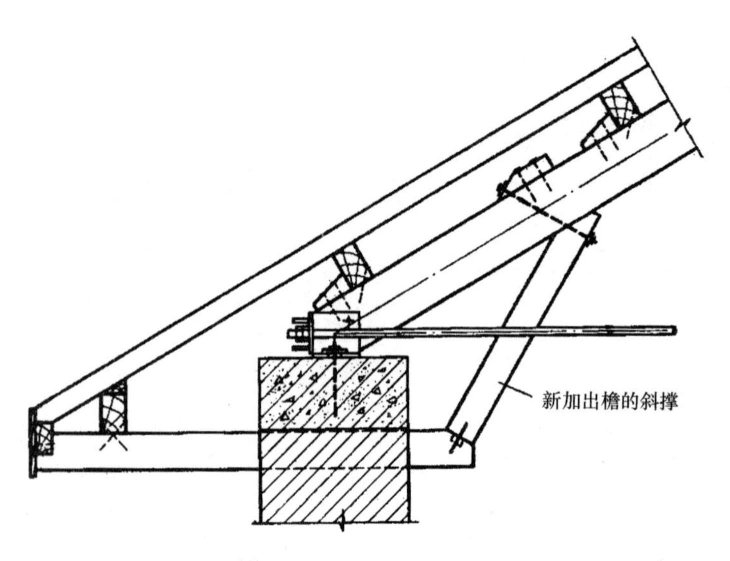

图 19.4.15　改做成出檐

第20章 计 算 图 表

20.1 常用材料和构件自重表

常用材料和构件自重表 **表 20.1.1**

名 称	理论重量	备 注
1. 木材（kN/m³）		
普通木板条、椽檩木料	5	随含水率而不同 加防腐剂时为3kN/m³
锯 末	2～2.5	
木丝板	4～5	
软木板	2.5	
刨花板	6	
注：常用木材自重（密度）详附录4。		
2. 胶合板材（kN/m²）		
胶合三夹板（杨木）	0.019	
胶合三夹板（椴木）	0.022	
胶合三夹板（水曲柳）	0.028	
胶合五夹板（杨木）	0.03	
胶合五夹板（椴木）	0.034	
胶合五夹板（水曲柳）	0.04	
甘蔗板（按10mm厚计）	0.03	常用厚度为13mm、15mm、19mm、25mm
隔声板（按10mm厚计）	0.03	常用厚度为13mm、21mm
木屑板（按10mm厚计）	0.12	常用厚度为6mm、10mm
3. 桁架、门窗（kN/m²）		
木桁架	0.07＋0.007×跨度	按屋面水平投影面积计算，跨度以m计
木框玻璃窗	0.2～0.3	
4. 屋顶（kN/m²）		
黏土平瓦屋面	0.55	按实际面积计算，下同
水泥平瓦屋面	0.5～0.55	
小青瓦屋面	0.9～1.1	
冷摊瓦屋面	0.5	
石板瓦屋面	0.46	厚6.3mm
石板瓦屋面	0.71	厚9.5mm
石板瓦屋面	0.96	厚12.7mm
多彩沥青油毡瓦	0.07	
石棉板瓦	0.18	仅瓦自重
白铁皮	0.05	24号
瓦楞铁	0.05	26号
彩钢压型板屋面	0.2	
玻璃屋顶	0.3	9.5mm夹丝玻璃，框架自重在内
屋顶天窗	0.35～0.4	9.5mm夹丝玻璃，框架自重在内

续表

名　称	理论重量	备　注
5. 顶棚（kN/m^2）		
松木板顶棚	0.25	吊木在内
三夹板顶棚	0.18	吊木在内
木丝板吊顶棚	0.26	厚25mm，吊木及盖缝条在内
木丝板吊顶棚	0.29	厚30mm，吊木及盖缝条在内
隔声纸板顶棚	0.17	厚10mm，吊木及盖缝条在内
隔声纸板顶棚	0.18	厚13mm，吊木及盖缝条在内
隔声纸板顶棚	0.2	厚20mm，吊木及盖缝条在内
V形轻钢龙骨吊顶	0.12	一层9mm纸面石膏板，无保温层
	0.17	二层9mm纸面石膏板，有厚50mm的岩棉板保温层
	0.20	二层9mm纸面石膏板，无保温层
	0.25	二层9mm纸面石膏板，有厚50mm的岩棉板保温层
V形轻钢龙骨及铝合金龙骨吊顶	0.1～0.12	一层矿棉吸声板厚15mm，无保温层
6. 地面（kN/m^2）		
地板搁栅	0.2	仅搁栅自重
硬木地板	0.2	厚25mm，剪刀撑、搁钉子等自重在内，不包括搁栅自重
松木地板	0.18	
7. 杂项（kN/m^3）		
石膏板	8～10	
岩棉	0.5～2.5	
矿渣棉	1.2～1.5	松散，导热系数0.031～0.044[W/(m·K)]

20.2　常用截面几何特征表

截面几何特征系数表　　**表20.2.1**

表中d—直径；h—高度；b—宽度；A—截面面积；

z_1、z_2—中和轴至边缘距离；

I_x和I_y—对x轴和y轴的截面惯性矩；

W_x和W_y—对x轴和y轴的截面抵抗矩；

i_x和i_y—对x轴和y轴的截面回转半径；

S_x—中和轴（$x—x$）以上（或以下）的截面面积对中和轴（$x—x$）的面积矩。

截面简图	A	z_1	z_2	I_x	I_y	W_x	W_y	i_x	i_y	S_x
矩形（b、h）	1.0000 bh	0.500 h	0.500 h	0.0833 bh^3	0.0833 b^3h	0.1667 bh^2	0.1667 b^2h	0.289 h	0.289 b	0.1250 bh^3
圆形（d）	0.7854 d^2	0.500 d	0.500 d	0.0491 d^4	0.0491 d^4	0.0982 d^3	0.0982 d^3	0.250 d	0.250 d	0.0833 d^3

续表

截面简图	A	z_1	z_2	I_x	I_y	W_x	W_y	i_x	i_y	S_x
$d/2$	0.3927 d^2	0.500 d	0.500 d	0.0245 d^4	0.0069 d^4	0.0491 d^3	0.0238 d^3	0.250 d	0.132 d	0.0417 d^3
$d/4$, $d/4$, $d/2$	0.3700 d^2	0.433 d	0.433 d	0.0198 d^4	0.0064 d^4	0.0456 d^3	0.0229 d^3	0.231 d	0.132 d	0.0365 d^3
d	0.3927 d^2	0.212 d	0.288 d	0.0069 d^4	0.0245 d^4	0.0238 d^3	0.0491 d^3	0.132 d	0.250 d	0.0222 d^3
$d/3$, d	0.7790 d^2	0.475 d	0.496 d	0.0476 d^4	0.0491 d^4	0.0959 d^3	0.0981 d^3	0.247 d	0.251 d	0.0818 d^3
$d/2$, d	0.7628 d^2	0.447 d	0.486 d	0.0442 d^4	0.0488 d^4	0.0908 d^3	0.0976 d^3	0.241 d	0.253 d	0.0781 d^3
$d/3$, $d/3$, d	0.7726 d^2	0.471 d	0.471 d	0.0461 d^4	0.0490 d^4	0.0978 d^3	0.0980 d^3	0.244 d	0.252 d	0.0802 d^3
$d/2$, $d/2$, d	0.7401 d^2	0.433 d	0.433 d	0.0395 d^4	0.0485 d^4	0.0912 d^3	0.0970 d^3	0.231 d	0.256 d	0.0729 d^3
$d/3$, $d/3$, d	0.7598 d^2	0.471 d	0.471 d	0.0460 d^4	0.0460 d^4	0.0977 d^3	0.0977 d^3	0.246 d	0.246 d	0.0798 d^3
$d/2$, $d/2$, d	0.6948 d^2	0.433 d	0.433 d	0.0389 d^4	0.0389 d^4	0.0899 d^3	0.0899 d^3	0.237 d	0.237 d	0.0708 d^3

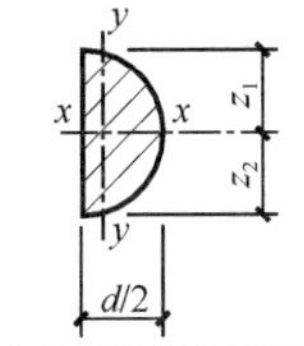

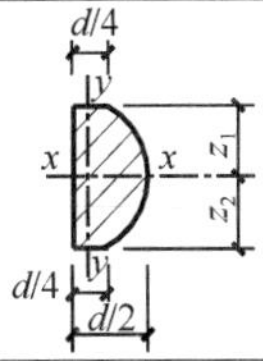

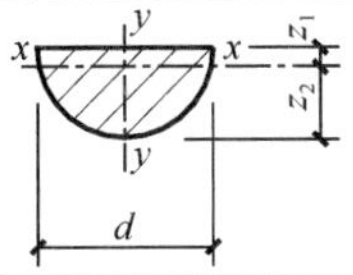

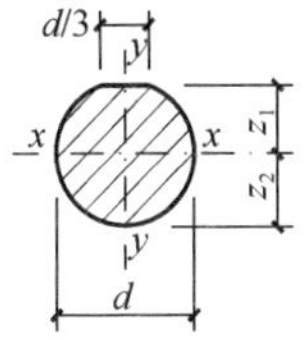

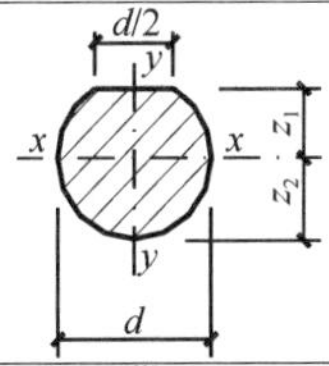

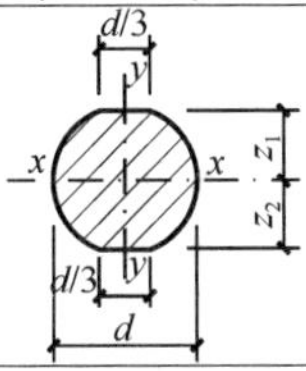

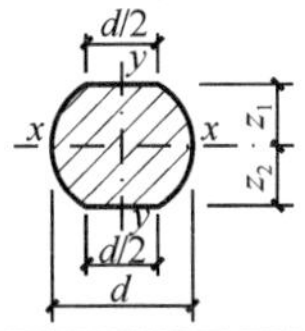

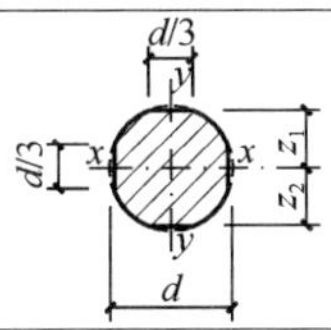

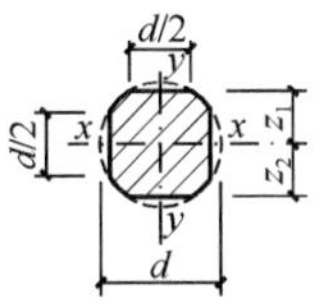

热轧等边角钢截面特征表　　**表 20.2.2**

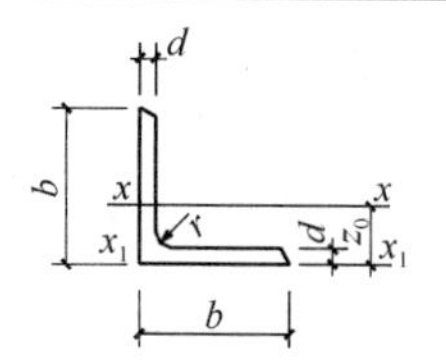

I—截面惯性矩；
W—截面抵抗矩；
i—回转半径；
z_0—重心距离。

尺寸（mm）			截面面积 (cm²)	理论重量 (kg/m)	$x-x$			x_1-x_1	z_0 (cm)
b	d	r			I_x (cm⁴)	i_x (cm)	W_x (cm³)	I_{X1} (cm⁴)	
40	4	5	3.086	2.422	4.60	1.22	1.60	8.56	1.13
	5		3.791	2.976	5.53	1.21	1.96	10.74	1.17
45	4	5	3.486	2.736	6.65	1.38	2.05	12.18	1.26
	5		4.292	3.369	8.04	1.37	2.51	15.25	1.30
	6		5.076	3.985	9.33	1.36	2.95	18.36	1.33
50	4	5.5	3.897	3.059	9.26	1.54	2.56	16.69	1.38
	5		4.803	3.770	11.21	1.53	3.13	20.90	1.42
	6		5.688	4.465	13.05	1.52	3.68	25.14	1.46
56	4	6	4.390	3.446	13.18	1.73	3.24	23.43	1.53
	5		5.415	4.251	16.02	1.72	3.97	29.33	1.57
	8		8.367	6.568	23.63	1.68	6.03	47.24	1.68
63	5	7	6.143	4.822	23.17	1.94	5.08	41.73	1.74
	6		7.288	5.721	27.12	1.93	6.00	50.14	1.78
	8		9.515	7.469	34.46	1.90	7.75	67.11	1.85
70	5	8	6.875	5.397	32.21	2.16	6.32	57.21	1.91
	6		8.160	6.406	37.77	2.15	7.48	68.73	1.95
	7		9.424	7.398	43.09	2.14	8.59	80.29	1.99
	8		10.667	8.373	48.17	2.12	9.68	91.92	2.03
75	5	9	7.367	5.818	39.97	2.33	7.32	70.56	2.04
	6		8.797	6.905	46.95	2.31	8.64	84.55	2.07
	7		10.160	7.976	53.57	2.30	9.93	98.71	2.11
	8		11.503	9.030	59.96	2.28	11.20	112.97	2.15
80	5	9	7.912	6.211	48.79	2.48	8.34	85.36	2.15
	6		9.397	7.376	57.35	2.47	9.87	102.50	2.19
	7		10.860	8.525	65.58	2.46	11.37	119.70	2.23
	8		12.303	9.658	73.49	2.44	12.83	136.97	2.27
	10		15.126	11.874	88.43	2.42	15.64	171.74	2.35
90	6	10	10.637	8.350	82.77	2.79	12.61	145.87	2.44
	7		12.301	9.656	94.83	2.78	14.54	170.30	2.48
	8		13.944	10.946	106.47	2.76	16.42	194.80	2.52
	10		17.167	13.476	128.58	2.74	20.07	244.07	2.59
	12		20.306	15.940	149.22	2.71	23.57	293.76	2.67
100	6	12	11.932	9.366	114.95	3.10	15.68	200.07	2.67
	7		13.796	10.830	131.86	3.09	18.10	233.54	2.71
	8		15.638	12.276	148.24	3.08	20.47	267.09	2.76
	10		19.261	15.120	179.51	3.05	25.06	334.48	2.84
	12		22.800	17.898	208.90	3.03	29.48	402.34	2.91

热轧不等边角钢截面特征表 表 20.2.3

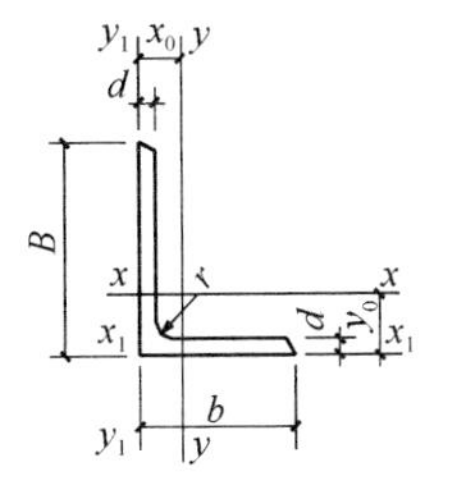

I—截面惯性矩；
W—截面抵抗矩；
i—回转半径；
x_0、y_0—重心距离。

尺寸(mm)				截面面积	理论重量	x—x			y—y			x_1-x_1		y_1-y_1	
B	b	d	r	(cm²)	(kg/m)	I_x (cm⁴)	i_x (cm)	W_x (cm³)	I_y (cm⁴)	i_y (cm)	W_y (cm³)	I_{x1} (cm⁴)	y_0 (cm)	I_{y1} (cm⁴)	x_0 (cm)
63	40	5	7	4.993	3.920	20.02	2.00	4.74	6.31	1.12	2.71	41.63	2.08	10.86	0.95
		6		5.908	4.638	23.36	1.96	5.59	7.29	1.11	2.43	49.98	2.12	13.12	0.99
		7		6.802	5.339	26.53	1.98	6.40	8.24	1.10	2.78	58.07	2.15	15.47	1.03
70	45	5	7.5	5.609	4.403	27.95	2.23	5.92	9.13	1.28	2.65	57.10	2.28	15.39	1.06
		6		6.647	5.218	32.54	2.21	6.95	10.62	1.26	3.12	68.35	2.32	18.58	1.09
		7		7.657	6.011	37.22	2.20	8.03	12.01	1.25	3.57	79.99	2.36	21.84	1.13
75	50	5	8	6.125	4.808	34.86	2.39	6.83	12.61	1.44	3.30	70.00	2.40	21.04	1.17
		6		7.260	5.699	41.12	2.38	8.12	14.70	1.42	3.88	84.30	2.44	25.37	1.21
		8		9.467	7.431	52.39	2.35	10.52	18.53	1.40	4.99	112.50	2.52	34.23	1.29
80	50	5	8	6.375	5.005	41.96	2.56	7.78	12.82	1.42	3.32	85.21	2.60	21.06	1.14
		6		7.560	5.935	49.49	2.56	9.25	14.95	1.41	3.91	102.53	2.65	25.41	1.18
		7		8.724	6.848	56.16	2.54	10.58	16.96	1.39	4.48	119.33	2.69	29.82	1.21
		8		9.867	7.745	62.83	2.52	11.92	18.85	1.38	5.03	136.41	2.73	34.32	1.25
100	80	6	10	10.637	8.350	107.04	3.17	15.19	61.24	2.40	10.16	199.83	2.95	102.68	1.97
		7		12.301	9.656	122.73	3.16	17.52	70.08	2.39	11.71	233.20	3.00	119.98	2.01
		8		13.944	10.946	137.92	3.14	19.81	78.58	2.37	13.21	266.61	3.04	137.37	2.05
		10		17.167	13.476	166.87	3.12	24.24	94.65	2.35	16.12	333.63	3.12	172.48	2.13
125	80	7	11	14.096	11.066	227.98	4.02	26.86	74.42	2.30	12.01	454.99	4.01	120.32	1.80
		8		15.989	12.551	256.77	4.01	30.41	83.49	2.28	13.59	519.99	4.06	137.85	1.84
		10		19.712	15.474	312.04	3.98	37.33	100.67	2.26	16.56	650.09	4.14	173.40	1.92
		12		23.351	18.330	364.41	3.95	44.01	116.67	2.24	19.43	780.39	4.22	209.67	2.00

热轧槽钢截面特征表　　　　表 20.2.4

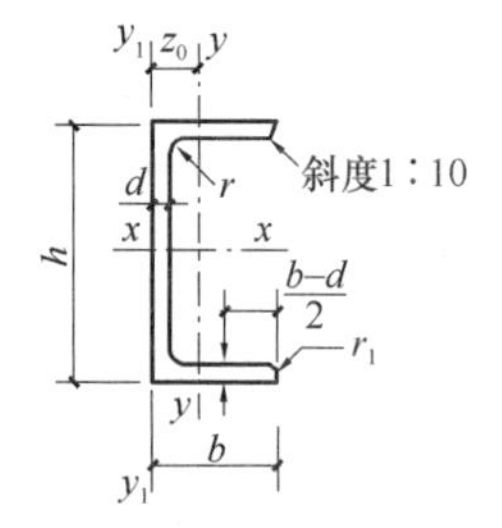

I—截面惯性矩；
W—截面抵抗矩；
i—回转半径。

型号	尺寸（mm）						截面面积 (cm²)	理论重量 (kg/m)	x—x			y—y			y1—y1	z0
	h	b	d	t	r	r1			Wx (cm³)	Ix (cm⁴)	rx (cm)	Wy (cm³)	Iy (cm⁴)	ry (cm)	Iy1 (cm⁴)	(cm)
8	80	43	5.0	8.0	8.0	4.0	10.248	8.045	25.3	101	3.15	5.79	16.6	1.27	37.4	1.43
10	100	48	5.3	8.5	8.5	4.2	12.748	10.007	39.7	198	3.95	7.80	25.6	1.41	54.9	1.52
12b	126	53	5.5	9.0	9.0	4.5	15.692	12.318	62.1	391	4.95	10.2	38.0	1.57	77.1	1.59
14a	140	58	6.0	9.5	9.5	4.8	18.516	14.535	80.5	564	5.52	13.0	53.2	1.70	107	1.71
14b	140	60	8.0	9.5	9.5	4.8	21.316	16.733	87.1	609	5.35	14.1	61.1	1.69	121	1.67
16a	160	63	6.5	10.0	10.0	5.0	21.962	17.240	108	866	6.28	16.3	73.3	1.83	144	1.80
16	160	65	8.5	10.0	10.0	5.0	25.162	19.752	117	935	6.10	17.6	83.4	1.82	161	1.75
18a	180	68	7.0	10.5	10.5	5.2	25.699	20.174	141	1270	7.04	20.0	98.6	1.96	190	1.88
18	180	70	9.0	10.5	10.5	5.2	29.299	23.000	152	1370	6.84	21.5	111	1.95	210	1.84
20a	200	73	7.0	11.0	11.0	5.5	28.837	22.637	178	1780	7.86	24.2	128	2.11	244	2.01
20	200	75	9.0	11.0	11.0	5.5	32.837	25.777	191	1910	7.64	25.9	144	2.09	268	1.95

20.3　桁架杆件长度及内力系数表

为了便于计算，对于等节间三角形桁架中常用的几种跨高比 n 值及以 n 为参数的 N、G、M、E 值列于表 20.3.1。

$N=\sqrt{n^2+4}$；　$G=\sqrt{n^2+16}$；　$M=\sqrt{n^2+36}$；　$E=\sqrt{n^2+64}$

内力系数表　　　　表 20.3.1

n	N	G	M	E
$2\sqrt{3}$	4.0000	5.2915	6.9282	8.7178
4	4.4721	5.6569	7.2111	8.9443
5	5.3852	6.4031	7.8102	9.4340
6	6.3246	7.2111	8.4853	10.0000

在各种形式的桁架的内力系数表中，当仅有一项系数时，该系数可同时适用于上弦屋面荷载 F_i 及下弦吊顶荷载 F_i^b，当有两项系数时，则无括号的系数适用于上弦屋面荷载 F_i，括号内系数适用于下弦吊顶荷载 F_i^b。

四节间豪式桁架 **表 20.3.2**

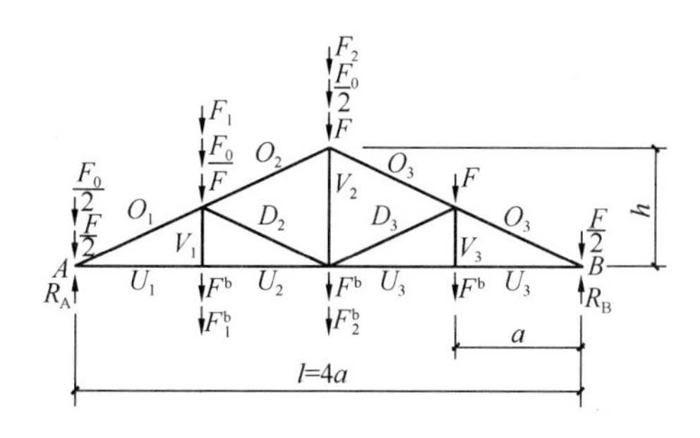

$n=\dfrac{l}{h}$；$N=\sqrt{n^2+4}$；

杆件长度=杆长系数×h；

荷载 F_i（F_i^b）作用时杆件内力=内力系数×F_i（F_i^b）

杆件	n			
	$2\sqrt{3}$	4	5	6
杆长系数				
O_1	1.0000	1.118	1.346	1.581
U_1	0.866	1.000	1.250	1.500
D_2	1.000	1.118	1.346	1.581
V_1	0.5	0.5	0.5	0.5
V_2	1	1	1	1
全跨屋面荷载 F（或全跨吊顶荷载 F_b）的内力系数				
O_1	−3.00	−3.35	−4.04	−4.74
O_2	−2.00	−2.24	−2.69	−3.16
U_1，U_2	2.60	3.00	3.75	4.50
D_2	−1.00	−1.12	−1.35	−1.58
V_1	0 (1)	0 (1)	0 (1)	0 (1)
V_2	1 (2)	1 (2)	1 (2)	1 (2)

杆件	局部荷载形式		
	半跨屋面 F_0	节点	
		$F_1(F_1^b)$	$F_2(F_2^b)$
内力系数			
O_1	$-N/2$	$-3N/8$	$-N/4$
O_2	$-N/4$	$-N/8$	$-N/4$
O_3	$-N/4$	$-N/8$	$-N/4$
U_1，U_2	$n/2$	$3n/8$	$n/4$
U_3	$n/4$	$n/8$	$n/4$
D_2	$-N/4$	$-N/4$	0
V_1	0	0 (1)	0
V_2	1/2	1/2	0 (1)
其他杆件	0	0	0
R_A	3/2	3/4	1/2
R_B	1/2	1/4	1/2

六节间豪式桁架　　表 20.3.3

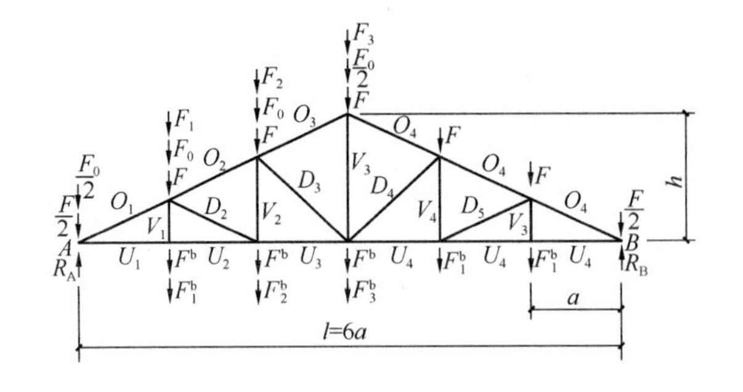

$n=\frac{l}{h}$；$N=\sqrt{n^2+4}$；$G=\sqrt{n^2+16}$；

杆件长度＝杆长系数×h；

荷载 F_i（F_i^b）作用时杆件内力

＝内力系数×F_i（F_i^b）

杆件	n			
	$2\sqrt{3}$	4	5	6
杆长系数				
O	0.667	0.745	0.898	1.054
U	0.577	0.667	0.833	1.000
D_2	0.667	0.745	0.898	1.054
D_3	0.882	0.943	1.067	1.202
V_1	0.333	0.333	0.333	0.333
V_2	0.667	0.667	0.667	0.667
V_3	1	1	1	1
全跨屋面荷载 F（或全跨吊顶荷载 F^b）的内力系数				
O_1	−5.00	−5.59	−6.73	−7.91
O_2	−4.00	−4.47	−5.39	−6.32
O_3	−3.00	−3.35	−4.04	−4.74
U_1，U_2	4.33	5.00	6.25	7.50
U_3	3.46	4.00	5.00	6.00
D_2	−1.00	−1.12	−1.35	−1.58
D_3	−1.32	−1.41	−1.60	−1.80
V_1	0 (1.00)	0 (1.00)	0 (1.00)	0 (1.00)
V_2	0.50 (1.50)	0.50 (1.50)	0.50 (1.50)	0.50 (1.50)
V_3	2.00 (3.00)	2.00 (3.00)	2.00 (3.00)	2.00 (3.00)

杆件	局部荷载形式			
	半跨屋面	节点		
	F_0	$F_1(F_1^b)$	$F_2(F_2^b)$	$F_3(F_3^b)$
内力系数				
O_1	$-7N/8$	$-5N/12$	$-N/3$	$-N/4$
O_2	$-5N/8$	$-N/6$	$-N/3$	$-N/4$
O_3	$-3N/8$	$-N/12$	$-N/6$	$-N/4$
O_4	$-3N/8$	$-N/12$	$-N/6$	$-N/4$
U_1，U_2	$7n/8$	$5n/12$	$n/3$	$n/4$
U_3	$5n/8$	$n/6$	$n/3$	$n/4$
U_4	$3n/8$	$n/12$	$n/6$	$n/4$
D_2	$-N/4$	$-N/4$	0	0
D_3	$-G/4$	$-G/12$	$-G/6$	0
V_1	0	0 (1)	0	0
V_2	1/2	1/2	0 (1)	0
V_3	1	1/3	2/3	0 (1)
其他杆件	0	0	0	0
R_A	9/4	5/6	2/3	1/2
R_B	3/4	1/6	1/3	1/2

八节间豪式桁架

表 20.3.4

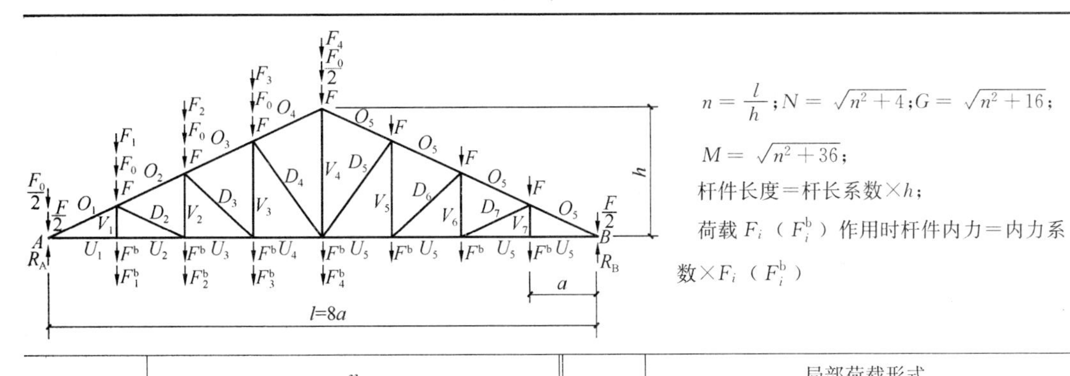

$n=\frac{l}{h}$；$N=\sqrt{n^2+4}$；$G=\sqrt{n^2+16}$；

$M=\sqrt{n^2+36}$；

杆件长度＝杆长系数×h；

荷载 F_i（F_i^b）作用时杆件内力＝内力系数×F_i（F_i^b）

杆件	n			
	$2\sqrt{3}$	4	5	6
杆长系数				
O	0.500	0.559	0.673	0.791
U	0.433	0.500	0.625	0.750
D_2	0.500	0.559	0.673	0.791
D_3	0.661	0.707	0.800	0.901
D_4	0.866	0.901	0.976	1.061
V_1	0.250	0.250	0.250	0.250
V_2	0.500	0.500	0.500	0.500
V_3	0.750	0.750	0.750	0.750
V_4	1.000	1.000	1.000	1.000
全跨屋面荷载 F（或全跨吊顶荷载 F^b）的内力系数				
O_1	−7.00	−7.83	−9.42	−11.07
O_2	−6.00	−6.71	−8.08	−9.49
O_3	−5.00	−5.59	−6.73	−7.91
O_4	−4.00	−4.47	−5.39	−6.32
U_1,U_2	6.06	7.00	8.75	10.50
U_3	5.20	6.00	7.50	9.00
U_4	4.33	5.00	6.25	7.50
D_2	−1.00	−1.12	−1.35	−1.58
D_3	−1.32	−1.41	−1.60	−1.80
D_4	−1.73	−1.80	−1.95	−2.12
V_1	0 (1)	0 (1)	0 (1)	0 (1)
V_2	0.5 (1.50)	0.5 (1.50)	0.5 (1.50)	0.5 (1.50)
V_3	1.00 (2.00)	1.00 (2.00)	1.00 (2.00)	1.00 (2.00)
V_4	3.00 (4.00)	3.00 (4.00)	3.00 (4.00)	3.00 (4.00)

杆件	局部荷载形式				
	半跨屋面 F_0	节点			
		$F_1(F_1^b)$	$F_2(F_2^b)$	$F_3(F_3^b)$	$F_4(F_4^b)$
内力系数					
O_1	$-5N/4$	$-7N/16$	$-3N/8$	$-5N/16$	$-N/4$
O_2	$-N$	$-3N/16$	$-3N/8$	$-5N/16$	$-N/4$
O_3	$-3N/4$	$-5N/48$	$-5N/24$	$-5N/16$	$-N/4$
O_4	$-N/2$	$-N/16$	$-N/8$	$-3N/16$	$-N/4$
O_5	$-N/2$	$-N/16$	$-N/8$	$-3N/16$	$-N/4$
U_1，U_2	$5n/4$	$7n/16$	$3n/8$	$5n/16$	$n/4$
U_3	n	$3n/16$	$3n/8$	$5n/16$	$n/4$
U_4	$3n/4$	$5n/48$	$5n/24$	$5n/16$	$n/4$
U_5	$n/2$	$n/16$	$n/8$	$3n/16$	$n/4$
D_2	$-N/4$	$-N/4$	0	0	0
D_3	$-G/4$	$-G/12$	$-G/6$	0	0
D_4	$-M/4$	$-M/24$	$-M/12$	$-M/8$	0
V_1	0	0（1）	0	0	0
V_2	1/2	1/2	0（1）	0	0
V_3	1	1/3	2/3	0（1）	0
V_4	3/2	1/4	1/2	3/4	0（1）
其他杆件	0	0	0	0	0
R_A	3	7/8	3/4	5/8	1/2
R_B	1	1/8	1/4	3/8	1/2

十节间豪式桁架　**表 20.3.5**

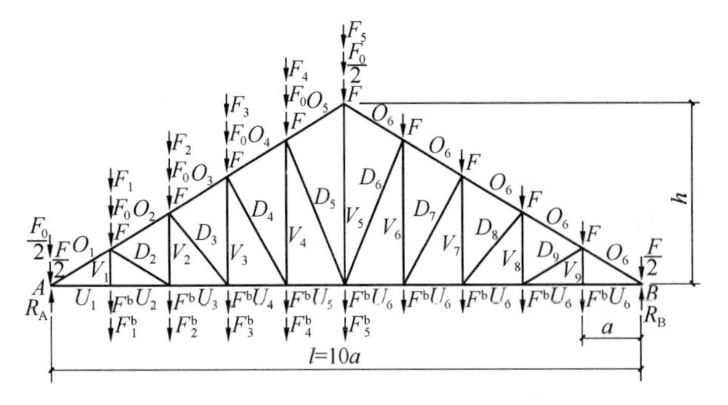

$n=\frac{l}{h}$；$N=\sqrt{n^2+4}$；$G=\sqrt{n^2+16}$；

$M=\sqrt{n^2+36}$；$E=\sqrt{n^2+64}$；

杆件长度=杆长系数×h；

荷载 F_i（F_i^b）作用时杆件内力=内力系数×F_i（F_i^b）

杆件	n			
	$2\sqrt{3}$	4	5	6
杆长系数				
O	0.400	0.447	0.539	0.632
U	0.346	0.400	0.500	0.600
D_2	0.400	0.447	0.539	0.632
D_3	0.529	0.566	0.640	0.721
D_4	0.693	0.721	0.781	0.849
D_5	0.872	0.894	0.943	1.000
V_1	0.200	0.200	0.200	0.200
V_2	0.400	0.400	0.400	0.400
V_3	0.600	0.600	0.600	0.600
V_4	0.800	0.800	0.800	0.800
V_5	1	1	1	1
全跨屋面荷载 F（或全跨吊顶荷载 F^b）的内力系数				
O_1	−9.00	−10.06	−12.12	−14.23
O_2	−8.00	−8.94	−10.77	−12.65
O_3	−7.00	−7.83	−9.42	−11.07
O_4	−6.00	−6.71	−8.08	−9.49
O_5	−5.00	−5.59	−6.73	−7.91
U_1，U_2	7.79	9.00	11.25	13.50
U_3	6.93	8.00	10.00	12.00
U_4	6.06	7.00	8.75	10.50
U_5	5.20	6.00	7.50	9.00
D_2	−1.00	−1.12	−1.35	−1.58
D_3	−1.32	−1.41	−1.60	−1.80
D_4	−1.73	−1.80	−1.95	−2.12
D_5	−2.18	−2.24	−2.36	−2.50
V_1	0（1）	0（1）	0（1）	0（1）
V_2	0.5（1.5）	0.5（1.5）	0.5（1.5）	0.5（1.5）
V_3	1（2）	1（2）	1（2）	1（2）
V_4	1.5（2.5）	1.5（2.5）	1.5（2.5）	1.5（2.5）
V_5	4（5）	4（5）	4（5）	4（5）

杆件	局部荷载形式					
	半跨屋面 F_0	节点				
		$F_1(F_1^b)$	$F_2(F_2^b)$	$F_3(F_3^b)$	$F_4(F_4^b)$	$F_5(F_5^b)$
内力系数						
O_1	$-13N/8$	$-9N/20$	$-2N/5$	$-7N/20$	$-3N/10$	$-N/4$
O_2	$-11N/8$	$-N/5$	$-2N/5$	−7N. 20	$-3N/10$	$-N/4$
O_3	$-9N/8$	$-7N/60$	$-7N/30$	$-7N/20$	$-3N/10$	$-N/4$
O_4	$-7N/8$	$-3N/40$	$-3N/20$	$-9N/40$	$-3N/10$	$-N/4$
O_5	$-5N/8$	$-N/20$	$-N/10$	$-3N/20$	$-N/5$	$-N/4$
O_6	$-5N/8$	$-N/20$	$-N/10$	$-3N/20$	$-N/5$	$-N/4$
U_1，U_2	$13n/8$	$9n/20$	$2n/5$	$7n/20$	$3n/10$	$n/4$
U_3	$11n/8$	$n/5$	$2n/5$	$7n/20$	$3n/10$	$n/4$
U_4	$9n/8$	$7n/60$	$7n/30$	$7n/20$	$3n/10$	$n/4$
U_5	$7n/8$	$3n/40$	$3n/20$	$9n/40$	$3n/10$	$n/4$
U_6	$5n/8$	$n/20$	$n/10$	$3n/20$	$n/5$	$n/4$
D_2	$-N/4$	$-N/4$	0	0	0	0
D_3	$-G/4$	$-G/12$	$-G/6$	0	0	0
D_4	$-M/4$	$-M/24$	$-M/12$	$-M/8$	0	0
D_5	$-E/4$	$-E/40$	$-E/20$	$-3E/40$	$-E/10$	0
V_1	0	0（1）	0	0	0	0
V_2	1/2	1/2	0（1）	0	0	0
V_3	1	1/3	2/3	0（1）	0	0
V_4	2/3	1/4	1/2	3/4	0（1）	0
V_5	2	1/5	2/5	3/5	4/5	0（1）
其他杆件	0	0	0	0	0	0
R_A	15/4	9/10	4/5	7/10	3/5	1/2
R_B	5/4	1/10	1/5	3/10	2/5	1/2

六个不等节间豪式桁架 表 20.3.6

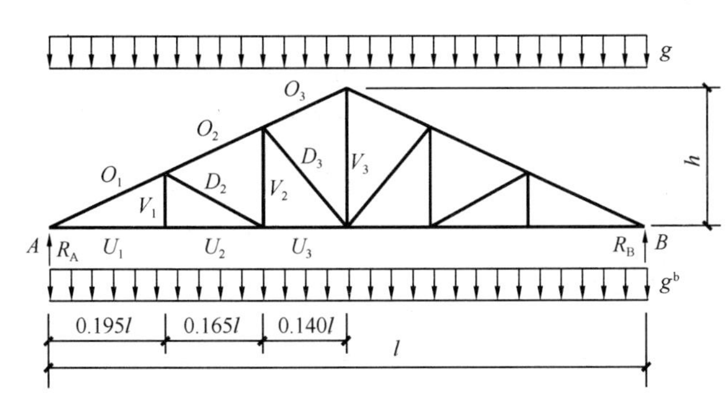

l——桁架跨度（m）；
h——桁架高度（m）；
K_0——杆件长度系数；
K_1——内力系数；
g——上弦水平均布荷载（kN/m）；
g^b——下弦均布荷载（kN/m）；
杆件长度＝$K_0 l$
杆件内力＝$K_1 gl+K_1 g^b l$

杆件	$n=l/h$							
	$2\sqrt{3}$		4		5		6	
	K_0	K_1	K_0	K_1	K_0	K_1	K_0	K_1
O_1	0.225	−0.805	0.218	−0.900	0.210	−1.084	0.206	−1.273
O_2	0.190	−0.640	0.184	−0.716	0.178	−0.862	0.174	−1.012
O_3	0.162	−0.500	0.157	−0.559	0.151	−0.673	0.148	−0.791
U_1	0.195	0.697	0.195	0.805	0.195	1.006	0.195	1.208
U_2	0.165	0.697	0.165	0.805	0.165	1.006	0.165	1.208
U_3	0.140	0.554	0.140	0.640	0.140	0.800	0.140	0.960
D_2	0.200	−0.173	0.192	−0.192	0.183	−0.228	0.177	−0.266
D_3	0.251	−0.217	0.228	−0.228	0.201	−0.251	0.184	−0.277
V_1	0.113	0.000 (0.180)	0.097	0.000 (0.180)	0.078	0.000 (0.180)	0.065	0.000 (0.180)
V_2	0.208	0.098 (0.250)	0.180	0.098 (0.250)	0.144	0.098 (0.250)	0.120	0.098 (0.250)
V_3	0.289	0.360 (0.500)	0.250	0.360 (0.500)	0.200	0.360 (0.500)	0.167	0.360 (0.500)

八个不等节间豪式桁架　　表 20.3.7

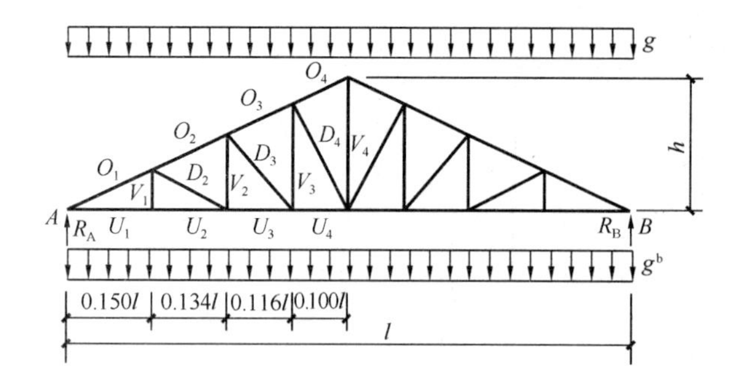

l——桁架跨度（m）；
g——上弦水平均布荷载（kN/m）；
h——桁架高度（m）；
g^b——下弦均布荷载（kN/m）；
K_0——杆件长度系数；
杆件长度$=K_0 l$
K_1——内力系数；
杆件内力$=K_1 gl+K_1 g^b l$

杆件	$n=l/h$							
	$2\sqrt{3}$		4		5		6	
	K_0	K_1	K_0	K_1	K_0	K_1	K_0	K_1
O_1	0.173	−0.850	0.168	−0.950	0.162	−1.144	0.158	−1.344
O_2	0.155	−0.716	0.150	−0.801	0.144	−0.964	0.141	−1.132
O_3	0.134	−0.600	0.130	−0.671	0.125	−0.808	0.122	−0.949
O_4	0.115	−0.500	0.112	−0.559	0.108	−0.673	0.105	−0.791
U_1	0.150	0.736	0.150	0.850	0.150	1.063	0.150	1.275
U_2	0.134	0.736	0.134	0.850	0.134	1.063	0.134	1.275
U_3	0.116	0.620	0.116	0.716	0.116	0.895	0.116	1.074
U_4	0.100	0.519	0.100	0.600	0.100	0.750	0.100	0.900
D_2	0.160	−0.138	0.154	−0.154	0.147	−0.184	0.143	−0.215
D_3	0.201	−0.174	0.183	−0.183	0.162	−0.203	0.150	−0.225
D_4	0.252	−0.218	0.224	−0.224	0.189	−0.236	0.167	−0.250
V_1	0.087	0.00 (0.142)	0.075	0.00 (0.142)	0.060	0.00 (0.142)	0.050	0.000 (0.142)
V_2	0.164	0.075 (0.200)	0.142	0.075 (0.200)	0.114	0.075 (0.200)	0.095	0.075 (0.200)
V_3	0.231	0.142 (0.250)	0.200	0.142 (0.250)	0.160	0.142 (0.250)	0.133	0.142 (0.250)
V_4	0.289	0.400 (0.500)	0.250	0.400 (0.500)	0.200	0.400 (0.500)	0.167	0.400 (0.500)

十个不等节间豪式桁架 表 20.3.8

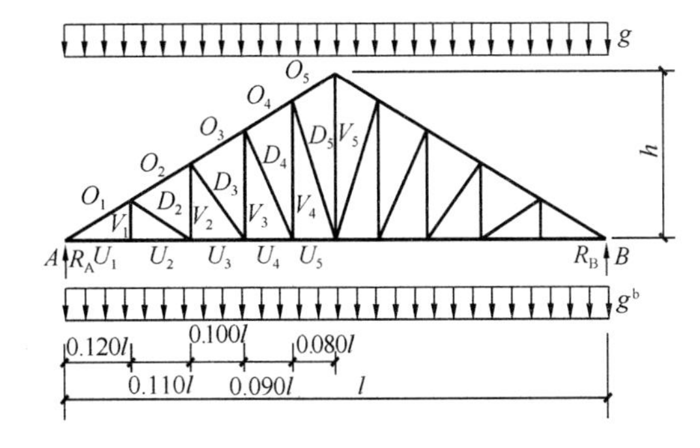

l——桁架跨度（m）；
g——上弦水平均布荷载（kN/m）；
h——桁架高度（m）；
g^b——下弦均布荷载（kN/m）；
K_0——杆件长度系数；
杆件长度$=K_0 l$
K_1——内力系数；
杆件内力$=K_1 gl+K_1 g^b l$

杆件	$n=l/h$							
	$2\sqrt{3}$		4		5		6	
	K_0	K_1	K_0	K_1	K_0	K_1	K_0	K_1
O_1	0.139	−0.880	0.134	−0.984	0.129	−1.185	0.126	−1.391
O_2	0.127	−0.770	0.123	−0.861	0.118	−1.037	0.116	−1.217
O_3	0.115	−0.670	0.112	−0.749	0.108	−0.902	0.105	−1.059
O_4	0.104	−0.580	0.101	−0.648	0.097	−0.781	0.095	−0.917
O_5	0.092	−0.500	0.089	−0.559	0.086	−0.673	0.084	−0.791
U_1	0.120	0.762	0.120	0.880	0.120	1.100	0.120	1.320
U_2	0.110	0.762	0.110	0.880	0.110	1.100	0.110	1.320
U_3	0.100	0.667	0.100	0.770	0.100	0.963	0.100	1.155
U_4	0.090	0.580	0.090	0.670	0.090	0.838	0.090	1.005
U_5	0.080	0.502	0.080	0.580	0.080	0.725	0.080	0.870
D_2	0.130	−0.113	0.125	−0.125	0.120	−0.150	0.117	−0.176
D_3	0.166	−0.144	0.152	−0.152	0.136	−0.170	0.126	−0.189
D_4	0.211	−0.182	0.188	−0.188	0.160	−0.200	0.142	−0.213
D_5	0.255	−0.221	0.225	−0.225	0.186	−0.233	0.161	−0.242
V_1	0.069	0.060 (0.115)	0.060	0.000 (0.115)	0.048	0.000 (0.115)	0.040	0.000 (0.115)
V_2	0.133	0.060 (0.165)	0.115	0.060 (0.165)	0.092	0.060 (0.165)	0.077	0.060 (0.165)
V_3	0.191	0.115 (0.210)	0.165	0.115 (0.210)	0.132	0.115 (0.210)	0.110	0.115 (0.210)
V_4	0.242	0.165 (0.250)	0.210	0.165 (0.250)	0.168	0.165 (0.250)	0.140	0.165 (0.250)
V_5	0.289	0.420 (0.500)	0.250	0.420 (0.500)	0.200	0.420 (0.500)	0.167	0.420 (0.500)

二节间豪式单坡桁架 表 20.3.9

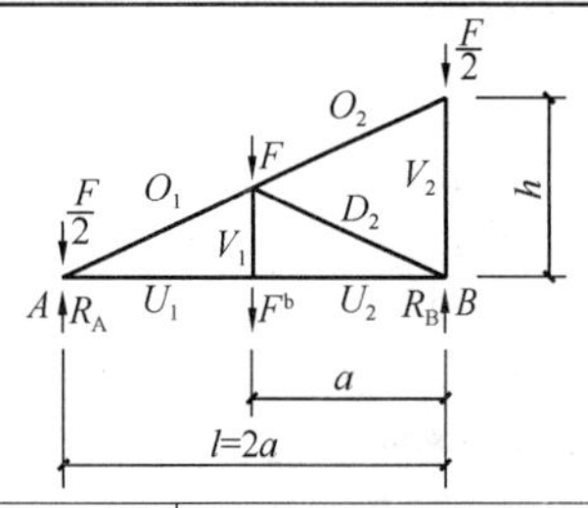

$n=\frac{2l}{h}$；

$N=\sqrt{n^2+4}$；

杆件长度＝杆长系数×h；

荷载 F（F^b）作用时杆件内力＝内力系数×F（F^b）

杆件	n							
	$2\sqrt{3}$	4	5	6	$2\sqrt{3}$	4	5	6
	杆长系数				全跨屋面荷载 F（全跨吊顶荷载 F^b）的内力系数			
O_1	1.000	1.118	1.346	1.581	−1.00	−1.12	−1.35	−1.58
O_2	1.000	1.118	1.346	1.581	0	0	0	0
U_1，U_2	0.866	1.000	1.250	1.500	0.87	1.00	1.25	1.50
D_2	1.000	1.118	1.346	1.581	−1.00	−1.12	−1.35	−1.58
V_1	0.500	0.500	0.500	0.500	0 (1.00)	0 (1.00)	0 (1.00)	0 (1.00)
V_2	1.000	1.000	1.000	1.000	−0.50 (0)	−0.50 (0)	−0.50 (0)	−0.50 (0)

三节间豪式单坡桁架 表 20.3.10

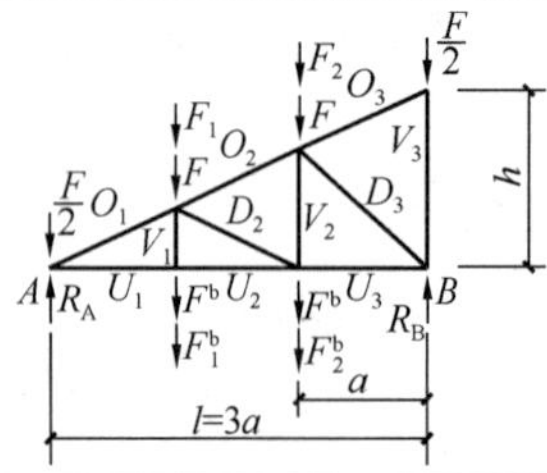

$n=\frac{l}{h}$；$N=\sqrt{n^2+4}$；

杆件长度＝杆长系数×h；

荷载 F_i（F_i^b）作用时杆件内力＝内力系数×F_i（F_i^b）

杆件	n			
	$2\sqrt{3}$	4	5	6
	杆长系数			
O	0.667	0.745	0.897	1.054
U	0.577	0.667	0.833	1.000
D_2	0.667	0.745	0.897	1.054
D_3	0.882	0.943	1.067	1.202
V_1	0.333	0.333	0.333	0.333
V_2	0.667	0.667	0.667	0.667
V_3	1	1	1	1
全跨屋面荷载 F（或全跨吊顶荷载 F^b）的内力系数				
O_1	−2.00	−2.24	−2.69	−3.16
O_2	−1.00	−1.12	−1.35	−1.58
O_3	0	0	0	0
U_1，U_2	1.73	2.00	2.50	3.00
U_3	0.87	1.00	1.25	1.50
D_2	−1.00	−1.12	−1.35	−1.58
D_3	−1.32	−1.41	−1.60	−1.80
V_1	0 (1.00)	0 (1.00)	0 (1.00)	0 (1.00)
V_2	0.50 (1.50)	0.50 (1.50)	0.50 (1.50)	0.50 (1.50)
V_3	−0.50 (0)	−0.50 (0)	−0.50 (0)	−0.50 (0)

杆件	局部节点荷载	
	$F_1(F_1^b)$	$F_2(F_2^b)$
	内力系数	
O_1	$-N/3$	$-N/6$
O_2	$-N/12$	$-N/6$
O_3	0	0
U_1，U_2	$n/3$	$n/6$
U_3	$n/12$	$n/6$
D_2	$-N/4$	0
D_3	$-G/12$	$-G/6$
V_1	0 (1)	0
V_2	1/2	0 (1)
V_3	0	0
R_A	2/3	1/3
R_B	1/3	2/3

四节间豪式单坡桁架 表 20.3.11

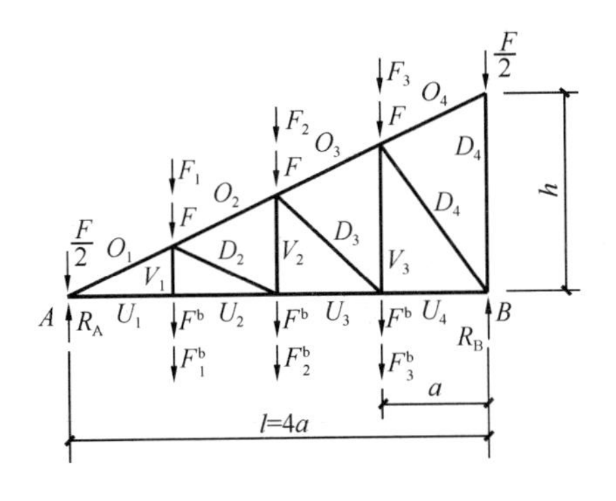

$$n=\frac{2l}{h};$$

$N=\sqrt{n^2+4}$；$G=\sqrt{n^2+16}$；

$M=\sqrt{n^2+36}$。

杆件长度=杆长系数×h；

荷载 F_i（F_i^b）作用时杆件内力=内力系数×F_i（F_i^b）

杆件	n			
	$2\sqrt{3}$	4	5	6
杆长系数				
O	0.500	0.559	0.673	0.791
U	0.433	0.500	0.625	0.750
D_2	0.500	0.559	0.673	0.791
D_3	0.661	0.707	0.800	0.901
D_4	0.866	0.901	0.976	1.061
V_1	0.250	0.250	0.250	0.250
V_2	0.500	0.500	0.500	0.500
V_3	0.750	0.750	0.750	0.750
V_4	1.000	1.000	1.000	1.000
全跨屋面荷载 F（或全跨吊顶荷载 F^b）的内力系数				
O_1	−3.00	−3.35	−4.04	−4.74
O_2	−2.00	−2.24	−2.69	−3.16
O_3	−1.00	−1.12	−1.35	−1.58
O_4	0	0	0	0
U_1,U_2	2.60	3.00	3.75	4.50
U_3	1.73	2.00	2.50	3.00
U_4	0.87	1.00	1.25	1.50
D_2	−1.00	−1.12	−1.35	−1.58
D_3	−1.32	−1.41	−1.60	−1.80
D_4	−1.73	−1.80	−1.95	−2.12
$V1$	0 (1.00)	0 (1.00)	0 (1.00)	0 (1.00)
V_2	0.50 (1.50)	0.50 (1.50)	0.50 (1.50)	0.50 (1.50)
V_3	1.00 (2.00)	1.00 (2.00)	1.00 (2.00)	1.00 (2.00)
V_4	0.50	0.50	0.50	0.50

杆件	局部节点荷载		
	F_1（F_1^b）	F_2（F_2^b）	F_3（F_3^b）
内力系数			
O_1	$-3N/8$	$-N/4$	$-N/8$
O_2	$-N/8$	$-N/4$	$-N/8$
O_3	$-N/24$	$-N/12$	$-N/8$
O_4	0	0	0
U_1,U_2	$3n/8$	$n/4$	$n/8$
U_3	$n/8$	$n/4$	$n/8$
U_4	$n/24$	$n/12$	$n/8$
D_2	$-N/4$	0	0
D_3	$-G/12$	$-G/6$	0
D_4	$-M/24$	$-M/12$	$-M/8$
V_1	0(1)	0	0
V_2	1/2	0(1)	0
V_3	1/3	2/3	0(1)
V_4	0	0	0
R_A	3/4	1/2	1/4
R_B	1/4	1/2	3/4

等节间芬克式桁架 **表 20.3.12**

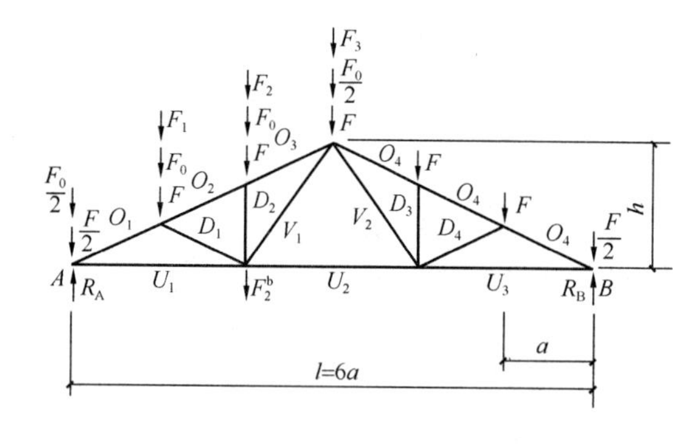

$n=\frac{l}{h}$；$N=\sqrt{n^2+4}$

$M=\sqrt{n^2+36}$；

杆件长度＝杆长系数×h；

荷载 F_i（F_i^b）作用时杆件内力＝内力系数×F_i（F_i^b）

杆件	n			
	$2\sqrt{3}$	4	5	6
杆长系数				
O	0.667	0.745	0.898	1.054
U	1.155	1.333	1.667	2.000
D_1	0.667	0.745	0.898	1.054
D_2	0.667	0.667	0.667	0.667
V	1.155	1.202	1.302	1.414
全跨屋面荷载 F 的内力系数				
O_1	−5.00	−5.59	−6.73	−7.91
O_2	−4.00	−4.47	−5.39	−6.32
O_3	−4.00	−4.47	−5.39	−6.32
U_1	4.33	5.00	6.25	7.50
U_2	2.60	3.00	3.75	4.50
D_1	−1.00	−1.12	−1.35	−1.58
D_2	−1.00	−1.00	−1.00	−1.00
V_1	1.73	1.80	1.95	2.12

杆件	局部荷载形式			
	半跨屋面	节点		
	F_0	F_1	$F_2(F_2^b)$	F_3
内力系数				
O_1	$-7N/8$	$-5N/12$	$-N/3$	$-N/4$
O_2	$-5N/8$	$-N/6$	$-N/3$	$-N/4$
O_3	$-5N/8$	$-N/6$	$-N/3$	$-N/4$
O_4	$-3N/8$	$-N/12$	$-N/6$	$-N/4$
U_1	$7n/8$	$5n/12$	$n/3$	$n/4$
U_2，U_3	$3n/8$	$n/12$	$n/6$	$n/4$
D_1	$-N/4$	$-N/4$	0	0
D_2	−1	0	−1（0）	0
V_1	$M/4$	$M/12$	$M/6$	0
其他杆件	0	0	0	0
R_A	9/4	5/6	2/3	1/2
R_B	3/4	1/6	1/3	1/2

等节间混合式桁架 表 20.3.13

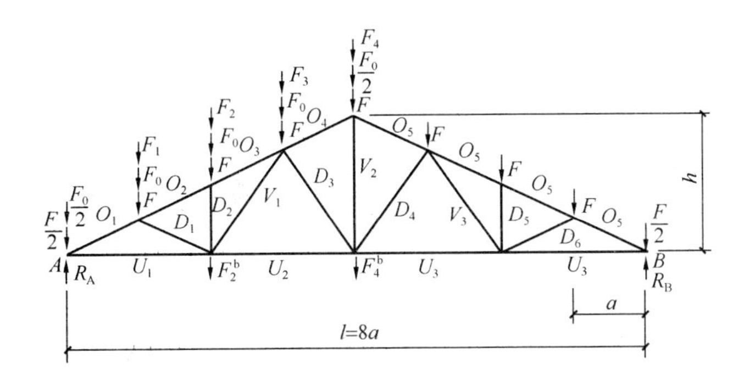

$n=\dfrac{l}{h}$；$N=\sqrt{n^2+4}$

$M=\sqrt{n^2+36}$；

杆件长度＝杆长系数×h；

荷载 F_i（F_i^b）作用时

杆件内力＝内力系数×F_i（F_i^b）

杆件	n			
	$2\sqrt{3}$	4	5	6
杆长系数				
O	0.500	0.559	0.673	0.791
U	0.866	1.000	1.250	1.500
D_1	0.500	0.559	0.673	0.791
D_2	0.500	0.500	0.500	0.500
D_3	0.866	0.901	0.976	1.061
V_1	0.866	0.901	0.976	1.061
V_2	1.000	1.000	1.000	1.000
全跨屋面荷载 F 的内力系数				
O_1	−7.00	−7.83	−9.42	−11.07
O_2	−6.00	−6.71	−8.08	−9.49
O_3	−6.00	−6.71	−8.08	−9.49
O_4	−4.00	−4.47	−5.39	−6.32
U_1	6.06	7.00	8.75	10.50
U_2	4.33	5.00	6.25	7.50
D_1	−1.00	−1.12	−1.35	−1.58
D_2	−1.00	−1.00	−1.00	−1.00
D_3	−1.73	−1.80	−1.95	−2.12
V_1	1.73	1.80	1.95	2.12
V_2	3.00	3.00	3.00	3.00

杆件	局部荷载形式				
	半跨屋面 F_0	节点			
		F_1	$F_2(F_2^b)$	F_3	$F_4(F_4^b)$
内力系数					
O_1	$-5N/4$	$-7N/16$	$-3N/8$	$-5N/16$	$-N/4$
O_2	$-N$	$-3N/16$	$-3N/8$	$-5N/16$	$-N/4$
O_3	$-N$	$-3N/16$	$-3N/8$	$-5N/16$	$-N/4$
O_4	$-N/2$	$-N/16$	$-N/8$	$-3N/16$	$-N/4$
O_5	$-N/2$	$-N/16$	$-N/8$	$-3N/16$	$-N/4$
U_1	$5n/4$	$7n/16$	$3n/8$	$5n/16$	$n/4$
U_2	$3n/4$	$5n/48$	$5n/24$	$5n/16$	$n/4$
U_3	$n/2$	$n/16$	$n/8$	$3n/16$	$n/4$
D_1	$-N/4$	$-N/4$	0	0	0
D_2	−1	0	−1(0)	0	0
D_3	$-M/4$	$-M/24$	$-M/12$	$-M/4$	0
V_1	$M/4$	$M/12$	$M/6$	0	0
V_2	3/2	1/4	1/2	3/4	0(1)
其他杆件	0	0	0	0	0
R_A	3	7/8	3/4	5/8	1/2
R_B	1	1/8	1/4	3/8	1/2

上弦为四节间梯形桁架 **表 20.3.14**

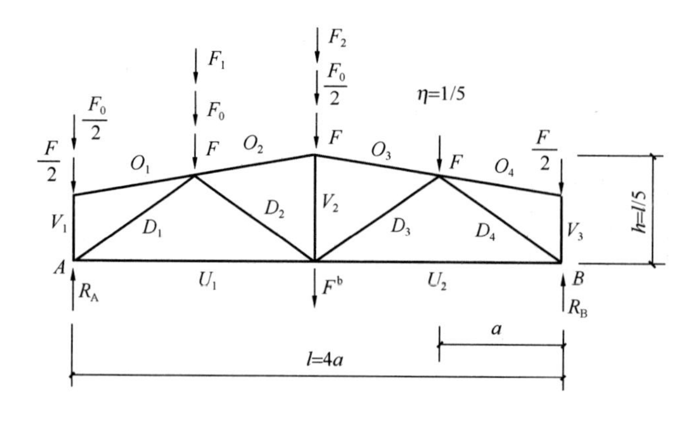

杆件长度＝杆长系数×h；
荷载 F_i（F_i^b）作用时
杆件内力＝内力系数×F_i（F_i^b）

杆件	杆长系数	内力系数			
		全跨屋面荷载 F	半跨屋面荷载 F_0	局部节点荷载	
				F_1	F_2(F^b)
O_1,O_4	1.275	0.00	0.00	0.00	0.00
O_2,O_3	1.275	−2.55	−1.27	−0.64	−1.27
U_1	2.500	2.50	1.67	1.25	0.83
U_2	2.500	2.50	0.83	0.42	0.83
V_1	0.500	−0.50	−0.50	0.00	0.00
V_2	1.000	0.00	0.00	0.25	−0.50(0.50)
V_3	0.500	−0.50	0.00	0.00	0.00
D_1	1.458	−2.92	−1.94	−1.46	−0.97
D_2	1.458	0.00	−0.49	−0.73	0.49
D_3	1.458	0.00	0.49	0.24	0.49
D_4	1.458	−2.92	−0.97	−0.49	−0.97
R_A		2.00	1.50	0.75	0.50
R_B		2.00	0.50	0.25	0.50

上弦为六节间梯形桁架 **表 20.3.15**

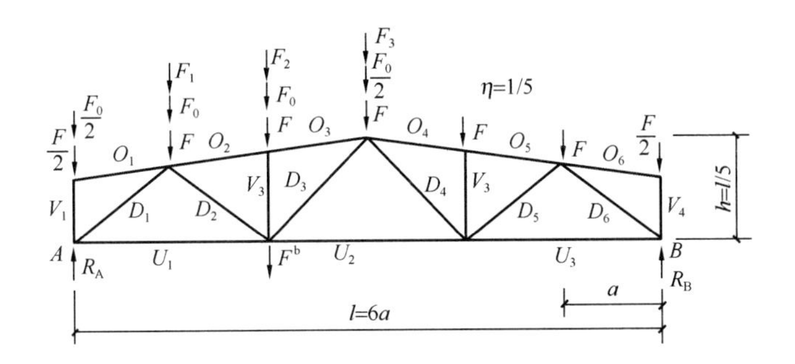

杆件长度＝杆长系数×h；

荷载 F_i（F_i^b）作用时

杆件内力＝内力系数×F_i（F_i^b）

杆件	杆长系数	内力系数				
		全跨屋面荷载	半跨屋面荷载	局部节点荷载		
		F	F_0	F_1	F_2（F_2^b）	F_3
O_1，O_6	0.850	0.00	0.00	0.00	0.00	0.00
O_2，O_3	0.850	−4.08	−2.55	−0.68	−1.36	−1.02
O_4，O_5	0.850	−4.08	−1.53	−0.34	−0.68	−1.02
U_1	1.667	3.13	2.19	1.04	0.83	0.63
U_2	1.667	3.75	1.87	0.42	0.83	1.25
U_3	1.667	3.13	0.94	0.21	0.42	0.63
V_1	0.500	−0.50	−0.50	0.00	0.00	0.00
V_2	0.833	−1.00	−1.00	0.00	−1.00(0.00)	0.00
V_3	0.833	−1.00	0.00	0.00	0.00	0.00
V_4	0.500	−0.50	0.00	0.00	0.00	0.00
D_1	1.067	−4.00	−2.80	−1.33	−1.07	−0.80
D_2	1.067	1.12	0.40	−0.48	0.64	0.48
D_3	1.302	0.39	0.98	0.39	0.78	−0.39
D_4	1.302	0.39	−0.59	−0.13	−0.26	−0.39
D_5	1.067	1.12	0.72	0.16	0.32	0.48
D_6	1.067	−4.00	−1.20	−0.27	−0.53	−0.80
R_A		3.00	2.25	0.83	0.67	0.50
R_B		3.00	0.75	0.17	0.33	0.50

上弦为八节间梯形桁架　　**表 20.3.16**

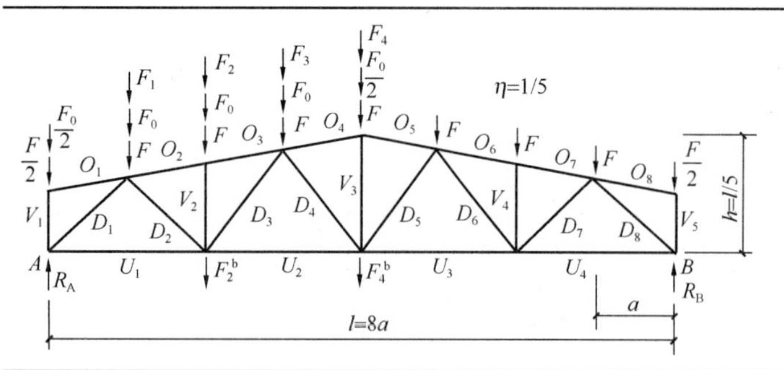

杆件长度＝杆长系数×h；

荷载 F_i（F_i^b）作用时

杆件内力＝内力系数×F_i（F_i^b）

杆件	杆长系数	内力系数					
		全跨屋面荷载 F	半跨屋面荷载 F_0	局部节点荷载			
				F_1	F_2（F_2^b）	F_3	F_4（F_4^b）
O_1,O_8	0.637	0.00	0.00	0.00	0.00	0.00	0.00
O_2,O_3	0.637	−5.10	−3.40	−0.64	−1.27	−1.06	−0.85
O_4,O_5	0.637	−5.10	−2.55	−0.32	−0.64	−0.96	−1.27
O_6,O_7	0.637	−5.10	−1.70	−0.21	−0.42	−0.64	−0.85
U_1	1.250	3.50	2.50	0.88	0.75	0.63	0.50
U_2	1.250	5.36	3.21	0.45	0.89	1.34	1.07
U_3	1.250	5.36	2.14	0.27	0.54	0.80	1.07
U_4	1.250	3.50	1.00	0.13	0.25	0.38	0.50
V_1	0.500	−0.50	−0.50	0.00	0.00	0.00	0.00
V_2	0.750	−1.00	−1.00	0.00	−1.00(0.00)	0.00	0.00
V_3	1.000	1.00	0.50	0.13	0.25	0.38	−0.50(0.50)
V_4	0.750	−1.00	0.00	0.00	0.00	0.00	0.00
V_5	0.500	−0.50	0.00	0.00	0.00	0.00	0.00
D_1	0.884	−4.95	−3.54	−1.24	−1.06	−0.88	−0.71
D_2	0.884	2.12	1.18	−0.35	0.71	0.59	0.47
D_3	1.075	−0.62	0.20	0.31	0.61	−0.51	−0.41
D_4	1.075	−0.62	−1.23	−0.23	−0.46	−0.69	0.31
D_5	1.075	−0.62	0.61	0.08	0.15	0.23	0.31
D_6	1.075	−0.62	−0.82	−0.10	−0.20	−0.31	−0.41
D_7	0.884	2.12	0.94	0.12	0.24	0.35	0.47
D_8	0.884	−4.95	−1.41	−0.18	−0.35	−0.53	−0.71
R_A		4.00	3.00	0.88	0.75	0.63	0.50
R_B		4.00	1.00	0.12	0.25	0.37	0.50

四节间梯形桁架 **表 20.3.17**

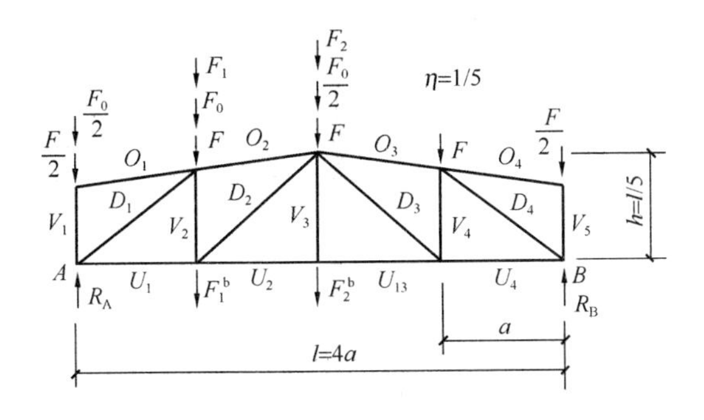

杆件长度＝杆长系数×h；

荷载 F_i（F_i^b）作用时

杆件内力＝内力系数×F_i（F_i^b）

杆件	杆长系数	内力系数			
		全跨屋面荷载	半跨屋面荷载	局部节点荷载	
		F	F_0	F_1（F_1^b）	F_2（F_2^b）
O_1,O_4	1.275	0.00	0.00	0.00	0.00
O_2	1.275	−2.55	−1.70	−1.27	−0.85
O_3	1.275	−2.55	−0.85	−0.42	−0.85
U_1	1.250	2.50	1.67	1.25	0.83
U_2,U_3	1.250	2.50	1.25	0.63	1.25
U_4	1.250	2.50	0.83	0.42	0.83
V_1	0.500	−0.50	−0.50	0.00	0.00
V_2	0.750	0.00	−0.33	−0.50(0.50)	0.33
V_3	1.000	0.00	0.00	0.00	0.00(1.00)
V_4	0.750	0.00	0.33	0.17	0.33
V_5	0.500	−0.50	0.00	0.00	0.00
D_1	1.458	−2.92	−1.94	−1.46	−0.97
D_2	1.601	0.00	0.53	0.80	−0.53
D_3	1.601	0.00	−0.53	−0.27	−0.53
D_4	1.458	−2.92	−0.97	−0.49	−0.97
R_A		2.00	1.50	0.75	0.50
R_B		2.00	0.50	0.25	0.50

六节间梯形桁架　　　　**表 20.3.18**

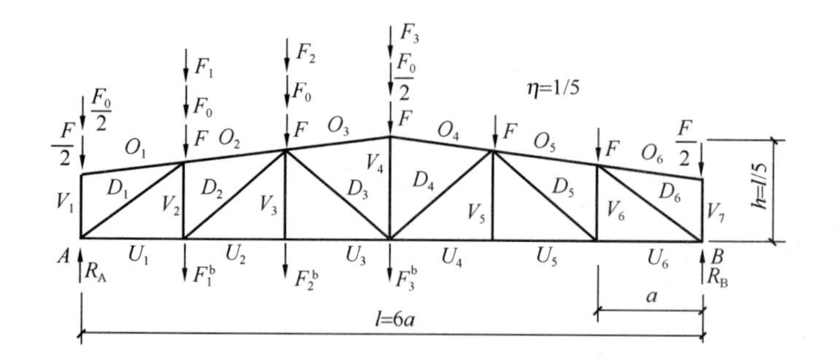

杆件长度＝杆长系数×h；

荷载 F_i（F_i^b）作用时

杆件内力＝内力系数×F_i（F_i^b）

杆件	杆长系数	内力系数				
		全跨屋面荷载 F	半跨屋面荷载 F_0	局部节点荷载		
				F_1（F_1^b）	F_2（F_2^b）	F_3（F_3^b）
O_1，O_6	0.850	0.00	0.00	0.00	0.00	0.00
O_2	0.850	−3.19	−2.23	−1.06	−0.85	−0.64
O_3，O_4	0.850	−3.82	−1.91	−0.42	−0.85	−1.27
O_5	0.850	−3.19	−0.96	−0.21	−0.42	−0.64
U_1	0.833	3.13	2.19	1.04	0.83	0.62
U_2，U_3	0.833	4.00	2.50	0.67	1.33	1.00
U_4，U_5	0.833	4.00	1.50	0.33	0.67	1.00
U_6	0.833	3.13	0.94	0.21	0.42	0.62
V_1	0.500	−0.50	−0.50	0.00	0.00	0.00
V_2	0.667	0.87	0.31	−0.38(0.62)	0.50	0.37
V_3	0.833	0.00	0.00	0.00	0.00(1.00)	0.00
V_4	1.000	0.50	0.25	0.17	0.33	−0.50(0.50)
V_5	0.833	0.00	0.00	0.00	0.00	0.00
V_6	0.667	0.87	0.56	0.12	0.25	0.37
V_7	0.500	−0.50	0.00	0.00	0.00	0.00
D_1	1.067	−4.00	−2.80	−1.33	−1.07	−0.80
D_2	1.178	−1.24	−0.44	0.53	−0.71	−0.53
D_3	1.178	−0.35	−0.88	−0.35	−0.71	0.35
D_4	1.178	−0.35	−0.53	0.12	0.24	0.35
D_5	1.178	−1.24	−0.80	−0.18	−0.35	−0.53
D_6	1.067	−4.00	−1.20	−0.27	−0.53	−0.80
R_A		3.00	2.25	0.83	0.67	0.50
R_B		3.00	0.75	0.17	0.33	0.50

八节间梯形桁架 **表 20.3.19**

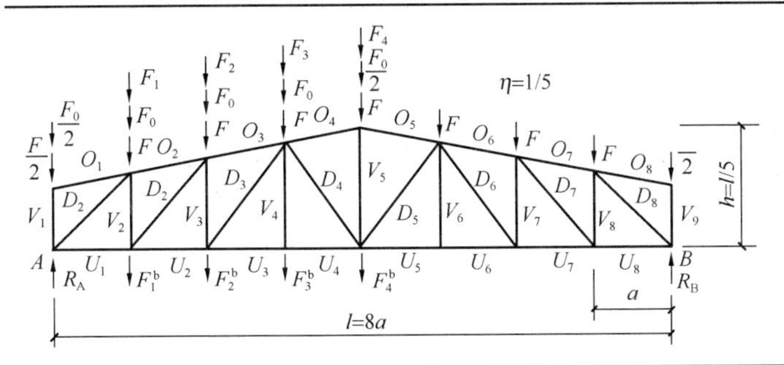

杆件长度＝杆长系数×h；

荷载 F_i（F_i^b）作用时

杆件内力＝内力系数×F_i（F_i^b）

杆件	杆长系数	内力系数					
		全跨屋面荷载 F	半跨屋面荷载 F_0	局部节点荷载			
				F_1（F_1^b）	F_2（F_2^b）	F_3（F_3^b）	F_4（F_4^b）
O_1，O_8	0.637	0.00	0.00	0.00	0.00	0.00	0.00
O_2	0.637	−3.57	−2.55	−0.89	−0.76	−0.64	−0.51
O_3	0.637	−5.10	−3.40	−0.64	−1.27	−1.06	−0.85
O_4，O_5	0.637	−5.10	−2.55	−0.32	−0.64	−0.96	−1.27
O_6	0.637	−5.10	−1.70	−0.21	−0.42	−0.64	−0.85
O_7	0.637	−3.57	−1.02	−0.13	−0.25	−0.38	−0.51
U_1	0.625	3.50	2.50	0.88	0.75	0.63	0.50
U_2	0.625	5.00	3.33	0.63	1.25	1.04	0.83
U_3，U_4	0.625	5.36	3.21	0.45	0.89	1.34	1.07
U_5，U_6	0.625	5.36	2.14	0.27	0.54	0.80	1.07
U_7	0.625	5.00	1.67	0.21	0.42	0.63	0.83
U_8	0.625	3.50	1.00	0.13	0.25	0.38	0.50
V_1	0.500	−0.50	−0.50	0.00	0.00	0.00	0.00
V_2	0.625	1.80	1.00	−0.30(0.70)	0.60	0.50	0.40
V_3	0.750	0.50	−0.17	−0.25	−0.50(0.50)	0.42	0.33
V_4	0.875	0.00	0.00	0.00	0.00	0.00(1.00)	0.00
V_5	1.00	1.00	0.50	0.13	0.25	0.38	−0.50(0.50)
V_6	0.875	0.00	0.00	0.00	0.00	0.00	0.00
V_7	0.750	0.50	0.67	0.08	0.17	0.25	0.33
V_8	0.625	1.80	0.80	0.10	0.20	0.30	0.40
V_9	0.500	−0.50	0.00	0.00	0.00	0.00	0.00
D_1	0.884	−4.95	−3.54	−1.24	−1.06	−0.88	−0.71
D_2	0.976	−2.34	−1.30	0.39	−0.78	−0.65	−0.52
D_3	1.075	−0.61	0.20	0.31	0.61	−0.51	−0.41
D_4	1.075	−0.61	−1.23	−0.23	−0.46	−0.69	0.31
D_5	1.075	−0.61	0.61	0.08	0.15	0.23	0.31
D_6	1.075	−0.61	−0.82	−0.10	−0.20	−0.31	−0.41
D_7	0.976	−2.34	−1.04	−0.13	−0.26	−0.39	−0.52
D_8	0.844	−4.95	−1.41	−0.18	−0.35	−0.53	−0.71
R_A		4.00	3.00	0.88	0.75	0.63	0.50
R_B		4.00	1.00	0.12	0.25	0.37	0.50

四节间缓坡梯形桁架 表 20.3.20

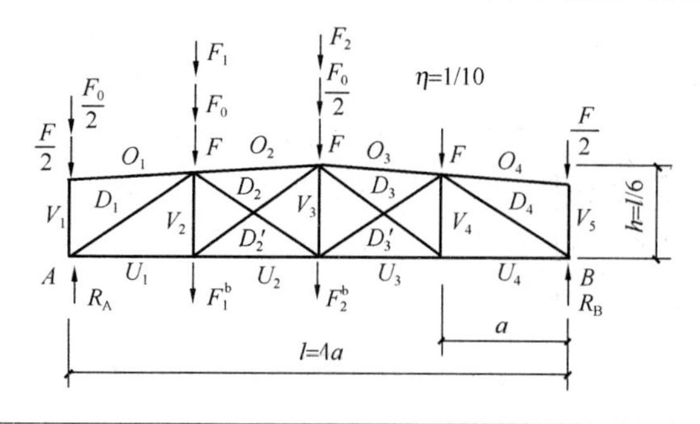

杆件长度=杆长系数×h；
荷载 F_i（F_i^b）作用时
杆件内力=内力系数×F_i（F_i^b）

杆件	杆长系数	内力系数			
		全跨屋面荷载 F	半跨屋面荷载 F_0	局部节点荷载	
				F_1（F_1^b）	F_2（F_2^b）
O_1，O_4	1.507	0.00	0.00	0.00	0.00
O_2	1.507	−2.66	−1.51	−0.75	−0.89
O_3	1.507	−2.66	−0.89	−0.44	−0.89
U_1	1.500	2.65	1.76	1.32	0.88
U_2	1.500	3.00	1.76	1.32	1.50
U_3	1.500	3.00	1.50	0.75	1.50
U_4	1.500	2.65	0.88	0.44	0.88
V_1	0.700	−0.50	−0.50	0.00	0.00
V_2	0.850	0.24	0.00	0.00（1.00）	0.41
V_3	1.000	0.00	0.15	0.33	0.00（1.00）
V_4	0.850	0.24	0.41	0.21	0.41
V_5	0.700	−0.50	0.00	0.00	0.00
D_1	1.724	−3.04	−2.03	−1.52	−1.01
D_2	1.803	−0.42	—	—	−0.74
D_2'	1.724	—	−0.30	−0.66	—
D_3	1.803	−0.42	−0.74	−0.37	−0.74
D_3'	1.724	—	—	—	—
D_4	1.724	−3.04	−1.01	−0.51	−1.01
R_A		2.00	1.50	0.75	0.50
R_B		2.00	0.50	0.25	0.50

六节间缓坡梯形桁架 表 20.3.21

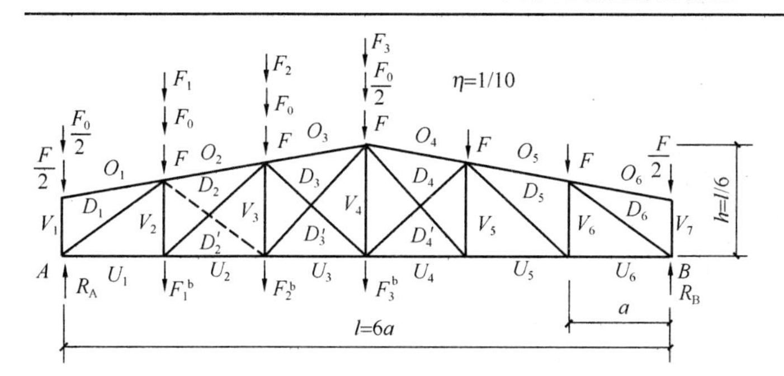

杆件长度＝杆长系数×h；

荷载 F_i（F_i^b）作用时

杆件内力＝内力系数×F_i（F_i^b）

杆件	杆长系数	内力系数				
		全跨屋面荷载 F	半跨屋面荷载 F_0	局部节点荷载		
				F_1（F_1^b）	F_2（F_2^b）	F_3（F_3^b）
O_1，O_6	1.005	0.00	0.00	0.00	0.00	0.00
O_2	1.005	−3.14	−2.20	−0.74	−0.84	−0.63
O_3	1.005	−4.47	−2.26	−0.50	−1.00	−1.12
O_4	1.005	−4.47	−1.67	−0.37	−0.74	−1.12
O_5	1.005	−3.14	−0.94	−0.21	−0.42	−0.63
U_1	1.000	3.13	2.19	1.04	0.83	0.63
U_2	1.000	4.44	2.78	1.04	1.48	1.11
U_3	1.000	4.50	2.78	0.74	1.48	1.50
U_4	1.000	4.50	2.25	0.50	1.00	1.50
U_5	1.000	4.44	1.67	0.37	0.74	1.11
U_6	1.000	3.13	0.94	0.21	0.42	0.63
V_1	0.700	−0.50	−0.50	0.00	0.00	0.00
V_2	0.800	1.19	0.53	0.00（1.00）	0.58	0.44
V_3	0.900	0.06	0.00	0.24	0.00（1.00）	0.39
V_4	1.000	0.00	0.48	0.22	0.43	0.00（1.00）
V_5	0.900	0.06	0.58	0.13	0.26	0.39
V_6	0.800	1.19	0.66	0.15	0.29	0.44
V_7	0.700	−0.50	0.00	0.00	0.00	0.00
D_1	1.281	−4.00	−2.80	−1.33	−1.07	−0.80
D_2	1.345	−1.78	−0.79	—	−0.87	−0.65
D_2'	1.280	—	—	−0.39	—	—
D_3	1.414	−0.08	—	—	—	−0.55
D_3'	1.345	—	−0.71	−0.32	−0.65	—
D_4	1.414	−0.08	−0.82	−0.18	−0.37	−0.55
D_4'	1.345	—	—	—	—	—
D_5	1.345	−1.78	−0.98	−0.22	−0.44	−0.65
D_6	1.281	−4.00	−1.20	−0.27	−0.53	−0.80
R_A		3.00	2.25	0.83	0.67	0.50
R_B		3.00	0.15	0.17	0.33	0.50

注：表中杆件内力系数是根据腹杆受压、竖杆受拉的简图求得。图中虚线表示反斜杆，当无局部节点荷载时，可不设置；当有局部节点荷载 F_1（F_1^b）时，应加设反斜杆 D_2'。

八节间缓坡梯形桁架　　　　**表 20.3.22**

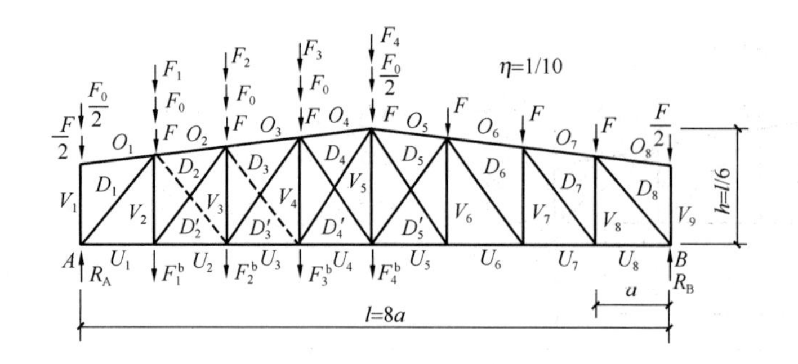

杆件长度=杆长系数×h；

荷载 F_i（F_i^b）作用时

杆件内力=内力系数×F_i（F_i^b）

杆件	杆长系数	内力系数					
		全跨屋面荷载 F	半跨屋面荷载 F_0	局部节点荷载			
				F_1（F_1^b）	F_2（F_2^b）	F_3（F_3^b）	F_4（F_4^b）
O_1，O_8	0.754	0.00	0.00	0.00	0.00	0.00	0.00
O_2	0.754	−3.40	−2.43	−0.67	−0.73	−0.61	−0.49
O_3	0.754	−5.32	−3.55	−0.51	−1.02	−1.11	−0.89
O_4	0.754	−6.03	−3.01	−0.38	−0.75	−1.13	−1.22
O_5	0.754	−6.03	−2.44	−0.31	−0.61	−0.92	−1.22
O_6	0.754	−5.32	−1.77	−0.22	−0.44	−0.67	−0.89
O_7	0.754	−3.40	−0.97	−0.12	−0.24	−0.36	−0.49
U_1	0.750	3.39	2.42	0.85	0.73	0.60	0.48
U_2	0.750	5.29	3.53	0.85	1.32	1.10	0.88
U_3	0.750	6.08	3.65	0.66	1.32	1.52	1.22
U_4	0.750	6.08	3.65	0.51	1.01	1.52	1.50
U_5	0.750	6.08	3.00	0.38	0.75	1.13	1.50
U_6	0.750	6.08	2.43	0.30	0.61	0.91	1.22
U_7	0.750	5.29	1.76	0.22	0.44	0.66	0.88
U_8	0.750	3.39	0.97	0.12	0.24	0.36	0.48
V_1	0.700	−0.50	−0.50	0.00	0.00	0.00	0.00
V_2	0.775	2.16	1.26	0.00 (1.00)	0.68	0.56	0.45
V_3	0.850	0.97	0.15	0.19	0.00 (1.00)	0.51	0.41
V_4	0.925	0.00	0.00	0.18	0.35	0.00 (1.00)	0.38
V_5	1.000	0.20	0.80	0.16	0.33	0.49	0.00 (1.00)
V_6	0.925	0.00	0.76	0.09	0.19	0.28	0.38
V_7	0.850	0.97	0.82	0.10	0.21	0.31	0.41
V_8	0.775	2.16	0.90	0.11	0.23	0.34	0.45
V_9	0.700	−0.50	0.00	0.00	0.00	0.00	0.00
D_1	1.078	−4.87	−3.48	−1.22	−1.04	−0.87	−0.70
D_2	1.134	−2.88	−1.68	—	−0.90	−0.75	−0.60
D'_2	1.078	—	—	−0.27	—	—	—
D_3	1.191	−1.25	−0.19	—	—	−0.66	−0.53
D'_3	1.134	—	—	−0.23	−0.47	—	—
D_4	1.250	—	—	—	—	—	−0.47
D'_4	1.191	−0.13	−1.03	−0.21	−0.42	−0.63	—
D_5	1.250	—	−0.95	−0.12	−0.24	−0.35	−0.47
D'_5	1.191	−0.13	—	—	—	—	—
D_6	1.191	−1.25	−1.06	−0.13	−0.27	−0.40	−0.53
D_7	1.134	−2.88	−1.20	−0.15	−0.30	−0.45	−0.60
D_8	1.078	−4.87	−1.39	−0.17	−0.35	−0.52	−0.70
R_A		4.00	3.00	0.88	0.75	0.63	0.50
R_B		4.00	3.00	0.12	0.25	0.37	0.50

注：表中杆件内力系数是根据腹杆受压、竖杆受拉的简图求得。图中虚线表示反斜杆，当无局部节点荷载时，可不设置，当有局部节点荷载 F_1（F_1^b）时，应加设反斜杆 D'_2 和 D'_3；当有局部节点荷载 F_2（F_2^b）时，应加设 D'_3。

上弦为四节间单坡梯形桁架 **表 20.3.23**

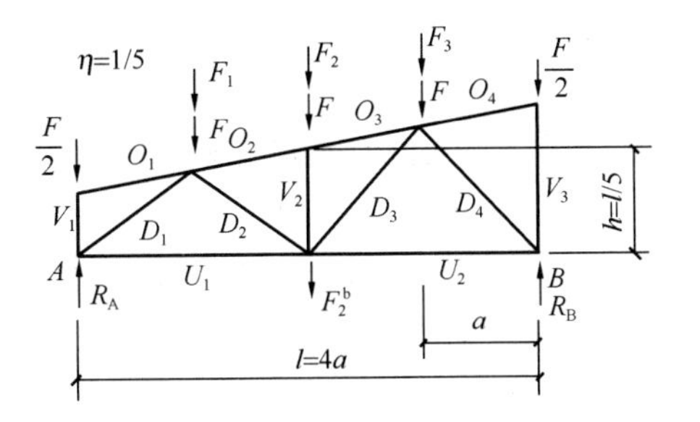

杆件长度=杆长系数×h；

荷载 F_i（F_i^b）作用时

杆件内力=内力系数×F_i（F_i^b）

杆件	杆长系数	内力系数			
		全跨屋面荷载	局部节点荷载		
		F	F_1	F_2（F_2^b）	F_3
O_1，O_4	1.275	0.00	0.00	0.00	0.00
O_2，O_3	1.275	−2.55	−0.64	−1.27	−0.64
U_1	2.500	2.50	1.25	0.83	0.42
U_2	2.500	1.50	0.25	0.50	0.75
V_1	0.500	−0.50	0.00	0.00	0.00
V_2	1.000	−1.00	0.00	−1.00（0.00）	0.00
V_3	1.500	−0.50	0.00	0.00	0.00
D_1	1.458	−2.92	−1.46	−0.97	−0.49
D_2	1.458	0.00	−0.73	0.49	0.24
D_3	1.768	1.41	0.53	1.06	−0.18
D_4	1.768	−2.12	−0.35	−0.71	−1.06
R_A		2.00	0.75	0.50	0.25
R_B		2.00	0.25	0.50	0.75

上弦为六节间单坡梯形桁架　　表 20.3.24

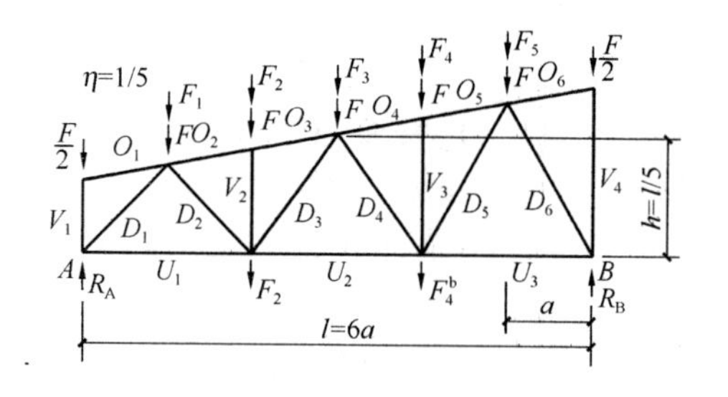

杆件长度＝杆长系数×h；
荷载 F_i（F_i^b）作用时
杆件内力＝内力系数×F_i（F_i^b）

杆件	杆长系数	内力系数					
		全跨屋面荷载	局部节点荷载				
		F	F_1	F_2（F_2^b）	F_3	F_4（F_4^b）	F_5
O_1，O_6	0.850	−0.00	0.00	0.00	0.00	0.00	0.00
O_2，O_3	0.850	−4.08	−0.68	−1.36	−1.02	−0.68	−0.34
O_4，O_5	0.850	−2.91	−0.24	−0.49	−0.73	−0.97	−0.49
U_1	1.667	3.12	1.04	0.83	0.62	0.42	0.21
U_2	1.667	3.75	0.42	0.83	1.25	0.83	0.42
U_3	1.667	1.56	0.10	0.21	0.31	0.42	0.52
V_1	0.500	−0.50	0.00	0.00	0.00	0.00	0.00
V_2	0.833	−1.00	0.00	−1.00（0.00）	0.00	0.00	0.00
V_3	1.167	−1.00	0.00	0.00	0.00	−1.00（0.00）	0.00
V_4	1.500	−0.50	0.00	0.00	0.00	0.00	0.00
D_1	1.067	−4.00	−1.33	−1.07	−0.80	−0.53	−0.27
D_2	1.067	1.12	−0.48	0.64	0.48	0.32	0.16
D_3	1.302	0.39	0.39	0.78	−0.39	−0.26	−0.13
D_4	1.302	−1.39	−0.28	−0.56	−0.84	0.19	0.09
D_5	1.572	2.44	0.25	0.51	0.76	1.01	−0.08
D_6	1.572	−2.95	−0.20	−0.39	−0.59	−0.79	−0.98
R_A		3.00	0.83	0.67	0.50	0.33	0.17
R_B		3.00	0.17	0.33	0.50	0.67	0.83

单坡梯形豪式桁架 表 20.3.25

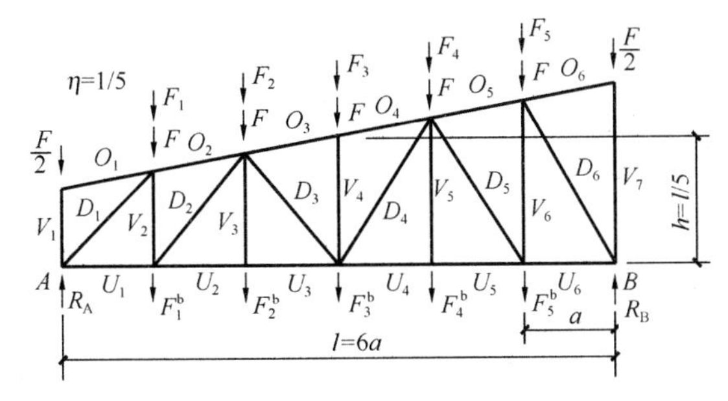

杆件长度＝杆长系数×h；
荷载 F_i（F_i^b）作用时
杆件内力＝内力系数×F_i（F_i^b）

杆件	杆长系数	内力系数					
		全跨屋面荷载 F	局部节点荷载				
			F_1（F_1^b）	F_2（F_2^b）	F_3（F_3^b）	F_4（F_4^b）	F_5（F_5^b）
O_1，O_6	0.850	0.00	0.00	0.00	0.00	0.00	0.00
O_2	0.850	−3.19	−1.06	−0.85	−0.64	−0.42	−0.21
O_3，O_4	0.850	−3.82	−0.42	−0.85	−1.27	−0.85	−0.42
O_5	0.850	−1.59	−0.11	−0.21	−0.32	−0.42	−0.53
U_1	0.833	3.12	1.04	0.83	0.62	0.42	0.21
U_2，U_3	0.833	4.00	0.67	1.33	1.00	0.67	0.33
U_4，U_5	0.833	2.86	0.24	0.48	0.71	0.95	0.48
U_6	0.833	1.56	0.10	0.21	0.31	0.42	0.52
V_1	0.500	−0.50	0.00	0.00	0.00	0.00	0.00
V_2	0.667	0.87	−0.38(0.62)	0.50	0.38	0.25	0.13
V_3	0.833	0.00	0.00	0.00(1.00)	0.00	0.00	0.00
V_4	1.000	−1.00	0.00	0.00	−1.00(0.00)	0.00	0.00
V_5	1.167	0.00	0.00	0.00	0.00	0.00(1.00)	0.00
V_6	1.333	1.81	0.19	0.37	0.56	0.75	−0.06(0.94)
V_7	1.500	−0.50	0.00	0.00	0.00	0.00	0.00
D_1	1.067	−4.00	−1.33	−1.07	−0.80	−0.53	−0.27
D_2	1.178	−1.24	0.53	−0.71	−0.53	−0.35	−0.18
D_3	1.178	−0.35	−0.35	−0.71	0.35	0.24	0.12
D_4	1.434	1.54	0.31	0.61	0.92	−0.20	−0.10
D_5	1.434	−2.23	−0.23	−0.46	−0.69	−0.92	0.08
D_6	1.572	−2.95	−0.20	−0.39	−0.59	−0.79	−0.98
R_A		3.00	0.83	0.67	0.50	0.33	0.17
R_B		3.00	0.17	0.33	0.50	0.67	0.83

下弦为三节间弧形桁架　表 20.3.26

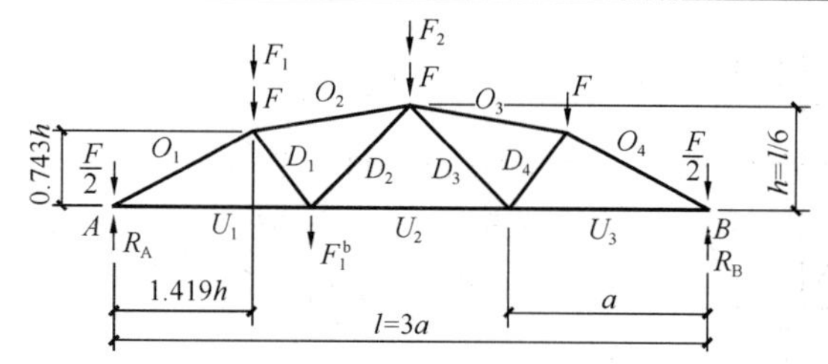

杆件长度＝杆长系数×h；

荷载 F_i（F_i^b）作用时

杆件内力＝内力系数×F_i（F_i^b）

杆件	杆长系数	内力系数				
		全跨屋面荷载	局部节点荷载			
		F	F_1	F_2	F_2^b	
O_1	1.602	−3.23	−1.65	−1.08	−1.44
O_2	1.602	−2.93	−1.14	−1.21	−1.61
O_3	1.602	−2.93	−0.57	−1.21	−0.81
O_4	1.602	−3.23	−0.51	−1.08	−0.72
U_1	2.000	2.86	1.46	0.95	1.27
U_2	2.000	2.92	0.71	1.50	1.00
U_3	2.000	2.86	0.45	0.95	0.64
D_1	0.944	0.04	−0.53	0.39	0.52
D_2	1.414	−0.04	0.59	−0.43	0.84
D_3	1.414	−0.04	−0.20	−0.43	−0.29
D_4	0.944	0.04	0.18	0.39	0.26
R_A		2.00	0.76	0.50	0.67
R_B		2.00	0.24	0.50	0.33

下弦为四节间弧形桁架　表 20.3.27

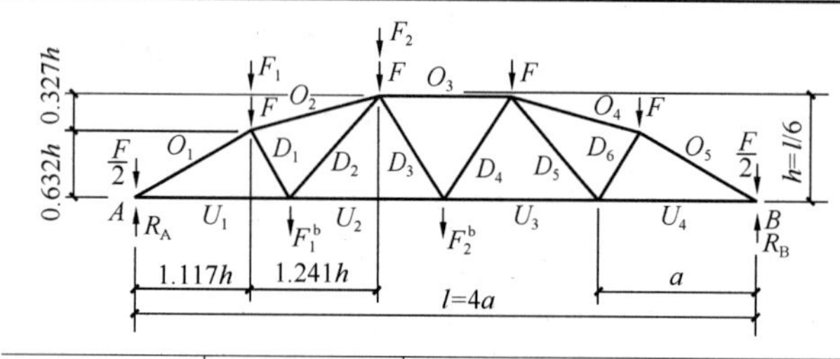

杆件长度＝杆长系数×h；

荷载 F_i（F_i^b）作用时

杆件内力＝内力系数×F_i（F_i^b）

杆件	杆长系数	内力系数				
		全跨屋面荷载	局部节点荷载			
		F	F_1	F_2	F_1^b	F_2^b
O_1	1.283	−4.06	−1.65	−1.23	−1.52	−1.02
O_2	1.283	−3.69	−1.18	−1.28	−1.59	−1.06
O_3	1.283	−3.63	−0.58	−1.23	−0.78	−1.56
O_4	1.283	−3.69	−0.39	−0.83	−0.53	−1.06
O_5	1.283	−4.06	−0.38	−0.80	−0.51	−1.02
U_1	1.500	3.54	1.44	1.07	1.33	0.88
U_2	1.500	3.63	0.71	1.49	0.95	1.23
U_3	1.500	3.63	0.46	0.97	0.62	1.23
U_4	1.500	3.54	0.33	0.69	0.44	0.88
D_1	0.739	0.07	−0.57	0.33	0.40	0.27
D_2	1.287	−0.08	0.65	−0.38	0.88	−0.31
D_3	1.154	0.00	−0.22	−0.47	−0.30	0.60
D_4	1.154	0.00	0.22	0.47	0.30	0.60
D_5	1.287	−0.08	−0.12	−0.24	−0.15	−0.31
D_6	0.739	0.07	0.10	0.21	0.13	0.27
R_A		2.50	0.81	0.61	0.75	0.50
R_B		2.50	0.19	0.39	0.25	0.50

下弦为五节间弧形桁架 **表 20.3.28**

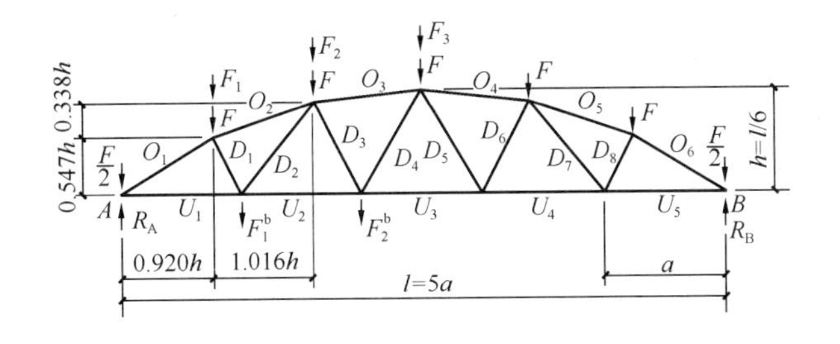

杆件长度＝杆长系数×h；

荷载 F_i（F_i^b）作用时

杆件内力＝内力系数×F_i（F_i^b）

杆件	杆长系数	内力系数					
		全跨屋面荷载	局部节点荷载				
		F	F_1	F_2	F_3	F_1^b	F_2^b
O_1	1.070	−4.89	−1.66	−1.33	−0.98	−1.57	−1.17
O_2	1.070	−4.48	−1.21	−1.34	−0.99	−1.58	−1.19
O_3	1.070	−4.36	−0.59	−1.25	−1.29	−0.77	−1.55
O_4	1.070	−4.36	−0.40	−0.83	−1.29	−0.52	−1.03
O_5	1.070	−4.48	−0.30	−0.64	−0.99	−0.40	−0.79
O_6	1.070	−4.89	−0.30	−0.63	−0.98	−0.39	−0.78
U_1	1.200	4.21	1.42	1.14	0.84	1.35	1.01
U_2	1.200	4.32	0.72	1.48	1.09	0.92	1.31
U_3	1.200	4.36	0.46	0.97	1.50	0.60	1.20
U_4	1.200	4.32	0.34	0.71	1.09	0.44	0.87
U_5	1.200	4.21	0.26	0.54	0.84	0.34	0.67
D_1	0.614	0.09	−0.60	0.29	0.21	0.34	0.25
D_2	1.151	−0.11	0.70	−0.33	−0.24	0.91	−0.29
D_3	1.000	0.04	−0.24	−0.52	0.41	−0.32	0.49
D_4	1.166	−0.04	0.25	0.53	−0.42	0.33	0.66
D_5	1.166	−0.04	−0.13	−0.27	−0.42	−0.17	−0.34
D_6	1.000	0.04	0.13	0.26	0.41	0.16	0.33
D_7	1.151	−0.11	−0.07	−0.16	−0.24	−0.10	−0.20
D_8	0.614	0.09	0.06	0.14	0.21	0.08	0.17
R_A		3.00	0.85	0.68	0.50	0.80	0.60
R_B		3.00	0.15	0.32	0.50	0.20	0.40

下弦为六节间弧形桁架 **表 20.3.29**

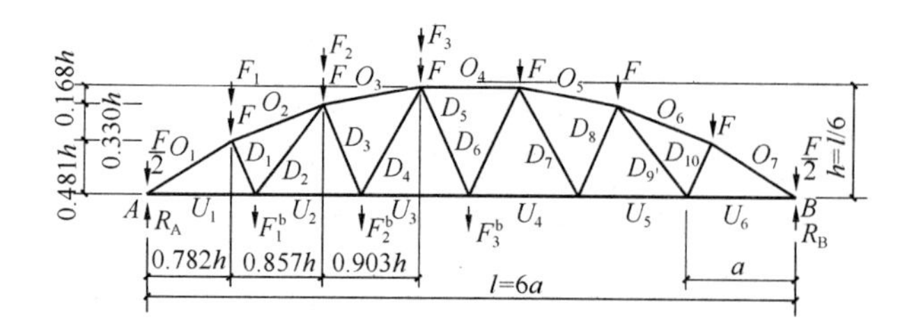

杆件长度＝杆长系数×h；

荷载 F_i（F_i^b）作用时

杆件内力＝内力系数×F_i（F_i^b）

杆件	杆长系数	内力系数						
		全跨屋面荷载	局部节点荷载					
		F	F_1	F_2	F_3	F_1^b	F_2^b	F_3^b
O_1	0.918	−5.72	−1.66	−1.39	−1.10	−1.59	−1.27	−0.95
O_2	0.918	−5.28	−1.24	−1.38	−1.09	−1.58	−1.26	−0.95
O_3	0.918	−5.12	−0.60	−1.27	−1.34	−0.77	−1.54	−1.16
O_4	0.918	−5.07	−0.40	−0.84	−1.30	−0.51	−1.02	−1.53
O_5	0.918	−5.12	−0.30	−0.63	−0.98	−0.39	−0.77	−1.16
O_6	0.918	−5.28	−0.25	−0.52	−0.80	−0.32	−0.63	−0.95
O_7	0.918	−5.72	−0.25	−0.52	−0.81	−0.32	−0.64	−0.95
U_1	1.000	4.88	1.41	1.18	0.94	1.35	1.08	0.81
U_2	1.000	5.00	0.70	1.47	1.16	0.90	1.35	1.01
U_3	1.000	5.07	0.46	0.96	1.50	0.59	1.18	1.30
U_4	1.000	5.07	0.34	0.71	1.10	0.43	0.87	1.30
U_5	1.000	5.00	0.26	0.55	0.86	0.34	0.67	1.01
U_6	1.000	4.88	0.21	0.44	0.69	0.27	0.54	0.81
D_1	0.528	0.11	−0.63	0.25	0.20	0.29	0.23	0.17
D_2	1.032	−0.13	0.73	−0.29	−0.23	0.94	−0.27	−0.20
D_3	0.888	0.07	−0.26	−0.55	0.36	−0.34	0.42	0.32
D_4	1.118	−0.07	0.27	0.58	−0.38	0.35	0.70	−0.33
D_5	1.081	0.00	−0.14	−0.30	−0.47	−0.18	−0.37	0.55
D_6	1.081	0.00	0.14	0.30	0.47	0.18	0.37	0.55
D_7	1.118	−0.07	−0.09	−0.18	−0.28	−0.11	−0.22	−0.33
D_8	0.888	0.07	0.08	0.17	0.27	0.11	0.21	0.32
D_9	1.032	−0.13	−0.05	−0.11	−0.17	−0.07	−0.14	−0.20
D_{10}	0.528	0.11	0.05	0.10	0.15	0.06	0.12	0.17
R_A		3.50	0.87	0.73	0.58	0.83	0.67	0.50
R_B		3.50	0.13	0.27	0.42	0.17	0.33	0.50

四坡水屋面四节间梯形桁架（$l/h=2\sqrt{3}$） 表 20.3.30

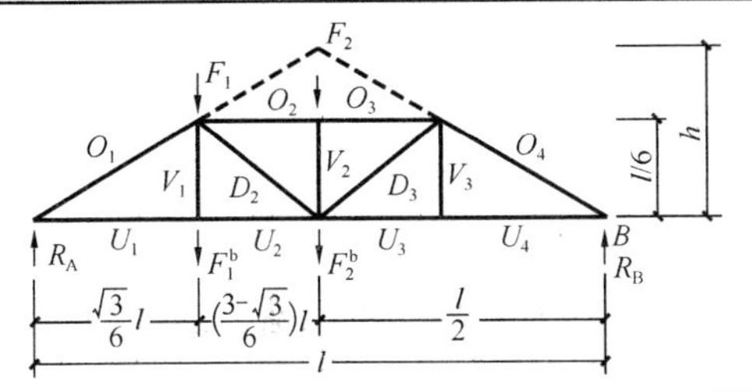

$n=\frac{l}{h}=2\sqrt{3}$；

杆件长度=杆长系数×$\frac{l}{6}$；

荷载 F_i（F_i^b）作用时杆件内力=内力系数×F_i（F_i^b）

杆件	杆长系数	节点荷载时杆件内力系数	
		F_1（F_1^b）	F_2（F_2^b）
O_1	2.000	−1.42	−1.00
O_2，O_3	1.268	−0.87	−1.50
O_4	2.000	−0.58	−1.00
D_2	1.615	−0.47	0.81
D_3	1.615	0.47	0.81
V_1	1.000	0（1.00）	0
V_2	1.000	0	−1.00（0）
V_3	1.000	0	0
U_1	1.732	1.23	0.87
U_2	1.268	1.23	0.87
U_3	1.268	0.50	0.87
U_4	1.732	0.50	0.87
R_A		0.71	0.50
R_B		0.29	0.50

四坡水屋面四节间梯形桁架（$l/h=4$） 表 20.3.31

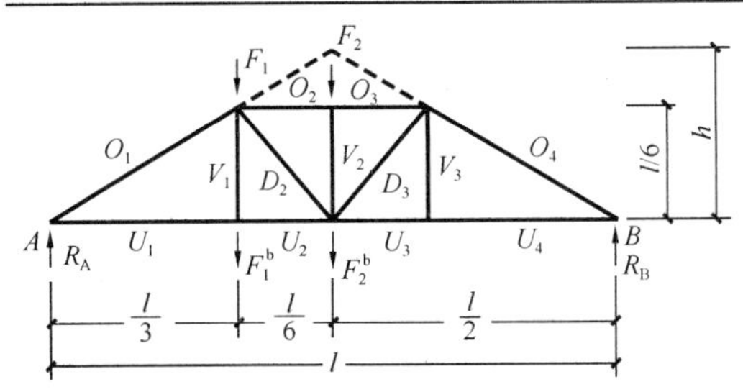

$n=\frac{l}{h}=4$；

杆件长度=杆长系数×$\frac{l}{6}$；

荷载 F_i（F_i^b）作用时杆件内力=内力系数×F_i（F_i^b）

杆件	杆长系数	节点荷载时杆件内力系数	
		F_1（F_1^b）	F_2（F_2^b）
O_1	2.236	−1.49	−1.12
O_2，O_3	1.000	−1.00	−1.50
O_4	2.236	−0.75	−1.12
D_2，D_3	1.414	−0.47	0.71
V_1	1.000	0（1.00）	0
V_2	1.000	0	−1.00（0）
V_3	1.000	0	0
U_1	2.000	1.33	1.00
U_2	1.000	1.33	1.00
U_3	1.000	0.67	1.00
U_4	2.000	0.67	1.00
R_A		0.67	0.50
R_B		0.33	0.50

四坡水屋面六节间梯形桁架（$l/h=2\sqrt{3}$）　**表 20.3.32**

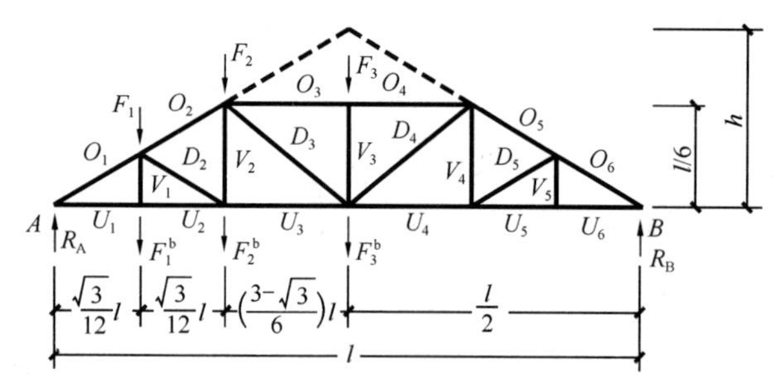

$n=\frac{l}{h}=2\sqrt{3}$；

杆件长度＝杆长系数×$\frac{l}{6}$；

荷载 F_i（F_i^b）作用时

杆件内力＝内力系数×F_i（F_i^b）

杆件	杆长系数	节点荷载时杆件内力系数		
		F_1（F_1^b）	F_2（F_2^b）	F_3（F_3^b）
O_1	1.000	−1.71	−1.42	−1.00
O_2	1.000	−0.71	−1.42	−1.00
O_3，O_4	1.268	−0.43	−0.87	−1.50
O_5，O_6	1.000	−0.289	−0.58	−1.00
D_2	1.000	−1.00	0	0
D_3	1.615	−0.23	−0.47	0.81
D_4	1.615	0.23	0.47	0.81
D_5	1.000	0	0	0
V_1	0.500	0（1.00）	0	0
V_2	1.000	0.5	0（1.00）	0
V_3	1.000	0	0	−1.00（0）
V_4	1.000	0	0	0
V_5	0.500	0	0	0
U_1，U_2	0.866	1.48	1.23	0.87
U_3	1.268	0.62	1.23	0.87
$U_{4\sim6}$	1.268	0.25	0.50	0.87
R_A		0.86	0.71	0.50
R_B		0.14	0.29	0.50

四坡水屋面六节间梯形桁架（$l/h=4$） 表 20.3.33

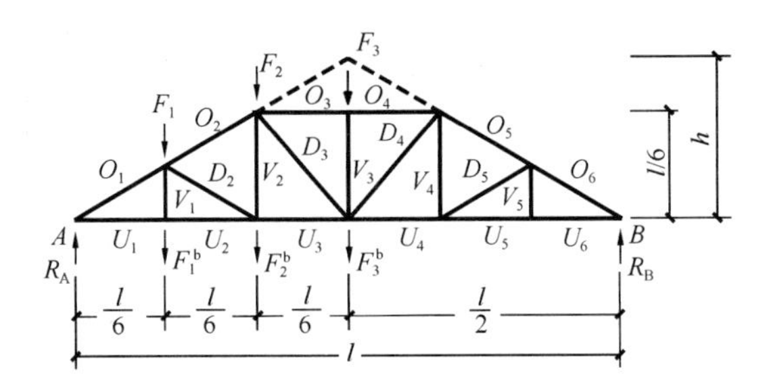

$n=\frac{l}{h}=4$；

杆件长度＝杆长系数×$\frac{l}{6}$；

荷载 F_i（F_i^b）作用时

杆件内力＝内力系数×F_i（F_i^b）

杆件	杆长系数	节点荷载时杆件内力系数		
		F_1（F_1^b）	F_2（F_2^b）	F_3（F_3^b）
O_1	1.118	−1.86	−1.49	−1.12
O_2	1.118	−0.75	−1.49	−1.12
O_3，O_4	1.000	−0.50	−1.00	−1.50
O_5，O_6	1.118	−0.37	−0.75	−1.12
D_2	1.118	−1.12	0	0
D_3	1.414	−0.24	−0.47	0.71
D_4	1.414	0.24	0.47	0.71
D_5	1.118	0	0	0
V_1	0.500	0（1.00）	0	0
V_2	1.000	0.50	0（1.00）	0
V_3	1.000	0	0	−1.00（0）
V_4	1.000	0	0	0
V_5	0.500	0	0	0
U_1，U_2	1.000	1.67	1.33	1.00
U_3	1.000	0.67	1.33	1.00
$U_{4\sim6}$	1.000	0.33	0.67	1.00
R_A		0.83	0.67	0.50
R_B		0.17	0.33	0.50

20.4 圆钢拉杆、拉力螺栓承载力设计值及钢垫板尺寸

圆钢拉杆、拉力螺栓承载力设计值及钢垫板尺寸 表 20.4.1

螺栓直径(mm)	螺栓 p (mm)	螺栓有效面积(mm^2)	每根拉杆承载力设计值(kN)		正方形垫板尺寸(mm)								
			单根受力(kN)	双根受力(kN)	木材横纹承压强度设计值 $f_{c,90}$ (N/mm^2)								
					4.6	4.2	3.8	3.6	8.4	7.6	6.2	4.8	4.1
12	1.75	84.3	14.33	12.18	60×6	60×6	70×6	70×6	50×6	50×6	50×6	60×6	60×6
14	2	115.4	19.62	16.68	70×7	70×7	80×7	80×7	50×7	50×7	60×7	70×7	70×7
16	2	156.7	26.64	22.64	80×8	80×8	90×8	90×8	60×8	60×8	70×8	80×8	90×8
18	2.5	192.5	32.73	27.82	90×9	90×9	100×9	100×9	70×9	70×9	80×9	90×9	90×9
20	2.5	244.8	41.62	35.37	100×10	100×10	110×10	110×10	80×10	80×10	90×10	100×10	110×10
22	2.5	303.4	51.58	43.84	110×11	110×11	120×11	120×11	80×11	90×11	100×11	110×11	120×11
24	3	352.5	59.93	50.94	120×12	120×12	130×12	130×12	90×12	90×12	100×12	120×12	130×12
25	3	386.6	65.72	55.86	120×13	130×13	140×13	140×13	90×13	100×13	110×13	120×13	130×13
27	3	459.4	78.10	66.38	130×14	140×14	150×14	150×14	100×14	110×14	120×14	130×14	140×14
30	3.5	560.6	95.30	81.01	150×15	150×15	160×15	170×15	110×15	120×15	130×15	150×15	160×15
33	3.5	693.6	117.91	100.23	160×17	170×17	180×17	180×17	120×17	130×17	140×17	160×17	170×17
36	4	816.7	138.84	118.01	180×180×18	190×18	200×18	200×18	130×18	140×18	150×18	170×18	190×18

注：圆钢拉杆是指螺纹的拉杆。

20.5 钢木桁架下弦节点抵承板选用表

节点抵承板（一）弯矩设计值限值 M　　表 20.5.1

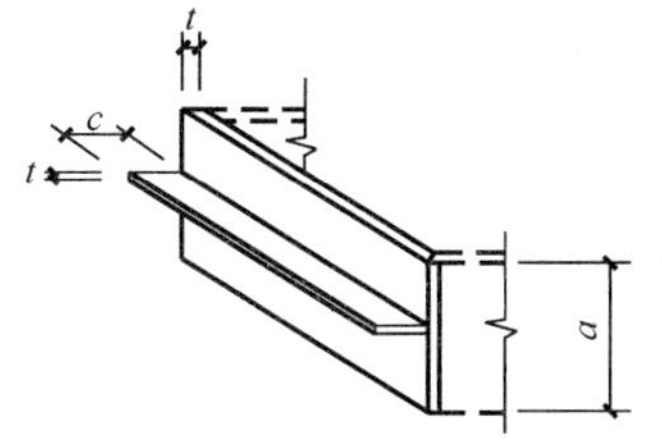

M——弯矩设计值限值

t——钢板厚度

a (mm)	c (mm)	M (kN·m) t=8mm	M (kN·m) t=10mm	a (mm)	c (mm)	M (kN·m) t=8mm	M (kN·m) t=10mm
70	40	0.99	1.31	140	50	1.56	2.04
	50	1.45	1.88		60	2.15	2.79
80	40	1.01	1.33	150	50	1.57	2.06
	50	1.48	1.92		60	2.17	2.81
90	40	1.02	1.35	160	50	1.58	2.07
	50	1.50	1.95		60	2.18	2.82
100	50	1.51	1.97	170	50	1.59	2.08
	60	2.08	2.69		60	2.19	2.84
110	50	1.53	1.99	180	50	1.60	2.09
	60	2.10	2.72		60	2.20	2.85
120	50	1.54	2.01	190	50	1.60	2.10
	60	2.12	2.74		60	2.21	2.87
130	50	1.55	2.03	200	50	1.61	2.11
	60	2.14	2.77		60	2.22	2.88

节点抵承板（二）弯矩设计值限值 M　　表 20.5.2

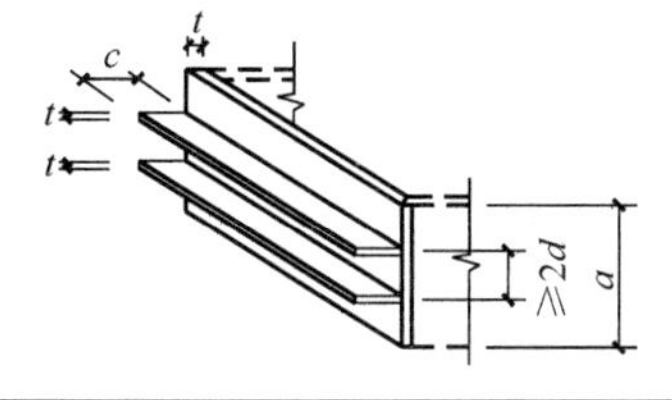

M——弯矩设计值限值

t——钢板厚度

d——下弦拉杆直径

a (mm)	c (mm)	M (kN·m) t=8mm	M (kN·m) t=10mm	a (mm)	c (mm)	M (kN·m) t=8mm	M (kN·m) t=10mm
100	40	1.90	2.49	140	40	1.99	2.61
	50	2.76	3.58		50	2.90	3.77
	60	3.77	4.85		60	3.97	5.12
110	40	1.93	2.53	150	40	2.00	2.64
	50	2.80	3.64		50	2.92	3.80
	60	3.83	4.93		60	4.01	5.17
120	40	1.95	2.56	160	40	2.02	2.66
	50	2.84	3.69		50	2.95	3.84
	60	3.88	5.00		60	4.04	5.22
130	40	1.97	2.59	170	40	2.03	2.68
	50	2.87	3.73		50	2.97	3.87
	60	3.93	5.06		60	4.07	5.26

附录1 常用建筑用材树种名称对照表

常用建筑用材树种名称对照表

树种名称				科别	产地
木结构设计标准用名	标准名称	别名	拉丁名		
柏木	柏木	垂柏、柏香树、扫帚柏	Cupressus funebris Endl	柏科	川、鄂、湘、赣、黔、滇、粤、桂、闽、浙、甘、陕
东北落叶松	落叶松 黄花落叶松	兴安落叶松、意气松 长白落叶松、黄花松	Larix gmelini (Rupr) Rupr. L. olgensis Henry	松科 松科	小兴安岭、黑龙江 长白山、黑龙江
铁杉	铁杉 云南铁杉 丽江铁杉	刺柏	Tsuga chinensis (Franch) Pritz T. dumosa (D. Don) Eicbl T. forrestii Dowine	松科 松科 松科	川、黔、鄂、赣、闽、陕、甘、豫 滇、藏、川 滇
油杉	油松 云南油杉 黄枝油杉	杜松、龙松、罗松、福杉、松柏树 杉松、云南杉松	KeteleeriaFortunei (Murr) Carr. K. evelyniana Mast. K. calcarea. Cheng et L. K. Fu	松科 松科 松科	闽、浙、桂、粤 滇、黔、川 滇、黔、川
鱼鳞云杉	鱼鳞云杉 长白鱼鳞云杉	白松、鱼鳞松、兴安鱼鳞云杉 白松、鱼鳞松	Picea jezoensis var. microsperma (Lindl) cheng et L. K. Fu. P. jezoensis var. Komaro Vii (V. Vassile) Cheng et L. K. Fu.	松科 松科	小兴安岭、牡丹江流域 吉
西南云杉	云杉 麦吊云杉 油麦吊云杉 巴秦云杉 紫果云杉	粗云杉、脂木 麦吊杉、狗尾松 油麦吊杉、米条云杉 细叶云杉、大果青杆 油松、紫拇、梓松、白松	Picea ASPERATA Mast. P. brachytyla (Franch.) Pritz P. brachytylavar. complanata (Mast.) Cheng ex Rehd. P. neoveitchii Mast. P. purpurea Mast	松科 松科 松科 松科 松科	川 川、陕、鄂、豫 川、滇 川、鄂 川

续表

树种名称				科别	产地
木结构设计标准用名	标准名称	别名	拉丁名		
油松	油松	红皮松、青松、短叶松、油松	Pinus tabulaeformis Carr.	松科	冀、晋、陕、甘、鲁、豫、川、辽、吉、内蒙古、青、宁
新疆落叶松	新疆落叶松	西伯利亚落叶松	Larix sibirica Leadeb	松科	新
云南松	云南松	滇松、青松、飞松	Dinus yunnanensis Franch	松科	滇、川、藏、黔、桂
马尾松	马尾松	丛树、松木、松柏	Pinus massoniana Lamb	松科	长江流域及其以南各省区、黔、豫、陕、台等省
红皮云杉	红皮云杉	红皮臭、白松	Picea Koraiensis Nakai	松科	大兴安岭、小兴安岭、吉林
丽江云杉	丽江云杉		Picea likiangensis (Franch..) Pritz	松科	滇、川
樟子松	樟子松	蒙古松、海拉尔松	Pinus sylvestris var. mongolica Litv	松科	大兴安岭及内蒙古
西北云杉	云杉 紫果云杉	粗云杉、脂木 油松、紫拇、梓松、白松	Picea asperata Mast. P. Purpurea Mast	松科 松科	青、甘 青、甘
红松	红松 华山松 广东松 台湾五针松 海南五针松	果松、海松、朝鲜松、东北松 果松、青松、马岱松、柯松 粤松、水罗松 葵花松	Pinus Koraiensis. Sieb. et Zucc. P. armandi Franch. P. Kwangtungensis Chun. P. morrisonicola Hay. P. fenzeliana Hand-Mazz	松科 松科 松科 松科 松科	长白山、大、小兴安岭 川、黔、滇、甘、宁、陕、藏、晋、鄂、豫、赣 粤、湘、桂、黔 台 粤、桂
新疆云杉	新疆云杉	西伯利亚云杉	Picea obovata Ledeb	松科	新疆阿尔泰山
杉木	杉木	杉树、江木、杉条	Cunninghamia Lanceolata (Lamb.) Hook	杉科	长江流域及其以南各省区及黔、滇、豫、陕

续表

树种名称				科别	产地
木结构设计标准用名	标准名称	别名	拉丁名		
冷杉	苍山冷杉	塔杉、白泡树	Abies delavayi（Van Tiegh.）Franch	松科	滇、藏、川
	冷　杉	柔毛冷杉	A. ernestii Rehd.	松科	川
	岷江冷杉		A. faxoniana Rehd. et Wils	松科	川、甘
	长苞冷杉		A. georgei Orr	松科	滇、川、藏
	杉松冷杉	辽东冷杉、沙松、白松	A. nephrolepis（Trautv）Maxim	松科	小兴安岭、长白山及辽东
	臭冷杉	臭松	A. nephrolepis（Trautv）Maxim	松科	小兴安岭、长白山及晋、冀
栎　木	麻　栎	橡树、栎、青冈、细皮栎	Qercus acutissima Carr	壳斗科	华东、中南、西南、华北
	槲　栎	橡栎子树、大叶栎紫、细皮青冈	Q. aliena Bl.	壳斗科	皖、赣、浙、湘、鄂、川、滇、苏、冀、甘、辽、桂、黔
	柞　木	柞栎、柞树、蒙古柞	Q. mongolica Fisch etTuroz..	壳斗科	东北、内蒙古、晋、冀、鲁
	小叶栎	细叶栎	Q. chenii Nakai	壳斗科	
	辽东栎	小叶青冈、辽东柞、紫树	Q. liaotungensis Koidz	壳斗科	皖、赣、浙、闽、湘、苏
	枹　栎	大叶青冈、柞木	Q. glandulifera Bl	壳斗科	东北及黄河流域
	栓皮栎	粗皮青冈、软木栎、厚皮木槠、花栎树、粗皮栎	Q. variabilis Bl	壳斗科	滇、桂、川、黔、陕、豫、鲁、中南、华东、华北、西南及辽、陕、甘
椆　木	柄果椆	黑椆、长柄石栎、罗汉柯	Lithocarpus Longipetice-llatus A. Camus	壳斗科	滇、桂、琼
	脚板椆	大脚板、大叶石栎	L. handelianus A. Camus.	壳斗科	琼
	包　椆	包栎树	L. eleistocarpa Rehd. et Wils	壳斗科	川、黔、鄂、粤、桂、赣、皖、陕、滇
	石　栎	柯树、红槠、向槠子、山杜子	L. glabra（Thunb）Rend.	壳斗科	长江流域及其以南各省区
	茸毛椆	毛石栎	L. dealbatus Rehd	壳斗科	滇、黔、川
水曲柳	水曲柳	岑、白蜡树	Fraxinus chinensis Roxb	壳斗科	黄河流域、长江流域及桂、闽、粤、吉、辽等省区

续表

树种名称				科别	产地
木结构设计标准用名	标准名称	别名	拉丁名		
青冈	青冈	大叶青冈、铁槠、甘青	Cyclobalanopsis qlauca (Thunb.) Oerst.	壳斗科	长江流域及其以南各省、滇、台、藏
	小叶青冈	岩青冈	C. gracilis (Rehd et Wils) Cheng et. T. Hong.	壳斗科	湘、桂、鄂、川、闽、赣、浙、皖
	竹叶青冈	竹叶槠、谷椆、谷机椆、竹叶栎	C. bambusacfolia (Hance) Chun	壳斗科	粤、桂
	细叶青冈	竹叶槠、铁槠树、面槠、青栲	C. myrsinaefolia (Bl) Oerst.	壳斗科	长江流域以南及滇粤、琼、桂
	盘克青冈	赤椎、列篮椆、托盘椆、红椆	C. patelliformis (Chun) Chun.	壳斗科	
	滇青冈	青冈	C. glaucaoides Schatt	壳斗科	滇、黔、川
	福建青冈	黄槠、黄丝槠、红槠	C. chungii (Metc.) Chun	壳斗科	闽、粤、桂、赣、湘、滇、川、黔、桂
	黄青冈	黄栎、细叶黄栎、黄椆	C. delavayi (Franch) Schott	壳斗科	
锥栗	红锥	红栲、红柯、栲树	Castanopsis hystrix DC	壳斗科	闽、粤、桂、湘、黔、滇、藏
	米槠	米锥、白锥、锥子小红栲	C. carlesii (Hemsl) Hay	壳斗科	台、闽、浙、赣、琼、桂、湘、鄂、黔
	苦槠	株树、槠树、苦槠子、豆付槠	C. sclerophylla (Lindl.) Schott	壳斗科	除滇、台、琼外,广布长江流域以南及陕
	罗浮锥	罗浮栲、橡木、白锥、白柯	C. fabri Hance	壳斗科	粤、桂、闽、湘、黔、滇、台、赣、浙、皖
	大叶锥	钩栲、大叶槠、鼓粟、大钩栎	C. tibetica Hance	壳斗科	闽、赣、湘、粤、桂、浙、滇、黔、皖、鄂
	栲树	红柯、灰元槠、锥木、红栲	C. fargesii Franch	壳斗科	粤、桂、闽、湘、黔、滇、台、赣、浙、皖、鄂、川
	南岭锥	南岭栲、红柯、柯木、毛栲、银柴、红粟栲	C. fordii Hance	壳斗科	闽、粤、赣、桂、湘、浙
	高山锥	高山栲、白栎、高山栎、白株栎	C. delavayi Franch	壳斗科	滇、黔、川、桂
	吊皮锥		C. kawakamii Hay	壳斗科	粤、桂、闽、赣、湘、皖、鄂
	甜槠	甜锥、酸元槠、槠柴、白口柴	C. eyrei (Champ. ex Benth) Tutch	壳斗科	除滇、琼外,广布长江流域以南

续表

树种名称				科别	产地
木结构设计标准用名	标准名称	别名	拉丁名		
槐木	刺槐	洋槐	Robinia pseudoacaia L	蝶形花科	辽、鲁、苏、皖、豫、陕、甘、宁、晋、浙、鄂、湘、赣、云、黔、川
	槐树	国槐、中槐、豆青槐	Sophora iaponica L	蝶形花科	我国南北普遍栽培
桦木	白桦	粉桦、兴安白桦、桦皮树	Betula platyphylla Suk	桦木科	东北、西北、西南、华北、中南
	硕桦	风桦、千层桦、黄桦	B. costata Trautv	桦木科	黑、吉、辽、冀
	西南桦		B. alnoides Buch-Ham Ex D. don	桦木科	滇、黔、川
	红桦	桦木、红皮桦、紫桦	B. utilis. sinensis Winkl	桦木科	川、甘、陕、宁、青、晋、冀、鄂、豫
	棘皮桦	黑桦、臭桦	B. dahurica Pall	桦木科	内蒙古、黑、吉、辽、晋、冀
乌墨	密脉蒲桃		Syzygium chumianumMerr. et Perry	桃金娘科	琼、桂
木麻黄	木麻黄	驳骨松、番子松	Casuarina equisetifolia L. ex Forst	木麻黄科	粤、闽、桂
柠檬桉	柠檬桉	白树、油桉、避蚊树	Eucalyptus citriodora Hook. f	桃金娘科	粤、闽、台、桂、川
窿缘桉	窿缘桉		E. exserta F Muell	桃金娘科	粤、桂、闽
蓝桉	蓝桉	灰杨柳、有加利、羊草果	E. globules Lab	桃金娘科	南部及西南部
檫木	檫木	梓木、檫树、落木	Sassafras tzumu (Hemsl) Hemsl	樟科	鄂、赣、浙、皖、湘、川、桂、闽、粤、黔、滇、苏
榆木	春榆	白皮榆	Ulmus davidiana var	榆科	东北、华北、西北、东北、
	裂叶榆	大叶榆、青榆、山榆	U. laciniata (Trautv) Mayr	榆科	华北
	大果榆	黄榆、毛榆、山榆	U. macrocarpa llance	榆科	东北、华北及青、甘、陕、鲁、豫、皖、苏
	白榆	榆、榆树	U. pumila L	榆科	东北、华北、西北及川、苏、浙、赣
	榔榆	掉皮榆、秋榆、榔树	U. parvifolia Jacq	榆科	华东、中南及冀、陕、川、黔

续表

树种名称				科别	产地
木结构设计标准用名	标准名称	别名	拉丁名		
臭 椿	臭 椿	白椿、大阳春、樗树	Ailanthus altissima (Mill) Swingle	苦木科	华北、华东、中南、西南及辽南
桤 木	桤 木	水冬瓜	Alnus cremastogyne Burk	桦木科	川、黔、陕、甘、桂、豫
	西南桤木	旱冬瓜、蒙自桤木	A. nepalensis D Don	桦木科	滇、黔、川、藏、桂、黑、吉、辽、鲁
	辽东桤木	水冬瓜、赤杨	A. sibirica Fisch	桦木科	
杨 木	响叶杨	山白杨、风响杨	Populus adenopoda Maxim	杨柳科	华东、华中、西南、中南、西北
	加 杨	加拿大杨	P. Canadensis Moench	杨柳科	华北、华东、中南、西北、东北
	青 杨		P. cathayana Rend	杨柳科	华北、西北及辽、川、豫
	山 杨	响杨	P. davidiana. Dode	杨柳科	华北、西北、东北、华中、西南
	异叶杨	胡杨、胡桐	P. maximowjczii Henry	杨柳科	新、青、甘、内蒙古
	辽 杨			杨柳科	辽、甘、黑、内蒙古、冀、陕
	箭杆杨	电杆杨、插白杨	P. nigra var ihevestinaBean	杨柳科	黄河流域中游及上游、新疆
	清溪杨		P. rotundifolia var duiclouxiana Gombocz	杨柳科	滇、川、黔、陕、豫
	小叶杨	南京白杨	P. simonii Carr	杨柳科	华北、东北、西北、华东、川、陕
	毛白杨	大叶杨	P. tomentosa Carr	杨柳科	西北、华北、华东及辽
	大青杨		P. ussuriensis Kom	杨柳科	小兴安岭、长白山
	新疆杨		P. bolleana Lortunei	杨柳科	陕、甘、新、青、宁
拟赤杨	拟赤杨	豆渣树、水冬瓜冬瓜泡、赤杨叶	Ainiphyllum fortunei (Hemsl) Perk	野茉莉科	长江流域以南各省

附录 2　主要进口木材现场识别要点

1. 针叶树林

（1）南方松（southern pine）

学名：pinus spp

包括海湾油松（pinus elliottii）、长叶松（pinus palustris）、短叶松（pinus echinata）、火炬松（pinus taeda）、湿地松（pinus el—liottii）。

木材特征：边材近白至淡黄、橙白色，心材明显，呈淡红褐或浅褐色。含树脂多，生长轮清晰。海湾油松早材带较宽，短叶松较窄，早晚材过渡急变。薄壁组织及木射线不可见，有纵横向树脂道及明显的树脂气味。木材纹理直但不均匀。

（2）西部落叶松（western larch）

学名：larix accidentalis

木材特征：边材带白或淡红褐色，带宽很少超过 25mm，心材赤褐或淡红褐色。生长轮清晰而均匀，早材带占轮宽 2/3 以上，晚材带狭窄，早晚材过渡急变。薄壁组织不可见，木射线细，仅在径切面上可见不明显的斑纹。有纵横向树脂道，木材无异味，具有油性表面，手感油滑。木材纹理直。

（3）欧洲赤松（scotch pine，Сосна объгкновенная）

学名：pinus sylvestris。

木材特征：边材淡黄色，心材浅褐色，在生材状态下心材边材区别不大，随着木材的干燥，心材颜色逐渐变深，与边材显著不同。生长轮清晰，早晚材界限分明，过渡急变。木射线不可见，有纵横向树脂道，且主要集中在生长轮的晚材部分。木材纹理直。

（4）俄罗斯落叶松（Лиственния）

学名：larix

包括西伯利亚落叶松（larix sibirica）和兴安落叶松（larixdahurica）。

木材特征：边材白色，稍带黄褐色，心材红褐色，边材带窄，心边材界限分明。生长轮清晰，早材淡褐色，晚材深褐色，早晚材过渡急变。薄壁组织及木射线不可见。有纵横向树脂道，但细小且数目不多。

（5）花旗松（douglas fir）

学名：pseudotsuga menziesii

北美花旗松分为北部（含海岸型）与南部两类，北部产的木材强度较高，南部产的木材强度较低，使用时应加注意。

木材特征：边材灰白至淡黄褐色，心材橘黄至浅橘红色，心边材界限分明。在原木截面上可见边材有一白色树脂圈，生长轮清晰，但不均匀，早晚材过渡急变。薄壁组织及木射线不可见。木材纹理直，有松脂香味。

（6）南亚松（merkus pine）

学名：pinus tonkinensis

木材特征：边材黄褐至浅红褐色，心材红褐带紫色。生长轮清晰但不均匀，早晚材区别明显，过渡急变。木射线略可见，有纵横向树脂道。木材光泽好，松脂气味浓，手感油滑。木材纹理直或斜。

（7）北美落叶松（tamarack）

学名：larix laricina

木材特征：边材带白色，狭窄，心材黄褐色（速生材淡红褐色）。生长轮宽而清晰，早材带占轮宽 3/4 以上，早晚材过渡急变。薄壁组织不可见，木射线仅在径面可见细而密不明显的斑纹。有纵横向树脂道。木材略含油质，手感稍润滑，但无气味。木材纹理呈螺旋纹。

（8）西部铁杉（western hemlock）

学名：tsuga heteophylla

木材特征：边材灰白至浅黄褐色，心材色略深，心材边界限不分明。生长轮清晰，且呈波浪状，早材带占轮宽 2/3 以上，晚材呈玫瑰、淡紫或淡红色，且带黑色条纹（也称鸟喙纹）偶有白色斑点，原木近树皮的几个生长轮为白色，早晚材过渡渐变。薄壁组织不可见，木射线仅在径切面可见不显著的细密斑纹，无树脂道。新伐材有酸性气味，木材纹理直而匀。

（9）太平洋银冷杉（pacific silver fir）

学名：abies amabilis

木材特征：较一般冷杉色深，心边材区别不明显。生长轮清晰，早晚材过渡渐变。薄壁组织不可见，木射线在径切面有细而密的不显著斑纹，无树脂道，木材纹理直而匀。

（10）欧洲云杉（Europena spruce，ЕЛв объгкновенная）

学名：picea abies

木材特征：木材呈均匀白色，有时呈淡黄色或淡红色，稍有光泽，心边材区别不明显。生长轮清晰，晚材较早材色深。有纵横向树脂道。木材纹理直，有松脂气味。

（11）海岸松（maritime pine）。

学名：pinus pinastor

木材特征：类似欧洲赤松，但树脂较多。

（12）俄罗斯落叶松（korean pine Кедр корейскин）

学名：pinus koraiensis

木材特征：边材浅红白色，心材淡褐带红色，心边材区别明显，但无清晰的界限。生长轮清晰，早晚材过渡渐变。木射线不可见，有纵横向树脂道，多均匀分布在晚材带。木材纹理直而匀。

（13）新西兰辐射松（New Zealand radiata pine）

学名：pinus radiata D. Don

木材特征：心材介于均匀的浅褐色至深棕色；边材奶白至奶黄色；生长轮清晰；心材较少。

（14）东部云杉（eastern spruce）。

学名：picea spp

包括白云杉（picea glauca）、红云杉（picea rubens）、黑云杉（picea mariana）。

木材特征：心边材无明显区别，色呈白至淡黄褐色，有光泽。生长轮清晰，早材较晚材宽数倍。薄壁组织不可见，有纵横向树脂道。木材纹理直而匀。

（15）东部铁杉（eastern hemlock）

学名：tsuga Canadensis

木材特征：心材淡褐略带淡红色，边材色较浅，心边材无明显区别。生长轮清晰，早材占轮宽的2/3以上，早晚材过渡渐变至急变。薄壁组织不可见，木射线仅在径切面呈细而密不显著的斑纹，无树脂道。木材纹理不匀且常具螺旋纹。

（16）白冷杉（white fir）

学名：abies concolor

木材特征：木材白至黄褐色，其余特征与太平洋银冷杉略同。

（17）西加云杉（sitke spruce）

学名：pices sitchensis

木材特征：边材乳白至淡黄色，心材淡黄至淡紫褐色，心边材区别不明显。生长轮清晰，早材占生长轮的1/2至2/3，早晚材过渡渐变。薄壁组织及木射线不可见，有纵横向树脂道，木材稍有光泽，纹理直而匀，在弦面上常呈凹纹。

（18）北美黄松（ponderosa pine）

学名：pinus ponderose

木材特征：边材近白至淡黄色，带宽（常含80个以上的生长轮），心材微黄至淡红或橙褐色。生长轮不清晰至清晰，早晚材过渡急变。薄壁组织及木射线不可见，有纵横向树脂道，木材纹理直，匀至不匀。

（19）巨冷杉（grand fir）

学名：abies grandis

木材特征：与白冷杉近似。

（20）西伯利亚松（Кедр сибирсрский）

学名：pinus contorta

木材特征：边材近白至淡黄色，心材淡黄至淡黄褐色，心边材颜色相近，难清晰区别。生长轮尚清晰，早晚材过渡急变。薄壁组织不可见，木射线细，有纵横向树脂道。生材有明显的树脂气味，木材纹理直而不匀。

（21）日本柳杉（Japanese cedar）

学名：Cryptomeria japonica

木材特征：边心材的边界清晰，边材近白色，心材呈淡红色至赤褐色。木理清晰通直。散发特殊芳香。

（22）日本扁柏（Japanese cypress）

学名：Chamaecyparis obtusa

木材特征：心材呈淡黄白色、淡红白色，边材呈淡黄白色。纹理精致，有光泽。散发特殊芳香。

（23）日本落叶松（Japanese larch）

学名：Larix kaempferi

木材特征：心材呈褐色，边材呈黄白色。年轮清晰可见，纹理较粗。

(24) 日本库页冷杉 (Todo fir)

学名：Abies sachalinensis

木材特征：边心材的区别不明显，呈白色或淡黄色。早晚材较急，年轮清晰较粗，木材纹理通直。

(25) 日本鱼鳞云杉 (Hokkaido spruce)

学名：Picea jezoensis

木材特征：边心材的区别不明显，呈淡黄色。木材纹理通直。

2. 阔叶树木

(1) 门格里斯木 (mengris)。

学名：koonpassia spp

木材特征：边材白或浅黄色，心材新切面呈浅红至砖红色，久变深橘红色。生长轮不清晰，管孔散生，分布较匀，有侵填体。轴向薄壁组织呈环管束状、似翼状或连续成段的窄带状，木射线可见，在径面呈斑纹，弦面呈波浪。无胞间道，木材有光泽，且有黄褐色条纹，纹理交错间有波状纹。

(2) 卡普木 (山樟，kapur)

学名：dryobalanps spp

木材特征：边材浅黄褐色或略带粉红色，新切面心材为粉红至深红色，久变为红褐、深褐或紫红褐色，心边材区别明显。生长轮不清晰，管孔呈单独体，分布匀，有侵填体。轴向薄壁组织呈傍管状或翼状。木射线少，有径面上的斑纹，弦面上的波痕。有轴向胞间道，呈白色点状、单独或断续的长弦列。木材有光泽，新切面有类似樟木气味，纹理略交错至明显交错。

(3) 沉水稍 (重娑罗双、塞兰甘巴都，selangau batu)

学名：shorea spp 或 hopeas spp

木材特征：材色浅褐至灰黄褐色，久变深褐色，边材色浅，心边材易区别。生长轮不清晰，管孔散生，分布均匀。轴向薄壁组织呈环管束状、翼状或聚翼状，木射线可见，有轴向胞间道，在横截面呈点状或长弦列。木材纹理交错。

(4) 克隆 (克鲁因，keruing)

学名：dipterocarpus spp

木材特征：边材灰褐色至灰黄或紫灰色，心材新切面为紫红色，久变深紫红褐或浅红褐色，心边材区别明显。生长轮不清晰，管孔散生，分布不均，无侵填体，含褐色树胶。轴向薄壁组织呈傍管型、离管型，周边薄壁组织存在于胞间道周围呈翼状，木射线可见，有轴向胞间道，在横截面呈白点状、单独或短弦列 (2～3 个)，偶见长弦列。木材有光泽，在横截面有树胶渗出，纹理直或略交错。

(5) 绿心木 (greenheart)

学名：ocotea rodiaei

木材特征：边材浅黄白色，心材浅黄绿色，有光泽，心边材区别不明显。生长轮不清晰，管孔分布匀，呈单独或 2～3 个径列，含树胶。轴向薄壁组织呈环管束状、环管状或星散状。木射线细色浅，放大镜下见径面斑纹，弦面无波痕，无胞间道。木材纹理直或交错。

（6）紫心木（purpleheart）

学名：peltogyne spp

木材特征：边材白色且有紫色条纹，心材为紫色，心边材区别明显，生长轮略清晰，管孔分布均匀，呈单独间或2～3个径列，偶见树胶。轴向薄壁组织呈翼状、聚翼状，间有断续带状。木射线色浅可见，径面有斑纹，弦面无波痕，无胞间道。木材有光泽，纹理直，间有波纹及交错纹。

（7）孪叶豆（贾托巴木，jatoba）

学名：hymeneae courbaril

木材特征：边材白或浅灰色，略带浅红褐色，心材黄褐至红褐色，有条纹，心边材区别明显。生长轮清晰，管孔分布不匀，呈单独状，含树胶。轴和薄壁组织呈轮界状、翼状或聚翼状，木射线多，径面有显著银光斑纹，弦面无波痕，有胞间道。木材有光泽，纹理直或交错。

（8）塔特布木（tatabu）

学名：diplotropis

木材特征：边材灰白略带黄色，心材浅褐至深褐色，心边材区别明显。生长轮略清晰，管孔分布均匀，呈单独状，轴向薄壁组织呈环管束状、聚翼状连接成断续窄带。木射线略细，径面有斑纹，弦面无波痕，无胞间道。木材光泽弱，手触有腊质感，纹理直或不规则。

（9）达荷玛木（dahoma）

学名：piptadeniastrum africanum

木材特征：边材灰白色，心材浅黄灰褐至黄褐色，心边材区别明显。生长轮清晰。管孔呈单独或2～4个径列，有树胶。轴向薄壁组织呈不连续的轮界状、管束状、翼状和聚翼状；木射线细但可见。木材新切面有难闻的气味，纹理较直或交错。

（10）萨佩莱木（sapele）

学名：entandrophragma cylindricum

木材特征：边材、浅黄或灰白色，心材为深红或深紫色，心边材区别明显。生长轮清晰，管孔呈单独、短径列、径列或斜径列。薄壁组织呈轮界状、环管状或宽带状，木射线细不明显，径面有规则的条状花纹或断续短条纹，木材具有香椿似的气味，纹理交错。

（11）苦油树（安迪罗巴，andiroba）

学名：carapa guianensis

木材特征：木材深褐至黑褐色，心材较边材略深，心边材区别不明显。生长轮清晰，管孔分布较匀，呈单独或2～3个径列，含深色侵填体。轴向薄壁组织呈环管状或轮界状，木射线略多，径面有斑纹，弦面无波痕，无胞间道。木材径面有光泽，纹理直或略交错。

（12）毛罗藤黄（曼尼巴利，manniballi）

学名：moronbea coccinea

木材特征：边材浅黄色，心材深黄或黄褐色，心边材区别略明显。生长轮略清晰，管孔分布不甚均匀，呈单独、间或二至数个径列，含树胶。轴向薄壁组织呈同心带状或环管状，木射线略细，径面有斑纹，弦面无波痕，无胞间道。木材有光泽，加工时有微弱热香气，纹理直。

（13）黄梅兰蒂（黄柳桉，yellow meranti）

学名：shorea spp

木材特征：心材浅黄褐或浅褐色带黄，边材新伐时亮黄至浅黄褐色，心边材区别明显。生长轮不清晰，管孔散生，分布颇匀，有侵填体。轴向薄壁组织多，木射线细，有胞间道，在横截面呈白点状长弦列。木材纹理交错。

（14）梅萨瓦木（marsawa）

学名：anisopteia spp

木材特征：边材浅黄色，心材浅褐或淡红色，生材心边材区别不明显，久之心材色变深。生长轮不清晰。管孔呈单独、间或成对状，有侵填体。轴向薄壁组织呈环管状、环管束状或呈散状，木射线色浅可见，径面有斑纹，有胞间道。木材有光泽，纹理直或略交错，有时略有螺旋纹。

（15）红劳罗木（red louro）

学名：ocotea rubra

木材特征：边材黄灰至略带浅红灰色，心材略带浅红褐色至红褐色，心边材区别不明显。生长轮不清晰、管孔分布颇匀，呈单独或2～3个径列，有侵填体。轴向薄壁组织呈环管状、环管束状或翼状，木射线略少，无胞间道。木材略有光泽，纹理直，间有螺旋状。

（16）深红梅兰蒂（深红柳桉，dark red meranti）

学名：shorea spp

木材特征：边材桃红色，心材红至深红色，有时微紫，心边材区别略明显。生长轮不清晰，管孔散生、斜列，分布匀，偶见侵填体。木射线狭窄但可见，有胞间道，在横截面呈白点状长弦列。木材纹理交错。

（17）浅红梅兰蒂（浅红柳桉，light red meranti）

学名：shorea spp

木材特征：心材浅红至浅红褐色，边材色较浅，心边材区别明显。生长轮不清晰，管孔散生、斜列，分布匀，有侵填体。轴向薄壁组织呈傍管型、环管束状及翼状，少数聚翼状。木射线及跑间道同黄梅兰蒂。木材纹理交错。

（18）白梅兰蒂（白柳桉，white meranti）。

学名：shorea spp

木材特征：心材新伐时白色，久变浅黄褐色，边材色浅，心边材区别明显。生长轮不清晰，管孔散生，少数斜列，分布较匀。轴向薄壁组织多，木射线窄，仅见波痕，有胞间道，在横截面呈点状、同心圆或长弦列。木材纹理交错。

（19）巴西红厚壳木（杰卡雷巴，jacareuba）

学名：calophyllum brasiliensis

木材特征：心材红或深红色，有时夹杂暗红色条纹，边材较浅，心边材区别明显。生长轮不清晰，管孔少。轴向薄壁组织呈带状，木射线细，径面上有斑纹，弦面无波痕，无胞间道。木材有光泽，纹理交错。

（20）小叶椴（дипа меJIкоJIистная）

学名：tilia cordata

木材特征：木材白色略带浅红色，心边材区别不明显。生长轮清晰，管孔略小。木射线在径面有斑纹。木材纹理直。

（21）大叶椴（T. plalyphyllos）

材质与小叶椴类似。

注：本手册介绍的识别要点，仅供工程建设单位对物资供应部门声明的树种进行核对使用，所提供的木材树种不明时，则应提请当地林业科研单位进行鉴别。

附录3 我国主要城市木材平衡含水率估计值

我国主要城市木材平衡含水率估计值（%）

城市	月份												
	一	二	三	四	五	六	七	八	九	十	十一	十二	年平均
克山	18.0	16.4	13.5	10.5	9.9	13.3	15.5	15.1	14.9	13.7	14.6	16.1	14.3
齐齐哈尔	16.0	14.6	11.9	9.8	9.4	12.5	13.6	13.1	13.8	12.9	13.5	14.5	12.9
佳木斯	16.0	14.8	13.2	11.0	10.3	13.2	15.1	15.0	14.5	13.0	13.9	14.9	13.7
哈尔滨	17.2	15.1	12.4	10.8	10.1	13.2	15.0	14.5	14.6	14.0	12.3	15.2	13.5
牡丹江	15.8	14.2	12.9	11.1	10.8	13.9	14.5	15.1	14.9	13.7	14.5	16.0	13.9
长春	14.3	13.8	11.7	10.0	10.1	13.8	15.3	15.7	14.0	13.5	13.8	14.6	13.3
四平	15.2	13.7	11.9	10.0	10.4	13.5	15.0	15.3	14.0	13.5	14.2	14.8	13.2
沈阳	14.1	13.1	12.0	10.9	11.4	13.8	15.5	15.6	13.9	14.3	14.2	14.5	13.4
大连	12.6	12.8	12.3	10.6	12.2	14.3	18.3	16.9	14.6	12.5	12.5	12.3	13.0
乌兰浩特	12.5	11.3	9.9	9.1	8.6	11.0	13.0	12.1	11.9	11.1	12.1	12.8	11.2
包头	12.2	11.3	9.6	8.5	8.1	9.4	10.8	12.8	10.8	10.8	11.9	13.4	10.7
乌鲁木齐	16.0	18.8	15.5	14.6	8.5	8.8	8.4	8.0	8.7	11.2	15.9	18.7	12.1
银川	13.6	11.9	10.6	9.2	8.8	9.6	11.1	13.5	12.5	12.5	13.8	14.1	11.8
兰州	13.5	11.3	10.1	9.4	8.9	9.3	10.0	11.4	12.1	12.9	12.2	14.3	11.3
西宁	12.0	10.3	9.7	9.8	10.2	11.1	12.2	13.0	13.0	12.7	11.8	12.8	11.5
西安	13.7	14.2	13.4	13.1	13.0	9.8	13.7	15.0	16.0	15.5	15.5	15.2	14.3
北京	10.3	10.7	10.6	8.5	9.8	11.1	14.7	15.6	12.8	12.2	12.2	10.8	11.4
天津	11.6	12.1	11.6	9.7	10.5	11.9	14.4	15.2	13.2	12.7	13.3	12.1	12.1
太原	12.3	11.6	10.9	9.1	9.3	10.6	12.6	14.5	13.8	12.7	12.8	12.6	11.7
济南	12.3	12.8	11.1	9.0	9.6	9.8	13.4	15.2	12.2	11.0	12.2	12.8	11.7
青岛	13.2	14.0	13.9	13.0	14.9	17.1	20.0	18.3	14.3	12.8	13.1	13.5	14.4
徐州	15.7	14.7	13.3	11.8	12.4	11.6	16.2	16.7	14.0	13.0	13.4	14.4	13.9
南京	14.9	15.7	14.7	13.9	14.3	15.0	17.1	15.4	15.0	14.8	14.5	14.5	14.9
上海	15.8	16.8	16.5	15.5	16.3	17.9	17.5	16.6	15.8	14.7	15.2	15.9	16.0
芜湖	16.9	17.1	17.0	15.1	15.5	16.0	16.5	15.7	15.3	14.8	15.9	16.3	15.8
杭州	16.3	18.0	16.9	16.0	16.4	15.4	15.7	16.3	16.3	16.7	17.0	16.5	16.5
温州	15.9	18.1	19.0	18.4	19.7	19.9	18.0	17.0	17.1	14.9	14.9	15.1	17.3
崇安	14.7	16.5	17.6	16.0	16.7	15.9	14.8	14.3	14.5	13.2	13.9	14.1	15.0
南平	15.8	17.1	16.6	16.3	17.0	16.7	14.8	14.9	15.6	14.9	15.8	16.4	16.1

续表

城市	月份												
	一	二	三	四	五	六	七	八	九	十	十一	十二	年平均
福州	15.1	16.8	17.5	16.5	18.0	17.1	15.5	14.8	15.1	13.5	13.4	14.2	15.6
永安	16.5	17.7	17.0	16.9	17.3	15.1	14.5	14.9	15.9	15.2	16.0	17.7	16.3
厦门	14.5	15.5	16.6	16.4	17.9	18.0	16.5	15.0	14.6	12.6	13.1	13.8	15.2
郑州	13.2	14.0	14.1	11.2	10.6	10.2	14.0	14.6	13.2	12.4	13.4	13.0	12.4
洛阳	12.9	13.5	13.0	11.9	10.6	10.2	13.7	15.9	11.1	12.4	13.2	12.8	12.7
武汉	16.4	16.7	16.0	16.0	15.5	15.2	15.3	15.0	14.5	14.5	14.8	15.3	15.4
宜昌	15.5	14.7	15.7	15.0	15.8	15.0	11.7	11.1	11.2	14.8	14.4	15.6	15.1
长沙	18.0	19.5	19.2	18.1	16.6	15.5	14.2	14.3	14.7	15.3	15.5	16.1	16.5
衡阳	19.0	20.6	19.7	18.9	16.5	15.1	14.1	13.6	15.0	16.7	19.0	17.0	16.9
南昌	16.4	19.3	18.2	17.4	17.0	16.3	14.7	14.1	15.0	14.4	14.7	15.2	16.0
九江	16.0	17.1	16.4	15.7	15.8	16.3	15.3	15.0	15.2	14.7	15.0	15.3	15.8
桂林	13.7	15.4	16.8	15.9	16.0	15.1	14.8	14.8	12.7	12.3	12.6	12.8	14.4
南宁	14.7	16.1	17.4	16.6	15.9	16.2	16.1	16.5	14.8	13.6	13.5	13.6	15.4
广州	13.3	16.0	17.3	17.6	17.6	17.5	16.6	16.1	14.7	13.0	12.4	12.9	15.1
海口	19.2	19.1	17.9	17.6	17.1	16.1	15.7	17.5	18.0	16.9	16.1	17.2	17.3
成都	15.9	16.1	14.4	15.0	14.2	15.2	16.8	16.8	17.5	18.3	17.6	17.4	16.0
雅安	15.2	15.8	15.3	14.7	13.8	14.1	15.6	16.0	17.0	18.3	17.6	17.0	15.7
重庆	17.4	15.4	14.9	14.7	13.8	14.1	15.6	16.0	17.0	18.3	17.6	17.0	15.7
康定	12.8	11.5	12.2	13.2	14.2	16.2	16.1	15.7	16.8	16.6	13.9	12.6	13.9
宜宾	17.0	16.4	15.5	14.9	14.2	15.2	16.2	15.9	17.3	18.7	17.9	17.7	16.3
昌都	9.4	8.8	9.1	9.5	9.9	12.2	12.7	13.3	13.4	11.9	9.8	9.8	10.3
昆明	12.7	11.0	10.7	9.8	12.4	15.2	16.2	16.3	15.7	16.6	15.3	14.9	13.5
贵阳	17.7	16.1	15.3	14.6	15.1	15.0	14.7	15.3	14.9	16.0	15.9	16.1	15.4
拉萨	7.2	7.2	7.6	7.7	7.6	10.2	12.2	12.7	11.9	9.0	7.2	7.8	8.6

附录4　主要树种的木材物理力学性质

主要树种的木材物理力学性质

树种	试材采集地	试验株数	密度（$100kg/m^3$）		干缩系数（%）			顺纹抗压强度（N/mm^2）	抗弯强度（N/mm^2）	抗弯弹性模量（$1000N/mm^2$）	顺纹抗剪强度（N/mm^2）		横纹抗压强度（N/mm^2）				顺纹抗拉强度（N/mm^2）
													局部		全部		
			基本	气干	径向	弦向	体积				径面	弦面	径向	弦向	径向	弦向	
苍山冷杉	云南丽江	6	4.01	4.39	0.217	0.373	0.590	39.7	81.2	10.7	4.9	5.7	4.1	3.7	3.2	3.1	103.3
			8.0	8.2	21.6	16.1	18.3	11.0	14.4	14.2	28.0	31.2	18.1	15.1	20.7	20.1	—
			1.0	0.9	2.8	1.9	2.0	1.2	2.1	2.1	3.4	4.3	2.8	2.4	2.8	2.8	—
黄果冷杉	云南丽江	7	3.55	4.25	0.167	0.315	0.514	38.3	59.7	10.8	4.9	5.1	4.2	4.0	3.0	2.8	81.3
			14.7	14.4	25.1	21.9	25.7	17.4	22.1	22.2	25.0	24.8	25.3	19.8	28.3	27.2	31.7
			1.7	1.7	2.4	2.2	2.5	1.6	2.9	2.9	2.9	3.1	3.3	2.5	3.8	3.7	4.6
冷杉	四川大渡河、青衣江	12	—	4.33	0.174	0.341	0.537	35.5	70.0	10.0	4.9	5.5	3.6	4.4	2.4	3.3	97.3
			—	11.3	31.0	20.5	23.1	12.9	13.4	16.4	29.0	23.5	21.2	31.7	16.2	28.5	23.3
			—	1.0	2.9	1.9	2.1	1.2	1.6	2.0	3.9	3.8	2.4	3.6	1.9	3.4	4.6
巴山冷杉	甘肃洮河	7	3.19	3.91	0.133	0.335	0.488	30.3	59.9	8.2	5.1	6.5	4.1	3.3	3.1	2.1	74.0
			8.4	8.7	26.3	16.4	17.6	11.4	15.8	11.8	16.2	16.2	21.1	17.7	14.8	19.0	24.2
			1.1	1.2	3.5	2.2	2.4	1.5	3.1	2.3	2.7	2.8	3.1	2.6	2.4	3.1	6.2
	陕西太白山	7	3.69	4.65	0.146	0.285	0.443	34.2	62.4	11.3	7.1	8.4	4.6	4.0	3.2	3.7	77.3
			9.7	10.3	23.2	12.7	4.7	10.0	11.3	21.7	11.8	18.3	12.8	11.4	28.3	11.4	12.6
			1.6	1.9	4.5	2.2	0.9	0.9	1.6	3.0	1.3	1.3	1.9	1.8	4.7	1.6	1.6
岷江冷杉	四川墨水、平武、马尔康、金川、理县	31	—	4.47	0.184	0.352	0.550	39.1	72.8	10.9	5.5	5.6	3.8	4.0	2.7	2.5	103.3
			—	11.2	22.6	22.7	17.8	15.2	15.9	15.9	25.5	21.1	23.8	27.2	25.0	31.7	22.5
			—	0.6	1.2	1.2	0.9	0.8	1.0	0.9	1.4	1.2	1.3	1.5	1.6	2.0	1.8

注：表中数据第一行为各项试验的平均值 $\overline{X}$，单位如表头；第二行为变异系数 V（%）；第三行为准确指数 P（%）。

续表

树种	试材采集地	试验株数	密度(100kg/m³)		干缩系数(%)			顺纹抗压强度(N/mm²)	抗弯强度(N/mm²)	抗弯弹性模量(1000N/mm²)	顺纹抗剪强度(N/mm²)		横纹抗压强度(N/mm²)				顺纹抗拉强度(N/mm²)
													局部		全部		
			基本	气干	径向	弦向	体积				径面	弦面	径向	弦向	径向	弦向	
川滇冷杉	云南 丽江	7	3.53 9.6 1.1	4.36 12.2 1.1	0.222 25.2 2.2	0.357 20.2 1.8	0.583 22.6 2.1	38.8 16.2 1.4	71.3 20.0 2.5	11.8 22.7 2.8	4.9 28.8 3.5	6.1 27.2 3.5	5.0 28.3 3.5	4.8 22.0 2.7	3.5 19.7 2.6	3.2 23.0 2.9	98.6 24.0 3.0
长苞冷杉	云南 丽江	5	4.25 11.3 1.4	5.12 11.5 1.0	0.207 21.7 1.9	0.348 17.0 1.4	0.584 18.0 1.7	44.3 12.9 1.7	83.8 15.0 2.5	13.1 15.9 2.7	7.0 16.0 2.0	8.1 21.2 3.0	4.7 22.4 3.0	5.5 25.3 3.2	4.0 20.2 2.6	3.4 25.0 3.2	— — —
杉松冷杉	东北 长白山	12	— — —	3.90 7.5 0.4	0.122 19 1.3	0.300 17.7 1.2	0.437 30.3 1.7	32.6 10.4 0.6	66.4 9.7 1.0	9.3 13.3 1.4	6.2 12.5 1.3	6.5 12.7 1.2	2.8 23.5 1.5	3.6 21.6 1.4	2.0 21.3 2.0	2.5 22.5 2.1	73.6 19.7 2.7
臭冷杉	东北 小兴安岭	18	— — —	3.84 7.2 0.6	0.129 20.9 1.9	0.366 18.6 1.7	0.472 21.2 1.9	33.5 10.2 1.0	65.1 10.4 1.4	9.6 11.8 1.6	5.7 11.6 1.5	6.3 13.2 1.6	3.0 21.0 2.6	3.4 18.8 2.4	2.0 27.6 2.3	2.4 11.4 3.3	78.8 24.2 2.7
	吉林 汪清	9	3.16 8.6 1.1	— — —	0.136 18.4 2.5	0.368 12.4 1.7	0.499 14.4 1.9	32.1 10.8 1.5	67.6 12.8 2.2	9.9 9.1 1.5	5.4 16.1 1.9	5.4 13.9 1.7	3.2 13.9 1.7	3.4 18.7 2.2	2.4 21.0 2.7	2.0 16.5 2.2	95.1 17.4 2.2
柳杉	福建D 永安	6	2.90 13.80 1.9	3.46 13.8 1.9	0.070 30.7 4.3	0.220 17.0 2.4	0.320 15.3 2.1	27.2 17.8 2.4	52.4 21.6 3.0	7.0 20.3 2.8	5.4 18.4 2.6	6.2 12.2 1.7	4.7 21.6 3.0	5.8 29.0 4.1	— — —	— — —	— — —
	福建 永泰	6	— — —	3.41 15.5 1.3	0.092 27.2 2.3	0.244 15.6 1.4	0.357 15.7 1.3	22.6 23.0 2.0	46.9 22.6 2.8	6.4 24.3 3.1	5.2 19.5 2.7	4.3 21.7 3.0	1.7 29.5 3.5	3.1 33.2 3.9	1.2 28.6 3.2	2.0 37.1 4.3	63.1 28.0 4.1
	安徽 休宁	7	2.97 8.6 1.1	3.68 10.1 1.2	0.108 24.1 2.9	0.280 17.9 2.2	0.410 18.5 2.2	28.5 12.7 1.2	53.2 12.5 2.2	8.3 15.4 2.7	5.2 18.1 2.5	5.4 18.2 2.6	2.6 25.7 3.5	2.9 17.8 2.5	2.0 21.3 2.5	2.1 18.1 2.2	49.0 23.9 4.3

续表

树种	试材采集地	试验株数	密度(100kg/m³)		干缩系数(%)			顺纹抗压强度(N/mm²)	抗弯强度(N/mm²)	抗弯弹性模量(1000N/mm²)	顺纹抗剪强度(N/mm²)		横纹抗压强度(N/mm²)				顺纹抗拉强度(N/mm²)
													局部		全部		
			基本	气干	径向	弦向	体积				径面	弦面	径向	弦向	径向	弦向	
杉木	湖南江华	70	—	3.71	0.123	0.277	0.420	37.8	63.8	9.6	4.2	4.9	3.1	3.3	1.8	1.5	77.2
			—	9.8	31.7	24.5	28.8	13.2	17.2	17.4	23.0	21.2	29.9	27.5	27.0	25.8	18.8
			—	0.4	1.9	1.4	1.3	0.6	1.1	1.1	1.2	1.1	1.6	1.5	2.4	2.3	1.9
	湖南洞口、会同贵州锦屏	97	—	3.65	0.138	0.298	0.430	34.1	62.6	9.7	3.5	4.2	2.8	3.0	1.8	1.5	79.1
			—	13.4	29.0	19.1	29.1	18.5	22.9	19.8	31.2	26.0	27.0	31.4	22.5	25.7	25.8
			—	0.6	1.6	1.1	1.2	0.7	1.2	1.1	1.6	1.3	1.2	1.4	1.4	1.6	2.4
	安徽[E]歙县方村	7	3.16	3.94	0.115	0.257	0.391	38.3	73.7	9.4	6.0	6.2	3.8	4.3	2.8	3.2	79.1
			10.4	8.9	23.5	17.5	18.8	15.2	14.5	12.1	23.4	23.0	28.7	25.0	27.6	30.7	21.2
			1.4	1.0	2.6	1.9	2.4	1.8	2.4	2.0	2.8	2.7	3.4	3.0	4.1	4.8	3.7
	安徽[E]歙县坑口	7	3.19	3.76	0.111	0.250	0.381	39.4	74.9	9.6	4.7	5.6	3.4	3.4	2.6	2.0	—
			8.8	9.0	21.6	15.2	15.7	10.9	13.8	9.2	27.3	22.6	20.2	278.8	28.1	29.5	—
			1.1	1.1	2.6	1.8	1.9	1.3	1.7	1.2	3.5	3.1	2.5	3.6	3.6	3.9	—
	安徽[E]舒城	7	2.95	3.53	0.103	0.258	0.380	32.2	60.4	9.5	5.3	6.4	4.0	3.3	3.0	2.4	64.3
			6.8	4.8	18.3	12.2	12.9	10.3	10.2	6.2	24.4	18.6	25.8	17.4	23.9	20.0	16.4
			0.9	0.6	1.9	1.6	1.6	1.3	1.3	0.8	3.3	2.5	3.4	2.3	3.3	2.8	2.9
	安徽[E]岳西	7	2.98	3.55	0.127	0.301	0.453	32.0	60.7	9.3	4.6	6.0	3.6	3.0	2.9	2.2	73.8
			4.4	3.9	22.0	13.6	14.6	8.5	9.4	6.9	19.9	16.5	24.4	18.6	22.2	21.8	12.0
			0.7	0.6	3.3	2.1	2.2	1.3	1.4	1.0	3.0	2.1	3.6	2.7	3.7	3.6	2.4
	江西[E]全南	5	3.0	3.57	0.103	0.246	0.367	35.9	65.2	9.1	5.9	7.2	3.3	3.0	2.4	1.6	—
			3.3	9.0	26.2	19.5	21.3	13.6	12.6	10.7	19.6	19.2	24.5	22.5	20.4	31.4	—
			0.5	1.3	3.8	2.8	3.1	2.1	2.4	2.0	3.7	3.0	3.8	3.6	3.3	5.0	—
	广西[F]大苗山	5	3.08	3.90	0.123	0.268	0.408	38.0	72.5	10.2	5.1	7.5	3.8	3.9	2.3	2.2	72.4
			12.2	12.4	26.8	14.2	17.2	15.4	19.9	15.0	17.6	18.3	35.0	30.6		28.3	21.2
			1.7	1.8	3.9	2.1	2.5	2.0	2.9	2.1	2.8	3.1	4.9	4.3		4.0	3.0

续表

树种	试材采集地	试验株数	密度（100kg/m³）		干缩系数（%）			顺纹抗压强度（N/mm²）	抗弯强度（N/mm²）	抗弯弹性模量（1000N/mm²）	顺纹抗剪强度（N/mm²）		横纹抗压强度（N/mm²）				顺纹抗拉强度（N/mm²）
													局部		全部		
			基本	气干	径向	弦向	体积				径面	弦面	径向	弦向	径向	弦向	
杉木	四川青衣江	10	— — —	4.16 12.2 1.0	0.136 24.3 2.0	0.286 19.2 1.6	0.480 19.8 1.6	36.0 15.8 1.3	68.4 19.2 2.0	9.6 17.2 1.8	6.0 26.8 2.8	5.9 21.7 2.3	3.1 18.5 2.1	3.8 34.1 3.8	2.3 17.4 1.9	2.6 35.9 4.0	83.1 3.2 0.4
	广西[F]南宁	7	2.86 8.7 1.4	3.45 9.3 1.4	0.116 20.9 3.5	0.280 14.0 2.2	0.412 16.0 2.4	34.9 11.4 1.6	65.0 14.3 2.1	9.2 12.9 1.9	6.3 12.2 1.8	7.1 12.1 1.8	2.9 24.0 3.1	2.7 25.2 3.3	1.5 26.5 3.6	13.4 22.1 2.8	67.7 15.2 2.1
	贵州[G]锦屏	6	— — —	3.58 14.5 1.6	0.180 40.2 4.9	0.308 23.7 2.7	0.482 29.0 3.3	35.3 12.6 1.2	50.8 13.1 2.3	6.6 10.0 1.7	4.9 16.1 2.6	6.0 16.3 2.1	3.9 20.7 3.1	3.9 22.3 3.2	2.6 16.5 2.1	2.0 20.8 2.6	68.3 19.2 2.7
	广东[H]乐昌	7	2.60 11.5 2.8	3.20 25.1 4.7	0.100 48.0 4.6	0.260 20.3 2.0	0.370 22.7 3.8	29.7 14.5 2.6	49.9 16.6 2.5	7.6 22.3 3.4	4.6 28.7 3.6	5.3 21.4 2.8	3.0 — —	2.2 26.0 4.2	1.8 27.1 4.9	1.2 28.0 5.0	— — —
	广东[H]怀集	6	3.24 15.0 2.8	3.96 12.1 1.9	0.147 33.0 3.1	0.299 20.6 1.9	0.500 25.6 4.3	41.5 9.4 1.7	68.5 14.3 2.0	9.2 12.6 2.0	5.1 20.0 2.6	4.9 22.4 3.0	3.4 19.8 2.7	3.8 20.2 2.7	2.2 18.4 3.1	2.6 20.0 3.1	76.3 18.8 2.3
冲天柏	云南[A]昆明	5	4.30 6.30 0.9	5.18 5.6 0.8	0.255 21.6 2.7	0.270 32.2 4.4	0.403 21.6 3.0	50.0 11.3 1.4	93.0 12.2 1.6	10.7 17.7 2.3	6.0 26.8 3.4	8.0 24.1 3.9	8.3 14.9 2.2	8.6 15.0 2.2	7.5 16.2 2.4	6.4 11.8 1.8	103.6 23.2 3.5
柏木	湖北崇阳	12	4.92 8.3 0.7	6.00 8.2 0.5	0.127 31.5 2.4	0.180 25.0 1.9	0.320 25.3 2.0	54.3 10.4 0.8	100.5 10.8 1.4	10.2 9.9 1.3	9.6 12.8 1.5	11.1 18.7 1.5	10.7 16.6 1.6	9.6 14.6 1.5	7.9 14.4 1.6	6.7 14.1 1.5	117.1 26.6 4.5
	贵州务川	11	4.55 8.4 1.1	5.34 9.1 1.2	0.141 21.6 2.9	0.208 18.3 2.5	0.375 18.4 2.5	48.1 7.8 1.6	100.1 5.8 1.0	10.0 7.8 1.3	10.2 15.4 2.4	11.7 12.3 2.0	9.6 24.4 3.3	9.7 18.4 2.9	7.4 16.3 2.2	7.3 15.7 2.0	102.4 24.5 3.5

续表

树种	试材采集地	试验株数	密度（100kg/m³）		干缩系数（%）			顺纹抗压强度（N/mm²）	抗弯强度（N/mm²）	抗弯弹性模量（1000N/mm²）	顺纹抗剪强度（N/mm²）		横纹抗压强度（N/mm²）				顺纹抗拉强度（N/mm²）
													局部		全部		
			基本	气干	径向	弦向	体积				径面	弦面	径向	弦向	径向	弦向	
陆均松	海南岛尖峰岭、吊罗山	15	5.34 10.9 0.9	6.43 9.3 0.7	0.179 19.3 1.6	0.286 13.5 1.1	0.486 13.5 1.1	57.9 13.8 1.1	106.6 14.0 1.1	13.5 19.6 1.5	12.6 14.8 1.2	14.2 13.0 1.1	9.5 18.5 1.5	8.7 21.0 1.7	6.9 18.8 1.5	6.0 18.8 1.5	130.2 20.9 1.9
福建柏	福建永泰	6	— — —	4.52 9.3 1.0	0.106 20.8 2.2	0.202 16.3 1.7	0.326 17.2 1.8	34.3 11.4 1.1	76.8 13.8 1.6	9.2 13.2 1.5	6.6 14.4 2.2	7.7 17.0 2.6	5.3 24.3 3.3	5.2 25.2 3.4	4.1 23.2 3.2	3.7 21.5 3.0	101.0 17.5 2.6
黄枝油杉	贵州平塘县	5	5.11 11.7 2.0	6.02 11.6 1.7	0.209 19.1 3.4	0.327 15.3 2.5	0.554 14.4 2.7	40.0 17.7 2.8	96.8 17.8 3.0	10.6 23.2 4.0	10.5 15.2 2.4	9.3 20.2 3.2	6.9	9.9	4.4 24.5 4.1	6230 19.8 3.3	92.7 28.1 3.7
云南油杉	云南广通	6	4.60 10.0 1.2	5.73 9.6 1.2	0.169 18.3 2.2	0.333 13.8 1.7	0.510 14.7 1.8	48.9 13.6 1.7	94.3 14.7 1.8	11.5 16.7 1.9	7.6 9.2 1.2	7.6 10.0 1.4	4.2 18.4 3.0	5.7 17.2 2.8	2.9 22.9 3.7	3.9 23.8 3.9	— — —
云南油杉	贵州威宁	6	3.76 2.8 0.5	4.78 8.2 1.3	0.148 14.2 2.1	0.281 14.2 2.1	0.447 11.9 1.8	40.7 9.8 1.0	80.6 21.4 3.3	10.3 21.2 3.2	8.6 11.2 1.7	8.5 11.7 1.8	5.5 21.5 3.0	6.9 16.6 2.6	4.2 19.4 3.1	4.1 17.3 2.7	74.6 24.6 3.8
油杉	福建永泰	5	— — —	5.52 6.3 0.7	0.185 11.9 1.4	0.301 15.9 1.8	0.510 13.1 1.5	44.6 11.4 1.3	91.1 10.3 1.7	12.6 14.1 2.4	8.1 10.3 1.7	7.0 15.1 2.5	3.3 21.8 3.2	7.2 13.4 2.0	2.4 21.8 3.2	4.6 20.5 3.0	110.0 — —
四川红杉	四川青衣江	7	— — —	4.58 6.6 0.5	0.145 18.6 1.4	0.311 18.3 1.4	0.473 17.5 1.4	39.8 9.3 0.7	76.1 12.4 1.3	10.6 15.9 1.8	6.4 9.5 1.0	6.4 14.2 1.5	3.4 24.5 2.4	6.1 18.4 1.8	2.5 22.0 2.3	3.8 22.7 2.4	95.2 24.8 4.0
黄花落叶松	东北长白山	15	— — —	5.94 10.8 0.6	0.168 17.8 1.7	0.408 14.5 1.3	0.554 17.7 1.0	52.3 14.6 0.8	99.3 14.3 1.2	12.7 18.1 1.6	8.8 13.1 1.1	7.0 18.2 1.5	3.8 28.0 2.1	7.8 22.3 1.7	— — —	— — —	122.6 26.0 2.7

续表

树种	试材采集地	试验株数	密度（100kg/m³）		干缩系数（%）			顺纹抗压强度（N/mm²）	抗弯强度（N/mm²）	抗弯弹性模量（1000N/mm²）	顺纹抗剪强度（N/mm²）		横纹抗压强度（N/mm²）				顺纹抗拉强度（N/mm²）
													局部		全部		
			基本	气干	径向	弦向	体积				径面	弦面	径向	弦向	径向	弦向	
太白红杉	秦岭、太白山	11	4.64	5.30	0.114	0.263	0.398	37.7	65.8	10.4	10.2	10.7	5.7	7.6	4.7	6.0	72.8
			11.1	12.2	—	15.4	12.5	10.1	21.4	23.1	15.1	21.4	17.0	11.2	15.5	14.4	15.7
			1.9	2.2	—	2.8	2.2	1.6	2.8	3.9	1.6	2.4	3.1	1.8	2.5	2.3	2.2
落叶松	东北小兴安岭	19	—	6.41	0.169	0.398	0.588	57.6	113.3	14.5	8.5	6.8	4.6	8.4	—	—	129.9
			—	11.1	21.3	16.3	19.6	16.0	16.5	19.5	15.6	22.0	27.9	24.7	—	—	24.7
			—	0.6	1.6	1.2	1.1	0.9	1.4	1.6	1.1	1.6	2.1	1.9	—	—	2.7
	黑龙江图里河	7	5.28	6.96	0.187	0.408	0.619	52.7	110.6	12.9	9.0	9.4	5.8	7.2	4.3	4.7	131.4
			8.6	13.2	21.1	11.0	11.1	15.8	19.2	18.9	13.4	13.3	33.4	25.3	20.3	25.0	25.1
			1.0	1.9	3.1	1.6	1.6	2.2	2.5	3.5	2.6	2.5	4.7	2.4	2.8	3.3	3.7
新疆落叶松	新疆[f]	5	4.51	5.63	0.162	0.372	0.541	39.0	84.6	10.2	8.7	6.7	3.9	6.1	2.9	3.4	113.0
			7.9	8.9	16.0	11.3	12.2	14.4	10.6	13.6	10.4	15.3	20.4	14.4	21.7	14.6	—
			1.3	1.4	2.5	1.8	1.9	2.3	1.7	2.1	1.5	2.6	3.1	2.2	3.5	2.4	—
红杉	四川平武	7	—	4.52	0.129	0.269	0.416	35.0	70.2	8.8	4.9	5.2	4.4	6.3	3.1	4.4	77.5
			—	9.3	21.7	17.5	17.8	13.8	17.5	21.8	17.3	24.2	22.1	21.8	24.1	18.2	—
			—	1.0	2.4	2.0	2.0	1.7	2.5	3.1	3.0	4.5	3.3	3.4	3.9	2.8	—
	云南[A]丽江	6	4.28	5.19	0.150	0.326	0.485	39.3	80.2	10.1	6.2	6.5	4.1	5.0	3.4	3.5	91.1
			9.1	9.8	23.3	15.3	17.1	16.6	14.5	20.0	21.3	23.8	27.2	20.9	25.9	18.6	21.5
			1.1	1.6	3.3	2.2	2.3	2.2	1.9	2.6	2.9	3.2	4.3	3.2	4.2	3.0	4.6
怒江红杉	云南贡山	6	4.14	5.05	0.138	0.251	0.406	42.5	83.9	8.5	7.6	7.5	5.3	6.2	2.5	3.8	95.2
			7.0	6.7	20.3	23.1	18.5	9.4	12.4	17.8	13.0	16.0	23.1	14.4	22.0	22.7	24.8
			0.8	0.6	1.8	2.0	1.6	0.8	1.5	2.3	1.4	2.0	2.6	1.6	2.3	2.4	4.0
云杉	四川平武、理县、墨水	23	—	4.59	0.173	0.327	0.521	38.6	75.9	10.3	6.1	5.9	3.4	4.5	2.8	2.9	94.0
			—	12.2	19.1	16.2	15.7	14.0	16.5	16.7	22.5	23.6	24.6	30.0	26.5	42.7	26.3
			—	0.4	0.6	0.6	0.8	0.7	1.1	1.1	1.5	1.6	1.6	2.0	2.5	4.1	2.0

续表

树种	试材采集地	试验株数	密度(100kg/m³)		干缩系数(%)			顺纹抗压强度(N/mm²)	抗弯强度(N/mm²)	抗弯弹性模量(1000N/mm²)	顺纹抗剪强度(N/mm²)		横纹抗压强度(N/mm²)				顺纹抗拉强度(N/mm²)
													局部		全部		
			基本	气干	径向	弦向	体积				径面	弦面	径向	弦向	径向	弦向	
云　杉	甘　肃 洮　河	6	2.90 8.6 0.8	3.50 6.8 0.6	0.106 24.5 2.4	0.275 15.6 1.5	0.410 16.8 1.6	25.9 11.2 1.2	54.3 12.5 2.1	6.2 15.5 2.6	5.4 12.9 1.6	5.8 11.8 1.5	3.2 18.3 2.0	3.4 22.0 2.4	2.7 16.3 1.9	2.3 15.4 1.9	67.2 19.3 2.6
	陕　西[B] 秦　岭	5	2.66 8.3 1.1	3.33 7.8 0.9	0.126 19.8 2.4	0.318 12.9 1.6	0.465 12.3 1.6	27.6 10.2 1.4	49.8 10.6 1.5	7.0 14.6 2.1	5.0 11.1 1.6	6.3 19.8 2.8	4.2 17.5 2.5	3.9 10.0 1.4	3.1 24.4 3.5	2.0 23.4 3.3	50.4 18.6 2.8
油　麦 吊云杉	四　川 青衣江	7	— — —	5.00 11.2 1.1	0.192 19.3 1.8	0.305 17.0 1.5	0.521 15.9 1.4	45.9 13.8 1.2	89.1 15.4 2.0	12.2 18.6 2.5	6.7 23.1 3.0	6.4 18.0 2.4	5.0 19.9 2.3	6.4 26.7 2.1	3.6 22.0 2.6	4.3 28.2 3.3	123.1 13.6 3.5
	四　川 大渡河	10	— — —	5.15 11.4 0.9	0.203 20.7 1.7	0.318 16.1 1.3	0.540 16.2 1.3	45.6 15.8 1.2	89.3 15.9 1.6	12.8 18.5 1.8	8.2 18.2 1360	7.2 20.9 2.0	4.6 24.4 2.3	6.3 26.0 2.4	3.5 20.3 1.9	4.2 25.2 2.4	140.7 27.3 3.3
长白鱼鳞 云　　杉	吉林[A] 汪　清	9	3.78 7.7 1.0	4.67 7.4 1.0	0.198 17.7 2.3	0.360 15.0 1.9	0.545 16.7 2.1	38.1 11.0 2.0	89.3 10.8 1.8	12.7 11.9 2.0	6.9 5.7 0.7	6.4 8.0 1.0	4.3 16.3 1.9	5.1 17.3 2.1	2.9 14.2 2.0	3.1 15.6 2.1	135.6 19.2 2.3
红皮云杉	东　　北 小兴安岭	14	— — —	4.17 11.5 0.7	0.136 16.2 1.3	0.319 12.2 1.0	0.484 19.4 1.3	35.2 16.9 1.2	69.9 17.7 1.8	11.1 19.8 2.1	6.2 19.6 1.8	6.2 14.8 1.3	3.6 19.0 1.5	4.4 25.4 2.1	— — —	— — —	96.7 24.6 2.5
	吉　林 汪　清	10	3.52 6.6 0.8	4.35 8.4 1.2	0.142 15.3 1.9	0.315 10.91 1.4	0.455 12.7 1.7	36.0 10.6 1.5	74.7 11.6 2.0	11.0 11.5 2.0	6.4 12.5 2.4	5.7 13.1 1.6	3.9 19.7 2.3	4.5 20.9 2.4	2.7 18.8 2.3	2.7 20.3 2.5	95.6 22.7 2.8
丽江云杉	云　南 丽　江	5	3.60 11.7 1.4	4.41 11.8 2.0	0.177 17.5 2.3	0.305 13.1 1.3	0.496 14.1 1.8	35.2 14.7 1.7	75.4 15.4 2.4	10.1 12.4 1.9	5.4 23.2 3.4	5.5 20.4 3.0	3.2 24.1 3.7	3.7 21.7 3.4	2.7 21.6 3.2	2.5 24.8 2.4	92.3 12.4 2.8

续表

树种	试材采集地	试验株数	密度（100kg/m³）		干缩系数（%）			顺纹抗压强度（N/mm²）	抗弯强度（N/mm²）	抗弯弹性模量（1000N/mm²）	顺纹抗剪强度（N/mm²）		横纹抗压强度（N/mm²）				顺纹抗拉强度（N/mm²）
													局部		全部		
			基本	气干	径向	弦向	体积				径面	弦面	径向	弦向	径向	弦向	
巴秦云杉	四川黑水、平武、理县	17	— — —	4.90 12.5 0.8	0.185 17.7 1.1	0.330 11.2 0.7	0.537 12.8 0.8	38.4 12.5 0.8	80.4 17.6 1.6	11.8 18.2 1.7	7.3 21.0 1.6	7.2 25.1 2.0	4.1 27.2 2.1	5.0 25.9 2.0	2.8 20.8 2.4	3.0 24.4 2.8	108.0 24.0 2.6
紫果云杉	四川平武	23	— — —	4.81 11.2 0.7	0.183 17.6 1.0	0.323 13.8 0.8	0.521 14.2 0.8	43.0 14.0 0.7	82.8 14.5 1.0	11.6 16.5 1.1	5.9 24.1 1.4	6.2 19.7 1.2	4.2 21.0 1.3	5.0 23.2 1.7	3.0 26.4 1.6	2.9 31.6 2.0	113.8 22.2 1.6
	甘肃洮河	7	3.61 8.6 0.9	4.29 7.7 0.8	0.160 13.7 1.4	0.315 13.0 1.3	0.491 13.2 1.4	35.8 10.6 1.1	66.6 14.8 2.2	9.2 10.9 1.6	6.8 16.6 2.2	7.0 16.1 2.4	4.2 18.1 2.2	4.8 18.3 2.2	3.2 16.3 2.1	3.0 16.6 2.1	98.8 15.3 2.8
	青海斑玛	6	3.44 9.5 1.3	4.22 10.1 1.4	0.143 27.8 3.8	0.253 16.3 2.3	0.410 18.4 2.6	32.1 14.1 2.0	63.0 16.9 2.4	9.9 16.8 2.4	8.8 9.4 1.4	8.6 10.8 1.5	6.7 14.3 2.0	7.1 19.0 2.7	4.2 20.9 3.1	4.1 23.1 3.4	61.5 26.9 4.1
天山云杉	新疆	5	3.52 6.5 1.0	4.32 6.2 1.0	0.139 17.3 2.7	0.309 12.0 1.8	0.458 12.0 1.8	32.0 8.8 1.5	62.1 14.4 2.2	8.8 11.0 1.7	6.6 17.9 2.7	7.0 13.5 2.0	6.2 — —	4.3 13.2 2.2	2.9 28.7 4.4	2.6 16.2 2.5	— — —
华山松	贵州威宁	6	4.10 9.7 1.2	4.76 9.4 1.2	0.116 27.1 3.5	0.308 36.3 3.3	0.449 20.9 2.7	36.0 12.2 1.9	64.6 18.2 3.0	8.7 16.4 2.7	6.9 19.7 2.8	7.6 19.8 3.0	4.4 26.2 3.4	4.4 23.2 3.0	3.0 20.2 2.6	2.6 29.0 3.7	87.2 28.0 4.6
	云南丽江	7	4.30 8.8 1.2	5.14 8.4 1.2	0.144 24.3 3.5	0.296 22.3 3.0	0.478 24.7 3.6	40.8 9.0 1.5	69.5 16.4 2.2	11.8 17.1 2.3	6.1 22.0 3.7	5.9 — —	5.0 — —	5.1 — —	3.3 24.4 4.2	3.5 22.8 4.4	96.0 — —
	云南大理	5	3.86 12.4 1.6	4.58 11.4 1.3	0.108 29.0 3.6	0.252 27.8 3.2	0.377 26.0 2.5	25.6 14.2 1.8	62.2 12.8 1.6	9.0 17.2 2.2	5.9 — —	6.4 — —	4.2 25.6 3.4	3.4 30.6 4.7	2.4 24.5 3.2	2.2 18.3 2.4	85.9 21.9 0.5

续表

树种	试材采集地	试验株数	密度（100kg/m³）		干缩系数（%）			顺纹抗压强度（N/mm²）	抗弯强度（N/mm²）	抗弯弹性模量（1000N/mm²）	顺纹抗剪强度（N/mm²）		横纹抗压强度（N/mm²）				顺纹抗拉强度（N/mm²）
													局部		全部		
			基本	气干	径向	弦向	体积				径面	弦面	径向	弦向	径向	弦向	
华山松	陕西凤县	6	3.50	4.30	0.151	0.330	0.498	37.6	59.2	9.2	6.3	6.4	5.6	5.1	2.6	2.6	81.9
			8.6	8.1	25.8	16.1	19.3	10.7	12.4	14.8	9.1	15.2	21.7	23.6	22.6	31.5	19.7
			1.2	1.2	3.6	2.2	2.6	1.6	1.9	2.2	1.3	2.2	3.2	3.5	3.2	4.5	2.6
	湖北秭归	5	—	4.55	0.147	0.375	0.549	31.9	65.5	10.0	5.4	6.3	3.3	2.7	2.7	2.1	106.6
			—	6.2	22.4	18.9	19.1	10.0	10.4	10.4	13.3	14.0	19.0	13.1	12.5	11.4	—
			—	0.7	2.6	2.3	2.3	1.1	1.7	1.7	2.1	2.2	2.8	2.0	2.0	1.8	—
	湖北建始	6	—	4.75	0.142	0.344	0.509	40.9	79.7	11.3	5.2	5.3	4.1	4.1	2.8	2.7	100.1
			—	6.1	21.8	13.4	14.9	9.5	11.8	9.7	15.0	13.7	22.6	15.6	18.6	15.4	24.0
			—	0.6	2.2	1.4	1.6	1.0	1.8	1.5	2.0	1.8	3.1	2.1	2.6	2.1	4.8
高山松	云南丽江	6	4.13	5.09	0.151	0.307	0.495	37.1	77.7	10.7	5.2	5.9	4.1	4.0	3.2	2.8	87.1
			13.1	14.5	25.8	19.9	23.0	20.4	20.1	25.5	19.5	21.5	23.9	28.5	—	24.5	21.43
			1.4	1.8	3.3	2.0	2.8	2.6	2.5	3.2	2.2	2.6	4.0	4.4	—	3.6	3.8
赤松	山东	7	4.34	5.43	0.166	0.299	0.476	36.5	83.2	10.3	8.1	8.1	3.9	5.2	2.7	3.3	—
			7.1	7.9	15.7	10.4	10.5	11.5	11.4	17.0	12.7	15.1	22.5	16.2	—	18.4	—
			1.0	1.2	2.3	1.5	1.5	1.7	2.0	3.0	1.8	2.1	4.5	3.2	—	4.1	—
	吉林安图	6	3.90	4.90	0.168	0.271	0.451	39.8	82.3	9.7	7.2	6.9	4.7	3.8	2.4	2.7	143.0
			8.9	8.5	16.1	9.9	11.8	11.0	13.6	12.7	9.7	9.1	13.8	22.2	25.9	—	11.8
			1.2	1.1	2.0	1.3	1.5	1.3	2.5	2.2	1.4	1.4	1.9	3.0	3.2	—	1.6
湿地松	安徽径县	7	3.59	4.46	0.114	0.197	0.335	31.1	64.7	7.2	8.3	7.8	5.2	5.8	3.8	4.1	69.2
			10.9	11.7	19.6	14.5		14.4	20.1	25.7	15.5	15.6	22.7	23.4	20.0	20.6	25.4
			1.9	1.8	3.2	2.4		2.5	3.6	4.7	2.4	2.4	3.8	4.0	3.5	3.6	4.9
海南五针松（葵花松）	贵州务川	5	3.58	4.19	0.100	0.298	0.373	32.2	63.9	8.9	7.6	7.5	5.1	4.6	3.2	2.8	80.4
			4.8	5.3	17.2	20.9	22.3	8.5	8.0	10.6	8.8	11.6	19.9	20.5	22.8	17.9	17.4
			0.8	0.9	2.8	3.4	3.5	1.5	1.4	1.8	1.3	1.9	3.1	3.2	3.4	2.7	3.2

续表

树种	试材采集地	试验株数	密度(100kg/m³)		干缩系数(%)			顺纹抗压强度(N/mm²)	抗弯强度(N/mm²)	抗弯弹性模量(1000N/mm²)	顺纹抗剪强度(N/mm²)		横纹抗压强度(N/mm²)				顺纹抗拉强度(N/mm²)
													局部		全部		
			基本	气干	径向	弦向	体积				径面	弦面	径向	弦向	径向	弦向	
黄山松	安徽歙县	7	4.40 6.4 0.7	5.47 8.1 1.0	0.175 20.5 2.5	0.299 12.9 1.6	0.507 17.9 2.1	56.5 13.5 1.7	96.2 15.9 2.2	13.6 18.4 2.6	9.6 15.1 1.7	8.8 17.2 2.1	5.4 21.3 2.7	6.6 16.9 2.1	4.0 20.6 2.7	5.0 18.3 2.6	112.5 21.6 3.0
	安徽霍山	7	4.68 7.5 0.9	5.71 6.7 0.7	0.206 17.1 2.1	0.358 10.4 1.3	0.589 11.1 1.4	47.5 12.2 1.5	91.2 16.6 3.0	13.1 13.0 2.3	10.0 19.6 2.5	8.8 21.6 2.7	4.5 17.7 2.2	6.8 16.0 2.0	3.5 18.3 2.7	4.6 10.7 3.2	— — —
	安徽岳西大岗林区	5	3.98 5.3 0.9	4.83 5.8 0.8	0.129 24.0 3.9	0.271 25.1 4.1	0.427 21.5 3.5	35.3 11.9 2.0	83.4 14.0 2.0	10.9 20.0 2.8	7.7 12.8 2.0	8.6 13.8 2.5	5.3 16.7 2.5	5.1 17.0 2.5	3.9 20.5 3.5	3.7 16.6 2.9	93.1 20.7 3.2
	安徽岳西长沟林区	5	4.85 10.5 1.6	4.97 8.7 1.3	0.161 23.6 3.1	0.295 17.3 2.4	0.481 17.5 2.5	48.6 13.2 2.0	103.4 13.8 2.3	13.8 16.3 2.7	10.7 15.2 2.2	9.3 16.0 2.4	5.7 17.5 2.5	7.3 19.2 4248	4.7 22.8 4.0	5.4 14.6 2.6	131.7 23.4 3.9
	河南商城	10	4.57 7.9 1.6	5.61 9.1 1.4	0.178 23.0 3.9	0.321 15.9 2.7	0.553 13.2 2.3	44.5 10.2 1.5	89.0 14.3 2.1	13.1 14.8 2.2	7.9 12.9 1.8	7.4 14.2 1.9	4.6 21.3 3.5	6.0 24.2 3.7	3.1 20.9 3.2	3.4 19.4 3.1	134.4 15.7 3.1
思茅松	云南景东	7	4.87 9.6 1.2	5.94 9.4 0.8	0.206 26.2 2.4	0.337 14.2 1.2	0.568 19.0 1.6	47.2 14.3 1.3	97.7 18.1 2.2	12.3 17.1 2.1	8.0 16.5 2.2	6.8 19.4 3.2	4.5 25.4 3.2	5.8 24.3 2.9	3.8 15.8 2.0	4.3 17.4 2.1	117.7 31.3 4.9
	云南思茅	7	4.20 11.2 1.0	5.16 11.0 0.9	0.145 19.3 1.6	0.303 12.2 1.0	0.462 13.4 1.1	47.2 12.5 1.1	89.9 13.3 1.6	10.6 16.2 1.9	7.5 17.2 1.9	7.5 18.5 2.1	5.0 24.5 2.7	5.2 22.0 2.4	3.2 17.4 1.9	3.3 22.9 2.6	112.1 — —
红松	东北小兴安、岭、长白山	32	— — —	4.40 8.6 0.2	0.122 23.0 1.2	0.321 15.6 0.8	0.459 20.9 0.7	33.4 12.5 0.5	65.3 11.6 0.6	10.0 13.6 0.7	6.3 13.0 0.7	6.9 14.1 0.7	3.7 21.1 1.1	3.8 21.6 1.1	— — —	— — —	98.1 15.8 1.1
广东松	湖南莽山	6	4.29 44.3 2.1	5.01 7.6 1.1	0.131 20.8 3.1	0.270 18.5 2.7	0.409 17.8 2.6	32.0 6.3 0.4	91.7 12.6 1.8	10.1 14.5 2.1	8.1 13.2 1.6	8.0 13.4 1.5	— — —	— — —	4.4 27.8 4.5	6.2 23.4 4.5	98.2 26.4 3.5

续表

树种	试材采集地	试验株数	密度（100kg/m³）基本	密度（100kg/m³）气干	干缩系数（%）径向	干缩系数（%）弦向	干缩系数（%）体积	顺纹抗压强度（N/mm²）	抗弯强度（N/mm²）	抗弯弹性模量（1000N/mm²）	顺纹抗剪强度（N/mm²）径面	顺纹抗剪强度（N/mm²）弦面	横纹抗压强度（N/mm²）局部 径向	横纹抗压强度（N/mm²）局部 弦向	横纹抗压强度（N/mm²）全部 径向	横纹抗压强度（N/mm²）全部 弦向	顺纹抗拉强度（N/mm²）
马尾松	湖南郴县、会同	41	—	5.19	0.152	0.297	0.470	44.4	91.0	12.3	7.5	6.7	4.0	6.6	2.1	3.1	104.9
			—	12.6	24.8	15.4	15.9	17.5	15.4	22.5	17.9	22.0	32.9	29.1	21.2	20.3	25.1
			—	0.4	0.8	0.5	0.5	0.6	0.8	1.2	0.9	1.2	1.5	1.4	2.7	2.5	1.6
	湖南莽山	6	5.10	5.92	0.187	0.327	0.543	36.9	79.4	12.0	9.0	8.4	—	—	4.3	5.7	110.5
			13.9	14.0	19.8	11.6	13.1	7.0	26.2	21.3	11.2	15.6	—	—	21.6	27.9	22.9
			0.7	2.0	2.8	1.6	1.8	0.8	2.6	4.7	1.8	1.2	—	—	3.5	4.5	2.4
	江西武宁	5	3.87	4.76	0.137	0.303	0.508	33.5	76.3	10.5	7.6	7.5	4.0	4.2	2.9	2.4	—
			8.4	7.1	15.3	10.2	9.3	10.0	10.4	15.1	13.0	11.3	18.2	12.2	16.6	14.8	—
			1.5	1.2	2.6	1.7	1.6	1.7	1.7	2.4	2.3	2.0	3.1	3.1	24	2.2	—
	安徽歙县坑口	7	4.50	5.40	0.143	0.258	0.418	45.0	90.1	12.5	8.7	8.5	5.3	5.8	4.3	4.3	—
			9.6	9.6	28.7	20.9	22.7	14.5	16.8	20.9	16.2	13.7	19.5	16.6	19.8	17.7	—
			1.2	1.1	3.4	2.5	2.6	1.7	2.0	2.5	1.9	1.7	2.1	1.9	2.5	2.3	—
	安徽歙县芳村	7	4.33	5.33	0.140	0.270	0.420	40.0	80.7	10.6	7.8	7.6	3.5	3.4	3.2	3.9	99.0
			12.5	12.0	25.8	35.9	28.4	17.5	15.1	25.4	28.1	30.0	14.4	11.9	18.2	17.2	—
			1.6	1.5	3.0	4.2	3.5	2.1	2.6	4.6	3.4	3.7	2.0	1.7	2.2	2.1	—
	广西柳州	6	3.56	4.49	0.123	0.277	0.419	31.4	66.5	8.9	7.4	6.7	4.3	4.1	2.6	2.6	66.8
			13.4	13.1	25.6	17.2	18.0	20.2	24.0	21.4	16.4	14.8	29.8	24.4	24.3	29.6	35.3
			1.8	2.0	3.9	2.7	2.8	2.6	3.8	3.3	2.1	1.8	4.0	3.3	3.3	4.0	4.5
	广东乐昌	7	4.50	5.50	0.160	0.310	0.490	52.5	113.5	16.3	10.2	11.0	—	—	6.1	6.1	130.0
			11.1	11.6	29.0	16.5	19.8	20.0	17.0	29.0	20.0	15.0	—	—	22.0	10.0	27.0
			0.8	0.9	2.1	1.2	1.4	2.0	1.7	2.9	2.2	1.8	—	—	4.3	2.1	3.6
	贵州开阳	6	—	6.48	0.199	0.338	0.587	42.4	78.4	11.9	8.5	7.5	4.2	6.1	2.7	4.0	92.0
			—	10.6	27.0	15.5	16.2	12.2	17.0	17.1	16.9	18.0	26.1	22.0	21.4	25.6	21.7
			—	1.2	3.3	1.9	2.0	1.4	2.8	2.9	2.4	2.7	3.7	3.1	2.8	3.4	2.9

续表

树种	试材采集地	试验株数	密度（100kg/m³）		干缩系数（%）			顺纹抗压强度（N/mm²）	抗弯强度（N/mm²）	抗弯弹性模量（1000N/mm²）	顺纹抗剪强度（N/mm²）		横纹抗压强度（N/mm²）				顺纹抗拉强度（N/mm²）
													局部		全部		
			基本	气干	径向	弦向	体积				径面	弦面	径向	弦向	径向	弦向	
马尾松	贵州锦屏	5	4.29 11.7 1.9	5.20 11.7 1.9	0.163 24.0 3.8	0.324 12.4 2.0	0.512 15.0 2.3	39.2 9.4 1.5	85.6 16.2 3.0	11.2 17.8 3.2	8.3 15.7 2.5	8.4 21.6 3.7	6.0 14.3 2.2	8.1 16.7 2.5	3.4 18.4 3.4	4.3 18.8 3.0	105.4 22.5 3.9
樟子松	黑龙江图里河	10	3.81 10.8 1.4	4.77 7.5 1.1	— — —	— — —	— — —	36.8 11.4 1.5	71.3 10.5 1.5	10.0 9.0 1.3	8.0 8.5 1.2	7.8 9.4 1.4	3.6 11.9 2.3	3.5 15.2 2.8	— — —	— — —	115.1 17.2 2.9
	黑龙江呼玛	12	3.70 7.9 0.9	4.57 10.4 1.4	0.144 15.2 2.2	0.324 8.5 1.2	0.491 9.2 1.3	31.6 16.2 2.4	72.5 16.0 2.1	9.1 17.2 3.0	7.0 11.3 1.8	7.4 13.1 2.0	3.7 21.6 3.0	3.2 19.0 2.6	2.5 21.6 3.0	2.3 18.7 2.6	81.4 18.8 2.2
油松	湖北秭归	12	— — —	5.37 10.4 0.9	0.160 21.2 1.8	0.298 13.1 1.1	0.476 13.6 1.1	42.4 17.7 1.4	88.0 19.9 2.6	11.5 20.5 2.7	6.8 18.4 2.0	6.3 19.2 2.2	4.2 24.8 2.6	5.5 23.8 2.5	3.0 22.2 2.3	3.6 20.2 2.1	120.6 21.6 3.5
	陕西乔山	7	3.60 10.8 7.8	4.32 8.9 1.7	0.112 25.8 4.9	0.301 25.9 4.4	0.416 21.3 3.9	35.3 8.9 1.1	66.0 9.2 1275	9.5 22.4 4.1	7.8 11.6 1.3	8.8 13.6 2.8	5.7 12.8 2.8	6.5 16.3 3.0	4.3 15.6 2.6	4.4 14.8 2.5	74.4 28.1 4.3
黑松	山东	7	4.50 8.7 1.2	5.57 9.2 1.3	0.181 15.5 2.2	0.305 11.5 1.6	0.500 12.2 1.8	36.3 15.7 1.9	84.2 15.3 2.4	10.6 18.4 2.9	8.7 13.1 1.7	8.8 15.1 2.1	4.5 19.1 3.3	4.9 18.4 3.2	3.2 19.0 3.8	3.3 15.4 3.0	— — —
南亚松	海南岛松涛	6	5.30 10.9 1.3	6.56 12.5 1.5	0.210 22.8 2.7	0.297 15.5 1.8	0.529 17.0 2.0	43.7 17.2 2.0	95.3 17.6 2.6	12.3 27.3 4.1	9.9 13.1 1.8	11.1 17.1 2.6	5.9 25.4 3.9	6.5 18.9 2.9	3.5 17.8 3.2	3.7 20.5 3.7	— — —
云南松	云南广通	6	4.70 11.5 1.3	5.88 11.7 1.3	0.196 23.5 2.6	0.404 11.6 1.3	0.612 14.7 1.6	45.5 16.3 2.1	95.3 16.5 1.9	12.9 20.2 2.2	8.1 14.8 1.9	7.7 18.2 2.4	3.4 19.4 3.1	4.8 21.2 3.5	2.4 19.2 3.2	3.2 22.1 3.6	120.5 — —

续表

树种	试材采集地	试验株数	密度(100kg/m³)		干缩系数(%)			顺纹抗压强度(N/mm²)	抗弯强度(N/mm²)	抗弯弹性模量(1000N/mm²)	顺纹抗剪强度(N/mm²)		横纹抗压强度(N/mm²)				顺纹抗拉强度(N/mm²)
													局部		全部		
			基本	气干	径向	弦向	体积				径面	弦面	径向	弦向	径向	弦向	
云南松	云南丽江	7	4.81	5.86	0.186	0.308	0.517	42.8	96.1	14.1	8.4	7.6	5.2	7.3	2.9	4.1	150.6
			10.4	10.1	32.8	23.4	23.4	18.3	18.4	19.0	15.6	17.4	14.9	18.4	27.2	19.4	—
			1.2	1.4	4.3	2.9	2.9	2.4	3.0	3.1	2.4	2.8	2.8	3.3	4.9	3.3	—
	云南南盘江	7	5.09	6.24	0.200	0.347	0.577	48.9	114.3	13.5	8.8	7.5	4.5	6.6	3.5	4.2	123.5
			8.6	8.3	28.0	20.5	21.1	10.2	11.1	17.8	12.3	25.6	24.0	17.1	21.0	18.9	24.9
			0.8	0.6	2.5	1.7	1.7	0.9	1.3	2.0	1.1	2.6	2.7	1.7	2.6	2.1	3.6
	贵州兴义	7	4.71	5.76	0.208	0.348	0.574	49.8	82.5	12.2	8.6	9.8	5.9	7.0	3.2	4.7	109.7
			12.3	12.3	24.0	14.3	15.7	—	17.3	18.0	16.5	13.6	17.7	23.9	19.1	28.7	31.3
			1.7	1.7	3.4	2.0	2.1	—	3.0	3.1	2.5	1.9	2.3	3.1	2.5	3.7	4.8
侧柏	山东	7	5.12	6.18	0.131	0.198	0.344	43.6	89.0	7.6	9.1	11.1	10.8	9.6	8.2	7.0	—
			6.4	6.1	17.6	15.2	15.1	10.1	9.4	10.8	9.7	11.7	17.0	16.2	14.8	13.6	—
			0.7	0.6	1.8	1.6	1.6	1.1	1.1	1.3	1.6	2.1	3.0	2.7	2.7	2.3	—
	安徽萧县	5	5.02	6.12	0.093	0.132	0.249	47.0	97.0	8.6	12.5	15.1	11.1	9.5	8.4	7.2	84.5
			12.7	14.2	21.5	19.7	27.3	15.7	13.8	13.8	16.9	18.2	16.2	16.8	14.8	12.2	26.3
			2.2	2.0	3.0	2.8	3.9	2.2	2.7	2.7	2.9	3.3	2.5	2.7	2.7	2.4	4.7
鸡毛松	广西大苗山	6	—	5.10	0.139	0.240	0.402	34.7	82.5	9.5	9.2	11.1	6.1	6.0	4.5	3.5	90.0
			—	13.7	22.3	23.3	17.9	11.7	14.0	15.2	18.3	18.1	20.6	2314	26.0	34.8	21.2
			—	1.8	2.9	2.9	2.2	1.8	2.1	2.3	2.6	2.7	2.9	3.7	3.4	4.7	3.3
	海南岛尖峰岭、吊罗山	13	4.29	5.22	0.155	0.247	0.436	49.2	92.4	12.3	9.9	11.4	6.2	5.8	4.3	3.9	129.5
			11.8	10.1	22.4	18.1	16.5	12.0	14.0	19.7	17.0	14.2	19.6	21.6	21.3	22.8	20.7
			0.9	0.8	1.7	1.4	1.3	1.0	1.0	1.5	1.3	1.1	1.5	1.7	1.7	1.8	1.8
竹柏	福建来舟	5	4.19	5.29	0.110	0.250	0.390	45.1	78.7	7.9	11.4	14.4	12.0	9.8	—	—	—
			9.4	9.7	20.6	14.2	11.5	11.2	19.6	15.2	11.8	8.8	15.8	18.3	—	—	—
			1.2	1.4	2.3	1.6	1.3	1.5	2.4	1.9	2.3	1.7	2.1	2.4	—	—	—

续表

树种	试材采集地	试验株数	密度(100kg/m³)		干缩系数(%)			顺纹抗压强度(N/mm²)	抗弯强度(N/mm²)	抗弯弹性模量(1000N/mm²)	顺纹抗剪强度(N/mm²)		横纹抗压强度(N/mm²)				顺纹抗拉强度(N/mm²)
													局部		全部		
			基本	气干	径向	弦向	体积				径面	弦面	径向	弦向	径向	弦向	
金钱松	湖北利川	6	4.05	4.91	0.157	0.276	0.448	35.7	76.0	10.3	7.7	5.8	2.8	5.6	2.3	3.9	104.9
			6.3	6.1	10.6	8.6	9.6	7.8	8.6	8.9	11.3	13.6	22.9	14.4	15.5	14.3	11.6
			0.6	0.6	1.0	0.8	0.9	0.7	1.1	1.2	1.5	1.4	2.9	1.9	2.0	1.8	1.9
	安徽歙县	7	4.24	5.03	0.126	0.275	0.431	46.5	84.3	10.8	8.8	7.6	4.7	7.3	3.1	4.7	94.4
			7.3	7.2	33.4	23.1	17.4	15.4	14.3	15.0	28.0	25.1	19.3	17.0	17.8	24.6	20.2
			0.9	0.9	4.4	3.0	2.2	2.1	2.7	2.7	3.6	3.3	2.6	2.2	2.7	3.7	3.6
黄杉	云南宜威	6	4.70	5.82	0.176	0.283	0.468	47.5	96.3	11.9	9.0	8.5	4.4	6.9	3.4	4.9	126.6
			8.9	8.4	14.8	12.0	11.8	7.7	10.4	13.7	14.4	21.9	23.6	18.2	29.7	20.5	—
			1.1	1.1	1.9	1.5	1.5	1.0	1.3	1.7	1.9	3.1	3.8	3.0	4.7	3.3	—
圆柏	浙江昌化	8	5.13	6.09	0.140	0.190	0.350	47.8	79.2	8.3	8.7	10.0	18.8	16.0	—	—	—
			8.0	7.7	20.1	14.8	14.8	12.6	10.0	20.8	—	—	20.9	15.0	—	—	—
			1.2	1.1	3.0	2.2	2.2	2.0	2.6	2.8	—	—	3.6	2.6	—	—	—
秃杉	云南腾冲	5	2.95	3.58	0.106	0.277	0.417	26.2	48.0	6.3	2.7	41	4.4	4.3	3.4	2.3	79.2
			10.5	10.1	22.6	17.0	17.8	12.2	18.3	15.9	25.6	25.9	—	32.8	31.4	40.3	19.5
			1.4	1.4	2.8	2.2	2.2	1.1	2.1	1.9	2.9	2.9	—	4.9	3.9	5.0	2.2
铁杉	四川青衣江	14	—	5.11	0.149	0.273	0.439	46.3	91.5	11.3	9.2	8.3	3.8	6.1	3.2	3.6	117.8
			—	7.6	19.5	15.0	13.9	15.9	18.8	24.1	14.6	17.1	23.0	21.6	23.6	27.1	25.3
			—	0.7	1.9	1.4	1.3	1.5	2.0	2.6	1.6	1.7	2.5	2.3	2.8	3.1	2.8
	湖北宜昌	12	—	5.08	0.157	0.288	0.464	40.0	82.7	10.5	7.7	6.4	3.5	6.1	2.7	3.8	106.2
			—	7.5	16.6	14.6	12.9	10.6	13.8	9.7	14.3	15.6	23.5	17.3	21.5	20.1	25.6
			—	0.6	1.3	1.0	1.1	0.9	1.7	1.2	1.6	1.8	2.5	1.9	2.4	2.3	3.0
	湖南莽山	7	4.60	5.60	0.190	0.290	0.500	50.4	106.7	13.7	11.0	8.8	4.0	5.0	2.8	5.0	103.4
			6.5	4.6	21.1	27.0	15.4	9.9	9.0	21.7	12.4	15.9	19.4	15.7	19.6	25.0	25.6
			1.6	1.1	2.1	2.4	2.4	1.8	1.9	3.6	1.3	2.0	3.1	2.4	3.7	5.0	3.6

续表

树种	试材采集地	试验株数	密度（$100kg/m^3$）		干缩系数（%）			顺纹抗压强度（N/mm^2）	抗弯强度（N/mm^2）	抗弯弹性模量（$1000N/mm^2$）	顺纹抗剪强度（N/mm^2）		横纹抗压强度（N/mm^2）				顺纹抗拉强度（N/mm^2）
													局部		全部		
			基本	气干	径向	弦向	体积				径面	弦面	径向	弦向	径向	弦向	
云南铁杉	四川 大渡河、 青衣江、 峨边	17	— — —	4.92 7.3 0.6	0.154 20.1 1.6	0.261 17.6 1.4	0.437 16.5 1.3	43.8 10.6 0.8	76.7 16.5 1.8	10.4 25.3 2.7	8.9 10.5 1.1	8.1 16.0 1.5	3.8 21.2 2.0	6.6 24.3 2.3	2.6 18.1 1.8	3.9 21.5 2.2	89.0 30.8 3.6
	云南 丽江	14	3.77 9.4 1.1	4.49 8.7 0.9	0.145 22.0 2.4	0.269 12.3 1.3	0.427 9.0 1.3	36.1 11.0 1.3	76.1 14.3 1.8	9.6 17.7 2.2	7.0 20.0 2.2	6.9 22.9 2.7	4.6 21.8 3.2	5.5 16.0 2.3	3.5 16.8 2.2	3.8 19.2 2.6	87.4 22.4 3.3
丽江铁杉	云南 丽江	7	4.66 7.5 0.9	5.64 5.8 0.5	0.178 19.1 1.6	0.300 18.7 1.6	0.495 16.9 1.4	49.3 14.0 1.2	95.9 14.4 1.7	13.1 16.7 2.0	9.8 15.0 1.9	8.6 20.9 2.6	5.6 27.2 4.1	9.3 20.7 2.8	3.8 20.5 4.4	6.0 17.2 2.4	115.2 25.9 3.3
长苞铁杉	湖南 莽山	6	5.42 10.3 0.5	6.61 6.8 0.8	0.215 15.3 1.9	0.310 15.2 1.8	0.538 14.2 1.8	31.6 5.6 0.6	122.7 11.1 1.8	12.8 15.6 2.6	8.7 8.3 0.6	9.6 9.1 0.7	— — —	— — —	4.7 12.8 2.3	10.5 — —	123.5 14.3 1.7
臭椿	北京	7	5.36 6.0 0.6	6.72 6.8 0.7	0.182 13.2 1.4	0.289 12.4 1.3	0.495 11.1 1.2	38.3 10.9 1.3	82.9 12.8 1.4	10.7 16.5 1.9	11.9 18.5 3.7	12.7 12.6 2.2	10.2 9.8 1.5	7.3 11.4 1.8	6.4 15.0 2.4	4.5 16.7 2.8	112.8 — —
	安徽 萧县	5	5.05 6.1 0.9	6.36 4.7 0.8	0.164 10.4 1.8	0.304 9.2 1.6	0.493 7.5 1.3	41.8 6.4 1.1	92.2 10.4 1.4	11.0 — —	12.5 — —	15.0 10.8 2.0	9.1 13.8 2.4	7.5 — —	5.8 13.1 2.4	4.3 20.3 3.5	111.5 — —
	陕西 武功	11	5.31 3.6 0.6	6.59 5.4 1.0	0.162 21.0 3.6	0.280 24.2 4.2	0.449 28.7 5.0	43.2 8.3 1.2	90.1 15.5 2.8	11.5 16.4 3.0	11.5 18.6 2.1	13.4 7.8 1.1	11.3 11.6 2.0	11.4 11.1 1.8	9.3 10.6 1.7	6.1 14.9 2.4	118.2 24.1 4.1

续表

树种	试材采集地	试验株数	密度(100kg/m³)		干缩系数(%)			顺纹抗压强度(N/mm²)	抗弯强度(N/mm²)	抗弯弹性模量(1000N/mm²)	顺纹抗剪强度(N/mm²)		横纹抗压强度(N/mm²)				顺纹抗拉强度(N/mm²)
													局部		全部		
			基本	气干	径向	弦向	体积				径面	弦面	径向	弦向	径向	弦向	
拟赤杨	福建南靖	5	—	4.31	0.117	0.256	0.399	30.5	56.8	8.2	5.6	8.0	6.2	2.8	4.6	2.1	—
			—	7.2	12.0	8.2	9.3	10.0	12.5	12.6	12.7	15.1	17.7	20.2	20.4	22.0	—
			—	1.0	1.5	1.0	1.2	1.3	1.6	1.6	2.2	2.4	2.6	3.0	2.8	3.3	—
	江西武宁	5	3.45	4.35	0.119	0.290	0.414	27.9	62.0	8.1	7.0	9.5	4.6	2.6	3.2	1.9	75.3
			6.6	6.0	9.2	5.7	6.3	7.3	6.8	6.3	11.9	11.8	14.4	11.2	14.4	14.8	18.8
			1.0	0.9	1.3	0.9	0.9	1.1	0.9	0.8	1.9	1.8	2.2	1.7	2.0	1.9	3.1
	广东从化	5	3.73	4.69	0.156	0.284	0.453	33.8	66.8	8.6	5.2	7.2	4.7	2.2	2.9	1.5	80.0
			9.4	9.2	18.6	11.6	13.2	17.0	14.8	15.2	12.2	14.2	21.6	21.9	23.0	25.9	—
			1.0	1.0	2.0	1.3	1.4	1.9	1.8	1.8	2.3	2.0	2.8	2.9	3.1	3.5	—
西南桤木	云南广通	6	4.10	5.03	0.153	0.268	0.441	39.9	76.1	9.8	7.7	9.6	6.5	3.8	4.9	3.0	82.6
			10.4	9.9	13.1	9.0	8.6	13.5	13.4	15.2	13.0	13.5	20.6	18.4	22.5	18.4	—
			1.3	1.2	1.6	1.1	1.1	1.8	1.7	1.9	1.6	1.7	2.9	2.6	3.6	3.0	—
江南桤木	安徽岳西	7	4.37	5.33	0.099	0.289	0.408	36.5	86.5	10.0	8.9	11.7	7.5	4.6	5.8	3.4	87.2
			4.8	4.7	14.1	17.6	15.0	12.0	9.9	10.5	10.4	10.7	17.0	15.1	16.6	14.7	24.5
			0.7	0.8	2.2	2.8	2.4	1.7	1.6	1.7	1.5	1.6	2.7	2.4	3.0	2.7	4.1
华南桦	湖南紫云山	5	6.27	—	0.173	0.218	0.428	51.7	114.0	12.0	17.9	18.5	—	—	—	—	134.7
			8.9	—	29.2	26.7	22.4	15.7	15.3	14.3	13.3	9.9	—	—	—	—	24.4
			1.3	—	2.0	1.9	3.2	1.9	2.4	2.3	1.4	1.1	—	—	—	—	3.0
硕桦	黑龙江带岭	15	—	6.98	0.272	0.333	—	57.8	120.5	14.1	9.6	11.3	8.3	5.1	—	—	—
			—	5.6	11.0	10.2	—	9.9	10.2	7.3	13.7	15.3	12.6	18.0	—	—	—
			—	0.4	0.7	0.9	—	0.6	0.7	0.5	1.6	1.8	1.0	1.5	—	—	—
光皮桦	安徽岳西	5	5.81	7.23	0.243	0.287	0.557	59.4	130.4	14.6	16.3	19.4	12.4	9.6	8.7	6.6	151.0
			5.5	6.5	7.8	5.2	5.7	8.0	10.1	8.9	12.6	11.7	12.2	16.1	15.5	15.4	17.7
			0.7	0.8	1.0	0.7	0.7	1.1	1.5	1.3	1.8	1.7	1.7	2.3	2.5	2.5	2.7

续表

树种	试材采集地	试验株数	密度(100kg/m³)		干缩系数(%)			顺纹抗压强度(N/mm²)	抗弯强度(N/mm²)	抗弯弹性模量(1000N/mm²)	顺纹抗剪强度(N/mm²)		横纹抗压强度(N/mm²)				顺纹抗拉强度(N/mm²)
													局部		全部		
			基本	气干	径向	弦向	体积				径面	弦面	径向	弦向	径向	弦向	
光皮桦	湖南莽山	6	5.70	6.92	0.243	0.274	0.545	—	122.5	12.4	15.2	16.2	—	—	11.9	9.7	112.2
			6.0	3.9	6.6	7.7	5.7	—	11.7	12.9	1.8.5	7.0	—	—	12.4	14.1	16.8
			0.3	0.4	0.4	0.7	0.6	—	1.8	1.9	0.6	0.6	—	—	1.9	2.6	1.8
	贵州荔波县	5	4.85	5.90	0.271	0.335	0.640	41.4	94.8	11.4	9.2	10.1	9.6	7.5	6.3	5.0	132.6
			9.5	11.2	9.6	9.6	8.0	18.8	11.3	12.7	22.6	19.1	19.1	16.8	14.3	13.9	19.7
			1.6	1.8	1.4	1.6	1.3	3.0	1.8	2.1	3.5	3.1	2.8	2.5	2.0	2.0	3.1
西南桦	云南屏边	6	5.30	6.66	0.243	0.274	0.541	53.1	107.9	12.9	11.8	13.4	8.3	6.2	5.7	4.6	—
			9.7	9.9	11.9	9.8	13.5	11.3	13.4	13.2	12.7	14.9	15.8	19.8	12.5	16.7	—
			1.3	1.3	1.6	1.3	1.8	1.5	1.8	1.7	1.7	2.2	2.4	3.1	1.9	2.5	—
香桦	四川大渡河	7	—	7.05	0.235	0.259	0.519	49.1	105.0	12.6	12.2	13.9	12.6	8.6	9.2	6.4	147.8
			—	8.2	10.6	10.8	9.2	11.0	14.7	13.1	—	—	18.2	19.8	14.0	19.1	—
			—	1.3	1.6	1.7	1.4	1.2	1.9	1.7	—	—	2.8	3.0	2.1	3.0	—
白桦	甘肃洮河	9	4.89	6.15	0.188	0.258	0.466	42.6	87.5	9.2	9.6	11.8	8.0	4.8	5.2	3.5	103.5
			7.4	6.8	13.8	10.1	9.6	10.1	—	—	10.3	9.3	13.2	21.2	16.4	18.0	—
			1.2	1.0	2.1	1.5	1.4	1.3	—	—	1.8	1.5	2.0	3.2	2.4	2.6	—
	黑龙江带岭	9	—	6.07	0.227	0.308	—	42.0	87.5	11.2	7.8	10.6	5.2	3.3	—	—	—
			—	4.6	18.5	14.0	—	14.8	9.7	12.1	12.1	10.5	17.2	17.9	—	—	—
			—	0.6	1.8	1.4	—	1.0	1.0	1.2	1.6	1.4	1.7	1.9	—	—	—
	吉林抚松	10	—	5.70	0.262	0.336	0.618	41.3	89.6	11.2	7.4	9.6	6.3	3.6	4.7	2.7	128.6
			—	6.5	13.2	8.9	10.1	11.5	—	—	16.1	17.0	14.3	16.8	11.6	13.4	19.1
			—	0.8	1.7	1.2	1.3	1.4	—	—	2.9	3.1	1.9	2.3	1.5	1.8	3.0
	陕西辛家山	5	5.01	6.34	0.154	0.232	0.399	52.5	95.8	11.5	10.3	12.0	10.9	6.6	8.0	3.5	124.9
			8.2	7.8	25.6	25.0	18.8	11.7	16.1	16.7	11.6	9.7	17.4	19.6	22.1	34.1	16.0
			1.3	1.3	4.2	4.1	3.1	1.7	2.6	2.6	1.6	1.4	2.4	2.8	3.1	4.9	2.2

续表

树种	试材采集地	试验株数	密度(100kg/m³)		干缩系数(%)			顺纹抗压强度(N/mm²)	抗弯强度(N/mm²)	抗弯弹性模量(1000N/mm²)	顺纹抗剪强度(N/mm²)		横纹抗压强度(N/mm²)				顺纹抗拉强度(N/mm²)
													局部		全部		
			基本	气干	径向	弦向	体积				径面	弦面	径向	弦向	径向	弦向	
糙皮桦	广西 大明山	7	6.59 8.3 1.2	8.08 7.0 1.0	0.290 10.1 1.4	0.291 11.7 1.6	0.607 9.6 1.4	76.3 13.3 1.8	147.5 13.4 1.7	17.8 9.8 1.2	16.0 11.2 1.4	18.4 9.9 1.2	13.9 22.9 3.1	13.1 23.6 3.1	9.5 17.4 2.5	8.6 25.2 3.6	157.2 26.9 3.5
红桦	四川岷江、 黑水 理县	11	— — —	5.97 8.0 0.9	0.192 13.6 1.6	0.252 12.0 1.4	0.474 11.9 1.4	45.3 12.0 1.4	92.5 11.3 1.3	10.8 14.3 1.7	9.9 13.6 1.5	11.6 12.4 1.3	7.6 18.0 1.8	4.7 16.8 1.8	4.9 11.0 1.5	3.5 21.0 2.8	150.7 20.4 2.6
	甘肃 洮河	8	5.00 4.7 0.7	6.27 4.8 0.7	0.183 10.9 1.5	0.243 9.5 1.4	0.450 6.9 1.0	44.9 7.8 0.9	101.4 7.6 1.2	10.0 7.8 1.2	11.1 10.8 1.7	13.8 8.0 1.3	9.8 13.4 2.0	6.3 16.5 2.4	6.6 10.1 1.7	4.4 14.7 2.5	121.7 — —
	陕西 辛家山	6	4.96 4.4 0.6	6.10 4.4 0.7	0.196 — —	0.237 — —	0.452 25.9 4.2	46.8 11.8 1.5	96.3 10.3 1.7	12.8 18.6 3.1	11.2 9.2 1.0	13.9 10.0 1.4	12.4 18.0 2.6	6.8 21.4 3.0	7.6 12.8 1.8	5.5 9.0 1.3	132.4 22.6 2.4
南桦木	湖南 紫云山	5	5.37 3.3 0.5	— — —	0.141 16.4 1.2	0.263 18.2 1.2	0.464 16.6 2.3	42.7 13.7 1.6	75.0 — —	11.5 11.7 2.2	10.6 15.5 1.6	11.7 14.1 1.5	— — —	— — —	— — —	— — —	101.2 17.3 2.4
锥栗	安徽 黟县	5	5.36 8.6 1.2	6.34 7.9 1.2	0.141 9.1 3.0	0.248 20.6 3.2	0.407 18.7 2.9	52.5 16.7 2.1	101.1 — —	11.9 — —	8.7 22.9 3.4	10.5 23.6 3.6	8.7 25.7 3.7	7.7 27.4 4.1	5.5 17.5 2.6	4.2 22.5 3.5	97.5 23.7 4.3
米槠	广东 乳源	6	4.49 9.8 1.2	5.48 10.0 1.2	0.146 11.6 1.4	0.301 8.6 1.1	0.465 7.1 0.9	38.7 10.1 1.4	83.1 14.7 1.9	10.9 11.5 1.5	7.2 15.4 2.2	9.4 18.7 2.7	6.4 23.4 3.8	4.2 19.6 3.1	4.8 18.6 3.1	2.7 16.1 2.7	110.5 — —
	浙江 龙泉	6	4.13 9.0 1.4	5.01 9.6 1.5	0.130 17.2 2.5	0.260 9.4 1.4	0.410 9.1 1.3	38.7 10.7 1.4	74.2 20.6 2.7	9.6 22.6 3.0	6.2 13.0 1.9	8.1 16.2 2.4	10.8 16.3 2.1	7.2 18.8 2.4	— — —	— — —	118.9 9.1 3.0

续表

树种	试材采集地	试验株数	密度（100kg/m³）		干缩系数（%）			顺纹抗压强度（N/mm²）	抗弯强度（N/mm²）	抗弯弹性模量（1000N/mm²）	顺纹抗剪强度（N/mm²）		横纹抗压强度（N/mm²）				顺纹抗拉强度（N/mm²）
													局部		全部		
			基本	气干	径向	弦向	体积				径面	弦面	径向	弦向	径向	弦向	
米槠	福建永安	5	—	5.91	0.150	0.300	0.510	50.1	93.1	13.0	8.8	10.6	11.0	7.7	—	—	—
			—	12.0	17.6	10.0	10.6	13.2	14.9	11.3	20.5	16.0	20.9	17.0	—	—	—
			—	1.7	2.3	1.3	1.4	1.8	1.9	1.5	2.8	2.2	2.8	2.3	—	—	—
	贵州惠水	6	5.32	6.45	0.153	0.332	0.512	58.5	107.7	12.7	10.5	11.4	10.3	7.1	6.8	4.7	111.9
			6.8	6.9	19.0	10.0	10.6	9.6	13.1	10.3	16.8	12.8	16.6	19.0	18.7	27.0	22.3
			0.9	0.9	2.5	1.3	1.4	1.3	2.2	1.7	2.2	1.7	2.2	2.5	2.3	3.6	3.5
	福建建瓯	5	—	5.33	0.120	0.292	0.438	37.6	81.8	10.2	7.7	10.3	8.6	3.8	6.6	3.3	88.4
			—	8.8	20.8	7.2	9.4	10.0	11.6	14.8	12.8	12.9	19.3	25.2	15.8	17.6	—
			—	0.9	2.8	0.7	0.9	1.0	1.2	1.6	1.7	1.8	2.6	3.4	2.2	2.4	—
甜槠	湖南莽山	6	5.08	6.17	0.167	0.282	0.472	28.3	105.3	11.3	7.0	7.0	—	—	9.7	6.3	—
			7.2	5.5	—	—	—	5.4	11.3	11.6	16.6	19.1	—	—	11.6	14.3	—
			0.3	1.0	—	—	—	0.5	2.3	2.3	1.9	2.1	—	—	2.2	2.9	—
	湖北利川	7	4.66	5.66	0.179	0.287	0.486	40.0	79.6	10.5	7.0	7.5	5.5	4.2	4.4	3.3	101.7
			6.6	6.9	20.7	14.3	16.7	11.6	10.9	10.9	16.4	19.1	16.8	22.7	13.4	18.5	—
			0.9	1.0	2.8	2.0	2.3	1.5	1.4	1.4	2.6	3.3	2.9	3.9	2.3	3.2	—
	安徽歙县	7	4.63	5.52	0.123	0.257	0.400	38.5	75.0	9.3	8.4	10.1	6.7	4.6	5.3	3.5	73.3
			6.7	6.3	14.6	10.5	11.0	13.7	14.0	14.9	16.4	23.9	17.6	13.2	11.9	13.6	—
			1.0	0.9	2.1	1.5	1.6	1.8	2.1	2.2	2.2	3.4	2.6	1.9	1.8	2.1	—
高山锥	云南广通	6	6.50	8.32	0.199	0.340	0.558	61.1	124.9	14.2	11.7	15.7	12.4	7.4	8.2	5.6	—
			6.3	7.0	13.1	9.7	9.0	8.1	11.5	11.9	8.5	11.5	16.0	14.9	12.3	16.4	—
			0.8	0.9	1.6	1.2	1.1	1.28	1.8	1.8	1.1	1.6	2.7	2.5	2.1	2.9	—
罗浮雕	广东从化	7	4.83	6.01	0.185	0.303	0.508	43.9	91.8	12.1	6.8	8.2	6.9	4.4	4.8	3.3	113.9
			6.6	7.5	19.4	9.2	11.0	11.5	10.3	13.8	13.5	18.0	18.3	17.8	20.4	17.8	—
			0.8	0.8	2.2	1.0	1.2	1.3	1.2	1.6	1.7	2.4	2.3	2.2	3.0	2.4	—

续表

树种	试材采集地	试验株数	密度（100kg/m³）		干缩系数（%）			顺纹抗压强度（N/mm²）	抗弯强度（N/mm²）	抗弯弹性模量（1000N/mm²）	顺纹抗剪强度（N/mm²）		横纹抗压强度（N/mm²） 局部		全部		顺纹抗拉强度（N/mm²）
			基本	气干	径向	弦向	体积				径面	弦面	径向	弦向	径向	弦向	
栲树	福建建瓯	5	—	6.10	0.140	0.283	0.446	43.9	87.1	11.2	7.7	9.6	7.9	5.2	6.0	3.6	—
			—	7.5	13.6	7.1	7.6	7.7	12.7	12.8	13.9	16.1	8.0	12.3	16.2	18.8	—
			—	0.9	1.6	0.8	0.9	0.9	1.6	1.6	2.1	2.5	1.2	1.8	2.3	2.8	—
	江西全南	6	4.63	5.71	0.126	0.278	0.425	47.8	97.0	11.9	10.0	11.8	8.5	5.3	5.9	4.0	—
			5.6	7.9	15.1	6.5	7.5	7.7	8.6	10.0	13.3	18.2	19.1	24.2	22.7	—	—
			0.9	1.3	2.5	1.1	1.3	1.3	1.6	1.8	2.4	3.2	3.4	4.4	4.0	—	—
	安徽东至	5	4.60	5.50	0.125	0.270	0.416	42.3	89.1	11.0	9.9	11.3	6.6	4.7	4.4	3.2	—
			8.3	10.5	17.6	10.0	9.6	9.8	9.8	10.2	10.9	13.1	—	—	16.5	15.5	—
			1.4	1.5	2.4	1.4	1.3	1.8	1.5	2.1	2.2	2.4	—	—	3.0	2.8	—
	广东乳源	5	4.88	6.02	0.165	0.311	0.488	43.8	90.2	11.9	7.5	10.0	8.4	5.1	6.2	3.8	98.5
			8.6	8.8	10.9	6.1	6.8	13.1	12.5	12.9	12.6	12.4	13.6	13.8	18.3	13.9	—
			1.0	1.1	1.3	0.8	0.8	1065	1.5	1.6	1.7	1.6	2.0	2.0	2.8	2.1	—
苦槠	福建	6	—	5.95	0.143	0.23	0.392	42.5	84.4	9.0	8.2	8.9	7.4	5.0	5.2	3.4	77.2
			—	11.4	16.8	11.2	12.2	13.6	16.8	20.0	16.7	20.8	22.7	25.8	14.9	23.3	—
			—	1.4	2.0	1.4	1.5	1.8	2.2	2.7	2.8	3.7	4.0	4.4	2.5	4.0	—
	安徽贵池	5	4.28	5.08	0.106	0.188	0.309	33.2	69.0	7.8	8.8	10.4	6.5	4.5	4.8	3.5	61.9
			7.2	8.1	12.2	8.9	8.7	9.8	12.0	15.2	12.0	10.5	12.3	19.0	15.4	17.0	19.9
			1.2	1.4	2.1	1.5	1.5	1.5	1.4	2.4	2.0	1.7	3.1	3.2	2.5	2.8	3.5
	安徽歙县	7	4.45	5.38	0.130	0.214	0.362	41.1	78.6	10.1	9.2	11.1	8.9	6.0	6.8	5.0	72.5
			5.8	6.9	12.3	7.0	10.5	9.7	10.6	13.8	11.7	11.4	14.3	17.3	14.8	13.5	22.2
			0.7	0.9	1.5	0.9	1.3	1.3	1.5	2.0	1.4	1.4	1.9	2.3	2.0	1.9	3.4
	湖南郴县	14	—	5.97	0.133	0.210	0.360	43.2	78.8	9.8	9.3	8.0	7.4	6.6	—	—	—
			—	6.0	21.8	12.4	15.3	11.9	15.8	18.2	12.2	—	—	17.0	—	—	—
			—	0.8	2.9	1.7	2.0	1.8	2.7	3.1	2.1	—	—	2.6	—	—	—

续表

树种	试材采集地	试验株数	密度（$100kg/m^3$）		干缩系数（%）			顺纹抗压强度（N/mm^2）	抗弯强度（N/mm^2）	抗弯弹性模量（$1000N/mm^2$）	顺纹抗剪强度（N/mm^2）		横纹抗压强度（N/mm^2）				顺纹抗拉强度（N/mm^2）
													局部		全部		
			基本	气干	径向	弦向	体积				径面	弦面	径向	弦向	径向	弦向	
红　锥	广　东 从　化	6	5.84	7.33	0.206	0.291	0.515	54.1	100.3	12.4	9.7	11.4	8.0	5.5	6.7	4.3	126.9
			6.2	7.2	11.2	6.5	6.0	7.4	12.5	10.0	15.0	18.1	16.7	23.2	17.3	13.0	—
			0.7	0.8	1.3	0.7	0.7	0.9	1.4	1.1	2.3	2.8	2.4	3.2	2.6	2.0	—
吊皮锥	海南岛 尖峰岭	5	6.27	7.96	0.224	0.305	0.557	64.4	123.4	14.9	12.5	13.9	11.8	9.0	7.2	5.7	116.0
			4.5	5.2	8.5	7.5	6.3	6.2	9.5	7.5	14.9	15.4	13.4	—	—	9.2	—
			0.8	0.9	1.4	1.2	1.0	1.1	1.7	1.4	2.4	2.6	2.3	—	—	1.6	—
南岭锥	浙　江 龙　泉	5	4.50	5.40	0.130	0.270	0.420	42.3	78.8	9.8	10.0	12.6	12.2	8.0	—	—	—
			7.9	7.2	15.7	8.1	8.5	9.8	11.9	12.4	12.0	10.2	14.8	13.8	—	—	—
			1.0	1.2	2.1	1.1	1.1	1.4	1.6	1.6	2.1	1.6	1.9	1.9	—	—	—
大叶锥	福　建 永　泰	5	—	6.22	0.161	0.237	0.420	47.3	93.6	11.6	7.7	8.2	8.1	5.1	5.2	3.8	107.1
			—	5.0	13.7	8.0	10.2	9.08	8.1	6.7	9.5	—	9.9	11.7	13.9	13.5	—
			—	0.6	1.8	1.0	1.3	1.1	1.1	1.0	1.9	—	1.7	2.1	2.5	2.4	—
竹叶青冈	海南岛 吊罗山	8	8.1	10.42	0.194	0.438	0.647	86.7	171.7	17.6	15.2	16.4	21.6	16.5	13.6	10.5	172.0
			3.6	5.4	12.9	11.4	8.8	7.3	14.2	10.8	13.2	12.2	12.3	16.7	12.6	18.1	24.6
			0.4	0.6	1.5	1.4	1.1	0.9	1.8	1.3	1.8	1.6	1.6	2.8	2.0	3.0	4.3
福建青冈	福　建 永　安	7	7.8	—	0.220	0.440	0.680	81.2	159.2	16.7	18.6	23.2	29.2	22.5	—	—	—
			3.9	—	9.1	7.1	4.7	6.3	17.3	11.1	13.2	9.4	12.7	11.5	—	—	—
			0.5	—	1.1	0.8	0.6	0.8	2.2	1.4	2.4	1.5	1.7	1.5	—	—	—
青　冈	安　徽 黟　县	7	7.05	8.92	0.169	0.406	0.598	65.5	144.6	16.6	17.3	21.1	17.8	13.2	10.6	8.5	—
			4.4	4.0	13.6	9.9	9.4	8.7	16.8	11.5	10.5	12.9	19.1	21.8	12.8	14.6	—
			0.6	0.5	1.8	1.3	1.3	1.2	2.6	1.8	1.6	2.0	2.9	3.4	2.1	2.7	—
	云　南 金　平	6	6.83	9.00	0.191	0.438	0.649	58.9	127.0	16.8	13.1	16.8	13.3	8.1	9.3	5.6	—
			4.7	6.2	14.6	8.2	7.2	8.8	9.0	9.8	9.9	7.1	11.3	13.6	14.6	12.4	—
			0.6	0.7	1.6	0.9	0.8	1.1	1.1	1.2	1.2	0.9	1.9	2.2	2.3	1.9	—

续表

树种	试材采集地	试验株数	密度(100kg/m³) 基本	密度(100kg/m³) 气干	干缩系数(%) 径向	干缩系数(%) 弦向	干缩系数(%) 体积	顺纹抗压强度(N/mm²)	抗弯强度(N/mm²)	抗弯弹性模量(1000N/mm²)	顺纹抗剪强度(N/mm²) 径面	顺纹抗剪强度(N/mm²) 弦面	横纹抗压强度(N/mm²) 局部 径向	横纹抗压强度(N/mm²) 局部 弦向	横纹抗压强度(N/mm²) 全部 径向	横纹抗压强度(N/mm²) 全部 弦向	顺纹抗拉强度(N/mm²)
滇青冈	云南广通	6	7.38 2.9 0.4	9.89 4.0 0.6	0.182 16.8 2.3	0.464 7.5 1.0	0.670 6.9 1.0	64.6 8.7 1.1	133.6 7.8 1.2	16.7 8.9 1.4	14.9 8.7 1.4	19.7 10.6 1.6	16.0 11.8 2.0	10.1 11.8 2.0	11.0 15.0 2.3	6.9 13.4 1.8	— — —
小叶青冈	安徽歙县	5	7.22 3.9 0.6	9.11 3.0 0.5	0.159 11.3 1.8	0.406 7.4 1.2	0.587 6.6 1.1	67.9 14.0 2.3	141.0 16.3 2.9	16.0 13.1 2.2	18.0 12.1 2.1	21.3 11.2 2.0	18.2 23.2 4.0	14.2 20.8 3.6	11.0 16.2 3.0	8.1 16.4 3.2	— — —
	四川大渡河	5	— — —	8.42 3.1 0.4	0.169 14.8 2.0	0.386 4.9 0.6	0.577 5.9 0.8	56.2 4.8 0.6	118.2 9.7 1.2	13.8 9.7 1.2	12.0 — —	13.9 — —	17.0 10.3 1.7	11.4 10.4 1.8	12.8 — —	8.7 — —	173.5 — —
细叶青冈	安徽黟县	5	7.21 6.1 1.0	8.93 5.8 0.8	0.175 12.6 1.8	0.435 7.1 1.0	0.635 6.3 0.9	64.9 11.4 1.6	142.0 10.8 1.6	16.9 7.1 1.1	17.7 11.2 1.6	21.3 13.7 1.9	16.2 20.3 2.8	12.1 13.9 2.6	11.2 20.9 3.9	8.1 16.5 2.49	142.6 — —
盘壳青冈	海南岛尖峰岭	5	8.39 2.9 0.4	10.78 3.0 0.4	0.216 13.4 2.0	0.454 8.1 1.2	0.680 5.3 0.8	79.7 11.0 1.8	155.0 20.6 2.9	17.6 11.2 1.6	17.6 19.5 3.2	19.9 14.5 2.3	23.0 16.9 2.8	15.5 14.9 2.6	16.4 — —	12.7 11.6 2.1	165.8 — —
柠檬桉	广西宜山	5	7.74 5.3 0.6	9.68 5.5 0.7	0.317 13.2 1.9	0.388 6.51 0.9	0.732 6.3 0.8	64.8 11.0 1.4	145.2 8.8 1.0	19.0 8.4 0.9	13.1 7.5 1.0	15.8 9.1 1.2	18.6 18.6 2.5	14.7 14.2 1.8	11.2 17.7 2.2	7.9 15.4 2.0	151.5 20.7 2.6
窿绝桉	广西南宁	5	6.80 11.0 1.7	8.43 11.6 1.8	0.245 17.6 2.7	0.343 12.1 1.9	0.608 14.5 2.2	81.8 13.4 2.0	124.8 19.3 2.7	14.9 14.1 2.0	14.1 18.0 2.7	14.1 15.4 2.4	13.9 26.0 4.0	10.3 19.6 2.9	8.1 26.7 4.0	7.3 18.8 2.5	108.8 33.8 4.8
蓝桉	云南昆明	5	5.08 — —	7.11 — —	0.224 — —	0.397 — —	0.631 — —	49.6 — —	104.8 13.2 2.2	12.9 14.4 2.4	8.7 15.7 2.0	11.7 13.4 1.7	9.8 20.2 3.4	6.2 13.1 2.2	6.5 18.3 2.3	4.2 19.4 2.4	117.2 20.5 3.3

续表

树种	试材采集地	试验株数	密度（100kg/m³）		干缩系数（%）			顺纹抗压强度（N/mm²）	抗弯强度（N/mm²）	抗弯弹性模量（1000N/mm²）	顺纹抗剪强度（N/mm²）		横纹抗压强度（N/mm²）				顺纹抗拉强度（N/mm²）
													局部		全部		
			基本	气干	径向	弦向	体积				径面	弦面	径向	弦向	径向	弦向	
蓝桉	云南个旧	9	6.35	8.40	0.268	0.351	0.655	60.5	116.4	16.1	13.2	17.2	12.8	10.2	9.7	6.8	125.3
			4.1	4.4	8.6	6.3	6.9	9.7	17.3	13.8	11.4	10.4	13.6	14.0	10.0	15.9	27.2
			0.3	0.2	0.4	0.3	0.5	0.7	1.3	1.0	1.6	1.4	2.3	2.3	1.6	1.0	4.4
	四川西昌	5	5.54	7.76	0.277	0.392	0.594	49.1	93.3	13.8	11.1	14.6	12.2	8.0	8.4	5.4	126.6
			11.4	14.6	17.2	15.2	13.6	18.8	17.1	17.2	18.7	19.0	23.5	28.8	28.3	35.7	24.6
			1.3	1.9	2.2	2.1	1.9	1.8	1.8	1.8	2.2	2.3	3.1	3.8	3.6	4.6	2.5
	贵州关岭	5	6.19	8.01	0.270	0.399	0.700	50.1	112.4	14.0	12.7	14.9	12.4	9.5	8.6	6.1	137.9
			10.5	11.5	20.4	13.0	12.8	13.5	15.9	18.7	14.2	16.0	18.0	19.5	16.8	16.8	20.4
			1.6	2.0	3.6	2.3	2.3	2.2	2.6	3.0	2.3	2.7	2.7	3.2	2.6	2.6	3.5
茸毛椆	云南广通	5	7.00	9.12	0.201	0.175	0.701	63.6	131.9	16.1	14.1	19.6	15.1	9.4	10.3	6.2	—
			5.5	5.3	19.4	7.4	8.0	10.3	12.2	16.8	7.8	6.6	9.9	15.8	10.5	13.1	—
			0.7	0.7	2.5	0.9	1.0	1.5	1.7	2.4	1.1	1.1	1.5	2.6	1.6	2.2	—
水曲柳	东北长白山	8	—	6.86	0.197	0.353	0.577	52.5	118.6	14.6	11.3	10.5	7.6	10.7	—	—	138.7
			—	5.8	10.6	10.5	19.8	13.0	12.1	15.0	10.5	10.4	19.3	19.4	—	—	22.0
			—	0.7	1.3	1.2	2.2	1.6	1.4	1.7	1.2	1.1	1.8	1.9	—	—	2.9
	黑龙江朗乡	5	5.09	6.43	0.171	0.322	0.519	49.8	108.1	12.9	10.5	11.2	7.4	9.1	4.7	6.2	132.3
			5.5	2.2	4.7	3.4	4.0	12.5	10.9	15.7	16.6	9.6	18.4	14.1	19.6	16.2	20.3
			0.8	0.2	0.4	0.3	0.4	1.1	1.2	1.7	1.8	1.0	1.8	1.4	1.7	1.4	2.2
脚板椆	海南岛吊罗山	7	7.26	9.24	0.227	0.401	0.651	75.4	157.2	16.3	13.6	15.6	16.0	11.8	10.8	7.8	161.7
			3.8	4.2	9.7	5.5	6.3	6.4	12.7	12.6	11.0	12.8	10.8	9.4	14.5	13.9	—
			0.5	0.5	1.2	0.7	0.8	0.8	1.6	1.7	1.4	1.7	1.8	1.5	2.4	2.3	—
柄果椆	海南岛尖峰岭	6	5.89	7.30	0.183	0.312	0.528	58.1	100.8	12.5	11.9	14.4	13.2	8.9	8.2	5.7	98.0
			6.1	6.7	12.0	8.6	8.1	8.7	16.4	16.5	14.8	13.4	13.4	10.2	14.2	9.4	—
			0.8	0.8	1.5	1.0	1.0	1.1	2.0	2.0	2.5	2.4	2.3	1.7	2.3	1.5	—

续表

树种	试材采集地	试验株数	密度(100kg/m³)		干缩系数(%)			顺纹抗压强度(N/mm²)	抗弯强度(N/mm²)	抗弯弹性模量(1000N/mm²)	顺纹抗剪强度(N/mm²)		横纹抗压强度(N/mm²)				顺纹抗拉强度(N/mm²)
													局部		全部		
			基本	气干	径向	弦向	体积				径面	弦面	径向	弦向	径向	弦向	
柄果椆	海南岛吊罗山	6	5.70	7.09	0.186	0.307	0.512	55.1	111.3	12.5	11.6	12.0	11.2	7.8	8.0	5.6	139.0
			6.7	7.8	14.5	8.8	10.7	12.2	17.0	14.5	15.5	13.3	12.0	13.4	14.9	19.1	—
			0.8	0.9	1.7	1.0	1.3	1.6	2.2	1.9	2.2	2.1	2.1	2.3	2.6	3.4	—
箭杆杨	陕西渭南	7	3.37	4.17	0.110	0.263	0.383	31.3	62.9	7.8	5.4	7.0	4.0	2.8	3.4	2.1	75.3
			4.2	4.6	10.0	5.7	5.5	5.7	7.0	5.6	7.9	9.8	15.8	9.9	11.1	11.1	—
			4.7	0.5	1.2	0.6	0.6	0.7	1.0	0.8	1.1	1.5	2.5	1.6	1.6	1.7	—
山杨	陕西凤县	5	3.92	4.86	0.162	0.281	0.475	42.7	79.6	11.6	9.5	7.3	6.5	4.9	4.1	2.8	107.0
			12.8	6.2	18.0	12.4	18.9	9.5	7.5	9.0	11.0	8.8	15.2	13.9	15.6	12.3	16.8
			1.8	0.8	2.5	1.7	2.6	1.2	1.1	1.3	1.6	1.2	2.2	2.0	2.2	1.8	2.1
异叶杨	新疆	5	3.88	4.69	0.118	0.290	0.431	29.0	62.6	6.9	6.6	9.0	6.5	3.4	5.1	2.6	—
			3.9	3.8	10.2	4.1	4.6	9.5	8.3	9.4	11.5	16.4	11.0	7.4	12.5	8.3	—
			0.6	0.6	1.6	0.6	0.7	1.4	1.3	1.5	2.2	2.7	1.9	1.7	2.2	1.4	—
清溪杨	云南广通	6	3.90	1.71	0.158	0.288	0.475	34.8	65.0	10.0	6.3	7.8	3.9	2.5	2.8	1.8	89.4
			10.5	10.2	15.8	8.7	9.0	11.4	14.5	10.2	16.1	15.5	16.9	21.7	21.1	19.4	—
			1.3	1.2	1.8	1.0	1.1	1.4	2.1	1.4	2.3	2.1	2.7	3.4	3.2	3.1	—
小叶杨	甘肃洮河	5	3.11	1.17	0.189	0.273	0.432	31.9	60.3	8.1	5.8	7.5	4.1	2.4	3.0	1.8	83.9
			7.0	5.5	12.9	6.6	7.4	9.6	9.6	7.8	7.6	8.9	14.8	15.6	18.1	13.6	—
			1.3	0.7	1.6	0.8	0.9	1.1	1.3	1.0	1.0	1.1	1.8	1.9	2.3	1.7	—
响叶杨	湖南湘西	5	4.30	—	0.061	0.155	0.250	38.7	74.5	—	6.8	7.9	—	—	—	—	94.2
			9.4	—	23.4	10.0	9.8	9.5	11.1	—	18.2	1778	—	—	—	—	19.2
			1.4	—	2.3	1.0	1.4	1.1	1.2	—	1.6	1.6	—	—	—	—	2.1
	安徽东至	5	4.01	4.79	0.129	0.240	0.390	41.1	73.5	9.6	8.1	9.9	6.5	3.8	5.0	2.9	77.6
			7.5	6.3	9.3	7.1	6.9	7.6	7.8	8.6	11.2	10.9	21.2	15.1	17.2	21.0	—
			1.3	1.0	1.5	1.1	1.1	1.2	1.4	1.5	2.2	1.7	3.6	2.7	3.0	3.8	—

续表

树种	试材采集地	试验株数	密度（100kg/m³）		干缩系数（%）			顺纹抗压强度（N/mm²）	抗弯强度（N/mm²）	抗弯弹性模量（1000N/mm²）	顺纹抗剪强度（N/mm²）		横纹抗压强度（N/mm²）				顺纹抗拉强度（N/mm²）
													局部		全部		
			基本	气干	径向	弦向	体积				径面	弦面	径向	弦向	径向	弦向	
响叶杨	贵州天柱	5	4.15 6.0 1.0	5.05 5.0 1.0	0.182 11.0 1.7	0.227 14.4 1.1	0.492 8.1 2.0	45.3 6.7 0.9	87.5 10.8 2.1	11.0 11.2 2.2	7.8 18.4 3.1	8.9 16.2 2.8	5.9 16.1 2.4	4.0 15.2 2.2	5.5 11.7 1.7	4.1 19.4 2.8	98.6 23.2 3.0
新疆杨	新疆	5	4.43 8.4 1.2	5.42 8.1 1.2	0.135 8.1 1.1	0.319 6.0 0.8	0.475 5.5 0.8	37.2 10.7 1.5	73.9 8.6 1.2	9.4 6.7 1.0	7.7 12.9 2.2	11.1 13.9 2.2	6.9 17.3 3.0	4.2 19.9 3.6	5.4 — —	2.7 — —	— — —
加杨	河南郑州	6	3.79 — —	4.58 4.4 0.7	0.141 18.7 3.0	0.268 14.4 2.3	0.430 16.5 2.7	33.6 7.7 0.9	72.9 7.1 1.1	11.4 7.2 1.2	6.7 10.3 1.8	7.9 — —	4.9 — —	2.9 — —	3.7 11.8 2.1	2.2 13.2 2.3	114.3 14.2 2.5
青杨	甘肃武山	5	3.64 6.0 0.7	4.52 6.0 0.8	0.132 11.4 1.4	0.255 7.4 0.9	0.400 7.5 0.9	36.1 7.0 0.9	66.7 8.8 1.2	8.5 7.5 1.1	5.7 8.7 1.2	7.0 14.2 1.9	4.3 21.4 3.2	2.9 13.0 2.0	3.2 20.1 3.3	2.3 11.6 1.9	73.9 — —
	青海	5	2.82 4.9 0.6	3.52 4.3 0.6	0.100 7.0 0.9	0.248 4.4 0.6	0.363 4.7 0.6	26.1 10.1 1.2	48.8 10.4 1.3	6.6 7.2 0.9	4.1 — —	5.8 — —	3.5 16.4 2.3	1.9 16.7 2.4	2.3 14.9 2.4	1.4 14.5 2.2	75.4 — —
小叶杨	青海	5	3.01 5.7 0.8	3.69 4.9 0.6	0.105 9.5 1.1	0.244 7.8 1.0	0.364 7.4 0.9	28.2 8.6 1.1	53.0 7.4 1.1	7.0 9.1 1.3	4.5 — —	6.1 — —	4.2 3.8 1.9	2.1 12.7 1.7	2.9 14.9 2.2	1.7 10.3 1.5	76.0 — —
山杨	黑龙江带岭	5	— — —	3.64 13.4 1.2	0.144 18.4 3.2	0.273 19.0 3.3	— — —	31.3 11.4 1.4	55.9 18.6 2.2	6.0 18.0 2.1	5.0 22.8 4.0	6.7 18.0 2.8	3.3 16.0 2.2	2.3 21.0 3.5	— — —	— — —	— — —
	吉林抚松	7	4.00 9.8 1.3	4.77 10.0 1.4	0.162 5.8 0.8	0.323 17.1 2.4	0.502 11.1 1.6	31.8 11.8 1.6	71.2 — —	12.3 — —	6.5 10.7 1.9	8.3 9.4 1.4	4.7 14.8 1.9	2.8 15.7 2.0	3.0 25.3 3.0	1.9 17.9 2.0	106.7 15.7 2.2

续表

树种	试材采集地	试验株数	密度(100kg/m³)		干缩系数(%)			顺纹抗压强度(N/mm²)	抗弯强度(N/mm²)	抗弯弹性模量(1000N/mm²)	顺纹抗剪强度(N/mm²)		横纹抗压强度(N/mm²)				顺纹抗拉强度(N/mm²)
													局部		全部		
			基本	气干	径向	弦向	体积				径面	弦面	径向	弦向	径向	弦向	
毛白杨	北京海淀	5	4.33	5.25	0.142	0.289	0.458	39.0	78.6	10.4	7.5	9.6	6.2	3.5	5.2	2.8	93.5
			6.2	6.1	11.3	6.2	6.6	6.1	7.5	9.7	10.4	10.0	13.6	13.6	11.4	10.6	—
			0.6	0.6	1.1	0.6	0.7	0.7	0.8	1.0	1.5	1.4	2.1	2.1	1.8	1.8	—
	河南郑州	7	4.09	5.02	0.131	0.285	0.432	40.1	76.3	9.4	7.6	10.1	7.6	3.8	4.9	2.6	—
			4.4	5.2	8.4	6.0	5.3	6.8	8.2	6.0	8.5	8.8	15.5	14.4	16.6	14.8	—
			0.7	0.8	1.4	1.0	0.9	0.8	1.2	0.8	1.2	1.2	2.1	1.9	2.3	1.9	—
	河南郑州	6	4.57	5.05	0.102	0.230	0.349	43.5	81.2	9.8	6.1	9.3	7.1	4.1	6.0	3.8	108.6
			12.9	12.8	3.0	17.8	18.1	9.9	8.0	13.1	23.8	13.9	32.0	27.0	19.2	14.7	22.4
			1.7	1.6	3.9	2.3	2.3	1.3	1.0	1.6	2.8	1.7	3.8	3.2	2.2	1.9	2.7
	安徽萧县	5	4.67	5.44	0.104	0.281	0.404	38.3	73.9	9.9	7.5	10.1	6.1	3.5	4.4	2.3	91.0
			7.5	7.1	14.4	7.1	12.9	8.5	7.4	11.5	12.6	15.5	14.2	16.3	14.2	15.9	—
			1.3	1.2	2154	1.2	2.1	1.4	1.2	1.8	2.2	2.7	2.4	2.9	2.4	2.8	—
大青杨	吉林抚松	5	3.36	3.90	0.140	0.293	0.452	25.8	56.6	9.6	5.6	5.9	3.0	2.1	2.3	1.5	81.4
			11.6	7.9	20.4	8.4	10.0	11.5	9.3	8.2	13.3	13.2	18.1	15.6	20.2	17.2	18.7
			1.5	1.0	2.6	1.1	1.3	3.0	1.6	1.4	2.3	2.2	2.7	2.4	2.7	2.3	2.6
麻 烁	安徽肥西	5	6.88	9.30	0.210	0.389	0.616	52.1	128.6	16.8	15.9	18.0	12.8	10.1	8.3	6.5	155.4
			7.6	6.8	—	—	—	13.0	11.4	11.2	12.5	14.2	10.1	11.5	13.9	13.8	19.2
			1.2	1.2	—	—	—	1.8	1.8	1.7	1.7	2.0	1.4	1.6	2.5	2.4	3.2
	安徽歙县	7	6.54	8.42	0.213	0.412	0.655	51.3	114.2	15.8	13.9	16.1	10.4	7.7	7.7	5.4	—
			6.0	6.4	14.6	9.2	9.8	9.1	11.0	12.1	11.0	10.8	16.9	15.6	13.6	15.8	—
			0.7	0.8	1.9	1.2	1.2	1.1	1.5	1.7	1.4	1.3	2.0	1.9	1.9	2.2	—
	陕西宁陕	11	7.09	9.16	0.152	0.310	0.463	67.6	107.3	15.6	15.2	20.0	12.6	10.0	9.1	6.8	150.9
			3.6	—	9.0	13.0	—	8.8	15.3	—	13.3	10.2	23.0	15.0	16.3	14.3	—
			0.6	—	1.5	2.3	—	1.2	2.8	—	1.4	1.4	3.8	2.4	2.6	2.4	—

续表

树种	试材采集地	试验株数	密度(100kg/m³)		干缩系数(%)			顺纹抗压强度(N/mm²)	抗弯强度(N/mm²)	抗弯弹性模量(1000N/mm²)	顺纹抗剪强度(N/mm²)		横纹抗压强度(N/mm²)				顺纹抗拉强度(N/mm²)
													局部		全部		
			基本	气干	径向	弦向	体积				径面	弦面	径向	弦向	径向	弦向	
槲栎	湖南郴县	6	— — —	8.78 9.0 1.3	0.228 17.1 2.8	0.354 9.9 1.4	0.608 10.8 1.5	57.0 20.1 2.6	124.9 17.5 2.3	16.1 18.5 2.5	10.5 17.1 2.9	14.4 18.8 3.3	15.3 13.8 2.5	11.1 19.8 3.6	— — —	— — —	— — —
槲栎	湖北秭归	6	6.27 7.9 3.0	7.89 7.6 0.8	0.192 12.5 1.4	0.336 10.7 1.2	0.563 9.9 1.1	44.6 14.2 1.7	97.9 15.4 1.7	12.4 15.8 1.8	11.6 7.7 1.2	13.2 10.6 1.7	9.7 14.7 2.2	6.2 20.0 3.0	7.5 16.2 2.5	5.2 18.0 2.8	147.1 — —
小叶栎	湖南郴县	7	— — —	8.91 4.9 0.5	0.215 10.2 1.0	0.394 7.4 0.7	0.630 7.8 0.8	59.4 8.5 0.8	126.6 10.0 1.2	16.1 12.6 1.5	12.8 10.5 1.5	15.5 8.8 1.2	15.5 10.6 1.3	11.9 13.8 1.7	11.7 10.3 1.3	9.1 13.3 1.8	142.9 — —
小叶栎	安徽黟县	5	6.80 4.7 0.6	8.76 5.0 0.7	0.197 12.2 1.6	0.400 9.8 1.3	0.619 0.39 1.4	60.8 9.5 1.2	141.0 13.2 1.7	16.6 9.7 1.8	17.1 11.3 1.4	19.9 12.9 1.6	11.8 19.2 2.5	9.9 15.9 2.1	9.1 21.5 3.1	7.2 16.7 2.5	146.5 23.5 4.3
辽东栎	陕西辛家山	5	6.13 4.8 0.8	7.74 5.0 0.8	0.139 22.6 3.6	0.261 15.9 2.5	0.403 12.4 2.0	56.5 8.6 1.0	119.0 9.7 1.7	18.6 32.8 4.7	12.6 13.1 1.7	14.7 11.4 1.5	13.8 19.1 2.7	11.4 20.7 2.9	9.2 10.5 1.5	6.2 15.9 2.2	130.0 20.0 2.6
柞木	黑龙江朗乡	5	6.03 5.1 0.7	7.48 5.6 0.5	0.181 33.1 2.9	0.318 10.1 0.9	0.520 7.7 0.6	54.5 10.1 0.9	118.6 13.9 1.6	13.2 13.8 1.6	13.0 7.3 0.9	13.9 8.0 1.0	10.9 11.9 1.3	8.5 10.0 1.1	7.5 11.7 1.2	5.4 10.7 1.1	140.6 26.4 3.1
柞木	东北长白山	9	— — —	7.66 4.6 0.6	0.199 8.5 1.2	0.316 6.3 0.9	0.590 10.8 1.5	55.6 8.3 1.1	124.0 9.3 1.2	15.5 10.9 1.5	11.8 11.0 1.4	12.9 10.1 1.4	10.4 13.0 1.6	8.8 10.6 1.3	— — —	— — —	155.4 — —
栓皮栎	安徽肥西	5	7.19 5.0 0.8	9.23 3.8 0.6	0.229 13.5 2.1	0.443 14.0 2.2	0.694 4.2 0.6	55.0 9.0 1.3	119.8 10.9 1.7	15.3 9.9 1.5	15.1 11.3 1.7	15.9 10.4 1.6	11.3 14.1 2.2	9.7 16.0 2.5	8.3 11.7 2.1	7.1 12.7 2.4	— — —

续表

树种	试材采集地	试验株数	密度(100kg/m³)		干缩系数(%)			顺纹抗压强度(N/mm²)	抗弯强度(N/mm²)	抗弯弹性模量(1000N/mm²)	顺纹抗剪强度(N/mm²)		横纹抗压强度(N/mm²)				顺纹抗拉强度(N/mm²)
													局部		全部		
			基本	气干	径向	弦向	体积				径面	弦面	径向	弦向	径向	弦向	
栓皮栎	安徽舒城	7	7.11	8.86	0.212	0.407	0.644	63.2	147.5	18.0	15.4	16.8	14.5	13.8	9.9	8.9	178.8
			4.3	5.5	18.3	11.8	6.7	8.7	16.0	—	7.8	11.4	17.2	18.2	13.0	9.8	19.0
			0.6	0.9	2.8	1.8	1.0	1.2	2.7	—	1.1	1.6	2.4	2.6	2.2	1.6	3.3
	贵州罗甸	9	—	8.90	0.200	0.426	0.630	64.5	104.1	9.0	16.6	20.2	25.5	20.0	15.3	13.8	124.8
			—	5.1	17.0	20.4	17.4	—	12.1	11.8	9.0	11.0	12.3	10.3	11.5	13.3	29.7
			—	0.6	2.2	2.6	2.2	—	2.0	2.0	1.2	1.5	1.9	1.6	1.5	1.6	4.0
刺槐	北京海淀	7	6.52	7.92	0.210	0.327	0.548	53.9	126.8	13.0	12.1	13.1	10.4	10.4	8.0	7.4	—
			3.8	4.3	10.0	10.1	7.3	11.1	11.0	8.7	10.7	13.7	18.3	11.7	12.5	11.1	—
			0.5	0.6	0.8	1.3	1.0	1.6	1.6	1.2	1.6	2.0	2.8	1.8	2.2	1.9	—
	陕西武功	5	6.81	8.11	0.158	0.207	0.396	65.0	140.1	13.2	14.0	14.9	20.6	16.7	13.9	11.5	147.7
			4.8	4.4	21.3	27.8	15.8	7.5	5.2	9.9	9.1	9.1	12.7	9.2	7.4	14.9	22.5
			0.7	0.7	3.2	4.4	2.5	1.1	0.8	1.5	1.3	1.3	1.8	1.3	1.0	2.1	3.2
栓皮栎	陕西宁陕	10	6.90	8.81	0.172	0.336	0.511	58.3	149.2	15.2	14.7	17.4	11.2	10.5	9.3	7.6	149.4
			3.2	4.0	14.7	11.8	16.8	11.7	—	—	12.9	11.7	13.6	14.4	14.1	16.6	—
			0.5	0.7	2.5	2.0	2.8	1.4	—	—	1.4	1.6	1.6	2.3	2.6	3.0	—
檫木	湖南郴县	10	—	5.84	0.178	0.280	0.469	41.3	93.1	11.5	7.2	8.0	5.1	7.2	—	—	110.8
			—	7.0	9.0	10.0	8.7	13.5	14.9	13.8	14.8	18.1	28.6	15.6	—	—	—
			—	1.1	1.4	106.9	1.4	2.1	2.5	2.3	2.4	3.2	4.8	2.0	—	—	—
	安徽泾县	7	4.48	5.32	0.145	0.270	0.434	40.7	81.6	12.2	8.3	9.1	5.8	6.1	4.0	4.0	106.5
			8.2	6.8	14.2	10.6	10.7	10.6	10.2	11.8	14.2	12.4	24.7	19.8	28.8	20.8	20.6
			1.1	0.8	1.7	1.3	1.3	1.3	1.4	1.6	1.8	1.6	3.0	2.4	3.8	2.8	3.6
	安徽贵池	5	4.97	5.92	0.159	0.293	0.484	44.3	91.3	11.7	10.7	9.8	5.7	6.1	5.0	4.7	96.1
			7.6	6.1	11.3	8.5	13.0	15.4	13.3	19.7	—	—	22.2	20.2	15.3	12.6	—
			1.3	1.0	1.9	1.6	2.3	2.8	2.3	3.4	—	—	4.0	3.5	2.7	2.3	—

续表

树种	试材采集地	试验株数	密度(100kg/m³)		干缩系数(%)			顺纹抗压强度(N/mm²)	抗弯强度(N/mm²)	抗弯弹性模量(1000N/mm²)	顺纹抗剪强度(N/mm²)		横纹抗压强度(N/mm²)				顺纹抗拉强度(N/mm²)
													局部		全部		
			基本	气干	径向	弦向	体积				径面	弦面	径向	弦向	径向	弦向	
槐树	山东	7	5.88	7.02	0.191	0.307	0.511	45.9	105.4	10.4	12.6	13.9	9.5	8.3	7.6	6.6	—
			6.5	6.7	8.4	11.1	8.8	9.9	11.5	11.6	11.1	11.5	15.0	12.5	12.5	14.1	—
			0.9	0.8	0.9	1.2	1.0	1.1	1.4	1.4	1.6	1.9	2.4	2.1	2.2	2.5	—
	安徽萧县	5	8.74	7.85	0.180	0.307	0.503	50.5	107.3	11.5	16.2	17.0	10.6	9.7	7.4	5.9	90.7
			8.0	6.9	8.3	12.1	10.5	8.6	12.7	13.0	11.5	—	17.8	18.2	11.7	18.4	—
			1.3	1.1	1.3	2.0	1.7	1.5	2.1	2.1	2.1	—	3.2	3.3	2.1	3.2	—
乌墨蒲桃	海南岛吊罗山	8	6.04	7.60	0.181	0.314	0.512	58.5	98.6	10.6	10.8	13.0	11.8	7.6	8.0	5.6	—
			5.4	6.8	10.5	6.1	5.8	11.2	14.2	12.4	12.0	13.8	13.2	12.8	13.2	13.1	—
			0.8	1.0	1.5	0.8	0.8	1.6	2.0	1.8	1.8	1.9	2.2	2.2	2.2	2.2	—
大果榆	安徽萧县	5	5.31	6.67	0.238	0.408	0.680	45.2	96.0	10.2	13.4	12.7	7.1	6.7	5.6	4.7	103.3
			5.3	7.5	9.7	7.8	7.5	15.3	16.7	—	—	—	14.9	—	12.3	16.3	—
			0.8	1.3	1.7	1.3	1.3	2.6	2.8	—	—	—	2.6	—	2.2	2.8	—
白榆	安徽涡阳	5	5.37	6.39	0.191	0.333	0.550	40.2	89.3	10.8	12.8	13.0	6.9	5.8	5.0	4.3	93.4
			—	4.1	6.8	6.9	5.6	14.2	15.7	—	9.6	13.3	15.8	13.9	12.4	12.6	—
			—	0.7	1.2	1.2	1.0	2.4	2.5	—	1.7	2.4	2.6	2.4	2.2	2.2	—
欧洲云杉	芬兰		3.75	4.62	0.160	0.280	0.430	44.5	82.3	12.6							103.0
			—	—	—	—	—	—	15.0	16.0							—
			—	—	—	—	—	—	—	—							—
	法国			4.19					58.9								
				17.0					23.0								
				—					—								
	北欧			3.75				36.6	71.4	10.2	10.3	9.2					
				10.0				14.0	14.0	20.0	14.0	13.0					
				—				—	—	—	—	—					

续表

树种	试材采集地	试验株数	密度(100kg/m³)		干缩系数(%)			顺纹抗压强度(N/mm²)	抗弯强度(N/mm²)	抗弯弹性模量(1000N/mm²)	顺纹抗剪强度(N/mm²)		横纹抗压强度(N/mm²)				顺纹抗拉强度(N/mm²)
													局部		全部		
			基本	气干	径向	弦向	体积				径面	弦面	径向	弦向	径向	弦向	
欧洲赤松	芬兰			4.75 — —	0.140 — —	0.280 — —	0.430 — —	38.5 22.0 —	70.0 19.0 —	11.9 22.0 —	9.1 17.0 —	6.4 — —	4.1 20.0 —				104.0 28.0 —
	瑞典南部			4.45 9.0 —				45.7 12.0 —	89.2 11.0 —	10.9 14.0 —	11.8 15.0 —	10.9 12.0 —					
	瑞典中部			4.26 10.0 —				44.1 13.0 —	83.2 12.0 —	10.0 15.0 —	12.0 12.0 —	11.3 11.0 —					
	俄罗斯西北部			4.18 14.0 —				43.0 19.0 —	80.2 18.0 —	8.9 22.0 —	11.6 16.0 —	10.5 14.0 —					
	波罗的海沿岸			4.52 10.0 —				49.1 12.0 —	88.2 13.0 —	10.8 17.0 —	12.7 11.0 —	11.1 9.0 —					
杉木	法国			4.63 13.0 —					59.5 21.0 —	10.5 24.0 —							
落叶松	芬兰			5.10 6.0 —					83.7 12.0 —	12.7 6.0 —	12.4 3.0 —						
新西兰辐射松	新西兰		4.27 14.8 —	5.23 15.4 —	0.110 — —	0.230 — —	0.340 — —	42.2 14.9 —	98.5 13.7 —	10.65 18.2 —	12.4 13.9 —					5.93 — —	

续表

树种	试材采集地	试验株数	密度(100kg/m³)		干缩系数(%)			顺纹抗压强度(N/mm²)	抗弯强度(N/mm²)	抗弯弹性模量(1000N/mm²)	顺纹抗剪强度(N/mm²)		横纹抗压强度(N/mm²)				顺纹抗拉强度(N/mm²)
													局部		全部		
			基本	气干	径向	弦向	体积				径面	弦面	径向	弦向	径向	弦向	
日本柳杉	秋田 茨城 宫崎	157		3.8	0.10	0.25		30.01	57.47	8.33	6.34		4.66				61.29
日本扁柏	长野 近畿·四国	139		4.4	0.12	0.23		34.15	63.34	9.94	9.17		5.68				88.02
日本落叶松	长野	64		5.0	0.18	0.28		46.87	81.78	11.54	8.96		11.05				77.44
阿拉斯加花柏	加拿大 1	17	4.19 8.9 —	4.62 8.6 —	0.123 — —	0.200 — —	0.313 — —	45.9 12.3 —	79.7 11.9 —	11.0 19.3 —	9.21 11.9 —		4.74 26.3 —				
北美黄杉	加拿大 1	78	4.50 11.4 —	5.10 12.3 —	0.160 — —	0.247 — —	0.397 — —	50.1 17.3 —	88.6 13.8 —	13.5 17.7 —	9.53 14.0 —		6.01 30.9 —				
加拿大红松	加拿大 1	11	3.31 10.9 —	— — —	— — —	— — —	— — —	34.4 13.8 —	55.2 12.7 —	10.3 14.5 —	6.74 15.5 —		3.61 23.0 —				
太平洋银冷杉	加拿大 1	26	3.60 10.6 —	4.12 11.4 —	0.140 — —	0.297 — —	0.417 — —	40.8 14.5 —	68.9 12.8 —	11.4 15.9 —	7.54 14.0 —		3.61 30.3 —				
香脂冷杉	加拿大 6，4，3	26	3.35 8.0 —	3.67 9.0 —	0.090 — —	0.250 — —	0.357 — —	34.3 11.9 —	58.3 10.6 —	9.7 14.3 —	6.25 13.6 —		3.14 21.9 —				

续表

树种		试材采集地	试验株数	密度(100kg/m³)		干缩系数(%)			顺纹抗压强度(N/mm²)	抗弯强度(N/mm²)	抗弯弹性模量(1000N/mm²)	顺纹抗剪强度(N/mm²)		横纹抗压强度(N/mm²)				顺纹抗拉强度(N/mm²)
														局部		全部		
				基本	气干	径向	弦向	体积				径面	弦面	径向	弦向	径向	弦向	
东部铁杉	加拿大	7，6	31	4.04 9.5 —	4.47 8.3 —	0.117 — —	0.223 — —	0.373 — —	41.0 13.7 —	67.1 12.4 —	9.7 18.1 —	8.75 15.1 —		4.28 27.3 —				
西部铁杉		1	21	4.09 9.4 —	4.70 10.9 —	0.180 — —	0.283 — —	0.433 — —	46.7 14.1 —	81.1 12.1 —	12.3 13.4 —	6.48 14.5 —		4.53 27.9 —				
西部落叶松		1	17	5.49 11.9 —	6.40 13.9 —	0.170 — —	0.297 — —	0.467 — —	60.9 15.6 —	107.0 14.8 —	14.3 14.1 —	9.25 15.7 —		7.31 26.8 —				
短叶松		7，5，4，3	25	4.21 8.8 —	4.54 9.6 —	0.133 — —	0.197 — —	0.320 — —	40.5 15.9 —	77.9 11.3 —	10.2 19.8 —	8.23 13.3 —		5.70 28.5 —				
小干松		1，2	13	4.03 8.8 —	4.55 7.8 —	0.157 — —	0.227 — —	0.380 — —	43.2 15.3 —	76.0 10.9 —	10.9 14.3 —	8.54 14.0 —		3.65 23.6 —				
北美黄松		1	17	4.38 9.0 —	4.89 9.1 —	0.153 — —	0.197 — —	0.350 — —	42.3 11.4 —	73.3 12.6 —	9.5 14.4 —	7.03 9.6 —		5.22 25.4 —				
红松		8，7，5	25	3.92 10.2 —	4.19 11.7 —	0.123 — —	0.210 — —	0.320 — —	37.9 19.0 —	69.7 14.0 —	9.5 16.1 —	7.50 11.1 —		4.96 28.0 —				
黑云杉		7，6，4，3	32	4.06 9.4 —	4.45 9.3 —	0.127 — —	0.250 — —	0.370 — —	41.5 14.9 —	78.3 13.3 —	10.4 22.3 —	8.65 10.8 —		4.25 25.4 —				

续表

树种	试材采集地		试验株数	密度（100kg/m³）		干缩系数（%）			顺纹抗压强度（N/mm²）	抗弯强度（N/mm²）	抗弯弹性模量（1000N/mm²）	顺纹抗剪强度（N/mm²）		横纹抗压强度（N/mm²）				顺纹抗拉强度（N/mm²）
														局部		全部		
				基本	气干	径向	弦向	体积				径面	弦面	径向	弦向	径向	弦向	
白香云杉	加拿大	1	11	3.75 8.6 —	4.25 9.6 —	0.140 — —	0.273 — —	0.387 — —	42.4 11.3 —	69.5 11.1 —	10.7 14.8 —	7.55 10.1 —		3.70 16.3 —				
红云杉	加拿大	8，7	13	3.80 6.3 —	4.25 6.9 —	0.133 — —	0.263 — —	0.390 — —	38.4 9.9 —	71.5 8.4 —	11.0 10.0 —	9.20 11.1 —		3.77 22.1 —				
西加云杉	加拿大	1	14	3.47 10.1 —	3.94 11.9 —	0.153 — —	0.260 — —	0.390 — —	37.8 14.4 —	69.8 13.5 —	11.2 16.8 —	6.78 16.4 —		4.10 32.5 —				
白云杉	加拿大	7，6，4，3，2	43	3.54 10.2 —	3.93 11.8 —	0.107 — —	0.230 — —	0.377 — —	36.9 15.2 —	62.7 12.5 —	9.9 18.6 —	6.79 12.1 —		3.46 23.1 —				
北美落叶松	加拿大	6，4	11	4.85 8.1 —	5.44 8.0 —	0.093 — —	0.207 — —	0.373 — —	44.8 15.5 —	76.0 11.3 —	9.4 25.0 —	9.00 9.5 —		6.15 21.2 —				
黄扁柏	美国	2，37	8	4.20 10.00	4.40 11.20	0.093	0.200	0.307	43.5 18.0	77.0 16.0	9.8 22.9	7.80 14.0	—	4.30 28.1				
北美翠柏	美国	5，37	13	3.50 10.00	3.70 8.20	0.110	0.173	0.257	35.9 18.0	55.0 16.0	7.2 22.9	6.1 14.0	—	4.10 27.9				
美国扁柏	美国	5，37	33	3.90 8.72	4.30 8.20	0.153	0.230	0.337	43.1 12.6	88.0 13.0	11.7 19.0	9.4 14.5	—	5.0 23.6				

续表

树种	试材采集地		试验株数	密度（100kg/m³）		干缩系数（%）			顺纹抗压强度（N/mm²）	抗弯强度（N/mm²）	抗弯弹性模量（1000N/mm²）	顺纹抗剪强度（N/mm²）		横纹抗压强度（N/mm²）				顺纹抗拉强度（N/mm²）
														局部		全部		
				基本	气干	径向	弦向	体积				径面	弦面	径向	弦向	径向	弦向	
红崖柏	美国	12，26 37，47	34	3.10 8.71	3.20 10.30	0.080	0.167	0.227	31.4 17.8	51.7 14.7	7.7 23.7	6.80 14.9	—	3.20 26.6				
北美黄杉（海岸）	美国	5，37 47	67	4.50 12.67	4.48 14.20	0.160	0.253	0.413	49.9 19.4	85.0 17.2	13.4 20.2	7.80 14.5	—	5.50 28.0				
北美黄杉（内陆北部）	美国	12，26 50	66	4.50 10.89	4.80 12.20	0.127	0.230	0.357	47.6 17.4	90.0 15.6	12.3 19.4	9.7 13.3	—	5.3 18.1				
北美黄杉（内陆西部）	美国	5，47	21	4.60 12.61	5.00 14.10	0.160	0.250	0.393	51.2 20.6	87.0 17.1	12.6 21.4	8.9 14.6	—	5.2 28.0				
加州冷杉	美国	5	17	3.60 11.94	3.80 13.40	0.150	0.263	0.380	37.6 16.6	72.4 15.2	10.3 22.8	7.20 19.0	—	4.20 28.1				
北美黄杉（南部）	美国	3，6 31	35	4.30 10.47	11.70				43.0 15.7	82.0 13.4	10.3 17.2	10.40 16.10	—	5.1 27.9				
毛果冷杉	美国	6,12,26 37,44,47 50	35	3.10 10.32	3.20 11.20	0.087	0.247	0.313	33.5 15.8	59.0 13.6	8.9 17.3	7.40 14.8	—	2.70 22.9				
香脂冷杉	美国	9，45 29，32 22，47 23	33	3.30 7.76	3.50 9.70	0.097	0.230	0.373	36.4 10.8	63.0 10.0	10.0 11.4	6.50 12.5	—	2.80 16.7				

续表

树种	试材采集地		试验株数	密度（100kg/m³）		干缩系数（%）			顺纹抗压强度（N/mm²）	抗弯强度（N/mm²）	抗弯弹性模量（1000N/mm²）	顺纹抗剪强度（N/mm²）		横纹抗压强度（N/mm²）				顺纹抗拉强度（N/mm²）
														局部		全部		
				基本	气干	径向	弦向	体积				径面	弦面	径向	弦向	径向	弦向	
北美冷杉	美国	26，37	10	3.50 1.23	3.70 13.8	0.113	0.250	0.367	36.5 12.35	61.4 11.64	10.8 13.12	6.20 13.1	—	3.40 27.9				
壮丽红冷杉	美国	37	9	3.70 1.16	3.90 13.00	0.143	0.277	0.413	42.1 18.6	74.0 15.7	11.9 22.5	7.20 17.0	—	3.60 28.1				
太平洋银冷杉	美国	6，47	19	4.00 14.87	4.30 16.60	0.147	0.307	0.433	44.2 18.8	75.8 20.2	12.1 18.0	8.40 15.3	—	3.10 28.0				
科罗拉多银冷杉	美国	5，31 6，3， 44	40	3.70 12.16	3.90 13.60	0.110	0.233	0.327	40.0 18.2	68.0 16.2	10.3 21.5	7.60 10.3	—	3.70 28.0				
高山铁杉	美国	26，2	10	4.20 10.00	4.50 11.20	0.147	0.237	0.370	44.4 18.0	79.0 16.0	9.2 22.0	10.60 14.0	—	5.90 28.0				
异叶铁杉	美国	2，37 47	18	4.20 12.62	4.50 14.10	0.140	0.260	0.413	49.0 18.3	78.0 16.4	11.3 19.7	8.60 12.2	—	3.80 28.0				
粗皮落叶松	美国	26，47	33	4.80 10.00	5.20 11.20	0.150	0.303	0.467	52.5 15.0	90.0 13.1	12.9 17.1	9.40 9.8	—	6.40 28.1				
长叶松	美国	9，18 24，40	54	5.40 10.74	5.90 12.00	0.170	0.250	0.407	58.4 16.4	100.0 15.3	13.7 18.6	10.40 11.5	—	6.60 28.0				

续表

树种	试材采集地		试验株数	密度（100kg/m³）		干缩系数（%）			顺纹抗压强度（N/mm²）	抗弯强度（N/mm²）	抗弯弹性模量（1000N/mm²）	顺纹抗剪强度（N/mm²）		横纹抗压强度（N/mm²）				顺纹抗拉强度（N/mm²）
				基本	气干	径向	弦向	体积				径面	弦面	局部		全部		
														径向	弦向	径向	弦向	
加州山松	美国	5，12 26，37， 47	34	3.60 9.71	3.80 12.00	0.137	0.247	0.393	34.7 16.7	67.0 14.8	10.1 21.5	7.20 14.5	—	3.20 24.0				
北美短叶松	美国	23，49	35	4.00 1.00	4.30 11.20	0.123	0.220	0.343	39.0 18.0	68.0 16.0	9.3 22.0	8.10 14.1	—	4.00 28.0				
火炬松	美国	9，10 20，33， 40	56	4.70 11.28	5.10 12.60	0.160	0.247	0.410	49.2 17.4	88.0 16.4	12.3 22.9	9.60 13.0	—	5.40 27.9				
扭叶松	美国	6，26 50	28	3.80 10.00	4.10 12.20	0.153	0.223	0.370	37.0 18.0	65.0 16.0	9.2 22.0	6.10 14.0	—	4.20 28.2				
多脂松	美国	23，49	15	4.10 10.00	4.60 12.20	0.127	0.240	0.377	41.9 18.0	76.0 16.0	11.2 22.0	8.40 14.0	—	4.10 28.2				
西黄松	美国	3，5 26，41 47	39	3.80 10.00	4.00 12.20	0.130	0.207	0.323	36.7 18.0	65.0 16.0	8.9 22.0	7.80 14.1	—	4.00 28.0				
短叶松	美国	4，10 18，30 33	42	4.70 10.85	5.10 12.20	0.153	0.257	0.410	50.1 16.0	90.0 15.7	12.1 19.3	9.60 13.8	—	5.70 28.0				
湿地松	美国	9，18	25	5.40 11.48	5.90 12.90	0.180	0.253	0.403	56.1 14.3	112.0 13.0	13.7 19.3	11.60 13.3	—	7.00 28.0				

续表

树种	试材采集地		试验株数	密度（100kg/m³）		干缩系数（%）			顺纹抗压强度（N/mm²）	抗弯强度（N/mm²）	抗弯弹性模量（1000N/mm²）	顺纹抗剪强度（N/mm²）		横纹抗压强度（N/mm²）				顺纹抗拉强度（N/mm²）
														局部		全部		
				基本	气干	径向	弦向	体积				径面	弦面	径向	弦向	径向	弦向	
糖松	美国	5，37	34	3.40 7.94	3.60 8.50	0.097	0.187	0.263	30.8 15.7	57.0 13.5	8.2 18.7	7.80 14.6	—	3.40 20.1				
黑云杉	美国	22,23 29,32 49	33	3.80 7.29	4.60 8.20	0.137	0.227	0.377	41.1 14.7	74.0 12.4	11.1 14.0	8.50 10.7	—	3.80 13.8				
白云杉	美国	19,45 29,32 22,49 23	34	3.70 10.37	4.00 12.30				37.7 18.7	68.0 17.6	9.2 23.2	7.40 10.7	—	3.20 24.4				
恩氏云杉	美国	3,6,12 26,31 37,44 47,50	50	3.30 10.00	3.50 8.70	0.127	0.237	0.367	30.9 19.6	64.0 14.7	8.9 20.1	8.30 10.0	—	2.80 25.4				
红云杉	美国	19,32 47,29 42	11	3.70 6.70	4.00 7.90	0.127	0.260	0.393	38.2 11.5	74.0 10.4	11.1 10.9	8.90 12.6	—	3.80 22.7				
西加云杉	美国	2,37 47	25	3.30 10.00	3.60 11.20	0.143	0.250	0.383	35.7 18.0	65.0 16.0	9.9 22.0	6.70 14.0	—	3.00 28.0				

注：加拿大采集地编号如下：

1. 哥伦比亚省；2. 阿尔伯达省；3. 萨斯喀彻温省；4. 马尼托巴省；5. 安大略省；6. 魁北克省；7. 新布朗斯威克省；8. 新斯科亚省

美国采集地编号如下：

1. 亚拉巴马州；2. 阿拉斯加州；3. 亚里桑那州；4. 阿肯色州；5. 加利福尼亚州；6. 科罗拉多州；7. 康涅狄格州；8. 特拉华州；9. 佛罗里达州；10. 佐治亚州；11. 夏威夷州；12. 爱达荷州；13. 伊利诺斯州 14. 印第安那州；15. 衣阿华州；16. 堪萨斯州；17. 肯塔基州；18. 路易斯安那州；19. 缅因州；20. 马里兰州；21. 马萨诸塞州；22. 密执安州；23. 明尼苏达州；24. 密西西比州；25. 密苏里州；26. 蒙大拿州；27. 内布拉斯加州；28. 内华达州；29. 新罕布什尔州；30. 新择西州；31. 新墨西哥州；32. 纽约州；33. 北卡罗莱那州；34. 南达科达州；35. 俄亥俄州；36. 奥科拉荷马州；37. 俄勒刚州；38. 宾西法尼亚州；39. 罗德岛州；40. 南卡罗莱那州；41. 南达科达州；42. 田纳西州；43. 得克萨斯州；44. 犹他州；45. 佛蒙特州；46. 弗吉尼亚州；47. 华盛顿州；48. 西弗吉尼亚州；49. 威斯康新州；50. 怀俄明州

附录 5　部分进口木材及木制品质量认证标志

根据《木结构设计标准》GB 50005—2017、《木结构工程施工质量验收规范》GB 50206—2012 以及中华人民共和国国内贸易行业标准《商用木材及其制品标志》SB/T 10383—2004 的有关要求，结构用木材以及木制品应含有质量认证产品标志或标识。

为了方便工程技术人员和其他使用者在设计、施工、经销、储运以及质量检验中，正确地识别各种进口结构用木材和木制品的质量认证标识，本附录提供了从部分国家或地区进口的结构用商品木材以及木制品的标识式样，以帮助工程技术人员正确识别这些标识的内容。使用者在使用和验收这些材料时，应根据我国的有关规定进行必要的产品质量认证和产品检验。

1. 规格材

规格材包括目测分级规格材和机械分级规格材。产品的认证标识应包括：认证机构名称；生产商代号或名称；树种或树种组合名称；木材的干燥状态（湿材还是干材）；强度等级等内容。附图 5.1 和附图 5.2 所示为目测和机械应力分等规格材的标志或标识应包括的内容。

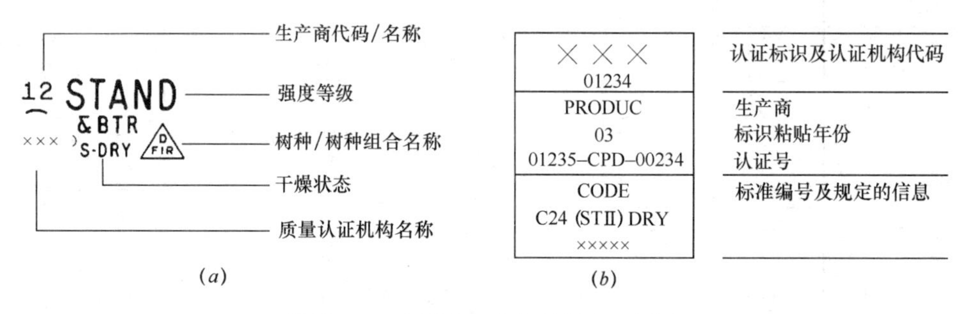

附图 5.1　目测分等规格材标志或标识

2. 木基结构板材

木结构中使用的木基结构板材包括结构胶合板和结构定向刨花板（OSB）。产品的认证标识应包括：质量认证机构名称标识，生产商名称或代码；板的厚度；暴露在潮湿环境中的耐用等级；结构用途名称；用作结构面板时，下部承载构件的中心间距等内容。见附图 5.3。

3. 结构胶合木

结构胶合木产品的认证标识应包括：质量认证机构名称标识；生产厂商名称/代码；胶合木产品标准号；层板标准代码；树种或树种组合名称；结构强度等级；构件外观等级等内容，见附图 5.4。

4. 其他结构用工程木产品

对于结构中常用的其他一些进口工程木产品，如工字梁、单板层集材等，在没有产品

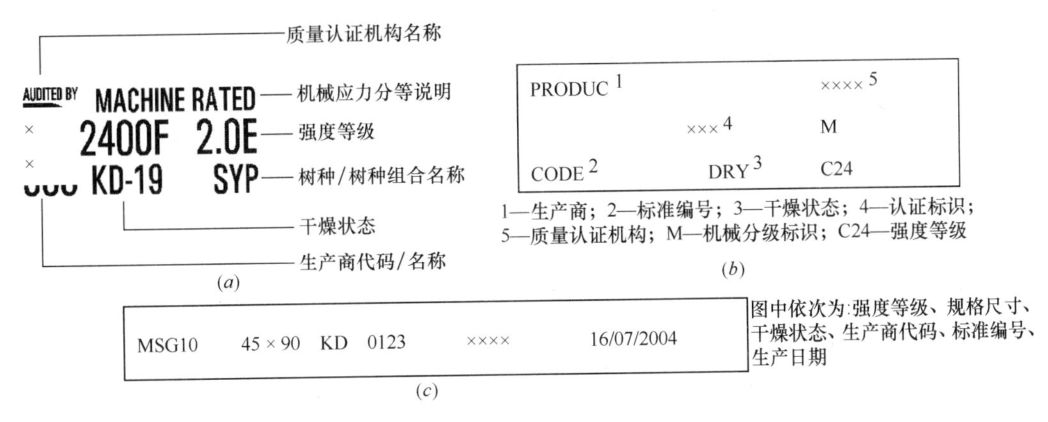

附图 5.2　机械应力分等格材标志或标识

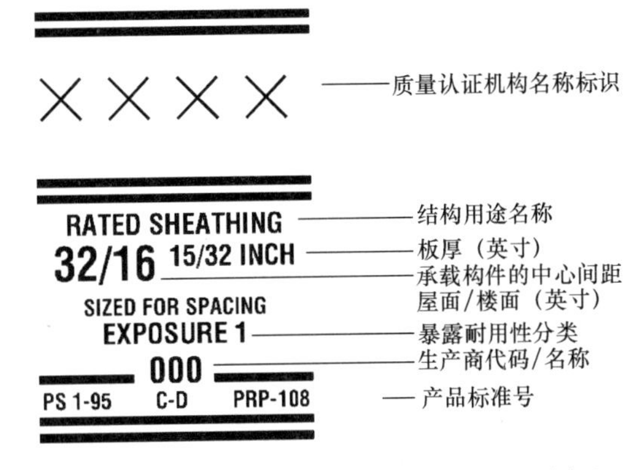

附图 5.3　木基结构板材的质量认证标志或标识

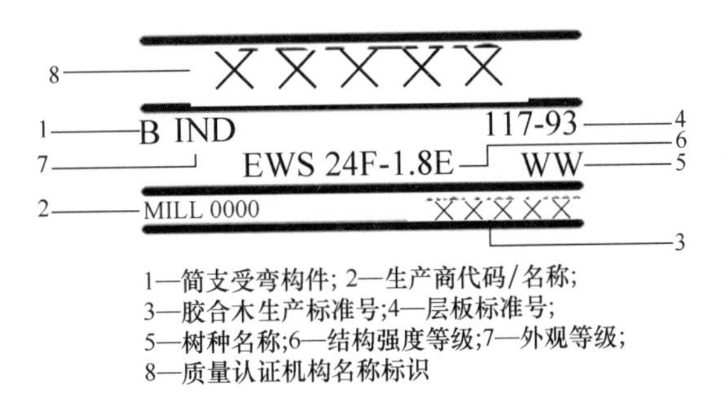

附图 5.4　结构胶合木认证标识

标准的情况下，生产的产品应通过有关权威机构的检测评估报告才能应用在工程中。在这些产品上，除了应清楚地标明生产商的名称，还应标明出具检测报告的检测机构的名称和检测报告代码等内容。

5. 加压防腐处理的木产品

经过加压防腐处理的木产品包括规格材、方木、圆木以及结构胶合板等。防腐木产品除了应有反映材料本身物理、力学强度的质量认证标识外，还应有反映加压防腐处理的有关质量认证标识，其内容应该包括：认证机构名称；防腐处理标准名称；处理年份；防腐剂名称；防腐剂保持量；使用环境；生产商名称或代码；处理干燥状态（可无此项）以及构件长度（可无此项）等内容。见附图 5.5。

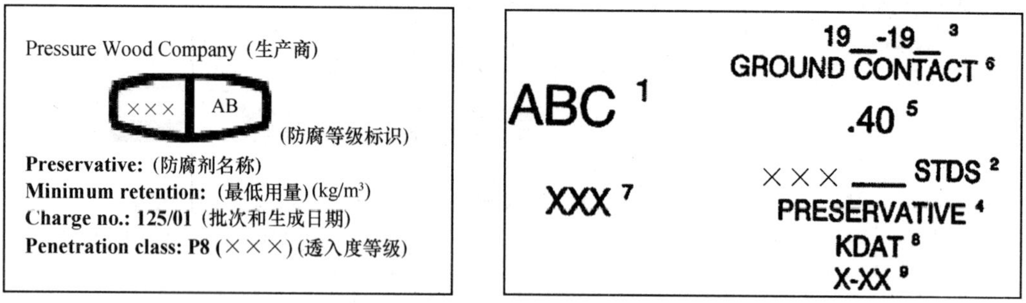

(*a*)

(*b*)

1—认证机构名称;2—防腐处理标准名称;3—处理年份;4—防腐剂名称;5—防腐剂保持量;6—使用环境;7—生产商名称或代码;8—处理干燥状态(可无此项);9—长度（可无此项）

附图 5.5 经加压防腐处理木材的认证标识

附录6　构件中紧固件数量的确定与常用紧固件群栓组合系数

附录6.1　构件中紧固件数量的确定

附录6.1.1　当两个或两个以上承受单剪或多剪的销轴类紧固件，沿荷载方向直线布置时，紧固件可视作一行。

附录6.1.2　当相邻两行上的紧固件交错布置时，每一行中紧固件的数量按下列规定确定：

1　紧固件交错布置的行距 a 小于相邻行中沿长度方向上两交错紧固件间最小间距 b 的1/4时，即 $b>4a$ 时，相邻行按一行计算紧固件数量（附图6.1*a*、附图6.1*b*、附图6.1*e*）；

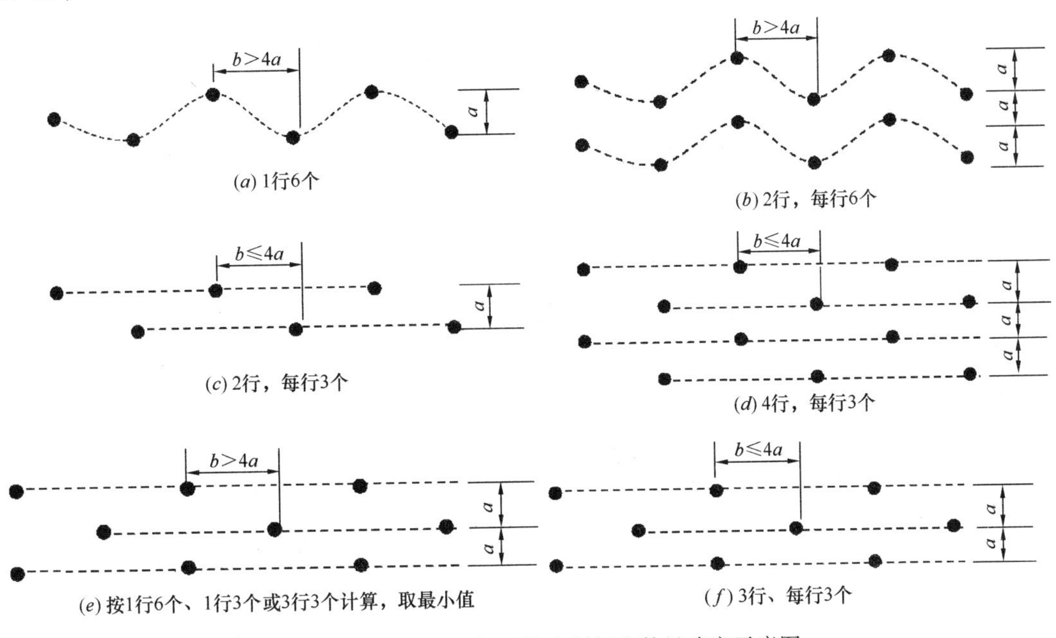

附图6.1　交错布置紧固件在每行中数量确定示意图

2　当 $b\leqslant 4a$ 时，相邻行分为两行计算紧固件数量（附图6.1*c*、附图6.1*d*、附图6.1*f*）；

3　当紧固件的行数为偶数时，本条第1款规定适用于任何一行紧固件的数量计算（附图6.1*b*、附图6.1*d*）；当行数为奇数时，分别对各行的 k_g 进行确定（附图6.1*e*、附图6.1*f*）。

附录6.1.3　计算主构件截面面积 A_m 和侧构件截面面积 A_s 时，应采用毛截面的面积。

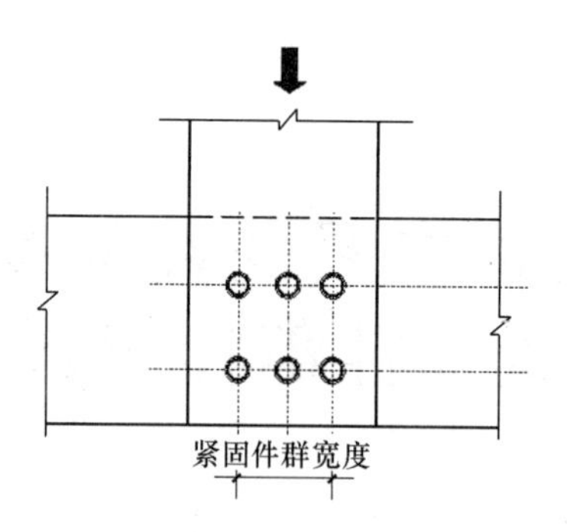

附图 6.2　构件横纹荷载作用时紧固件群外包宽度示意图

当荷载沿横纹方向作用在构件上时，其等效截面面积等于构件的厚度与紧固件群外包宽度的乘积。紧固件群外包宽度应取两边缘紧固件之间中心线的距离（附图 6.2）。当仅有一行紧固件时，该行紧固件的宽度等于顺纹方向紧固件间距要求的最小值。

附录 6.2　常用紧固件群栓组合系数

附录 6.2.1　当销类连接件直径小于 25mm，并且螺栓、销、六角头木螺钉排成一行时，各单根紧固件的承载力设计值应乘以紧固件群栓组合系数 k_g。

附录 6.2.2　当销类连接件符合下列条件时，群栓组合系数 k_g可取 1.0：

1　直径 D 小于 6.5mm 时；

2　仅有一个紧固件时；

3　两个或两个以上的紧固件沿顺纹方向仅排成一行时；

4　两行或两行以上的紧固件，每行紧固件分别采用单独的连接板连接时。

附录 6.2.3　在构件连接中，当侧面构件为木材时，常用紧固件的群栓组合系数 k_g应符合附表 6.1 的规定。

螺栓、销和木螺钉的群栓组合系数 k_g（侧构件为木材）　　**附表 6.1**

A_s/A_m	A_S (mm²)	每排中紧固件的数量										
		2	3	4	5	6	7	8	9	10	11	12
0.5	3225	0.98	0.92	0.84	0.75	0.68	0.61	0.55	0.50	0.45	0.41	0.38
	7740	0.99	0.96	0.92	0.87	0.81	0.76	0.70	0.65	0.61	0.47	0.53
	12900	0.99	0.98	0.95	0.91	0.87	0.83	0.78	0.74	0.70	0.66	0.62
	18060	1.00	0.98	0.96	0.93	0.90	0.87	0.83	0.79	0.76	0.72	0.69
	25800	1.00	0.99	0.97	0.95	0.93	0.90	0.87	0.84	0.81	0.78	0.75
	41280	1.00	0.99	0.98	0.97	0.95	0.93	0.91	0.89	0.87	0.84	0.82
1	3225	1.00	0.97	0.91	0.85	0.78	0.71	0.64	0.59	0.54	0.49	0.45
	7740	1.00	0.99	0.96	0.93	0.88	0.84	0.79	0.74	0.70	0.65	0.61
	12900	1.00	0.99	0.98	0.95	0.92	0.89	0.86	0.82	0.78	0.75	0.71
	18060	1.00	0.99	0.98	0.97	0.94	0.92	0.89	0.86	0.83	0.80	0.77
	25800	1.00	1.00	0.99	0.98	0.96	0.94	0.92	0.90	0.87	0.85	0.82
	41280	1.00	1.00	0.99	0.98	0.97	0.96	0.95	0.93	0.91	0.90	0.88

注：当侧构件截面毛面积与主构件截面毛面积之比 $A_s/A_m>1.0$ 时，应将 A_m代替 A_s采用 A_m/A_s。

附录 6.2.4　在构件连接中，当侧面构件为钢材时，常用紧固件的群栓组合系数 k_g 应符合附表 6.2 的规定。

螺栓、销和木螺丝的群栓组合系数 k_g（侧构件为钢材）　附表 6.2

A_m/A_s	A_m (mm²)	每排中紧固件的数量										
		2	3	4	5	6	7	8	9	10	11	12
12	3225	0.97	0.89	0.80	0.70	0.62	0.55	0.49	0.44	0.40	0.37	0.34
	7740	0.98	0.93	0.85	0.77	0.70	0.63	0.57	0.52	0.47	0.43	0.40
	12900	0.99	0.96	0.92	0.86	0.80	0.75	0.69	0.64	0.60	0.55	0.52
	18060	0.99	0.97	0.94	0.90	0.85	0.81	0.76	0.71	0.67	0.63	0.59
	25800	1.00	0.98	0.96	0.94	0.90	0.87	0.83	0.79	0.76	0.72	0.69
	41280	1.00	0.99	0.98	0.96	0.94	0.91	0.88	0.86	0.83	0.80	0.77
	77400	1.00	0.99	0.99	0.98	0.96	0.95	0.93	0.91	0.90	0.87	0.85
	129000	1.00	1.00	0.99	0.99	0.98	0.97	0.96	0.95	0.93	0.92	0.90
18	3225	0.99	0.93	0.85	0.76	0.68	0.61	0.54	0.49	0.44	0.41	0.37
	7740	0.99	0.95	0.90	0.83	0.75	0.69	0.62	0.57	0.52	0.48	0.44
	12900	1.00	0.98	0.94	0.90	0.85	0.79	0.74	0.69	0.65	0.60	0.56
	18060	1.00	0.98	0.96	0.93	0.89	0.85	0.80	0.76	0.72	0.68	0.64
	25800	1.00	0.99	0.97	0.95	0.93	0.90	0.87	0.83	0.80	0.77	0.73
	41280	1.00	0.99	0.98	0.97	0.95	0.93	0.91	0.89	0.86	0.83	0.81
	77400	1.00	1.00	0.99	0.98	0.97	0.96	0.95	0.93	0.92	0.90	0.88
	129000	1.00	1.00	0.99	0.99	0.98	0.98	0.97	0.96	0.95	0.94	0.92
24	25800	1.00	0.99	0.97	0.95	0.93	0.89	0.86	0.83	0.79	0.76	0.72
	41280	1.00	0.99	0.98	0.97	0.95	0.93	0.91	0.88	0.85	0.83	0.80
	77400	1.00	1.00	0.99	0.98	0.97	0.96	0.95	0.93	0.91	0.90	0.88
	129000	1.00	1.00	0.99	0.99	0.98	0.98	0.97	0.96	0.95	0.93	0.92
30	25800	1.00	0.98	0.96	0.93	0.89	0.85	0.81	0.77	0.73	0.69	0.65
	41280	1.00	0.99	0.97	0.95	0.93	0.90	0.87	0.83	0.80	0.77	0.73
	77400	1.00	0.99	0.99	0.97	0.96	0.94	0.92	0.90	0.88	0.85	0.83
	129000	1.00	1.00	0.99	0.98	0.97	0.96	0.95	0.94	0.92	0.90	0.89
35	25800	0.99	0.97	0.94	0.91	0.86	0.82	0.77	0.73	0.68	0.64	0.60
	41280	1.00	0.98	0.96	0.94	0.91	0.87	0.84	0.80	0.76	0.73	0.69
	77400	1.00	0.99	0.98	0.97	0.95	0.92	0.90	0.88	0.85	0.82	0.79
	129000	1.00	0.99	0.99	0.98	0.97	0.95	0.94	0.92	0.90	0.88	0.86
42	25800	0.99	0.97	0.93	0.88	0.83	0.78	0.73	0.68	0.63	0.59	0.55
	41280	0.99	0.98	0.95	0.92	0.88	0.84	0.80	0.76	0.72	0.68	0.64
	77400	1.00	0.99	0.97	0.95	0.93	0.90	0.88	0.85	0.81	0.78	0.75
	129000	1.00	0.99	0.98	0.97	0.96	0.94	0.92	0.90	0.88	0.85	0.83

续表

A_m/A_s	A_m (mm^2)	每排中紧固件的数量										
		2	3	4	5	6	7	8	9	10	11	12
50	25800	0.99	0.96	0.91	0.85	0.79	0.74	0.68	0.63	0.58	0.54	0.51
	41280	0.99	0.97	0.94	0.90	0.85	0.81	0.76	0.72	0.67	0.63	0.59
	77400	1.00	0.98	0.97	0.94	0.91	0.88	0.85	0.81	0.78	0.74	0.71
	129000	1.00	0.99	0.98	0.96	0.95	0.92	0.90	0.87	0.85	0.82	0.79

附录 7　本手册参编企业及协会简介

中国建筑西南设计研究院有限公司

地址：四川省成都市高新区天府大道北段 866 号；电话：028-62550866

邮编：610042；网站：www.xnjz.com

中国建筑西南设计研究院有限公司始建于 1950 年，是中国同行业中成立时间最早、专业最全、规模最大的国有甲级建筑设计院之一，隶属世界 500 强前百强企业——中国建筑集团有限公司。

西南院包括设计咨询、工程总承包和投资三大产业链，业务涵盖建筑工程设计、TOD、城市规划与设计、轨道交通设计、市政、园林景观、工程监理、造价、总承包、项目管理、创新孵化和房地产开发等多个专业领域。作为我国中西部地区最大的建筑设计企业，先后荣获："中央企业先进集体""全国工程质量管理优秀企业""中国最具品牌价值设计机构"等荣誉称号。

建院 70 年来，一代代西南院人文脉相承，薪火相传，先后培养出包括 6 名国家设计大师在内的大批建筑设计精英，高端领军人才及专业注册人员拥有量雄踞区域第一。

在繁荣建筑创作和推动中国城镇化建设的道路上，西南院人激情与梦想交织，情怀与坚守并行，在工程设计和科研方面获省部级以上优秀设计奖 1000 余项，取得了国家优秀设计金质奖 5 项、银质奖 4 项、铜质奖 5 项，以及优秀工程总承包金钥匙奖 1 项、银钥匙奖 1 项的创优佳绩。

APA-美国工程木材协会

APA 中国办公室电话：023-63214200；网站：www.apawood.org

APA-美国工程木材协会作为国际性的非营利组织，为行业提供关于木结构技术、标准、质量、检测、研发、国际贸易促进等多种服务。其总部位于美国华盛顿州的塔科马，拥有超过 42000 平方英尺的研发中心，和位于美国亚特兰大的区域检测中心。

1933年，花旗松胶合板协会（Douglas-Fir Plywood Association）在美国成立，随后在1964年改名为美国胶合板协会（American Plywood Association），并于1994年变更为APA-美国工程木材协会（APA-The Engineered Wood Association）。80多年来，APA - 美国工程木材协会一直致力于帮助企业生产卓越的高强度、多功能和可靠的工程木材制品。

APA的会员主要由位于北美地区生产结构木制品的众多制造商组成，其会员的产品包含了结构胶合板（plywood）、定向刨花板（OSB），胶合木（Glulam）、工字形木搁栅（WoodI-joists）、结构复合材（Structural Composite Lumber）以及正交胶合木（CLT）等。多年以来，结合APA科研人员研究成果与APA会员的合作，不断为现代工程木材产品在建筑领域、工业领域的广泛应用提供改进和解决方案。

带有APA认证标志的产品，可应用于多层或低层住宅、公共建筑、商业建筑等，也可应用于包装、托盘、装饰等多种用途。

美国针叶材协会

电话：021 64484401 网站：www. amso-china. org

美国针叶材协会（American Softwoods）由美国针叶材外销委员会（Softwood Export Council）和美国南方林产品协会（Southern Pine Council）组成，代表着美国针叶木锯材以及相关产品的制造商、针叶锯材分等认证机构、大学及相关行业协会的非营利的推广机构。为中国工程建设专业人员、生产商、贸易商以及其他美国针叶材产品用户提供所有关于美国针叶木产品技术和贸易资料。

加拿大木业协会

上海代表处 地址：上海浦东新区红枫路425号；

电话：021-50301126；邮编：201206

北京代表处 地址：北京朝阳区朝外大街乙12号昆泰国际大厦1507室；

电话：010-59251256；邮编：100020

加拿大木业是代表加拿大林产工业的全球性非营利组织，由加拿大自然资源部、加拿大不列颠哥伦比亚省林业厅和林产企业支持创办。总部位于加拿大温哥华，在中国、日本、韩国、印度、英国等国家设有代表处。加拿大木业中国代表处设立于上海，在北京、广州、武汉设有服务代表。

加拿大木业致力于推广可持续木材资源利用，旨在探索和推广适合中国建筑发展需要的现代木结构建筑技术，推动木结构行业创新和健康发展，促进中加木材贸易平衡发展。

网站：https://canadawood.cn

自2000年以来，加拿大木业参加了中国十多本与木结构建筑相关的国家、行业标准的编制修订；与科研机构和大学合作开展多项木结构建筑关键技术研究；与各级建设主管部门积极合作，建成了都江堰向峨小学、绵阳市特殊教育学校、北川县擂鼓镇中心敬老院、天津中加低碳生态示范区等一批现代木结构示范项目；开展了现代木结构建筑技术教育、培训和宣传、推广工作，努力提升建筑市场对木材产品及现代木结构建筑技术的认知和应用水平，与中国木结构建筑行业共同成长。

欧洲木业协会

中国代表处地址：北京市朝阳区亮马河路50号汉莎中心写字楼C412；电话：010-64622066

传真：010-64622067；网站：www. europeanwood. org. cn

european wood

欧洲木业协会的会员包括瑞典木业协会、芬兰木材工业协会、挪威木材工业协会和奥地利木材工业协会等欧洲国家木业组织机构，德国和罗马尼亚为观察员。协会致力于推进大跨度木结构、装配式木结构和多高层木结构等结构体系在中国的运用，并重点推动胶合木（Glulam）、正交胶合木（CLT）和旋切板胶合木（LVL）等现代工程木产品在中国建筑工程中的应用。协会总部设在瑞典斯德哥尔摩，代表欧洲木材加工产业联合会和欧洲锯材产业协会，在中国推进木结构建筑的实践应用和相关标准规范的制定与完善。2004年至今，协会先后与中国住建部、应急管理部、主要高等院校和林业研究机构等相关部门共同合作制订完善了十多项木结构相关的中国国家标准，参与了《木结构设计手册》等多项木结构技术指南的编制。协会及会员企业在北京、成都、杭州等地建立多项木桁架、木骨架墙体和CLT等示范项目。在北京，协会与中国欧盟商会合作并设有代表处。在上海，协会与上海交通大学成立了中欧木业中心。中欧木业中心为国内项目和教育培训提供技术支持。

赫英木结构制造（天津）有限公司

地址：北京市朝阳区太阳宫中路12号；电话：010-84299008，84299118

传真：010-65810086；邮编：100028；电子邮箱：haring2008@sina.com

赫英木结构制造（天津）有限公司是瑞士赫英建筑木结构工程有限公司与香港远东工程有限公司合作在国内投资的外资独资企业，主要从事建筑胶合木构件的设计生产、制作以至安装全过程的建筑木结构工程公司。

瑞士赫英建筑木结构工程公司是有着140多年历史、国际知名的建筑木结构生产制造商，具有超前的设计理念、创新能力、先进的技术和加工工艺，其生产的木结构建筑功能强大、寿命持久、外形美观，具有强大的市场竞争优势。公司使用可再生木材生产粘结木构件，在环境保护和节约能源方面做出了巨大贡献，满足了21世纪建筑发展趋势的需求。长期积累的经验和企业信誉度，使客户对公司的产品和服务充满信心。

赫英木结构制造（天津）有限公司引进的德国木构件生产设备是国内目前能够制作最大型构件的全自动生产线，配置有世界最宽尺寸的木构件四面刨光机。公司拥有设计人员、生产人员及安装队伍。提供由设计、生产、安装直至交锁匙的建筑木结构工程一条龙服务。

大兴安岭神州北极木业有限公司

地址：黑龙江省大兴安岭地区漠河市工业园区；电话/传真：0457-2751988；销售：0457-2886477

服务：400-657-9116；网站：www.szbjdxal.com；电子邮箱：smgszb01@126.com

公司为国有独资企业，注册资金1.74亿元，是国内大型木结构建筑生产加工企业之一，主营业务是木结构建筑设计、制造、安装，年生产、安装能力可达10万m^2木结构建筑。

公司具有研发、设计、制造、施工、检验、服务等专业团队，具备极强的适应现代建筑要求的能力，能够提供个性化的设计方案，快速而精确地完成木构件的生产、安装，及时交付品质优良的木屋。公司拥有自己的知识产权、核心技术，可生产高难度的木结构建筑，难以复制。

公司采用优质高寒落叶松原料、进口的绿色环保专用材料生产、安装的重型、大型钢木、梁柱、轻型结构体系的木结构建筑，产品已销往北京、海南、新疆、吉林、四川、贵州、内蒙古等20余个省、市、自治区，深受客户喜爱和欢迎，得到汇源集团、鲁能集团、佳龙集团等众多客户的一致好评。

公司不断创新实践，拥有24项国家专利，并已经全部转化到产品的生产、安装中。公司荣获国家科技进步二等奖、首批国家林业重点龙头企业、首届生态文明·绿色发展领军企业、中国木结构标准化优秀企业、中国林业产业诚信5A级等荣誉30余项。取得了欧盟CE认证，高新技术企业认证，省级企业技术中心认证和质量、安全、环保体系认证，绿色工厂认证。木结构建筑品质跻身国际先进行列，在国内拥有“十个唯一”，被权威人士誉为中国高端木结构建筑的领导者。神州北极木屋是“中国家居综合实力100强品牌”。

公司真诚与国内外朋友洽谈合作，共同创新打造工期短、见效快、生态环保、绿色健康、理念时尚，满足消费者需求的精品项目，实现互利共赢。

东莞市英仨建材科技有限公司

地址：广东省东莞市莞城街道万园东路1号金汇广场A座3305室；电话：0769-22615120

邮编：523006；网址：www.instarteco.com；电子邮箱：info@instarteco.com

英仨科技致力于为国内的木结构建筑、古木建筑、木制品提供全面的防火、防虫、防腐、防霉保护。

InstartEco®

英仨®科技

目前，公司提供的产品在中国许多木结构工程中得到大量应用，获得极高的赞誉。其中具有较大影响的木结构工程包括：海口市民游客中心、云南五朵金花剧院、长春电影博物馆、江苏园艺博览会主展馆、北京法国学校、长春全民健身游泳馆、常州淹城初中体育馆、重庆长嘉汇、上海虹桥国际展汇、上海西郊游客中心、太原植物园等。

北京禾缘圣东木结构技术有限公司

地址：北京市海淀区板井路世纪金源国际公寓西区6-10c；电话：010-88452448

一切都源于希望，源于梦想，2005年，圣东破壳而生，聚焦现代木构旅居空间的设计与营造。十五年精心的守望和呵护，这颗希望的种子生根发芽不断长大。如今圣东拥有圣东木屋和SUNDONARCHITECTS两大特色品牌，实现从单一的现代木构旅居空间设计建造到休闲度假类项目策划研究、规划设计、旅游风景建筑与生态旅居空间设计、建造全程一体化服务商，并始终植根于旅游行业，以匠人之心成就木构之美。

圣东不断探寻轻资产投资思维及模式，通过策研明确项目发展方向、构建适宜的产品内容体系，通过规划实现产品内容与自然生态的有机融合，通过以轻量投资为业主与投资方打造满足项目经营需求的定制化风景建筑与特色旅居产品。圣东始终保持对土地的尊重与敬畏，最大限度控制对自然与生态的干预，提升放大风景的价值，为游客创造独特的度假居住体验。

圣东的理念：尊重自然生态基底，放大提升风景价值，构建特色度假空间，创造独特度假体验。